C O U R S

DE

PHYSIQUE

EXPERIMENTALE ET MATHEMATIQUE.

TOME III.

C O U R S

DE
PHYSIQUE EXPERIMENTALE
ET MATHEMATIQUE,

PAR PIERRE VAN MUSSENBROEK,

TRADUIT

Par M. Sigaud de la Fond , Démonstrateur de Physique Expérimentale , Maître de Mathématiques, de la Société Royale des Sciences de Montpellier , des Académies Royale des Sciences & Belles-Lettres d'Angers , Electorale de Baviere , &c.

TOME TROISIEME.

A PARIS,

Chez Saillant & Nyon, Libraires, rue Saint-Jean-de-Beauvais.

━━━━━━━━━━━━━━━━━━

M. DCC. LXIX.

Avec Approbation , & Privilege du Roi.

COURS

DE

PHYSIQUE-MATHEMATIQUE.

CHAPITRE XXXV.

Description de l'œil.

§. MDCCCLI. ON ne sauroit exposer de quelle maniere nous appercevons les objets qui sont hors de nous, sans examiner auparavant l'organe
de la vue, qui est l'œil, & sans avoir une idée de sa structure interne & externe. Je vais donc entreprendre d'en donner la description en peu de mots.
Tout ce qu'on trouvera de bien représenté dans la Fig. 12 de la Table XLI,
ainsi que ce qu'on trouvera bien exposé dans la description que je vais donner, doit être attribué au célebre *Albin*, qui fait l'ornement de notre siécle;
& on doit rejetter sur moi tout ce qu'on y trouvera d'erroné, ou de moins
exact, ou enfin d'obscur.

L'homme a naturellement deux yeux, placés anterieurement au milieu de
la tête, pour être plus proches du cerveau, & afin qu'il puisse voir & distinguer en toutes sortes de sens les objets qui sont autour de lui. Chacun d'eux
est situé profondément dans une cavité osseuse, qui porte le nom d'orbite :
cette cavité, dans laquelle l'œil repose, le met à l'abri de toutes les injures
auxquelles ses parties postérieures & latérales pourroient être exposées.

Tome III.   A

L'œil avance un peu hors de l'orbite, & il est défendu & arrêté pardevant, à l'aide des deux paupieres.

§. MDCCC LII. Il y a plusieurs animaux qui sont privés de cet organe; tels sont les huitres à écailles, le formet, les vers de terre, ainsi que ceux qu'on trouve dans le corps de l'homme, &c. Les animaux qui marchent sur la terre, ainsi que ceux qui rampent, sont pour l'ordinaire munis de deux yeux; il en est de même des oiseaux & de plusieurs poissons: les limaçons de mer, de fleuve & de terre ont aussi deux yeux. Il y a plusieurs animaux qui en ont un plus grand nombre de différentes grandeurs, & situés en différens endroits de la tête. Ces yeux leur procurent la facilité de voir les objets qui les environnent, & même ceux qui sont éloignés, lors même que ces animaux tiennent leur tête fixe & immobile: plusieurs araignées sont munies de huit yeux: on remarque deux globes éminens qui saillent aux deux côtés de la tête des mouches & des papillons; ces deux éminences sont couvertes d'une espece de réseau, dont chaque trou est un œil particulier. *Leeuwenhoek* en a compté 3181 sur le globe saillant d'un scarabé, & 8000 sur celui d'une mouche. *Pugette* en a compté 17325 sur le globe d'un papillon, & outre cela plusieurs autres plus petits en différens endroits de la tête de cet animal.

Les yeux de l'homme sont partie de sa face: ceux d'une espece d'araignée à longue patte, & connue sous le nom de *Faucheur*, sont situés sur son dos. L'homme a deux paupieres; la supérieure est plus mobile que l'inférieure. C'est tout le contraire dans les animaux dont la tête est courbée vers la terre, ainsi que dans les oiseaux. L'autruche a cependant la paupiere supérieure plus mobile que l'inférieure.

Il y a des animaux dont les yeux sont tellement constitués, qu'ils peuvent voir de tous côtés; tels sont les limaçons des jardins, & quelques coquillages, qui ont les yeux placés aux extrêmités de leurs cornes, comme les écrevisses. Il y a d'autres coquillages qui les ont situés au milieu de leurs cornes, ainsi que *Adanson* (1) l'a très bien observé. Ces animaux peuvent aisément, sans le secours des paupieres, qui leur manque, cacher leurs yeux, & les dérober aux périls qui les menacent, ou les soustraire à une trop vive lumiere.

Les animaux terrestres & les volatils ont reçu de la Nature deux paupieres pour garantir leurs yeux des accidens auxquels les objets extérieurs peuvent les exposer, & en même tems pour les mettre à l'abri des impressions trop vives d'une lumiere trop éclatante. Il y a plusieurs quadrupedes, ainsi que plusieurs oiseaux, qui sont munis de trois paupieres, dont l'intérieure est appellée *membrane clignante* ou *periophthalmium*. Le caméleon n'a qu'une seule paupiere qui entoure ses yeux circulairement (2).

Mais il y a plusieurs poissons, tels que les cancres, les crables, les écrevisses de mer, &c. qui n'ont point de paupieres. A la place de ces paupieres, l'Auteur de la Nature a donné à plusieurs poissons une espece de membrane, qui sert à couvrir le globe de l'œil, lorsque ces animaux veulent dormir & dérober leurs yeux aux rayons de la lumiere.

(1) Voyage au Sénégal, Tom. 1. (2) Ouvrage adopt. Vol. 1. p. 55.

Stenon a découvert cette membrane dans la raie. *Swammerdam* l'a obfervé dans la feche, *Biblia Natur. T. 2. p.* 880 & 893. Cette membrane eft continue à la tunique choroïde, dont la couleur eft verte. La grenouille a deux paupieres extérieures, & une troifieme qui eft placée au deffous de la paupiere inférieure : ces trois paupieres font immobiles. Voyez l'*Hift. de l'Acad. Roy. ann.* 1737. Les poiffons qui font dépourvus de cette membrane, ont coutume de dormir fur le dos, le ventre en-haut : c'eft ainfi que dorment les tortues, au rapport de *Borelly*, dans fon Livre *De Motu animal.*

Les papillons, les mouches, les araignées, & plufieurs infectes, n'ont point de paupieres : c'eft pour cela qu'ils font continuellement obligés de garantir leurs yeux & de chaffer la pouffiere qui tombe deffus avec leurs pattes antérieures & leurs antennes.

§. MDCCCLIII. L'œil de l'homme eft une efpece de globe qui n'eft pas parfaitement rond; parcequ'il faille davantage à fa partie antérieure A A [*Tab.* 41. *fig.* 12.], qui eft cette partie brillante de l'œil. Cette partie A A, qui eft connue fous le nom de cornée, eft comme un fegment d'une plus petite fphere, appliqué fur le fegment d'une plus grande. La longueur de l'œil furpaffe fouvent la largeur : la fection de ce globe, faite verticalement & parallelement au nez, & au derriere de la tète, eft circulaire. Le globe de l'œil eft rond, afin qu'il puiffe fe mouvoir aifément dans les parties graiffeufes qui l'entourent, & que les objets extérieurs puiffent fe peindre commodément au fond : il eft attaché poftérieurement au nerf optique N. L'œil, pris en totalité, forme une maffe folide, capable de réfifter à une forte compreffion ; ce qui vient des tuniques qui l'enveloppent, qui font très fermes, & de ce que ces tuniques font exactement remplies. Dans l'adulte, le diametre de l'œil, pris depuis la cornée jufqu'au nerf optique, $11 = \frac{1}{3}$ de ligne, mefure de Paris, ou $11 \frac{519}{1591}$ lignes de pouce rhenan.

Dans les poiffons, le globe de l'œil eft arrondi poftérieurement, & applati antérieurement. *Porterfield* (1) a obfervé que la cornée eft beaucoup plus convexe dans les oifeaux. Dans le chameau, la figure de l'œil, tiré de fon orbite, eft triangulaire (2). Le célebre *Zinn* (3) a obfervé que la figure du globe de l'œil étoit différente dans différens animaux : il a remarqué que, dans le hibou, la cornée formoit antérieurement une hémifphere, que le fond de l'œil étoit convexe & membraneux, & que fa partie moyenne n'étoit autre chofe qu'un tube offeux, qui préfentoit d'un côté une bafe large, & fe terminoit en cône tronqué.

L'œil de l'homme fe meut à l'aide de fix mufcles ; il y en a quatre qui font droits, & deux qui font obliques : ces mufcles embraffent l'œil extérieurement, & font qu'il ne fatigue nullement dans les différens mouvemens qu'il eft obligé d'exécuter.

§. MDCCCLIV. Le globe de l'œil eft principalement formé de trois tuniques ; la plus extérieure eft appellée *fclérotique*, celle du milieu *choroïde*, & la plus intérieure eft connue fous le nom de *rétine.*

(1) Medical Effays. Vol. 4. p. 134. (2) Philof. Tranf. n, 413. (3) Comment. Gotting. Vol. 4. p. 247.

La *sclérotique*, qui est une membrane propre de l'œil, enveloppe ce globe dans toute son étendue : c'est une membrane dure, coriace, très élastique, blanchâtre, dans laquelle on ne trouve presque point de vaisseaux, composée de plusieurs feuillets couchés les uns sur les autres ; sa partie postérieure est très épaisse à l'endroit où se trouve le nerf optique : elle a une ligne d'épaisseur, & elle est opaque ; elle devient ensuite plus mince à proportion qu'elle s'avance antérieurement, de sorte qu'elle devient très mince vers la partie antérieure de l'œil, où elle commence à former la cornée : elle continue encore à s'avancer ; elle devient plus épaisse, & inégale dans son épaisseur : elle acquiert une plus grande convexité ; elle est transparente, & on lui donne le nom de cornée.

La partie postérieure de la sclérotique, qui est très épaisse, est percée d'un trou rond qui donne passage à la partie médullaire du nerf optique, laquelle est enveloppée de la pie-mere : elle est adhérente en cet endroit à l'enveloppe extérieure que la dure-mere fournit au nerf optique : sa surface intérieure n'est autre chose qu'un prolongement de la pie-mere qui s'étend jusqu'à la cornée, & qui est d'une épaisseur égale dans toute son étendue : cette membrane est d'un rouge brun dans l'endroit où elle rencontre la choroïde (1). La partie antérieure de l'œil, qui est blanche, ainsi que la cornée, est recouverte par une membrane qu'on connoît sous le nom d'*albuginée*, & qui est la même que celle qui revet intérieurement les paupieres : cette membrane, ainsi que celle qui sert de périoste à l'orbite, s'attache au globe de l'œil, & l'unit au contour de l'orbite pour empêcher que l'œil, cédant à son propre poids, se porte hors de l'orbite dans toute situation quelconque où la tête se trouve baissée, & comme cette membrane est transparente, elle n'empêche point de voir la blancheur de la sclérotique, & elle ne détruit point la transparence de la cornée.

Quoique la cornée soit transparente, elle ne differe point de la sclérotique : on ne peut gueres même déterminer l'origine de la cornée. On remarque cependant que plusieurs fibres des parties voisines de la sclérotique blanche & opaque, s'épanouissent sur la cornée (2). Cette membrane est composée de plusieurs lames, entre lesquelles on remarque un tissu cellulaire qui contient une grande quantité d'eau très diaphane : cette membrane est plus épaisse dans le fétus que dans l'adulte.

§. MDCCCLV. La cornée A A est un segment de sphere, dont le diametre est pour l'ordinaire de 7 ou 7 $\frac{1}{4}$ ou 7 $\frac{1}{2}$ lignes de Paris ; sa corde est de 5, ou 5 $\frac{1}{4}$, ou 5 $\frac{1}{2}$ lignes, mesure de Paris. L'épaisseur de cette membrane est pour l'ordinaire de $\frac{2}{11}$, ou $\frac{1}{11}$ de ligne, selon les Observations de *Petit* (3).

La figure de la cornée n'est pas la même à l'extérieur & à l'intérieur ; elle représente toujours un cercle intérieurement, dont la circonférence est terminée par un petit sillon ; ce qui borne & ce qui sépare la cornée de la sclérotique. La lame intérieure de l'iris s'unit à ce sillon, qui est noir du côté qu'il touche à la sclérotique, à l'endroit où la lame intérieure de cette

(1) Zinn. de Oculo. Cap. 1. p. 11, (2) Zinn. de Oculo. Pag. 19. (3) Hist. de l'Acad. Roy. ann. 1718.

membrane , qui n'eſt autre choſe qu'un prolongement de la pie-mere, paroît ſe terminer (1).

§. MDCCCLVI. On remarque ſous la ſclérotique une autre membrane , connue ſous le nom de choroïde , qui eſt une membrane molle , très tendre , remplie de vaiſſeaux & d'un tiſſu cellulaire : elle part de la circonférence du nerf optique, à l'endroit où il ſe jette dans l'œil : elle eſt concentrique à la ſclérotique , & elle s'étend juſqu'à la cornée ; elle eſt adhérente dans toute cette étendue à la ſclérotique , par le moyen d'un tiſſu cellulaire & de ſes vaiſſeaux ; car ce tiſſu cellulaire ſert de lien commun à ces deux tuniques. Plus la choroïde approche de l'iris , plus ce tiſſu augmente & s'étend ſur ſa ſurface extérieure , & elle forme un cercle blanc , qu'on appelle ligament ciliaire. La ſurface intérieure de la choroïde eſt unie depuis ſon origine, qui vient du nerf optique , juſqu'à l'endroit où elle forme le ligament ciliaire : elle eſt tellement appliquée ſur la rétine , qu'elle eſt par-tout contiguë à cette membrane , ſans qu'on puiſſe remarquer aucun eſpace entr'elles , & ces deux tuniques ſont exactement appliquées l'une ſur l'autre.

La ſurface interne & externe de la choroïde paroît toujours , dans l'adulte , d'un rouge brun. On remarque extérieurement ſur l'étendue de la choroïde , une matiere noire , qui ne ſalit point les doigts qui la touchent ; qui ne trouble point l'eau dans laquelle on la jette , & qui ne ſe ſépare pas de la choroïde , lors même qu'on la fait macérer. La ſurface interne de cette membrane eſt recouverte d'une matiere qui tire ſur le noir ou ſur le tanné , & qui eſt connue ſous le nom de *pigmentum nigrum* ; on voit à peine des veſtiges de cette matiere à l'endroit où la choroïde embraſſe le nerf optique , où on remarque un cercle blanc ou une membrane cribreuſe. L'épaiſſeur du *pigmentum nigrum* diminue à proportion qu'on avance en âge : cette matiere eſt plus aqueuſe vers la partie poſtérieure de la choroïde , où elle couvre la rétine , & y eſt moins adhérente. Elle ne ſe ſépare jamais de la choroïde dans l'homme vivant : elle ne s'étend pas uniformément & de la même maniere ſur le ligament ciliaire : elle remplit & s'attache plus fortement aux petits interſtices qui ſéparent les éminences ciliaires , & elle forme avec elles un anneau ou un cercle d'une ſtructure admirable , alternativement rayonné de noir & de blanc. Une grande partie de ce *pigmentum nigrum* , qui couvre le ligament ciliaire , s'attache auſſi à l'humeur vitrée.

Lorſqu'on a enlevé de la ſurface interne de la choroïde le *pigmentum nigrum* qui la couvroit , cette membrane paroît veloutée ; car on remarque dans toute ſon étendue , de petites houpes courtes , qui flottent dans l'eau. On remarque une tunique de même eſpece aux *procès ciliaires* ; mais les houpes en ſont plus longues , & elles paroiſſent y former de petites alveoles quadrangulaires , qui blanchiſſent lorſqu'on les a lavées.

La ſurface interne de la choroïde n'eſt point noire dans quantité d'animaux , tels que le lion , le chameau , l'ours , le bœuf , le cerf , la brebis , le chien , le chat. On remarque la même choſe dans pluſieurs oiſeaux : elle eſt dans ces animaux de différentes couleurs , bleue , verte , jaune , ou d'une autre couleur.

(1) Zinn. de Oculo. Pag. 23.

La choroïde eſt une tunique propre de l'œil : elle eſt ſimple, & elle ne doit point ſon origine à la pie-mere. Elle eſt percée au fond de l'œil d'un trou rond ; elle entoure la moëlle du nerf optique dans tout ſon contour, & elle l'embraſſe fortement. On remarque cependant qu'à ſon origine elle embraſſe la membrane ronde cribreuſe, qui eſt placée dans la cavité de la ſclérotique, & à travers laquelle la partie médullaire du nerf optique pénetre, d'où il ſuit que la choroïde ſe développe circulairement autour de cette membrane cribreuſe. Lorſque la choroïde s'approche plus près de la cornée, ſes deux ſurfaces deviennent bien différentes; car, à la diſtance d'environ une ligne de la cornée, elle eſt entourée d'une tunique blanche, celluleuſe, étroite, molle, liſſe, gliſſante, toujours remplie d'eau, beaucoup plus mince & plus lâche dans ſa partie poſtérieure, que dans ſa partie antérieure, où elle s'épaiſſit & forme un anneau blanc, qui unit la choroïde à la ſclérotique. Cet anneau s'unit intimement au cercle noir de la ſclérotique, qui borde ſa partie intérieure, la cornée, à laquelle eſt collée la lame intérieure de l'iris : ce même anneau s'attache plus fortement en cet endroit, à la ſubſtance même de la choroïde, qui devient plus lâche & plus mince ſous cet anneau, & qui ſe remplit intérieurement vers le cryſtallin.

§. MDCCCLVII. Ce lien circulaire n'excede pas une ligne de largeur dans l'œil de l'homme, & il eſt connu ſous les noms de ligament, de corps ou de procès ciliaire.

La choroïde devenue plus mince ſous l'anneau ciliaire, ſe ſépare alors ſenſiblement, par ſa partie intérieure, de la ſclérotique, qu'elle avoit concentriquement accompagnée juſqu'à cet endroit, & va s'étendre ſur les éminences rayonnées des procès ciliaires.

Ce procès ciliaire forme comme une eſpece de cloiſon, qui ſépare l'humeur vitrée de l'humeur aqueuſe : il paroît ſur la partie antérieure de la choroïde, ſous la forme d'un anneau noir qui imite aſſez bien le diſque d'une fleur rayonnée, qui embraſſe, en forme de couronne, le cryſtallin. Dans l'adulte, ce cercle a deux lignes de largeur du côté des tempes, & il eſt ſenſiblement plus étroit du côté du nez. Le plus grand contour de cet anneau, qui eſt convexe, eſt exactement terminé par un canal gaudronné, qui le diſtingue de la partie poſtérieure de la choroïde. La partie poſtérieure de cet anneau, qui eſt la plus étendue, paroît entierement noire. On remarque cependant, à une ligne de diſtance du cryſtallin, pluſieurs lignes blanches, ſéparées les unes des autres par des lignes noires, de ſorte que cet anneau paroît compoſé de deux, dont l'un eſt poſtérieur & plus ample, & noir dans toute l'étendue de ſon contour ; l'autre, antérieur & plus petit, compoſé de lignes blanches & de lignes noires, entre-mêlées les unes dans les autres, de façon qu'une noire ſe trouve placée entre deux blanches, & *viciſſim*. Ces lignes blanches naiſſent de petits ſillons qui ſont très peu ſenſibles & très pâles à leur origine, & elles s'élargiſſent ſenſiblement vers le cryſtallin; elles ſe rapprochent les unes des autres, & elles paroiſſent s'étendre au-delà de la plus grande circonférence convexe de cette lentille, de ſorte qu'une aſſez grande partie de ces lignes eſt couchée ſur le cryſtallin même; & on ne les apperçoit qu'en regardant à travers cette eſpece de lentille. Ces lignes blanches ſont de petits corpuſcules ſaillans, plus minces & plus pâles vers le

contour convexe du ligament ciliaire, plus épais & plus blancs vers fa concavité, qui tirent leur origine de petites cannelures paralleles, affez diffici-
les à appercevoir, qui s'étendent antérieurement vers le bord du procès ciliaire, & poftérieurement vers le bord gaudronné & découpé.

Lorfqu'on a emporté & effuyé toute l'humeur noire, dont le procès ciliaire eft couvert, il paroît que ce corps eft une véritable continuation de la
choroïde, & qu'on ne peut point le regarder comme une membrane particuliere qui doit feulement fon origine à cette tunique : ce n'eft donc autre
chofe que la choroïde elle-même, qui s'étend autour de la fclérotique, dans
l'endroit où fe trouve l'iris : elle eft fituée circulairement fur l'humeur
aqueufe ; elle eft convexe & relevée du côté de l'iris, & concave du côté de
l'humeur vitrée. Elle eft néanmoins féparée de l'iris par une petite diftance,
qui excede à peine une demi-ligne ; fes extrêmités font libres & flottantes,
féparées de l'iris par l'humeur aqueufe de la chambre poftérieure. Elles s'é-
tendent non feulement jufqu'au cryftallin, mais encore au-delà de fon grand
cercle, & s'appuyant fur fa convexité antérieure, elles y flottent librement,
de façon qu'elles y forment une zône mince circulaire, qui ne recouvre pas
la moindre partie antérieure de cette lentille.

§. MDCCCLVIII. Y a t-il de véritables fibres mufculaires dans le ligament ciliaire ? On le croyoit autrefois ; mais le célebre *Haller*, ainfi que
Zinn, nient l'exiftence de ces fibres ; ils avouent cependant qu'il doit y en
avoir dans l'iris. Le célebre *Zinn* affure que ce n'eft qu'un affemblage de
vaiffeaux qui viennent directement de la choroïde.

Mais ne peut-on pas foupçonner que le gonflement des vaiffeaux, lorfqu'on les injecte, cache ces fibres qui font fi ténues & fi délicates, en fuppofant toutefois qu'elles exiftent ?

§. MDCCCLIX. La choroïde, ainfi que le *procès ciliaire*, font couverts
de part & d'autre par une humeur que nous avons nommée *pigmentum nigrum* ; mais à l'endroit où le *procès ciliaire* repofe fur l'humeur vitrée, on
remarque une petite membrane particuliere qui fépare l'humeur vitrée du
pigmentum nigrum. On peut dire que cette membrane eft une petite zône
annulaire, qui prend fon origine de la partie antérieure de la tunique de
l'humeur vitrée, & qui s'avance entre cette humeur & le *pigmentum nigrum*
du *procès ciliaire*, pour fe porter enfin jufqu'à la convexité antérieure de la
capfule du cryftallin, au delà du grand cercle qu'elle forme. Cette petite
zône, très lâche dans fa texture, eft refferrée par de petites fibres, courtes,
très fortes, difpofées en forme de dents de peigne, qui vont de l'humeur
vitrée au cryftallin : c'eft cette petite zône à laquelle on donne le nom de
couronne ciliaire, à laquelle le *procès ciliaire* eft attaché fortement, plutôt à
l'aide d'un *gluten* ténace, que par un tiffu cellulaire, comme quelques-uns
le prétendent.

Pareillement le *procès ciliaire* n'eft point adhérent à la capfule du cryftallin ; il flotte feulement deffus.

§. MDCCCLX. On remarque dans l'œil, entre la cornée & le procès-
ciliaire, une partie qu'on appelle l'*iris*, qui eft un anneau membraneux,
prefque plan, un peu convexe cependant du côté de la cornée, foutenant la
cornée comme une efpece de fegment de fphere percé d'un trou à fon milieu

qu'on appelle *la pupille* ou *la prunelle*. La partie antérieure de l'iris est peinte de différentes couleurs; la postérieure, qu'on appelle le *dos de l'iris*, est couverte par le *pigmentum nigrum*.

Cet anneau est adhérent à la sclérotique & à la choroïde au contour de la cornée; le trou du milieu, que nous avons nommé la pupille, ne se trouve pas exactement au milieu; il est plus près du nez.

La pupille est exactement ronde dans l'homme. On remarque à la partie antérieure de l'iris, qui est peinte de différentes couleurs, qui est bleue, grise, fauve, noire, plusieurs sillons qui s'avancent en serpentant : ces sillons sont de deux especes, les uns sont plus grands, les autres plus petits : ils tendent tous vers le petit cercle de l'iris, ou à la prunelle. Cette surface est presque plane dans l'homme; elle est peu convexe & fort unie.

La surface postérieure de l'iris est couverte du *pigmentum nigrum*, qui y est fort épais, & qui y est assez solide pour avoir la consistance d'une pâte. Lorsqu'on lave l'iris, & qu'on emporte ce *pigmentum nigrum*, on remarque plusieurs rayons droits, qui sont tous convergens vers le petit anneau ou la prunelle, & qui sont tout-à-fait différens des petits sillons qu'on remarque à la face antérieure de l'iris, qui sont attachés postérieurement à l'origine du *procès-ciliaire*, & se portent de-là vers la prunelle. Les plus grands des rayons dont nous venons de parler, s'amincissent tellement lorsqu'ils sont parvenus à la zône de la pupille, qu'ils ne forment alors qu'une petite membrane; ils sont cependant plus longs que ceux qu'on remarque à la surface opposée de l'iris : d'où il suit que la pupille est plus étroite en-dessous de l'iris. Ce sont ces fibres que plusieurs ont regardées comme musculaires.

Lorsque les fibres sont parvenues à la zône qui termine la pupille, elles se courbent & se joignent avec d'autres : de la réunion de ces fibres naît une petite zône, ou un cercle dentelé & tortueux, qui n'est point continu ni fermé; puisque souvent deux fibres voisines & paralleles sont séparées l'une de l'autre par un petit espace triangulaire : bien plus même, il arrive quelquefois que quelques-unes des plus grosses fibres paroissent se porter vers la pupille en formant un petit anneau. Ce petit anneau est toujours distinct; il n'est jamais couvert d'aucun voile; mais il paroît former une espece de petite zône d'une couleur plus foncée, qui est presque plus mince qu'une toile d'araignée; de sorte que l'existence des fibres orbiculaires n'est qu'une pure chimere.

Il suit de-là que les fibres musculaires de l'iris ne sont point encore démontrées, quoique la pupille se contracte, lorsqu'elle est irritée par les rayons de la lumiere qui la frappent : la prunelle se dilate dans les ténebres; mais cette dilatation est quelque chose de naturel. Elle dépend de l'élasticité des fibres longitudinales. Quant à sa contraction, & à son rétrécissement, c'est un effet qui paroît surnaturel; & comme il n'y a point de fibres circulaires dans l'étendue de la pupille, ne peut-on pas dire qu'elle se contracte & qu'elle se resserre parceque les fibres longitudinales se relâchent & deviennent plus longues; ce qui fait que les dimensions de la pupille deviennent plus petites. Il suit de là que l'iris est aussi une membrane de l'œil distinguée de la choroïde, qui n'est point irritable, ou qui l'est beaucoup moins.

Il y a une espece de polype que les Latins nomment *nautilus major*, qui n'a point de pupille; mais à la place de cette partie de l'œil, on remarque un trou qui se termine en canal : l'œil de cet animal ressemble donc à une espece d'ombilic ou d'oreille.

La pupille a plus d'étendue dans les enfans que dans les adultes; le diametre de la pupille dans l'adulte, excede rarement ⅓ du diametre de l'iris, & même il arrive souvent que ce diametre est plus petit; au contraire, dans les enfans, le diametre de la pupille égale souvent la moitié du diametre de l'iris; & conséquemment la pupille, chez eux, est le quart de l'iris : on trouve quelquefois dans l'adulte, que la pupille n'est que ⅓ de l'iris.

§. MDCCCLXI. L'épaisseur du nerf optique diminue à son passage dans la sclérotique. Cette diminution va quelquefois au delà de ⅓. La paroi intérieure de ce nerf, qui est tournée du côté du nez, s'avance presqu'en ligne droite; elle s'écarte ensuite de ce chemin, & elle se porte un peu vers le centre du nerf : sa paroi extérieure abandonne plutôt la ligne droite qu'elle suivoit, & se fléchit vers le côté opposé; & en s'approchant davantage du centre de ce nerf, elle décrit une plus grande ligne, qui forme une espece d'arc. Le nerf optique, étant ainsi diminué d'épaisseur, rencontre une membrane très mince & transparente, que nous avons nommée membrane cribleuse, placée dans l'épaisseur de la sclérotique; la pie-mere se sépare alors du nerf optique, pour s'approcher de la sclérotique. Cette membrane est percée de trente petits trous, qui donnent passage, de même qu'un crible, à la substance médullaire du nerf optique, divisée en petits faisceaux, accompagnés de petites fibres cellulaires : on remarque une artere & une veine qui passent par le milieu du nerf optique, ainsi que par le centre de la membrane cribleuse. Ces vaisseaux sont connus sous le nom d'artere & de veine *centrale d'Albin*, en l'honneur de celui qui en fit la découverte.

Lorsque la partie médullaire du nerf optique a pénétré les trous de la membrane cribleuse : elle forme alors sur-le-champ une espece de bouton conique, blanc, dont le diametre est plus petit que celui du nerf optique. Dans cet endroit où la rétine prend son origine, on remarque un cercle plus transparent sur la rétine, dont l'étendue est égale à celle de la lame cribleuse : c'est dans cet endroit que tous les petits faisceaux médullaires se réunissent pour former une membrane qui s'étend uniformément, & sans plis, sur la choroïde, sur laquelle elle paroît sous la forme d'une espece de petite calotte hémisphérique. L'épaisseur de la rétine paroît égale dans toute son étendue : on doit la regarder comme une double membrane, ou comme composée de deux feuillets. Le feuillet intérieur, qui touche l'humeur vitrée, est une membrane vasculeuse plus épaisse, & qui se présente sous la forme d'une membrane dont les vaisseaux ne sont point remplis : son feuillet extérieur, qui répond à la choroïde, est médullaire, très mou, très tendre, & qui conséquemment a besoin d'être revêtu par une membrane pour qu'il puisse former une tunique solide; ainsi que le célebre *Albin* l'a très bien remarqué (1). La rétine contiguë & concentrique à la choroïde, s'étend sur l'humeur vitrée, & se porte en avant; elle est flottante dans presque

____

(1) In eadem Annota. Lib. 3. cap. 14. p. 60.

Tome III. B

toute son étendue , & elle n'eſt adhérente à aucune de ces parties , ſi ce n'eſt par l'intermede de ſes vaiſſeaux : elle ſe termine enfin à l'origine du procès-ciliaire.

L'épaiſſeur des tuniques que nous venons de décrire , & qui conſtituent le fond de l'œil, = 1 , 028 ligne. Mais pour repréſenter , autant que faire ſe peut, la maniere ſelon laquelle le nerf optique pénetre dans l'œil , ſuppoſez un œil qui conſidere un objet qui ſoit à la même hauteur de l'horiſon , & directement oppoſé au point de vue. Repréſentez-vous un plan horiſontal qui paſſe par le milieu de l'iris , & un autre plan perpendiculaire qui paſſe par le milieu de la pupille, le nerf optique entre dans la partie poſtérieure du globe de l'œil, un peu au deſſous du plan horiſontal, & preſque à la hauteur du milieu de l'eſpace intermédiaire qui ſe trouve entre le plan vertical & le nez ; de ſorte que ce nerf s'introduit dans l'œil fort obliquement. L'axe optique , qui eſt une ligne perpendiculaire ſur la cornée , & qui paſſe par le centre de l'œil , ne tombe donc point ſur l'endroit où le nerf optique pénetre la membrane cribleuſe, mais entre ce nerf & l'angle extérieur de l'œil. Le nerf optique entre encore plus obliquement dans l'œil du bœuf, de la brebis, du cochon, & de pluſieurs oiſeaux, ainſi que de pluſieurs poiſſons ; mais il entre directement dans l'œil du porc épic & du veau marin.

La ſubſtance médullaire du nerf optique eſt fauve ou griſe, ainſi que la moëlle du cervelet dont elle fait partie : elle eſt très mince lorſqu'elle s'épanouit pour former la rétine , ſur-tout dans les enfans : elle eſt tranſparente, elle eſt poſée ſur le *pigmentum nigrum* de la membrane choroïde ; de ſorte que lorſque nous conſidérons attentivement le fond de l'œil d'un enfant, il nous paroît très noir : la rétine à la longue devient moins tendre , moins tranſparente ; & c'eſt pour cela que le fond de l'œil d'une perſonne de 20 ans nous paroît moins noir : vers la trentieme année il paroît gris , & il paroît preſque blanc dans les vieillards.

Telles ſont les tuniques de l'œil ; conſidérons maintenant les parties qui conſtituent l'intérieur de cet organe ; ſavoir, l'humeur vitrée , le cryſtallin & l'humeur aqueuſe.

§. MDCCCLXII. L'*humeur vitrée* V V remplit la plus grande cavité de l'œil , celle qui eſt placée la plus près du fond de cet organe : elle s'étend depuis l'inſertion du nerf optique juſqu'au cryſtallin & juſqu'au *procès-ciliaire* , de ſorte qu'elle forme un tout plus conſidérable que le cryſtallin & l'humeur aqueuſe : elle eſt arrondie dans toute l'étendue ſelon laquelle elle répond à la rétine ; parcequ'elle remplit exactement la cavité formée par cette tunique : cette humeur eſt une maſſe ſolide ſemblable à de la gelée , très tranſparente & ſans couleur, quoiqu'il n'en ſoit pas de même dans le fœtus. La liqueur qui réſide dans ſes vaiſſeaux & dans ſes petites cellules très minces, eſt très ſemblable à l'humeur aqueuſe ; elle eſt très fluide , quoiqu'un peu plus denſe : elle s'échappe facilement de la tunique ambiante, qui eſt très tendre , & qui forme comme une eſpece de ſuc. *Hauxbée* a obſervé que ſa vertu réfringente étoit la même que celle de l'eau ; & *Robertſon* (1) a éprouvé que ſa peſanteur ſpécifique étoit , à peu de choſes près, la même que celle de l'eau.

(1) Helsham Lectures.

Dans le même plan où le procès-ciliaire tire son origine de la choroïde, la tunique vitrée forme une membrane ou une zône, qui est, à la vérité, contiguë à la membrane vitrée, mais qui en est séparée; laquelle, étant placée entre le corps vitré & le ciliaire, s'avance en s'écartant sensiblement de l'humeur vitrée, s'approche de plus en plus du cryftallin, & s'insere à la surface antérieure de sa capsule, au-delà du plus grand cercle de cette lentille; de sorte qu'il se forme naturellement un petit espace triangulaire & curviligne entre l'humeur vitrée & cette membrane. Cette zône, depuis l'endroit où elle est contiguë à la tunique vitrée jusqu'à son insertion au bord du cryftallin, fournit des fibres tranfverses plus fortes, & qui sont plus courtes que la largeur de cette membrane : ces fibres divifent cette zône en de petits espaces qui la reflerrent de maniere que fi on la perce & qu'on y introduife un chalumeau pour y injecter de l'air, on remarque alors un canal circulaire continu qui entoure le cryftallin, formé par ces petits espaces qui fe tuméfient fous la forme d'un gaudron; qui imite aflez bien la tuméfaction de l'inteftin colon. On donne à ce canal, compofé de fibres plus fortes & mufculaires, le nom de canal gaudronné de *Petit*, du nom de celui qui l'a découvert : la largeur de ce canal eft égale à celle du corps ciliaire; il eft plus large vers les tempes que du côté du nez : on le trouve toujours vuide & flafque dans un œil frais; jamais le vent pouflé dans la capsule du cryftallin ne pénetre dans ce canal : il eft vraifemblable que cette membrane doit fon origine à la tunique de l'humeur vitrée, qui eft compofée de deux feuillets en cet endroit, dont l'intérieur renferme l'humeur vitrée, & l'extérieur recouvre une portion du cryftallin.

§. MDCCCLXIII. On remarque dans la partie antérieure, ou dans la partie fupérieure de l'humeur vitrée, une efpece de lentille connue fous le nom de cryftallin : cette lentille n'eft pas exactement ronde dans l'homme, comme elle l'eft dans les poiflons; mais elle eft applatie : & comme elle eft convexe de chaque côté, de même qu'une lentille de microfcope, elle forme une cavité proportionnée dans l'humeur vitrée, qui répond à fa partie poftérieure; elle s'implante dans cette humeur jufqu'à la profondeur de fon plus grand diametre : ce qui diftingue la furface poftérieure de la furface antérieure. Le cryftallin eft tellement difpofé dans l'œil de l'homme, que l'axe de la pupille correfpond avec le fien : d'où il fuit que le cryftallin n'eft pas exactement placé au milieu du fegment circulaire de l'œil; mais qu'il eft un peu plus proche du nez. Et fi on confidere la longueur de l'œil depuis la cornée jufqu'à la rétine, on trouvera que le cryftallin n'eft pas encore placé au milieu de l'œil; mais qu'il eft plus proche de la cornée.

Le cryftallin eft un corps médiocrement folide, arrondi dans fon contour, convexe des deux côtés, renfermé dans une tunique qui lui eft propre : il eft prefque fphérique dans l'enfant qui vient de naître; mais fes deux furfaces s'applatiffent avec l'âge : fa figure ne change prefque plus lorfqu'on a atteint l'âge de 30 ans; fa furface antérieure C a C eft moins convexe dans l'adulte que fa furface poftérieure : la premiere fait portion d'une fphere de différens diametres qui varient dans les différens fujets, depuis 6 jufqu'à 12 lignes. Le diametre de cette fphere eft plus communément de $7\frac{1}{2}$ lignes ou 8. La furface poftérieure du cryftallin eft un fegment de fphere de 5 lignes de diametre, rarement de 5 ½ lignes. Le diametre ou la sous-tendante de son plus grand cercle, est pour l'ordinaire de 4 ou 4 ½ lignes. L'épaisseur du crystallin = 1 ½ ligne à 2 lignes; il est formé de deux segmens de sphere appliqués l'un sur l'autre, & qu'on parvient à séparer lorsqu'on l'a fait macérer.

La substance du crystallin est composée de plusieurs lames vasculeuses, sphériques, unies très étroitement entr'elles, telles qu'on en remarque dans un oignon : on remarque dans ces lames des fibres qui prennent leur origine vers le bord de cette lentille, & qui s'étendent vers son milieu, comme vers un centre commun. La substance extérieure du crystallin est plus molle; elle paroît comme étendue autour d'un noyau plus dur, dont les lames sont plus comprimées : ces lames paroissent adhérentes les unes aux autres, par le moyen de petites cellules intermédiaires qui sont remplies d'eau ; ces cellules, pénétrant la tunique extérieure du crystallin, font que ses deux surfaces paroissent veloutées lorsqu'on les considere au microscope.

Le crystallin d'un enfant qui vient de naître, est d'une couleur qui tire sur le rouge ; mais il perd en peu de tems sa couleur, & il devient très pur & très transparent. Il se conserve dans cet état jusqu'à l'âge de 20 ou 30 ans, où il commence alors à devenir un peu jaune; couleur qui devient plus foncée avec l'âge; mais à 80 ans il devient couleur de succin. La couleur jaune du crystallin commence à paroître à son centre ; elle s'étend avec l'âge sur toute son étendue ; de sorte qu'on remarque une substance plus molle & non jaune, qui paroît comme répandue autour d'un noyau jaune & plus dur. La dureté du crystallin varie aussi : il est plus tendre jusqu'à l'âge de 25 ans; il durcit jusqu'à 60. La convexité varie également : elle diminue avec l'âge, & il s'applatit, parceque la quantité d'humeur renfermée dans les cellules situées entre les lames dont nous venons de parler, diminue. Cette lentille est plus dure dans les oiseaux, les quadrupedes & les poissons.

Le crystallin est entierement renfermé dans une capsule particuliere, membraneuse & très transparente, dont la partie antérieure est très épaisse, très élastique, presque semblable à de la corne, dont les parties sont si tenaces, qu'elles cédent à peine sous le scalpel. La force & l'épaisseur de cette partie l'emportent de beaucoup, non seulement sur la force & l'épaisseur de la lame extérieure du crystallin, mais aussi sur celle de toute la tunique vitrée. La partie postérieure de cette capsule est plus mince, plus molle, & cede davantage : elle est adhérente à la tunique de l'humeur vitrée, par le moyen de plusieurs cellules qui les unissent. La couronne ciliaire, fournie par la tunique vitrée, embrasse de toutes parts la surface de la capsule intérieure, ce qui contient le crystallin en situation. Mais cette couronne ciliaire couvre-t-elle toute la surface antérieure de cette capsule ? C'est ce qu'on n'a pas encore découvert. Il se sépare dans cette capsule une espece d'humeur aqueuse, très limpide, qui se répand circulairement autour du crystallin, & qu'on trouve plus abondante à sa partie antérieure. La quantité de cette liqueur n'égale qu'à peine un grain & demi; on n'en trouve qu'un demi-grain dans l'œil d'un gros chien : l'œil d'une brebis en fournit 2 grains. *Petit* dit en avoir trouvé 12 grains dans l'œil du cheval (1). Si dans un état

(1) Hist. de l'Acad. Roy. ann. 1730.

de maladie, cette humeur vient à fe deffécher, le cryftallin fe deffeche
auffi ; il devient opaque, & la capfule s'accroît au point qu'on ne peut point
la détacher, ou qu'on ne peut la détacher qu'à peine du cryftallin.

Le cryftallin n'eft point flottant dans fa capfule ; elle y eft adhérente par
des vaiffeaux que lui fournit le *procès-ciliaire*, qui parviennent à fa circonférence en paffant par de petits trous qu'on remarque à fa capfule : ces vaiffeaux rampent fur la partie poftérieure du cryftallin. On remarque outre cela
l'artere centrale, qui fe porte en avant, & qui tend directement à l'humeur
vitrée : cette artere jette à la partie poftérieure de la capfule, plufieurs rameaux, dont plufieurs ramifications pénetrent jufqu'à l'intérieur du cryftallin. Cette lentille fe trouve donc fufpendue dans fa capfule, & nourrie par
ces vaiffeaux, qui féparent une humeur limpide, felon la découverte
d'*Albin*.

Le cryftallin réfracte plus fortement que l'eau les rayons de lumiere qu'il
reçoit obliquement : car *Hauxbée* a remarqué que la réfraction qui formoit
dans l'eau un angle de 16 degrés 50 m', formoit dans le cryftallin d'un bœuf,
un angle de 24 degrés 10 m'. *Robertfon* a trouvé que la pefanteur fpécifique de cette lentille, comparée à celle de l'eau, étoit dans le rapport de
10 à 9.

§. MDCCCLXIV. On remarque, entre la cornée AA & l'iris II [*T.* 41. *F.* 12.]
une cavité A A II, qu'on appelle la *chambre antérieure* de l'œil. On remarque
outre cela une autre cavité IICC, fituée entre la partie poftérieure de l'iris
& le cryftallin CC, à laquelle on donne le nom de *chambre poftérieure* de
l'œil ; ces deux cavités communiquent entr'elles par le moyen de la pupille.
L'antérieure eft la plus grande de ces deux cavités. Sa capacité, felon les obfervations de *Petit* (1), = 11, 542 lign. cubiques, & la capacité de la
chambre poftérieure = 7, 554 lign. cubiq., de forte que la capacité de ces
deux chambres prifes enfemble, = plus de 19 lign. cubiques, capacité qui
peut comprendre 4, 08 grains d'humeur aqueufe : or comme la cornée eft
beaucoup plus épaiffe dans le fœtus que dans l'adulte, & qu'elle s'y trouve
très peu éloignée de l'iris, le poids de l'humeur aqueufe, = feulement 1 ou
$1\frac{1}{2}$ grain. La furface interne de la cornée eft éloignée de la furface du cryftallin de $1\frac{1}{4}$ de lignes ; & fi on veut comprendre l'épaiffeur de la cornée,
on trouvera que la furface externe de cette membrane eft éloignée de la furface du cryftallin de $1\frac{5}{11}$ lign. La profondeur de la chambre antérieure, ou
la diftance de la cornée à l'iris, eft pour l'ordinaire de $\frac{5}{7}$, ou de 1 ligne ;
celle de la chambre poftérieure, ou la diftance de l'iris au cryftallin = $\frac{1}{6}$ ou
$\frac{1}{7}$ de ligne, de forte que l'iris eft très peu éloignée du cryftallin. Ces deux
chambres font remplies d'une même liqueur, connue fous le nom d'humeur
aqueufe : cette liqueur, dans l'état naturel, remplit naturellement la capacité qu'elle occupe, qu'elle pouffe au dehors la cornée, & qu'elle preffe le
cryftallin & le porte contre l'humeur vitrée. Cette liqueur eft filtrée par des
vaiffeaux particuliers ; elle eft très fluide, très limpide, fans couleur, un
peu falée, fans odeur ; elle ne fait aucun dépôt, & elle s'exhale très promptement en 48 heures à travers la cornée. Le feu ne la coagule pas ; elle eft

(1) Hift. de l'Acad. Roy. ann. 1730.

continuellement abforbée & renouvellée : moins fluide & moins limpide dans les vieillards, elle blanchit; & elle devient femblable à du petit-lait dans une extrême vieilleffe : elle réfracte la lumiere de la même maniere que l'eau, quoiqu'elle foit plus denfe que ce dernier liquide, puifqu'elle eft un peu falée.

On a trouvé que la quantité de l'humeur aqueufe, du cryftallin & de l'humeur vitrée, étoit comme 1 : 1, 26, dans plufieurs yeux; & dans d'autres, comme 1 : 1, 24, de forte que cette proportion change fouvent.

CHAPITRE XXXVI.

Du paffage de la lumiere par les humeurs de l'œil, & de la vifion.

§. MDCCCLXV. Tous les rayons de lumiere qui tombent fur un objet, ou qui partent d'un objet éclairé & qui tombent fur le blanc de l'œil, font réfléchis, fans pénétrer dans le globe de l'œil ; mais ceux qui tombent fur la cornée, & qui nous procurent le plaifir de voir les objets qui nous environnent, fouffrent dans l'œil quatre réfractions ; favoir, dans la cornée, dans l'humeur aqueufe, dans le cryftallin & dans l'humeur vitrée.

Voici la route que fuivent les rayons qui tombent fur la cornée. Suppofons un objet A B C [*T*. 42. *F*. 1.], & que les rayons B E, B D, B F partant du point B, tombent fur la cornée, conjointement avec quantité d'autres, qui fe dirigent fur toute l'étendue de cette membrane ; mais nous ne confidérons ici que ces trois rayons, pour éviter la confufion. Le rayon B D tombant perpendiculairement fur la cornée qui eft convexe & tranfparente, parvient directement en H, & pénetre l'humeur aqueufe, fans fubir de réfraction. Le rayon B E, qui tombe obliquement fur la cornée, fouffre une réfraction, qui le rapproche de la perpendiculaire, ainfi que le rayon B F ; or comme la cornée eft très mince, la réfraction que les rayons éprouvent en la traverfant, eft bien peu fenfible, & peut être réputée zéro : ou on peut confidérer la cornée comme faifant partie de l'humeur aqueufe, qu'elle borne ; & comme cette humeur réfracte les rayons de la même maniere que de l'eau ordinaire, le finus d'incidence fera au finus de réfraction : : 10000 : 7485, 3, c'eft-à-dire, approchant comme 4 : 3. Ce rayon, ainfi réfracté, fuivra donc la route E G, en traverfant l'humeur aqueufe & la pupille, & il parviendra au point G ; pareillement le rayon B F fuivra la route F I, & parviendra au point I : par cette réfraction, les rayons, qui dans leur incidence étoient divergens, deviendront moins divergens, ou paralleles, ou enfin convergens : s'il y en a quelques-uns qui foient tombés parallelement, ils deviendront convergens : ceux qui feront parvenus convergens, le deviendront davantage : & dans tous ces cas, il paffera plufieurs rayons par le trou de la pupille.

Tout autre rayon qui fera tombé circulairement fur le contour de la cornée, fe portera fur l'iris, qu'il ne pourra traverfer, eu égard au *pigmentum nigrum* dont elle eft enduite : ceux même qui ne peuvent point pénétrer jufqu'à l'iris, feront réfléchis par les fibres antérieures, & fortiront de l'œil. C'eft par le moyen de ces rayons réfléchis, & de ceux dont nous venons de parler, que nous voyons l'iris & les différentes couleurs dont elle eft peinte.

§. MDCCCLXVI. Comme l'ouverture de la pupille eft petite, & qu'elle n'a pour l'ordinaire que $1\frac{1}{4}$ ou $1\frac{1}{2}$ ligne de diametre, les rayons qui partent d'un objet, & qui font beaucoup divergens, ne paffent point par cette ouverture ; & en fuppofant même que ces rayons feroient réfractés dans l'œil avec ceux qui font divergens, ils ne viendroient pas concourir à un même point fur la rétine ; ils apporteroient de la confufion dans la vifion.

§. MDCCCLXVII. Il en eft de même par rapport aux rayons qui partent des points C & A de l'objet, ainfi que par rapport à tous les rayons intermédiaires.

§. MDCCCLXVIII. Si l'objet Π Σ eft fort près de l'œil, les rayons qui partiront de ces extrêmités Π κ, Σ m, entreront fort obliquement dans l'œil, & après avoir traverfé la prunelle, ils tomberont fur le *pigmentum nigrum*, fitué entre l'iris & l'humeur vitrée ; ils aboutiront aux points K & m, où ils feront amortis, comme inutiles pour la vifion, puifqu'ils ne pourroient être réfractés, de maniere qu'ils vinffent concourir au même point fur la rétine.

§. MDCCCLXIX. Plus la cornée eft plate, moins les rayons qui tombent deffus font réfractés ; il y en a auffi un moindre nombre qui font dirigés vers la pupille, & qui la traverfent. Ceux qui paffent par cette ouverture font moins réfractés ; par conféquent ces rayons, en pénétrant les autres humeurs de l'œil, doivent être moins bien déterminés à fe porter fur des points diftincts de la rétine.

Comme les yeux des vieillards fe flétriffent, ils s'applatiffent, & fur-tout la cornée : les vieillards ne peuvent donc pas voir auffi clairement, auffi diftinctement, ni des objets auffi grands que ceux que les jeunes gens diftinguent : au contraire, plus la cornée eft convexe, & plus les rayons de lumiere qui la pénetrent font réfractés. Chaque point de l'objet porte donc un plus grand nombre de rayons vers la prunelle : telle eft ordinairement la cornée des myopes, qui voient pour cette raifon les objets plus diftinctement ; mais feulement ceux qui font proches, & dont les rayons étant fort divergens, doivent être fort rompus, pour pouvoir fe réunir fur la rétine.

§. MDCCCLXX. Plus la prunelle eft ample (& fes dimenfions peuvent devenir doubles dans les ténebres), plus elle tranfmet de rayons réfléchis par un même point de l'objet : moins elle eft ample, moins elle en tranfmet. Or la prunelle peut fe dilater & fe refferrer : ce qui eft abfolument néceffaire ; puifque, pour voir les objets bien clairement & bien diftinctement, il faut un certain nombre de rayons, qui n'agiffent ni trop fortement, ni trop foiblement fur la rétine : c'eft auffi pour cela que nous modifions la lumiere qui pénetre dans nos yeux, en dilatant, ou en contractant la prunelle. L'ame ne s'apperçoit point, & ne connoît aucunement cette dilatation , ni cette conſtriction de la prunelle ; par conſéquent on ne peut pas dire que ces ſortes de mouvemens dépendent de notre volonté : & autant qu'on en peut juger par les obſervations anatomiques qu'on a faites juſqu'à préſent , on n'eſt point ſûr de l'exiſtence des fibres longitudinales & circulaires qu'on attribuoit autrefois à l'iris. La prunelle eſt naturellement dilatée , ainſi qu'on le remarque le matin quand on ſe leve. Si on ouvre les yeux d'une perſonne qui dort , on remarque que ſes prunelles ſont très grandes & très dilatées ; telles qu'elles ſont ordinairement lorſqu'on ſe trouve dans les ténebres : elles ſe contractent au contraire , & leur ouverture diminue lorſqu'on eſt expoſé à une lumiere vive , au grand jour. Peut-on dire que cet effet vient de ce que la lumiere irrite les fibres de l'iris ? ou plutôt de ce que la lumiere irrite la rétine , & par ce moyen l'iris ; puiſque la rétine eſt plus irritable que l'iris (1). Les fibres de l'iris deviennent-elles plus longues lorſqu'elles ſont irritées? Et ſont-elles alors miſes dans un état contre nature , dans lequel elles ne peuvent perſévérer longtems ſans être fatiguées , & éprouver de la douleur ? Cette cauſe eſt certainement une des plus inconnues ; puiſque cet effet ne dépend point de l'action muſculaire : car s'il en étoit ainſi , les fibres longitudinales deviendroient plus grandes que les fibres orbiculaires , & elles ſeroient en plus grand nombre ; de ſorte qu'une lumiere plus vive dilateroit davantage la pupille , & que ſon amplitude diminueroit lorſque la lumiere s'affoibliroit : ce qui eſt contraire à l'expérience.

La conſtruction de la pupille dans les enfans , va à une ligne ⅓ , & dans les adultes , à une ligne ½ de diametre ; & comme le plus grand diametre de cette partie $= 2 \frac{1}{2}$ ligne : ſes différentes amplitudes dans les enfans ſont dans le rapport de 4 à 9.

§. MDCCCLXXI. Les rayons qui ne traverſent point la prunelle fort obliquement , tombent enſuite ſur le cryſtallin R S , qui eſt plus denſe que l'humeur aqueuſe ; quoique le rayon D H tombe perpendiculairement ſur cette lentille , & qu'il parvienne juſqu'en M ſans ſubir de réfraction , les autres rayons qui tombent obliquement ſur ce globe , ſont réfractés vers la perpendiculaire ſelon la même proportion que les rayons de lumiere qui paſſent obliquement de l'air dans le verre. Le D. *Jurin* croit que le ſinus d'incidence eſt au ſinus de réfraction , dans le rapport de 13 à 12. *Hauxbée* ayant conſidéré le cryſtallin d'un bœuf , penſe que ce rapport eſt plus grand , & qu'il eſt égal à celui de 11 à 10 , 02126. *Pemberton* a trouvé par expérience , qu'il étoit un peu plus petit : ce qui n'a pas empêché que *Portefield* crût que le ſinus de l'angle d'incidence des rayons qui paſſent de l'humeur vitrée à travers le cryſtallin fût au ſinus de réfraction , comme 87 : 85 ; de ſorte qu'il paroît qu'on ne connoît point encore exactement ce rapport dans le cryſtallin de l'homme. Cette nouvelle réfraction qu'éprouvent les rayons de la lumiere , les rend encore moins divergens ; ils deviennent même paralleles ou convergens : c'eſt ainſi que le rayon E G ſe dirige ſelon G L , & que le rayon F I ſe porte en I N.

§. MDCCCLXXII. Plus la ſurface antérieure du cryſtallin G H I eſt convexe , plus il eſt denſe , plus les rayons ſont réfractés : au contraire plus il eſt

(1) Commentar. Gotting. Vol. 2. p. 133.

plan

plan , plus ſa ſubſtance eſt rare ; & moins la réfraction eſt ſenſible : le criſtallin des myopes eſt très réfringent ; c'eſt ce qui fait qu'ils ne peuvent voir
que les objets qui ſont très près de leur œil , & qui envoient des rayons très
divergens : au contraire , la plûpart des vieillards voient de plus loin les objets dont les rayons ſont preſque paralleles , qui doivent être peú réfractés ,
& pour la réfraction deſquels un cryſtallin plus applati ſuffit ; car il eſt plus
ſolide dans ces ſortes de perſonnes.

§. MDCCCLXXIII. C'eſt de cette maniere que les rayons parviennent
juſqu'à l'humeur vitrée , qui a un peu moins de conſiſtance que le cryſtallin.
Le rayon H M , tombant perpendiculairement ſur le point M , paſſe directement juſqu'en O , ſans ſe réfracter ; & comme ce rayon traverſe les trois humeurs de l'œil ſans ſubir aucune réfraction , on lui donne le nom d'*axe optique* : mais le rayon G L , qui ſort obliquement du cryſtallin au point L , ſe
réfracte en s'éloignant de la perpendiculaire , & ſe porte ſelon la direction
L O. Et, ſuivant le D. *Jurin*, le ſinus de ſon angle d'incidence eſt au ſinus
de ſon angle de réfraction : : 12 : 13 ; ou , ſelon *Hauxbée*, : : 10 , 02126 : 11 ;
ou , ſelon *Porterfield*, : : 85 : 87. Pareillement le rayon I N ſuit la direction
N O : ce qui fait que , dans cette réfraction , ces rayons deviennent plus
convergens ; & plus la ſurface poſtérieure du cryſtallin ſera convexe , plus
ces rayons ſeront réfractés , & deviendront convergens : au contraire , plus
cette ſurface ſera applatie , & moins ils deviendront convergens. C'eſt ainſi
que ſe réuniſſent au point O de la rétine les rayons qui ſont réfléchis du point
B de l'objet : les autres rayons qui partent des points A & C du même objet,
ſe raſſemblent auſſi de la même maniere aux points Y & X de la même membrane.

§. MDCCCLXXIV. En ſuppoſant l'œil de l'homme bien conſtitué , les
rayons qui tombent parallelement deſſus, concourent en un même point ſur
la rétine , après avoir été réfractés en traverſant les trois humeurs de l'œil. Si
les rayons qui tombent ſur l'œil ſont un peu divergens , ils concourent auſſi
ſur la rétine , ſans que la différence de leur point de réunion paroiſſe ſenſiblement ; mais ſi ces rayons ſont trop divergens , leur concours ſe fera audelà de la rétine , & ils occuperont un certain eſpace dans l'endroit où ils ſe
porteront. Enfin ſi les rayons qui parviennent à l'œil ſont convergens , ils ſe
réuniront avant de parvenir à la rétine. Pour bien concevoir ce méchaniſme , il faut ſe repréſenter à l'eſprit les différentes aberrations des rayons qui
paſſent à travers des lentilles de verre ; car on peut conſidérer le cryſtallin
comme une eſpece de lentille : & conſéquemment les rayons qui traverſent le cryſtallin doivent avoir un foyer d'une certaine étendue , toute petite
qu'elle ſoit. Or c'eſt préciſément pour que l'étendue de ce foyer ſoit très petite , que l'ouverture de la pupille eſt ſi petite dans l'homme.

§. MDCCCLXXV. Il ſuit de ce que nous venons de dire, que l'image de
l'objet A B C ſe peindra ſur la rétine en X O Y ; mais dans une ſituation renverſée , de la même maniere que les objets extérieurs ſe peignent ſur un plan
blanchi , qu'on oppoſe dans une chambre noire au trou fait au volet de la
fenêtre , l'image de ces objets ſe verra alors diſtinctement : mais on la rendra plus diſtincte ſi on adapte un verre convexe au trou dont nous venons de
parler. Or il faut regarder le cryſtallin de l'œil comme ce verre convexe , &

l'œil comme la chambre obfcure. Les rayons qui partent des extrêmités de l'objet, & qui vont en peindre l'image en X O Y, fe croifent en un point quelconque déterminé par les §. 1776, 1777. Ce point doit être confidéré comme le fommet d'un cône, dont la bafe eft l'image peinte fur la rétine, & l'objet forme la bafe de l'autre cône : ce qui fait que l'image peinte dans l'œil eft parfaitement femblable à la figure de l'objet.

§. MDCCCLXXVI. Si l'œil étoit dépourvu de cryftallin, comme il arrive lorfqu'il eft hors de fa place, ou qu'il fût coupé, comme cela peut fe faire dans les endroits d'où on a voulu abattre des cataractes, alors les rayons de lumiere n'ayant à traverfer que l'humeur aqueufe & l'humeur vitrée, ne feroient point affez réfractés : & dans ce cas, l'œil ne pourroit diftinguer & lire qu'à l'aide d'une forte loupe, qui feroit l'office du cryftallin. *Morafch* (1) affure que le cryftallin fe fondit & difparut totalement dans l'œil d'un homme qu'on avoit guéri d'une cataracte depuis environ 4 ans.

§. MDCCCLXXVII. Toute la lumiere qui tombe fur la cornée & fur le cryftallin, ne fe répand pas entierement dans l'œil, & ne pénetre pas jufqu'à la rétine ; mais une partie eft réfléchie par la cornée & par le cryftallin : il eft même vraifemblable que la lumiere réfléchie eft à celle qui eft tranfmife, comme 1 : 10 (2). Il paroît que la cornée renvoie beaucoup de lumiere ; puifque fi on regarde de près les yeux d'une autre perfonne, on fe voit peint en mignature dans fa pupille : or cette image provient des rayons que la cornée réfléchit, qui fait alors l'office d'un miroir convexe ; & toute la lumiere qui eft ainfi réfléchie, ne pénetre point l'intérieur de l'œil.

§. MDCCCLXXVIII. Puifque la rétine eft compofée de deux membranes, l'une intérieure qui reçoit l'humeur vitrée, & qui eft membraneufe & vafculeufe ; l'autre extérieure, qui eft médullaire : ce qui eft contre le fentiment de tous les Phyficiens, ne peut on pas dire que la partie membraneufe de la rétine, qui reçoit les rayons de lumiere qui viennent des différens objets dont ils peignent la figure fur cette membrane, ne peut on pas dire que cette partie membraneufe défend les fibres médullaires, qui font fi délicates, les empêche de vaciller, & d'être fi promptement brûlées, ou détruites ?

Ne peut on pas dire auffi que ces fibres médullaires, appliquées contre la partie membraneufe fur laquelle les images des objets viennent fe peindre, font fuffifamment affectées, pour que cette impreffion, ou ce mouvement, foit porté, par le miniftere des nerfs, jufqu'au *fenforium commune*, où ce mouvement, fe communiquant à l'ame, excite en elle l'idée des objets extérieurs ; efpece d'idée que nous nommons *voir* ? Mais comment les extrêmités des fibres nerveufes de l'œil font-elles affectées ? Eft-il néceffaire ou non que dans toute fenfation, les extrêmités des nerfs foient affectées ? Une fimple affection excitée dans toute partie quelconque d'un nerf, ne fuffit-elle pas ?

§. MDCCCLXXIX. Les différentes idées produites dans l'ame, par l'organe de la vue, répondent tellement aux impreffions excitées dans les nerfs

(1) Ephemerid. Nat. Curiof. Centur. 10. Obf. 55. p. 350. (2) Jurin Upon Diftinct. Vifion. §. 237.

de l'œil, que chaque fois que ces mêmes impressions reviennent dans un œil
bien conftitué, chaque fois l'ame fe forme la même idée, & voit les mêmes
objets, & qu'au contraire elle en apperçoit d'autres lorfque ces impressions
font différentes.

Il n'y a rien de commun à l'idée & à l'impreffion faite fur le nerf qui l'excite ; par conféquent il ne doit rien avoir de commun entre l'objet & fa perception. La vifion ne nous apprend donc rien par elle-même ; puifque l'ame
ne diftingue pas les mouvemens excités dans les fibrilles nerveufes, ni la
conftitution des objets. Mais puifque chaque fois que la même impreffion
fe renouvelle dans l'organe, la même idée renaît dans l'ame ; il s'enfuit que
c'eft une habitude acquife de fe former une même idée dans ces mêmes circonftances ; de forte qu'il paroît que l'impreffion faite dans l'organe & l'idée
qui s'enfuit, font deux chofes intimément unies entr'elles, & qui deviennent
inféparables.

§.MDCCCLXXX. L'image des objets extérieurs fe peint diftinctement fur
une petite portion de la rétine autour de l'axe optique ; & elle ne fe peint
que confufément fur les endroits qui font plus éloignés de cet axe : c'eft
pour cette raifon que nous ne pouvons voir diftinctement, & d'un feul
coup-d'œil, qu'une très petite portion d'un grand objet qui eft près de notre
œil, & que nous ne voyons que confufément les autres parties de cet
objet.

§. MDCCCLXXXI. Si l'objet fe trouve à une telle diftance de l'œil, que
les rayons qui partent de tous fes points fe réuniffent par réfraction en autant de points fur la rétine, & qu'on voie diftinctement cet objet ; alors le
cryftallin demeurera en fa place. Mais fi on approche trop près de l'œil ce
même objet, les rayons qui partent de fes différens points, étant trop divergens, & étant réfractés comme précédemment, en traverfant les trois
humeurs de l'œil, ne fe réuniront pas en un point fur la rétine ; mais au-delà
de cette membrane, ils formeront alors une efpece de tache, & ils ne pein-
dront point diftinctement fur la rétine l'image de cet objet : or l'ame fait un
effort continuel pour voir diftinctement cette image. Ne peut-on donc pas
dire que le procès ciliaire, ainfi que la membrane antérieure de la capfule du
cryftallin, fe relâchent, & que l'humeur vitrée, preffée par les tuniques de
l'œil, fe porte en avant, pouffe devant elle le cryftallin, qui s'éloigne alors
de la rétine ; que le cryftallin pouffe devant lui l'humeur aqueufe, & la preffe
contre la cornée ; laquelle, cédant à cet effort, devient plus convexe : cela
pofé, les rayons de lumiere tombant alors fur l'œil, qui eft plus convexe,
fe réfractent davantage ; peut être le cryftallin devient-il lui même plus convexe dans cette circonftance ; mais nous en parlerons ci-deffous. Or en fuppofant ce méchanifme, trois caufes concourent alors à rendre l'image de
l'objet diftincte fur la rétine, & à favorifer la vifion.

§. MDCCCLXXXII. Mais fi l'objet eft trop éloigné de l'œil, qui foit
tellement conftitué, que les rayons peu divergens qui tombent deffus foient
réfractés de manière à fe réunir avant de parvenir à la rétine, ne peut-on
pas dire que le *procès ciliaire*, ainfi que la membrane antérieure de la capfule, fe tendent davantage ; que par cette tenfion elles preffent le cryftallin, & l'obligent à fe porter plus profondément dans l'humeur vitrée, ce

qui le rapproche de la rétine : la compression qu'il éprouve alors, l'applatit un peu : il réfracte donc moins les rayons qu'il reçoit, & il fait qu'ils concourent en un point plus éloigné, & qu'ils peuvent, par ce moyen, peindre distinctement sur la rétine l'image de l'objet qui les renvoie. On croyoit à la vérité autrefois que le *procès ciliaire* pouvoit eloigner ou rapprocher le crystallin de la rétine ; mais comme on a découvert que ce *procès* n'étoit point musculeux, & qu'il est séparé du crystallin, on a rejetté cette opinion. Quelque chose qui arrive, en telle circonstance, l'ame ne perçoit aucunement la contraction ou la relaxation des parties de l'œil : elle n'est aucunement instruite de ses opérations : mais ne pourroit-on pas dire que l'image confuse & mal terminée de l'objet, seroit la cause de la contraction ou du relâchement de la zône ciliaire & de la membrane de la capsule, & que l'un ou l'autre de ces deux effets auroit lieu dans l'œil jusqu'à ce que l'objet y fût assez bien peint pour que l'ame pût s'en former une idée ?

§. MDCCCLXXXIII. La zône ciliaire, ainsi que la membrane capsulaire, ne peuvent pousser le crystallin dans l'humeur vitrée que d'une quantité égale à la moitié de son épaisseur, c'est-à-dire, de $\frac{1}{4}$ de lign. Or une telle approximation vers la rétine, ne peut pas nous faire voir aussi distinctement les petits objets, lorsqu'ils sont placés à 6 pouces, à 14 pieds & à 5 pouces de distance de l'œil ; parceque calcul fait, il faudroit que nous pussions éloigner ou rapprocher le crystallin de 0, 87 pouces, & alors toute la cavité de l'humeur vitrée, dans laquelle le crystallin est logé, seroit applatie. La moitié de l'épaisseur de la partie postérieure du crystallin, est au plus d'une ligne ; par conséquent un tel mouvement ne suffit pas pour nous procurer une vision distincte ; mais il faut de toute nécessité que la convexité du crystallin varie, qu'elle change en plus & en moins ; que sa convexité antérieure devienne plus grande pour les objets qui sont proches de l'œil, & que sa surface postérieure s'applatisse de façon que le rayon de sa surface antérieure, qui est pour l'ordinaire $= 3, 308$ lign. devienne $= 2$ lignes, & que le rayon postérieur, qui ordinairement $= 2, 5056$ lign. devienne $= 3$ lignes, & même davantage. Le changement de figure de la part du crystallin, est donc indispensablement nécessaire, ainsi que *Pemberton* (1) l'a très bien démontré ; parceque nous avons coutume de voir les objets par des rayons divergens, & que lorsque nous les considérons à l'aide d'un microscope, nous les voyons par des rayons paralleles, ou même convergens.

§. MDCCCLXXXIV. La membrane antérieure du chaton du crystallin, qui est une membrane très dure, élastique & musculeuse, ainsi que le *procès ciliaire*, compriment-ils assez fortement le crystallin contre l'humeur vitrée, sur laquelle il s'appuie, & qui lui résiste, pour qu'il devienne plus plan, par l'expulsion de la liqueur contenue dans ses vésicules ; ou se peut-il, comme l'humeur aqueuse est incompressible, que le limbe de la capsule étant pressé, se porte dans le canal de *Petit*, qui est vuide ou dilatable, de sorte que la liqueur comprimée se retire dans cette capacité, quoiqu'elle n'influe pas directement sur ce canal ?

La membrane de la capsule venant à se relâcher, l'élasticité des lames

(1) In Dissert. Inaugur. de Facult. Oculi. ann, 1719.

conſtituantes du cryſtallin ſuffit-elle pour rétablir cette lentille ſous ſes premieres dimenſions, pour développer & étendre la capſule, afin que l'humeur puiſſe ſe faire jour, couler & ſe jetter entre les membranes, & rendre
le cryſtallin plus arrondi, & enfin pour rétablir la cavité du canal de *Petit*?

Il eſt bien plus probable que le changement de figure du cryſtallin doit
être attribué à l'action de la membrane antérieure de la capſule, qu'à celle
du procès ciliaire, qui eſt détaché du cryſtallin, qui flotte ſur ſon contour,
& qui eſt diſpoſé ſi obliquement, par rapport à ce globe, qu'il ne peut point
agir directement contre lui.

§. MDCCCLXXXV. Ne peut-on pas dire auſſi qu'il ſe fait un changement dans toute la figure de l'œil; qu'il devient tantôt plus long & elliptique, tantôt plus court & ſphérique; que ce changement provient de l'action des muſcles, qui ſont placés dans la cavité oſſeuſe de l'orbite, autour
du globe de l'œil, qu'ils font mouvoir, & que ce changement de figure dépend de leur contraction ou de leur relâchement?

Cette raiſon eſt dépourvue de vraiſemblance, parceque la ſclérotique eſt
une membrane très dure & très épaiſſe, & que les muſcles de l'œil ſont
ſitués ſur des parties graiſſeuſes & molles; que ces muſcles eux-mêmes ſont
mous, & qu'ils ne peuvent, par leur contraction, apporter aucun changement à la figure de l'œil, qui eſt dur, rond, & rempli: outre cela, l'action
des muſcles qui agiroient intérieurement, ſe porteroit ſur les parties graiſſeuſes qui ſont ſituées à la partie poſtérieure de l'œil: ces parties graiſſeuſes,
par leur réſiſtance, applatiroient la ſurface poſtérieure de ce globe, & le
rendroient plus petit, tandis que les muſcles qui l'entourent l'allongeroient
par leur tuméfaction; & le changement produit par une de ces cauſes, ſeroit détruit par l'autre. D'ailleurs, la différence qu'on remarque dans le
nombre & dans la ſituation des muſcles des yeux des différens animaux,
dans qui la viſion s'opere de la même maniere que dans l'homme, eſt une
preuve ſolide que le changement qui arrive à l'œil, ne dépend point des
muſcles. En effet, la ſclérotique a coutume d'être plus dure dans les animaux. *Ruyſch* (1) a obſervé qu'elle étoit très épaiſſe & cartilagineuſe dans
la baleine: elle eſt oſſeuſe dans pluſieurs autres animaux, tels que le thon (2),
le hibou (3), l'autruche (4), & dans pluſieurs oiſeaux, tant parmi ceux qui
volent dans l'air, que dans ceux qu'on appelle aquatiques; & conſéquemment la figure de l'œil, entouré de graiſſe, ne peut point être changée par les
muſcles ambians. Or comme les yeux de ces différens animaux ſont deſtinés
au même ſervice que ceux de l'homme, quoique la ſclérotique ſoit moins
dure dans les yeux de ceux-là, ce n'eſt pas une raiſon pour croire que le
changement qui arrive à l'œil, dépende de l'action des muſcles, puiſque
ce même changement ne peut pas dépendre de la même cauſe par rapport
aux autres animaux.

La cornée cependant eſt plus tendre que la ſclérotique dans les yeux de

(1) Theſaur. Anatom. 2. Tom. 1.
(2) Santorini Obſerv. Anatom. Cap. 4. §. 2.
(3) Perrault, Mém. adopt. Zinn. in Comment. Gotting. Vol. IV, pag. 247.
(4) Philoſ. Tranſ. n. 413.

tous les animaux. Cette cornée ne pourroit elle donc pas devenir plus convexe, lorsque l'iris & le procès ciliaire, qui sont adaptés au contour de la
cornée, viendroient à se contracter, & qu'ils pousseroient en avant l'humeur aqueuse, & ne pourroit-elle pas reprendre sa premiere figure ou s'applatir, lorsque ces parties se relâcheroient? Cette idée n'est pas tout à-fait
dépourvue de vraisemblance.

Quoi qu'il en soit, la vision dépend des trois humeurs de l'œil; car elle
cesse d'être distincte lorsqu'une seule de ces humeurs manque: c'est ce qu'on
remarque lorsque l'humeur aqueuse s'échappe de l'œil, par une blessure
faite à cette partie. On remarque la même chose lorsque le crystallin est
emporté, coupé ou hors de sa place, ainsi qu'il arrive souvent à ceux qui
ont souffert l'opération de la cataracte; ils ne voient plus distinctement les
objets, qu'à l'aide d'une loupe, qui grossit considérablement. Dans ces différentes circonstances, les muscles extérieurs de l'œil demeurent dans leur
entier; pourquoi l'allongement ou l'applatissement qu'on veut qu'ils procurent à l'œil, ne produit-il donc pas le même effet qu'un verre de lunette?

§. MDCCCLXXXVI. Quelques changemens qui surviennent à l'œil, ils
se font avec une vîtesse inexprimable, puisque nous voyons distinctement
de petits objets à la distance de 6 pouces, & que dans un instant trop court
pour que nous puissions le déterminer, nous voyons des objets aussi petits
à la distance de 14 pieds, ou à toute autre distance intermédiaire; ce qui
ne peut se faire sans qu'il arrive quelque changement dans l'œil.

§. MDCCCLXXXVII. Tout changement qui arrive à l'œil, soit qu'il se
fasse dans les dimensions de la pupille, qui augmentent ou qui diminuent,
soit que ce changement concerne la figure du crystallin, soit sa distance plus
ou moins grande de la rétine, tout changement, dis-je, quelconque, est
resserré dans des bornes plus ou moins étroites, & conséquemment est plus
grand ou plus petit, suivant la différence des yeux. Les bornes de ce changement dépendent en partie de la structure de l'œil, de sa flexibilité, de
l'âge; car dans la vieillesse, toutes les fibres se roidissent, elles se contractent, elles agissent & elles se meuvent plus ou moins promptement. Ces
bornes dépendent aussi de l'exercice qu'on a coutume de faire; car ceux
qui ont coutume de considérer de très petits objets, & qui les voient habituellement de très près, tels que les Graveurs, les Peintres, les Horlogers,
les Gens de Lettres, &c. les yeux de ces sortes de gens se contractent: ils
deviennent myopes, & ils ne peuvent plus distinguer les objets éloignés: au
contraire, ceux qui ont habitude de considérer des objets éloignés, tels que
les navigateurs, les sentinelles, les chasseurs, &c. ces gens-là ont coutume
de tenir leurs procès ciliaires relâchés: aussi distinguent-ils difficilement &
rarement les petits objets qui sont près. Il faut donc s'accoutumer habituellement à regarder de petits objets de fort près, & de grands objets, fort
éloignés; c'est le conseil de *Ramazzini* (1). On conçoit, par ce que nous
venons de dire, pourquoi tous les hommes en particulier ne voient point,
aussi distinctement les uns que les autres, les objets qui sont près de l'œil,

(1) Ramazzini de Morbis Artificum, Cap. 26.

& ceux qui en font éloignés. Il arrive encore quelquefois que les deux yeux dans le même homme, ne font pas auſſi parfaits & auſſi mobiles l'un que l'autre.

§. MDCCCLXXXVIII. L'image des objets extérieurs ſe peint renverſée ſur la rétine ; car leurs parties ſupérieures tombent ſur les parties inférieures de cette membrane, & leurs parties inférieures tombent ſur les parties ſupérieures. Il en eſt de même de celles de l'objet, qui ſont à la droite de l'axe optique, elles viennent ſe peindre à gauche, tandis que celles qui ſont à la gauche, viennent ſe peindre à la droite de la rétine. Pourquoi donc l'ame voit-elle les objets renverſés, dans leur ſituation naturelle ? Cet effet viendroit il de ce que l'ame rapporteroit la partie de l'objet qu'elle apperçoit directement, à l'extrêmité du rayon qui vient en tracer l'image ſur la rétine, après avoir traverſé les différentes humeurs de l'œil ? Et conſéquemment à ce principe, nous devons rapporter en haut les parties des objets qui ſont peintes vers la partie inférieure de la rétine : nous devons voir en bas celles dont l'image eſt tracée vers la partie ſupérieure de la rétine. Enfin nous devons rapporter extérieurement à droite, celles qui ſont ſituées à la gauche de la rétine ; & au contraire, à gauche, celles qui occupent le côté droit de la même membrane.

§. MDCCCLXXXIX. *Voir* eſt une opération que nous n'apportons point avec nous, lorſque nous venons au monde ; mais nous acquérons la faculté de la faire, par l'exercice, l'uſage & l'art. Les enfans ne diſtinguent qu'à la longue, & avec peine, les objets qui frappent leurs yeux ; ils n'acquerent cette faculté de les voir qu'inſenſiblement & par degrés, en touchant ces objets, en les goûtant, en les mordant, en les pouſſant, &c. & ils ne connoiſſoient point encore, par la vue, ceux qu'ils ont appris à connoître par le tact, ainſi qu'on peut le remarquer par l'exemple de ceux à qui on a abattu des cataractes lorſqu'ils étoient déja avancés en âge, ils ne diſtinguent d'abord rien à la vue, & ils n'apprennent qu'à la longue & par l'exercice, à faire uſage de cet organe. Il en eſt de même de ceux qui n'ont jamais obſervé d'objet à l'aide d'un microſcope ou d'un téleſcope, quoiqu'adultes & quelques ſavans & ſpirituels qu'on les ſuppoſe, ils ne voient point d'abord, & ils ne diſtinguent point les objets qui ſe préſentent à ces ſortes d'inſtrumens ; ils ne commencent à les voir qu'au bout de quelque tems : ils ſe ſervent plus favorablement le lendemain de ces inſtrumens, & plus ils s'exercent à en faire uſage, & plus ils acquerent la facilité de s'en ſervir & de découvrir un plus grand nombre d'objets ; ce que j'ai obſervé pluſieurs fois dans mes Auditeurs. Que les Peintres voient de belles choſes dans les ombres & dans les éminences, que ne ſavent pas diſtinguer ceux qui ne ſont point verſés dans leur Art ! On obſerve la même choſe par rapport aux autres ſens. Celui qui n'auroit vécu pendant toute ſa vie que de pommes de terre, de pain de ſeigle, &c. ne diſtingueroit pas d'abord la ſaveur des viandes & des autres mets : celui qui n'a jamais bu de vin, ne ſauroit pas juger de la ſupériorité d'un vin ſur un autre ; il ne ſauroit pas ſentir la différence qu'il y auroit entre différens vins qu'on lui donneroit à goûter : il n'y a qu'un palais accoutumé à ſavourer d'excellens vins, qui ſoit à portée d'aſſeoir un bon jugement ſur cette matiere. Pareillement une oreille mal organifée & dure, ne faifit point l'harmonie des fons & la mélodie du chant; ce que faifit très bien une perfonne qui a appris la mufique, & qui a acquis du goût pour cet Art. On ne voit que ceux qui ont fouvent fenti des parfums, & qui les ont fentis avec attention, qui diftinguent parfaitement les odeurs; de même que nous découvrons par le taĉt quelle eft la partie fupérieure & inférieure d'un objet : de même en voyant & en comparant les mêmes objets, nous jugeons de la fimilitude de leur fituation, droite ou renverfée; & nous ne nous départiffons plus de notre jugement lorfqu'il eft fondé fur des obfervations plufieurs fois répétées.

§. MDCCCXC. Soient les deux axes optiques A C E, A D G [*Tab.* 42. *fig.* 2.] des deux yeux d'un homme quelconque, qui paffent par le centre de la cornée & par celui du cryftallin, pour tomber en E & en G fur la rétine : dans cette fuppofition, les fibrilles nerveufes font tellement difpofées, que fi l'image de l'objet tombe dans les deux yeux L I, K M, fur les points E & G des axes optiques, l'ame ne verra alors qu'un feul objet. Ce fera encore la même chofe fi l'image de l'objet, tombant dans l'œil L, entre l'axe optique G E & le nez, l'autre image tombe dans l'autre œil K fur la même partie correfpondante à même diftance de l'axe optique D G.

§. MDCCCXCI. On obferve encore la même chofe lorfque l'image d'un objet vient fe peindre dans un œil L entre l'axe C E & le point L, & que dans l'autre œil K, cette image fe porte entre l'axe D G & la partie adjacente au nez.

Par conféquent fi les axes optiques de deux yeux font exprimés par les lignes A E, A G, & que du centre E & du rayon E P, on décrive dans l'œil gauche un petit cercle, & que du centre G & d'un rayon G O = E P, on décrive un petit cercle dans l'autre œil; alors les images qui viendront fe peindre dans les mêmes parties de ces cercles, ou dans leurs parties oppofées, ne repréfenteront à l'ame qu'une feule image.

§. MDCCCXCII. Mais fi l'image d'un feul objet ne fe peint point dans l'un & dans l'autre œil L I, K M, fur les parties que nous venons d'indiquer, l'objet paroîtra double. On obferve ce phénomene lorfqu'on envifage d'abord un objet des deux yeux, & qu'on en pouffe enfuite un, le droit ou le gauche, en-haut ou en-bas, à droite ou à gauche, en le comprimant; car alors l'objet paroît d'abord double, & en un autre endroit, fuivant la maniere dont l'œil eft comprimé. On obferve encore la même chofe dans le fpafme, ou dans la paralyfie des mufcles de l'un ou de l'autre des yeux (1). Les moribonds (2) obfervent auffi ce phénomene, ainfi que ceux qui ont mangé de la racine de jufquiame (3); & que ceux qui ont bu une trop grande quantité de vin, ou d'efprit de vin. Je me fouviens d'avoir eu les mufcles de l'œil gauche paralyfés; ce qui me rendit cet œil immobile, tandis que mon œil droit étoit en très bon état : je voyois alors tous les objets doubles, & ils me paroiffoient plus petits lorfque je les regardois avec l'œil gauche; ce qui pouvoit venir de l'applatiffement de la cornée, ou du cryftallin. Les idées

(1) Willis de Anim. Brut. Cap. 15. Plateri Obferv. Lib. 1. pag. 132.
(2) Bartholini Aĉta Hafnienf. Vol. 2. pag. 198.
(3) Hift. de l'Açad. Ann. 1737.

occafionnées

occafionnées par l'organe de la vue, dépendent donc de la conftitution actuelle de cet organe.

§. MDCCCXCIII. Suppofons deux objets A & B [*Tab.* 42. *fig.* 2.], pofés à quelque diftance au-delà des yeux, fi les axes optiques font dirigés fur l'objet B, l'objet A paroît double ; parceque l'image qui fe peint dans chaque œil, tombe fur la partie extérieure de l'axe optique. Si on dirige enfuite les axes optiques fur l'objet A, l'objet B paroîtra auffi double ; parceque les deux images tomberont fur la rétine entre les axes optiques & le nez : ou foient deux chandelles C, D [*Tab.* 42. *fig.* 3.], éloignées de 3 pieds du plan E F G H, percé à fon milieu d'un trou K. Suppofons que les deux yeux foient placés en A & en B ; que l'œil A ne puiffe point voir la chandelle C, ainfi que l'œil B, la chandelle D : dès qu'on voudra voir les deux chandelles, le trou K paroîtra alors double. Mais fi on augmente les dimenfions de ce trou, les deux chandelles ne formeront plus que l'image d'une feule, qui fe fera remarquer au trou K, auquel les axes optiques font alors dirigés & fe réuniffent, & l'ame ne verra qu'une feule chandelle.

§. MDCCCXCIV. Lorfque nous voulons confidérer un objet, nous dirigeons naturellement nos deux yeux fur cet objet, & fon image vient alors fe peindre au fond de nos deux yeux : nous fommes tellement accoutumés à rendre les mouvemens de nos yeux fimultanés, que lorfque nous faifons mouvoir un de nos yeux, nous ne pouvons point tenir l'autre en repos. On remarque la même chofe dans plufieurs animaux ; tels que le bœuf, le cheval, le chien, la brebis, &c, quoiqu'il y en ait quantité d'autres, tels que les poiffons, les oifeaux, les lievres, &c, qui peuvent faire prendre à leurs yeux différentes directions, & qui peuvent voir en même-tems & regarder différens objets oppofés : ce qui fait que la vifion ne s'opere pas exactement de la même maniere dans tous les animaux. Lorfque le même objet agit fur les deux yeux, l'ame en eft plus fortement affectée, & cet objet fe voit plus clairement, plus diftinctement, & felon une plus grande étendue ; l'image en demeure plus profondément gravée dans la mémoire.

Mais pour quelle raifon l'ame ne voit-elle qu'un feul & unique objet, quoique fon image foit peinte féparément dans chaque œil ? Cet effet viendroit il de l'habitude que nous avons acquife, & qui nous a appris qu'il n'y avoit véritablement qu'un feul objet, quoique fon image fût double & gravée au fond de chacun de nos deux yeux ; & ne feroit-ce pas pour cette raifon que nous avons recours, dans l'enfance, à plufieurs de nos fens pour juger des objets, & que nous touchons avec tant de foins ceux que nous voyons, que nous les portons à notre bouche, que nous les goûtons, & que nous les tournons en toutes fortes de fens. Le goût & le tact, nous apprenant qu'un objet eft feul & unique, quoiqu'il fe peigne dans chacun de nos yeux, l'ame, dans plufieurs autres circonftances, jugera pareillement qu'un objet eft fimple & unique, quoiqu'elle foit affectée par une double repréfentation de cet objet, fur-tout lorfque ce feront les fibres correfpondantes de la rétine qui recevront l'impreffion de cet objet (§. 1890). Ne feroit ce pas de la même maniere que nous avons appris à toucher un objet & à juger s'il eft fimple, ou s'il y en a plufieurs ; tandis que nous pourrions croire & juger qu'il eft double, fi nous le touchions d'une maniere différente & non accoutumée, comme, par exemple, si nous touchions un globe en croisant les doigts ? Il paroît que notre ame corrige bien des choses par l'usage, & que nous en apprenons plusieurs que nous devons à l'exercice. Un homme, par exemple, à qui l'œil est tourné par l'effet d'un coup de poing qu'il a reçu, voit tous les objets doubles; mais insensiblement, & à la longue, il commence à voir simples & solitaires les objets qui lui sont familiers, quoique son œil demeure encore tourné (1). On observe quelque chose de semblable par rapport aux personnes qui sont louches. Cette observation détruit le sentiment de ceux qui pensent, avec *Brigg*, que les nerfs sont à l'unisson dans les deux yeux, & que quelques-uns sont également tendus; de sorte que l'ame doit être également affectée, soit que l'image des objets se peigne dans un seul œil, ou dans les deux yeux. S'il en étoit ainsi, nous ne découvririons point une plus grande étendue de l'objet, lorsque nous le regardons des deux yeux, que lorsque nous le regardons d'un seul; ce qui est contraire à l'expérience : outre cela la mollesse des fibres du cerveau n'admet point de tension.

§. MDCCCXCV. D'autres ont cru que les fibrilles nerveuses O Q T, P R T [*Tab.* 42. *fig* 2.] se réunissoient & concouroient en un point commun T sur la selle du Turc, pour ne former qu'un seul & même tronc de nerf qui se porte jusqu'au *sensorium commune*. Par ce moyen on doit éprouver la même sensation, soit que l'impression de l'objet se fasse sur les deux nerf O, P, ou seulement sur un seul, comme en O (2). Mais les nerfs optiques ne concourent point toujours en un même point sur la selle turcique, suivant les observations de *Vesalle*, d'*Aquapendente*, de *Valverda*, de *Lossetus* : on a observé outre cela, qu'un nerf optique avoit été affecté dans tout son trajet, depuis l'œil jusqu'au cerveau, tandis que son congenere étoit demeuré sain & bien constitué ; cette observation est due à *Vesalle* & à *Cæsal; in*. L'observation de *du Fay* détruit encore ce sentiment (3). Voici en quoi elle consiste. Si on ferme un œil, & qu'on tienne l'autre ouvert, & que dans cette situation nous entrions dans un lieu un peu ténébreux, où faisant alors usage de nos deux yeux, nous les dirigeons vers un diamant qui jette quelques feux, nous les distinguerons assez bien avec l'œil qui étoit fermé, & nous ne les appercevrons point avec l'autre : outre cela, les nerfs optiques du caméléon paroissent concourir en un point de son cerveau, de la même maniere que ceux de l'homme : or cet animal peut voir dans le même tems différens objets, lorsqu'il dirige en même tems un de ses yeux vers le ciel, & l'autre vers la terre.

§. MDCCCXCVI. Voyons-nous également bien des deux yeux les objets qui se présentent à notre vue, ou les voyons-nous mieux d'un œil que de l'autre ? Je connois plusieurs personnes qui voient aussi clairement, aussi distinctement des deux yeux, & qui voient les objets sous les mêmes dimensions ; j'en connois aussi qui voient mieux de l'œil droit que du gauche. *Borelli* nous assure qu'il voyoit les objets sous de plus grandes dimensions, & qu'il les voyoit plus distinctement de l'œil gauche. *Denis* a confirmé cette

(1) Chefelden in System. Anatom.
(2) Galenus de U'u. Part. Lib. 10. cap. 14. Newton Optiks Queri.
(3) Hist. de l'Acad. Roy. ann. 1735.

obſervation (1). Or on ne peut révoquer en doute ces trois diſpoſitions différentes de l'œil, & cette différence dépend ordinairement de la convexité du cryſtallin, qui n'eſt pas la même dans les deux yeux ; elle dépend auſſi de la tranſparence, de la couleur, & de la conſiſtance, qui peut être différente dans les deux cryſtallins.

§. MDCCCXCVII. Soit formé ſur une ſurface plane & noire un petit cercle blanc A [*Tab.* 42. *fig.* 4.], fixé à la hauteur de l'œil droit ; du centre de ce cercle A ſoit conduite en-dehors une ligne indéfinie A M, parallele à l'horiſon, & au-deſſus de A M une autre ligne qui faſſe, avec la premiere, un angle de 5 degrés : au-deſſous de la ligne A B ſoit menée la droite A C, qui forme avec A B un angle de 24 degrés ; ſoit enfin diviſé l'angle B A C en deux parties égales, par le moyen de la ligne A D : ſur la longueur de cette derniere ligne ſoient établis les centres de différens cercles blancs, & à différentes diſtances du cercle A, & que ces cercles touchent les lignes A B, A C, tels que ceux qui ſont repréſentés par la figure indiquée E, F, G. Cela poſé, ſi un Obſervateur, placé auprès du cercle A, ferme l'œil gauche, & dirige ſa vue ſur ce cercle, il ne pourra s'empêcher de voir en même-tems le cercle E ; mais s'il s'éloigne dans une direction perpendiculaire à la ſurface ſur laquelle les cercles ſont attachés, & qu'il dirige toujours ſa vue vers le cercle A, il ne verra plus le cercle E lorſqu'il ſera éloigné à la diſtance de quelques pieds, & il le reverra encore s'il s'éloigne davantage. Or voici ce que l'expérience nous a appris à cet égard. Le cercle E étant de 9 pouces de diametre, & éloigné de 2 pieds du cercle A, le ſpectateur ne découvroit point ce cercle lorſqu'il étoit éloigné du cercle A de 8 pieds de diſtance. Le cercle F étant de 18 pouces de diametre, & éloigné de 4 pieds du cercle ; l'œil placé à la diſtance de 16 pieds, ne voyoit point le cercle F. Le cercle G étant de 27 pouces de diametre, & éloigné de 6 pieds du cetcle A, le ſpectateur ne l'appercevoit point à la diſtance de 24 pieds. Cette expérience ne réuſſit cependant pas exactement de la même maniere à toutes ſortes de perſonnes ; il y en a qui ſont obligées de s'éloigner plus ou moins du cercle A.

Cet endroit de la rétine ſur lequel les rayons réfléchis de l'objet tombent ſans que nous puiſſions voir & diſtinguer l'objet qui les renvoie ; cet endroit, dis-je, eſt circulaire, & ſon diametre $= \frac{297}{384}$ de ligne : il eſt éloigné de 14 degrés 2 minutes de l'axe optique ; cependant l'image des cercles inégaux E, F, G ſe peint ſur la rétine ſous les mêmes dimenſions.

Cet endroit de la rétine ne ſeroit-il donc point celui qui répond à la lame criblée, par les 30 trous de laquelle le nerf optique & des vaiſſeaux ſanguins pénetrent dans l'œil ; cette lame criblée eſt ronde, & ce n'eſt qu'au-delà de ſes dimenſions que le nerf optique s'épanouit pour former la rétine, & que ſa portion médullaire ſe développe : par conſéquent tous les objets qui viendront ſe peindre ſur cet endroit, ne pourront point être vus ; puiſqu'ils n'affecteront point les extrêmités du nerf optique.

Or puiſque la ſtructure de l'œil, ainſi que l'entrée du nerf optique dans le globe de l'œil, n'eſt pas exactement la même dans toutes ſortes d'yeux ;

____
(1) Journ. des Sav. ann. 1672. p. 293.

D ij

il faut de toute nécessité que plusieurs personnes, dans lesquelles ces dispositions sont différentes, soient éloignées à des distances un peu différentes de A, pour qu'elles puissent observer le même phénomene. *Mariotte*, *Perrault*, *Pecquet*, se sont fort étendus sur cette matiere ; & *Bernouilli* (1) a ajoûté des choses très curieuses aux observations de ces grands hommes.

§. MDCCCXCVIII. Il suit de tout ce que nous avons exposé jusqu'à présent, que les rayons de lumiere n'émanent point des yeux sur les objets, d'où ils sont ensuite réfléchis pour retourner dans les yeux, comme les Stoïciens l'ont prétendu. En effet, nous ne voyons rien dans une chambre tout-à-fait obscure, dans laquelle nous devrions cependant voir & distinguer les objets, si les rayons de lumiere partoient d'abord de l'œil, pour y être ensuite renvoyés par les objets. *Photion* (2) nous assure cependant que le Philosophe *Asclepiodote* distinguoit les objets pendant la nuit. *Pline* (3) dit la même chose de *Tibere*, *Plutarque de Marius* (4) ; *Caelius Rodiginus* (5), *Cardan*, *Scaliger*, *Fromond*, nous assurent la même chose à leur égard. *Fabrice d'Aquapendente* nous apprend la même chose d'un citoyen de Pise (6). *Brigg* rapporte quelque chose de semblable d'un Anglois qui étoit d'un tempérament chaud (7). *Willis* fait mention d'une personne à qui la même chose arrivoit lorsqu'elle avoit bu beaucoup de vin (8). *Schenkius* a aussi observé le même phénomene dans une certaine Comtesse (9). On assure la même chose d'un nommé *Sabellicus*, Historiographe. On trouve quantité d'exemples dans *Bartholin* (10). Mais nous doutons que ces observations aient été faites dans des endroits parfaitement obscurs, qu'on ne peut se procurer qu'avec beaucoup de peine, & qu'avec toute l'industrie possible ; ainsi que l'observent ordinairement ceux qui veulent répéter les expériences de *Newton* sur les couleurs. En effet, on ne peut pas dire que les appartemens soient absolument obscurs pendant la nuit : d'où il paroît vraisemblable que la rétine des personnes que nous venons de citer, étant extrèmement délicate, pouvoit être ébranlée par une très foible lumiere, & que par ce moyen elles pouvoient assez bien distinguer des objets dans des endroits qui paroissoient obscurs : ce que *Boyle* confirme au sujet d'une personne de distinction qui étoit en prison, qui ne voyoit d'abord rien dans sa prison ; mais qui un moment après distinguoit parfaitement tous les objets qui l'environnoient (11). On observa encore la même chose dans un homme dont l'œil avoit été blessé par la rupture d'une corde de luth.

§. MDCCCXCIX. La clarté avec laquelle nous voyons les objets qui sont hors de nous, peut être égale, plus grande ou plus petite : on voit les objets avec la même clarté, lorsque les rayons de lumiere qu'ils renvoient affectent également les fibrilles de la rétine.

La différence qu'on remarque dans la clarté avec laquelle on voit les objets, dépend de plusieurs causes qui agissent solitairement, ou dont plusieurs

(1) Comment. Petropol. Vol. 1. p. 314. (2) In Bibliotheca. (3) Hist. Nat. Lib. 11. cap 37. (4) Plutarchus in Vita Marii. (5) Antiq. Lection. Lib. 15. (6) Lib. de Visu Cap. 4. (7) Ophthalmograph. Cap. 5. §. 12. (8) De Sanguinis incalescentiâ. p. 26. (9) Lib. 1. de Morbis Oculor. Obs. (10) Lib. de Luce Animalium. Cap. 14. (11) Tract. de Causis finalibus.

concourent enfemble pour produire cet effet. Une plus grande clarté dépend 1°. de la plus grande quantité de lumiere que le corps lumineux envoie, ou que le corps opaque réfléchit : ce qui arrive lorfqu'il eft plus proche de l'œil qui l'obferve; car la denfité de la lumiere eft en raifon inverfe du quarré des diftances.

2°. Elle peut venir de la couleur de l'objet, comme, par exemple, s'il eft blanc, ou qu'il foit d'une couleur vive, telle qu'orangé, jaune, ou doré.

3°. Elle dépend auffi de la maniere felon laquelle il eft éclairé, foit par les rayons du foleil, foit par la lumiere de plufieurs flammes; mieux il fera éclairé, & plus on le verra diftinctement.

4°. Il peut fe faire auffi que la figure de l'objet foit telle qu'elle réfléchiffe vers un des points de la rétine un plus grand nombre de rayons, de même qu'un miroir concave de verre ou de métal.

5°. La clarté dépend encore des dimenfions de la prunelle, & de la mobilité de l'iris; car plus la pupille eft grande, plus l'iris eft mobile, & plus elles tranfmettent, au fond de l'œil, de rayons réfléchis par l'objet.

6°. Elle dépend encore de la tranfparence, de la limpidité, de la pureté des trois humeurs de l'œil. Plus ces humeurs feront pures, limpides & tranfparentes, & plus elles tranfmettent de rayons de lumiere que l'objet envoie de la cornée.

7°. Ajoûtez à cela la bonne conftitution de la rétine & du nerf optique dans toute fon étendue, qui eft l'organe qui fait paffer à l'ame les impreffions qu'il reçoit; car plus la rétine eft délicate, & plus les impreffions qu'elle reçoit d'une même lumiere font vives, plus fes mouvemens font prompts & aifés.

8°. On voit plus clairement les objets lorfqu'on les confidere avec deux yeux, que lorfqu'on les regarde d'un feul; & il paroît que la proportion de la clarté, felon laquelle on voit les objets lorfqu'on les confidere avec les deux yeux, & lorfqu'on les confidere avec un feul, eft dans le rapport de 13 : 12; proportion cependant qu'on ne peut point déterminer avec précifion.

Or puifque la clarté felon laquelle on voit les objets qui font hors de nous, dépend de tant de caufes différentes, il ne paroît pas qu'on puiffe avoir une jufte efpérance de la mefurer exactement; & on ne pourra trop louer quiconque voudra bien donner tous fes foins à une recherche auffi difficile.

§. MDCCCC. Si les huit conditions que nous venons d'expofer concourent toutes enfemble pour nous faire voir un objet, nous le verrons auffi clairement qu'on puiffe le voir; mais fi une ou deux de ces conditions n'eft pas remplie exactement, nous le verrons moins clairement : & plus il manquera de ces conditions, plus les objets que nous voudrons diftinguer paroîtront obfcurs; car on ne voit qu'obfcurément les objets dont la lumiere n'affecte que peu l'organe de la vue, ou dont l'ame n'eft que foiblement émue.

Comme il arrive rarement que les yeux de l'homme confervent, pendant le cours d'un jour, ou pendant quelques jours, leur même difpofition, la

clarté selon laquelle on voit les mêmes objets, doit varier continuellement.
La pureté & la limpidité de l'atmosphere, qui demeurent rarement les mêmes
pendant toute la durée d'un jour, concourent aussi à ce phénomene. On s'apperçoit moins de cette différence si on regarde en même tems deux objets
voisins.

§. MDCCCCI. Nous apprenons de-là pourquoi les myopes voient les
objets plus clairement que les vieillards : ce qui vient 1°. de ce que les myopes les regardent de plus près. 2°. De ce que la prunelle des myopes est plus
grande que celle des vieillards, & conséquemment qu'elle transmet un
plus grand nombre de rayons de lumiere. Pareillement les enfans qui ont la
pupille plus étendue que celle des vieillards, voient plus clairement qu'eux
les objets circonvoisins : ajoûtez à cela que les humeurs de l'œil sont moins
limpides dans les vieillards, que leur rétine est plus dure, plus calleuse, &
comme brûlée par le long usage qu'elle a de recevoir les impressions de la
lumiere. Plus on avance en âge, plus les dimensions de la pupille diminuent, par rapport à la secrétion de l'humeur aqueuse, qui devient moins
abondante : c'est même par rapport à cela que nous voyons la pupille se fermer tout-à fait à la suite d'une plaie pénétrante, qui a procuré l'évacuation
de l'humeur aqueuse. *Porterfield* (1) nous a donné des choses très curieuses
sur la vue des myopes.

§. MDCCCCII. On appelle voir distinctement un objet lorsqu'il nous
paroît bien terminé, lorsqu'on peut distinguer parfaitement ses différentes
parties, les comparer entr'elles, juger sainement de leur figure, de leur situation & de leur couleur.

§. MDCCCCIII. On voit distinctement les objets, 1°. lorsque les rayons
de lumiere qu'ils réfléchissent par chacuns des points de leurs surfaces, viennent concourir en un même point sur la rétine, après avoir traversé les humeurs de l'œil.

2°. La vision est sur-tout distincte lorsque l'image d'un objet sur la rétine
est grande relativement à cet objet; de sorte que les rayons qui partent de
chaque point de l'objet, occupent un point respectif de la rétine. C'est pour
cette raison que les myopes voient plus distinctement que les presbytes, &
que nous voyons toujours plus distinctement les objets qui sont près, que
ceux qui sont éloignés.

3°. La maniere dont les objets sont éclairés, concourt aussi à les faire voir
plus ou moins distinctement. On ne les voit jamais plus distinctement que
lorsqu'ils sont, ni trop, ni trop peu éclairés; car si les objets sont trop lumineux, tels que le soleil, la lune, Vénus, & que dans un tems serein ils
se trouvent à notre zénith, nous ne pourrons point les voir fixement, & les
bien distinguer, sans qu'ils nous blessent la vue; tandis que nous pourrons
les regarder fixement, & les bien distinguer par un petit trou fait à une lame
de métal, ou à travers un verre enfumé, ou à travers un verre coloré, soit
qu'il soit bleu, vert, jaune, rouge : le verre bleu, à travers lequel la lumiere de la lune paroît plus blanche que lorsqu'on la considere seulement
avec l'œil, convient sur-tout à l'œil ; & c'est par son moyen qu'on distingue

(1) Medical Essays. Vol. 4. à pag. 219. ad 245.

très bien les taches répandues fur la furface de la lune. Les rayons jaunes &
rouges qui paffent à travers un verre jaune ou rouge, jettent trop de lumiere
dans l'œil pour qu'on puiffe voir à travers & bien diftinctement les taches
de la lune & celles du foleil, lors même qu'on applique ces verres à l'extrêmité d'un téléfcope Newtonien ou Grégorien.

Si les objets font trop peu éclairés, on ne peut point les voir diftinctement ; parceque la lumiere n'ébranle point alors affez vivement la
rétine.

4°. On voit encore très diftinctement un objet lorfqu'on le regarde avec
attention, & pendant long-tems, en parcourant fucceffivement de la vue
toutes fes parties, & en difpofant d'une maniere convenable l'ouverture de
la pupille & les humeurs de l'œil, pour recevoir & réfracter la quantité de
lumiere néceffaire pour tracer une image bien diftincte au fond de l'œil : fouvent la contraction de la pupille eft néceffaire pour voir diftinctement les
objets ; car les rayons qui partent des objets qui font près de l'œil, étant
peu divergens, la pénetrent fuffifamment pour fe réfracter, & pour tracer
une image diftincte fur la pupille : c'eft pour cette raifon que fi on a une pupille très ample, & qu'on ne puiffe lire des lettres à une très petite diftance
de l'œil, on les lira très bien, fi on les confidere à travers un petit trou fait
à une carte. Si le dos étant tourné vers une fenêtre, on ne peut lire diftinctement un livre qu'on tient trop près de l'œil, on le lira aifément en tournant la face du côté de la fenêtre ; parceque, dans la premiere de ces deux
fituations, la pupille fe dilate, & que dans la feconde elle fe contracte.
Outre cela la prunelle étant petite, la pénombre devient peu fenfible.

5°. On voit encore diftinctement un objet lorfque fon image fe peint feul
fur la rétine, & qu'il ne tombe fur aucun point de cette image aucun rayon
réfléchi par d'autres objets : c'eft pour cette raifon que nous voyons plus diftinctement un tableau lorfque nous le regardons à travers un tube noirci,
que lorfque nous le regardons fans le fecours de cette efpece de tube.

6°. Si les cils qui bordent nos paupieres font noirs, nous voyons encore
plus diftinctement les objets que s'ils étoient blancs ; ceux qui font noirs
excluent la lumiere qui vient d'ailleurs, & ne la portent point dans les yeux
comme ceux qui font blancs (1).

§. MDCCCCIV. On ne voit que confufément, ou même on ne peut point
voir, les objets que la lumiere n'éclaire qu'à peine ; de forte qu'on ne peut
point diftinguer les limites de leur étendue. On ne voit pas mieux les objets
opaques qui fe meuvent très rapidement, quoiqu'ils foient peu éloignés de
notre vue : par exemple, on ne diftingue pas bien un oifeau qui vole à quelques pas de nous, un rat, un loir qui court auprès de nous ; un boulet de
canon lancé par une bouche à feu, une corde d'inftrument qui frémit : car
l'image de ces fortes d'objets, qui fe peint dans nos yeux, s'échappe fi
promptement, que les fibrilles nerveufes en font à peine ébranlées, &
que l'ame en peut à peine fentir l'impreffion pour s'en former une idée
diftincte.

Les objets nous paroiffent encore confus lorfque la rétine eft calleufe, &

(1) Monalti Optica. Lib. 4. cap. 2.

brûlée par la trop grande activité des rayons de lumiere qui l'ont frappée précédemment ; de sorte qu'elle ne peut plus être affectée qu'avec peine , & que les limites des objets ne peuvent s'y faire appercevoir. Il arrive encore la même chose lorfque les humeurs de l'œil s'épaiffiffent , & qu'ils perdent leur tranfparence.

On perd la faculté de voir lorfqu'une trop grande lumiere vient frapper notre organe , de maniere que les fibres nerveufes de la rétine en font bleffées. Les oifeleurs aveuglent les oifeaux dont ils fe fervent pour attirer les autres , én approchant de leurs yeux un fer roügi au feu. Souvent les ennemis aveuglent leurs prifonniers par le moyen d'une barre de fer rouge qu'ils leur préfentent auprès des yeux ; ils y parviennent auffi par la lumiere du foleil. On devient pareillement aveugle lorfque les humeurs de l'œil abforbent la lumiere que les objets renvoient : on le devient encore lorfque le nerf optique eft comprimé ; rompu ou bleffé éntre l'œil & le *fenforium commune.*

§. MDCCCCV. Lorfque les rayons qui partent d'un même point de l'objet ne viennent point concourir au même endroit fur la rétine , ce point de l'objet ne paroît point fimple , mais double.

Soit un trou fait à une carte , de la grandeur , par exemple , de ces caracteres [*Tab.* 42. *fig.* 5.] ; foit pareillement une autre carte percée de deux trous fort près l'un de l'autre , de façon que ces deux trous n'excedent point la grandeur de la pupille. Si on s'éloigne à 20 pouces ou environ de la flamme d'une chandelle , & qu'on place auprès de cette lumiere la premiere carte B C , par le trou A de laquelle cette lumiere puiffe pénétrer , & qu'on place la feconde carte Q T auprès de l'œil , de maniere que la lumiere qui aura paffé par le trou de la premiere carte , puiffe auffi paffer par les trous r , d de cette feconde ; ces rayons de lumiere venant concourir & fe réunir fur le même point O de la rétine , feront que l'ame ne verra qu'un feul trou en A. Si on laiffe la chandelle & la premiere carte au même endroit , & dans la même pofition , mais qu'on approche l'œil , ainfi que la carte Q T de la carte B C ; alors les rayons de lumiere qui auront traverfé le trou A , paffant par les trous r , d , ne fe réuniront qu'au delà de la rétine , & l'image des deux trous viendra fe peindre fur la rétine en i m [*Fig.* 6.] , & l'ame verra deux fois le trou A , favoir en B & en C : fi on ferme le trou inférieur r , le trou fupérieur B difparoîtra.

Si on laiffe la chandelle & la premiere carte dans la même pofition , mais qu'on éloigne la carte Q T , ainfi que l'œil , à une plus grande diftance que dans le premier cas ; on obfervera alors que les rayons de lumiere tranfmis par le trou A , & enfuite par les deux trous r , d de la feconde carte , fe réuniront au point O avant d'être parvenus à la rétine : ces rayons fe développant en m i [*Fig.* 7.] , feront que l'ame verra encore deux fois le trou A , favoir en C & en B. Si on forme alors le trou fupérieur d , le trou C difparoîtra ; fi on ferme le trou inférieur r , l'image du trou B s'effacera : fi on reporte encore l'œil & la carte Q T à la premiere diftance de A [*Fig.* 5.] , ou que l'œil & la carte Q T foient portés à la diftance de A , indiquée par la fig. 6. le trou A paroîtra encore fimple ; ainfi que la très bien démontré le

célebre

célebre *Portelfield* (1). C'eft à tort que *de la Hire* a voulu attribuer cet effet à la convexité ou à l'applatiſſement des yeux (2).

§. MDCCCCVI. A quelle diftance faut-il regarder les objets pour qu'on puiſſe les voir bien diftinctement? Cela dépend de la ſtructure de l'œil, de la maniere dont les objets ſont éclairés, de la clarté de l'endroit d'où nous les regardons; enfin de la grandeur de ces objets, & de celle de leurs parties. En effet, on diftingue mieux les grands objets que les petits à une grande diftance: il y a quantité de jeunes gens dont les yeux ſont aſſez bien conſtitués pour qu'ils puiſſent lire très diftinctement les caracteres de ce Livre à la diftance de 15 pouces; il y en aura d'autres qui les liront auſſi bien à 20 pouces, tandis qu'il s'en trouvera qui ne les pourront bien lire qu'à 7 pouces de diftance: mais ſi ces caracteres étoient plus fins, ils feroient obligés d'approcher davantage le Livre de leurs yeux. En général on peut lire diftinctement ces caracteres à 6, 12 & 24 pouces. On voit diftinctement de grands objets à la diftance de 14 pieds 5 pouces. De forte qu'on ne peut rien déterminer de fixe ſur les limites de la vue pour diftinguer les objets.

§.MDCCCCVII. Quoique tout ce que nous avons dit juſqu'à préſent ſur la vue diftincte ſoit vrai, il faut néanmoins conſidérer encore la grandeur de l'objet, de forte qu'il n'eſt pas toujours néceſſaire que les rayons qui partent de chaque point d'un objet, ſe réuniſſent ſur un ſeul point de la rétine: c'eſt cette raiſon qui a obligé le D. *Jurin* à diftinguer la viſion diftincte en *parfaite*, qui eſt celle dont nous venons de parler, & en *ſimplement diſtincte*. En effet, lorſque vous approchez tellement un Livre de vos yeux, que vous ne pouvez point en diftinguer les caracteres, vous pourriez néanmoins les diftinguer à cette même diftance s'ils étoient plus grands: d'où il ſuit que la viſion diftincte d'un objet n'exige point que ſa diftance de l'œil ſoit telle que tous les rayons qui partent de ſes différens points, ſe réuniſſent ſur autant de points différens de la rétine: au contraire, un grand objet ne peut être vu diftinctement, que ſon image dans l'œil ne ſoit grande. On trouvera un très grand détail ſur ces choſes dans l'Appendix d'un excellent Ouvrage ſur l'optique par M. *Smith* (3).

§. MDCCCCVIII. Les rayons de lumiere C A, B A [*Tab. 42. fig. 8.*] qui partent des extrêmités d'un objet, & qui parviennent à un même œil A, forment un angle B A C, qu'on appelle *angle optique*, ou *angle viſuel*: cet angle ne doit point être, rigoureuſement parlant, l'angle optique; c'eſt celui qui eſt formé par les rayons qui partent des extrêmités C & B de l'objet, & qui paſſent par le centre du cryſtallin: mais comme le dernier ne differe point beaucoup, ſoit pour ſa grandeur, ſoit pour ſa diftance du premier, nous prendrons le premier pour le véritable angle optique, ſi ce n'eſt dans les circonſtances où il ſera néceſſaire de s'exprimer avec plus d'exactitude.

§. MDCCCCIX. C'eſt à l'aide de cet angle que nous meſurons la grandeur apparente des objets. Tous ceux que nous voyons ſous des angles égaux nous paroiſſent égaux, & peignent auſſi des images égales ſur la rétine: tous

(1) Medical Eſſays. Vol. 4. p. 160. (2) Journ. des Sav. ann. 1685, p. 353. & 358. (3) Eſſays upon diftinct. and. indiftinct Viſion.

ceux que nous voyons fous un plus petit angle, nous paroiffent plus petits,
& forment de plus petites images dans l'œil; enfin tous ceux que nous
voyons fous un plus grand angle, nous paroiffent plus grands, & deffinent de
plus grandes images fur la rétine.

§. MDCCCCX. Il faut bien diftinguer la grandeur apparente d'un objet
de celle que l'ame lui attribue lorfqu'elle le voit : cette derniere doit fon
origine au jugement que nous en portons, & non pas feulement à l'apparence de l'angle optique ; de forte que la grandeur des objets que nous
voyons, dépend, & de l'image qu'ils tracent fur la rétine, & du jugement
que l'ame en porte, conféquemment à l'habitude & à l'expérience qu'elle a
acquife : ce jugement eft immédiatement joint à la fenfation qu'elle éprouve.
Il fuit de là qu'il n'eft pas poffible qu'il ne fe gliffe beaucoup d'erreurs dans
la vifion des objets. Nous fommes dans l'habitude de confidérer & de voir
des objets qui font autour de nous, nous connoiffons & nous jugeons affez
bien de leurs grandeurs. C'eft ainfi, par exemple, que nous eftimons affez
jufte la grandeur d'un homme ; que ces objets s'éloignent de nous, & foient
à une diftance double, triple, quadruple, nous les jugeons encore de la
même grandeur, quoique leur image peinte fur la rétine, foit 2, 3 ou 4
fois plus petite que précédemment ; mais lorfque les objets font éloignés à des
diftances plus grandes que celles fous lefquelles nous avons coutume de confidérer les objets qui nous environnent ; ces objets nous paroiffent plus petits
& ils décroiffent à raifon des diftances : car le jugement que nous en portons, dépend de plufieurs circonftances relatives à un objet.

§. MDCCCCXI. Tout ce que nous voyons d'un coup d'œil eft ordinairement compris entre un angle droit. En effet, les rayons X B, Z B
[*Tab.* 42. *fig.* 9.], qui forment l'angle droit X B Z, étant prolongés, ne
pourront paffer par la pupille D E, quoiqu'ils foient moins divergens après
s'être rompus en traverfant la cornée & l'humeur aqueufe ; mais ils tomberont fur l'iris : par conféquent les rayons qui pafferont par la pupille, formeront un angle optique plus petit qu'un droit, ainfi que l'expérience le démontre.

§. MDCCCCXII. On conçoit par-là pourquoi nous ne pouvons voir d'un
feul coup d'œil un grand objet qui eft proche de nous, quoique nous puiffions l'embraffer d'un feul coup-d'œil lorfqu'il eft éloigné.

Plus la pupille eft grande, plus l'angle optique peut être grand ; & au
contraire moins elle eft ample, & plus l'angle optique devient petit : c'eft
pour cette raifon que les jeunes gens qui ont la pupille plus grande, & qui
peuvent la dilater davantage, voient une plus grande partie d'un grand objet que les vieillards, dont la pupille eft plus petite, & incapable de dilatation.

§. MDCCCCXIII. Si un même objet B E [*Tab.* 42. *fig.* 10.] eft placé à
différentes diftances de l'œil, telles que E C, E A, il paroîtra d'autant plus
petit, qu'il fera plus éloigné de l'œil. En effet, l'angle B A E eft plus petit
que l'angle B C E.

§. MDCCCCXIV. La grandeur apparente des objets qui ne font point fort
proches de l'œil, eft en raifon inverfe de leur diftance à l'œil, fi les angles
optiques font petits. En effet, la grandeur apparente d'un objet B E placé au

point C, eſt à la grandeur apparente de ce même objet, vu du point A, comme l'angle optique B C E eſt à l'angle optique B A E : or l'angle B C E : B A E : : E A : E C (§. 1733); & conſéquemment la grandeur apparente de l'objet, vu en C, eſt à celle de ce même objet, vu en A, : : E A : E C.

§. MDCCCCXV. Pour ſe former une juſte idée de l'image qui ſe peint ſur la rétine; ſoit l'œil A D F, auquel ſoient conduites les lignes B A, E A, l'image de l'objet B E ſera peinte dans l'eſpace D F : or comme les triangles D A F, B A E ſont ſemblables, on aura la proportion ſuivante, A E : E B : : A D : D F.

Si B E eſt une tour de 4000 pouces de haut, qu'on conſidere à la diſtance d'un mille de Hollande, ou à la diſtance de 216000 pouces, & que le centre du cryſtallin ſoit éloigné de la rétine à la diſtance de 8 lignes ou de $\frac{2}{3}$ de pouce, on aura $216000 : 4000 : : \frac{2}{3} : \frac{1}{81} = DF$, ou $\frac{12}{81}$ de ligne.

§. MDCCCCXVI. Puiſque l'image d'un ſi grand objet devient ſi petite ſur la rétine, il faut de toute néceſſité que pluſieurs points de l'objet envoient des rayons qui concourent, & qui ſe réuniſſent ſur la même fibrille nerveuſe de la rétine : cela poſé, cette fibrille nerveuſe doit être dans le même tems différemment ébranlée, & ne peut rien repréſenter de diſtinct à l'ame : c'eſt pour cette raiſon que les petites parties d'un objet très éloigné ne peuvent point être vues diſtinctement.

Celui qui a la vue la plus perçante, ne peut point diſtinguer dans le ciel les étoiles qui ſont ſous-tendantes d'un angle au-deſſous de 30 ſecondes. La plus grande partie des hommes diſtingue à peine les objets qui ſous-tendent un angle d'une minute. Si on applique contre un plan noirci, un cercle blanc éclairé de la lumière du jour, à peine ſera-t-il vu par une perſonne qui aura la meilleure vue, ſi ce cercle ſous-tend un angle de 40 m″; ou lorſque la diſtance de ce cercle à l'œil égalera 5156 fois ſon diametre : car alors l'image de ce cercle dans l'œil ſera $= 0.00125$ de pouce. A la vérité, l'œil peut ſaiſir des objets qui ſe préſentent ſous un angle plus petit, pourvu qu'ils ſoient à une diſtance aſſez proche de l'œil, pour que leur image ſoit diſtincte, & que la viſion ſe faſſe parfaitement; ainſi que le D. *Jurin* l'a très bien obſervé (1). Car un fil d'argent, ou argenté, dont le diametre $= \frac{1}{485}$ de pouce, placé ſur un papier blanc, eſt encore très viſible à la diſtance de 10 pieds, il ſous-tend alors un angle $= 3\frac{1}{2}$ m″. Un fil de ſoie dont le diametre $= \frac{1}{1948}$ pouce ſe voit encore très bien ſur une carte à la diſtance de 40 pouces, il ſous-tend alors un angle $= 2\frac{1}{2}$ m″. L'image de ce fil dans l'œil $= \frac{1}{116980}$ de pouce. On pourra encore voir des objets plus petits lorſqu'ils feront, pour ainſi dire, pénétrés de la lumiere du ſoleil, qu'ils réfléchiront bien, & que l'œil ſera placé dans un endroit obſcur, & diſpoſé de maniere à ne point recevoir d'autre lumiere que celle qui lui viendra de l'objet qu'il veut voir. Le célebre *Mayer* a traité fort amplement cette matiere (2). Si la lumiere réfléchie par pluſieurs objets pénetre en même tems dans l'œil, alors on ne pourra point voir diſtinctement de petits objets, mais ſeulement ceux qui auront de grandes dimenſions : c'eſt pour cette raiſon que nous ne diſ-

(1) Eſſays Upon Diſtinct Viſion. §. 163 (2) Comment. Soc. Gotting. T. 4. ann. 1754.

tinguons pas les étoiles en plein jour , & que nous les voyons très diftinCtement pendant la nuit ; nous découvrons encore mieux & nous voyons plus
diftinctement les petits objets en plein jour , lorfque nous les regardons à
travers un tube , que lorfque nous les confidérons fimplement à la vue.
Malgré cela il y a des perfonnes dont la vue eft très perçante. J'en ai connu
qui diftinguoient les fatellites de Jupiter par le fecours feul de leurs yeux ,
aufli bien que moi , qui les regardois alors avec un tube de 12 pieds. *Ciceron*
fait mention d'une perfonne qui voyoit ce qui fe paffoit à la diftance de mille
& quatre-vingts ftades (1) , (2). *Pline* rapporte qu'une perfonne montée fur
le promontoire de Sicile , connu dans ce tems-là fous le nom de Lilybée , y
voyoit , pendant la feconde guerre , toute la flotte des Carthaginois , &
affignoit le nombre de fes vaiffeaux (3). Y a-t il quelque chofe qu'on puiffe
regarder comme le *minimum* de la vue (4) ? Et peut-on , d'après cela , déterminer la ténacité des fibrilles nerveufes (5) ? C'eft ce qui ne me paroît pas
probable. En effet , le nerf optique eft un faifceau compofé de plufieurs petites fibrilles très ténues & très délicates , qui ont cependant chacune une
certaine groffeur. Suppofons qu'un rayon de lumiere réfléchi par un des
points d'un objet , vienne tomber fur une de ces fibrilles , & que l'image
peinte fur cette fibrille ait une grandeur égale à la groffeur de cette fibrille ,
cette image la mettra en vibrations ; & fon mouvement fe portant jufqu'au
fenforium commune , l'ame verra cet objet fous une grandeur quelconque :
fuppofons maintenant que cette image devienne plus petite , & que fon étendue n'occupe que la moitié ou la troifieme partie de la groffeur de cette même fibrille , le mouvement imprimé dans ce fecond cas à la fibrille nerveufe ,
fe communiquera encore à l'ame , qui ne pourra point alors voir & diftinguer cet objet fous une autre dimenfion que fous celle qu'elle l'a déja vu dans
le premier cas : or la premiere peinture de cet objet préfentoit à l'ame un
minimum aufli-bien que la feconde , dont il eft ici queftion ; donc on ne
peut point juger de la groffeur d'une fibrille nerveufe par ce qu'on appelle
un *minimum vifible*. Le même raifonnement doit encore avoir lieu fi l'image
de l'objet occupe trois fibrilles nerveufes & les couvre entierement ; le mouvement produit dans ces fibrilles fe tranfmettra jufqu'à l'ame , & lui fera
voir cet objet fous une grandeur quelconque : fuppofons maintenant que
cette image ne couvre que la fibrille du milieu , & feulement de chaque
côté les deux moitiés adjacentes des deux autres fibrilles ; dans ce cas , un
mouvement femblable au premier , fe tranfmettra jufqu'à l'ame , & lui fera
voir l'objet de la même grandeur. Il faut aufli de toute néceffité que chaque
rayon coloré excite une efpece particuliere de frémiffement dans la fibrille
nerveufe qu'il attaque ; car ce frémiffement doit être différent , quant à fon
amplitude & à fa vîteffe , fuivant que les couleurs des rayons incidens feront différentes. Suppofons que les rayons jaunes excitent dans les fibrilles
nerveufes un mouvement plus prompt que les rayons verts , & que ceux ci
en produifent un plus grand que les rayons bleus ; enfin que ces derniers ex-

(1) Une ftade ＝ 125 pas , ＝ 625 pieds ; ainfi 1080 ftades ＝ 675000 pieds.
(2) Lib. 4. Quæft. Academ. (3) Hift. Nat. Lib. 7. cap. 21. p. 386. (4) Hooke pofthu-
mons Works. p. 11. & 97. (5) Porterfield. in Medical Effays. Vol. 4. p. 250.

citent le mouvement le plus lent : cela pofé, fuppofons que des rayons jaunes tombent fur une fibrille nerveufe, conjointement avec des rayons bleus, le mouvement produit par ces deux efpeces de rayons, doit être un mouvement compofé réfultant de l'action fimultanée des deux mouvemens que chacun de ces deux rayons tend à produire : il doit donc être plus lent que celui que produiroit folitairement le rayon jaune, & plus prompt que celui qui naîtroit du rayon bleu ; la vîteffe de ce mouvement doit donc être une vîteffe moyenne, que nous fuppoferons femblable à celle que produiroit un rayon verd : d'où il fuit que la fibrille nerveufe doit frémir de la même maniere qu'elle frémiroit fi elle étoit ébranlée, & mife en vibration par un rayon vert ; l'ame qui reçoit une telle impreffion doit donc voir l'objet qui fe préfente alors fous la couleur verte.

Or on ne peut rien conclure de tout cela, touchant la ténuité des fibrilles nerveufes : il en réfulte feulement que l'idée que l'ame fe repréfentera, fera la même, foit qu'elle foit excitée par un rayon naturellement vert, ou par une couleur verte réfultante de la combinaifon de deux rayons, quoiqu'il y ait une très grande différence entre ces deux couleurs vertes, ainfi que nous l'avons dit ci deffus, & que plufieurs expériences le confirment.

§. MDCCCCXVII. Si l'œil, étant immobile, l'image de l'objet peint fur la rétine tombe fur différens points adjacents ; ou fi cette image fe meut, l'ame verra l'objet extérieur fe mouvoir.

Si les images de plufieurs objets, étant peintes fur la rétine, changent enfuite de fituation, ou qu'elles acquerent différens rapports de diftances entr'elles, les objets extérieurs qu'elles repréfenteront nous paroîtront fe mouvoir, s'approcher ou s'éloigner, & l'ame jugera qu'ils font véritablement en mouvement.

§. MDCCCCXVIII. Si l'objet étant en repos, on fait mouvoir tranfverfalement fon œil, l'image de cet objet fe peindra continuellement fur différens points de la rétine, & on aura la même apparence que précédemment (§. 1917). Par conféquent fi nous ne fentons point que nous foyons en mouvement, nous jugerons que cet objet eft lui-même en mouvement : c'eft ce qui a lieu lorfque nous confidérons le foleil & les étoiles fixes, qui s'élevent, qui parviennent à notre zénith, & qui fe couchent fous notre horifon, quoique ces aftres foient en repos, & que ce mouvement apparent dépende du mouvement de la terre autour de fon axe, qui nous emporte avec elle, tandis que nous fommes en repos fur fa furface. Il en arrive ainfi lorfque couchés tranquillement dans un vaiffeau, nous jugeons que la terre s'éloigne de nous avec une vîteffe égale à celle qui emporte le vaiffeau dans lequel nous nous fuppofons en repos ; parceque nous confervons toujours le même rapport de diftance aux différentes parties de ce vaiffeau.

§. MDCCCCXIX. Si notre œil fe meut, & que l'objet qu'il confidere fe meuve avec la même vîteffe dans le même chemin, ou dans un chemin parallele à celui que notre œil parcourt, nous croirons être l'un & l'autre en repos ; parceque l'image de cet objet fe peindra conftamment fur les mêmes points de la rétine : mais fi l'œil & l'objet ne fuivent point le même chemin, ou un chemin parallele, quoiqu'ils aient l'un & l'autre la même vîteffe, l'objet nous paroîtra se mouvoir , & nous jugerons qu'il s'approche , ou qu'il s'éloigne de l'œil , suivant le différent angle que la direction de cet objet formera avec la direction de l'œil. Il peut arriver de-là qu'un objet qui se mouvera avec une vîtesse différente de celle de l'œil, paroîtra néanmoins en repos , suivant la direction qu'il suivra , ou qu'il paroîtra se mouvoir avec une vîtesse bien différente.

§. MDCCCXX. Si un corps non lumineux se meut avec une très grande rapidité , soit qu'il parcourt une ligne droite tirée selon la direction de l'œil, soit qu'il décrive une ligne qui traverse la direction de l'œil, cet objet ne sera point sensible à l'œil, ainsi qu'on peut le remarquer dans l'explosion d'un boulet de canon ; que l'œil ne peut appercevoir que lorsqu'il a perdu une grande partie de sa vîtesse : mais si un objet mû avec la même vîtesse est lumineux, on pourra aisément suivre sa trace : c'est ce qu'on remarque lorsqu'on observe certains météores qui parcourent en peu de tems de très grands espaces.

Si un objet se meut très lentement , tel, par exemple , que l'aiguille des heures d'une pendule , l'œil ne peut saisir son mouvement, & il paroît en repos.

Un objet paroît en repos quoiqu'il soit en mouvement, si , pendant une seconde , il parcourt un espace qui soit à la distance de l'œil , qui l'examine comme $1 : 1400$.

§. MDCCCXXI. Si deux objets placés à différentes distances de l'œil , sont portés avec des vîtesses différentes vers un même point, la vîtesse apparente de celui qui sera le plus éloigné , sera à la vîtesse de celui qui est plus proche, comme les espaces apparens divisés par leurs distances de l'œil , qui sont parcourus dans le même tems.

Supposons l'œil placé au point O [*Tab.* 42. *fig.* 11.], un objet en A , & un autre en B ; que ces deux objets se meuvent selon des lignes parallèles A C , B D , de façon que la vîtesse de A soit telle qu'il parcourt l'espace A C en une minute, ou un nombre de pieds $= a$, tandis que le corps B , dans le même tems, parcourt B D , ou un nombre de pieds $= b$. Si on désigne le tems par t , les espaces parcourus seront $= at$ pour A , & bt pour B. Si on réduit ces espaces en un seul , & qu'on prenne la distance O a $= a\gamma$, & qu'on tire une parallèle à A C , on aura l'espace apparent parcouru par A $= a\beta$, & l'espace apparent parcouru par B $= a\gamma$. Maintenant supposons O A $= r$, & O B $= R$; O A $= I$, on aura O A : A C :: O a : $a\beta$, ou r : at ::

$$I : \frac{at}{r} = a\beta.$$

On aura encore O B : B D :: O a : $a\gamma$, ou R : bt :: I : $\frac{bt}{R} = a\gamma$. Par conséquent le corps le plus éloigné précédera celui qui est plus proche de la quantité $\beta\gamma$, qui est $= a\gamma - a\beta = \frac{bt}{R} - \frac{at}{r} = \frac{brt - aRt}{Rr} = t \times \frac{br - aR}{Rr}$; & conséquemment la vîtesse apparente du corps A sera à celle du corps B , comme $\frac{a}{r} : \frac{b}{R}$.

Si les vîtesses font proportionnelles aux diftances de l'œil, qui eft en O, & que les objets A & B commencent à fe mouvoir felon la même ligne, ils paroîtront fe joindre en C & en E, & ils le paroîtront toujours enfuite.

Si le corps B fe meut avec une vîteffe plus grande que celle qui eft proportionnelle aux diftances, le corps B paroîtra précéder le corps A.

Si le même corps B fe meut avec une moindre vîteffe, on obfervera le contraire.

§. MDCCCCXXII. L'ame juge encore des diftances des objets par le miniftere des yeux, & elle en juge de différentes manieres.

1°. Elle en juge par l'angle que forment entr'eux au point A [*Tab.* 42. *fig.* 2.] les deux axes optiques C A, D A, inclinés l'un vers l'autre. Si cet angle eft grand, l'objet paroît près; il paroît plus éloigné lorfque cet angle eft plus petit. Néanmoins, fuivant l'obfervation de *Déchales* (1), nous ne pouvons plus rien déterminer fur la grandeur de cet angle, fi l'objet eft à plus de 120 pieds de l'œil; mais nous n'obfervons pas fi bien l'angle que le mouvement des yeux, qui devient très fenfible lorfque nous confidérons des objets qui font auprès de nous : & c'eft par ce moyen que nous avons acquis la faculté de juger des diftances des objets qui font peu éloignés.

Si en confidérant un objet des deux yeux, nous avons appris à juger de fes différentes diftances, nous ne pourrons plus en juger lorfque nous ne le confidérerons que d'un feul œil; parcequ'alors l'angle C A D ne fe formera point : mais il faut remarquer qu'on ne peut voir la diftance elle-même, qui eft interpofée entre l'objet & l'œil; puifque ce n'eft qu'une ligne droite imaginaire : c'eft pour cela qu'un objet ne fe peint bien dans l'œil que lorfque plufieurs autres objets intermédiaires viennent s'y peindre en mêmerems; de forte que nous les voyons placés & difpofés les uns à la fuite des autres.

Ceci eft confirmé par l'expérience fuivante : fi nous regardons d'un feul œil un objet à travers un petit trou, nous ne pouvons point juger de fa diftance à l'œil; quelquefois cet objet nous paroîtra fimple, & quelquefois il nous paroîtra double. Voici encore une autre expérience qui confirme la même chofe. Si on fufpend à un fil, & à la hauteur de l'œil, une bague, de façon qu'on ne puiffe voir fon ouverture, & qu'elle foit éloignée de l'œil de 2, 3, ou 4 pieds; fi, après avoir lié un bâton tranfverfalement à un autre, on ferme un œil, ce fera en vain qu'on efpérera faire paffer le bout du petit bâton tranfverfal par l'ouverture de l'anneau; ce qu'on feroit cependant très aifément fi on répétoit cette expérience avec le fecours des deux yeux; car fi l'objet n'eft pas à une trop grande diftance au-delà de l'endroit où la vifion eft diftincte, nous jugeons qu'il eft beaucoup plus éloigné : s'il eft en deçà de ce même endroit, nous le jugeons encore plus près; & c'eft pour cela que fi différentes perfonnes répetent cette expérience, les unes pousseront trop loin & les autres trop près le petit bâton.

On remarque cependant que ceux qui n'ont l'ufage que d'un feul œil, apprennent, à la longue, à juger des diftances; parcequ'ils s'accoutument à

____

(1) Optica. Lib. 2. Prop. 32.

faire attention au mouvement des parties dans l'intérieur de l'œil, aux différentes distances du crystallin à la rétine; distances qui sont plus grandes lorsque les objets sont plus proches, qui sont plus petites lorsque les objets sont plus éloignés: ils font aussi attention au mouvement des muscles extérieurs de l'œil.

Comme il n'y a presque point de différence, ou du moins qu'on n'en apperçoit point entre les angles C A D, lorsque notre vue se trouve fort éloignée des objets, nous ne formerons jamais un jugement certain de ces distances, ou au moins le jugement que nous en portons est le plus souvent faux: c'est pour cela que nous jugeons que les nues, la lune, le soleil, les planettes, les étoiles fixes sont à même distance.

§. MDCCCCXXIII. 2°. Nous jugeons encore des distances, de la grandeur apparente des objets que nous connoissons par leur grandeur réelle. Plus ils nous paroissent petits, & plus nous les jugeons éloignés: plus ils nous paroissent grands, & plus nous les croyons près de nous. Les Peintres, ayant observé ce phénomene, savent, sur un même plan, nous faire paroître des objets très éloignés.

3°. Nous jugeons aussi de la distance des objets par le degré de vivacité ou d'obscurité de leur image; car plus leur image est distincte, & plus l'objet a coutume d'être près de nous: c'est pour cette raison que nous jugeons comme fort éloignés les objets que nous considérons dans les nuages; cependant lorsque les objets sont très près de notre vue, leur image est encore confuse, & on ne peut pas juger alors de leur distance.

4°. On juge de la distance des objets par la vivacité de la lumiere qu'ils réfléchissent, qui est moindre lorsqu'ils sont fort éloignés, & au contraire qui est beaucoup plus vive lorsqu'ils sont plus proches: c'est pour cette raison que nous jugeons plus proches de nous qu'elles le sont réellement les montagnes qui sont naturellement blanches, & qui sont couvertes de neige; nous portons un jugement semblable des feux que nous voyons pendant la nuit, ainsi que de la lumiere des lanternes que nous considérons de loin.

5°. Nous jugeons encore de leur distance en considérant les objets intermédiaires, leurs intervalles & leur grandeur apparente. C'est pour cette raison que nous ne pouvons point porter de jugement lorsqu'il n'y a aucun objet intermédiaire à celui que nous considérons, & qu'on ne peut point juger de la distance qui les sépare, ni de leur grandeur apparente: ce qui a lieu lorsque nous considérons le ciel; car alors les nues, les planetes & les étoiles fixes nous paroissent à même distance.

6°. Nous jugeons enfin de la distance des objets en considérant un même objet de différens endroits.

Or en rassemblant même toutes ces différentes manieres de considérer un objet éloigné, nous ne pouvons jamais juger exactement à l'œil de sa véritable distance: je ne nie point cependant qu'un exercice habituel ne contribue à nous faire mieux juger de la distance des objets qui sont peu éloignés; mais il ne nous donnera jamais la faculté de juger plus exactement de ceux qui sont éloignés.

Il suit de tout ce que nous venons de dire, que les organes des sens, &

sur-tout

fur-tout la vûe, ne font point des moyens sûrs pour juger fainement fi les objets font tels qu'ils nous paroiffent, ou s'ils font femblables aux idées que l'ame acquiert, & qu'elle s'en forme : certainement les connoiffances que nous acquérons par les fens font renfermées dans des bornes fort étroites. Nous découvrons, à la vérité, dans les corps, par le miniftere de la vue, quelque chofe de relatif à nous, foit par rapport à leur grandeur, foit par rapport à leur diftance; mais nous n'apprenons rien d'abfolu fur ces deux qualités. En effet, fi nous confidérons feulement un feul objet, nous ne pouvons exprimer, ni fa grandeur, ni fa diftance; qui plus eft, ces deux qualités ne paroiffent pas toujours femblables; parceque la peinture qui s'en forme dans l'œil, varie fuivant la conftitution & la difpofition de cet organe. C'eft pour cela que ceux qui jouent *de maffe* au billard, ou qui jouent au *mail*, jouent fouvent mieux un jour qu'un autre; parceque d'un jour à l'autre il peut furvenir quelque changement dans la conftitution des humeurs de l'œil.

§. MDCCCCXXIV. Il nous refte encore bien des chofes à dire touchant la vifion, que nous ne pouvons point traiter, ni même ébaucher dans ces élémens que nous ne devons point rendre prolixes : c'eft pour cela que nous allons terminer ce que nous nous propofons de dire à cet égard, fous la forme de problêmes.

1°. Pour quelle raifon voyons-nous d'abord tous les objets obfcurs lorfque nous paffons d'un lieu bien éclairé dans un autre qui l'eft très peu ? Et même pour quelle raifon fommes-nous comme aveuglés pendant quelque tems en pareille circonftance ? Cela vient de ce que nous refferrons la pupille lorfque nous nous trouvons dans un endroit fort éclairé, afin que la rétine ne foit point offenfée d'une trop vive lumiere : ce qui n'empêche cependant pas qu'elle ne reçoive une forte impreffion des rayons qui la pénetrent. 2°. Notre ame eft accoutumée à faire attention à ces mouvemens violens & à ces fortes impreffions, & n'en fait point à celles qui font foibles; lors donc que l'œil, étant ainfi difpofé, paffe dans un endroit obfcur, il n'entre que peu de lumiere par la prunelle retrécie, & ce peu de rayons n'ébranle que très peu la rétine : notre ame ne diftingue prefque rien; parcequ'elle eft déja accoutumée à de plus fortes impreffions : c'eft de là que vient cette efpece d'aveuglement, & que tous les objets nous paroiffent obfcurs, jufqu'à ce que la lumiere des objets qui brilloient fi fort auparavant fe foit diffipée, & que les fibres de la rétine aient perdu une partie de leur mouvement; alors les rayons de lumiere réfléchis en moindre quantité par les objets renfermés dans cet endroit, pénetrent la rétine, qui fe dilate infenfiblement. L'ame fe fait à des impreffions moins fortes; & plus nous reftons de tems dans un endroit obfcur, mieux nous voyons les objets peu éclairés qui s'y trouvent.

2°. Pour quelle raifon quelqu'un qui fe trouve dans une chambre peu éclairée voit il facilement à travers les vitres ceux qui paffent devant lui au grand jour, tandis qu'il ne peut en être vu ? Cet effet vient de ce que celui qui eft dans la chambre reçoit beaucoup de lumiere des objets qui font au-dehors, & qui font très éclairés, tandis qu'il en réfléchit beaucoup moins fur eux que les objets qui les environnent & qui font expofés au grand jour. La lumiere

*Tome III.*F

qu'il réfléchit n'affecte donc que très peu leur rétine , qui est beaucoup plus ébranlée par les rayons qui y viennent d'ailleurs , & leur ame ne fait point alors attention à une si foible impression.

3°. Lorsqu'on cligne les yeux , ou qu'on pleure , & qu'on envisage en même tems une chandelle allumée , pourquoi les rayons paroissent-ils alors être dardés de la partie supérieure & inférieure de la flamme vers les yeux? M *de la Hire* a fort bien expliqué ce phénomene , & a fait voir l'erreur de M. *Rohault* à cet égard (1).

Que B [*Tab.* 43 *fig* 1.] soit la flamme de la chandelle , HH & II les deux paupieres , qui , en clignotant , exprimeront l'humeur de l'œil ; laquelle s'attachant aux bords des paupieres & à l'œil , comme proche de a HR & a I S , formera une espece de prisme. La flamme de la chandelle , dardant ses rayons à travers le milieu de la prunelle , se peint sur la rétine , proche de D O X; mais les autres rayons , tels que B A , tombant sur cette humeur triangulaire a H R , se rompent de même que les rayons qui traversent un prisme de verre , & forment , en s'étendant , la queue D L , qui est suspendue à la partie inférieure de la flamme D , d'où elle nous paroît par conséquent provenir comme B M : de même aussi les rayons B C , venant à tomber sur l'humeur triangulaire a I S , se rompent pareillement , & en s'étendant selon X K , ils forment une queue qui est suspendue à la partie supérieure de la chandelle , d'où ils paroissent provenir selon B N.

Il est clair que lorsqu'on intercepte les rayons supérieurs B A H R L , à l'aide d'un corps opaque P , la queue D L doit disparoître dans l'œil ; & par conséquent la queue inférieure B M de la chandelle. Or comme il se rassemble beaucoup plus d'humeurs aux paupieres lorsqu'on verse des larmes , ce phénomene doit alors devenir plus sensible.

4°. Pourquoi voit on des étincelles sortir de l'œil lorsqu'on le frotte , ou qu'on le presse dans les ténebres ? Cela ne viendroit il point de ce que le fluide électrique , qui est enveloppé dans les humeurs de l'œil , est excité , & que se manifestant alors , il affecte la rétine par sa lumiere ?

Pour quelle raison une méche allumée nous paroît-elle former un cercle de feu , lorsqu'on la tourne rapidement en rond ? Cela vient de ce que les houpes nerveuses , qui sont soutenues par le *pigmentum nigrum* , ou par l'humeur onctueuse , se dressent alors dans la rétine , de même que le poil du velours ; ces papilles étant mises en mouvement par les rayons de la lumiere , continuent quelque tems à tremousser ; de sorte que notre ame apperçoit l'objet pendant tout le tems que ce tremoussement dure. Il y a bien de l'apparence que ce tremoussement persiste pendant une seconde entiere , ainsi qu'on peut le conclure des couleurs que nous voyons dans l'œil , en le pressant du doigt : lors donc qu'on tourne cette méche assez rapidement pour qu'elle acheve chaque révolution dans l'espace d'une seconde , la lumiere qui sort de la méche , & qui répond à un point quelconque du cercle , ébranle une fibrille nerveuse , & la fait tremousser. Cette même lumiere , parvenue au point suivant du même cercle , excite de semblables vibrations dans une autre fibrille ; & lorsqu'elle revient à parcourir successivement les mêmes

(1) Mém. Mathématiq. p. 177.

points, elle affecte encore de la même maniere les mêmes fibrilles, dont les vibrations ne font point encore ceffées; leurs vibrations font donc alors renouvellées, & les fibrilles continuent à être mues de la même maniere que fi la méche allumée demeuroit conftamment dans ces mêmes points : or comme la même chofe arrive dans tous les points du cercle que la méche allumée parcourt, nous devons voir un cercle entierement en feu. C'eft pour cette raifon qu'une corde d'inftrument étant tendue, nous paroît non-feulement double, lorfqu'on la pince, mais encore de la même épaif-feur & de la même figure que tout l'efpace qu'elle décrit en tremouf-fant.

Pareillement nous ne nous appercevons pas que nous lifions, ou que nous voyions les objets par interruption, quoique nous clignions continuellement des yeux; parceque la promptitude avec laquelle nous les ouvrons & nous les fermons, fait que l'ame continue à voir les mêmes objets qu'elle voyoit auparavant.

Il paroît, par cette obfervation, que les fibrilles de la rétine, fortement ébranlées, frémiffent pendant quelque tems, & ne perdent qu'à la longue le mouvement vibratoire qu'on leur a imprimé. Si quelqu'un, par exemple, regarde fixement le foleil, tandis qu'il darde fes rayons, & qu'il ferme en-fuite les deux yeux, il verra encore l'image du foleil fous la forme d'une ta-che de couleur rouge; il s'appercevra enfuite que cette couleur changera auffi-tôt en jaune, enfuite en vert, & enfin en bleu : cette derniere couleur venant à difparoître, il ne verra plus rien, & les vibrations produites dans les fibrilles de la rétine cefferont (1). Il fuit de cette derniere obfervation, que les rayons rouges agiffent avec le plus d'activité fur la rétine; que l'ac-tion des rayons jaunes eft plus foible, & que celle des rayons bleus l'eft en-core davantage.

On peut encore obferver un phénomene femblable, fi quelqu'un, par exemple, tourne rapidement fur lui même, de forte qu'il n'emploie qu'une feconde pour faire une révolution entiere; il voit alors tous les objets am-bians fe mouvoir en fens contraire : lorfqu'il ceffera à fe mouvoir, il verra encore pendant quelque tems ces mêmes objets fe mouvoir circulairement; parceque les frémiffemens produits dans les fibrilles nerveufes de fa rétine, ne ceffent point tout-à-coup, mais qu'ils fubfiftent encore quelque tems : ce qui donne une certaine durée au mouvement qu'il croit voir dans les objets.

5°. Pourquoi plufieurs poiffons n'ont-ils point d'humeur aqueufe, & pourquoi le cryftallin forme-t-il une fphere ? Cela vient de ce que cette humeur aqueufe feroit inutile dans l'œil de ces animaux; car comme les rayons devroient paffer de l'eau, où ils nagent, dans l'humeur aqueufe de l'œil, ils ne fe romproient pas; mais ils continueroient leur mouvement en ligne droite. Ainfi afin que la réfraction des rayons, qui fe fait en trois fois dans l'œil de l'homme, fe fît en deux fois dans celui des poiffons, il falloit que leur cryftallin rompît les rayons avec beaucoup plus de force que ne fait celui de l'homme, & conféquemment qu'il formât un petit globe; ce qui

____

(1) De la Hire, Mém. Mathémat. p 289. §. 70.

fait auſſi qu'ils embraſſent plus d'objets à la fois. Outre cela , les yeux des poiſſons ſont applatis , & non arrondis ; la rétine y eſt beaucoup plus proche du cryſtallin , & la cornée eſt plus applatie : c'eſt pour cette même raiſon que les plongeurs voient tous les objets confuſément ſous l'eau , à moins qu'ils ne ſe ſervent de lunettes qui groſſiſſent beaucoup.

7°. Lorſque nous regardons l'objet C [*Tab.* 43. *fig.* 2.] avec l'œil droit B , nous le rapportons au point D ; lorſque nous regardons ce même objet avec l'œil gauche A , nous le rapportons au point E : mais ſi nous le conſi-dérons des deux yeux , nous le rapportons alors à un point F , intermédiaire entre D & E. Cet effet ne viendroit-il point de ce que nous rapportons tou-jours les objets à l'extrêmité de la ligne ſelon laquelle les rayons qui les deſ-ſinent dans nos yeux , parviennent à cet organe , & de ce que l'ame corrige tacitement le jugement qui ſuit d'une double impreſſion , qui nous porte à croire que ce même objet eſt en D & en E ; en prenant pour cela un point moyen F , point auquel aboutiſſent les droites tirées de la rétine hors de l'œil , en paſſant par le milieu du cryſtallin ? Si cela eſt vrai , on pourroit comprendre aiſément pour quelle raiſon , en conſidérant un objet des deux yeux , on le voit ſimple & non double.

8°. Pourquoi les enfans nouvellement nés ne peuvent-ils diſtinguer aucun objet pendant les 4 ou 5 premieres ſemaines après leur naiſſance ? Ce qui ar-rive auſſi à pluſieurs animaux. Cela viendroit-il , en ſuivant le ſentiment de pluſieurs , de ce que la cornée eſt plus épaiſſe dans les nouveaux nés , que dans les adultes ; que ſa texture eſt plus lâche : on remarque que , dans ces enfans , la cornée a plus d'une ligne d'épaiſſeur , & qu'elle touche preſqu'à l'iris : outre cela , elle eſt un peu ridée , moins tranſparente ; il y a un tiſſu cellulaire interpoſé entre les lames qui la compoſent , qui ne ſont que très mollement unies entr'elles. Elle eſt encore couleur de roſes , couleur qui affecte auſſi le cryſtallin & l'humeur vitrée : on remarque ſur-tout encore que l'œil des enfans eſt dépourvu d'humeur vitrée , ou que le peu qui s'y trouve eſt d'une couleur blanchâtre & trouble ; d'où il ſuit que les condi-tions néceſſaires pour produire les réfractions requiſes pour une viſion claire & diſtincte , ne ſe trouvent point dans ces ſortes d'yeux. Il faut donc un cer-tain tems pour que les deux chambres de l'œil ſe rempliſſent ſuffiſamment d'humeur aqueuſe , pour que cette humeur y perde la couleur qu'elle avoit contractée , & qu'elle devienne très limpide , pour que cette humeur pouſſe au dehors la cornée , la rende plus mince , & lui faſſe prendre la ſolidité qu'elle doit avoir : il faut également du tems pour que le tiſſu cellulaire ſe rempliſſe d'humeur , pour que ſes rides s'effacent ; enfin pour que la tein-ture rouge du cryſtallin & de l'humeur vitrée diſparoiſſe.

Ne pourroit-on pas dire que cet effet viendroit d'une membrane qui bou-cheroit l'ouverture de la pupille ; que cette membrane , faiſant l'office d'une eſpece de ſoupape , s'oppoſeroit au paſſage de la lumiere , & ſépare-roit , comme une eſpece de cloiſon , la chambre antérieure de la chambre poſtérieure de l'œil ; que cette membrane étant une production de l'uvée , & ſe trouvant ſituée au milieu de la pupille , diſparoîtroit avec le tems ? Le cé-lebre *Albin* (1) , un des plus grands Anatomiſtes que nous ayions eu , trouva

(1) Acad. Annot. Lib. 3. cap. XVI. p. 82.

une telle membrane en 1731. Il me paroît que tout ce que nous venons d'indiquer concourt à ce phénomene.

9°. Pour quelle raison arrive-t-il que si nous tenons pendant la nuit un fil de cuivre mince, ou une aiguille à coudre, & qu'après l'avoir placée entre notre œil & la lumiere d'une chandelle, nous l'approchions & nous la reculions insensiblement; pour quelle raison, dis je, cette aiguille paroîtra t elle transparente & rougie par le feu, lorsqu'elle sera placée dans un certain point de l'espace que nous venons d'indiquer ? Cet effet ne viendroit il point de l'inflexion que la lumiere souffre en passant le long des deux côtés de cette aiguille, qui est telle, que l'ombre qu'elle jette derriere elle soit très petite, ou nulle : ce qui fait que l'aiguille paroît transmettre plusieurs rayons de lumiere, ou qu'elle paroît transparente & comme rougie par la lumiere ?

10° D'où proviennent les couleurs que M. *de Buffon* appelle *accidentelles* (1), & que le D. *Jurin* a aussi remarquées ? Elles paroissent dépendre de la disposition actuelle de notre organe, lorsqu'il est trop long-tems & trop fortement ébranlé par un objet visible & éclairé.

En effet soit 1°. un petit quarré rouge attaché sur le milieu d'un carton blanc; si nous regardons fixement, & pendant long tems, ce petit quarré, nous commencerons à observer autour de sa périphérie une espece de couronne, qui est d'un bleu pâle : si nous détournons un peu la vue, & que nous la jettions sur le carton blanc, nous verrons distinctement sur ce carton le même quarré d'une couleur verte tirant sur le bleu. L'idée du quarré ne périt point, à moins que nous n'ayions considéré d'autres objets.

2°. Soit une tache jaune faite sur un papier blanc; regardons fixement, & avec beaucoup d'attention, cette tache, nous commencerons par voir autour de sa circonférénce une couronne d'un bleu pâle : si nous portons ensuite les yeux sur le papier, nous y verrons encore distinctement la tache; mais elle nous paroîtra bleue, & cette impression durera encore plus long-tems que la précédente.

3°. Si nous regardons avec attention une tache verte, faite sur un papier blanc, nous commencerons par observer autour de cette tache une couleur blanche un peu teinte en pourpre; si nous portons ensuite la vue sur un endroit du papier qui soit blanc, nous verrons une tache couleur de pourpre pâle : mais cette impression ne subsistera pas long-tems; elle périra plutôt que les précédentes.

4°. Si nous regardons attentivement, une tache bleue faite sur un papier blanc, nous commencerons à voir autour de cette tache une couronne tirant sur le blanc, & un peu teinte en rouge : si nous portons ensuite la vue sur le papier blanc, nous continuerons à voir cette tache d'une couleur rouge pâle, dont l'impression ne dure pas long-tems.

5°. Si nous fixons des yeux une tache noire faite sur un papier blanc, nous commencerons à remarquer autour de cette tache une couronne d'un blanc vif; si nous portons la vue sur un autre endroit du papier, nous verrons encore la tache qui paroîtra d'un blanc brillant.

(1) Hist. de l'Acad. Roy. ann. 1743.

6°. Soit une tache blanche fur un papier noir ; cette tache perd fa couleur : & fi on regarde un autre endroit du papier , la tache paroîtra encore plus noire.

Il paroît que ces différentes couleurs ne fe font remarquer que lorfque les yeux des fpectateurs font fatigués : outre cela ces couleurs font différentes des couleurs naturelles; puifqu'elles font pales ou brillantes , & à différentes diftances , fuivant que les diftances des objets qu'on confidere different entr'elles.

7°. Si nous regardons fixement le foleil , nous verrons encore fon image fous différentes couleurs, au moins pendant l'efpace d'une ou deux minutes , après avoir fermé les yeux ; parceque la rétine eft fortement ébranlée par la lumiere de cet aftre.

8°. Si on trace fur un papier blanc un quarré d'une couleur rouge très vive , & qu'on regarde attentivement ce quarré, on commencera à obferver autour de fa circonférence une couronne verte ; on verra enfuite changer la couleur qui eft au milieu du quarré : les côtés paroîtront d'un rouge plus foncé ; après cela les côtés du quarré fe diviferont en deux : il fe formera une croix d'un rouge très foncé, & le quarré paroîtra femblable à une fenêtre munie d'une croifée garnie de 4 panneaux blancs : on remarquera enfuite un rectangle d'un rouge très foncé, auffi haut, mais moins large que le quarré ; mais l'œil fera alors extrêmement fatigué , & on ne pourra plus confidérer ce quarré.

9°. On remarque quelque chofe de femblable lorfqu'on confidere , avec la même attention , un quarré jaune.

La lumiere renvoyée par un objet fur la partie membraneufe de la rétine, y peint l'image de l'objet qui la réfléchit. Cette image ébranle les nerfs de la partie poftérieure & veloutée de la rétine, qui continuent à être ébranlés par l'impreffion continuelle de la lumiere : le mouvement fe communique enfin aux fibrilles latérales & adjacentes : & comme ce mouvement perfifte quelque tems, il fe communique lentement de proche en proche, quoiqu'avec une moindre force que celle dont il jouit à l'endroit de la rétine, où fe peint l'image de l'objet. De-là fi l'image eft peinte en rouge , les parties qui embraffent cette image , & qui l'entourent, étant moins fortement affectées , paroîtront vertes ou bleues. Si l'image eft peinte en jaune , les couleurs ambiantes qui doivent être moins fenfibles , fe feront remarquer fous la couleur d'un bleu pâle. L'image d'une tache verte fera entourée d'une couleur purpurine; de forte que les couleurs qui entourront l'image, feront toujours moins claires & moins vives que celles fous laquelle cette image fe préfentera à notre vue.

CHAPITRE XXXVII.

De la Dioptrique.

§. MDCCCCXXV. Cette science traite de la vision, en tant que les rayons de lumiere, avant de parvenir à l'œil, passent auparavant par un milieu diaphane, ou transparent, soit solide, soit fluide.

§. MDCCCCXXVI. Les rayons de lumiere lancés ou réfléchis par un point A [*Tab.* 43. *fig.* 3.] d'un objet, s'écartent les uns des autres, & parviennent à l'œil, selon les directions A D, A B, A E : le rayon A B passant par le centre S du cryftallin, tombe sur le point C de la rétine : par conséquent à quelque diftance que soit de l'œil le point A, l'ame le voit toujours dans la droite C S B A, & juge même qu'il se rapporte au point où concourent les rayons D A, B A, E A renvoyés par l'œil. On ne connoît pas cependant parfaitement ce point de concours lorfqu'il eft à quelques pieds de diftance de l'œil ; parceque la diftance des objets éloignés au-delà de l'œil eft toujours incertaine.

§. MDCCCCXXVII. Si les rayons A D, A O, A E [*Tab.* 43. *fig.* 4.] font réfractés par un milieu tranfparent M N G, & qu'après avoir traverfé ce milieu, ils fuivent les directions F H, P B, L K, & que le rayon du milieu P B, paffant par le centre S du cryftallin, vienne tomber fur le point C de la rétine, l'ame jugera auffi-tôt que ce rayon viendra d'un point quelconque de la droite C S B O, & même du point I, auquel concourent les rayons prolongés H F, B P, K L ; ce qui n'aura cependant lieu que lorfque le point I sera peu éloigné de l'œil ; fans cela, la diftance de ce point I demeurera incertaine ; car ces rayons entrent dans l'œil de la même maniere que s'ils partoient directement du point I.

§. MDCCCCXXVIII. Si on emplit d'eau le vafe C B C B [*Tab.* 43. *fig.* 6.], & qu'on regarde avec l'œil M R de haut en-bas, le fond B B paroîtra s'élever ; car fi on conçoit qu'un point A de ce fond foit éclairé par la lumiere b e A, les rayons A g, A z, ainfi que les rayons intermédiaires que ce point A réfléchit, deviendront divergens en paffant obliquement de l'eau dans l'air, ils s'éloigneront de la perpendiculaire f V, & ils fuivront les directions g M, z R : par conféquent l'œil placé en M R reçoit ces rayons de la même maniere que s'ils partoient du point a, plus élevé, point auquel se réuniffent les rayons M g, R z, lorfqu'on les prolonge ; par conféquent le poit A paroîtra en a : & comme cet effet a lieu pour tous les points du fond du vafe, ce fond B B paroîtra plus élevé qu'il ne l'eft véritablement. On connoîtra la véritable fituation du point a, fi, après avoir élevé la perpendiculaire A a S à la furface de l'eau, on fait A S & a S dans le rapport de 4 à 3. Car tel eft le rapport entre le finus de l'angle d'incidence dans l'eau, au finus de réfraction dans l'air.

En effet, l'angle d'incidence A g V = g A S, & l'angle de réfraction f g M = a g V = g a S; par conséquent dans les triangles S g a, S g A, qui ont une hauteur commune S g, le sinus de l'angle g a S est au sinus de l'angle g A S, comme A S : a s; ou comme le sinus de l'angle d'incidence dans l'eau est au sinus de l'angle de réfraction dans l'air, qui sont entr'eux comme 4 : 3.

§. MDCCCCXXIX. On remarquera encore la même chose si on place un écu P sur le fond de ce même vase vuide d'eau, & que le spectateur s'éloigne en S, où il cesse de voir l'eau; parceque son image est interceptée par le côté opaque C B du vase : si on verse alors de l'eau dans ce vase, le spectateur qui est en S verra l'écu P en un point plus élevé p, par le moyen des rayons qui passent de l'eau dans l'air, & qui sont réfractés selon les lignes P C O, P I R, l'écu même lui paroîtra plus grand.

Supposons, en effet, que l'écu P Q [*Tab.* 43. *fig.* 5.] soit placé sur le fond du vase P D B A; alors l'œil qui est en O, avant qu'on ait mis de l'eau dans le vase, reçoit le rayon P O, qui vient directement de l'extrêmité P, il reçoit pareillement le rayon Q O; de sorte que P O Q est l'angle optique : si on verse alors de l'eau dans ce vase jusqu'en A B, le rayon qui part de l'extrêmité P de l'écu, & qui sort directement de l'eau en A, parvient jusqu'en O sans souffrir de réfraction; l'autre rayon Q F, qui part de l'autre extrêmité Q, passe obliquement de l'eau dans l'air, & conséquemment se réfracte en s'éloignant de la perpendiculaire F E, il suit donc la ligne F O : conséquemment l'œil voit le point Q en G, & l'écu se présente à la vue sous l'angle optique P O G, plus grand que P O Q; par conséquent la grandeur de l'écu doit paroître augmentée : elle paroît cependant moins augmentée ; parceque l'œil le juge dans un point plus élevé.

§. MDCCCCXXX. On comprend aussi par là pour quelle raison un bâton C D O [*F.* 7.], plongé obliquement dans l'eau A B, paroît rompu ou fléchi selon la direction C D N. En effet, concevons le point E de ce bâton au-dessous de la surface de l'eau : les rayons E G, E K qui en partent, passent obliquement de l'eau dans l'air, & sont réfractés selon les directions G H & K P; de là l'œil les voit en H P, de la même maniere que s'ils partoient du point F, point auquel ils se réuniroient s'ils étoient reportés en arriere en partant des points H & P : & comme ce même effet a lieu dans tous les points du bâton, compris depuis D jusqu'en O, la partie D O de ce bâton doit paroître courbée selon la direction D F N.

§. MDCCCCXXXI. Si entre l'œil qu'on suppose en Z [*Tab.* 43. *fig.* 8.], & le point A de l'objet, on place un verre B B, C C, dont les surfaces sont planes & paralleles, & que l'axe de l'œil Z soit perpendiculaire aux surfaces C C, B B, le point A de l'objet se fera remarquer au point a, plus proche du verre.

Concevons seulement les rayons qui partent du point A, & qui entrent ensuite dans l'œil, dont les extrêmes soient A g, A e, ces rayons, traversant obliquement le verre, sont réfractés en s'approchant de la perpendiculaire, & se portent selon les directions e b, g k, pour sortir obliquement du verre pour passer dans l'air, où ils s'éloignent de la perpendiculaire, en suivant les directions b p, k n : or ces rayons, considérés à ces derniers points p, n,

étant

étant prolongés en arriere, iront fe rencontrer en a, & feront paralleles à
A g, A e : car comme le rayon e b tombe avec le même degré d'obliquité
fur la furface C C que fur la furface B B ; p b doit être parallele à A e ; par
conféquent l'œil p Z n qui reçoit ces rayons , les reçoit de façon que l'ame
juge qu'ils partent du point a, où les rayons b p & n k, étant reportés en
arriere, viennent concourir. Plus la force réfringente du verre fera grande,
plus le verre fera épais, & plus le point a, paroîtra proche du verre : au contraire, plus la force réfringente du verre fera petite , plus le verre fera mince, & plus le point a fera proche du point A de l'objet ; & conféquemment on verra le point de l'objet qu'on regarde, plus proche de la place qu'il
occupe réellement.

Si chaque furface de ce verre ne réfléchiffoit point une certaine quantité
des rayons qui partent du point A, on verroit plus clairement ce point ; mais
il paroît toujours moins clair, parceque le verre intercepte toujours beaucoup de lumiere.

§. MDCCCCXXXII. Un objet A E [*Tab.* 43. *fig.* 9.], confidéré à travers un verre B B C C , paroît toujours plus grand qu'il ne l'eft réellement.

Suppofons l'œil en Q, l'angle fous lequel cet œil verroit cet objet, s'il
n'y avoit point de verre, feroit l'angle A Q E : or le rayon qui eft réfléchi
par le point A, & qui fe réfracte dans l'air pour parvenir au point Q, devient A g, qui pénetre le verre, en fuivant la route g L, & qui enfuite fe
réfractant à fa fortie du verre, devient L Q. Pareillement le rayon qui part
du point E pour arriver en Q, fuit la direction E k ; parvenu au point k, il
fe réfracte en entrant dans le verre, & il devient k L : enfin fortant du verre
au point L, il fe réfracte de nouveau, & fuit la direction L Q ; par conféquent l'angle optique devient donc L Q L. Si on reporte donc en arriere les
lignes Q L, Q L, elles aboutiront aux extrêmités de l'objet qui paroîtroit
beaucoup plus grand , fi on le voyoit à fa véritable place : mais comme par
le §. 1931, on le voit en a e, plus proche du verre, fa grandeur eft moins
augmentée.

Plus les angles A Q E, a Q e font différens, & plus la grandeur de l'objet augmente ; ce qui dépend de l'épaiffeur du verre, de fa force réfringente
& de la plus grande ou de la moindre diftance de l'objet au verre : c'eft pour
cela que lorfque l'objet eft près du verre, ainfi que de la furface de l'eau ,
fa grandeur paroît beaucoup augmentée , ainfi qu'on peut le remarquer dans
ces globes de verre creux qu'on remplit d'eau , dans laquelle on fait flotter
de petites figures.

§. MDCCCCXXXIII. Si on met un verre à facettes A B C D [*Tab.* 43.
fig. 10.] entre l'objet F & l'œil O, l'objet F paroîtra multiplié autant de fois
qu'il y aura de facettes fur la furface du verre.

Soient les trois furfaces antérieures A B, B C, C D, & la poftérieure D A,
l'objet F réfléchit des rayons fur la furface C B, qui, après avoir traverfé le
verre, parviennent à l'œil, que nous fuppofons en O, & nous font voir
l'objet en F, de même que nous le verrions fi nous le regardions à travers un
verre plan, dont les furfaces feroient paralleles. Mais il part encore d'autres rayons de lumiere de ce même point F ; tels, par exemple, que F X,

qui tombe fur la furface C D, & qui fuit la direction X H : ce rayon parvenu au point H, fe porte en O felon la ligne HO, & nous fait voir le même point F au point L ; point où parviendroit le rayon vifuel, fi on le prolongeoit felon la direction O H. Pareillement le même point F envoie encore d'autres rayons, tels, par exemple, que F Z, qui tombe fur la furface B A, & qui eft alors réfracté felon la direction Z K, & qui, fortant du verre au point K, aboutit & concourt au même point O, & conféquemment fait que nous rapportons le même point F au point M, extrêmité de la ligne O K M tirée felon la direction O K du rayon vifuel ; nous devons donc voir l'objet multiplié autant de fois qu'il y a de furfaces à la partie antérieure du verre, en fuppofant que l'œil au point O foit placé dans un endroit convenable à cette expérience.

Si les furfaces antérieures de ce verre, favoir A B, B C, C D, font quarrées, & que l'objet F foit un écu, l'image de cet objet, qui paffera par la furface B C pour fe peindre dans l'œil, pourra fe diftinguer des autres, fi on fait mouvoir un peu, mais circulairement, le verre à facettes ; parcequ'alors cette image demeurera en repos, tandis que les autres fe mouveront autour d'elle. Mais fi les furfaces du verre à facettes font triangulaires, on remarquera des limbes colorés fur tout le contour des images de l'objet ; parceque le verre polygone repréfente alors un affemblage de prifmes ; on découvre alors plus difficilement la véritable fituation de l'objet, à moins que la furface B C, par laquelle fa véritable image parvient à l'œil, ne foit un plan quadrangulaire, qui ne fépare point en leurs couleurs les rayons de lumiere qui le traverfent.

§. MDCCCCXXXIV. Les différentes images formées par les réfractions que les rayons de lumiere éprouvent en traverfant toutes ces furfaces planes, font toujours droites, pofées d'une maniere femblable à la fituation de l'objet, & tournées du même côté.

En effet, foit l'objet P Q R [*Tab.* 44. *fig.* 1.], qui envoie les rayons de lumiere qu'il réfléchit fur la furface plane refringente A C B, fur laquelle on mene les perpendiculaires P A, Q C, R B : fi on prend fur ces perpendiculaires des portions telles que A p, C q, B r, de façon que A p : A P : : C q : C Q : : B r : B R, c'eft-à-dire, dans le rapport du finus d'incidence au finus de réfraction ; on verra alors aux foyers p, q, r, une image femblable, & qui fera dans la même fituation que l'objet, puifque les parties p q, r q font dans la même proportion que P Q & Q R ; ce qui eft manifefte, puifque l'objet P Q R eft parallele à la furface refringente A C B. Mais fi cet objet eft incliné à cette furface, comme dans la fig. 2, & qu'on le prolonge jufqu'à ce qu'il la coupe en D ; fon image p q r la coupera auffi en D : car fi la perpendiculaire B r R s'approche du point D, comme les lignes B r, B R font entr'elles dans la proportion indiquée ci deffus, elles difparoîtront enfemble ; & comme le triangle p D P eft coupé par les paralleles q Q, r R, on aura p q : P Q : : q D : Q D : : q r : Q R, & par conféquent p q : q r : : P Q : Q R.

Pareillement fi les rayons qui appartiennent aux foyers p, q, r, font réfractés par une autre furface plane, parallele ou inclinée, leurs feconds foyers repréfenteront une autre image femblable à la premiere, & femblable à l'objet.

§. MDCCCCXXXV. Si on place une lentille convexe des deux côtés E F [*Tab.* 44. *fig.* 3.], entre le point A de l'objet & l'œil qui eft en O, le point A paroîtra en a, plus éloigné que l'objet ne l'eft de la lentille. Les rayons qui partent du point A, font envoyés fur toute la furface E b b F de la lentille ; mais, pour une plus grande commodité, ne confidérons feulement que ceux qui entrent dans l'œil O ; ces derniers font A b, A b, ainfi que tous ceux qui font intermédiaires, c'eft à-dire, entre les rayons b, b. Lorfque ces rayons pénetrent la lentille, ils y fouffrent des réfractions qui les rapprochent des perpendiculaires p b p, p b p, & ils deviennent par conféquent moins divergens ; mais lorfque ces mêmes rayons fortent de la partie poftérieure c c de cette lentille, ils fouffrent encore une nouvelle réfraction, qui les éloigne des perpendiculaires c q, c q, ce qui les rend encore moins divergens, & qui les porte felon les lignes c d, c d ; or ces lignes reportées en arriere, concourent & fe raffemblent au point a, plus éloigné que le véritable point A, de l'objet : ces rayons entrent donc dans l'œil de la même maniere qne s'ils partoient du point a, & font voir l'objet en a.

§. MDCCCCXXXVI. Lorfque l'objet A E [*Tab.* 44. *fig.* 4.] n'eft pas fort éloigné de la lentille, & que l'œil O, placé derriere cette lentille L K, en eft auffi fort proche, cet objet, confidéré à travers cette lentille, paroît plus grand qu'il ne l'eft réellement.

En effet, les rayons A b, E d, renvoyés par les extrêmités A & E de l'objet, & qui tombent fur la furface de la lentille L K, fe rompent de façon qu'en fortant de cette lentille, ils deviennent plus convergens vers le point O, où ils fe raffemblent & où ils forment l'angle c O d plus grand que l'angle A O E, fous lequel cet objet auroit été vu par l'œil O, fi on avoit fupprimé la lentille. L'objet paroîtra donc plus grand : d'ailleurs, puifque par le §. 1935 cet objet paroît dans un endroit plus éloigné a e, il doit paroître plus grand.

§. MDCCCCXXXVII. On conçoit aifément, par ce que nous venons de dire, pour quelle raifon une fuite d'eftampes C D, E F, G H, I K, L M [*F.* 7.], pofées les unes au-deffous des autres, felon la longueur d'une boîte longue A B P Q, & ouverte au milieu, paroiffent fous de plus grandes dimenfions & à une très grande diftance, lorfqu'on les regarde à travers une lentille convexe N, fur-tout fi elles font deffinées felon les regles de l'optique.

2°. On conçoit auffi pourquoi, fi on regarde avec les deux yeux à travers une grande lentille convexe A [*T.* 44. *F.* 8.], difpofée devant un miroir incliné S, on verra, fous de plus grandes dimenfions & à une très grande diftance au-delà de la lentille, une eftampe T, pofée dans une fituation renverfée au pied de la machine, de façon que les rayons réfléchis par cette eftampe, fe portent fur le miroir S, qui les renvoie fur la lentille qu'ils traverfent, pour peindre dans nos yeux l'image de l'eftampe.

3°. On conçoit auffi le méchanifme de la chambre obfcure [*T.* 44. *F.* 9.], en plaçant une lentille convexe dans un trou fait au volet d'une des fenêtres d'un appartement.

En effet, les objets de dehors réfléchiffent des rayons, qui pénetrent le milieu de cette lentille, & viennent peindre fur le mur oppofé & blanchi, l'image de ces objets. Cette image fera très diftincte, fi le mur fe trouve difpofé au foyer de la lentille : mais elle fera confufe, s'il eft plus éloigné ou plus proche de la diftance qui détermine fon foyer. Cette image fera encore peu diftincte, fi le diametre de la lentille eft trop grand, parcequ'elle tranfmettra alors trop de rayons lumineux dans la chambre : fon diametre fera très bien, fi la longueur du foyer de la lentille, ou fa diftance au mur, étant

$= a$, & le demi diametre de cette lentille $= b$, on a $\frac{b\,b}{a}$ plus petit que $\frac{1}{50}$

de doigt. Comme il arrive fouvent qu'il y a plufieurs objets au-dehors qui font à différentes diftances les uns des autres, les images de tous ces objets ne viennent point fe peindre auffi diftinctement les uns que les autres fur le mur ; car les rayons qui partent de chaque point des objets qui font les plus éloignés, approchent davantage du parallélifme : par conféquent ces rayons réfractés par la lentille fe réuniffent & fe raffemblent à un point avant le mur. Les objets qui font plus proches, ont leur foyer au-delà du mur : on ne voit donc alors diftinctement qu'un très petit nombre d'objets.

Plus le mur fera éloigné de la lentille, & plus le fpectre fera grand ; mais auffi plus il eft grand, moins il eft diftinct. Il faut donc, dans cette expérience, ne point trop éloigner de la lentille le plan fur lequel on reçoit l'image de ces objets, & conféquemment choifir une lentille, dont le foyer n'ait pas plus de 4 à 5 pieds. Ce font ordinairement celles dont on fait ufage pour ces fortes d'expériences.

§. MDCCCCXXXVIII. Si la lentille dont on fait ufage eft fphérique concave C C [*Tab.* 44. *fig.* 5.], & qu'elle foit placée entre l'objet A & l'œil d d, l'objet qu'on regardera à travers cette lentille, paroîtra plus rapproché, il fe fera voir en a ; & c'eft ce qu'on appelle le *foyer imaginaire.*

Soit le point A de l'objet qui réfléchit des rayons divergens fur toute la furface antérieure de la lentille, ne confidérons que les rayons A b, A b, & ceux qui font compris entre ces deux, qui font ceux qui pénetrent dans l'œil : ces rayons étant réfractés à leur paffage dans la lentille, deviendront plus divergens, & fuivront les directions b e, b e ; ces mêmes rayons deviendront encore plus divergens à leur fortie de la lentille, & fuivront les lignes e d, e d, par conféquent l'œil placé en d d, recevra ces rayons de même que s'ils partoient du point a, point auquel concourrreoient & fe raffembleroient les rayons d e, d e, fi on les prolongeoit en arriere.

§. MDCCCCXXXIX. Si on place entre l'objet A E [*Tab.* 44. *fig.* 6.] & l'œil O, une lentille concave S S, en regardant à travers cette lentille on verra l'objet droit plus petit, & dans un endroit plus proche a e ; en effet, les rayons réfléchis par les extrêmités A, E de l'objet, & qui parviennent à l'œil O, après s'être rompus à leur entrée & à leur fortie de la lentille, fuivent d'abord les directions A b, E b ; lorfqu'ils fe réfractent à leur paffage dans le verre, ils prennent les directions b c, b c, & lorfqu'ils fortent de cette lentille, ils continuent à fe mouvoir felon les directions c O, c O ; conféquemment l'œil placé en O, voit l'objet A E fous l'angle optique c O c, qui eft beaucoup plus petit que l'angle A O E, fous lequel ce même œil eut vu cet objet, fi on n'eût point interpofé de lentille entr'eux : or , comme chaque point A E de l'objet doit paroître plus proche de la lentille, c'eft-à-dire, en a e, ainfi que nous l'avons déterminé précédemment , cet objet doit paroître plus proche, plus petit , & droit.

Lorfque nous confidérons des objets à travers des lentilles de cette efpece, nous jugeons qu'ils font beaucoup plus éloignés qu'ils ne le font réellement, parcequ'ils paroiffent plus petits, ainfi qu'il arrive aux objets qui font fort éloignés ; or c'eft une erreur qu'il faut corriger , car l'image de l'objet eft véritablement plus proche de la lentille, puifqu'elle fe trouve en a e.

§. MDCCCCXL. Si du centre E [*Tab.* 44. *Fig.* 10, 11 , 12.] d'une lentille , & d'un rayon EP , nous décrivons un arc de cercle PQR , & qu'on confidere cet arc, de même qu'un objet, fon image p q r fera un arc femblable & concentrique, dont la longueur fera à celle de l'objet , à raifon des diftances à leur centre commun E , & cette image fera droite, ou renverfée par rapport à l'objet , fuivant qu'elle fera placée d'un côté ou de l'autre.

L'évidence de cette propofition , par rapport à toutes les furfaces concentriques, paroît par la feule infpection de la fig. 10 [*Tab.* 44. *fig.* 11. 12. 13.], puifque les parties de ces furfaces font femblablement oppofées aux parties de l'objet concentrique : or les foyers des rayons paralleles font placés dans la lentille , dans un arc concentrique à l'arc G F H , dans lequel fe trouvent les foyers des rayons paralleles, qui viennent de la partie oppofée.(§. 1758); car P p, Q q font troifiemes proportionnelles aux diftances P Q , P E , ainfi qu'à Q F , Q E ; par conféquent l'image p q r eft un arc concentrique à l'objet P Q R : & comme on confidere les axes des rayons comme des lignes droites qui paffent par le centre E de la lentille, on aura les angles p E r , P E R égaux entr'eux : par conféquent le rapport de l'image à l'objet fera le même que celui de leurs diftances au point E ; par conféquent, fuivant que les extrêmités P p feront placées d'un côté ou de l'autre de E, Q & q, ainfi que R r , feront femblablement placés.

§. MDCCCCXLI. Plus l'objet circulaire PQR fera petit, par rapport à la diftance au point E , & moins il différera d'une ligne droite ; ce qui aura aufli lieu par rapport à l'image de cet objet : c'eft pour cette raifon qu'un objet plan , placé à une très grande diftance d'une lentille , forme une image prefque plane.

§. MDCCCCXLII. Dans les yeux des vieillards, la cornée, ou le cryftallin, ou quelquefois ces deux parties s'applatiffent, parceque l'humeur aqueufe ne fe fépare pas affez abondamment dans les deux chambres, ou parceque les vaiffeaux du cryftallin ne font point affez remplis ; ces yeux étant ainfi conftitués, ils ne peuvent point affez réfracter les rayons divergens des objets qui font proches, pour les réunir fur la rétine , & pour qu'ils y forment une image bien diftincte. Pour obvier à cet inconvénient, on fait ufage d'un verre convexe, placé entre l'objet & l'œil : ce verre, par la réfraction qu'il occafionne , rend moins divergens les rayons qui partent de l'objet ; ce qui fait que lorfqu'ils pénetrent dans l'œil, ils font affez réfractés, par les trois humeurs qu'ils ont à traverfer , pour venir peindre fur la rétine une image fort diftincte. Outre cela, à l'aide d'un verre convexe, les vieillards peuvent approcher plus près de l'œil , l'objet qu'ils étoient obligés d'éloigner beaucoup, pour rendre moins divergens les rayons qui en partoient : ajoutez à cela qu'une lentille raffemblant les rayons, fait qu'il en paffe un plus grand nombre par la pupille ; ce qui produit le même effet que produiroit la dilatation de la pupille : c'eft pour cela que les vieillards, dans qui la pupille devient toujours plus petite, & conféquemment dans qui la vue s'affoiblit, peuvent encore voir diftinctement les objets qui font proches, en faifant ufage des lunettes.

§. MDCCCCXLIII. L'ufage des verres à lunettes n'eft pas encore fort ancien : il paroît qu'on doit placer cette découverte entre les années 1280 & 1311 de l'ere chrétienne. *Roger Bacon*, mort à Oxfort en 1292, avoit l'art de polir ces fortes de verres, & nous en a laiffé la defcription (1). *Alexandre de Spina*, qui mourut en 1313, avoit auffi le même talent (2). On lit à Florence une infcription fur le tombeau de *Salvini Armati*, noble Florentin, par lequel on conftate qu'il fut l'inventeur des lunettes : or il fut inhumé en 1317 (3).

§. MDCCCCXLIV. Comme les rayons de lumiere fe réfractent confidérablement dans les yeux des myopes, & qu'à caufe de cela ils ne peuvent voir diftinctement que les objets qui font très proches ; & dont les rayons font très divergens ; on peut leur procurer la facilité de voir auffi diftinctement les objets éloignés, en leur procurant l'ufage d'un verre concave, dont la propriété eft d'augmenter la divergence des rayons.

§. MDCCCCXLV. On voit les objets confidérablement augmentés, lorfqu'on les regarde à travers une petite fphere d'eau, ou de verre, ou à travers une lentille convexe de verre, qui fait portion d'une petite fphere ; par ce moyen on parvient à diftinguer les parties les plus petites de l'objet qu'on confidere. On donne le nom de *microfcope* à cette efpece de lentille.

Il paroît furprenant que l'ufage du microfcope foit auffi peu ancien qu'il l'eft : puifqu'on favoit que de petites gouttes d'eau, placées dans des trous faits à de petites plaques de fimilor, formoient d'excellens microfcopes, à l'aide defquels on voyoit diftinctement les objets, fous de plus grandes dimenfions ; puifqu'on n'ignoroit point que *Séneque* avoit dit que par le moyen d'une boule de verre remplie d'eau, on pouvoit voir très clairement & très diftinctement des lettres, quelques petites & quelques obfcures qu'elles fuffent (4). Cela paroît encore plus furprenant, que dès le treizieme fiecle on avoit l'art de faire des lunettes à mettre fur le nez, & que ces lunettes font des efpeces de microfcopes. Quoi qu'il en foit, on ne commença à faire des microfcopes qu'après le dix-feptieme fiecle, & à les employer à la fpéculation des objets infenfibles, qu'on a peints ou décrits d'après les obfervations qu'on a faites avec cet inftrument.

C'eft par le moyen des microfcopes qu'on a découvert un nouveau monde de petits objets. Parmi ceux qui fe font fervis les premiers de cet inftrument, il faut compter *Fr. Stelluti*, qui nous a donné, en 1625, la defcription des parties les plus petites des abeilles. *Fontana* cependant reclame pour lui

____

(1) Perfpect. Part. 3. D. 2. cap. 3. (2) Redi Epift. ad Falconerium. (3) Acta Lipfienf. ann. 1740. Nova Acta. Tom. 6. §. 5. p. 312. (4) Seneca Queft. Nat. Lib. 1, cap. 6.

l'honneur de cette invention, qu'il dit avoir trouvé en 1618 (1). Nous avons eu enfuite *Hodierna*, *Pierre Borelli*, *Power*, *Robert Hooke*, *Grew*, *Malpighi*, *Leeuwenhoek*, *Bonanni*, *Griendel*, *Joblot*, *de Reaumur*, *Geer* (2), *Baker* (3), *Cappeler* (4), *Trembley*, *Turbevil*, *Needham*, *Adams*, *Joh. Hill*, & *Lyonett* qui tient le premier rang parmi ces habiles Obfervateurs, qui ont enrichi les Sciences de leurs obfervations microfcopiques.

§. MDCCCCXLVI. Pour connoître fous quelle grandeur on voit un objet, lorfqu'on l'examine d'un œil aidé du fecours d'un microfcope, il faut placer un objet P Q [*Tab.* 45. *fig.* 2.], au foyer d'une lentille A E : fi l'œil eft proche de cette lentille, il verra diftinctement cet objet fous l'angle B E C = P E Q. Suppofons maintenant qu'on foit obligé de porter l'œil à la diftance L Q de l'objet, pour qu'on puiffe le voir diftinctement, fans le fecours du microfcope; on aura alors l'angle optique P L Q, fous lequel on verra cet objet P Q. Soit donc conduite Q O = Q E, on aura l'angle P E Q = P O Q : P L Q : : L Q : Q O ou Q E. Or la grandeur apparente d'un objet eft toujours relative à l'angle optique fous lequel on le voit, & conféquemment la grandeur apparente d'un objet, obfervé à travers un microfcope, eft à celle fous laquelle on le voit en le confidérant fimplement avec l'œil, comme L Q : Q O ou Q E, c'eft à dire, que la lentille augmente autant de fois la grandeur apparente de l'objet. Comme on voit ordinairement les petits objets à la diftance de 7 à 8 pouces, & qu'à l'aide d'un petit microfcope, on les voit à une moindre diftance, favoir, à une ligne du centre de la lentille, fi nous fuppofons donc que L Q : Q E : : 90 : 1, la grandeur apparente d'un objet, vu à travers un microfcope, fera 90 fois plus grande que celle fous laquelle on le verra, fi on l'examine fimplement avec l'œil. Sa furface fera donc 90 × 90 = 8100 fois plus grande, & fa folidité 90 × 90 × 90 = 729000 fois plus grande.

§. MDCCCCXLVII. Par conféquent fi on place l'œil en E ou en O, on verra l'objet P Q fous les mêmes dimenfions que fi on le voyoit à travers un microfcope. Quoique cette propofition foit très vraie, la pratique ne fatisfait point à cet égard; parceque l'objet paroît alors très confus; ce qui vient de ce que les rayons réfléchis par chaque point de l'objet, font trop divergens pour qu'ils puiffent fe raffembler fur la rétine après avoir été réfractés en traverfant les humeurs de l'œil : mais en plaçant entre l'œil & l'objet un microfcope qui réfracte les rayons avant leur paffage dans l'œil, où ils fubiffent une nouvelle réfraction, ils peuvent fe raffembler très bien fur la rétine; d'où il fuit que nous ne voyons point les objets plus grands, à l'aide du microfcope, que nous les verrions en les confidérant de très près avec l'œil; mais que cet inftrument fait que nous les voyons diftinctement, tandis que nous ne les verrions que très confufément fi nous les confidérions de fi près.

§. MDCCCCXLVIII. Comme la ftructure de l'œil n'eft point la même dans tous les hommes, ils ne voient point tous auffi diftinctement les objets

(1) Journ. des Sav. ann. 1677, p. 175 (2) Mém. pour fervir à l'Hift. des Infectes. (3) Emploiments for the Microfcopes. (4) Prodromus cryftallographiæ Lucernæ. ann. 1723.

à la même diſtance. Il y en a qui diſtinguent très bien les petits objets, tels que les grains de ſable, à la diſtance de 7 pouces, d'autres à la diſtance de 5 pouces, d'autres enfin ne les peuvent bien diſtinguer qu'à 3 pouces de diſtance. Cette diſtance varie même ordinairement par rapport à un même homme, ſuivant qu'il avance en âge. On remarque auſſi quelquefois que les deux yeux d'un même homme ſont fort différens l'un de l'autre. C'eſt par rapport à toutes ces différences, qu'il y a des perſonnes qui voient à travers le microſcope les objets plus grands que les autres ne les voient, ainſi que l'expérience le confirme.

§. MDCCCCXLIX. Chaque fois que nous voulons obſerver attentivement, avec le microſcope, de nouveaux objets, il faut commencer à les regarder à travers un microſcope ſimple, en faiſant d'abord uſage d'une lentille peu convexe & qui groſſiſſe peu : on les examinera enſuite avec d'autres lentilles, qui feront ſucceſſivement portion de plus petites ſpheres, & qui groſſiront davantage : c'eſt ainſi qu'en allant par gradation, nous connoîtrons mieux la ſtructure intérieure de ces objets, que ſi nous les examinions d'abord avec des lentilles qui ſeroient très convexes.

Si les lentilles dont on fait uſage ſont extrèmement petites, de ſorte qu'elles ne ſoient pas plus groſſes qu'un grain de ſable, les objets qu'on conſidérera à travers ces lentilles, feront très obſcurs, ſi on n'a pas le ſoin de les bien éclairer. Il n'y a que les habiles Obſervateurs, ceux qui ſont très verſés dans l'art de préparer les petits objets, qui puiſſent ſe ſervir avantageuſement de ſi petites lentilles ; &, comme ils ſavent éclairer un champ aſſez vaſte, ils peuvent attendre beaucoup de ces fortes lentilles, pour découvrir les plus petites parties des objets.

Quiconque veut examiner toutes ſortes d'objets avec un microſcope, doit avoir des appareils de différentes eſpeces ; car ceux qui ſont très propres à examiner de grands objets opaques ou tranſparens, ne peuvent point ſervir avantageuſement pour de petits objets, ſoit qu'on veuille les examiner promptement ou pendant long-tems : mais comme ces différens appareils ſont très connus, je me diſpenſe d'en donner ici la deſcription.

§. MDCCCCL. Lorſqu'une ſeule lentille ne groſſit point aſſez un objet, on peut y en ajouter une ſeconde & même une troiſieme. *Corneille Drebbel*, Hollandois, eſt l'inventeur de ce microſcope compoſé, dont il fit part au Public en 1621, comme nous l'apprend M. *Huyghens* (1). Cette eſpece de microſcope a ſubi bien des modifications depuis ſon invention ; différens Artiſtes l'ont corrigé, amplifié, afin de donner plus de lumiere aux objets qu'on examine à l'aide de ce microſcope, & de les faire voir plus clairement, plus grands & auſſi diſtinctement que faire ſe peut. On a pris auſſi tous les ſoins poſſibles pour donner à ces microſcopes tout le champ dont ils ſont ſuſceptibles, afin de pouvoir embraſſer d'un ſeul coup d'œil les grandes parties d'un même objet. La plus petite lentille, qui fait partie de ces microſcopes, & qui eſt la plus proche des objets, ſe nomme l'*objectif* : celle qui eſt placée auprès de l'œil, s'appelle *oculaire*.

§. MDCCCCLI. La grandeur de l'objet qu'on découvre d'un ſeul coup

(1) *Dioptrica*, pag. 221.

d'œil

d'œil, en regardant à travers le microfcope, fe nomme *le champ du microf-cope* : ce champ eft d'autant plus grand, que l'œil eft plus proche de l'ocu-laire; & au contraire, il eft d'autant plus petit, que l'œil eft plus éloigné de ce verre.

§. MDCCCCLII. De quelle maniere les rayons de lumiere pénetrent-ils un microfcope compofé de deux verres ? On pourra le comprendre aifé-ment à l'aide de la fig. 5. Soit l'objet A B [*Tab.* 45. *fig.* 5.], placé à une diftance convenable au-devant de la lentille objective C D, le point infé-rieur A de cet objet renvoie des rayons de lumiere qui pénetrent le centre E de la lentille, de même que le point fupérieur B du même objet : ces rayons font A E M, B E L, qui vont peindre l'image de l'objet en L M, où elle fe trouve fufpendue en l'air; & fi on plaçoit un plan blanc à cet endroit, l'i-mage de l'objet fe peindroit fur ce plan, de la même maniere qu'elle fe peint dans une chambre obfcure. L'image L M eft donc une efpece d'objet ra-dieux qui jette des rayons de lumiere; de forte que A E M fe continue juf-qu'en H, & B E L jufqu'en G, où fe trouve placée l'autre lentille oculaire G H : cette lentille eft éloignée de l'image L M à une diftance égale au foyer des rayons paralleles. Cela pofé, les rayons L G, M H, en paffant par la lentille, y éprouvent une réfraction : ceux qui viennent d'un même point de l'objet, deviennent paralleles; mais ceux qui viennent des points M & L, viennent concourir au point O par leur réfraction, & forment, par ce con-cours, l'angle G O H; de forte que l'œil placé en O, voit l'objet en F K, & de la grandeur F K. Ce même œil, en fupprimant les lentilles, verroit l'ob-jet A B fous l'angle optique A O B; mais fi on adaptoit la lentille C D, il le verroit fous l'angle L E M, tandis que dans la pofition préfente, où on fup-pofe deux lentilles C D, G H, il le voit fous l'angle F O K, & conféquem-ment beaucoup amplifié; mais dans une fituation renverfée.

On conftruit encore des microfcopes avec trois lentilles, en les difpofant de la maniere fuivante. Suppofant que B A [*Tab.* 45. *fig.* 6.] foit un objet tranfparent, ou au moins qui puiffe tranfmettre une grande quantité de lumiere; on place auprès de cet objet la lentille objective K E C, qui peut être de différente convexité, & par conféquent d'où on approche, ou on éloigne l'objet. Du point fupérieur B de l'objet part un rayon de lumiere qui paffe directement par le point E, & qui continue à fe mouvoir en ligne droite jufqu'en r, les autres rayons B K, B C traverfent cette lentille, & de-viennent convergens. Pareillement le rayon A E x qui part du point A de l'objet, paffe directement par le point E, & continue à fe mouvoir en ligne droite; les autres rayons A C, A K deviennent convergens après avoir tra-verfé la lentille K C. Mais avant que les premiers rayons dont nous venons de parler, ainfi que ces derniers, fe réuniffent pour peindre l'image de l'ob-jet, on place un grande lentille convexe G H, qui réfracte ces rayons, & qui les fait concourir en f & en d, où ils viennent peindre l'image f d de l'objet B A, mais dans une fituation renverfée : on place outre cela une troifieme lentille k n à la diftance du foyer de l'image f d, dont les rayons f k, f q, s'éloignant du point f de l'image, font réfractés par la lentille k n, pour qu'ils puiffent aboutir parallelement en O. Pareillement les rayons qui par-tent du point d, & qui s'en éloignent en s'écartant les uns des autres, font réfractés par la lentille k n, & parviennent parallelement au même point O, formant l'angle optique a O p. L'objet qu'on confidere avec un tel microf cope, paroît renverfé, mais beaucoup plus grand; & comme il y a beaucoup de lumiere interceptée par les trois lentilles, l'objet B A paroît plus obfcur. Pour obvier à cet inconvénient, on a imaginé d'adapter à la machine un mi roir concave S S, qu'on difpofe dans une fituation inclinée au-deffous de l'objet fur lequel il réfléchit les rayons du foleil qui tombent deffus, ou fim plement la lumiere du jour, ou même celle d'une chandelle: cet objet, éclairé par une telle lumiere, fe voit beaucoup plus clairement, & fous un très beau champ.

Le microfcope fimple eft néanmoins préférable à tout microfcope com pofé quelconque; parcequ'on voit plus clairement & plus diftinctement un objet à travers un microfcope fimple, qu'on ne voit fon image, comme il arrive dans les microfcopes compofés: car les images des objets ne fe pei gnent jamais parfaitement & très diftinctement; parceque tous les rayons de lumiere ont différens degrés de réfrangibilité, & par conféquent le jugement qu'on porte fur l'image d'un objet, n'eft jamais auffi fûr que celui qu'on peut porter lorfqu'on voit l'objet lui-même. Ajoûtez encore à cela, qu'on a imaginé depuis peu la maniere d'éclairer parfaitement les objets qu'on veut examiner avec un microfcope fimple; ce à quoi on parvient en difpofant au deffus de l'objet un miroir concave, qui eft toujours plus parfait lorfqu'il eft de métal, que lorfqu'il eft de verre, ainfi que l'expérience le démontre.

Quiconque fera curieux de voir une méthode plus détaillée de conftruire des microfcopes, & même de différentes efpeces, que celles dont nous ve nons de parler, pourra confulter là-deffus le célebre *Benjamin Martin* (1). On pourra encore confulter *Hen. Baker* (2), *George Adams* (3); mais fur tout *Lyonett* (4) (*Muffenbroek* le nomme en Latin *Lyonnettus*), qui nous ont donné des méthodes très curieufes pour préparer les objets microfcopi ques, pour les conferver & pour les examiner.

§. MDCCCCLIII. Nous devons auffi depuis peu au célebre *Lieberkuhn* l'invention du microfcope folaire, dont *Baker* (5), *Martin* (6), & plu fieurs autres, nous ont donné la defcription. Ce microfcope eft compofé d'un miroir qui reçoit les rayons du foleil, & qui les renvoie parallelement à l'horifon fur une grande lentille, qui les raffemble fur un objet tranfpa rent pour le pénétrer d'une plus vive lumiere: ces rayons, après avoir pé nétré cet objet, tombent fur la lentille, qui les raffemble auffi-tôt en un foyer, d'où ils deviennent divergens en s'avançant en avant, & vont pein dre en grand fur un plan blanc qu'on leur oppofe, l'image de l'objet qu'ils ont pénétré. Cette image eft plus belle encore lorfqu'on la reçoit fur un plan concave.

Mais ce microfcope a cela d'incommode, que l'image de l'objet ne fe

(1) Philofoph. Britanniq. Vol. 2. Lect. 9 & 10.
(2) The Ufe of Microfcop, made eafy.
(3) Micographia illuftrata.
(4) Verhandelinge der Haarlemfe Maatfchappy. Vol. 3.
(5) Henr. Baker the Microfcop made eafy. Cap. 6.
(1) Philof. Britann. Vol. 3.

peint point très diftinctement ; & par conféquent on ne peut point faire des obfervations fort exactes à l'aide de ce microfcope. Le célebre *Euler* (1) a entrepris de remédier à ce défaut, & pour cela il a fubftitué un miroir de métal plan au miroir de verre, dont on faifoit ufage auparavant ; parcequ'un miroir de verre réfléchiffant les rayons par fes deux furfaces, fait que les bords du fpectre ne font jamais bien terminés, au lieu que le miroir de métal n'ayant qu'une furface réfléchiffante termine plus exactement les bords des images.

J'ai fait graver ici une microfcope folaire [*Tab.* 45. *fig.* 7.], tel qu'il a été perfectionné par un célebre Ouvrier de Leyde, nommé *Jean Paauw.*

A l'aide de ce microfcope, les objets paroiffent extrêmement augmentés fur le plan blanc qui en reçoit l'image ; car la grandeur de cette image eft à celle de fon objet, comme la diftance du plan à la lentille eft à la diftance de l'objet à la lentille.

Suppofons donc que le foyer de la lentille foit d'un pouce, & que la lumiere qui pénetre l'objet éloigné d'un pouce de la lentille, foit compofée de rayons paralleles, le foyer où ces rayons fe raffembleront, fera à un pouce de diftance au-delà de la lentille, fi le plan qui reçoit l'image eft à 12 pouces de la lentille, la grandeur linéaire de l'image fera à celle de l'objet, comme 12 : 1 ; & la grandeur de leurs furfaces feront entr'elles dans le rapport de 144 à 1.

Si le foyer de la lentille étoit d'une ligne, & que le plan fût éloigné de 12 pouces, la grandeur linéaire de l'image feroit à celle de l'objet, comme 144 à 1 ; & conféquemment les furfaces feroient entr'elles, comme 144 × 144 : 1, ou : : 20736 : 1.

Si ce même plan étoit à 6 pieds de diftance de la lentille, ce rapport deviendroit = 144 × 144 × 36 : 1, ou : : 746496 : 1 ; ces nombres deviendront très grands fi on confidere les folidités des objets.

§. MDCCCCLIV. On conftruifit un (2) télefcope [*Tab.* 46. *fig.* 1.] en difpofant dans l'intérieur d'un même tube, à quelque diftance l'une de l'autre, une lentille convexe & une concave : on fit ufage de cet inftrument, pour voir diftinctement les objets éloignés qu'il groffit, & qu'il repréfente droits. Les rayons lumineux qui partent des objets, ou qui en font réfléchis, fe raffemblent dans l'œil de la maniere que nous allons indiquer, & que M. *Molineux* a très bien décrite.

Suppofons un objet ABC très éloigné, du point fupérieur duquel A foient renvoyés trois rayons a, a, a ; du point du mileu B, les rayons b, b, b, & du point inférieur C, les rayons c, c, c : avant que les rayons qui partent des extrêmités A & C, pénetrent dans le tube, ils fe coupent en quelqu'endroit ; lorfque ces rayons pénetrent enfuite dans ce tube, ils tombent fur la furface convexe de la lentille Z Y X, qu'on appelle *l'objectif* du télefcope : cette lentille réfracte ces rayons de maniere qu'ils co incident en f, e, d, où ils peignent l'image de l'objet qui les renvoie. Or on place une lentille

---

(6) Comment. Petropol. Nov. Tom. 3.
(2) On donne ici le nom de télefcope à ces inftrumens que nous nommons lunettes d'approche.

concave G L entre le concours de ces rayons & la lentille objective à un point éloigné de ce concours, égale au foyer imaginaire de la lentille concave : cette lentille G N M L eſt appellée l'*oculaire* du téleſcope; ſon effet eſt de rendre paralleles, ou preſque paralleles, les rayons qui partent d'un même point de l'objet, & qui ſont convergens : au reſte elle les rend divergens en T [*Fig. 2.*] & en R, & elle les ſépare des autres rayons qui viennent des autres points de l'objet. L'œil placé derriere l'oculaire, reçoit les rayons paralleles, ou ceux qui ſont peu divergens, comme s'ils venoient de chaque point de l'objet; il les réfracte & les oblige à ſe réunir ſur la rétine, & à y peindre l'image T E R, laquelle, étant ſituée de la même maniere que ſi l'œil regardoit à nud, & ſans le ſecours du téleſcope, l'objet qu'il conſidere à travers cet inſtrument : cet objet lui paroît très diſtinct, & dans ſa ſituation naturelle. Comme cet objet paroît ſous l'angle T P R [*Fig. 1.*], auquel l'angle f h d eſt égal, & qui eſt beaucoup plus grand que l'angle f Y d, ſous lequel l'œil auroit vu ce même objet ſans le ſecours des lentilles, cet objet doit donc être amplifié dans le rapport de e Y à e h : outre cela cet objet doit être vu très diſtinctement; puiſque ſon image ſe peint ſur la rétine de la même maniere qu'il s'y peindroit ſi on ſupprimoit les lentilles; tandis que ſi on fait uſage des téleſcopes qui ſont conſtruits différemment, & qu'on y conſidere les images qui s'y préſentent, il n'y aura que l'image de l'image qui ſe peindra ſur la rétine.

Le *champ viſible*, ou tout ce qu'on découvre en même-tems d'un ſeul aſpect, par le moyen de ce téleſcope, dépend en partie du diametre de l'objectif, & en partie de la grandeur de la pupille. Or comme l'ouverture de la pupille ſouffre quelques petites modifications, & qu'elle eſt petite par elle-même, il faut que l'*oculaire* ſoit petit; parceque l'œil doit en être très proche : ce téleſcope lui-même doit être fort court; il ne doit avoir tout au plus qu'un pied de longueur, & il ne peut être conſéquemment que de peu d'utilité pour voir des objets fort éloignés. Pour donner à cet inſtrument tout l'avantage qu'il peut avoir lorſqu'on le deſtine à conſidérer les ſpectateurs qui ſont renfermés dans une ſalle de ſpectacle, on donne un grand diametre à l'objectif; les lunettes de cette eſpece, dont on doit l'invention à *Dollond*, me paroiſſent excellentes pour cet effet; parcequ'elles raſſemblent un plus grand nombre de rayons qui ſe réuniſſent ſur la rétine, & qui y peignent l'image de l'objet qu'on veut examiner.

§. MDCCCCLV. On donne à cette eſpece de téleſcope le nom de *téleſcope Hollandois*; parcequ'il fut inventé en Hollande, ſavoir à Middelbourg en Zélande, par *Zacharie Janſze*, & *Jean Lipperhey*, vers l'an 1591, qui le trouverent par haſard (1). Il y a cependant quelques Savans qui en attribuent la découverte à d'autres; ſavoir, à *Metius*, à *Silveſtre Fl*, Pontife (2), à *Roger Bacon* (3), à *Porta* (4) : d'autres penſent que ce fut *Galilée* qui fit cette découverte. Mais il ne me paroît point qu'on puiſſe s'en fier à ces différentes autorités; puiſqu'on ne connut point cet inſtrument, & qu'il

(1) Pet. Borellus de Teleſcopii invent.
(2) Dithmari Chronic. Lib. 6.
(3) Molyneux Diopt. Nova. Menagius Origin. della lingua Italian.
(4) Keplerus in Nuncio ſidereo. p. 16.

ne fut point public avant 1591, ainsi que l'attesté, avec toute la candeur qu'on lui connoît, *Chrétien Hughens*, dans la partie de sa Dioptrique, où il traite des télescopes. Quelques autres Savans prétendent que les anciens Egyptiens avoient l'usage des télescopes, & qu'ils découvroient de la tour élevée sur la Ville d'Alexandrie, les vaisseaux qui en étoient éloignés de 600 milles (1). C'est ce qui ne paroît pas vraisemblable, par rapport à la courbure de la terre, qui doit s'opposer à de telles observations.

§. MDCCCCLVI. *Kepler* fut le premier qui découvrit d'abord le défaut du télescope d'Hollande, & qui y remédia, comme il paroît par sa Dioptrique imprimée en 1611. *Fontana* s'attribue cette découverte, ainsi qu'on peut s'en assurer par ses Observations Célestes & Terrestres, imprimées en 1646. *Zupo* s'inscrit en faux contre *Fontana*, & assure qu'il n'étoit pas mention dans ses Ouvrages d'un tel télescope avant 1614. D'autres en attribuent l'honneur à un Capucin Allemand nommé *Rheita* (2) ; ce fut cette découverte qui donna naissance au télescope astronomique, qui étoit composé de deux lentilles convexes des deux côtés [*T. 46. F. 3.*], que *Jos. Campani*, à Rome, & *Chrétien Hughens*, à Leyde, perfectionnerent. J'ai vu de ce dernier plusieurs lentilles propres à faire des télescopes de 100 & de 200 pieds : j'en ai vu aussi de 500 pieds, travaillés par *Hartsoeker*, dans le tems qu'il étoit à Leyde.

Soit A B C, un objet très éloigné : du point supérieur duquel A, partent des rayons a, a, a, désignés par des lignes, ainsi que du point B & C, des rayons exprimés par des points b, b, b, c, c, c. Ces rayons se coupent avant de pénétrer dans le tube de l'instrument, & tombant sur l'objectif X Y Z, ils se réfractent, de façon qu'ils viennent concourir aux foyers f, e, d, pour y peindre l'image de l'objet d'où ils partent. Soit la lentille convexe g h l, éloignée de l'image f, e, d, de la distance du foyer, qui est désigné par e h ; on aura la distance Y h, égale à la longueur des deux foyers ; l'œil doit être placé à une distance de la lentille, un peu plus grande que celle qui marque la longueur du foyer, & il observera alors distinctement l'objet, qui sera augmenté, mais représenté dans une situation renversée ; car c'est la même chose que s'il considéroit l'image f e d à travers la lentille g h l, qui paroîtroit alors plus étendue, & dans la situation f e d ; mais à une plus grande distance de la lentille que la distance e h ; ainsi que nous l'avons démontré dans le §. 1935. ; néanmoins cet objet paroîtra très proche.

Le champ visible dépend ici de la lentille, qu'on appelle l'oculaire. En effet, l'objet considéré par l'œil seul, se feroit présenté sous l'angle a Y c, auquel est égal l'angle d Y f, ou l Y g. Mais en regardant cet objet à travers le télescope, on le voit sous l'angle l o g : or ces angles sont entr'eux, dans le rapport de h o à h Y, ou de h e à h Y : par conséquent on aura h o : h Y — h o : : h e : h Y — h e : : h e : e Y ; c'est-à-dire, comme la distance du foyer de l'oculaire à la distance de l'objectif. Ces sortes de télescopes sont excellens, si les lentilles sont tellement disposées qu'elles ne laissent point passer

(1) Hist. de l'Acad. des Belles-Lettres, Tom. 1. p. 136. (2) Hist. Acad. Reg. Lib. 4. S. 9. cap. 2.

une trop grande ou une trop petite quantité de lumiere : or comment peut-
on parvenir à ce degré de perfection ? C'est ce que M. *Hughens* a expliqué
très favamment. Il est bon d'obferver qu'il faut fur-tout faire attention à la
qualité, c'eft-à dire, à l'efpece de verre dont on fait ufage pour leur conftruction ; c'eft de là que dépendent quantité de chofes, qu'on ne peut déterminer par un calcul mathématique ; de-là il fe trouve des lentilles qui peuvent être plus convexes, & d'autres qu'il faut faire moins convexes, parcequ'elles font d'une autre efpece de verre. En général, les meilleurs télefcopes font ceux dont les oculaires font plus convexes.

§. MDCCCCLVII. Si on tend des fils f e d au foyer, pour y faire l'office
de micrometre ; on obfervera que l'image de l'objet ne paroîtra pas toujours
au même endroit. Lorfque le ciel eft peu couvert, & que les nuages font
foibles & tranfparens, l'image & les fils paroiffent au même endroit ; mais
lorfque le tems eft ferein, les images des étoiles brillantes fe remarquent au-
delà des fils. Il y a cependant des Obfervateurs qui voient de leur côté &
les fils & l'image ; d'où il paroît que les apparences ne font pas toujours les
mêmes. Cet effet ne viendroit-il point de la différente délicateffe de l'œil,
& du jugement qui accompagne l'obfervation ?

§. MDCCCCLVIII. Comme les objets terreftres, qu'on confidere avec
cette efpece de télefcope, fe voient auffi renverfés, on ne les connoît point
aifément par le miniftere de cet inftrument. Pour remédier à cet inconvénient, & donner à ce télefcope tout l'avantage qu'on en peut attendre, on y
ajoute encore deux autres lentilles, de forte qu'il devient compofé de quatre lentilles, qui font difpofées de maniere que les trois qu'on appelle oculaires, font également éloignées les unes des autres. Les rayons de lumiere
qui parviennent à ces lentilles, les traverfent [*Tab.* 46. *fig.* 4.], ainfi qu'il
eft repréfenté par la fig. 4 ; alors les objets qu'on obferve à l'aide d'un tel
inftrument, paroiffent dans la fituation naturelle, fous de plus grandes dimenfions & fort proches de l'œil, ainfi que nous l'avons expofé (§ 1956).
On conftruit encore des télefcopes avec 5, 6, & même avec un plus grand
nombre de lentilles, ainfi qu'on peut s'en convaincre par la defcription de
l'œil artificiel de *Zahn*. Mais comme l'opacité felon laquelle on obferve un
objet, croît ordinairement comme le nombre des lentilles ; on doit faire
moins de cas de ces fortes d'inftrumens, lorfqu'ils font compofés de tant
de lentilles ; car chaque lentille réfléchit toujours quelques-uns des rayons
qu'elle reçoit, & en abforbe auffi quelques autres.

§. MDCCCCLIX. Lorfque ces fortes de télefcopes ont plus de 20 pieds
de longueur, ils ne font plus fi avantageux pour obferver des objets terreftres ; parcequ'alors le mouvement des molécules qui flottent dans l'atmofphere, devient vifible à travers ces inftrumens, qui groffiffent extraordinai-
rement les objets ; ce qui fait que ces objets qu'on obferve, paroiffent avoir
une efpece de mouvement vibratoire ; ainfi qu'il arrive lorfqu'on obferve
un objet éloigné, & que la vue fe dirige au-deffus d'un charbon embrafé ; ce
qui n'a cependant pas lieu, lorfque le ciel eft ferein & qu'il ne fait aucun
vent.

§. MDCCCCLX. Lorfque nous regardons un cachet directement de
haut en bas, à travers un télefcope muni de trois lentilles, toutes les cavités

gravées fur la furface de ce cachet, paroiffent en relief au-deffus de cette furface, tandis que les lettres qui font faillantes, paroiffent creufées dans l'épaiffeur du cachet ; de forte que l'apparence eft alors tout-à-fait contraire à la réalité ; mais fi on difpofe les chofes de maniere qu'on puiffe obferver obliquement cet objet, le cachet paroîtra tel qu'il eft réellement, & tel qu'il paroîtroit, fi on le confidéroit avec l'œil, quoique néanmoins dans une fituation renverfée (1).

§. MDCCCCLXI. Les télefcopes dioptriques font fujets à beaucoup de défauts, par rapport aux différens degrés de refrangibilité des rayons de la lumiere. En effet, foit la lentille A I B [*Tab.* 47.*fig.* 3.], & les rayons du foleil paralleles E A, C I, F B : fuppofons que ceux de ces rayons qui font les moins refrangibles, viennent concourir au point G, & que ceux qui font les plus refrangibles, concourent au point H ; dans cette fuppofition, on aura $GI : HI :: 28 : 27$, & GH fera $= \frac{1}{28}$ de G I. Soit menée par le point G, la ligne K L, & M N par le point H, toutes les deux perpendiculaires à l'axe C I G, on aura $MN = \frac{1}{28}$ de la largeur de A B, & $KL = \frac{1}{27}$ de la même quantité A B ; par conféquent O P, qui eft le plus petit efpace dans lequel fe raffemblent les rayons, fera prefque la moitié de M N ou $\frac{1}{55}$ de A B ; d'où il fuit que les rayons qui émanent d'un feul point de l'objet, ne concourent point tous en un même point au delà de la lentille, mais en différens points ; & c'eft par cette raifon que l'image de l'objet eft moins claire & moins diftincte. Ce défaut augmente par le paffage des rayons à travers les lentilles oculaires, ainfi que je l'ai déja annoncé plufieurs fois ; parceque le foyer de ces rayons ne fe trouve point concentré en un point ; mais qu'il forme un petit cercle, & qu'il comprend une certaine étendue en longueur. Mais comme les rayons qui traverfent les lentilles fe féparent & fe divifent en leurs couleurs, & que cette divifion fe fait même très clairement, lorfque le foyer de l'oculaire eft placé à l'endroit où l'objectif fait concourir les rayons orangers & jaunes, qui font très brillans, les couleurs des objets perdent moins de leur vivacité.

Cependant comme les rayons qui partent de chaque point de l'objet, forment à leur foyer un petit cercle, dont le diametre $= \frac{1}{250}$ du diametre de l'ouverture de la lentille, & que le diametre de ce cercle eft moins que fous double du diametre d'un grain de fable. Lorfque l'ouverture de la lentille $= 1$ pouce, les objets qu'on confidere à l'aide d'un télefcope, paroiffent toujours teints ou entourés de quelques couleurs. Le célebre *Newton* ayant découvert ces défauts & quantité d'autres, qui viennent de la figure fphérique des lentilles, comme nous l'avons indiqué (§. 1793), fit tous fes efforts pour perfectionner les télefcopes. Il fubftitua pour cela aux télefcopes dioptriques, les catoptriques qu'il imagina, & dont nous parlerons dans le chapitre fuivant. Il les conftruifit d'après la connoiffance de ce principe qu'il découvrit ; favoir, que tout rayon, de toute efpece quelconque, étoit toujours réfléchi par un miroir, fous le même angle fous lequel il romboit deffus.

Il paroît furprenant que nous puiffions voir des objets, & même que nous

_____

(1) Philof. Tranf. n. 476.

les puiſſions voir clairement, plutôt qu'obſcurement, à l'aide d'un téleſcope catoptrique. Cet effet vient de ce que les rayons qui s'écartent ne ſe diſtribuent point uniformement ſur toute l'étendue du petit cercle ; mais qu'ils ſe raſſemblent en plus grand nombre vers ſon centre que vers toute autre partie de ſa ſurface : car on remarque effectivement qu'ils deviennent de plus en plus rares, à proportion qu'ils vont du centre à la circonférence : cela poſé, l'œil n'eſt qu'à peine affecté par ces derniers, tandis que ceux qui ſe trouvent raſſemblés au centre, font une forte impreſſion ſur cet organe ; & c'eſt par le miniſtere de ces derniers que nous voyons les objets.

§. MDCCCCLXII. Malgré tous les défauts qu'on reproche, à juſte titre, aux téleſcopes dioptriques, le célebre *Dollond* (1) ne les abandonna pas ; & il trouva, en 1758, après bien des recherches, le moyen de les perfectionner. Il n'ignoroit pas que toute eſpece de verre ne réfracte pas de la même maniere les rayons de lumiere, & que les rayons d'une même couleur, qui traverſent de tels milieux, ne ſont pas toujours également divergens, & que par conſéquent, quoique la réfraction des mêmes rayons puiſſe être détruite par leur paſſage à travers un milieu différent, néanmoins la divergence des rayons colorés n'eſt pas pour cela tout-à-fait détruite. Cet habile homme chercha donc deux eſpeces particulieres de verre, qui, étant adaptés l'un à l'autre d'une certaine maniere, puſſent détruire tout à la fois & la divergence & la réfraction des rayons, afin que ceux qui paſſeroient par ces verres, ne paruſſent plus colorés. Il prit pour cet effet de la glace blanche, dont on fait ordinairement uſage pour conſtruire les verres de téleſcopes ordinaires, & il en fit un objectif plan extérieurement, c'eſt-à-dire, du côté de l'objet, & concave intérieurement. Le foyer de cet objectif, pour un téleſcope de trois pieds eſt de 12, 6 pouces, il adapta ſur la concavité de ce verre, une lentille convexe des deux côtés, faite d'un verre qui tiroit ſur le bleu, & dont le foyer étoit = 8, 9 pouces. L'objectif de cette lunette eſt donc, à proprement parler, double, & fait de deux verres de différente eſpece.

Il mit dans ce téleſcope cinq lentilles oculaires, tels qu'on les remarque dans les téleſcopes à ſix verres, & qui ſont repréſentés par la fig. 2 de la table 47. Ce téleſcope de *Dollond* eſt donc compoſé de 7 lentilles : or quoique la lumiere qui traverſe les deux objectifs ne ſe ſépare pas en ces différentes couleurs, on remarque cependant que lorſqu'elle traverſe les oculaires, il s'en fait une petite ſéparation à la vérité ; mais ces couleurs ne ſe remarquent que vers les bords des lentilles, & non vers leur milieu. On remarque quelquefois que ce ſont les rayons jaunes qui ſont ſéparés, quelquefois auſſi les rayons bleus ſe font remarquer dans ces ſortes de téleſcopes ; néanmoins on obſerve les objets d'une maniere très diſtincte : on les voit ſous un grand champ, & l'œil n'eſt point fatigué par une longue obſervation ; au contraire, il voit toujours avec plaiſir les objets qu'il conſidere. On donne à cette invention de *Dollond* le nom de *téleſcope achromatique* ; invention qui mérite les ſuffrages & les louanges des Connoiſſeurs.

§. MDCCCCLXIII. Pour qu'on puiſſe obſerver diſtinctement, pendant

____

(1) Philoſ. Tranſ. Vol. 50, part. 2, p. 733.

le

le jour, des objets qui font très éclairés, & qu'on voit, à l'aide d'un télefcope dioptrique, il faut que l'objectif foit prefqu'entierement couvert d'un
corps opaque, & qu'il n'ait qu'une très petite ouverture, & même il faut
avoir foin de placer des diaphragmes dans l'intérieur du tube, aux endroits
où les objets viennent fe peindre : ces diaphragmes font des plans opaques
ouverts vers leur centre, de façon qu'ils diminuent la capacité du tube ; leur
ufage eft d'intercepter & d'exclure les rayons qui tombent trop obliquement :
ce qui rend l'image plus nette & plus diftincte. Mais fi on fait des obfervations lorfque le tems eft couvert, & que l'objet n'eft pas fi bien éclairé, ou
vers le foir, il faut donner plus d'ouverture à l'objectif, & même cette ouverture doit être 7 fois & quelquefois même dix fois plus grande; conféquemment à cela, ce verre laiffera paffer 7 ou 10 fois plus de lumiere : cette
derniere méthode a donné origine à un télefcope, *que Muffenbroek appelle
oculus cati*, dont la lentille objective X Y Z [*Tab.* 46. *fig.* 5.], eft d'un très
grand diametre : l'image de l'objet f e d, repréfentée par ce télefcope, fe
peint de la même maniere que dans le télefcope aftronomique ; mais il faut
obferver que dans le télefcope dont il eft ici queftion, on a foin de placer
dans le tube une grande lentille M N, convexe du côté de l'objectif, &
plane du côté de l'œil, avant que les rayons viennent, par leur concours,
peindre l'image de l'objet (quelquefois même, au lieu d'une feule lentille,
on fe fert de deux, qui font peu convexes, afin qu'il y ait peu de rayons qui
foient réfléchis).

Cette lentille réfracte les rayons incidens ; de forte que l'image de
l'objet fe peint plus proche de l'objectif qu'elle ne fe feroit peinte fans
le fecours de cette lentille : mais auffi l'image devient plus petite. On
place encore une troifieme lentille, qu'on nomme oculaire ; cette lentille
g h l [*T.* 47. *F.* 1.] eft éloignée de l'image f e d, à la diftance de fon foyer :
cette derniere lentille, qu'on fait plus convexe & plus petite que celle dont
on fe fert dans le télefcope aftronomique, réfracte les rayons divergens qui
partent de chaque point de l'image, afin qu'ils deviennent paralleles à leur
fortie, & que ceux qui viennent des différens points de l'image, deviennent convergens & fe réuniffent, ainfi qu'on le remarque derriere la lentille du télefcope aftronomique : par ce moyen l'œil reçoit beaucoup plus de
lumiere qu'il n'en recevroit par le moyen d'un télefcope ordinaire, & conféquemment les objets qui font peu éclairés pendant la nuit, peuvent fe voir
plus clairement ; on voit ces objets renverfés de même que lorfqu'on les obferve avec un télefcope aftronomique. Cette efpece de télefcope (*oculus
cati*), a été jufqu'à préfent de quelqu'utilité, quoiqu'on ne puiffe pas dire
qu'il ait été fort avantageux ; & peu importe qu'on y adapte 3 lentilles feulement, ou qu'on y faffe ufage de 4 lentilles : ce qu'il y a de certain, c'eft que
les nuits où la lune n'éclaire point notre horifon, on ne voit pas mieux, par
fon fecours qu'à la fimple vue, les objets quelque grands qu'ils foient ;
peut-être par la fuite parviendra-t-on à le perfectionner au point qu'on puiffe
le ranger parmi les excellens télefcopes. Lorfqu'on veut faire ufage de cet
inftrument pendant le jour, il faut donner 10 fois moins d'ouverture à
l'objectif que pendant la nuit ; ce qui fait qu'il ne differe point alors du télef-

cope aftronomique, fi ce n'eft que parcequ'il eft compofé de 3 ou de 4 lentilles.

§.MDCCCCLXIV. On conftruit auffi des télefcopes *binocles*: ces télefcopes font compofés de deux, de forte qu'on peut obferver les objets avec les deux yeux. Le P. *Cherubin* d'Orléans perfectionna ces binocles, & il nous en donna la defcription en 1676, dans un Livre qui a pour titre, *la Vifion parfaite.* Il peut être d'ufage pour ceux qui ont les deux yeux également conftitués ; mais comme il y a des perfonnes dans qui les deux yeux font fort éloignés d'être femblables, cet inftrument ne peut pas leur être de grande utilité. Au refte cet inftrument a beaucoup plus de champ que le télefcope ordinaire, & on y voit plus clairement les objets.

§. MDCCCCLXV. MM. *Delifle* & *de Barros*, faifant ufage d'un télefcope dioptrique de 9 pieds, & d'un télefcope Newtonien de 4 ½ pieds, pour obferver la lune au moment où elle s'éclipfoit, ont remarqué que lorfqu'ils mettoient un verre plan bleu & diaphane entre l'œil & l'oculaire, que l'ombre qui tomboit fur une tache de la lune de 2 m. 36″ cachoit bien plus promptement cette tache, que lorfqu'ils fupprimoient ce verre bleu : ils ont obfervé outre cela, qu'en fubftituant un verre jaune à celui dont nous venons de parler, une tache de 1 m. 40″ n'étoit point fi-tôt couverte que par le verre bleu. L'ombre paroiffoit auffi fortir plus promptement de la tache, lorfqu'on faifoit ufage d'un verre jaune, que lorfqu'on fe fervoit d'un verre bleu (1).

Cet effet n'auroit-il point lieu pour la raifon que voici ? Suppofons que BS [*Tab.* 45 *fig.* 1.] repréfente l'axe de la lentille oculaire & des rayons qui traverfent cette lentille ; ces rayons, en la traverfant, forment le cône ASC : par conféquent l'œil pofé en S reçoit ces rayons qui lui font voir la lune ou la tache dont nous venons de parler, mais fous l'angle optique ASC. Si on interpofe donc alors un verre bleu XZ entre l'œil & l'oculaire, ce verre ne laiffera paffer que les rayons les plus réfrangibles ; de forte que A H fuivra la direction H M, & C R prendra la direction R M ; par conféquent l'œil placé auprès de M recevra ces rayons de la même maniere qu'il les recevroit s'ils avoient fuivi la direction M H D & M R G, & conféquemment le même objet qu'on voyoit précédemment fous l'angle optique ASC, fe verra alors fous l'angle D M G, c'eft-à-dire, beaucoup plus grand.

Suppofons maintenant que les rayons A H, C R tombent fur un verre jaune XZ, qui laiffe fur-tout paffer des rayons jaunes ; ces rayons fe réfractent moins que les rayons bleus, & conféquemment ils fe raffemblent en P, où ils forment l'angle optique H P R, plus petit que le précédent H M R, mais plus grand que l'angle H S R. Par conféquent l'objet fera vu alors de la grandeur E F : de-là fi l'œil confidere cet objet à travers la lentille oculaire feulement, il lui paroîtra d'une grandeur défignée par A C ; mais fi on interpofe un verre plan & jaune, il lui paroîtra d'une grandeur ⸺ E F : & fi on interpofe un verre bleu, fa grandeur paroîtra = D G.

(1) Mém. de Trévoux. Décemb. 1756.

CHAPITRE XXXVIII.

De la Catoptrique.

§. MDCCCCLXVI. Cette science traite de la lumiere qui tombe sur des miroirs de différentes formes, de la réflexion de ces rayons, & des différentes images qu'ils présentent à nos yeux.

§. MDCCCCLXVII. Lorsque la lumiere qui part d'un corps lumineux quelconque tombe sur des surfaces inégales & raboteuses, elle se réfléchit de tous côtés ; mais si elle tombe sur des surfaces polies, presque toute cette lumiere est réfléchie & reportée vers un même endroit.

§. MDCCCCLXVIII. Si le corps sur lequel la lumiere tombe est obscur, elle est alors réfléchie par sa surface antérieure ; mais si ce corps est transparent, elle est réfléchie par ses deux surfaces, savoir par sa surface antérieure & par sa surface postérieure : la surface antérieure de ce corps réfléchit beaucoup plus vivement la lumiere que sa surface postérieure ou inférieure, qui ne la renvoie que foiblement.

§. MDCCCCLXIX. La réflexion de la lumiere produite par la surface antérieure d'un corps réfléchissant, ne doit point être attribuée à l'incidence de cette lumiere sur les parties solides de cette surface, mais à de certaines forces répulsives qui sortent, pour ainsi dire, des corps, & qui agissent au-delà de leurs surfaces, ainsi que le célebre *Newton* l'a découvert, & qu'il l'a démontré de plus d'une maniere (1).

Quoique nous convenions de bonne foi que nous ne connoissons point la nature d'une force répulsive, ni quelle peut en être la cause, il suffit que des observations faites avec toute l'exactitude requise, nous apprennent qu'il y a quelque chose qui réfléchit & qui renvoie la lumiere qui tombe sur les corps ; qu'une semblable force réside dans les métaux qui repoussent la rosée & l'empêchent de les pénétrer, ainsi que nous l'avons démontré ci-dessus (§. 1086), pour que nous puissions être convaincus qu'il existe réellement dans la nature des forces attractives & répulsives, quoique nous n'en connoissions point encore la nature, & que ce soit un secret que l'esprit de l'homme ne pourra peut-être jamais pénétrer ; car les Philosophes ne nous ont encore rien appris de certain à cet égard, soit en nous disant que les corps sont enveloppés d'une espece de fluide doué d'un mouvement d'ondulation, qui permet quelquefois aux rayons de les pénétrer, & qui quelquefois les repousse & les réfléchit, soit en nous disant que les corps sont entourés d'une force élastique qui réfléchit certains rayons, & qui livre passage aux autres. Nous ne voulons point entrer dans des questions inutiles, nous aimons mieux avoir recours aux argumens de *Newton*.

(1) Optic. Lib. 2. Part. 3. §. 8. & Lib. 3.

I ij

1°. Lorfqu'un petit rayon de foleil tombe fur un poil, un fil, une aiguille, fur une paille ou fur d'autres corps, l'ombre que ces corps jettent derriere eux, eft beaucoup plus grande qu'elle ne devroit être par rapport aux rayons qui devroient paffer latéralement & effleurer ces corps. On remarque encore le même phénomene, quoique ces corps foient renfermés entre des verres plans, ou qu'ils foient entourés d'eau : d'où il fuit que la lumiere qui aborde & qui tombe fur les corps, eft détournée par une force quelconque de la direction qu'elle tend à fuivre.

2°. Lorfque la lumiere pénetre & paffe dans l'ouverture que laiffent entr'elles deux lames de couteau, peu diftante l'une de l'autre, une partie de cette lumiere eft attirée, l'autre eft manifeftement repouffée; ainfi qu'on peut s'en convaincre par ce que nous avons dit (§. 1826, 1827, 1828).

3°. Suppofons une furface inégale & raboteufe; que cette furface foit de métal, de pierre, ou de verre, peu importe, on remarquera toujours que la lumiere qui tombe deffus fe difperfe en toutes fortes de fens : mais fi on polit cette furface, ce qu'on opere par le fecours de quelques poudres âpres & dures, qui ufent & qui diminuent les afpérités, les petites éminences qui couvrent cette furface, fans cependant les emporter entierement, car il refte toujours de petits fillons, de petites raies que ces poudres elles mêmes creufent fur les furfaces qu'elles travaillent, d'ailleurs les pores qui font inféparables de tout corps quelconque, font encore un obftacle infurmontable à ce qu'on puiffe donner un poli parfait à leurs furfaces ; néanmoins fi on travaille avec foin la furface dont il eft ici queftion, fi on la polit de façon que les fillons dont nous venons de parler ne foient plus ou ne foient prefque plus fenfibles, cette furface commencera à réfléchir la lumiere avec ordre, & elle la réfléchira avec d'autant plus d'ordre, qu'elle approchera davantage d'un poli parfait, & que les petits fillons infenfibles qui fubfifteront fur fon étendue, feront tirés en long, & non tranfverfalement, fur cette furface; car lorfqu'ils ont cette derniere direction, quelque petits qu'ils foient, le brillant de la furface en eft fenfiblement altéré : néanmoins, quelque foin qu'on prenne, on ne parviendra point à polir parfaitement cette furface, & conféquemment elle ne réfléchira jamais parfaitement, & avec tout l'ordre poffible, la lumiere qui tombera deffus; puifque, comme nous venons de le dire, il reftera toujours de petites cavités, de petits fillons qu'on ne pourra point emporter tout-à-fait, & qu'on remarquera fi on confidere cette furface avec attention. Il fuit de-là que la lumiere réfléchie par un miroir quelconque, n'éclairera jamais un objet auffi bien que celle qui lui vient directement du foleil ; par conféquent puifqu'il fubfifte toujours de petites inégalités fur toute l'étendue d'une furface travaillée avec tout le foin poffible, & que néanmoins elle raffemble & qu'elle réfléchit plufieurs rayons vers un endroit qu'elle éclaire fpécialement, cet effet annonce néceffairement une force quelconque agiffante au-de-là de cette furface, qui renvoie les rayons incidens avant qu'ils foient parvenus jufqu'aux parties folides de cette furface.

4°. Cette force produit au-delà de la furface véritable d'un miroir une efpece de furface *virtuelle* qui réfléchit la lumiere, quoiqu'elle ne foit point parfaitement plane & mathématique; car s'il n'y avoit point quelque chofe de femblable dans les miroirs de verre, qu'on peut regarder comme un affemblage de plufieurs couches de parties folides appliquées les unes fur les autres, il eft conftant que chaque couche réfléchiroit & repréfenteroit un très grand nombre d'images, & qu'on n'en remarqueroit pas feulement deux, l'une produite par la furface antérieure, & l'autre produite par la furface poftérieure. Il eft certain, à la vérité, que la fubftance intermédiaire du miroir, réfléchit quelques rayons de lumiere qui nous font diftinguer cette partie du miroir ; mais ces rayons font en très petit nombre : ils font réfléchis fans ordre par quelques-unes des parties folides, & ils ne peignent aucune image.

5°. Il ne faut pas croire non plus que ce foit la furface poftérieure d'un miroir qui réfléchit la lumiere, & qui forme l'image de l'objet ; mais la vertu attractive qui attire & qui fait retourner vers le miroir les rayons qui en font déja fortis ; de forte qu'elle les réfléchit alors de la maniere que nous l'avons déja fait voir [*Tab.* 36. *fig.* 9.] ; car la réflexion poftérieure, ou la répercuffion de la lumiere, fe fait lorfqu'elle paffe du verre dans l'air, ou dans le vuide, plus obliquement que fous un angle de 40 ou 41 degrés. On ne peut pas concevoir que l'air, qui eft un fluide très rare, puiffe boucher les pores du verre ; puifqu'il tranfmet la lumiere qu'il reçoit fous un moindre degré d'obliquité. L'air n'entre certainement pour rien dans ces fortes de phénomenes ; car l'expérience nous apprend qu'une lentille, placée fous un récipient vuide d'air, réfléchit plus fortement la lumiere, qui paroît moins bien pénétrer le verre & fe porter dans le récipient, que lorfque cette lentille eft entourée d'une maffe d'air : or lorfque le récipient eft vuide d'air, il n'y a rien qui puiffe obftruer davantage les pores du verre.

Une feconde preuve que ce ne font point les parties folides de la furface poftérieure du verre qui réfléchiffent la lumiere, c'eft que fi on pofe cette furface fur de l'eau, de l'huile, ou fur un autre verre, cette réflexion n'a plus lieu ; car la lumiere pénetre alors l'eau ou l'huile qui eft au-delà. Or, dans cette expérience, les parties folides qui conftituent la furface poftérieure, n'éprouvent aucun changement par leur contact avec les fubftances dont nous venons de parler. Quel changement arrive-t-il donc ici ? Le voici. La force attractive du verre, qui eft plus grande que celle de l'air, eft affoiblie ou troublée par la force attractive de l'eau, de l'huile, ou du verre qu'on applique contre la furface poftérieure dont il eft ici queftion ; ce qui fait que la lumiere qui tombe fur le verre, & qui le pénetre, fuit la direction qu'elle affecte, continue à fe mouvoir en ligne droite, paffe au-delà de ce verre, au lieu d'être réfléchie comme précédemment. La réflexion de la lumiere produite par le verre, ou par tout autre corps tranfparent, eft donc l'effet de deux caufes différentes. La réflexion qui fe fait à la furface antérieure eft produite par une force répulfive ; celle qui s'opere à la furface poftérieure vient de la force attractive.

§. MDCCCCLXX. Pour donner plus de clarté à cette idée, j'ai cru devoir la repréfenter par une figure. Soit donc le corps A B C D [*Tab.* 47. *fig.* 4.], dont la force répulfive de la furface antérieure A B s'étende jufqu'en I H, tandis que fa force attractive ne fe produit que jufqu'en K L. Si un rayon de lumiere O P parvient, felon une direction très oblique, jufqu'à la force répulſive I H , ſon mouvement ſera conſidérablement retardé ; il ſera infléchi vers Q : il ſera repouſſé ſelon la direction Q R , & il ſe réfléchira ſelon R S. Mais ſi un autre rayon , tel que o p , tomboit moins obliquement ſur I H , il auroit plus de force pour ſe mouvoir en ligne droite ; ce qui n'empêcheroit cependant pas qu'il ſouffrît une légere inflexion ; de ſorte qu'il décriroit la petite courbe p q ; mais parvenu juſqu'en K L , où la force attractive exerce ſa puiſſance , ſon mouvement deviendroit accéléré ; il décriroit alors une courbe contraire q r , & il pénétreroit le corps A B C D ſelon la direction r s.

Mais pour mieux concevoir comment un rayon de lumiere qui tombe très obliquement ſur un corps même diaphane , eſt réfléchi & devient moins oblique ; conſidérons encore le rayon O P [*Tab. 47. fig. 5.*] , qui tombe très obliquement ſur l'endroit I H , où la force répulſive ceſſe d'exercer ſon action : décompoſons ce mouvement O P en O N , parallele à I H , & en perpendiculaire N P. Dans cette ſuppoſition , la force avec laquelle ce rayon agit contre la force répulſive , eſt exprimée par N P , quantité fort petite , ſi on la compare à O P ; & conſéquemment ce rayon de lumiere pourra être réfléchi par la force répulſive I H. Mais ſuppoſons actuellement que ce rayon tombe moins obliquement ſelon la direction M P , & décompoſons encore ce mouvement en M X , parallele à I H , & X P perpendiculaire ; cette ligne X P exprime une force aſſez conſidérable , & conſéquemment le rayon M P tombe avec beaucoup plus de force ſur la puiſſance réfléchiſſante I H : cette force même eſt telle , qu'elle peut ſurmonter cette derniere puiſſance , & porter le rayon en avant juſqu'à l'endroit où la force attractive K L produit ſon action , & lui faire pénétrer le corps diaphane A B C D.

Tous les corps tranſparens paroiſſent munis & entourés de ces deux eſpeces de forces ; mais de quelle nature ſont-elles l'une & l'autre ? Nous avouons de bonne foi que nous ne le ſavons pas , ſans cependant qu'on puiſſe nier leur exiſtence dans la nature.

On a coutume d'enduire la ſurface poſtérieure des glaces avec de l'étain en feuille & du mercure , afin de les rendre plus réfléchiſſantes : lorſqu'elles ſont ainſi préparées , la ſurface antérieure de ces glaces , ainſi que le mercure , réfléchiſſent preſque toute la lumiere qui tombe deſſus. Si la lumiere qui part d'un même point de l'objet , eſt réfléchie par ces deux ſurfaces , & qu'elle ſe raſſemble & co-incide en un même point , le miroir réfléchit alors très vivement : c'eſt ce qui arrive lorſque la glace eſt très mince ; car lorſqu'elle eſt très épaiſſe , les rayons réfléchis ne ſe rencontrent point pour ſe réunir , & la glace eſt moins réfléchiſſante : c'eſt pour cela que celui qui ſe regarde dans un miroir dont la glace eſt fort épaiſſe , voit , pour l'ordinaire , deux fois ſon image ; & ces deux images ſont biens moins diſtinctes que ſeroit celle qu'il verroit s'il ſe regardoit dans un miroir de métal.

§. MDCCCCLXXI. On peut aiſément comprendre , par ce que nous venons de dire , quelles ſont les eſpeces de corps qui ſont obſcurs , & qui ne tranſmettent point la lumiere.

1°. Ce ſont les atômes non poreux ; car tout corps ſolide ne peut point être pénétré par un autre corps.

2°. Toutes les portioncules de matiere qui ſont formées par un aſſemblage d'atômes, dont les pores font trop petits pour livrer paffage à la matiere de la lumiere.

3°. Ce font encore tous les grands corps dont la furface eft douée d'une forte vertu répulfive, qui réfléchit la lumiere qui tombe deffus ; tels font les métaux, les demi métaux, &c.

4°. On doit encore ranger dans cette claffe les corps qui font très diaphanes & de différentes couleurs, quelque mince que foit chacun de ces corps. En effet, fi on prend des lames de verre très tranfparentes & colorées, & qu'on les pofe les unes fur les autres, de façon qu'une lame rouge couvre une lame dont la couleur foit orangée ; celle-ci une jaune, enfuite une verte, une bleue, une pourpre, & enfin une violette ; quoique l'affemblage de toutes ces lames ne forme point l'épaiffeur d'un demi-pouce, elles s'oppoferont néanmoins affez au paffage de la lumiere, pour qu'on ne puiffe point voir à travers l'image du plus brillant foleil, & elles feront auffi obfcures que le métal le plus épais. Pour pouvoir rendre raifon d'un phénomene auffi extraordinaire & auffi curieux, je répétai d'abord cette expérience avec deux lames feulement, enfuite avec trois ; j'en raffemblai après cela davantage, & voici les réfultats que j'obfervai.

1°. En faifant ufage feulement d'un verre rouge & d'un verre orangé d'une très belle couleur, les objets éclairés par la lumiere du foleil, me parurent auffi rouges que fi je les avois regardés avec un feul verre rouge, & la clarté ne me parut point diminuée.

2°. En plaçant l'un fur l'autre le même verre rouge & un jaune, les objets me parurent encore d'un même rouge, & leur clarté à-peine diminuée.

3°. Lorfque je fis ufage de ce verre rouge & d'un jaune très clair, les objets que je confidérai à travers me parurent d'un même rouge, & auffi clairement qu'à travers un feul verre rouge.

4°. Les objets me parurent encore rouges, mais beaucoup moins clairs, lorfque j'appliquai ce même verre rouge fur un vert.

5°. A travers ce même verre rouge & un autre bleu, les objets paroiffoient encore rouges & très peu différens en clarté.

6°. En plaçant l'un fur l'autre ce verre rouge & un autre qui tiroit fur le pourpre, je vis les objets de même que fi je les avois confidérés à travers le feul verre rouge.

7°. Ayant mis l'un fur l'autre un verre orangé & un jaune, les objets me parurent également colorés & auffi clairs qu'à travers le feul verre orangé.

8°. Ces objets parurent jaunes, mais d'une couleur moins claire, lorfque je les confidérai à travers un verre orangé & un vert.

9°. A travers un verre orangé & un bleu, ils me parurent d'un très beau pourpre.

10°. Je les vis rouges à travers un orangé & un pourpre.

11°. Ayant adapté un verre jaune & un vert l'un fur l'autre, le ciel me parut ferein, & quelques objets me parurent couleur de feuilles d'arbres ; c'eft-à-dire, d'un jaune tirant fur le vert.

12°. Ils me parurent d'une couleur tirant fur le vert, mais bien différente

de la couleur verte fous laquelle ils fe préfentent à travers un verre vert , &
moins clairs , lorfque je les examinai à travers un verre jaune & un
bleu.

13°. A travers un verre jaune & un autre pourpré , les objets me parurent
jaunes & affez clairs.

14°. Ces objets me parurent d'un vert affez foncé , mais agréable à la vue,
& la clarté me parut bien peu diminuée lorfque je les confidérai à travers un
verre vert , & à travers un bleu pofé l'un fur l'autre.

15°. A travers un verre vert & un autre tirant fur le pourpre , les objets me parurent d'une couleur verte tirant fur le jaune , mais moins
clairs.

16°. Lorfque je confidérai ces objets à travers un verre rouge , un orangé
& un jaune , appliqués les uns fur les autres , je les vis d'une très belle couleur rouge.

17°. A travers un verre rouge pofé fur un orangé & un vert , les objets me
parurent rouges , à la vérité ; mais la tranfparence étoit beaucoup diminuée.

18°. A travers un verre rouge , orangé & bleu , appliqués les uns fur les
autres , les objets me parurent d'un rouge brillant , & la tranfparence étoit
moins altérée que dans l'expérience précédente.

19°. A travers le même verre rouge & deux autres verres bleus , entre
lefquels j'avois placé un autre verre rouge , les objets me parurent rouges ,
à la vérité , mais beaucoup moins clairs.

20°. Lorfque je confidérai ces objets à travers le même verre rouge & trois
verres bleus , ils me parurent encore rouges , mais d'une couleur beaucoup
plus rude.

21°. A travers un verre rouge placé entre deux qui étoient verts , à-peine
me fut-il poffible de diftinguer les objets , la tranfparence étoit prefqu'entierement détruite.

22°. Ayant placé un verre jaune entre deux verres verts , les objets que je
confidérai à travers , me parurent d'une couleur mixte , qui tiroit fur-tout
fur le vert ; & la tranfparence ne fut point auffi altérée que dans l'expérience
précédente.

23°. La tranfparence ne fut point beaucoup altérée lorfque je confidérai
les objets à travers un verre bleu , placé entre deux verres verts ; & ces objets
me parurent d'une couleur verte agréable à la vue.

24°. Ces objets me parurent encore verts ; mais la tranfparence diminua
beaucoup lorfque je les regardai à travers un verre pourpre placé entre deux
qui étoient verts.

25°. Ayant placé un verre violet entre deux verres verts , la tranfparence
fut beaucoup altérée , & les objets me parurent d'un vert tirant fur le
bleu.

26°. Un verre rouge , orangé , jaune & vert , étant pofés les uns fur les
autres , les objets me parurent d'un rouge obfcur , & la tranfparence fut
beaucoup altérée.

27°. Ayant mis enfin les uns fur les autres un verre rouge , orangé , jaune , vert & bleu , la lumière ne put point les pénétrer ; toute la tranfparence
fut

fur détruite, & je ne pus point diftinguer le foleil, tout brillant qu'il étoit.

28°. Il ne doit donc pas paroître furprenant lorfqu'on pofe les uns fur les autres des verres rouge, orangé, jaune, vert, bleu, pourpre & violet, que cet affemblage refufe paffage à la matiere de la lumiere.

On peut recueillir de ces expériences, que les rayons rouges font très nombreux dans un rayon blanc; que ces rayons traverfent aifément un verre rouge, orangé, jaune, mais qu'il n'en paffe qu'une petite quantité à travers un verre vert: d'où il fuit que les rayons verts, ainfi que tous les bleus, les pourpres, les violets fe féparent d'un rayon blanc, & font portés & diftribués d'un autre côté, lorfque ce rayon blanc tombe fur un verre rouge.

Par conféquent dès qu'un rayon rouge a traverfé un verre rouge, orangé, jaune, il refte peu de lumiere qui puiffe traverfer un verre vert, au moins ne refte-t-il plus de rayons verts, & comme il ne refte plus de rayons bleus, aucune lumiere ne fe fait jour à travers un verre bleu; toute la glace devient opaque, & ne permet plus à l'œil de diftinguer les objets qui font au-delà.

Mais que deviennent les rayons rouges? Où demeurent-ils, eux qui font comme étouffés par le verre vert, après avoir traverfé les verres rouge, orangé & jaune? Ces rayons font-ils réfléchis vers le verre qui précede, ou font-ils difperfés en toute forte de fens par le verre vert?

5°. Mais examinons ici un autre phénomene que nous offre la deftruction de la lumiere. Une lumiere bleue qui fe fait jour & qui traverfe un verre bleu, nous fait voir fous une couleur bleue tous les objets qui font éclairés par le foleil, tandis qu'elle nous fait voir cet aftre plus blanc.

Si on regarde ces objets à travers deux verres bleus, ils nous paroiffent d'un bleu plus foncé, & le foleil paroît blanc.

Si on les confidere à travers trois verres femblables, ils nous paroiffent d'une couleur tirant fur l'indigo d'un très beau pourpre, & le foleil paroît alors plus blanc.

A travers 4 verres de même efpece, les objets paroiffent pourprés, mais moins brillans, & le foleil paroît encore blanc.

A travers 5 verres, les objets paroiffent d'un pourpre plus foncé, & le foleil blanc.

Lorfqu'on fait ufage de 6 verres de cette efpece, le foleil commence à paroître pourpré, & les objets deviennent plus obfcurs; la couleur pourprée du foleil devient de plus en plus foncée fi on augmente le nombre des verres jufqu'à 10, & à-peine diftingue-t-on alors les objets.

On ne diftingue qu'à-peine le foleil lorfqu'on le regarde à travers 11 verres bleus.

On ceffe de voir la lumiere de cet aftre lorfqu'on le regarde à travers 12 verres de cette efpece, & on n'apperçoit aucun autre objet qu'on regarde à travers ce nombre de verres.

Toute lumiere eft détruite lorfqu'on fait ufage de 15 verres de cette efpece, qui ne forment en tout qu'une épaiffeur d'un pouce: d'où il fuit qu'un faifceau blanc de lumiere, qui tombe fur des objets, fe divife & fe fépare en fes différens rayons colorés, qui font tous réfléchis, tandis que les feuls

Tome III. K

rayons bleus pénetrent & traverfent les verres bleus qu'on leur oppofe, & que chaque lame s'oppofe au paffage de plufieurs de ces rayons.

6°. *Hook* nous apprend que fi on applique l'un fur l'autre deux prifmes creux, dont l'un foit rempli d'une liqueur teinte en rouge, & l'autre d'une liqueur teinte en bleu, ces deux prifmes ne laifferont paffer aucune lumiere.

7°. Il faut encore ranger parmi les corps opaques les grands corps, dont les parties ont des pores larges, fort éloignés-les uns des autres, mais d'une maniere inégale; de forte qu'ils peuvent exercer toute leur force attractive, ou prefque toute leur force, contre la lumiere, & l'attirer à eux : ce qui fait que cette lumiere eft continuellement détournée de fon chemin, & qu'étant portée dans des lignes courbes, en traverfant différentes parties, elle eft réfléchie fort inégalement, tantôt d'un côté, tantôt de l'autre, & ne peut par conféquent paffer en ligne droite; ou fi elle a déja prefque traverfé les corps, elle fe meut alors d'un mouvement fi peu réglé, qu'on ne peut plus l'appercevoir fous la forme de lumiere : c'eft pour cette raifon qu'un floccon de neige, quelque fpongieux qu'il foit, eft opaque & blanc; parcequ'il renvoie toute la lumiere qu'il reçoit. L'eau battue de la tempête & agitée par les flots qui s'élevent & qui font dans un mouvement très violent, écume, blanchit comme du lait; mais elle n'eft plus tranfparente.

Les rayons de lumiere A B, D E, G H [*Tab.* 47. *fig.* 6 7.] qui tombent fur de la pouffiere, attirés par les molécules B, E, H, font réfléchis dans les directions B C, E F, H I: or comme un corps opaque ou obfcur, eft conftitué de cete maniere, fuppofons que le rayon de lumiere G H tombe fur la furface A B, une partie de ce rayon fera réfléchie par cette furface fous le même angle fous lequel il y fera parvenu; tandis que l'autre partie du même rayon pénétrera la fubftance du corps A B C D, dans laquelle il fe mouvera, & il fe diftribuera inégalement : une partie de cette lumiere fera, pour ainfi dire, étouffée, & ayant perdu fon mouvement, s'affimilera à quelques parties de ce corps; une autre partie fortira de tous côtés, mais en fi petite quantité, & avec un mouvement fi irrégulier, qu'elle ne fera point fenfible à l'œil Une preuve qu'une partie de ce rayon pénetre la fubftance de ce corps, c'eft que les petites particules qui le compofent font tranfparentes, & que ce corps s'échauffe un peu, qu'il fe raréfie; par conféquent la grandeur des pores & la difpofition irréguliere des parties conftituantes d'un corps concourent à le rendre opaque.

§ MDCCCCLXXII. Si on remplit donc les pores d'un de ces corps d'une fubftance quelconque, qui attire la lumiere auffi fortement que les parties folides de ce corps, le mouvement de la lumiere ne fera plus fi inégal; elle ne fe mouvera plus felon les mêmes lignes courbes, mais à l'aide des forces attractives & réunies de ces deux corps, elle fera portée felon des lignes droites, & elle traverfera le corps, ainfi qu'on peut le remarquer par rapport aux rayons K L M N P, Q R S, X V, Y Z a [*Tab.* 47. *fig.* 8.], & c'eft ainfi qu'en rempliffant les pores d'un corps, il peut devenir tranfparent, d'opaque qu'il étoit auparavant.

Si le milieu qu'on emploie pour remplir les pores attire avec plus de force, de façon que fa force attractive agiffe auffi fortement fur la lumiere, que les parties folides du corps auquel il eft joint , ce corps en fera plus tranfparent.

Tout ce que nous avançons ici, eft confirmé par plufieurs obfervations : du papier blanc bien pur eft opaque ; mais fi on emplit fes pores avec de l'eau , il commencera à devenir tranfparent : fi on l'enduit d'huile d'olives , il le fera davantage ; enfin fi on le mouille avec de l'efprit de vin , ou qu'on étende deffus de l'huile de térébenthine, il deviendra auffi tranfparent que du verre ; car la force avec laquelle l'huile de térébenthine rompt la lumiere, eft à celle de l'huile d'olives : : 13222 : 12607.

Les terres, les fables, les pierres vitrifiables, le fel alkali , font autant de corps opaques ; néanmoins le fel , mêlé avec quelqu'un de ces corps expofé à l'ardeur d'un feu très violent, fondu par fon action, & rempliffant les pores de ce corps, forme un verre très tranfparent.

Si on prend deux parties de talc , autant de craie, une partie de borax, & qu'on expofe ces corps à l'action d'un feu très violent ; on en fait un compofé , tranfparent, brillant , & dont la couleur eft verdâtre ; ou fi on prend 4 parties de craie, trois parties de fpath fufible, une partie de talc , & qu'on les foumette à l'action d'un grand feu , elles formeront une maffe tranfparente, qui fera d'un jaune tirant fur le rouge (1).

Si on pile du verre jufqu'à ce qu'on l'ait réduit en poudre , cette poudre fera très blanche , mais en même-tems très opaque ; ainfi qu'on peut s'en convaincre en couvrant de cette poudre un verre plan : mais fi on verfe de l'eau fur cette poudre, & qu'on en rempliffe les pores, elle commencera à devenir tranfparente, & elle le deviendra tout à-fait fi on verfe deffus de l'huile de térébenthine. Ou prenez deux lames de verre qui ne foient tranfparentes que d'un côté , couvrez ces deux lames extérieurement avec deux autres lames de verre tranfparentes ; ces 4 lames , prifes enfemble, formeront un tout obfcur ; mais fi on fait glifler de l'huile de térébenthine entre ces lames , cette maffe deviendra tranfparente.

Le blanc d'œuf eft fort tranfparent ; mais fi on l'agite & qu'on le batte, il fera rempli de grands pores , & il fe changera en une efpece d'écume blanche & opaque ; la tranfparence renaîtra dès que l'écume fera diffipée.

Le vinaigre & l'huile d'olives font deux liquides tranfparens , féparés l'un de l'autre ; mais fi on les mêle enfemble , on forme alors une efpece de fauce blanche, qui eft prefque opaque.

L'eau eft naturellement très tranfparente ; mais lorfque, foumife à l'action du feu qui l'éleve en vapeurs, elle devient mille fois plus rare , elle perd beaucoup de fa tranfparence : c'eft ce qui fait qu'on remarque de fi épaiffes ténébres dans les atteliers des Teinturiers & dans les Brafferies. Elles y font produites par les vapeurs abondantes qui s'y élevent. Les vapeurs & les fumées qui s'élevent dans la partie fupérieure de l'air , y forment des nuées opaques.

La pierre connue fous le nom d'*œil du monde*, eft naturellement opaque ; mais elle devient tranfparente , lorfqu'on emplit fes pores avec de l'eau.

M. Huygens a remarqué quelque chofe de femblable dans le plâtre (2) ;

____

(1) Hift. de l'Acad. de Berlin , ann. 1746. p. 77. (2) Philof. Tranf. n. 122.

car l'ayant battu avec de l'eau, & l'ayant placé fous le récipient de la machine pneumatique, il parut opaque; mais ayant verfé par-deflus de la térébenthine & de l'huile, il devint tranfparent.

Lorfque la glace vient d'être formée, elle eft diaphane : elle devient opaque dès qu'elle fe remplit de bulles d'air.

La nature nous offre un nombre prodigieux de femblables phénomenes à obferver.

Lorfque les parties qui compofent une maffe font homogenes, que les pores de cette maffe font en petit nombre, ou qu'ils font réguliers, cette maffe s'imbibe plus avidement de la lumiere qui l'éclaire, & elle en réfléchit une moindre quantité que fi cette même maffe étoit compofée de parties hétérogenes, & que fes pores fuffent moins réguliers & qu'elle fût plus fragile : c'eft ce qu'on remarque par rapport aux métaux qui ne font point propres à faire d'excellens miroirs lorfqu'ils font purs & homogenes ; mais fi on en combine plufieurs enfemble, dont les parties ne s'affimilent & ne s'incorporent qu'à peine, dont les pores font irréguliers, & qui forment un tout fragile & dur, ce mixte réfléchira plus fortement la lumiere & fera très propre à former des miroirs. Les anciens faifoient grand cas de ceux qui étoient compofés d'étain & de cuivre (1) ; tels que ceux qu'on fait encore aujourd'hui (2). On préféroit autrefois ceux qui étoient d'argent. *Praxitel* fut le premier qui, du tems du grand *Pompée*, conftruifit de ces fortes de miroirs ; mais l'argent eft un métal trop mou pour recevoir un beau poli ; & en Hollande l'air ronge en peu de tems fa furface, & lui fait perdre le poli qu'on lui a donné.

§. MDCCCCLXXIII. Il ne faut pas croire que la dureté des corps, ou leur denfité, produifent l'opacité, ou qu'elle vienne de ce que les corps peuvent recevoir un très beau poli : car quel corps eft plus dur que le diamant, qui eft le plus diaphane de tous les corps tranfparens ? Ainfi que quantité d'autres pierres précieufes, qui font néanmoins fufceptibles d'un très beau poli.

§. MDCCCCLXXIV. On ne doit pas croire non plus que la lumiere foit un corps différent des autres corps ; parcequ'elle ne paffe pas toujours par les pores qui font larges ; car on remarque la même chofe par rapport à plufieurs autres corps. En effet, l'eau ne pénetre pas le camelot dont les pores font très ouverts : bien plus, ni l'eau, ni la biere, ni le vin, ni l'efprit de vin, ne paffent pas à travers les pores du liége, ou des tonneaux de bois, quoique l'huile d'olives, qui eft beaucoup plus épaiffe que tous ces fluides, les pénetre, & ne foit retenue que difficilement dans de femblables vaiffeaux. Le mercure ne paffe pas facilement par les larges pores du papier, de la toile ou du cuir, quoique le diametre de fes molécules foit beaucoup plus petit que celui de ces pores.

§. MDCCCCLXXV. On ne doit point auffi fe figurer que les corps que nous regardons au premier abord, comme opaques, foient effectivement tels qu'ils nous paroiffent ; car fi on les examine avec plus d'attention, on les trouvera bien moins opaques qu'on ne l'auroit cru. Pour s'en affurer,

(1) Plinius in Hift. Nat. Lib. 33. Cap. 9. §. 45.   (2) Smith. Optiks. §. 787.

on ne sauroit mieux faire que de les exposer dans une chambre obscure, à un petit trou fait à une fenêtre, par lequel on donne entrée au soleil; & on y observera que tous les métaux, réduits en petites lames minces, sont transparens, ainsi que toute tranche de bois quelconque. On remarquera même que les nœuds des bois résineux, quoique très épais, ainsi que les doigts de nos mains, sont transparens comme de la corne.

§. MDCCCCLXXVI. On donne le nom de miroir à toutes sortes de corps dont la surface lice & polie réfléchit régulierement la lumiere du soleil, qui tombe dessus.

§. MDCCCCLXXVII. Les miroirs sont de plusieurs especes. On en fait de plans; 2°. de sphériques, qui sont ou convexes ou concaves; 3°. de cilindriques convexes ou concaves, 4°. de coniques, 5°. de pyramidaux, 6°. de prismatiques: on en peut même faire de toute sorte de figure. Nous considérerons seulement ici ces différens miroirs faits de métal, ou seulement ceux qui n'ont qu'une seule réflexion, qui vient de leur surface antérieure. Nous allons commencer ce détail par l'examen des miroirs plans.

§. MDCCCCLXXVIII. Si un rayon de soleil AC [*Tab.* 48. *fig.* 1.], tombe sur un miroir de cette espece, il se réfléchit, & il forme son angle de réflexion BCO égal à son angle d'incidence ACO.

§. MDCCCCLXXIX. Par conséquent le rayon BC rejaillit du point de réflexion C, avec la même force avec laquelle il étoit tombé sur ce point. Pour s'en convaincre, décomposons le mouvement AC de ce rayon en AO & CO: le mouvement AO étant parallele à la surface du miroir, demeure dans son entier; on a donc OB = AO. Or ce rayon tombe sur ce miroir avec une force exprimée par OC; & si cette force ne demeuroit point aussi dans son entier, on n'auroit point CO = CO, & conséquemment on n'auroit point aussi l'angle BCO = AOC. Mais l'expérience nous apprend que ces 2 angles sont égaux, & conséquemment que la vîtesse du rayon réfléchi égale celle du rayon incident; d'où il suit que la force de l'un & de l'autre est la même.

§. MDCCCCLXXX. Le rayon réfléchi CB [*Tab.* 48. *fig.* 1.], est dans le même plan que le rayon incident AC, qui est perpendiculaire au plan réfléchissant DCE.

En effet, ayant conduit la droite AB du rayon incident au rayon réfléchi, on forme le triangle ACB, qui est toujours dans le même plan (1). Or, comme on conçoit que le mouvement AC se décompose en AO, parallele à DCE, & en OC, perpendiculaire, tout le plan conduit par OC, est perpendiculaire à DCE.

§. MDCCCCLXXXI. La voie que suit le rayon AC qui tombe sur le miroir plan DE qui le réfléchit en CB, est la voie la plus courte.

Supposons que le rayon tombe en F ou f, & qu'il soit réfléchi en B, on aura AF + FB, ou Af + fB, plus grand que AC + CB. Soit prolongé AC jusqu'en P, de sorte que CP = CB. Soit aussi conduite la droite PB, on aura AC + CB = AC + CP: on aura l'angle ECB = l'angle ECP: donc BCF = PCF, par conséquent le côté FB = FP; mais AF + FP, sont

(1) Euclid. Elem. Lib. 11. §. 4.

plus grands que AP; donc AF + FB, font plus grands que AC + CP, qui font = AC + CB; Pareillement fB = fP; mais Af + fP font plus grands que AP: donc Af + fB, font plus grands que AC + CB. *Kirker* a affuré que la nature agit toujours, & en toutes circonftances, par les voies, les lignes, les plus courtes (1); mais on ne peut regarder cette propofition comme univerfelle; car le célebre *Smith* en a très bien démontré la fauffeté, par rapport aux miroirs courbes (2).

§. MDCCCCLXXXII. La pofition d'un œil E, ainfi que celle d'un objet A, étant donnée; le miroir BF étant pareillement donné, trouver le point C, fur lequel le rayon AC tombera, & d'où il fe réfléchira en CE, pour fe porter dans l'œil.

Faites tomber, des deux points A & E [*Tab.* 48. *fig.* 2.], des perpendiculaires fur le miroir BF, tirez enfuite les lignes AF & FB, qui fe coupent au point D; de ce même point D abaiffez la perpendiculaire DC; ayant enfuite mené les lignes AC & EC, vous aurez la ligne AC pour ligne d'incidence, & la ligne EC, pour ligne de réflexion; car vous aurez les proportions fuivantes, AB : BF :: DC : CF; & EF : BF :: DC : BC; & conféquemment AB × CF = BF × DC = EF × BC, donc AB : BC :: EF : CF, & les deux triangles ABC & EFC feront femblables, & l'angle ACB fera = l'angle ECF.

On peut encore trouver de cette maniere le point C qu'on cherche: prolongez AB jufqu'en K, de forte que AB = BK; menez enfuite la droite ECK, le point C fera le point cherché: car les triangles ABC, KBC, ECF font femblables, & l'angle ACB = l'angle ECF; par conféquent ACD = ECD.

§. MDCCCCLXXXIII. Si on place l'objet DE [*Tab.* 48. *fig.* 3.], devant un miroir plan AB, fon image LM paroîtra à l'œil CH, à la même diftance derriere le miroir que l'objet DE s'en trouve éloigné par devant. 2°. L'image LM eft égale & femblable à l'objet DE. 3°. Elle fe trouve auffi dans la même difpofition, par rapport à l'œil, que l'objet DE.

Il part du point D de l'objet, des rayons qui tombent fur toute la furface du miroir AB. Parmi ces rayons, DF & DG, ainfi que leurs intermédiaires, font réfléchis fuivant les lignes FC, GH, pour fe porter dans l'œil GH: pareillement il part du point inférieur E de l'objet, les rayons EN, EO, ainfi que leurs intermédiaires; ces rayons réfléchis s'en retournent felon les directions NC, OH: or fi on prolonge en arriere les rayons CF, HG, ils iront concourir en L derriere le miroir, ainfi que les rayons CN, HG, qui iront fe réunir au point M; fi on tire les lignes LD, ME, on aura l'angle DFA = CFB = AFL, & conféquemment DFG = LFG. L'angle DGA = HGB = LGA; le côté GF = GF; donc le triangle LFG = DFG.

Puifque l'angle DFA = LFA, & que les côtés LF, FA = les côtés DF, FA, on aura LA = DA. Si on conçoit que la ligne ME foit tirée, on démontrera pareillement que la droite ZM = ZE, & conféquemment que l'image eft à la même diftance derriere le miroir, que l'objet l'eft devant fa

(1) Kirkeri Ars magna Lucis & Umbræ, pag. 539.   (2) Smith Optiks. Rem. pag. 70.

furface antérieure. 2°. Comme l'angle DFB = LFB, & que EOA =
MOA, & que FO = FO, & LF = DF, & MO = EO, on aura LM
= DE, & conféquemment l'image doit être égale à l'objet, & doit être
pofée de la même maniere par rapport à l'œil.

§. MDCCCLXXXIV. C'eft pour cela que fi un Obfervateur fe tient
debout devant un miroir, il verra dans ce miroir, à fa gauche, les parties
qui font véritablement à fa droite, & il verra à fa droite celles qui feront à
fa gauche.

2°. Pareillement fi cet Obfervateur s'avance vers le miroir, ou qu'il s'en
éloigne, fon image paroîtra s'en approcher ou s'en éloigner de la même
maniere.

§. MDCCCLXXXV. Si un miroir plan eft difpofé parallelement à l'horifon, & que l'objet AB [Tab. 48. fig. 4.] foit placé perpendiculairement à
l'horifon, cet objet paroîtra renverfé, dans la fituation ba, à l'Obfervateur
qui le confidérera : car les points A & B de l'objet doivent fe rapporter derriere le miroir, aux points a & b, & à une diftance femblable à celle de
l'objet AB, au miroir.

La démonftration de cette propofition eft la même que celle que nous
avons donnée dans la fection précédente (1983).

§. MDCCCLXXXVI. Si un miroir plan CD [Tab. 48. fig. 5.] eft incliné à l'horifon, & forme avec lui un angle de 45 degrés, un objet vertical
AB paroîtra difpofé parallelement à l'horifon, dans la fituation a b, à un
Obfervateur qui le confidérera en OH, & qui dirigera fa vue en haut. On
peut encore appliquer ici la démonftration donnée dans le §. 1983.

§. MDCCCLXXXVII. Lorfque les rayons qui partent de tout le difque
du foleil, tombent fur un miroir plan, ils font réfléchis fous le même angle
fous lequel ils font tombés ; mais des rayons qui viennent de tout le difque
du foleil, tombent fur tous les points du miroir, & éclairent toute fa furface. Ils forment donc un angle de 32 minutes, angle fous lequel on voit le
diametre du foleil ; par conféquent les rayons du foleil réfléchis fous cet angle, & portés fur un plan éloigné, repréfenteront un nombre prodigieux de
difques du foleil, qui tomberont en grande partie en un même endroit, &
dont l'autre partie tombera au-delà de l'endroit où fe fait le concours des
difques : c'eft pour cela que quoiqu'on faffe ufage d'un miroir quarré, qui
réfléchira la lumiere qu'il recevra, & illuminera un efpace en quarré fur
un plan difpofé auprès de lui, ce même miroir néanmoins éclairera en
rond le plan dont nous venons de parler, fi on le porte beaucoup plus
loin.

§. MDCCCLXXXVIII. Suppofons un miroir plan CD [Tab. 48. fig. 5.],
éclairé d'en haut, & incliné à l'horifon de 45 degrés ; fi on préfente devant
ce miroir un objet a b, & que l'œil du fpectateur foit placé en o h, il verra cet
objet derriere le miroir, & dans une fituation droite AB : ce qu'on peut démontrer de la même maniere que dans le §. 1983.

§. MDCCCLXXXIX. Soit un miroir plan CD [Tab. 48. fig. 6.] appuyé
fur le parquet BSD ; fi on place fur le même parquet un plan incliné AB,
& que l'œil du fpectateur foit placé en OH, il verra ce plan incliné droit
derriere le miroir en a b, fi l'angle BIb, formé par le plan incliné & par

l'image droite I b , eſt coupé en deux par le miroir : car le point inférieur B paroîtra en b , par le moyen des rayons B t , B r , qui, étant réfléchis par le miroir, deviennent t H, r O, & on a t B = t b, & r B = r b. Pareillement les rayons qui partent du point A de l'objet pour ſe porter ſur le miroir, ſont A p , A q , qui, réfléchis, deviennent p O, q H, & ſont vus en a derriere le miroir, à la même diſtance que le point A eſt éloigné de la ſurface antérieure de ce miroir. L'objet A B eſt donc repréſenté à la vue de même que s'il étoit droit , & qu'il fût diſpoſé ſelon b a. Si on place donc ſur le plan incliné A B une boule , qui, par l'effort de ſa gravité , ſoit portée de A en B, cette bou-le , vue dans le miroir , paroîtra monter du point a au point b.

Pour prolonger le mouvement de cette boule , qui paroît ſe faire contre les loix de ſa gravité, on conſtruit une table L I K M [*Tab.* 48. *fig.* 7. 8.], dont l'épaiſſeur doit être plus grande en L M qu'en I K ; afin qu'étant placée ſur une autre table horiſontale , elle forme un plan incliné tel que le plan A B [*Fig. 6.*]. On trace dans l'épaiſſeur de ce plan de petits ſillons en forme de ſerpentins M N , N Q , Q T , T V , V W , W Y , Y Z , Z R. On perce un trou à l'extrêmité R du ſerpentin, qui donne iſſue à la boule lorſqu'elle eſt parvenue à l'extrêmité de ſa courſe : on place donc une boule X dans la par-tie la plus élevée M du canal ; cette boule , abandonnée à elle-même, deſ-cend ſelon toute la longueur de ce canal , & paroît continuellement monter à celui qui la regarde dans un miroir incliné. Enfin parvenu au point R , qui paroît le plus élevé , le ſpectateur la voit paſſer par le trou qui y eſt creuſé , & elle diſparoît à ſa vue. On peut renfermer cette machine dans une boîte noircie intérieurement , & diſpoſée de maniere que le ſpectateur, dont l'œil eſt placé en O H, ne voie que l'image de la machine & le mouvement de la boule : il faut pour cela que l'intérieur de la boîte reçoive du jour par ſa partie latérale , & que le ſpectateur regarde à travers une lentille convexe. Cette diſpoſition eſt plus favorable, & prête davantage à l'illuſion : c'eſt cette diſpoſition que nous avons fait groſſierement tracer dans la fig. 8.

§. MDCCCCXC. Nous n'avons conſidéré juſqu'à préſent que des miroirs opaques de métal ; mais le plus grand nombre des miroirs eſt fait de verre tranſparent , dont on couvre la ſurface poſtérieure d'étain laminé & de mer-cure , pour la rendre opaque : ces ſortes de miroirs nous offrent d'autres phénomenes à conſidérer ; car ils réfléchiſſent la lumiere par l'une & l'autre ſurface.

Soit le miroir A B C D [*Tab.* 48. *fig.* 9.], & une lumiere en E ; l'œil du ſpectateur placé en O verra cet objet en N , en tant que la lumiere eſt réflé-chie par le point g de la ſurface antérieure B D de ce miroir, & on a B N = B E. Une partie de cette lumiere E h eſt réfractée par la place qu'elle péne-tre , & ſuit la direction h k ; parvenue au point k , elle eſt réfléchie vers le point i , de façon que g h = g i. Cette lumiere ſuit la route i O pour parve-nir à l'œil du ſpectateur : par conſéquent ſi on imagine que le rayon O i ſoit prolongé en arriere juſqu'au point M, de façon que M O = E h + h k + k i + i O, on aura en M le véritable lieu de l'image. Mais comme les rayons qui partent de la lumiere E tombent ſur toute la ſurface antérieure g B du miroir, & que quelques petits faiſceaux de cette lumiere, par exemple E n, pé-netrent le verre & ſe réfractent pour ſe porter en p ſur la ſurface poſtérieure

du

du miroir A C : ce faiſceau réfléchi par le point p, eſt reporté vers le point g de la ſurface antérieure ; là quelques-uns des rayons qui le compoſent ſortent au-delà de cette ſurface, tandis que quelques-autres ſont reportés vers le point q, de-là au point r, d'où ils parviennent à l'œil O, qui croit voir une troiſieme image en S, éloignée du point O d'une diſtance $= E.n + np$, $+ pg, + gq, + qr, + rO$. Mais il y a outre cela une quantité prodigieuſe de rayons qui ſont pareillement réfléchis par les deux ſurfaces du miroir ; & les nombres de ces répercuſſions ſont comme ceux de la ſuite directe des nombres impairs 1, 3, 5, 7, 9, &c. La denſité des rayons réfléchis diminue à proportion que le nombre des répercuſſions augmente ; parceque la ſurface antérieure du miroir laiſſe toujours échapper quelques rayons, & qu'il n'en revient qu'un très petit nombre, qui peuvent à peine affecter l'organe, par rapport à leur rareté ; de ſorte que les dernieres images ſont tout-à-fait languiſſantes.

§. MDCCCXCI. Mais ſi l'objet E, & l'œil O, étoient diſpoſés dans la même perpendiculaire au miroir, les deux images, celle qui eſt renvoyée par le mercure, ainſi que celle que la ſurface antérieure du miroir réfléchit, co-incideroient, & on ne verroit qu'un ſeul objet ſimple : car ſi cet effet n'avoit point lieu en pareil cas, les miroirs de glace ne pourroient nous être d'aucune utilité. Il eſt bon de conſulter ce que *Kraaf* nous a donné ſur ces deux propoſitions (1).

§. MDCCCXCII. Soient deux miroirs plans D A B C, E A B F [*Tab.* 49. *fig.* 3.] poſés l'un contre l'autre à angle droit D A E, ou C B F ; que ces miroirs ſoient fixés & maintenus en ſituation par un plan ferme quadrangulaire D E F C [*Tab.* 49. *fig.* 2.], qui les recevra poſtérieurement : ils formeront alors un priſme triangulaire. Placez ces miroirs par leur baſe triangulaire ſur deux plans peints, 1, 2, 3, 4, & 5, 6, 7, 8, qui ſeront poſés ſur une table horiſontale ; que l'œil du ſpectateur en M N ſoit éloigné d'une certaine diſtance de la jonction de ces miroirs, à laquelle il doit être diamétralement oppoſé, comme il eſt repréſenté [*Tab.* 48. *fig.* 10.]. Il faut auſſi que ce qui eſt peint ſur les deux plans ſoit oppoſé. Sur les deux dont il eſt ici mention, on a peint deux arbres qui ſont très près l'un de l'autre par leurs racines Q & G, & dont les ſommets V, H ſont autant éloignés qu'ils puiſſent l'être. Cela poſé, l'œil placé en M N verra ces deux arbres dans une ſituation droite, telle que W, V, & π O : ſuivant le §. 1988, le côté T de la tête de l'un, paroîtra en Z, & le côté R de la tête de l'autre paroîtra en P ; car le point Q envoie les rayons Q n, Q p, ces rayons réfléchis par le miroir ſe portent ſelon les directions n M, p N, & ſont vus en V derriere le miroir, point auquel ils concourroient s'ils étoient prolongés en arriere. Pareillement les rayons T X, T Y, qui émanent du point T, ſont réfléchis par le miroir ſelon les directions X M, Y N, & ces rayons prolongés en arriere, iroient concourir en Z ; ce qui fait que le point T paroît derriere le miroir en Z. Les rayons qui partent de l'arbre G H, & qui tombent ſur le miroir B F, ſont portés de la même maniere dans l'œil M N.

C'eſt par ce moyen qu'on parvient à former un ſpectacle agréable, qui

(1) Comm. Petrop. Tom. 10. p. 185.

nous repréſente, comme unis enſemble, deux tableaux qui ſont couchés & oppoſés l'un à l'autre, & dont les objets nous paroiſſent dans une ſituation droite & naturelle.

§. MDCCCCXCIII. Si on joint enſemble à angle droit deux miroirs A B, A C [*Tab.* 48. *fig.* 10.], l'œil du ſpectateur étant placé en X, entre le miroir A C & la droite A O, qui diviſe en deux parties l'angle droit, verra l'objet S, repréſenté une fois dans le miroir A B, & deux fois dans le miroir A C.

En effet, ſoit menée la ligne S B perpendiculaire ſur le miroir A B; que cette perpendiculaire ſoit également prolongée juſqu'en Q : de ce point Q ſoit élevée la perpendiculaire Q H ſur le miroir C A, ou ſur une partie prolongée de ce miroir; faites H Z = Q H : conduiſez enſuite Z L perpendiculaire ſur le prolongement du miroir B A : prenez L Y = Z L : menez enſuite les lignes Y X, Z X, Q X, qui paſſent par les miroirs aux points M, F, E; joignez après cela les points Q & F par la ligne Q F, qui paſſera par le point D du miroir A B, & tirez les lignes S E, S D, S M. Cela poſé, l'œil placé en X, verra les images de l'objet S dans les points Q, Z, Y; car le rayon incident S E eſt réfléchi ſelon la direction E X; puiſque l'angle E C B = Q E B = A E X, & que Q B = S B. L'autre rayon S D ſera réfléchi ſelon les directions D F & F X : car l'angle S D B = Q D B = A D F, & l'angle Q F H = Z F H = C F X, & S D + D F = Q D + D F = Z F; donc S D + D F + F X = Z X; & conſéquemment l'objet S ſera vu en Z. Le troiſieme rayon S M eſt réfléchi ſelon la direction M X; car l'angle S M K = Y M K = C M X, & on a S M + M X = Y X : d'où il ſuit qu'on verra l'objet S en Y.

Si l'objet eſt un ſecteur de cercle P A C S P, & qu'il rempliſſe tout l'eſpace compris entre les deux miroirs, il paroîtra ſous la forme de trois ſecteurs de cercle P A T, T A R, R A C, & ces trois ſecteurs ſeront vus derriere les miroirs; de ſorte que ſi on conſidére enſemble l'objet P A C & les trois ſecteurs dont nous parlons, ils paroîtront former enſemble un plan circulaire : on voit donc 4 fois l'objet dont nous venons de parler; ſavoir, trois fois derriere les miroirs, & une fois à l'œil nud.

§. MDCCCCXCIV. Mais une ſeule regle générale ſuffit, & peut s'appliquer à pluſieurs miroirs, pour trouver les endroits où les images des objets doivent être repréſentés; il ne s'agit que de regarder l'image repréſentée par le premier miroir comme l'objet du ſecond, l'image de celui-ci comme l'objet du troiſieme, & ainſi de ſuite, ſuivant le nombre de miroirs dont on fera uſage : il faut cependant donner quelques démonſtrations particulieres pour quelques cas, afin qu'on puiſſe mieux ſaiſir la regle générale.

§. MDCCCCXCV. Soient donc deux miroirs A B, A C [*Tab.* 49. *fig.* 1.], unis enſemble de maniere qu'ils forment un angle aigu B A C, & que, ni l'objet S, ni l'œil X, ne ſoient placés dans la même ligne droite qui diviſe en deux parties égales l'angle B A C : dans cette ſuppoſition, on pourra voir l'objet dans chaque miroir autant de fois qu'on pourra conduire alternativement des perpendiculaires ſur les miroirs, en commençant par l'objet S, juſqu'à ce que la derniere perpendiculaire ſe termine ſur le côté de l'un ou de l'autre miroir, ou entre l'angle K A Z des miroirs prolongés.

En effet, foit conduite du point S la perpendiculaire S D fur A B, laquelle, étant prolongée, devienne D E = S D ; foit enfuite tirée la perpendiculaire E G fur A C, laquelle, étant pareillement prolongée, devienne G F = E G : du point E foit menée la perpendiculaire F H fur B A Z, laquelle, étant prolongée, devienne H I = F H : de ce point I foit menée la perpendiculaire I K fur C A K, cette perpendiculaire prolongée, donnera la ligne K L, & ces lignes feront comprifes & terminées dans l'angle K A Z ; de forte qu'on ne pourra tirer que trois perpendiculaires feulement, alternativement d'un miroir à l'autre. Pareillement de ce même point S foient conduites alternativement les perpendiculaires que nous allons indiquer fur les deux miroirs dont il eft ici queftion ; favoir, S M, à laquelle foit égale la ligne prolongée M N, enfuite N O, à laquelle foit égale la ligne prolongée O P ; enfuite P Q, ainfi que fon prolongement Q R, qui lui eft égal ; enfin R T, & fon prolongement T V, qui tombe dans l'angle K A Z. On ne pourra donc encore tirer que trois perpendiculaires, & on ne ne pourra voir dans les deux miroirs que fix images du même objet, qu'on obfervera aux points E, P, I, R, F, N.

Car 1°. On voit l'objet S au point E ; parceque l'angle S a D = E a D = A a X : par conféquent le rayon S a fe réfléchit felon a X, & on a S a + a X = E X.

2°. Le rayon incident S m fe réfléchit felon m f ; parceque l'angle S m M = N n M = A m f : or m f fe réfléchit felon f X ; puifque l'angle N f O = P f O = B f X, on a S m + m f = N m + m f = P f ; & conféquemment S m + m f + f X = P X : ce qui produit l'image en P.

3°. Le rayon S c fe réfléchit felon c i, i g, g X ; puifque l'angle S c D = E c D = A c i. Maintenant l'angle E i G = F i G = A i g ; de même l'angle H g F = i g H = B g X : outre cela, on a S c + c i = E C + c i = F i, & F i + i g = I g ; par conféquent c S + c i + i g + g X = I X. On doit donc encore voir l'image en I.

4°. Le rayon S k fe réfléchit en fuivant la ligne k h, enfuite h m, & enfin m X ; car l'angle S k M = N k M = A k h. De plus l'angle O h N = O h P = B h m. L'angle P m Q = R m Q = C m X. On a encore S k + k h = N k + k h = P h Outre cela P h + h m = R m. Par conféquent S k + k h + h m + m X = R X : on doit donc voir l'image de l'objet au point R.

5°. Le rayon incident S b fe réfléchit felon b M, de là en M X ; car l'angle S b D = E b D = A b M. On a encore l'angle E M G = F M G = C M X. Outre cela, on a S b + b M = E b + b M = F M. Par conféquent S b = b M + M X = F X. On doit donc encore voir l'image en F.

6°. Le rayon S d fe réfléchit felon d X ; puifque l'angle S d M = N d M = C d X. Outre cela on a S d + d X = N X.

Les endroits où les images fe peignent font toujours difpofés dans la circonférence d'un cercle, dont A S eft le rayon, & le point A le centre.

On trouvera encore plufieurs autres chofes relatives à cet objet dans la Catoptrique de *Tacquet*.

§. MDCCCCXCVI. Si on difpofe deux miroirs C B & E D. [*Tab.* 48. *fig.* 11.] parallelement l'un à l'autre, & qu'un objet foit placé entre ces deux

miroirs à l'une de leurs extrêmités A , & l'œil de l'Observateur à l'autre extrêmité O , on observera une suite d'images qui se multipliera à l'infini, de
façon que si l'objet A étoit un homme , on verroit de part & d'autre , c'est-
à dire , dans les deux miroirs , une file d'hommes qui ne finiroit point.

Pour saisir la raison de ce phénomene , soit tirée la ligne K H perpendiculaire aux deux miroirs ; prenez sur cette ligne D F = A D, & tirez la ligne
F M O , ainsi que la ligne A M , l'image de l'objet A sera dessinée en F ; puisque l'angle A M D = D M F = E M O , & que A M + M O = F O.

Prenez ensuite A G deux fois plus grand que la distance B D qui sépare
les deux miroirs : menez après cela la ligne G P O, & B I = B A ; tirez aussi
P I ; alors l'objet A se fera voir en G, par le moyen des rayons réfléchis A N,
N P, P O ; car dans les deux triangles B N I, B N A, qui sont semblables &
égaux, on a l'angle B N I = B N A. Outre cela, D I = D G ; car on a A G
= 2 B A + 2 A D. Par conséquent D G = 2 B A + A D : or D I = 2 A B +
A D ; donc D G = D I , & conséquemment le triangle I P D = D P G, &
l'angle I P D = D P G = O P E : c'est pourquoi O P est réfléchi selon P N,
qui est aussi réfléchi selon A N ; par conséquent l'image de l'objet doit se dessi-
ner en G : car on a A N + N P = I P = P G ; & conséquemment A N + N P
+ P O = G O.

Si on prend après cela F H égal au double de la distance des deux miroirs,
& qu'on tire la droite H O, qui coupe E D en S, & qu'on fasse B L = B F,
on aura deux triangles ; savoir , R B L , R B F, égaux & semblables, & l'angle L R B = F R B. Or D L = D H ; puisqu'il est composé de B L + B D,
auxquels D H est égal ; par conséquent le triangle L S D = H S D, & l'angle
L S D = H S D = O S E ; par conséquent le rayon O S doit être réfléchi selon
R S, & ce dernier selon R Q, lequel sera encore réfléchi selon Q A ; par
conséquent l'image de l'objet doit être rapportée en H : car on a A Q + Q R
= F R = L R, & A Q + Q R + R S = L S = H S ; & conséquemment A Q
+ Q R + R S + S O = H O.

En continuant à opérer de cette façon , on trouvera que l'objet doit être
vu un plus grand nombre de fois par l'Observateur placé en O ; mais comme
la lumiere se disperse & s'affoiblit à proportion qu'elle est réfléchie par les
miroirs , il est rare qu'on puisse distinguer , comme il faut , plus de 6 ou 7
images

On démontre la vérité de cette proposition de deux manieres. 1°. On peut
se servir pour cela d'une boîte oblongue quadrangulaire , à deux côtés opposés de laquelle on applique deux miroirs, dont l'un est percé d'un trou au
milieu : on place sur le fond de cette boîte une image qui représente , ou de
petits arbrisseaux , de petites figures , ou des animaux.

2°. On peut encore prendre une boîte exagonale , dont trois côtés soient
opposés & paralleles aux trois autres côtés, on place les objets qu'on veut
voir sur le fond de cette boîte ; & on les voit alors multipliés dans les miroirs dont les côtés de la boîte sont revêtus.

§. MDCCCCXCVII. On peut comprendre aisément , par ce que nous
avons dit jusqu'à présent, la construction du *polémoscope* [*Tab.* 48. *fig.* 12.],
& de quantité d'autres machines catoptriques , dont *Deschales* , *Zahn* ,

Wolf, *Smith*, & plufieurs autres, ont fait mention : on pourra confulter au befoin ce qu'ils ont écrit à cet égard.

Le plus fimple de tous les polemofcopes eft celui qui n'eft compofé que de deux miroirs plans, tel que celui que nous allons décrire. La boîte de bois K N D M [*fig.* 12.] eft ouverte en A K ; on adapte à cette partie un miroir A B, incliné à 45 degrés : on difpofe auffi vers la partie inférieure de cette boîte un fecond miroir C D, parallele au premier, mais dans une fituation oppofée. Le côté M D eft percé en E & muni d'un petit tube dans lequel l'œil puiffe fe loger : on fait ufage de cette machine en plein jour ; car alors les objets extérieurs envoient des rayons fur le miroir A B, felon la direction S F, par exemple ; ce miroir les renvoie en P, & fous le même angle fous lequel ils font tombés fur le miroir A B : le point P les renvoie en E, où ils paffent dans l'œil de l'Obfervateur, qui voit alors ce qui fe paffe au-dehors. On fait encore des polémofcopes compofés d'un miroir plan & de 2, 3 ou 4 lentilles. Il y en a encore de plus compofés, qui font faits de deux miroirs plans & de 2, 3 ou 4 lentilles ; il faut compter parmi ces derniers celui qui eft compofé d'un télefcope de Hollande, & de deux miroirs plans paralleles, fitués obliquement entre deux lentilles : à l'ouverture K de cette machine eft difpofé à angle droit un petit tube, à l'orifice duquel eft adaptée la lentille convexe du télefcope ; tandis que la lentille concave eft appliquée à l'orifice inférieur de la même machine : c'eft à travers cette derniere lentille que paffent les rayons réfléchis par le miroir inférieur. On peut encore faire ufage des deux lentilles convexes qui entrent dans la compofition du télefcope aftronomique. Ces deux manieres de conftruire des polémofcopes, font affez avantageufes : je ne parlerai point des autres ; parcequ'elles ne font point auffi bonnes, & en même-tems pour ne point devenir prolixe. On pourra confulter fur cela la 626e figure de *Smith in comple Syflem. of Optiks.* Le célebre Profeffeur *Ehrenberger* nous a donné en 1709 deux Differtations fur les différentes manieres de conftruire des polémofcopes, dont *Hevelius* fut l'inventeur en 1607, & qu'il a décrites dans les prolegomenes de fa Selenographie, pag. 24.

§. MDCCCXCVIII. Si deux rayons de lumiere A X, C K [*Tab.* 49. *fig.* 4.] tombent parallelement à l'axe X B d'un miroir fphérique convexe N K X P, ces rayons réfléchis par ce miroir deviendront divergens, & ils formeront un foyer imaginaire en E, qui eft à égale diftance du centre F & de la furface K X du miroir.

Soient donc deux rayons très près l'un de l'autre A X, C K, du centre F : par le point A d'incidence, foit menée la ligne F K L, appellée *cathete* (1) : foit auffi conduite la ligne E K M, M K fera le rayon réfléchi, fi C K eft le rayon incident.

En effet, E F = E X ; or E K = E X, puifque ce font deux rayons très proches l'un de l'autre ; donc E K = E F. Par conféquent, dans le triangle ifocele, l'angle E K F = E F K, auquel C K L eft égal, par rapport aux paralleles C K & X F ; & on a M K L = E K F : donc C K L = M K L.

§. MDCCCXCIX. Si deux rayons divergens, tels que E B, E D [*Tab.* 49. *fig.* 5.] tombent fur la furface d'un miroir fphérique convexe D B,

---

(1) On donne ce nom en Catoptrique à toute perpendiculaire d'un point de réflexion au plan du miroir.

le foyer imaginaire fera en C, en faifant $AC : CB :: AE : EB$.

Du centre A foit conduite par le point B la *cathete* ADR ; pareillement du centre E du rayon ED, foit décrit un arc qui coupe la *cathete* au point R : foit enfuite tirée la ligne ER ; par le point D foit menée CDN parallele à ER, le point C fera le point cherché : car comme l'arc BD eft très petit, on a $CD = CB$, & $EB = ED$: par conféquent on a la proportion $AC : CD :: AE : ER$, ou $AC : CB :: AE : EB$. Mais l'angle EDR eft l'angle d'incidence, auquel l'angle ERD du triangle ifocele eft égal ; & à caufe des paralleles ER, DN, cet angle $ERD = RDN$: par conféquent le rayon incident ED fera réfléchi felon DN.

§. MM. On peut encore trouver le rayon réfléchi de cette maniere, fur quelque point du miroir que tombe le rayon incident : foit le point rayonnant A [*Tab.* 49. *fig.* 6.], d'où part le rayon AB ; foit menée par le point B la tangente DBG. Dans cette hypothefe, le rayon AB tombe fur le point B, de même que s'il tomboit fur un miroir plan DBG. Du point A au point C foit menée la droite ADC, & foit pris $BG = BD$. Du point C par le point G foit tirée la droite CGF, dans laquelle on prendra $GF = AD$; fi on tire BF, on aura AB pour rayon incident, & BF pour rayon réfléchi ; car les triangles rectangles CBD, CBG font égaux & femblables : par conféquent l'angle $CDB = CGB$: de même l'angle $ADB = FGB$; & comme les droites AD, DB font égales aux droites FG, GB, on aura les triangles ADB, FGB égaux & femblables, & l'angle $ABD = FBG$; par conféquent $ABE = FBE$, le rayon AB fera le rayon incident, & le rayon BF le rayon réfléchi.

§. MMI. Comme on a $AE : EB :: AC : CB$ [*Tab.* 49. *fig.* 5.], on aura *componendo* $AE + EB : EB :: AB : CB$. Par conféquent plus le rapport de $AE + EB$ à EB deviendra grand, & plus celui de AB à CB augmentera : c'eft pourquoi le point rayonnant E, s'approchant du miroir, le foyer imaginaire C s'en approchera à proportion ; & en fuppofant que l'objet foit en B, fon image fe verra auffi-bien en B ; c'eft-à-dire, fur la furface du miroir.

§. MMII. On peut encore trouver le point C de cette maniere, $AE + EB : AB :: EB : CB$ [*Tab.* 49. *fig.* 5.] ; foit donc F le foyer des rayons paralleles, en prenant la moitié de la premiere raifon, on aura $EF : FA :: BE : BC$.

§. MMIII. Si le point rayonnant eft à une diftance infinie du miroir, l'image, fuivant le §. 1998, fera en F, milieu du rayon AB ; lorfque le point rayonnant touche le miroir en B, fon image fe remarque en B : par conféquent, à quelque diftance du miroir qu'on place l'objet, fon image fe verra toujours entre le point F & le point B.

§. MMIV. Mais fi nous fuppofons que plufieurs rayons partent du point E [*Tab.* 49. *fig.* 8.] de l'objet, pour tomber fur la furface BDS du miroir, tels que les rayons EB, EF, ED, EK, ES, parmi lefquels le rayon EB, tombant perpendiculairement, fe réfléchit felon la direction BE, tandis que EF s'en retourne felon la direction Fa, ED felon Dm, EK felon Kn, & que ES, étant tangente au point S, fuit toujours fon chemin fans être réfléchi. Si on prolonge en arriere les rayons nK, mD, aF, ainfi que tous leurs intermédiaires, ces rayons fe couperont derriere le miroir, & formeront, par leurs fections, la courbe $CCCS$, de là périphérie de laquelle ils paroîtront provenir, en fuppofant que l'œil placé au-delà du miroir fe meuve du point B au point S : on conçoit ici que le foleil fe meut dans un plan qui paffe par le centre du miroir & par le point E ; car s'il fe mouvoit felon un autre plan, les rayons lui paroîtroient partir d'une autre courbe. Si le point E fe mouvoit, tandis que l'œil demeureroit en repos, toute la courbe paroîtroit en mouvement.

§. MMV. Il fuit de-là que, foit que le point E fe meuve autour du miroir, foit que ce foit l'œil qui fe meuve de la même maniere, l'objet paroîtra toujours droit, & derriere le miroir, en formant une courbe & une image difforme.

§. MMVI. Comme cet objet, autant qu'on peut le voir, eft toujours vu dans une portion de la courbe C C [*Tab.* 49. *Fig.* 9.], il doit paroître plus petit ; ainfi qu'il eft repréfenté dans la figure 9, dans laquelle on remarque que les rayons E B, E G qui partent du point E, ainfi que leurs intermédiaires, font réfléchis par le miroir, & portés dans l'œil D H : or ces rayons étant prolongés en arriere, paroiffent partir du point I. Pareillement les rayons F M, F N, ainfi que leurs intermédiaires, font réfléchis du miroir dans l'œil, & prolongés en arriere, ils paroiffent venir du point L ; par conféquent tout l'objet E F doit être vu en I L, plus proche du miroir, mais droit, un peu courbe & difforme.

§. MMVII. Si on fe fert d'un miroir fphérique concave K I B D H [*Tab.* 50. *fig.* 1.], fur lequel les rayons paralleles & peu diftans S A B, E D, G H, O A, P K viennent tomber, & dont le rayon A B paffe par le centre A du miroir ; ces rayons réfléchis concourront au point C, qui tient le milieu entre le centre A du miroir & fa furface K H.

Car le rayon A B, tombant perpendiculairement fur le point B, fe réfléchit par la même ligne felon laquelle il eft tombé : foit donc menée du centre A du miroir la *cathete* A D, l'angle E D A fera l'angle d'incidence du rayon E D, auquel l'angle de réflexion C D A doit être égal : or comme K H eft un petit arc, on aura C B = C D = C A ; & conféquemment A C D fera un triangle ifocele : & comme l'angle C A D = E D A, on aura C D A = E D A ; donc le point C fera le foyer, ou l'endroit où les rayons fe raffembleront.

Mais fi le rayon G H [*Tab.* 50. *fig.* 2.] eft plus éloigné de l'axe A B, ayant mené la *cathete* A H, on aura C H beaucoup plus grand que C B ; par conféquent C H A fera plus petit que l'angle C A H ou G H A ; par conféquent le rayon incident G H ne fera pas réfléchi felon H C, mais fous un plus grand angle A H R = G H A : par conféquent la droite H R coupera le rayon A B entre les points C & B. Pareillement le rayon P K, réfléchi fous l'angle A K V, = A K P, fe réfléchira en V ; par conféquent ces fortes de rayons G H, P K, qui font plus éloignés de l'axe A B, formeront un petit cercle R C V fur un plan qui feroit perpendiculaire à l'axe A B en C. C'eft ce petit cercle qu'on nomme le foyer.

§. MMVIII. Les rayons du foleil O A D, S A B [*Tab.* 50. *fig.* 3.], qui tombent fur le miroir, ne font point paralleles ; parcequ'ils viennent de tous les différens points du difque de cet aftre, & ceux qui viennent des points oppofés de la périphérie du foleil, pour fe réunir fur le même point du miroir , forment entr'eux un angle de 32 m. ; par conféquent ces rayons , tombant fur le miroir BD fous un plus petit angle , il faut qu'ils fe réfléchiffent auffi fous un plus petit angle , & qu'ils forment un foyer plus élevé a d , dont nous avons expofé les effets ardens (§. 1628). Ces rayons ayant un foyer plus ample , en produifent des effets beaucoup moindres que ceux qu'ils produiroient s'ils étoient plus concentrés , ou qu'ils concouruffent en un même point.

§. MMIX. Nous pouvons maintenant expofer & démontrer les obfervations qu'il faut faire par rapport aux miroirs brûlans. Soient donc deux miroirs de cette efpece AB, IK [*Tab*. 50. *fig.* 4. 5.] de différens diametres , mais de même foyer ; c'eft-à-dire , faifant portion d'une même fphere. Le petit cercle GXH repréfente le foyer des rayons qui tombent fur le plus grand de ces deux miroirs , & le petit cercle PQ repréfente le foyer de ceux qui tombent fur le petit miroir IK : ces deux petits cercles deffinent l'image du foleil. Concevons maintenant des lignes droites RH, SQ tirées des points R & S de ces miroirs à ces petits cercles : ces droites tournant fur elles-mêmes , formeront des cônes femblables GRH, PSQ ; par conféquent les bafes GH & PQ feront entr'elles comme les quarrés des diftances RH, SQ, qui font elles-mêmes entr'elles comme les furfaces de ces miroirs.

Lorfque le diametre du miroir eft petit , & qu'il n'excede pas fix degrés , l'image du foleil en PQ [*Tab*. 50. *fig.* 3. 4.] eft diftincte ; parce que tous les rayons réfléchis par le miroir, concourent à former cette image , & alors le diametre a d du petit cercle qui forme le foyer , eft plus petit que la centieme partie de la diftance a A. Si on prend un plus grand miroir BA , le foyer GH devient à la vérité plus grand ; mais auffi le petit cercle ou l'image du foleil eft moins exacte : d'où il fuit que la force d'un miroir , pour brûler , ne fuit pas la raifon de fa grandeur : & c'eft pour cela qu'il eft inutile d'augmenter les dimenfions d'un miroir , & de le conftruire de façon que fon diametre ait plus de 25 degrés.

§. MMX. Soient deux miroirs brûlans de même grandeur , mais de différens foyers ; la denfité des rayons réfléchis fera d'autant plus grande , que le foyer fera plus petit : elle fera donc en raifon inverfe des petits cercles , c'eft-à-dire , en raifon inverfe du quarré des diftances aux miroirs; par conféquent les forces brûlantes de deux miroirs quelconques , font en raifon compofée de la directe des furfaces de ces miroirs & de l'inverfe des quarrés des diftances comprifes entre les foyers & les miroirs.

§. MMXI. Si on place un point radieux , une lumiere au point C [*Tab*. 50. *fig.* 1.] , qui tient le milieu entre le centre A d'un miroir , & fur la furface SB , les rayons lumineux qui tomberont fur la furface de ce miroir feront réfléchis par les lignes paralleles DE, HG, par rapport à l'égalité des angles d'incidence & de réflexion ; & conféquemment l'image lumineufe fera portée à une diftance infinie : ce qui rend ces fortes de miroirs d'un très grand ufage pour porter au loin la lumiere des lanternes , & pour éclairer de très longs portiques.

C'eft auffi pour cette raifon que fi on oppofe l'un à l'autre deux miroirs fphériques concaves , de maniere qu'ils foient paralleles entr'eux , & que

leurs

leurs centres soient dans la même ligne perpendiculaire ; alors, quoique ces miroirs soient à 20 pieds de distance l'un de l'autre, si on établit en C un charbon ardent, les rayons ignés qui en partiront, & qui tomberont sur la surface du miroir H K, seront réfléchis selon des lignes paralleles, & se porteront sur la surface du second miroir, qui les rassemblera à son foyer, où on pourra enflammer de la poudre à canon.

§. MMXII. Si on place un corps lumineux au centre A [T. 50. F. 1.] du miroir K H, tous les rayons qui en partiront tomberont perpendiculairement sur la surface du miroir, & seront réfléchis au même centre A, où ils dessineront l'image du corps lumineux ; par conséquent si un Observateur place son œil en A, il recevra tous les rayons qui seront partis de chaque point de l'objet ; d'où il suit que chacun de ses points devra paroître aussi grand que la surface entiere du miroir, & par conséquent d'une maniere confuse ; de sorte qu'il ne pourra rien distinguer au point A.

§. MMXIII. Si l'objet lumineux est placé dans un endroit intermédiaire C [Tab. 50. fig. 6.] entre le centre A & I, l'image de l'objet C sera tracée dans un point intermédiaire de l'axe entre une distance infinie & le centre A, ainsi qu'on la voit en E dans la figure indiquée ; car, suivant le §. 2011, si l'objet radieux est placé en I, l'image se porte à une distance infinie par le §. 2012. Si l'objet est en A, son image se peint en A ; par conséquent si l'objet est placé entre A & I, il faut de toute nécessité que l'image soit dans un endroit intermédiaire entre le centre A & une distance infinie. De-là si on place une lumiere en C, & l'œil en E, la flamme paroîtra occuper toute la surface du miroir ; de même que l'œil placé dans le centre A voyoit une image de même grandeur que le miroir : si la lumiere est en E, & que l'œil de l'Observateur soit en C, la flamme paroîtra encore de la même étendue que la surface du miroir.

§. MMXIV. Si on place le point radieux E au-delà du centre A du miroir, & que les rayons divergens E R, E D, tombent proche les uns des autres sur la surface du miroir, le point de concours des rayons réfléchis sera en C, dont la distance C B au miroir est à C A distance au centre, comme B E, distance de l'objet au miroir, est à E A, distance de l'objet au centre.

Comme B D est un petit arc, on aura E B = E D, & C B = C D, & parcequ'on suppose que C B : C A : : B E : E A, on aura C D : C A : : E D : E A ; ou C D : E D : : C A : E A ; par conséquent l'angle C D A sera = E D A ; or E D A est l'angle d'incidence : donc l'angle C D A sera l'angle de réflexion.

§. MMXV. Puisque B E : E A : : C B : C A, on aura componendo B E + E A : E A : : C B + C A : C A, & permutando, B E + E A : A B : : E A : C A ; & en prenant les moitiés de la première raison (en supposant que I est le foyer des rayons paralleles), on aura E I : B I : : E A : A C. Cette regle est la même que celle que nous avons donnée précédemment, & conséquemment elle est universelle pour les miroirs sphériques. Le point C sera donc le foyer des rayons qui émanent du point E, & l'œil étant placé à ce foyer C, verra l'objet de la même maniere qu'il le voyoit (§. 2012).

§. MMXVII. Soit l'objet E M [Tab. 50. fig. 8.], des extrêmités E & M duquel partent les rayons E A B, M A D, qui passent par le centre A du miroir pour tomber perpendiculairement fur la furface du miroir BD ; ces rayons feront réfléchis felon les mêmes lignes qu'ils auront tracees dans leur incidence ; mais le rayon E D fera réfléchi felon la ligne D C : pareillement le rayon M B fera réfléchi felon la ligne B G ; ces deux derniers rayons couperont donc les deux premiers aux points C & I , où fe peindra l'image de l'objet E M. Cette image fera donc tracée en CI , mais dans une fituation renverfée.

§. MMXVII. Pareillement fi l'objet eft placé en CI , fon image fe peindra renverfée en E M : or comme les triangles I A C , E A M font femblables, l'image I G fera à l'objet E M, comme A C eft à A E ; c'eft-à-dire, que les grandeurs de l'image & de l'objet font entr'elles , comme leur diftance au centre du miroir.

§. MMXVIII. Plus l'image eft proche du centre du miroir, & plus elle eft petite : & au contraire ,

§. MMXIX. Plus le miroir fait portion d'une plus petite fphere, & plus l'image de l'objet eft petite.

§. MMXX. Si on place l'objet E entre la quatrieme partie du diametre de la fphere , dont il fait portion, la diftance C B [*Tab.* 50. *fig.* 7.] du foyer imaginaire au miroir , fera à C A , diftance de ce foyer au centre du miroir, comme B E , diftance de l'objet au miroir , eft à E A , diftance de l'objet au centre du miroir.

En effet , que le rayon E D tombe fur le miroir , qu'on tire la *cathete* A D & E R parallele à C D N , comme B D eft un petit arc , on aura E B = E D, & C B = C D.

Dans les deux triangles femblables A E R , A C D, on a A E : E R : : A C : C D ; mais nous avons fuppofé que A E : E B : : A C : C B. Comme C B = C D, on aura A E : E B : : A E : E R. Donc E B = E R = E D ; donc le triangle E R D eft ifocele : mais l'angle E R D = A D N ; donc E R D , angle d'incidence = A D N, angle de réflexion , & le point C eft le foyer imaginaire.

§. MMXXI. Puifque C B : C A : : B E : B A , on aura *componendo* C B + C A : C A : : B E + E A : E A ; & *permutando* , C B + C A : B E + E A : : C A : E A. En prenant la moitié de la premiere raifon , & en fuppofant que le foyer des rayons paralleles foit en I, on aura C I : I A : : C A : E A.

§. MMXXII. On trouvera de cette maniere l'endroit où doit être le foyer imaginaire C. Nous avons fuppofé que C I : I A : : C A : E A ; par conféquent *convertendo* & *permutando* , on aura E A : I A : : C A : C I ; *dividendo,* on aura E A — I A : I A : : C A — C I : C I ; c'eft-à-dire, E I : I A : : I A : C I. On peut encore le trouver de cette façon. Suppofons que C B foit = x , B A = r , B E = a , E A = r — a , on aura x : r + x : : a : r — a ; & conféquemment r x — a x = a r + a x ; par conféquent r x — 2 a x = a r , & x = $\dfrac{a\,r}{r - 2\,a}$

ou r — 2 a : r : : a : x.

§. MMXXIII. Si on place l'objet E F [*Tab.* 50. *fig.* 9.] à la diftance du miroir A N , indiquée (§. 2021) , & que l'œil de l'Obfervateur foit à la même diftance , ou à une plus petite , ou à une plus grande , cela n'empêchera pas qu'il ne voie l'objet E F, dans l'endroit que nous avons déterminé, c'eft-à-

dire, en I L, derriere le miroir, où il paroîtra dans une situation droite &
amplifié ; car si du centre C du miroir A N, on mene les droites C F L, C E I,
qui passent par les extrêmités E & F de l'objet, & qui se terminent à l'endroit que nous avons déja déterminé derriere le miroir, on verra cette même
image I L par le moyen des rayons E B D, E G H, F M D, F N H.

§. MMXXIV. Le but que nous nous proposons dans cet Ouvrage ne nous
permet pas de rapporter ici, & de démontrer tous les phénomenes que
cette espece de miroir présente à nos recherches : on pourra consulter là-
dessus le célebre *s'Gravesande* (1), qui les a développés d'une maniere fort
étendue. Ces miroirs étoient connus des Anciens, ainsi qu'on peut s'en convaincre en consultant *Séneque* (2), *Pline* (3). Nous en faisons encore de
métal & de verre en couvrant la surface postérieure du verre avec une feuille
d'étain & du mercure : la surface antérieure de ces derniers a plus d'activité
pour réfléchir les rayons, & est moins exposée à se gâter par le contact de
l'air ; mais la figure sphérique est plus exacte dans ceux qui sont faits avec
du métal.

§. MMXXV. On a encore imaginé d'autres especes de miroirs, qui servent à difformer les objets réguliers qu'on leur présente : il faut ranger dans
cette classe les miroirs cilindriques convexes & concaves, dont je vais expliquer en peu de mots la construction. On peut concevoir un miroir cilindrique convexe comme un assemblage de portions de circonférences de cercles
égaux, posés directement les uns sur les autres, en sorte qu'une ligne droite,
savoir l'axe, pourroit joindre ensemble tous les centres. Si on conçoit alors
dans cette espece de miroir une section par l'axe, elle ne différera pas de la
section qui passe par une sphere ; c'est pourquoi il y aura ici plusieurs phénomenes qui devront s'accorder avec ce que nous avons dit des miroirs
sphériques convexes : en effet, les objets seront tracés derriere le miroir,
droits & plus petits. Mais si l'on conçoit encore une autre section de ce miroir, parallele à son axe, cette section sera une ligne droite telle que celle
d'un miroir plan. En conséquence de cette section, on doit voir les objets
de la même maniere que s'ils étoient placés devant un miroir plan. L'image
qu'ils représenteront sera donc composée & de celle qui doit rendre un miroir sphérique, & de celle que fait observer un miroir plan. Or la combinaison de ces deux images en forme une tout-à-fait difforme, & quiconque
se regarderoit dans un tel miroir, ne pourroit point reconnoître les traits de
son visage.

§. MMXXVI. Si on est alors curieux de voir des images régulieres tra-
cées dans ce miroir, il n'y a qu'à lui présenter des figures qui soient entiere-
rement irrégulieres, & qu'on peut tracer suivant les regles infaillibles des
Mathématiques.

§. MMXXVII. On peut aussi considérer les miroirs cilindriques concaves, comme un assemblage de plusieurs cercles égaux, dont l'axe est parallele ou perpendiculaire à l'horison. Si le cilindre concave est coupé par une
section qui passe par l'axe, la surface interne concave du cilindre, sera com-

---

(1) Philos. Elem. Lib. 5. cap. 16. (2) Quæst. Natur. Lib. 1. cap. 16. (3) Hist. Nat.
Lib. 33. cap. 20. §. 45.

poſée de pluſieurs demi cercles ; & ſi la ſection ſe fait d'une autre maniere, elle formera une ligne droite , de même que dans un miroir plan ; d'où il ſuit qu'un miroir de cette eſpece doit faire voir des images compoſées de celles qu'on voit dans un miroir ſphérique concave, & de celles qu'on voit dans un miroir plan. Si l'axe d'un de ces miroirs eſt parallele à l'horiſon , & que quelqu'un ſe regarde dedans, ayant ſoin de ſe placer de façon que ſon viſage ſoit à la diſtance du foyer de ce miroir, ou à une plus petite diſtance , l'image tracée dans ce miroir, paroîtra oblongue , difforme , amplifiée , droite & au delà du miroir, c'eſt à-dire , que le viſage paroîtra augmenté ſous l'une de ſes dimenſions & non ſous l'autre. Si cette perſonne s'éloigne enſuite, de façon que ſon œil ſoit dans l'axe de ce miroir, les objets qu'elle verra ſeront confus, & l'image de ſon œil paroîtra en deſſus & en-deſſous de la grandeur du miroir, tandis que les autres dimenſions du même œil ne paroîtront point changées. Si cette perſonne s'éloigne encore davantage de ce miroir, elle ſe verra dans une ſituation renverſée, ſon image deviendra oblongue, & comme ſuſpendue en l'air, de même que dans les §. 2016, 2017.

Si on diſpoſe après cela le miroir cilindrique , de maniere que ſon axe ſoit perpendiculaire à l'horiſon , & qu'on ſe regarde dedans, en plaçant ſon viſage entre l'axe & le miroir, l'image tracée dans ce miroir paroîtra amplifiée de part & d'autre ; mais non en deſſus & en-deſſous, comme précédemment. Cette image ſera donc tout à fait difforme. Si on place ſon viſage dans l'axe du miroir , on verra ſon œil auſſi large que le miroir : ſi on s'éloigne à une plus grande diſtance du miroir ; l'image qu'on obſervera paroîtra amplifiée.

§. MMXXVIII. On peut auſſi peindre des images difformes, qui deviennent très régulieres lorſqu'on les regarde dans ces ſortes de miroirs.

§. MMXXIX. Soit un miroir conſtruit en forme d'une pyramide quadrangulaire, compoſé de quatre côtés plans, qui ſe réuniſſent & ſe terminent en pointe : le triangle A B C [*Tab.* 50 *fig.* 12.], repréſente une des faces de ce miroir. L'objet qu'on veut voir dans ces ſortes de miroirs doit entourer la baſe, dont un côté doit être dans le même plan C D E F G ; de l'extrèmité G de l'objet, partent des rayons qui tombent ſur tout le côté C B ; le rayon G B étant réfléchi , parvient dans l'œil O , & paroît venir du point n, derriere le miroir, où ſon image paroît placée au milieu du miroir : pareillement, ſuppoſons que le point F envoie le rayon F V ; ce rayon parvenant à l'œil , après ſa réflexion , paroît provenir du point m ; le rayon E S paroît partir du point k ; le rayon D P, du point i ; de ſorte que l'image C D E F G paroît raſſemblée en n m k i C , & que les parties extérieures de l'image paroiſſent en dedans, & les intérieures en dehors.

§. MMXXX. Si on fait le quarré X [*Tab.* 2 *fig.* 10 & 11.] égale à la baſe du miroir, & qu'on éleve ſur chaque côté du quarré, un triangle égal à chaque face triangulaire du miroir, tels que A , B , L , C , le carton ſur lequel on deſſinera les objets qu'on voudra faire repréſenter dans ce miroir, doit être entouré d'un quarré, qu'on diviſera en quatre triangles égaux , à l'aide des deux diagonales ; on deſſinera alors , dans chacun de ces triangles , les objets qu'on voudra voir dans le miroir, ayant ſoin de diſpoſer leurs parties dans une situation renversée. Si on place alors le miroir sur le quarré X, & qu'on pose l'œil à une certaine distance au dessus du sommet de la pyramide, les parties séparées dans les quatre triangles, paroîtront se rassembler & former une seule & même figure continue. L'œil ne voit jamais rien de ce qui se trouve dessiné dans les intervalles des quatre triangles, c'est-à-dire, entre A & B, ou entre B & L, entre L & C, enfin entre C & A; on peut par ce moyen déguiser aisément les figures qui sont peintes dans les triangles A, B, L, C, & faire ensorte qu'on ne puisse les distinguer qu'à l'aide du miroir (1).

§. MMXXXI. Comme une pyramide est un cône de plusieurs côtés, & qu'on fait des miroirs coniques, il est bon de faire observer que ces sortes de miroirs, placés sur un plan dessiné, réfléchissent les rayons qui en viennent au-dessus du sommet du cône, ainsi qu'on l'a représenté [*Tab.* 50. *fig.* 13.]. Plusieurs Auteurs nous ont appris de quelle manière il falloit s'y prendre pour tracer des figures difformes, propres à former des tableaux fort curieux & très bien ordonnés, en les regardant par le moyen de ces sortes de miroirs (2).

§. MMXXXII. Les images que représente un miroir fait en forme de prisme ABCDE [*Tab.* 50. *fig.* 14.], nous offrent un spectacle qui n'est pas moins agréable que les précédens. On place la base ABCDE de ces sortes de miroir, sur le tableau, dont les parties sont dessinées & peintes sur les parties du plan SABR, MBCL, NCDO, PDEQ; de sorte que le tableau paroît divisé en plusieurs parties, qui se réunissent pour ne former qu'un même tout, lorsqu'on le considere à l'aide du miroir. On peut consulter différens Auteurs qui nous ont appris la maniere de tracer ces tableaux (3).

§. MMXXXIII. On peut, à l'aide de ce que nous avons dit jusqu'à présent, connoître aisément la méchanique des différentes machines de *dioptrique* & de *catoptrique*. On doit ranger parmi ces sortes de machines, les *chambres obscures portatives*, auxquelles on donne différentes formes. Voici la description d'une des plus petites. On prend une boîte quarrée, à l'un des côtés de laquelle on ajuste un tuyau conoïde, auquel on adapte une lentille CD [*Tab.* 50. *fig.* 16.], qui reçoit les rayons qui partent d'un objet AB, les rassemble en EG, où l'image de cet objet se peint, mais dans une situation renversée : si on place en EG, une glace grise, c'est à dire, doucie seulement d'un côté, & conséquemment peu transparente, l'œil placé en S verra l'image de l'objet, peinte sur cette glace, mais encore renversée.

Si on aime mieux voir cet objet dans sa situation naturelle, il ne s'agit que de placer dans la boîte un miroir plan HK, incliné à 45 degrés ; ce miroir réfléchira les rayons, de façon que l'objet viendra se peindre en NM, sur une glace doucie qui y sera établie, & l'œil placé perpendiculairement au-dessus de cette glace, verra l'objet dans sa situation naturelle.

§. MMXXXIV. *s'Gravesande*, & plusieurs autres, nous ont donné la des-

(1) Perspect. Prati. Part. 3. Trait. 6. Prat. 21.
(2) Perspect. Prat. Part. 3. Trait. 6. Prat. 24.
(3) Ibid. Prat. 17.

cription d'une chambre obscure portative, mais plus grande & d'une autre forme.

§. MMXXXV. Je passe maintenant à la construction du télescope oblique, nommé *zelotype*; il est composé d'une boîte creuse MBDF [*Tab.* 50. *fig.* 15.], ouverte à son côté MCD, afin de donner entrée aux rayons qui partent des objets extérieurs : dans cette boîte est placé, sous un angle de 45 degrés EDF, un miroir plan DE ; la partie supérieure MB de cette boîte est ouverte, pour recevoir un petit télescope Hollandois & ordinaire AMB, au-dessus duquel l'observateur place l'œil, pour voir de haut en bas les objets exposés latéralement à cet instrument. On se sert quelquefois de la boîte MBDF, sans y ajouter de télescope; mais on couvre alors l'ouverture MB d'une glace plane & doucie ; alors l'observateur regardant de haut en bas, au-dessus de cette glace, croit voir au-dessous de lui les objets qui sont à l'un de ses côtés.

§. MMXXXVI. La *lanterne mégalographique*, qu'on connoît sous le nom ordinaire de *lanterne magique*, nous offre encore un phénomene fort amusant. Cette lanterne fut imaginée & décrite par *Kirker* (1), & perfectionnée ensuite par d'autres. En voici la description : CC [*Tab.* 51. *fig.* 1.] est la flamme d'une lampe ou d'une chandelle, derriere laquelle on établit un miroir sphérique concave AB, afin que les rayons CA, CB, que la flamme lui envoie, soient réfléchis & concourent en quelque façon, & qu'une tablette de verre peint EE, puisse être très éclairée par toute la lumiere de la lampe ou de la chandelle, & qu'elle puisse être également pénétrée de lumiere. On place derriere cette tablette une grande lentille convexe DD, qui réfracte la lumiere, & qui la rend convergente : cette lumiere, après avoir passé à travers la tablette, tombe sur une autre lentille GG, qui rend convergens les rayons EM, Es, qui partent d'un même point, & qui sont divergens. Enfin, pour donner plus de convergence à ces rayons, on les fait encore passer à travers une troisieme lentille HH ; ces rayons, ainsi réfractés, vont peindre sur un mur blanc qui leur est opposé, l'image KL de l'objet dessiné & peint sur la tablette de verre EE, Cette image devient d'autant plus grande, que la lanterne est plus éloignée du mur.

§. MMXXXVII. *Kirker* employa autrefois fort avantageusement la lumiere du soleil, à la place de celle d'une chandelle C; & lorsqu'on fait cette expérience en se servant de la lumiere du soleil, on peut supprimer la lentille DD. Mais, pour que l'image peinte sur la tablette soit également éclairée dans toute son étendue, on met à la place de la lentille DD, un papier imbibé d'huile de térébenthine ; on reçoit la lumiere du soleil sur un miroir plan, & on la dirige sur ce papier, & l'image qui se représente alors sur le mur, paroît si bien tracée & si gracieusement représentée, qu'on ne peut plus la voir, avec plaisir, lorsqu'elle s'y peint par le moyen de la lumiere d'une chandelle ou d'une lampe.

§. MMXXXVIII. J'ai parlé supérieurement des télescopes catadioptriques, qu'on distingue en deux especes : l'un de ces télescopes est connu sous

____

(1) In Arte magn. lucis & umbræ. ann. 1644. Lib. 10. Part. 3.

le nom de *télefcope Newtonien*, & l'autre eft appellé *Grégorien*. Ce fut vers l'année 1668 que Newton imagina fon télefcope, & qu'il nous en donna la defcription. M. *Huygens* fit un éloge très pompeux de cet inftrument (1), en élevant fes prérogatives beaucoup au deſſus des télefcopes dioptriques ; parceque, fuivant lui, un miroir raſſemble beaucoup mieux dans un point les rayons divergens, qui partent des objets, que les lentilles de verre, par les réfractions qu'elles occafionnent : il le préfere encore, parceque les lentilles des télefcopes catoptriques font perdre beaucoup plus de rayons, foit par les réflexions qu'elles occafionnent, foit par l'attraction qu'elles exercent contre ces rayons, qu'il ne s'en perd lorfqu'ils font réfléchis par un miroir, & que d'ailleurs on ne peut point trouver aifément de verre homogene & bien tranfparent ; tandis qu'on trouve aifément un métal blanc, propre à faire des miroirs. Mais comme on obferve latéralement les objets dans le télefcope Newtonien, & que cette façon d'obferver occafionne plus de difficultés pour les trouver, *Huygens* fut le premier qui imagina d'adapter fur le télefcope catadioptrique, un autre petit télefcope XZ [*T.* 51 *fig.* 3], qui fervit à diriger le premier ; méthode qu'on a fuivie depuis ce tems. Cependant cette belle invention a été enfevelie pendant long-tems dans l'oubli, fur tout par la difficulté de trouver d'habiles ouvriers propres à la mettre en exécution ; & ce ne fut qu'en 1719 que le célebre M. *Hadley* la fit valoir & la perfectionna, en fubftituant des miroirs de figures fphériques aux paraboliques & elliptiques, dont *Newton* vouloit qu'on fit ufage ; *Hadley* nous rendit d'autant plus fervice en cela, qu'il étoit prefque impoſſible de donner une figure exacte à ces fortes de miroirs : cette invention eft certainement digne des plus grands éloges, puifqu'un télefcope d'une très petite longueur, repréfente, fous de très grandes dimenfions, les objets les plus éloignés, & qu'il les repréfente très clairement & très diftinctement ; car un télefcope d'un pied peut faire le même effet qu'un télefcope dioptrique de 12 ou 14 pieds de longueur. Un télefcope catadioptrique de 7 pieds de longueur, ne le cede qu'à peine à un télefcope dioptrique de 100 pieds. Voici la defcription de cette efpece de télefcope. Il eft compofé d'un grand tube ABCD [*Tab.* 51. *fig.* 2.], au fond duquel BC on établit folidement un miroir de métal fphérique concave GH ; les rayons CGFH, qui partent d'un objet éloigné PR, fe coupent à un point quelconque, avant leur fortie du tube ; ce qu'on n'a pas pu repréfenter dans cette figure : mais EG, e g, viennent de la partie fupérieure de l'objet, & f h & FH viennent de fa partie inférieure. Ces rayons pénétrant dans le tube dont nous venons de parler, tombent fur le miroir GH, & font réfléchis par la furface qui les rend convergens & difpofés à concourir en m n, où ils forment dans l'air une image très diftincte de l'objet : cet endroit fe trouve dans un point qui tient le milieu entre le miroir & fon centre. Mais comme l'obfervateur ne pourroit point voir cette image, ces rayons font interceptés avant de former l'image, par un petit miroir plan de métal KK, difpofé felon un angle de 45 degrés, qui les renvoie par une ouverture latérale LL, pour peindre cette image en q S, laquelle eft à la vérité moins claire, parceque le miroir plan intercepte

_____

(1) Journ. des Sav. ann. 1672, p. 26.

quelques uns des rayons qui font tombés fur le miroir concave GH : cette image néanmoins eſt encore très claire , parceque l'ouverture A D du tube eſt très grande , & que le miroir GH eſt d'un grand diametre. A l'un des côtés du tube on pratique , comme nous venons de le faire entendre , une ouverture L L , à laquelle on adapte une lentille convexe, dont le foyer abou- tit en q S ; cette lentille réfracte les rayons réfléchis de chacun des points de l'image q S , afin qu'à leur fortie ils deviennent paralleles , & que ceux qui viennent des extrêmités S & q , deviennent convergens , & forment un angle optique en O , où l'œil étant placé , confidere l'image S q de la même même maniere que s'il la regardoit à travers la lentille d'un microſcope ; c'eſt pour cette raiſon que cette image paroît très amplifiée , reuverſée , très claire & très diſtincte. On peut adapter , à cette ouverture L , des len- tilles de différente convexité , dont l'office eſt de rapprocher ou d'éloigner l'image S q , & de faire paroître l'objet ſous de plus grandes ou ſous de plus petites dimenſions ; mais il faut pour cela que la ſurface du miroir G H ſoit parfaitement ſphérique.

Si au lieu de faire uſage ici d'une ſeule lentille , on emprunteroit le ſecours de trois lentilles , diſpoſées de même que dans le téléſcope dioptrique , on verroit l'objet dans ſa véritable ſituation ; mais auſſi il ſe perdroit beaucoup de lumiere , par le paſſage des rayons à travers les trois verres , & on verroit l'image moins diſtinctement , puiſqu'on ne verroit qu'une ſeconde image , tandis que lorſqu'on ne fait uſage que d'une ſeule lentille , on voit la pre- mjere image s q.

Un appareil fort commode pour diriger un téléſcope Newtonien ſur les objets qu'on veut obſerver , eſt celui que nous allons décrire [T. 51 F. 3.].

S M R eſt une table de bois établie ſur trois pieds Y Y Y , joints enſemble par la traverſe a b , afin de donner plus de ſtabilité à la machine ; ſur cette table eſt diſpoſée une planche T T , qui peut ſe mouvoir en rond ; & c'eſt pour cela qu'on a adapté à cette planche la queue N , qui traverſe la table , & qu'elle porte ſur le pivot v , ſur lequel elle peut ſe mouvoir : à la partie antérieure de la table , on remarque une corde tendue , à une petite diſtance de cette table ; cette corde enveloppe le cilindre S , qu'on fait tourner à l'aide d'un petit manche L : la planche étant ſuſpendue ſur la pointe N , on peut la faire tourner parallelement à la table , en tournant le manche L , ce qui la fait aller à droite ou à gauche. Cette planche T T eſt plus élevée en O ; ſur la partie ſupérieure de cette éminence , on creuſe de chaque côté une cavité E , dans leſquelle le téléſcope A B eſt reçu , au fond duquel eſt adapté le miroir ſphérique concave GH. L'ouverture qui ſe trouve à cet endroit , eſt fermée par le couvercle C. On remarque en d une petite lame de cuivre , munie d'un bouton ; le petit miroir plan eſt attaché & fixé ſur cette lame , par le moyen de deux vis f f : cette petite lame d porte un trou , dans la circonférence duquel on adapte le microſcope , à travers lequel l'œil confidere les objets. La lame D mobile , peut ſe mouvoir en s'avan- çant ou en ſe reculant , par le moyen de la vis g ; ce qui ſert à approcher ou à éloigner le petit miroir du grand GH , afin que l'image de l'objet tombe au foyer de la lentille microſcopique ; mais lorſqu'il s'agit de diriger cet inſtrument de façon qu'on puiſſe obſerver des objets élevés , on adapte au-
deſſous

deſſous de ce téleſcope, le crochet F, auquel on attache un fil qui paſſe ſur la circonférence de la poulie Q, pour ſe porter en K, où ſe trouve un cilindre mobile, par le moyen d'une manivelle K. Les deux côtés du tube ſont auſſi munis de petits axes, qui paſſent dans les ouvertures faites en E, autour deſquelles cet inſtrument ſe meut, lorſqu'il s'agit de le diriger par le moyen de la manivelle K, & qu'il faut le diſpoſer de maniere qu'on puiſſe voir un objet élevé. Or comme il eſt fort difficile de découvrir un objet lorſqu'on l'obſerve ainſi par le côté, on adapte à ce téleſcope un petit téleſcope ſimple XZ, munis d'un micrometre, fait avec des fils qui ſe croiſent, au moyen duquel on peut trouver aiſément l'objet, qui eſt en même-tems trouvé par l'autre téleſcope, & qu'on peut voir ſur-le-champ, par le moyen d'une lentille placée en d.

§. MMXXXIX. On peut aiſément connoître, par la méthode ſuivante, combien eſt amplifié un objet qu'on regarde à travers ce téleſcope : or comme le miroir plan ne fait rien aux dimenſions ſous leſquelles on voit cet objet, ſuppoſons-le comme ſupprimé. Prenons pour axe du miroir & de la lentille un rayon GLIA [*Tab. 51. fig. 4.*] qui part d'un des points de l'objet : ſuppoſons un autre rayon bb, qui, partant de l'extrêmité inférieure de l'objet, paſſe par le foyer I du miroir KH ; ce rayon réfléchi ſe portera ſelon la droite bid, parallele à l'axe GLA ; ce rayon étant ainſi réfléchi, tombera ſur la lentille dLd, & ſera réfracté en G, de façon que GL ſera = LI & dG = dI. Si cette lentille étoit ſupprimée, l'œil verroit cet objet ſous l'angle Ibi = bIA ; mais en faiſant uſage du téleſcope, ce même objet eſt vu ſous l'angle dGL = dIL = Idi : or l'angle Idi : Ibi : : bI : Id, par conſéquent la grandeur que l'objet acquiert, étant vu par le moyen du téleſcope, eſt à celle qu'il auroit, ſi l'œil le conſidéroit à nud, comme la diſtance du foyer du miroir au miroir eſt à la diſtance du foyer de la lentille à la lentille.

Lorſque la lentille L fait portion d'une petite ſphere, l'inſtrument n'a alors qu'un petit champ.

§. MMXL. *Jacques Gregori* a traité, avant *Newton*, des téleſcopes catadioptriques : on peut voir ce qu'il a écrit ſur cela dans ſon livre intitulé *Optica promota*, imprimé en 1663. On trouve, à la fin de la propoſition 59, un petit diſcours ſur les trois eſpeces de téleſcopes, ſavoir, les dioptriques, les catoptriques & les catadioptriques. En parlant de ces derniers, il dit : cette troiſieme eſpece eſt excellente (*genus aureum*) ; elle n'a aucun défaut, & elle peut avoir tous les avantages des deux autres eſpeces, ſi on diſpoſe comme il convient les miroirs & les lentilles. Cet habile homme avoue néanmoins qu'il a tenté, mais toujours ſans ſuccès, de faire de ces téleſcopes ; ce qui n'a cependant pas empêché le célebre *Hadley* de les perfectionner en 1726, en y faiſant ſeulement quelque changement ; mais ils ont été enſuite perfectionnés de plus en plus, par différens Artiſtes, ainſi qu'il a coutume d'arriver par rapport à toute ſorte de machine. En voici la deſcription.

TYYT [*Tab. 52. fig. 1.*] eſt un canal de cuivre, dans lequel eſt fixé un grand miroir de métal ſphérique concave, percé à ſon centre d'un grand trou X ; antérieurement, en EF, eſt un petit miroir de métal ſphérique

Tome III. N

concave, attaché à une tige mobile R T, afin qu'on puisse faire avancer ce miroir de L l d D, ou qu'on puisse l'en éloigner. Suppofons que A B foit un objet fort éloigné de la partie fupérieure A, duquel partent les rayons c d, C D, ainfi que les rayons l L, i l, de fa partie inférieure: ces rayons i L, C D, avant de pénétrer dans le canal T Y Y T, fe croifent; ce qu'on n'a pas pu exprimer dans une petite figure, mais ce qu'on pourra cependant fentir aifément par l'obliquité qu'on lui a donnée: or les rayons i L, C D, tombant fur le miroir L D, font renvoyés à fon foyer K H, où ils peignent l'image A B de l'objet dans une fituation renverfée, ainfi que dans le télefcope Newtonien: ces rayons, partant de cette image de la même maniere que de l'objet, viennent tomber fur le petit miroir antérieur EF, dont le centre eft en e: ces rayons réfléchis par ce petit miroir, viendroient fe raffembler en Q Q, où ils peindroient de nouveau l'image de l'objet dans fa fituation naturelle, & dont les dimenfions feroient comprifes dans l'étendue Q Q; mais comme l'œil, placé derriere cette image, ne la confidere que par un très petit trou, il ne verroit qu'une très petite portion de cette image. On adapte donc dans la partie poftérieure du canal M V U N, & auprès du trou du miroir X, une lentille M N, convexe d'un côté & plane de l'autre, qui réfracte les rayons réfléchis par le miroir EF, afin que ceux qui viennent d'un même point de l'objet fe raffemblent & co-incident plus près, & forment une image plus petite en P V, qui ait encore la même fituation que la précédente. L'œil du fpectateur placé en O, regarde cette image à travers un menifque S S: or comme l'effet de ce menifque, eft de rendre paralleles les rayons divergens qui partent de l'image P V, & d'amplifier en même-tems cette image, on préfere ce menifque à toute autre efpece de lentilles; parceque les rayons, ayant à paffer à travers un limbe plus mince, paffent moins obliquement, font réfléchis en moindre quantité, & enfin parcequ'il eft plus aifé de polir exactement une furface concave qu'une furface plane. On met un diaphragme à l'endroit P V, où l'image doit fe peindre; ce diaphragme eft fuffifamment ouvert pour laiffer à l'image l'étendue qu'elle doit avoir, & fon ufage eft d'intercepter quelques rayons latéraux, qui fe raffembleroient moins exactement en P V, & qui apporteroient quelque confufion à l'image: c'eft pour cette même raifon qu'on ne fait qu'un petit trou en O, pour placer l'œil. Lorfqu'on veut obferver, avec cet inftrument, des objets qui font proches de nous, il faut éloigner davantage le petit miroir E F du grand L D, afin que l'image de ces objets fe trace en P V; & il faut plus ou moins éloigner le petit miroir, fuivant la conftitution de l'œil de l'Obfervateur. Pour donner à ce télefcope la perfection qu'il requere; il faut faire enforte que le centre du trou X, ainfi que celui des lentilles & du petit trou O, foient rangés dans une feule & même ligne, qui eft l'axe du télefcope.

Comme le trou X fait au miroir L L ne réfléchit aucun des rayons qui viennent de l'objet, on obferve une efpece de tache ou d'obfcurité au milieu de l'image dont les côtés font toujours mieux éclairés. Outre cela, le petit miroir E F intercepte encore une certaine quantité de rayons qui partent de l'objet pour fe porter fur le grand miroir: c'eft pour cela que fi on ne donnoit point à l'ouverture T T de grandes dimenfions, on verroit encore plus obfcurément les objets.

§. MMXLI. On peut déterminer de la maniere suivante de combien les dimensions d'un objet sont augmentées par cette espece de télescope. F F [*Tab.* 52. *fig.* 2.] représente le petit miroir antérieur, I le foyer des rayons paralleles, G le foyer du grand miroir L D, A l'ouverture de ce miroir. La droite D I G A O K désigne l'axe des deux miroirs & des lentilles M N, S S. Supposons donc maintenant qu'un rayon b b parte de l'extrêmité inférieure d'un objet fort éloigné, & que ce rayon passe par le foyer G, il ira tomber sur le point b du miroir L D qui le réfléchira selon la direction b F, parallele à l'axe D A K; ce rayon tombant sur le petit miroir au point F, sera réfléchi par ce miroir, & il passera par le foyer I en suivant la direction F I N, de sorte qu'il viendra tomber sur le point N de la lentille M N: en traversant cette lentille il se réfractera, & il parviendroit en K, s'il ne rencontroit pas sur son passage le ménisque S S, qui le réfracte une seconde fois, & qui le reporte en O dans l'axe; ce qui fait que l'œil, placé à ce point O, découvre alors la moitié de l'objet sous l'angle T O S. Si l'œil eût considéré cet objet sans le secours d'un télescope, il l'eût vu sous l'angle optique b b F, ou A G b; il s'agit donc de trouver le rapport entre l'angle T O S & l'angle A G b ou G b F.

Or l'angle G b F est à l'angle S O T

Dans le rapport de G b F à I F i = n I N,

Et n I N à N K n,

Et N K n à S O T;

Mais G b F : I F i : : D I : G A,

n I N : n K N : : n K : I n,

N K n : S O T : : T O : T K.

Par conséquent G b F : S O T : : D I × n K × T O : G A × I n × T K.

§. MMXLII. Les Artistes qui construisent ces sortes de télescopes leur donnent différentes longueurs. Le célebre *Jacques Short* est déja parvenu à en faire de 12 pieds de longueur, qui sont d'un grand avantage pour les observations astronomiques, & qu'on dirige de différentes manieres, à l'aide de plusieurs poulies, vers les objets qu'on veut examiner. J'ai fait représenter [*Tab.* 52 *fig.* 3.] un excellent pied propre à ces sortes de télescopes; on adapte aussi à ces sortes de télescopes des lunettes de mire, pour trouver plus aisément, & examiner avec plus de facilité les étoiles & les planetes.

§. MMXLIII. De cette maniere, nous n'avons fait qu'exposer les premiers fondemens de l'Optique: ceux qui seront curieux de voir cette matiere traitée d'une maniere plus sublime, pourront consulter l'excellent Ouvrage de *Kirker* sur l'ombre & la lumiere, ou d'autres célebres Mathématiciens, tels que *Dechâles*, dans son Ouvrage sur le Monde Mathématique, les Leçons d'Optique de *Barrouw*, les Ouvrages posthumes d'*Huygens*;

Jacques Gregori, dans fon Ouvrage intitulé : *Optica promota; David Gregori*, dans fes élémens de Dioptrique & de Catoptrique ; *Molineux*, dans fa nouvelle Dioptrique ; *Ifaac Newton*, dans fes Leçons d'Optique, & dans fon Optique ; *Carré*, dans les Mémoires de l'Académie des Sciences de Paris, année 1710 ; *s'Gravefande*, dans fes Elémens de Phyfique ; mais fur-tout le célebre *Smith*, dans fon Ouvrage intitulé : *Compleat Syftem of Optiks*, qui l'a emporté fur tous les autres, en traitant cette matiere amplement & à la portée de tout le monde.

CHAPITRE XXXIX.

De l'Air.

§. MMXLIV. L'AIR forme une efpece d'enveloppe à notre globe, autant qu'on peut en juger par les connoiffances que nous avons aquifes jufqu'à préfent : on peut en regarder comme un fluide invifible, qu'on ne peut toucher, fans odeur & fans faveur, tranfparent, pefant, élaftique, fonore, électrique.

Les Anciens le connoiffoient fous le nom d'efprit ; parceque non-feulement les hommes, mais même les animaux qui font partie de notre globe, l'infpirent & l'expirent : c'eft la ténuité & la tranfparence de fes parties qui le rendent invifible : c'eft la même caufe qui dérobe à notre vue les exhalaifons & les autres corps étrangers qui furnagent dans l'air ; ce qui fait que nous refpirons fans crainte, & fans une efpece d'horreur, un air impur, & que nous ne paffons point inutilement la plus grande partie de notre vie à le purifier : c'eft en vertu de cette tranfparence qu'il livre paffage aux rayons de la lumiere, & que nous pouvons diftinguer les objets qui nous environnent.

§. MMXLV. Il eft démontré que ce fluide eft préfent par-tout, & qu'il enveloppe la terre de toutes parts ; puifque par-tout où l'homme fe trouve, il y conferve fa facilité d'infpirer & d'expirer. Cette preuve a toute la force qu'elle peut avoir ; puifqu'on a voyagé dans toutes les contrées de la terre, & qu'on a même été jufques fort près du pôle feptentrional : nous avons vu de nos jours un vaiffeau Portugais pénétrer entre l'Afie & l'Amérique auprès des confins de la Ruffie, parcourir le milieu de la mer Glaciale, fortir auprès de l'Ifle Spitsberga, & revenir en Portugal. Par-tout on obferve des nuées fufpendues dans l'air, & des oifeaux voler & s'élever au deffus de la furface de la terre. On a remarqué que la mer, qui d'elle même feroit fort tranquille, & fans aucune vague, eft fouvent agitée par les vents ; c'eftà-dire, par l'air en mouvement, qui a affez de force pour réfifter aux corps qui fe meuvent dans fon fein, pour retarder le mouvement qu'on leur imprime, & agir contre eux en vertu des propriétés qui lui font communes avec les fluides : ce fluide, s'étendant de toutes parts autour de notre globe, ne ceſſe de ſe mouvoir & de s'étendre juſqu'à ce qu'il ſoit en équilibre de tous côtés. Tels ſont les effets que l'air produit ; parceque c'eſt un véritable corps ſemblable aux autres corps que nous connoiſſons : & comme la ſolidité eſt un attribut qui caractériſe les corps, la réſiſtance que l'air fait éprouver, démontre ſur-tout qu'il eſt matériel. On peut démontrer ſa réſiſtance par l'expérience ſuivante. Prenez un vaſe de verre fermé par l'une de ſes extrêmité, & ouvert à l'extrêmité oppoſée, plongez-le par cette derniere extrêmité dans une maſſe d'eau, & vous obſerverez que l'eau s'élevera beaucoup moins haut dans l'intérieur du vaſe qu'à ſon extérieur, eu égard à la réſiſtance de l'air compris dans ſa capacité. On a encore une preuve de la réſiſtance de l'air lorſqu'on verſe bruſquement de l'eau par le goulot d'une bouteille ; car alors l'air compris dans la bouteille s'oppoſe à ce que cette eau pénetre dans la capacité : il ſouleve ſous la forme de bulles celle qui tend à y pénétrer, de ſorte qu'il n'y en entre preſque pas : on ſent encore la réſiſtance de l'air lorſqu'on agite fortement un éventail, & qu'on pouſſe vers le viſage le vent qu'il produit ; cette réſiſtance ſe manifeſte encore très ſenſiblement lorſqu'on veut tirer le piſton d'une pompe qui eſt fermée exactement par en-bas.

§. MMXLVI. Toute la maſſe d'air qui environne la terre, avec les vapeurs & les exhalaiſons qui y nagent, eſt appellée *atmoſphere de la terre.*

§. MMXLVII. Cette atmoſphere eſt compoſée d'air, de vapeurs, de différens ſels ; car on parvient à tirer un ſel cubique de l'eau qu'on retire de l'atmoſphere (1). On trouve encore dans l'atmoſphere un ſel acide, fin, pur, dont la nature eſt vitriolique, qui convertit en tartre vitriolé le ſel de tartre qu'on expoſe au grand air, qui ronge les métaux & les rouille. L'atmoſphere eſt encore chargée d'exhalaiſons, c'eſt-à-dire, des particules très ſubtiles qui ſe détachent de tous les corps ſolides & liquides pris dans les trois regnes, qui ſe trouvent non ſeulement à la ſurface de la terre, mais encore qui ſont renfermés dans ſes entrailles : telles ſont les exhalaiſons que fournit le feu du ſoleil, des aſtres, des corps terreſtres qui brûlent, ainſi que celui qui s'éleve des ſouterrains les plus profonds. On remarque encore dans l'atmoſphere un fluide électrique ; on y trouve des corpuſcules qui convertiſſent les liqueurs en glace. On découvre encore la matiere magnétique univerſelle, & quantité d'autres corpuſcules qui nous ſont encore inconnus : or tous ces corpuſcules que nous venons de déſigner, different entr'eux en ténuité, en denſité, en poids, en élaſticité, en figure, en mobilité, & en quantité d'autres propriétés qu'on découvre ſucceſſivement tous les jours par les recherches exactes qu'on fait ſur cette matiere.

§. MMXLVIII. Pluſieurs donnent indiſtinctement le nom d'*air* au compoſé dont nous venons de parler ; mais ce nom ne doit-il pas être ſpécialement conſacré à déſigner un fluide particulier qui a une nature qui lui eſt propre, & qui eſt diſtingué des vapeurs, de la lumiere, de l'électricité & des autres exhalaiſons auxquelles il eſt uni : ce nom ne convient-il pas plutôt à un fluide particulier, qu'on doit connoître par des caracteres qui lui ſont propres, quoiqu'il ſoit imprégné de toutes les particules qui ſe détachent de

(1) Juncker Conſpect. Chem. T. 1. p. 845. Modele de Borace, p. 29.

tous les corps fublunaires? Cette idée n'eſt point dépourvue de vraiſemblance; parceque 1°. l'air pur, renfermé dans des vaiſſeaux de métal ou de verre,
y demeure conſtamment le même, ſans ſouffrir aucune altération; mais il
n'en eſt pas ainſi des vapeurs qui deviennent élaſtiques, lorſqu'on les échauffe, & qui perdent cette propriété avec la chaleur qu'on leur avoit communiquée, qui s'attachent alors aux parois des vaſes, coulent le long de ces
parois, & ſe convertiſſent en liqueur; de ſorte que les vaſes qui étoient auparavant remplis de cette vapeur élaſtique, ſont enſuite preſque vuides:
lorſque l'air s'échappe à travers une maſſe d'eau, il forme des bulles qui s'é-
levent à ſa ſurface; mais la vapeur bouillante qui ſort par le bec d'une éolipile, & qui imite l'air, ne ſe manifeſte point ſous la forme de bulles, lorſqu'on plonge dans l'eau le bec de cet inſtrument. Pareillement les exhalaiſons qui s'échappent des autres corps, ſe diſſipent & périſſent à la longue;
parceque leurs parties ſe rapprochent, ſe réuniſſent lorſqu'elles ont perdu
leur reſſort, & elles ſe convertiſſent en un fluide plus denſe, ainſi qu'il eſt démontré par pluſieurs expériences faites par M. *Boyle* (1), avec l'air qu'on tire
des raiſins, de la pâte de farine, des chairs, & de quantité de ſubſtances
qui fermentent, qui ſe pourriſſent (2), ou qu'on fait brûler; & ainſi qu'on
peut auſſi s'en convaincre par pluſieurs expériences faites par M. *Hales* (3).
Si les parties hétérogenes qui forment l'air factice, ne ſe condenſoient point
& ne retomboient point ſur la ſurface de la terre, le volume de l'atmoſphere, ou ſes dimenſions augmenteroient continuellement, eu égard à la quantité de corps qu'on brûle, qui ſe pourriſſent, qui fermentent, & la ſurface
de la terre auroit actuellement à ſupporter, de la part de l'atmoſphere, un
poids plus conſidérable que celui qu'elle ſupportoit autrefois: ce qui eſt dé-
menti par l'expérience; puiſque le mercure du barometre ſe tient encore aujourd'hui à la même hauteur où il étoit du tems de ſon origine.

    §. MMXLIX. Une autre propriété de l'air, c'eſt de conſerver l'aliment
du feu dans les corps terreſtres; au contraire, les vapeurs & les exhalaiſons
des corps éteignent très promptement le feu, même la plus forte flamme &
les charbons ardens: ils éteignent encore le feu qui embrâſe un fer rouge,
ainſi que M. *Hallei* l'a obſervé, & que je m'en ſuis aſſuré par pluſieurs expériences.

    Je fis conſtruire une petite table C C [*Tab.* 53. *fig.* 1.] de 4 pouces de dia-
metre, établie ſur trois pieds de 5 pouces ½ de haut. Je poſai ſur cette table
un vaſe rond de terre D, dans le fond duquel je mis des cendres, ſur leſquelles je plaçai un morceau de fer rond un peu concave, épais d'un pouce,
& chauffé juſqu'à ce qu'il fût rouge: j'allumai au-deſſous du trepied deux
chandelles, l'une de ſuif, & l'autre de cire: je couvris tout cet appareil d'un
récipient de verre de 5 pouces de diametre, & haut de 15 pouces, fermé
ſupérieurement par un couvercle de cuivre A A, percé à ſon milieu d'un trou F,
pour laiſſer paſſer dans l'intérieur du vaſe un entonnoir de cuivre HG, diſpoſé
de façon que le bec G répondît au fer E, afin que tout ce qu'on verſeroit

(1) Continuat. Experim. Phyſ.
(2) Journal des Savans, année 1676, page 45.
(3) Vegetable Statiks Experim. 83. Haimaſtatiks App. Experim. 2.

par cet entonnoir pût tomber sur ce morceau de fer : toute liqueur versée par cet entonnoir, & qui tomboit sur le morceau de fer, étoit convertie en vapeur, qui se répandoit dans toute la capacité du récipient ; lorsque cette vapeur devenoit trop abondante, elle soulevoit le couvercle A A sans casser le verre, & j'observai que les flammes des deux chandelles, ainsi que le feu de quelques morceaux de tourbe de Hollande que j'avois placés dans cette machine, s'éteignirent dans l'espace de trois secondes, par la vapeur de l'eau, du lait, du vin, du vinaigre, de l'esprit de vin, de l'esprit de nitre, de l'esprit de sel ammoniac. La fumée de l'huile de térébenthine, de l'huile d'olives, de pétrole, produisirent le même effet : les exhalaisons du sang de veau, que j'avois laissé pourrir pendant 12 jours, celles des intestins d'un brochet, d'une perche, qui pourrissoient depuis 8 jours ; celles des fleurs de biere, de vin qui fermentoit (1), celles d'un morceau de pain qui fermentoit aussi, & qui s'engendrerent sous ce récipient fermé, produisirent le même effet ; elles ouvroient de momens à autres la petite soupape. M. *Hales* (2) a observé quelque chose de semblable, produit par l'air que fournit de l'antimoine, sur lequel il versoit de l'esprit de nitre. *Désaguilliers* rapporte un phénomene semblable (3).

Mais examinons maintenant les effets des vapeurs & des exhalaisons naturelles sur le feu. En 1750 on creusoit un puits à Toulouse, & on le creusoit à une très grande profondeur : lorsque l'ouvrage fut avancé jusqu'à un certain point, il sortit de terre un souffle qui éteignoit les chandelles même renfermées dans des lanternes, ainsi que des charbons allumés : cette vapeur ne causa aucun dommage aux Ouvriers ; mais elle noircissoit leur linge (4). *Brown* remarqua en Hongrie des vapeurs très sensibles qui sortoient d'une fosse, & qui éteignirent 4 ou 5 fois de suite la lumiere d'une lampe (5). On a remarqué la même chose en Italie dans des casemates des Villes fortifiées. *Le Monnier* a observé un phénomene semblable dans des mines de charbons de terre en Auvergne, produit par des exhalaisons qu'on appelle *la pousse* (6). On rapporte la même chose d'une exhalaison sulfureuse qui s'éleve d'un puits, creusé dans une Isle appellée *Wigth* (7). *Haguenot* (8) nous apprend que les *miasmes* qui s'élevent des sépulcres de Montpellier, éteignent les corps embrasés, de façon qu'il ne reste aucun vestige du feu qui les consommoit. Les fossoyeurs éprouvent la même chose en Hollande. Les exhalaisons qui s'élevent jusqu'à 10 pouces de hauteur dans les carrieres de Pyrmont, & dans la Grotte du Chien en Italie, éteignent sur le champ les flambeaux qu'on y porte allumés, & qu'on y tient panchés vers la surface de la terre : si on y répand de la poudre à canon, on ne parvient point à l'allumer en faisant tomber dessus des étincelles tirées avec un briquet, ainsi que le remarquent *Kirker* (9), *Scippio* (10), *Misson* (11), *Nollet* (12), & l'Acadé-

---

(1) Neuman de Vino p. 365. (2) Mémoires présentés Vol. 2. (3) Course of Exper. Philos. Vol. 2. p. 558. (4) Haimastat. Append. Exp. 3. p 215 (5) Journ. des Sav. ann. 1682. p. 116. (6) Observat. d'Hist. Nat. p. 196. (7) Philos. Transf. n 450. (8) Journ. des Sav. ann. 1749. Fév. p. 221. (9) Mundus Subterraneus. Lib. 4. cap. 5. (10) Philos. Transf. n. 448 Acta Berolin. Vol. 5. p. 102. (11) Itinerario Italico. (12) Philos. Transf. Vol. 47. p 48. Hist. de l'Acad. Roy. ann. 1750.

mie de Naples (1). On obſerva en 1737 que les exhalaiſons qui ſortoient du mont Véſuve , éteignoient un flambeau de cire (2).

§. MML. On peut regarder l'air que nous reſpirons comme la cauſe de notre vie & de notre ſanté ; mais ni les vapeurs , ni les exhalaiſons ne ſont point propres pour la reſpiration : il n'y a même aucun venin , aucun poiſon qui ſoit auſſi dangereux que les exhalaiſons qui s'élevent des corps terreſtres ; ce que j'ai éprouvé de la même maniere que je viens de le rapporter dans le §. 2049. J'ai examiné les vapeurs par le moyen d'une machine repréſentée [*Tab.* 53. *fig.* 2.] , & voici les réſultats de mes expériences. Une vapeur épaiſſe d'eau cauſa de fortes inquiétudes à un oiſeau , ainſi que je pus en juger par les convulſions qu'elle occaſionna : il n'en mourut cependant pas. La vapeur du vinaigre produiſit le même effet ſur un autre oiſeau. Celle de l'eſprit de vin fit tomber en convulſions un autre oiſeau , qui vacilloit de momens à autres , & qui ne put ſe rétablir enſuite. Une fumée épaiſſe d'huile de térébenthine en ſuffoqua un , que je ſoumis à cette épreuve. La fumée d'huile d'olives , ainſi que celle d'huile de pétrole , produiſirent le même effet ; les oiſeaux tomboient en convulſions , chanceloient , tomboient dans l'eſpace d'une minute , & ne pouvoient plus ſe ſouſtraire à la mort. Les vapeurs d'eſprit de ſel ammoniac produiſoient de fortes convulſions ; mais les oiſeaux n'en mouroient point : ils en paroiſſoient néanmoins toujours incommodés. Mais examinons maintenant les exhalaiſons que nous avons coutume de reſpirer. Les priſonniers qui ſont renfermés dans de petits cachots exactement fermés de tous côtés , ce nombre prodigieux de malades & d'autres perſonnes qui ſont dans les hôpitaux , les gens de mer qui ſont obligés de ſe tenir à fond-de-calle pendant la tempête ; tous ces gens-la ſont ſouvent attaqués de fievres malignes , produites en parties par les exhalaiſons qui s'échappent du corps humain , en partie par celles que produiſent les ſels volatils , les huiles putrides , & toute autre eſpece de corps qui tranſpire. On remarque tous les jours que quantité de perſonnes très ſaines & très robuſtes , qui ſont obligées de fréquenter l'Hôtel-Dieu de Paris , ſont attaquées de fievres malignes avant qu'elles ſe ſoient accoutumées à reſpirer l'air putride qu'on reſpire dans cet endroit : on y obſerve même que les opérations chirurgicales qu'on y fait, n'y réuſſiſſent jamais parfaitement bien , quoiqu'elles y ſoient faites par de très habiles Chirurgiens (3). On éprouve les mêmes incommodités lorſqu'on reſpire les exhalaiſons qui émanent du bled qui eſt renfermé dans des greniers , ou dans des granges (4) , lorſqu'on habite des appartemens nouvellement blanchis à la chaux , lorſqu'on fait uſage de poëles neufs (5). Les exhalaiſons du ſoufre qui brûle , & qui contractent les véſicules du poumon , produiſent des effets auſſi dangereux , ainſi qu'on peut s'en aſſurer par l'expérience (6). Les exhalaiſons ſenſibles qui s'élevent

(1) Philoſ. Tranſ. n. 455.
(2) Hiſt. du Mont Véſuve , pag. 299,
(3) Philoſ. Tranſ. Vol. 48. pag. 42. Hiſt. de l'Acad. Roy. ann. 1748.
(4) Pringle Obſerv. upon hoſpital Fevers. p. 4. |Hales the uſe of Ventilators.
(5) Hofmannus in Medici. Ration. T. 2.
(6) Hales the uſe of Ventilators. p. 40.

à 10 pouces de hauteur dans la Grotte du Chien en Italie , & qui retombent ensuite , produisent des convulsions aux animaux qu'on mene dans cette Grotte ; on les voit haleter , tirer la langue, les yeux égarés , se roidir , & mourir sans jetter aucun cri , & cela dans l'espace de quelques minutes , à moins qu'on ne leur fasse respirer de nouvel air , ou qu'on ne les plonge dans le lac d'Agnano. Cette exhalaison qui fait périr les grands animaux , produit aussi le même effet sur toutes sortes d'insectes , & sur toutes sortes de poissons qu'on y porte , quoique renfermés dans l'eau. Cette exhalaison néanmoins n'est point sulfureuse , ni arsenicale , ni alkaline , ni acide : elle ne produit aucun mouvement dans la liqueur du thermometre. Cependant *Seip* observa dans la carriere de Pyrmont, que les exhalaisons qui s'y élevoient étoient d'une odeur très pénétrante , & qu'elles portoient quelqu'acrimonie dans les yeux ; que les pieds de celui qui marchoit dans cette carriere , s'échauffoient ; que cette exhalaison se faisoit jour à travers les souliers les plus épais ; qu'elle excitoit sur les jambes une sensation semblable à celles que produiroient des orties ; que cette exhalaison montant jusqu'aux cuisses , échauffoit les parties inférieures au point qu'on s'imaginoit être entouré de feu, & que ces effets étoient accompagnés d'une sueur abondante (1). Il sort aussi d'un puits qui est creusé dans l'Isle Wigth une exhalaison sulfureuse , qui cause la mort à ceux qui la respirent (2). On creusa en 1750 un puits dans l'Isle Fuhne en Dannemark , d'où s'élevoit une semblable exhalaison. On trouve par tout des antres qui vomissent du feu, & qui exhalent des vapeurs mortelles (3) : il sort des tombeaux qu'on ouvre après avoir été long-tems fermés , des exhalaisons aussi dangereuses. M. *Haguenot* (4) nous a rendu compte de semblables tombeaux qui furent ouverts à Montpellier.

Les exhalaisons qui sortent du cuivre qu'on fait chauffer , occasionnent aussi , à la longue , la mort de ceux qui les respirent (5) ; celles qui s'élevent des charbons qui s'allument , causent le même danger (6). Les charbons de tourbe de Hollande , l'esprit de vin qui brûle , l'huile de térébenthine allumée (7), le bois de chêne récemment coupé , & qu'on fait brûler , tous ces corps jettent des exhalaisons très dangereuses & souvent mortelles. La vapeur du vin ou de la biere , qui fermente , produit le même effet (8). La fumée qui s'éleve des chandelles qu'on allume dans les mines , n'est pas toujours mortelle pour les mineurs ; mais elle l'est pour les oiseaux , les moineaux , les tourterelles , &c. au rapport de *Laghio* , & on voit ces animaux mourir d'autant plus promptement , qu'on allume un plus grand nombre de chandelles sous le vaisseau sous lequel on les renferme. On a remarqué dans ceux qu'on a fait mourir de cette maniere , que le poumon étoit plus

(1) Acta Berolin. Vol. 5. pag. 102.
(2) Philos. Transf. n. 450.
(3) Georg. Agricola. Lib. 4. De Nat. quæ effluunt ex terra. Philos. Transf. n. 452.
(4) Journ. des Sav. ann. 1749. Fév. pag. 219.
(5) Hauxbée , Phys. Mech. Exp. Append. Exp. 11. Desaguilliers Course of Exp. Phil. Vol. 2. pag. 518.
(6) Histoire de l'Académie Royale , année 1710.
(7) Hales Veget. Statiks , pag. 170.
(8) Camerarius in Epist. Taurin. pag. 31.

Tome III.   O

rouge qu'il ne le devoit être, que le cœur & les gros vaiffeaux étoient diftendus par une trop grande abondance de fang, & qu'une partie de l'air intérieur étoit confommé, ou qu'il avoit perdu de fon reffort (1). Les exhalaifons qui s'élevent d'une terre qu'on a ouverte récemment, font dangereufes pour ceux qui la fouillent. L'air qu'on refpire dans d'anciens puits, dont l'air eft furchargé des vapeurs qui s'y font élevées fans fe diffiper, eft encore très dangereux (2). *Cotefius* a remarqué que l'air, engendré par l'effervefcence, la fermentation ou la corruption de quelques fubftances, étoit encore plus nuifible aux animaux que le vuide lui-même dans lequel on les expofe quelquefois (3). *Lagius* obferve que fi on renferme dans un même endroit bien clos des animaux avec du camphre & du mufc, l'odeur qui émane de ces deux fubftances les fait périr très promptement (4). N'arrive-t-il pas tous les jours que ceux qui travaillent dans les mines, y meurent lorfqu'ils y refpirent les vapeurs qui s'y élevent (5).

§. MMLI. L'élafticité de l'air a une proportion conftante & déterminée; car elle eft comme fa denfité, & il occupe un efpace qui eft toujours en raifon inverfe des poids dont il eft comprimé. Il n'en eft pas de même à l'égard des vapeurs & des exhalaifons, fi on en excepte quelques unes; car j'ai obfervé qu'il y a des vapeurs élaftiques produites par la pâte de farine qui fermente, lefquelles étant comprimées par un poids deux fois plus grand, n'occupoient plus qu'un efpace quatre fois plus petit. Ces fortes de vapeurs font extrêmement élaftiques; ce font elles qui donnent au pain la légereté que nous lui obfervons quelquefois; elles donnent à la pâte cette forme fpongieufe qu'on lui remarque. *s'Gravefande* (6) dit avoir vu dans l'eau une bulle d'air, dont le volume devint 15000 fois plus grand, quoique fa force élaftique fe trouvât alors trois cens fois moindre qu'auparavant. J'avoue cependant qu'il y a des exhalaifons dont l'élafticité eft conftante & de même nature que celle de l'air; telles font celles dont M. *Hales* parle, & qu'il a confervées pendant l'efpace de fix ans (7). Mais on trouve rarement de ces fortes d'exhalaifons.

§. MMLII. *Cotefius* a obfervé que les effets que l'air produit en vertu des vapeurs & des exhalaifons dont il eft impregné, font bien différens de ceux qu'il produit, lorfqu'il eft naturel & dégagé de ces fortes d'exhalaifons (8). En effet, les fruits confervent beaucoup mieux leur couleur & leur goût dans l'air factice produit par des cérifes, que dans l'air naturel de l'atmofphere. La couleur des fruits s'altere lorfqu'on veut les conferver dans un air factice, produit par des poires; ils ne perdent cependant point pour cela le goût qu'ils doivent avoir. Les fleurs de gérofle changent de couleur dans un air factice engendré par de la pâte. En général, les poires, les pommes, & tous les autres végéraux, fe confervent plus long-tems fans fe gâter, dans un air factice, que dans un air ordinaire.

§. MMLIII. Si l'air n'eft pas un fluide différent des vapeurs & des exhalaifons, pourquoi l'air refte-t-il tel qu'il étoit auparavant, après une groffe

(1) Comm. Bonon. Vol. 3. p. 91. (2) Journ. des Sav. Tom. 2. p. 61. Journ. des Sav. ann. 1749. p. 220. (3) Lect. Pneumat. (4) Comm. Bonon. Vol. 3. p. 92. (5) Medical Effays. Vol. 5. Part. 2. p. 605. (6) Inftit. Philof. §. 655. (7) Haimaftat. Append. p. 320. (8) Lect. Pneumat. Lect. 16. Art. 3.

pluie, mêlée d'éclairs & de tonnerre ? En effet, lorsqu'il fait des éclairs, les exhalaisons se mettent en feu & tombent en forme de pluie avec les vapeurs; mais après la pluie, on ne remarque pas qu'il soit arrivé aucun changement dans l'air, si ce n'est qu'il se trouve purifié, les nuées y sont encore suspendues, de même qu'auparavant.

§. MMLIV. Il me paroît qu'on peut conclure prudemment de ce que nous venons de dire, que l'air est un fluide bien différent des vapeurs & des exhalaisons qui flottent habituellement dans son sein, qui a été créé par Dieu, aussi-bien que la terre, à laquelle il sert d'enveloppe & qu'il entoure de toutes parts, qui, en vertu de son poids & de ses autres propriétés, concourt, depuis l'instant de sa création, à la végétation des plantes & à l'entretien de la vie animale. Ce fluide, dans son origine, dut être pur, & ne dut être imprégné qu'à la longue, de tous les corps étrangers dont il est actuellement surchargé; semblable à l'eau de l'Ocean, qui, à l'instant de son origine, fut extrêmement pure, & qui est actuellement chargée de sels, de bitumes, de terres, & de quantité d'autres substances qui y abordent continuellement, & qui se mêlent avec elle; de même l'air, originairement pur, n'est plus qu'un chaos, formé de l'assemblage de quantité de substances étrangeres, qui s'échappent de tous les corps sublunaires, & qui se portent dans son sein, où elles flottent & où elles surnagent.

§. MMLV. L'air n'est point engendré par l'eau qui se convertit en vapeurs, comme plusieurs Physiciens l'avoient imaginé (1). Il ne doit point son origine au feu, comme le prétendoit *Aristote* (2) & comme plusieurs Poëtes anciens le vouloient, ainsi que *Plutarque* le rapporte (3).

Mais n'est-il point produit par différens corps solides ? peut-on dire qu'il pénetre ces corps & qu'il les constitue entierement, ou au moins en grande partie ? Quoique ce sentiment soit celui de plusieurs Physiciens, on ne peut pas dire qu'on ait encore trouvé jusqu'à présent aucun corps solide qui soit entierement constitué par l'air, ou qui ne fournisse que de l'air dans sa décomposition. Cette opinion doit son origine à ce que tous les corps soumis à différens procédés, fournissent un fluide élastique, qu'on regarde comme de l'air. Or, j'ai démontré ci-dessus que ce fluide avoit quantité de propriétés, qui ne convenoient point à l'air naturel. J'avoue cependant que l'air qui pénetre les corps, en se jettant dans leurs pores, s'unit quelquefois si intimement avec eux, qu'il concourt à la formation de quelques unes de leurs parties solides; qu'on peut cependant quelquefois l'en séparer, & qu'alors il revient dans son premier état, dégagé de toute partie étrangere, salubre, pur : c'est ce qui arrive lorsqu'on renferme des solides pendant long-tems, sous un récipient vuide, sec ou humide, afin que l'air qui est adhérent à leurs parties, & qui jouit encore de son ressort, puisse, à l'aide d'un certain degré de chaleur, se développer, s'étendre & s'en détacher lentement. Cet air doit être bien distingué de ce fluide élastique, que la combus-

---

(1) Plato in Timæo. Lucret. Lib. 1, 5, p. 782. Cicero. Lib. 2. de Nat. Deorum. Seneca in Quæst. Nat. Vossius de Motu Maris. Cap. 20.
(2) Lib. de Generat. & Corrupt. Tom. 1. Lib. 2. cap. 4.
(3) Plutarchus de primo Frigido. p. 949.

tion, la putréfaction, la fermentation, &c. engendre quoiqu'il y ait de l'air disséminé dans ce fluide élastique, mais qui se trouve confondu avec plusieurs parties salines, huileuses, spiritueuses, aqueuses, qui sont élastiques & qui s'échappent avec lui, lorsqu'il se dégage brusquement & avec impétuosité des corps, dans ces différentes opérations naturelles. Cet air, engagé dans ces sortes de parties, en forme une masse élastique, composée, insalubre, puante, & la rend propre à produire plusieurs effets qui dépendent de la combinaison de ces corps.

Pareillement l'air naturel, qui s'est, pour ainsi dire, fondu dans les fluides, s'attache à eux & devient adhérent à leurs parties; mais on peut aussi l'en retirer lentement, en les plaçant dans le vuide. Un feu violent peut encore produire le même effet. Or, pour peu qu'on soit instruit, on ne trouvera personne qui donne le nom d'air à la vapeur qui s'éleve alors, quoiqu'on n'ignore point que cette vapeur ne contienne de véritable air, séparé des molécules du liquide.

§. MMLVI. On a remarqué jusqu'à présent, qu'une masse d'air d'une certaine étendue, conservoit toujours sa fluidité, & on n'a jamais observé qu'on pût lui faire perdre cette qualité, soit en la gardant pendant longtems renfermée dans des vases, soit en l'exposant au froid le plus piquant qu'on puisse éprouver dans les régions boréales, & on ne l'a jamais vue se convertir en glace, même lorsque le mercure du thermometre est descendu à 120 degrés, au-dessous de o (1); le plus grand froid artificiel qu'on puisse produire avec de la glace & de l'esprit de nitre, n'altere point davantage sa fluidité : elle n'est pas plus altérée par les fortes compressions qu'on peut lui faire souffrir dans des tubes, ou dans des fusils à vent, dans lesquels on la tient renfermée pendant l'espace de 16 ans.

§. MMLVII. La fluidité de l'air est très grande, parcequ'il est composé de parties extrêmement rares, sphériques, très mobiles, très petites, peu pesantes, qui ne s'attirent que foiblement ; mais qui au contraire se repoussent, & qui conséquemment peuvent être séparées aisément les unes des autres.

§. MMLVIII. La gravité de l'air est très marquée : ce fluide, abandonné à lui-même, ne s'éloigne jamais du centre de la terre, comme font tous les corps, qui, au sentiment des Péripatéticiens, contiennent en eux un principe de légereté. *Aristote*, leur chef, ne s'accorde point avec lui-même, lorsqu'il dit dans un endroit, en parlant de l'air & de l'eau, que ni l'un ni l'autre de ces deux fluides ne sont pesans ou légers; car ils sont l'un & l'autre plus légers que la terre, & plus pesans que le feu : & lorsqu'il dit dans un autre endroit, qu'une vessie remplie d'air pese davantage que lorsqu'elle est vuide (2) ; ce qui prouve que l'air est pesant. En effet, si vous pesez une vessie flasque, vous la trouverez moins pesante que lorsqu'elle sera remplie d'air, & si vous la percez & que vous la comprimiez ensuite, elle deviendra plus légere ; ce qui prouve certainement que l'air est pesant. *Galilée* commença à soupçonner, dans le siécle précédent, que l'air étoit pesant,

(1) Gmelin Flora Sibeirica. Tom. 1. Præfa. pag. 53.
(2) De Cœlo, Lib. 4. cap. 4.

& il tira cette connoiſſance de l'eau qui ne s'élevoit que juſqu'à une certaine hauteur dans les pompes ; cette idée fut confirmée enſuite par *Toricelly*, *Merſenne*, *Otto de Querikue*, & par pluſieurs autres Phyſiciens ; mais on eſt maintenant à portée de démontrer cette vérité par pluſieurs expériences différentes.

1°. Si on retire l'air d'un récipient ouvert ſupérieurement, l'air extérieur ſe précipite avec impétuoſité dedans, & le remplit de nouveau.

2°. L'air preſſe fortement les corps ſur leſquels il s'appuie : c'eſt pour cela que ſi on place un carreau de vitre, ou un morceau de plomb laminé ſur un cilindre creux de cuivre, dont on retire l'air, la preſſion de l'air qui s'appuie ſur le carreau de verre, ou ſur le morceau de plomb, le porte en-dedans du cilindre, le briſe & le fait éclater : il arrive la même choſe à une veſſie de cochon liée autour d'un récipient, dont elle ferme l'ouverture.

3°. Les récipiens de verre, ſous leſquels on fait le vuide, demeurent adhérens à la platine de la machine pneumatique, par la preſſion de l'air extérieur qui s'appuie ſur leur voûte.

4°. Mais nous démontrons, d'une maniere très convainquante, la preſſion de l'air, en le peſant à la balance : car ſi on peſe une phiole remplie d'air, on la trouvera plus peſante que lorſqu'elle en ſera évacuée ; & elle redeviendra plus peſante, ſi on y introduit de nouvel air. Je ſoupçonne cependant que le poids qu'on trouve dans cette expérience, pourroit venir des vapeurs & des exhalaiſons qui ſont compriſes dans l'air de l'atmoſphere, & qui paſſent avec lui dans cette phiole. Ce qu'il y a de certain, c'eſt que le poids de ces différentes ſubſtances, fait partie de celui qu'on découvre alors ; car, ſi dans un tems humide, on fait entrer de l'air dans une phiole vuide, qu'on a déja peſée lorſqu'elle étoit remplie d'air, mais en faiſant paſſer celui qu'on introduit alors, à travers des cendres gravelées très ſeches, on ne trouvera pas ſon poids de moitié auſſi conſidérable que celui de l'air humide, qui la rempliſſoit auparavant. Si on répete cette expérience, lorſque l'air eſt ſec, & qu'on introduiſe dans cette phiole de l'air qu'on fait paſſer à travers une maſſe de ſels alkalis, on trouvera le poids de cet air égale à celui de l'air qui la rempliſſoit précédemment. Si l'air pur n'étoit point peſant, comment les nuées pourroient-elles s'y former, s'y étendre, & être ſuſpendues dans ſon ſein ? Car ſi les nuées, qui ſont peſantes, n'étoient point ſoutenues par un fluide qui fût lui-même peſant, il eſt conſtant qu'elles tomberoient ſur la terre.

§. MMLIX. La gravité ſpécifique de l'air, comparée à celle de l'eau, eſt quelquefois dans le rapport de 1 à 800. Ce rapport n'eſt pas cependant conſtant ; il differe à chaque inſtant, ſuivant que l'air eſt plus ou moins pur, plus ou moins denſe, ſuivant la température dont il jouit, la hauteur du terrein, les vents qui ſoufflent, &c. On remarque en différens endroits de l'Europe, mais ſur-tout en Hollande, que la peſanteur ſpécifique de l'air, comparée à celle de l'eau, eſt renfermée dans les rapports de 1 : 606, & de 1 : 1000 ; car le 30 Novembre 1756, ce rapport fut comme celui de 1 à 931. Si donc un pied cubique d'eau peſe ℔ 63. 3 4. g. 40, ou 485800 grains, & que la gravité ſpécifique de l'air ſoit à celle de l'eau comme 1 : 700, un pied cubique d'air peſera 694 grains.

§. MMLX. On peut déterminer avec quelle force le poids de l'air agit contre les corps qui font à la furface de la terre, ou avec quelle force il agit contr'eux, en partie en vertu de fon poids, en partie en vertu de fon reffort. Cette expérience fe fait en prenant un tube de verre, fermé d'un côté & ouvert de l'autre, & qu'on remplit de mercure; la hauteur à laquelle le mercure demeure fufpendu dans ce tube, lorfqu'il eft plongé dans une cuvette, dans laquelle il y a d'autre mercure, indique la preffion actuelle de l'air. Cette preffion varie; car en Hollande, la colonne de mercure, qui eft ordinairement de 29 pouces rhénans, eft quelquefois plus longue, quelquefois plus courte. Or la colonne de mercure comprifé dans ce tube, eft en équilibre avec la preffion de l'air de l'atmofphere; &, comme l'eau eft environ 14 fois moins pefante que le mercure, la preffion de l'air pourroit tenir en équilibre une colonne d'eau de 33 pieds rhénans, ou environ; d'où il fuit que la preffion que l'atmofphere déploie contre la furface de la terre, équivaut à celle qu'elle éprouveroit, fi elle étoit couverte d'eau jufqu'à la hauteur de 33 pieds; ce que *Pafchal* & *Boyle* ont confirmé par différentes expériences.

§. MMLXI. La preffion de l'air étant une fois connue, on conçoit aifément l'effet qu'elle doit produire contre deux hémifpheres creux, de la cavité defquels on retire l'air. En effet, l'hémifphere A [*Tab.* 53. *fig.* 3.] doit être appliqué contre l'hémifphere B, par le poids de l'atmofphere qui l'entoure & qui s'appuie deffus, & conféquemment on ne peut les féparer l'un de l'autre que par une force capable de furpaffer celle que l'atmofphere déploie contr'eux, ainfi que le découvrit autrefois le célebre *Otto de Guerikue*. Or, pour qu'on puiffe répéter cette expérience, & quantité d'autres de cette efpece, avec plus d'exactitude qu'on n'a fait jufqu'à préfent, j'ai imaginé de faire dreffer parfaitement, autant que faire fe peut, les deux limbes de ces hémifpheres; ce qui nous met à portée de fupputer plus exactement l'étendue de leur contact.

J'ai fait faire outre cela une plaque ronde A A de cuivre [*F.*4.],à la circonférence de laquelle j'ai fait ménager quatre oreilles percées, à travers lefquelles on fait paffer des vis, qui l'attachent folidement à une groffe table de bois; cette plaque a un demi-pouce d'épaiffeur; elle eft très plane, & auffi bien dreffée que faire fe peut.

J'ai fait conftruire auffi une femblable plaque de verre, propre à répéter de femblables expériences: cette derniere a un pouce d'épaiffeur; elle eft parfaitement plane & polie des deux côtés, qui font paralleles entr'eux; les deux plaques, dont nous venons de parler, ont chacune 5 pouces de diametre.

J'ai fait faire auffi un hémifphere de cuivre creux C, d'un pouce & demi de diametre, muni d'un robinet. Le limbe plan de cet hémifphere porte deux lignes de largeur; cet hémifphere s'attache, par le moyen d'une chaîne, à un crochet D, fufpendu à l'un des bras d'une balance E E, & on le met en équilibre, par le moyen d'un contre-poids qu'on place dans le baffin oppofé L. Les chofes étant ainfi difpofées, on enduit le limbe de l'hémifphere d'une efpece de maftic, fait avec de la cire, du fuif & de l'huile, afin de l'adapter à la platine A A, de façon que l'air ne puiffe s'in-

troduire ſous la capacité de l'hémiſphere : on adapte enſuite cet appareil ſur
la platine de la machine pneumatique , & on fait le vuide , autant qu'on peut
le faire avec une machine pneumatique.   Lorſque je fis cette expérience ,
le mercure étoit à 29 pouces dans la jauge , & la hauteur du barometre étoit
de 29 pouces 1 ligne ; je fermai enſuite le robinet ; j'attachai la platine A A
à une forte table , & je fus obligé de mettre dans le baſſin L , un poids de
30 ℔ ſix dragmes, pour ſéparer l'hémiſphere de la platine ; j'enduiſis de nouveau le bord de l'hémiſphere, du même maſtic dont je m'étois ſervi précédemment , je le rappliquai à la platine , & je refis le vuide auſſi exactement
que la premiere fois , afin que cet hémiſphere fût adapté à la platine A A
avec un effort ſemblable à celui qui l'y appliquoit dans l'expérience précédente ; je rétablis les choſes dans leur premier état , & j'ouvris le robinet ,
pour donner entrée à l'air extérieur dans la capacité de l'hémiſphere ; j'obſervai qu'un poids de 4 livres ſix onces , placé dans le baſſin L , ſuffiſoit
pour arracher l'hémiſphere de deſſus la platine : or le poids dont cet hémiſphere étoit chargé de la part de l'air qui s'appuyoit deſſus , étoit , ſuivant le calcul = 25 ℔ 10 onces 6 dragmes 35 grains. Pour voir ſi l'expérience s'accordoit avec le calcul, je retranchai de 30 ℔ 6 dragmes, les 4 ℔
6 onces que j'avois employéées dans la ſeconde expérience , & cette ſouſ-
traction me donna pour reſte 25 ℔ 10 onces 6 dragmes ; ce qui s'accorda
avec mon calcul, beaucoup au-delà de mes eſpérances ; car l'erreur de 35
grains eſt de trop peu de conſéquence pour qu'elle doive entrer dans le calcul en pareille occaſion, ainſi que ceux qui ſont habitués à faire des expériences pourront en convenir (2).

2°. Je pris enſuite un autre hémiſphere d'un pouce & demi de diametre ,
parfaitement ſemblable au premier , ſi ce n'eſt que le bord du ſecond n'avoit
pas une ligne de largeur ; je l'appliquai comme le premier , à l'aide du même
maſtic , ſur la platine de cuivre A A , j'en retirai l'air de la même maniere
que précédemment : & ſuivant exactement le même procédé, je le ſéparai
de la platine , à l'aide d'un poids de 28 ℔ 6 dragmes. Répétant enſuite cette
expérience , après avoir introduit de l'air dans l'intérieur de l'hémiſphere ,
je ne fus obligé d'employer qu'un poids de 2 ℔ 6 onces pour le ſéparer ,
poids qui indique la force avec laquelle le maſtic uniſſoit l'hémiſphere à la
platine : retranchant encore ce poids de 28 ℔ 6 dragmes , je trouvai pour
reſte 23 ℔ 10 onces 6 dragmes pour le poids avec lequel l'atmoſphere preſ-
ſoit l'hémiſphere & l'appliquoit à la platine. Dans cette ſeconde expérience ,

---

(1) Cette erreur de 25 grains vient de la maniere ſelon laquelle l'hémiſphere étoit maſtiqué à la machine dans l'une & dans l'autre expérience. Cette erreur varie aſſez conſidérablement , malgré les précautions qu'on peut prendre. Voici les réſultats que j'ai trouvés en répétant pendant trois jours de ſuite cette expérience. Je me ſervis du même maſtic. Le premier jour le thermometre étoit à 17 degrés ; l'erreur fut de 21 grains : & deux
heures après , ayant pris les mêmes précautions, le thermometre étant encore à 17 degrés ,
l'erreur fut de 27 grains. Le lendemain le thermometre étant à $19\frac{1}{2}$ degrés , l'erreur fut de
20 grains ; & une heure $\frac{1}{2}$ après , elle ne fut que de 17 grains. Trois heures après le thermometre n'étant plus qu'à 18 degrés , l'erreur fut de 28 grains. Le troiſieme jour ayant
procédé de la même maniere que les deux précédens , le thermometre étant à 16 degrés ,
l'erreur fut de 36 grains , & une demi-heure après de 32 grains.

le maftic n'appliqua pas fi fortement l'hémifphere à la platine ; parceque le bord de cet hémifphere n'étoit point auffi large que celui du premier dont je fis ufage : d'où il fuit que cette union devient plus grande lorfque le bord eft plus large , & plus petite lorfqu'il eft plus étroit.

3°. Je pris un hémifphere de cuivre de trois pouces de diametre , dont le bord avoit $2\frac{1}{2}$ lignes de largeur; je pris auffi un autre hémifphere de cuivre de deux pouces de diametre , dont le bord avoit 4 lignes de largeur : l'aire de ces deux bords étoit alors égal ; je les enduifis l'un & l'autre avec le même maftic : j'adaptai le plus grand hémifphere à la platine A A ; j'en retirai l'air , & je répétai exactement la même expérience ; mais je fus obligé d'employer un poids de 112 ℔ 9 onces 4 dragmes pour le féparer de la platine : or le poids de l'air qui le comprimoit étoit alors de 90 ℔ 9 onces 261 grains ; par conféquent l'augmentation de cohérence , occafionnée par le maftic , étoit à-peu près de 22 ℔.

Je répétai pareillement l'expérience avec le petit hémifphere de 2 pouces de diametre ; je ne le féparai de la platine qu'à l'aide d'un poids de 62 ℔ 4 onces 1 dragme : or le poids de l'atmofphere qui le comprimoit , étoit alors de 40 ℔ 4 onces 116 grains ; l'adhérence occafionnée par le maftic , étoit donc encore , dans cette occafion , à peu de chofes près égale à la preffion d'un poids de 22 ℔ , comme dans le cas précédent. D'où il fuit que des furfaces égales , unies à d'autres furfaces avec le même maftic , adherent entr'elles avec des forces égales ; il ne peut fe faire qu'il n'y ait toujours quelque petite erreur dans de pareilles expériences ; mais elles font trop peu fenfibles & trop indifpenfables, pour qu'elles méritent entrer en ligne de compte. Je répétai encore cette expérience avec les mêmes hémifpheres , unis avec le même maftic , ayant fait le vuide auffi exactement , afin que la preffion fût encore la même , & que le maftic fût encore dans le même état de preffion , & j'obfervai qu'après avoir ouvert le robinet, & laiffé entrer l'air dans la capacité des hémifpheres , je ne pouvois les féparer de la platine que par un poids de 22 ℔.

4°. Mais il falloit encore faire ces expériences d'une autre maniere , afin de s'affurer fi le réfultat feroit toujours le même: je nettoyai donc parfaitement les bords des hémifpheres , & j'en retirai tout le maftic qui y étoit adhérent ; je pris enfuite l'hémifphere de 3 pouces de diametre , que je pofai fur la platine A A : je bordai avec attention tout le contours de cet hémifphere avec du maftic , afin d'interdire tout paffage à l'air , & je fis le vuide auffi exactement qu'il me fut poffible , de façon que le mercure étoit à 29 pouces dans la jauge : je fermai le robinet, & j'attachai tout cet appareil fur une forte table : je mis enfuite des poids dans le baffin L , & je fus obligé d'employer un poids de 98 ℔ pour féparer l'hémifphere.

Je plaçai enfuite cet hémifphere fur le plan de verre dont j'ai parlé ci-deffus , je le bordai de la même maniere que dans l'expérience précédente , & avec la même quantité de maftic : je retirai l'air de l'intérieur de l'hémifphere , jufqu'à ce que le mercure fût à 29 pouces de la jauge; après avoir retiré cet appareil de deffus la machine pneumatique , je l'attachai fortement fur une groffe table , & je fus encore obligé d'employer un poids de 98 ℔ pour féparer l'hémifphere du plan de verre : d'où il fuit que la preffion de l'air fut

la

la même dans l'un & dans l'autre cas , pour appliquer l'hémifphere au plan
qui le fupportoit : or comme le poids de l'air qui s'appuyoit fur l'hémifphere ,
étoit alors de 90 ℔ 9 onces 261 grains ; l'adhérence de cet hémifphere au
plan , en vertu du maftic , étoit de 7 ℔ 6 onces 4 dragmes : ce que je confir-
mai enfuite en répétant l'expérience , après avoir introduit de nouvel air dans
la capacité de l'hémifphere.

Soit que je fiffe ufage de plus petits hémifpheres, & que je me ferviffe d'un
plan de cuivre ou d'un plan de verre, pourvu que je fiffe ufage du même maftic , j'obfervai toujours que l'adhérence relative à la ténacité & à la quantité
du maftic , demeuroit la même. Il faut avoir grand foin , dans ces fortes
d'expériences , de fe fervir du même maftic pour entourer ces hémifpheres ,
d'en employer la même quantité , de le ramollir également , & de lui
donner la même température; car fi on l'échauffe davantage , il fera plus
mou , & s'il eft plus mou , il n'attachera pas avec la même force l'hémifphere , foit au plan de métal , foit au plan de verre : au contraire , fi on l'emploie plus froid , il fera plus dur , & il fera contracter une plus forte adhérence aux corps qu'il unira : phénomene que j'ai obfervé plus d'une fois ; car
j'ai été obligé quelquefois d'employer des poids de 4 , 5 , 6 livres plus pe-
fans que ceux que j'ai indiqués ci deffus pour produire les mêmes effets.

§. MMLXII. Comme les Philofophes ont foupçonné , & avec raifon ,
que les parties de l'air font de différente ténuité , & que les parties les plus
groffieres de ce fluide , pouvoient pénétrer aifément dans les corps dont les
pores ont de grandes dimenfions , tandis que d'autres corps , dont les pores
feroient plus petits , leur refuferoient un libre accès ; cela m'a déterminé à répéter de la maniere fuivante , avec les mêmes hémifpheres , les expériences dont je viens de parler. J'ai donc fait faire des plans de verre , de
fer , de cuivre rouge , d'étain d'Angleterre , de plomb d'Ecoffe , de bifmuth ,
de zinc , de marbre blanc , d'ivoire , d'ardoife , auxquels je n'ai fait donner
que 3 lignes d'épaiffeur , fur lefquels je pouvois appliquer exactement un hémifphere de cuivre; parcequ'ils étoient affez bien dreffés pour que le limbe
de cet hémifphere portât par-tout. En répétant ces expériences , j'ai fait fur-
tout attention aux deux effets fuivans.

1°. Savoir , fi ces plans pourroient être pénétrés par un air de différente ténuité ?

2°. Quelle feroit l'adhérence que cet hémifphere contracteroit avec ces
différens plans , en vertu de la preffion de l'air extérieur ?

Je couvris l'hémifphere B [*Tab.* 53. *fig.* 5.] d'un plan A , que j'entourai
de cire molle , pour exclure le paffage à l'air : cet hémifphere portoit un robinet C , au moyen duquel je l'adaptai à la machine pneumatique , en le vif-
fant fur l'extrêmité fupérieure de la pompe : je plaçai en E une jauge de mercure , dont l'échelle étoit divifée en très petits degrés , afin qu'on pût s'appercevoir de la moindre quantité d'air qui pourroit s'introduire dans l'hémifphere. Les chofes étant ainfi difpofées , j'évacuai , autant qu'il me fut poffible , l'hémifphere B , & je remarquai à quelle hauteur le mercure fe contenoit alors dans la jauge : je fermai enfuite le robinet de la machine pneumatique , mais je laiffai le robinet C ouvert , afin d'abandonner à lui-même
l'appareil A B C D E : je laiffai paffer 20 minutes , après lefquelles je fus re-

garder fi le mercure s'étoit un peu élevé dans la jauge E : il s'y feroit certainement élevé fi un fluide élaftique fe fût introduit par les pores , par les ouvertures ou les petites fentes de la lame qui couvroit l'hémifphere , ou s'il eût
pu pénétrer par le robinet C, ou dans le vafe qui couvroit la jauge E ; parcequ'il eût alors prefé plus fortement le mercure de cette jauge : or voici quel fut
le réfultat des expériences que je fis à ce fujet. Soit que le plan A fût de fer, de
plomb, d'étain , de cuivre rouge , de zinc , de bifmuth , de marcaffite , de
verre , d'ivoire , d'ardoife , je n'obfervai aucun mouvement dans le mercure
de la jauge après un efpace de 20 minutes, & ayant eû auparavant la précaution d'évacuer l'hémifphere, jufqu'à ce que le mercure fût defcendu jufqu'à la
même graduation : d'où il fuit qu'aucun fluide élaftique qui pût manifefter fa préfence , ne fe fit jour , & ne pénétra dans la capacité de l'hémifphere , à travers les pores des plans qui le fermoient : cependant lorfque
je couvris cet hémifphere avec un plan de marbre blanc poli , également
épais dans toute fon étendue , & que je répétai cette expérience ; je m'apperçus , après avoir laiffé le tout en expérience pendant 20 minutes, qu'il
s'étoit introduit une petite quantité de fluide élaftique à travers les pores de
ce marbre ; car le mercure s'étoit élevé d'une certaine quantité dans la jauge
E , & plus je laiffai de tems les chofes en expérience , & plus je vis monter
le mercure dans la jauge : je répétai plufieurs fois cette expérience , & j'obfervai toujours le même réfultat.

    Voilà quel fut le fuccès des premieres expériences qu'on ait faites pour
s'affurer fi l'air groffier, ou fi un fluide plus délié, peut pénétrer fenfiblement
les pores des métaux, des demi-métaux, du verre , de l'ivoire , de l'ardoife.

    §. MMLXIII. Quant à ce qui concerne le fecond phénomene ; favoir,
avec quelle force l'air s'appuie , & avec quelle force il unit un hémifphere
de cuivre aux différens corps que nous avons annoncés (§. 2061, 2062),
voici l'expérience à laquelle j'eus recours. J'appliquai un hémifphere de cuivre de 2 pouces de diametre , dont le bord étoit de 4 lignes de largeur , fur
les différens plans dont nous venons de parler : j'enduifis le contour de cet
hémifphere du même maftic, pris en même quantité , & auquel je commu-
niquai le même degré de chaleur , ayant foin à chaque fois de bien nettoyer
le bord de l'hémifphere, ainfi que le plan fur lequel je l'appliquois : je fis le
vuide auffi exactement qu'il me fut poffible : je fermai le robinet C : je féparai cet appareil de la machine pneumatique, pour l'attacher à une forte
table , ainfi que j'avois fait dans les expériences précédentes : j'attachai enfuite l'hémifphere, par le moyen d'une chaîne , à l'un des bras d'une balance , & je mis des poids dans le baffin oppofé, jufqu'à ce que j'en eus mis
une quantité fuffifante pour féparer l'hémifphere ; & voici le réfultat des expériences que je fis. Un même poids de 45 ℔ me fuffit , fans aucune différence fenfible , pour enlever cet hémifphere , lorfqu'il étoit appliqué fur un
plan de cuivre jaune, de fer , d'étain , de plomb, de zinc, de bifmuth, d'i-
voire, d'ardoife.

    D'où il fuit manifeftement que, ni l'air groffier de l'atmofphere , ni qu'au-
cun autre fluide plus fubtil , ne peuvent point fe faire jour & pénétrer par les
pores des corps dont nous venons de faire mention. J'ai répété ces expérien-

ces publiquement, & en différens tems ; elles se font toutes faites avec le plus grand succès, le même jour, & lorsque la température étoit la même ; car j'ai observé que si le mastic étoit trop chaud & trop mou , l'adhérence étoit moins forte que lorsqu'il faisoit plus froid ; & la différence qu'on remarque en différentes températures , va quelquefois à 4 & même 5 livres. Le succès de ces expériences dépend aussi de la pesanteur actuelle de l'atmosphere. Quiconque sera versé dans l'Histoire de la Physique , saisira aisément le motif qui m'a engagé à m'étendre si au long sur ces expériences, qui ne nous apprennent presque rien, & dont les effets n'ont rien qui puisse nous surprendre ; mais il étoit nécessaire de les faire pour étayer davantage la vérité.

§. MMLXIV. On peut maintenant déterminer d'une certaine façon le poids de l'atmosphere qui embrasse tout le contour de notre globe ; car on connoît à-peu-près la grandeur de la terre , & on peut supposer que la pression de l'air est par-tout en équilibre avec une colonne de mercure de 29 pouces rhenan ; par conséquent tout le poids de l'atmosphere équivaudra au poids d'un océan de mercure, qui couvriroit la surface de la terre jusqu'à la hauteur de 29 pouces : or ce poids, suivant le calcul de *Jacob Bernouilli*, = 6,687,360,000,000,000,000 ℔ (1).

§. MMLXV. Comme l'air est un fluide, il presse dans toutes sortes de directions avec la même force ; c'est à-dire, de haut en bas, de bas en haut, latéralement, en avant, en arriere, obliquement, ainsi qu'on peut s'en convaincre en tirant en toutes sortes de sens le piston d'une pompe pneumatique , vuide d'air & fermée par son extrêmité : la pression de l'air qui s'appuie extérieurement contre ce piston, le reporte au haut de la pompe. Cette pression de l'air en toutes sortes de sens , fait que tout corps quelconque, quelque tendre qu'on le suppose, étant entouré d'air de tous côtés, est également comprimé de tous côtés , & ne peut être endommagé par l'effort de cette pression. L'expérience de *Mariotte* démontre manifestement que la pression latérale de l'air est égale à sa pression perpendiculaire : voici en quoi consiste cette expérience. Soit une fiole C D [*Tab.* 53. *fig.* 6. 7. 8. 9. 10.] remplie d'eau, & percée latéralement en B ; soit adapté au col de cette fiole un tube E F , ouvert à ses deux extrêmités : l'expérience nous apprend que la pression latérale de l'air retient l'eau dans ce tube jusqu'à la hauteur du trou B, & par conséquent que l'air qui presse selon la direction E A, n'agit pas plus puissamment que celui qui presse latéralement par le trou B.

Si on adapte un tube de verre à la partie latérale de la fiole , & qu'on donne différentes inflexions à ce tube, ainsi qu'elles sont représentées par les figures indiquées, l'eau demeurera à la même hauteur dans le tube qui plonge dans le milieu de la fiole , & dans celui qui sera adapté à sa partie latérale.

§. MMLXVI. On donne le nom de *tube de Toricelli* à un tube qui est en grande partie rempli de mercure , qui y est contenu par la pression de l'atmosphere : on lui donne ce nom , parceque ce fut *Toricelli* qui imagina cette expérience en 1643. D'autres l'appellent *baroscope*, ou *barometre* ; parcequ'il sert, pour ainsi dire , à mesurer la pesanteur de l'air dans un endroit donné.

____

(1) Jac. Bernouilli Opera. Tom. 1. p. 187.

On doit en grande partie à ce tube les progrès que la Physique fit dans le siecle dernier ; car la partie supérieure de ce tube (auquel on donne ordinairement plus de 30 pouces), prise depuis la voûte qui le ferme, & la surface supérieure de la colonne de mercure qui s'éleve quelquefois jusqu'à 29 pouces de hauteur perpendiculaire, étant vuide d'air, donna occasion aux Physiciens d'examiner ce qui arriveroit aux corps qu'on renfermeroit dans cet espace : ces tentatives donnerent naissance à quantité de phénomenes plus curieux les uns que les autres : mais la grande difficulté de se procurer, par cette méthode, un grand espace vuide, donna origine à une autre machine ; savoir, à la machine pneumatique, à l'aide de laquelle on parvient à purger aisément d'air de grands & de petits vaisseaux.

§. MMLXVI. On démontre que la suspension du mercure dans le tube de *Toricelli*, dépend de la pression de l'atmosphere ; puisque ce tube, étant renfermé sous un long récipient placé sur la platine de la machine pneumatique, on voit le mercure descendre & s'abaisser dans le tube, à proportion qu'on retire l'air de dessous le récipient, & qu'il remonte jusqu'à la même hauteur d'où on la fait descendre lorsqu'on a reporté de nouvel air sous le récipient. Il y a cependant une exception à faire ici, qui est que lorsqu'on se sert d'un tube frotté intérieurement, poli, & lavé pendant long tems avec de l'alkool, ensuite bien séché, bien échauffé, & qu'on le remplit de mercure bouillant, bien purifié, & dégagé de toute partie aërienne ; en se servant pour cela d'un entonnoir qui se termine en tube capillaire, & que lorsque le mercure est froid, on renverse le tube avec précaution, sans le secouer, pour le plonger dans une cuvette ; ce tube demeure exactement rempli, lors même qu'il auroit 70 pouces de longueur, soit qu'on l'expose à l'air libre, soit qu'on le mette dans le vuide, ainsi que M. *Huygens* l'observa le premier (1). Si lorsque le tube est en expérience, & qu'il est droit, on le secoue un peu, le mercure se précipite promptement, & ne se contient alors que lorsqu'il est à la même hauteur que dans un barometre ordinaire.

Quelques-uns ont cru devoir deduire de cette expérience d'*Huygens* l'existence d'une matiere éthérée, douée d'une certaine pesanteur : mais cet éther ne pénétreroit-il donc pas aisément les pores du verre, que le feu, la lumiere, la matiere électrique, & d'autres fluides moins déliés que cet éther, pénetrent facilement ? Pourquoi cet éther ne pénetre-t-il point les pores de la voûte qui termine le tube, & ne pousse-t-il point par en-bas le mercure qui remplit ce tube ? Quelle force peut donc s'opposer à l'accès de cet éther, qui fait effort pour pénétrer le tube ; quelle force peut lui résister & l'en expulser ? Le mercure n'est point parfaitement dense, il n'est point totalement dépourvu de pores, il n'obstrue point exactement ceux du tube, & même en supposant que le mercure remplit exactement ses pores, l'éther qui pénétreroit ceux qui appartiennent à la voûte du tube, seroit en communication avec le mercure ; il déploieroit son action contre ce fluide ; il le presseroit de haut en bas ; il le forceroit donc à descendre jusqu'à ce qu'il ne fût plus qu'à 29 pouces d'élévation ; c'est-à-dire, jusqu'à ce qu'il n'excédât pas la hauteur qu'il acquiert ordinairement : ce qui n'arrive jamais, à moins qu'on ne secoue

(1) Journ. des Sav. 1672. p. 111.

le tube, & alors le mercure est repoussé des parois du tube; son contact immédiat est détruit; par ce moyen le verre agit moins fortement contre le mercure, qui en est éloigné : ce fluide cessant d'être soumis à la force qui le maîtrisoit, obéit à son propre poids & descend ; par conséquent ce phénomene doit être rapporté à une autre cause qu'à la pression de l'éther.

Nous avons vu dans le Chapitre de l'attraction & de la cohérence, avec quelles forces les corps qui se touchent par de grandes surfaces, agissent les uns contre les autres en vertu de leur attraction : nous avons vu dans le même Chapitre de combien cette force diminuoit lorsque ces corps étoient séparés par un très petit espace seulement. On peut d'un autre côté considérer avec quelle force, quelle ténacité, le mercure s'attache au verre ; on en peut juger par les miroirs de glace qui sont couverts de mercure, qu'on n'en peut séparer qu'avec peine en les raclant. Par conséquent lorsqu'on remplit un tube propre & sec avec du mercure parfaitement purifié de toute humidité & d'air, il est constant que ce mercure s'applique immédiatement aux parois de ce tube : de ce contact immédiat suit une forte attraction qui le maîtrise & qui le fait adhérer à ces parois avec une force que le poids de 70 pouces de mercure ne peut vaincre : mais si on secoue alors le tube de façon à causer un ébranlement aux parois du tube, & à repousser un peu le mercure, l'attraction s'affoiblit alors, le poids du mercure prévaut, & il descend à la hauteur à laquelle il se contient ordinairement dans le barometre.

§. MMLXVIII. Lorsqu'on laisse en situation le tube de *Toricelli*, dans un endroit quelconque, on s'apperçoit que la hauteur de la colonne de mercure souffre des variations, qu'elle devient tantôt plus longue, tantôt plus courte; différence qui est beaucoup plus grande que celle que pourroit occasionner la raréfaction du mercure, produite par une plus grande chaleur de l'atmosphere, quoiqu'il soit cependant vrai de dire que le mercure se raréfie par la chaleur, & s'éleve davantage dans le tube, & qu'il se condense par le froid, & descend dans le tube, en y conservant toujours son même poids. *Toricelli* fut le premier qui s'apperçut, en 1645 ou en 1646, des variations que la colonne de mercure souffroit dans sa longueur. La plus petite hauteur de la colonne de mercure dans le tube de *Toricelli*, que j'ai observée en Hollande, est de 27 pouces 2 lignes rhenan ; mais en 1694, au commencement de Novembre, j'observai que la colonne de mercure n'avoit que 26 pouces 10 lignes, dans un tems où le vent étoit très violent. Je n'ai pas observé que cette colonne se soit élevée de plus de 30 pouces rhénan, par conséquent les bornes de ses variations sont comprises dans l'espace de 3 pouces rhenan. Le célebre *Graaff*, en 19 années d'observations, a remarqué, à Petersbourg, que ces bornes étoient comprises dans l'espace de 2 pouces $\frac{77}{100}$, mesure de Londres (1). La hauteur moyenne du barometre, à Leyde, est de 29 pouces rhénan.

§. MMLXIX. Il est constant que le mercure s'élevera d'autant plus dans le tube, que celui de la cuvette aura à supporter un plus grand poids, & qu'il s'abaissera d'autant plus dans ce même tube, que celui de la cuvette sera moins pressé, quoique la chaleur demeure constamment la même. Or,

(1) Comm. Petrop. T. 9. p 359.

comme cette différence dans la longueur de la colonne va à $\frac{3}{?}$ pouces, cette différence sera, à l'égard de la preffion entiere, & même de la plus grande preffion, qui équivaut à 30 pouces $\frac{1}{10}$, comme 1 : 10; car 1 : 10 : : 3 : 30.

§. MMLXX. Mais il eft à propos que je rapporte ici, en peu de mots, pourquoi le mercure eft tantôt plus, tantôt moins comprimé. Il eft plus comprimé, lorfque l'air devient plus pefant; ce qui dépend des caufes fuivantes :

1°. Lorfque différens vents foufflent les uns contre les autres, vers un même lieu, au-deffus de certaines régions qui ne font pas éloignées les unes des autres, ils amaffent beaucoup d'air au même endroit; ce qui rend l'atmofphere qui fe trouve au-deffus de ce pays, beaucoup plus pefant & en même-tems beaucoup plus élevé. Les vents paroiffent être la principale caufe des changemens qui furviennent dans l'atmofphere, & des différentes hauteurs du mercure dans le barometre, ainfi que M. *Caffini* (1) l'a démontré par plufieurs obfervations; car on ne remarque prefque point de variation dans la hauteur du barometre dans les régions fituées entre les deux-tropiques, où le vent d'Eft fouffle toujours & avec uniformité, ainfi que M. *Halley* nous l'apprend d'après fes propres obfervations, & d'après celles de plufieurs autres (2). Les Jéfuites ont confirmé cette obfervation ; car ils ont obfervé que la hauteur du barometre entre les tropiques, étoit pour l'ordinaire de 26 pouces 6 lignes de Paris, ou de 27 pouces 5 lign. rhenan, & qu'il s'élevoit jufqu'à 26 pouces 11 lignes de Paris, ou 27 pouces 10 lign. rhenan (3) ; la différence n'eft donc que de 5 lign. M. *de la Condamine* a obfervé, dans la partie maritime du Royaume du Pérou, que la hauteur du barometre étoit de 28 pouces 0 lignes, & que les variations n'alloient à peine qu'à $2\frac{1}{2}$ lign. ou 3 lignes (4). Cependant, fuivant les obfervations de *Feuillée*, faites auprès de Lima, la variation devroit être de 7 lignes. Dans la ville de Quito, qui eft bâtie fur le fommet de la Cordeliere, la hauteur du barometre n'exceda point une ligne & demie dans fa variation, & cette obfervation fut faite pendant plufieurs années; mais dans cet endroit la hauteur du barometre n'eft que de 20 pouces $\frac{1}{4}$ lign. Dans Batavia, fitué dans l'ifle de Java, la variation du barometre ne va qu'à 2 lign. $\frac{1}{2}$ ou 3 lign. dans le courant d'une année, ainfi qu'on l'a appris par des obfervations fort exactes; car la plus grande hauteur du barometre, en cet endroit, eft de 29 pouces $5\frac{1}{2}$ lignes, & fa plus petite, de 29 pouces 2 lign. $\frac{1}{2}$, mefure de Londres. Sur le Promontoire de Bonne-Efpérance, le mercure ne varie pas de 10 lign. A Madeira, la plus grande hauteur du mercure eft de 30 pouces $\frac{11}{100}$, mefure de Londres; la plus petite hauteur eft de 29 pouces $\frac{1}{100}$. La différence en cet endroit n'eft donc que d'un pouce $\frac{14}{100}$, mefure de Londres (5). M. *Godin* fut le premier qui obferva que les variations du barometre, qui vont

---

(1) Hift. de l'Acad. Roy. ann. 1740.
(2) Philof. Tranf. n. 181.
(3) Obfervat. phyfiq. & Mathématiq. des Indes Orient. pag. 94.
(4) Voyage de la Riviere des Amazonn. & Introd. Hift. p. 162. Bouguer, Voyage au Pérou, pag. 39.
(5) Philof. Tranf. Vol. 47. pag. 358.

à $\frac{3}{4}$ de lign. en 24 heures au Pérou, sont assez régulieres & alternatives : on remarque quelque chose de semblable en Afrique, sur le Promontoire de Bonne Espérance ; ce qui vient de la différente température qui y regne le jour & la nuit ; car pendant le jour l'air est échauffé ; il se dilate latéralement en en haut, & il devient plus léger : pendant la nuit il est condensé, & il devient plus pesant. En effet, la plus grande hauteur du barometre s'y fait remarquer vers les 9 heures du matin ; & sa plus petite hauteur s'y fait observer vers les trois heures après midi. On remarque encore un phéno-mene semblable en Hollande, dans les mois de Juin, Juillet & Août, lors-que le tems est constant ; car depuis le milieu de la nuit jusqu'à 6 & 7 heu-res du matin, on voit un peu monter la colonne de mercure dans le baro-metre, & on le voit un peu descendre dans le jour, jusqu'à 10 ou 11 heures du soir. Mais les variations de cet instrument sont bien plus grandes dans les régions polaires, parcequ'il y a des vents qui ne sont point reglés, qui soufflent dans ces régions plus ou moins impétueusement, qui souvent ne soufflent point du tout, qui d'autres fois sont orageux, enfin qui soufflent selon toutes sortes de directions différentes : c'est pour cela qu'on y remar-que quelquefois le mercure descendre de deux ou trois pouces dans le tube, lorsqu'un vent orageux souffle, & qu'on le voit remonter ensuite à propor-tion que la tempête diminue. Si on le voit monter subitement, la tempête sera de peu de durée, & l'état actuel de l'atmosphere changera prompte-ment. Mais lorsque le mercure monte depuis 29 pouces 2 lignes jusqu'à 29 pouces 10 lignes, il n'arrive pas pour cela de grands changemens dans l'atmosphere : il arrive même souvent que la sérénité du tems diminue, que le jour baisse, quoiqu'il ne survienne point de vent ; mais le tems devient paresseux. Lorsque deux vents contraires soufflent dans un même endroit, l'air se rassemble, s'accumule dans un endroit intermédiaire, qui est calme, là il déploie son poids sur tous les corps qui lui sont soumis, & on voit monter fort haut le mercure dans le tube.

2°. Nous observons chez nous que l'air s'y accumule lorsqu'un vent de Nord-Est souffle, parceque ce vent réfroidit l'air & le condense. *Th. Shaw* a observé la même chose dans le Royaume d'Alger (1), parcequ'alors l'air supérieur des contrées latérales vient s'emparer de la partie supérieure de l'atmosphere, que le froid condense & fait baisser ; or ce nouvel air joint son poids & sa pression à celle de l'atmosphere ; mais le vent de Sud-Ouest résiste encore au Nord-Ouest. Ce Sud-Ouest est un vent de Sud Est, qui vient des parties septentrionales de l'Amérique, pour se porter en Europe, & qui souffle continuellement, ce qui fait encore une nouvelle cause qui concourt à surcharger l'atmosphere.

3°. On remarquera encore le mercure s'élever dans le barometre, s'il regne un vent qui souffle à la partie supérieure de l'atmosphere, & qui se dirige vers la surface de la terre, parcequ'alors il comprime l'air qui est au-dessous, selon une direction semblable à la sienne ; & ce fluide, ainsi pressé, déploie la pression contre la colonne de mercure, & agit contr'elle de la même maniere que si son poids étoit augmenté.

(1) Travels to Barbary. p. 218.

4°. Lorfque l'air eſt condenſé par le froid, la hauteur de l'atmoſphere diminue ; mais elle en devient plus peſante, en ſuppoſant même qu'il ne ſurvint point de nouvel air au-deſſus ; 1°. parceque ſa force centrifuge diminue ; 2°. parceque ſa gravité augmente (§. 288 & 506) : c'eſt pour cette raiſon que, lorſqu'il fait très froid & qu'il gele pendant l'hiver, on voit le mercure du barometre à une plus grande hauteur qu'on ne l'obſerve pendant l'été. Les obſervations que j'ai faites à Leyde, pendant l'eſpace de 30 ans, m'ont toujours fait remarquer que la plus grande hauteur du barometre arrivoit pendant les mois d'Octobre, Novembre, Décembre, Janvier & Mars, & j'ai obſervé ſouvent que la colonne de mercure ne s'élevoit jamais ſi haut que dans le mois de Janvier. *Lambert* obſerve qu'on remarque en Suiſſe un ſemblable phénomene. Il eſt bon cependant d'obſerver que ce n'eſt point une loi conſtante à Leyde, que le mercure continue à deſcendre dans le barometre, depuis le mois de Janvier juſqu'en Juillet, & que ſa hauteur continue à augmenter depuis le mois de Juillet juſqu'en Janvier ; quoique je ne nie point que ce phénomene n'ait lieu en Suiſſe, j'ai néanmoins ſouvent remarqué que le mercure étoit extrêmement haut dans le barometre pendant l'hiver, comme à la hauteur de 29 pouces 8 à 9 lignes, & même plus, & que dans ce tems la gelée étoit très modérée ; mais que lorſque le mercure deſcendoit juſqu'à 29 pouces, ou 29 pouces 1 ou 2 lignes, la gelée & le froid augmentoient. Ce phénomene viendroit-il de ce que les parties de la région ſupérieure de l'atmoſphere, qui eſt toujours plus froide que celle qui eſt dans le voiſinage de la ſurface de la terre, ſe précipiteroient vers la ſurface de ce globe, & apporteroient avec elles la gelée & le froid ?

5°. Le poids de l'atmoſphere augmente encore néceſſairement lorſqu'il s'éleve beaucoup de vapeurs & d'exhalaiſons, & ce poids augmente de tout celui que ces vapeurs portent avec elles : par conſéquent lorſque l'air reſte long tems tranquille, ſans être agité d'aucun vent, il ſe remplit de vapeurs & d'autres exhalaiſons qui s'élevent continuellement de la terre ; il devient plus peſant, il preſſe davantage la colonne de mercure, il la fait monter, & ce phénomene s'obſerve également en hiver & en été.

6°. Si le reſſort de l'air eſt augmenté, mais ſur-tout dans la région inférieure ou moyenne de l'atmoſphere, alors tous les corps qui ſeront au-deſſous, ſeront plus preſſés, ainſi que le mercure contenu dans le tube du barometre. Or le reſſort de l'air peut être augmenté, par certaines exhalaiſons qui s'élevent de la terre, par le feu du ſoleil, par le feu ſouterrain, & par quantité d'autres cauſes.

§. MMLXXI. Le mercure ſera moins preſſé dans le tube du barometre, lorſque l'atmoſphere deviendra moins peſant : cela arrive, 1°. lorſque, par le moyen de certains vents violens, ou des exhalaiſons qui produiſent entr'elles une eſpece d'effervefcence, une partie de l'air eſt pouſſée hors de ſa place, où il ſe forme alors comme une eſpece de vuide ; & quoique l'air ſupérieur ſe précipite d'abord en bas pour remplir ce vuide, cependant cette atmoſphere, ainſi diminuée, preſſe moins la région qui ſe trouve ſituée au-deſſous, & il faut par conſéquent que le mercure baiſſe dans le tube du barometre. On remarque que cet effet a lieu dans un tems d'orage ; car,

lorſqu'on

lorfqu'on entend un rude coup de vent au-deffus de l'endroit où on eft placé, & qu'on confidere en même tems le barometre, on voit alors baiffer le mercure, & on le voit remonter enfuite lorfque le vent ne fouffle plus ; ce que l'Ingénieux *Hauxbée* (1) a démontré par une expérience analogue à ce vent. Lors donc que le coup de vent eft paffé, l'air fe rejette d'abord de tous côtés vers cet endroit ; ce qui rend à l'atmofphere la pefanteur qu'elle avoit auparavant, & fait remonter promptement le mercure.

2°. Le mercure baiffe dans le tube, lorfque l'air fe purifie de toutes les vapeurs & exhalaifons dont il fe trouve rempli ; c'eft pour cette raifon que le mercure eft plus bas dans le barometre, en tems de pluie. Il faut cependant remarquer que la pluie qui tombe ne peut point être regardée comme une caufe qui produife de grandes chûtes à la colonne de mercure ; car il pleut entre les tropiques ; il pleut même avec abondance, en certains tems, dans certaines régions, fans qu'on obferve un grand changement dans l'élévation de la colonne de mercure, puifque fa hauteur ne varie alors que d'une ligne ou d'une ligne & demie. On remarque outre cela qu'il pleut beaucoup en Hollande, & s'il y tombe fix lignes d'eau, l'atmofphere, déchargée du poids de cette eau, ne diminue fa preffion contre la colonne de mercure qu'au point de la faire baiffer de $\frac{5}{7}$ de ligne ; ce qui ne fait pas une chûte confidérable. Par conféquent fi on voit que la colonne de mercure baiffe de plufieurs lignes en tems de pluie, il ne faut pas chercher la caufe de ce phénomene dans la chûte de la pluie, il dépend certainement de toute autre caufe. Peut-être la chûte de la pluie, ainfi que celle du mercure dans le barometre, dépendent elles des mêmes caufes ; comme, par exemple, fi un vent fouffle entre la furface de la terre & une nuée, ce vent chaffe devant lui l'air intermédiaire, & fait que la preffion de l'atmofphere devient moindre fur le mercure du barometre ; il fait auffi que la nuée n'étant plus foutenue par l'air qui vient d'être diffipé, fe précipite & lâche fon eau, & alors la chûte du mercure dans le barometre doit précéder la pluie, ce qui eft conforme aux obfervations.

3°. Il y a des vents qui foufflent de bas en haut ; ils font monter l'atmofphere, & ils diminuent par conféquent fa preffion contre notre globe. On obferve en effet que lorfqu'il regne certains vents, le mercure fe tient alors plus bas dans le barometre ; ce qui arrive fouvent en Hollande, lorfque les vents de Sud & de Sud-Eft foufflent. La chaleur que ces vents portent avec eux, concourt auffi à ce même phénomène.

4°. Si l'air fe raréfie par la chaleur, & que l'atmofphere devienne plus haute, quoiqu'elle foit toujours compofée de la même maffe, elle doit devenir plus légere, & comprimer par conféquent moins les corps qui font au deffous (§. 288, 506) ; le mercure fera donc alors moins preffé ; outre cela l'air élevé jufqu'aux derniers confins de l'atmofphere, fe répandra de tous côtes ; ce qui diminuera d'autant la preffion de la colonne d'air qui répond à celle du mercure compris dans le barometre.

5°. Si le reffort de l'air diminue en quelqu'endroit que ce foit, foit par les exhalaifons, par le froid, par les vents, ou par toute autre caufe quelcon-

(1) Phyf. Méch. Experim. Exper. Tab. 5. fig. 1. p. 113,
Tome III.   Q

que, comme par les éclairs, le tonnerre, les vapeurs qui s'élevent du sein de la terre, sur-tout lorsqu'il se fait quelque mouvement dans ce globe, soit par la gravitation du soleil ou de la lune, &c.

J'ai observé, pendant 30 ans, que la plus petite hauteur du mercure dans le barometre, se faisoit remarquer pendant les mois d'Octobre, Novembre, Décembre, Janvier, Février, Mars & Avril.

Peut-être y a-t-il ici plusieurs causes qui concourent à ce phénomene : quoi qu'il en soit, celles que nous venons d'indiquer peuvent avoir un nombre infini de différens degrés d'intensité. Plusieurs de ces causes peuvent conspirer ensemble au même effet ; elles peuvent être opposées entr'elles, ce qui doit produire différens degrés d'élévation à la colonne de mercure comprise dans le barometre.

§. MMLXXII. Il paroît, par tout ce que nous avons dit, que les différentes hauteurs du mercure dans le barometre ne peuvent point nous indiquer les changemens qui doivent survenir à la disposition actuelle du tems ; mais qu'elles ne peuvent indiquer que la situation présente de l'atmosphere, & même seulement quelle est la force avec laquelle il presse les corps qui sont à la surface de la terre. Il y a quelquefois certains phénomenes dans l'atmosphere, qui accompagnent la chûte ou l'élévation du mercure, lorsque les uns & les autres dépendent de la même cause ; mais ces phénomenes ne sont pas toujours les mêmes, parceque la constitution de l'atmosphere varie ; &, à proprement parler, nous ne pouvons juger sûrement que de cette constitution actuelle, par les indications du barometre ; d'où il suit qu'on ne peut point avoir de regles certaines pour prévoir le beau ou le mauvais tems, ainsi que je puis l'affirmer d'après des observations faites pendant une longue suite d'années, & que M. *de Fontenelle* l'a soupçonné autrefois. Voici néanmoins quelque chose de certain, qu'une longue expérience & des observations faites avec soin, nous ont appris. Si le mercure, après s'être élevé considérablement dans le tube, lorsque le tems est serein, descend ensuite d'une grande quantité, le jour suivant le ciel sera couvert de nuages, parceque les vapeurs qui se seront élevées dans un air plus léger, n'étant point dissipées, se rassembleront & formeront des nuages. Si le mercure continue encore à descendre, on aura de la pluie, & elle sera d'autant plus abondante, que le mercure descendra davantage & plus promptement ; le tems ne deviendra point après cela serein, que le mercure ne soit considérablement remonté, que l'air ne soit devenu plus dense, plus pesant, & que les vapeurs ne se soient distribuées dans l'atmosphere. Si, lorsque le mercure est bas, il neige, ou qu'il pleuve ou qu'il grêle, & que le mercure commence alors à remonter, on verra bientôt renaître un tems plus gracieux. Au contraire, si le mercure descend avec rapidité lorsqu'il pleut, le tems deviendra de plus en plus mauvais, on sera menacé d'une tempête prochaine : & lorsque la tempête a lieu, & que le mercure ne remonte pas, cette tempête continuera, & ne diminuera pas que le mercure ne commence à s'élever. Si le barometre est situé dans un endroit où il n'y a point de vapeurs ni d'exhalaisons, mais où le ressort de l'air souffre quelqu'affoiblissement, où il soit moins pressé, le tems demeurera serein, quoique le mercure descende. Si le ciel est couvert de nuages, mais que le ressort de l'air soit augmenté »

ou que la preſſion devienne plus grande , alors les nuages ſe diſſipent pour
l'ordinaire , le tems devient ſerein & le mercure monte dans le tube. La ſérénité du tems & l'élévation du mercure ſont deux effets qui accompagnent
une même cauſe , mais qui ſont indépendans l'un de l'autre : ſi , lorſque le
poids de l'atmoſphere augmente , les nuages ne ſe diſſipent point , le ciel
demeurera ſombre & couvert , quoique le mercure s'éleve conſidérablement
dans le barometre.

Il ſuit de-là que le tems peut être ſerein , quoique le mercure ſoit bas ,
qu'il peut ſe faire également qu'il y ait quelques nuages , que le tems ſoit
pluvieux , ou venteux , ou pareſſeux. Pareillement lorſque le mercure eſt
très élevé , il peut auſſi ſe faire que le tems ſoit ſerein , ou que le ciel ſoit
couvert de nuages , ou que le tems ſoit pluvieux , venteux ou pareſſeux :
c'eſt ce que j'ai remarqué pendant long-tems , en obſervant régulierement le
barometre & le ciel. Or il y a pluſieurs cauſes qui penvent augmenter ou
diminuer le reſſort de l'air : ces différentes cauſes agiſſent en partie ſolitaire-
ment , quelquefois pluſieurs concourent au même effet : mais perſonne ne
connoît parfaitement ces cauſes , & ne peut les dénombrer exactement. Le
célebre *Holmann* & pluſieurs autres (1) ont traité cette matiere d'une maniere fort étendue. L'habile M. *Graaff* , après pluſieurs obſervations qu'il a
faites à Petersbourg , nous aſſure qu'il eſt pleinement convaincu que lorſque
la lune commence à paroître le ſoir , elle diſſipe les nuages qui ont obſcurci
le ciel tout le jour précédent , & que le tems devient alors très ſerein (2).

§. MMLXXIII. Les variations du mercure dans le barometre , ſont toujours plus grandes en hiver qu'en été : c'eſt ce qu'on remarque non-ſeulement
en Hollande , mais encore à Petersbourg , en Suiſſe , ſi on s'en rapporte au
témoignage de *Scheuchzer* & *Lambert* (3). On remarque encore la même
choſe ſur le promontoire de Bonne Eſpérance : ces variations ſont encore
plus grandes dans les Pays froids que dans ceux qui ſont chauds.

1°. Parcequ'un air froid eſt toujours plus denſe qu'un air chaud , & conſéquemment il eſt plus propre à ſoutenir une plus grande quantité de vapeurs
qui le rendent plus peſant en le ſurchargeant , & il devient plus léger lorſqu'il
en eſt déchargé. On obſerve auſſi que les mois d'hiver ſont plus pluvieux ,
& que le mercure s'éleve moins dans le barometre pendant ce tems.

2°. Sur la fin de l'automne , en hiver , & même au commencement du
printems , on éprouve la fureur des vents les plus impétueux , tandis que
pendant l'été l'air eſt plus tranquille : or les plus grands changemens qui ſur-
viennent à l'atmoſphere dépendent des vents , l'élaſticité de l'air en eſt
augmentée ou diminuée , des maſſes d'air entieres ſont chaſſées de leur
place ; l'atmoſphere , devenant plus légere en ces endroits , comprime moins
le mercure. Les vents peuvent auſſi accumuler des maſſes d'air ; ils condenſent l'atmoſphere lorſqu'ils ſoufflent ſelon des directions contraires : l'atmoſphere devenant alors plus peſante , comprime davantage le mercure , & il

---

(1) Gobertus de Barometris. Jacob. Bianhy. Obſervat. Phyſiq. ſur les Barom. Philoſ.
Tranſ. n. 492.
(2) Comm. Petrop. Vol. II. pag. 244.
(3) Comm. Petrop. Vol. II. pag. 242.

arrive encore la même chofe lorfque le reffort de l'air augmente. Comme dans les endroits qui font proches des pôles, l'air eft très froid & très denfe; les deux caufes dont nous venons de parler, ont fur-tout lieu dans ces endroits, & font que les variations qui furviennent à la colonne de mercure, & qui dépendent de la preffion de l'atmofphere, font bien plus fréquentes dans les Pays froids que dans les Pays chauds. On obferve à Leyde que les variations du mercure font très petites dans le mois de Juin & de Juillet; mais auffi il arrive rarement qu'aucun vent fougueux fe faffe fentir en ce tems.

§. MMLXXIV. Il faut auffi obferver qu'un barometre fait en partie l'office d'un thermometre; parceque le mercure fe dilate par la chaleur, & fe condenfe lorfqu'il fait froid : par conféquent fi l'atmofphere fe trouve auffi pefante en hiver qu'en été, le mercure ne fera point à la même hauteur dans le tube pendant ces deux faifons; mais il fera plus bas en hiver, & plus haut en été. Si, pendant l'hiver, lorfque l'eau commence à fe glacer, la colonne de mercure a 29 pouces d'élévation dans le barometre; l'été, lorfqu'il y aura 90 degrés de chaleur dans l'atmofphere, fi fa preffion eft la même, la colonne de mercure aura alors 29 pouces $4\frac{1}{10}$ lignes d'élévation. D'où il fuit que quiconque veut connoître exactement le poids & la preffion de l'atmofphere, ne doit point s'en rapporter feulement à la hauteur du mercure dans le barometre, à moins qu'il ne faffe en même-tems attention à la température de l'atmofphere, ainfi que *Amontons* le remarqua très bien autrefois, en fuppofant que le mercure, en France, augmente d'$\frac{1}{155}$ de fon volume, en paffant du plus grand froid à la plus grande chaleur que l'atmofphere y éprouve (1). C'eft pour cette raifon qu'il faut toujours confulter le thermometre conjointement avec le barometre; mais outre cela la différente pureté du mercure qu'on emploie pour conftruire cet inftrument, la différente dureté du verre dont on fait ufage, qui le rend propre à fe raréfier plus ou moins, par le même degré de chaleur, la différente force répulfive de ce verre, les afpérités plus ou moins grandes de fa furface intérieure, & quantité d'autres circonftances, font que nous ne pourrons jamais atteindre au degré de perfection qu'on defire dans ces fortes d'obfervations, ainfi que nous le démontrerons par la fuite.

§. MMLXXV. Lorfque le tube du barometre eft ample, & que le mercure commence à defcendre, la furface fupérieure de ce fluide ceffe d'être ronde; elle devient plane, tandis que le mercure qui touche les parois du tube eft encore en mouvement : d'où il fuit que les parties du mercure qui forment fon axe, & celles qui les environnent, defcendent les premieres, celles qui font autour de l'axe, tombent dans un plus grand efpace; enfin lorfque la furface fupérieure de la colonne s'eft applanie, le mercure qui touche les parois du tube, defcend à fon tour.

Lorfque le mercure s'éleve, l'axe de la colonne commence à monter, enfuite les parties qui environnent cet axe jufqu'à ce que la partie fupérieure de la colonne foit devenue très convexe; enfin toute la colonne monte, à moins que les parties qui environnent l'axe, étant trop hautes, ne tombent

(1) Hift. de l'Acad. Roy. ann. 1704. Journ. des Sav. Août 1760. p. 156.

fur celles qui les avoifinent , & que de nouvelles ne viennent remplacer les autres après leur chûte. Doit-on rejetter fur l'afpérité de la furface intérieure du tube , ou fur la force répulfive du verre , ou enfin fur ces deux caufes prifes enfemble, un phénomene de cette efpece?

§. MMLXXVI. Comme un pied cubique rhenan de mercure pefe 859 ℔ 8 onces. On peut connoître aifément par la hauteur du barometre , quelle preffion l'atmofphere déploie fur la furface d'un corps d'un pied en quarré , placé fur la furface de la terre.

Comme la plus petite hauteur du barometre eft, en Hollande , de 27 pouces , le poids de l'atmofphere fera = 1933 ℔ 14 onces, & le poids d'un pied quarré de mercure fur un pouce de haut , fera = 71 ℔ 10 onces, & fur une ligne d'élévation , il fera = 5 ℔ 15 ½ onces : on peut donc aifément trouver la preffion de l'atmofphere pour toute hauteur quelconque du mercure dans le barometre ; & c'eft ce que je vais indiquer dans la Table fuivante.

		poids ℔	onces
27 pouces.	0 lign.	1933	14
	1	1939	13 ½
	2	1945	13
	3	1951	12 ½
	4	1957	12
	5	1963	11 ½
	6	1969	11
	7	1975	10 ½
	8	1981	10
	9	1987	9 ½
	10	1993	9
	11	1999	8 ½
28 pouces	0	2005	8
	1	2011	7 ½
	2	2017	7
	3	2023	6 ½
	4	2029	6
	5	2035	5 ½
	6	2041	5
	7	2047	4 ½
	8	2053	4

				onces	
28 pouces. 9 lign.	.	℔ 2059	onces	3 $\frac{1}{2}$
10	.	2065	.	3
11	.	2071	.	2 $\frac{1}{2}$
29 pouces. 0	.	2077	.	2
1	.	2083	.	1 $\frac{1}{2}$
2	.	2089	.	1
3	.	2095	.	0 $\frac{1}{2}$
4	.	2101	.	0
5	.	2106	.	15 $\frac{1}{2}$
6	.	2112	.	15
7	.	2118	.	14
8	.	2124	.	14
9	.	2130	.	13 $\frac{1}{2}$
10	.	2136	.	13
11	.	2142	.	12 $\frac{1}{2}$
30 pouces. 0	.	2148	.	0 $\frac{1}{2}$

Cette Table suffit pour la Hollande, où on ne voit point la colonne de mercure s'élever plus haut dans le barometre.

§. MMLXXVII. Comme les variations du mercure dans le barometre font comprifes dans des bornes fort étroites ; puifqu'elles ne s'étendent point au-delà de trois pouces , les Phyficiens ont imaginé plufieurs moyens pour leur donner plus d'étendue , dans l'efpérance de faifir aifément les plus petites variations de l'atmofphere. Je ne parlerai ici, & en peu de mots, que des premieres inventions.

§. MMLXXVIII. Soit le tube ordinaire de *Toricelli* G B A [*Tab.* 53. *fig.* 11.] plongé perpendiculairement dans une cuvette remplie de mercure jufqu'en G E : les variations de l'atmofphere font parcourir à la colonne de mercure comprife dans ce tube, l'efpace A B, qui eft de 3 pouces. Soit un fecond tube E D C F courbé & incliné obliquement felon D F ; foient menées les droites A C & B D, parallèles à l'horifon. Cela pofé, voici comment il faut raifonner. Lorfque le mercure , dans le premier des deux tubes , fera en B, on le remarquera alors en D dans le tube incliné ; & lorfqu'il fera parvenu au point A dans le premier tube, on le remarquera en C dans le fecond tube : il parcourra donc l'efpace D C dans ce dernier tube , tandis qu'il ne parcourra que l'efpace B A dans le premier, & l'efpace qu'il mefurera dans le tube incliné, fera d'autant plus grand que celui qu'il mefurera dans le tube droit, que le premier fera plus incliné à l'horifon ; ce qui rendra les variations du barometre d'autant plus fenfibles à proportion : car ces variations feront à celles qu'on observera dans le tube droit, comme DC : BA. On doit l'invention de cet inftrument à *N. Morland* : cette invention jouit de tout l'avantage qu'on en peut tirer lorfque l'obliquité DC n'eft pas trop grande, & qu'elle ne furpaffe pas plus de 2 ou 3 fois la longueur BA ; car fi elle devient plus grande, l'inftrument devient défectueux ; parceque le mercure attiré par le tube, ne peut point defcendre en vertu de fa gravité refpective, qui devient trop petite fur un plan trop incliné : il demeure donc alors comme immobile fur les parois inclinés de ce tube, & il ne defcend point, à moins qu'il n'arrive de très grandes variations dans le poids de l'atmofphere : on s'apperçoit donc encore plutôt des variations de l'atmofphere dans le tube droit que dans un tube qui feroit trop incliné. Il faut remarquer outre cela, que la furface du mercure qui s'éleve dans un tube incliné, n'acquiert jamais une furface parallele à l'horifon f g [*Tab.* 53. *fig.* 12.] ; mais que fa furface eft convexe k h g, femblable à la voûte du tube Z : c'eft pour cela qu'il faut placer au-dehors l'échelle des divifions ; qu'il faut la faire oblique en conduifant des lignes de g en k, & qui foient paralleles. La convexité de cette furface dépend des forces attractives qui agiffent contre la colonne de mercure, & qui partent des parois du tube de f en k, & de m en g.

§. MMLXXIX. *Hook* imagina en 1665 le barometre à cadran, ou *Wheel barometer* ; il eft compofé d'une boule A B [*Tab.* 53. *Fig.* 13.] foufflée à l'extrêmité du tube Q D R G F, recourbé vers fa partie inférieure R G F, & ouvert en F : cet inftrument doit être rempli de mercure depuis A B jufqu'en G, de façon qu'il y ait 29 pouces de mercure dans cet efpace. Cela pofé, fi le poids de l'atmofphere vient à augmenter au point de faire monter le mercure de 29 pouces à 30, il defcendra auffi dans ce dernier inftrument d'un pouce ; c'eft-à-dire, de G en R : & lorfque le mercure, dans le barometre ordinaire, defcendra à 27 pouces, il montera alors dans le barometre de *Hook* de G en F. Or, pour que ces variations puiffent avoir lieu dans un barometre de cette efpece, il faut que la boule A B foit très grande, par rapport au diametre du tube : on place dans la cavité du tube F G un cylindre, ou un petit globe de fer ou de verre qui furnage fur le mercure ; ce globe eft attaché à un fil qui paffe par deffus une poulie S, & à l'autre extrêmité duquel on attache un contre poids H plus léger, pour bander feulement le fil & faire mouvoir la poulie : l'axe de la poulie porte une longue aiguille L K, qui décrit le cercle P O N, divifé en plufieurs degrés ; lorfque le mercure defcend dans le tube, le globe qui furnage defcend avec lui ; il tire la corde & le contre-poids : la poulie tourne, & l'aiguille parcourt plus ou moins de degrés ; fi au contraire le mercure s'éleve dans le tube R G F, le globe s'éleve avec lui, la poulie tourne en fens contraire, ainfi que l'aiguille.

Cette efpece de barometre indique affez bien les variations de la colonne de mercure ; mais il ne fait pas obferver les petites variations auffi promptement que le barometre ordinaire : outre cela, on ne remplit que difficilement ce barometre, & il eft bien difficile de purger exactement d'air le globe A B, à moins qu'on ne faffe un petit trou au globe, par lequel on le rempliffe, & qui donne en même-tems iffue à l'air, & qu'on referme enfuite.

par le moyen d'une petite plaque de métal qu'on maftique fur cet orifice : outre cela , lorfque le fil qui enveloppe la circonférence de la poulie fe feche, il s'allonge ; le contre-poids H defcend & fait tourner l'aiguille : au contraire, lorfque ce fil s'imbibe d'humidité , il fe raccourcit , le globe qui eft dans le cylindre , defcend , & l'aiguille tourne encore, quoique le poids de l'atmof-phere demeure le même dans l'un & dans l'autre cas : ajoûtez encore à cela que l'élévation de la chûte du globe fe fait par fauts ; joignez-y encore le frottement de l'axe de la poulie. C'eft ce qui fait que cet inftrument eft plû-tôt un ornement pour un Cabinet , qu'un moyen de juger comme il faut de la pefanteur de l'air ; auffi l'abandonne-t-on auffi-tôt qu'on le connoît (1).

§. MMLXXX. *Huygens* imagina en 1672 deux efpeces de barometres , que le célebre *Hubin* conftruifit en France, & dont il donna la defcription en 1673. Voici le principal de ces deux inftrumens.

Au tube O V [*Tab.* 54. *fig.* 1.] , de 25 pouces ½ de longueur, & recourbé en V D , on adapte des deux côtés un cylindre de verre H O , C D, dont le diametre furpaffe dix fois celui du tube ; fur la partie fupérieure du cylindre D L S C eft monté un fecond tube perpendiculaire C N : cette machine , étant ainfi conftruite, fi on conçoit que le cylindre fupérieur foit rempli de mer-cure jufqu'en K K , ainfi que le tube courbé & la moitié du cylindre inférieur jufqu'en D L L ; il eft conftant que le mercure compris dans le cylindre H O, ne pourra defcendre d'un pouce de K en R , que celui qui eft compris dans le cylindre D L , ne monte à proportion de L en S , & que toute la colonne de mercure , comprife dans le tube R O M , ne devienne plus courte de deux pouces , & conféquemment réduite à la longueur de R I , tandis qu'elle étoit auparavant d'une longueur = R V. Par la conftruction de cet inftrument, fi la variation du barometre ordinaire va à trois pouces , elle fera une fois moindre dans le barometre d'*Huygens* ; mais auffi la partie fupérieure du cylindre L C , ainfi qu'une partie du tube C N , eft remplie jufqu'en G d'eau colorée, avec du verd-de-gris, afin qu'on la puiffe diftinguer aifément, & mêlée avec un peu d'efprit de nitre pour la garantir de la gelée, enfin cou-verte de quelques gouttes d'huile d'amandes pour empêcher fon évapora-tion ; par conféquent lorfque le mercure defcend dans le cylindre H O , ce-lui qui eft compris dans le cylindre D C s'éleve à proportion, & éleve avec lui l'eau qui eft au-deffus : & fi cette eau étoit dépourvue de pefanteur, le mercure , montant d'un pouce en L C , cette eau s'éleveroit de 100 pouces dans le tube ; puifque les capacités font comme les quarrés des diametres : mais comme la gravité de l'eau = $\frac{1}{14}$ de celle du mercure, 14 pouces d'eau feront en équilibre avec un pouce de mercure : c'eft pourquoi on remarquera une variation de 21 pouces, au moins dans la hauteur de la colonne d'eau, qui répondra à la variation de 1 ½ pouce de mercure, renfermé dans l'un & dans l'autre cylindre, & cet inftrument fera 7 fois plus mobile que le baro-metre ordinaire ; avantage que l'Auteur décrit avec complaifance (2).

On peut fubftituer de l'efprit de vin très rectifié & coloré à la place de l'eau, néanmoins cet inftrument n'a point eu de vogue, par rapport aux incommo-dités auxquelles il eft expofé.

(1) Philof. Tranf. n, 185, p. 241. (2) Journ. des Sav. ann. 1672. p. 137.

1°. Si on verse de l'huile sur la surface supérieure de la liqueur comprise dans le tube C N , cette huile s'attache à la surface du tube ; elle graisse cette surface & elle lui fait perdre sa transparence. 2°. Si on ne met point d'huile sur la liqueur , soit que ce soit de l'eau mêlée avec de l'esprit de nitre , soit que ce soit de l'esprit de vin , cette liqueur s'évapore par l'orifice supérieur du tube C N ; & on remarque , dans l'espace d'un an , un déchet très sensible dans cette liqueur. 3°. La chaleur dilate considérablement la liqueur dans le tube L C N , & le froid l'y condense ; de sorte que la même quantité de liqueur peut occuper plus ou moins d'espace dans ce tube , & être en équilibre avec un même poids de mercure : car on peut considérer cette machine ; prise en L L C S N , comme un véritable thermometre , sur tout si cette capacité est remplie d'esprit de vin ; par conséquent on ne pourra connoître exactement la pesanteur de l'air , qu'en mettant à côté un thermometre semblable de comparaison , ou qu'en faisant usage de quelque Table qui indique les variations qui peuvent survenir à cet instrument par le moyen de la chaleur.

§. MMLXXXI. Comme les limites du barometre d'*Huygens* n'étoient point fort étendues, *Hook*, en 1686 (1), & après lui *de la Hire* (2), imaginerent de les étendre davantage, en ajoûtant un troisieme cylindre, de même diametre que les deux autres , afin qu'autant qu'il descend de mercure dans le cylindre inférieur H Z [*Tab.* 54. *fig.* 2.], autant il s'éleve de fluide dans le cylindre D N. On remplit la partie B C du cylindre inférieur, ainsi que la moitié du tube C G, d'huile de tartre par défaillance , & l'autre partie du tube G D, d'huile de pétrole, qui est très légere; le cylindre supérieur X O est rempli à moitié, jusqu'en A, de mercure, ainsi que le tube O S Z, & la partie inférieure du cylindre C Z jusqu'en B, de même que dans le barometre d'*Huygens*. Lorsque le mercure compris dans le cylindre supérieur, descend d'un demi-pouce de A en L, il s'éleve dans le cylindre inférieur de B en H, & l'huile de pétrole s'éleve pareillement dans le troisieme cylindre de K en N, de façon que la hauteur N H = B K. Cela posé, supposons que le diametre du tube C D = 1, & que le diametre de chaque cylindre = 9, leurs capacités seront entr'elles : : 1 : 81. Supposons donc que le tube C D ait plus de 80 pouces de longueur lorsque le mercure montera d'un demi-pouce de B en H, l'huile de pétrole s'élevera de G en D à la hauteur de 40 pouces ; & lorsque le mercure descendra dans le cylindre inférieur d'un demi-pouce de B en R, l'huile de pétrole descendra de G en I : & conséquemment le mouvement de la liqueur dans ce barometre, sera de 80 pouces, tandis que le mercure compris dans le premier cylindre & dans celui du milieu, ne fera qu'un pouce de chemin : ce qui arrivera lorsque la colonne de mercure d'un barometre ordinaire variera de deux pouces. Cette invention est extrêmement belle, lorsqu'on fait usage de trois fluides dont les gravités spécifiques soient très différentes, qui ne s'attachent point aux parois intérieures du tube, dans lequel ils se meuvent, qui ne se mêlent point ensemble pendant leur mouvement dans le tube D I , & qui ne s'évaporent point par l'orifice supérieur Q. Mais le pétrole du mont Zibin , qui est très propre à cet effet, eu égard à sa légéreté, est si volatil, qu'il se dissipe

(1) Transf. Phil. n. 185. p. 242. (2) Hist. de l'Acad. Roy. ann. 1708.

entierement en 2 ou 3 ans. *Hook* faifoit autrefois ufage de mercure, d'efprit de vin & d'huile de térébenthine ; mais ce dernier liquide s'épaiffit en peu de tems , & s'attache trop à la furface du verre qu'il obfcurcit.

§. MMLXXXII. *Amontons* (1) publia en 1695 le baromerre fuivant : A B [*Tab.* 54. *fig.* 3.] eft un tube conique , dont le plus grand diametre B n'excede pas une ligne , & conftruit de maniere qu'une quantité de mercure propre à remplir la partie la plus étroite A C, de 30 pouces de longueur , puiffe auffi remplir la partie inférieure D B de $27\frac{1}{2}$ pouces. Si toute la longueur du tube $= 45$ pouces lorfque le mercure s'élevera à fa plus grande hauteur $= 30$ pouces dans le barometre ordinaire, le mercure compris dans le barometre d'*Amontons* remplira la partie C A ; & cette colonne C A de mercure de 30 pouces de longueur , fera en équilibre avec une colonne de 30 pouces dans le barometre ordinaire : mais fi la colonne de mercure d'un barometre ordinaire defcend à la hauteur de $27\frac{1}{2}$ pouces , le mercure du barometre d'*Amontons* remplira la partie D B , longue de $27\frac{1}{2}$ pouces ; parceque cette colonne eft en équilibre avec une femblable colonne de $27\frac{1}{2}$ pouces , comprife dans un barometre ordinaire. Par conféquent l'efpace compris entre la partie fupérieure ou la voûte du tube A , & la partie fupérieure D du mercure eft de $17\frac{1}{2}$ pouces : & c'eft cet efpace que le mercure parcourt dans les variations auxquelles il eft expofé.

Le mouvement du mercure, dans ce barometre, eft donc près de fix fois plus fenfible que dans un barometre ordinaire: quelques-uns ont donné à ce barometre le nom de *barometre de mer* ; parceque les Marins peuvent le conferver aifément renverfé, & qu'il ne peut recevoir aucun dommage des mouvemens du vaiffeau , & que lorfqu'on en veut faire ufage, il ne s'agit que de le mettre un moment dans la fituation A B. Il faut cependant avoir une attention finguliere à ce qu'il ne s'échappe aucune goutte de mercure par l'orifice B ; parcequ'alors la colonne de mercure, devenant plus légere, n'eft plus en état d'équilibrer la preffion de l'atmofphere, fi ce n'eft lorfque cette colonne doit fe porter au haut du tube. En fecond lieu , il faut obferver que le frottement que le mercure eft obligé d'éprouver dans fon mouvement lorfqu'il parcourt la longueur du tube, le rend moins mobile : ce frottement fait auffi que lorfqu'on occafionne des vibrations à la colonne de mercure , il arrive rarement que cette colonne fe fixe à la même hauteur : lorfque ces vibrations font finies, on remarque qu'elle eft tantôt plus haute, tantôt plus baffe En troifieme lieu , l'air ayant accès par l'ouverture B, dépofe fur la furface intérieure de ce tube & les humeurs & les fels dont il eft chargé : cette furface en devient inégale, raboteufe, & elle diminue une partie de la facilité avec laquelle la colonne de mercure defcend ; elle fait que les parties de cette colonne fe divifent & fe féparent les unes des autres, de forte qu'on ne peut plus bien juger de la véritable hauteur du mercure.

§. MMLXXXIII. Le célebre *Dominique Caffini* , & après lui *Jo. Bernouilli*, imaginerent d'employer un tube plus large A B [*Tab.* 54. *fig.* 4.], un peu courbé à fa partie inférieure B H , à l'extrêmité de laquelle ils adapterent un tube plus mince , horifontal, & ouvert en H C, courbé par en-

(1) Amontons , Remarq. & Exper. phyfiq.

haut à fon extrêmité C ; la capacité de ce dernier tube doit être telle , qu'elle puiffe être remplie entierement par une quantité de mercure qui occuperoit dans le tube A B la longueur de $2\frac{1}{6}$ pouces ; mais fi le tube A B n'eft pas auffi large qu'on le rapporte ici , on ajoûte à fa partie fupérieure le cylindre de verre A L , qui ait , avec le tube H C , la proportion que nous venons d'indiquer.

Cela pofé, fi la colonne de mercure eft autant haute qu'elle puiffe être, comme en D , & qu'elle foit en H dans le petit tube, cette colonne H D fera de 30 pouc. de longueur. Suppofons maintenant que cette colonne defcende de D en G = $1\frac{5}{12}$ pouce , le mercure refluera dans le petit tube horifontal , & parviendra de H en E , & la colonne G H fera = $28\frac{7}{12}$ pouces ; que le mercure defcende encore de G en L , la longueur de cette colonne fera = $27\frac{1}{6}$ pouces , & la quantité de mercure écoulée de D en L , remplira tout le tube H C : on peut donner à ce dernier tube la longueur qu'on juge à propos , & par ce moyen on fe procure un barometre très mobile , pourvu que le cylindre A L , = $2\frac{5}{6}$ pouces , égale la capacité du tube H C. Le frottement du mercure contre le tube C H , & l'attraction qu'ils exercent l'un contre l'autre , rendent cet inftrument beaucoup moins mobile qu'il ne le paroît au premier abord ; les variations néanmoins de cet inftrument, font beaucoup plus grandes que celles qu'on remarque dans le barometre ordinaire ; mais elles fe font par faut. Les moindres variations font fenfibles dans le barometre ordinaire ; mais dans celui ci, elles ne le font point fur-le-champ, les globules de mercure fe divifent fouvent , & fe féparent les uns des autres : la partie intérieure du tube eft expofée aux injures de l'air, & il y porte fouvent des corps étrangers & des ordures dont il eft chargé ; parceque l'orifice C doit être ouvert , & laiffer un libre paffage à l'air.

§. MMLXXXIV. Comme le tube du barometre ordinaire doit avoir plus de 30 pouces de longueur, *Fahrenheit* tenta en 1725 de le raccourcir de la maniere fuivante.

A P [*Tab.* 54. *fig.* 5.] eft une boule de verre foufflée à l'extrêmité du tube P M B Q , à l'extrêmité Q duquel eft foudée une feconde boule Q V , d'où part un fecond tube V O D E F , à l'extrêmité duquel eft auffi foufflée une troifieme boule G R , à laquelle on adapte un troifieme tube R N H S , qui fe termine comme les autres par une boule S T , d'où part le quatrieme tube T L ; de forte que cet appareil reffemble à un double barometre d'*Huygens*. La partie A P M B Q C , ainfi que la partie G N H S K de cet inftrument, eft remplie de mercure ; de forte que les deux colonnes de mercure A M & G N , toutes deux prifes enfemble , égalent en longueur la colonne de mercure d'un barometre ordinaire ; & conféquemment que tout cet appareil eft prefque fous-double en longueur d'un barometre ordinaire : or les deux petites colonnes de mercure dont nous venons de parler , font équilibre au poids de l'atmofphere. Mais pour que ces deux colonnes fe réuniffent , on remplit la partie C V O D E F G de leffive , & la partie K T L d'efprit de nitre teint fur du verd de gris. Cela pofé , de même que les variations du barometre d'*Huygens* s'étendent dans un efpace de 21 pouces ; pareillement celles du barometre de *Fahrenheit* ont les mêmes dimenfions de K en L ; car le poids du fluide qui occupe la partie D O , eft en équilibre avec celle qui occupe l'efpace F G; mais la partie O V C preſſe le mercure, qui remplit le tube M A, & détruit une partie de ſon action : c'eſt pour cela que la colonne de mercure A M + G N — O C de leſſive eſt en équilibre avec le poids de l'atmoſphere; mais ce poids venant à augmenter, l'eſprit de nitre cede à ſon effort, & deſcend dans le tube L T juſqu'en K : le mercure K S deſcend auſſi, & ſe porte en R G; il deſcend auſſi un peu en C Q pour ſe porter en P A : & lorſque le poids de l'atmoſphere diminue, le mercure deſcend de A P, & s'éleve en C Q; il deſcend auſſi en G R, & il s'éleve en S K : & conſéquemment l'eſprit de nitre monte dans le tube T L. Telle eſt la deſcription de cet inſtrument, qui eſt expoſé aux mêmes inconvéniens que le barometre d'*Huygens*, & même à un plus grand nombre; parceque le fluide G F E D O V C ſe dilate par la chaleur, & ſe condenſe par le froid : & encore parcequ'il ſéjourne dans la partie E du tube une portion d'air qu'on ne peut évacuer.

§.MMLXXXV. D'autres Phyſiciens ont imaginé & décrit pluſieurs autres barometres, moins célebres que ceux que nous venons de décrire (1), qui ne me paroiſſent pas mériter de trouver place ici, & dont la deſcription nous feroit paſſer les bornes que nous nous ſommes preſcrites.

Il ſuit manifeſtement de ce que nous venons de dire, que le barometre ſimple eſt encore le meilleur que nous connoiſſions, & le plus propre à faire des obſervations exactes, en ſuppoſant qu'il ſoit conſtruit avec tout le ſoin qu'il exige. Pour conſtruire donc un bon barometre ſimple, il faut prendre d'excellent mercure bien purgé d'air & d'humidité ; ce à quoi on parvient en le faiſant bouillir dans une fiole de Chymie à long col, ayant ſoin de le remuer & de l'agiter lorſqu'il bout; il faut avoir ſoin outre cela qu'il ne reſte aucune molécule d'air entre la ſurface du mercure & la voûte du tube. J'ai indiqué, dans mes Diſſertations phyſiques, comment il falloit s'y prendre pour y parvenir. Néanmoins il faut encore obſerver qu'il eſt indiſpenſablement néceſſaire que la ſurface intérieure du tube ſoit extrêmement propre; qu'il n'y ait aucune ordure ni aucune molécule d'air qui y ſoit adhérente : il eſt très bon de laver pendant long-tems l'intérieur de ce tube avec de l'eſprit de vin, ou du vin, & de la potée très ſubtile; par ce moyen on emportera toutes les aſpérités qui pourroient ſe trouver à la ſurface intérieure : enfin il faudra le frotter pendant long-tems avec de la mine de plomb pulvériſée; ce qui fera que la force attractive du verre contre le mercure ſera conſidérablement diminuée. Les choſes étant ainſi diſpoſées, on remplira ce tube avec le mercure dont nous venons de parler; & pour cet effet, on empruntera le ſecours d'un petit entonnoir de verre, dont la queue ſe terminera en tube capillaire : cette queue doit être aſſez longue pour atteindre juſqu'à la voûte du tube; il faudra choiſir un tems ſerein & très ſec pour conſtruire cet inſtrument, & faire bien chauffer le tube, ainſi que le mercure : il faut auſſi faire attention à ce que l'entonnoir du tube capillaire ſoit toujours plein, & élever inſenſiblement cet entonnoir, de ſorte que ſa queue ſoit toujours plongée d'environ 3 pouces au deſſous de la ſurface du mercure qui aura pénétré dans le tube; car ſans cette attention, on courroit riſque de caſſer l'entonnoir en

---

(1) Deſaguilliers Courſe of Experim. Philoſ. Vol. 2. L. 10. Martin Phil. Britann. Vol. 2. p. 14 & 15.

le retirant. En fuivant exactement cette méthode, on parviendra à conftruire
un barometre plus mobile & plus exact que ces fortes de barometres ordinaires n'ont coutume de l'être ; & on ne remarquera aucun globule d'air dif-
féminé dans la longueur de la colonne.

§. MMLXXXVI. Si on veut fe contenter d'une moindre exactitude, il ne
s'agit que de verfer le mercure dans le tube avec un entonnoir quelconque,
qui fe termine en tube capillaire ; par ce moyen on empêchera plufieurs
bulles d'air de fe difféminer dans la colonne de mercure ; on laiffera enfuite
environ un pouce de vuide vers l'orifice du tube, on le renverfera, pour
faire tomber le mercure ; la bulle d'air traverfera la colonne de mercure &
s'élevera jufqu'au haut du tube, & elles raffemblera toutes les autres bulles
difféminées dans la longueur de la colonne : en répétant cette manœuvre
une feconde fois, on parviendra à purger affez bien d'air la colonne de mercure, & le tube fera bientôt rempli & affez exactement pour plufieurs obfervations. Il paroît, par cette expérience, qu'une bulle d'air en entraîne une
autre avec elle, & conféquemment que l'air n'eft pas totalement dépourvu
de forces attractives.

§. MMLXXXVII. Comme on ne peut pas toujours juger exactement à
l'œil de la véritable hauteur du mercure dans le barometre, il y a plufieurs
Phyficiens qui font ufage d'une échelle fous divifée ; cette échelle eft tracée
fur une lame mobile, & tellement graduée qu'on peut, par fon moyen,
mefurer la centieme partie d'un pouce. Il faut voir fur cela la figure qui fe
rapporte à la pag. 17 du fecond volume de la Philof. Britannique de
Martin.

§. MMLXXXVIII. Quoique les barometres fimples foient conftruits avec
toute l'exactitude poffible, il ne s'enfuit pas pour cela que la colonne de
mercure fe trouve à la même hauteur dans les uns & dans les autres. La différence eft quelquefois d'une, quelquefois de deux lignes : c'eft un phénomene qu'on peut aifément prévoir, fi on fait attention aux phénomenes des
tubes capillaires rapportés (§. 1046). En effet, la furface du mercure ftag-
nant dans la cuvette, eft plus haute que celle d'une quantité de mercure
qui s'élève dans un tube capillaire : plus le tube eft ample & plus le mercure
s'y élève ; au contraire, il s'y élève d'autant moins, que fon diametre eft
plus petit, & ce même phénomene a lieu dans les tubes des barometres ;
par conféquent fi on prend deux tubes de verre, pur, très fecs, & de même
matiere, mais dont les diametres foient différens, qu'on les rempliffe l'un
& l'autre avec les mêmes précautions, de mercure également purifié, purgé
d'air & d'humidité, de forte qu'il ne refte aucun globule d'air, ni dans la
partie fupérieure du tube, ni dans le mercure ; la colonne de mercure fera
plus élevée dans celui qui aura un plus grand diametre que dans l'autre.

Si ces deux tubes font faits en forme de cônes tronqués, également longs,
& auffi femblables que faire fe peut, & qu'on les rempliffe exactement de
mercure, mais qu'ils foient plongés en fens contraire dans leur cuvette,
c'eft à-dire ; l'un par la bafe & l'autre par la pointe, la colonne de mercure
fe tiendra à une plus grande hauteur, dans celui qui fera plongé par la bafe,
que dans l'autre.

Si on prend deux tubes, dont l'un foit conique & l'autre cilindrique, de même diametre l'un que l'autre , jufqu'à la hauteur de 29 pouces ; mais que la bafe de celui qui eft conique foit plus grande ; le mercure fe tiendra à une plus grande hauteur dans ce tube que dans le cilindrique (1). Or tous ces phénomenes, que j'ai éprouvés par expériences, font encore confirmés par les obfervations de *Hen. Prins*, *Galeat Grifchow*, *Holmann*. M. *Caffini, de Thury* prétend cependant le contraire, & affure que la colonne de mercure fe tient à la même hauteur, dans des tubes de différens diametres, remplis de mercure de la même maniere (2). Mais le célebre *Balbus* (3) obferve que toute forte de verre ne jouit pas de la même force repulfive, & ne repouffe pas également le mercure; que l'un le repouffe davantage, tandis que l'autre le repouffe moins : d'où il arrive que le mercure peut bien fe trouver à la même hauteur dans des tubes de différens diametres; ce qui peut arriver fi la force répulfive eft plus grande dans celui dont le diametre eft plus grand. *Holmann* a auffi éprouvé, par expérience, que la différente conftitution du verre apportoit quelque changemement à l'élévation du mercure.

Outre cela, nous apprenons, par plufieurs obfervations faites en France, que le mercure fe foutient à une moindre hauteur dans des tubes qui ont été lavés avec de l'efprit de vin, ou avec de l'eau, & qu'on remplit avant de les avoir fait bien bien fécher : d'où il fuit que les tubes dont on veut faire ufage pour conftruire des barometres, doivent être bien fecs (4).

Plufieurs ont imaginé que la variété qu'on obferve dans l'élévation de la colonne de mercure dans le barometre, dépend des différentes dimenfions des pores des tubes; mais cette différence exifte-t-elle dans les verres de même matiere lorfque les tubes ne different entr'eux que par leurs diametres? Or on remarque néanmoins que la hauteur de la colonne eft différente dans ces tubes.

D'autres imaginent qu'il y a des globules d'air difféminés dans les pores du mercure, & que lorfque les parties du mercure font foutenues par les afpérités des parois intérieures du tube, ces globules d'air s'échappent de ces pores, s'élevent dans la partie fupérieure du tube, qui eft vuide d'air, & que fe développant davantage, c'eft-à-dire, occupant un plus grand efpace dans un tube plus étroit que dans un tube plus large, ils font que la colonne de mercure s'éleve moins dans le premier que dans le dernier de ces deux tubes : mais on pourroit demander à ceux qui penfent ainfi, fi cet air n'eft pas abforbé par le mercure, lorfqu'on communique à la colonne un mouvement d'ofcillation qui la porte jufqu'à la voûte du tube? On pourroit encore leur demander comment on peut démontrer qu'il y ait de l'air caché dans les pores d'une maffe de mercure qu'on a fait bouillir pendant long tems, & dont on fe fert pour remplir un tube de la maniere que nous l'avons indiqué? Si, à la vérité, on ne parvient point, par un tel procédé, à expulfer l'air du mercure, il eft conftant que la force de leur raifonnement ne fera point détruite.

(1) Acta Berolin. Tom. 6. p. 104. Comment. Gotting. Vol. 1. pag. 227.
(2) Hift. de l'Acad. Roy. ann. 1740.
(3) Comment. Bonon. Vol. 2. pag. 308.
(4) Hift. de l'Acad. Roy. ann. 1705 & 1706.

§. MMLXXXIX. Nous avons démontré ci-deſſus que l'air étoit peſant, &
qu'il produiſoit pluſieurs effets en vertu de ſa peſanteur, comme de ſoutenir la colonne de mercure ſuſpendue dans le barometre à 29 pouces d'élévation ; pareillement ſi on conçoit un piſton C [*Tab.* 54. *fig.* 6.], qui gliſſe
exactement ſelon la longueur de la cavité du tube A B, ouvert des deux côtés, & plongé dans le mercure G H : ce piſton, étant immédiatement appliqué à la ſurface du mercure, & élevé enſuite juſqu'en C, repouſſera ſeulement de bas en-haut l'air qui eſt en poſſeſſion de la capacité de ce tube. Le
mercure compris dans le vaſe I K, L M, ſoumis à la preſſion de l'atmoſphere, ſe portera néceſſairement dans la partie B C du tube, qui ſera vuide
alors, & demeurera appliqué au piſton : ſi on éleve encore le piſton juſqu'en
D, ſavoir, juſqu'à la hauteur de 29 pouces, hauteur à laquelle le mercure
s'éleve dans le barometre, le mercure ſuivra encore le piſton, & s'élevera
juſqu'en D ; mais ſi on continue à élever le piſton, le mercure demeurera à
la même hauteur B D, & quoiqu'on faſſe jouer le piſton dans une partie plus
élevée du tube, le mercure demeurera toujours en repos ; parceque le piſton
ne fera toujours que repouſſer la colonne d'air qui eſt au-deſſus. Mais ſi à la
place de mercure on emploie de l'eau pour répéter cette expérience, on
aura alors une pompe connue ſous le nom de *pompe aſpirante*. Si, dans une
pompe de cette eſpece, on fait monter le piſton de bas en haut, ſelon toute
la longueur du tube, l'eau compriſe dans le vaſe, cédant à la preſſion de
l'air qui s'appuie ſur ſa ſurface, ſuivra le piſton ; & ſi la colonne de mercure
eſt à 30 pouces d'élévation dans le barometre, l'eau s'élevera juſqu'à 34
pieds dans la pompe, mais jamais au-deſſus de cette hauteur, quoiqu'on
continue à faire jouer le piſton ; parceque le poids de l'eau élevée, & celui
de l'atmoſphere, ſont alors en équilibre entr'eux. Or comme en Hollande
la colonne de mercure n'a quelquefois que 27 pouces d'élévation, l'eau ne
peut alors s'élever dans une pompe aſpirante qu'à la hauteur de 30,642 pieds.
Et pour qu'une pompe de cette eſpece puiſſe fournir pendant tout le cours
de l'année, il ne faut lui donner, en Hollande, que 30,642 pieds de hauteur ; il ne faut donc pas croire que l'eau s'éleve dans une pompe par rapport à la ſuccion ; mais parcequ'elle y eſt pouſſée par la preſſion de l'air, qui
la force à s'élever dans le canal qui eſt vuide d'air & fermé par en haut, &
parcequ'elle y eſt ſoutenue : c'eſt pour cette raiſon que ſi lorſque le bec de la
pompe eſt plongé dans l'eau, on renferme le tout ſous le récipient d'une
machine pneumatique, dans lequel on faſſe le vuide, quoiqu'on faſſe jouer
le piſton, on ne parviendra point à faire monter une goutte d'eau : ce ſera
encore la même choſe ſi on plonge le bec d'une pompe aſpirante dans un
vaſe parfaitement rempli d'eau, & fermé exactement, quoiqu'on faſſe jouer
le piſton ; parcequ'alors il n'y a aucune cauſe qui oblige l'eau du vaſe à ſe
porter dans l'intérieur de la pompe, & à ſuivre le piſton.

§. MMXC. La ſuccion que nous faiſons avec la bouche pour téter, ne
differe preſque point de l'action d'une pompe aſpirante : lorſque nous ſu-
çons, nous attirons dans notre poumon l'air compris dans notre bouche ;
nous bouchons les narrines poſtérieures avec le voile du palais qui s'y applique, nous ſaiſiſſons circulairement le mammelon avec les levres, que nous
contractons en forme de bourlet, nous gonflons nos joues, en un mot, nous

faisons le vûide dans notre bouche: l'air extérieur déploie alors sa pression contre les mamelles , & pousse le lait vers l'endroit où la résistance est moindre, c'est-à-dire, vers le mamelon , d'où il passe dans la bouche de celui qui tete. C'est par le même méchanisme que nous respirons la fumée d'une pipe de tabac allumée , comme on peut très bien le remarquer en adaptant le tuyau de la pipe au col d'une bouteille où il y a de l'eau , dans laquelle plonge ce tuyau : si on adapte un autre tube à cette bouteille , & qu'on saisisse avec la bouche ce second tube pour inspirer, on remarquera que l'air se fera jour à travers le tabac allumé, qu'il en emportera avec lui la fumée ; que ces deux fluides traverseront la masse d'eau pour se porter dans la bouche de celui qui fume. On conçoit encore , par cet exposé, l'effet des ventouses B A [*Tab.* 54. *fig.* 7. 8.], d'où on retire l'air avec une pompe C, ou de toute autre maniere , après les avoir appliquées sur la peau ; car ces ventouses sont alors appliquées contre la peau par le poids de l'atmosphere. Les humeurs stagnantes, ou qui obstruent les vaisseaux qui leur répondent , forment une tumeur , & se portent plus aisément dans leur cavité qui est vuide d'air , & où elles ne sont exposées à aucune pression. Il faut , à la vérité, scarifier quelquefois ces tumeurs ; ce à quoi on parvient par le moyen d'un instrument muni de quelques lancettes qui se meuvent dans des rainures G E : ces lancettes sont saillantes; mais on les contient par le moyen d'un couvercle qu'on met sur l'instrument : on les fixe lorsqu'elles sont ainsi renfermées, par le moyen d'un levier H , & on les lâche par le moyen d'un autre levier L ; lorsqu'elles sont ainsi lâchées, elles se meuvent rapidement dans les rainures , & elles scarifient la tumeur. L'usage des ventouses est d'une très grande utilité en médecine; puisque , par leur secours, on parvient à modérer très promptement de grandes douleurs , à enlever de fortes inflammations , telles qu'il en survient dans l'angine, dans la pleurésie, dans la cephalalgie, les coliques (1), &c. On les emploie encore utilement pour soulager & pour aider la respiration dans plusieurs occasions, mais surtout par rapport à ceux qui ont été submergés.

L'air est encore, par sa pesanteur, la cause de notre respiration : il se porte dans nos poumons lorsque le thorax se dilate : il les gonfle , il les pousse audehors , & il les applique contre les parois de la pleuvre , & contre le diaphragme , de façon qu'ils occupent alors toute la capacité de la poitrine: au contraire , lorsque le thorax se contracte, que les côtes s'abaissent, & que le diaphragme se reporte en-dedans de la poitrine; ces parties compriment les poumons , & en expulsent l'air.

§. MMCXI. Il faut aussi ranger parmi les effets qui dépendent de la pression de l'air, l'écoulement des eaux par les syphons dont les branches sont de différente longueur , qui ont une certaine capacité , & qui ne sont point

---

(1) Angine, maladie de la gorge qui rétrécit le larinx & le pharinx , & empêche de respirer & d'avaler.

Pleurésie , douleur de côté, piquante & très violente , causée par l'inflammation de la pleuvre , qui est une membrane qui tapisse la capacité de la poitrine.

Cephalalgie , douleur de tête récente, qu'on nomme migraine lorsqu'elle n'occupe que la moitié de la tête.

capillaires

capillaires. En éffet, foit le fyphon E A C D [*Tab.* 54. *fig.* 9.] rempli d'eau, mis dans une fituation droite en plein air, l'eau comprife dans ce fiphon, tend de part & d'autre à s'écouler & à s'échapper de fes deux branches, l'air qui s'appuie contre les deux colonnes d'eau qui fe préfentent aux orifices de cet inftrument, preffe ces colonnes de bas en-haut ; mais le poids de l'eau eft plus grand dans la longue branche C D que dans la plus courte A E : par conféquent le rapport entre l'action de l'air qui s'exerce de bas en-haut, & la réaction de l'eau qui tend à tomber, eft plus grand relativement à la branche la plus courte A E, que relativement à la plus longue C D ; par conféquent la colonne d'eau E A eft plus fortement pouffée de bas en-haut que la colonne C D, la colonne d'eau E A s'élevera donc : elle pouffera devant elle le liquide contenu dans l'efpace A C, ainfi que celui qui occupe l'efpace C D, & toute la liqueur coulera par l'orifice D ; & fi l'orifice E de la petite branche plonge dans l'eau du vafe B B, toute l'eau de ce vafe s'élevera dans ce fiphon pour s'écouler par l'orifice D.

§. MMXCII. Plufieurs Savans ont cru que l'écoulement de l'eau par les fiphons devoit être attribué à une autre caufe ; mais on peut démontrer aifément que celle que nous avons apportée eft la véritable : car fi on renferme le fiphon E A C D fous un récipient dont on a retiré tout l'air, l'écoulement ne pourra point alors avoir lieu.

L'eau ne coulera point non plus par le fiphon E A D [*Tab.* 54. *fig.* 10. 11.] fi on ferme l'orifice du vafe B B avec le couvercle C, qui empêche que la preffion de l'air n'ait lieu fur la furface de l'eau ; & cet écoulement recommencera de nouveau fi on ôte le couvercle. On aura encore une preuve de cette vérité fi on conftruit le fiphon E A C D de manière que fa plus petite branche E A ait plus de 30 pouces de longueur, la branche C D étant encore plus longue ; fi on remplit ce fiphon de mercure, & qu'on plonge fes deux branches dans les vafes E & D, on ne verra point le mercure s'élever par la plus petite branche, ni paffer fur la croffe A C, & couler par la longue branche C D : mais on obfervera que le mercure fe tiendra dans l'une & dans l'autre jambe à la même hauteur que dans le barometre, & que la croffe du fiphon demeurera vuide. Mais fi on conftruit ce fiphon de manière que fa jambe A E foit plus courte que la hauteur du mercure dans le barometre, on verra monter le mercure par la branche E A, paffer fur la courbure de la croffe A C, & s'écouler par l'orifice D de la longue branche C D ; ce qui prouve manifeftement que l'effet du fiphon dépend du poids & de la preffion de l'air.

§. MMXCIII. Si cependant le fiphon eft fait avec un tube qui foit capillaire, & qu'on le place dans le vuide, pourvu que fa courte jambe ne foit pas plus longue que la hauteur à laquelle l'eau s'éleve au-deffus du niveau dans un tube capillaire de cette efpece ; dès qu'on plongera cette branche dans l'eau, ce liquide s'élevera au-deffus de la croffe, & s'écoulera par la longue branche, de même que fi cette expérience fe faifoit en plein air. *Homberg* recommande de répéter dans le vuide cette expérience, en faifant ufage d'huile ou de lait ; parceque ces fluides contiennent moins d'air que l'eau, & qu'elle ne réuſſit pas toujours avec le même ſuccès lorſqu'on fait uſage de ce dernier liquide (1).

§. MMXCIV. Si la courte jambe du ſiphon E A C [*Tab.* 54 *fig.* 12.] a moins de 30 pieds de longueur, & qu'elle ſoit beaucoup plus large que la jambe C D, lorſqu'on aura rempli d'eau la jambe la plus courte, ſi on la plonge dans un vaſe B B qui contienne de l'eau, on verra monter l'eau de ce vaſe par la branche plongée, & ſe précipiter par la longue jambe : d'où il ſuit qu'il importe peu que les deux jambes du ſiphon ſoient de même capacité ou non.

§. MMXCV. Si la jambe E A C [*Tab.* 54. *fig.* 12.] a deux pouces de hauteur, & que la jambe C D en ait 14 ; lorſqu'on aura rempli d'eau le ſiphon, ſi on le plonge par ſa plus courte jambe dans le vaſe B B, rempli de mercure, on obſervera une certaine quantité d'eau qui coulera par la jambe C D, & le mercure s'élevera dans la jambe E A juſqu'à la hauteur d'un pouce ; enſuite ces deux liquides demeureront en repos, & le ſiphon ſera rempli, parceque ces deux liqueurs ſeront en équilibre entr'elles.

§. MMXCVI. Mais ſi on donne à la jambe E A C la même longueur que précédemment, c'eſt-à-dire, deux pouces, & que la jambe C D ait plus de 28 pouces de longueur ; & qu'après avoir rempli d'eau ce ſiphon, on plonge la jambe E A dans le vaſe B B, rempli de mercure, toute l'eau compriſe dans la jambe C D s'écoulera, & le mercure s'élevera dans la jambe E A C, ſurpaſſera la croſſe A C, & coulera dans la longue branche juſqu'à ce qu'il n'y ait plus de mercure dans le vaſe B B : car le poids de l'eau compriſe dans la jambe C D, eſt plus grand que celui d'une colonne de mercure de deux pouces de hauteur ; par conſéquent l'eau coulant par l'orifice D de la jambe C D, le poids de l'atmoſphere doit obliger le mercure du vaſe à monter par la jambe E A, & à couler par l'autre.

§. MMXCVII. Soit un ſiphon E A C D rempli d'eau ; ſi on plonge ſa branche E A dans un vaſe B B rempli d'eau, & ſa branche C D dans un autre vaſe vuide, on verra l'eau s'élever dans la branche E A, & couler par la branche C D juſqu'à ce qu'elle ſoit à la même hauteur dans l'un & dans l'autre vaſe ; car alors la liqueur demeurera en repos, & ceſſera de couler.

§. MMXCVIII. Il paroît, par cette expérience, que la difficulté propoſée par *Reiſelius* (2), n'eſt qu'une chimere ; il rapporte qu'un ſiphon E K F M G [*Tab.* 54. *fig.* 13.], dont les jambes ſont égales, permet à l'eau de s'écouler indifféremment par les deux branches. Comme les deux orifices E & G de ce ſiphon, qui fut inventé par *Jean Jordan*, ſont placés dans la même ligne horiſontale ; lorſqu'on plonge l'orifice E dans l'eau, elle coule auſſi tôt par l'orifice G : pareillement lorſqu'on plonge l'orifice G, la liqueur coule auſſi-tôt par l'orifice E ; mais il faut remarquer que l'écoulement de la liqueur n'a lieu dans l'une & dans l'autre circonſtance, que parceque la branche plongée dans l'eau, devient par là plus courte que l'autre, ainſi qu'on en ſera pleinement convaincu ſi on répete cette expérience avec attention.

(1) Hiſt. de l'Acad. Roy. ann. 1714.
(2) Journ. des Sav. ann. 1685. Acta Lipſienſ. ann. 1690. p. 142.

§. MMXCIX. Les fiphons nous procurent de très grands fervices; c'eft par leur moyen qu'on parvient à foutirer, fans peine & fans aucune perte, le vin d'un poinçon, pour le faire paffer dans un autre : les Braffeurs de Hollande en font un fréquent ufage pour conduire & porter de l'eau pure de réfervoirs en réfervoirs : c'eft par leur moyen que les Chymiftes parviennent à féparer aifément le phlegme d'avec les efprits qui furnagent, & cette méthode eft beaucoup plus commode & plus exacte que s'ils vouloient tirer ces efprits par inclination, pour les faire paffer d'un vafe dans un autre pour les féparer du phlegme.

§. MMC. A l'aide de la doctrine que nous venons d'établir, on peut entendre aifément & expliquer plufieurs phénomenes qui fe préfentent fouvent à nos recherches.

1°. On peut expliquer le méchanifme de cette fontaine qui eft auprès du grand chemin de Pontarlier, au bourg Touillon. Lorfque le réfervoir de cette fontaine, qui eft rond, commence à fe remplir, on entend un fon femblable à celui d'un bouillonnement ; on voit l'eau qui s'y décharge de toutes parts en bouillonnant, jufqu'à ce que ce réfervoir foit rempli jufqu'à la hauteur d'un pied : alors l'eau coule doucement, & s'écoule de même, l'affluence & l'effluence de l'eau fe font ordinairement dans l'efpace de près d'un quart-d'heure, & le repos qu'on remarque entre l'une & l'autre, dure pour l'ordinaire deux minutes (1).

2°. On conçoit auffi pourquoi une certaine fontaine dont *Pline* fait mention, fe gonfle & baiffe continuellement à toutes les heures (2).

3°. On conçoit encore le méchanifme de ces verres, dans lefquels on met un Tantale K H G [*Tab.* 55. *fig.* 1.] ; lorfque l'eau, verfée dans ces fortes de verres, s'éleve jufqu'au bord de fes levres, elle fuit, & le verre fe vuide. En effet, ce Tantale K H G fait l'office de la plus courte jambe, & en même-tems de la plus large d'un fiphon ; elle couvre & renferme la plus étroite & la plus longue S P M, qui defcend jufques vers le fond du verre, qui eft féparé en deux cavités par le moyen d'une efpece de diaphragme F F : lorfqu'on verfe de l'eau dans ce verre, elle remplit la cavité E F F A, & elle féjourne dans cette cavité jufqu'à ce qu'elle s'y foit élevée à la hauteur E G A, elle remplit alors le large tube K G, & elle s'écoule par l'orifice S du tube S M qui la porte dans la cavité inférieure D C B F, jufqu'à ce que la cavité fupérieure E F F A foit entierement évacuée.

4°. On conçoit enfin d'une maniere très fenfible les effets de ces verres, dans lefquels on renferme des fiphons [*Tab.* 55. *fig.* 2. 3.], ou formés d'un tube courbé, comme dans la figure 2, ou compofés de deux tubes, dont le plus large couvre le plus étroit, comme dans la figure 3. Le tube qui fait l'office de la longue jambe du fiphon, defcend le long de l'intérieur de la tige du verre, & vient s'ouvrir fous la patte de ce verre.

§. MMCI. Parmi les propriétés qui conviennent fpécialement à l'air, la principale eft celle qu'on connoît fous le nom de *contention*, *élafticité*, *palintonie*, propriété qui eft ainfi nommée, par rapport à quelques-uns de fes

____

(1) Journ. des Sav. ann. 1688, pag. 455. (2) Plinii Hift. Nat. Lib. 2. cap. 103 ; pag. 121.

effets, qui font conformes à ceux que produifent les corps élaftiques : car on remarque que l'air comprimé eft réduit dans un plus petit efpace, qu'il fe rétablit dans fon premier état , & qu'il reprend fon premier volume dès que la force compreffive ceffe d'agir contre lui. On peut obferver ce phénomene lorfqu'ayant fermé exactement l'orifice d'une pompe , & ayant renfermé de l'air dans le corps de pompe , on pouffe le pifton vers fon fond ; l'air compris entre le pifton & le fond de la pompe , cede à la preffion que le pifton exerce contre lui , & il fe retranche dans un plus petit efpace : fi on ceffe de pouffer le pifton , & qu'on l'abandonne à lui même, l'air par fa réaction , le repouffe en fens contraire , & s'empare de l'efpace qu'on lui avoit fait abandonner. Cette palintonie de l'air differe cependant de l'élafticité de bien des corps, qui ne changent que leur figure par la preffion, & non leur volume, tandis que l'air change de volume , ainfi que la laine & le coton cardé, lorfqu'on les comprime.

§. MMCII. L'élafticité propre de l'air paroît dépendre d'une certaine force répulfive, en vertu de laquelle les parties qui fe touchent , & même celles qui ne fe touchent point, fe repouffent mutuellement par des forces qui viennent comme du centre, & qui agiffent en toutes fortes de fens. Mais quelle eft cette force répulfive ; eft-ce l'électricité , ou une autre caufe ? C'eft ce que nous ne connoiffons point encore ; & conféquemment nous fommes réduits à garder le filence lorfqu'il s'agit d'expliquer ce qui produit le reffort de l'air.

§. MMCIII. De même que dans l'expérience précédente, l'air, preffé par le pifton de la pompe, fe réduit à un plus petit volume, de même l'air qui entoure notre globe, & qui eft près de fa furface , preffé par le poids des couches fupérieures, cede à cette preffion , & fe réduit à un plus petit volume : fi on fait donc entrer dans une veffie un peu fpacieufe une portion de cet air , tel qu'il fe trouve vers la furface de notre globe, & qu'ayant renfermé cette veffie fous le récipient d'une machine pneumatique, on faffe le vuide en pompant l'air qui entoure cette veffie fous le récipient : l'air compris dans la veffie, ceffant d'être fi fortement preffé par l'air environnant, fe dilatera à proportion qu'on fera le vuide, & tuméfiera la veffie qui fe gonflera d'autant plus, qu'on aura retiré une plus grande quantité d'air de deffous le récipient. Si on reporte enfuite de nouvel air fous le récipient, cet air comprimera de nouveau la furface de la veffie, ainfi que l'air qu'elle contient, la veffie fe défenflera , deviendra flafque , & l'air fe réduira à fon premier volume.

§. MMCIV. Les volumes de l'air qui enveloppe la furface de notre globe , font entr'eux en raifon inverfe des poids qui les compriment. *Boyle* & *Mariotte* ont établi cette regle d'après l'expérience fuivante. On prend un tube de barometre A B [*Tab.* 55. *fig.* 4.], lequel étant rempli avec foin, tienne le mercure à la hauteur C B ; fi on fait entrer dans ce tube une quantité d'air fuffifante pour remplir la hauteur A D, la colonne de mercure ne s'arrêtera pas à la hauteur B D : mais elle s'abaiffera davantage, & elle fe fixera à la hauteur B E ; parceque l'air compris en A D fe raréfie & occupe l'efpace A E.

La force avec laquelle l'air fe trouve comprimé dans cette expérience , eſt égale au poids de l'atmoſphere, avec lequel la colonne de mercure B C eſt en équilibre; ainſi on peut exprimer le poids de l'atmoſphere par la colonne de mercure B C. L'air introduit dans le tube, & qui occupoit la partie A D, étoit comprimé par ce poids; mais après que l'expérience a été faite, cet air s'eſt raréfié, ſon volume eſt devenu plus grand, & il a occupé l'eſpace A E; par conſéquent l'élaſticité qui reſte à cet air raréfié, jointe au poids de la colonne de mercure E B, eſt en équilibre avec le poids de l'atmoſphere, ou avec la colonne de mercure C B : ſi on ôte donc de ces deux ſommes la colonne de mercure E B, qui leur eſt commune, il reſtera la vertu élaſtique de l'air en A E, qui ſera en équilibre avec le reſte du poids de l'atmoſphere, qui eſt égal à la colonne de mercure C E; par conſéquent le poids qui comprime l'air qui eſt développé, & qui occupe l'eſpace A E, peut donc être exprimé par une colonne de mercure = C E : ſi on meſure enſuite les eſpace A D, A E que l'air occupe dans les deux cas, on trouvera qu'ils feront entr'eux comme C E : C B. Donc les volumes de l'air ſont entr'eux en raiſon inverſe des poids qui les compriment.

On peut répéter cette expérience d'une maniere plus commode, en ſe ſervant de l'inſtrument que le célebre *s'Graveſande* a inventé, & dont il nous a donné la deſcription (1); car ſans cela, comme on introduit toujours, & à différentes fois, dans le tube une plus grande quantité d'air, & que cet air doit s'élever à travers la colonne de mercure, il peut arriver que pluſieurs globules ſoient interceptés : ce qui rend l'expérience défectueuſe, & ce qui fait en même-tems qu'elle ne ſe trouve point conforme au calcul. *Parent* avoit même remarqué autrefois que les réſultats étoient différens lorſqu'on répétoit pluſieurs fois cette expérience, quoique cependant ces différences fuſſent peu ſenſibles (2).

§. MMCV. La même regle a encore lieu lorſqu'on comprime l'air, & qu'on le réduit à un plus petit volume, ainſi que *Mariotte* l'a démontré par l'expérience ſuivante (3). Prenez un tube courbé P O N M [*Tab.* 55. *fig.* 5.], fermé en M, dont la partie N M ſoit bien calibrée & cylindrique; verſez dans ce tube une petite quantité de mercure qui obſtrue la partie N O, & intercepte la colonne d'air N M : cet air n'étant alors preſſé que par le poids de l'atmoſphere, peut être conſidéré, de même que s'il étoit preſſé d'une colonne de mercure = C B [*Fig.* 4.]. Verſez enſuite du mercure dans le tube P O, juſqu'à ce qu'il rempliſſe l'eſpace O X, la colonne d'air N M en deviendra plus comprimée, & n'occupera plus alors que l'eſpace Z M du tube N M. Menez alors l'horiſontale Z F, la petite colonne d'air M Z ſera àlors preſſée, & par le poids de l'atmoſphere, & par celui du mercure compris depuis F juſqu'en X : ſi on meſure donc alors les eſpaces M Z & M N, occupés par la colonne d'air, ainſi que les poids qui la compriment; ſavoir C B + X F [*Fig.* 4. & 5.], on trouvera cette proportion M N : M Z : : C B + X F : C B; par conſéquent les eſpaces occupés par l'air ſont entr'eux en raiſon inverſe des poids qui le compriment.

(1) S'Graveſandii Elem. Phyſ. Lib. 4. Tab. 63. fig. 5.
(2) Hiſt. de l'Acad. Roy. ann. 1708.
(3) Mouvement des eaux. pag. 141.

§. MMCVI. Comme les denſités des corps ſont en raiſon inverſe de leurs volumes, òu des eſpaces qu'ils occupent; les denſités de l'air doivent être en raiſon inverſe des poids qui le compriment.

Et comme on a $MN : MZ :: CB + XF : CB$, on aura *dividendo*, $MN - MZ : MZ :: CB + XF - CB : CB$; c'eſt-à-dire, $NZ : MZ :: XF : CB$; & *invertendo*, $MZ : NZ :: CB : XF$.

Suppoſons maintenant que la colonne de mercure ſoit de 29 pouces, & que $MZ = 7$ pouces; alors les hauteurs XF du mercure, qui procureront à l'air différentes denſités, ſeront repréſentées dans la Table ſuivante.

$$MZ : ZN :: CB : XF \quad \text{pouc.}$$

$$6 : 1 :: 29 : \tfrac{29}{6} = 4\,\tfrac{5}{6}$$

$$5 : 2 :: 29 : \tfrac{58}{5} = 11\,\tfrac{3}{5}$$

$$4 : 3 :: 29 : \tfrac{87}{4} = 21\,\tfrac{3}{4}$$

$$3\tfrac{1}{2} : 3\tfrac{1}{2} :: 29 : 29 = 29$$

$$3 : 4 :: 29 : \tfrac{116}{3} = 38\,\tfrac{2}{3}$$

$$2 : 5 :: 29 : \tfrac{145}{2} = 72\,\tfrac{1}{2}$$

$$1 : 6 :: 29 : 174 = 174$$

§. MMCVII. J'ai obſervé que lorſque je réduiſois la colonne d'air NM à une quantité moindre que la quatrieme partie de ſon volume; j'ai obſervé, dis-je, alors, que l'air ne ſuivòit plus exactement la regle propoſée; mais qu'il réſiſtoit davantage aux forces qui tendoient à le comprimer, ainſi que le célebre *Boyle* l'avoit remarqué autrefois, & que *Rondel* l'a confirmé (1): d'où il ſuit que cette regle ne peut point être regardée comme conſtante; d'où il ſuit auſſi que ſi on comprimoit l'air au point que ſes parties ſe touchaſſent, & qu'elles formaſſent une eſpece de maſſe ſolide, il n'y auroit alors aucune force dans la nature capable de le réduire à un volume plus petit; parceque tout corps eſt impénétrable.

§. MMCVIII. Mais juſqu'à quel point peut-on parvenir avec les forces qui ſont à notre diſpoſition, à comprimer l'air de l'atmoſphere, & qui eſt auprès de la ſurface de la terre? Ce ſeroit une pure témérité d'aſſigner des bornes à la compreſſion que cet air peut ſubir. Ce qu'il y a cependant de certain, c'eſt que *Boyle* ne l'a comprimé qu'au point de le rendre 13 fois plus denſe. *Halley* prétend l'avoir rendu 60 fois plus denſe. *Halles* (2) l'a rendu 38 fois plus denſe, a l'aide d'une preſſe : mais en faiſant geler de l'eau dans une grenade ou un bouler de fer, il parvint à le réduire à un volume 1551 fois plus petit; de ſorte qu'il dût être alors deux fois plus peſant que l'eau: ainſi comme l'eau ne peut être comprimée, il paroît par-là que les parties aëriennes doivent être d'une nature bien différente de celles de l'eau : car autrement ſi l'air étoit de même nature, on n'auroit pu le réduire qu'à un

(1) Commentar. Bonon. Vol. 1. p. 209. (2) Hæmaſtat Append. p. 348, &c.

volume 600, 700, 800 fois plus petit, & il auroit été alors aussi dense que l'eau, & il auroit aussi résisté à toutes sortes de pressions avec une force égale à celle qu'on remarque dans l'eau.

§. MMCIX. Comme l'élasticité de l'air comprimé est toujours en équilibre avec le poids qui le comprime; l'air qui est toujours naturellement comprimé par le poids de l'atmosphere, résiste toujours avec une force égale à celle du poids de l'atmosphere. Cela se remarque lorsqu'on renferme un peu d'air & de mercure dans une fiole, & qu'on y introduit par en-haut un tube de verre ouvert à ses deux extrêmités : si on renferme cette fiole sous un récipient de la machine pneumatique, & qu'on en retire l'air, on retire par le même moyen celui qui est en possession de la cavité du tube; & on observe alors que l'élasticité de l'air compris dans la fiole, pousse le mercure & le fait jaillir par ce tube jusqu'à la même hauteur à laquelle la colonne de mercure est suspendue dans le barometre, en supposant néanmoins que l'air compris dans l'intérieur de la fiole ne soit pas raréfié : ce qui ne peut point être en cette occasion; puisque le mercure qui sort de la fiole, abandonne à cet air une partie de la place qu'il occupoit : l'air se raréfie donc dans cette fiole; & à proportion qu'il se raréfie, il pousse moins haut le jet du mercure : ajoûtez encore à cela, qu'on ne peut point retirer parfaitement l'air qui est sous le récipient; ce qui fait encore que le jet du mercure ne s'éleve point aussi haut qu'on pourroit se l'imaginer.

§. MMCX. Mais si on rend l'air deux fois plus dense dans un vase, sa force élastique sera deux fois plus grande; & elle sera alors suffisante pour pousser le mercure à une hauteur égale à celle que la colonne de mercure mesure dans un barometre : ou si on substitue de l'eau au mercure, on la verra alors jaillir à la hauteur de 32 pieds; & le jet s'élevera encore plus haut si on condense l'air davantage.

C'est sur ce principe qu'on a construit la fontaine de cuivre D B B D [*Tab.* 55. *fig.* 6.], qu'on remplit d'eau jusqu'à la hauteur A B B A; si on condense l'air compris dans la partie supérieure de cette fontaine D A A D, en y injectant de nouvel air, par le moyen d'une pompe qui se monte à vis sur la queue M du robinet : cet air pénétrera le tube K C, & s'élevera à travers la masse d'eau B B A A pour se porter dans la capacité supérieure D A A D, où il se condensera conjointement avec celui qui est naturellement en possession de cet espace : lorsque cet air sera suffisamment condensé, si on ferme le robinet, & qu'après avoir supprimé la pompe, on adapte à sa place un petit tube en forme d'ajutage M : lorsqu'on ouvrira le robinet E, l'eau comprise dans la partie inférieure A B B A sera pressée par le ressort de l'air, qui est au dessus, & qui l'obligera à s'élancer par le tube C K, & à former un jet qui s'élevera d'autant plus haut que l'air sera plus condensé.

Le jet d'eau qu'on remarque lorsqu'on fait jouer la fontaine simple de *Hyeron*, ou la fontaine double de *Nieuwentyt*, dépend aussi de l'air comprimé : ce qui augmente sa force élastique. Voici la construction de cette fontaine.

F P [*Tab.* 55. *fig.* 7.] est le réservoir supérieur de la machine divisé en deux cavités, par le moyen du diaphragme H G K E; C M est un semblable réservoir, mais placée à la partie inférieure de cette même machine, & pareillement féparé en deux cavités par le diaphragme ODQL. Suppofons maintenant que les deux réfervoirs du haut F & P foient remplis en partie d'eau & en partie d'air, & qu'on verfe de l'eau par le tube A B jufqu'à ce que ce tube en foit rempli : cette eau qui paffe, par le moyen de ce tube, dans le réfervoir C, pouffe devant elle l'air qui étoit en poffeffion de cette cavité, & l'oblige à fuivre le canal D E pour fe porter dans le réfervoir F : de ce ré- fervoir defcend un tube G O, qui vient s'ouvrir dans le réfervoir Q M : l'air qui paffe dans le réfervoir fupérieur F G, pouffe donc devant lui l'eau qui y eft contenue, & l'oblige à defcendre dans le réfervoir Q M par le tube G O. L'air qui eft en poffeffion de ce réfervoir eft donc alors comprimé par le poids d'une colonne d'eau, dont la hauteur eft égale à G O, & cette colonne d'eau elle-même étoit déja foumife à la preffion de l'air, & comprimée par une force égale à la preffion d'une colonne d'eau, dont la hauteur égale A B ; par conféquent l'air du réfervoir Q M fe trouve preffé par deux colonnes d'eau G O & A B : & cédant à la force qui le preffe, il enfile le tube N P pour fe porter dans le réfervoir K P, où il déploie la preffion qu'il éprouve fur la furface de l'eau qui y eft contenue ; cette eau, cédant à l'effort de l'air qui la comprime, s'échappe par le tube S R, qui s'éleve au centre d'un baf- fin qui domine la machine, & elle forme un jet prefqu'égal en hauteur à la longueur des deux colonnes G O & A B.

§. MMCXI. On emprunte auffi le fecours de l'air pour pouffer des balles dans des efpeces particulieres de fufils, auxquels on donne, à caufe de cela, le nom de fufils à vent. On doit cette invention à la facilité qu'on a de trou- ver de l'air par tout, & à la propriété qu'on remarque dans ce fluide, de pouffer une balle auffi fortement que de la poudre à canon, lorfque fon ref- fort eft bien tendu. Les Artiftes ont donné différentes formes aux arquebu- fes à vent ; mais parmi ces différentes conftructions, je n'en vois point de meilleure que celle que *Kolbius* a imaginée, & que *Defaguilliers* a décrite. J'ai auffi dans mon Cabinet deux de ces inftrumens, un grand & un petit, de l'invention de *Jean Leur*, qui eft un excellent Artifte : le petit, qui a la forme d'un piftolet, eft repréfenté [*Tab.* 55. *fig.* 8.].

Sa partie poftérieure A B eft une cavité de cuivre, dans laquelle on com- prime l'air, à l'aide d'une pompe ; l'air s'y comprime au point que cet inf- trument peut fournir 4 explofions très fortes. Cette partie A B eft unie à la partie antérieure C D, par le moyen d'une vis, on lâche la batterie F par le moyen de la détente E, cette batterie pouffe une cheville de fer contre la fou- pape qui fe trouve en A ; ce qui ouvre la cavité A B : l'air s'en échappe auffi- tôt, & enfilant le canon C D, il pouffe devant lui une balle qu'il y ren- contre.

L'inftrument repréfenté [*Tab.* 55. *fig.* 9.], eft un fufil dont la culaffe A B C forme deux cavités de cuivre cylindriques A G, C H, pour qu'on puiffe y introduire une plus grande quantité d'air ; C D eft un canon de cuivre cy- lindrique, par lequel l'air chaffe la balle : mais pour qu'on puiffe placer fur- le-champ cette balle, pour ne point retarder l'expérience, on a adapté à cet inftrument une petit canal K I L, percé vers fon milieu en I ; ce canal eft difpofé de façon que l'air qui fort de la croffe, l'enfile & pouffe la balle qu'il contient : on met donc la balle par le trou L, & on renverfe alors le petit

çanal

canal dans la partie poſtérieure du canon, & on l'y retient par un obſtacle placé en O : lorſqu'on lâche la détente, la batterie E F pouſſe un ſtilet de fer qui ouvre la ſoupape en A ; l'air, s'échappant alors de la croſſe, enfile l'ouverture I, & pouſſe la balle qu'il rencontre ſur ſon paſſage.

Pour qu'on puiſſe comprimer l'air fortement dans les cavités A G, CH [*Tab.* 55. *fig.* 10.], on ouvre la partie poſtérieure de la croſſe A G H C, qui eſt percée en M ; on adapte enſuite la pompe S N à l'orifice C A : la queue du piſton de cette pompe porte une charniere Q, par le moyen de laquelle on l'attache au parquet ; on place une cheville cylindrique au trou M de la culaſſe : cette cheville donne attache au levier R T, de 5 pieds de longueur : ce levier porte une charniere en V R, au moyen de laquelle on l'attache à une fenêtre, à une porte, ou au lambris, & on applique en T la puiſſance qui doit faire agir la pompe. Lorſqu'on éleve le levier, on éleve avec lui la partie G A S N, & le piſton qui eſt attaché au parquet en Q gliſſe alors depuis le fond S de la pompe juſqu'à ſon extrêmité N : l'air extérieur pénetre dans cette pompe par une petite ouverture ménagée en P ; ſi on abaiſſe alors le levier, le piſton remonte vers le fond de la pompe, & pouſſe devant lui l'air compris dans ſa cavité. Cet air paſſe dans les cavités A G, C H, où il eſt retenu, par le moyen de deux ſoupapes. La conſtruction de cette machine eſt telle, que l'homme qui la ſert peut employer tout le poids de ſon corps pour faire baiſſer le piſton, & conſéquemment peut comprimer l'air au point de lui faire chaſſer une balle avec une force égale à celle d'une charge de poudre ; & l'effort de l'air, pour s'échapper, eſt tel, qu'il forme une forte exploſion.

§. MMCXII. A qui ſommes nous redevables de l'invention des arquebuſes à vent, & en quel tems ont-elles été inventées ? C'eſt ce que nous ignorons encore. Nous voyons dans le Cabinet de *Germain Schmettau* une arquebuſe à vent, fort imparfaite à la vérité, mais qui fut faite en 1474. On connut ſur-tout ces ſortes d'inſtrumens dans le dix-ſeptieme ſiecle, lorſqu'on commença à connoître les propriétés de l'air. Nous apprenons qu'en France, un Ouvrier nommé *Marin*, fit des arquebuſes à vent pour le ſervice du Roi Henri IV (1). Les Allemands en firent enſuite de plus grandes. Un habitant de Norinberg, nommé *Kelner*, fabriqua un inſtrument de cette eſpece, qui fut enſuite tranſporté en Siléſie. On en préſenta un à *Fréderic Auguſte*, Roi de Pologne, qui pouſſoit avec force des balles de 4 ℔, & qui perçoient, à la diſtance de 400 pas, des planches de deux pouces d'épaiſſeur (2).

§. MMCXIII. On peut aiſément, d'après les principes que nous venons d'expoſer, rendre raiſon des phénomenes qui nous font obſerver ces petites figures creuſes d'émail, qu'on connoît ſous le nom de Ludion ; lorſqu'on a ménagé un petit trou à l'un des pieds de ces figures, elles font l'office de plongeur ; & lorſqu'on les renferme dans une bouteille remplie d'eau, on les voit ſurnager, & on les fait plonger à volonté. En effet, lorſqu'on preſſe la ſurface de l'eau compriſe dans le goulot de la bouteille, l'eau pénetre par le

____

(1) Merſennus in Phœnom, Pneumat. Prop. 32. (2) Kundmanni Rariora Natur. & Artis, §. 2. Art. 40.

Tome III.   T

trou qui eſt au pied de la figure, elle s'éleve dans ſa jambe : l'air compris dans la cavité de ſon corps, ſe comprime & abandonne à l'eau une partie de l'eſpace qu'il occupoit ; la petite figure en devient plus peſante de toute la quantité d'eau qui s'eſt élevée dans ſa jambe, & lorſque ſa peſanteur ſpécifique s'eſt augmentée au point de ſurpaſſer celle d'un volume d'eau ſemblable à celui qu'elle peut occuper, elle tombe alors au fond de la bouteille : mais ſi on vient à diminuer la preſſion qu'on exerce ſur la ſurface de l'eau, l'air compris dans le corps du ludion ſe dilate ; il chaſſe l'eau qui s'étoit emparée de l'intérieur de ſa jambe, & le ludion devenant ſpécifiquement plus léger que l'eau, s'éleve au haut de la bouteille.

§. MMCXIV. La pompe dont les Marchands de vins font uſage, eſt un tube de verre D C B [_Tab._ 5 5. _fig._ 11.], dont la queue B eſt formée d'un tube beaucoup plus petit ; cette pompe eſt ouverte à ſes deux extrêmités. On la plonge perpendiculairement dans le vin juſqu'à une profondeur quelconque ; on ferme alors avec le pouce l'ouverture D, & on retire l'inſtrument : par ce moyen le vin qui s'eſt élevé dans ſon intérieur, ſuppoſons juſqu'en C, y demeure ſuſpendu ; cette maſſe de liquide fait néanmoins effort, en vertu de ſon poids, pour s'écouler par l'ouverture B : outre cela elle eſt encore ſollicitée à tomber par la quantité d'air compriſe depuis D juſqu'en G ; mais la colonne d'air extérieur qui répond à l'orifice B, oppoſe ſa réſiſtance à la colonne de liqueur, & agiſſant de bas en haut avec une force égale, elle contient la liqueur B C dans ſa ſituation, & elle s'oppoſe à l'action de la colonne d'air C D, qui eſt au-deſſus, & qui eſt un peu raréfiée ; de ſorte que le vin ne peut alors couler par l'orifice B, à moins qu'on ne retire le pouce qui eſt en D, & qu'on ne donne entrée à la colonne d'air extérieure, qui ſe préſente à cet orifice ; car alors cette colonne preſſant de haut en-bas la maſſe de vin avec une force égale à celle qu'elle éprouve en B de bas en-haut, cette maſſe de liquide cédant à l'effort de ſa peſanteur, s'écoule par l'orifice B : mais ſi on donnoit un plus grand diametre à la queue B de cet inſtrument, dès qu'on retireroit la pompe du liquide dans lequel on l'auroit plongée, on verroit ce liquide couler par l'orifice B, quoique l'orifice ſupérieur D fût exactement fermé ; parceque dans ce ſecond cas l'air ſe feroit jour & gliſſeroit le long des parois de la queue B, s'éleveroit vers la partie ſupérieure de la pompe, & obligeroit le vin à couler vers l'orifice B. Les parties du vin s'attirent mutuellement, & elles ſont attirées par les parois de la queue de l'inſtrument : la force attractive du fluide eſt égale à la plus groſſe goutte qui puiſſe s'en former. Si donc le poids de la derniere tranche du fluide, compriſe dans la queue, ſurpaſſe la force attractive, cette tranche pourra alors tomber, & elle tombera en ſe ſéparant du côté où les parois du tube l'attirent moins fortement : or l'air qui entoure ce tube, & qui fait effort de tout côté pour y pénétrer, ſe gliſſera auſſi tôt le long de ces parois pour s'élever à la partie ſupérieure de l'inſtrument, la liqueur continuera à couler, & l'air à s'élever, de ſorte que l'inſtrument s'évacuera entierement.

C'eſt à ce principe que la fontaine de _Sturmius_, connue ſous le nom de fontaine de _Commandement_, doit ſon origine : en voici la conſtruction. A B K K B [_Tab._ 56. _fig._ 1.] eſt un vaſe fermé en A ; vers le fond de ce vaſe font adaptés fix tuyaux de décharge K K K, &c, le tuyau C D, ouvert des deux côtés, pénetre le vase, & s'éleve jusqu'à sa partie supérieure : M M est un large bassin qui porte à son centre un tube G E, dans lequel s'implante la partie inférieure D du tube C D. Au centre du bassin, & dans l'intérieur du tube G E, est un trou qui peut s'ouvrir & se fermer par la soupape L, cachée au dessous du bassin ; le tube E G est ouvert latéralement en F : c'est par cet orifice que l'eau qui coule dans le bassin vient se décharger en passant par le trou du milieu dans un réservoir N. Cela posé, supposons que le vase A B K K B soit rempli d'eau jusqu'en B B, & que sa partie supérieure B C B soit remplie d'air, il est constant que l'eau coulera par les tuyaux de décharge K K K, &c. tant que l'air extérieur pourra se faire jour par l'ouverture F, & se glisser le long du tuyau D C ; mais si une partie de l'eau s'étant écoulée dans le bassin M M, obstrue l'orifice F, l'eau ne continuera à couler que jusqu'à ce que le poids de la quantité d'eau qui restera dans le vase B K K B, joint au ressort de l'air, qui se raréfie à proportion dans la partie supérieure de ce même vase, soit en équilibre avec le poids de l'atmosphere, dont les colonnes s'appuient contre les orifices des tuyaux K K K ; car, dans ce cas, l'eau cessera de couler : mais tandis que l'écoulement de la fontaine est interrompu, l'eau du bassin passe néanmoins par l'ouverture F, & coule par le trou du milieu dans le réservoir N : cet écoulement fait que l'orifice F se trouve à découvert, & que l'air extérieur peut alors s'insinuer de nouveau dans le tube C D, de là se porter dans la partie supérieure B C D du vase, & procurer de nouveau l'écoulement de l'eau par les tuyaux de décharge K K, jusqu'à ce qu'il en soit tombé suffisamment dans le bassin pour boucher encore l'orifice F, fermer le passage à l'air extérieur, & faire que le poids de l'eau qui subsiste dans le réservoir, & le ressort de l'air qui est renfermé dans sa partie supérieure, soient encore en équilibre avec les colonnes d'air qui répondent aux ajutages K K : ce sont ces alternatives qui produisent les écoulemens intermittens de cette fontaine. Il faut remarquer que lorsque la soupape L ferme le trou auquel elle répond, l'écoulement n'a point lieu alors : or on peut à volonté fermer plus ou moins ce trou, & par ce moyen accélérer ou retarder l'écoulement. J'ai fait quelque changement à cet instrument, j'ai placé dans le tube G E une soupape ronde qui ferme l'ouverture G F ; j'ai adapté outre cela un tube de cuivre P Q, qui embrasse cette soupape, & qui traverse le réservoir N : ce tube donne passage à une corde P Q R, attachée d'un côté à la soupape, & de l'autre côté à la pédale de bois R T, qui se meut à l'aide d'une charniere T V ; lorsqu'on pose le pied sur la pédale, on bande la corde, & on la tire de haut en bas ; par ce moyen on ouvre la soupape G F : cette ouverture donne passage à l'air extérieur, & l'eau commence alors à couler par les tuyaux K K K, &c.

§. MMCXV. La force avec laquelle les molécules d'air se repoussent mutuellement, est en raison réciproque des distances qui se trouvent entre leurs centres.

Soient deux cubes égaux X A E G, Z B I M [*Tab.* 56 *fig.* 2. 3.], qui contiennent des quantités d'air inégales, de façon que les distances entre les centres des globules compris dans le cube X A E G, soient aux distances des centres de ceux qui remplissent le cube Z B I M, comme 2 : 3. Le nombre de

ces molécules comprifes dans le côté D E , fera à celui des molécules comprifes dans le côté H I : : 1 : 2. Ce fera encore la même chofe fi on compare
le côté E G avec le côté I M , ainfi que fi on compare le côté D X avec le
côté H Z ; par conféquent le nombre de ces molécules qui agiront fur la
furface D G , fera à celui des molécules qui agiront fur la furface H M , : : 1 :
4 ; & le nombre des molécules comprifes dans le cube X A E G , fera au
nombre de celles qui feront comprifes dans le cube Z B I M , : : 1 : 8.

Les forces qui agiffent fur les furfaces égales D G , A M font entr'elles
comme les forces avec lefquelles l'air eft comprimé. On peut auffi confidérer les forces qui preffent les furfaces D G , H M , comme réfultantes du
nombre des molécules qui agiffent , & comme compofées de l'action de
chacune de ces molécules ; par conféquent ce rapport compofé réfultera des
raifons compofées des forces qui agiffent dans le cube A , comparée à
celles qui agiffent dans le cube B , & qui font dans le rapport de 1 : 8 ;
mais le nombre des molécules qui agiffent fur la furface D G , eft à celui des molécules qui agiffent fur la furface H M , : : 1 : 4. On doit
donc néceffairement admetre une autre raifon compofante ; favoir , la
raifon de 1 : 2 ; or cette raifon eft celle qui fe trouve entre l'action dé chacune des molécules , & les diftances de leurs centres font entr'elles comme
2 : 1. Par conféquent l'effort des molécules comprifes dans le cube X A E G ,
eft à celui des molécules qui font comprifes dans le cube Z B I M , comme les
diftances des centres des molécules comprifes dans le cube Z B I M , font
aux diftances des centres des molécules comprifes dans le cube X A E G.

§. MMCXVI. L'élafticité de l'air étant connue , on peut comprendre
aifément comment les récipiens dont on fe ferr pour faire le vuide, s'évacuent.

En effet , concevons que le pifton de la machine pneumatique , étant porté
au haut de la pompe , defcende , & qu'il y ait un tube de communication
entre le fond de la pompe & le récipient ; alors l'air compris fous ce récipient , en vertu de fa force expanfive , fe précipitera dans le corps de pompe , jufqu'à ce qu'il foit de même denfité fous le récipient & dans le corps
de pompe : fi on pouffe au-dehors la quantité d'air qui s'eft jettée dans la
pompe , & qu'après avoir reporté le pifton jufqu'au fond de cette pompe ,
on le faffe encore defcendre , l'air qui refte fous le récipient fe précipitera
de nouveau , & de la même maniere que précédemment , dans l'efpace vuide
que lui ouvre le pifton par fa chûte : & ce même phénomene aura lieu tant
qu'on répétera la même manipulation ; par conféquent la maffe d'air comprife fous le récipient deviendra de plus rare en plus rare , jufqu'à ce que
celui qui refte fous le récipient foit devenu affez rare , pour qu'on puiffe le
compter pour rien , néanmoins il reftera toujours une certaine quantité d'air
fous le récipient ; puifque les fuccions réitérées de la pompe ne fervent qu'à
raréfier l'air de plus en plus , & qu'elles ne peuvent point l'évacuer entierement.

§. MMCXVII. Maintenant fi l'air qui fubfifte fous le récipient eft porté à
un degré de rareté , qui , étant comparé à celui de l'atmofphere , foit égal à
1000. Prenons le logarithme de ce nombre , ainfi que celui du rapport de la
cavité du récipient , jointe à celle de la pompe , à la feule cavité du récipient ;
divifons par ce dernier logarithme celui du nombre 1000 , & le quotient nous

donnera le nombre de fois qu'il faudra faire agir le pifton pour évacuer le récipient autant que faire fe peut ; car chaque fois qu'on fait defcendre le pifton, l'air qui eft compris fous le récipient, fe diftribue dans toute la capacité du récipient & de la pompe : par conféquent chaque fois qu'on fait defcendre le pifton, l'air fe raréfie felon le rapport qu'il y a entre la capacité du récipient & du corps de pompe pris enfemble, & la capacité feule du récipient. Suppofons que ce rapport foit $= \frac{a}{1}$, ou $= a$; donc la rareté de l'air fous le récipient, avant qu'on fît defcendre le pifton, étant $= 1$, eft devenue $= a$ après le premier coup de pifton, $= aa$ après le fecond coup, $= aaa$ après le troifieme, & après un coup de pifton indiqué par l'indéterminée X, cette rareté eft devenue $= a^x$. Suppofons maintenant que la raréfaction de l'air qu'on veut produire, comparée à celle dont il jouit naturellement, foit dans un rapport exprimé par $\frac{r}{1}$, ou par r ; on aura alors $a^x = r$. Or comme les nombres égaux ont des logarithmes égaux, on aura x logar. a $=$ logar. r, ou x $= \frac{\text{logar. r}}{\text{logar. a}}$. Suppofons encore que la cavité du récipient foit égale à celle de la pompe, on aura a $= \frac{2}{1}$, dont le logarithme $= 0 . 3010300$. Le logarithme du nombre 1000, ou r, fera 3 . 0000000 ; par conféquent $\frac{\text{logar. r}}{\text{logar. a}}$

$$= \frac{2,9073}{0 . 3010300} = 9,965785,$$ ou il ne faudra pas employer tout à fait 10 coups de pompe, pour que l'air devienne mille fois plus rare fous le récipient.

On peut encore parvenir à cette découverte de la maniere fuivante. Soit $= t$ la raréfaction qu'on veut donner à l'air au deffus de celle dont il jouit naturellement près de la furface de la terre ; foit nommée r la capacité du récipient, & b celle de la pompe : foit appellée n le nombre de coups de pifton qu'il faut employer pour parvenir au but qu'on fe propofe. Voici comment il faut procéder. Prenez le logarithme de t, que nous fuppoferons $= $ T. Suppofons que $\frac{r}{b} = q$. Appellons Q le logar. de q, & P le logar. de q $+ 1$; alors on aura n $= \frac{T}{P - Q}$: de forte que fi r $= 720$ pouces cubiques, b $= 36$ pouces cubiques, t $= 1000$; on aura q $= \frac{720}{36} = 20$; donc q $+ 1 = 21$,

$$\text{dont le Logar. P} = 1 . 3222193$$
$$\text{Logar. Q} = 1 . 3010300$$
$$P - Q = 0 . 0211893$$

$$n = \frac{T}{P - Q} = \frac{3 . 0000000}{0 . 0211893} \Big\} \ 141 \tfrac{1}{2}.$$

Le diametre de ma pompe pneumatique $= 2$ pouces, le mouvement du piston se termine à une hauteur de 4 pouces; par conséquent la capacité cylindrique de cette pompe $= 2 \times 2 \times 4 = 16$ pouces.

Supposons qu'on fasse usage d'un récipient de 4 pouces de diametre sur 7 pouces de hauteur, la capacité de ce récipient sera $= 4 \times 4 \times 7 = 112$ pouces cylindriques. Cela posé, supposons $t = 1000$, dont le logarithme

$$= 3.0000000, \quad b = 16, \quad r = 112, \quad \frac{r}{6} = q = \frac{112}{16} = 7.$$

$$7 + 1 = 8, \text{ dont le logar.} = 0.90308999 = P$$

$$\text{Le logar. de } 7 = 0.84509804 = Q$$

$$P - Q = 0.05799195.$$

$$n = \frac{T}{P-Q} = \left. \begin{array}{c} 3.0000000 \\ 0.05799195 \end{array} \right\} 53 \quad \frac{2571675}{5799195}.$$

§. MMCXVIII. Comme nous ne pouvons point connoître la quantité d'air qui reste sous le récipient après plusieurs succions réitérées de la pompe, parcequ'il peut se faire qu'il y ait quelques petits sillons qui donnent entrée à l'air sous le récipient : on adapte à la machine pneumatique une jauge, qui n'est autre chose qu'un tube de barometre ouvert des deux côtés, dont une des extrêmités plonge dans une cuvette remplie en partie de mercure : à côté de ce tube est une lame graduée, soutenue sur la surface du mercure compris dans la cuvette, & conséquemment cette lame baisse ou s'éleve à proportion que la surface du mercure descend ou s'éleve. L'air compris dans le tube est toujours de même densité que celui du récipient : lors donc qu'on raréfie l'air du récipient, celui qui est compris dans le tube se raréfie à proportion ; la surface du mercure de la cuvette, étant toujours soumise à la pression de l'air extérieur, cede à l'effort qu'elle éprouve, & le mercure s'éleve dans le tube, jusqu'à ce que le ressort de l'air qui reste dans le tube, joint à la pesanteur de la colonne de mercure qui s'y éleve, soit en équilibre avec le poids de l'atmosphere ; par conséquent la hauteur du mercure dans ce tube est toujours proportionnelle à la quantité d'air qu'on retire de dessous le récipient, & la différence qu'on remarque entre la hauteur de la colonne de mercure qui s'éleve dans la jauge, & celle de la colonne de mercure dans le barometre, est proportionnelle à la quantité d'air qui reste sous le récipient. Si l'air extérieur se fait jour par quelque fente, & passe sous le récipient, on voit alors baisser le mercure dans la jauge ; mais si cette colonne de mercure conserve toujours sa même hauteur, c'est une marque incontestable qu'il ne passe point d'air sous le récipient.

Comme cette jauge pouvoit être souvent incommode par sa longueur, on est parvenu à en construire une autre beaucoup plus courte : on prend un tube de verre de 3 pouces de longueur, fermé hermétiquement d'un côté : on le remplit de mercure de même qu'un tube de barometre, & on le fait plonger dans un vase qui contient du mercure : on place cet appareil sous le récipient

de la machine pneumatique, dont on retire l'air; lorsque l'air est raréfié jusqu'à un certain point, on voit descendre la colonne de mercure & se précipiter dans la cuvette. On connoît jusqu'à quel point on a raréfié l'air sous le
récipient par la quantité dont cette colonne de mercure s'est abaissée, & par
sa plus grande, ou sa plus petite distance de la ligne de niveau. On peut placer cet appareil dans un endroit plus commode, comme sous la pompe, ou
à côté de la pompe, pourvu qu'elle communique avec le récipient qu'on veut
évacuer, afin de lui conserver l'usage auquel elle est destinée.

§. MMCXIX. Le vuide qu'on fait à l'aide de la machine pneumatique,
est connu ordinairement sous le nom de *vuide de Guerikue*, ou de *Boyle*;
& ce vuide n'est jamais aussi parfait que celui de *Toricelli*, qui est celui
qu'on remarque dans la partie supérieure d'un barometre : il faut cependant
observer que, quoiqu'on donne le nom de vuide à l'espace évacué par la machine de *Boyle*, ainsi qu'à celui qui est compris dans la partie supérieure
d'un barometre, il faut, dis-je, remarquer que ces espaces ne sont point
tellement vuides, qu'ils soient parfaitement dépourvus de tout corps quelconque; car la matiere du feu, qui s'étend en tout sens, & qui fait effort
pour pénétrer dans tout espace quelconque, se trouve répandue en même
quantité dans ces deux especes de vuides, que dans l'air qui les entoure extérieurement. On ne doit point non plus révoquer en doute que la matiere
magnétique universelle se fasse jour, & qu'elle pénetre sous les récipiens
purgés d'air; car les aiguilles de boussoles qu'on pose sous de tels récipiens,
y prennent aussi facilement leur direction, que lorsqu'on les expose à l'air
libre : il peut se faire encore que ces sortes de vaisseaux soient pénétrés par
plusieurs fluides subtils, comme par la lumiere, le feu, l'électricité, la matiere magnétique particuliere; & on ne peut point douter que certaines émanations très subtiles ne les pénetrent.

Outre cela, quelqu'effort qu'on fasse pour évacuer parfaitement un récipient, il y reste toujours un fluide très subtil & très élastique, qu'on ne
peut point évacuer; & plus le récipient est grand, & plus la quantité de ce
fluide, qui y subsiste, est grande : c'est ce fluide qui soutient la colonne de
mercure de la jauge à une ou deux lignes au-dessus du niveau; ou lorsqu'on
se sert de la premiere des deux jauges que nous avons indiquée, c'est ce fluide
élastique qui empêche que la colonne de mercure ne s'y éleve exactement à
la même hauteur à laquelle la colonne de mercure est suspendue dans le barometre. On remarque cependant quelquefois qu'on parvient à expulser entierement ce fluide; puisqu'on observe quelquefois que la colonne de mercure de la jauge descend jusqu'au niveau (1).

___

(1) Je ne puis concevoir par quel procédé Mussenbroek est parvenu à mettre le
mercure à niveau : la progression selon laquelle l'air s'évacue d'un récipient, & dont
il convient lui-même, est une preuve démonstrative du contraire. S'il y est néanmoins parvenu, il faut supposer que le tube qui servoit de jauge, étoit capillaire;
& conséquemment que ce tube, faisant l'office de tube communiquant, le mercure
s'y tenoit au dessous du niveau. En supposant donc que le diametre de ce tube fût
tel que le mercure s'y tînt à 3 lignes au-dessous du niveau, il est constant que l'air

Ajoûtez à cela , que l'air s'évacue lentement , & ne fort qu'avec peine de deſſous le récipient ; parcequ'il doit paſſer pour s'évacuer par des ouvertures très petites formées dans les robinets , ou dans les ſoupapes , dont les bords ſont garnis de graiſſe ou d'huile ; il s'évacueroit beaucoup plus promptement ſi les bords de ces ouvertures étoient ſecs , & non graiſſés : c'eſt par cette même raiſon qu'il rentre difficilement & lentement ſous les récipiens , & qu'il ne parvient point promptement à s'y mettre en équilibre avec l'air extérieur ; mais ſi on lui ouvre un paſſage très grand , pour pénétrer ſous ces vaiſſeaux , il y pénetre très promptement , & il y atteint ſur-le-champ l'équilibre.

Le célebre *Martin* , dans le ſecond volume de ſa *Philoſ. Britann.* p. 69 , nous a donné des Tables très curieuſes , à l'aide deſquelles on peut connoître ſur-le-champ combien il faut de coups de piſton , pour donner à l'air d'un récipient dont on connoît le capacité , le degré de raréfaction qu'on veut lui faire prendre : il faut auſſi pour cela connoître la capacité de la pompe. Chaque fois qu'on ne ſera pas à portée de conſulter des Tables de logarithmes , on pourra ſe ſervir très commodément des Tables de *Martin*. La Table qui ſuit ſuppoſe que la capacité de la pompe eſt égale à celle du récipient.

étant évacué au point de ne ſoutenir que 3 lignes de mercure , cette colonne devoit paroître à niveau de la ſurface du mercure , compris dans la cuvette : on parvient même quelquefois , par un tel procédé , à mettre le mercure au-deſſous du niveau.

Raréfaction de l'air.	Nombre des coups de piston.	Raréfaction de l'air.	Nombre des coups de piston.
1	0	400	8 . 644
2	1	500	8 . 966
3	1 . 585	512	9
4	2	600	9 . 229
5	2 . 322	700	9 . 451
6	2 . 585	800	9 . 644
7	2 . 807	900	9 . 814
8	3	1000	9 . 966
9	3 . 170	1024	10
10	3 . 322	2000	10 . 966
16	4	2048	11
20	4 . 322	3000	11 . 551
30	4 . 907	4000	11 . 966
32	5	4096	12
40	5 . 322	5000	12 . 288
50	5 . 644	6000	12 . 551
60	5 . 907	7000	12 . 773
64	6	8000	12 . 966
70	6 . 129	8192	13
80	6 . 322	9000	13 . 136
90	6 . 492	10000	13 . 288
100	6 . 644	16384	14
128	7	20000	14 . 866
200	7 . 644	30000	15 . 255
256	8	100000	16 . 183
300	8 . 229		

Il faut obſerver que lorſque dans la Table précédente les nombres qui
expriment la raréfaction qu'on veut donner à l'air, ſont en raiſon géo-

Tome III.

métrique ; ceux qui indiquent les coups de piston , font en proportion arith-
métique.

Mais lorsque la capacité du récipient eſt plus grande que celle de la pompe , & que cet excès ſe trouve ſelon une proportion donnée , il faut encore
avoir recours à une autre Table , dans laquelle la premiere colonne exprime de combien la capacité du récipient ſurpaſſe celle de la pompe : la ſeconde indique un multiplicateur , par lequel il faut multiplier le nombre de
la premiere Table , qui exprime combien il faut donner de coups de piſton
pour produire la raréfaction qu'on demande ; & le produit qui naît de cette
multiplication , exprime le nombre de coups de piſton qu'il faut donner pour
produire ce même effet dans le récipient propoſé.

Par exemple , ſuppoſons un récipient , dont la capacité ſoit dix fois plus
grande que celle de la pompe : cela poſé , combien faudra-t-il donner de
coups de piſton pour que l'air ſoit 100 fois plus raréfié ſous ce récipient ?
Pour réſoudre ce problême , je conſidere la Table précédente , qui m'indique qu'il faudra donner 6 . 644 coups de piſton pour que l'air ſoit 100 fois
plus raréfié ſous le récipient. Je conſidere enſuite que le récipient dont je
veux faire uſage , a une capacité 10 fois plus grande. Je conſidere donc la
ſeconde Table , & je trouve que lorſque la capacité eſt 10 fois plus grande :
il faut multiplier par 7 . 273 le nombre qui exprime dans la premiere Table
les coups de piſton ; ce qui me donne 6 . 644 × 7 . 273. En faiſant l'opération , je trouve

$$
\begin{array}{r}
7 \cdot 273 \\
6 \cdot 644 \\
\hline
29092 \\
29092 \\
43638 \\
43638 \\
\hline
48.321812.
\end{array}
$$

Par conféquent il faut , en faiſant uſage de ce dernier récipient ; donner
48.321812 coups de piſtons.

Capacités des récipiens.	Multiplicateur.	Capacités des récipiens.	Multiplicateur.
1	1	65	45 . 265
2	1 . 710	70	48 . 866
3	2 . 400	75	52 . 90
4	3 . 106	80	55 . 798
5	3 . 802	85	59 . 233
6	4 . 497	90	62 . 729
7	5 . 191	95	66 . 88
8	5 . 885	100	69 . 661
9	6 . 579	150	105 . 3
10	7 . 273	200	138 . 976
15	10 . 73	250	170 . 62
20	14 . 207	300	208 . 291
25	17 . 67	400	277 . 605
30	21 . 139	500	346 . 920
35	24 . 605	600	416 . 235
40	28 . 071	700	485 . 549
45	31 . 512	800	554 . 864
50	35 . 003	900	624 . 179
55	38 . 366	1000	693 . 494
60	41 . 934		

On trouvera dans l'endroit de l'Ouvrage de *Martin*, que nous avons cité, la démonstration de cette regle.

§. MMCXX. *Otto de Guerikue* fut l'inventeur de la machine pneumatique ; il l'imagina vers le milieu du siecle précédent, & il fit quantité d'expériences très curieuses, à l'aide de cette machine. Ce fut ce qui engagea *Boyle*, aidé des secours de *Kook* & de *Papin*, à en construire une semblable en Angleterre, & dont il fit usage pour pousser plus loin les découvertes de la Philosophie naturelle ; c'est pour cette raison qu'on donne souvent à cette machine le nom de *machine* ou *de pompe de Boyle*. Ce fut dans ce même tems que le célebre *Volder* en construisit une autre à Leyde, dont on fit usage en 1675, dans le Cabinet de Physique de l'Académie d'Hollande, qui est établi à Leyde, & dont on se sert encore aujourd'hui pour faire les expériences du vuide. Le célebre *s'Gravefande* a donné de mon tems un degré éminent de perfection & de fimplicité à cette machine, de forte qu'avec peu de peine & en très peu de tems on parvient à retirer une très grande quantité d'air de deffous les récipiens dont on fait ufage : il faut cependant convenir que nous n'avons encore aucune machine pneumatique qu'on puiffe regarder comme parfaite ; car après même 600 coups de piftons , il refte toujours fous le récipient un fluide élaftique , propre à foutenir le mercure de la jauge , à 2 & même 3 lignes au-deffus du niveau. On fait le vuide beaucoup plus exactement avec les grandes pompes que mon oncle & mon pere avoient inventées il y a près de 80 ans ; & quoique cette opération foit plus fatigante, on parvient néanmoins à évacuer le récipient au point que l'eau ne fe foutient point dans la jauge à une hauteur plus grande au deffus du niveau, que celle qu'elle a coutume d'avoir lorfqu'on plonge un tube de verre dans l'eau & qu'elle y demeure fufpendue en vertu de l'attraction de ce tube. Cette machine pneumatique eft donc incomparablement meilleure que celle de *s'Gravefande.*

§. MMCXXI. Quoique l'air foit élaftique , & qu'il foit compofé de particules qui fe repouffent mutuellement , il y a cependant quantité de corps qui attirent ce fluide & auxquels il s'attache & adhere fortement. Lorfque l'air s'attache ainfi à la furface des corps, on ne parvient pas aifément à l'en détacher , ainfi qu'on peut s'en convaincre lorfqu'on renferme un vafe de verre en partie rempli d'eau, fous le récipient de la machine pneumatique; dès qu'on fait le vuide fous ce récipient , on voit des bulles d'air adhérentes au fond & aux parois du vafe, qui ne s'en peuvent détacher qu'avec beaucoup de peine, eu égard à l'adhérence qu'elles contractent avec ces furfaces. On obferve pareillement que l'air contracte une adhérence avec les métaux , les demi-métaux , les pierres , les bois , les végétaux quelconques, fur-tout avec la furface nerveufe des feuilles, ainfi qu'avec les parties animales qu'on plonge dans l'eau. Ce phénomene s'obferve fur-tout pendant l'été, & lorfque pendant le jour on expofe au foleil le vafe qui contient l'eau. Pendant l'hiver les bulles d'air ne fe manifeftent pas fi fenfiblement à la furface des corps qu'on plonge dans l'eau , de forte qu'il paroît que l'air n'eft pas moins attiré, qu'il eft repouffé par les corps.

§. MMCXXII. Le poids de l'air qui eft proche la furface de la terre étant connu , ainfi que fon reffort , on peut comprendre aifément tout ce qui concerne le méchanifme des pompes. On diftingue trois efpeces de pompes fimples ; favoir , les *pompes afpirantes* , les *pompes à élever l'eau* & les *pompes foulantes.* On combine quelquefois enfemble ces trois efpeces de pompes , de forte qu'elles font tout à la fois afpirantes & à élever, ou afpirantes & foulantes ; enfin à élever & foulantes. Outre ces différentes pompes , il y en a encore d'autres qui font compofées de plufieurs , mais dont on peut comprendre aifément le méchanifme, dès qu'on connoît celui des pompes fimples. Je ne parlerai point de ces dernieres ; je me bornerai feulement à établir ici les principes fur lefquels les pompes fimples font conftruites.

§. MMCXXIII. De quelque pompe quelconque qu'on faffe ufage, il faut toujours employer du mouvement pour élever l'eau , ou tout autre fluide quelconque ; c'eft pourquoi il faut, 1°. ou faire mouvoir le pifton , la pompe demeurant immobile ; 2°. ou faire mouvoir la pompe, le piston restant dans la même situation ; ou 3°. faire mouvoir en même-tems le piston & la pompe.

§. MMCXXIV. Nous allons commencer par donner la description de la pompe ordinaire, dont on fait universellement usage en Hollande.

Le canal AB [*Tab. 56 fig. 4.*], qui plonge dans l'eau du puits, est soudé au corps de pompe BRS ; la partie inférieure BHR de ce corps de pompe est d'une figure conique, afin qu'il puisse embrasser exactement le corps conique H, qui porte une soupape, & que l'eau ne puisse point se faire jour & retomber par l'espace qui pourroit rester autour de leur jonction. La pompe est, à proprement parler, la partie HBSS, qui est une cavité cylindrique, dans laquelle s'éleve l'eau du puits, après avoir soulevé la soupape H, laquelle retombant ensuite, empêche que l'eau qui a passé au-dessus ne retombe dans le puits : la pompe se termine supérieurement par un ample réservoir E, qui porte un tuyau de décharge O, par où l'eau parvenue dans ce réservoir, s'écoule. M est un piston attaché à la queue I T, qui sert à l'élever ou à l'abaisser ; ce piston est creux, & il porte une soupape mobile N : on le fait mouvoir à l'aide d'un levier du premier genre TVP. Pour entendre maintenant le méchanisme de l'opération, il faut observer que le canal AB, ainsi que le corps de pompe BRS, sont remplis d'air qui est de même densité que celui de l'atmosphere ; mais dès qu'on éleve le piston M, & qu'on le fait mouvoir du fond HR de la pompe, jusques vers sa partie supérieure S, alors la masse d'air qui occupoit l'espace ABRH, se raréfie, & occupe l'espace ABSS, plus grand que le premier : cette masse d'air devenant plus rare, n'est plus en état de contrebalancer le poids de l'atmosphere ; ce dernier poids prévalant alors, oblige une certaine quantité d'eau à s'élever dans le canal déférent AB, laquelle jointe au ressort de l'air raréfié qui reste dans l'intérieur de la pompe, se trouve en équilibre avec le poids de l'atmosphere : si on baisse alors le piston, & qu'on le fasse descendre, la soupape H s'abaisse & se ferme ; le piston descendant dans l'espace que l'air occupe, le comprime : cet air comprimé leve, par la réaction de son ressort, la soupape N, & passe au-dessus. Si on éleve une seconde fois le piston depuis HR jusqu'en SS, l'air compris dans le canal déférent AB se raréfie encore, & se distribue une seconde fois entre cette capacité & celle du corps de pompe ; ce qui donne lieu au poids de l'atmosphere de porter encore plus haut l'eau qui passe dans le canal déférent : méchanisme qui a lieu à chaque coup de piston, & qui fait que l'eau s'éleve dans le canal déférent & dans le corps de pompe ; car après quelques coups de piston, il arrive que le piston descend dans une masse d'eau qui a passé au-dessus de la soupape HR : cette eau étant comprimée par la descente du piston, souleve la soupape N, passe au-dessus, & la referme par son propre poids, lorsqu'on éleve le piston ; de sorte que ce liquide s'élevant insensiblement dans le corps de pompe, il vient remplir le réservoir E, & il coule enfin par le tuyau de décharge O.

Il n'est pas hors de propos de déterminer plus exactement cette opération par la voie du calcul ; & pour rendre ce calcul plus aisé, supposons que le corps de pompe & le canal déférent soient de même diametre : supposons encore que le point le plus bas HR, où se trouve le piston M, soit à 12 pieds de diſtance de la ſurface de l'eau A ; & que le mouvement de ce piſton, depuis M juſqu'en S, ſoit de 4 pieds. Lorſque le piſton eſt en M, c'eſt-à-dire, lorſque le piſton ſe trouve placé au fond de la pompe, & qu'on ne l'a point encore fait jouer, l'air compris dans le canal déférent y eſt de même denſité, & y jouit d'un reſſort égal à celui de l'air extérieur. Nommons cet air S : cela poſé, ſi on fait mouvoir le piſton, & qu'on l'éleve de M en S, on aura A S = 16 pieds ; eſpace dans lequel l'air du canal s'étend. Suppoſons que, par cette premiere opération, l'eau s'éleve dans le canal juſqu'en D, dont nous déſignerons la hauteur par X, l'air intérieur, réduit alors à l'eſpace D S, ſera = 16 — x ; ſon reſſort diminué, étant déſigné par S, comme il eſt en raiſon inverſe des eſpaces, on aura S : s : : 16 — x : 12. Par conſéquent

$$\frac{12\,S}{16 - x} = s.$$ Or le poids d'une colonne d'eau de 32 pieds équivaut à la preſſion de l'atmoſphere, & conſéquemment = S.

On aura donc $32 : S : : x : \frac{S\,x}{32}$; c'eſt-à-dire, le poids de l'eau élevée x ; ce poids, ajoûté au reſſort de l'air diminué, = S.

Donc $\frac{12\,S}{16 - x} + \frac{S\,x}{32} = S$. En diviſant les termes par S, on aura $\frac{12}{16 - x} + \frac{x}{32} = 1$, ou $384 + 16\,x - x\,x = 512 - 32\,x$, ou $x\,x - 48\,x = -128$; ajoûtant de part & d'autre 576, quarré de 24, on aura $x\,x - 48\,x + 576 = 576 - 128 = 448$. En tirant la racine, on aura $x - 24 = \pm \sqrt{448} = \pm 21{,}166$. Et ajoûtant de part & d'autre 24, on aura $x = 24 - 21{,}166 = 2{,}834$, ou A D. Maintenant, en retranchant A D de A B = 12, le reſte deviendra = 9,166. Or appellons x toute la hauteur à laquelle l'eau s'élevera au premier & au ſecond coups de piſton, on aura alors, par l'équation précédente, $\frac{9{,}166}{16 - x} = \frac{x}{32} = 1$; équation qu'il faudra réſoudre comme la premiere, & on trouvera $x = 5{,}098$: & en retranchant la premiere élévation de l'eau, on trouvera que la hauteur à laquelle l'eau s'éleve au ſecond coup de piſton, = 2.264 ; & ainſi de ſuite ſuivant la Table ci-jointe.

Coups de piſton.	Hauteur de l'eau.	Hauteur entiere de l'eau.
1	2 . 834	2 . 834
2	2 . 264	5 . 098
3	2 . 025	7 . 123
4	2 . 043	9 . 166
5	2 . 413	11 . 579
6	3 . 620	15 . 199.

§. MMCXXV. *Martin* a ajoûté à cette théorie des chofes très curieufes, que voici.

Soit a $=$ la plus grande élévation du piſton,

    b $=$ fa plus petite,

a $-$ b $=$ p, le mouvement du piſton dans la pompe.

Soit h $=$ la hauteur de la colonne d'eau qui eſt en équilibre avec le poids de l'atmofphere : cela pofé, le théoreme précédent deviendra $\frac{b}{a-x} + \frac{x}{h} =$ 1 ; par conféquent b $+ \frac{ax - xx}{h} =$ a $-$ x, & b h $+$ a x $-$ x x $=$ a h $-$ h x ; & a x $+$ h x $-$ x x $=$ a h $-$ b h $=$ p h.

Suppofons que $\frac{a+h}{2} =$ S, on aura 2 S x $-$ x x $=$ p h ; & en changeant les fignes, on aura x x $-$ 2 S x $= -$ p h ; & en complettant le quarré, on aura x x $-$ 2 S x $+$ S S $=$ S S $-$ p h ; & en tirant la racine, on aura x $-$ S $=$ $\pm \sqrt{S S - p h}$, & x $= \pm \sqrt{S S - p h} + S$.

§. MMCXXVI. A l'aide de ce théoreme général, on peut non feulement trouver la valeur de x, mais encore toute autre quantité quelconque ; les autres quantités étant données. Suppofons que la plus grande élévation du pifton $=$ 16 pieds $=$ a ; h $=$ 32 pieds, & qu'on veuille élever l'eau à 10 pieds du premier coup de piſton, on demande la valeur de P, hauteur à laquelle il faut élever le piſton ? Puifqu'on a eu ci deffus $\frac{a+h}{2} =$ S, on aura $\frac{16+32}{2}$ $=$ 24 $=$ S.

Mais 2 S x $-$ x x $=$ p h ; donc on aura P $= \frac{2 S x - x x}{h}$; or x $=$ 10, donc $\frac{2 S x - x x}{h} = \frac{2 \times 24 \times 10 - 10 \times 10}{32} = \frac{480 - 100}{32} = \frac{380}{32} =$ 11,875 , qui exprimera le mouvement en hauteur qu'il faut donner au piſton.

§. MMCXXVII. Comme l'air fe raréfie à chaque coup de piſton, & comme à chaque fois que le piſton defcend, les foupapes H & N fe ferment, & que l'air fe trouve intercepté, l'eau doit être foutenue dans le tube ; par conféquent le piſton comprime l'air dans la pompe, jufqu'à ce qu'il y foit auffi denfe que celui de l'atmofphere : il le comprime enfuite davantage, & cet air plus comprimé, acquiert alors affez de force pour foulever la valvule N, & pour s'échapper de la pompe.

§. MMCXXVIII. Par exemple, au premier coup de piſton, l'eau s'éleve à 2,834 pieds ; fi on fouftrait ce nombre de 16, on aura pour refte 13,166, qui exprimera l'efpace dans lequel 12 pieds d'air fe raréfient ; & comme il fe trouve alors moins élaftique que l'air de l'atmofphere, il faut que le piſton, en defcendant, le réduife à un efpace de 12 pieds avant qu'il puiffe acquérir fon premier degré de tenfion & de reffort : par conféquent le piſton ne peut produire cet effet qu'il ne defcende de 1,166 de pied ; mais le mouvement de ce piſton eſt de 4 pieds. Cet air peut donc encore être comprimé ; puifque

4 pieds — 1,166 = 2,834, qui indique la quantité d'air qui doit sortir par la soupape N, & qui est égale à la quantité d'eau élevée.

§. MMCXXIX. Supposons maintenant que le piston soit reporté en M; si on fait monter ce piston vers le haut de la pompe, l'air compris en H D = 9,166, s'étendra dans un espace = 16 — 5,098 = 10,902. Si on abaisse ensuite ce piston, il faut qu'il comprime l'air, & qu'il le réduise à un espace = 9,166, avant qu'il puisse s'échapper par la soupape N : pour que cet air sorte, il faut que le piston descende de 1,736 pieds; & conséquemment 4 — 1,736 = 2,264, qui exprime la quantité d'air qui sortira au second coup de piston. L'air qui restera après cela dans le tuyau, sera = 9,166 — 2,264 = 6,902 pieds. En suivant cette méthode, on pourra trouver aisément les nombres qu'on doit avoir à chaque coup de piston.

§. MMCXXX. On concevra aisément par-là quel espace doit parcourir le piston en descendant, pour réduire l'air intérieur à la même densité que celui de l'atmosphere. Lorsque cet espace devra être plus grand que celui que le piston peut parcourir par le jeu qu'on lui a donné; alors l'eau ne pourra plus s'élever dans la pompe : car alors l'air ne pourra plus être chassé de la pompe; & ce cas a lieu lorsque le piston ne peut point assez approcher du fond de la pompe.

§. MMCXXXI. Supposant que ce cas arrive, nommons x la plus grande hauteur à laquelle l'eau puisse s'élever. Puisque la plus grande hauteur du piston = a, sa plus petite = b. La hauteur de l'atmosphere = h, & que a — b = p, ou le mouvement du piston : lorsque le piston sera parvenu au point le plus bas, auquel il puisse atteindre, l'espace où l'air sera renfermé sera = b — x; & lorsque le piston sera autant élevé qu'il le puisse être, il sera = a — x; la pression de l'air sera $\frac{b-x}{a-x}$, ou une partie de la premiere pression, qui étoit la pression entiere de l'atmosphere : le poids de l'eau en fait l'autre partie; savoir $\frac{x}{h}$, & ces deux poids joints ensemble, égalent celui de l'atmosphere; donc $\frac{b-x}{a-x} + \frac{x}{h} = 1$; & par conséquent $bh - bx + ax - xx = ah - hx$; mais $ax - xx = ah - bh = ph$. En changeant les signes, on aura $xx - ax = -ph$. En complettant le quarré, on aura $xx - ax + \frac{1}{4}aa = \frac{1}{4}aa - ph$; donc $x - \frac{1}{2}a = \sqrt{\frac{1}{4}aa - ph}$. Donc $x = \pm \sqrt{\frac{1}{4}aa - ph} + \frac{1}{2}a$.

§. MMCXXXII. Par conséquent le mouvement du piston étant donné, ainsi que sa hauteur au-dessus de la surface de l'eau, on pourra connoître la plus grande hauteur à laquelle elle pourra s'élever, & conséquemment on pourra déterminer si la pompe dont on veut se servir est propre à l'usage auquel on la destine. En effet, supposons que a = 28, b = 25, p = 3, h = 32; alors x = ± 10 + 14; c'est-à dire, la plus grande hauteur à laquelle l'eau puisse s'élever, = 14 — 10 = 4 : car l'autre racine 10 + 14 est impossible; parceque toutes les hauteurs comprises entre 4 & 24 pieds, sont trop grandes.

§. MMCXXXIII.

§. MMCXXXIII. Suppofons que a = 24, b = 20, p = 4, h = 32, x = ± 4 + 12, ou x = 12 — 4 = 8 pieds, qui eft la plus grande hauteur.

Si a = 20, b = 16, p = 4, on aura $x = \pm \sqrt{\frac{1}{4}aa - ph} + \frac{1}{2}a =$

$\sqrt{100 - 128} + 10 = \sqrt{-28} + 10$. Mais comme la racine de — 28 eft une quantité imaginaire & impoffible, ce cas ne peut pas avoir lieu dans la nature, & p h ne peut point être plus grand que $\frac{1}{4}$ a a, l'eau s'élevant toujours affez pour atteindre le pifton. Lorfque $\frac{1}{4}$ a a = p h, alors

$\sqrt{\frac{1}{4}aa - ph} = 0$, & $x = \frac{1}{2}a$; dans ce cas $p = \frac{\frac{1}{4}aa}{h}$, ou $\frac{aa}{4h}$. Par con-

féquent fi a = 16 $\frac{1}{2}$ a = 8 = x, la plus grande hauteur à laquelle l'eau pourra

s'élever, & $p = \frac{1}{4}\frac{aa}{h} = \frac{64}{32} = 2$ pieds, qui expriment le mouvement du

pifton.

§. MMCXXXIV. On peut déduire de ce théoreme une loi générale pour les pompes.

Savoir, qu'aucune pompe ne peut élever l'eau, qu'à moins que l'efpace parcouru par le pifton n'égale le quarré de la plus grande hauteur du pifton,

divifé par 128; parceque $P = \frac{aa}{4h} = \frac{aa}{4 \times 32} = 128$.

Suppofons que la hauteur du pifton = 16 pieds, fon quarré = 256; ce quarré, divifé par 128, = 2: donc le plus petit mouvement que le pifton puiffe avoir, doit être de plus de deux pieds. Si la hauteur du pifton = 20 pieds, on aura alors 20 × 20 = 400, & $\frac{400}{128} = 3 . 13$; par conféquent le mouvement du pifton, dans ce dernier cas, doit être plus grand que 3 . 13 pieds. Si la hauteur du pifton = 12, alors 12 × 12 = 144, & $\frac{144}{128} = 1 . 12$, qui exprime le plus petit mouvement qu'on puiffe donner au pifton.

§. MMCXXXV. Les piftons des pompes ordinaires font faits de bois : on leur donne la forme d'un étrier, ouvert à fon milieu : on adapte à leur par- tie inférieure un cuir, de l'efpece de ceux dont on fe fert pour faire des fou- liers. Ce cuir doit déborder le pifton, & fe replier de bas en-haut fur le pif- ton, pour fe monter exactement fur la cavité de la pompe ; il faut avoir foin que ce pifton puiffe fe mouvoir graffement dans le corps de pompe, fans que fon frottement foit trop grand : & fi on a la précaution de verfer de l'eau dans le corps de pompe avant de faire jouer le pifton, il n'eft pas néceffaire alors que les cuirs s'appliquent contre les parois intérieures de la pompe. On fe fert quelquefois d'une pompe dans les laboratoires de Chymie, pour tirer de l'eau bouillante ; alors au lieu de cuir, on entoure le pifton avec du gros linge, que l'eau ne brûle point, & on fait les foupapes avec des plaques de cuivre.

On fe fert de différentes matieres pour faire les piftons, & on leur donne différentes formes, fuivant les ufages auxquels on les deftine. *Defaguilliers* nous a donné la defcription de plufieurs efpeces de piftons. Pour démon- trer d'une maniere très fenfible que le contact immédiat du pifton contre les parois du corps de pompe, n'eft pas auffi néceffaire qu'on le penfe ; j'ai

imaginé de former un pifton fait d'un fac de linge, qui ne portât aucunement contre les parois de la pompe, & qui me paroît devoir être compté parmi les meilleurs piftons que nous connoiffions. A A B B [*Tab.* 56. *fig.* 5.]
eft un fac de linge lâche; fon bord fupérieur A A A eft fuffifamment large
pour qu'il puiffe remplir la capacité de la pompe, dans le cas où il viendroit
à s'étendre : ce fac, vers fa partie inférieure, eft replié de bas en-haut, & lié
intérieurement autour de la partie C, afin qu'il pende librement & circulairement en B B, mais qu'il demeure fermé à cet endroit.

' Au bord fupérieur A A A font attachés fix fils D A, D A, qui font un peu
lâches, afin que les bords du fac puiffent s'étendre par l'effort de l'eau, &
remplir la capacité de la pompe, & afin qu'ils puiffent fe reporter en-dedans;
ce qui donne au pifton la facilité de defcendre dans l'eau. Il eft un cercle
de cuivre ou de métal mince, attaché à la queue du pifton, par le moyen de
trois rayons, pour modérer le bord du fac, afin qu'il ne fe porte point trop
en-dedans, & qu'il ne vienne point s'appliquer contre la queue du pifton;
mais qu'il demeure toujours ouvert, & que l'eau puiffe l'étendre lorfqu'on
fait monter le pifton.

§. MMCXXXVI. On a auffi imaginé différentes manieres de faire les foupapes, foit celles qu'on place dans l'intérieur des pompes, foit celles qu'on
établit fur les piftons, afin qu'on pût faire monter à chaque coup de pifton la
plus grande quantité d'eau qui fût poffible.

1°. Il y en a qui ne font qu'un fimple clapet de cuir, chargé d'un poids de
plomb vers fon centre : ce clapet porte vers une partie de fa circonférence une
efpece de queue de même matiere, qui forme une efpece de charniere :
là mobilité de ce clapet, fait qu'il cede aifément de bas en-haut, & de haut
en-bas. On en fait auffi avec des lames minces de métal, mobiles dans des
charnons.

2°. On prend encore deux lames de métal femi-circulaires; la charniere
qui les unit forme un des diametres de ces lames, & fe trouve placée au
milieu du trou qu'elles recouvrent : cette façon de conftruire une foupape,
eft propre à élever une très grande quantité d'eau.

3°. On en fait encore avec une plaque de cuivre, dont la charniere eft
placée vers l'une de fes extrêmités, & non à fon milieu; par ce moyen cette
foupape forme une efpéce de bafcule; de forte que lorfque l'eau fouleve la
partie la plus large de cette foupape, la partie la plus étroite fe renverfe en
fens contraire, & defcend dans l'eau. Cette méthode eft fort ingé-
nieufe.

4°. On place encore une balle de plomb, qui repofe librement fur un trou
rond fait au centre du pifton, & que l'eau fouleve lorfqu'elle veut paffer au-
delà; mais le poids de cette balle nuit à l'opération.

5°. On prend encore une plaque ronde de métal qui s'ajufte très bien à un
trou rond formé au centre du pifton : cette plaque porte un fil de fer faillant
qui joue librement dans le trou, & qui fert à diriger la foupape lorfque l'eau
la fouleve : on voit le deffein de cette foupape en N, dans la pompe foulante repréfentée par la fig. 7.

§. MMCXXXVII. Il y a encore une efpece de pompe fimple, dont le fervice exige peu de peine, & qui eft propre à tirer une grande quantité d'eau

d'un puits. ABC [*Tab. 56. fig. 6.*] eſt un tube qui plonge par une de ſes extrêmités A entierement ouverte dans le puits, & dont l'autre extrêmité C eſt munie d'une ſoupape de cuivre très mobile ; ce tube eſt entouré d'un plus grand D I, qui laiſſe entr'eux un eſpace aſſez grand pour qu'ils ne ſe touchent point : la partie ſupérieure de ce dernier porte auſſi une ſoupape E ; ce dernier peut être regardé, ou comme le piſton, ou comme la pompe. Ces deux tubes ſont encore renfermés dans un plus grand K M, P N, qui fait l'office de réſervoir, par le fond K N duquel paſſe le tube A B C, & auquel il eſt ajuſté & maſtiqué de façon que l'eau ne puiſſe point s'échapper par leur commune jonction. U eſt un demi-cercle adapté à la partie ſupérieure du plus grand des deux tubes intérieurs ; ce demi-cercle qui porte une ſoupape, eſt attaché à une queue Q O, qui peut ſe mouvoir librement & directement de bas en-haut, & de haut en-bas, & pour que ce mouvement ſe faſſe exactement & ſans vacillation, on attache vers la partie inférieure du grand tube intérieur trois poulies G, F, H, qui s'appuient le long des parois du réſervoir, & qui ſervent à diriger le grand tube intérieur dans ſes mouvemens. La queue Q O eſt auſſi dirigée par une barre quadrangulaire X Z, à laquelle elle eſt jointe, & qui paſſe par des ouvertures quadrangulaires, creuſées dans des points d'appui T & Y ; vers le milieu de cette derniere barre eſt adaptée en W une piece de fer qui porte un trou ovale, dans lequel ſe meut un bouton de fer formé à l'extrêmité d'un levier courbé en R S, & qu'on fait mouvoir par le moyen d'une manivelle V. Si on verſe un peu d'eau dans le réſervoir, & qu'on faſſe mouvoir le piſton, on fera monter en même tems le grand tube D E ; par ce moyen l'air compris dans l'eſpace C I, qui devient plus grand, ſe raréfie, & celui qui eſt compris dans le tube A B C ſouleve la ſoupape C, & l'air compris dans le tube A B C & dans l'eſpace I C, acquiert le même degré de tenſion : d'où il ſuit que l'eau du puits étant plus preſſée par celui de l'atmoſphere, s'éleve juſqu'à une certaine hauteur dans le tube A B ; mais pour que l'air n'engorge pas l'eſpace C I en paſſant par l'eſpace que laiſſent entr'eux les deux tuyaux, il faut ſe ſouvenir qu'on a verſé de l'eau dans cet eſpace, & que cette eau repoſe ſur le fond N K. En ſecond lieu, il faut conſidérer qu'en faiſant deſcendre le piſton O Q, & le tube I D avec lui, on comprime l'air qui eſt dans cet eſpace I C, & qu'on l'oblige par ce moyen à ſoulever la ſoupape E, & à s'échapper par cette ouverture, juſqu'à ce qu'il ſoit de même denſité que celui de l'atmoſphere : or lorſqu'on a fait jouer pluſieurs fois le piſton, & qu'on a épuiſé l'air du tube A B C, & du grand tube I D, l'eau ſe fait jour à ſa place, & monte dans le tube A B C ; de ſorte que lorſqu'on baiſſe enſuite le piſton, elle ſouleve la ſoupape E, elle coule dans le réſervoir, elle le remplit, & elle ſort par le tuyau de décharge R : par ce moyen on peut élever une grande quantité d'eau, & cette pompe eſt une ſimple pompe aſpirante, qu'on fait agir & mouvoir avec peu de frottement. Le canal A B C peut être quarré, ainſi que le canal D I qui l'enveloppe. On peut laiſſer entre A B C & D I un eſpace d'une, de 2 & de 3 lignes ; on peut auſſi donner une forme quarrée au réſervoir P M K N, & on peut également faire monter en même-tems une grande quantité d'eau, en faiſant jouer le piſton O Q ; parceque les parties de l'eau contractent entr'elles une forte adhérence, ſans quoi perſonne ne pourroit comprendre *à priori* comment, en mettant un si grand intervalle entre I D & C B, il pourroit se faire qu'en élevant le tuyau I D, l'air compris en N K ne passeroit point dans l'espace I C : ce qui arrive cependant aussi certainement que l'élévation de l'eau dans le tube A B C, pour passer de là dans le réservoir. Ce fut le célebre Artiste *Jean Paauw*, qui me fit part d'un fort beau modele de cet instrument.

§. MMCXXXVIII. Je me suis appliqué à trouver différens moyens pour pouvoir faire jouer directement les pistons; car dans les pompes ordinaires, on ne les fait mouvoir que d'une maniere oblique & bien imparfaite. La figure ci jointe [*Tab.* 56. *fig.* 7.] représente une pompe propre à élever l'eau à toutes sortes de hauteurs, & construite de maniere que le piston joue directement. A A est un tuyau qui plonge dans l'eau du puits; à son extrêmité supérieure B est placée une soupape qui, par sa disposition, permet à l'eau de passer dans le corps de pompe, & qui l'y retient dès qu'elle y est parvenue. C représente le piston de la pompe; il porte aussi une soupape, de même que les pistons des pompes ordinaires : ce piston est attaché à une queue cylindrique de métal. A la partie supérieure D de la pompe est adaptée une boîte garnie de cuirs percés par le milieu, qu'on a soin de graisser d'huile & de suif; afin que la queue du piston puisse se mouvoir librement à travers leur épaisseur, & qu'ils embrassent assez exactement cette queue, & qu'ils refusent passage à l'air & à l'eau. Les choses étant ainsi construites, l'eau qui s'éleve dans la pompe, se porte, à la vérité, vers la boîte à cuirs; mais elle ne passe pas outre : elle passe par une ouverture latérale L pour soulever ensuite une soupape N, qui se porte en s'ouvrant dans un réservoir de métal rempli d'air : l'eau qui pénetre, & qui est poussée dans cette derniere cavité, comprime l'air qui réside dans la partie supérieure de ce réservoir : l'air, par son ressort, réagit contre l'eau, & l'oblige à se porter dans le tube O P, qui s'ouvre dans un tuyau de cuir flexible S S S : ce tuyau se monte, à l'aide d'une vis, à la partie supérieure Q du réservoir; & l'eau étant continuellement poussée dans ce tuyau, jaillit continuellement par l'ajutage de métal adapté à l'autre extrêmité du tuyau. Mais revenons maintenant au piston de cette pompe : la queue de ce piston porte à sa partie supérieure une double regle dentée E F, E G : dans les deux dentures de ces regles engraine une roue, qui n'est dentée que sur sa demi circonférence; l'arbre de cette roue est conduit par une manivelle M : sur la monture de cette machine on remarque en K K deux rouleaux sur lesquels glissent les regles dentées, afin qu'elles conservent constamment leur même direction en ligne droite, lorsqu'elles se meuvent de bas en-haut, & de haut en bas : on tourne continuellement la manivelle dans le même sens; la roue engraine successivement dans les dents des deux roues, & on procure par ce moyen au piston les deux mouvemens qu'il doit avoir; car lorsque les dents I de la roue engrainent dans les dents de la regle E F, le piston est levé en haut par la rotation de la manivelle; mais lorsque la roue a fait une demi-révolution, ses dents commencent à engrainer dans celles de la regle G E & elles sortent alors de l'engrainage qu'elles avoient contracté avec la regle E F, & en continuant à tourner la manivelle, on abaisse la regle G E, ainsi que le piston C. Cette méchanique procure un mouvement fort égal au piston, en supposant qu'on ait bien proportionné les dents de la roue , & celles des regles E F , E G , ainsi qu'on l'a fait dans la machine que j'ai fait construire. Je fis construire cette pompe à Rotterdam par un excellent Artiste nommé *Jacob Kley*.

§. MMCXXXIX. L'excellent Artiste *Jean Paauw* a imaginé un autre moyen de faire mouvoir les pistons. Lorsqu'on fait mouvoir circulairement la manivelle M , on imprime le même mouvement à l'axe E [*Tab.* 56. *fig.* 8.], auquel elle est attachée, ainsi qu'au levier F , qui porte un cylindre mobile sur son axe ; ce cylindre se meut aisément dans une espece. d'anneau ovale C D , & éleve ou abaisse la queue du piston G I K , dont le mouvement est borné par les deux points fixes G & H ; de sorte que par ce moyen le piston se meut de haut en-bas , & de bas en haut , en conservant toujours la même direction : la queue de ce piston passe à travers des colliers de cuirs gras en I, qui empêchent l'air, ainsi que l'eau, de s'échaper de la pompe : par cette mé- chanique , l'eau est obligée de passer dans un réservoir L , où elle est pressée par le ressort de l'air , qui la force à passer dans le canal adapté au réservoir , & à jaillir par l'ajutage N de ce canal.

§. MMCXL. La perfection des pompes dépend de plusieurs conditions que voici.

1°. Il faut faire attention au diametre de la pompe , & conséquemment à celui du piston , afin de les proportionner aux puissances qu'on veut employer pour servir la pompe.

2°. Il faut faire ensorte que le piston se meuve toujours directement selon la longueur de la pompe , & conséquemment contenir sa queue dans une situation toujours perpendiculaire , & empêcher qu'elle ne flé- chisse.

3°. Il faut diminuer , autant qu'il est possible , le frottement du piston con- tre les parois de la pompe , ayant soin cependant qu'il s'applique exactement à ces parois , & qu'il puisse refuser passage à l'eau , ainsi qu'à l'air , qui vou- droient s'insinuer entre leur jonction.

4°. Il faut aussi que le mouvement du piston soit proportionné à la capa- cité de la pompe , à celle du canal qui porte l'eau dans la pompe , & à la hau- teur à laquelle on veut élever l'eau.

5°. Le diametre de la pompe doit être aussi dans un certain rapport avec celui du canal par lequel l'eau s'éleve dans la pompe , & avec la vîtesse du piston , & la hauteur à laquelle l'eau doit s'élever.

6°. Il faut encore avoir égard aux soupapes , tant à celle qui est établie sur le piston , qu'à celle qui est placée dans la pompe , & à celles qui sont éta- blies dans les tuyaux déférens : il faut outre cela choisir des endroits propres à établir les soupapes , afin que l'eau puisse être élevée avec la plus petite force possible , à la hauteur à laquelle elle doit parvenir.

7°. Il faut enfin déterminer la solidité qu'il faut donner aux pompes , aux pistons , aux queues des pistons , & aux canaux déférens ; & conséquemment il faut déterminer l'épaisseur de chacune de ces choses , ainsi que la matiere qui doit entrer dans leur construction , afin qu'elles soient en état de résister , & aux puissances motrices , & aux efforts qu'elles ont à supporter.

§. MMCXLI. Lorsque l'eau s'est élevée dans une pompe , & qu'elle rem- plit le corps de pompe , ou le canal déférent , jusqu'au piston, la force avec laquelle le piston est poussé de haut en-bas , est égale au poids d'une colonne d'eau , dont la hauteur est égale à la colonne perpendiculaire , & dont la base est égale à la section circulaire de la pompe , ou à la base du piston.

Suppofons la pompe A B [*Tab.* 56. *fig.* 9.], l'eau étant en B, fi on fait monter le piston depuis B jufqu'en C, & que l'eau foumife à la preffion de l'air, fuive le piston dans fon élévation : fi on conçoit que l'air extérieur, ainfi que l'air intérieur , foient expulfés de la cavité de la pompe ; on concevra auffi-tôt que la colonne d'eau élevée C B fera effort pour defcendre, & defcendra avec tout fon poids. Si on confidere maintenant le piston C comme la partie fupérieure de l'eau , & comme adhérent à fa furface ; ce piston fera porté de haut en-bas avec une force égale au poids de l'eau : la puiffance qui doit foutenir le piston doit donc être égale au poids de la coionne C B. Si on introduit enfuite de l'air , & dans la pompe, & autour d'elle, fa preffion contre le piston C , pour le faire defcendre, fera égale à la preffion que l'air extérieur exerce contre l'eau pour la faire monter, & cette hypothefe ne change pas la premiere ; par conféquent la force de la puiffance P, pour foutenir la réfiftance R, doit encore être, comme auparavant, égale au poids de la colonne C B.

Si on éleve donc davantage le piston , & qu'on le porte jufqu'en D, la colonne qui le fuit, & qui y eft immédiatement appliquée, fera = B D ; par conféquent le poids de cette derniere fera à celui de la premiere, comme B D : B C , & la puiffance P devra être dans le même rapport : par conféquent fi B D a 30 ou 34 pieds de hauteur, la force requife P. devra être autant grande qu'elle puiffe être.

Si le tube B E [*Tab.* 56. *fig.* 10.], déférent, eft d'un plus petit diametre que celui de la pompe, & que le piston foit élevé en D , ce piston fera entraîné en-bas avec une force égale à celle de la colonne d'eau B D , dont la base fera égale à celle de la cavité de la pompe E F : car fi la preffion de B en D fe faifoit de bas en-haut, elle feroit la même, foit que le canal B E fût plus petit , ou qu'il fût de même diametre que le piston D.

§. MMCXLII. Soit que la pompe foit afpirante , ou foulante, fi l'eau eft élevée à la hauteur B D, le piston eft pouffé de haut en-bas avec un poids égal à celui qui pouffe le piston d'une pompe afpirante , ou avec lequel le piston d'une pompe afpirante eft attiré de haut en-bas ; car dans l'un & dans l'autre cas, le piston eft pouffé de haut en-bas par un poids égal à celui d'une colonne d'eau D B.

§. MMCXLIII. Si l'eau, dans une pompe afpirante, eft élevée à la hauteur D A, au-deffus du piston D, la puiffance qui doit foutenir le piston , doit foutenir le poids de la colonne D B & D A.

§. MMCXLIV. Mais s'il y a une foupape établie au fond F E de la pompe [*Fig.* 10.], lorfqu'on éleve le piston D, la foupape E F eft ouverte ; par conféquent la colonne D E F B forme une colonne continue, & elle tire le piston D avec un poids égal à celui avec lequel elle le tireroit, s'il n'y avoit point de foupape ; par conféquent la puiffance doit encore être la même que précédemment.

Mais fi on fuppofe que la foupape E F foit fermée, alors le piston demeurant en repos en D, la colonne d'eau fera foutenue par le feul fond E F ; car la foupape E F fait l'office d'un fond , & la colonne d'eau fera toujours également foutenue , foit que le pifton y foit, ou qu'on le fupprime.

§. MMCXLV. On peut, à l'aide d'une pompe afpirante, élever l'eau à toutes fortes de hauteurs. Suppofons que le canal déférent E B = 28 pouces, & qu'il y ait une foupape en E ; que le pifton D , qui touche le fond de la pompe E F, foit élevé jufqu'en D , que nous fuppoferons de deux pieds, l'eau s'élevera alors jufqu'en D ; puifque la hauteur B D n'excede point 30 pieds : fi on fait alors defcendre le pifton à travers la maffe d'eau élevée , & qu'on le porte jufqu'au fond de la pompe F E, la foupape fe fermera , & l'eau demeurera élevée en D : fi on éleve encore le pifton jufqu'en D , la colonne d'eau E D montera en A; la pompe fe remplira de nouveau jufqu'en D , & l'eau demeurera élevée jufqu'en A, lorfqu'on fera defcendre le pifton jufqu'en F E. Si on continue à manœuvrer , & qu'on releve encore le pifton jufqu'en D , l'eau s'élevera au-deffus de A d'une quantité égale E D ; de forte que, par le moyen de cette pompe , on parviendra à élever l'eau à la hauteur qu'on voudra.

Mais il faut remarquer que le canal déférent B E ne peut avoir que 30 pieds de hauteur, pris depuis B jufqu'en F , & même il feroit mieux de ne lui donner que 28 pieds de hauteur.

§. MMCXLVI. Maintenant la puiffance P étant donnée , ainfi que la hauteur à laquelle on veut élever l'eau , on peut déterminer aifément la capacité qu'il faut donner à la pompe, pour que la puiffance foit en état de foutenir le poids de l'eau , & de produire fon effet. Suppofons que la puiffance qui doit élever le pifton foit appellée P , & que la hauteur donnée à laquelle on veuille porter l'eau = a, & que le diametre cherché de la pompe = x , la colonne cylindrique d'eau (en fuppofant que la cavité de la pompe foit cylindrique) , fera en équilibre avec la puiffance P. Par conféquent P fera =

$\frac{314}{400}$ x x a. On aura donc $\sqrt{\dfrac{400\ P}{314\ a}}$ = x. Cela pofé, fuppofons que P =

10 ℔ , que la hauteur à laquelle on veuille élever l'eau = 16 pieds , un pied cylindrique d'eau = 49 $\frac{1}{2}$ ℔ ; & conféquemment 16 pieds = 792 ℔ : or comme les cylindres de même hauteur font entr'eux comme les quarrés de leurs diametres, on aura ℔ 792 : 144 pouces quarrés : : ℔ 10 : 1,818 pouces quar-

rés ; par conféquent le diametre cherché de la pompe = $\sqrt{1,818}$ pouces, ou 1,34 pouces ; & alors la puiffance donnée pourra foutenir l'eau à la hauteur de 16 pieds.

Nous avons fuppofé que la puiffance P agiffoit directement; mais fi on la fait agir par un levier , comme on a coutume de l'appliquer dans les pompes ordinaires , la pompe pourra avoir un plus grand diametre, & même, fuivant le rapport du bras de levier , auquel la puiffance fera appliquée , à celle du bras auquel le pifton fera attaché.

Nous avons auffi fuppofé que le pifton fe mouvoit fans effuyer de frottement ; ce qui ne peut point être vrai dans la pratique : il faut donc que la puiffance foit plus grande pour élever le pifton , & il faut augmenter cette puiffance à proportion du frottement.

Il faut auffi obferver que la pompe, ainfi que la plus grande hauteur à laquelle on faffe monter le pifton, ne doivent point furpaffer la longueur de la colonne d'eau qui eft en équilibre avec le poids de l'atmofphere.

En effet, fuppofons que le poids de l'air foit égal à une colonne d'eau D B = 34 pieds ; fi on éleve le pifton jufqu'en A, il reftera un efpace vuide entre la furface de l'eau qui eft en D, & le pifton en A : par conféquent le mouvement du pifton, depuis D jufqu'en A, devient inutile.

On peut voir plufieurs chofes relatives à cet objet dans l'Architecture hydraulique de *Belidor*, Liv. 3. chap. 3. depuis la page 73 jufqu'à la page 77.

§. MMCXLVII. Il faut remarquer que dans toutes fortes de pompes quelconques, le poids avec lequel le pifton eft preffé de haut en-bas, eft égal au poids d'une colonne d'eau de même bafe que le pifton, ou que la fection de la pompe, & de même hauteur que cette colonne.

Quoique le diametre de la colonne élevée foit plus petit ou plus grand que le diametre de la pompe, le pifton fupporte toujours une même preffion : pareillement, quoique l'eau s'éleve perpendiculairement ou obliquement, la preffion contre le pifton demeure toujours la même : ce qui fuit manifeftement de ce que nous avons démontré ci-deffus par expérience, ou ce qu'on peut démontrer ainfi.

A l'un des bras de la balance A B [*Tab.* 57. *fig.* 1.] foit fufpendu un tube de verre d e, fermé hermétiquement à fon extrémité fupérieure ; que ce tube foit mis en équilibre à l'aide d'un contre-poids, placé dans le baffin C, il faut d'abord prendre un petit tube, par exemple, de 10 pouces de longueur : lorfqu'on l'aura mis en équilibre avec un contrepoids fuffifant, on le remplira d'une certaine quantité de mercure, on le retournera en fens contraire, afin de le pefer de nouveau, pour connoître le poids du mercure qu'il contient : lorfqu'on fera affuré de ce poids, on fufpendra ce tube dans fa premiere fituation, au bras de la balance ; c'eft-à-dire, fa partie fupérieure d, étant fermée, & fon inférieure e ouverte. Cela pofé, le bras A de la balance fera follicité de haut en-bas par un poids égal au poids du tube & au poids du mercure qu'il contient : mais la colonne de mercure comprife dans ce tube, eft elle même pouffée de bas en-haut par la colonne d'air qui fe préfente à l'orifice e du tube, avec une force égale à celle avec laquelle elle tend à defcendre ; par conféquent le mercure compris dans le tube ne tend point à faire defcendre le bras A de la balance : néanmoins ce bras A, fuivant que l'expérience le fait voir, eft follicité de haut en-bas avec une force égale au poids du mercure compris dans le tube ; parceque la colonne d'air qui s'appuie fur la voûte d du tube, la pouffe de haut en bas avec une force égale à celle avec laquelle la colonne de mercure tend à defcendre par l'orifice e ; & conféquemment on trouve ici trois caufes qui agiffent fur le bras A de la balance, & qui le follicitent à defcendre. 1°. Le poids du verre, 2°. le poids du mercure, 3°. le poids de la colonne d'air, qui s'appuie fur la voûte du tube : or l'une de ces trois caufes, favoir le poids de la colonne de mercure, comprife dans le tube, devient nulle ; parcequ'elle eft foutenue par la colonne d'air qui fe préfente à l'orifice e, & qui agit de bas en-haut contre la colonne de mercure.

Suppofons maintenant que le tube d e foit une pompe, remplie par une

colonne

colonne d'eau d e, & que la voûte d soit le piston que la puissance soutient ; dans cette supposition, la colonne d'eau comprise dans le corps de pompe, est à la vérité soutenue par le poids de l'atmosphere ; mais le piston en d est poussé de haut en bas par la pression de l'air qui s'appuie dessus avec une force égale au poids de la colonne d e ; par conséquent si on attache ce piston au bras A de la balance, il tendra à descendre, & en vertu de son propre poids, & en vertu de la pression de l'air qu'il essuie, pression qui est égale au poids de la colonne d'eau d e ; il tendra donc à faire descendre le bras A de la balance, en vertu de ces deux forces réunies.

§. MMCXLVIII. *Belidor* a démontré d'une maniere très curieuse, de quelle façon il faut considérer le mouvement de l'eau par un canal qui porte l'eau dans une pompe, lorsqu'on éleve le piston (1).

Soit le canal A B C D E F [*Tab.* 57. *fig.* 2.] rempli d'eau jusqu'en A B, & dans lequel le piston P soit poussé par la pression de l'eau jusqu'en E F ; mais qui est retenu en partie par la puissance R, afin qu'il se meuve plus lentement qu'il se mouveroit, si on supprimoit la puissance R. La vîtesse avec laquelle le piston P seroit poussé, si on supprimoit la puissance qui résiste en R, seroit égale à celle du fluide qui couleroit par l'orifice E F : or cette derniere est comme la $\sqrt{\ }$ de la hauteur A C. Supposons que cette vîtesse $= \sqrt{a}$, la vîtesse avec laquelle le piston est poussée, lorsque la puissance R agit contre lui, est moindre que celle dont nous venons de parler ; néanmoins elle doit être égale à une vîtesse qui viendroit de la chûte d'un corps qui tomberoit d'une certaine hauteur. Appellons donc cette hauteur b, la vîtesse dont il est ici question sera donc $= \sqrt{b}$. Maintenant la vîtesse respective est égale à la vîtesse qu'un corps acquerroit en tombant d'une certaine hauteur : supposons que cette hauteur $= c$, cette vîtesse sera donc $= \sqrt{c}$: par conséquent on aura l'équation suivante, $\sqrt{a} = \sqrt{b} + \sqrt{c}$; parceque la vîtesse respective du piston, jointe à la vîtesse qu'il a réellement, exprime celle avec laquelle le fluide se meut, ou lui est égale.

Or la vîtesse respective est produite par la puissance R ; par conséquent comme l'action de cette puissance est comme le quarré de sa vîtesse, son action sera comme le quarré de la différence entre la vîtesse avec laquelle le fluide se mouveroit, si on supprimoit le piston & la vîtesse du piston : or comme cette vîtesse est actuellement $= \sqrt{a} = \sqrt{b} + \sqrt{c}$, on aura $\sqrt{a} - \sqrt{b} = \sqrt{c}$; par conséquent l'action de la puissance R $= c$.

Supposons donc que la hauteur du fluide B C $= 10$ pieds : dans cette supposition, ce fluide acquiert une vîtesse avec laquelle il peut, en une seconde, parcourir, à très peu de choses près, 24 pieds 6 pouces : ce qui $= \sqrt{a}$: que le

____

(1) Archit. hydraul. Lib. 3. chap. 3. p. 77.

piston P ait une vîteſſe ſuffiſante pour parcourir 5 pieds 6 pouces, en une ſeconde, alors la racine b = 5 pieds 6 pouces.

$$\text{Donc } \sqrt{a} - \sqrt{b} = 24 - 6$$
$$\text{Si on ſouſtrait } \quad 5 - 6$$

$$\text{La vîteſſe reſpective de R} = \sqrt{c} \text{ ſera} = 19 - 0$$

Or un corps grave qui tombe de la hauteur de 6 pieds 4 lignes, acquiert une vîteſſe ſuffiſante pour parcourir 19 pieds 2 lignes, par conſéquent la puiſſance R, en ſoutenant le piſton P, agit comme une colonne de fluide de 6 pieds 4 lignes de longueur, dont la baſe eſt égale à celle du piſton. Voici un ſecond exemple.

Suppoſons que B D = 15 pieds, ſa vîteſſe ou $\sqrt{a}$ ſera = 30 pieds, la vîteſſe du piſton P = $\sqrt{b}$ = 5; on aura $\sqrt{c}$ = 25. Or un corps grave qui tombe d'une hauteur = 10 pieds 5 pouces, acquiert une vîteſſe ſuffiſante pour parcourir 25 pieds en une ſeconde : donc la puiſſance R ſera égale au poids d'une colonne d'eau de 10 pieds 5 pouces de hauteur, & de même baſe que le piſton.

Par conſéquent toute la force avec laquelle le fluide preſſe le piſton, eſt à la puiſſance R, qui ſoutient le piſton, comme la hauteur de la colonne du fluide = 15 eſt à la hauteur de la colonne qui produit une vîteſſe = $\sqrt{c} = 10\frac{5}{12}$.

Par conſéquent plus la vîteſſe du piſton eſt grande, plus la puiſſance R, qui réſiſte, pourra être petite, & réciproquement.

§. MMCXLIX. Suppoſons un tube A C B E S F G [*Tab.* 57. *Fig.* 3.], muni d'un robinet T V, que ce tube ſoit rempli d'eau juſqu'en A C ; ſur le côté D C, pris comme axe d'une parabole, ſoit décrite la parabole C P H ; ſoient menées les ordonnées O P, D H, qui exprimeront les vîteſſes que le fluide auroit s'il couloit par un trou fait en O ou en D : le fluide compris dans le canal D X, ſera donc pouſſé avec une vîteſſe exprimée par D H ; ſi on ouvre le robinet T V, & que le fluide ſe précipite dans le tube D X, juſqu'en S F, il s'élevera dans le tube S F G, mais il s'y élevera avec un mouvement retardé, & qui deviendra d'autant plus lent, que ce fluide s'élevera davantage.

Car le fluide A C B doit élever celui qui eſt compris dans le tube S F G, & il doit en élever une quantité d'autant plus grande, que le tube S F G en contient davantage ; mais comme le fluide compris dans le tube A C B agit toujours avec la même force, parceque ſa preſſion eſt uniforme, cette preſſion produira continuellement de moindres effets, à proportion qu'elle ſera obligée d'élever une plus grande quantité d'eau dans le tube S F G ; donc le fluide s'élevera avec un mouvement retardé dans le tube S F G.

Le fluide qui s'éleve dans le tube S F G, eſt comme le piſton P de la fig. 2, qui ſe mouvoit avec moins de vîteſſe que le fluide compris dans le tube

ACB ; par conféquent fi le fluide s'éleve depuis SF jufqu'en QR, la vî-teffe refpective fera égale à celle qu'un corps grave auroit acquife en tombant de G en Q, vîteffe qui eft, comme OP, ordonnée à la parabole.

Soit conduite du point B une autre parabole, mais en fens contraire de la premiere & = BKI ; foit tirée BM = DH ; foit élevée la perpendiculaire MI fur BM ; foient enfin tirées LK, lk paralleles à MBDF.

Les chofes étant ainfi difpofées, fuppofons que le fluide fe foit élevé depuis PF jufqu'en QR, la vîteffe refpective fera égale à celle d'un corps grave qui feroit tombé de G en Q, ou comme l'ordonnée OP, qui eft ici = KN, la vîteffe de l'eau qui s'éleve en QR fera comme PQ ou LK ; car toute la vîteffe du fluide dans le tube ACD eft = DH = BM = NL ; mais la différence entre les vîteffes ou les ordonnées BM, NK = KL : par conféquent toutes les droites menées entre la parabole BKkI, & la droite MLlI, & toutes les perpendiculaires fur IM, exprimeront les vîteffes du fluide qui s'éleve dans le tube SFG.

Corollaire 1. Comme l'aire de la parabole ABI = ⅔ du rectangle ABMI, on aura l'aire MBI = ⅓ du rectangle ABMI.

Donc le tube SFG fe remplira de bas en-haut dans un tems trois fois plus long que fi le fluide fe fût toujours mû avec une vîteffe = DH, qu'il acquiert en dernier lieu.

Corollaire 2. Le fluide remplit, en s'élevant, le tube dans un tems différent de celui qu'emploieroit un corps folide pour s'élever à la même hauteur, en fuppofant qu'il commençât à fe mouvoir de bas en haut avec une même vîteffe ; car la fomme des vîteffes eft comme la parabole DHC, qui = IAB = 2BMI.

§. MMCL. Suppofons maintenant un fiphon à deux branches, femblable au précédent, dont l'une des branches foit continuellement remplie d'eau, & dont l'autre foit remplie jufqu'en QR [*Tab.* 57. *fig.* 4.] : comme on fuppofe ici un pifton P foutenu par une puiffance T, ce pifton pourra être foulevé & porté de QR en bc, avec une vîteffe uniforme. Lorfque la vîteffe du pifton eft plus grande que celle avec laquelle l'eau s'éleve de bas en haut, il fe fait un vuide entre le pifton & le liquide. Mais fi le pifton fe meut avec une vîteffe moindre que celle de l'eau qui le fuit, alors une moindre quantité d'eau fuffira pour remplir le canal.

§. MMCLI. Suppofons que les branches du fiphon aient 31 pieds de hauteur, & que le poids de l'eau comprife dans la branche AD, foit égal à celui de l'atmofphere, & qu'en conféquence on puiffe prendre l'un pour l'autre l'un ou l'autre de ces deux poids, felon qu'on le jugera à propos. Suppofons donc que le feul tube GL foit plongé dans l'eau jufqu'au niveau de DS, & que le tube LG foit vuide d'air, l'eau fe portera alors dans ce tube, comme nous l'avons démontré ci deffus, & alors elle atteindra le pifton T, & elle le fuivra lorfqu'on le fera monter avec un mouvement uniforme, ou elle ne le fuivra pas.

§. MMCLII. Pour que nous puiffions donc favoir fi l'eau fuivra le pifton dans fon élévation, cherchons, & la vîteffe que l'eau pourra avoir dans la plus grande élévation du pifton, & la vîteffe du pifton foulevé. Cette derniere ne peut point aller au-delà de 4 pieds en une seconde, ou la machine se briseroit sur le-champ.

Appellons donc le poids de l'atmosphere, ou celui de la colonne d'eau qui lui est égal, $= 31$ pieds $= a$. Supposons que la plus grande élévation du piston au-dessus de la surface de l'eau $= 16$ pieds. Nommons cette élévation b : cela posé, la plus petite vîtesse avec laquelle l'eau s'élevera dans la pompe, sera $= \sqrt{a} - \sqrt{b}$; son quarré sera $= a + b - 2\sqrt{ab}$. Cherchons la valeur de $\sqrt{ab}$.

Cette valeur sera $22\frac{17}{100}$ pieds ; donc $2\sqrt{ab} = 44\frac{54}{100}$. Or $a + b = 31 + 16 = 47$.

Soustrayons $2\sqrt{ab} = 44\frac{54}{100}$.

La moindre vîtesse sera $= 2\frac{46}{100}$ pieds.

Si donc la vîtesse du piston $= 2\frac{46}{100}$ pieds en une seconde, l'eau suivra le piston.

Si la vîtesse du piston est plus grande, l'eau ne le suivra pas.

§. MMCLIII. Pour renfermer toutes ces choses sous une seule formule générale, nommons V la plus petite vîtesse de l'eau qui remplit la pompe jusqu'à la hauteur du piston : appellons v la vîtesse du piston, le diametre de la pompe D, le diametre du canal déférent d : cela posé, l'eau suivra le piston, si on a $V : v :: DD : dd$.

Par conséquent on aura $Vdd = vDD$.

Corollaire 1. Donc $\sqrt{\dfrac{vDD}{V}} = d$.

Corollaire 2. $\dfrac{vDD}{dd} = V$.

Corollaire 3. $\sqrt{\dfrac{Vdd}{v}} = D$.

Corollaire 4. $\dfrac{Vdd}{DD} = v$.

§. MMCLIV. Pour empêcher qu'il y ait de l'air compris entre le fond de la pompe & le piston, ce qui pourroit nuire à l'intensité de l'effet qu'on peut attendre d'une pompe, il faut avoir soin de remplir d'eau le canal déférent, ainsi que le corps de pompe, avant d'y introduire le piston : cela posé, en quelqu'endroit que la soupape soit disposée, soit qu'elle soit établie dans le corps de pompe, ou dans le canal déférent, soit que le piston touche à cette soupape, soit qu'il n'y touche point, à quelque distance même que le piston puisse être éloigné de la soupape, il est constant qu'en poussant alors le piston dans le corps de pompe, il descendra dans une masse d'eau, & qu'il pourra parvenir à l'élever jusqu'à une hauteur suffisante pour que la colonne élevée soit en équilibre avec le poids de l'atmosphere ; puisqu'il n'y aura point d'air intercepté entre le piston & la soupape, qui puisse s'opposer à cet effet.

§. MMCLV. Il faut cependant observer qu'à proportion que le piston sera placé dans une partie plus élevée du corps de pompe, on doit lui imprimer un mouvement plus lent; car l'eau ne peut s'élever à une telle hauteur qu'a-vec une petite vîtesse, & même cette vîtesse devient très petite lorsque ce fluide parvient à une hauteur de près de 31 pieds : par conséquent si on a dé-terminé auparavant la vîtesse du piston, il faut avoir soin de le faire descen-dre dans le corps de pompe à une profondeur suffisante, pour que l'eau qui doit s'élever puisse suivre la vîtesse qu'on donne à ce piston : on doit même le faire descendre un peu plus bas qu'à la profondeur indiquée; parceque l'eau ne s'élevera certainement point avec toute la vîtesse qu'on aura déter-minée par le calcul, eu égard au frottement qu'elle doit nécessairement éprouver, & dans le canal déférent, & dans le corps de pompe.

§. MMCLVI. Quant à ce qui concerne le mouvement des eaux qui sont poussées dans des canaux par le moyen des pompes, *Euler* a donné les re-gles suivantes, qu'on trouvera détaillées dans les Mémoires de l'Académie de Berlin, année 1752.

1°. Pour que l'eau puisse être portée dans un réservoir élevé, par l'effort d'une puissance qui pousse le piston d'une pompe; supposons que le rapport du diametre à la périphérie de la pompe soit comme $1 : \pi$; que le diametre de la pompe $= a$; que la hauteur perpendiculaire du réservoir, au dessus du fond de la pompe, $= g$; que la force qui fait descendre le piston $= K$; il faut alors que K soit plus grand que $\frac{1}{4} \pi a a g$.

2°. Pour que la force qui abaisse le piston puisse faire élever dans le réser-voir la plus grande quantité d'eau possible, il faut que le canal qui porte l'eau dans ce réservoir, soit autant grand que faire se peut.

3°. La plus grande pression de l'eau s'exerce sur la partie inférieure de ce canal; il faut donc augmenter à cet endroit l'épaisseur du métal qui le for-me, à proportion qu'il devient plus ample.

4°. Pour qu'on puisse pousser dans le réservoir la plus grande quantité d'eau possible, il faut que le canal déférent ait le moins de hauteur qu'il est possi-ble; ce à quoi on parviendra, si on le dispose de maniere qu'il s'éleve per-pendiculairement de la pompe dans le réservoir.

Car si on suppose deux canaux de même diametre, mais de différente lon-gueur, les quantités d'eau qui s'en dégorgeront, seront entr'elles en raison réciproque des racines quarrées de leurs longueurs; de sorte qu'un canal quatre fois plus long ne fournira dans le même tems qu'une quantité d'eau sous double.

5°. Plus le canal déférent sera court, & plus le tems qu'on emploiera à faire mouvoir le piston dans la pompe sera court.

6°. Le tems qu'on emploie à faire descendre le piston dans une pompe étant donné, ainsi que les dimensions des parties d'une machine hydrauli-que, on peut trouver la force qui fait descendre le piston; la pression & la force qu'il faut donner aux canaux. Par exemple, supposons que le diame-tre de la pompe $= a$; que le rapport du diametre à la périphérie $= 1 : \pi$; que la hauteur que parcourt le piston, dans son mouvement, $= b$; que le diametre du canal déférent $= c$; que sa longueur $= l$; que la hauteur per-pendiculaire de ce même canal $= g$; que le tems, une seconde, $= t$; que la preſſion ſur la partie la plus inférieure de la machine $= p$, la quantité d'eau qui ſera élevée dans le tems déſigné par t, ſera $= \frac{1}{2} \pi a a b$; & dans une heure $= 5654 \frac{a a b}{t}$ pieds cubiques. K, qui déſigne la force qui fait deſcendre le piſton $= \frac{1}{4} \pi a a g + \frac{0,20106 \, a^4 \, bl}{cctt} \cdot p = g + \frac{0,256 \, a a bl}{cctt} = \frac{4 \, K}{\pi a a} \cdot t = \frac{0,4484 \, a a \sqrt{bl}}{(\sqrt{(K - \frac{1}{4}\pi a a g}} \, m''.$

Suppoſons que $a = \frac{4}{5}$ de pieds, $b = 4$ pieds, & que cet eſpace ſoit parcouru dans un tems $t = 6$ m''; que le diametre du canal déférent $c = \frac{1}{4}$ de pied; que la longueur de ce canal $l = 3000$ pieds; que la hauteur $g = 60$ pieds, on aura alors $p = 60 + \frac{0,256 \times \frac{16}{9} \times 4 \times 3000}{\frac{9}{16} \times 36} = 330$ pieds; par conſéquent il faut donner au canal une épaiſſeur ſuffiſante pour qu'il puiſſe ſoutenir l'effort d'une colonne d'eau de 330 pieds de hauteur.

La force requiſe pour faire deſcendre le piſton, doit être $= \frac{\pi}{4} \times \frac{16}{9} \times 330$ $= 461$ pieds cubiques; & la quantité d'eau élevée en une heure, ſera $= 6701$ pieds cubiques.

Belidor, dans ſon Architecture hydraulique, T. 2. Liv. 3. chap. 3. a traité d'une maniere fort étendue la théorie des pompes. *Deſaguilliers* a traité cette matiere d'une maniere plus conciſe, dans ſon Ouvrage intitulé : *Courſe of Experimental Philoſophy*. Vol. 2. Lect 8 p. 169 *Martin* a rempli le même objet dans ſon Livre intitulé : *Philoſ. Britan*. T. 2 p. 288. Mais *Euler* ſur-tout nous a donné une très belle théorie ſur cela dans les Mémoires de l'Académie de Berlin, année 1752.

§. MMCLVII. Nous avons déja avancé (§. 980), que l'air expoſé à l'action du feu, ſe raréfioit : d'où il ſuit que l'élaſticité de l'air, cette propriété en vertu de laquelle il tend à ſe développer en toutes ſortes de ſens, & à ſe dilater, augmente & acquiert une plus grande intenſité, lorſque le feu déploie ſon action contre ce fluide. Au contraire, l'air expoſé au froid, ſe condenſe & ſe réduit à un moindre volume, de même que s'il perdoit une partie de ſon reſſort.

L'expérience ſuivante fournit une preuve ſenſible de la force que l'air acquiert lorſqu'on l'expoſe à l'action du feu.

Fermez hermétiquement une petite ampoule de verre mince, remplie d'air; expoſez cette fiole à un feu violent, la chaleur que l'air acquerra développera ſon reſſort, il ſe raréfiera & en faiſant effort pour s'étendre & pour occuper un plus grand volume, il briſera la fiole en produiſant une forte exploſion (1). Une veſſie qui ne contient qu'une petite quantité d'air, étant liée & fermée exactement, s'enfle à proportion qu'on la fait chauffer, & elle

____

(1) Hiſt. de l'Acad. Roy. ann. 1710.

s'enfle au point de crever & de détonner. Mais *Amontons* a fait des expériences plus exactes sur les forces de l'air raréfié (1). Les résultats de ces expériences lui ont appris, qu'une grande ou une petite quantité d'air renfermée dans un vase, acquéroit, par la raréfaction que pouvoit produire la chaleur de l'eau bouillante, une force si considérable, que, comparée au poids de l'atmosphere, elle étoit avec ce poids dans le rapport de 10 à 33, & quelquefois de 10 à 35. Ce que j'ai aussi éprouvé moi-même plusieurs fois; puisque l'air, ayant acquis un tel degré de chaleur, élevoit une colonne de mercure comprise dans un tube à la hauteur de 8,286 pouces, la colonne de mercure du barometre étant à 29 pouces. Or le résultat de cette expérience est susceptible de plus & de moins, suivant que l'air renfermé dans la boule & dans le tube, est plus ou moins dense, plus ou moins sec, plus ou moins froid.

§. MMCLVIII. Lorsque l'air compris dans la boule de l'instrument étoit plus dense que celui de l'atmosphere, & qu'on l'exposoit pareillement à la chaleur de l'eau bouillante, on observoit que les forces expansives qu'il acquéroit alors, étoient en raison de sa densité (2). Ces résultats se faisoient observer lorsque l'air qu'on soumettoit à l'expérience étoit sec; mais pour peu qu'il fût imprégné d'humidité, on remarquoit qu'il acquéroit des forces beaucoup plus grandes; forces néamoins qu'on ne doit point attribuer à la dilatation de l'air, mais à la prodigieuse dilatabilité des vapeurs, & c'est pour cette raison que l'expérience d'*Amontons* ne peut point donner constamment le même résultat en tout tems & en tous lieux : ce qui a été confirmé depuis par *Galeat* (3), qui observa que la dilatation de l'air étoit un peu plus grande dans une cave que dans un donjon. Un autre jour il observa que cette dilatation étoit plus grande sur le sommet du donjon, moindre au-dessous & vers le milieu de cet endroit, enfin très petite dans la cave. Un autre jours ces raréfactions étoient encore différentes dans ces trois endroits, & il jugea que ces différences dépendoient des vapeurs qui flottoient dans l'atmosphere.

§. MMCLIX. Il suit de là que le feu augmente le ressort de l'air; que toute humidité échauffée au point de se convertir en vapeurs, & mêlée avec l'air, produit le même effet, ainsi que plusieurs exhalaisons qui émanent de différens corps, aussi-bien que les vents qui sont Nord-Est.

§. MMCLX. Mais jusqu'à quel point le feu raréfie-t-il l'air ? *Hauxbée* (4) a observé que la dilatation de l'air, prise depuis le terme de la glace, & comparée à celle qui est produite par la plus grande chaleur qu'on éprouve en Angleterre, pendant l'été, est dans le rapport de 6 à 7; rapport qui est à-peu-près le même que celui que j'ai remarqué dans ce Pays : j'ai cependant observé une dilatation un peu plus grande un jour que la chaleur étoit excessive. Le volume de l'air, pris au terme de la glace, & comparé avec celui qu'il acquiert par la chaleur de l'eau bouillante, sont entr'eux dans le rapport de 2 à 3. Mais le célèbre *Bernouilly* a observé à Petersbourg, que les

---

(1) Hist. de l'Académ. Roy. ann. 1708. (2) Hist. de l'Académ. Roy. ann. 1702. (3) Comment. Bonon. Vol. 2. pag. 305. (4) Phænomen. Pneum. Prop. 31. pag. 147.

dilatations de l'air , produites par la chaleur de l'eau bouillante , par la chaleur d'un des plus chauds jours d'été , & que son état de dilatation , un des jours où le froid de l'hiver est le plus sensible , étoient entr'elles , comme les nombres 6 , 4 , 3 (1). Le volume de l'air , dans le tems où il éprouve un froid semblable à celui qui produit de la glace , comparé à celui qu'il acquiert lorsqu'il est renfermé dans un tube de verre échauffé au point de se fondre , sont entr'eux dans le rapport de 1 : 3 , en supposant néanmoins que le tube , ainsi que la masse d'air qui le remplit , sont tous les deux secs. *Robins* , ayant observé le volume que l'air occupoit dans un canon de fer froid , & celui qu'il acquéroit dans ce canon , lorsqu'il le faisoit rougir au feu , trouva que ces volumes étoient entr'eux , comme 1 : 4 (2). Mais pour peu que l'air soit humide , il se dilate douze fois davantage , & même plus , au-delà de la dilatation dont il jouit lorsque sa température est la même que celle de la glace qui commence à se former : c'est pour cette raison que le P. *Mersenne* , faisant des expériences avec une éolipile , trouva que l'air se dilatoit au point d'occuper un espace 70 fois plus grand (3). Les résultats de ces sortes d'expériences varient continuellement , suivant que l'air est plus sec ou plus humide , ainsi que *Stancart* & *de la Hire* l'ont appris d'après leurs propres expériences (4).

§. MMCLXI. Il y a plusieurs Physiciens qui demandent si l'air peut perdre tout-à-fait , ou en partie , le ressort dont il jouit ; de sorte qu'on puisse le réduire dans un état d'inaction ? *Desaguilliers* a éprouvé à cet égard qu'une masse d'air renfermé dans un fusil pneumatique , pendant l'espace de 6 mois , n'avoit rien perdu de son élasticité (5) ; & il rapporte que plusieurs Physiciens , ayant fait de semblables expériences avant lui , ont assuré la même chose après avoir renfermé une masse d'air pendant un an , & d'autres pendant 7 ans ; puisqu'alors , en donnant issue à cet air , il s'échappoit encore avec la même force que si on l'avoit récemment condensé. *Roberval* nous a assuré qu'une masse d'air , renfermé pendant 16 ans dans un fusil à vent , avoit conservé toute son élasticité (6). Mais ces sortes d'expériences ne sont point assez précises pour qu'on puisse en conclure quelque chose de certain : c'est ce qui m'a engagé à les faire d'une autre maniere. Je pris donc pour cela un tube de verre A B C D , [*T*. 57. *F*. 5.] de plus de 7 pieds de longueur , & dont le diametre étoit égal à ceux dont on peut faire usage pour construire de très gros barometres : ce tube étoit courbé en A B , qui n'avoit qu'un pied de longueur , il étoit fermé hermétiquement en A. Je fis couler dans la courbure B C une petite quantité de mercure que je versai par l'orifice D , pour intercepter la colonne d'air comprise dans la branche A B ; & pour comprimer fortement cette colonne , je remplis de mercure pur & très sec le tube D C jusqu'en M , de sorte que la colonne de mercure comprise depuis C

(1) Duhamel , Hist. Academ. Reg. Lib. 4. §. 6. cap. 1.
(2) Benj. Rabins New Princi. of Gunnery Ch. 1. Prop. 5. pag. 14.
(3) Hist. de l'Acad. Roy. ann. 1708 , pag. 13.
(4) Philos. Transf. n. 454. pag. 176.
(5) Phœnom. Pneum. Prop. 31. pag. 147.
(6) Duhamel Hist. Academ. Reg. Lib. 4. §. 6. cap. 1.

jusqu'en

jufqu'en M , avoit 6 pieds de longueur : la portion MD de ce tube, qui n'a-
voit qu'un pouce de longueur, demeura remplie d'air, & je fcellai enfuite
hermétiquement ce tube en D ; je le plaçai après cela fur une lame de fer,
fur laquelle je l'attachai : je marquai fur la branche A B le point E, qui défi-
gnoit l'endroit jufqu'où la colonne de mercure s'étoit élevée, & par le même moyen , je déterminai l'efpace A E, occupé par l'air ; j'obfervai enfuite
régulierement la température de l'air, à l'aide d'un thermometre de *Farhenheit*,
que j'avois placé à côté de cet appareil, qui étoit appliqué contre le mur, &
je remarquai que chaque fois que la température de l'air étoit la même , la
petite colonne d'air occupoit conftamment l'efpace A E; je continuai ces obfervations pendant l'efpace de 5 ans, & pendant tout ce tems, la colonne
d'air eut à fupporter la preffion de la colonne de mercure GM. Ayant encore au bout de 5 ans rencontré la même température, je vis que la colonne
d'air occupoit encore le même efpace A E ; qu'elle s'étendoit & occupoit un
plus grand efpace lorfqu'il faifoit plus chaud , & qu'elle fe réduifoit fous de
plus petites dimenfions lorfque le froid augmentoit ; de forte qu'il me parut
que cette petite colonne d'air ne perdit rien de fon reffort pendant tout le
tems que je la laiffai en expérience. Cependant *Hauxbée* crut s'apercevoir que
l'air contenu dans un état de condenfation , perdoit de fon reffort, & pouvoit être réduit à un état d'inaction. Voici une des expériences qui lui firent
naître ce foupçon. Lorfqu'on injecte de l'air dans un vafe de cuivre qui a
coutume de fervir pour faire une fontaine , cet air y demeure condenfé pendant quelque tems : fi on ouvre alors le robinet, l'air pouffe l'eau & la fait
jaillir ; mais il s'échappe auffi de l'air avec le jet d'eau. On peut, fi l'on veut ,
fermer le robinet, & laiffer les chofes en cet état pendant quelques minutes ; mais fi on ouvre une feconde fois le robinet , on voit encore fortir de
l'air avec l'eau : fi on referme le robinet pour ne l'ouvrir que le lendemain ,
on remarque encore le même phénomene. Je ne révoque nullement en
doute le réfultat de cette expérience ; car elle m'a fouvent réuffi de la même
maniere : mais cet effet ne viendroit il pas de ce que la plus grande partie de
l'air qu'on injecte dans la fontaine , fe combineroit avec l'eau, fe cacheroit,
pour ainfi dire , dans les pores du vafe ; or lorfqu'on ouvre la fontaine , il
s'échappe, à la vérité, une grande quantité d'eau & une partie de l'air qui
repofoit fur la furface de l'eau : mais il refte dans cette fontaine une certaine
quantité d'eau, d'où la plus grande portion de l'air qui s'y eft infinué, ne peut
s'échapper fi promptement ; il ne s'en échappe donc que lentement, & fur-tout
parceque celui qui s'étoit porté , & pour ainfi dire, caché dans les pores du
vafe , fe porte enfuite dans la cavité fupérieure de la fontaine , qui ne contient plus alors un air fi condenfé : & c'eft ce dernier qui s'échappe enfuite
de la fontaine lorfqu'on vient à l'ouvrir. Au refte le célebre *Halles* a démontré que du foufre brûlé peut faire perdre à l'air l'élafticité dont il jouit ; parceque les parties de la fumée du foufre attirent à elles les molécules de l'air,
& diminuent par ce moyen leur force répulfive, ainfi que *Defaguilliers* l'a
foupçonné (1). Les charbons de terre embrâfés , le charpi allumé , la
flamme d'une chandelle de fuif, produifent le même effet.

____

(1) Philof. Tranf. n. 454. p. 177. Courfe of Exper. Phil. Vol. 2. p. 48.

§. MMCLXII. Lorfque l'air qui eft renfermé entre les molécules des fluides, eft foulagé d'une partie du poids qui le preffe extérieuremnnt, on le voit s'étendre, s'échapper d'entre ces molécules, & fe développer fous la forme de globules : c'eft pour cette raifon que fi on place fous le récipient d'une machine pneumatique un verre rempli d'un fluide quelconque, & qu'on faffe enfuite le vuide, l'air qui eft renfermé dans les pores de ce fluide fe manifefte auffi-tôt, & fe fait remarquer fous la forme de petits globules, qui, au commencement de l'opération, ne font pas plus gros que de petits grains de fable, mais dont le diametre augmente à proportion qu'on continue à pomper l'air. Quelques dimenfions que ces globules acquerent, ils confervent toujours leur figure fphérique. Cette expérience réuffit très bien avec de l'efprit de vin, de l'efprit de genievre, de l'eau ; mais fi on fait ufage de biere, ou de firop noir ordinaire, le liquide fe convertit en une efpece de mouffe, qui s'éleve jufqu'au haut du vafe, quelque long qu'il foit, & qui excede même fes bords, en faifant obferver de petites véficules, dont la groffeur reffemble affez à celle des graines du chanvre. On fait auffi mouffer le vin rouge lorfqu'on le foumet à la même expérience : on obferve d'abord de petits globules ifolés qui fe portent vers le milieu de la furface du liquide, qui paroiffent enfuite flotter fur cette furface, fe porter après cela vers les parois du vafe, & qui l'entourent de toutes parts ; il arrive cependant quelquefois que l'air ne fe dégage qu'avec peine de cette efpece de vin : mais fi on plonge alors un fil de métal dans ce fluide, on détermine l'air à s'en échapper avec une très grande vîteffe ; il fouleve, en s'échappant, & il emporte avec lui de très groffes gouttes de ce liquide, qu'il éleve jufqu'à une certaine hauteur. Une décoction d'un bois étranger, que *Muffenbroek* appelle (*lignum campechiæ*) étant mife fous le récipient d'une machine pneumatique, y conferve pendant long-tems, & avec opiniâtreté, l'air qu'elle contient ; parceque les parties de ce bois qui fe font diffoutes, & qui nagent dans la décoction, procurent une certaine ténacité aux molécules de l'eau : mais lorfque le reffort de l'air eft augmenté au point de pouvoir vaincre la ténacité de ces parties, il s'échappe avec une force étonnante ; il s'élance & heurte contre la voûte du récipient, & il emporte avec lui une grande quantité du liquide qu'il répand & qu'il jette au-delà du vafe. L'expanfion de l'air qui fe décele toujours fous la forme de bulles, démontre d'une maniere fenfible, que l'air n'eft point compofé de petites fpires, qui peuvent, à la vérité, céder affez à l'effort d'une certaine preffion, pour affecter une furface plane, mais qui ne peuvent point céder de tous côtés au point de s'arrondir parfaitement, ou de fe développer fous la forme de petits globules, lorfque la preffion vient à diminuer, ainfi que quelques Savans l'ont avancé.

§. MMCLXIII. Jufqu'à quel point l'air abandonné à lui-même, & dégagé de toute preffion extérieure, peut-il s'étendre & développer fon reffort ? On ne peut réfoudre que très difficilement cette queftion ; parceque l'atmofphere eft compofée de plufieurs fluides élaftiques très différens les uns des autres, & dont l'élafticité differe auffi confidérablement. Si on demande donc jufqu'à quel point un air pur, ou un autre fluide élaftique, ou un air mêlé avec d'autres fluides élaftiques, peut s'étendre ? pour répondre à cette queftion, il faudroit d'abord pouvoir se procurer ces différens fluides très purs, & dégagés de tout autre ; ce qui est très difficile : outre cela, il subsisteroit toujours une difficulté ; savoir, comment on pourroit contenir ces sortes de fluides dans un espace vuide, de façon qu'ils n'agissent point les uns sur les autres, & qu'on pût les abandonner à eux-mêmes séparément, ou deux à deux, ou plusieurs ensemble ; ce qui rend le problême insoluble.

D'après les expériences faites sur une masse d'air considérable, prise au hasard dans l'atmosphere, & renfermée sous le récipient de la machine pneumatique (qu'on ne peut point regarder comme un espace parfaitement vuide), on peut conclure que cet air, tel qu'il existoit à la surface de la terre, a pu être raréfié au point qu'il a occupé un espace 4000 fois plus grand que celui qu'il occupoit auparavant. Il faut cependant convenir qu'on n'observera que rarement une si grande expansion dans une plus grande masse d'air ordinaire ; parceque cet air ne contient point toujours des exhalaisons aussi élastiques : par conséquent, lorsqu'on répétera cette expérience, on observera de grandes variétés dans les degrés d'expansion de ce fluide ; & c'est pour cette raison que j'ai observé dans d'autres tems, qu'il n'augmentoit son volume que de 600 ou de 700 fois : il faut aussi convenir que l'expansion ou la dilatation de l'air, dépend en grande partie de la maniere selon laquelle on évacue le récipient. En soumettant à l'expérience du vuide ce fluide élastique, que l'eau chaude nous fournit, j'ai observé quelquefois qu'une petite particule de ce fluide se dilatoit au point d'acquérir un volume 4665600000 fois plus grand ; mais on ne rencontre pas toujours dans l'eau chaude des particules aussi dilatables ; ce qui fait qu'on ne peut point révoquer en doute, qu'une masse d'air quelconque, ne contienne des parties de différente ténuité, des parties dont la vertu élastique soit différente, & qui aient des qualités différentes les unes des autres, que la postérité, plus heureuse que nous dans ses recherches, pourra découvrir, séparer & conserver indépendamment les unes des autres.

§. MMCLXIV. Quoi qu'il en soit, l'air, qui fait portion de l'atmosphere qui entoure notre globe, étant composé de petites parties, se glisse & pénetre dans les pores de plusieurs corps solides : il se cache pour l'ordinaire, & il réside dans les pores des corps qu'il peut pénétrer profondément ; & pour l'ordinaire, il se meut librement dans ces especes de corps. Tels sont, dans le regne végétal, les racines, les oignons, les rejettons, les queues, les tiges, & conséquemment les bois, les feuilles, les fleurs, les fruits de tous les végétaux qui sont jusqu'à présent parvenus à notre connoissance, & que nous avons soumis à nos expériences, soit qu'ils soient secs ou verts : on doit encore ranger dans cette classe le papier, mince ou épais. Mais l'air ne pénetre point la poix noire, celle de Bourgogne, les résines, la colophone, les gommes, à peine même pénetre-t-il le papier lorsqu'il est imbibé d'eau ou d'huile ; s'il le pénetre, ce n'est qu'à la suite du tems, & conséquemment il ne le pénetre que très lentement.

L'air pénetre encore le cuir des animaux lorsqu'il est sec, tel que le cuir de mouton, de veau, de cheval, de bœuf, le parchemin nouvellement fait, celui qui est vieux ; mais il ne pénetre point le parchemin lorsqu'il est mouillé, ni le cuir enduit d'huile ou de suif ; l'air ne pénetre point non plus la corne, l'ivoire, la baleine, la dent d'hippopotame ou cheval de riviere, la veffie de cochon, de bœuf, ou toutes autres femblables membranes, feches ou mouillées, fur-tout fi elles font difpofées de façon qu'elles préfentent leur furface intérieure à l'air qui fait effort pour les pénétrer. L'air ne pénetre point non plus le fuif ou la cire: cependant les os font remplis d'air dans leurs parties qui font fpongieufes, telles que leurs apophifes, ou près de ces apophyfes; les côtes en contiennent auffi une affez grande quantité: & c'eft pour cette raifon que ces fortes d'os donnent un libre paffage à l'air.

Il y a auffi plufieurs foffiles qui donnent paffage à l'air, tels que la pierreponce, la brique cuite, la pierre de Benthem, les marbres blancs, noirs, & de différentes couleurs, en fuppofant néanmoins que l'épaiffeur de ces marbres n'excede point $\frac{1}{4}$ de pouce; car je n'ai jamais obfervé qu'il ait pénétré, même à la longue, un morceau de marbre épais d'un pouce ou de deux. Ce fluide ne pénetre point non plus les métaux, les demi-métaux, les verres, la pierre bleue d'Ecoffe, & tous les autres corps dont les pores font trop petits pour livrer paffage à fes molécules, ou qui ont la faculté de les repouffer: néanmoins, quoique l'air ne pénetre point les corps dont nous venons de faire mention, il paroît par l'expérience, qu'il parvient à fe faire jour & à fe cacher dans leurs pores; puifque fi on plonge ces fortes de corps dans l'eau, & qu'on les place fous le récipient de la machine pneumatique, on l'en voit fortir & s'échapper, & on le voit s'attacher fortement à leurs pores, ainfi que je l'ai déja annoncé: c'eft pour cela que fi on verfe de l'eau dans des vafes de verre ou de métal, & qu'après avoir placé ces vafes fous le récipient on faffe le vuide, on obferve alors & on remarque plufieurs bulles qui paroiffent fortir du fond & des parois de ces fortes de vafes. Cependant ayant fait bouillir pendant long-tems dans l'eau une maffe d'étain qui pefoit 200 grains, je ne me fuis point apperçu que fa gravité fpécifique ait été différente avant & après cette coction; de forte que je n'oferois affurer que l'air pénétrât & fe cachât dans les pores des métaux.

§. MMCLXV. Lorfque la maffe d'air renfermée fous un récipient eft remplie de vapeurs, & qu'on la raréfie enfuite à coups réitérés de pifton, les vapeurs ne peuvent plus être foutenues lorfque cet air a acquis un certain degré de rareté; elles fe raffemblent alors, & elles forment une efpece de nuage, & on parvient à les faire tomber fur la platine de la machine, en pouffant encore plus loin la raréfaction de l'air: pendant cette expérience, l'air qui s'étoit, pour ainfi dire, caché dans les pores du récipient, fe développe, s'en échappe, & emporte avec lui une partie des vapeurs qui répondent à ces pores: ce qui rend alors les parois du récipient plus tranfparentes. Si cependant ces vapeurs font très abondantes, & que les parois en foient trop couvertes, on ne s'apperçoit point qu'elles deviennent plus claires & plus tranfparentes.

Il y a auffi plufieurs fluides que l'air pénetre intimément; & lorfqu'il eft parfaitement mêlé avec eux, on ne parvient prefque jamais à l'en féparer, à moins qu'on ne faffe bouillir ces liqueurs pendant long-tems, ou pour procéder plus fûrement, à moins qu'on ne les place fous un récipient dont on retire l'air auffi parfaitement qu'on le puiffe faire. Pour répéter ces fortes d'expériences avec plus de sûreté, & auffi avantageufement qu'on puiffe le faire, il faut avoir foin de faire chauffer les vafes qui contiennent ces li-queurs avant de les foumettre à l'expérience, & il faut les faire chauffer juf-qu'à ce qu'ils aient acquis 50 ou 60 degrés de chaleur, felon le thermome-tre de *Farhenheit*; ou s'il faut recourir à un plus grand degré de chaleur, je me fers de la méthode fuivante. Je prends un vafe E G H [*Tab.* 57. *fig.* 6.], dans lequel je verfe le fluide que je veux examiner, & que je puis chauffer au-dehors, autant que l'expérience l'exige, même lorfqu'il eft purgé d'air ; ce vafe communique avec un canal courbé A B C, uni en L avec la tétine de la machine pneumatique : au deffous de la jonction A du vafe avec le canal de communication, eft adapté un robinet qu'on a foin de fermer lorfqu'on veut retirer le vafe E G H, ou lorfqu'on veut l'adapter de nouveau au canal de communication : on peut par ce moyen chauffer ce vafe fur des charbons allumés, ou le fecouer, fuivant que l'expérience l'exige. La partie E eft une platine de métal attachée au vafe E H, par le moyen d'un maftic ou d'une cire molle préparée. Lorfqu'on veut faire ces fortes d'expériences avec exac-titude, il faut avoir foin de bien laver le vafe, de le bien effuyer, & de le fécher autant que faire fe peut, pour que les bulles d'air qui fe font obferver pendant l'expérience, ne fortent point des parois du vafe, mais du fluide qu'on examine ; erreur qui n'arrive que trop fouvent. La partie H de ce vafe eft plus étroite ; fa partie G E eft plus large, & fa figure reffemble affez à cel-les des vafes dont je fais ufage pour placer la jauge de mercure : c'eft dans la partie étroite G H que je place le fluide que je veux foumettre à l'expérience. Je préfere cette méthode à celle dont on fait ordinairement ufage, felon la-quelle on place fous un récipient le vafe qui contient le liquide qu'on veut examiner : en fuivant cette derniere méthode, il arrive fouvent que les va-peurs qui s'élevent de la liqueur, obfcurciffent affez les parois du récipent, pour qu'on ne puiffe point diftinguer parfaitement ce qui fe paffe deffous : au contraire, felon la nouvelle méthode que j'expofe ici, il fuffit d'approcher auprès du vafe des charbons allumés, pour diffiper la vapeur qui s'attache intérieurement aux parois du vafe.

Voici les réfultats des expériences que j'ai faites fur différens fluides tirés des trois regnes de la Nature.

Fluides tirés du regne animal.

1°. Ayant verfé dans le vafe que je viens de décrire du lait de vache qui étoit encore doux, en retirant l'air de ce vafe, le lait fe couvrit d'écume, qui s'éleva jufqu'à la hauteur d'un pouce ; ce fluide cependant, comparé avec d'autres fluides, ne contient que très peu d'air.

2°. Du lait de beurre produifit une plus grande quantité d'écume, fournie par l'air qui s'en échappoit ; & comme ce lait eft moins vifqueux que le pre-mier, l'air s'en échappe auffi plus facilement.

3°. De l'urine humaine récente bouillonne davantage ; les bulles d'air s'en échappent de toute la profondeur de la maffe : on les voit s'élever du fond du vafe ; ces bulles fe raffemblent pour s'élever enfemble, elles s'élevent de la furface du liquide, où elles font très confidérables.

4°. Pareillement l'air s'échappe avec impétuosité de la liqueur, connue sous le nom d'*amnios* dans laquelle un lapin est renfermé.

5°. On trouve aussi de l'air dans la bile du bœuf & dans celle de la brebis.

6°. Le sang rouge du bœuf, de l'agneau, de l'homme, en fournit aussi; mais on ne parvient à l'en faire sortir que difficilement lorsque ce sang n'est pas fluide : il s'y développe néanmoins, & il procure au sang un plus grand volume : c'est pour cette raison qu'une artere & une veine remplies de sang & liées à leurs extrêmités, se gonflent considérablement dans le vuide; elles s'élevent du fond d'un vase en partie rempli d'eau, dans lequel on les place pour les soumettre à l'expérience, & elles surnagent : si lorsqu'elles sont dans l'eau on les perce avec un scapel, on en voit sortir une grande quantité d'air sous la forme de bulles.

7°. On trouve aussi de l'air dans le blanc d'un œuf de poule, qu'on verse avec précaution sans l'agiter ; la surface de ce fluide se couvre d'une grosse écume, & contient beaucoup d'air.

Fluides tirés du regne végétal.

1°. Le vin blanc de France contient beaucoup d'air; il bout fortement lorsqu'on a retiré l'air de dessous le récipient.

2°. Le vinaigre tiré du vin en contient aussi beaucoup, & on le fait fortement mousser dans le vuide.

3°. L'esprit de vin, celui de froment, sont aussi remplis d'une grande quantité d'air; ils bouillonnent fortement l'un & l'autre dans le vuide.

4°. La biere récente se convertit en mousse qui s'éleve jusqu'au haut du vase, quelque haut qu'il soit, & elle présente au spectateur un phénomene fort agréable à voir.

5°. Le sirop noir ordinaire est aussi rempli d'air; il mousse au point de remplir le vase qu'il contient, & offre au spectateur un phénomene aussi curieux que le précédent.

6°. L'huile d'olive, échauffée même jusqu'au 90ᵉ degré, ne donne aucun indice qu'elle contienne de l'air; elle ne fournit aucune écume.

7°. L'huile de raves, chauffée jusqu'au 90ᵉ degré, jette dans le vuide plusieurs bulles, & mousse considérablement : j'ai eu soin de la faire chauffer avant de la soumettre à l'expérience, afin de diminuer la ténacité de ses parties.

8°. L'huile de térébenthine est remplie d'air, d'écume, & elle mousse fortement dans le vuide; l'air s'en échappe, les bulles crevent promptement, & ne s'y conservent pas long-tems.

Fluides tirés du regne fossile.

1°. L'eau de pluie contient beaucoup d'air; elle s'en dessaisit plus aisément lorsqu'on la fait chauffer : elle le pousse au-dehors; elle bout dans le vuide ; il s'éleve à sa surface quantité de grosses bulles, qui emportent souvent avec elles, & avec impétuosité, une grande quantité d'eau qui s'éleve au-delà des bords du vafe, fur-tout fi on a donné à cette eau la chaleur du fang.

2°. La faumure contient auffi beaucoup d'air ; elle bout fortement dans le vuide quoiqu'on remarque ordinairement que le fel marin, qu'on met dans de l'eau purgée d'air, ne donne que très peu de globules aëriens.

3°. Une leffive de fel de tartre ne contient que très peu d'air ; il ne s'en deffaifit qu'à peine : on n'y remarque qu'un très petit nombre de petites bulles éparfes çà & là, qui abandonnent à peine l'endroit où elles naiffent.

4°. La pétrole contient beaucoup d'air ; cet air s'en échappant avec impétuofité dans le vuide, la fait bouillir & la fait mouffer.

4°. L'efprit de nitre fait avec du bole, ne contient que très peu d'air ; il mouffe très peu dans le vuide, quoiqu'il s'y dépouille entierement de l'air qu'il contient.

6°. L'efprit de fel ammoniac ne contient qu'une très petite quantité d'air ; il ne pouffe dans le vuide que fort peu de petites bulles : ce liquide eft cependant compofé d'eau, de fel ammoniac, & de cendres gravelées.

7°. L'efprit de fel marin ne contient auffi que fort peu d'air, ou ne s'en deffaifit prefque point dans le vuide.

8°. L'efprit de vitriol, foumis à l'expérience du vuide, ne laiffe prefque point échapper d'air : on remarque cependant fur fa furface une petite écume, produite par de petites bulles.

9°. L'huile de vitriol laiffe voir fur fa furface quelques molécules d'air qui y forment une efpece de mouffe, & ces bulles acquerent des dimenfions d'autant plus grandes, que cette huile demeure plus long tems dans le vuide.

10°. L'eau-forte ne donne prefque point d'air dans le vuide ; le peu qu'elle en fournit fe manifefte fous la forme de très petites bulles.

11°. Le mercure ne permet prefque point à l'air qu'il recele, de s'échapper, à moins qu'on ne le faffe fortement chauffer ; lorfqu'on l'agite, afin d'engager ce fluide à s'élever plus aifément, on détermine l'air adhérent aux parois du vafe à fe manifefter & à s'élever fous la forme de bulles, qui paroiffent éparfes çà & là : mais on parvient à le purger d'air & de toute humidité quelconque, fi on le fait bouillir lorfqu'il eft renfermé dans la bouteille deftinée à cette épreuve.

§. MMCLXVI. L'air eft indifpenfablement néceffaire pour l'entretien de la vie des animaux, qui refpirent de même que l'homme : fi donc on renferme un animal fous le récipient d'une machine pneumatique dont on retire l'air, on intercepte par ce moyen fa refpiration, le poumon de cet animal ceffe alors de fe développer : ce poumon, abandonné à lui-même, fe refferre en vertu de la force contractile dont il jouit ; ce refferrement du poumon porte une compreffion fur les vaiffeaux fanguins qui entrent dans fa compofition, & qui rampent fur toutes les petites véficules pulmonaires : cette compreffion s'oppofe à la dilatation de ces vaiffeaux, qui ne permettent plus alors au fang d'y pénétrer ; la circulation devient donc interrompue dans le poumon : la circulation étant interrompue, le fang du ventricule droit ne peut plus pénétrer dans le ventricule gauche, & fe diftribuer de ce ventricule dans toute l'habitude du corps : toute la circulation , principe immédiat de la vie animale, cesse donc alors , & l'animal périt. On a remarqué jusqu'à présent que les gros oiseaux & les animaux terrestres qui sont devenus adultes, périssent en peu de tems dans le vuide ; on ne remarque cependant pas le même phénomene par rapport à ceux qui ne font que naître : car les chats , même huit jours après leur naissance, supportent, sans mourir, l'épreuve du vuide : on remarque pareillement que ceux qui ont encore le trou botal ouvert, ainsi que le canal artériel , qui communique de l'artere pulmonaire dans l'aorte , supportent l'expérience du vuide sans mourir. Les poissons renfermés dans un vase en partie remplie d'eau, dans laquelle ils nagent, & placés sous le récipient de la machine pneumatique, vivent encore long tems dans le vuide : parmi ces derniers il y en a plusieurs qui souffrent plus aisément cette épreuve ; on en voit qui y vivent pendant 2, 3 , & même plusieurs jours : les anguilles , les grenouilles , &c , font de cette espece. Il y en a d'autres , tels que les perches , qui font incommodés sur-le-champ, qui se tournent aussi-tôt sur le dos, qui paroissent immobiles sur la surface de l'eau ; la vessie qui leur sert à nager , leur sort de la gueule : elle paroît considérablement tuméfiée par l'air qui s'y dilate, les yeux leur sortent de la tête, leur corps devient enflé dans toute son étendue par la raréfaction de l'air qui est compris dans toutes leurs humeurs, & ces symptômes font un indice d'une mort prochaine ; car ces animaux ne résistent pas plus d'une heure ou deux à une telle épreuve. Lorsqu'on reporte de nouvel air sous le récipient, cet air, comprimant celui qui s'étoit dilaté, & dans leurs humeurs, & dans la vessie, le corps de ces animaux diminuant de volume , ils deviennent plus pesans que le volume d'eau auquel ils répondent , & ils tombent morts au fond du vase. Au contraire, lorsqu'on soumet à cette expérience des poissons dont la vessie ne se porte point au-dehors, & qui peuvent continuer à nager sous l'eau ; ces animaux souffrent, à la vérité, un mal-aise qui les inquiete : ils y demeurent dans un état de maladie qu'ils supportent pendant huit jours; & si on leur reporte de nouvel air , on les voit alors surnager, ils viennent respirer de nouvel air , & ils se rétablissent dans leur premiere situation.

Mais ces expériences doivent être répétées sur toutes sortes de poissons ; & certainement on remarquera alors différens phénomenes ; parceque la constitution & la qualité des poissons differe considérablement, & qu'il paroît qu'il faut encore faire un grand nombre d'expériences avant de pouvoir tirer des conclusions générales de ces sortes d'expériences. Il peut se faire que plusieurs poissons aient la faculté de séparer l'air de l'eau par le moyen de leurs ouïes , & de le respirer pour le porter de-là dans leur sang, leurs humeurs, & dans leur vessie ; & conséquemment il peut être nécessaire qu'ils soient toujours dans de l'eau remplie d'un air qui se renouvelle continuellement, quoiqu'ils aient encore la faculté d'attraper avec leurs ouïes les insectes qui se trouvent répandus dans l'eau, & qu'ils s'en nourrissent. Il faut procéder de la même maniere à l'examen des insectes; & comme ces derniers font exposés à différentes métamorphoses , il faut les soumettre à l'expérience, en les prenant dans tous les différens états par où ils peuvent passer , afin qu'on puisse s'assurer s'ils ont besoin d'air dans chacun de ces différens états pour

l'entretien

l'entretien de leur vie ; car quoique les infectes qui font devenus chenilles ,
meurent pour l'ordinaire dans le vuide, il ne s'enfuit pas pour cela que l'air
leur foit indifpenfablement néceffaire lorfqu'ils font parvenus à l'état de nymphe ; j'imagine même que j'ai obfervé des infectes dans ce dernier état, qui
vivoient dans le vuide, & qui, devenant enfuite papillons , ne pouvoient
point réfifter à cette épreuve : je doute auffi que tous les infectes , devenus
nymphes , puiffent également fupporter le vuide : c'eft pourquoi je penfe
qu'on doit procéder à cet examen, en foumettant à cette expérience tous les
infectes les uns après les autres.

J'ai vu plufieurs infectes , c'étoit de très petits fcarabés très rouges qui fe
nourriffent de feuilles de lys blancs, qui vivoient gracieufement dans le
vuide , & qui paroifsoient y être fort à leur aife : j'en ai vû d'autres qui y
mouroient fur le champ.

Swammerdam (1) rapporte qu'en mettant dans l'eau pendant 6 ou 7 jours
des efcargots de jardin, ils vivoient pendant long-tems. *Lyonette* (2) doute
avec raifon que tous les infectes aient la faculté de refpirer , & que l'air leur
foit néceffaire dans tous les différens états par où ils pafsent : il a confirmé
par expérience, que la refpiration n'a point lieu par les organes qu'on croit
deftinés à cet effet dans les chryfalides de chenilles que *Reaumur* nomme
fphinx. Il eft cependant certain qu'il y en a plufieurs qui refpirent (3). Le
fcarabé qui n'a point d'aîles, & qui marche à pas lents, ne paroît point
éprouver aucune incommodité dans le vuide, lorfqu'on l'y retient pendant
une demi-heure ; il y marche avec la même facilité : lorfqu'on reporte de
l'air fous le récipient, fes cuiffes fe contractent, & il paroît comme faifi d'un
nouveau bien-être qu'il éprouve (4).

§. MMCLXVII. Si on ouvre la poitrine d'un animal mort dans le vuide,
on trouve que les poumons font affaifsés, refferrés, & qu'ils remplifsent à
peine la dixieme partie de la capacité de la poitrine ; pour l'ordinaire, au
lieu de furnager fur l'eau, ils tombent au fond, fur-tout fi l'animal a été
renfermé pendant long-tems fous un récipient parfaitement purgé d'air, &
fous lequel on n'a introduit que très lentement de nouvel air, qui n'a point
pu fe jetter avec impétuofité dans les poumons de cet animal, & gonfler les
véficules pulmonaires : mais fi on enleve de la poitrine de cet animal le poumon & la trachée-artere, & qu'on jette le tout dans l'eau ; alors le poumon
ne va point au fond de ce liquide, par rapport à la grande cavité vuide, qui
fait partie de la trachée-artere : mais fi on coupe une partie de l'un des lobes
du poumon , & qu'on la jette dans l'eau, elle tombe auffi-tôt au fond. Pareillement fi on porte de l'air avec impétuofité fous le récipient, cet air fe
portera dans les véficules pulmonaires ; il les enflera , il rendra par ce moyen
le poumon plus léger qu'un pareil volume d'eau , & il furnagera. Il arrive
quelquefois que les Médecins font confultés pour favoir fi un enfant nouvellement né, a eu vie ou non ; ils ont recours pour cet effet au poumon, qu'ils
jettent dans l'eau, & ils examinent s'il furnage, ou s'il tombe au fond de
l'eau. Mais pour qu'on puiffe ajoûter foi à cette épreuve, il ne faut point

(1) Biblia Natur. T. 1. pag. 115 (2) In notis ad Lafferi Theolog. infect. T. 1. p. 124.
(3) Ibid. p. 128 (4) Philof. Tranf. n. 457.

foumettre à cette expérience tout le poumon; mais feulement une partie de l'un de fes deux lobes: fi cette partie furnage, c'eft une preuve inconteftable que l'air a pénétré dans le poumon ; · & conféquemment que l'enfant a refpiré; fi au contraire elle tombe au fond de l'eau, c'eft une preuve certaine que l'enfant n'a point refpiré.

§. MMCLXVIII. Nous avons dit ci-deffus que les animaux mouroient dans le vuide; parceque la circulation du fang étoit alors arrêtée, & parceque l'air ou le fang ne pouvoient plus alors fe faire jour dans le poumon : en effet, dans l'efpace d'une heure, un adulte abforbe pour l'ordinaire, par la voie de l'infpiration, 3692 pouces cubiques d'air, qui fe mêlent avec le fang, fans y comprendre l'air qui fe mêle intimément avec le chyle, & qui fe porte dans le fang par les vaiffeaux lactés ; de forte que dans l'état naturel l'air fe porte dans le fang, ainfi que dans les autres humeurs, au moins par deux routes différentes : or dans le vuide, le fang ne reçoit plus de nouvel air qui fe mêle avec lui. Mais la vie animale ne dépend pas feulement de l'air : car on remarque dans le vuide que toutes les parties de l'animal ne périffent point tout-à-fait ; puifque le cœur & les mufcles confervent leur irritabilité pendant plufieurs heures, auffi-bien dans le vuide que dans le plein. En effet, fi on pique, ou fi on comprime un nerf qui fe jette dans les unes ou dans les autres de ces parties, ou qu'on injecte de l'eau chaude ou de l'huile de vitriol, on a alors une preuve très complette de leur irritabilité, qui périt néanmoins après un certain tems : mais fi lorfque l'irritabilité périt, on électrife ces parties, on remarque encore de nouvelles contractions, de nouveaux mouvemens dans les mufcles ; ils fe durciffent & fe contractent, comme fi l'animal étoit encore vivant, & cet effet a lieu & s'obferve pendant plufieurs heures ; mais à la fin, ni l'électricité, ni la chaleur, ne peuvent plus produire de mouvemens dans les mufcles ; ils tombent alors dans l'inaction , & la vie animale périt entierement. Les parties qui ne reçoivent plus de nourriture, tombent dans le relâchement , & fe pourriffent. J'ai répété ces expériences fur le cœur de plufieurs anguilles, & fur les pattes de plufieurs grenouilles. D'où dépend donc la vie de ces fortes de parties? C'eft ce que nous ne connoiffons point encore affez : ces parties ne cefferoient-elles de vivre que par la privation des alimens qu'elles reçoivent? Ou faut-il un tems plus confidérable que celui où cette privation a lieu, pour qu'elles tombent dans l'inaction & dans le relâchement? C'eft fur quoi nous ne pouvons point prononcer.

§. MMCLXIX. Ce n'eft pas fans raifon qu'on demande jufqu'à quel point les hommes & les animaux peuvent fupporter la raréfaction de l'air; car MM. *Bouguer* & *la Condamine* ont monté jufques fur le fommet des plus hautes montagnes du Pérou, où le mercure, dans le tube de *Toricelli*, n'avoit que 15 pouces 9 lignes d'élévation, ainfi qu'ils l'ont remarqué fur le fommet de la montagne nommée *Pichinca*, qui eft élevée de 2420 toifes, & conféquemment où l'air eft prefqu'une fois plus rare que celui que nous refpirons en Hollande vers la furface de la terre. Or ils ont remarqué qu'une telle raréfaction de l'air ne leur caufoit aucune incommodité, & qu'ils y refpiroient auffi librement qu'au pied de cette même montagne. M. *de la Condamine* a vécu, pendant l'efpace de trois femaines, fur cette montagne. Il faut cependant remarquer que ceux qui avoient le poumon délicat, s'appercevoient aisément de la raréfaction de l'air, à proportion qu'ils montoient vers le haut de cette montagne ; cette raréfaction leur occasionnoit des hémorrhagies, des défaillances, des vomissemens : la lassitude, à la vérité, étoit la principale cause de tous ces fâcheux effets ; car ceux qui faisoient ce voyage à cheval, n'étoient point exposés à ces inconvéniens (1). Mais ne pourroit-on pas demander si les hommes pourroient vivre dans un air qui seroit encore plus raréfié ? C'est ce que nous ignorons encore ; parcequ'il y a plusieurs autres choses qui concourent à l'entretien de la vie.

§. MMCLXX. Les animaux vivent long-tems dans un air condensé ; ils y vivent gracieusement, & sans incommodité, sur-tout si on a soin de renouveller souvent cet air, & de retirer de tems à autre une partie de l'air condensé sous le récipient, pour y en introduire de nouveau. Nous voyons aussi que des plongeurs se trouvent fort bien sous une ample cloche plongée à une très grande profondeur sous la mer ; lorsqu'une telle cloche est descendue à 300 pieds en mer, l'air compris sous la cloche est 9 fois plus comprimé par la pression de l'eau, qu'à la surface de la terre : malgré une pression aussi considérable de la part de l'air condensé, ceux qui sont sous la cloche n'éprouvent aucune incommodité, si on a le soin de faire passer sous cette cloche de nouvel air, qui est pour ainsi dire, en réserve dans des tonneaux qui communiquent avec elle, & qu'on détermine à y passer en retirant, à l'aide de quelques pistons, une portion de celui qui est comprimé sous la cloche, & qui y a séjourné : il faut aussi avoir attention à ne point descendre cette cloche avec trop de précipitation ; car sans cela le plongeur qui seroit dessous, seroit exposé à une pression trop brusque, qui lui causeroit une hémorrhagie par les yeux & par les narines. Lorsqu'on descend cet appareil en mer, la forte compression qui se fait sur le thorax, & conséquemment sur les poumons, gêne la respiration & la rend plus difficile ; mais après un certain tems, l'air se mêle avec le sang, & l'équilibre s'établit entre l'air extérieur & l'air intérieur. Toutes ces précautions sont indispensablement nécessaires, mais sur-tout le renouvellement de l'air ; car on sait que quantité d'animaux périssent en peu de tems, lorsqu'on les retient renfermés dans la même masse d'air qu'on ne renouvelle point, & ils y périssent d'autant plus promptement, que le vase dans lequel on les retient est plus petit ; ainsi que l'a éprouvé M. *Boyle*, & que M. *Veratte* l'a confirmé par plusieurs expériences (2).

Ce dernier nous apprend que deux animaux renfermés sous un même vase, y meurent plus promptement qu'un seul qui y seroit renfermé ; que trois y meurent encore plus promptement, & que dans ces sortes d'expériences, on voit descendre la colonne de mercure du baromètre de 8 à 12 & même $12\frac{1}{2}$ lignes, plus ou moins : or pourquoi ces animaux, ainsi renfermés, meurent-ils ? Peut-on dire que cet effet vienne des exhalaisons qui sortent du poumon dans l'expiration, & des autres exhalaisons que la transpiration insensible emporte avec elle, dont la chaleur & les autres qualités sont nui

____

(1) Philos. Transf. n. 444. Clare Motion of Fluids. p. 173. (2) Comm. Bonon. Vol. 1, pag. 340.

fibles à la vie, & dangereufes pour la refpiration : ce qui n'a point lieu en plein air ; parceque toutes ces exhalaifons fe diffipent alors, & font fur-tout emportées par les vents qui nous rafraîchiffent continuellement ? Où cet effet viendroit il de ce que les animaux, ainfi renfermés, confommeroient une partie de l'air qu'ils refpirent, ou de ce qu'ils lui feroient perdre fon élafticité (1) ; ainfi que les obfervations de *Veratte* femblent l'indiquer ? Ou enfin cela viendroit il de ce qu'il y auroit quelques parties nutritives dans l'air que nous refpirons, qui font indifpenfablement néceffaires pour l'entretien de la vie, & qui fe mêlent avec le fang du poumon, en fe féparant de l'air dans chaque infpiration, & qui conféquemment fe confomment infenfiblement dans une maffe d'air ainfi renfermée : or cette confommation étant faite, l'animal ne trouvant plus dans l'air qu'il refpire ces parties nutritives, périt ? Les fentimens des Phyficiens font partagés à cet égard, & chacun de ces trois fentimens trouve des partifans, mais celui qui feroit dépendre la mort de ces animaux des trois caufes que nous venons d'indiquer, approcheroit peut être davantage de la vérité ; car il eft probable que ces trois caufes concourent conjointement à cet effet : c'eft peut être par rapport à cette derniere caufe que les poiffons meurent pendant l'hiver. Lorfqu'ils font trop long tems renfermés fous la glace, & qu'on voit mourir les grenouilles lorfqu'elles font renfermées dans la même eau pendant l'efpace de huit jours, quoique ces animaux foient accoutumés à vivre dans l'eau.

§. MMCLXXI. De même que l'air eft indifpenfablement néceffaire pour l'entretien de la vie animale, on doit auffi le regarder comme la premiere caufe de la végétation des plantes. En effet, les corps qui font renfermés dans le vuide ne contractent aucune moififfure, fuivant les obfervations de *Montius* (2). Mais fi on introduit de nouvel air fous le récipient, on voit naître cette moififfure. Aucune graine confiée au foin de la terre, mais dans le vuide, ne germe auffi bien qu'en plein air, quoiqu'on ait préparé cette terre, comme il convient, & qu'on lui ait donné une humidité convenable, & qu'on l'ait échauffée (3). Bien plus, toutes les plantes, les mouffes, les lentilles d'eau meurent bien-tôt dans le vuide, ou dans tout autre endroit où l'air ne fe renouvelle pas, & où il refte long-tems tranquille (4). En effet, on remarque dans toutes les parties des plantes, des vaiffeaux dont les uns font deftinés à recevoir le fuc nourricier, & à le diftribuer dans la plante, les autres à recevoir l'air, d'autres à donner paffage à la tranfpiration de la plante, &c. Or l'air qui paffe dans les vaiffeaux aëriens, pour fe porter de-là dans les feuilles, la tige, les rameaux, les racines, &c, fe dilate par la chaleur ; cet air, en fe dilatant, dilate les vaiffeaux qui le contiennent : la dilatation de ces vaiffeaux comprime ceux qui portent la nourriture de la plante, & qui font munis de valvules : par cette compreffion, le fuc nourricier eft

(1) Hales Hæmaftat. Append. Experim. 6. pag. 323.
(2) Philof. Tranf. n. 23.
(3) Comm. Bonon. Tom. 3. pag. 43 & 152.
(4) Boerhaave Chem. Vol. 1. p. 428. La Court. Byzondere Aanmerkingenóve Landhuyzen 1. Boek 4. Cap. p. 259.

comme exprimé & porté dans toutes les parties de la plante , soit en montant, soit en descendant : lorsque l'air vient à se condenser par le froid , la
compression que les vaisseaux aëriens portoient sur ceux qui reçoivent la séve , cesse : ce qui fait que ces derniers reçoivent alors librement le suc nourricier qui leur vient de la racine , de la tige & des feuilles ; par conséquent si
l'air qui parcourt les vaisseaux aëriens, est alternativement dilaté & condensé , la séve & les autres liqueurs comprises dans les autres vaisseaux , joui-
ront d'un mouvement de circulation , & les plantes prendront de la nourriture , & végéteront. Mais lorsqu'on renferme une plante dans le vuide , l'air
est deja expulsé des vaisseaux aëriens ; la dilatation & la compression de ces
vaisseaux n'a plus lieu , & le mouvement des liquides dans les autres vaisseaux est détruit. Le suc nourricier de la plante cesse donc de se séparer dans
les parties solides qu'il devoit nourrir & faire végéter : bien plus, ces parties
cessent d'être liées les unes aux autres , leur texture devient lâche , & la
plante périt.

Outre cela , les plantes , ainsi que les animaux , ont des pores exhalans ,
des vaisseaux qu'on remarque dans leurs feuilles , leurs branches , leurs tiges, leurs fleurs, par lesquelles s'exhalent différentes humeurs, qui forment ,
par leur secrétion , une espece de transpiration insensible : ces différentes humeurs répandues dans l'air, l'infectent, le corrompent, & lui font perdre
les qualités nécessaires pour être propre à la respiration. Pareillement l'air qui
séjourne dans les étuves , ou dans tout autre lieu quelconque , s'impregne des
différentes humeurs qui émanent des plantes: or cet air infecté par ce mêlange , n'est plus propre à pénétrer, à circuler dans les vaisseaux aëriens des
plantes , ou s'il y pénetre , il les obstrue , & la plante périt. C'est pour obvier
à cet inconvénient , que les Botanistes sont obligés d'ouvrir souvent leurs
étuves , leurs serres , pour renouveller l'air, & en même-tems pour en expulser celui qui a séjourné assez long tems , & qui a contracté quelqu'impureté par son séjour.

Les contractions alternatives des vaisseaux aëriens dans les plantes, sont
donc indispensablement nécessaires pour l'entretien de la végétation : car si
cette contraction est détruite, ou presque détruite, on observe que les plantes même exposées au grand air , périssent, ou qu'elles sont sur le point de
périr. C'est pour cette raison que les arbres ne croissent point vers les pôles
où les nuits sont si longues , où elles durent 6 mois : & si on y en remarque
quelques-uns, ce ne sont que des avortons, de petits arbrisseaux, à peine
même remarque t-on de l'herbe dans ces contrées.

L'air est encore outre cela le véhicule des huiles & des sels, lesquels se
mêlant avec l'eau , forment la séve , la nourriture des plantes : ce suc
nourricier s'atténue, se divise, se subtilise, lorsqu'il est mêlé avec un
air chaud , & devient alors propre à se faire jour & à pénétrer dans les vaisseaux les plus grêles des racines, & conséquemment à nourrir les plantes.

§. MMCLXXII. L'atmosphere est remplie de vapeurs aqueuses ; elles y sont
tantôt plus , tantôt moins abondantes : on peut les rassembler & les observer
en transportant une bouteille de verre remplie ou vuide , d'un endroit frais
dans un endroit chaud ; on remarque aussi-tôt sur la surface extérieure de
cette bouteille une vapeur aqueuse , que la matiere ignée qui regne dans l'at-

mofphere , & qui eft adhérente aux parties aqueufes, fépare de l'air ambiant, & tranfporte fur cette furface ; & comme la matiere ignée tend à fe
mettre en équilibre, elle pénetre à travers les pores du verre, pour fe jetter
dans l'intérieur de la bouteille, & abandonne à fa furface extérieure la vapeur qu'elle tranfportoit. Lorfque l'atmofphere eft échauffée, elle foutient une très grande quantité de vapeurs, un air froid n'en foutient que
très peu. Or l'eau qui pénetre dans les pores des animaux & des végétaux,
écarte leurs parties, relâche leur texture, les tuméfie ; par conféquent l'air
qui eft rempli de vapeurs, pénétrant les pores des corps, les expofe aux mêmes changemens, aux mêmes effets, que fi on les arrofoit avec de l'eau. Les
Phyficiens ont fait différentes tentatives pour pouvoir déterminer la quantité
de vapeurs élevées & foutenues dans l'atmofphere en différens tems. On
donne le nom d'*hygrometres*, d'*hygroftathmiques*, *hygrofcopes*, aux inftrumens qu'ils ont imaginés pour parvenir à ce but. On les nomme encore *no-*
tiometres , & on en attribue l'invention à Morgani. On ne peut cependant
pas révoquer en doute que le P. *Merfenne* & *Sanctorius* connuffent ces fortes
d'inftrumens (1). Le premier de ces deux célebres Phyficiens jugeoit de l'humidité de l'air par la différente gravité des tons que rendoient des cordes à
boyau tendues ; car plus l'air eft humide, toutes chofes égales d'ailleurs, &
plus les tons qu'elles forment font aigus. On conftruit des *notiometres* de différentes manieres ; on en fait de bois, de cordes, de cordes d'inftrumens, de
parchemin, d'éponge, de cuir, de coton, d'épis de bled, d'huile de vitriol, &c. Les Académiciens de Florence nous ont appris une excellente méthode pour les conftruire (2). *Leupold* (3), *Defaguilliers* (4) nous ont indiqué
différentes méthodes pour nous procurer ces inftrumens. Mais je n'en connois aucun fur lequel on puiffe compter ; car tous ceux que je connois font
expofés à de très grands inconvéniens, & ont de grands défauts. Quant à
ceux qu'on conftruit avec du bois, on choifit pour cela des bois très poreux
& légers : on préfere ordinairement le bois de fapin, le peuplier, l'aune ; parceque ces fortes de bois abforbent aifément l'humidité de l'air, fe gonflent
beaucoup, fe deffechent enfuite aifément, & fe refferrent confidérablement:
mais comme toute forte de bois, pendant l'été, fe deffeche de plus en plus,
& fe prive en grande partie de l'eau, de l'efprit, de l'huile & du fel qui entrent dans fa compofition, il fe refferre de plus en plus,& ne revient jamais à
fes premieres dimenfions : il ne feroit donc point prudent d'ajoûter foi à un
tel inftrument après un certain tems.

Ceux qu'on fait avec des cordes fufpendues à un point fixe, & aux extrêmités defquelles on attache un poids, ne méritent pas mieux notre confiance : ces cordes qui font toujours compofées de plufieurs brins tords les uns
fur les autres, tendent naturellement à fe détordre : lorfqu'elles font imprégnées d'humidité, elles fe tordent, à la vérité, mais peu ; au commencement elles fe tordent davantage, mais à la longue elles ne produifent plus cet
effet : ajoûtez à cela qu'elles fe tordent & qu'elles fe détordent fi irré-

(1) Merfenni Harm. Lib. 3. Prop. 10. Coroll. 3. p. 51. (2) Tent. Florent. pag. 14,
& feq. (3) Theat. Statiq. Univerf. Part. 1. cap. 7. (4) Courfe of Experim. Philof. Vol. 2.
pag. 300.

gulierement, qu'on ne peut point juger de l'humidité actuelle par un tel effet.

Les cordes à boyau se raccourcissent lorsqu'elles sont exposées à la moindre humidité; elles deviennent plus longues lorsque l'humidité qui les saisit est très abondante : elles se contractent & se raccourcissent par la sécheresse; si la sécheresse n'est point encore considérable, elles se tendent très peu : ajoûtez à cela que lorsqu'elles sont neuves, elles sont exposées à quantité de changemens ; mais tous ces effets diminuent insensiblement : & lorsqu'elles ont servi pendant deux ans, on ne remarque plus qu'elles soient susceptibles de ces mêmes impressions.

Le parchemin n'est point assez épais pour se charger & pour retenir l'humidité ; il se desseche trop promptement, & il n'est point exposé à d'assez grands changemens.

Lorsqu'on fait usage d'une éponge, on la met dans le plateau d'une balance; elle devient plus pesante lorsqu'il fait humide, parcequ'elle se charge d'humidité : elle devient plus légere lorsqu'il fait sec; mais comme cette éponge est suspendue dans l'air libre, elle se charge des poussieres & de tous les corps étrangers qui flottent dans l'atmosphere ; ce qui la rend plus pesante qu'elle ne devroit être, & même cette éponge ne s'imprégnera point assez d'humidité pour qu'on puisse s'appercevoir des altérations de l'atmosphere, à moins qu'on n'ait eu la précaution de la tremper auparavant dans une lessive.

Lorsqu'on construit ces sortes d'instrumens avec du cuir, on se sert de cuir d'agneau dont on n'a point ôté l'épiderme, & qu'on prépare de cette façon. On fait tremper ce cuir dans de l'eau mêlée avec du vinaigre, dans laquelle on a fait dissoudre du sel marin & du sel ammoniac : lorsque le cuir s'est bien chargé de cette lessive, on l'étend pour le faire sécher : mais ce cuir étant ainsi préparé, absorbe avec tant d'avidité l'humidité de l'air, qu'on la voit couler goutte à goutte, & elle emporte avec elle les parties salines dont ce cuir étoit imprégné ; de sorte qu'au bout de six mois ce cuir se trouve dépourvu de sels, & il se trouve alors exposé à des allongemens trop irréguliers pour qu'on puisse en tirer de justes indications.

Lorsqu'on fait usage du coton, on le suspend aussi à l'un des bras d'une balance; il devient plus pesant dans l'air où il conserve cet excès de pesanteur, & il est exposé aux mêmes inconvéniens que l'éponge.

L'épi de bled est excellent tant qu'il est vert; dans ce tems il est très susceptible de se contourner : il se tourne & il se détourne aisément ; mais au bout de quelques mois il se desseche, en perdant son huile & ses sels, & il reste sans mouvement.

Lorsqu'on fait usage de l'huile de vitriol, on la met dans un petit vase de verre ouvert & suspendu à l'un des bras d'une balance : cette huile se charge de l'humidité de l'air, avec lequel elle est en contact, & elle devient plus pesante à proportion : mais aussi dès que cette huile s'est chargé d'humidité, elle s'assimile avec elle de maniere qu'elle ne s'en dépouille point ensuite.

Les Académiciens de Florence se servoient d'un entonnoir de verre fermé inférieurement, & qui se terminoit en pointe ; ils remplissoient ce vase avec de la glace , & ils le fufpendoient dans l'air : l'humidité de l'air s'appliquoit enfuite à la furface extérieure de cet entonnoir ; elle formoit autour d'elle une efpece de pellicule , & elle couloit goutte à goutte le long dè la queue de l'entonnoir , & tomboit enfuite dans un petit vafe qu'on plaçoit au-deffous : or la quantité d'humidité & de parties aqueufes qui s'attachent à la furface de l'entonnoir, dépend de la différence, qui peut être plus ou moins grande en-tre la chaleur de la glace & celle de l'air ambiant. D'où il paroît, en confi-dérant toutes les expériences qu'on a faites jufqu'à préfent, qu'on n'eft point encore parvenu à fe procurer un *notiometre* qui puiffe exactement refter le même pendant plufieurs années , fur le rapport duquel on puiffe affez comp-ter , pour juger de l'humidité qui regne dans l'atmofphere ; car fi un tel inf-trument eft fufpendu librement dans un endroit où il foit enveloppé d'une maffe d'air qui puiffe fe renouveller aifément , il fera plus fufceptible des im-preffions de cet air , & ces impreffions fe feront fentir plus promptement , que fi cet inftrument étoit placé dans un endroit renfermé , où l'air demeu-reroit tranquille & fans mouvement. L'humidité qui regne dans l'atmof-phere eft-elle uniformément répandue dans toutes fes parties ? Non certai-nement ; car la partie fupérieure de l'atmofphere, où les nuées fe trouvent fufpendues , eft , fans contredit , la partie la plus humide de l'atmofphere ; puifque les nuages ne font autre chofe que des brouillards aqueux : c'eft pour cette raifon que les brouillards qui s'élevent à la furface de la terre , & qui flottent vers cette furface , mouillent tous les corps qu'ils touchent. Pour l'ordinaire l'air qui enveloppe la furface de la terre eft moins chargé d'humi-dité pendant le jour ; car les vapeurs qui s'élevent continuellement de la fur-face de la terre , s'élevent promptement à une certaine hauteur, en traver-fant la maffe de l'air qui eft échauffé , & qui eft fec , & vont enfuite former au haut de l'atmofphere les nuées que nous y voyons fufpendues : c'eft à cette hauteur où regne la plus grande humidité de l'atmofphere ; car l'air eft bien plus fec au-deffus des nuages , & il eft d'autant plus fec , qu'il eft plus élevé au deffus ; parceque les vapeurs ne s'élevent point à toute forte de hauteur ; ce qui vient de ce que l'air eft d'autant plus froid qu'il eft plus élevé , & conf-féquemment moins propre à réfoudre & à retenir des vapeurs. L'air eft en-core très humide vers la mer , les marais, les lacs, les fleuves, les forêts : il eft très fec au contraire dans les endroits qui font éloignés de la mer & des lacs, dans les endroits où il y a beaucoup de fables , de rochers , & dans les campagnes dont le fol eft uni : mais pour l'ordinaire l'air eft fort humide vers la furface de la terre le matin & le foir ; parcequ'il s'éleve continuellement de la terre une rofée, ou une exhalaifon , qui ne s'éleve alors que très lente-ment , qui rampe au-deffus de fa furface , qui humecte toutes les plantes , & qui concourt à leur nutrition. Mais fi un vent froid fe fait fentir vers la furface de la terre , l'air y contractera alors moins d'humidité , fi un vent plus chaud fe fait fentir au-deffus de celui dont nous venons de parler , l'air fera alors plus humide dans cet endroit ; parcequ'un vent chaud attire , ré-fout plus de vapeurs, & les foutient pour l'ordinaire davantage.

§. MMCLXXIII. Il ne fera pas inutile ni défagréable de confidérer main-tenant toute l'atmofphere , que nous n'avons encore confidérée qu'en partie.

L'atmofphere

L'atmofphere A K G R [*Tab.* 57. *fig.* 7.] enveloppe de toutes parts la furface de notre globe D H F Q. Si l'un & l'autre demeuroient en repos , & qu'ils ne fuffent point doués d'un mouvement diurne autour de leur axe , alors l'atmofphere feroit exactement fphérique A K G R , fuivant les loix de la gravité ; puifqu'un fluide ne peut être en repos , que tous les points de fa furface ne foient également éloignés de fon centre E.

§. MMCLXXIV. Mais la terre D E F , & l'atmofphere A K G R qui l'embraffe , font doués d'un mouvement diurne qui les emporte l'un & l'autre autour de leur axe ; puifque , fuivant les obfervations précédentes (§. 506), les différentes parties de la terre ont une force centrifuge , qui tend à les éloigner de leur axe A G, felon une direction perpendiculaire à cet axe , & dont la tendance eft d'autant plus confidérable , que ces parties font plus éloignées de l'axe : il faut donc que la figure de l'atmofphere devienne fphéroïde A L G S ; puifque fes parties qui répondent à l'équateur , & aux différens endroits qui font peu éloignés de l'équateur , font plus éloignés de l'axe D F que celles qui répondent aux pôles D & F. La force centrifuge doit être moindre au-deffus des pôles D & F ; les parties de l'air qui approchent davantage des extrêmités A & G de l'axe , telles que celles qui font en N & en P , doivent être foumifes à une moindre force centrifuge , & cette force doit même devenir nulle en A & en G. Par conféquent le grand axe L S de l'atmofphere doit paffer par l'équateur , & fon petit axe A G doit paffer par les pôles : outre cela , la figure de l'atmofphere doit repréfenter un fphéroïde ; parceque le foleil frappe plus directement l'air qui répond à l'équateur , & qui eft compris entre les deux tropiques , que celui qui répond aux régions polaires : d'où il fuit que la maffe d'air , ou la partie de l'atmofphere comprife entre les tropiques , doit être beaucoup plus échauffée , beaucoup plus raréfiée , & conféquemment qu'elle doit s'étendre davantage ; tandis que la partie de l'atmofphère qui répond aux pôles , étant moins échauffée , ne peut point fe porter fi loin , & s'étendre auffi haut : ajoûtez encore à cela que le fol eft plus échauffé fous la zône torride , & qu'il renvoie plufieurs rayons de foleil qui embrâfent , pour ainfi dire , l'air qui répond à cet endroit , & qui le raréfient confidérablement. Au contraire , les terres , fous les zônes polaires , font toujours froides ; elles n'échauffent point l'air , elles ne le raréfient point , & conféquemment elles n'étendent point fes dimenfions en hauteur.

§. MMCLXXV. Comme la force centrifuge eft directement oppofée à la force centripete dans le plan L H Q S , conduit par l'équateur , la gravité de l'air qui répond à l'équateur , & aux endroits circonvoifins de l'équateur , y eft d'autant plus diminuée ; mais cette diminution varie , & devient d'autant moins confidérable , que l'air ambiant s'approche davantage des pôles ; de forte que vers les pôles D & F la force centrifuge eft incomparablement plus petite , & qu'aux limites A & G de l'axe de l'atmofphere , elle cefse d'influer & de diminuer la gravité de l'air ; tandis que fous l'équateur elle agit perpendiculairement contre cette force. Le poids de l'atmofphere doit donc paroître auffi grand qu'il puifse être vers les pôles , & très petit à l'équateur ; ainfi qu'on peut s'en convaincre par les obfervations faites avec le baromètre ; car les hauteurs prifes fur le bord de la mer , ou fur un terrein auſſi bas, ne conviennent point avec celles qu'on obſerve dans des endroits plus élevés, ou éloignés des bords de la mer. *Celſe* (1) remarque que la hauteur moyenne du baromètre, obſervée à *Upſal*, $=$ 29 pouces $3\frac{1}{2}$ lignes rhenan. A Leyde, en Hollande, la hauteur moyenne eſt de 25 pouces rhenan. A Porto-Bello, Panama, Guajaquil, & dans quantité d'autres rivages du Pérou, la hauteur moyenne eſt de 27 pouces $11\frac{1}{2}$ lignes de Paris, ou 28 pouces 11 lignes rhenan, ſuivant les obſervations de *Bouguer* (2), *Ulloa* (3), & de pluſieurs autres. Dans le Fort-Louis, à S. Domingue, *Godin* a obſervé vers le bord de la mer, que la hauteur moyenne du baromètre étoit $=$ 27 pouces 9 lignes de Paris.

§. MMCLXXVI. Mais outre cela, l'air doit être beaucoup plus rare au-deſſus de l'équateur ; puiſque ſon poids y eſt moindre, & qu'il y preſſe moins celui qui lui répond vers la ſurface de la terre, que dans les autres endroits où la latitude eſt plus grande, où l'air eſt plus épais, plus denſe, où il eſt plus preſſé, & conſéquemment plus propre à recevoir & à renfermer des vapeurs & des exhalaiſons.

§. MMCLXXVII. Quoique les exhalaiſons qui s'élevent de la ſurface de la terre, & de tous les corps, ſe portent par-tout dans l'atmoſphere, l'air néanmoins qui enveloppe notre globe, doit être de différente denſité & de différente rareté auprès de la ſurface de la terre : dans les différentes régions, les montagnes, les vallées, les différentes exhalaiſons du ſol, les vapeurs, la chaleur, le froid, les vents, la pureté ou l'impureté de l'air, ſont autant de cauſes qui contribuent à augmenter ces différences ; puiſque toutes ces choſes doivent néceſſairement produire différens effets ; ainſi qu'on le remarque à Quito, au Pérou, qui eſt ſur une hauteur très élevée. L'air y eſt ſi pur & ſi contraire à la génération des inſectes, qu'on n'y voit preſque point, & que très rarement, des moucherons, des punaiſes, qu'on n'y trouve point d'inſectes qui puiſſent incommoder, ni de ſerpens dangereux : on n'y éprouve point les ravages de la peſte, ni les dangers d'aucune maladie contagieuſe (4). Les habitans du Pérou ont un teint baſané, couleur de cuivre : ils ſont ſans barbe, leur poitrine, ni aucune autre partie de leur corps ne ſe couvre point de poils : ils ont cependant les cheveux longs, épais, noirs, plats & très fermes : ils y reſpirent un air trois fois moins denſe que celui qu'on reſpire dans la plus grande partie de l'Europe ; car la colonne de mercure ne s'éleve à Quito que de 20 pouces $\frac{1}{12}$ meſure de Paris. Les exhalaiſons qui s'élevent à la ſurface de la terre, produiſent dans ces contrées des effets différens ſur les hommes & ſur les animaux; car à Porto Bello en Amérique, l'air eſt très inſalubre : on n'y voit aucune jument, aucune vache qui puiſſe s'y reproduire : on ne voit aucune poule qui y ponde : toute femme y meurt en couche (5). Dans la Ville de Guajaquil, qui eſt auſſi en Amérique, & à la latitude auſtrale de 22 degrés 11 min. & 21 ſecondes, tous les Eſpagnols qui y naiſſent de parens Eſpagnols, ſont blancs, de même que les

(1) Acta Litterar. Suæciæ. Ann. 1729, pag. 610. (2) Bouguer, Voyage au Pérou, pag. 39. (3) Ulloa, Voyage au Pérou, Liv. 5. ch. 1. pag. 99. (4) Ulloa Voyage au Pérou, Liv. 5. chap. 6. pag. 241. (5) Bouguer, Voyage au Pérou pag. 36.

Belges, quoique la température soit beaucoup plus chaude en cet endroit qu'à Carthagene (1). C'est pourquoi il est impossible que les hommes ne s'apperçoivent point que la température de l'air est plus analogue à leur tempérament dans certaines régions que dans d'autres, & même que dans le même endroit cette température leur est meilleure dans un tems que dans un autre. En effet, on remarque une différence très sensible de tems à autre dans le poids que l'air exerce & déploie contre nos poumons ; puisqu'un pied cubique rhenan de mercure $= 859 \frac{1}{2}$ ℔. La température étant supposée de 47 degrés, 2 pieds $\frac{1}{2}$ cubiques de mercure produisent 30 pouces d'élévation à la colonne de mercure suspendue dans le barometre ; ce qui est la plus grande hauteur à laquelle elle puisse parvenir à Leyde, suivant les observations qu'on a faites jusqu'à présent. Or le poids d'une telle quantité de mercure, savoir 2 $\frac{1}{2}$ pieds cubiques, $= 2148 \frac{1}{4}$; mais lorsque le barometre n'est qu'à 27 pouces, il est à la plus petite hauteur à laquelle il puisse parvenir : or une colonne de mercure de 27 pouces d'élévation, & dont la base $= 1$ pied en quarré, $= 1933$ ℔ $\frac{7}{8}$. Par conséquent la différente pression de l'air sur une surface d'un pied en quarré, qui est indiquée par une colonne de mercure de 3 pouces d'élévation, est donc de $214 \frac{7}{8}$ ℔. Supposons maintenant que la surface de la peau d'un homme soit de 15 pieds quarrés, la différence de la pression de l'air sera donc $= 3223$ ℔ $\frac{1}{8}$. Mais la surface entiere de toutes les vésicules du poumon peut être supposée $= 10$ pieds quarrés ; par conséquent la différence de la pression qu'elles auront à supporter de la part de l'air, peut donc aller à 2140 ℔. Or une si grande différence de la part de la pression de l'air sur une partie aussi sensible de notre corps, ne peut manquer de produire des effets biens différens. En effet, supposons un asthmatique, dont les poumons ne puissent se développer que par l'effet d'une grande pression de la part de l'air ; il est constant qu'un tel homme ne pourra respirer qu'avec beaucoup de peine, lorsque l'air exerce sa plus foible pression, & que la colonne de mercure sera très basse dans le barometre : au contraire, il respirera librement, & avec plaisir, lorsque l'air sera autant pesant qu'il puisse être, & que la colonne de mercure sera très longue dans le barometre ; c'est-à-dire, lorsque les vésicules pulmonaires seront forcées & déployées par une force de 2000 ℔. Pareillement ceux qui se portent bien, sentent que leurs fibres sont plus fortes lorsque l'air est très pesant ; ils sont plus agiles, la réaction du cœur & des arteres, ainsi que celle du sang & de l'air qui y est mêlé, est beaucoup plus énergique contre la pression que l'air exerce extérieurement : au contraire, lorsque la colonne de mercure est très courte dans le barometre, & que le poids de l'air est considérablement diminué, les corps sont moins comprimés extérieurement ; le sang & l'air qu'ils contiennent venant à se dilater, les tuméfient, leur texture devient plus lâche, l'agilité diminue : le sang & les humeurs étant moins comprimés, les fluides deviennent plus rares, moins compacts, visqueux ; les fibres mêmes qui entrent dans la composition des vaisseaux & des muscles, se relâchent : phénomenes qui sont accompagnés de langueur, d'obstructions, de tristesse, & de quantité d'autres accidens.

(1) Ulloa, Voyage au Pérou, Liv. 4. chap. 5. pag. 145.

Par conséquent ceux qui sont accoutumés à vivre dans un air très léger, dont le poids ne peut soutenir qu'une colonne de mercure de 24 pouces de hauteur, ne sont accoutumés qu'à supporter une pression qui équivaut à un poids de 25785 ℔, en supposant toujours que la surface de leur corps est de 15 pieds quarrés. Or s'ils voyagent & qu'ils arrivent dans un endroit où la colonne de mercure dans le barometre a 30 pouces d'élévation; ils auront alors à supporter une pression de 32231 ℔ : ce qui fait une différence de 6446 ℔. Les plongeurs qu'on descend en mer sous une cloche, supportent aisément, & sans gêne, la pression d'un air 9 fois plus dense; c'est-à dire, qu'ils supportent, sans en être incommodés, une pression de 322310 ℔. La différence entre la moindre & la plus forte pression qu'ils ont à éprouver, va donc à 296525 ℔; différence que la surface du corps d'un homme est en état de supporter. Les Mineurs qui travaillent à Cracovie au fond des mines de sel les plus profondes, y éprouvent une pression plus considérable de la part de l'air : on en voit plusieurs qui ne peuvent point supporter une pression si différente, qui se fait sur tout sentir sur l'abdomen, sur les visceres qui y sont compris, sur le poumon, sans être exposés à certaines maladies qui affectent même l'esprit. C'est à cette cause que *Scheuchser* attribue savamment cette maladie endémique, connue sous le nom de *nostalgie* (1). En effet, comme les Suisses, mais sur tout ceux qui habitent les Alpes, partie la plus élevée de l'Europe, sont dans l'habitude de respirer un air rare, subtil, & que celui qui passe dans leur sang par le moyen des alimens qu'ils prennent, est de même nature, les vaisseaux & les fibres de leurs corps ne sont point accoutumés à supporter une pression aussi considérable; par conséquent lorsqu'ils voyagent dans des endroits où le poids de l'atmosphere est plus grand, ils y sont exposés à une pression plus sensible, pression à laquelle l'air intérieur compris dans les différentes humeurs de leur corps, ne peut résister : les parties solides qui ne sont point accoutumées à une telle pression, y sont trop comprimées; la circulation du sang se trouve alors exposée à de trop grandes variations : ce qui occasionne ces inquiétudes, cette tristesse qu'ils éprouvent alors; ils deviennent hypocondriaques, & ils n'ont point alors d'autre désir que celui de retourner dans leur patrie. Les Anciens avoient déja observé de semblables phénomenes, ainsi qu'on peut s'en assurer par un passage de *Lucrece* (2). *Basterus* nous a laissé de très beaux Commentaires sur ces symptômes (3).

§. MMCLXXVIII. L'atmosphere prise à la hauteur de 1600 toises au-dessus de la surface de la mer, est encore très propre à l'entretien de la vie animale, & à la végétation des plantes; car les Villes de Quito, Cuenca, &c, en Amérique, sont situées à cette hauteur au dessus de la surface de la mer. Le sol de ces Villes est très fécond : on y voit croître avec plaisir des arbres, & plusieurs plantes différentes. Plus les montagnes cependant sont élevées, & moins les arbres s'y élevent; il n'excedent même point la hauteur des arbrisseaux (4); ainsi que *Peyssonnel* l'a observé à la Guadeloupe : mais on ne voit

<hr>

(1) Ærographia Helvetica, Part. 1. §. 17. Comm. Bonon. Vol. 1. pag. 307.
(2) Lucret. Lib. 6. vers. 1101.
(3) Verhandelingen der Maatschappy te Haarlem 3. Deel.
(4) Philos. Transf. Vol. 40. Part. 2. pag. 564.

point croître d'arbres à une plus grande hauteur, comme par exemple, à la hauteur de 2000 toises. La terre n'y porte qu'un gazon fort clair, dont la hauteur n'excede pas celle de la mousse : on ne voit plus aucune plante, aucune végétation au-dessus de 2200 ou 2300 toises d'élévation, quoique les neiges & les pluies tombent & arrosent ce terrein (1). Car à une hauteur aussi considérable, l'air est trop léger & trop rare pour qu'il puisse pénétrer & circuler dans les vaisseaux aëriens des plantes, & pour qu'il puisse exciter les sucs nourriciers à se mouvoir dans les vaisseaux qui leur sont destinés : c'est pour cette raison que tant que les vaisseaux aëriens des plantes excitent quelques mouvemens dans les vaisseaux destinés à porter les sucs nourriciers des plantes, on les voit croître, à une très petite hauteur à la vérité; mais elles cessent de prendre aucune nourriture & de croître si tôt que les vaisseaux aëriens ne peuvent plus produire cet effet. Joignez encore à ce que nous venons de dire, que le froid qui regne habituellement sur les endroits qui sont très élevés, est très contraire à la végétation.

§. MMCLXXIX. L'air qui constitue la partie supérieure de l'atmosphere, est abandonné librement à lui-même; il s'y étend donc & s'y développe, en vertu de son ressort, en supposant qu'il ne s'y trouve aucun agent qui puisse agir contre lui, le resserrer, ou diminuer sa vertu expansive : ce dont on n'est point certain.

Plus la région que l'air occupe est élevée, & plus il est froid : c'est pour cette raison que le sommet des plus hautes montagnes est toujours couvert de neiges, ainsi que *Linnæus* nous l'assure, par rapport aux Alpes de Laponie; *Tournefort*, par rapport aux montagnes de *Ararat*; *la Condamine*, par rapport à celles du Pérou. On remarque que si le sommet d'une montagne est élevé de plus de 2400 toises au-dessus de la surface de la mer, les neiges qui tombent dessus n'y fondent jamais : c'est pour cette raison que la montagne Chimboraco, qui est élevée de 3217 toises, & dont la partie la plus élevée est de 800 toises, est toujours couverte de neige, & que le sommet de cette montagne est inaccessible, par rapport au froid qui regne dans la partie de l'atmosphere qui le couvre; l'air est plus dense qu'il ne le devroit être, par rapport à sa hauteur, si la matiere ignée étoit uniformément répandue depuis la surface de la terre jusqu'à cette hauteur.

§. MMCLXXX. L'air est d'autant plus pur & d'autant plus simple, qu'il est plus éloigné des différentes ordures qu'il peut recevoir de la terre, & il est alors plus salubre, suivant les observations de *Morton*. On remarque en effet que les maladies sont plus fréquentes dans les endroits bas, que dans ceux qui sont plus élevés (2). J'ai déja fait remarquer la même chose en parlant des Andes, qui sont des montagnes de l'Amérique. La derniere couche de l'atmosphere, celle qui est plus proche de la surface de la terre, est comprimée par les couches supérieures qu'elle supporte : cet air ainsi comprimé, est plus épais ; il est réduit sous un plus petit volume : par conséquent si nous concevons une ligne droite menée de la surface de la terre jusqu'aux limites de l'atmosphere, toutes les molécules de l'air, comprises dans cette ligne, seront de différente grandeur : elles deviendront d'autant plus grandes, &

(1) Condamine, Introd. Hist. p. 48. (2) Hist. Natur. Northampthon, pag. 327.

elles feront d'autant plus rares , qu'elles feront placées plus proche des confins de l'atmofphere , en fuppofant néanmoins qu'elles font toutes femblables , de même grandeur , également comprimées & échauffées au même degré ; mais fi ces molécules font de différente grandeur , que leur rareté , leur chaleur , leur élafticité , foient différentes , il pourra fe faire que les plus minces & les plus élaftiques occupent la région la plus élevée de l'atmofphere.

§. MMCLXXXI. Comme la colonne de mercure comprife dans un tube de barometre , eft foumife à la preffion de l'atmofphere , & qu'en vertu de cette preffion , elle s'éleve à la hauteur de 29 pouces rhénan , qui eft fa hauteur moyenne en Hollande , fi quelqu'un tranfporte un barometre fur le haut d'une tour , ou fur une montagne , il eft conftant que la quantité d'air qui preffera le mercure au haut de la montagne , ne fera pas auffi grande que celle qui le prefferoit au pied de cette même montagne , & par conféquent que la colonne de mercure étant moins preffée , fera moins élevée fur le fommet de la montagne , qu'au pied. Pareillement fi on tranfporte ce même inftrument au fond d'une mine profonde , le mercure y étant plus fortement preffé par une plus longue colonne d'air , s'y élevera davantage. Le célebre *Stroemer* a répété ces expériences fur plufieurs montagnes de différentes régions , dans les mines de Norvege , dans celles de Clauftalie (1) , dans une mine d'argent de Sall (2) , & les réfultats de ces expériences ont toujours confirmé cette vérité.

Celfe , confidérant la hauteur du barometre au haut & à l'entrée de la derniere mine dont nous venons de parler , trouva que la colonne de mercure avoit $30\frac{18}{100}$ pouces , mefure de Suede : il fe fit defcendre dans une tonne , en tranfportant avec lui le même inftrument ; lorfqu'il fut parvenu à la profondeur de 636 pieds , le mercure s'étoit élevé à la hauteur de $30\frac{98}{100}$ pouces : il fe fit enfuite remonter ; & lorfqu'il fut parvenu à la hauteur de fa premiere ftation , il trouva que la colonne de mercure étoit defcendue jufqu'à la hauteur où il l'avoit remarquée la premiere fois ; c'eft à dire $30\frac{18}{100}$ pouces : d'où il fuit que la colonne d'air ayant acquis 636 pieds en longueur , avoit fait monter le mercure de $\frac{6}{10}$ de pouce , & qu'une colonne d'air de 106 pieds , preffe au point de foutenir une colonne de mercure , dont la hauteur $= \frac{1}{10}$ de pouce. J'ai remarqué moi-même , qu'en montant fur la plus haute tour d'Utrecht , la colonne de mercure comprife dans le barometre , defcendoit d'une ligne chaque fois que j'étois plus élevé de 82 pieds 4 pouces rhénan. *Feuillée* étant au pied du Pic de Ténérif , obferva que la colonne de mercure étoit de 27 pouces 9,83 lignes : il monta enfuite fur le fommet de cette montagne , qui eft élevé de 2193 toifes , & il remarqua que la colonne de mercure n'étoit plus alors que de 17 pieds 5 lignes. *Bouguer* , fur le fommet du mont Pichinca , qui eft élevé de 2464 toifes , obferva que la hauteur du mercure n'étoit que de 15 pouces 11 lignes : fur le fommet du mont Chouffalong , qui eft élevé de 2476 toifes , la colonne de mercure n'avoit que 15 pouces 9 lignes d'élévation. : fur le fommet du mont Coracon , qui eft élevé de 2470

(1) Bibliotheq. raifonn. ann. 1747. Part. 2. pag. 63. (2) Acta Litterar. Suæciæ, ann. 1724. p. 59.

toises au-dessus de la surface de la mer, la colonne de mercure n'étoit que de 15 pouces 10 lignes. La hauteur ordinaire du barometre dans la Ville de Quito, est de 20 pouces 8 lignes (1). M. l'Abbé *Nollet* a remarqué que la hauteur du mercure du barometre étoit de 24 pouces 8 lignes sur le sommet du mont Vésuve, tandis que cette hauteur étoit alors de 27 pouces 11 lignes au niveau de la surface de la mer (2). On peut conclure de ces différentes observations, que si la hauteur ordinaire du barometre est plus grande dans un endroit quelconque, que cet endroit est plus bas; ou que ce même endroit est plus élevé que la surface de la mer, si la hauteur du barometre y est plus petite. *Gmelin* a observé dans un Bourg nommé Kyria, qui est auprès d'un fleuve de même nom, que la hauteur moyenne du barometre étoit de $26 \frac{2}{100}$ pouces, mesure de Paris; que la hauteur moyenne de cet instrument étoit à Astracan de $28 \frac{1118}{10000}$ pouces; que cette même hauteur étoit à Kamchatka de 27 pouces $6 \frac{1}{2}$ lignes (3). La hauteur moyenne du barometre est de 27 pouces 7 lignes, mesure de Paris, à Gottinge, suivant les observations de *Holmann* (4), & on a fait de pareilles observations en quantité d'autres endroits différens qui concourent toutes à confirmer la même chose.

§. MMCLXXXII. Lorsque je montai sur la tour d'Utrecht, j'observai que le mercure descendoit d'une ligne chaque fois que j'étois monté à la hauteur de 82 pieds 4 pouces; mais il faut remarquer qu'on n'observe point le même phénomene en tout tems & dans toute sorte d'endroit quelconque; car *Cassini* a remarqué dans l'Auvergne, qu'étant monté à la hauteur de $64 \frac{1}{2}$ pieds, le mercure étoit descendu d'une ligne dans le barometre; une autre fois il remarqua le même phénomene par rapport à la longueur de la colonne de mercure, lorsqu'il n'étoit encore élevé qu'à la hauteur de $58 \frac{2}{11}$ pieds. Une autre fois il ne vit descendre le mercure d'une ligne qu'après s'être élevé à la hauteur de 80 pieds. *Desrham* a remarqué en Bretagne, qu'il falloit porter le barometre à la hauteur de 82 pieds, pour que la colonne de mercure descendît d'une ligne. *Nettleton* a remarqué qu'il falloit le porter à la hauteur de $85 \frac{2}{100}$ pieds. Ces différences qu'on observe en pareilles circonstances, viennent de ce que l'atmosphere n'est pas toujours aussi pesante, ni aussi pure, ni remplie de vapeurs aussi pesantes; elles viennent de ce qu'elle ne conserve point toujours la même température, ni le même degré de froid; enfin de ce qu'elle n'est pas toujours aussi élastique: d'où il suit qu'il n'est point possible de dresser des Tables qui puissent indiquer jusqu'à quelle hauteur il faut porter le barometre, pour que la colonne de mercure descende d'une quantité donnée. Cependant *Feuillée* en a dressé une, qu'on ne doit point négliger tout à-fait (5). *Bouguer* en a fait une autre, que *Bernouilli* nous a donnée (6).

§. MMCLXXXIII. Comme l'air qui est plus élevé est plus pur que celui qui est vers la surface de la terre, & qu'il n'est pas si rempli d'exhalaisons & de vapeurs, & même qu'il n'en contient aucunes, si on fait abstraction de

(1) Condamine, Introd. Hist. pag. 58. (2) Hist. de l'Acad. Roy. ann. 1750, pag. 22. (3) Flora Siberica in Præf. Tom. 1. pag. 54, 56. (4) Comm. Gotting. Vol. 3. pag. 25. (5) Journ. des Observ. Tom. 1. pag. 456. (6) Acta Helvetica. Vol. 1. pag. 34.

cette région de l'air, où les nuées font fufpendues; & comme les vents qui foufflent dans les régions les plus élevées de l'atmofphere, ne font point en fi grand nombre, ni fi impétueux que ceux qui foufflent dans la moyenne région de l'air & dans celle qui eft auprès de la furface de notre globe; on remarque auffi que le mercure n'eft point fujet à de fi grandes variations dans les régions fupérieures, que dans les régions inférieures. C'eft pour cette raïfon que *Caffini*, ayant fait d'exactes obfervations pendant l'efpace de trois ans fur le Puy de Dome, ne trouva que 6 lignes de variations dans la colonne de mercure. Ces variations furent à 8.5 de ligne dans la Ville de Clermont: à 15 lignes à Paris, à 26.25 de ligne à Hole (1). On a remarqué fur-tout ce phénomene dans les endroits les plus élevés de l'Amérique; car les plus grandes variations qu'on obferve dans le barometre ne font que de $2\frac{1}{2}$ lignes au petit Goave, de $1\frac{1}{4}$ ligne à Guajaquil, d'une ligne à Quito, de $\frac{17}{20}$ de ligne à Riobaniba de $\frac{7}{8}$ de ligne à Chufay (2), de $1\frac{1}{20}$ ligne à Alaufi.

Plus les endroits font élevés, plus les variations du barometre font petites; car Alaufi eft plus élevé que Guajaquil; Quito eft encore plus élevé qu'Alaufi: Riobaniba & Chufay font encore plus élevés que Quito. Or comme les variations du barometre font plus petites fous la zône torride qu'en Europe, c'eft une preuve que le poids de l'atmofphere eft moins fujet à varier que vers les pôles.

§. MMCLXXXIV. Si on fait des obfervations avec le barometre fur différentes montagnes qui foient en même tems les plus élevées, on ne trouvera point que la chûte du mercure dans le tube fuive une proportion exacte, relative au reffort de l'air; mais on obfervera que la chûte du mercure fera d'autant moindre, qu'on portera le barometre fur un endroit plus élevé, ainfi qu'on peut s'en convaincre par plufieurs obfervations de *Scheuchfer* (3), *Caffini*, *Plantade*, *Clapjes* (4). En effet, *Plantade* a trouvé que la montagne de Canigou étoit élevée de 1454 toifes, & que le mercure, fur le fommet de cette montagne, étoit defcendu de 7 pouces $11\frac{1}{2}$ lignes, où il ne fe tenoit qu'à la hauteur de 20 pouces $2\frac{1}{2}$ lignes. Sur le fommet de la montagne nommée Moufflet, qui eft élevée de 1289 toifes, le mercure defcend dans le barometre de 7 pouces $1\frac{1}{3}$ ligne. Sur le fommet du mont Barthelemy, élevé de 1190 toifes, le mercure defcend de 6 pouces $11\frac{1}{3}$ lignes. Or fi la regle que *Mariotte* nous a donnée étoit jufte, & qu'elle pût avoir lieu en toutes fortes d'endroits, il s'enfuivroit que la hauteur du mont Canigou devroit être de 1183 toifes; que celle du mont Moufflet devroit être de 1035 toifes; celle du mont Barthelemy devroit être de 1012 toifes. *Caffini*, ayant fait des obfervations à ce fujet, examina fi l'expanfion de l'air dans les régions fupérieures, ne fuivoit point la raïfon inverfe doublée des poids qui le compriment: en admettant cette proportion, on approche davantage de la vérité, mais non point exactement; puifque les expanfions de l'air dans les plus hautes régions, fuivent une plus grande proportion. Cependant le

(4) Hift. de l'Acad. Roy. ann. 1740. pag. 113.
(1) Condamine Introd. Hift. pag. 50. Ulloa, Voyage au Pérou, Liv. 5. pag. 99
(3) Philof. Tranf. n. 405.
(4) Hift. de l'Acad. Roy. ann. 1705 & 1733.

célebre

célèbre *Bouguer* a démontré, par plusieurs observations faites sur les montagnes du Pérou, que l'élasticité de l'air suivoit en ces endroits la regle établie par *Mariotte*; il a néanmoins trouvé quelques exceptions, & il est convenu de bonne foi que cette regle ne pouvoit avoir lieu en Europe (1), & on peut même doûter qu'elle puisse avoir lieu en Amérique; puisque sur le sommet de la montagne Choufaloug, qui est élevé de 2476 toises, la colonne de mercure ne se soutient qu'à 15 pouces 9 lignes d'élévation. Sur la montagne Coracon, élevée de 2470 toises, la colonne de mercure n'a que 15 pouces 10 lignes de hauteur. Sur le sommet du mont Pichinca, élevé de 2464 toises, la colonne de mercure est de 15 pouces 11 lignes de hauteur; par conséquent la différence dans la hauteur d'une montagne, comparée à celle d'une autre, n'étant que de 6 toises, on auroit une ligne de différence dans l'élévation de la colonne de mercure, & on ne trouveroit encore qu'une semblable différence lorsque la différence des hauteurs seroit de 12 toises; enfin on observeroit encore la même différence d'une ligne sur des montagnes qui seroient presque de même hauteur : ce qui ne peut point arriver, à moins qu'on ne se soit trompé, soit lorsqu'on a mesuré la hauteur de ces montagnes, soit lorsqu'on a observé la hauteur de la colonne de mercure. En effet, on a coutume d'estimer la variation de la hauteur de la colonne de mercure à une ligne, lorsqu'on porte le barometre à 15 toises ½ au-dessus de la surface de la terre: il faut observer outre cela, que lorsque le diametre du tube du barometre, n'est point déterminé exactement, & qu'on l'a parfaitement rempli de mercure, on ne peut point s'en rapporter absolument à la hauteur qu'on a observée: c'est ce qui me donne lieu de soupçonner, & avec justice, qu'on devroit répéter avec soin les observations qu'on a faites jusqu'à présent, relativement à la hauteur du barometre, & qu'on devroit les répéter avec des barometres dont les tubes seroient de même diametre, de même verre, faits dans le même tems, & à la même fabrique, tirés du même fourneau, & remplis avec le même soin; peut-être aussi faudroit-il apporter plus de soin pour mesurer exactement la hauteur des montagnes.

Les différences dépendent, 1°. des différentes forces centrifuges avec lesquelles les molécules de l'air sont repoussées à différentes hauteurs ; 2°. de la différente pesanteur de l'air, pris à différentes distances du centre de la terre, suivant le §. 336. 3°. Ajoutez encore à cela, que la différente température de l'air, la grandeur de ses parties, sa sécheresse, son humidité, sa pureté, ou son impureté, les exhalaisons qui nagent ou qui flottent dans son sein, sont autant de causes qui concourent à faire varier son ressort à différentes hauteurs. 4°. Outre cela, comme toutes les parties de l'air ne sont point aussi élastiques les unes que les autres, il peut se faire que celles qui sont moins élastiques, soient les plus pesantes & les plus proches de la surface de notre globe ; que les autres, qui sont plus élastiques, & peut-être plus minces, soient plus légeres & plus élevées au-dessus de la surface de la terre; d'où il suivroit que l'atmosphere, prise depuis la surface de la terre qu'elle enveloppe, jusqu'au sommet d'une même montagne, ne seroit point composée d'un air homogene, dont les parties seroient sem-

______
(1) Hist. de l'Acad. Roy. ann. 1753.

Tome III. C c

blablement conftituées ; mais d'un air tout-à-fait hétérogene , ainfi que *Fontenelle* le foupçonna autrefois (1). Cette idée fe rapporte très bien à celle du célebre *Stroemer*, qui découvrit que l'élafticité de l'air n'étoit pas toujours la même dans les mines, puifqu'il y remarqua que le mercure s'élévoit d'une ligne dans le barometre, quelquefois lorfqu'on le defcendoit à la profondeur de 52 , & quelquefois lorfqu'on le portoit à la profondeur de 71 aunes, mefure d'Angleterre (2). Peut-être encore que l'air des régions plus élévées, eft fujet à d'autres loix, par rapport au froid & aux autres caufes qui concourent à faire varier fon reffort, quoique le froid feul puiffe bien être la caufe de ce phénomene. En effet, fi la température d'un air élevé à une certaine hauteur au-deffus de la furface de la terre , eft de 100 degrés plus froide que celle de l'air qui eft vers la furface de notre globe , il peut fe faire que cet air plus élevé, foit plus condenfé par rapport à cet excès de froid , quoiqu'il foit moins preffé relativement aux couches fupérieures qu'il fupporte ; de forte que l'air , pris dans une région fupérieure , peut être plus denfe & plus élaftique qu'il ne devroit l'être à raifon de la hauteur qu'il occupe dans l'atmofphere.

§. MMCLXXXV. Si l'atmofphere aérienne étoit également denfe dans toute fa hauteur , s'il régnoit un même froid dans toute fon étendue en hauteur, fi elle étoit également pefante dans toute l'étendue de cette dimenfion , & qu'elle ne fût pas plus compreffible que l'eau , on pourroit aifément déterminer fa hauteur. En effet, fuppofons que la pefanteur fpécifique de l'air , comparée à celle de l'eau , foit dans le rapport de 1 : 870, comme toute la pefanteur de l'atmofphere équivaut à celle de 33 pieds d'eau, & qu'un pied d'eau feroit alors en équilibre avec 870 pieds d'air pris en hauteur , 33 pieds d'eau feroient donc en équilibre avec 870 pieds d'air $\times$ 33 = 28710, ce qui donneroit la hauteur de l'atmofphere ; mais il s'en faut de beaucoup que la conftitution de l'air réponde à ce calcul ; car plus il eft comprimé par les couches fupérieures qu'il fupporte, plus il eft denfe ; moins il eft comprimé, moins il eft denfe ; par conféquent une maffe d'air étant plus élevée, & conféquemment moins comprimée, occupera un plus grand efpace en hauteur, ou en volume, qu'une même maffe de même poids, mais plus comprimée.

Si la même loi qu'on a établie relativement au reffort de l'air confidéré vers la furface de la terre , avoit lieu dans toute l'étendue de l'atmofphere, en fuppofant que la température fût par-tout la même , on pourroit encore déterminer aifément la hauteur de l'atmofphere, ainfi que MM. *Mariotte*, *Halley* & plufieurs autres ont tenté de la déterminer (3). Mais comme cette loi ne peut point avoir lieu dans les régions fupérieures , & que le reffort de l'air y eft foumis à une autre loi, que nous ne connoiffons point, & qui dépend elle-même de plufieurs circonftances , telles que du froid & de la chaleur , &c c'eft par cette raifon qu'on n'a pas pû jufqu'à préfent déterminer la véritable hauteur de l'atmofphere. Suivant le calcul de *Halley* , cette

(1) Hift. de l'Acad. Roy. ann. 1708.
(2) Bibliotheque raifonnée , année 1747, Part. 2, pag. 63.
(3) Philof. Tranf. n. 181. Martin Philof. Britann. Vol. 2. pag. 10.

hauteur devoit être de 25 milles d'Angleterre ; mais il n'y a point de doute que l'atmosphere ne s'étende encore au-delà de ce terme : il y a plusieurs Physiciens qui lui ont donné 500 milles d'étendue ; mais ce sentiment n'est point établi sur des preuves plus certaines que celles qu'on a tirées des observations du barometre, pour déterminer les hauteurs de différens endroits; car les hauteurs qu'on a assignées ne s'accordent point exactement avec les mesures qu'on a prises immédiatement ; ainsi que *George Juan* l'a démontré d'une maniere fort étendue (1) ; & d'ailleurs il n'est pas possible qu'elles puissent s'accorder, eu égard aux variations auxquelles la colonne de mercure est sujette, suivant la différence des tems.

§. MMCLXXXVI. La méthode de déterminer la hauteur de l'atmosphere, par le moyen des crépuscules, n'est pas plus certaine que celle que nous venons d'exposer; *Alhazen* s'est néanmoins servi de cette méthode. Le point du jour commence à paroître lorsque le soleil est à 18 degrés au-dessous de l'horison : cela posé, soit la partie D E F [*Tab.* 57. *fig.* 8.] de la surface de la terre : dont le centre est en C ; supposons que A B D représente un rayon de soleil qui touche la surface de la terre, & qui soit réfléchi par le limbe supérieur de l'atmosphere, selon la ligne B E, pour parvenir à l'œil du spectateur en E. Soit prolongée jusqu'en M la ligne E B, l'angle D C E sera de 18 degrés, & il sera coupé en deux parties égales, par la ligne B C, de sorte que l'angle D C B sera de 9 degrés ; C B sera la secante, D C le sinus total, & en même-tems le rayon de la terre : en supposant que ce rayon soit de 4000 milles, C B sera = 4050 milles : si de cette derniere quantité on retranche la valeur du rayon C F, il restera 50 milles pour exprimer la valeur de B F. Mais dans cette méthode, on suppose que le rayon A B D, & que la ligne B E sont des lignes droites ; ce qui est faux. On y suppose aussi que le point du jour, ou l'aurore, commence à paroître dès que le soleil est à 18 degrés au-dessous de l'horison ; ce qu'on ne peut prouver.

Halley (2) & *de Lahire* (3) ont fait tous leurs efforts pour perfectionner cette méthode; mais elle est trop chargée de suppositions pour qu'on puisse la regarder comme certaine, & conséquemment pour ne point ennuyer les Eleves que nous voulons former, par l'exposition d'une doctrine inutile : je pense qu'il vaut mieux avouer ingénument que nous ne connoissons point encore les limites de l'atmosphere.

§. MMCLXXXVII. Si nous considérons le ciel avec attention, nous observerons qu'il paroît bleu lorsqu'il est serein ; & plus la pureté du ciel est grande, plus il est serein, & plus cette couleur bleue est belle & plus foncée. Cet effet viendroit-il de ce que les espaces célestes, au-delà des limites de l'atmosphere, seroient presque vuides, & conséquemment ne refléchiroient point la lumiere, & d'où ils ne paroîtroient à nos yeux qu'à la maniere des corps noirs ? Mais l'air qui entoure notre globe, réfléchit la lumiere du soleil, & cette lumiere nous paroît blanche lorsqu'il ne la sépare pas en ses différens rayons ; par conséquent le ciel, ou les espaces supérieurs, ou encore mieux ces espaces noirs, vus à travers une lumiere blanche,

(1) Georg. Juan Observ. Astron. Lib. 5. ch. 3. & 4.   (2) Philof. Transf. n. 181.
(3) Hist. de l'Acad. Roy. ann. 1713.

doivent nous paroître bleus ; ainſi qu'il arrive dans la peinture , lorſqu'on mêle du blanc avec du noir , ainſi qu'il arrive encore lorſqu'on regarde une étoffe noire à travers une toile blanche , dont la texture eſt très lâche : on remarque dans l'un & dans l'autre cas une eſpece de bleu , ainſi que *de Lahire* l'a très bien obſervé (1). En effet , il ne faut pas croire que l'air ſépare les rayons bleus de la lumiere , ſoit par réfraction , ſoit par réflexion ; car , dans cette ſuppoſition , tous les objets qui ſeroient placés dans un endroit obſcur , & qui recevroient , par un petit trou , la lumiere que l'air auroit ſéparée , devroient nous paroître bleus , de même que le ciel ; ce qui eſt contraire à l'expérience : mais cela viendroit-il de ce qu'il n'y auroit que quelques parties particulieres de l'air qui auroient la faculté de ſéparer les rayons bleus , tandis que les autres parties tranſmettroient toute autre lumiere quelconque , telle qu'ils la recevroient du ſoleil ? Dans cette ſuppoſition , il paroît que la couleur bleue qu'on remarque , ne devroit point être auſſi foncée ; d'où je conclus qu'il faut encore ranger ce phénomene dans la claſſe de ceux dont on ne peut point donner de raiſon ſatisfaiſante.

§. MMCLXXXVIII. Chaque fois que les corps terreſtres fermentent , font efferveſcence , chaque fois qu'ils ſe pourriſſent , qu'ils brûlent , ou que des liquides , expoſés à l'action du feu , ſont échauffés au point de bouillir , il ſort de tous ces corps des exhalaiſons fluides , rares , ténues , peu ſenſibles à l'œil , élaſtiques , ſonores & ſemblables à l'air , qui cependant different de ce dernier fluide , par quelques propriétés qui leur ſont propres , ainſi que nous l'avons déja obſervé §. 2048. Or ces exhalaiſons ſe répandent dans l'atmoſphere : elles y ſont mêlées avec d'autres fluides élaſtiques , qu'il ne ſeroit point hors de propos d'examiner , ſi les bornes étroites dans leſquelles nous ſommes obligés de nous renfermer nous le permettoient ; mais on pourra conſulter , ſur quelques-unes de ces matieres , d'excellens Phyſiciens , tels que *Boyle* (2) , *Mariotte* (3) , *Coteſius* (4) , *Reaumur* (5) , *s'Graveſande* (6) , *Hales* (7) , *Eller* (8) , *Scharffer* (9). Le célebre *Volf* eſt le premier qui ait traité géométriquement l'Aréométrie.

(1) Hiſt. de l'Acad. Roy. ann. 1711. (2) Cont. Phyſ. Mech. Exper. 1 & 2. (3) Mouvement des eaux. (4) Hydroſt. and pneum. Lectur. Leço. 16. (5) Hiſt. de l'Acad. Roy. ann. 1731. (6) Elem. Phyſ. Lib. 4. cap. 3. (7) Vegetable Statiks. Ch. 6. and Hæmaſt. (8) Hiſt. de l'Acad. de Berlin , p. 13. (9) Inſtitut. Phyſ. Part. 1. à pag. 194. ad 203.

CHAPITRE XL.

Du Son.

§. MMCLXXXIX. LE mot *Son* fignifie quatre chofes qu'il faut bien diftinguer. 1°. Une certaine difpofition dans le corps qu'on nomme fonore. 2°. Un certain mouvement dans l'air, caufé par le corps fonore. 3°. L'affection de l'organe de l'ouie, produite par l'air fonore. 4°. L'idée que l'ame fe forme, lorfqu'elle y eft déterminée par l'impreffion que l'air fonore fait fur l'organe. Je vais examiner, en peu de mots & avec ordre, les quatre chofes que je viens d'annoncer.

§. MMCXC. Nous entendons toujours un fon, chaque fois qu'un folide, ou un fluide, fe meut rapidement dans l'air. On entend, par exemple, un fon, lorfqu'on fait mouvoir rapidement une longue baguette ployante, ou lorfqu'une bouche à feu vomit un boulet. On entend encore du fon, lorf-que l'air vient fe brifer avec impétuofité contre des corps folides qui font en repos, ainfi qu'il arrive lorfqu'un vent impétueux vient heurter contre des arbres, contre des cordes tendues, contre des cables de navire, ou contre les parois d'un inftrument à vent. On entend encore du fon, lorfque deux corps folides fe choquent rudement dans l'air, ou lorfque des fluides tom-bent fur d'autres fluides, ainfi qu'il arrive lorfqu'une goutte d'eau tombe d'une certaine hauteur fur une maffe d'eau, ou lorfqu'on verfe une plus grande quantité d'eau dans un vafe qui en contient déja. On n'obferve ja-mais que l'air rende du fon, lorfqu'il agit folitairement : on n'en entend point non plus lorfqu'on heurte des corps folides dans un efpace vuide : il faut de toute néceffité la préfence de l'air pour produire du fon ; il faut que ce fluide enveloppe les corps fonores qui fe meuvent & qui font mis en vi-brations.

§. MMCXCI. Il s'agit donc d'examiner maintenant quelle efpece de mouvement il faut exciter dans le corps fonore, pour qu'il foit propre à produire un fon dans l'air qui l'environne. Regardez avec attention une corde droite A B [*Tab.* 57. *fig.* 9.] & élaftique, qui foit tendue & fixée par fes deux extrêmités A & B : fuppofons qu'une caufe quelconque D tire cette corde de fa direction, & lui faffe décrire la ligne brifée A I B ; dès que cette caufe ceffera d'agir fur cette corde, & qu'elle fera abandonnée à elle-même, elle fe rétablira dans fa premiere fituation A B, & elle décrira auffi-tôt en fens contraire, une femblable ligne brifée A C B, en vertu de la vîteffe qu'elle aura acquife, par la tenfion qu'elle aura reçue. Je fuppofe ici, pour une plus grande facilité, que la ligne A C B, qu'elle décrira, eft compofée des droites A C + C B : or cette corde, après avoir décrit la ligne A C B, reprendra encore fa premiere fituation A B, pour décrire auffi-tôt la ligne A I B, & elle continuera, en allant & en venant, à faire de pareilles vibra-tions, jufqu'à ce qu'elle parvienne à l'état du repos d'où on l'a tirée, &

qu'elle fe foit parfaitement rétablie dans fa fituation A B. Lorfque cette corde
exécute les vibrations dont nous venons de parler, les parties qui étoient
placées les unes fur les autres [*T*. 57. *F*. 10 & 11.], lorfqu'elle étoit droite,
s'écartent un peu les unes des autres, lorfqu'elle eft courbée, & qu'elle devient par-là un peu plus longue ; elles fe preffent auffi en même tems les
unes contre les autres, car le diametre de la corde diminue ; mais lorfque la
corde fe rétablit dans fa premiere fituation, & qu'elle devient plus courte,
les parties qui étoient comprimées & ferrées les unes contre les autres, fe
relâchent, le diametre de la corde augmente alors ; de forte que cette
corde devient alternativement plus longue & plus courte, que les parties
s'éloignent ou s'approchent les unes des autres & qu'elles fe compriment ou
fe relâchent. Or le fon que la corde rend n'eft point produit par aucun de
ces deux efpeces de mouvemens. Mais fi un corps dur choque la corde A B
fur un des points de la longueur, de forte que les parties qui compofent fa
furface, en reçoivent une autre efpece de mouvement vibratoire, qui rende,
pour ainfi dire, la furface de cette corde remplie d'afpérités, & qui porte
des parties en dedans & en dehors, comme fi elles quittoient alternativement la place qu'elles occupoient auparavant ; pour lors cette corde rendra
un fon, qui durera tant que ce mouvement vibratoire fubfiftera dans ces
parties.

§. MMCXCII. On doit cette théorie aux expériences fuivantes :

1°. Suppofons que A B repréfente la corde d'un clavecin, qu'on touche
avec une plume de corbeau ; cette corde fera alors des vibrations, & donnera un fon ; mais fi on laiffe tomber fur cette corde une touche qui eft
couverte de drap, le fon ceffera auffi tôt, quoique la corde continue à
faire des vibrations. Si on tient dans le voifinage de cette corde un corps
dur, contre lequel elle puiffe heurter, fes frémiffemens diminueront ; mais
on l'entendra réfonner comme auparavant, parceque cette corde venant à
frapper ce corps dur, reçoit un nouvel ébranlement dans plufieurs de fes
parties, quoique les vibrations totales diminuent.

§ MMCXCIII. Si on monte fur un violon un corde A B, fur laquelle
on faffe paffer rudement les crins d'un archet, après les avoir enduits de
fuif, on produira des vibrations dans cette corde ; mais elle ne rendra aucun fon. Si au contraire on paffe deffus, & même légerement, un archet
enduit de colophone, qui rend fa furface rude, inégale, raboteufe, on entendra alors réfonner la corde, parceque non feulement elle fera des ofcillations, mais encore parceque fes parties recevront alors un mouvement
vibratoire.

§. MMCXCIV. Suivant qu'on fera couler différemment un archet fur
une corde d'inftrument, tendue ; fuivant qu'on le fera gliffer felon différentes directions, c'eft-à-dire, en le dirigeant à angle droit avec elle, ou en le
faifant paffer obliquement, on entendra un fon différent ; la différence
qu'on remarque dans ce fon, ne paroît pas devoir fon origine à différentes
ofcillations de la corde, mais à différentes efpeces de frémiffemens qu'on
produit alors dans les différentes parties de cette corde, peut être auffi
que les ofcillations de la corde & les frémiffemens des parties différent
alors,

§. MMCXCV. Lorsqu'on touche une longue corde, elle rend non-seulement un son, mais plusieurs sons différens, qui forment ensemble comme une espece de concert, ainsi que l'attestent plusieurs grands Musiciens, tels que *Mersenne, Sauveur, de Mairan* (1), *Rameau* (2). On entend sur-tout alors les sons les plus aigus, tels que la douzieme, la quinzieme, la dix-septieme majeure : ces sons sont l'octave de la quinte, la double octave aiguë du son principal, la double octave de la tierce. Il paroît vraisemblable qu'il ne se fait alors qu'une espece de vibration, mais que les frémissemens des parties sont différens, suivant que quelques unes de ces parties frémissent plus ou moins aisément, plus ou moins promptement; à moins qu'on ne suppose des parties de différentes longueurs dans ces cordes, qui soient susceptibles de différentes oscillations, & qui conséquemment produiroient ces différens sons.

§. MMCXCVI. Les phénomenes que nous venons d'exposer ont lieu non-seulement dans les cordes à boyau, & dans celles qui sont faites de laiton, mais encore dans toute espece quelconque de corps sonore. En effet, que l'on frappe une cloche, elle donnera un son; qu'on attende ensuite jusqu'à ce qu'on ne l'entende presque plus résonner, ou même qu'elle ne résonne plus du tout, on remarquera qu'elle fera encore des oscillations; car si on approche de la circonférence de cette cloche quelques corps durs, tel qu'un stilet qu'on pousseroit lentement par le moyen d'une vis, les oscillations de cette cloche feront qu'elle viendra heurter contre ce stilet, & on entendra un son, parceque ce choc produira de nouveaux frémissemens dans les parties qui frapperont le stilet.

§. MMCXCVII. S'il tombe de la neige sur une cloche, & qu'elle en soit couverte, on l'entendra à peine résonner lorsqu'on la sonnera, ce qui ne vient point de ce qu'elle ne fait point alors d'oscillations; mais de ce que le mouvement vibratoire, excité par le battant dans les parties de cette cloche, sera détruit presqu'aussi-tôt qu'il sera produit.

§. MMCXCVIII. Si on serre l'une contre l'autre les deux branches d'une pincette A B [*Tab.* 57. *fig.* 12.], & qu'on les abandonne ensuite à elles-mêmes, on observera alors qu'elles feront un grand nombre d'oscillations, eu égard à la tension qu'on aura donnée à leur ressort; mais elles ne formeront point pour cela de son : si on approche alors la branche A, ou la branche B, de quelque corps dur, contre lequel elle puisse frapper, & qui est plus propre, par sa résistance, à diminuer qu'à augmenter les oscillations de cette pincette, on entendra néanmoins sur-le champ un son.

§. MMCXCIX. Si on ne tend que foiblement une corde à boyau, ou une corde de laiton, elle ne donnera alors qu'un son foible, ou même elle n'en donnera aucun, quoiqu'on la frappe rudement, & elle fera cependant alors de grandes oscillations; mais si on tend fortement cette corde, le choc le plus foible qu'on lui fera éprouver suffira pour lui faire produire un son clair & distinct.

Ceux qui souhaiteront un plus grand nombre de preuves sur cette ma-

(1) Hist. de l'Acad. Roy. ann. 1737. (2) Hist. de l'Acad. Roy. ann. 1750.

tiere, pourront confulter *Perrault* (1) , *Carré* (2) & *de la Hire* (3).

§. MMCC. Comme le fon confifte donc dans un frémiffement ou dans un mouvement vibratoire des parties du corps fonore, & que les frémiffe-mens de ces parties peuvent être différens, c'eft-à dire, plus grands ou plus petits, l'intenfité du fon dépendra donc auffi & de la grandeur des fré-miffemens & du nombre de parties mifes en vibrations : par conféquent pour produire un fon fort, il faut frapper fortement un grand corps ; il faut auffi que le corps choquant foit dur, parcequ'il ébranle plus fortement les parties qu'il choque que s'il étoit mou & qu'il cédât à la réfiftance qu'elles peuvent faire éprouver : auffi obfervons-nous qu'une cloche ne rend qu'un fon foible lorfqu'on la frappe avec un marteau de bois mou, & que le fon qu'on lui fait produire eft beaucoup plus fort & plus clair lorfqu'on la frappe avec un marteau de métal ou de fer très dur, quoique ce dernier ne foit pas plus pefant que le marteau de bois, & qu'on ne le porte point avec plus de force contre la circonférence de cette cloche : fi on touche une corde de claveffin avec le bec d'une plume de corbeau, on entend alors un fon fort & agréable ; mais fi on la touche avec une plume plus flexible, telle qu'une plume d'oie, ou d'un autre oifeau, à peine en tire-t-on du fon, ou fi elle réfonne, ce fon eft beaucoup plus foible & beaucoup moins clair.

§. MMCCI. Comme tous les corps élaftiques font très propres à être ébran-lés dans leurs parties, & à conferver les ébranlemens qu'on leur procure ; ils font auffi très fonores, ainfi que l'expérience nous le démontre tous les jours : c'eft pour cette raifon qu'on fait ordinairement des cordes d'inftrumens avec de l'acier tiré, ou avec du fimilor, ou avec du cuivre jaune allié avec de l'é-tain & du fimilor : c'eft pour cela que le métal dont on fait les cloches, eft un alliage de cuivre jaune, de fimilor & d'étain. L'argent, lorfqu'il eft pur & fans mêlange, eft un métal trop mou ; mais lorfqu'il eft allié avec le cui-vre, il devient plus fonore & plus propre à former des cloches. On fait en-core des cordes d'inftrumens avec des inteftins de bœuf, de chat, & d'au-tres animaux auxquels l'Art donne le degré d'élafticité qui leur convient, & ces cordes font très propres à l'effet auquel on les deftine.

On fait des inftrumens avec des bois qui font naturellement fort élafti-ques, dont les parties frémiffent aifément, & confervent pendant long-tems le mouvement vibratoire qu'on leur imprime. On les creufe, afin de les rendre plus légers, & qu'ils puiffent renfermer dans leur cavité une grande quantité d'air auquel ils communiquent les frémiffemens qu'on leur imprime. Les parties des corps mous ne reçoivent qu'avec peine un mouvement vi-bratoire ; & c'eft pour cette raifon que les corps mous ne donnent prefque point de fon lorfqu'on les frappe, ou s'ils en donnent, on l'entend périr à l'inftant ; ainfi qu'on peut le remarquer lorfqu'on heurte deux morceaux de plomb l'un contre l'autre, ou lorfqu'on verfe, d'une certaine hauteur, un fluide d'un vafe dans un autre qui en eft déja rempli en partie. Si quelqu'un parle en plaçant fa bouche à l'extrêmité d'une poutre, auroit-elle 50 pieds de lon-gueur, quiconque placera fon oreille à l'autre extrêmité de la même poutre,

(1) Effai de Phyfique. (2) Hift. de l'Acad. Roy. ann. 1709. (3) Hift. de l'Acad. Roy. ann. 1716.

entendra

entendra la voix de celui qui parle à l'autre bout, quoique perſonne ne puiſſe rien entendre en prêtant l'oreille vers toute autre partie intermédiaire de cette poutre : ce qui vient de ce que le mouvement vibratoire, excité dans les parties de l'une des extrêmités de cette poutre, ſe propage ſelon toute ſa longueur à travers ſa ſubſtance, & ſe communique aux parties correſpondantes de l'autre extrêmité.

§. MMCCII. Si on pince deux cordes tendues, & qu'elles réſonnent de maniere que les vibrations de l'une des deux ſoient plus promptes que celles de l'autre corde, on donne alors aux ſons de ces deux cordes, comparés l'un à l'autre, le nom de *ton* : on appelle plus *grave* celui de la corde dont les vibrations ſe font plus lentement, & on donne le nom de plus *aigu* à celui de l'autre corde dont les vibrations ſont plus promptes. Tous les tons quelconques ſe rapportent à ces deux claſſes ; ils ſont tous graves ou aigus : mais juſqu'où s'étendent en montant les tons graves, & où commencent ceux qu'on appelle aigus ? C'eſt ce qui eſt tout-à-fait arbitraire : cependant les Muſiciens fixent dans le claveſſin les tons aigus à la lettre C, qui eſt au milieu de cet inſtrument.

§. MMCCIII. Il paroît par-là que la vîteſſe des ébranlemens des parties s'accorde en quelque façon, avec la vîteſſe des oſcillations, ou qu'elles ſont quelquefois harmoniques, quoique cela ne ſoit pas vrai en général, comme on peut le remarquer par les ſons qui ſont produits par la même corde qu'on touche, ou qu'on pince obliquement, ou perpendiculairement. On remarque auſſi que les ſons different entr'eux lorſqu'on ne fait que poſer légerement le doigt ſur la corde, ou qu'on le preſſe fortement contre la touche ; les oſcillations de la corde ſont les mêmes dans ces deux cas, & les ſons ſont différens : mais comme on ne peut pas ſi bien obſerver le frémiſſement des parties que les oſcillations des cordes ; je conſidérerai ſeulement par la ſuite les oſcillations ou les vibrations des cordes, plutôt que le frémiſſement de leurs parties.

§. MMCCIV. Lorſqu'on frappe une corde tendue A B [*Tab* 58. *Fig.* 1.], on lui fait prendre l'inflexion A E B ; mais lorſqu'elle eſt abandonnée à elle-même, elle tend à ſe rétablir dans la premiere ſituation A F B : or elle ne ſe rétablit point en décrivant des lignes briſées E A, E B ; mais en décrivant des courbes, & en vertu du mouvement accéléré qu'elle acquiert, elle ſe porte au-delà de ſes points fixes A & B : elle prend l'inflexion A M B, pour revenir encore en ſens contraire, en décrivant pluſieurs courbes.

En effet, les parties de cette corde cédant au choc qui les maîtriſe, & ſe portant ſelon les lignes A E & E B, deviennent plus longues que lorſqu'elles ſont dans la ſituation droite A F & F B. Mais elles ſont toutes également tendues & également tirées par les points fixes A & B ; elles tendent donc toutes à s'en retourner avec la même force & la même vîteſſe dans la direction de A B : & lorſqu'abandonnées à elles-mêmes, elles s'en retournent, elles ont la même tendance vers la direction A B ; direction à laquelle elles parviennent toutes dans le même tems ; mais la partie E de cette corde étant plus courbée, plus fléchie que les autres, doit parcourir un plus grand eſpace E F, que toute autre partie intermédiaire de la même corde, telle, par exemple, que la partie G, qui n'a que l'eſpace G H à parcourir ; d'où il

Tome III. D d

fuit que les parties de cette corde A E , qui eft tendue , participent de deux mouvemens ; favoir, d'un mouvement uniforme de E en A , & d'un autre mouvement non uniforme de E en F , ou de G en H : ces parties décriront donc une courbe ; c'eft-à-dire , que cette corde décrira une courbe pour retourner dans fa premiere direction , & qu'elle en décrira une autre , en quittant cette premiere direction A F B , pour le porter en fens contraire en A M B.

§. MMCCV. Si les ordonnées S B , S P [*Tab.* 58. *fig.* 2.] de deux cordes A B, A P , qui ont une abciffe commune A S , confervent toujours le rapport donné ; ces ordonnées venant à diminuer infiniment, de forte que les courbes co-incident avec l'axe A S , on aura le dernier rapport qui fera le même pour les courbes & pour les ordonnées.

Soit conduite une autre ordonnée s p , qui rencontre les courbes en p & b. Menez des tangentes aux points B & P , qui rencontrent les ordonnées en c & C , alors , eu égard au rapport donné entre les ordonnées , les tangentes étant prolongées , fe rencontreront au même point T de l'axe : par conféquent , eu égard aux paralleles S B , s C , on aura C s : c s : : B S : P S. ; mais, par l'hypothefe , on a S B : S P : : s b : s p. Donc on aura C s : c s : : s b : s p ; & en alternant , on aura C s : s b : : c s : s p ; & en divifant, C s — s b : c s — s p : : b C : p c : : S B : S P Suppofons maintenant que les ordonnées s b , S B co-incident , les petites lignes b C , p c s'évanouiffant , deviendront les fous-tendantes des angles de contact b B C , p P c , & les ordonnées S B , S P , étant infiniment diminuées , de forte que les courbes co-incident avec l'axe A S , ces fous-tendantes deviendront perpendiculaires aux courbes , & on aura B b = P p. Mais dans cette hypothefe , les angles de contact font entr'eux , comme $\frac{b\,C}{B\,b} : \frac{p\,c}{P\,p}$; c'eft-à-dire , comme b C : p c. Conféquemment les courbes en B & en P , qui font proportionnelles aux angles du contact , feront proportionnelles aux fous-tendantes b C , p c , & par conféquent aux ordonnées S B , S P.

§. MMCCVI. Suppofons que la corde A B [*Tab.* 58. *fig.* 3.] foit faite d'une matiere très mince , & de même groffeur dans toute fa longueur , & que fon plus grand écartement de l'axe du mouvement A B foit infiniment petit , de forte que la force de la tenfion ne change point par l'augmentation de la longueur de la corde , lorfqu'on la porte à des diftances un peu plus grandes de l'axe A B , & que l'inclinaifon des rayons de la courbe à l'axe demeure conftamment infenfible.

Dans cette fuppofition , des points A & B foit décrite la courbe A D F B , qui foit telle , qu'en conduifant à volonté des ordonnées à l'axe , & les normales C D , E F , la courbure en D foit à la courbure en F , comme la foustendante D C eft à la fous-tendante F E ; on aura alors la figure que la corde A B prend dans toute l'étendue de fon mouvement : en fecond lieu , tous les points D , F parviendront en même-tems à l'axe A B , & feront leurs vibrations dans un même tems périodique , de même qu'un pendule qui fait fes ofcillations entre des arcs de cycloïde. Suppofons que la courbe A D F B marque la plus grande diftance à laquelle la corde s'écarte de l'axe A B , &

que cette corde foit en repos dans toute fon étendue, comme la courbure en D, eft à la courbure en F, comme la diftance C D eft à la diftance E F, & que dans les petites courbures des cordes, les forces qui les courbent, ainfi que celles avec lefquelles elles fe reftituent, font entr'elles comme les diftances à l'axe A B, ou comme la courbure correfpondante, ainfi qu'il eft démontré (1) ; on aura donc, fi on confidere les forces avec lefquelles les parties de la corde fe reftituent lorfqu'on l'abandonne à elle-même, & qu'elle commence à fe mouvoir, on aura, dis-je, l'analogie fuivante : l'accélération de cette corde en D, comparée à celle avec laquelle elle fe meut en F, font entr'elles dans le même rapport que leurs diftances à l'axe ; par conféquent, en confidérant cette corde, dès l'inftant où elle commence à fe mouvoir, on trouvera que les efpaces D d, F f, parcourus dans le même tems, feront auffi dans le même rapport : par conféquent les efpaces f E, d C qui refteront à parcourir, feront encore dans le même rapport ; & comme F E : F f :: D C : D d, on aura, en divifant, F E — F f : F E :: D C — D d : D C, ou f E : d C :: F E : D C ; par conféquent les accélérations aux points d & f fuivront encore le même rapport : & fi on les compare aux accélérations du premier inftant en D & en F, on trouvera qu'elles feront entr'elles, comme les diftances d C & f E, font aux diftances D C & F E : par conféquent l'accélération d'un point quelconque D, foit dans la même courbe A D F B, foit dans différentes courbes, telles que A d f B, A t p B, eft toujours comme la diftance de ce point à l'axe A B ; par conféquent toutes les parties d'une même corde qui font mifes en vibrations, parviennent enfemble, & dans le même tems, à l'axe A B, & elles s'en écartent en même-tems ; & par conféquent chacune de leurs vibrations, grande ou petite, font ifochrones, de même que les vibrations d'un pendule qui ofcille entre des arcs de cycloïde.

C'eft pour cette raifon qu'une corde à boyau tendue, & qu'on ne pince pas, ou qu'on ne frappe pas trop rudement, rend le même fon pendant tout le tems qu'elle eft en vibrations, quoiqu'elle faffe en commençant des vibrations beaucoup plus amples que vers la fin.

§. MMCCVII. M. *Sauveur* a fupputé combien une corde parcourt de chemin dans un certain tems, lorfqu'elle frémit avec plus de force, & combien elle en parcourt, lorfque fes vibrations font plus foibles, tandis qu'elle rend cependant le même fon. Suivant fon calcul, le chemin qu'elle parcourt en une feconde, eft 72 fois plus grand dans le premier cas que dans le fecond (2) : d'où il fuit qu'une même corde peut produire un fon 72 fois plus grand, quoiqu'elle continue de refter fur le même fon.

§. MMCCVIII. Lorfqu'on fait paffer fur une corde un archet compofé d'un certain nombre de crins, qui, pris enfemble, embraffent une grande étendue, il peut fe faire que cette corde ne prenne pas rigoureufement au commencement la forme de la courbe A D F B [*Tab.* 58. *fig.* 3.], que nous venons de décrire ; parcequ'il peut y avoir plufieurs parties dans cette corde qui foient plus fortement preffées que les autres, & conféquemment qui

(1) Comment. ad Newtoni Princip. Lib. 2. pag. 347. (2) Hift. de l'Acad. Roy. ann. 1700.

foient plus fléchies ; néanmoins lorfque cette corde aura exécuté quelques
vibrations , elle prendra la forme de cette courbe, & elle donnera exactement le même fon qui fubfiftera le même tant que la corde réfonnera.

En effet, fuppofons que dans la courbe A D F B, la courbure en F, comparée à celle qui eft en D , foit dans un rapport plus grand que celui de la
diftance F E, comparée à la diftance D C : dans cette fuppofition , la vîteffe
en F fera à la vîteffe en D dans un plus grand ou dans un plus petit rapport
que celui de la diftance en F E, comparée à la diftance en D C. Si la vîteffe
en F , comparée à la diftance en D , eft dans un rapport plus grand que celui de F E : D C, l'efpace F f, parcouru dans le plus petit inftant, fera à
l'efpace D d, parcouru dans le même inftant, dans un rapport plus grand
que celui de F E à celui de D C ; & conféquemment l'accélération en f fera
plus petite, refpectivement à l'accélération en F, que l'accélération en d,
par rapport à l'accélération en D. D'où il fuit que l'accélération de la plus
grande vîteffe, allant toujours en diminuant, & que l'accélération de la
plus petite vîteffe allant toujours en augmentant, relativement aux diftances à l'axe A B, les mouvemens fe combineront tellement entr'eux , que les
points F & D, étant parvenus à certains points, par exemple , p , t ; alors les
vîteffes & les accélérations feront comme les diftances p E, t C. Et conféquemment la courbe A t p B deviendra la même que la précédente , & les
mouvemens confpireront tous entr'eux. Il arrivera encore la même chofe fi
on fuppofe que la vîteffe en F , comparée à la vîteffe en D , foit dans un
moindre rapport que la diftance F E eft à la diftance D C. Par conféquent,
de quelque façon qu'on touche une corde , elle prendra promptement la forme de la courbe que nous avons décrite , & elle continuera à faire fes ofcillations, ainfi que nous l'avons indiqué, & elle donnera conftamment le même fon pendant tout le tems qu'elle réfonnera.

§. MMCCIX. La courbe dans laquelle fe meut une corde d'inftrument qui
réfonne , eft appellée harmonique , & les Mathématiciens démontrent que
cette courbe eft une efpece de cycloïde allongée (1).

§. MMCCX. Comme le reffort d'une corde d'inftrument, confidéré dans
les grandes inflexions , réagit felon une proportion plus grande que celle qui
eft entre ces inflexions; lorfqu'on touchera très fortement une corde, &
qu'on lui fera prendre une grande inflexion, elle exécutera plus promptement fes ofcillations, & elle rendra un fon plus aigu que fi on la touchoit
plus doucement , & qu'on lui fît prendre une moindre inflexion : c'eft pour
cette raifon qu'il peut fe faire qu'une corde bruiffe lorfqu'on la touche trop
fortement , & qu'on en tire un fon trop aigu. Pareillement une flûte qu'on
embouche , & dans laquelle on pouffe une grande quantité de vent, donne
un fon plus aigu que lorfqu'on y injecte une moindre quantité d'air. On peut
donc varier confidérablement les fons , & cette variété , par rapport à une
corde d'inftrument, dépend de la force avec laquelle on la touche ; & par
rapport à une flûte, elle dépend de la maniere felon laquelle on l'embouche,
c'eft à dire , de la quantité d'air qu'on y pouffe.

On peut démontrer cette vérité par la comparaifon de deux pendules de

______

(1) Smith. Harmoniks. pag. 251.

même longueur, mais qui font différemment maîtrisés par la pefanteur : or les tems que ces fortes de pendules emploient à faire leurs vibrations, font en raifon inverfe fous-doublée de leur pefanteur (§. 479) ; mais dans l'hypothefe préfente, où il s'agit des vibrations d'une corde d'inftrument qui fe meut de la même maniere qu'un pendule qui ofcille entre deux arcs de cycloïde, il faut fubftituer la raifon inverfe fous-doublée des forces élaftiques de cette corde, lorfqu'abandonnée à elle-même, elle fe reftitue ; puifque l'élafticité de cette corde, lorfqu'elle eft en vibrations, produit en elle un mouvement femblable à celui que la gravité produit dans un pendule.

§. MMCCXI. On a obfervé qu'une corde de chanvre d'une ligne de diametre, mefure de Paris, tendue par un poids de 35 ℔, & de 90 pieds de longueur, avoit employé ¼ de feconde pour faire une vibration ; qu'une corde de laiton de 138 pieds de longueur & d'un quart de ligne de diametre, avoit fait une ofcillation dans l'efpace d'une feconde ; mais qu'ayant mis un peigne fur le milieu C [*Tab.* 58. *fig.* 4.] de cette corde de chanvre, ou de cette corde de laiton, chaque moitié de cette corde avoit fait deux ofcillations dans le même tems ; & qu'ayant mis un fecond peigne en D, moitié de A C, la partie A D de cette corde avoit fait 4 vibrations ; & on a obfervé que la même proportion avoit lieu pour le nombre des vibrations, à proportion que la longueur de la corde de chanvre, ou que la corde de laiton diminuoit (1).

§. MMCCXII. Les vibrations des cordes d'inftrumens font donc, quant à leur nombre, en raifon inverfe des longueurs de ces cordes.

§. MMCCXIII. On obferve outre cela qu'une corde A B, étant tendue, produit un fon lorfqu'on la touche ; que la partie C A de cette corde fonne l'octave aiguë, & que la partie D A donne encore une octave en fus : d'où où peut déduire que l'élévation des fons fuit la raifon réciproque de leurs longueurs.

§. MMCCXIV. Les cordes rendent donc un certain fon lorfqu'elles font un nombre déterminé de vibrations dans un certain tems. Lorfque les vibrations faites en tems égaux, par deux cordes différentes, font entr'elles comme les nombres fuivants : les Muficiens donnent aux fons que produifent ces cordes, les noms que nous allons indiquer (2).

1	à	1.	L'uniffon.
2	à	1.	L'octave.
3	à	2.	La quinte majeure.
64	à	45.	La quinte mineure.
4	à	3.	La quarte majeure.
45	à	32.	La quarte mineure.
5	à	4.	La tierce majeure.

(1) Merfenni Harmonic. Lib. 4. Propof. 18. pag. 14. (2) Merfenni Harmonic. Lib. 4. Prop. 18. pag. 59.

6   à   5.   La tierce mineure.

5   à   3.   La sixieme majeure.

8   à   5.   La sixieme mineure.

16   à   9.   La septieme mineure.

15   à   8.   La septieme majeure.

12   à   5.   La dixieme mineure.

5   à   2.   La dixieme majeure.

8   à   3.   La onzieme.

9   à   8.   Le ton majeur.

10   à   9.   Le ton mineur.

16   à   15.   Le sémi-ton.

81   à   80.   Le comma.

§. MMCCXV. Sept sons font une octave ; car le huitieme son est le premier de l'octave suivante : on compte dans l'octave trois tons majeurs, deux tons mineurs, & deux sémi tons. Les sons que nous venons d'indiquer sont connus par les sept noms suivants : ut, re, mi, fa, sol, la, si, ut. Et voici les différens nombres de vibrations que les cordes d'instrumens font, dans un tems donné, lorsqu'elles rendent les sons que nous venons de nommer : 24, 27, 30, 32, 36, 40, 45, 48, en commençant par le son le plus grave. Pour les deux sémi-tons, on a $32 : 30 :: 16 : 15$, & $48 : 45 :: 16 : 15$. Pour les trois tons majeurs, $27 : 24 :: 9 : 8 :: 36 : 32 :: 45 : 40$. Pour les deux tons mineurs, $30 : 27 :: 10 : 9 :: 40 : 36$.

Par conséquent les tons majeurs font, ut, re, & fa, sol, ainsi que si, & la.

Les tons mineurs, re, mi, & sol, la.

Les sémi-tons, mi, fa, & si, ut.

§. MMCCXVI. Une oreille un peu exercée à entendre de la musique, peut distinguer 43 sons dans une octave (1). Il s'en trouve encore beaucoup d'autres entre chacun d'eux ; mais l'oreille de l'homme n'est point assez bien organisée pour saisir toutes ces différences, & pour les bien distinguer.

§. MMCCXVII. On peut distinguer plusieurs octaves en montant & en descendant. *Sauveur* pense que tous les sons qui peuvent affecter gracieusement l'oreille de l'homme, font compris dans dix octaves. *Euler* les renferme tous en huit (2) ; par conséquent le son le plus aigu sera composé de 1024 vibrations, tandis que le plus grave n'en comprendra qu'une : car dans chaque octave aiguë, le tems d'une vibration est sous double du tems employé à la vibration de l'octave précédente ; & $\frac{1}{1024} = \frac{1}{2}$ élevée à la dixieme puissance.

____

(1) Hist. de l'Acad. Roy. ann. 1700. (2) Tentam. Musicæ. Cap. 1.

§. MMCCXVIII. Le nombre de vibrations qu'une corde tendue exécute dans un tems donné, eft comme la racine quarrée du poids qui la tend, divifée par le diametre & par la longueur de cette corde.

Soit, par exemple, la corde A B [*Tab. 58. fig. 5.*], tendue par un poids F; qu'au milieu C de cette corde foit fufpendue un poids E, qui la tire & la faffe defcendre felon C D; le poids qui bande cette corde, fera appellé F, & celui qui la fléchit fera nommé E. Si on fuppofe que cette corde prenne, en fe fléchiffant, la fituation A D B la ligne D B, pourra repréfenter toute la force qui tend cette corde, & cette force décompofée, pourra s'exprimer par les lignes D C & C B : or fi on confidere ces deux forces, on verra que D C retire de bas en haut la corde, en vertu de fon élafticité, & que C B tire cette même corde vers B, felon une direction parallele à l'horifon; mais comme, dans les petites tenfions, D B $=$ C B, on pourra fubftituer C B à D B. Cela pofé, le poids E qui tire cette corde, eft égal à la force qui la retire de bas en haut; par conféquent la force E qui tire cette corde, eft à la force F qui la tend, : : C D : C B; par conféquent E $= \dfrac{F \times CD}{CB}$. Mais comme C D, en vertu de la décompofition du mouvement, agit de bas en haut, & qu'il agit maintenant de haut en bas, en vertu du poids E, fufpendu en D, cette force qui retire la corde de fa direction parallele à l'horifon, peut donc être repréfentée par 2 C D. Suppofons maintenant que 2 C D $=$ S, & 2 C B $=$ L $=$ la longueur de la corde; dans cette fuppofition, E fera $= \dfrac{F \times S}{L}$. En fuppofant donc que F & L foient des quantités données, c'eft-à-dire, fi le poids qui tend la corde demeure le même, ainfi que la longueur de cette corde, la puiffance E, qui agit contre cette corde, & qui la tire, demeurera toujours $=$ S; mais l'efpace parcouru par le poids E, qui eft fufpendu en C, $=$ C D; & l'efpace parcouru par le mobile fera en raifon compofée du tems & de la vîteffe. Cela pofé, exprimons par T le tems, & la vîteffe par C; on aura S $=$ T C. Par conféquent 1 S $=$ T C, & 1 $= \dfrac{TC}{S}$, & $\dfrac{1}{T} = \dfrac{C}{S}$, & $\dfrac{S}{T} =$ C. Le reffort qui réagit dans une corde d'inftrument tendue, peut être, pour ainfi dire, regardé comme la force ou la puiffance qui la retire de bas en haut; c'eft-à-dire, qui tend à la ramener à fa premiere fituation : or cette puiffance eft en raifon compofée de la vîteffe & de la grandeur de l'obftacle qu'elle doit vaincre. Nommons M cette puiffance, & Q la grandeur de l'obftacle; nous aurons M $=$ Q C, ou C $= \dfrac{M}{Q}$. Mais nous avons déja trouvé que C $= \dfrac{S}{T}$; par conféquent nous aurons T M $=$ Q S. Or Q repréfente le poids de la corde, par conféquent la quantité donnée : d'où il fuit que T M fera comme S. Mais, dans l'hypothefe préfente, on a M $=$ S, par conféquent T, ou le tems que la corde emploie à faire une vibration eft toujours le même, foit que la quantité donnée, ou C D, foit un peu plus grand ou un peu plus petit ; & conféquemment le fon que forme la corde, dès le moment qu'elle eft en vibrations, jufqu'à celui où elle ceffe d'en faire, eft toujours le même, ainſi que nous l'avons déja démontré (§. 1421).

Maintenant on peut auſſi conſidérer la force élaſtique comme une force uniforme, lorſqu'elle ſe développe dans de très petits eſpaces: d'où il ſuit que le mouvement produit en vertu de la force élaſtique, ſera comme le poids qui fléchit la corde & le tems ; c'eſt-à-dire, que M ſera comme E T ; tandis que dans tout autre cas $M = QC$. Cela poſé, appellons le diametre de la corde D ; on aura $Q = DDL$, & $QC = DDCL$; par conſéquent $ET = DDLT$, & $T = \dfrac{DDLC}{E}$. Mais nous avons trouvé ci-deſſus que $E = \dfrac{FS}{L}$; par conſéquent, en ſubſtituant la valeur de E, nous aurons $T = \dfrac{DDLLC}{FS}$. Or $\dfrac{C}{S} = \dfrac{S}{T}$; par conſéquent $T = \dfrac{DDLL}{TF}$, ou $FTT = DDLL$; & en tirant la racine, on aura $T\sqrt{F} = DL$, & $T = \dfrac{DL}{\sqrt{F}}$. Nommons n le nombre de vibrations que la corde fait ; ce nombre ſera en raiſon inverſe du tems, & par conſéquent $\dfrac{1}{n} = T = \dfrac{DL}{\sqrt{F}}$; donc $n = \dfrac{\sqrt{F}}{DL}$, ou le nombre des vibrations ſera comme la racine quarrée du poids qui tend la corde, diviſée par le diametre & la longueur de cette corde.

§. MMCCXIX. Si on ſuppoſe donc que deux cordes de même longueur, & de même diametre, ſoient tendues par différens poids F, les nombres de vibrations que ces deux cordes feront dans le même tems, ſeront entr'eux, comme les racines quarrées des poids qui tendent ces cordes. En ſuppoſant donc que ces poids F ſoient entr'eux comme 1 : 4, les vibrations ſeront entr'elles, quant à leur nombres, comme 1 : 2 ; & conſéquemment ces deux cordes ſonneront l'octave l'une de l'autre.

§. MMCCXX. Si D & L ſont donnés, on aura T en raiſon inverſe de la racine de F ; c'eſt-à-dire, le diametre & la longueur de la corde étant donnés, le tems que la corde employera à faire ſes vibrations, ſera en raiſon inverſe de la racine du poids qui la tendra.

§. MMCCXXI. Si D & F ſont donnés, T ſera comme L ; c'eſt-à-dire, que le tems employé à faire chaque vibration, ſera directement comme la longueur de la corde. On conçoit par-là la vérité de ce que nous avons dit dans le §. 2213 ; que ſi on met un chevalet qui diviſe une corde d'inſtrument en deux parties égales, la moitié de la corde donnera l'octave aiguë du ſon que rendra la corde entiere.

§. MMCCXXII. Si F & L ſont donnés, T ſera comme D ; c'eſt-à-dire, en ſuppoſant que le poids qui tend la corde demeure le même, ainſi que la longueur de cette corde, le tems que cette corde employera à faire ſes

vibrations

vibrations, fera proportionnel à fon diametre, ou en raifon fous-doublée de fon poids : en effet, le poids de la corde eſt comme DDL; par conſéquent D eſt comme la racine de DD; puiſqu'on ſuppoſe que L eſt conſtante.

§. MMCCXXIII. Par conſéquent ſi deux cordes different en longueur & en groſſeur, & qu'elles ſoient tendues en raiſon de leur groſſeur, & en raiſon doublée de leurs longueurs, ou comme les quarrés de leurs diametres & de leurs longueurs; elles donneront l'uniſſon, où elles feront le même nombre de vibrations dans le même tems.

Comme $n = \dfrac{\sqrt{F}}{DL}$; pareillement $N = \dfrac{\sqrt{f}}{dl}$.

Suppoſons que $n = N$, on aura $\dfrac{\sqrt{F}}{DL} = \dfrac{\sqrt{f}}{dl}$.

Par conſéquent on aura la proportion ſuivante.

$$\sqrt{F} : \sqrt{f} :: DL : dl, \text{ ou } F : f :: DDLL : ddll.$$

§. MMCCXXIV. On conçoit, par la théorie qu'on vient d'établir, pourquoi on emploie, dans les inſtrumens de muſique, comme le violon, la baſſe, & pluſieurs autres ſemblables, des cordes de différente groſſeur? En effet, les 4 cordes d'un violon forment 16 ſons différens. Si on employoit donc des cordes de même groſſeur & de même longueur, & que ces cordes formaſſent deux octaves, il faudroit que la corde qui ſonne la baſſe fût 16 fois moins tendue que la premiere corde qui donne la quinte : conſéquemment ayant donné à celle qui forme la baſſe un degré de tenſion ſuffiſant, pour qu'elle pût former un ſon ſenſible, il faudroit que celle qui donne la quinte fût 16 fois plus tendue; tenſion qu'elle ne pourroit ſupporter ſans ſe rompre : ou ſi on tendoit ſeulement cette derniere autant qu'elle pourroit le ſupporter, la baſſe qui ſeroit 16 fois moins tendue, ne le ſeroit point aſſez pour qu'elle pût faire des vibrations ſenſibles; par conſéquent, pour qu'une corde d'inſtrument ſoit propre à donner la baſſe, il faut la choiſir quatre fois plus groſſe, & on ſera obligé de la bander quatre fois davantage, pour qu'elle ſoit à l'uniſſon de la premiere, lorſqu'elle eſt très lâche : or cette corde étant quatre fois plus bandée, deviendra alors aſſez ferme pour faire des vibrations aſſez promptes, & conſéquemment pour former un ſon. D'où il ſuit qu'il étoit indiſpenſablement néceſſaire que les cordes deſtinées à donner les ſons les plus graves dans le violon, fuſſent plus groſſes que les autres : c'eſt pour cette raiſon qu'on emploie, dans le violon & dans les autres inſtrumens de même eſpece, des cordes de différentes groſſeurs.

Dans le claveſſin, les cordes ſont différentes en longueur & en groſſeur; les plus fines, & en même-tems celles qui ſont plus courtes, donnent les ſons les plus aigus, tandis que les plus longues, qui ſont en même-tems les plus groſſes, donnent les ſons les plus graves. Il étoit auſſi néceſſaire que les plus longues fuſſent plus groſſes, afin qu'elles puſſent ſupporter une plus grande tenſion, qu'elles frémiſſent plus long-tems, & qu'elles donnaſſent des ſons plus diſtincts.

Tome III. E e

§. MMCCXXV. On conçoit auffi par ce que nous avons démontré ci deffus, comment une même corde de violon peut former différens fons? Puifqu'en plaçant le doigt en différens endroits fur la longueur du manche, on
la raccourcit plus ou moins, & conféquemment on lui fait rendre un fon
plus ou moins haut.

Suppofons que la corde A B [*Tab.* 58. *fig.* 4.], prife dans toute fa longueur,
donne le fon E, fi on place le doigt en C, & qu'on la raccourciffe par ce
moyen au point de n'avoir que la moitié de fa premiere longueur, elle fon-
nera alors l'octave aiguë du fon qu'elle formoit précédemment. Si on place
le doigt en D, moitié de la partie C A, la partie A D donnera un fon qui
fera encore d'une octave plus haut que le précédent: d'où il fuit que les aliquotes de cette corde, pour former les différens fons, prifes dans la partie
A C, font beaucoup plus petites que celles qu'il eût fallu prendre dans la
corde entiere A B: d'où il paroît combien il eft difficile de former avec une
corde une fuite de fons purs & diftincts, & avec quelle dextérité il faut placer les doigts fur les endroits néceffaires de cette corde, lorfqu'on veut former des fons fort aigus.

§. MMCCXXVI. Mais pourquoi emploie-t on dans le violon des cordes
à boyau, par préférence à des cordes de laiton? Cela vient de ce que, fi
on prend une corde à boyau, & une corde de laiton de même diametre, de
même longueur, & qu'on les tende l'une & l'autre avec un même poids, la
corde à boyau fonne la onzieme aiguë de la corde de laiton, & conféquemment de ce qu'il ne faut pas tendre auffi fortement une corde à boyau qu'une
corde de laiton, pour leur faire former les mêmes fons, & conféquemment
de ce qu'on peut employer des cordes à boyau plus longues que celles dont
on pourroit fe fervir fi on faifoit ufage de cordes de laiton (1). Néanmoins
on fe fert de cordes de laiton pour le *violon d'amour.*

§. MMCCXXVII. Comment peut-on déterminer le nombre de vibrations que forme chaque fon en commençant à compter depuis le fon le plus
grave que l'oreille de l'homme puiffe faifir, jufqu'au fon le plus aigu qu'elle
puiffe diftinguer; favoir celui qui eft affez aigu pour être défagréable à entendre?

Merfenne nous fournit un moyen pour cela (2). Il nous fait remarquer
que le fon le plus grave dont on puiffe faire ufage dans un concert, eft formé
de 16 vibrations faites en une feconde; néanmoins on peut diftinguer le fon
d'une plus groffe corde qui ne feroit que $12\frac{1}{2}$ vibrations dans le même tems:
le fon de cette corde répond à celui que forme un tuyau d'orgue de 32 pieds
de longueur. Si nous fuppofons que toute notre mufique foit renfermée en
10 octaves, fuivant le (§. 2217), on aura pour le fon le plus grave $12\frac{1}{2}$ vibrations qui s'exécuteront en une feconde: or ces $12\frac{1}{2}$ vibrations multipliées
par le nombre 1024, donneront 12800; par conféquent le fon le plus aigu
dont on puiffe faire ufage dans un concert harmonique, fera formé par
1280 vibrations, qui s'exécuteront en une feconde.

(1) Merfenni Harmonic. Lib. 3. Prop. 9.
(2) Merfenn. Harm. Lib. 3. Prop. 33. pag. 26. & Lib. 3. Prop. 8. p. 41. & Sauveur,
Hift. de l'Acad. Roy. ann. 1700.

§. MMCCXXVIII. Tout ce que nous venons de dire fur les cordes & fur leurs vibrations, a pareillement lieu par rapport à tout corps fonore quelconque qui forme de femblables vibrations, de pareils frémiffemens, lorfqu'on le frappe & qu'il rend un fon ; telles font, par exemple, les cloches, &c, qui de rondes qu'elles étoient, deviennent ovales lorfqu'on les frappe, & forment de véritables vibrations, ainfi qu'on peut le remarquer en approchant un ftilet de fer de leur circonférence ; on entend alors des frémiffemens répétés, qui décelent ces vibrations d'une maniere inconteftable.

L'expérience de *Galilée* (1) prouve que ce même phénomene s'obferve dans les verres à boire, quant aux fons & au nombre de vibrations qu'ils forment : car cet habile Mathématicien ayant gliffé le doigt fur le contour du rebord d'un verre, dans lequel il y avoit de l'eau ; ce verre commença à réfonner, & il vit naître des ondes dans l'eau : ayant enfuite preffé plus fortement ce verre avec le doigt, de façon que le fon donnoit l'octave aiguë du premier, il vit fur l'eau de plus petites ondes, mais qui coupoient exactement par le milieu chacune des ondes précédentes.

§. MMCCXXIX. Après avoir examiné le fon dans le corps fonore, examinons maintenant en quoi confifte le fon dans l'air ; & comme cette matiere nous offre des phénomenes très fubtils à développer, nous ne donnerons ici que les premiers fondemens de cette fcience, ceux qui pourront être à la portée des commençans.

Suppofons une corde mife en vibrations, qui réfonne & qui eft entourée d'air de toutes parts, dont les parties élaftiques foient également diftantes les unes des autres, ou fe touchent, comme il eft repréfenté par a, b, c, d, e, f, &c [*Tab. 58. fig. 6.*], cette corde étant en vibrations, choque, avec toute la force dont elle eft munie, la partie a, & la pouffe vers f avec une très grande vîteffe : cette particule d'air, a, en fe mouvant, heurte contre la partie b, à laquelle elle communique du mouvement ; & fe mouvant conjointement avec elle, ces deux parties a, b viennent heurter la partie c : ces trois parties agiffent contre la fuivante d ; & toutes quatre réunies, agiffent contre la partie e : or ces parties b, c, d, e réfiftent, & en vertu de leur inertie, & en vertu de leur élafticité ; par conféquent ces parties fe condenfent continuellement, jufqu'à ce qu'elles foient parvenues en e, où nous les fuppofons autant condenfées qu'elles le puiffent être par la force communiquée en a, & où nous fuppofons qu'elles ont abforbé, par leur réfiftance, le mouvement des autres parties qui ont été portées vers f. Mais le reffort de la petite maffe d'air qui s'eft condenfée en e, a augmenté dans la même proportion ; elle fera donc alors effort pour s'étendre, pour fe développer du côté où elle éprouvera une moindre réfiftance : conféquemment elle fe développera en deux fens contraires ; favoir, vers a, & vers h ; en vertu de cette dilatation, les parties d, c, b, a, feront repouffées en arriere, & elles reprendront chacune la place qu'elles avoient abandonnée : & la partie f, en vertu de l'effort que la partie e fait contre elle, pouffera en avant, avec une même vîteffe, celles qui l'avoifinent ; ainfi f, g, h, fe mouveront en avant avec la même vîteffe que d, c, b, a, retourneront en arriere. La denfité de l'air fera

(1) Mechanic. Dialog. 1 pag. 90.

donc augmentée en h, autant qu’elle le puiſſe être, ainſi que nous venons de
l’obſerver par rapport à la partie e : or, réfléchiſſant ſur ce phénomene, nous
obſervons que l’air étant mû de a, en e, cet air s’eſt condenſé en e, autant
qu’il a été poſſible, eu égard à la force compreſſive ; que cette denſité, ac-
quiſe en e, a diminué inſenſiblement juſqu’en h : c’eſt ainſi que ſe forme la
premiere onde dans l’air ; il en eſt de même de cette onde que de celle qu’on
obſerve dans l’eau lorſqu’on la voit s’élever inſenſiblement, & s’abaiſſer enſuite ſelon la même progreſſion. Après la formation de cette premiere onde
dans l’air, ce fluide, qui eſt très denſe en h, y eſt auſſi plus élaſtique ; il ſe
développe donc en deux ſens, en avant & en arriere, où il éprouve moins
de réſiſtance on voit donc les particules qui avoient été pouſſées juſqu’en h,
retourner en e, tandis que h & i ſe portent en k ; ce qui forme la ſeconde
ondulation ſonore : on doit raiſonner de même par rapport aux autres ondulations qui ſe propagent juſqu’en o, & même plus loin.

    J’appelle *ſonores* ces ondulations qu’on remarque dans l’air ; c’eſt-à-dire,
que le ſon eſt produit dans l’air par de telles ondulations, & comme ces ondulations ne ſont point, à proprement parler, des ondes, on pourroit les
nommer des pulſations de l’air, ou des condenſations réciproques ſonores ;
car elles different eſſentiellement des ondes, qu’on remarque ſur la ſurface
de l’eau, qui ne ſont autre choſe que de petites monticules & de petites dé-
preſſions qui ſe forment ſur cette ſurface, & qui ſe développent continuellement par des cercles concentriques : au contraire, les ondulations ſonores
partent dans l’air comme du centre d’une ſphere C [*Tab.* 58. *fig.* 7.], où le
corps ſonore eſt placé, & elles s’étendent de là en toutes ſortes de ſens ſur
toute la ſurface des ſpheres qui vont toujours en augmentant, A A, B B,
D D, E E. En effet, 1°. l’air condenſé ſe développe également en toutes
ſortes de ſens ; par conſéquent les ondulations qui ſe forment dans ſon ſein,
ne ſont point ſur une ſurface plane, mais ſur une ſphere. 2°. Ces ondulations naiſſent dans le milieu de l’air, & à toutes ſortes de hauteurs au-deſſus
de la ſurface de la terre, où il puiſſe ſe trouver des habitans, & non pas ſeulement ſur ſa ſurface extérieure, ainſi que celles qu’on remarque ſur l’eau,
qui ne ſe font remarquer que ſur ſa ſurface extérieure. 3°. La vîteſſe des ondes qui ſe font ſur l’eau, eſt différente, ſuivant que la hauteur varie ; mais
il n’en eſt pas ainſi de la vîteſſe de celles que le ſon produit dans l’air : elle eſt
toujours la même dans un air denſe & élaſtique, ſoit que ie ſon ſoit fort,
ſoit qu’il ſoit foible.

    §. MMCCXXX. Les corps qui forment du ſon dans l’air, forment des
ſons très différens les uns des autres, comme il arrive lorſqu’on fait réſon-
ner enſemble pluſieurs inſtrumens, ou lorſqu’on touche les différentes cordes d’un même inſtrument ; ce qui a donné lieu d’examiner ſi une maſſe d’air
élaſtique de même denſité, compriſe dans toute l’étendue d’un endroit fort
petit, pouvoit produire tout à la fois un ſi grand nombre d’ondulations ſi
différentes, dans leſquelles il devoit y en avoir dont la vîteſſe fut 12000 fois
plus grande, & davantage ; ou plutôt, ſi une même maſſe d’air C, compoſée
de parties différentes en reſſort, en grandeur, en maſſe, en poids, &c. ainſi
que nous l’avons déja démontré, avoit des parties, dont les unes fuſſent
propres à recevoir & à tranſmettre tel ſon, d’autres un autre ſon différent,

& ainfi de fuite pour tous les fons poffibles qu'un inftrument peut produire , & que l'oreille de l'homme peut diftinguer ? Les Phyficiens ne font point d'accord à cet égard , & chacun de ces deux fentimens a fes difficultés , que ceux qui viendront après nous pourront peut-être réfoudre , par le fecours de quelques expériences : on peut néanmoins en voir quelques-unes qui font très bien développées dans l'Hiftoire de l'Académie des Sciences (1). Il y a quelques Phyficiens qui révoquent en doute les vibrations fonores de l'air , excitées par les frémiffemens du corps fonore , fondés fur ce que fi on tient à peu de diftance d'un grand corps fonore , la flamme d'une chandelle , on ne remarque aucune agitation dans cette flamme , femblable à celle qu'on pourroit remarquer fi elle étoit agitée par le moindre vent : outre cela , difent-ils , fi le fon , confidéré dans le milieu qui le tranfmet , confifte dans de certaines ondulations de ce milieu , comment peut-il fe faire qu'on entende ce fon à toutes fortes de diftance du corps fonore ; car dans l'endroit où l'air feroit très rare , il ne feroit pas poffible d'y entendre un fon qu'on pourroit diftinguer avec toute fon intenfité , en prêtant l'oreille , dans l'endroit où l'air exécute fes vibrations & où il eft très condenfé : or l'expérience décele le contraire , car on diftingue un fon à toute diftance quelconque du corps fonore.

Mais il arrive auffi qu'on ceffe d'entendre le fon d'une clochette établie fous le récipient d'une machine pneumatique , dont on a retiré l'air ; tandis qu'une autre cloche , qui donne un autre fon , fe fait encore entendre pendant long-tems ; ce qui ne favorife pas peu le troifieme fentiment de M. de Mairan.

§. MMCCXXXI. Le fon fe propage circulairement de toutes parts ; de forte que le corps fonore fe trouve placé dans le centre d'activité de la fphere fonore. Lorfqu'une cloche fe trouve fufpendue dans un endroit fpacieux , on l'entend de tous côtés , par-tout où on prête l'oreille ; & fi le fon de cette cloche rencontre un endroit qui foit ouvert , il s'échappe par cette ouverture , d'où il s'étend encore circulairement comme d'un nouveau centre d'activité , ainfi qu'il arrive aux ondes qui fe forment fur la furface d'une eau qui communique avec une autre maffe par une ouverture.

§. MMCCXXXII. L'intenfité du fon diminue à proportion que nous nous éloignons du corps fonore , & en fuppofant la denfité de l'air uniforme dans toute l'étendue de fa maffe , jufqu'à l'extrêmité de laquelle le fon fe fait entendre , il paroît que fon intenfité décroît en raifon inverfe doublée des diftances au corps fonore.

Suppofons que le corps fonore foit placé au centre C [*Tab.* 58. *fig.* 7] , & qu'il excite d'abord des vibrations fonores dans la maffe d'air A A : dans cette hypothefe , l'intenfité de la force fonore , répandue dans la maffe d'air A A , fe communique & fe diftribue à la maffe d'air B B , qui l'avoifine , & que nous regarderons comme le fecond efpace que parcourra ce fon dans fa tranfmiffion ; mais il ne faut pas oublier que le fon fe tranfmet fphériquement , ou en toutes fortes de fens ; par conféquent la furface fphérique déterminée par A A , eft à celle qui eft défignée par B B , & comprife entre les

______

(1) Hift. de l'Acad. Roy. ann. 1737. Journ. des Sav. ann. 1741. Juin , pag. 174 & 186.

mêmes rayons prolongés CAB , CAB, comme le quarré de CA eſt au quarré de CB ; conſéquemment la force qui agite l'air dans l'eſpace CA , & qui le met en vibrations , eſt à la vérité égale à celle qui anime une maſſe quadruple d'air , compriſe en CB ; & conſéquemment l'intenſité de la force diffuſe & répandue dans toute la ſurface CB , eſt à celle qui eſt diſtribuée dans la ſurface AA , comme la ſurface AA eſt à la ſurface CB ; c'eſt-à-dire , comme le quarré de AC eſt au quarré de CB. L'intenſité du ſon ſuit donc la raiſon inverſe doublée du quarré des diſtances au corps ſonore ; mais ſi la denſité de l'air vient à augmenter , ſi la ſurface de l'air qui eſt miſe en vibrations , devient plus grande , & que ſon élaſticité augmente , l'intenſité du ſon ſera en raiſon compoſée de ces différentes raiſons.

§. MMCCXXXIII. Chaque ſon a ſes bornes , au-delà deſquelles il ne ſe fait plus entendre.

En effet , un homme qui parle d'un ton fort haut , & qui ſe fait entendre à la diſtance de 100 perches , ne ſe fait plus entendre à la diſtance de 1000. Mais ſeroit-il poſſible de déterminer les bornes au delà deſquelles le ſon ceſſe de ſe faire entendre ? c'eſt ce qui me paroît tout-à-fait impoſſible ; car elles dépendent de la grandeur , de l'intenſité du ſon , des vents , &c. elles dépendent auſſi de la fineſſe de l'organe deſtinée à la fonction de l'ouïe ; ce que perſonne ne peut déterminer. On a cependant déterminé , par pluſieurs obſervations , juſqu'à quelles diſtances le ſon s'eſt quelquefois fait entendre. M. *Newton* , Envoyé de la Cour d'Angleterre à Florence , ayant demandé qu'on tirât le canon , le bruit s'en fit entendre à Livourne & au vieux Château bâti ſur le mont Rotondo , qui eſt encore à cinq milles de diſtance au-delà : la diſtance de Livourne à Florence eſt de 50 milles d'Italie. Le pays compris entre ces deux endroits eſt montagneux , & le vent qui régnoit dans le tems qu'on faiſoit cette expérience , ne favoriſoit point la propagation du ſon. Les François faiſant , en 1747, le ſiége de Bergen , on entendoit à Leyde , & diſtinctement , le bruit du canon : or Leyde en eſt éloigné de 15 milles de Hollande. Lorſque cette même Nation faiſoit le ſiége de Gènes , on entendoit à Livourne le bruit du canon : la diſtance de ces deux endroits eſt de 90 milles d'Italie (1). Lorſqu'on tire du canon à Livourne , on peut l'entendre dans le port de Ferrajo , qui en eſt éloigné de 66 milles. On ne peut donc rien déterminer de fixe & de certain par rapport aux limites du ſon ; car , en ſuppoſant même qu'on connût la grandeur du ſon , ſa propagation dépend encore de la conſtitution du terrein , du vent , qui peut être favorable ou contraire , qui , dans l'un & l'autre cas , peut être doux ou véhément. Elle dépend encore de la pureté de l'air , des vapeurs & des exhalaiſons qui flottent dans ſon ſein , de la pluie , de la neige , des nuées : elle dépend outre cela du reſſort actuel de l'air , de ſa denſité , de ſa chaleur , de l'eſpace qui ſépare chaque molécule de l'air , & peut être encore d'un nombre infini de cauſes que nous ne connoiſſons point. Mais comme l'intenſité du ſon décroît à proportion que le quarré des diſtances au corps ſonore augmente , il arrive que ſon intenſité devient ſi foible , à de grandes diſtances , que les vibrations que l'air y reçoit ne ſont point ſuffiſantes pour

____

(1) Philoſ. Tranſ. n. 113.

caufer un ébranlement fenfible à la membrane du tympan : or, lorfque les ébranlemens que les rayons fonores occafionnent à cette membrane, ne font point fenfibles, on ne peut point alors éprouver la fenfation du fon. Suppofons que quelqu'un entende un fon à un pied de diftance du corps fonore, & que ce même fon fe propage à la diftance de 50 milles, c'eft-à-dire de 240000 pieds : dans cette hypothefe, l'intenfité du fon, comparée dans ces deux intervalles, fera, dans le rapport du quarré, de 240000 à 1, c'eft-à-dire, comme 57600000000 à 1 ; d'où il fuit que le bruit d'un canon, qu'on ne pourroit point fupporter à une auffi petite diftance que la premiere que nous venons d'indiquer, ne feroit point entendu, ou prefque point entendu à la feconde de ces deux diftances. Dans le calcul que nous venons de donner, nous fuppofons que l'étendue du terrein que le fon parcourt eft plat, tel qu'il arriveroit s'il avoit à parvenir d'un efpace à un autre, qui feroient féparés par des mers, des champs, des rivieres, &c. ; ainfi ce calcul doit fouffrir de grandes exceptions, lorfque le terrein eft inégale, raboteux, rempli de montagnes & de vallées fort profondes. *M. Godin* fit pointer une bouche à feu fur le fommet de la montagne Pamba Marca, dans le Royaume du Pérou ; le boulet qu'elle devoit lancer étoit de 9 livres : or étant venu auprès de Quito, à une diftance de 19000 toifes de cette montagne, ce qui équivaut à 7 milles de Hollande, il ne put entendre le bruit de l'explofion (1) ; mais il faut remarquer que cette diftance étoit féparée par des vallées de plus de 100 toifes de profondeur, où il paroît qne le fon s'amortit & périt, tandis qu'il eut pu parcourir une plaine deux fois plus étendue.

§. MMCCXXXIV. Si on difpofe fous un récipient de métal, un petit réveil, dont les marteaux puiffent toujours frapper le timbre avec la même force ; ce récipient étant rempli d'air, fi on lâche la détente du réveil, & qu'on s'éloigne jufqu'à ce qu'on n'entende qu'avec peine le fon produit par le timbre, il eft conftant que le fon qu'on entend alors, dépend de l'air qui eft compris fous le récipient, & qui communique aux parois de ce vafe les vibrations qu'il reçoit du timbre : ce récipient, ébranlé par la maffe d'air qu'il contient, communique de femblables vibrations à la maffe d'air environnante ; de forte que celui qui eft placé à une diftance quelconque du récipient, n'entend point, à proprement parler, le fon du timbre, mais précifément celui de l'air qui enveloppe le récipient : fi on injecte alors de nouvel air fous ce récipient, de façon que la denfité de celui qui y eft naturellement compris, augmente de moitié, fon reffort augmentera auffi felon la même proportion, & conféquemment le timbre communiquera des vibrations à une maffe d'air une fois plus denfe & une fois plus élaftique : dans cette hypothefe il y aura un plus grand nombre de parties aériennes qui ébranleront les parois de ce récipient, & avec une double élafticité ; par conféquent ces parois feront ébranlées avec une force quadruple, & ils communiqueront à l'air ambiant un ébranlement quadruple ; ce qui fera qu'on pourra entendre le fon à une diftance double de la premiere, ainfi que l'expérience le démontre. Si on triple la quantité d'air fous le récipient, on entend le fon à une triple diftance.

(1) Condamin, Journ. p. 36. Dom Georg. Juan. Obf. Aftron. Liv. 6. ch. 1. p. 117.

§. MMCCXXXV. Si on renferme encore, comme précédemment, le réveil dont nous venons de parler, fous un récipient d'airain (le digefteur de Papin eft très propre à faire cette expérience), & qu'on le faffe fonner dans une maffe d'air de même denfité, mais dont on augmente le reffort par le moyen de la chaleur qu'on communique au dehors aux parois du récipient ; on augmentera auffi l'intenfité du fon, & on pourra l'entendre à une plus grande diftance du récipient. En effet, le timbre fonnant dans une maffe d'air, dont le reffort eft augmenté par la chaleur qu'on communique au récipient, les parois de cette maffe agiffent avec plus de force contre les parois de ce vafe ; ceux-ci réagiffent auffi avec une plus grande force contre l'air qui les environne ; ce qui augmente l'intenfité du fon, & ce qui lui procure en même-tems la facilité de fe faire entendre à une plus grande diftance. *Hauxbée* (1) fut le premier qui fit ces expériences ; *s'Gravefande* (2) les répéta après lui, & ce fut *Zanotti* qui nous les détailla (3).

§. MMCCXXXVI. Le fon fe propage affez lentement (4), & il ne fe répand pas toujours avec la même vîteffe, foit dans le même endroit, foit en différens endroits de la terre, quoiqu'il n'y ait aucun vent. *Gaffendi* paroît avoir été un des premiers qui ait fait attention à l'efpace que le fon parcourt dans un certain tems. Suivant les obfervations de cet habile Phyficien, le fon parcourt 1473 pieds en une feconde. Mais les Académiciens de Florence ont déterminé cela d'une maniere plus jufte, à l'aide du bruit du canon, qu'ils ont obfervé à différentes diftances ; & comme le feu d'un canon qui décharge, eft vu, à peu de chofes près, dans le même tems, & par celui qui eft auprès de la batterie, & par celui qui en eft éloigné, on peut négliger cette petite différence de tems, & conféquemment celui qui veut obferver la vîteffe du fon, ne doit examiner que le tems qui s'écoule depuis le moment qu'il apperçoit le feu, jufqu'à celui qu'il entend le coup. Ce fut d'après cette maniere d'obferver, que les Académiciens de Florence dirent que le fon parcouroit 1185 pieds dans l'efpace d'une feconde (5). Mais MM. *Caffini, Huygens, Picard, Reaumur* ayant répété ces expériences dans le même tems en France, ont trouvé que le fon parcouroit en une feconde un efpace de 1172 pieds de Paris (6) *Flamftede* & *Halley* les répéterent auffi en Angleterre, & trouverent qu'il parcouroit 1142 pieds, mefure d'Angleterre ; ce qui équivaut à 1070 pieds de Paris. M. *Newton* confirma encore cette expérience. Mais M. *Caffini de Thury* comparant avec plus d'exactitude la mefure ou le pied de Paris avec celui d'Angleterre, trouva que 1142 pieds Anglois, équivaloient à 1072 pieds de France. Ce même Académicien répétant enfuite ces expériences, dans un tems calme, & à la diftance de 14636 toifes, il trouva que le fon parcouroit 173 toifes, ou 1038 pieds en une feconde (7). L'année fuivante il répéta ces mêmes expériences à la diftance de 22572 toifes ; il trouva que le fon parcouroit alors cet efpace en 130 fecondes ; ce qui fit qu'il donna au fon une vîteffe propre

(1) Phyf. Méch. Expérim.
(2) Elem. Phyf pag 646. §. 2354.
(3) Comment. Bonon. Vol. 1. p. 1703.
(4) Lucret. Lib. 6. verf. 166,

(5) Tentam. Flor. p. 113.
(6) Duhamel Hift. Acad. Reg. Lib. 2. §. 3. cap. 2.
(7) Hift. de l'Acad. Roy. ann. 1738,

à

à parcourir 1041 pieds, ou 172 toifes 3 pieds dans l'efpace d'une feconde (1).
M. *de la Condamine* répétant ces mêmes expériences, en Amérique, auprès
de la Cayenne, & ayant pris une diftance de 20230 toifes, trouva que le fon
fe mouvoit avec une vîteffe propre à parcourir 183 $\frac{10}{11}$ de toifes; mais comme
le vent qui fouffloit alors avoit accéléré la vîteffe du fon de $\frac{10}{11}$ de toifes,
il trouva que la véritable vîteffe du fon, en cet endroit, étoit telle qu'il
parcouroit 183 toifes en une feconde, ou 1098 pieds. Il trouva auffi qu'il ne
parcouroit que 172 toifes auprès de la ville de Quito (2). D'autres Phyficiens ont encore trouvé des différences dans ces fortes de réfultats : or
comme on ne peut point révoquer en doute l'exactitude des expériences
qu'on a faites à cet égard en Etrurie, en France, en Angleterre, en Amérique, j'ai lieu d'en conclure que le fon ne fe meut pas toujours avec la
même vîteffe en différens endroits, ni même dans le même endroit; puifqu'on remarque 34 pieds de différence dans le réfultat de *Flamftede*, comparé avec celui de *Caffini*, & 60 dans celui de ce dernier, comparé avec
celui que *la Condamine* nous donne: mais les expériences faites par M M.
Caffini pere & fils, different de 100 pieds; ce qui fait une très grande différence, & qui vient vraifemblablement de ce que le reffort de l'air étoit
différent lorfqu'ils firent leurs expériences ; car les vibrations de l'air, qui
font naturellement très promptes, le feront encore davantage, fi l'air devient très fec & très élaftique, & fi la partie fupérieure de l'atmofphere augmente par fa preffion la denfité de l'air fonore ; & fi, outre cela, la chaleur
venant à augmenter, bande davantage fon reffort, la vîteffe ou la promptitude des vibrations fonores deviendra encore plus grande : or comme dans la
même région de l'air, le poids de l'atmofphere, fa denfité, un plus grand
ou un plus petit efpace entre fes molécules, la pureté de ce fluide, la chaleur qui regne en été & en hiver, l'élafticité, l'électricité, le vent, comme,
dis-je, toutes ces chofes font fufceptibles d'un grand nombre de différences,
il n'eft pas poffible que la vîteffe du fon ne differe, & peut-être même y
a-t-il encore quantité d'autres circonftances, que nous n'avons point encore
découvertes, qui concourent à varier les réfultats des expériences qu'on peut
faire fur la vîteffe du fon: ce font les obfervations de *Derham* qui me donnent lieu de former ce foupçon.

§. MMCCXXXVII. Comme perfonne n'a eu une plus grande commodité que *Derham* d'obferver la vîteffe du fon, dans le même endroit de
l'Angleterre, il eft bon de remarquer ce que cet habile homme nous a donné
fur cette matiere. Dans toute faifon quelconque, dit cet habile Phyficien,
foit que le ciel foit ferein, foit qu'il foit nébuleux, foit qu'il neige, foit qu'il
y ait du brouillard répandu dans l'atmofphere, foit qu'il tonne ou qu'il
éclaire, foit qu'il regne une grande chaleur ou un grand froid dans l'atmofphere, pendant le jour ou pendant la nuit, foit pendant l'été ou pendant
l'hiver, foit que la colonne de mercure foit fort élevée ou fort baffe dans le
barometre, ce que *Caffini* a auffi obfervé en faifant fes expériences lorfque
la colonne de mercure étoit de 27 pouces 2 $\frac{1}{4}$ de lign. & de 27 pouces 11

(1) Hift. de l'Acad. Roy. ann. 1739.
(2) Voyage de la Riviere des Amazonnes, p. 206. Introd. Hift. p. 98.

lignes ; en un mot, quelques variations qui furviennent à l'atmofphere (pourvu qu'on en excepte les vents), la vîteffe du fon n'eft jamais plus grande ou plus petite ; mais le fon à la vérité peut être plus ou moins diftinct. *Caffini* (1) nous a auffi affuré que la vîteffe du fon étoit conftamment la même en France, foit que le tems fût ferein ou pluvieux, foit qu'on fit ces obfervations le jour ou la nuit : cependant *Blanconi* (2) nous affure que la vîteffe du fon eft plus petite pendant l'hiver que pendant l'été, & qu'il emploie 4 fecondes de plus en hiver qu'en été, pour parcourir 13 milles d'Italie.

§. MMCCXXXVIII. Connoiffant la vîtesfe avec laquelle le fon parcourt un efpace donné, on peut connoître le nombre de vibrations qu'il fait dans l'air & leur amplitude (3). Pour réfoudre ce problême, il faut commencer par chercher le nombre de vibrations que le corps fonore fait dans un tems déterminé, & divifer enfuite, par ce nombre, l'efpace que ce fon parcourt dans ce même tems ; le quotient exprimera l'amplitude de chaque vibration. Suppofons une corde qui foit telle qu'elle puiffe exécuter $12\frac{1}{2}$ vibrations en une feconde (nous comprenons dans chacune de ces vibrations *l'allée & la venue de la corde*). Suppofons auffi que le fon parcourt l'efpace A B de 1072 pieds en une feconde : dans cette fuppofition, le fon produit par la premiere vibration de cette corde, parcourra l'efpace A C, de $85\frac{19}{25}$ de pieds, avant que cette corde ait formé une fecone vibration ; la premiere vibration fera donc féparée de la feconde, par un efpace de $85\frac{19}{25}$ de pieds : or ce même effet a lieu pendant les $12\frac{1}{2}$ vibrations qu'elle forme, & comme elle emploie une feconde pour produire ce nombre de vibrations, & que le fon emploie auffi le même tems à parvenir en B, l'efpace A B doit être conçu, divifé en $12\frac{1}{2}$ parties, chacune de $85\frac{19}{25}$ de pieds, que le fon parcourt uniformement, & conféquement cet efpace A B, divifé en autant de parties que la corde fait de vibrations, dans le même tems que le fon parcourt cet efpace, donne pour quotient uu nombre qui exprime l'amplitude de chaque vibration, & celle qui la fuit. M. *Sauveur* a trouvé qu'un tuyau d'orgue, ouvert par fes deux extrêmités, & d'environ 5 pieds de longueur, fonnoit l'uniffon d'une corde qui feroit 100 vibrations par fecondes ; par conféquent, ces vibrations fonores feront au nombre de 100, pendant que le fon qu'elles produiront parcourra 1070 pieds de Paris ; par conféquent les vibrations excitées dans l'air, feront féparées les unes des autres par un efpace = 10, 7 pieds ; mais comme le fon le plus aigu que l'oreille de l'homme puiffe diftinguer, eft produit par une corde qui fait 6400 vibrations en une feconde ; les vibrations ne feront féparées les unes des autres que par un efpace de 2 pouces 075 lignes. Pour connoître donc aifément les vibrations que produifent les cordes fonores, il faut obferver la regle que voici. Les vibrations d'une corde tendue par un poids quelconque, font ifochrones avec les ofcillations d'un pendule, dont la longueur eft à celle de la corde dont il s'agit, en raifon compofée du poids de la corde, au poids

(1) Hiftoire de l'Académie Royale, année 1738.
(2) Comment. Bonon. Vol. 2. pag. 365.
(3) Newtoni Philof. Nat. Lib. 2.

qui la tend, & de la raison doublée du diametre du cercle à la circonférence (1).

§. MMCCXXXIX. La connoissance de la promptitude avec laquelle le son parcourt un espace donné, peut être d'un très grand avantage en mer ; car considérant le moment où la lumiere d'un canon se fait appercevoir & mesurant exactement l'espace qu'il y a entre ce moment & celui où on entend le coup de canon, on peut déterminer assez juste la distance qui sépare deux vaisseaux. Cette connoissance peut être encore utile à celui qui fait le siége d'une ville : il peut connoître par-là à quelle distance il est des murs, lorsqu'on entre dans la tranchée, ou qu'on commence à l'ouvrir. Elle est encore utile aux Géographes, pour assigner sur les cartes les distances des différens endroits, lorsqu'ils sont séparés par des montagnes inaccessibles, qui empêchent qu'on puisse les mesurer exactement. Enfin cette connoissance peut contribuer à notre sécurité, en ce qu'elle nous apprend à quelle distance la foudre est éloignée de nous, & conséquemment nous fait connoître si nous sommes en sûreté ou non dans l'endroit d'où nous l'entendons gronder.

§. MMCCXL. Le son se propage toujours avec la même vîtesse, soit qu'il soit fort, soit qu'il soit foible ; la différence qui se trouve entre l'un & l'autre, c'est qu'un son fort se fait entendre plus loin qu'un son foible : c'est aux Académiciens de Florence que nous sommes redevables de cette découverte, qu'ils firent en faisant tirer des canons de différente grosseur. *Derham* a encore confirmé cette vérité, en observant que le son, produit par un marteau & par un mousquet, se faisoit entendre dans le même tems à la distance d'un mille. *Cassini* s'accorde aussi avec eux à cet égard (2) : il trouva, par expérience, que le son d'une boîte chargée d'une demi livre de poudre, se propageoit aussi promptement que celui d'un canon, dont la charge étoit de six livres. *De Mairan* assure cependant que les tons qui sont plus graves les uns que les autres, ne se propagent point avec la même vîtesse. Pour confirmer cette proposition, il plaça des Observateurs à des distances différentes, & il fit sonner deux cloches, dont les tons étoient différens, & il assure que celui dont le ton étoit plus aigu se fit entendre plutôt que l'autre : cet habile Observateur ajoute cependant que la différence fut peu sensible (3).

§. MMCCXLI. On observe qu'un même son conserve constamment la même vîtesse pendant tout le tems qu'il se propage ; d'où il suit que les vibrations de l'air, ces especes d'ondulations que le son excite dans son sein, se font avec une vîtesse uniforme.

Les Académiciens de Florence furent les premiers qui firent cette observation : ils trouverent qu'il falloit dix demi-secondes pour que le bruit d'une décharge de canons se fit entendre à la distance de 3000 coudées, & que ce bruit se faisoit entendre, en un tems sous-double, à la moitié de cette distance. *Derham* confirma aussi cette vérité, par de nouvelles observations (4), dans le cas où la propagation du son se fait selon une ligne hori

---

(1) Smith Harmonics Sect. 11. §. 24. pag. 259.
(2) Hist. de l'Acad. Roy. ann. 1738.
(3) Hist. de l'Acad. Roy. ann. 1737.
(4) Philos. Transf. n. 313.

fontale. *Caffini* eſt auſſi d'accord en cela (1) ; au moins peut-on aſſurer que
la vîteſſe du ſon eſt, à peu de choſes près, uniforme dans toute l'étendue de
l'eſpace où il ſe fait entendre. On peut encore confirmer cette vérité, en
obſervant qu'on entend toujours le même ſon, ſoit qu'on ſoit placé à une
très petite diſtance du corps ſonore, ſoit qu'on en ſoit placé à une très grande
diſtance; d'où il ſuit que les vibrations de l'air ſont iſochrones à toutes ſortes
de diſtances.

§. MMCCXLII. Mais le ſon ſe propage t-il avec la même vîteſſe de bas
en haut que de haut en bas ? Il peut ſe faire que le ſon ait plus de vîteſſe
pour ſe porter au haut d'une montagne, que pour deſcendre du haut de
cette montagne vers ſon pied, ainſi que *Derham* l'a obſervé. *Caffini* (2) cependant n'eſt pas d'accord en cela avec *Derham*; & il dit avoir obſervé que les
différentes inflexions, ſinuoſités & cavités des lieux plans, n'apportent aucune différence à la vîteſſe avec laquelle le ſon ſe propage : ce que les Phyſiciens Eſpagnols & François ont enſuite obſervé au Pérou (3).

§. MMCCXLIII. Lorſque le vent eſt favorable à la direction du ſon,
il accelere ſa vîteſſe, & il l'accelere d'autant plus, qu'il eſt plus fort ;
au contraire, la vîteſſe du ſon eſt retardée par un vent contraire. Néanmoins *Gaffendi* nous aſſure que l'expérience lui a appris que le vent ne
contribuoit en rien à accélérer & à retarder le ſon. Les Académiciens de Florence ont confirmé la même choſe par leurs expériences ; mais le célebre
Derham ayant obſervé cela avec plus d'attention, a trouvé que lorſque le
vent étoit favorable, le bruit du canon employoit 111 demi-ſecondes à ſe
faire entendre de Blaekheat à Upminſter ; & que lorſque le vent étoit contraire, ce bruit ne ſe faiſoit entendre, à cette même diſtance, qu'en 122
demi ſecondes. *Caffini* eſt du même ſentiment que *Derham* (4).

§. MMCCXLIV. Le ſon ſe propage beaucoup plus loin lorſque le vent eſt
favorable, que lorſqu'il eſt contraire ; & c'eſt ce qu'on obſerve journellement. Nous entendons habituellement le ſon de certaines cloches qui ſont
fort éloignées, & nous ceſſons de les entendre lorſque le vent eſt contraire.

§. MMCCXLV. Si on pointe un canon de façon que ſon exploſion ſe faſſe
dans la direction de l'endroit où l'Obſervateur eſt placé, ou dans une direction contraire, ſoit que ce canon ſoit dirigé parallelement à l'horiſon,
ou ſous un angle quelconque, de haut en-bas, ou de bas en-haut, pourvu
qu'il demeure toujours dans le même endroit, on obſerve que la vîteſſe du
ſon demeure conſtamment la même; ainſi que *Derham* l'a obſervé, & que
les Eſpagnols & les François qui ont été au Pérou pour y meſurer la terre,
l'ont auſſi obſervé.

§. MMCCXLVI. Un ſon plus fort en abſorbe un plus foible, de ſorte
qu'on n'entend point ce dernier, ou qu'on ne le diſtingue pas bien. En effet,
ſi vous êtes très près d'une groſſe cloche qu'on fait ſonner, celui qui ſera au

---

(1) Hiſt. de l'Académ. Roy. ann. 1738 & 1739.
(2) Hiſt. de l'Académ. Roy. ann. 1738 & 1739.
(3) Dom George Juan. Obſervat. Aſtronom, Lib. 6. cap. 1. pag. 119.
(4) Hiſt. de l'Acad. Roy. ann. 1735.

près de vous ne vous entendra point parler : vous ne diftinguerez pas
mieux ce que votre voifin vous dira, fi vous vous trouvez dans un combat
au milieu du bruit des timbales & des décharges d'artilleries : il faut cependant obferver que fi on produit tout-à la fois dans un petit endroit, différens fons qui ne foient point trop bruyans, ces fons ne fe confondront point
entr'eux, & l'oreille pourra aifément les diftinguer : c'eft pour cette raifon
que nous diftinguons affez bien les différentes voix d'un concert & les accompagnemens, & que nous pouvons juger aifément fi ces fons font harmoniques ou diffonnans.

§. MMCCXLVII. Comme le fon, confidéré dans l'air qui le tranfmet,
confifte en une efpece d'ondulation de ce fluide ; il peut fe faire que ce fon
foit réfléchi par le corps fur lequel il fe porte, & conféquemment que ce fon
revienne à l'endroit d'où il eft parti.

§. MMCCXLVIII. Le fon qui eft ainfi reporté, & qu'on peut diftinguer
du premier, eft appellé l'*image du fon*, *écho*, ou fon réciproque.

Suppofons que le corps fonore foit en A [*Tab.* 58. *fig.* 8.], que l'obftacle qui s'oppofe à la propagation du fon foit C D, & que l'Obfervateur foit
en B, à peu de diftance du corps fonore : cet Obfervateur entendra le fon
direct qui fe propagera felon la ligne A B ; mais ce fon fe propagera auffi felon la direction A E : il rencontrera en E l'obftacle qui s'oppofe à fa propagation ; il fe réfléchira donc fous l'angle B E D, égal à l'angle d'incidence A E C,
& conféquemment il s'en retournera felon la ligne E B, de même que s'il
partoit directement du point H, en fuppofant que H E = A E. Si l'efpace
H B étoit très grand, on pourroit diftinguer aifément le fon réfléchi du fon
direct ; mais fi cet efpace H B étoit très petit, l'oreille ne diftingueroit pas
aifément la différence du tems que le fon emploieroit à parcourir l'efpace
A B & l'efpace H B, ou A E + E B ; & conféquemment elle ne concevroit
qu'un feul fon, & elle ne diftingueroit point l'écho.

§. MMCCIXL. L'efpace de tems qui fépare le fon direct de l'écho, eft
d'autant plus petit, que l'obftacle qui forme l'écho eft plus proche du corps
fonore : mais fi l'obftacle fe trouve éloigné de ce corps à la diftance de 535
pieds, & que l'Obfervateur foit très proche du corps fonore, il y aura une
feconde d'intervalle entre la perception du fon direct & celle du fon réfléchi, & conféquemment tous les mots que quelqu'un proféreroit pendant ce
tems feroient rendus par l'écho, lorfque cette perfonne cefferoit de parler :
mais plus l'obftacle qui réfléchit le fon fera éloigné du corps fonore, & plus
il faudra de tems pour que l'Obfervateur entende la répétition du même fon ;
& conféquemment cet écho fera *polyfyllabe*, tandis que cet écho ne feroit
que *monofyllabe* s'il étoit très proche du corps fonore.

§. MMCCL. Comme l'oreille de l'homme ne peut pas bien diftinguer les
fons qui fe fuccedent avec une vîteffe infinie, & qu'il faut néceffairement
un certain intervalle de tems entre chacuns de ces fons, pour que l'oreille
puiffe les bien faifir ; il s'enfuit que lorfque le fon fera réfléchi à une trop
proche diftance de celui qui l'écoute, il ne pourra point diftinguer le fon
réfléchi : mais eft-il poffible de déterminer la plus petite diftance poffible entre le corps fonore & l'obftacle, pour qu'on puiffe diftinguer l'écho ? Les
Muficiens habiles exécutent pour l'ordinaire fur le violon 9 ou 10 fons dans

l'efpace d'une feconde, lorfqu'ils jouent *Preſtiſſimo* : or on ne pourroit point diftinguer les fons s'ils fe fuccédoient plus promptement. D'où il fuit qu'une oreille habituée à entendre de la mufique, ne peut diftinguer l'écho d'un fon, que lorfque le fon réfléchi ne fuit pas plus promptement le fon direct, que les fons fe fuccedent dans un morceau de mufique : or pour qu'on puiffe diftinguer ce fon réfléchi, il faut que l'obftacle foit éloigné de 53 pieds 6 pouces du corps fonore; car fi cet obftacle n'en étoit éloigné que de 50 pieds, je doute fort que le plus habile pût diftinguer ces deux fons l'un de l'autre, il n'entendroit alors qu'une efpece de cri. Cependant une oreille peu habituée à entendre de la mufique, ne peut diftinguer le fon réfléchi du fon direct, que lorfque l'obftacle eft à une plus grande diftance du corps fonore : c'eft pour cette raifon que le P. *Merfenne* exige 69 pieds de diftance entre l'obftacle & le corps fonore, pour qu'on puiffe diftinguer un écho *monofyllabe*. *Morton* porte les chofes encore plus loin; car il exige 90 pieds de Londres de diftance entre l'obftacle & le corps fonore, pour qu'on puiffe diftinguer un écho *monofyllabe* : il exige 105 pieds de diftance pour un écho de deux fyllabes : 160 pieds pour un écho de trois fyllabes : 182 pieds pour un de quatre fyllabes : de 204 pieds pour un écho de cinq fyllabes (1).

§. MMCCLI. S'il y avoit des obftacles difpofés à différentes diftances d'une perfonne qui parleroit de façon que ceux qui feroient les plus proches feroient plus bas, & les plus éloignés plus hauts, ou qu'il y eût feulement deux obftacles élevés & paralleles entr'eux, qui feroient difpofés de façon à réfléchir le fon au même endroit, on entendroit alors différentes répétitions de l'écho, qui fe fuccéderoient les unes aux autres; mais comme pour l'ordinaire la voix paroît plus foible lorfqu'elle vient d'un endroit plus éloigné, & qu'elle paroît plus claire lorfqu'elle vient d'un endroit plus proche, la premiere répétition de l'écho feroit très claire; favoir, celle qui viendroit de l'écho le plus voifin, les autres deviendroient de plus baffes en plus baffes, à proportion que les obftacles feroient plus éloignés : par conféquent fi, dans cette fuppofition, quelqu'un prononçoit l'exclamation *ah*, les échos répéteroient cette fyllabe, dont le fon s'affoibliroit de plus en plus; ce qui repréfenteroit affez bien les gémiffemens d'un moribond.

Les murs paralleles qui font fort élevés, répetent auffi plufieurs fois les fons, & produifent des échos redoublés, comme il y en a eu autrefois dans le Château de Simonette, & dont *Kirker*, *Schot*, & *Miffon*, nous ont donné la defcription : il y avoit dans l'un de ces murs une fenêtre, d'où celui qui parloit entendoit fes paroles répétées 40 fois.

§. MMCCLII. Comme le fon fe propage toujours avec la même vîteffe dans l'efpace qu'il parcourt, il faut que les intervalles de tems qui fe trouvent entre chaque répétition de ces fortes d'échos, foient égaux entr'eux, ainfi que *de Lanis* & *Derham* l'ont obfervé.

§. MMCCLIII. Tout ce qui peut réfléchir le fon & le reporter vers l'endroit d'où il eft parti, doit être regardé comme une caufe propre à produire un écho; par conféquent les murailles, les vieux remparts des Villes, les bois épais, les maifons, les montagnes, les rochers, les hauteurs élevées de

____

(1) Natural. Hift. Northampton. Cap. 5. p. 358.

l'autre côté de la riviere, peuvent produire des échos : il en eſt de même
des rocs remplis de cavernes, des nuées, des champs où il croît certaines
plantes qui montent fort haut. De-là viennent ces coups terribles de tonnerre, dont les éclats répétés retentiſſent dans l'air. On peut aiſément confirmer cette vérité ; car ſi on tire le canon lorſque le tems eſt ſerein, on n'entend ordinairement alors qu'un ſeul coup ; mais ſi on le tire lorſque le ciel
eſt couvert de nuages, le coup ſe fait alors entendre pluſieurs fois.

§. MMCCLIV. On peut auſſi conſerver le ſon en l'empêchant de ſe répandre circulairement à une très grande diſtance : pour y réuſſir, on le fait
paſſer par de longs tuyaux, dont les parois le réfléchiſſent ; de ſorte qu'il ſe
répand comme d'un bout à l'autre ſans ſe diſſiper, & comme en entier :
c'eſt pour cela que, ſelon les obſervations de *Kirker*, le ſon ſe répand en
entier dans les aqueducs des anciens Romains, quoiqu'ils aient 500 ou 600
pieds de longueur ; de ſorte que celui qui parle à l'un des bouts, peut ſe faire
entendre clairement & diſtinctement à l'autre extrêmité. Ces ſortes de
tuyaux peuvent ſervir, quoique recourbés, à tranſporter le ſon dans tous les
endroits où on veut le faire entendre. On peut auſſi raſſembler le ſon, de
même que la lumiere dans un très petit eſpace, qui fait alors l'office du foyer
d'un miroir. Si on fait la voûte d'une chambre, ovale ou elliptique, & qu'on
parle dans un des foyers de cette ellipſe, celui qui prêtera l'oreille dans l'autre foyer, entendra diſtinctement ce qu'on dit, de même que s'il étoit auprès de celui qui parle. C'eſt ſur ce principe qu'on a conſtruit des cornets
acouſtiques pour l'uſage des perſonnes qui ont l'ouïe un peu dure : ces cornets
ſont compoſés d'un large pavillon A A [*Tab.* 58. *fig.* 9. & 10.], qui ſe termine par un tube B d'un petit diametre, qu'on fait entrer dans l'oreille de
celui à qui on parle. Le ſon qui eſt porté dans une large cavité A A, qui va
toujours en diminuant, eſt réfléchi pluſieurs fois par les parois de cet inſtrument, & ſe trouve comme condenſé lorſqu'il parvient à l'orifice étroit B :
ce ſon condenſé ſort par cet orifice B pour ſe porter dans l'oreille : parvenu
dans cette cavité, il y ébranle fortement la membrane du tympan, & procure à celui qui s'en ſert la facilité d'entendre.

On éprouve encore le même avantage en plaçant dans la cavité de l'o-
reille l'orifice étroit B d'une autre eſpece de cornet contourné en forme de
volute, & en préſentant aux ſons qui ſe propagent dans l'atmoſphere la partie évaſée A de cet inſtrument. Les ſourds trouvent, dans ces ſortes d'inſtrumens, les mêmes avantages que les vieillards trouvent dans les lunettes qui
leur procurent la facilité de diſtinguer des objets qui ſe déroberoient ſans
cela à la foibleſſe de leur vue.

On a ſubſtitué à ces ſortes de cornets d'autres inſtrumens qu'on peut porter commodément, ou qu'on peut placer ſur des tablettes.

§. MMCCLV. On peut auſſi affoiblir le ſon & l'amortir ; c'eſt ce qui arrive lorſqu'il eſt porté ſur des corps d'une ſtructure lâche, qui ſont peu élaſtiques, dont la ſurface eſt inégale & raboteuſe, & qui ne ſont point propres
à le réfléchir : cela ſe remarque lorſqu'on parle dans une chambre dont la
tapiſſerie eſt d'une tiſſure lâche & mollaſſe, ou lorſqu'on prêche devant un
très grand auditoire : dans ce dernier cas, le ſon de la voix du Prédicateur

eſt amotti , ſoit par les vuides qui ſe trouvent entre chaque auditeur , ou par les habits contre leſquels il eſt porté.

Je ſuis parvenu à l'amortir de la maniere ſuivante. Je pris un réveil, que je fis ſonner dans l'air , le ſon de cet inſtrument étoit très clair & très diſtinct : je couvris enſuite ce réveil d'un petit récipient de verre : le ſon s'affoiblit alors conſidérablement ; ce qui vient de ce que l'air compris ſous le récipient , & qui eſt mis en vibrations par le ſon du réveil , ne peut point communiquer de ſemblables vibrations aux parois du récipient; ces dernieres étant plus foibles , en communiquent à proportion de plus foibles à l'air extérieur qui entoure le récipient ; ce qui rend le ſon beaucoup foible. Je couvris enſuite ce premier récipient d'un ſecond plus ample que le premier, & le ſon devint encore plus foible : je couvris après cela ce dernier d'un troiſieme beaucoup plus grand , ce qui procura encore un plus grand déchet à l'énergie du ſon ; mais il ſe faiſoit encore entendre : je ſupprimai enſuite les deux récipiens extérieurs , & je couvris le petit , qui ſubſiſtoit encore, d'une étoffe de laine d'une texture très foible & très lâche. Je plaçai par-deſſus le ſecond récipient, que je couvris de la même étoffe ; enfin je couvris le tout du plus grand récipient, que j'enveloppai encore d'une ſemblable étoffe. Je plaçai tout cet appareil ſur un couſſin fort épais , mais très mou , & alors je n'entendis plus le ſon du réveil; il fut entierement ſuffoqué & éteint.

§. MMCCLVI. On augmente le ſon à l'aide des porte-voix , & on le porte même beaucoup plus loin que ſi on ne ſe ſervoit point de ces ſortes d'inſtrumens ; le ſon eſt alors augmenté par la vertu élaſtique du porte-voix : car dès qu'une fois il a commencé à frémir par le ſon qui le met en mouvement, ce frémiſſement continue quelque tems ; ce qui fait que le même ſon eſt comme répété ſucceſſivement , & qu'il paroît être produit par pluſieurs perſonnes qui parlent preſqu'en même tems , & qui diſent la même choſe. Cet inſtrument eſt d'autant meilleur , qu'il eſt fait d'une matiere plus élaſtique, qui peut être plus aiſément miſe en vibrations , & qui peut en former de plus grandes : c'eſt pour cette raiſon que, lorſqu'on voudra ſe procurer un bon porte-voix, il faudra le faire faire de fer mince , bien battu , très élaſtique, ou de cuivre , ou d'argent bien écrouï , & qu'il ne faudra point le revêtir extérieurement de cuir , ou de toute autre matiere propre à diminuer ou à affoiblir les vibrations: il n'en eſt pas la même choſe de ceux dont on fait uſage pour parler aux ſourds; car il eſt néceſſaire que les frémiſſemens de ces ſortes d'inſtrumens s'amortiſſent promptement, afin qu'ils puiſſent entendre très diſtinctement les ſons, ainſi il faut donc avoir ſoin de revêtir ces ſortes de cornets de cuir, ou de toute autre matiere propre à produire cet effet.

§. MMCCLVII. Lorſqu'on fait uſage d'un porte-voix , l'intenſité du ſon en B B [*Tab.* 58. *fig.* 11.], comparée à l'intenſité de ce ſon en F F, eſt comme le diametre de l'inſtrument en B B, eſt au diametre de ce même inſtrument en F F; & comme le nombre des réflexions qu'il a ſubies en B, eſt au nombre de celles qu'il a éprouvées lorſqu'il eſt parvenu en F. Suppoſons donc que la partie A B d'un porte-voix ſoit telle que le ſon ne ſe ſoit réfléchi

qu'une

qu'une fois lorfqu'il eft parvenu en B ; fuppofons auffi que la partie A F
de ce même inftrument foit telle qu'il fe foit réfléchi 5 fois avant d'arriver en
F ; favoir, en B , C , D , E , F : cela pofé, voici comment je raifonne : la
force du fon qui ébranle & qui fait frémir les parois de cet inftrument , eft
la même en B qu'en F ; mais le nombre des parties qui conftituent la périphérie du cercle en B , eft au nombre de celles qui conftituent le périmetre du
cercle F, comme le diametre B B eft au diametre F F ; par conféquent l'intenfité des forces avec lefquelles chacune des parties métalliques qui conftituent
les périphéries de ces cercles , fera en raifon réciproque de ces périphéries ,
ou comme les diametres F F . B B. Or ces parties métalliques ébranlent l'air
compris dans ces périphéries , & lui communiquent le mouvement vibratoire qui les anime , & la maffe d'air que ces différens périmetres renfer-
ment eft comme le quarré du diametre de ces périmetres ; par conféquent la
maffe d'air qui eft mife en mouvement en B , eft à celle qui eft ébranlée
en F , comme $\overline{BB}q : \overline{FF}q$; par conféquent l'intenfité du fon confidéré dans
la longueur A B du porte-voix, eft à l'intenfité de ce même fon confidéré
dans la longueur A F du même porte-voix ; : : $\overline{BB}q : \overline{FF}q$, & outre cela en
raifon inverfe du diametre B au diametre F, où l'intenfité du fon confidérée
en A B, & comparée à l'intenfité de ce même fon confidéré en A F, eft en
raifon de $F F \times \overline{BB}q : B B \times \overline{FF}q$; & en divifant la derniere raifon par B B
$\times$ F F : : B B : F F.

Mais l'intenfité du fon augmente à proportion des différentes réflexions
que les parois du tube lui font fubir, par rapport aux vibrations continuées
qui s'interrompent en très peu de tems. Suppofons, par exemple , que le
nombre de réflexions du fon en B = m, ce nombre en F deviendra , dans
cette hypothefe , = 5 n ; par conféquent toute l'intenfité du fon en B, comparée à celle dont il jouira en F, fera dans le rapport de n $\times$ B B : 5 n
$\times$ F F.

§. MMCCLVIII. Plus le porte-voix fera long , plus le nombre des réflexions deviendra grand , & plus le fon augmentera , & conféquemment il
pourra fe porter à une plus grande diftance ; ce qui a été déja confirmé par
expérience. Un homme qui parle dans un porte-voix de 4 pieds de longueur
peut fe faire entendre à la diftance de 500 pas géométriques ; fi ce même
homme parle de la même maniere dans un porte-voix de 16 $\frac{2}{3}$ pieds , il fe
fera entendre à la diftance de 1800 pas géométriques , & il fe fera entendre
au-delà de 2500 pas géométriques , s'il fe fert d'un porte-voix de 24 pieds
de longueur.

§. MMCCLIX. L'intenfité du fon augmente auffi à proportion qu'on
donne plus d'étendue au pavillon de cet inftrument : on peut vérifier cela.
Si on prend un tube de fer ordinaire & cylindrique , de même longueur
qu'un porte-voix , à peine augmentera-t-on l'intenfité du fon en parlant dans
ce tube , & on ne parviendra à le porter qu'à une très petite diftance , au
lieu que fon intenfité augmentera confidérablement lorfqu'on fera ufage du
porte-voix de même longueur , & on parviendra à fe faire entendre fort
loin.

On ne doit donc pas être furpris de ce que le fon augmente confidérablement lorfqu'on joue d'une longue trompette; puifque fon pavillon eft très grand.

§. MMCCLX. Comme il fe paffe un efpace de tems affez confidérable entre le premier frémiffement excité dans un porte-voix, & tous les frémiffemens fucceffifs, produits par les différentes réflexions du fon dans toute la longueur de cet inftrument, l'oreille entend fucceffivement tous ces frémiffemens; ce qui produit un fon continué: or la continuité de ce fon forme une efpece d'éclat qui empêche de bien diftinguer les fons qui fe fuccedent trop rapidement; ce qui fait qu'on ne pourroit point entendre & diftinguer une fuite de paroles qu'on prononceroit trop promptement dans un porte-voix, elles fe confondroient les unes avec les autres: par conféquent fi on veut fe faire entendre à une grande diftance à l'aide d'un porte-voix, il faut avoir foin de bien articuler & de prononcer lentement chaques fyllabes les unes après les autres.

§. MMCCLXI. On démontre aifément que l'élafticité du métal concourt en grande partie à augmenter le fon; car fi on fait un porte-voix de cuivre ou d'argent, & fi, lorfqu'on veut fouder les parties de cet inftrument, on laiffe rougir le métal, & qu'on l'amolliffe, à peine s'appercevra-t-on que la voix de celui qui en fera ufage foit augmentée en parcourant la longueur de cet inftrument. Auffi les Ouvriers qui font habiles en ce genre d'ouvrage, ont-ils grand foin de bien rétreindre le métal qu'ils emploient; ce qui le rend plus mince, plus denfe & plus élaftique, & le fon qu'il rend enfuite en eft beaucoup plus augmenté: il faut avoir la même attention pour les trompettes & pour les cors-de-chaffe.

§. MMCCLXII. On conçoit par tout ce que nous venons de dire, que le fon de la voix de celui qui parle dans un tel inftrument, eft beaucoup plus foible que celui qui fort de cet inftrument, & que la proportion qui fe trouve entre ces deux fons, eft femblable à celle qui fe trouve entre l'ouverture de la bouche & celle du porte-voix par laquelle le fon s'échappe & fe porte au dehors, multipliée par le nombre de réflexions que les parois de cet inftrument font éprouver au fon qui parcourt fa longueur.

§. MMCCLXIII. Peut-être que fi les parties métalliques qui compofent le cercle F F [*Tab.* 58. *fig.* 11.] étoient dans un degré de tenfion harmonique avec les autres parties qui compofent les autres cercles en D, E, C, B, peut-être, dis je, que le fon qui s'échappe en F F, auroit toute l'intenfité qu'il pourroit avoir, & feroit en même-tems très diftinct & très agréable à l'oreille: au contraire, fi les parties de cet inftrument, dont nous venons de parler, ne font point harmoniques entr'elles, l'intenfité du fon n'en fera point fi confidérablement augmentée, & il fera moins agréable à l'oreille. Ce qu'il y a de conftant & de conforme à l'expérience, c'eft que le fon fera d'autant plus grave, que le diametre du cercle F F fera plus grand.

§. MMCCLXIV. On dit qu'*Alexandre* avoit un femblable porte-voix, à l'aide duquel il raffembloit fon armée, quelque grande & quelque difperfée qu'elle pût être, & lui donnoit fes ordres, comme s'il étoit en préfence de chaque foldat, & qu'il parlât à chacun d'eux en particulier. *Kirker* nous a donné la defcription de ce porte-voix, & en a fait faire un furce modèle (1). Après lui le P. *Salar* (2) en fit faire un semblable en 1654, de 5 pieds ½ de longueur, & dont il se servoit pour chanter au chœur. Mais depuis que le Chevalier *Morland* (3) se fut appliqué à perfectionner ces instrumens, ils commencerent à être bien connus; & cette époque doit être placée après l'année 1671. Le Chevalier *Morland* excita les autres Savans à chercher quelle étoit la meilleure figure qu'on pût leur donner. Ce fut à cette occasion que *Cassegrain* (4) y travailla, de même que *Conjers*, *Purshal*, *Hases* (5), & d'autres. *Cassegrain* voulut que l'axe A G [*F.* 11.] de cet instrument fut considéré comme l'asymptote d'une hyperbole, & que la courbe B C D E F fût une hyperbole. *Martin* (6) fut de l'avis de *Cassegrain* ; mais le succès ne répondit point à l'idée de ces grands hommes, ainsi que j'en juge par l'expérience. Il est probable que la meilleure forme qu'on puisse donner à cet instrument, est celle qui est propre à réfléchir le son un plus grand nombre de fois, avant qu'il puisse s'en échapper en ligne droite, & qu'il faut employer pour cela un métal mince & très élastique, ayant soin néanmoins d'observer que la multiplicité des réflexions ne nuisent point à ce que le son soit distinct : si on donne une figure parabolique à cet instrument, le son ne pourra être réfléchi qu'une seule fois, & il sera très distinct ; mais son intensité n'en sera que très peu augmentée, tandis qu'elle le seroit beaucoup s'il se réfléchissoit plusieurs fois avant de sortir par le pavillon de l'instrument, ainsi qu'il arrive lorsqu'on lui donne beaucoup de longueur.

§. MMCCLXV. Après avoir considéré le son, & dans le corps sonore, & dans l'air qui le transmet, on peut expliquer aisément différens phénomenes qui dépendent de ces deux choses.

Supposons, par exemple, deux cordes tendues sur un seul instrument de musique, ou sur deux mais qui soient peu éloignés l'un de l'autre, & que ces cordes soient montées à l'unisson : aussi-tôt que l'une de ces deux cordes sera pincée, & qu'elle rendra un son, l'autre résonnera aussi, & on pourra s'assurer de ce fait en plaçant un corps léger sur cette derniere ; car on remarquera alors que les vibrations de cette corde lui communiqueront de petits tremoussemens. En effet, comme le frémissement de la corde qu'on pince, excite des ondes dans l'air qui l'avoisine, & que ces ondes vont frapper l'autre corde ; elles produisent dans cette derniere de semblables vibrations, puisqu'étant tendues de la même maniere, elle peut recevoir les mêmes frémissemens. Il n'en seroit point ainsi si les deux cordes étoient fort éloignées l'une de l'autre ; parceque les vibrations de l'air, venant à s'affoiblir à proportion qu'elles s'éloignent du corps qui les produit, ne seroient point alors assez fortes pour ébranler la seconde corde : elle demeureroit donc en repos, & elle ne sonneroit point.

§. MMCCLXVI. Si on monte deux cordes sur un seul instrument de musique, ou sur deux, & que ces cordes soient à l'octave l'une de l'autre, lors-

(1) Kirkeri Ars magna lucis & umbræ. Lib. 7. part. 1. cap. 7.
(2) Journ. des Sav. ann. 1672, p. 125.
(3) Account of the speaking Trumpet. Journ. des Sav. ann. 1672.
(4) Journ. des Sav. ann. 1672, p. 131.
(5) Tracta. de Tuba Stenterophonica.
(6) Martin Philos. Britann. Vol. 2. p. 115.

qu'on pincera celle qui doit dònner l'octave aiguë de l'autre , cette derniere résonnera aussi : on remarquera au milieu de sa longueur une espece de nœud immobile , de même que s'il y avoit un chevalet placé sous ce point , & on remarquera que toutes les autres parties de cette corde frémiront des deux côtés ; & comme le point immobile divise cette corde en deux également , chaque côté de la corde sera à l'unisson avec la corde pincée : on observera pareillement différens nœuds ou points immobiles , situés en différentes parties des cordes qui seroient montées à différentes octaves , & qui feront que les différentes aliquotes de ces cordes donneront toutes l'unisson , lorsqu'on pincera celle qui est à l'octave la plus aiguë. Si on prend donc 5 cordes , A , B, C , D , E , & qu'on les tende de maniere que la corde B soit montée à la douzieme au-dessus de A , C à la dix-septieme majeure au-dessus de A , D à la douzieme au dessous de A , & E à la dix-septieme majeure au-dessous de A ; si on pince alors la corde A , on remarquera que les 4 autres cordes résonneront sans qu'on les touche : on remarquera aussi deux nœuds sur la corde D , & 4 sur la corde E.

Tous ces phénomenes sont autant de loix de la Nature , & nous observons par-là tous les sons harmoniques quelconques , & ils flattent tous agréablement l'oreille de l'homme. Le P. *Mersenne* nous apprend que les cordes de luth , de violons , & de tout autre instrument , peuvent , ainsi que la voix humaine , former tous les sons dont nous venons de parler (1). On remarque dans tous les corps , qu'il y a des endroits qu'on ne peut toucher , tandis qu'on les frappe en d'autres endroits,sans qu'ils ne rendent des sons clairs & distincts , & qu'au contraire ces sons seroient confus si on les touchoit en d'autres endroits. Le célebre *Bernouilli* a traité fort au long cette matiere (2). On peut sur tout faire cette remarque avec des parallélipipedes de métal , travaillés harmoniquement , & dont le son ressemble à celui des cloches.

§. MMCCLXVIII. On comprend aussi par ce que nous venons de dire , 1°. pourquoi nous sentons dans notre corps , dans nos membres , & même dans nos os , un certain frémissement lorsque certains corps résonnent ? On conçoit aussi pour quelle raison nous voyons trembler les carreaux de vitres , les verres à boire , & même les maisons , ainsi que les corps qui s'y trouvent ? Il faut que ces phénomenes se remarquent , & que tous les corps qui se trouvent à l'unisson , ou à l'octave , ou à la quinte , ou à la tierce aiguë du corps qui résonne , résonnent en même-tems , comme nous l'avons observé par rapport aux cordes d'instrumens qui sont dans de tels rapports.

2°. Pourquoi n'y a-t-il point de son dans le vuide? Il est facile de rendre raison de ce phénomene. En effet , quoiqu'une cloche , par exemple , suspendue librement sous un récipient vuide d'air , soit mise en vibration par le marteau qui la frappe , elle ne peut point communiquer ses vibrations , ni à l'air , ni à aucun autre corps qui l'environne ; puisque le récipient est supposé vuide : par conséquent les parois de ce récipient n'étant point mises en vibrations , ne pourront point en communiquer à l'air extérieur qui les en-

(1) Mersenni Harmonic. Lib. 4. Prop. 21. p. 60. & prop. 27. p. 65.
(2) Comment. Petrop. Tom. 13. p. 192.

vironne, & il ne fe tranfmettra aucun fon au-dehors qui puiffe fe propager jufqu'à notre organe.

3°. Si cette expérience n'eft point faite avec affez d'exactitude (quoiqu'on ait évacué exactement le récipient), on pourra encore entendre du fon ; il fuffit pour cela que la cloche puiffe communiquer fes vibrations, foit au récipient, foit à la platine de la machine pneumatique ; car alors les vibrations communiquées à ces fortes de corps, fe tranfmettront à l'air extérieur qui occafionnera le même ébranlement dans notre organe.

4°. Le fon ne s'affoiblit-il pas dans un air raréfié, parceque fon reffort eft moins bandé, & que les vibrations qu'il communique aux parois du récipient, étant plus foibles, ces dernieres ne peuvent ébranler que foiblement la maffe d'air extérieur qui les enveloppe ? Conféquemment l'intenfité du fon doit augmenter dans un air plus condenfé. Or c'eft ce que l'expérience femble indiquer ; car on remarque que, fi on fait fonner une cloche fous un récipient dans lequel on a fortement condenfé l'air ; on remarque, dis-je, que ce fon fe fait entendre plus loin que lorfque le fon de cette cloche s'exécutoit fous un récipient dont l'air étoit plus rare. En effet, l'air étant plus condenfé, il y a un plus grand nombre de molécules d'air, qui heurtent toutes-à-la-fois, & plus fortement, les parois du récipient : d'ailleurs l'air étant plus denfe, fon reffort eft plus tendu ; & l'augmentation feule du reffort fuffit pour produire cet effet : car fi, fans condenfer la maffe d'air comprife fous un récipient, on fe contente d'augmenter fon reffort par le moyen du feu, on remarquera que les molécules de cet air mis en vibrations, frapperont plus fortement les parois du vafe ; & que, fi on fait fonner une cloche fous ce récipient, le fon qu'elle produira au-dehors fera plus diftinct, & fe fera entendre plus loin. Le hafard nous fournit une très belle obfervation faite fur cette matiere par un homme qui fe trouva renfermé dans un air plus condenfé. Un vaiffeau ayant fait naufrage en pleine mer, on defcendit à cet endroit un homme fous la cloche du plongeur, afin qu'il pût recueillir l'argent qui étoit coulé à fond : cet homme emporta avec lui un cor-de-chaffe, pour donner un fignal convenu à ceux qui conduifoient la machine : la cloche fous laquelle il étoit renfermé, étant defcendue à une certaine profondeur, l'eau s'éleva à quelque hauteur fous cette cloche, & y comprima la maffe d'air qui y étoit renfermée ; de forte que cet homme voulant donner du cors, fut fi frappé du bruit qu'il entendit, qu'il perdit la tête, & abandonna le cor-de-chaffe qu'il tenoit (1). Ne peut-on pas dire que l'intenfité du fon eft en raifon doublée du reffort & de la denfité de l'air, & conféquemment que le fon formé par le cor-de-chaffe pouvoit produire un effet auffi furprenant fur l'organe de l'homme dont nous venons de parler ?

5°. L'air eft-il le feul fluide propre à propager le fon, ou d'autres fluides font-ils également propres à cet effet. Si on s'en rapporte à des expériences faites avec toute l'attention poffible, on fera convaincu que le fon fe tranfmet de l'air dans l'eau, & de ce dernier fluide dans l'air ; & de plus, qu'on parvient à produire & à entendre du fon dans l'eau.

L'Abbé *Nollet* a éprouvé que le fon produit dans l'air pouvoit fe tranfme-

(1) Journ. des Sav. ann. 1678, p. 147.

tre & se faire entendre sous l'eau : il se plongea pour cela à différentes profondeurs dans une eau tranquille, & il entendit distinctement les différens
sons qu'on excita dans l'air, il y entendit même les différentes articulations
d'une voix humaine : à la vérité ces sons lui parurent affoiblis ; mais soit
qu'il ne se plongeât qu'à la profondeur de 3 pouces, soit qu'il se plongeât à
3 pieds de profondeur sous l'eau, il ne put point appercevoir de différence
dans la foiblesse du son (1). Des vaisseaux ayant fait naufrage au port de
Capdaques, des plongeurs qu'on fit descendre à cet endroit sous une cloche pour y recueillir l'argent qu'ils pourroient trouver, assurerent que lorsqu'ils étoient au fond de la mer, ils avoient entendu, quoique confusé-
ment, la voix de ceux qui parloient en plein air au-dessus de la surface de
l'eau (2). M. *Arderon* a fait plusieurs expériences semblables, dont les résultats s'accordent avec ceux que nous venons d'indiquer (3). Il fit plonger
trois hommes à la profondeur de deux pieds ; il se tint sur le rivage, & il
leur parla d'une voix très haute : ces trois hommes élevant la tête au-dessus
de l'eau, répéterent ce que M. *Arderon* avoit dit, assurant néanmoins qu'il
leur avoit parlé à voix basse ; ils se replongerent ensuite à la profondeur de
12 pieds : on fit une décharge de canon en plein air ; ils l'entendirent, mais
il leur parut désagréable.

Voici maintenant une preuve convaincante que le son peut se transmettre
de l'eau dans l'air. Un jeune homme s'étant placé sous l'eau, cria à haute
voix, on entendit le son de sa voix sur le bord du rivage opposé. Ce son
néanmois parut désagréable. On lança dans l'eau un globe de fer rempli de
poudre à canon, après avoir mis le feu à la méche ; l'explosion de ce globe
ne se fit qu'au fond de l'eau : elle produisit un son très grave, qui se fit entendre dans l'air. J'ai fait moi-même plusieurs fois cette remarque, lorsqu'on
lançoit dans l'eau des grenades, dont l'explosion ne se faisoit qu'au fond de
l'eau. L'Abbé *Nollet* ayant établi un réveil sous un récipient de verre, plongea ce récipient dans de l'eau ordinaire ; il le plongea ensuite dans de l'eau
qu'il avoit purgé d'air, & il entendit le son du réveil dans ces deux cas, sans
pouvoir remarquer de différence entre les sons qui étoient produits dans ces
deux différentes eaux (4). J'ai répété moi-même cette expérience : j'ai placé
un réveil sous un récipient de verre que j'ai plongé dans l'eau à différentes
profondeurs, ayant eu le soin auparavant d'envelopper d'étoffes de laine le
vase qui contenoit l'eau, & de le placer sur un coussin très mou ; parceque
je soupçonnois que les parois de ce vase pourroient bien être ébranlées par les
vibrations de l'eau, & qu'il pourroit se faire que le son qui se produiroit au-
dehors viendroit des vibrations que les parois de ce vase pourroient communiquer à l'air ambiant : or malgré toutes ces précautions, j'ai toujours entendu le son dans l'air : j'ai remarqué que chaque coup de marteau sur le
timbre, excitoit des ondes sur la surface de l'eau. On peut aisément répéter
cette expérience en suspendant une cloche à une corde, en la descendant
ensuite dans l'eau, & en la frappant avec un marteau : or chaque fois qu'on
frappera cette cloche, on entendra le son se transmettre de l'eau dans

(1) Nollet, Leçons Physiq. T. 3. p. 417. (2) Journ. des Sav. ann. 1678, pag. 147.
(3) Philos. Transf. n. 486. (4) Hist. de l'Acad. Roy. ann. 1743.

l'air; ce qui prouve manifestement que le son se propage de l'eau dans l'air.

Enfin on parvient à produire & à entendre du son, lorsqu'on frappe quelques corps sonores dans l'eau. Le célebre Abbé *Nollet* ayant plongé la tête dans l'eau, & ayant heurté différens corps les uns contre les autres, entendit les différens sons qu'ils produisirent : lorsqu'il frappoit deux pierres ou deux clous l'un contre l'autre, il entendoit un son tout-à-fait désagréable. *Arderon* fit plonger dans l'eau un jeune homme qui tenoit une sonnette à la main, & ce jeune homme remarqua qu'à quelque profondeur qu'il la fît sonner, il en entendoit le son.

Il y a encore quantité d'autres fluides qui permettent au son de sortir de leur sein pour se transmettre dans l'air : voici ce que l'expérience m'a appris à ce sujet. Je renfermai un réveil sous un récipient de verre que j'avois fermé avec une lame de plomb, afin qu'aucun liquide ne pût entrer dans le récipient, & y déranger le réveil, ou le mouiller. Je plaçai cet apareil dans un grand vase, que je remplis successivement avec du lait, de l'esprit de vin, de la saumure, de l'huile de raves. J'entourai ce vase avec une étoffe de laine, pour éteindre les vibrations qu'il pourroit recevoir ; je le plaçai aussi, pour la même raison, sur un gros coussin fort mou : mais malgré ces précautions, des auditeurs qui étoient placés à une grande distance de cet appareil, entendirent encore le son du réveil. Je renfermai après cela ce même réveil avec des fleurs de biere, sous un récipient de verre, d'où je retirai l'air : deux heures s'étant écoulées, ces fleurs pousserent au-dehors des exhalaisons humides, élastiques & sonores.

6°. Doit-on croire que les poissons qui nagent dans l'eau aient la faculté de distinguer les sons ? *Aristote* le pense ainsi, & fonde cette idée sur plusieurs observations (1). *Pline* est de ce sentiment, & assure même qu'il y avoit certains poissons dans les viviers de *César* qui venoient lorsqu'on les appelloit par leur nom (2). *Ciceron* (3), *Martial* (4), *Lucien*, en parlant de la Déesse *Syra*, *Rondelet*, sur les poissons (5), ont assuré la même chose ; & on observe ce même phénomene par rapport aux truites, aux glanis (*espece de poisson qui, selon Pline, ne se prend point à l'hameçon*), aux carpes ; de sorte qu'on ne peut point révoquer en doute la vérité de ce fait, lorsqu'il s'agit des poissons dont nous venons de parler. Mais il y a encore plusieurs especes de poissons sur lesquels on n'a point fait d'observations relatives à cet objet : d'où il suit que le petit nombre d'observations faites à cet égard, ne suffit point pour qu'on puisse en tirer une conclusion générale, de même qu'on ne peut point assurer que tous les poissons voient, quoiqu'il y en ait plusieurs qui soient doués de cette faculté. Mais les poissons ont-ils des oreilles ? *Casserius* est de cet avis. *Swammerdam* en a trouvé aux grenouilles (6). Dans ces dernieres, ainsi que dans les crapauds, les oreilles sont revêtues d'une membrane & d'une espece de cartilage rond qui paroît les cou-

---

(1) Aristoteles Histor. Animal. Lib. 4. cap. 8.
(2) Hist. Nat. Lib. 10. cap. 70.
(3) In Epist. ad Atticum. Lib. 2. Epist. 1.
(4) Lib. 4. Epist. 30.
(5) Lib. 7. cap. 14. Lib. 4. cap. 9.
(6) Swammerdam Bibl. Nat. Tom. 2. in Dissertat. de Ranis.

vrir : on peut même obferver combien differe peu la couleur de la peau qui couvre ces parties , de la couleur de celle qui couvre toute la tête. Le même *Swammerdam* affure que les poiffons font munis d'un organe femblable , & que la conftruction de leur labyrinthe a quelque chofe d'admirable (1). *Charleton* , qui nous a donné l'anatomie de la grenouille , a remarqué dans cet animal deux nerfs auditifs , & deux offelets qui appartiennent à l'organe de l'ouïe : ces offelets reffemblent affez , fuivant lui , aux pieds de la taupe , & à ceux qu'on trouve dans les merluches (2). Mais le célebre *Klein* a exa-miné cet organe dans les poiffons avec beaucoup plus de foin , & il nous en a donné la defcription (3). Il s'eft fur-tout attaché aux oreilles des cetacées, des cartilagineux , & des épineux. On remarque dans ces derniers trois pai-res d'offelets ; les plus grands fe trouvent aifément , & font affez fenfibles : les deux autres paires font plus petites ; elles font renfermées dans des mem-branes féparées , & on remarque fur la tête de ces fortes de poiffons quel-ques petits trous qui conduifent directement à ces offelets. Dans le veau ma-rin , ces trous font placés à deux pouces de diftance des angles des yeux , & ils ne préfentent qu'une très petite ouverture : or comme il y a plufieurs poif-fons dans qui on a découvert des oreilles , & que d'ailleurs il eft démontré que le fon paffe de l'air dans l'eau , & que même il fe produit dans ce der-nier fluide , il n'eft pas furprenant qu'il y ait plufieurs poiffons qui foient doués de la faculté d'entendre; mais il eft de la prudence de les connoître tous en particulier avant de pouvoir établir cette propofition générale , *que tous les poiffons ont la faculté d'entendre.*

7º. Pour quelle raifon le vent qu'on pouffe dans une flûte produit-il du fon , & pourquoi les fons qu'elle rend different-ils entr'eux , fuivant qu'on ouvre ou qu'on ferme les différens trous qui font percés fur le corps de cet inftrument ? La ftructure des flûtes nous offre quantité de différences à exa-miner : les unes font munies de hanches , ainfi qu'on le remarque dans les hautbois : or lorfqu'on pince cette hanche avec les levres , & qu'on fouffle entre fes levres , on les ébranle , & on leur communique des vibrations ; & par ce moyen on procure les mêmes vibrations à la maffe d'air qui eft dans le corps de la flûte. Lorfqu'on bouche tous les trous , on communique cet ébranlement à toute la maffe d'air qui remplit le corps de cette flûte ; par conféquent fi on modere le fouffle , & qu'on le pouffe foiblement , les vibra-tions qu'on procure à la hanche font alors très lentes ; elles ne peuvent exci-ter que de foibles ondulations dans la maffe d'air qu'elles doivent ébranler , fur-tout fi cette maffe eft confidérable , & conféquemment on ne peut produire alors qu'un fon très grave ; mais fi on ouvre le dernier trou de cet inftru-ment , la maffe d'air qui reftera à mouvoir , fera moins confidérable ; car le corps de la flûte deviendra plus court à proportion : & fi on vient à pouffer l'air avec un peu plus de force , les vibrations de la colonne d'air en devien-dront plus promptes , & on produira un fon plus aigu, & le fon augmentera à proportion qu'on débouchera les trous qui font au-deffus & qui font proches de l'embouchure ; mais il ne faut pas oublier que ces fons dépendent auffi

____

(1) Biblia Nat. Tom. 1. p. 111. (2) Charleton Onomaftic Zoicon. (3) In Miffo primo Hift. Nat. pifcium,

de

de la force, ou de la foiblesse avec laquelle on pousse le vent.

Il y a outre cela des flûtes qui ne sont point munies de hanches; telles sont les flûtes qu'on appelle *douces*, & celles qu'on nomme traversieres. On remarque au bec d'une flûte douce une petite fente d'une grandeur fixe & déterminée. Lorsqu'on souffle par cette ouverture, l'air vient frapper la languette qui se trouve placée derriere le bec : cet air est divisé par le tranchant de cette languette, & s'échappe en partie par cette ouverture, tandis que l'autre partie du même air passe dans le corps de la flûte : cette languette est mise en vibrations qu'elle communique à l'air qui est dans le corps de la flûte ; & lorsque cet air ne peut s'échapper que par l'ouverture inférieure de cet instrument, & que tous les trous sont bouchés, les vibrations de cet air sont très lentes; mais elles deviennent très promptes lorsqu'on ouvre le trou d'en-haut. La différence des sons dépend sur-tout de l'embouchure dans la flûte traversiere; car cette ouverture devient tantôt plus grande, tantôt plus petite, suivant qu'on la tourne plus ou moins vers les levres : cette différence dépend encore de la force ou de la foiblesse avec laquelle on pousse le vent.

Il nous reste encore bien des choses à dire sur la théorie du son : ceux qui seront curieux de s'en instruire, pourront consulter le P. *Mersenne, in Harmonica, Kirker in Musurgia, Euler in Tentamina Musica, Smith Harmonics*, & quantité d'autres excellens Auteurs qui ont écrit sur cette matiere.

§. MMCCLXVIII. Nous allons examiner maintenant par quelle ingénieuse méchanique l'homme peut entrer en commerce avec les sons qui sont produits dans l'air, ce que nous ne pouvons concevoir que par une description exacte de l'oreille, de même que nous avons donné la description de l'œil pour expliquer de quelle maniere la vision s'opere. C'est pour traiter cette matiere comme il convient, que j'ai fait graver ici la figure de l'oreille, d'après le célebre *Valsalva*; figure qui a cet avantage qu'elle nous offre au premier coup d'œil toutes les parties de cet organe, & la connexion qu'elles ont entr'elles. Je dois à *Duverney*, ainsi qu'au célebre *Albin*, dont on ne peut trop vanter la dextérité, la description que je vais donner.

L'homme est pourvu de deux oreilles, placées latéralement sur les os des tempes, de façon que tout son quelconque qui parvient jusqu'à sa tête, doit nécessairement entrer & frapper l'une ou l'autre, ou même ses deux oreilles. Cet organe n'est pas construit de la même maniere dans les animaux : on remarque dans le lézard quelque chose qui indique des oreilles extérieures ; mais il y a quantité d'autres animaux qui n'ont point d'oreilles externes; tels sont les grenouilles, les crapauds & les poissons.

§. MMCCLXIX. L'oreille externe est mince, cartilagineuse & élastique, afin qu'elle puisse recevoir aisément l'impression des ondulations de l'air, & en être ébranlée; elle est revêtue de membranes, dont l'usage est d'empêcher que le même son ne soit, ni de longue durée, ni trop éclatant : on remarque à sa surface extérieure de petites éminences & de petites cavités, disposées d'une maniere fort singuliere, pour ramasser le son, le réfléchir & le conduire dans la conque, & conséquemment pour empêcher que ce son ne s'échappe avant d'affecter l'organe qu'il doit ébranler. L'oreille externe est

Tome III. H h

outre cela munie de plufieurs mufcles internes & externes (1) , à l'aide defquels elle peut être tendue, dilatée & applattie de façon qu'elle fe trouve en
état de recevoir toutes fortes de tremouffemens & de fons, ou qu'elle peut
en écarter quelques uns , & qu'elle a la faculté de former avec eux des vibrations harmoniques.

§. MMCCLXX. Le conduit auditif prend fon origine au fond de la conque , fous l'éminence cartilagineufe, connue fous le nom de *tragus* , ou *hir-
cus* C [*Tab.* 59.*fig.* 1.]: ce conduit eft de figure ovale, & fa capacité antérieure eft de 5 $\frac{1}{11}$ lignes d'un pouce quarré, de forte que fa capacité, comparée à celle de l'oreille , eft dans le rapport de 1 : 50; par conféquent le fon
qui vient frapper l'oreille, qui doit être porté dans le canal auditif, doit
être 50 fois plus fort que s'il pénétroit ce canal fans y être déterminé par l'o-
reille. Le conduit auditif D E eft en partie offeux, en partie cartilagineux ; il
a 9 lignes de longueur, 4 de hauteur, & 3 de largeur, & forme en ferpentant une ellipfe cylindrique : fa partie D F monte un peu ; F E va en defcendant, remonte enfuite tant foit peu, & fé termine enfin à la membrane du
tambour.

Cette membrane eft pofée obliquement fur le conduit auditif, formant
en haut un angle obtus , & un angle aigu vers le bas ; difpofition favorable
pour empêcher que le fon ne tombe directement ou perpendiculairement fur
la membrane du tambour , qui eft très mince , & qui pourroit être offenfée,
ou même déchirée, par des fons dont l'intenfité feroit trop grande ; de forte
que , par cette difpofition, elle eft à l'abri de cet inconvénient , & elle peut
fe conferver très long-tems. L'ufage de cette membrane eft de garantir les
parties intérieures , qui font extrêmement délicates , des impreffions de l'air
qui pourroient les corrompre, & d'empêcher en même-tems qu'elles ne fe
deffechent, ainfi qu'il a coutume d'arriver lorfqu'elle eft rompue dans quelques-unes de fes parties , ou qu'elle eft tombée en fuppuration : on remarque cependant que la folution de cette membrane, ou même fa deftruction,
n'occafionne point fur-le champ la furdité dans les animaux ; & c'eft de l'expérience que nous tenons ce fait (2). Cette membrane eft compofée de 4 lames ; la premiere & la feconde doivent leur origine à la cuticule & à la peau
qui tapiffe le canal auditif externe : la troifieme vient du périofte ; la qua-
trième eft la même que celle qui tapiffe la cavité du tambour, ainfi que
Winflow l'a obfervé.

§. MMCCLXXI La membrane du tambour eft par-tout adhérente au bord
de la partie offeufe du conduit auditif , & n'eft percée d'aucun trou (3). *Ri-
vinus* affure néanmoins le contraire ; elle eft concave du côté de l'oreille
externe, & convexe dans le fens oppofé : c'eft fur cette membrane que repofe le manche h d'un offelet , auquel on donne le nom de *marteau* : cet offelet s'avance quelquefois prefque jufqu'au milieu de cette membrane, à laquelle il eft adhérent. Le marteau s'articule avec un autre offelet, qu'on

(1) Albini Hift. Mufcul. Lib. 3. cap. 2. 3. 4. 26. 27. 28. 29. 30.
(2) Willis de Anima brutor. cap. 14.
(3) Caffebohm de Aure Tract. 3. p. 33. Heifter in Comp. Anatom. Not. 60.

appelle l'*enclume* k , & l'enclume avec un petit os *orbiculaire* ou *lenticulaire*
i , lequel eft fuivi de l'*étrier* n , avec lequel il s'articule auffi. *Albin* (1) ,
Cowper (2) & *Caffebohm* , ont décrit , avec toute l'exactitude poffible , ces 4
offelets , qu'ils ont examinés , & dans le fœtus , & dans l'adulte. Ces offelets
font revêtus extérieurement d'un périofte. Le marteau a trois mufcles qui fervent à tendre & à relâcher la membrane du tambour , à la rendre plus convexe ou plus plane , & conféquemment à la rendre propre à tremoufler de la
même maniere que le fon qui tombe deffus & qui l'ébranle. Pareillement
l'articulation qui unit entr'eux les offelets , leur donne la facilité de fe mouvoir , de tendre , ou de relâcher , par leur mouvement , la membrane qui
ferme la fenêtre ovale , fur laquelle la bafe de l'étrier s'appuie. Le célebre
Albin nous a donné une defcription très exacte de ces différentes parties , de
leurs mouvemens & de leurs ufages (3).

§. MMCCLXXII. Derriere la membrane du tambour fe trouve une cavité
confidérable , à laquelle on donne le nom de *caiffe* , ou *cavité du tambour* ;
elle eft en partie formée par la partie fquammeufe de l'apophyfe pétreufe ,
& tapiffée intérieurement d'une membrane : cette cavité eft de figure irréguliere , un peu ovale ou élliptique , de la longueur & de la largeur de 4 lignes
ou environ. Les 4 offelets dont nous venons de parler , font fitués dans cette
cavité , où s'ouvrent auffi quelques orifices des *cellules maftoïdes* , *les fenêtres
rondes & ovales* & la *trompe d'Euftache* M , qui eft compofée de deux parties ,
dont l'une , favoir , celle qui répond à la bouche , eft la plus large : cette
portion eft en partie membraneufe & cartilagineufe ; l'autre partie de cette
trompe , celle qui répond à la caiffe eft ofeufe , étroite , plus courte vers fa
partie fupérieure , & eft enfin adhérente avec l'os qui forme le méat auditif.
C'eft par cette trompe que l'air pafse de la bouche dans la cavité de la caiffe ,
& qu'il en fort fans aucune difficulté : ce qui contribue à établir l'équilibre
entre l'élafticité de l'air extérieur & celle de la mafse d'air qui eft comprife
dans la caifse. C'eft pour cette raifon que lorfque l'air extérieur ébranle la
membrane du tambour G , l'air intérieur renfermé dans cette cavité fe met
auffi en mouvement , & frémit de la même maniere. Il faut auffi remarquer
que les rayons fonores peuvent parvenir dans la caiffe , par les narines , par
la bouche & par la trompe d'*Euftache* : c'eft auffi pour cette raifon qu'on entend beaucoup mieux les fons lorfqu'on a la bouche ouverte & les narines
libres , que lorfque la bouche & les narines font fermées. Lorfque la trompe
d'*Euftache* eft obftruée , ou lorfqu'elle s'eft offifiée , il en réfulte une efpece
de furdité : c'eft auffi pour cette raifon que fi quelqu'un met dans fa bouche
un tube , à l'autre extrêmité duquel une autre perfonne parle à voix bafse ,
le fon traverfera toute la longueur de ce tube , pafsera par la trompe d'*Euftache* , & fe fera entendre diftinctement à celui qui tient le canal dans fa
bouche , tandis qu'aucun des affiftans qui pourroient être auprès du canal ,
n'entendront aucunement ce fon.

§. MMCCLXXIII. L'autre partie interne de l'oreille eft le *labyrinthe* , que

(1) Icones Offium fœtus. Tab. 6. fig. 46. 47. 48. 49. 50. 51.
(2) Myotomia reformata. Tab. 16. fig. 4. 5. 6. 7.
(3) Hift. Mufcul. Lib. 3. cap. 31. 32. 33. 34.

le célebre *Albin* (1) a décrit avec une exactitude singuliere, & qu'il a pris soin de faire graver : on rencontre d'abord dans cette cavité le *vestibule*, qui est une cavité de figure irréguliere, longue & large de deux lignes, haute d'une ligne & demie, & creusée dans l'os pétreux. C'est dans cette cavité que s'ouvrent les 5 orifices des trois *canaux sémi-circulaires* O, P, Q, de même que l'orifice du *limaçon* S, & enfin les 5 orifices qui sont au dessous de S, & qui donnent passage aux nerfs. C'est encore dans cette même cavité que communique la fenêtre ovale, qui est fermée par une membrane sur laquelle repose l'étrier n.

§. MMCCLXXIV. Les trois canaux sémi circulaires O, P, Q sont osseux, & elliptiques intérieurement ; ils n'ont que cinq orifices qui s'ouvrent en r dans le vestibule, de même que le limaçon S : ce limaçon est aussi un conduit tourné autour d'un cône, ayant, comme une vis, deux spires & demi, qui se terminent par une extrêmité pointue T.

Ce conduit est partagé par une cloison très mince X Z [*Tab.* 59. *fig.* 2. 3.] en deux autres canaux, dont l'un répond au vestibule, & l'autre à la caisse du tambour : ces deux canaux sont très distingués l'un de l'autre par la cloison dont nous venons de parler, qui est en partie osseuse a, a, a, & en partie membraneuse b, b, b, & dont M *Duverney* nous a très bien donné la description (2). L'orifice qui répond au vestibule, commence à celui qu'on remarque dans le vestibule entre la fenêtre ovale & l'orifice du canal sémi-circulaire inférieur : cet orifice est elliptique & très grand. Les fibres de la membrane qui divisent le limaçon, partent du noyau ou axe du limaçon, & vont se rendre en-dehors, de même que les rayons d'un cercle, se rendent du centre à la circonférence. Lorsqu'on examine leur longueur depuis le sommet proche de X, où elles commencent, jusqu'à l'endroit où elles finissent proche de Z, on remarque qu'elle augmente continuellement ; de sorte que cette membrane est comme une zône triangulaire, composée de plusieurs cordes tendues de diverses longueurs.

§. MMCCLXXV. L'autre cavité du limaçon commence près de la fenêtre ronde, qui est aussi fermée par une membrane mince : l'autre côté de cette fenêtre répond à la caisse du tambour, & se trouve à l'opposite du centre de la membrane du tambour. La longueur des deux conduits dont nous venons de parler $= \frac{6}{10}$ de pouce, suivant *Cassebohm.*

§ MMCCLXXVI. Les deux cavités du limaçon sont également larges à leur sommet : l'air peut passer d'une cavité dans l'autre, à l'aide d'un petit trou, suivant les observations de MM. *Mery, Winslow* & *Cassebohm.*

§. MMCCLXXVII. On remarque une espece de corde qui passe sur la membrane du tambour : cette corde est un rameau de nerfs, qui doit son origine à la cinquieme paire qui descend pour se jetter dans la partie latérale de la langue. On remarque que ce nerf va en montant jusqu'au côté extérieur du canal osseux, & qu'il rampe sur la surface du muscle extérieur du marteau : ce nerf, conjointement avec ce muscle, pénetre dans la cavité de la caisse, il descend ensuite obliquement sous le tendon, pour se porter sur

---

(1) Academ. Annot. Lib. 4. Tab. 1. & 2.
(2) Duverney, l'Organe de l'ouïe, Planch. 10. fig. 4. & 6.

la membrane du tambour : lorſqu'il ſort de cette cavité, il paſſe par le trou du canal oſſeux, & il ſe joint avec un rameau de la portion dure du nerf auditif, avant que celui ci ſorte de ſon canal (1).

§. MMCCLXXVIII. On commence à diſtinguer le nerf auditif dans le cerveau, proche la protubérance annulaire de *Willis*; il eſt compoſé de deux parties, dont l'une ſe nomme *portion dure*, & l'autre *portion molle*. Ces deux portions paſſent par un trou large, creuſé dans l'os pétreux : la portion molle V ſe diviſe en 5 branches, qui paſſent par 5 trous, qu'on remarque dans le voiſinage de S, dans le veſtibule r, où elles forment une membrane qui tapiſſe la ſurface interne du veſtibule & des trois conduits ſémi circulaires O, P, Q. Ces nerfs paſſent enſuite entre deux membranes de la zône triangulaire X Z dans le limaçon, où ils ſe développent.

La portion dure du nerf auditif eſt tout-à la fois, & plus dure, & plus grêle que celle dont nous venons de parler : elle entre dans l'aqueduc de Fallope par le trou antérieur du fond ſupérieur : parvenu à cet endroit, elle jette pluſieurs rameaux qui paſſent par les trous de cet aqueduc pour ſe jetter dans le muſcle de l'étrier; elle ſort enfin par le trou *ſtilomaſtoïdien*, s'étant jointe dans l'aqueduc avec la corde du tambour. Tel eſt le précis des parties qui concourent à former l'organe de l'ouïe.

§. MMCCLXXIX. Les cavités de ce labyrinthe ſont humides intérieurement, & néceſſairement remplies d'air auſſi élaſtique que celui de la cavité du tambour ; mais on ne connoit point encore le chemin que prend cet air pour ſe rendre dans ces cavités, ou pour en ſortir ; car la fenêtre ronde, ainſi que la fenêtre ovale, ſont fermées l'une & l'autre par une membrane. Ne pourroit on pas dire néanmoins que cet air ſeroit apporté dans ces cavités, par les humeurs qui s'écoulent des petits vaiſſeaux, & ſe déchargent dans ces cavités ſous la forme de vapeurs? Car on ne trouve aucune humeur dans le corps des animaux qui ne contienne de l'air, & on ne peut douter qu'il ne s'en ſépare quelqu'une dans ces cavités, pour entretenir la molleſſe & la flexibilité des nerfs ; ce qui eſt indiſpenſablement néceſſaire : or comme ces humeurs ſont enſuite repriſes par les vaiſſeaux abſorbans, ce même air peut auſſi s'inſinuer en même tems dans ces vaiſſeaux, & être continuellement rafraîchi par celui qui prend ſa place, & qui empêche qu'il ne s'y corrompe par un trop long ſéjour ? Mais tout cela n'eſt qu'une hypotheſe, & on ne remarque pas même que l'air, raſſemblé en aſſez grande quantité, puiſſe ſe mêler aiſément avec les humeurs : peut-être qu'à la longue, & par des recherches plus exactes, on parviendra à trouver un chemin favorable à la circulation de cet air.

§. MMCCLXXX. Voici donc de quelle maniere ſe fait la ſenſation du ſon. Le ſon qui eſt produit dans l'air extérieur va frapper l'oreille A B, & entre dans la conque, d'où il eſt enſuite porté dans le conduit auditif D E, qui le tranſmet à la membrane du tambour G, laquelle commence d'abord à tremouſſer. Le tremouſſement de cette membrane ſe communique à la maſſe d'air qui ſe trouve dans la cavité de la caiſſe, & qui par ce moyen, forme des ondes ſonores, dont le mouvement augmente le ſon qui a péné-

____

(1) Duverney, l'Organe de l'ouïe, Planch. 7. fig. 1. & 2.

tré par les narines, la bouche & la trompe d'*Euſtache*, pour ſe porter dans la même cavité. Ces ondes vont frapper dans l'inſtant la membrane de la fenêtre ronde qui leur répond directement, à laquelle elles communiquent le même tremouſſement : ces vibrations ébranlent l'air qui eſt dans une des cavités du limaçon; & cet air, ainſi ébranlé, met en mouvement les nerfs de la zône du limaçon S. Ce mouvement eſt porté, à l'aide des nerfs qui ſont ſuſceptibles des mêmes vibrations harmoniques, juſques dans le cerveau, où il fait alors impreſſion ſur notre ame. Peut-être, à la vérité, que dans ce premier inſtant, notre ame n'entend pas fort diſtinctement; mais étant ébranlée par cette impreſſion, & étant naturellement portée à diſtinguer les ſons qui ſe préſentent, il peut ſe faire qu'elle prête alors toute l'attention dont elle eſt capable, & qu'en vertu des loix de l'union, les muſcles de l'oreille externe ſe contractent; ce qui rend cette partie cartilagineuſe propre à frémir harmoniquement avec les vibrations de l'air externe, & à diriger un plus grand nombre de rayons ſonores dans le conduit auditif : outre cela cette attention de l'ame fait qu'on tourne la tête, & qu'on prête directement l'oreille vers l'endroit d'où vient le ſon : ajoûtez encore à cela, qu'en vertu des mêmes loix de l'union de l'ame avec le corps, la membrane du tambour ſe bande ou ſe relâche, par le moyen des muſcles du marteau; ce qui la rend propre à frémir harmoniquement : de plus, la membrane de la fenêtre ovale, ſe trouve auſſi tendue, à l'aide du muſcle de l'étrier; ce qui fait que cette membrane peut être auſſi ébranlée en même tems que les oſſelets de l'ouïe, & qu'elle tremouſſe par conſéquent avec plus de force qu'elle n'auroit pu le faire par le moyen de l'air de la caiſſe. Lors donc que cette membrane ſe trouve une fois en mouvement, il faut que l'air du labyrinthe r ſoit auſſi ébranlé, & qu'il agiſſe ſur les nerfs qui tapiſſent la ſurface interne des conduits ſémi-circulaires O, P, Q. Il ſera auſſi en même tems impreſſion ſur les nerfs qui ſont tendus ſur la zône du limaçon S; & conſéquemment toute la maſſe d'air compriſe dans les deux cavités du limaçon, étant ébranlée, l'impreſſion doit être très vive ſur les nerfs. Quel que ſoit le ſon produit dans l'air extérieur, les vibrations de cet air étant communiquées à celui du labyrinthe, celui-ci agira ſûrement ſur quelques fibres ou quelques-uns des nerfs b, b, b, leſquels, étant dans un degré de tenſion harmonique, frémiront néceſſairement, ſuivant les §. 2265 & 2266. Ces fibres étant une fois ébranlées, tranſmettront leur mouvement dans le cerveau, & en communiqueront l'impreſſion à l'ame, qui concevra alors auſſi diſtinctement qu'il lui eſt poſſible, les ſons extérieurs.

§. MMCCLXXXI. L'organe de l'ouïe differe conſidérablement dans les animaux; les uns ſont dépourvus d'oreilles externes : leur organe eſt ſeulement formé de petits oſſelets : cet organe outre cela, eſt dépourvu de canaux ſémi-circulaires. Tels ſont la vipere, la couleuvre, & les autres ſerpens : dans d'autres ce ſont auſſi de petits oſſelets qui forment cet organe, & il eſt muni de canaux ſémi-circulaires. Tel eſt l'organe de l'ouïe de la ſalamandre, de la raye.

M. *Geoffroy* a commencé à donner la deſcription de cet organe conſidéré dans les reptiles (1); mais il nous reſte encore un grand nombre de recherches à faire, & un très grand travail à ſuivre ſur cette matiere.

(1) Mémoires préſentés. T. 2. p. 164.

CHAPITRE XLI.

Des Météores de l'air en général.

§. MMCLXXXII. Nous donnons le nom de météores à tous les corps qui font fufpendus entre le ciel & la terre, & qui nagent dans notre atmofphere, qui y font emportés, & qui s'y meuvent : nous rangeons encore dans cette même claffe tous ceux qui s'enflamment dans l'atmofphere, tous ceux qui s'y trouvent feuls, ou qui y font mêlés avec d'autres, ceux qui fe féparent après leur union, ceux qui montent ou qui defcendent, enfin tous ceux qui produifent quelques phénomenes.

§. MMCCLXXXIII. Μετέωρα eft un mot Grec compofé de μετὰ & ἑώρα, qu'on met à la place de αιωρα, qui fignifie *tollo*, j'enleve ; parceque ces corps font élevés dans les airs : auffi les appelle t-on *fublimes. Seneque* dit que ces corps font placés entre le ciel & la terre. Une grande partie des Anciens les défignoient par le mot *metarfia* : quelques-uns mettent une diftinction entre le mot *metéores & metarfia* : ils appellent météores les aftres qui font dans le ciel, & ils donnent le nom de *metarfia* aux nuées, aux vents, &c. *Ariftote* les nomme παθη, *paffiones*, *paffions*, comme s'ils étoient les affections de la matiere fublunaire. D'autres les appellent *impreffions* ; parcequ'ils imaginent que le ciel les imprime aux élémens de la matiere. On les nomme auffi mixtes imparfaits ; parcequ'ils ne font point compofés des 4 élémens, mais prefque d'un feul, mêlé & combiné avec des qualités étrangeres. On les diftingue auffi par le mot *oftenta*, *montrés* ; parcequ'ils frappent en grande partie l'efprit de ceux qui les obfervent.

§. MMCCLXXXIV. Tous les corps qui font partie de l'Univers, laiffent échapper des émanations différentes qui s'élevent dans l'air, qui fe mêlent avec lui, & qui font la matiere & la caufe des météores, & conféquemment qu'il eft indifpenfablement néceffaire de connoître, fans quoi il ne feroit point poffible de fe former une moindre idée des météores. Si on connoiffoit parfaitement toutes les exhalaifons qui s'élevent dans l'atmofphere, on pourroit efpérer de connoître bien tôt tout ce qui concerne les météores, de pouvoir donner des démonftrations exactes de leurs phénomenes, & d'en prévoir plufieurs. Il eft donc important d'expofer ici, & de développer toutes les connoiffances que nous avons acquifes jufqu'à préfent à cet égard ; connoiffances que ceux qui viendront après nous pourront étendre & ajoûter à celles que nous avons déja.

§. MMCCLXXXV. Tout ce qui s'éleve de notre globe, font autant de particules très fubtiles de prefque tous les corps, tant folides que fluides, qui en font partie, foit que ces corps ne doivent leur exiftence qu'à la nature, foit qu'ils aient été produits par l'art : or pour faire le dénombrement de ces émanations, nous allons commencer par le regne végétal.

1°. Tous les esprits odorans des plantes, des feuilles, des écorces, des fleurs, des graines, des fruits, qui ont coutume de se séparer d'eux mêmes, & qu'on appelle, à cause de cela, volatils.

2°. Outre l'esprit odorant des plantes dont nous venons de parler, il s'exhale aussi de ces plantes quantité de parties aqueuses, soit que ces plantes soient encore en terre, soit qu'on les fasse sécher au soleil, ou au vent, après les avoir cueillies.

3°. Les esprits ardents qui se tirent des sucs des plantes, après qu'ils ont fermenté : les hommes font tous les jours pour leurs usages une grande quantité de ces esprits, & qui sont volatils : ils les tirent de toutes sortes de vins, ou des raisins, des baies, des fruits, des froments. La Nature produit aussi de semblables esprits toutes les fois qu'il s'échappe dans un air chaud quelqu'humidité des plantes, ou chaque fois qu'on expose à un air chaud des plantes arrosées avec de l'eau tiede. De-là vient que l'eau de certaines rivieres fermente & fournit des esprits ardens, comme fait l'eau de la Tamise en Angleterre, & celle de l'Alt en Hongrie, suivant le rapport de *Tylkowsky* (1). Les esprits qui s'élevent des plantes qui fermentent lorsqu'elles se corrompent dans la campagne, doivent aussi être rangés dans cette classe.

4°. Le soleil volatilise aussi les huiles des plantes, & les disperse dans l'air, ainsi que le dessechement qu'elles éprouvent le constate ; l'odeur qu'elles répandent en est encore une preuve : cette odeur, par exemple, se manifeste sensiblement, lorsqu'après avoir ramassé le foin en différens tas, on le laisse sécher à l'air : or on peut dessecher les plantes & les priver de leur huile, au point qu'elles ne soient plus propres à fournir d'aliment au feu, ainsi qu'on le remarque lorsqu'on veut faire brûler des branches d'arbres qu'on a conservées pendant plusieurs années, ou lorsqu'on met au feu du bois qui est trop vieux & trop usé. La pesanteur incommode qu'on sent dans les endroits où on prépare le savon, ne provient que de la volatilisation de l'huile d'olives ou de raves, dont on fait usage, & qui s'évapore pendant la cuisson.

5°. Les sels des plantes deviennent aussi volatils, & s'élevent dans l'air ; ce qui se remarque dans la suie que produisent toutes les plantes brûlées. On volatilise les sels des plantes en les brûlant, en les faisant pourrir, secher ou fermenter ; & lorsque les plantes ont été soumises à ces sortes d'opérations, elles contiennent beaucoup moins de sel, ainsi qu'on peut s'en assurer par les cendres qui en résultent.

6°. Outre les parties salines & huileuses qui se mêlent avec la suie des plantes qu'on brûle, leur fumée emporte avec elle quantité de parties terrestres qui se volatilisent & qui flottent avec elle dans l'air.

7°. La putréfaction volatilise aussi les huiles, les sels, & quantité d'autres parties dans les plantes : en effet, lorsque nous mettons du chanvre verd ou du lin dans des fosses, pour l'y faire pourrir ; il s'en éleve une odeur fœtide, insupportable à ceux qui n'y sont point accoutumés, qui leur occasionne des maux de tête, qui fait mourir les poissons ; & même les parties que cette putréfaction sépare, donnent une teinture à l'eau.

8°. Passons maintenant à l'examen des émanations des substances animales.

_____

(1) Philosoph. curios.

Toutes

Toutes les parties fubtiles qui s'exhalent du corps, non-feulement des grands animaux, mais encore des plus petits infectes, fe diffipent & fe difperfent dans l'atmofphere : on connoît cette évacuation fous le nom de *tranfpiration de Sanctorius*, qui fut le premier qui la foumit au calcul. Cette évacuation qui émane de l'atténuation des différens alimens, porte avec elle une odeur différente, fuivant l'efpece d'animal d'où elle provient : on ne peut point même douter qu'elle n'ait différens degrés de ténuité, & que de même qu'elle contribue à la fanté de l'animal qui la produit & qui la pouffe au-dehors, elle ne foit auffi deftinée à plufieurs autres ufages, & qu'elle n'entre pour beaucoup dans la nutrition des plantes les plus petites, des foffiles, & même des animaux, & peut-être encore concourt-elle à plufieurs autres phéno-menes, & a-t-elle d'autres ufages que nous ne découvrirons jamais. Peut-être certaines années ne font-elles plus fertiles que d'autres à produire différens fruits, ou à engendrer certains météores, que parceque certains infectes ont regné en plus grand nombre ces années-là que pendant les autres ; il peut fe faire auffi que certaines maladies épidémiques, contagieufes, & même la pefte, leur doive leur origine : or l'odeur prouve manifeftement que les in-fectes tranfpirent auffi bien que les autres animaux : on peut s'en convaincre aifément en fe tranfportant dans des endroits renfermés, où on nourrit des vers à foie ; l'odeur qu'on y fent eft très forte, & même dangereufe à refpi-rer. La tranfpiration des fourmis porte un acide avec elle : les ruches qui con-tiennent des mouches à miel, exhalent une odeur différente : on refpire une odeur puante & très défagréable dans les endroits où il y a une certaine quan-tité de punaifes. Il faut encore obferver que non-feulement les animaux vi-vans tranfpirent, mais encore que leurs œufs, lorfqu'ils font frais & qu'ils font remplis, tranfpirent auffi ; car lorfqu'ils font vieux, on y trouve un très grand efpace vuide, ainfi que *Boyle* (1) & *Petit* (2) l'ont obfervé, & l'ont démontré.

9°. La fueur des animaux s'exhale encore dans l'atmofphere, & s'y éle-ve : c'eft une humeur plus épaiffe que celle dont nous venons de parler ; car quoique tous les animaux ne fuent point, tels que les chiens, par exemple, quelque courfe qu'on leur faffe faire (3), il y en a néanmoins un grand nom-bre qui fuent, tels que les hommes, les chevaux, &c. On vit une fois mourir un chat couvert de fueur, pour avoir été renfermé dans une étuve trop chaude (4).

10°. La même chofe arrive aux huiles les plus fines des animaux, lorfque leurs cadavres viennent à fe corrompre : l'odeur qui en réfulte infecte une très grande maffe d'air. Lorfqu'on tire l'huile de baleine, l'odeur qui s'exhale pendant cette opération, fe fait fentir à un mille de diftance.

11°. On doit auffi ranger dans cette claffe les fels volatils des animaux, ainfi que ceux qui s'échappent de leurs excrémens,

12°. Ajoûtez encore à cela toutes ces différentes parties qui acquerent du

(1) De Atmofph. Corpor. confiftent.
(2) Journ. des Sav. T. 2. p. 77.
(3) Molinettus Differt. Anat. Path. Journ. des Sav. Tom. 5. pag. 68.
(4) Hanovius Illuft. Memor. Naturæ.

Tome III. Ii

resort par le desechement, la combustion, la putréfaction, qui imitent asez bien l'air de l'atmosphere, & qui ne composent pas la moindre partie du corps des animaux.

13°. Il s'éleve aussi dans l'atmosphere beaucoup plus de fossiles que je n'en saurois compter, & dont les principaux, qui sont connus de tout le monde, sont les vapeurs, tant des eaux douces, que des eaux de la mer (1) On en voit aussi qui s'élevent des puits, & lorsque ces vapeurs sont abondantes, elles éteignent la lumiere des chandelles. *Morton* nous en a décrit plusieurs de cette espece qu'il a observées à Northampton (2). Ceux qui travaillent à certaines mines, y observent de semblables vapeurs, dont ils sont quelquefois assez heureux de se garantir, par le moyen du vent de quelques soufflets, ou par le moyen de l'esprit d'urine qu'ils répandent dans ces endroits, ou en ouvrant un conduit qui communique avec l'air extérieur (3). Lorsque le feu souterrain échauffe fortement les eaux des puits, il s'en éleve alors des vapeurs très abondantes.

Il faut encore observer que la terre des jardins, qui ne donne aucune odeur lorsqu'elle est seche, répand à une grande distance une odeur très suave lorsqu'il a plu & qu'elle est imbibée d'eau, ainsi que M. *de Reaumur* l'a observé.

14°. La naphthe, qui est une espece de bitume, & le soufre qui n'est point encore en feu, s'élevent des volcans & des mines qui fournissent du charbon de terre (4). *Peyssonnel* a observé des fleurs de soufre qui s'élevoient sous la forme de fumée, d'un volcan creusé dans une montagne de la Guadeloupe : il observa même de l'esprit de soufre qui couloit de différens corps auxquels il s'étoit attaché (5). Il s'éleve encore des charbons de terre, des esprits très subtils qui s'enflamment par le contact de l'air (6), ou qui peuvent s'enflammer aisément (7). Il s'éleve aussi du soufre qui brûle, des esprits très actifs, & propres à suffoquer. Le soufre d'antimoine, de bismuth, de zinc, est aussi très volatil, & se dissipe aisément dans l'atmosphere. Il en est de même de l'arsenic, de l'orpiment, du cobalt, des eaux qui coulent de Rome à Tivoli ; ces eaux, qui sont connues actuellement sous le nom de *Zolfa*, exhalent une odeur de soufre très forte, très incommode, & qui s'étend à la distance de 5 milles : ces eaux ont creusé le terrein des deux côtés, & en ont formé comme une espece d'entonnoir, aux parois duquel s'attachent de très belles fleurs de soufre (8).

15°. Il y a encore outre cela une très grande quantité d'exhalaisons qui s'élevent de la surface de la terre, & qui s'allument. *Pline* rapporte qu'il y a des montagnes en Lycie qu'on nomme monts Héphessiens, qui s'embrâsent dès qu'on en approche une torche allumée, & que les pierres même des ruisseaux & le sable qu'ils roulent s'enflamment & brûlent au milieu des eaux (9). On remarque des champs dans l'Ecosse, qu'on appelle champs

(1) Lucrece.
(2) Hist. Nat. Northamp. Cap. 4. p. 227.
(3) Hist. de l'Acad. Roy. ann. 1730.
(4) Borlase of Cornwall. Ch. 3.
(5) Journ. des Sav. ann. 1677.

(6) Philos. Transf. Vol. 40. part. 2.
(7) Journ. des Sav. ann. 1678.
(8) Hist. de l'Acad. Roy. ann. 1750.
(9) Plin. Hist. Nat. Lib. 2. cap. 110.

Phlegreens; d'où il s'éleve des fumées pendant le jour, & des flammes pendant la nuit, telles qu'on en obſerve dans la Lothiane Orientale, auprès d'une métairie nommée Elphiſton, & dans une Province connue ſous le nom de Fifa, un peu au-deſſus d'un Bourg nommé Dyſart : on remarque de part & d'autre une large plaine épuiſée par des flammes perpétuelles, remplie d'un très grand nombre de cavernes creuſes, d'où on voit ſortir de tous côtés des fumées : on remarque ſur-tout un endroit très célebre auprès de Naples, & qu'on nomme la *Solfatara* qui nous offre de ſemblables phénomenes à obſerver. *Pline* appelle cet endroit Monts Leucogeens, champs Phlegreens.

On remarque dans cet endroit différens ſoupiraux qui vomiſſent des flammes, & qui les lancent avec tant de force, qu'elles détachent, par leur éruption, des maſſes de pierres conſidérables, & qu'elles les jettent au loin. *Mercatus* nous a donné la deſcription de cet endroit (1). On y trouve & on y ramaſſe un véritable ſoufre enflammé : on remarque auſſi dans une peninſule nommée Okeſra, une étendue de terrein embrâſée, qui eſt couvert d'un ſable blanc & d'une pouſſiere ſemblable à de la cendre. On remarque dans l'étendue de ce terrein différens petits ruiſſeaux de ſoufre : on y remarque des fentes, d'où s'échappent avec impétuoſité des flammes très vives, & qui jettent l'allarme & l'épouvante parmi ceux qui viennent pour les conſidérer : on y remarque auſſi d'autres fentes qui vomiſſent auſſi des flammes, mais qui ſont plus tranquilles, & qui ſe laiſſent approcher librement : on y voit auſſi d'autres fentes qui jettent des fumées qui emportent avec elles l'odeur de l'eſprit de naphthe (2). Dans la peninſule nommée Abſcheron, qui eſt environ à 20 milles de Bakau ou Baka, & à 3 milles de la mer Caſpienne, on remarque un feu perpétuel qui s'éleve du ſol, qui eſt rempli de pierres, mais qui eſt couvert d'une croûte de terre. Si on enleve cette croûte en quelques endroits, on remarque que ce feu s'éteint auſſi-tôt dans l'endroit qui eſt à découvert : ce feu brûle ſans ſe conſommer ; il ne s'éteint jamais, à moins qu'on ne jette deſſus de la terre froide. Il y a dans cet endroit, auprès d'une hôtellerie, une foſſe de 14 pieds de largeur, & de 4 pieds de profondeur, dans laquelle on voit un feu ardent depuis quatre ſiecles : ſi on approche une chandelle allumée vers les fentes des murs de l'hôtellerie, les exhalaiſons qui y ſont répandues, prennent feu auſſi-tôt, & cette flamme parcourt alors toute l'étendue de ces fentes : on remarque même différentes foſſes creuſées dans l'hôtellerie, dans leſquelles on met des marmites où l'on fait cuire, ſans aucun autre feu, les alimens qui y ſont renfermés.

Les habitans de cet endroit, au lieu d'avoir recours à la lumiere d'une chandelle, plantent en terre un roſeau ; ils approchent un charbon de feu vers la pointe de ce roſeau, & auſſi-tôt il s'enflamme : la flamme qui brille à cette extrêmité eſt blanche, & elle brûle ſans conſommer le roſeau, & elle ne s'éteint point qu'on ne la couvre d'un éteignoir. A la diſtance de ½ de mille de cet endroit, on remarque un ſource de naphthe blanc, qui eſt très inflammable : quoique ce bitume répande une mauvaiſe odeur lorſqu'il eſt

(1) Mercati Metallotheca Vatic. pag. *73*. (2) Kampfer Amœnit. exotic. pag. *273*.

allumé , & qu'il jette une fumée fort épaisse , néanmoins ce même bitume ;
filtré à travers une croûte pierreuse & terrestre , paroît produire une lumiere
plus pure , & être la véritable cause & le véritable aliment du feu dont nous
venons de parler (1).

On remarque un endroit dans le Pays des Appolloniates , qu'on appelle
aujourd'hui Capopoli : c'est un rocher qui jette du feu , sous lequel il y a des
fontaines de bitume tiede : il y a apparence que ce n'est autre chose qu'une
motte de bitume qui brûle , dont la source est dans la montagne voisine , &
qui se régénere de nouveau lorsqu'une partie en est emportée (2).

On remarque auprès de Grenoble , sur l'élévation d'une colline , une flamme légere & errante , dont l'étendue embrasse environ six pieds de surface :
cette flamme est plus forte & plus ardente pendant l'hiver & pendant les tems
humides ; son activité diminue pendant l'été , lorsque les chaleurs commencent à augmenter , & il arrive souvent qu'elle s'éteint tout-à-fait vers la fin de
l'été , pour reparoître de nouveau pendant les autres saisons. Les recherches
qu'on a faites en cet endroit n'ont rien fait découvrir qui fût propre à nourrir & à entretenir la flamme : on respire cependant en cet endroit une odeur
sulfureuse. J'imagine que cette matiere est trop volatile & trop raréfiée pour
qu'elle puisse s'enflammer pendant les chaleurs de l'été ; mais lorsque la chaleur commence à diminuer , elle acquiert quelques degrés de densité , elle ne
se dissipe pas si promptement , & elle peut alors s'enflammer comme précédemment. On observe sur une montagne située vers Petra-Mala , une flamme à-peu-près semblable , & qui jouit des mêmes propriétés (3).

Galleat (*Galleatius*) rapporte qu'en voyageant il vit un endroit (Barigatia) (4) , où plusieurs flammes de différentes couleurs s'élevoient de la surface de la terre , tantôt à deux pieds d'élévation , souvent à un pied ; la couleur de ces flammes ne différoit cependant pas de celles des flammes ordinaires : l'étendue de ces flammes étoit telle , qu'elle couvroit quelquefois six
pieds de terrein ; mais dans ses plus fortes éruptions , cette étendue est plus
considérable : car les habitans rapporterent qu'elle s'étendoit à 20 , & même
à 30 pieds. Ces flammes répandoient une odeur de soufre ; ce qui indique
que c'est une matiere sulfureuse qui leur sert de nourriture. Quoiqu'on sente
plus vivement cette odeur à une grande distance de ces flammes , que lorsqu'on en est très proche , leur chaleur ne s'étend & ne se propage que très
peu , & elle ne fut point asfez sensible pour procurer aucun mouvement à la
liqueur d'un thermometre , quoique *Galleat* le portât jusqu'à trois pieds de
distance de ces flammes : mais lorsque la boule de cet instrument fut presque plongée dans ces flammes , la liqueur ne monta que de 8 lignes
dans le tube. Si on frappe fortement la terre dans l'endroit où on voit sortir
ces feux , ou qu'on l'arrose avec de l'eau , ces flammes s'éteignent aussi-tôt ,
& cessent de paroître pendant quelque tems ; mais on les voit renaître en-

(1) Philos. Transf. n. 487.
(2) Ælianus in Var. Hist. Lib. 13. Strabo Geograph. Lib. 7.
(3) Hist. de l'Acad. Roy. ann. 1706.
(4) Je ne connois point Barigatia , mais Barigafa , qui étoit une ancienne Ville sur la
côte de Coromandel , que quelques-uns prennent pour Bacans , d'autres pour Goa.

fuite , & avec plus d'abondance , & avec plus d'activité : elles n'ont point de tems fixe & déterminé ; elles paroifsent en été & en hiver , fi ce n'eft lorfqu'il pleut abondamment , ou lorfque le vent fouffle trop impétueufement (1). Il y a encore de femblables endroits , que le célebre *Ripa* a décrits très élégamment (2). Il y a encore certains endroits qui , quoïque dépourvus de naphthe , fournifsent des exhalaifons très inflammables , & qui flottent dans l'atmofphere : on en remarque de cette efpece dans les mines de fels de Cracovie (3).

16°. Il y a auffi quelques fontaines dont l'eau s'enflamme lorfqu'on en approche une torche allumée ; ce qui vient de quelque foufre volatilifé , ou du pétrole , ou du bitume qui s'éleve de terre avec l'eau , & qui eft plus volatil encore que cette liqueur. *Lucrece* nous a donné la defcription d'une femblable fontaine (4).

Dans une Province d'Angleterre , nommée Lancashire , éloignée de deux milles de Wigan , on trouve une fontaine dont l'eau s'enflamme comme de l'efprit de vin ; l'activité de cette flamme eft telle , que fi on met des œufs dans l'eau , & qu'on les tienne pendant quelque tems fur cette flamme , ils y durcifsent : bien plus , on y fait cuire du bœuf. Ayant creufé à fix pieds de profondeur auprès de cette fontaine , on y découvrit des charbons de terre qui répandoient une exhalaifon qui s'enflammoit lorfqu'on en approchoit la flamme d'une chandelle (5).

Il y a une fontaine en Hongrie qui s'enflamme , & on parvient à allumer des flambeaux en les approchant vers la furface de l'eau (6). Si on met une torche de paille fur la furface de cette eau , on voit quelques momens après plufieurs flammes qui s'élevent de cette furface , qui , par leur longueur & leur forme , imitent afsez bien le doigt d'un homme : ces flammes pétillent comme la poudre à canon qui s'enflamme , & elles fubfiftent pendant 4 ou 5 fecondes. La flamme d'un autre réfervoir que celui dont nous venons de parler , fubfifte plus long-tems ; tant que cette flamme tient à l'eau , fa couleur eft femblable à celle de la paille , & elle embrâfe & allume tous les corps qu'on lui préfente ; mais fi-tôt qu'on retire cette flamme du réfervoir , elle perd auffi-tôt la faculté qu'elle a de brûler.

On découvrit en Allemagne , à la diftance d'un mille de Sieben , vers l'an 1654 , une fontaine dont l'eau eft très trouble & noire ; cette eau bout & s'éleve en bouillonnant jufqu'à la hauteur de 9 pouces , de même que fi on la faifoit bouillir fur le feu , & dans une marmite : elle eft néanmoins toujours froide ; elle ne ne fort jamais de fon baffin , dont le diametre eft d'une aune , & la profondeur de fix aunes. En 1672 des payfans ayant allumé quelques rameaux , le vent porta quelques étincelles fur la furface de cette eau ; elle s'alluma auffi tôt , & elle continua de brûler jour & nuit pendant quelque tems : on remarque depuis ce tems , que fi on tient quelque corps embrâfé à la diftance d'un pied de cette eau , elle s'enflamme auffi tôt , & elle jette une flamme qui s'éleve jufqu'à la hauteur de trois pieds : cette flamme eft

(1) Comment. Bonon. Vol. 1. p. 105. (2) Differt. Meteorol. (3) Philof. Tranf. n. 493. pag. 231. (4) Lucretius. Lib. 6. v. 879. (5) Philof. Tranf. n. 452. (6) Comes Marfigli de Danubio Tom. 1. p. 93. T. 3. p. 49.

aſez active pour brûler tous les corps qu'on lui préſente : mais ſi on puiſe
de cette eau , & qu'on la tranſporte dans un autre vaſe , elle n'eſt plus propre à embrâſer aucun corps; d'où il ſuit qu'elle diſſipe ſur-le-champ ſon
huile inflammable (1).

Dans le Palatinat de Cracovie, on remarque une fontaine ſituée au milieu
d'une montagne , dont l'eau eſt limpide, claire, dont l'odeur & le goût ſont
agréables : cette eau ſort du ſol avec bruit & ébullition ; ſi on en approche
une lumiere, elle s'enflamme auſſi-tôt, & cette flamme ſubſiſte pendant
long-tems , à moins qu'on ne batte cette eau avec quelques rameaux : ſi on
la fait évaporer lentement, elle dépoſe une eſpece de bitume noir (2). Il y a
encore quantité d'eaux qui jettent des flammes très vives ; parceque la chaleur du fond & de l'eau embrâſe & allume le pétrole. Le lac Pélicore en Sicile , nous offre auſſi de ſemblables phénomenes ; il vomit de tems en tems
des flammes. Le lac *Herbeſus* connu aujourd'hui ſous le nom de lac de la
Grotte, nous fait obſerver la même choſe, ainſi qu'un autre lac qui eſt auprès du Cap de Ferro, & trois autres qui ne ſont point éloignés de Paſſaro :
mais on en voit pluſieurs auprès du mont Æthna qui produiſent de ſemblables effets.

C'eſt ſans contredit à la même cauſe qu'il faut attribuer ces flammes que
vomit pendant 15 jours un fleuve d'Iſlande , & qui produit régulierement
ce même effet trois fois par chaque année (3). C'eſt encore cette même
cauſe qui nous fait obſerver de ſemblables phénomenes dans un fleuve qui
eſt à cinq milles de Bergerac en France (4).

On peut ſoupçonner, avec toute la vraiſemblance poſſible , que la terre
exhale en différens endroits des matieres qui , quoique différentes entr'elles,
peuvent néanmoins s'embrâſer ; & que ces matieres s'exhalent plus aiſément
& plus abondamment lorſque les premieres couches de la terre ſont enlevées :
car on a ſouvent remarqué, qu'en creuſant des puits , il s'élevoit de leurs
fonds des exhalaiſons qui s'enflammoient aiſément.

Un Ouvrier creuſant un jour un puits auprès de Nonantola en Italie, y
deſcendit une chandelle allumée pour en conſidérer le fond, la lumiere em-
brâſa auſſi-tôt les vapeurs qui s'y élevoient, & produiſit un incendie, dont
la flamme ſe porta juſqu'au haut du puits : cette flamme faiſoit un bruit
aſſez conſidérable, & étoit aſſez ardente pour brûler l'Ouvrier (5). Ceux qui
ont fait la collection des Actes de Breſlaw (6), nous apprennent qu'il arriva
un incendie pareil dans une foſſe abandonnée, qui étoit remplie d'eau. Il y
avoit dans la Ville de Bevagna, en Italie, un puits creuſé dans un cellier
que le maître de la maiſon avoit abandonné & fait fermer avec une pierre ;
parceque l'eau qu'on en tiroit étoit mal-ſaine : il avoit néanmoins fait ouvrir
cette pierre ſuffiſamment pour qu'on pût introduire par cette ouverture une
bouteille , & qu'on pût la deſcendre dans le puits pour l'y faire rafraîchir : il

(1) Journal des Savans , année 1679 , page 82.
(2) Journal des Savans , année 1684 , page 25.
(3) Johan. Anderſon Nachirichten von Yſland.
(4) Hiſt. de l'Acad. Roy. ann. 1741.
(5) Giornali di Litterati d'Italia. Tom. 32.. Art. 9.
(6) Collect. Breſl. ann. 1726, April. Claſ. 4. §. 7. pag. 472.

arriva un jour que celui qui s'étoit chargé de ce foin, ayant ôté le couvercle qui fermoit cette ouverture, fit defcendre par ce trou la lanterne qu'il portoit; il fortit auffi-tôt, & avec impétuofité, une très grande flamme par cette ouverture, qui fe répandit avec bruit tout autour du cellier, renverfa un tonneau, & fortant par la fenêtre du cellier, fe jetta contre une maifon voifine oppofée à cette fenêtre, & endommagea le mur de cette maifon (1).

Nous pourrions rapporter encore ici un très grand nombre de femblables phénomenes; mais ceux que nous venons d'expofer fuffifent pour que nous puiffions conclure que la furface de la terre exhale continuellement différentes vapeurs inflammables qui s'élevent & qui nagent dans l'atmofphere: or ces différentes vapeurs pourront être regardées comme la caufe des météores ignés dont nous parlerons dans la fuite.

17°. Il y a outre cela plufieurs huiles de terre & de pétrole qui fortent du fein de la terre, & qui s'élevent dans l'atmofphere: fouvent le fond de la mer laiffe échapper une grande quantité d'huile de terre qui s'éleve d'abord à la furface de la mer, & flotte fur l'eau, mais qui enfuite s'éleve dans l'atmofphere. L'huile de terre que notre globe laiffe exhaler, féjourne auffi quelque tems fur fa furface avant de s'élever dans l'air; mais l'huile de pétrole eft très volatile, elle s'éleve auffi-tôt, fur-tout celle qui fort du mont Ciare (2). On remarque outre cela une matiere graffe qui fuinte des rochers qui font dans le voifinage de la mer: cette matiere s'épaiffit, fa faveur eft un peu falée; on la nomme myrrhe minérale: on trouve une femblable matiere graffe, mais plus blanche, dans l'Ifle Banda (3).

18°. On trouve encore dans plufieurs régions plus ou moins abondamment cependant, des fels de différentes efpeces, qui font un peu volatils, & dont l'atmofphere eft comme remplie dans la Province de Hollande qui touche à la mer Germanique; l'air y eft fi rempli de fels, que fi on expofe du fer en plein air, il contractera plus de rouille en une nuit qu'il n'en contracteroit en Allemagne dans l'efpace d'un fiecle. Les barreaux de fer qu'on pofe devant les fenêtres des maifons dans la Ville de Leyde, ne peuvent fubfifter tout au plus que pendant 50 ans.

Acofta nous apprend que, dans certaines régions de l'Amérique, l'air y eft fi rempli de fels, & qu'ils y corrodent fi fortement les métaux, qu'on peut les écrafer & les réduire en pouffiere avec les doigts (4).

Varenius a obfervé que l'air & le vent étoient fi âcres dans les Ifles Açores, que des lames de fer, expofées à leur action, étoient en peu de tems rongées & réduites en pouffiere (5). Les principaux fels qui s'élevent dans l'atmofphere, font le premier principe du nitre, du vitriol, de l'alun, & du fel marin.

La Nature engendre une grande quantité de fel admirable de Glaubert. *Gmelin* obferve que les fleuves & les lacs de Ruffie contiennent une grande quantité de ce fel: on trouve beaucoup d'endroits qui doivent la fertilité qu'on

(1) Comment. Bonon. Vol. 2. pag. 463.
(2) Hift. de l'Acad. Roy. ann. 1736.
(3) Rumphii Mufæum Amboin. Lib. 3. cap. 30. pag. 2512.
(4) Jofeph. Acofta Hift. Indiar. Occid. Lib. 3. cap. 9.
(5) Varenii. Geograph. Lib. 1. cap. 19. §. 41.

leur connoît au fel qui y eft répandu : on trouve quantité de lacs qui tariffent & qui fe deffechent par les chaleurs de l'été , & dont le fond eft couvert de fel qui a beaucoup d'analogie avec le *natrum*.

Les efprits acides de ces fels, produits par les volcans ou par le feu fouterrain , doivent auffi s'élever dans l'atmofphere & flotter dans l'air. L'acide
vague des fontaines & des foffes, qui paroît être vitriolique, doit auffi s'y
élever, ainfi que les Chymiftes modernes en conviennent ; car *Hellot* ayant
fait évaporer de l'urine, & ayant expofé à l'air , pendant plufieurs mois, le
réfidu de cette évaporation, recueillit après cela un fel de Glaubert : d'où il
conclut qu'il regne dans l'air un acide vitriolique, lequel étant uni avec l'u-
rine , donne du fel de Glaubert.

Outre cela le célebre Chymifte, dont nous venons de parler, ayant recueilli fur un lieu élevé, & à découvert, de la pluie qui tomba pendant un
furieux orage de l'année 1735 ; il obferva que cette eau exhaloit une odeur
de foufre, & qu'elle précipitoit l'huile de chaux fous la forme d'un *coagu-
lum* , femblable à celui qu'on auroit fi on verfoit fur cette huile de l'efprit
de vitriol étendu dans une grande quantité d'eau. Le célebre *Groffe* fit dif-
foudre du fel de tartre dans de l'eau qu'il avoit ramaffée pendant un orage :
ce qui fournit du tartre vitriolé (1).

19°. Les terres, les fables, s'élevent auffi dans l'atmofphere, & s'y diftri-
buent tellement, que toute pluie quelconque entraîne toujours avec elle plufieurs grains de fable , dont on ne peut la dépouiller que par la voie de la diftillation. Les montagnes où il fe trouve des volcans, vomiffent dans l'air une
très grande quantité de cendres qui fe portent jufqu'à la diftance de plufieurs
cents milles ; car on a obfervé à Conftantinople des cendres que le mont
Æthna, qui eft en Sicile , y avoit jettées. On remarque fouvent que les grands
chemins de Naples font couverts de plufieurs pouces de cendres que le Véfuve vomit : quelquefois même ces cendres font fi abondantes, qu'elles pourroient engloutir des Villes, comme on l'a déja obfervé par rapport à la Ville
d'Héraclée , qui étoit couverte de 68 pieds de cendres : on a vu même des
cendres du Véfuve tranfportées à Rome & au-delà : on en a même vu en
Afrique & en Egypte, au rapport de *Dion Caffius*. On a vu des cendres
provenantes d'une montagne du Pérou, nommée Cotopaxi, portées jufqu'à
la mer Pacifique, qui eft en éloignée de 80 milles, & on en voit autour de
cette montagne qui font répandues à 15 milles de diftance, où elles couvrent
la terre (2).

Il y a une montagne dans l'Ifle de Java, qui eft connue fous le nom de
montagne Bleue, qui commença à s'embrâfer au mois d'Avril de l'année
1759, qui lança des pierres à la diftance de 18 milles , & qui envoyoit des
cendres jufques dans la Ville de Batavia , & dans les champs circonvoifins.

Il y a outre cela quantité de terreins fablonneux : lorfque les vents fe portent avec violence fur ces fortes de terreins, ils enlevent une prodigieufe
quantité de fable ; ils en forment des nuées, dont ils vont fe décharger fur
d'autres endroits : ces fables, par leur chûte, écrafent les endroits où ils

(1) Hift. de l'Acad. Roy. ann. 1737. (2) La Condamine Introd. Hift. pag. 160.
tombent

tombent ; ils oppriment les voyageurs, & ils fuffoquent. *Quinte-Curce* nous apprend qu'*Alexandre* le Grand éprouva une femblable incommodité dans la Bactriane (Batter) (1). La plus grande partie de cette terre, dit l'Auteur que nous venons de citer, èft couverté de fables arides, qui ne font point propres à nourrir, ni les moiffons, ni l'homme : lorfque les vents viennent à fouffler du Pont Euxin, ils enlevent tout le fable qui eft répandu dans les champs, & lorfqu'ils le raffemblent en un endroit, il y paroît de loin fous la forme de grandes collines ; les traces des anciens chemins s'effacent : & c'eft pour cela que ceux qui ont à traverfer ces campagnes, font obligés, de même que les navigateurs, d'obferver pendant la nuit le cours des aftres, pour diriger fûrement leur route ; & l'ombre de la nuit eft prefque plus claire en cet endroit que la lumiere du jour : d'où il arrive que ce Pays eft impraticable pendant le jour ; parceque le voyageur ne remarque alors aucune trace qui puiffe le diriger dans le chemin qu'il doit fuivre, & que la fplendeur des aftres eft obfcurcie.

Cambyfe ayant un jour envoyé une armée vers un endroit confacré à Jupiter Ammon, le vent enleva une fi grande quantité de fable, qu'il tomboit fous la forme de neige, il couvrit enfin l'armée, & il l'engloutit.

On obferve un phénomene furprenant dans les détroits de la mer Arabique, ainfi que dans l'Arabie, l'Ethyopie : on voit une nuée épaiffe & noire, difféminée de petits nuages enflammés qui reffemblent à des fournaifes embrâfées : cette nuée obfcurcit la lumiere du jour : elle eft auffi-tôt fuivie d'une forte tempête, qui n'eft point, à la vérité, de longue durée ; mais cette tempête fait tomber fur terre & dans la mer une très grande quantité de fable rouge, & les Arabes nous affurent qu'il eft arrivé plufieurs fois que ces fables ont englouti des Marchands & des compagnies de voyageurs.

Les Marins ont obfervé plufieurs fois, que lorfqu'ils font à quelque diftance du Sud du Cap Blanco (qui eft fitué dans la mer d'Ethyopie, à 21 degrés de latitude boréale), ils font alors fort incommodés par le fable rouge que les vents élevent du Continent ; que ces fables fe portent dans leurs yeux, les aveuglent pour le moment, & les empêchent de voir diftinctement les objets, & que les voiles de leurs vaiffeaux en font fi fortement couvertes qu'elles paroiffent rouges (2).

Van Twift, qui a demeuré pendant long-tems à Guzarath, qui eft un Royaume de l'Inde, nous apprend qu'il s'y éleve des nuées de fable & de pouffieres qui écrafent les voyageurs fur lefquels elles tombent (3).

Lorfque le vent du Nord fouffle à la Véracruz, en Amérique, les toits des maifons y font écrafés par les fables que ce vent y porte.

On remarque auffi dans la Scanie des fables qu'on appelle dans ce Pays *flyg-fand* : ces fables font blancs, ou tirant fur le blanc, très fins, & mêlés avec très peu de terre noire : on en remarque fur-tout une plus grande quantité dans les contrées qui font plus proches du rivage. Or lorfque ces fables font remués par des vents impétueux, on les voit dans de violentes agitations,

____

(1) Curtius Lib. 7. cap. 4.
(2) Dampier, Traité des Vents, page 19.
(3) Varenii Geogr. Sect. 6. cap. 21. §. 10. Mandelffo in Itineri. Lib. 1. p. 200.

Tome III.   K k

& ils sont alors tellement agités, qu'ils paroissent sous la forme d'une mer
sablonneuse en courroux; ce qui est très dangereux pour ceux qui voyagent
dans ces sortes de contrées; car souvent ils ne peuvent découvrir le chemin
qu'ils doivent tenir, & ils s'égarent au péril de leur vie (1).

On remarque aussi sur le rivage de Hollande des monceaux de sables très
fins & très volatils, qui, cédant aux efforts des vents, se laissent emporter
de tous côtés, & couvrent les terres sur lesquelles ils tombent. Les habitans
du Comté de Zutphen sont aussi fort incommodés par ces sortes de
sables.

On remarque en Basse-Bretagne auprès de S. Pol de Leon, une contrée
qui est très proche de la mer, & qui étoit habitée avant l'année 1666, mais
qui est actuellement couverte de plus de 20 pieds de sable; l'étendue de ce
sable est de 6 lieues: ce sable est très léger; le Nord-est, ainsi que le vent
qui souffle du côté du Levant équinoxial, le transporte en grande quantité
d'un endroit dans un autre, & il couvre les terres & les maisons sur lesquelles il tombe (2).

20°. Il faut aussi observer que les métaux s'engendrent dans des mines;
ils sont pour l'ordinaire combinés avec des parties qui font que l'action d'un
feu très léger, suffit pour les volatiliser : or ces parties, qui sont alliées à ces
métaux, & qui contribuent à les rendre volatils, sont pour l'ordinaire l'arsenic, l'antimoine, & ces sortes de minéraux qui produisent le zinc (3). Les
parties des métaux néanmoins, ainsi que celles des demi-métaux, peuvent
devenir volatiles par l'action d'un feu ordinaire, soit que ces parties soient
seules & isolées, soit qu'elles soient combinées avec d'autres corps. On remarque en effet, que le plomb, l'étain, le fer, le cuivre, l'antimoine, le
zinc, le bismuth, le mercure, se dissipent entierement lorsqu'on les expose
pendant long-tems à l'action du feu : cependant l'argent seul & sans alliage
ne peut point être détruit par un feu ordinaire & terrestre; mais si on l'allie
avec de l'antimoine, on parvient à le volatiliser entierement. L'or résiste
aussi au feu terrestre; mais il se volatilise aussi lorsqu'on l'allie avec du foie
d'antimoine : il se volatilise aussi lorsqu'on l'expose au foyer d'un miroir ardent. Comme les métaux croissent quelquefois dans des pierres, & qu'on en
trouve encore dans des bois fossiles (4), il paroît évidemment que le feu souterrain détache leurs parties dans les entrailles de la terre, les éleve, &
qu'elles s'attachent & s'embarrassent dans les corps qui sont les plus proches
de la surface de la terre, & conséquemment qu'il n'est pas possible que ces
parties métalliques ne s'élevent aussi de la terre dans l'atmosphere.

21°. Il s'éleve outre cela dans l'air une infinité d'autres corps qui viennent des parties intérieures de la terre; il s'échappe, sur tout du fond des mines métalliques, quantité d'exhalaisons qui rendent pâles ceux qui sont exposés à les recevoir, & qui même nuisent à leur santé & les font périr. *Lucrece* décrit fort joliment ces sortes d'exhalaisons, Lib. 6. v. 807.

M. *Lister* a observé quatre différentes sortes d'exhalaisons qu'on trouve
dans les mines de charbon (5). La premiere vapeur est mortelle pour les

(1) Acta Litter. Sueciæ, ann. 1731. p. 9. (2) Hist. de l'Acad. Roy. ann. 1731. (3) Crameri Docima. Part. 1. p. 197. (4) Comment. Bonon. Tom. 3. p. 241. (5) Philos. Transf.
n. 117. & n. 201.

Mineurs qui la refpirent ; elle éteint leurs chandelles : cette vapeur eft la même que celle que les François nomment *la pouffe*. Perfonne n'a fait d'expériences plus exactes & des recherches plus fuivies fur ces fortes d'exhalaifons, que M. *le Monnier*; il nous en a donné la defcription dans un Ouvrage intitulé, *Obfervations d'Hiftoire Naturelle*, pag. 196. Cette vapeur, felon cet habile Obfervateur, s'éleve à la hauteur de 5 à 6 pieds dans les foffes qui n'ont point d'ouverture, mais vers l'entrée de la mine, vers l'endroit où elle communique avec l'air extérieur, elle s'éleve rarement au deffus de deux pieds : fouvent on la voit ramper fur la furface du terrein, où elle a à peine fix pouces d'élévation ; quelquefois elle y forme comme une efpece de couche d'un pied & demi d'épaiffeur (1).

Cette vapeur n'eft point vifible ; on ne peut la toucher ni la fentir : elle n'eft point inflammable, elle n'eft point humide ; on ne la connoît que parcequ'on obferve qu'elle fait diminuer la lumiere de la lampe, & qu'elle l'éteint. M. *le Monnier* fe tint un jour dans cette vapeur pendant l'efpace d'une demi-minute, il y éprouva auffi-tôt une difficulté de refpirer : il fe fentit comme fuffoqué, des larmes lui couloient des yeux, les oreilles lui tintoient, fes fens s'émouffoient : il fe retira promptement pour refpirer un air plus pur. Les Ouvriers qui travailloient dans ces mines, dirent qu'il avoit ainfi abforbé une grande partie de cette vapeur, puifqu'en s'y plongeant de nouveau, la flamme de fa lampe ne s'y éteignoit point.

Lorfqu'il tranfportoit fa lampe dans une autre vapeur, elle s'éteignoit auffi-tôt de même que fi on l'eût foufflée. Lorfqu'il féjournoit pendant un quart-d'heure avec les Mineurs dans des endroits où cette vapeur rampoit à la furface de la terre, leurs habits s'en imbiboient tellement, qu'elle n'étoit plus propre à éteindre la lumiere. On peut auffi la détourner, la chaffer, ou changer fon caractere en y portant des charbons allumés. M. *le Monnier* penfe que cette vapeur détruit le reffort de l'air ; cependant on a obfervé que la colonne de mercure fe tenoit à la hauteur de 26 pouces 8 $\frac{7}{11}$ lignes dans un barometre qu'on y plongeoit, tandis que placé vers la furface de la terre, dans un endroit où il ne s'élevoit point de femblable vapeur, cette colonne n'étoit que de 26 pouces 6 lignes $\frac{7}{11}$; d'où il fuit que l'air étoit plus denfe dans l'endroit où cette vapeur s'élevoit, parcequ'il y étoit plus comprimé, & M. *le Monnier* n'a apporté aucune expérience, ni aucune preuve qui puiffe établir fon fentiment. Cet habile Phyficien fit tous fes efforts pour diffiper ou pour détruire cette vapeur : il eut recours pour cela à plufieurs expédiens ; mais malgré tous fes foins, elle reparut toujours enfuite.

S'il arrive que quelqu'un foit fuffoqué par une telle vapeur, quoique cette perfonne paroiffe morte, on ne connoît point de remede plus puiffant & plus efficace, que de lui fouffler de l'air fortement, & avec impétuofité, dans la bouche. Il faut réitérer plufieurs fois cette opération : il arrive très fouvent qu'on rétablit par ce moyen le mouvement du poumon & du cœur, & qu'on rappelle à la vie une perfonne qu'on croyoit morte. Ce fut par une pratique femblable qu'on fit revenir en Écoffe un homme qui avoit été fuffoqué par des exhalaifons dangereufes.

(1) Bibliotheq. raifonn. ann. 1747, Part. 2. p. 63. Le Monnier, Obf. d'Hift. Nat. p. 196.

Browallius nous a donné, dans les Actes de l'Académie de Suede, la description d'une vapeur mortelle qui s'éleve d'une mine nommée Qwekna, située en Norwege : cette vapeur forme une pellicule sur la surface de l'eau qui rampe dans cette mine : on regarde cette pellicule comme mortelle, lorsque quelqu'un est assez hardi pour la rompre avec un bâton. L'Histoire rapporte que trois Mineurs ayant été suffoqués par cette vapeur, leurs cadavres conserverent la même flexibilité qu'ils auroient eu s'ils avoient été animés, mais qu'il sortit de leur bouche une puanteur insoutenable. Lorsqu'on applique de cette vapeur sur le bord des levres; elle n'y fait aucune sensation, elle est dépourvue de toute saveur, mais les lumieres s'éteignent aussitôt qu'on les plonge dedans.

On observe aussi des exhalaisons mortelles auprès de Montpellier, dans un endroit qu'on nomme *Perraults* : lorsqu'il pleut sur ce terrein, on le voit couvert d'ébullition. Si on pose deux tonneaux l'un sur l'autre, & qu'on les place sur ce terrein, la vapeur qui s'en éleve les remplit insensiblement, & alors elle se fait remarquer ; car on voit que l'air qui remplit ces tonneaux a beaucoup moins de transparence que celui qui les avoisine. On peut aussi rassembler cette vapeur dans une bouteille dont le col soit large; si on la ferme ensuite, cette vapeur s'y conserve long-tems : si on veut transvaser cette vapeur de cette bouteille dans une autre, on ne la voit point couler; mais on s'assure de sa présence en y plongeant des chandelles allumées jusqu'au fond : on les voit alors s'éteindre. Lorsqu'une bouteille est remplie de cette vapeur, elle y séjourne avec assez d'opiniâtreté, & elle ne se dissipe point quoiqu'on laisse la bouteille débouchée pendant long-tems ; car on remarque que si on jette dedans des souris, des loirs, ou des oiseaux; ils y périssent sur-le-champ. Cette vapeur néanmoins n'a aucune odeur; mais sa saveur est un peu acide.

Ces sortes de mophetes qui s'élevent ainsi, ont coutume de faire perdre à l'air la propriété de propager le son; de sorte qu'on a vu des chats, & même des hommes, tomber dans des puits où il se trouvoit de semblables exhalaisons qui ne pouvoient point se faire entendre de ceux qui étoient au haut sur le terrein.

Ces sortes d'exhalaisons pénetrent sur le champ le corps des animaux, & ne s'en échappent pas promptement. En effet, lorsque *Sarran*, fils d'un célebre Chirurgien, fut descendu dans un puits de cette espece, s'étant muni auparavant d'eau de la Reine de Hongrie, il fut tellement pénétré de l'exhalaison qui s'y élevoit, que, quoiqu'il se fût lavé avec de l'eau de genievre, & qu'il se fût dépouillé de tous les vêtemens qu'il avoit alors, cela n'empêcha pas qu'il ne répandit autour de lui, & pendant l'espace de deux semaines, l'odeur qu'il avoit contractée dans ce puits, qui étoit une odeur sépulcrale.

On trouve aussi plusieurs salines qui exhalent des vapeurs sulfureuses & malignes; telles sont une saline qui est auprès de la Ville de Rheine, dans le Diocese de Munster : une autre qui est dans la principauté de Minden : telles sont celles qu'on nomme Pochnia & Wiliczka en Pologne (1)

(1) Hist. de l'Acad. de Berlin, ann. 1757, p. 105.

Il y a encore d'autres exhalaisons qui s'échappent des mines, & qui, lorsqu'elles font enflammées, agissent avec tant d'activité, qu'elles jettent & qu'elles lancent fort loin d'elles tout ce qu'elles rencontrent sur leur passage. On pourroit citer quantité d'observations pour confirmer cette vérité; je me contenterai d'en rapporter quelques-unes seulement.

Sibbaldus rapporte qu'il arrive souvent dans les mines de charbons, qui font très fréquentes en Ecosse, que les Ouvriers y soient brûlés par le feu souterrain qui s'y développe, & qu'ils y soient très dangereusement blessés : on remarque dans ces sortes de circonstances une flamme très active, & qui s'agite en produisant beaucoup de bruit. *Bergerus* nous rapporte un fait semblable (1), arrivé dans un Village nommé Sulbek en Allemagne. Je sais qu'il est arrivé de nos jours un semblable accident à Mulheim.

Des Mineurs ayant commencé à travailler à une mine dans un Comté d'Angleterre, nommé Flint, il sortit de l'ouverture de cette mine des flammes qui ressembloient à des traits. Ces Ouvriers ayant interrompu l'ouvrage au bout de trois jours, y descendirent ensuite : un d'eux porta imprudemment une chandelle allumée dans des exhalaisons inflammables ; elles s'allumerent alors avec tant d'impétuosité, qu'elles détonnerent comme un canon, avec cette différence que le son en étoit plus aigu, & qu'il pouvoit se faire entendre à la distance de 15 milles : il s'éleva aussi-tôt de cet endroit une fumée qui s'étendit circulairement, & qui obscurcit le ciel : ceux des Mineurs qui étoient descendus les premiers, furent portés avec impétuosité contre différens obstacles, & furent brisés : leur peau étoit tachetée de même que si elle avoit été battue de verges; celui qui portoit la lumiere, & qui fut la cause de cet incendie, fut poussé au-dehors de la mine, & élevé au-dessus des arbres qui étoient plantés vers le milieu de la montagne : les habits & les cheveux des uns & des autres furent déchirés, arrachés & jettés pêlemêle dans les champs voisins ; la machine de rotation qui étoit établie au-dessus de la mine, ainsi que la corde & l'hémine, tout fut en partie brisé, & en partie lancé dans les airs (2).

On pourroit en quelque façon douter si les exhalaisons pénetrent les pierres pour s'élever ensuite dans l'atmosphere. On résoudra néanmoins cette question, si on considere que les pierres font très poreuses, & que les exhalaisons font souvent très subtiles, & conséquemment que les pierres peuvent aisément leur livrer passage. *Browne* remarqua dans une mine de Hongrie un rocher qui étoit très dur, & que les Ouvriers ne pouvoient percer avec leurs instrumens; néanmoins ce rocher livroit passage à des exhalaisons tout-à-fait malfaisantes (3). Or d'après cette observation & d'autres semblables, nous ne doutons nullement de ce qu'on rapporte au sujet de certaines exhalaisons qui s'élevent de différentes fosses, & qu'on dit être mortelles : telles font celles qu'on observe à Cames, celles qu'on remarque en Syrie, dont *Lucrece* nous a donné la description (4).

On remarque une montagne en Phrygie, sur le sommet de laquelle on

(1) Erlauterung der Natur. Part. 1. Observ. 1.   (2) Journ. des Sav. ann. 1678, pag. 233. (3) Journal des Savans, année 1682, pag. 116. (4) Lucret. Lib. 6. v. 740.

voit une ouverture très profonde, d'où il fort une vapeur peftilentielle, qui fait mourir tous ceux qui la refpirent ; cependant *Strabon* & *Pline*, Lib. 2. cap. 93 , rapportent quelques exceptions à cet accident. *Pline* rapporte plufieurs phénomenes femblables , & cite plufieurs endroits.

Il y a un antre en Hongrie qui exhale des vapeurs mortelles, fulfureufes, & fi fubtiles , qu'elles échappent à la vue ; elles fe font jour à travers une eau acidule , qui n'en devient point mortelle pour cela. Nous devons cette obfervation à *Belius* , qui , voulant examiner plus fcrupuleufement les effets de cet antre , retint pendant quelque tems fur fon ouverture un poulet qu'il avoit attaché au bout d'un bâton ; le poulet mourut fur-le champ, & lui-même voulant s'approcher plus près de la caverne , il refpira une exhalaifon qui commençoit à le fuffoquer : il déchargea enfuite un moufquet dans cette caverne, & il en vit fortir pendant plufieurs heures des exhalaifons qui paroiffoient fous la forme d'une fumée , & qui fentoient fortement le foufre. Confultez à cet égard les Tranf. Philof. n. 452, & George Agricola, Lib. 4.

J'ai déja parlé, en traitant de l'air, de la Grotte du chien, &c.

Le Comte *de Marfily* parle d'une femblable exhalaifon qu'on obferve en Hongrie (1) On trouve dans le Comté de Neuheufel , près d'Altheufel, une ouverture d'où fort une exhalaifon empeftée, qui fait mourir ceux qui la refpirent , de même que celle qui s'éleve de la Grotte du chien : on découvrit ce phénomene , parcequ'on trouvoit fouvent dans cette Grotte des oifeaux qui y étoient morts.

On remarque une femblable ouverture, dont les exhalaifons font mortelles , en Tranfylvanie , auprès de la Province Crik , à peu de diftance d'un Bourg nommé Accida.

En 1737 le Véfuve, depuis fon fommet jufqu'à fon pied , laiffa échapper de fes différentes parties , des exhalaifons dangereufes ; ces exhalaifons fortoient de fes crevaffes & s'élevoient , fous la forme d'un vent froid, jufqu'à la hauteur de trois palmes ou environ : on voyoit alors les ferpens qui rampoient fur ce terrein, qui s'évanouiffoient après avoir fait quelques pas ; lorfque ces exhalaifons traverfoient les pâturages , les beftiaux mouroient fur-le-champ (2). Souvent ce volcan jetta une matiere qu'on appelle *laves* ; dès que cette matiere féjourne dans un endroit, elle s'y trouve remplie d'une moffete mortelle : cette matiere coule toujours dans les endroits les plus bas.

Cardan rapporte qu'il a été témoin du fait fuivant. Une perfonne préfidoit à la conftruction d'un égoût voûté ; après 20 jours de travail on retiroit les échaffauds : cette perfonne defcendit avec une échelle dans l'égoût ; elle ne fut pas plutôt parvenue vers le milieu du chemin qu'elle avoit à faire , qu'elle tomba morte : le même accident arriva encore à deux autres perfonnes ; ce qui venoit des exhalaifons mortelles qui s'élevoient de cet endroit (3).

(1) Marfiglius de Danubio, Tom. 1. pag. 94.
(2) Philof. Tranf. n. 455. Neapol. Scient. Acad. de Vefuvii Conflag. Comm. Cap. 6.
(3) Cardanus de Rerum Varietat. Lib. 1. cap. 10, p. 16.

On creusoit un puits dans une Isle nommée Wight ; les Ouvriers trouverent à 18 pieds de profondeur une couche parsemée de minéraux , épaisse
de 9 pouces : ils creuserent néanmoins au-delà ; mais après 12 jours de travail , il sortit de la couche minérale une chaleur semblable à celle qu'on
éprouve devant la bouche d'un four : le jour suivant le fossoyeur descendant
dans le puits, tomba en foiblesse lorsqu'il fut parvenu vers cette couche , il
tomba aussi-tôt , & mourut sur-le-champ : on y fit descendre quelqu'un qui
étoit attaché à une corde ; dès qu'il fut parvenu vers la couche , il tira fortement la corde ; mais dès qu'il fut descendu jusqu'au fond, il tomba en défaillance ; il y fit plusieurs convulsions pendant l'espace d'un quart-d'heure,
& il expira enfin. Un troisieme y descendit renfermé dans un vaisseau ; dès
qu'il fut parvenu vers le même endroit, il se mit à crier : on le retira promptement ; il parut aussi pâle que s'il étoit mort, & il fut près d'une demi-
heure sans pouvoir parler. Quelque tems après il s'éleva de ce puits une vapeur blanche, épaisse, semblable à une nuée blanche, qui portoit avec elle
une odeur de soufre qu'on ne pouvoit supporter, de sorte qu'on fut con-
traint de combler ce puits avec de la terre (1).

Il est certain que toutes les exhalaisons mortelles, fœtides, qui s'élevent
de la terre & des mines, ne sont point semblables entr'elles, mais qu'elles
sont tout-à-fait différentes les unes des autres : en effet, il peut y avoir des
exhalaisons très différentes qui soient dangereuses à respirer : bien plus, celles qui sont dangereuses à l'homme, peuvent ne le point être aux autres animaux. La peste qui étoit répandue sur les bœufs, qui a duré si long-tems en
Hollande, & qui y a fait périr tant de bœufs, ne fût point dangereuse, &
n'attaqua point les chevaux, les moutons, les cochons, les hommes, ni
les oiseaux : il arrive souvent que la peste fasse périr bien des hommes, &
qu'elle n'attaque nullement les autres animaux. Quoi qu'il en soit, ces différentes exhalaisons s'élevent toutes dans l'atmosphere, où elles produisent
les météores & leurs causes.

Souvent ces sortes d'exhalaisons qui s'élevent de certains endroits sur la
surface de la terre, y causent quantité de maladies, que les Médecins ne
guérissent que très difficilement ; parcequ'ils ignorent la constitution, ou la
nature de ces exhalaisons.

Il paroît par tout ce que nous venons de dire, que tout ce que l'Art ou la
Chymie peut produire, soit par la fermentation, la putréfaction, la dissolution, le frottement, la trituration, l'effervescence & l'action du feu, que
tout ce qu'elle peut rendre volatil, soit qu'il soit renfermé dans des vaisseaux,
soit qu'il pénetre leurs pores par sa subtilité, soit qu'il imite même le fluide
élastique aërien ; tout cela peut être aussi produit par la Nature, qui met
tous ces différens moyens en œuvre, qui volatilise tout : l'atmosphere peut
donc être regardée comme une espece de laboratoire le plus parfait & le
mieux garni qu'on puisse voir, & dans lequel il se rassemble beaucoup plus
de différens esprits, d'huiles, de sels, d'eaux, & d'autres corps que dans
aucun de nos laboratoires, & où l'on trouve différens produits, tels que personne n'en a jamais vu, ni même connu.

(1) Philos. Transf. n. 450.

22°. Il y a encore outre cela dans l'atmofphere un grand nombre de petites plantes, comme des moififfures de différentes couleurs, blanches, vertes, qui fe dépofent fur les fruits, le fromage, les jus de viande, le vin du Rhin, &c : ces moififfures tirent leur aliment des fubftances qu'elles couvrent; elles croiffent fur ces fubftances, elles les privent de leurs parties les plus fapides, de celles qu'on regarde comme les meilleures : ce qui fait qu'elles contractent à la longue une mauvaife odeur. Les femences de ces moififfures, qui font très délicates & en grande abondance, pénetrent les bois, tels que les tonneaux de chêne, dans lefquels on renferme le vin; les lieges, les linges, les papiers, &c. Voici une fingularité que j'ai obfervée par rapport à ces moififfures : ayant verfé du jus de viande dans une fiole, dans laquelle je mis par-deffus de l'eau bouillante; & ayant laiffé outre cela pendant quelque tems cette fiole dans de l'eau bouillante, je la fermai exactement avec un bouchon de verre : or malgré toutes ces précautions, j'apperçus de petites moififfures qui s'élevoient cinq femaines après fur la furface du jus. J'eus occafion de voir quelque tems après le célebre *Montius*, qui me dit avoir obfervé la même chofe (1). Mais fi, lorfqu'on fait cette expérience, on plonge pendant long-tems la fiole dans l'eau bouillante, & qu'on l'y plonge jufqu'au haut du goulot, on ne voit point de femblables moififfures, fi on a eu le foin de la boucher exactement.

Les mouffes font auffi des efpeces de plantes plus grandes que celles dont nous venons de parler; elles s'attachent à l'écorce des arbres, aux tuiles, aux pierres, aux rochers : leurs femences qui fe dérobent à la foibleffe de nos yeux, & que nous ne pouvons voir qu'à l'aide de quelques fortes loupes, flottent & voltigent dans l'atmofphere; & lorfqu'elles s'attachent à quelques matrices convenables, elles y croiffent.

Les champignons abandonnent auffi leurs femences qui font très fines & très délicates; elles s'élevent dans l'air, elles y flottent, elles y tombent, & elles s'attachent fur différentes fubftances fur lefquelles elles croiffent promptement.

Mais de toutes les femences des plantes, les plus volatiles font les mafculines; celles qui fe préfentent fur le fommet des étamines des fleurs des plantes, & que nous y obfervons fous la forme de petites farines de différentes couleurs, jaunes, rouges, brunes, &c. Ce font les vents, la pluie, qui détachent ces femences des étamines, & qui les tranfportent dans l'atmofphere & dans des endroits très éloignés de ceux qui les ont vu naître : or chaque petite particule de cette efpece de farine eft une capfule qui renferme une quantité prodigieufe de petites femences cent mille fois plus petites. Ces petites femences tombent & flottent dans l'air lorfque la capfule eft mûre : on peut les examiner à l'aide d'un bon microfcope, lorfqu'elles font humectées avec de l'eau. Or ces petites femences qui flottent dans l'atmofphere, peuvent produire de très grands & de différens effets dans la nature : par exemple, lorfque la vigne eft en fleurs, le vin qu'on conferve dans des tonneaux, eft, pour l'ordinaire, difpofé à fermenter de nouveau; auffi les Vignerons ont grand foin alors de fermer exactement les celliers, ou d'obvier à cette

____

(1) Comment. Bonon. T. 3. p. 43.

nouvelle

nouvelle fermentation, en faisant brûler du soufre dans les endroits où ils conservent leur vin : il peut se faire que cette tendance à la fermentation, qu'on remarque alors dans le vin, vienne des petites semences très fines de la vigne, qui, détachées par le vent, des farines des étamines de cette plante nagent dans l'atmosphere, sont emportées dans des contrées très éloignées du lieu où elles ont pris leur origine : ces semences transportées par les vents dans des celliers, pénetrent les tonneaux, se mêlent avec le vin, lui donnent un certain mouvement, & le disposent à fermenter, ainsi que l'a très ingénieusement soupçonné le célebre *Needham*, dans son Traité d'Observations microscopiques, page 76. Nous ne savons point encore, à la vérité, ce que peuvent produire, par rapport aux météores, ces petites plantes, ces semences dont l'atmosphere est toujours remplie ; mais nous n'ignorons pas que tout ce qui fait partie de l'Univers matériel, a une liaison intime, que chaque chose a des rapports avec toute autre, & que rien n'est inutile : il peut même se faire que ces petites plantes, que ces petites semences servent d'alimens à de petits animaux, que leur délicatesse dérobe à nos recherches ; il peut se faire qu'elles soient la cause de la fertilité ou de l'infertilité de plusieurs végétaux : il peut encore arriver qu'elles soient la cause de plusieurs maladies ou de plusieurs autres phénomenes relatifs à l'économie animale.

23°. Il se trouve aussi dans l'atmosphere une infinité de petits animaux, qui, trouvant dans cet élément la nourriture qui leur est propre, y croissent promptement. En effet, si on expose à l'air libre des fioles de verre remplies d'eau, dans lesquelles on a renfermé des plantes de différentes especes, lorsque ces plantes commenceront à pourrir, & qu'elles sentiront mauvais, on trouvera dans cette eau une infinité de petits insectes : on en trouve dans le pain, dans le levain, dans le jus des viandes, dans des viandes qu'on met pourrir dans l'eau, dans le vinaigre, mais sur-tout dans la biere aigrie : on y trouve un nombre prodigieux de petites anguilles, qu'on ne peut, à la vérité, bien distinguer qu'à l'aide d'un microscope. *Mentzelius* prétend que ces petites anguilles deviennent mouches, & que ces mouches se font aisément jour par les pores des tonneaux.

Il peut survenir différens phénomenes lorsque ces différens insectes sont plus abondans dans une année que dans une autre ; ils peuvent occasionner différentes maladies, soit aux hommes, soit aux animaux, ainsi que *Hartsoeker* & de *Réaumur* l'ont ingénieusement soupçonné.

§. MMCCLXXXVI. On voit quelquefois flotter dans l'air de fort grandes files d'exhalaisons, qui sont d'une seule & même espece ; telles sont les vapeurs qui s'élevent de l'Océan, celles qui viennent des grands lacs, ainsi que celles que produisent les grands fleuves : il faut encore ranger dans cette classe ces exhalaisons qui s'elevent des grandes pieces de bled : celles qui proviennent de ces immenses forêts où les arbres sont de même espece, les fumées produites par les charbons de terre, & les autres substances combustibles qui s'élevent fort haut au-dessus des grandes Villes. C'est pour cette raison que, lorsqu'on regarde de loin ces Villes, elles paroissent comme enveloppées d'une fumée épaisse ; celles qui s'élevent des montagnes ardentes, qui donnent issue à des volcans, sont encore beaucoup plus étendues :

elles couvrent une très grande partie du ciel. Or ces exhalaisons, ces fumées, lorsqu'elles sont élevées dans l'atmosphere, different seulement, quant à la figure qu'elles avoient avant de s'élever, en ce que de corps solides qu'elles étoient, elles sont devenues fluides, ou en ce que de fluides denses qu'elles étoient, elles ont été réduites en un fluide plus rare, & dont les parties se trouvant alors séparées les unes des autres, peuvent flotter dans l'air, & y demeurer suspendues : elles doivent par conséquent avoir conservé plusieurs des propriétés qu'elles avoient auparavant ; savoir, celles qui n'ont point pu être changées par leur raréfaction : elles auront donc aussi les mêmes forces qu'elles avoient déja lorsqu'elles étoient encore un corps solide, ou un fluide plus dense ; & ces forces seront aussi les mêmes que celles qu'elles auront dès qu'elles se retrouveront changées en une masse semblable.

§. MMCCLXXXVII. Ces amas de vapeurs ou d'exhalaisons d'une même espece, qui s'élevent dans l'atmosphere, sont poussées par le vent d'un lieu en un autre, où elles rencontrent d'autres parties de différente nature, qui se sont aussi élevées dans l'air, & avec lesquelles elles se confondent : il faut donc qu'il naisse alors de ce mêlange les mêmes effets, ou des effets semblables à ceux que nous pourrions observer, si nous pouvions atteindre à faire de semblables mêlanges ; mais nous n'avons encore fait que très peu de progrès sur ces sortes de mêlanges ; car les corps qu'on a divisés en leurs parties, & mêlés ensuite ensemble, sont jusqu'à présent en très petit nombre. Or puisque l'atmosphere contient des parties de toutes sortes de corps terrestres, qui y nagent & qui s'y rencontrent, il faut que leur mêlange y produise un grand nombre d'effets que l'Art n'a pu encore nous découvrir, & dont nous n'avons pas même vu de semblables jusqu'à présent ; par conséquent il doit naître dans l'atmosphere une infinité de phénomenes que nous ne saurions encore, ni comprendre, ni expliquer clairement. Il ne seroit cependant pas impossible de parvenir à cette connoissance, si on faisoit un grand nombre d'expériences sur les mêlanges : il faut néanmoins convenir qu'on ne pourra jamais conduire à sa perfection ce point de doctrine ; puisqu'un petit nombre de corps est susceptible d'une infinité de combinaisons, comme il paroît évident à quiconque connoît le calcul des combinaisons. Il est donc entierement hors de doute que les météores doivent produire un grand nombre de phénomenes dont nous ne comprendrons jamais bien les causes. Pour se convaincre du nombre prodigieux de mêlanges qu'il faudroit faire, considérons ce que *Mersenne* (1) & *Frenicle* (2) nous ont appris sur les combinaisons. Supposons seulement que nous voulussions faire tous les mêlanges qu'on peut faire avec six choses différentes : c'est précisément la même chose que si nous voulions faire subir toutes les combinaisons possibles à six lettres de l'alphabet : or ces six lettres sont susceptibles de 720 combinaisons différentes ; par conséquent si on veut mêlanger autant que faire se peut six choses différentes, il faudra faire 720 mêlanges : suivant ce même calcul, si on vouloit faire subir toutes les combinaisons possibles à 20 choses différentes, il faudroit faire 2432902008176640000 combinaisons.

§. MMCCLXXXVIII. L'expérience démontre que plusieurs combinaisons

---

[(1) Harmon. p. 116, 117. (2) Ouvrages adoptés, p. 46.]

faites d'un grand nombre de chofes différentes , peuvent produire des mou-
vememens femblables , tels que des mouvemens d'effervefcence , de précipitation , de chaleur , d'incendie , de fermentation , de putréfaction , de
froid , de congélation , &c.

D'où il fuit que quantité d'exhalaifons différentes peuvent , par leur mêlange & leurs différentes combinaifons , produire dans l'atmofphere des phénomenes femblables : il peut fe faire que différentes exhalaifons produifent
des nuages auffi épais ou auffi légers , auffi diaphanes ou auffi opaques les
uns que les autres , & conféquemment que les mêmes phénomenes , ou au
moins que de femblables phénomenes ne dépendent pas pour cela de la même caufe.

§. MMCCLXXXIX. Comme il arrive quelquefois de violens tremblemens de terre qui font fendre & crever de groffes croûtes pierreufes , & que
ces croûtes empêchoient les exhalaifons & les vapeurs de certains corps qui
fe trouvoient au-deffous , de s'échapper & de s'élever dans l'atmofphere , dès
que ces croûtes font rompues , ces exhalaifons trouvant alors un paffage libre , s'élevent dans l'air , & y produifent de nouveaux phénomenes qu'on
n'avoit point encore obfervés , & dont on n'avoit point encore entendu parler. Ces phénomenes dureront donc auffi long-tems que fubfiftera la caufe
qui les produit , & ils cefferont dès que cette caufe fera détruite , ou confommée , ou qu'il furviendra dans les entrailles de la terre un nouveau mouvement propre à changer fa difpofition actuelle & à en faire naître une nouvelle.

§. MMCCXC. Cela ne pourroit-il pas fervir à nous faire comprendre
pourquoi certains fiecles font plus fertiles que d'autres en phénomenes ex-
traordinaires qui fe manifeftent dans l'atmofphere? Les différentes révolu-
tions qu'on obferve par rapport aux aurores boréales , femblent confirmer
cette idée. Ce phénomene qu'on n'obfervoit point & qu'on ne connoiffoit
point depuis 1629 jufqu'en 1716 dans la partie la plus cultivée de l'Europe ,
eft devenu très fréquent depuis 1716 jufqu'à préfent ; de forte que j'en ai
obfervé jufqu'à 50 dans l'efpace d'une année : mais elles font devenues
moins fréquentes depuis l'année 1758.

§. MMCCXCI. Chaque contrée aura auffi fes météores particuliers ;
puifqu'ils dépendent des exhalaifons qui s'élevent dans différentes régions ,
& qui varient fuivant la fituation du lieu , qui peut être très élevé ou très bas ,
fuivant qu'elles proviennent , des forêts , des montagnes , des marais , des
fleuves , de la mer , d'un endroit où la latitude eft différente , & qu'elles
varient enfin fuivant quantité d'autres circonftances particulieres à chaque
contrée. Pour donner une théorie exacte des météores , il feroit néceffaire
que chacun les obfervât avec attention dans fon Pays , & qu'il en donnât une
defcription exacte. Mais on ne doit point tirer de conclufion générale fur
les obfervations qu'on fait dans un endroit , à moins qu'on n'ait confulté
auparavant celles qui auront été faites dans d'autres régions éloignées. Il eft
très certain que les mêmes météores varient fuivant les différentes régions
où ils prennent naiffance ; je n'en donnerai qu'un feul exemple , que je pren-
drai de la rofée : or la rofée eft bien différente en Allemagne , en France ,

en Hollande , & même on a obfervé qu'elle n'étoit pas la même à Utrecht & à Leyde, comme je le démontrerai par la fuite.

On remarque en Hollande qu'il y a un mêlange de pluie & de féchereffe , de forte qu'on obferve rarement 8 jours de fuite fans pluie ; on en obferve encore plus rarement 14 : on ne voit peut-être jamais qu'un mois entier fe paffer fans qu'il pleuve ; ou fi on l'obferve, cela n'arrive peut-être qu'une fois dans l'efpace d'un fiecle.

Au contraire en Syrie, à Alep auprès de l'Euphrate , on voit affez communément trois mois d'été fans pluie ; & fi nous confidérons avec attention les obfervations météorologiques que le favant *Ruffel* (1) a fait en cet endroit , & que nous les comparions avec celles que nous faifons en Hollande , nous verrons qu'elles font bien différentes les unes des autres. Si nous confultons la defcription de l'ancienne Groenlande , que *Hans Egede* nous a donnée (2), nous verrons combien les météores de cet endroit font différens des nôtres. Dans le golfe Difce , dit cet Hiftorien, qui eft à 68 degrés de latitude, les habitans n'ont point à fe plaindre de la pluie ni des tempêtes ; car pour l'ordinaire le ciel demeure ferein & conftamment le même pendant tout l'été: mais auffi dès que le ciel devient orageux, lorfque le vent du Sud ou du Sud-Oueft vient à fouffler, ce vent eft toujours furieux, & la tempête ne ceffe que lorfque le zéphyr ou le vent du Nord commence à fouffler. Il eft auffi important de confulter les obfervations qu'*Ulloa* (3) a faites au Pérou fur les météores , de les comparer avec les nôtres , & de voir combien ils font différens. On obferve fouvent au Pérou , que le ciel eft très ferein avant midi; que le foleil y luit avec toute fa fplendeur, fans y être obfcurci par aucun nuage ; mais ce phénomene ne fubfifte que jufques vers les deux heures après midi. On voit alors des vapeurs qui commencent à s'élever , le ciel fe couvre de nuages épais & noirs, qui produifent auffi-tôt une forte tempête : les éclairs partent avec abondance , le tonnerre gronde avec une force étonnante ; une pluie large & copieufe tombe avec impétuofité , inonde les campagnes , les chemins paroiffent changés en autant de torrens , & ce phénomene fubfifte jufqu'au coucher du foleil ; car le ciel devient alors auffi ferein qu'il l'étoit avant-midi. Il arrive cependant quelquefois que la pluie continue pendant la nuit & pendant toute la matinée du jour fuivant ; de forte qu'on voit quelquefois tomber la pluie pendant 3 ou 4 jours de fuite ; il arrive quelquefois auffi que le ciel demeure ferein pendant plufieurs jours , & qu'il ne tombe aucune pluie pendant tout ce tems : mais les obfervations exactes qu'on a faites dans ce Pays, nous font voir que $\frac{1}{2}$ ou $\frac{1}{3}$ partie des jours de l'année , eft un mêlange de pluie & de beau tems.

§. MMCCXCII. Tout ce qui s'éleve de la terre dans l'air, eft connu fous le nom de vapeur ou d'exhalaifon. Les vapeurs font compofées de parties aqueufes & humides. Les exhalaifons font compofées de parties fubtiles de toutes fortes de corps , tant folides que fluides , lefquels ne font cependant , ni aqueufes , ni humides.

(1) Natural Hiftory. of Aleppo. (2) Hans Egede de Groenlandia. Cap. 4. (3) Ulloa , Voyage au Pérou. Liv. 5. ch. 6. p. 240.

§. MMCCXCIII. Nous avons fait ci-deſſus le détail de quantité de corps qui s'élevent dans l'atmoſphere : or toutes ces exhalaiſons ſont-elles aſſez abondantes & en aſſez grande quantité pour fournir à la matiere des météores ? C'eſt ce que nous allons examiner par la voie du calcul : ces ſortes de calculs ne ſont point abſolument exacts & rigoureux ; mais ils ſuffiſent au défaut de plus exacts, que nous ne ſommes point à portée de faire.

Commençons par les vapeurs, & comparons celles qui s'élevent avec celles qui tombent, c'eſt-à-dire, avec la pluie : ſi nous trouvons que la quantité des unes & des autres ſoit égale, nous pourrons conclure que les vapeurs qui s'élevent fourniſſent les pluies qui arroſent la ſurface de la terre. On obſerve que la quantité de pluie qui tombe en un an à Leyde, forme une ſurface de 24 pieds de profondeur ; elle eſt quelquefois plus, quelquefois moins abondante, ſuivant que l'année eſt plus pluvieuſe ou plus ſeche.

Pour connoître la quantité de vapeurs qui s'élevent dans une année, je me ſuis ſervi d'un vaſe de plomb de 18 pouces de hauteur, qui avoit la forme d'un parallélipipede quadrangulaire, & ouvert ſupérieurement : chaque côté de cette ouverture étoit de 6 pouces. Je fis placer ce vaſe dans mon jardin, mais dans un endroit où il fût à l'ombre, & j'eus ſoin qu'on le remplît tous les jours d'eau juſqu'à deux pouces près de ſon orifice : je comparois ſoigneuſement les obſervations que je faiſois ſur l'évaporation, avec la quantité d'eau qui tomboit, que je meſurois à l'aide d'un vaſe ou hyerometre placé à côté du premier dont je viens de parler ; & pour empêcher que les oiſeaux ou les chats ne vinſſent boire dans ces vaſes, & conſéquemment ne rendiſſent mes obſervations défectueuſes, je les fis couvrir avec un grillage fait avec des cordes de clavecin, dont les mailles étoient aſſez larges. Or ayant fait à Utrecht ces obſervations pendant pluſieurs années conſécutives, je trouvai que l'évaporation de l'eau compriſe dans le premier vaſe, alloit à 29 pouces rhenan dans l'eſpace d'une année : lorſque les années étoient ſeches, l'évaporation alloit plus loin, & elle alloit auſſi au-deſſous de 29 pouces lorſque les années étoient humides ; mais en prenant le milieu entre les deux extrêmes, je trouvai qu'il falloit compter ſur 29 pouces par an. *Sedileau* a fait en France de ſemblables obſervations (1), & il a trouvé à-peu-près les mêmes réſultats. M. *Halley* plaça un bac rempli d'eau dans l'intérieur du College de Gresham, de façon qu'il ne fût expoſé, ni au ſoleil, ni au vent, & il ne trouva que 8 pouces d'eau évaporée dans le courant d'une année. Le réſultat de M. *Halley* eſt de beaucoup inférieur au nôtre (2). Attachons-nous néanmoins au ſien par préférence, & calculons, d'après cela la quantité de vapeurs qui s'élevent de la mer ; puiſque ce ſont ces vapeurs qui forment les nuées, & que ces nuées fourniſſent les pluies qui tombent ſur la ſurface de la terre ; ſuppoſons donc qu'il ne s'éleve en vapeurs chaque jour que $\frac{1}{10}$ de pouce d'eau, il eſt conſtant qu'il s'en éleve une plus grande quantité pendant les jours d'été, & qu'il s'en éleve moins pendant l'hiver, & c'eſt pour cette raiſon que je prends ici une quantité moyenne. Cela poſé, une partie de la ſurface de la mer de 10 pouces quarrés, laiſſera évaporer par jour un pouce cubique d'eau ; ſuppoſons maintenant qu'un mille de Hollande air

(1) Mém. Mathem. & Phyſ. ann. 1692. (2) Tranſ. Philoſ. n. 189.

15000 pieds de longueur , un mille quarré fera de 225000000 pieds quarrés ; mais un pied en quarré contient 144 pouces quarrés ; par conféquent un
mille quarré contient 32400000000 pouces quarrés : or comme 10 pouces
quarrés exhalent un pouce cubique, un mille quarré doit exhaler 3240000000
pouces cubiques ; mais 1728 pouces cubiques font un pied cubique ; par
conféquent fi on divife le nombre trouvé par 1728 , le quotient fera
1875000 , qui exprimera le nombre de pieds cubiques d'eau, qu'un mille
quarré exhale par jour. Or ce premier calcul fait, fuppofons que la Méditerranée ait 45 degrés de longueur , & 10 degrés feulement de largeur , ce
qui eft beaucoup au-deffous de fes véritables dimenfions, elle aura donc ,
dans cette fuppofition, 450 degrés de furface ; mais chaque degré eft de 30
milles de Hollande, par conféquent 900 milles de Hollande font un degré
quarré : d'où il fuit que 450 × 900 = 405000 milles de Hollande, qui
égalent la furface de la mer Méditerranée ; mais comme une furface d'eau ,
dont les dimenfions égalent un mille de Hollande , exhale chaque jour
1875000 pieds cubiques d'eau : la mer Méditerranée exhalera donc par jour
1875000 × 450 × 900 = 759375000000 pieds cubiques d'eau. Il faut remarquer ici que nous n'avons confidéré qu'une petite mer ; car fi nous jet-
tons les yeux fur les mappemondes , nous verrons que près de la moitié
de la furface de la terre eft couverte d'eau , & conféquemment que
fi chaque partie de la furface des mers exhale une même quantité d'eau, il
s'élevera chaque jour dans l'atmofphere une quantité de vapeurs qui furpaffera toute créance : or fi ces vapeurs qui s'élevent habituellement, ne retomboient pas fur la terre fous la forme de pluie, il eft conftant que l'atmofphere feroit actuellement remplie de nuées que les vapeurs forment ; que les
rayons du foleil ne pourroient plus pénétrer jufqu'à notre globe, & y porter
leur chaleur bienfaifante.

§. MMCCXCIV. Il faut auffi examiner actuellement la quantité d'autres
exhalaifons qui s'échappent des corps qui font partie de notre globe ; prefque
toute la furface de la terre eft couverte de plantes , à la nourriture defquelles elle fournit : elle eft couverte d'immenfes forêts, fi nous en exceptons
quelques déferts , qui ne font couverts que de fables arides. Or les plantes
exhalent une quantité prodigieufe de vapeurs , & envoient dans l'atmofphere
quantité d'autres exhalaifons. En effet , fuivant les obfervations du célebre
Halles (1) , un tournefol de 3,5 pieds de hauteur, exhaloit en 12 heures
1,25 ℔ de vapeurs ; c'eft-à-dire , prefqu'autant que le foleil peut en élever
dans l'efpace d'un jour d'une furface d'eau de 3 pieds en quarré. Une feuille
d'un arbre connu fous les noms de *fuftet ordinaire , coggygria* , ou *cota co-
riaria* , du poids de $1\frac{1}{2}$ dragme , & fa tige , qui pefoit 1 dragme & quelques
grains , ayant été mife dans l'eau, évapora 30 onces d'eau en 3 mois. Un
oranger de 5 ans évapora en 12 jours $4\frac{1}{2}$ onces. Suivant l'obfervation de
Guettard une branche de romarin tranfpira en 13 jours 5 onces $1\frac{1}{2}$ dragme. Les fruits ne jettent que très peu d'exhalaifons : mais il faut de toute
néceffité que les arbres fourniffent une très grande quantité d'exhalaifons ;
puifqu'elles font en raifon de la furface des feuilles , & que cette furface eft

(1) Vegetable Statiks. §. 1.

immenſe dans les grands arbres. Suppoſons en effet qu'un arbre ait 20000 feuilles , & que chaque feuille tranſpire par jour 10 grains , ainſi que l'obſervation nous l'apprend ; un arbre qui aura 20000 feuilles, tranſpirera donc par jour 200000 grains , ou $26\frac{19}{96}$ ℔. Or en ſuppoſant que la tranſpiration des autres plantes eſt dans la même proportion , la tranſpiration des végétaux ne le cédera en rien à la quantité de vapeurs qui s'élevent de la ſurface des eaux : c'eſt pour cette raiſon que l'air eſt extrêmement humide dans les endroits où il ſe trouve de grandes forêts, ainſi qu'on en eſt convaincu par des obſervations conſtantes, faites dans pluſieurs endroits de l'Europe , & dans quantité de Villes qui ſont dans le voïſinage de quelques grandes forêts , & que les obſervations faites dans l'Amérique méridionale nous l'apprennent. Je n'ignore pas cependant qu'il y a pluſieurs plantes qui tranſpirent davantage que d'autres , quoiqu'expoſées au même degré de chaleur : je ſais qu'il y en a quelques unes qui ne tranſpirent preſque pas : je ſais encore qu'il faut que les rayons du ſoleil tombent ſur celles qui tranſpirent , & que toutes les plantes ne fourniſſent pas la même quantité d'exhalaiſons ; mais il étoit néceſſaire de juger des plantes en général par quelques-unes en particulier , afin de pouvoir établir quelque choſe ſur leur tranſpiration , que nous ne pouvons pas connoître exactement.

§. MMCCXCV. Outre cela , la tranſpiration des animaux eſt encore très abondante ; car la tranſpiration d'un adulte , comparée à celle du tourneſol dont nous venons de parler , eſt dans le rapport de 141 à 100 ; & on peut juger par-là de celle des autres animaux. Un homme , ſuivant le rapport de *Keil* , tranſpire 31 onces en 24 heures ; & *Halles* a obſervé qu'un tourneſol en tranſpiroit 22 dans le même tems. Quoique nous ne connoiſſions pas le nombre d'animaux qui habitent la terre , nous ſavons néanmoins que le nombre en eſt très grand ; de ſorte que la tranſpiration qu'ils exhalent ne doit pas peu contribuer à remplir l'atmoſphere. Suppoſons en effet avec un certain Auteur très habile (1) , que le nombre des habitans de la terre ſoit proportionnel à celui de ceux qui ſont en Angleterre ; il y aura dans cette ſuppoſition 4960 millions d'hommes répandus ſur la ſurface de la terre ; & ſi la terre étoit auſſi peuplée que la Hollande , il y en auroit 34720 millions , & chacun tranſpireroit 31 onces en 24 heures. Suppoſons que cette tranſpiration n'aille ſeulement qu'à une livre ou 16 onces ; dans cette ſuppoſition , la tranſpiration de tous les hommes en 24 heures , ſera = 347200000000 ℔. Ajoûtez à cela la tranſpiration des animaux, non-ſeulement de ceux qui ſont privés , mais encore de ceux qui ſont farouches & qui habitent les forêts ; cette tranſpiration n'eſt certainement pas moins abondante que celle des hommes : ainſi chaque jour la quantité de tranſpiration qui s'élevera dans l'atmoſphere , ſera = 694400000000 ℔.

§. MMCCXCVI. Si à toutes les exhalaiſons dont nous avons parlé juſqu'à préſent , on ajoûte encore celles qui viennent des végétaux qui ſe deſſechent ou qui ſe pourriſſent ſur la ſurface de la terre : ſi on y ajoûte les fumées qui s'élevent de tous les corps que nous brûlons pour nos uſages journaliers : celles qui proviennent des volcans : ſi on y ajoûte les exhalaiſons qui s'élevent

____

(1) Diſſert. of the numbers , of Mankind.

de la furface même de la terre , & qui, comparées à celles qui proviennent de l'eau , font dans le rapport de 10 à 3 , fuivant M. *Halles*, quoique M. *Bafin* prétende qu'il a obfervé que la terre , étant humectée tous les jours, tranfpire plus qu'un vafe dans lequel on auroit mis une même quantité d'eau (1) : enfin fi on ajoûte à tout cela les exhalaifons qui s'élevent des entrailles de la terre , & qui font pouffées en-haut par les feux fouterrains , nous ferons convaincus qu'il s'éleve journellement dans l'air une quantité incroyable de vapeurs & d'exhalaifons qui doivent le remplir fuffifamment pour qu'il foit une fource abondante d'une infinité de météores différens.

Des caufes qui font que les vapeurs & les exhalaifons s'élevent dans l'atmofphere.

§. MMCCXCVII. Je me propofe d'examiner ici les caufes qui font connues , peut-être cependant dépendent elles d'une premiere , & ne font-elles qu'occafionnelles ; ce n'eft peut être que par leur moyen que la caufe premiere agit & produit fon effet ; mais c'eft une queftion que j'abandonne à ceux qui viendront après nous.

1°. La premiere de ces caufes qui fe préfente à nos recherches , eft le feu qui volatilife tous les corps , tant liquides que folides , & c'eft le feu terreftre qui fert à nos ufages ordinaires , le feu du foleil & celui qu'on nomme fouterrain , qui concourent enfemble à cet effet.

Mais comment eft-ce que le feu parvient à volatilifer les corps ?

α Ce feu, tel qu'il foit , pénetre les corps qu'il rencontre ; en les pénétrant, il agite leurs parties , & il leur communique un mouvement très rapide : il diffout les parties les plus fines & les plus délicates ; il les fépare du tout dont elles faifoient partie ; il les pouffe au dehors , & il les éleve dans l'atmofphere avec une très grande rapidité , & felon les loix de la percuffion : il ne paroît pas cependant que les corps foient ainfi élevés à une très grande hauteur ; car les vapeurs ni les fumées ne paroiffent pas s'élever avec une très grande vîteffe. En effet , fi elles s'élevoient jufqu'à la hauteur où les nuages font fufpendus , il faudroit qu'elles fuffent pouffées de bas en haut plus promptement que le fufil ne pouffe le menu plomb, qui certainement ne s'éleve pas à beaucoup près à une fi grande hauteur ; parceque la réfiftance de l'air & fa gravité lui font perdre le mouvement qu'il a acquis : joignez à cela que le feu abandonne promptement les petits corps ; car on remarque qu'un fil mince de métal, chauffé jufqu'à ce qu'il foit prêt à fondre , & balancé enfuite dans l'air, de façon qu'il y parcourt 2 ou 3 pieds , perd toute fa chaleur , & fe refroidit en 2 fecondes : conféquemment les parties des mixtes évaporées par le feu, doivent encore plutôt perdre le feu qui les anime , néanmoins elles s'élevent encore jufqu'à quelques pieds de hauteur , en vertu de la premiere impreffion que le feu a fait fur elles.

β Le feu s'infinue auffi dans les pores de chaques particules , & dans chacunes de ces particules. Commençons donc par accompagner la matiere

(1) Hift. de l'Acad. Roy. ann. 1741.

ignée

ignée , lorsqu'elle fe fait jour , & qu'elle pénetre dans ces petites particules qu'elle raréfie. Suppofons que la denfité d'une femblable particule ait été auparavant comme celle de l'eau ; mais que fe trouvant féparée de toute la maffe par l'action du feu qui la pénetre, elle foit tellement raréfiée par cet agent, que fon diametre devienne 10 fois plus grand qu'auparavant : cette particule ne formera plus alors qu'une efpece de petit ballon, dont le volume fera mille fois plus grand , & conféquemment d'une moindre pefanteur fpécifique que l'air ; parceque cette petite véficule ne contiendra toujours qu'une même quantité de matiere unie à une très petite quantité de feu : cette véficule s'élevera donc dans l'air jufqu'à ce qu'elle foit parvenue jufqu'à une couche d'air plus raréfié, qui fera de même denfité qu'elle, & avec lequel elle fe trouvera en équilibre. Mais on peut demander ici avec prudence fi les parties des corps peuvent être raréfiées jufqu'a ce point ? Peutêtre y a t-il très peu de parties qui foient fufceptibles d'une fi prodigieufe dilatation ; il eft cependant conftant que l'eau réduite en vapeurs par l'action du feu , devient 14000 fois plus rare : mais il n'eft pas conftant que chaques particules de l'eau foient tellement raréfiées, puifque la matiere ignée, rempliffant les pores de ce fluide, & féparant ces différentes parties les unes des autres, peut en grande partie produire cette raréfaction , quoiqu'on ne puiffe difconvenir que ces parties ne foient tuméfiées jufqu'à un certain point. Ainfi quoique plufieurs Phyficiens établiffent comme certain que les vapeurs foient de petites véficules creufes, cette propofition n'eft pas affez manifeftement sûre pour n'avoir pas befoin d'une preuve particuliere. Si on dit que l'air pénetre dans ces petites véficules, il eft certain qu'elles ne pourront point s'élever dans l'atmofphere ; puifque l'air dont elles feront remplies fera de même denfité & de même poids que celui qui les enveloppe extérieurement : & quand on fuppoferoit même que l'air qu'elles contiennent feroit plus rare que l'air extérieur, comme la partie aqueufe qui forme ces véficules , jouit d'une pefanteur fpécifique plus grande que celle de l'air ambiant, ou au moins égale à la fienne , ces véficules ne pourroient point encore s'élever dans l'atmofphere ; il faut donc fuppofer que ces véficules font creufes, vuides d'air, & feulement remplies de matiere ignée : cette difficulté a toujours paru de grande conféquence contre les véficules des vapeurs, quoiqu'on ne puiffe nier que ces véficules ne foient dilatées jufqu'à un certain point par la matiere ignée qu'elles contiennent.

γ Examinons donc à préfent ce que peut produire la matiere ignée qui pénetre les interftices de ces particules dont nous venons de parler, & qui les écatte les unes des autres ? En raifonnant par analogie, il paroît qu'il les entoure circulairement, qu'il leur imprime un mouvement fur leur axe, femblable à celui qu'il imprime aux petites gutrules de fer fondu, qu'il enveloppe en tous fens : il écarte donc ces parties les unes des autres, il augmente prodigieufement les interftices qui les féparent ; de forte que la maffe totale compofée de vapeurs & de matiere ignée, devient 14000 fois plus rare ; ce qui fait qu'elle s'éleve avec impétuofité dans l'atmofphere ; mais comme la matiere du feu tend conftamment à l'équilibre , elle abandonne promptement ces parties , elles fe refroidiffent, & ceffant de fe repouffer les unes & les autres, elles fe raffemblent pour former une nouvelle maffe, qui ne peut

plus s'élever davantage , & qui retombe : c'est ce que nous pouvons observer par le moyen de la machine de *Saverien* , dans laquelle une masse d'eau ,
exposée à l'action du feu , se convertit en une vapeur 14000 fois plus rare :
mais dès que cette vapeur s'est élevée jusques dans le vase qui est froid , elle
y perd en 6 secondes & son feu , & sa chaleur , sa force expansive périt en
même-tems , & elle se convertit en eau : d'où il suit qu'une telle vapeur ne
peut point s'élever dans l'atmosphere jusqu'à la hauteur à laquelle les nuées
sont suspendues : d'où il suit encore qu'on ne doit point attendre de l'action
du feu , qui agiroit de la maniere que nous venons de l'indiquer , tous les
phénomenes qui concernent l'élévation des vapeurs.

§. MMCCXCVIII. Nous avons découvert de nos jours que l'air , l'eau ,
& plusieurs autres corps , étoient imprégnés d'un fluide électrique ; nous savons que ce fluide peut former une atmosphere très étendue autour de ces
corps. Cela posé , si ces corps sont petits , peu pesans , & qu'ils aient une
atmosphere électrique fort étendue , ils deviendront volatils ; ils flotteront
dans l'air , & ils s'y éleveront , ainsi qu'on l'observe par rapport à de petites
feuilles de métal , à de petits morceaux de duvet , auxquels un tube de verre
rendu électrique par le frottement , communique cette vertu , & qu'il repousse ensuite : or il est constant que l'eau contient une grande quantité de
matiere électrique ; car lorsqu'on pose la machine électrique dans de la
glace , & qu'on fait tourner le globe , il donne alors des signes d'une très
forte électricité : ce qui vient de ce que la matiere électrique qui passe abondamment de l'eau dans la glace , se porte à la machine. Supposons donc
deux particules d'eau A & B , que le feu sépare des autres parties circonvoisines ; dès l'instant que ces parties se trouvent séparées de la masse totale
qu'elles concouroient à former , elles sont enveloppées de matiere électrique , elles se repoussent mutuellement , & comme l'électricité se propage en
toutes sortes de sens en lignes droites , qui se dirigent comme si elles partoient d'un centre , la matiere électrique enveloppant de toutes parts ces
deux gouttes , forme avec elles des volumes composés , qui sont spécifiquement plus légers que l'air , & qui conséquemment peuvent continuer à s'é-
lever dans l'atmosphere , tant qu'ils auront une moindre gravité spécifique.
Outre cela , les vapeurs qui s'élevent dépouillent promptement les corps
qu'ils rencontrent de la matiere électrique qui leur appartient , & la retiennent avec opiniâtreté ; car des globes ou des tubes de verre rendus électriques par le frottement , sont bien tôt dépouillés de leur vertu , dès qu'on les
expose à la vapeur , à la fumée , ou à l'haleine de quelqu'un qui pousse contr'eux l'air qu'il expire. Bien plus , on remarque constamment que , de quelque maniere qu'on les prenne , on ne peut parvenir à rendre ces corps électriques lorsqu'il fait humide ; parceque l'électricité qu'on leur communique
leur est enlevée sur-le champ par l'humidité de l'air : or cette matiere électrique que l'humidité emporte , ne périt point , elle n'est point réduite à rien ;
mais elle adhere avec opiniâtreté , & pendant long tems , aux vapeurs qui
l'absorbent.

Il y a donc deux causes qui concourent à l'élévation des vapeurs ; savoir,
le feu mâle & le feu femele , que je nomme l'électricité. Voici comment ces
deux causes agissent : premierement le feu mâle ébranle les molécules des

mixtes, les sépare les unes des autres, les éleve jusqu'à une certaine hauteur : ces vapeurs élevées sont aussi-tôt entourées d'une atmosphere électrique, qui continue à les élever dans l'atmosphere, ainsi que *Desaguilliers* (1) & *Eeles* après lui, l'ont subtilement démontré (2).

Plus l'air est pesant, & plus il y a de différence entre sa pesanteur spécifique & celle d'une molécule de vapeur électrisée, & plus conséquemment cette vapeur doit s'élever ; au contraire, plus l'air est léger, moins les vapeurs doivent s'y élever, en supposant que la température de l'air soit la même ; par conséquent lorsque la colonne de mercure suspendue dans le barometre s'y contient à une très grande hauteur, & qu'elle indique que l'air est très pesant, il s'éleve alors de la surface de l'eau une plus grande quantité de vapeurs que lorsque la colonne de mercure est plus basse dans le barometre ; & conséquemment lorsque l'air est moins pesant, ainsi que le célebre *Garden* l'a observé fréquemment (3). Plus l'air est chaud, plus la température de l'eau des fosses & des marais est grande : la matiere ignée, plus abondante alors, en separe un plus grand nombre de parties ; lesquelles, étant entourées d'électricité, deviennent volatiles & s'élevent : aussi remarque-t-on que les vapeurs s'élevent plus abondamment des eaux dans l'été, qu'en tout autre tems.

Si l'eau s'échauffe par l'ardeur du soleil pendant le jour, & que le tems se refroidisse sur le soir, le feu qui a pénétré l'eau pendant la journée, tendant à se mettre en équilibre, fera effort pour s'échapper de l'eau & pour se porter dans l'atmosphere : en s'échappant ainsi de l'eau, il emportera avec lui quantité de particules aqueuses, & il les élevera dans l'atmosphere : ces particules ne seront pas plutôt séparées de la masse totale, qu'elles seront enveloppées d'électricité ; elles se repousseront mutuellement les unes & les autres : & si celles qui s'élevent les premieres sont accompagnées par d'autres qui les suivent, ces dernieres repousseront les premieres en toutes sortes de sens, & s'éleveront avec elles dans l'atmosphere : c'est pour cette raison qu'après une grande chaleur pendant l'été, lorsque le soleil se couche, & même après qu'il est couché, & que l'air se refroidit brusquement, on observe qu'il s'éleve des lacs, des fossés, & des fleuves, une si grande quantité de vapeurs qui se distribue sur les prés, sur les champs voisins, & qui les couvre entierement d'une espece de nuage, sur-tout si l'air est calme, & qu'il ne fasse aucun vent.

Lorsqu'il gele pendant l'hiver, on voit une quantité prodigieuse de vapeurs qui s'élevent des puits qui sont ouverts, des fontaines, des crevasses, & des ouvertures qu'on fait à la glace ; toutes ces vapeurs s'élevent dans l'air, qui est alors plus froid que l'eau qui est encore liquide, ces vapeurs forment un nuage épais : c'est pour cette raison que dans le Groenland, & dans les régions polaires, on remarque qu'il s'éleve de la mer, pendant l'hiver, & lorsqu'il gele, une espece de nuage semblable à la fumée qui sort d'une cheminée : on observe aussi la même chose auprès de l'Isle de Terre-Neuve, vers l'embouchure du fleuve Saint-Laurent, & dans d'autres en-

(1) Vol. 2. Lect. 10. pag. 348. (2) Philos. Transf. v. 49, pag. 132. (3) Philos. Transf. n. 171.

droits circonvoiſins. Ceux qui ſe plongent dans cette eſpece de nuage y éprouvent la ſenſation d'une chaleur tempérée : leurs habits néanmoins s'y couvrent & s'y imbibent de gelée blanche ; mais ceux qui ſe tiennent dans le voiſinage ſeulement de cette vapeur, y éprouvent un froid humide, capable d'occaſionner des incommodités dangereuſes (1). *Gauteron* a auſſi obſervé que l'eau pouſſoit une plus grande quantité de vapeurs dans le grand hiver de 1709, lorſqu'il geloit plus fortement (2). Il a auſſi expérimenté la même choſe, non-ſeulement par rapport à l'eau, mais encore par rapport à quantité d'autres fluides : il obſerva que lorſque le thermometre de M. *Amontons* étoit à 51 degrés & 6 lignes, une once d'eau évaporoit 6 grains dans l'eſpace d'une heure, & ſe convertiſſoit enſuite en glace. Une once d'huile de noix exhaloit 8 grains dans le même tems ; mais elle ne ſe convertiſſoit point en glace. Une même quantité d'eſprit de vin & d'huile de térébenthine exhaloit 12 grains ; mais l'huile d'olives & le mercure ne s'évaporoient aucunement. On éprouva à Montpellier, pendant la nuit la plus froide de ce même hiver, qu'une once d'eau avoit exhalé 48 grains, qu'une once d'huile de noix en avoit exhalé 54, qu'une même quantité d'huile de térébenthine en avoit exhalé 72, & que l'évaporation de l'eſprit de vin alloit auſſi à 72 grains. Les évaporations de tous ces fluides ſe ſont faites de la même maniere que celle de l'eau, c'eſt-à-dire, dans le même tems.

§. MMCCXCIX. Nous avons déja vu que le feu ſolaire & le feu terreſtre ſont la premiere cauſe de l'élévation des vapeurs, & que l'électricité en étoit la cauſe ſeconde. J'ai auſſi avancé que le feu ſouterrain concouroit à ce phénomene, & que ce feu n'y concouroit pas moins, & n'en étoit point une cauſe moins active. Il me paroît donc néceſſaire, pour ne laiſſer aucun ſoupçon à cet égard, de démontrer que le feu ſouterrain eſt un feu qui exiſte réellement, & non un être chimérique & purement hypothétique.

1°. Les bains chauds qui ſe trouvent en grand nombre ſur la ſurface de la terre, en ſont une preuve bien convaincante.

2°. Ces volcans qu'on remarque en pluſieurs endroits de la terre, qui font ſortir de ſes entrailles, & lancent dans les airs des quantités de feu ſi abondantes, prouvent encore la même choſe.

3°. Lorſqu'on creuſe des puits, plus on fouille profondément en terre, & plus les Ouvriers y éprouvent de chaleur, & plus les vapeurs qui en ſortent ſont chaudes.

Genſane, Directeur des mines d'Alſace, étant deſcendu dans les mines de Gyromany, qui ſont au pied de la montagne Balon, auprès de Befort, trouva que le mercure s'élevoit de 2 degrés à la ſurface de la terre.

A 52 toiſes de profondeur, il s'élevoit de 10 degrés.

106	.	.	.	.	.	.	$10\frac{1}{2}$
158	.	.	.	.	.	.	$15\frac{3}{4}$
222	.	.	.	.	.	.	$18\frac{1}{6}$

(1) Hans Egede Deſcript. Groenland. Cap. 4. (2) Hiſt. de l'Acad. Roy. ann. 1709.

D'où il paroît manifestement qu'on ne peut révoquer en doute l'existence du feu souterrain ; & c'est aussi pour cette raison que *Gassendi* regardoit ce feu comme la principale cause qui donnoit origine aux météores (1).

§. MMCCC. Les parties mêmes des corps deviennent volatiles lorsqu'ils fermentent, qu'ils sont en effervescence, qu'ils se pourrissent, ou qu'ils se mêlent ensemble ; souvent ils produisent du feu, ou ils le rassemblent, & ils s'échauffent : mais lorsque le feu s'en échappe, il emporte avec lui plusieurs parties ; ces parties, séparées de la masse totale, sont aussi-tôt enveloppées d'une atmosphere électrique, soit que ce fluide s'échappe alors de la masse même d'où les parties qu'il enveloppe émanent, soit qu'il vienne de l'air ambiant : par ce moyen ces parties séparées ne sont point différentes des vapeurs électrisées dont nous avons déja parlé. On ne peut révoquer en doute que les parties des corps qui fermentent, ou qui se pourrissent, deviennent volatiles ; les exhalaisons humides qui s'échappent de ces sortes de corps, & qu'on peut aisément rassembler, ainsi que l'odeur qu'ils répandent fort au loin, en sont une preuve incontestable.

§. MMCCCI. L'eau est un corps dur ; car si on la pousse avec force, & qu'on la fasse tomber sur un corps dur, élastique, rempli d'aspérités, les parties de ce fluide se sépareront les unes des autres, & rejailliront en toutes sortes de sens : ces parties séparées les unes des autres, s'élevent dans l'air ; elles y flottent, elles y acquerent une atmosphere électrique, & elles continuent à s'y élever de même que celles qui sont séparées par la matiere du feu, de toute autre masse d'eau quelconque, ainsi que nous l'avons déja observé : c'est pour cette raison que lorsqu'un fleuve, par exemple, se précipite sur un rocher, & qu'il tombe dessus avec force, on observe alors une grande abondance de vapeurs qui s'élevent & qui proviennent des parties de l'eau qui se réfléchissent & qui se séparent de la masse totale ; ce qu'on peut prouver aisément par les observations suivantes. Les catadoupes de la riviere de Niagara en Canada, sont une preuve manifeste de cette vérité ; cette riviere en ces endroits se précipite de 156 pieds de hauteur, & les vapeurs qui s'élevent par cette chûte, forment un nuage épais, qui se fait appercevoir à la distance de 5 milles (2). *Cassini* rapporte à-peu-près la même chose de la cascade de la riviere de Velino (3). *Leopold* dit, dans son voyage de Suede, que l'on voit à Trolhet, près de Maricstad, une cascade entre deux rochers fort élevés, & que cette eau venant à jaillir, s'éleve en forme de brouillard, & se disperse ensuite comme de la fumée (4).

A 3 milles d'Albanie, dans la Nouvelle York, on remarque les catadoupes d'un fleuve qui se précipite de 50 pieds de haut ; les particules d'eau qui s'en élevent, forment un nuage dans lequel on observe souvent des iris. On remarque dans la Jamaïque les cataractes du fleuve Mamée, d'où l'eau se précipite de 200 pieds de haut, & dont les particules évaporées forment aussi un nuage (5). Il y a encore de semblables catadoupes en plusieurs endroits

(1) Phys. Lib. 2. Sect. 3. cap. 2. (2) Philos. Transl. n. 37. (3) Mém. adoptés. Tom. 6. (4) Relat. Epistol. de Itin. Succico. pag. 97. (5) Browne History of Jamaica. pag. 16.

de notre globe. Les plus élevées font celles du fleuve Bogota en Amérique ; l'eau s'y précipite perpendiculairement de 1800 pieds (1).

§. MMCCCII. Les vents qui agitent la furface des mers, des lacs, des fleuves & des autres rivieres, enlevent avec rapidité une grande quantité de parties aqueufes qui avoient déja reçu quelque tendance pour s'élever par l'action du feu qui s'en échappe ; ce qui détermine fur le-champ de nouvelles parties d'eau à fe féparer de la maffe totale, & que le vent emporte encore avec lui dans l'atmofphere : cette idée eft confirmée par les expériences de *Halles* (2). Lorfque de l'eau bout dans un vafe, fi on pratique au fond de ce vafe une efpece de tambour percé de plufieurs trous, & qu'on pouffe de l'air dans ce tambour, à l'aide d'un foufflet, cet air pénétrera dans la maffe d'eau, & l'agitera ; & on obfervera qu'il s'élevera dans le chapiteau du récipient deux fois plus de vapeurs qu'il n'a coutume de s'y en élever dans une diftillation ordinaire. Si les vents qui foufflent font fecs, & qu'ils portent avec eux une copieufe quantité de fluide électrique, les vapeurs élevées fe diftribueront dans l'atmofphere, & s'y éleveront à une très grande hauteur : les vents humides font moins propres à produire cet effet. Nous apprenons de-là pourquoi les draps mouillés fe fechent beaucoup plus vîte lorfqu'ils font expofés au vent, que lorfqu'on les met devant un grand feu ; ce qui vient de ce que les vents pénetrent ces draps, & qu'ils emportent avec eux, & très promptement, toutes les parties aqueufes qu'ils peuvent en détacher, tandis que le feu ne produit cet effet que très lentement : de-là plus les vents feront fecs, plus ils feront impétueux, & plus ils fécheront promptement les étoffes mouillées qu'on expofera à leur action ; & elles fécheront autant promptement qu'on puiffe l'imaginer, fi la chaleur du foleil & celle du feu ordinaire, fe joint à l'action du vent. C'eft pour cette raifon que les chemins qui ne font point pavés, & qui font couverts de boue, fe fechent promptement, & fe durciffent lorfqu'un vent impétueux & fec fouffle deffus, ainfi qu'on l'obferve en Hollande, lorfqu'un vent de Nord-Eft, un vent d'Eft & de Sud-Eft foufflent. Les Anciens connoiffoient parfaitement bien l'effet que produifent de tels vents, & auffi *Lucrece* a-t-il décrit très ingénieufement cette caufe de la féchereffe des chemins (3).

§. MMCCCIII. Je n'ai expofé jufqu'à préfent que quelques unes des caufes qui concourent à élever les vapeurs, & à les porter dans l'atmofphere. Je ne doute pas que ceux qui viendront après nous n'en découvrent encore un plus grand nombre, qu'on ajoûtera à celles que je viens d'expofer ; car tout ce qui peut détacher, défunir les particules des folides ou des fluides, les féparer de leur maffe totale, les rendre plus légeres qu'un pareil volume d'air, ou les élever dans l'air, doit être rangé parmi les caufes qui concourent à l'élévation des vapeurs & des exhalaifons. Il peut encore fe faire que des parties fpécifiquement plus légeres que l'air, en s'élevant dans l'atmofphere, rencontrent fur leur paffage d'autres parties plus pefantes, auxquelles elles s'attachent & elles s'uniffent, & avec lefquelles elles forment néan-

(1) Bouguer, Voyage au Pérou, pag. 92. (2) Account of Ufeful Difcovery, pag. 19. (3) Lib. 6, v. 623,

moins un tout fpécifiquement plus léger que l'air, & qui conféquemment continuera à s'élever. On pourra donner quelque chofe de plus exact fur cette matiere, quand nous connoîtrons parfaitement les efpaces qui fe trouvent entre les centres des parties evaporées, quand nous faurons fi ces efpaces font différens, de combien ils different, & en quelles circonftances.

§. MMCCCIV. Nous découvrons qu'il s'éleve des vapeurs dans l'atmofphere, 1°. lorfque nous voyons une fumée qui s'éleve de la furface de la terre & des montagnes éloignées. 2°. Lorfque les montagnes qui font à une très grande diftance, paroiffent comme enveloppées dans un nuage, quoique le tems foit ferein. 3°. Lorfque les objets qui font éloignés paroiffent vaciller, trembler, & comme faire de petits fauts. 4°. Lorfqu'il s'éleve une efpece de nuage de la furface des lacs & des marais. 5°. Lorfque le foleil & la lune paroiffent d'un rouge très foncé à leur lever & à leur coucher.

§. MMCCCV. Comme la denfité, & conféquemment la pefanteur fpécifique de notre atmofphere, differe à différentes diftances de la furface de la terre, les vapeurs & les exhalaifons pourront s'élever dans l'air à différentes hauteurs. Les parties qui feront les plus raréfiées, ou qui feront enveloppées d'une atmofphere électrique plus étendue, & qui fe repoufferont avec plus de force, ou celles qui feront pouffées de bas en haut avec plus de force, s'éleveront davantage ; mais celles dont la pefanteur fpécifique fera plus confidérable & peu différente de celle dont l'air jouit vers la furface de la terre ; ou celles qui feront pouffées de bas en-haut avec un foible mouvement, foit méchanique, foit de répulfion, ou celles qui feront entourées de peu d'électricité, ne s'éleveront qu'à de très petites diftances : enfin celles dont la pefanteur fpécifique pourra être en équilibre avec celles de la moyenne région de l'air, fe porteront jufqu'à cette hauteur ; ce qu'on peut démontrer par une expérience de *Boyle*, qui a affez d'analogie avec ce phénomene. En effet, cet habile Phyficien ayant renfermé fous le récipient de la machine pneumatique une fiole qui contenoit de l'efprit de nitre très concentré, il obferva d'abord qu'il s'élevoit une fumée fort épaiffe de la furface de cet acide ; il donna quelques coups de pifton pour raréfier l'air contenu fous le récipient, & il obferva qu'il ne s'éleva alors que très peu de fumée : il continua à raréfier l'air du récipient, & les fumées cefferent de s'élever.

§. MMCCCVI. On peut concevoir par ce que nous venons de dire, pourquoi les nuées fe forment dans l'air à diverfes hauteurs, pourquoi certains météores ne s'élevent qu'à peu de diftance au-deffus de la furface de la terre ; tandis qu'il s'en trouve quelques uns qui s'élevent davantage : on peut encore comprendre par-là pourquoi la denfité de l'air, venant à changer dans le même endroit, certaines exhalaifons s'y élevent ou s'y abaiffent.

§. MMCCCVII. Plus l'atmofphere eft denfe & pefant, plus il peut foutenir de vapeurs & d'exhalaifons ; plus l'air eft rare, & moins il peut en foutenir. En hiver l'atmofphere eft froide, plus denfe & plus pefante, comme nous en jugeons par les obfervations que nous faifons ici, à l'aide du barometre ; notre atmofphere eft donc propre alors à recevoir & à foutenir une grande quantité de vapeurs & d'exhalaifons : ce qui doit produire dans ce tems un grand nombre de météores ; & comme cela a fur-tout lieu dans les Pays froids, on doit y remarquer dans l'air un plus grand nombre de météores que dans les Pays chauds.

§ MMCCCVIII. Nous avons vu jusqu'à préfent que les vapeurs & les ex-halaifons s'élevent dans l'atmofphere, d'où elles ne retombent pas fur-le-champ ; car elles y demeurent fouvent fufpendues pendant plufieurs jours, & même pendant plufieurs femaines, quoiqu'elles fe trouvent placées dans un air plus froid. En effet, plus la région de l'atmofphere où elles font fuf-pendues eft élevée, & plus elle eft froide ; par conféquent on ne peut point dire que ce foit la matiere du feu, ou leur raréfaction, qui les y foutien-nent & qui les y retiennent : il faut donc que ce foit une autre caufe, & peut être même que plufieurs concourent à cet effet.

1°. Cela peut venir de l'agitation continuelle de l'air ; car on ne peut dif-convenir qu'il ne foit continuellement en mouvement, ainfi qu'on peut s'en convaincre par celui de ces petits corpufcules, de ces petites pouffieres qu'on remarque dans un rayon de foleil qu'on a introduit dans une chambre obf-cure : quoique ces petits corpufcules foient plus pefants que l'air dans le-quel ils nagent, ils ne tombent cependant pas pour cela : or les parties qui compofent les vapeurs & les exhalaifons font encore plus fines, plus délica-tes que ces petites pouffieres ; elles doivent donc à plus forte raifon demeu-rer fufpendues, & flotter dans un air qui eft toujours agité, de même que le limon & le fable nagent & demeurent fufpendus dans toute l'étendue de la maffe d'eau d'un fleuve qui coule continuellement.

2°. Les vapeurs & les exhalaifons demeurent encore fufpendues par leur atmofphere électrique, en vertu de laquelle leurs parties fe repouffent mu-tuellement, & avec des forces égales ; car quoique les vapeurs perdent la matiere ignée qui s'étoit élevée avec elles, elles ne perdent point pour cela leur électricité.

3°. Elles font encore fufpendues dans l'atmofphere, de même que les par-ties des corps demeurent fufpendues dans les menftrues qui en ont opéré la diffolution, & qu'elles y demeurent long-tems fufpendues : les diffolutions venant à fe refroidir, quelques parties des corps qui ont été diffous, tom-bent quelquefois & fe précipitent au fond du vafe : de même lorfque l'air fe refroidit, on voit quelques vapeurs qui fe précipitent vers la furface de la terre. Lorfqu'on fait réchauffer la diffolution, on voit alors plufieurs par-ties qui s'étoient précipitées, s'élever de nouveau & nager dans le diffol-vant ; pareillement lorfque l'atmofphere acquiert quelques nouveaux degrés de chaleur, on voit les vapeurs qui recommencent à s'élever.

4°. Suppofons que les parties des vapeurs & des exhalaifons foient extrê-mement petites, elles auront auffi très peu de poids : or les parties de l'air, celles qui ont le plus de dimenfions, s'attirent mutuellement au point de contact. Cela pofé, fuppofons qu'une particule de vapeur foit placée au mi-lieu de 4, 5 ou 6 particules d'air qui exercent leurs forces attractives les unes contre les autres : tant que le poids de cette particule de vapeur ne furpaffera pas la fomme des attractions de ces molécules aëriennes, cette particule ne pourra point defcendre, & demeurera conféquemment fufpendue jufqu'à ce que les parties de l'air fe féparent les unes des autres : d'où il peut fe faire que plufieurs exhalaifons très fubtiles qui fe feroient élevées dans l'atmofphere,

ꝑ

y demeurent long-tems suspendues avant de tomber vers la surface de la terre.

§. MMCCCIX. Voici maintenant les causes qui obligent les vapeurs & les exhalaisons à retomber sur la terre.

1°. Dès que la densité de l'air, & conséquemment sa gravité spécifique, sera diminuée par une cause quelconque, les exhalaisons & les vapeurs qui étoient auparavant en équilibre avec l'air, perdront cet équilibre, & s'abais-feront par leur excès de pesanteur, comme on peut le prouver par l'expérience suivante. Si on met de l'eau tiede sous un des récipiens de la machine pneumatique, cette eau s'élevant en vapeurs, portera de l'humidité dans la masse d'air renfermée sous ce récipient : si on raréfie alors l'air en faisant agir la pompe, il se formera sous ce récipient une espece de nuage qui flottera dans le commencement de l'opération, mais qui se précipitera aussi-tôt que l'air sera plus raréfié (1). Pareillement si l'air qui est au-dessous d'un nuage se raréfie, il ne sera plus en état de soutenir ce nuage, qui descendra alors, se condensera par la résistance de l'air qu'il rencontrera sur son passage, & se convertira en pluie. C'est pour cela qu'on observe souvent qu'il commence à pleuvoir, ou qu'il se manifeste alors d'autres phénomenes lorsque la colonne de mercure descend considérablement dans le barometre, & qu'elle annonce que la densité de l'air est très diminuée.

2°. Lorsque les exhalaisons qui avoient été élevées & très raréfiées, soit par le feu, soit par l'électricité, viennent à perdre la matiere ignée qu'elles contenoient, ou l'électricité qu'elles avoient ; elles se condensent alors, & elles deviennent spécifiquement plus pesantes que l'air.

3°. Elles se précipitent aussi vers notre globe lorsqu'elles ont perdu le mouvement que le feu ou toute autre cause leur avoit communiqué pour s'élever.

4°. Lorsque plusieurs parties élevées dans l'air sont poussées les unes contre les autres par des vents contraires, ou qu'elles se trouvent comprimées par des vents qui soufflent contre des montagnes, par exemple, ou contre d'autres éminences, elles se réunissent, & elles acquerent par-là une pesanteur spécifique beaucoup plus grande qui les fait tomber.

5°. Il y a certaines exhalaisons qui sont de telle nature, que lorsqu'elles viennent à se rencontrer, elles fermentent ensemble ; d'où il arrive que quelques-unes se précipitent, comme nous le remarquons dans les précipitations chymiques.

6°. Les exhalaisons tombent encore, lorsqu'elles sont poussées en-bas par les vents, en même-tems que l'air dans lequel elles étoient suspendues.

7°. On remarque encore que les vapeurs & les exhalaisons se précipitent lorsque le vent souffle dans une direction horisontale, & qu'il pousse l'air & le chasse de l'endroit au-dessus duquel ces vapeurs & ces exhalaisons se sont élevées ; car alors la partie supérieure de l'atmosphere tombe par son poids avec tout ce qui s'y trouve compris, & elle vient occuper la place inférieure que l'air vient d'abandonner.

_____

(1) Nieuwentyt in Cosmotheoro. Cap. 19. p. 362.

Tome III.   N n

8°. Lorsque le soleil se leve, il darde sur notre globe ses rayons qui rencontrent les exhalaisons suspendues dans l'air, & qui les déterminent vers la terre; & comme ces rayons raréfient l'air par leur chaleur, & le rendent par conséquent beaucoup plus léger que ces exhalaisons, celles-ci se précipitent encore avec plus de promptitude: nous éprouvons tous les jours que les rayons du soleil précipitent vers la terre les exhalaisons; car nous observons que lorsque le soleil darde ses rayons sur l'ouverture supérieure d'une cheminée, la fumée ne s'éleve point aisément, & qu'elle est alors précipitée vers le bas de la cheminée, tandis qu'elle s'éleve & se dissipe aisément lorsque le soleil est plus élevé sur l'horison, ou lorsqu'il se couche.

9°. Lorsqu'il s'éleve dans l'atmosphere une quantité de vapeurs & d'exhalaisons trop considérable pour que l'air puisse les soutenir, celles qui excedent la quantité que l'atmosphere peut soutenir, retombent après avoir perdu le mouvement qu'elles avoient reçu. On voit aussi tomber celles qui ont perdu l'atmosphere électrique qui les entouroit.

Il seroit à souhaiter que nous puissions connoitre quelle est la distance qui sépare les parties des vapeurs & des exhalaisons lorsqu'elles commencent à s'unir entr'elles, & quelle force extérieure est nécessaire pour procurer leur union: à l'aide de ces connoissances, nous parviendrions à donner une théorie plus exacte sur cette matiere, que celle qu'on a encore donnée jusqu'à présent.

§. MMCCCX. Il y a plusieurs météores, tels que les pluies, les neiges, les grêles qui dépendent beaucoup de la lune, sur tout en Hollande, & dans les régions boréales: on observe sur-tout cela pendant l'hiver. On y remarque en effet, que si le tems change dans la nouvelle lune, ou dans la pleine lune, ou dans les quadratures, alors il pleut, ou il neige, ou il gele: s'il a déja commencé à geler, la gelée devient plus forte, & cette forte gelée subsiste jusqu'à la prochaine phase de la lune: on n'y remarque jamais que la même gelée continue pendant 14 jours; elle diminue toujours à la nouvelle phase. *Ellis* a fait de semblables observations dans la baie d'Hudson, & il en rapporte la cause aux phases de la lune (1).

§ MMCCCXI. Ce n'est pas sans raison qu'on divise notre atmosphere en plusieurs régions: en effet, lorsque nous considérons l'atmosphere depuis la surface de la mer jusqu'à la partie supérieure des plus hautes montagnes, nous remarquons qu'il y regne une certaine chaleur, sur-tout vers la surface de la terre; mais qu'à une certaine hauteur il regne une vicissitude de froid & de chaud: mais il regne au dessus de cette région un froid piquant; & lorsque les nuées se trouvent dans cette région, & que leurs parties condensées commencent à descendre, elles se convertissent aussi-tôt en neige, qui paroît tomber de cette région: ce qui fait qu'on pourroit l'appeller région de la neige.

Cette région de l'atmosphere est bornée inférieurement; mais jusqu'où s'étend-elle supérieurement? C'est ce que nous ignorons: il n'y a point de doute cependant qu'elle s'étend de beaucoup au delà du sommet des plus hautes montagnes; car on remarque des nuées qui s'élevent beaucoup plus haut, & qui flottent dans l'air.

(1) Ellis Voyag. to Hudson's bay. p. 162.

§. MMCCCXII. Les bornes inférieures qui terminent la région de la neige, ne font point difposées parallelement à la furface de la terre ; elles en font d'autant plus près, qu'elles font plus éloignées de la zône torride, & qu'elles s'approchent davantage des pôles : vers le milieu de la zône torride, ces bornes font à 2434 toifes au-deſſus de la furface de la mer ; elles ne font élevées que de 2100 toifes à l'entrée des zônes tempérées ; elles ne le font que de 1500 à 1600 à l'endroit qui répond au fommet du Pic de Ténériffe : en France & au Chili, & en continuant à les mefurer en approchant des pôles, on verra qu'elles touchent à la furface de la terre fous les cercles po-laires.

§. MMCCCXIII. Comme la montagne de Chimboraco eft élevée de 3217 toifes au-deſſus de la furface de la mer, fon fommet eft habituellement couvert de neige à la hauteur de 800 toifes ; & comme on obferve qu'il y a des nuées qui font fufpendues à 400 toifes au-deſſus de fon fommet, il paroît que la région de la neige doit avoir au moins 1200 toifes de profondeur en cet endroit. S'il y avoit donc encore dans le Pérou une montagne qui fût plus élevée, & fur le fommet de laquelle un Obfervateur fût placé, il y ob-ferveroit l'épaiffeur de la zône de la neige, qui prendroit fon origine à 2440 toifes au-deſſus de la furface de la terre ou de la mer, & qui fe termineroit à 4000 toifes d'élévation ; ce n'eft pas à dire pour cela que le froid ne fe fît plus fentir au-delà de cette hauteur ; car il augmente à une plus grande élé-vation au-deſſus de la furface de la terre ; mais les nuées ne s'élevent point plus haut, & le fpectateur placé au-deſſus de la région de la neige, fe trou-veroit dans une région parfaitement fereine.

§. MMCCCXIV. Nous venons donc de voir que ce n'eft pas fans raifon qu'on divife en plufieurs régions l'atmofphere depuis la furface de la terre jufqu'aux limites qui la terminent fupérieurement, & que ces régions diffe-rent entr'elles par la chaleur par le froid qui y regnent, ainfi que par la denfité, la pureté, &c. qu'on y remarque. Ne peut-il donc pas fe faire qu'une partie quelconque d'une région fupérieure, fe précipite & vienne fe placer dans une région inférieure, ou qu'une région inférieure s'éleve, ou qu'une fupé-rieure fe mêle avec une inférieure en fe précipitant ?

Ce phénomene eft non-feulement poffible ; mais il fe manifefte réelle-ment : car en 1757, le 12 de Juin, on obferva que la température de l'air étoit de 71 degrés à midi, un vent de Nord-Eft foufloit alors, mais modé-rément : or vers les 5 heures après midi, & pendant la foirée, il furvint un froid imprévu qui fit defcendre la liqueur du thermometre jufqu'au 57e de-gré, le vent étoit cependant le même, & ne foufloit point plus fortement. On a fait la même obfervation à Utrecht, & je n'ai point ouï dire que le ton-nerre fe foit fait entendre dans ce tems dans aucun endroit de la Hollande : le mercure s'étoit élevé dans le barometre ; & comme il n'y a aucune caufe vers la furface de la terre qui puiffe occafionner un tel froid, & produire ce phénomene, il faut de toute néceffité qu'une partie de l'atmofphere fupé-rieure & plus froide fe foit précipitée & combinée dans une région inférieure de l'atmofphere, & que ce mêlange ait auffi tôt tempéré l'excès de chaleur de cette région inférieure.

N n ij

§. MMCCCXV. On peut commodément diviser les météores en trois genres; savoir, en météores aqueux, ignés & aëriens.

1°. Les météores aqueux sont le brouillard, les nuées, la rosée, la pluie, le frimat ou le givre, la neige, la grêle, les trombes de mer, d'où dépendent l'iris ou l'arc-en-ciel, les couronnes du soleil ou de la lune, les parélies, les parasélenes, &c.

2°. Ceux du second genre sont tout ce qui brûle ou ce qui est lumineux, comme la lumiere septentrionale, ou aurore boréale, avec toutes leurs especes, les étoiles tombantes, les feux folets, les boulets ou globes de feu, les éclairs, la foudre, le tonnerre, &c.

3°. Les météores aëriens comprennent tous les vents, les tourbillons de vent.

Nous traiterons brievement de tous ces météores selon l'ordre que nous venons d'indiquer.

CHAPITRE XLII.

Des Météores aqueux.

§. MMCCCXV. On dit que l'air est chargé de brouillards, lorsqu'il se trouve proche de la terre dans l'atmosphere une si grande quantité de vapeurs & d'exhalaisons, qu'elles obscurcissent l'air, & le rendent beaucoup plus épais qu'il ne devroit être, soit que cet effet dépende de la quantité ou de la disposition de ces vapeurs.

§. MMCCCXVI. Le brouillard est composé de vapeurs ou d'exhalaisons qui s'élevent insensiblement de la terre, ou qui tombent lentement de la région de l'air, ensorte qu'elles paroissent comme suspendues dans le même endroit, & comme privées de mouvement. Lorsqu'on considere le brouillard avec une excellente vue, les parties qui le constituent paroissent également distantes les unes des autres; aussi lorsqu'on les reçoit sur un miroir de glace, elles s'y disposent avec la plus grande régularité, & si on les examine à l'aide d'une forte loupe, toutes ces parties paroîtront laisser entr'elles des distances parfaitement égales.

Lorsque le brouillard n'est composé que de vapeurs humides, il n'est point alors nuisible à la santé des animaux, & il ne fait respirer aucune mauvaise odeur; mais il est quelquefois chargé d'exhalaisons puantes, insalubres, qui deviennent la cause de différentes maladies, & même qui peuvent être mortelles. En 1733 une partie de l'Allemagne étoit incommodée de brouillards qui venoient de la Pologne, & qui s'étendoient dans la Hollande : ces brouillards occasionnoient des péripneumonies (1), & des toux qu'on ne

(1) Cette maladie consiste dans une inflammation du poumon, accompagnée d'une

pouvoit calmer , & qui firent mourir beaucoup de monde , jufqu'à ce que , connoiffant parfaitement cette maladie , on eût eu recours à de fréquentes & de copieufes faignées , & aux remedes délayans, comme on a coutume de procéder dans les péripneumonies.

§. MMCCCXVIII. Ce qui prouve que le brouillard eft fouvent compofé de matieres différentes de celle qui forme les vapeurs aqueufes : c'eft non-feulement l'odeur fétide qu'il fait quelquefois refpirer ; mais encore c'eft qu'après la chûte du brouillard , on trouve quelquefois fur la furface de l'eau une pellicule graffe tirant fur le rouge, qui reffemble affez bien à celle que les Chymiftes obfervent lorfqu'ils préparent leur foufre doré d'anti-moine (1).

Il tombe affez fouvent en France, quand les années font pluvieufes , ou quand des vents humides & chauds regnent dans les mois de Juin & de Juillet , il tombe, dis je , alors un brouillard gras que les Laboureurs appellent *nielle* ; ce brouillard corrompt tous les grains , mais fur-tout le feigle , qu'on nomme alors *feigle ergoté* , ou *blé cornu* : les grains qui font affectés de cette contagion , fe peuvent aifément diftinguer des autres qui font fains , car ils ont plus d'un demi-pouce de groffeur. La corruption de ces grains eft telle, que fi on ne les fépare pas des autres , & qu'on en faffe du pain , ceux qui en mangent font attaqués de différentes maladies, tels que de fievres malignes , de gangrenes , de fphaceles. MM. *Dodart* (2) , *Salerne* (3) , *Def-landes* (4) , *Monnier* (5) , nous ont donné des defcriptions très curieufes de ces fortes de maladies. *Needham* (6) ayant examiné du feigle ergoté , a trouvé qu'il étoit compofé de deux fubftances , l'une noire , & l'autre blan-che : cette derniere étoit molle , compofée de fibres longues unies entr'elles , & dans lefquelles on ne remarquoit rien qui donnât aucun figne de vie ; mais lorfqu'on verfoit une goutte d'eau fur cette fubftance , elle fe délayoit , les fibres fe féparoient les unes des autres , & elles donnoient alors des fignes de vie : car chaque fibrille nageoit dans l'eau & s'y préfentoit fous la forme de ces petites anguilles qu'on obferve dans le vinaigre. *Bradley* nous a ap-pris une maniere de détruire & de faire mourir ces infectes. *Needham* a éprouvé cette méthode , & en a confirmé le fuccès : il ne s'agit pour cela que de laiffer tremper , pendant l'efpace de 30 heures , dans une forte faumure , dans laquelle on ajoûte de l'alun , le grain qui eft affecté de cette corruption : fans cette précaution , les animaux dont nous venons de parler , vivent pen-dant long-tems , & ne meurent que très difficilement.

§. MMCCCXIX. Lorfqu'il y a du brouillard , l'air eft calme & tranquille,

fievre aiguë & d'une difficulté de refpirer. Souvent elle eft encore accompagnée d'un cra-chement de fang. Cette inflammation eft phlegmoneufe ou éréfypélateufe. Dans la pre-miere, on crache le fang tout pur, dans la feconde , les crachats font jaunes & peu teinrs de fang.

(1) Nieuwentyt. Cofmoth. Cap. 19. pag. 364.
(2) Journ. des Sav. ann. 1676 , pag. 76.
(3) Mémoires préfentés, Tom. 2. pag. 151.
(4) Traité de Phyfiq. pag. 99.
(5) La Méridienne de Paris, pag. 114.
(6) Philof. Tranf. n. 461. & Microfcopical Obfervat. Cap. 8.

& on n'en voit jamais quand il fait grand vent; car auſſi tôt que le vent commence à ſouffler, il diviſe le brouillard, il le pouſſe devant lui, il le diſſipe; il fait perdre à ſes parties cette régularité qu'elles obſervoient dans leurs diſtances; ſouvent il en raſſemble pluſieurs: ce qui forme une pluie fine qui ſe précipite alors vers la ſurface de la terre. Le brouillard paroît ordinairement vers le ſoir, ſur-tout après que la terre a été fortement échauffée par les rayons du ſoleil, & que l'air vient à ſe refroidir tout-à-coup après le coucher du ſoleil; car les particules terreſtres & aqueuſes qui ont été échauffées & détachées de la maſſe dont elles faiſoient parties, s'élevant dans un air frais, s'y condenſent auſſi-tôt, & forment, par leur multitude & par leur denſité, un nuage très ſenſible: c'eſt ce qu'on remarque principalement en Hollande, au printems & dans l'automne. Il fait moins de brouillard en été; parcequ'il y a moins de différence dans cette ſaiſon entre la chaleur du jour & le froid du ſoir, qu'il n'y en a au printems & dans l'arriere ſaiſon: ce qui vient auſſi de ce que la chaleur de l'été, même celle du ſoir, empêche non ſeulement ces exhalaiſons de ſe condenſer, mais même diſtribue & répand dans l'air celles qui s'y ſont élevées, de ſorte que l'air ne perd point ſa tranſparence. Il fait auſſi du brouillard le matin lorſque le ſoleil ſe leve, & que l'air ſe trouve échauffé & raréfié par les rayons du ſoleil avant les exhalaiſons qui y ſont ſuſpendues; & comme ces exhalaiſons ſont alors d'une plus grande peſanteur ſpécifique que l'air, elles tombent, elles ſont auſſi pouſſées vers la terre par les rayons du ſoleil, de même que la fumée qui tend à s'élever & à ſortir d'une cheminée ſur laquelle le ſoleil darde ſes rayons. Ces exhalaiſons, en tombant, obſcurciſſent la lumiere du ſoleil; elles répandent une certaine pâleur ſur cet aſtre, de ſorte qu'on peut le regarder fixement ſans ſe bleſſer la vue. Il ne fait jamais plus de brouillards que dans les mois d'hiver, tels qu'Octobre, Novembre, Décembre, Janvier, Février & Mars; & jamais il n'y en a moins que pendant les mois d'été, Mai, Juin, Juillet, Août: cela vient de ce qu'en hiver le froid de l'atmoſphere condenſe d'abord les vapeurs & les exhalaiſons qui s'élevent: c'eſt pour cette raiſon que l'haleine qui ſort de la bouche pendant l'hiver, forme une eſpece de nuage qui ne paroît point du tout en été.

J'ai obſervé à Leyde, pendant l'eſpace de 29 ans, le nombre de fois qu'il y a eu du brouillard pendant les différens mois de ces années; & voici le réſultat de mes obſervations.

Janvier,	Février,	Mars,	Avril,	Mai,	Juin,	Juillet,
132	83	44	13	3	4	2

Août,	Septembre,	Octobre,	Novembre,	Décembre.
2	13	52	96	98

Dans les endroits ſitués vers le pôle ſeptentrional, comme le Groenland, la baie d'Hudſon, Terre Neuve, l'Acadie, l'Iſle Royale, dans tous ces endroits, dis-je, où le terrein humide exhale beaucoup de vapeurs, on y voit preſque toujours des brouillards humides, épais, & qui ſe ſuccedent les uns aux autres pendant plufieurs jours; ce qu'on obferve fur-tout dans le printems & dans l'automne (1) : on en obferve auffi pendant l'été, dans les parties du Groenland, qui font fituées fur le bord de la mer ; parceque les vapeurs s'y élevant dans un air froid, s'y condenfent très promptement. On obferve auffi de fréquens brouillards en Pologne ; on les obferve ordinairement après l'équinoxe d'automne : on y en voit quelquefois vers le milieu de l'hiver ; & lorfque cela arrive, on obferve pour l'ordinaire que le tems devient pluvieux enfuite, & que la gelée ceffe (2). J'ai remarqué que la plûpart des brouillards qui s'élevent en Hollande, paroiffent après un vent d'Oueft, ou lorfque ce vent fouffle. J'ai remarqué la même chofe lorfqu'il regne des vents de Sud Oueft & de Sud Eft ; mais rarement avec les autres vents : cela vient de ce que ces vents apportent beaucoup de vapeurs de la mer qui eft dans le voifinage de cet endroit : or lorfque ces vapeurs ne font enveloppées que d'une petite atmofphere électrique, à peine peuvent-elles s'élever ; elles flottent & elles rampent au-deffus de la furface de la terre, de forte que les objets qui font placés fur la furface de la terre, ou qui font peu élevés au-deffus de cette furface, font alors obfcurcis, & ne deviennent vifibles que lorfque ce brouillard eft diffipé : cela peut venir de ce que ces fortes de vents diminuent un peu le reffort de l'air, & le rendent moins propre à foutenir ces vapeurs ; tandis qu'au contraire, lorfque les vents du Septentrion foufflent, comme ces vents font très fecs, ils augmentent le reffort de l'air, & empêchent que les vapeurs demeurent fufpendues au-deffus de la furface de la terre, & y forment des brouillards. Lorfqu'il gele, & que la gelée dure quelque tems, & qu'elle diminue la pefanteur de l'air, comme on peut s'en convaincre par la chûte du mercure dans le barometre, les nuées defcendent lentement vers la furface de la terre, & un vent doux venant à les pouffer vers cette furface, elles enveloppent de brouillard les corps qui font placés au-deffous d'elles : or l'étendue de ces nuées & la qualité du vent, décide de la quantité de corps qui font ainfi enveloppés, & de la durée de ce brouillard.

On remarque la plûpart du tems, dans la baie d'Hudfon, que les brouillards font comme appuyés fur de grands glaçons, ou qu'ils les entourent à une grande diftance ; ces brouillards s'élevent rarement jufqu'à la hauteur d'un mât de navire : or ces glaçons venant à flotter dans l'Océan, refroidiffent l'air ambiant jufqu'à une très grande diftance ; & les vapeurs de la mer, s'élevant dans cet air refroidi, s'y condenfent & forment des brouillards.

§. MMCCCXX. Lorfque les brouillards fubfiftent pendant plufieurs jours de fuite, on obferve pour l'ordinaire, qu'il furvient enfuite de la pluie ou de la neige ; parceque les vapeurs fe réuniffent & fe condenfent affez pour former de plus grandes maffes : en effet, ces vapeurs rampant au-deffus de la furface de la terre, fe trouvent en contact, & choquent les corps faillans qui y font placés ; elles perdent alors leur électricité, elles fe repouffent donc

(1) Hans Egede in Defcript. Groenland. Cap. 4. Ellis Voyag. to Hudfon's baye. pag. 171. Chabert, Voyage fur les côtes de l'Amérique Septentrionale pag. 44.
(2) Erndtelius in Warfavia illuftrata.

moins qu'auparavant : cette force répulfive étant diminuée, leurs parties fe rapprochent les unes des autres ; quelques-unes tombent fur celles qui font au-deffous , & fe réuniffent ; de forte que fi l'air eft tempéré, elles fe convertiffent en une pluie fine : mais fi l'air eft froid, elles fe changent alors en gelée blanche ou en neige ; c'eft pour cette raifon qu'un brouillard épais qui tombe fur la furface de la terre , arrofe cette furface de même que fi la pluie étoit tombée deffus , & fur-tout fi ce brouillard n'eft formé que de vapeurs.

Comme le brouillard n'eft compofé que de vapeurs extrêmement rares & ténues , fes parties fe dérobent à notre vue ; mais fi plufieurs de ces parties viennent à fe réunir , elles forment alors de petites gouttes fenfibles , qui reffemblent affez bien à des gouttes de pluie : d'où il fuit qu'il ne doit point paroître étonnant qu'on obferve quelquefois dans le brouillard un arc-en-ciel un peu pâle & tirant fur le blanc , telle que *Dechales* dit l'avoir obfervé (1).

§. MMCCCXXI. Le brouillard fe manifefte lorfque l'atmofphere eft denfe , & que la colonne de mercure eft très élevée dans le barometre, lorfque le ciel eft tranquille depuis long-tems, & qu'il s'eft élevé pendant ce tems beaucoup de vapeurs & d'exhalaifons ; car la quantité abondante de ces vapeurs & de ces exhalaifons, le peu d'ordre qui regne dans la difpofition de leurs parties , rendent l'air opaque, & dérobent la lumiere du foleil. Cela arrive encore , parceque ces exhalaifons, étant fpécifiquement plus pefantes que l'air que nous fuppofons alors tranquille, commencent à tomber. On remarque encore du brouillard lorfque la colonne de mercure eft peu élevée dans le barometre, lorfque l'air étant calme depuis peu de tems , ne demeure pas long-tems enfuite dans cet état ; il laiffe alors échapper & tomber tout ce qui étoit fufpendu , & qui s'eft, pour ainfi dire, diffous dans fon fein , ne pouvant point alors retenir ces petites molécules, eu égard à fa rareté & à fa légéreté : alors les nuages fe convertiffent en brouillards, comme nous l'avons dit ci-deffus.

§. MMCCCXXII. Tous les brouillards que j'ai obfervés jufqu'à préfent , foit à Leyde, foit à Utrecht, s'attachent fans diftinction à toute efpece quelconque de corps polis, ou non polis, & même à ceux qui font couverts d'afpérités. Lorfque ces brouillards font fort humides, ils pénetrent jufques dans l'intérieur des maifons; ils s'attachent aux lambris, aux murs , aux fenêtres , & à toutes furfaces quelconques, d'où ils coulent fous la forme de petites gouttes.

§. MMCCCXXIII. Les brouillards obfcurciffent tantôt plus, tantôt moins la lumiere du foleil ; ils font quelquefois fi épais , & ils obfcurciffent tellement alors la lumiere du jour, qu'on peut à peine diftinguer , même en plein jour , ceux qui font à côté de foi, & avec lefquels on parle, tandis que le foleil éclaire & darde fes rayons fur les objets les plus élevés, & qu'il brille fur le fommet des montagnes & des tours : ces brouillards font alors auffi épais que ces noires fumées que le mont Æthna vomiffoit autrefois , & qui obfcurciffoient tellement les contrées voifines , à ce qu'on rapporte, que pendant l'efpace de deux jours, un homme avoit peine à diftinguer

____

(1) Tract. de Meteoris. §. 4.

un autre homme qui étoit auprès de lui. Cette obscurité de l'air dépend de la disposition irréguliere de plusieurs parties qui se sont élevées en vapeurs: elle dépend des différentes atmospheres électriques qui les enveloppent : elle dépend aussi de l'irrégularité, de la figure & de la grandeur des pores qu'elles forment, avec l'air dans lequel elles demeurent suspendues : enfin elle dépend encore de la grande différence qui se trouve alors entre la densité de l'air & celle des parties évaporées ; d'où il arrive que la lumiere faisant effort pour se mouvoir en ligne droite, & pour parvenir sur la surface de notre globe, est différemment attirée de tous côtés, & est détournée continuellement de la ligne droite qu'elle tendoit à parcourir : il arrive aussi de là que l'air paroît quelquefois opaque & obscur lorsqu'il n'est chargé que d'une très petite quantité de vapeurs ; tandis que d'autres fois il conserve sa transparence lorsqu'il est rempli de vapeurs, mais qui sont plus uniformément électrisées & plus regulierement disposées.

Il arrive quelquefois de subites opacités dans l'air : il s'obscurcit quelquefois subitement lorsqu'il s'éleve dans l'atmosphere des exhalaisons de certains fluides qui fermentent ensemble par leur mêlange : on trouve un exemple de ce phénomene lorsqu'on débouche une fiole qui contient de l'esprit volatil de sel ammoniac, & qu'elle est placée dans le voisinage d'une autre fiole ouverte remplie d'esprit de nitre ; les vapeurs qui s'élevent de ces deux fluides, se mêlant ensemble dans l'atmosphere, font effervescence & forment une espece de brouillard.

On remarquera aussi qu'il surviendra subitement des especes de brouillards vers la surface de notre globe, lorsque des exhalaisons qui se seront élevées jusqu'à la région supérieure de l'air, se rencontreront sans pouvoir se mêler ensemble, & qu'elles se précipiteront de la même maniere qu'on opere les précipitations chymiques dans nos Laboratoires.

§. MMCCCXXIV. On remarque quelquefois que le brouillard est fort délié & dispersé dans une grande étendue de l'atmosphere, de sorte qu'il n'intercepte que très peu la lumiere du jour : dans ces circonstances on peut regarder fixement le soleil sans qu'il blesse la vue : cet astre paroît alors assez pâle, sans aucune splendeur qui l'environne, & le ciel nous paroît d'une couleur bleue, de même que si le tems étoit passablement beau & serein (1).

§. MMCCCXXV. Pourquoi fait-il beau le jour pendant l'été, lorsque l'air se trouve chargé de brouillards le matin ? Cela ne vient-il pas de ce que le brouillard, étant alors mince & délié, est déterminé vers la surface de la terre par les rayons du soleil, qui le dispersent encore davantage & le rendent beaucoup moins épais qu'il n'étoit auparavant ; de sorte que ses parties, devenues fort petites & étant séparées les unes des autres, vont flotter çà & là dans l'atmosphere.

§. MMCCCXXVI. Pourquoi se forme-t il tout-à-coup de gros brouillards à côté & sur le sommet des montagnes ? Cela n'est-il pas occasionné par les vents qui, venant à rencontrer des vapeurs & des exhalaisons déliées & dis-

______
(1) Hist. de l'Acad. Roy. ann. 1721 & 1729.

perfées dans l'air, les emportent avec eux & les pouffent contre les montagnes où ils les condenfent?

§. MMCCCXXVII. Pourquoi, lorfqu'on fe tient dans une vallée d'où
l'on confidere de côté une montagne à l'endroit où le foleil darde fes rayons,
en voit on fortir une épaiffe vapeur qui paroît s'élever comme la fumée
d'une cheminée? Cela ne vient-il pas de ce que l'Obfervateur, regardant latéralement les rayons du foleil qui tombent fur la montagne, voit alors diftinctement les vapeurs qui s'élevent à travers ces rayons; de même qu'il diftingue les petites pouffieres qui s'élevent dans l'air au travers un faifceau de
rayons de foleil qu'il regarde obliquement?

§. MMCCCXXVIII. Lorfque les brouillards féjournent pendant long-
tems fur la furface de la terre, ils endommagent les plantes, ils les font
moifir, & ils les pouriffent, parcéque ces brouillards font remplis de femences de moififfure, qui y flottent & qui y font fufpendues, & que ces femences trouvant un aliment convenable dans les plantes qui font humectées
par les vapeurs, s'y attachent & y croiffent. Lorfque le brouillard porte une
trop grande humidité fur les plantes, il relâche leurs fibres au delà de ce
qu'il convient, de forte que les canaux furchargés de nourriture cedent au
poids qui les écrafent, fe brifent, & les plantes pourriffent.

Des Nuées.

§. MMCCCXXIX. Une nuée n'eft autre chofe qu'un nuage ou un brouillard, mais qui s'éleve plus haut & qui demeure fufpendu à une plus grande
hauteur au-deffus de la furface de la terre : c'eft pour cela qu'un nuage ou
un brouillard qui s'éleve fort haut dans l'atmofphere, doit paroître converti en nuée. On fera perfuadé de cette vérité fi on fait attention à la fumée épaiffe qui s'éleve des charbons de terre qu'on brûle dans la boutique
des Forgerons, ou dans les brafferies, ou à la fumée du chaume auquel on
a mis le feu, ou à celle qui eft occafionnée par une décharge de canons, on
verra que ces épaiffes fumées fe convertiffent en nuées.

2°. Tous les voyageurs qui ont été dans les nuées fufpendues contre des
montagnes, ou fur leurs fommets, ont tous obfervé que ces nuées n'étoient
autre chofe que de véritables brouillards : c'eft ce que nous ont appris
*Labeus, Frelichius, Sturme, Mariotte, Dechales, Lamy, Frezier, Peyffo-
nel, Bouguer*; & aucun d'eux n'a jamais trouvé que ces nuées fuffent formées de neige, de glace, ou de tout autre corps folide quelconque. Il peut
cependant arriver que quelques particules de vapeurs extrêmement déliées &
féparées avec quelques autres, fe convertiffent quelquefois en une efpece de
glace, eu égard au grand froid qui peut les faifir dans la région fupérieure de
l'air ; mais elles ne perdent pas pour cela la forme de nuées: & c'eft pour
cette raifon que ces célebres Géometres, qui ont voyagé & qui ont fait des
obfervations fur la montagne Pichinca, ont quelquefois obfervé des efpeces
d'iris fort curieufes dans ces fortes de parties.

3° Quiconque fera monté fur le fommet d'une montagne fort élevée, &
confidérera attentivement les nuées qui font au-deffous de lui, s'imaginera

voir un amas confus de coton; mais s'il defcend jufques dans la nuée, il ne trouvera plus que du brouillard.

4°. Les nuées changent continuellement de figure; ce qui n'auroit pas lieu fi elles étoient compofées de petites maffes folides, au lieu que cela fe conçoit très facilement dans la fuppofition qu'elles ne font que de la fumée, des vapeurs, des nuages, en un mot, des exhalaifons très fubtiles échappées des différentes parties de notre globe.

5°. On ne conçoit pas que les nuées puiffent fe changer en corps folides, puifqu'elles auroient alors une pefanteur fpécifique beaucoup plus grande que celle de l'air, & conféquemment fe précipiteroient de haut en bas par l'excès de leur poids, à moins qu'elles ne fuffent retenues par des vents impétueux qui fouffleroient en fens contraire; mais auffi elles tomberoient avec une vîteffe incroyable lorfqu'elles feroient en repos : ce qui eft contre l'expérience journaliere qui nous fait obferver qu'elles demeurent conftamment en place, quoiqu'elles nous paroiffent comme des maffes folides.

§. MMCCCXXX. Les nuées nous paroiffent cependant bien plus épaiffes & bien plus opaques que le brouillard : elles nous paroiffent auffi beaucoup plus blanches, & en les confidérant même attentivement, on les prendroit pour de la neige, ou pour des corps folides & blancs. Ce phénomene ne dépend point de la différente difpofition des parties des nuées & du brouillard, quoique nous ne nions point que les brouillards, en s'élevant, puiffent perdre une partie de leur électricité, ou qu'ils puiffent fe condenfer un peu lorfqu'ils font parvenus à la région fupérieure de l'air, où ils éprouvent un plus grand froid; mais le phénomene dont il eft ici queftion, vient de ce qu'un Obfervateur, placé au milieu d'un brouillard, n'eft affecté que d'une foible lumiere, qui d'ailleurs eft très peu abondante; car ce n'eft que celle qui peut percer le brouillard : mais lorfque l'Obfervateur eft placé au dehors d'une nuée qui eft fort élevée au-deffus de fa tête, & qu'il la regarde d'un endroit où l'air eft pur, il reçoit alors la lumiere qui vient du dehors, qui tombe fur la nuée, & qui fe réfléchit vers fon œil, & dans ce cas, la lumiere réfléchie eft beaucoup plus abondante, & conféquemment plus forte que la lumiere tranfmife, telle qu'étoit celle qu'il recevoit dans le brouillard : or comme la lumiere réfléchie par une nuée n'eft point réfractée, ni conféquemment féparée en fes différens rayons colorés, cette lumiere eft très blanche; & c'eft pour cette raifon que lorfqu'un Obfervateur placé fur le fommet d'une montagne très élevée, confidere une nuée qui fe trouve au deffous de lui, elle lui paroît très blanche.

Les nuées interceptent auffi les rayons du foleil, de forte que le ciel peut paroître trifte & obfcur pendant le jour, quoique les pores difféminés entre les parties des vapeurs foient très grands, & conféquemment puiffent livrer paffage à une lumiere abondante; ce qui devroit rendre ces nuées très claires & très diaphanes. Mais l'opacité qu'on remarque alors dans ces nuées, dépend du peu d'ordre qui fe trouve dans la difpofition de leurs parties : elle dépend encore de l'irrégularité de leurs pores, & de la différence qui fe trouve entre la denfité des parties & celle du milieu qui les entoure; de forte que la lumiere du foleil venant à frapper une telle nuée pour la pénétrer, eft inégalement attirée par fes différentes parties, & qu'elle eft repouf-

fée en toutes fortes de fens, & par ce moyen il n'y a qu'une très petite quantité de cette lumiere qui la pénetre : il fuit de là qu'une nuée peut abforber
plus ou moins la lumiere qui l'éclaire, & conféquemment paroître plus ou
moins fombre, plus ou moins noire.

§. MMCCCXXXI. Les nuées s'élevent à différentes hauteurs dans notre
atmofphere, & y demeurent fufpendues : on en voit quelquefois plufieurs
qui font fufpendues les unes au-deffus des autres, & qui paroiffent fort dif-
tinctes ; ce qui dépend fur tout de la maniere felon laquelle elles font élec-
trifées, & de la différence de leur pefanteur fpécifique, qui les tient en équilibre avec un air plus ou moins denfe. On connoît qu'elles font fufpendues
les unes au-deffus des autres par les différentes routes qu'elles prennent. Le
neuvieme jour du mois d'Août de l'année 1748, j'obfervai très diftinctement
pendant qu'il tonnoit, trois efpeces différentes de nuées placées à différentes
hauteurs les unes au-deffus des autres ; les plus élevées étoient en repos ; celles qui étoient à une hauteur moyenne fe mouvoient avec peu de vîteffe ;
mais celles qui étoient les plus proches de nous étoient emportées par le
vent avec une très grande vîteffe, & ces dernieres fondoient en eau.

§ MMCCCXXXII. Quelle eft la plus grande hauteur à laquelle les nuées
les plus rares s'élevent ? c'eft ce qu'on ne peut point déterminer d'une maniere très certaine : il paroît cependant qu'il y en a quelques-unes qui font
plus élevées que le fommet des plus hautes montagnes ; car on obferve que le
fommet du pic de Teneriffe, qui eft élevé de 2566 toifes, eft fouvent entouré d'une nuée. Le fommet du mont Chimboraco, au Pérou, qui a 3217
toifes d'élévation au deffus de la furface de la mer, eft perpétuellement couvert de neige : or cette neige doit néceffairement tomber d'une nuée qui foit
plus élevée ; & même M. *Bouguer* a obfervé des nuées qui étoient à 300 ou
400 toifes au-deffus du fommet de cette montagne : il a même obfervé que
le volcan qui eft fitué fur cette montagne, jettoit une fumée qui s'élevoit de
700 ou 800 pieds au deffus de fon fommet. *Riccioli*, ayant mefuré géométriquement la hauteur des nuées, obferve que les plus élevées ne fe portent
point à 5000 pas de hauteur. *Kepler* prétend qu'elles ne s'élevent pas au-delà
de $\frac{1}{4}$ de mille d'Allemagne. Comme le mont Chimboraco eft de 3217 toifes
d'élévation, & qu'il y a des nuées qui font fufpendues à 400 toifes au-deffus,
l'éléva-ion de ces nuées doit être de 21702 pieds ; & conféquemment *Riccioli*
s'eft trompé lorfqu'il a fixé leur plus grande hauteur au-deffous de 5000 pas.
Les nuées pouvant s'élever à des hauteurs auffi confidérables que celles que
nous venons d'indiquer, peuvent par conféquent faire tomber de la pluie &
de la neige fur le fommet des plus hautes montagnes. Peut-être même que
certaines exhalaifons très fubtiles s'élevent encore plus haut, ainfi que quelques Phyficiens l'ont conjecturé, d'après des obfervations faites fur de certaines aurores boréales ; mais toutes ces chofes ne font point encore affez
connues.

§. MMCCCXXXIII. Une montagne fort élevée peut arrêter & fixer non-
feulement une nuée qui a été portée contre elle, mais encore plufieurs autres nuées qui auroient pu fe diffiper à quelque diftance ; parceque l'air qui
eft derriere cette montagne eft fort tranquille, & que le vent qui fouffle

vers la partie oppofée de la montagne, les porte contre elle, & les y retient (1).

§. MMCCCXXXIV. Les nuées changent continuellement de grandeur & de figure ; car l'air dans lequel elles font fufpendues n'eft prefque jamais calme : aufli remarque-t-on que plufieurs parties fe détachent des nuées, & font emportées çà & là, tandis que d'autres parties viennent fe joindre au gros de la nuée. Il fe trouve aufli dans l'atmofphere quantité de vapeurs qui ne font point fenfibles lorfqu'elles font élevées dans la région fupérieure de l'air ; il s'en éleve aufli continuellement de nouvelles : toutes ces vapeurs fe portant dans une nuée qu'elles rencontrent, fe joignent les unes aux autres, compofent une maffe fenfible, augmentent la nuée, & lui font changer de figure. S'il furvient quelque vent un peu violent qui fouffle d'en haut ou d'en-bas contre la nuée, il en détache de très grandes parties qui demeurent fufpendues, quoique féparées de la maffe totale qu'elles concouroient à former.

§. MMCCCXXXV. Le contour ou les bornes des nuées font fort irrégulieres & comme raboteufes, ainfi qu'on peut s'en convaincre en confidérant leurs bords : ceux qui, placés fur le fommet des montagnes, confiderent les nuées qui font au deffous d'eux, voient que leur partie fupérieure n'eft pas plus réguliere que leur contour. A la vérité la partie inférieure des nuées, celle qui répond à la furface de notre globe eft moins irréguliere : d'où il fuit que les nuées ne font point une maffe folide formée de la réunion de différentes parties ; car un fluide ainfi réuni, & placé dans un autre fluide, prendroit une figure fphérique, & conferveroit cette même figure lorfqu'il fe convertiroit en un corps folide.

§. MMCCCXXXVI. Les Phyficiens ne s'accordent point entr'eux lorfqu'il s'agit de décider fi la furface fupérieure & la furface inférieure des nuées eft plane ou inégale & comme raboteufe ; il me paroît conftant que ces deux difpofitions leur conviennent : on ne peut nier cependant que lorfque les vents font violens, ils emportent avec eux & féparent de la maffe totale les parties de ces furfaces qui excedent les autres, ou qu'ils les appliquent de part & d'autre fur le corps de la nuée. Le célebre *la Caille* (2) nous apprend que les furfaces des nuées qui entourent le fommet des montagnes du Promontoire de Bonne-Efpérance font planes de part & d'autre.

§. MMCCCXXXVII. Les nuées different aufli beaucoup en grandeur ; on en obferve de très petites ; il y en a d'autres que *Mariotte* a obfervées, & auxquelles il a trouvé plus d'un mille de longueur (3). Il y en a d'autres dont l'épaiffeur a quelques centaines de pieds en hauteur : ces dernieres ont été obfervées par des Voyageurs qui les traverfoient en montant fur le fommet de quelques montagnes. La quantité de pluie qu'on recueille d'une nuée qui fe fond, prouve encore la même chofe : en effet, j'ai obfervé quelquefois qu'une nuée ne paroiffoit prefque point changée après avoir verfé un pouce d'eau.

§. MMCCCXXXVIII. Souvent les nuées font emportées par les vents

(1) Bouguer, Voyage au Pérou. (2) Obferv. de l'Abbé de la Caille. (3) Mouvement des Eaux. Chap. 3.

avec une très grande vîteſſe , & elles ſuivent la même direction que ces vents ; lorſqu'elles ſont maîtriſées par des vents qui ſoufflent dans une direction horiſontale , & à même hauteur de terre , on leur voit parcourir ſix à ſept milles de France dans l'eſpace d'une heure : en effet , ces nuées ſont en équilibre avec l'air ; il faut donc de toute néceſſité qu'elles ſe meuvent de bas en-haut , de haut en-bas , horiſontalement avec une même vîteſſe & une direction ſemblable à celle que les vents procurent à l'air dans lequel elles ſont ſuſpendues , à moins qu'un vent trop rapide ne les diviſe en pluſieurs parties , & ne les diſſipe ſur-le-champ : c'eſt pour cette raiſon qu'on remarque ſouvent un tems très ſerein ou ſans nuées , tandis qu'il fait une forte tempête. Si les vents forment des tourbillons, ils arrondiſſent les nuées , & ſouvent alors les parties de la circonférence de ces nuées , cédant à leurs forces centrifuges, s'échappent & ſe diſſipent , la nuée décroît inſenſiblement de grandeur , & diſparoît enfin. Quelquefois les nuées ſe diſſipent en montant ; elles ſe diſperſent dans l'air, & forment avec lui un milieu diaphane. Cet effet a lieu lorſque les rayons du ſoleil tombant ſur les vapeurs , les diviſent , les atténuent , & lorſqu'elles ſont entourées d'une forte électricité : c'eſt pour cette raiſon qu'elles s'élevent ſouvent plus haut au lever du ſoleil , & qu'on les voit monter , ſoit avec un mouvement uniforme , ſoit avec un mouvement précipité. M. *Bouguer* dit avoir obſervé un ſemblable phénomene (1). De-là vient qu'une nuée frappée par les rayons du ſoleil , ſemble commencer à jetter de la fumée , & qu'elle ſe change enſuite en des nuées plus élevées. Les nuées ſe diſſipent auſſi lorſque l'air dans lequel elles ſont ſuſpendues devient plus peſant ; car elles ſont alors obligées de s'élever plus haut pour être en équilibre avec un air plus raréfié , & à proportion qu'elles montent à travers un air plus pur, qui en diſſout quelques parties , avec leſquelles il ſe mêle , elles diminuent & elles ſe diſſipent inſenſiblement.

§. MMCCCXXXIX. Les nuées paroiſſent de diverſes couleurs ; mais elles ſont ordinairement blanches lorſqu'elles réfléchiſſent la lumiere telle qu'elle vient du ſoleil , ſans la ſéparer en ſes différentes couleurs. On voit auſſi lorſqu'il tonne, des nuées brunes & obſcures, qui abſorbent la lumiere qu'elles reçoivent , & n'en réfléchiſſent preſque point. Les nuées paroiſſent rouges le matin lorſque le ſoleil ſe leve , & le ſoir lorſqu'il ſe couche , & celles qui ſont plus près de l'horiſon paroiſſent violettes , & deviennent bien-tôt après de couleur bleue. Ces couleurs dépendent de la lumiere qui pénetre dans les globules tranſparens de vapeurs, laquelle venant à ſe réfléchir , ſort par un autre côté & ſe ſépare en ſes couleurs, dont le rouge vient d'abord frapper notre vue, enſuite le violet , le bleu après , ſuivant la différente hauteur du ſoleil : ce qui s'opere en quelque façon de la même maniere que dans l'iris, comme nous l'expliquerons ci deſſous. On peut aiſément concevoir par ce que nous venons de dire, pourquoi certaines nuées peuvent paroître vertes , telles que celles que *Frezier* a obſervées dans ſon voyage en Amérique , & dont il nous a donné la deſcription.

§. MMCCCXL. Pourquoi l'air s'obſcurcit-il ordinairement lorſque le mercure baiſſe dans le barometre ? Cela ne vient-il pas de ce que le mercure

(1) Voyage au Pérou.

fait alors connoître que l'atmofphere devient plus léger, & que par conféquent il n'eft plus en état de foutenir, comme auparavant, une fi grande
quantité de vapeurs & d'exhalaifons; de forte qu'elles font obligées de defcendre, & elles forment alors, en fe réuniffant, un nuage beaucoup plus
obfcur & plus fombre.

§. MMCCCXLI. Quoique les exhalaifons & les vapeurs qui flottent dans
l'atmofphere, & qui y forment des nuées, foient en équilibre avec la maffe
d'air qui les contient, elles n'ont pas pour cela perdu leur poids; elles font
encore auffi pefantes qu'elles l'étoient lorfque réunies elles faifoient partie
des maffes dont elles fe font féparées : & de même qu'une nouvelle maffe
d'eau ajoûtée à une autre maffe, & qu'une nouvelle quantité d'air injectée
dans une autre maffe d'air, augmente le poids de la maffe qui reçoit cette
nouvelle quantité ; pareillement les vapeurs qui s'élevent dans l'atmofphere
augmentent le poids de l'air : d'où il fuit que l'atmofphere eft moins pefante
lorfqu'elle contient peu de nuées, & qu'elle eft beaucoup plus pefante lorfqu'elle en eft remplie.

Mais quel eft le poids de chaque nuée en particulier ? C'eft ce qu'on ne
peut déterminer exactement ; parceque les nuées font plus rares les unes que
les autres, qu'elles font en équilibre avec des régions d'air de différente
denfité. Pour donner néanmoins quelqu'idée fur le poids des nuées, fuppofons qu'une nuée foit compofée de dix particules d'air, & d'une particule
de vapeur : calculons quel peut être le poids d'une maffe d'air, dont les dimenfions feroient égales à celles de cette nuée ; prenons la dixieme partie de
ce poids, & nous aurons le poids de la nuée. Suppofons, par exemple, que
le poids d'un pied cubique d'air = 694 grains, & que la nuée dont nous voulons connoître le poids ait 6000 pieds en longueur, 6000 en largeur, & 1000
en hauteur; ces dimenfions donneront en folidité 36000000000 pieds cubes.
Ce nombre multiplié par 694 grains, donnera pour poids de la nuée
24984000000000; mais, dans notre fuppofition, les vapeurs ne font que la
dixieme partie de ce poids. Divifons-le donc par 10 pour avoir celui des vapeurs, & nous aurons 2498400000000 grains : or une livre comprend 7680
grains (1); par conféquent pour réduire le poids précédent en livres, il faut
le divifer par 7680, & le quotient fera 325182290 ℔, & quelque chofe de
plus : d'où il paroît que le poids d'une telle nuée eft immenfe, & que le poids
de l'atmofphere doit être augmenté au-delà de ce qu'on peut imaginer par
celui des nuées qui y font fufpendues : mais en fuppofant que les vapeurs ne
fuffent que la centieme partie de la maffe d'air qui les contient, il ne s'agiroit alors que d'effacer le dernier chiffre à droite du nombre précédent; & fi
elles n'en formoient que la millieme partie, on retrancheroit encore le chiffre fuivant, & ainfi de fuite, & malgré cela on ne pourroit difconvenir que
le poids des vapeurs ne fût encore très confidérable.

§. MMCCCXLII. Nous aurions encore bien des chofes à confidérer dans
les nuées.

1°. Savoir fi les nuées qui font compofées de vapeurs font auffi électriques
que celles qui font compofées d'exhalaifons.

(1) La livre ordinaire qui pefe 16 onces, doit contenir 9216 grains. La livre de Médecine qui ne pefe que 12 onces, contient 6912 grains.

2°. Si les nuées qui font compofées d'exhalaifons font auffi électriques les unes que les autres, ou fi elles font plus ou moins électriques les unes que les autres, fuivant la différence des exhalaifons qui les compofent, ou la différence des faifons? Quelles font celles qui font plus ou moins électriques?

3°. Pendant combien de tems l'atmofphere électrique enveloppe-t-elle les nuées, ou peut-elle les envelopper, ou enfin a-t-elle coutume de les envelopper?

4°. Toutes les nuées perdent-elles leur électricité de la même maniere, ou de différente maniere, & comment la perdent-elles? Quelles font les caufes ou les occafions qui produifent cet effet?

5°. Les parties d'une nuée qui eft en repos, le font-elles auffi avec elles? Il paroît vraifemblable que ces parties font en repos de la même maniere que les parties d'un floccon de coton, ou d'un duvet électrifé, le font en s'étendant du centre à la périphérie de la maffe qu'elles compofent. Les parties des nuées ne font cependant pas toujours en repos; car on remarque dans le tems où le tonnerre gronde, que ces parties font dans une agitation continuelle: la nuée qu'elles compofent eft alors fujette à quantité de variations; on la voit alors changer de figure, de denfité, de grandeur & de lieu.

§. MMCCCXLIII. L'ufage des nuées eft fort étendu 1°. Elles tranfportent la matiere de la pluie dans toutes les différentes régions; car comme elles font en équilibre avec l'air, & qu'elles flottent dans fon fein, les vents les pouffent de tous côtés, & les tranfportent aifément d'un lieu dans un autre; elles fe fondent fouvent en eau, & elles fourniffent par ce moyen à la nourriture des plantes: il arrive fouvent que, fans fe convertir en pluie, elles humectent encore la terre; car elles font en grande partie compofées de vapeurs. C'eft pour cette raifon que ceux qui voyagent dans les Alpes, dans les Pyrénées, & fur d'autres montagnes, trouvent que le terrein, qui eft affez élevé pour être plongé dans les nuées, eft plus humide que par-tout ailleurs; parceque les nuées s'y déchargent d'une partie de leurs vapeurs (1). On remarque fur-tout ce phénomene dans l'Ifle Saint-Thomas, dans laquelle il ne pleut jamais; mais au milieu de cette Ifle on voit une montagne fort élevée couverte d'arbres, qui eft continuellement enveloppée de nuées, même pendant le jour: les parties de ces nuées pénetrent le fol de cette montagne, & l'humectent tellement, qu'il en coule de petits ruiffeaux qui fuffifent pour arrofer les plaines & les campagnes, ainfi que *Mercator* l'attefte, d'après fes obfervations. Dans l'Ifle de Fer, qui eft une des Canaries, on voit croître une efpece d'arbre dont le fommet eft toujours couvert de nuées: des feuilles de cet arbre coulent avec une efpece de pluie, que les habitans ont le foin de recueillir autant qu'il leur eft poffible.

2°. Les nuées couvrent la terre en différens endroits, & la défendent contre la trop grande ardeur du foleil, qui pourroit la deffecher & la brûler. Par là toutes les plantes ont le tems de préparer les fucs dont elles fe nourriffent: ces fucs, qui font encore cruds lorfqu'ils pénetrent les racines, les feuilles, les tiges & les fleurs des plantes, féjournent dans les canaux de ces

_____

(1) Nollet, Phyfiq. Tom. 3. p. 380.

différentes

différentes parties; ils s'y cuifent, & ils y prennent les préparations qui leur font nécelfaires pour être propres à la nourriture des fruits.

3°. Les nuées femblent être auffi une des principales caufes des vents libres ; ce qui vient de ce que plufieurs de ces nuées font formées de différentes exhalaifons qui fe mêlent enfemble, fermentent, fe développent en toutes fortes de fens, agitent l'air & excitent le vent : ou ces exhalaifons s'enflamment en fermentant les unes avec les autres, & poulfent encore l'air avec plus de violence : ou il peut encore arriver que quelques parties de ces exhalaifons fe précipitent par le mêlange ; alors la chûte de ces parties agite l'air & produit du vent.

4°. Les nuées réfléchilfent encore, de différentes manieres, & fuivant différentes directions, les rayons du foleil qui étoient tombés fur la terre , & qui avoient été renvoyés vers elles; c'eft par ce moyen que nous voyons plufieurs corps qui ne font point éclairés par les rayons directs du foleil , mais fur lefquels les nuées réfléchilfent une grande quantité de ces rayons.

De la rofée.

§. MMCCCXLIV. On appelle *rofée* les exhalaifons de la terre & les vapeurs, qui, par leur ténuité, fe dérobent à notre vue, qui imitent quelquefois le brouillard , & qui s'élevent dans l'atmofphere, ou qui tombent de la région fupérieure de l'atmofphere fur la furface de notre globe.

§. MMCCCXLV. On donne auffi le nom de rofée à certaines gouttes d'eau qu'on remarque le matin fur les feuilles des plantes qui font expofées en plein air ; cette opinion même eft en fi grand crédit, qu'on croit que c'eft là la feule rofée qui exifte, & que ce n'eft autre chofe qu'une vapeur qui tombe pendant la nuit, & qui fe raffemble fur les feuilles des plantes. Mais plufieurs obfervations faites avec toute l'attention poffible, m'ont enfin appris que ces goutes d'eau ne font autre chofe que la tranfpiration des plantes, qui s'échappe continuellement de leurs vailfeaux.

1°. J'ai remarqué que chaque plante avoit fa rofée particuliere, fuivant la différente conftitution de fes vailfeaux, & la difpofition de leurs orifices : cette rofée eft fituée à la pointe extérieure de l'herbe: ces gouttes fe raffemblent fur toutes les éminences des feuilles de choux & de pavot. On remarque la même chofe fur les feuilles du crelfon alenois. Dans d'autres plantes, on remarque que ces gouttes fe raffemblent vers le milieu de la feuille: dans d'autres, elles fe ramalfent vers la tige dans l'endroit où la feuille prend nailfance: dans les feuilles de vigne, cette rofée fe raffemble tout autour des parties faillantes, ainfi que *Bodin* l'a remarqué autrefois (1) ; ce qui lui donna occafion de nous avertir de ne point confondre cette fueur des plantes avec la rofée célefte. Cette idée eft auffi confirmée par plufieurs obfervations très curieufes, que *Gerften* (2) a faites fur cette matiere.

2°. Si on renferme des plantes dans des vafes, ou fi on les couvre avec des cloches de verre , & qu'on entoure leurs tiges avec des lames de plomb

(1) Refta in Meteor. Lib. 3. Tract. 3. pag. 866.
(2) Tentamin. de Rore.

Tome III. P p

& de la cire, de façon que la vapeur ne puiffe point s'élever de la terre fous ces vafes, on remarque que les feuilles de ces plantes raffemblent pendant la nuit une plus grande quantité de ces gouttes d'eau, que les feuilles des autres plantes qui font expofées en plein air. On peut obferver auffi la même chofe par rapport à la vigne, qui fe couvre de ces gouttes pendant chaque nuit, quoiqu'elle foit exactement renfermée dans une ferre. Cet arbriffeau tranfpire continuellement, & fa tranfpiration fe préfente toujours fous la forme de petites gouttes, qu'on remarque dans tous les endroits où les feuilles fortent des tiges; le péduncule des feuilles en eft toujours couvert, ainfi que celui des raifins, & on ne connoît point de plantes expofées en plein air, qui foient fi couvertes de rofée.

3°. Ces gouttes fe font remarquer feulement dans les endroits où l'orifice des vaiffeaux s'ouvre manifeftement, & non fur toute la furface des feuilles: on ne les obferve pas feulement fur les feuilles fupérieures des arbres ou des plantes, ou fur leurs feuilles inférieures, comme on devroit les obferver fi cette rofée ne provenoit que d'une exhalaifon ou d'une vapeur qui tomberoit d'en haut & de tous côtés; mais on les remarque également fur toutes les feuilles quelconques, fupérieures, moyennes, inférieures. A la vérité, cette fueur des plantes s'échappe continuellement des mêmes vaiffeaux fous la forme d'exhalaifons; mais le vent ou la chaleur du jour fuffit pour la détacher de l'endroit où elle pourroit s'amaffer, & pour la diffiper. La nuit qui fuit un jour très chaud, & lorfque l'air eft calme, cette fueur s'échappe en plus grande abondance des vaiffeaux qui la contiennent; elle fe raffemble d'une maniere très fenfible à l'orifice de ces vaiffeaux, & elle ne fe diffipe point dans l'atmofphere avant que le foleil, à fon lever, ait raréfié & volatilifé cette liqueur. La manne, qui eft un fuc qui fuinte, dans la Calabre, des vaiffeaux des feuilles des ormes & des frênes, & qui s'attache à la partie inférieure nerveufe de ces feuilles, eft femblable à la rofée. Les Anciens regardoient ce fuc comme une rofée qui tomboit du ciel. Ce fut *Altomarus* qui détruifit le premier la fauffeté de cette opinion; il entoura un arbre, & il le couvrit de toutes parts avec une étoffe, & il obferva que cette manne ne fe trouva pas moins abondante pour cela fur les feuilles de cet arbre; ce qui le détermina à croire que cette manne étoit le fuc propre de l'arbre qui couloit au dehors par les canaux de la partie nerveufe des feuilles des arbres fur lefquels on recueilloit la manne.

§. MMCCCXLVI. Les rayons du foleil qui tombent fur la furface de la terre, la pénetrent jufqu'à une certaine profondeur, au moins jufqu'à la profondeur de deux pieds; ces rayons pénetrent encore plus profondément dans l'eau: ils échauffent les corps qu'ils touchent; ils les raréfient; ils en féparent toutes les parties qui cedent à leur action, & qu'ils en peuvent détacher; ils les ébranlent, & ils leur communiquent du mouvement après les avoir féparés; de forte qu'ils les élevent jufqu'à la furface de l'eau ou de la terre, d'où ils s'élevent dans l'air en vertu de l'atmofphere électrique qui les entoure. Toutes ces petites parties qui s'élevent ainfi pendant le jour, échappent à notre vue, & fe difperfent promptement dans l'air, qui eft lui-même échauffé: elles s'élevent en plus grande abondance pendant le jour, néanmoins après le coucher du foleil, & pendant la nuit, l'atmofphere venant à fe refroidir,

elles continuent encore à s'élever avec la matiere ignée, en vertu de la chaleur qu'elles ont reçue, & qu'elles conservent, & en vertu de leur électricité; mais elles s'élevent lentement, ainsi qu'on l'observe par rapport aux
corps qui sont entourés d'électricité; de sorte qu'on observe quelquefois que
la rosée ne s'éleve pas à plus de 31 pieds de hauteur dans l'espace d'une
heure & demie. Ayant disposé des lames de verre à différentes hauteurs au-
dessus de la surface de la terre, comme à un pouce, ensuite à 6, 13, 17,
25, 31 pieds, on a toujours remarqué que les plaques inférieures ont été
couvertes de rosée, & selon leurs surfaces inférieures, avant celles qui étoient
placées au dessus. *Du Fay* a observé, après avoir ainsi disposé des plaques
de verre, que la premiere, celle qui étoit plus proche de la surface de la
terre, se couvrit de rosée dans l'espace de 5 ½ heures, tandis que les autres
étoient encore seches : au bout de 6 heures la rosée étoit parvenue, & s'étoit
attachée à une plaque qui étoit suspendue à 6 pieds de hauteur : au bout de
7 heures toutes les plaques étoient couvertes de rosée; mais les inférieures
en avoient ramassé une plus grande quantité que les plaques supérieures.

§. MMCCCXLVII. La rosée qui s'éleve ainsi de la surface de la terre doit
être différente, suivant la constitution naturelle du lieu & du terrein : on
peut la regarder comme une espece de cahos qui renferme des molécules de
toutes les substances perspirables. Dans certains endroits elle abondera en
esprits, dans d'autres en huiles; ailleurs elle contiendra beaucoup de sels,
de terres, de métaux, ou d'autres corpuscules d'autres substances tout-à-
fait différentes. Bien plus, la rosée doit être encore différente d'elle-même
dans un même endroit, suivant la différence des saisons; & on doit à plus
forte raison trouver des différences plus marquées lorsqu'on compare de la
rosée recueillie dans différens Pays : par conséquent si on recueille de la rosée en différens endroits, & qu'on la soûmette à l'analyse chymique, elle
donnera des produits bien différens : les uns seront chargés d'eau, les autres
d'esprits odorans, de sels, d'huiles, de terres, &c. C'est pour cette raison
que les Chymistes ne s'accordent point entr'eux sur la nature & la constitution de la rosée, & qu'ils ont écrit sur cela d'une maniere si différente. Un
Chymiste ayant distillé de la rosée qu'il avoit recueillie, cette distillation lui
fournit une liqueur qui imprimoit au verre les couleurs de l'iris, que l'eau-
forte, ni une lessive de sels alkalis, ni le frottement, ne pouvoient effacer;
& cette liqueur étoit aussi inflammable que l'esprit de vin (1). Ayant exposé
de la rosée à une douce chaleur, & l'ayant laissé pendant huit jours en di-
gestion, on la distilla six fois; elle se subtilisa tellement, qu'elle rompit trois
vases de verre : elle demeura néanmoins insipide, quoiqu'elle ne parût contenir que des esprits (2). Le célebre *Grimm* ayant trouvé que la rosée, dans la
nouvelle Hollande, avoit une saveur salée acidule & un peu vitriolique,
en fit ramasser de grand matin, avant le lever du soleil; il la filtra, & il la
fit évaporer à une chaleur de bain : le résidu lui fournit une liqueur jaune &
pesante. Il mit de l'or dans cette liqueur, il en recueillit une poussiere qui
s'étoit précipitée, & l'or n'avoit perdu que très peu de son poids : cette liqueur agissoit avec plus d'activité, & dissolvoit un peu plus aisément l'argent,

(1) Republ. des Lett. T. 1. p. 590. (2) Republ. des Lett. ann. 1708, p. 152.

ainsi que le cuivre, qui, dans l'évaporation, prenoit les couleurs de la queue d'un paon : le fer s'y convertissoit en un vitriol très doux ; le mercure, l'étain & le plomb s'y dissolvoient, & formoient avec elle une liqueur blanche, qui produisoit, par la distillation, un esprit semblable à celui du vinaigre distillé, mais beaucoup plus fort. Il s'élevoit & s'attachoit au col de la retorte un sel blanc cryftallisé, semblable à du mercure sublimé, & il restoit au fond un sel qui avoit beaucoup d'analogie avec le sel marin (1). *Henshavius* a encore traité la rosée avec toute l'attention possible : après en avoir fait ramasser en Bretagne, il l'examina sur le champ, tandis qu'elle étoit fraîche ; il la filtra à travers un linge blanc : cette filtration lui donna une liqueur jaune couleur d'urine ; il en remplit, suivant différentes proportions, des alambics : il en mit quelques uns dans le fumier, d'autres dans des bains, afin de la faire pourrir en l'exposant à une douce chaleur ; il laissa les choses en expérience pendant l'espace de deux mois, sans qu'il trouvât aucun indice de putréfaction ; car la rosée conservoit toujours sa même douceur, & devenoit même de plus en plus limpide ; ce qui le détermina à la faire évaporer. Il en distilla ensuite le résidu terrestre en l'exposant dans une retorte à un feu violent : la distillation faite, il recueillit une masse composée de sel & de soufre combinés dans une certaine proportion ; il la fit calciner plusieurs fois ; il la lessiva, & la colature lui fournit un sel blanc, volatil, exagonal comme le nitre.

Je recueillis de la rosée dans mon Observatoire à Utrecht ; cette liqueur étoit trouble, tirant sur le jaune, mêlée de fibrilles, non dépourvue d'odeur & de saveur : je la renfermai dans une bouteille que j'eus soin de boucher, & je remarquai au bout de deux semaines, qu'elle avoit déposé quantité de matiere au fond de la bouteille ; je remarquai d'autres matieres qui surnageoient ; j'en vis d'autres moins pesantes que les premieres, qui se tenoient à un pouce ou environ du fond de la bouteille ; ces dernieres ressembloient à de petites pellicules de couleurs cendrées. La rosée répandoit alors une odeur plus forte ; ayant recueilli la partie la plus pure de cette rosée, pour la distiller jusqu'à moitié, elle me produisit une liqueur très limpide, très pure, sans couleur, sans aucunes fibrilles ; mais elle sentoit le brûlé : elle avoit une certaine saveur, & elle étoit de même pesanteur spécifique que la pluie : je versai de cette liqueur sur de l'eau forte, & sur une lessive alkaline ; mais je ne remarquai aucun signe de fermentation : les feces que je recueillis après la distillation, qui étoient seches & terrestres, avoient une saveur salée & amere, & 56 ½ dragmes de cette matiere ne me donnerent qu'un seul grain de sel. Cette même matiere, exposée sur des charbons ardents, ne s'enflammoit point, mais s'enfloit de même que de l'alun, ou du borax : ce sel, dépouillé de sa partie terrestre, qui étoit brune, & qui pesoit ½ grain, devint aussi tôt volatil.

Je conservai de la rosée dans une fiole exactement bouchée, & je l'exposai tous les hivers à la gelée, afin de la convertir en glace. Pendant l'espace de vingt-quatre ans que je répétai cette expérience, cette

____

(1) Ephemerid. Nat. Curiof. Decur. 2. Art. 4. Obf. 56.

rofée conferva toujours fa même faveur, la même odeur, & elle demeura auffi pure & auffi limpide (1).

§. MMCCCXLVIII. Les qualités de la rofée doivent donc être différentes, & participer à celles des différentes parties qui entrent dans fa compofition ; elle doit donc être plus ou moins nuifible à l'économie animale : auffi remarque-t-on que la rofée caufe des ophtalmies (2) dans la Ville d'Alep, où les habitans dorment en plein air, & fur les toits des maifons, ainfi que *Ruffel* nous l'apprend (3). Suivant le rapport d'*Hoffman*, on croit qu'elle peut engendrer des fievres ardentes & des dyffenteries (4). Les Anciens nous ont auffi tranfmis que ceux qui fe promenent fouvent dans des prairies couvertes de rofée (5), ainfi que ceux qui boivent de l'eau que ce météore peut fournir, font expofés à avoir la galle (6). Les Arabes nous affurent que la rofée endommage & fend le ventre des brebis & des chevres qui fe couchent deffus, & qui en emportent avec elles. *Thomas de Cantimpré* nous avertit d'empêcher les bergers de conduire les troupeaux de trop grand matin dans des prairies couvertes de rofée ; parceque la rofée peut leur fendre le ventre, & les bleffer au point de les faire périr.

§. MMCCCXLIX. La rofée differe auffi en ce qu'il y en a quelqu'efpece qui tombe, qui mouille & qui humecte indiftinctement toutes fortes de corps, felon toute l'étendue de leur furface ; telle eft celle qui tombe à Leyde ; & voici comment je m'y pris pour m'en affurer : pendant les mois de Juillet & d'Août, j'eus foin de placer des corps de toutes fortes d'efpeces dans des gouttieres de plomb, qui féparent ordinairement les toits des maifons voifines, & je remarquai que tous ces corps étoient couverts de rofée. Je répétai auffi ces expériences dans un jardin fitué au-delà de la Ville ; je plaçai toutes fortes de corps fur une table de $2\frac{1}{2}$ pieds d'élévation, & je ne m'apperçus point qu'aucune force répulfive eût garanti aucun de ces corps de l'humidité de la rofée. On remarque au contraire dans la

(1) L'Auteur ne s'explique point fur l'efpece de rofée qu'il conferva : feroit-ce de cette liqueur limpide que la diftillation de la partie la plus pure de la rofée lui fournit ? ou feroit-ce de la rofée qu'il auroit fimplement recueillie, comme la premiere dont nous venons de parler ? C'eft ce qu'on ne peut décider. *Rorem in phialâ clausâ fervavi.* Le texte n'en apprend pas davantage : ce qui fait qu'on ne peut rien conclure de cette obfervation.

(2) Maladie des yeux ; inflammation de la conjonctive, accompagnée de rougeur, de chaleur & de douleur, avec ou fans écoulement de larmes ; ce qui établit deux efpeces d'ophtalmie : l'une humide, l'autre feche. Quelquefois l'inflammation fe communique à toutes les parties du globe de l'œil, & à celles qui l'environnent. Ordinairement il s'attache de la chaffie aux bords des paupieres, qui les colle enfemble : ce qui fait que *Celfe* nomme cette maladie *lippitudo.*
Il y a une efpece d'ophtalmie dans laquelle la conjonctive devient épaiffe d'un travers de doigt ; alors les paupieres font renverfées, fans pouvoir fe fermer : la cornée tranfparente paroît comme dans un enfoncement. Cette maladie eft accompagnée de grandes douleurs dans la tête & dans l'œil, de pefanteur au-deffus de l'orbite, d'infomnie, de fievre & d'autres accidens.
(3) Natural. Hiftory. of Alepo, pag. 137.
(4) Syftem. Medic. Tom. 1. pag 2.
(5) Plutarch. in Quæft. Natur. pag. 913.
(6) Seneca in Quæft. Natur. Lib. 3. Cap. 25.

Hesse, qui est une des parties de l'Allemagne, que la rosée ne mouille point toutes sortes de corps. Suivant les expériences du célebre *Gertsen*, elle ne tombe point sur ceux qui sont placés sur des lames ou sur des tables de métal. A Utrecht la rosée ne tombe point sur une plaque d'or, d'argent, d'étain, de cuivre, de similor, de fer poli, de plomb; elle ne tombe point sur une plaque de bismuth, de zinc; elle ne tombe point sur la surface du mercure, ni sur une espece de pierre bleue polie de Namur: mais elle tombe sur du fer brut, sur du fer peint, sur du fer blanc, sur des planches, sur du plomb dont la surface est rude, sur de l'ardoise, sur du verre, sur de la porcelaine, sur du talc, sur toutes les couvertures de soie, sur toutes sortes d'étoffes de laine, de coton, sur toute espece de cuir, sur le parchemin, sur le linge, soit qu'il soit peint ou teint, sur toutes sortes de papiers, sur la surface de l'eau, sur la terre seche ou humide, sur des tablettes de bois peintes avec de l'huile de lin, ou couvertes de vernis; mais je n'ai répété ces expériences que sur un petit nombre de corps. Il reste donc encore à examiner s'il en est de même par rapport à tout corps quelconque, soit dur, soit fluide, afin qu'on puisse s'assurer des différentes especes de corps sur lesquels la rosée tombe, & quels sont ceux sur qui elle ne tombe pas, ou quels sont les corps qui attirent la rosée, & quels sont ceux qui la repoussent.

M. *du Fay* a observé que la rosée qui tombe à Paris est fort analogue à celle qui tombe à Utrecht; il prit deux verres concaves, de l'espece de ceux dont on fait usage pour couvrir les cadrans des montres: l'un étoit entouré d'un cercle d'argent poli, & il le plaça sur une plaque d'argent, de maniere qu'il pût recevoir la rosée dans sa concavité; il plaça l'autre sur un morceau de porcelaine: ce dernier verre recueillit six fois plus de rosée que l'autre. Il remarqua outre cela, que l'anneau d'argent avoit repoussé la rosée à plus de 5 lignes de distance; de sorte que toute la circonférence du verre étoit à sec jusqu'à 5 lignes de distance du cercle.

Il prit ensuite une lame de cuivre polie de 6 pouces de longueur, 3 pouces de largeur, qu'il plaça sur une poutre à côté d'un morceau de verre dont les dimensions étoient les mêmes; & il remarqua que la plaque de verre avoit recueilli de la rosée, & que la plaque de cuivre n'en avoit point reçu; il couvrit après cela ces deux plaques avec une troisieme plaque de verre, & il observa que la partié de cette derniere qui couvroit la plaque de cuivre, n'avoit point ramassé de rosée, tandis que son autre partie en étoit couverte; de sorte que la force répulsive du cuivre s'étoit même manifestée à travers l'épaisseur du verre. Mais cette expérience ne réussit jamais à Leyde; car la rosée y tombe sur le cuivre aussi bien que sur le verre, ainsi que je l'ai éprouvé plusieurs fois. Le même Académicien dont je viens de parler, prit un entonnoir d'étain qu'il couvrit grossierement avec un vernis de gomme lacque, & il observa que cet entonnoir recueillit de la rosée; il en recueillit néanmoins une quantité sous double de celle que ramassa un semblable entonnoir de verre (1).

Ayant coupé en quarré des morceaux de cuir parfaitement égaux, dont chaque côté étoit de 8 ¼ pouces; je les plaçai sur une plaque de similor, que

<hr>

(1) Hist. de l'Acad. Roy. ann. 1736.

Je posai dans un jardin d'Utrecht, sur une table de trois pieds d'élévation : ces morceaux de cuir étoient placés de façon que leur surface colorée étoit tournée vers le ciel, & j'observai qu'ils recueillirent la quantité suivante de rosée pendant la nuit suivante.

Cuir rouge de Turquie	84 grains.
jaune de Turquie	84
bleu de Turquie	34
noir d'Espagne	34
noir appellé chamois	34
rouge de Prusse	47
de veau, mais non teint	73

Or ces différences qu'on remarque dans les résultats de ces expériences, ne dépendent, ni de l'épaisseur, ni de la dureté, ni de la porosité, ni de la fermeté de ces différens cuirs, mais de leurs différentes forces attractives.

Mais pour m'assurer de ce fait par d'autres observations, je pris différentes petites boîtes de bois très seches, parfaitement égales; rondes & peu hautes, que je peignis intérieurement de différentes couleurs; je les plaçai en plein air sur une plaque de similor, & en deux heures de tems que je les laissai ainsi exposées pendant la nuit, voici ce qu'elles recueillirent de rosée.

Celle qui étoit peinte avec du cinnabre	7,619 grains
de l'orpiment	8,31
du masticot	6,942
du verd-de-gris	13,627
du bleu de Berlin	10,384
de la laque de Florence	6,242
du noir de fumée	13,559
de la ceruse	5,2
Celle qui n'étoit point peinte	14,403

Toutes ces différences dépendent de la force attractive, qui est elle-même différente dans tous les corps, & qu'on ne peut connoître que par des observations.

§. MMCCCL. Il y a des endroits où l'on voit la rosée qui s'éleve, & où l'on ne la voit point tomber. *Gersten* a observé ce phénomene dans la Hesse : *du Fay* l'a observé aussi à Paris. Il y a des endroits où la rosée s'éleve & tombe,

tels qu'à Leyde : en effet, on remarque qu'elle tombe fur des corps qui font
placés entre les toits des maifons à 30 pieds d'élévation du terrein : on remarque la même chofe à Utrecht ; car ayant un jour placé fur la plate forme de mon Obfervatoire un tonneau de 30 pouces de hauteur, peint intérieurement & extérieurement, dans lequel j'avois mis une cloche de verre
dans une fituation renverfée, j'obfervai qu'elle avoit reçu une certaine quantité de rofée dans fa concavité ; d'où il me parut convaincant que la rofée
étoit véritablement tombée en cet endroit, quoi qu'il en foit de la caufe qui
l'eût déterminée à tomber. On croit néanmoins que la rofée qui s'éleve eft
douée d'un mouvement ondulatoire, & qu'elle eft pouffée par le vent, &
que de cette maniere, lorfqu'elle eft parvenue jufqu'à la hauteur où étoient
placés les corps dont nous avons fait mention ci-deffus, elle s'y attache, ou
elle refufe de s'y attacher, fuivant qu'elle en eft attirée ou non ; mais qu'il
ne s'enfuit pas pour cela qu'elle tombe de haut en-bas. Quoique je ne nie
point le mouvement d'ondulation qu'on attribue à la rofée, je foutiens que,
dans cette hypothefe, il n'auroit pas pu fe faire que la rofée fe fût ramaffée
dans la cloche de verre dont je viens de parler, & qui étoit renfermée dans
un tonneau, & qu'elle fe fût ramaffée auffi fur les corps placés entre les toits
des maifons, comme je l'ai obfervé ; ce qui fait que je ne peux point révoquer en doute, & que je regarde comme très certain, que la rofée tombe de
haut en bas à Leyde & à Utrecht. Néanmoins la rofée s'éleve en plus grande
abondance qu'elle ne tombe, ainfi qu'on peut s'en convaincre en fufpendant
en l'air des plaques de verre, on obfervera que leur furface inférieure, celle
qui eft tournée du côté de la furface de la terre, eft plus couverte de rofée
que la furface oppofée. Je ne puis cependant croire que la rofée tombe de
l'air fur les corps ; car le froid dont l'air eft faifi fait qu'il ne peut point retenir d'humidité : d'ailleurs elle tomberoit indiftinctement fur tous les corps
qui feroient placés à côté les uns des autres, & cependant l'expérience nous
apprend qu'elle ne tombe point fur les métaux polis, & fur certaines pierres
dans le même tems qu'elle tombe très abondamment dans des vafes de verre
& de porcelaine. C'eft cette raifon qui m'a donné occafion d'examiner fi
l'électricité n'avoit point de part à ce phénomene ? Mais j'avoue ingénue-
ment que je n'ai encore rien découvert de certain à cet égard : en effet, l'é-
lectricité influe aifément fur les métaux qui ne font point idioélectriques,
tandis qu'elle n'agit que difficilement, ou prefque point, fur le verre & fur
tous les corps idioélectriques ; par conféquent fi la rofée étoit entourée d'une
atmofphere électrique, cette vertu électrique, paffant librement dans les
métaux, détermineroit plutôt la rofée à tomber fur les métaux que fur le
verre qui la repousseroit, de même qu'un duvet électrifé qui flotte & qui
voltige dans l'atmofphere, eft repouffé par un tube de verre électrique : fi au
contraire il n'y avoit aucune vertu électrique dans la rofée, ni dans les métaux ; alors les parties qui forment la rofée, ayant perdu leur mouvement,
couvriroient toute la furface des métaux ; ce qui eft tout-à-fait contraire aux
obfervations de *Gerflen* en Allemagne, & de *du Fay* en France, où ils ont
obfervé que les métaux repouffoient la rofée, & refufoient de s'en couvrir.
Mais auffi on remarque le contraire à Leyde. Ne pourroit on pas dire que
la chûte de la rofée fur le verre dépend de l'excès de la vertu électrique

du

du verre fur celle de la rofée, & que cet excès de force électrique dans le verre attireroit la rofée : mais qui eft-ce qui pourroit ne pas appercevoir que c'eft en ce point que git le nœud de la difficulté, & que nos connoiffances font encore très bornées fur cette matiere.

§. MMCCCLI. *Ariftote* remarque qu'il n'y a point de rofée, à moins que l'air ne foit tranquille & non agité par un vent quelconque ; car un vent, quelque léger qu'on le fuppofe, emporte auffi-tôt avec lui les parties de la rofée qui tendoient à s'élever, & il les empêche de s'élever & de retomber. En effet, j'ai remarqué plufieurs fois, lorfque le tems étoit parfaitement calme, qu'il étoit tombé une très grande abondance de rofée deux ou trois heures après le coucher du foleil : j'ai remarqué outre cela qu'il en étoit moins tombé pendant les heures fuivantes : qu'il n'en tomboit prefque point vers le milieu de la nuit : qu'il en tomboit enfuite beaucoup lorfque le foleil étoit fur le point de fe lever, mais qu'il n'en tomboit plus lorfque le foleil étoit fur notre horifon. Si la rofée tombe lorfque le foleil fe leve, & qu'il furvienne un vent léger, alors la rofée eft pouffée comme une efpece de nuage contre les différens obftacles qui font placés à la furface de la terre ; tels que les arbres, les maifons, &c : elle s'y attache & s'y condenfe ; mais les rayons du foleil la diffipent enfuite, & la font difparoître.

§. MMCCCLII. J'ai remarqué que, dans ce Pays ci, la rofée a coutume de tomber depuis le mois d'Avril jufqu'au mois d'Octobre ; parceque dans ces mois le foleil échauffe l'air : mais auffi lorfque l'atmofphere & la terre commencent à fe refroidir, & que l'hiver approche, il ne s'éleve plus que très peu de vapeurs & d'exhalaifons du fein de la terre : j'ai auffi remarqué qu'en automne, lorfqu'il a fait chaud pendant le jour, & qu'un vent chaud s'eft fait fentir, j'ai remarqué, dis-je, qu'il y avoit enfuite de la rofée ; mais on n'en voit que très peu en hiver, ou lorfque le vent froid du Nord Eft fe fait fentir.

§. MMCCCLIII. On ne peut gueres déterminer exactement la quantité de rofée qui s'éleve pendant chaque nuit, ou pendant tout le cours d'une année ; ce qui vient des vents qui enlevent la rofée, la tranfportent d'un endroit en un autre, dans les régions fupérieures de l'atmofphere : ce qui vient auffi des pluies qui, tombant fur la terre, précipitent avec elles tout ce qui s'eft élevé de la furface de notre globe, ou tout ce qui tendoit à s'en élever : ce qui vient auffi de ce que la rofée eft plus abondante après la pluie, que lorfque le tems s'eft maintenu fec pendant beaucoup de jours ; & la quantité de rofée qu'on recueillera en différens endroits, différera auffi fuivant la différente conftitution du terrein : car fi un terrein eft fort humide, il s'en élevera quantité de rofée ; & *Maundrel* nous apprend, dans fon voyage depuis les Alpes jufqu'à Jérufalem, que la montagne connue fous le nom de Hermon, étoit fi couverte de rofée, que les tentes qu'on y établiffoit étoient auffi mouillées le matin que s'il avoit plu pendant toute la nuit. La quantité de rofée qui s'éleve & qui tombe dans un endroit, dépend auffi de la fituation de cet endroit ; car fi le vent a coutume de fouffler vers un endroit élevé & montagneux, la rofée s'y portera avec plus d'abondance. La quantité de rofée dépend encore de la chaleur que le foleil communique au fol ; de forte qu'on doit obferver une plus grande abondance de rofée dans les régions

chaudes , que dans celles qui font froides. C'eft pour cette raifon que dans
l'Arabie, où le ciel eft toujours ferein , où le foleil échauffe fortement le terrein qui eft fablonneux , & où les nuits font froides , la rofée eft fi abondante , que les voyageurs en font mouillés jufqu'à la peau, ainfi que *Th. Shaw*
l'a éprouvé, & qu'il nous l'apprend (1).

§. MMCCCLIV. *Hales* a obfervé que l'air étoit extrêmement humide ,
& qu'il ne fe fechoit point dans le tems que la rofée tombe, ou qu'elle s'é-
leve : c'eft pour cette raifon qu'il veut qu'on feche les greniers & les vaiffeaux
par le moyen d'un ventilateur, qui introduit dans ces endroits de nouvel air ;
il nous confeille auffi de ne nous point expofer au vent dans le tems de la
rofée (2).

§. MMCCCLV. Quels font les caracteres qui diftinguent le brouillard de
la rofée ? Il paroît que le brouillard eft en grande partie compofé de vapeurs
aqueufes, quoiqu'il contienne outre cela différentes exhalaifons qui fe font
élevées de la furface de la terre ; mais ces vapeurs & ces exhalaifons s'élevent fur-tout pendant le jour , tandis que la rofée s'éleve pendant la nuit :
au refte la rofée eft auffi compofée d'une vapeur aqueufe ; & c'eft pour cela
que s'il s'éleve une très grande quantité de rofée dans un endroit , & qu'il
ne tombe point d'eau pendant huit jours dans cet endroit, il s'y élevera alors
beaucoup moins de rofée pendant la nuit , & que cette rofée deviendra enfuite plus abondante s'il y furvient de la pluie.

C'eft pour cette raifon que la rofée ou la vapeur qui s'éleve des foffes après
un jour de chaleur , n'eft qu'une vapeur aqueufe non différente de celle qui
forme le brouillard.

Mais s'éleve t-il pendant la nuit dans l'atmofphere des exhalaifons plus
pefantes que celles qui s'élevent pendant le cours de la journée ? Et les vapeurs qui s'élevent pendant la nuit ne forment elles que de la rofée, & celles qui s'élevent pendant le jour , ne produifent elles que du brouillard ? Celles qui s'élevent pendant la nuit , ont-elles une moindre atmofphere électrique que celles qui s'élevent pendant le jour ? Et ne feroit ce point pour cette
raifon que les vapeurs qui s'élevent pendant la nuit , s'élevent plus lentement ? Ne feroit ce point auffi pour cette même raifon que celles qui ont
une moindre électricité feroient moins attirées par les métaux que celles qui
feroient entourées d'une très forte électricité, qui par ce moyen feroient attirées par toutes fortes de corps, ainfi qu'il arrive par rapport aux brouillards,
qui tombent indiftinctement fur toutes fortes de corps , tandis que la rofée
paroît en éviter quelques-uns, tels que les métaux polis pour ne s'attacher
qu'à quelques autres ?

Plus je confidere la rofée & le brouillard , & moins je trouve des caracteres propres à les différencier, fi nous en exceptons cette propriété qui fait
que la rofée ne s'attache qu'à quelques efpeces de corps, tandis que le brouillard s'attache à tous les corps. On peut encore les diftinguer l'un de l'autre
par la couleur & par leur faveur, lorfqu'on en a recueilli une certaine
quantité.

Jufqu'à quelle hauteur la rofée s'éleve-t elle dans l'atmofphere ?

(1) Travels to Barbarye. pag. 373. (2) The ufe of Ventilators.

Eſt ce la privation ou la diminution de la vertu électrique qui oblige la roſée à tomber, ou ſa chûte dépend-elle d'une autre cauſe ?

§. MMCCCLVI. L'uſage de la roſée eſt d'humecter & de nourrir les plantes : en effet, lorſque la roſée s'échappe du ſein de la terre, & qu'elle commence à s'élever dans l'atmoſphere, elle s'éleve très lentement ; elle entoure les plantes, elle ſe préſente aux parties nerveuſes des feuilles, & elle pénetre dans leur intérieur par le moyen de leurs pores abſorbans, qui ſont ouverts, qui s'en ſaiſiſſent, qui la pompent, pour ainſi dire, & elle concourt par ce moyen à humecter & à nourrir les feuilles. La partie ſupérieure de la feuille eſt plus denſe, moins cotonneuſe ; la roſée ne s'y attache point, elle n'en eſt point attirée, ou elle ne l'eſt que très peu : or tout ceci nous fait comprendre comment les plantes qui ſont attachées à des rochers peuvent végéter & croître. La roſée & les autres vapeurs qui s'élevent dans l'atmoſphere ſuffiſent pour la nourriture de ces plantes ; elles les attirent, elles les abſorbent, & elles s'en nourriſſent. On conçoit auſſi par-là comment les plantes peuvent végéter dans les contrées où il ne pleut point ; car on remarque que le terrein de ces ſortes d'endroits eſt ſablonneux, poreux, & fort humide en-deſſous : il s'y éleve donc une grande quantité de roſée qui monte d'une très grande profondeur au-deſſous de la ſurface extérieure du ſol : cette roſé, qui paroît très ſenſiblement toutes les nuits, entoure les plantes, & ſupplée à la diſette de la pluie.

§. MMCCCLVII. Lorſque le ſoleil échauffe fortement les arbres & les herbes, ſa chaleur volatiliſe leurs huiles, leſquelles, en vertu de leur peſanteur & de leur groſſiereté, retombent ſur terre, & forment ce qu'on appelle communément une *roſée huileuſe*, ou *mielleuſe*. Lorſque cette roſée tombe dans de l'eau, elle ſurnage & elle forme une pellicule graſſe ; elle forme des taches huileuſes, graſſes, ſur les pierres ſur leſquelles elle tombe. J'ai vu tomber quelquefois avant midi de ces eſpéces de roſées, certains jours où la chaleur étoit exceſſive ; mais ſeulement dans des endroits où il y avoit des plantations d'arbres. J'ai vu dans le foſſé de Rappenbourg à Leyde, que le pavé des chemins qui étoit couvert par des arbres, avoit recueilli une ſi grande quantité de cette roſée, que la terre y paroiſſoit d'une couleur auſtere, de même que s'il avoit plu abondamment ; tandis que tout le reſte de l'étendue des chemins paroiſſoit très ſec & très propre. *Kolbe* nous apprend qu'on n'obſervoit point cette eſpece de roſée ſur le promontoire de Bonne-Eſpérance, avant l'année 1708 ; parcequ'avant ce tems les terres y étoient incultes ; mais que les Hollandois, ayant fait défricher ces terres & les ayant enſemencées, il y crût beaucoup d'herbes, quantité d'arbres & des vignes ; ce qui fit qu'on y obſerva enſuite le phénomene dont nous parlons (1). On obſerve en Suede une ſemblable roſée qui y tombe vers le milieu de l'été : cette roſée tombe ſur différens arbres, ſur tout ſur le chêne, ſur le frêne, ſur l'érable, &c : ſa ſaveur eſt douce, mais ſon odeur eſt déſagréable ; elle corrompt le froment renfermé dans les épics ; plus elle eſt abondante, plus elle cauſe de dommage. Cette roſée tombe ordinairement vers la fin du mois de Juillet ; elle ne tombe point ſur les feuilles qui ſont déja couvertes de

____

(1) Kolbe Beſchryving Van de Kaap. Tom. 1.

rofée ordinaire : elle ne tombe point fur les plantes qui font bàffes , mais
feulement fur les arbres (1). Mais ces obfervations font-elles bien exactes ?
ou plutôt cette rofée qu'on remarque fur le chêne , fur le frêne , & qu'on
croit qui tombe fur ces arbres , ne feroit elle pas plutôt une efpece d'huile
exprimée des vaiffeaux perfpirans des feuilles, qui s'étendroit fur leur furface , & qui y paroîtroit fous la forme de petites gouttes brillantes. Au moins
c'eft ainfi que cela arrive en Hollande : comme cette efpece de rofée s'y fait
fouvent remarquer , les feuilles des arbres y paroiffent grillées ; elles jaunif-
fent & elles font les premieres à tomber dès que l'automne commence.

De la pluie.

§. MMCCCLVIII. La pluie eft un amas de petites gouttes d'eau qui tombent en différens tems, de l'atmofphere fur notre globe.

§. MMCCCLIX. Quoique la pluie vienne le plus fouvent des nuées, j'ai
cependant remarqué qu'il pleuvoit auffi en été, quoiqu'il ne parût aucun
nuage dans l'air : mais cette pluie n'eft pas abondante ; elle ne tombe qu'a-
près une chaleur exceffive & comme étouffante, lorfque l'air eft calme depuis quelque tems: ce qui paroît venir de ce qu'une fi grande chaleur éleve
dans l'air une plus grande quantité de vapeurs que celle que ce fluide peut
foutenir , ou de ce que ces vapeurs entourées d'une atmofphere électrique ,
fuffifante à la vérité pour s'élever , perdent cette vertu , & en font dépouillées
lorfqu'elles fe font élevées dans une région plus haute & plus froide : joignez
encore à cela que la chaleur venant à diminuer , ces vapeurs fe condenfent;
elles perdent alors une partie de la force avec laquelle elles s'élevoient , &
s'uniffent les unes aux autres , & elles forment des gouttes d'eau qui fe précipitent & tombent fur la furface de notre globe.

§. MMCCCLX. Voici de quelle maniere la pluie fe forme. La nuée eft
compofée de parties aqueufes, qui, étant féparées les unes des autres, fe
tiennent fufpendues dans l'air. Lorfque ces parties s'approchent un peu davantage , enforte qu'elles puiffent s'attirer mutuellement, elles fe joignent ,
& elles forment une petite goutte , qui commence à tomber lorfqu'elle eft
devenue plus pefante que l'air ambiant : comme cette petite goutte rencontre
dans fa chûte un plus grand nombre de particules ou de petites gouttes d'eau,
elle fe réunit encore avec elles , & augmente par conféquent de plus en plus
en groffeur , & elle acquiert infenfiblement la groffeur que nous lui remarquons lorfqu'elle tombe fur notre globe.

Les gouttes de pluie font fluides lorfque la nuée qui les a formées eft fufpendue au deffous de la région de la neige, & que les parties qui forment
ces gouttes tombent à travers un air chaud, ou au moins qui n'eft pas affez
froid pour les congeler : c'eft pour cette raifon que la pluie peut tomber de
différentes hauteurs; mais fi ces gouttes tombent des régions les plus élevées ,
régions qui appartiennent à celle qu'on appelle la région de la neige , elles fe
convertiront d'abord en neige: & fi cette neige defcend plus bas , & qu'elle
tombe à travers une maffe d'air chaud, cette neige pourra fe fondre , fe

(1) Acta Societatis Regiæ Scient. Sueciæ ann. 1745.

convertir en eau, & former une pluie aussi fluide que la premiere ; ce qui est confirmé par les observations de *J. Hen. Lambert* (1).

En effet, comme la Ville de Cuire est dans le voisinage du mont Calanda, qui est presque continuellement couvert de neige ; lorsqu'il tombe de la neige sur cette montagne, pendant le printems ou pendant l'été, on voit tomber la pluie dans la vallée, le dernier terme de la neige étant placé à 1830 pieds au-dessus du terrein de Cuire.

Lorsque la pluie est sur le point de tomber, on remarque plusieurs nuées blanches qui flottent dans le ciel, où elles sont éparses : ces nuées s'approchent les unes des autres, & elles forment, par leur concours, une nuée uniforme, elles couvrent toute l'étendue de notre horison, elles se condensent, elles descendent, elles perdent alors un peu de leur blancheur, elles dérobent à nos yeux une plus grande ou une moins grande quantité de lumiere, elles paroissent exhaler vers notre globe une espece de fumée, & enfin elles lancent leur eau sur la surface de la terre : plus les nuées sont blanches, moins la pluie est abondante, & plus les gouttes sont fines ; mais lorsque les nuées sont noires, la pluie est beaucoup plus abondante, & les gouttes en sont plus grosses. On observe quelquefois que ces sortes de nuées ne se rassemblent point en une seule qui couvre toute l'étendue du ciel ; mais on les voit flotter solitairement dans l'étendue des cieux : chacune lance son eau, & verse une pluie abondante ; cette pluie cesse si-tôt que le vent a repoussé la nuée, & lorsque le ciel redevient serein.

Mais lorsque le ciel est couvert d'une nuée épaisse & uniforme, les gouttes d'eau sont alors d'inégales grosseurs, & elles tombent uniformément : au contraire, si les différentes parties du ciel sont couvertes de nuages de différente blancheur, ou de nuages plus ou moins épais, plus ou moins noirs, les gouttes d'eau tombent irrégulierement, & elles sont tantôt plus, tantôt moins abondantes.

§. MMCCCLXI. Si toute la nuée comprise au-dessous de la région de la neige, se change par-tout également, mais lentement & sans se geler, de façon que toutes les particules de vapeurs se réunissent insensiblement ; elles formeront de très petites gouttes, qui seront toutes également distantes les unes des autres, dont la pesanteur spécifique ne sera presque pas différente de celle de l'air, & alors ces petites gouttes ne tomberont que fort lentement (2), & formeront une bruine ou une très petite pluie ; ce qui n'arrive cependant pas souvent. Ce même phénomene a lieu lorsque le changement de la nuée commence par le bas, & qu'il continue de se faire lentement jusques vers le haut de la nuée ; car alors les particules de vapeurs se réunissant en petites gouttes, tombent lentement sur la surface de la terre, & abandonnent ainsi la nuée de couches en couches.

§. MMCCCLXII. Mais si la partie supérieure de la nuée se change la premiere, & que ce changement ne se fasse que lentement & de haut en-bas, il se forme d'abord dans la partie supérieure de la nuée, de petites gouttes, lesquelles venant à tomber sur les particules qui sont au dessous, se réunissent avec elles, & forment de plus grosses gouttes ; celles-ci tombant sur des par-

(1) Acta Helvet. Vol. 3. p. 325. (2) Hist. de l'Acad. Roy. ann. 1728.

ties encore plus baffes de la nuée, & fe combinant avec elles, augmentent continuellement en groffeur, à proportion qu'elles fe précipitent : c'eft ce qui arrive très fréquemment, & ce qu'obfervent aifément ceux qui font dans une vallée où ils reçoivent de fortes ondées ; mais à proportion qu'ils montent vers le fommet de la montagne, en fuppofant qu'ils répondent toujours à la même nuée, ils trouvent que les gouttes font beaucoup plus fines. On peut encore confirmer cette idée par les obfervations qu'on peut faire fur la grêle dont les grains font très petits vers le fommet des montagnes, & très gros dans les vallons.

Ce changement qui arrive à une nuée, foit vers fa partie fupérieure, foit vers fa partie inférieure, vient du paffage de quelques autres nuées moins électriques, ou des vents qui emportent l'électricité des parties des nuées qui s'attirent. Or les efpaces inégaux qu'on remarque entre les groffes gouttes de pluie, viennent de ce que les vapeurs qui les forment perdent inégalement leur vertu électrique.

Il arrive fouvent que lorfque la pluie commence à tomber, les gouttes font très petites, & qu'elles augmentent auffi-tôt en groffeur, quelquefois même en denfité ; qu'enfuite elles diminuent de denfité & de groffeur, & qu'enfin elles deviennent très petites, très rares, & que la pluie ceffe. Il arrive encore que le ciel devient auffi-tôt très clair, & que le foleil brille ; il arrive auffi quelquefois que les nuées demeurent fufpendues dans le même endroit. Le premier de ces deux cas ne viendroit-il pas de ce que la partie inférieure de la nuée auroit d'abord perdu lentement fa vertu électrique, enfuite un peu plus promptement, & qu'il n'en feroit refté qu'une très petite quantité dans fa partie fupérieure, qui fe feroit perdue infenfiblement ; ce qui auroit diffipé & fait tomber toute la nuée ; tandis que dans le fecond cas l'électricité de la partie inférieure de la nuée fe feroit élevée de couche en couche, & fe feroit raffemblée & accumulée vers la partie fupérieure ; ce qui auroit confervé cette nuée.

§. MMCCCLXIII. Nous avons fait ci-deffus l'énumération des caufes qui font retomber les différentes parties qui fe font élevées dans l'atmofphere : nous avons expofé auffi celles qui précipitent les nuées ; mais il arrive très fréquemment qu'une nuée moins électrique rencontre fur fon paffage une autre nuée aqueufe & plus électrique qu'elle : l'électricité de cette derniere fe communique alors à la premiere ; celle-ci devenant plus électrique, s'éleve plus haut dans l'atmofphere, tandis que l'autre ayant perdu une partie de fa matiere électrique, fe condenfe, defcend, & fe change en pluie : mais fi la premiere nuée qu'elle vient de rencontrer ne lui a pas affez enlevé de matiere électrique pour la faire defcendre, elle pourra néanmoins defcendre par la fuite, lorfqu'elle aura rencontré d'autres nuées auxquelles elle communiquera encore de fon électricité. Quant aux caufes de la pluie, il me femble que les vents doivent être regardés comme la principale de toutes, ainfi que les différentes caufes des vents. On doit ranger parmi ces dernieres l'efferveſcence occafionnée dans l'air, par le mêlange de plufieurs exhalaifons qui s'y élevent : c'eft pour cette raifon que lorfque la température de l'air devient plus chaude après midi, ou vers le foir, il arrive affez ordinairement qu'il pleut pendant la nuit, ainfi que le lendemain : or la chaleur qui fe faiɩ

fentir vers le foir, vient de l'effervefcence de l'air, & cette effervefcence
produit des vents & de la pluie. On obferve que les vents occafionnent la
pluie, 1°. lorfqu'ils foufflent de haut en bas contre une nuée; parcequ'ils la
compriment alors : ils lui enlevent fa vertu électrique en tout ou en partie,
& ils obligent les parties aqueufes à fe raffembler & à former de la pluie.

2°. Lorfque les vents rencontrent quelques nuées de vapeurs qui viennent de la mer, & qui font fufpendues au deffus, ils les chaffent vers la
terre, & ils les pouffent contre des hauteurs, des montagnes, des forêts ; ce
qui fait que ces nuages fe dépouillent de leur matiere électrique qu'ils communiquent aux corps qu'ils touchent ; ce qui oblige ces vapeurs à fe raffembler & à fe convertir en pluie. C'eft pour cette raifon que les Pays montagneux font plus fujets à la pluie que les Pays plats; ainfi qu'on peut s'en convaincre par plufieurs obfervations. On a obfervé en Angleterre, que dans la
Province de Lancafter, où il y a de hautes montagnes, il tombe chaque année environ 41 pouces d'eau, ainfi que les obfervations de *Townley* nous
l'apprennent ; tandis que, fuivant celles de M. *Derham*, il n'en tombe à
Upminfter que 19,5 pouces.

3°. De même que les montagnes rompent les nuées, de même des vents
qui ont des directions contraires, les pouffent les unes contre les autres &
les compriment. On a remarqué qu'il pleut quelquefois à verfe dans l'O-
céan Ethiopique, vis-à vis de la Guinée; parceque les vents femblent s'y
réunir de toutes parts, & qu'après avoir raffemblé de plufieurs côtés les
nuées, ils les pouffent vers un endroit où ils les compriment : nous obfervons auffi dans ce Pays, que lorfqu'un gros vent vient à tomber, par l'oppo-
fition de quelque vent contraire; les nuées fe trouvent alors comprimées par
ces vents, & fe changent en une groffe pluie qui fe précipite.

4°. Comme il fe forme beaucoup de nuées des vapeurs de la mer, les
vents qui viennent de la mer vers notre continent, font ordinairement accompagnés de pluie ; au lieu que les autres vents qui foufflent fur la terre
ferme, n'emportent avec eux que peu du nuées, & ne font pas par conféquent pluvieux. Les obfervations que j'ai faites à Utrecht pendant le cours
de quelques années, m'ont appris que les vents pluvieux ou humides qui ont
regné dans cet intervalle de tems, ont été les uns à l'égard des autres dans la
proportion fuivante : vents d'Oueft 203, de Sud-Oueft 135, de Sud 61, de
Sud-Eft 27, d'Eft 32, de Nord-Eft 29, de Nord 54, de Nord-Oueft 61. Les
vents d'Oueft font fouvent ici fort pluvieux ; parcequ'ils nous amenent des
nuées de la mer du Nord : les vents de Sud-Oueft nous apportent des vapeurs qui viennent auffi de la mer du Nord, & des larges embouchures de
l'Efcaut, de la Meufe & du Rhin. Comme les vents de Nord & de Nord-
Oueft font froids, ils n'apportent pas beaucoup de nuées, & ne font pas
beaucoup pluvieux ; mais ils augmentent toujours le poids ou le reffort de
l'air, ainfi que l'élévation du mercure dans le barometre l'indique : mais fi
ces vents étoient chauds, ils feroient en même tems les plus humides & les
plus pluvieux ; puifqu'ils viennent de la mer d'Allemagne, & qu'ils traverfent outre cela tout le Zuyderzée : mais ils font tout ce trajet fans apporter
de nuées. Comme on remarque en Angleterre beaucoup plus de vents qui
foufflent vers la partie occidentale, que vers la partie orientale, on remarque

auſſi qu'il tombe beaucoup plus de pluie ſur les parties de ce Royaume qui ſont à l'Occident , que ſur celles qui ſont à l'Orient (1).

5°. On peut encore regarder les forêts comme une des cauſes de la pluie ; car les arbres tranſpirent une grande quantité de vapeurs. On remarque que les pluies ſont ſi abondantes en Suede, qu'elles inondent le terrein , l'arroſent trop abondamment , & qu'elles y détruiſent la fertilité : ces pluies ſont occaſionnées par d'immenſes & de très denſes forêts. Les habitans de ce Pays ont su enfin ſe garantir depuis peu de cet accident , en faiſant brûler différentes parties de ces forêts ; par ce moyen l'atmoſphere ſe trouve moins remplie de vapeurs : elles ſe diſſipent plus aiſément , & le terrein en devient plus propre à porter & à fournir à la nourriture des moiſſons , qui y ſont plus abondantes que précédemment. Les Eſpagnols & les François obſerverent la même choſe dans les Antilles , qui étoient autrefois beaucoup plus humides qu'elles ne le ſont à préſent , depuis qu'on a coupé & fait brûler quantité de forêts. *Bouguer* confirme encore cette idée par les obſervations qu'il a faites pendant ſon voyage au Pérou : cet habile Académicien obſerva qu'il tomboit des pluies très fréquentes & très abondantes depuis l'embouchure du fleuve Guajaquil juſqu'à Panama ; ce qui forme une longueur de 300 milles ; parceque toute l'étendue de ce terrein eſt toute couverte de forêts , & qu'au contraire il ne pleut jamais depuis Guajaquil , en ſuivant vers le Midi juſqu'au-delà d'Arica , & vers les deſerts d'Atacania , à la diſtance de 400 milles , parceque tout ce terrein eſt ſablonneux , à découvert , & qu'il ne s'y trouve aucune forêt. Il obſerva bien plus , que le tonnerre ne s'y fait jamais entendre , & qu'on n'y obſerve aucune tempête ; mais que ce terrein eſt toujours aride , nud , ſi on en excepte les bords des fleuves qui y coulent , & qu'on n'y obſerve ſeulement qu'une ſimple roſée qui s'y éleve pendant la nuit. Il ſuit de-là qu'on ne peut point révoquer en doute que la conſtitution du terrein ne contribue à la formation des météores. Les forêts ſont toujours remplies d'un air humide, épais , chargé des exhalaiſons des arbres, qui forment des nuées , par leur élévation dans l'atmoſphere , & auxquelles ſe joignent & s'uniſſent d'autres nuées , ainſi que les vapeurs dont l'air eſt rempli ; toutes ces parties réunies produiſent des pluies ; de ſorte que l'air des forêts eſt toujours chargé d'humidité , par le concours des vapeurs qui s'y élevent , & de celles qui y tombent continuellement (2).

§. MMCCCLXIV. Il pleut à Leyde pendant tout le cours de l'année , mais non pas dans un tems fixe & déterminé ; il n'y pleut pas tous les jours : on y obſerve pluſieurs jours ſans pluie ; de ſorte que le cours de l'année eſt une combinaiſon de jours ſecs & de jours humides : le ciel n'y eſt point conſtant ; il ne ſe paſſe jamais un mois ſans pluie , & il eſt très rare qu'il y ait deux ſemaines de ſuite ſans qu'il pleuve ; car pour l'ordinaire on obſerve qu'il y tombe de la pluie toutes les ſemaines. On obſerve même que le même mois de l'année qui aura été ſec , ſera très pluvieux une autre année ; car il ne tomba pas deux lignes de pluie pendant le cours du mois de Décembre de l'année 1742 ; mais il en tomba 81 lignes dans le même mois en l'année

(1) Philoſ. Tranſ. n. 487.
(2) Bouguer , Voyage au Pérou , page 22.

1747. En 1752 il ne tomba que $1\frac{1}{2}$ ligne de pluie pendant le mois d'Octobre ; mais en 1748 , il en tomba $80\frac{1}{4}$ lignes pendant le même mois. J'ai observé les mêmes variations pendant les autres mois ; & ayant additionné la quantité de pluie tombée chaque mois pendant l'espace de 17 ans ; savoir, depuis 1740 jusqu'en 1752 , j'ai trouvé les sommes suivantes en lignes pouces.

Janvier,	Février,	Mars,	Avril,	Mai,	Juin,	Juillet,
401	394	397	391	360	432	528

Août,	Septembre,	Octobre,	Novembre,	Décembre.
591	601	636	643	614.

D'où l'on peut juger en quels mois de l'année la pluie est plus abondante en cet endroit.

§, MMCCCLXV. J'ai aussi observé que le nombre des jours humides ou pluvieux, est à Utrecht, ainsi qu'à Leyde, pendant tout le cours de l'année, au nombre de jours secs, ou pendant lesquels il ne pleut pas, comme 5 est à 12. En effet, les jours pluvieux, dans le cours d'une année, sont ordinairement, à Utrecht, au nombre de 107 ; les jours tout à-fait sereins, en y comprenant les nuits, sont tout au plus au nombre de 52. Le nombre de cette derniere espece de jours est encore plus petit à Leyde ; il ne va pas au-delà de 28 : il se trouve quelquefois qu'il n'y en a que 18 dans une année, 36 dans une autre ; mais en prenant un moyen terme, ou une moyenne année, cela s'accorde assez avec notre calcul : car j'ai additionné le nombre de jours sereins qu'on avoit observés dans l'espace de 10 ans, & en divisant ce nombre par dix, nombre des années, j'ai trouvé 28 au quotient. Mais ces observations sont relatives à un Pays en particulier, & ne décident rien pour les autres : on ne peut rien avancer de certain à cet égard, qu'en faisant des observations particulieres dans chaque endroit ; car ces différences dépendent de la situation des lieux, qui peuvent être plus ou moins dans le voisinage des mers, des lacs, des fleuves : elles varient aussi suivant le nombre, la grosseur, la hauteur, la situation des montagnes & des forêts qui s'y trouvent ; elles dépendent aussi de la constitution, de la hauteur du terrein, de la latitude des lieux & des différens vents qui y regnent ; & comme on n'a encore fait qu'un très petit nombre d'observations à cet égard, & que la plûpart de ceux qui les ont faites ne s'y sont pas pris comme il faut, on ne peut établir que très peu de choses sur cette matiere. Le célebre *Kraff* a observé à Petersbourg, qu'il n'y avoit, dans l'espace d'une année, que 40 jours qui fussent humides, pluvieux ou neigeux (1), tandis que nous en comptons 107 à Leyde. Voici à quoi se réduisent les observations du célebre *Lambert*, faites à Coire.

____

(1) Comment. Petropol. Vol. 9, p. 348.

Tome III.

	Jours sereins,	pluvieux & neigeux,	chargés de nuages & sombres.
Août, Septembre, Octobre	39	25	28
Novemb. Décemb. Janvier	35	26	31
Février, Mars, Avril	33	24	32
Mai, Juin, Juillet	31	40	21

Suivant ces obfervations, le nombre des jours fombres va à-peu près à un quart de chaque année. Le nombre des jours fereins diminue depuis l'automne jufqu'à l'été. Les jours pluvieux font en plus grand nombre pendant l'été, & ils font, à peu de chofes près, en même nombre pendant les autres faifons de l'année ; car, dans l'efpace d'une année, le nombre des jours fereins va à 138, celui des jours pluvieux à 115, & celui des jours fombres & couverts de nuages à 112 (1).

On obferve dans l'Ifle Minorque, que le nombre des jours pluvieux égale 71 (2). On remarque à Rimini, en Italie, que les vents du Midi & d'Eft font accompagnés de brouillards, de pluie & de tempêtes ; & qu'au contraire les vents d'Aquilon & d'Oueft font accompagnés d'un tems ferein, quoique quelquefois orageux (3). On remarque qu'il tombe quelquefois une pluie très large pendant le printems & l'automne, & pendant trois mois d'hiver, dans les parties de l'Egypte qui font fituées auprès de la Méditerranée ; telles que Rofette, Damiette, Alexandrie, tandis qu'il ne pleut que très rarement dans la Haute-Egypte, puifqu'à peine y pleut il deux ou trois fois dans l'efpace d'un an. Lorfque la pluie y eft tombée, elle y devient falubre ; mais elle y eft dangereufe lorfqu'elle commence à tomber. Il ne pleut jamais pendant l'été dans le Royaume d'Alger. Il ne pleut jamais dans la partie de l'Afrique qu'on nomme Jericho (4). Il pleut depuis le mois de Juin jufqu'au mois de Septembre dans l'Abiffinie : on n'y remarque pendant ce tems aucun jour ferein. C'eft à cette pluie continuelle qu'on doit le débordement du Nil & l'inondation de l'Egypte (5).

Il pleut auffi depuis la fin de Juin jufqu'au mois de Septembre dans la Nigritie, dans l'endroit où eft fitué le Senegal, & le ciel demeure conftamment ferein depuis le commencement de Décembre jufqu'au mois de Juillet (6). Les François donnent le nom *baffe faifon* à celle pendant laquelle il ne pleut point, & ils nomment *haute faifon* celle pendant laquelle il pleut ; il fait plus chaud pendant cette faifon que lorfque le tems eft fec.

On remarque qu'il pleut abondamment pendant les mois de Mai, Juin, Juillet, Août, au Promontoire de Bonne-Efpérance, lorfque le vent de

(1) Acta Helvetica. Vol. 3. pag. 357.
(2) Cleghorn. Obfervat. in Minorca.
(3) Janus Plancus in Specim. Æftus marini. pag. 64.
(4) Thom. Shaw Travels to Barbary. pag. 220.
(5) Lobo in Hift. Abyffiniæ. Journ. des Sav. ann. 1685, pag. 319.
(6) Mandeflo in Itin. Lib. 1. p. 27.

Nord-Oueſt a ſoufflé auparavant, & qu'il a été accompagné de grêle ; il pleut beaucoup moins pendant les autres mois de l'année , & il n'y pleut point du tout pendant le mois de Février.

Il pleut pendant tout le cours de l'année vers le milieu de l'Iſle Maurice ; ce qui rend cet endroit très marécageux , & ce qui fait qu'on y trouve continuellement des ruiſſeaux qui ne tariſſent jamais. Dans la partie boréale occidentale , il pleut pendant les mois de Janvier, Février , Mars, Avril ; il y tombe auſſi quelques pluies pendant les mois de Mai , Juin & Juillet : le tems devient enſuite calme & ſec, & toutes les herbes s'y deſſechent & y grillent(1).

Il ne pleut que pendant les équinoxes dans l'Arabie ; il ne pleut que très rarement dans la Ville nommée Gamron , appartenant à la Perſe , & ſituée vers le Golfe Perſique : à peine y pleut-il une fois dans l'eſpace de trois années (2).

Dans la Ville d'Alep, en Aſie , Ville qui n'eſt point éloignée de l'Euphrate , il pleut pendant les mois de Janvier & de Février ; il arrive même aſſez ſouvent qu'il y pleut tous les 5 jours : il y pleut beaucoup pendant le mois de Mars, la pluie y tombe alors très abondamment ; parcequ'elle eſt accompagnée d'orages & de tonnerre : il y pleut plus rarement pendant le mois d'Avril , ſi ce n'eſt lorſqu'il ſurvient quelqu'orage ; il y pleut ordinairement deux fois lorſqu'il tonne : mais il n'y pleut point pendant les mois de Juin , Juillet, Août ; les pluies ne commencent en cet endroit qu'au mois de Septembre : il y pleut pendant tout le mois d'Octobre , & les plus grandes pluies y tombent pendant les mois de Novembre & de Décembre (3).

Les pluies commencent à paroître au mois de Mai dans l'Iſle Amboine, lorſque le vent qui ſouffle du côté du Levant équinoxial , & que celui de Sud-Eſt , commencent à ſouffler. La pluie continue juſqu'au mois d'Août ; dans ce tems il arrive que la pluie continue pendant 6 ſemaines de ſuite : mais ces pluies ne ſont point univerſelles dans les Iſles voiſines. On obſerve quelquefois que lorſqu'il pleut à Amboine , le tems eſt très ſerein dans les autres Iſles ſituées à l'Occident, telles que Boero , Manipa , &c , & lorſque le tems eſt pluvieux vers la partie orientale, comme à Hoewamohel , le tems eſt ſec à la partie occidentale , quoique néanmoins l'humidité ſe faſſe ſentir juſqu'à l'Iſle des Celebes (4).

Le tems eſt ſec depuis le mois de Mars juſqu'au mois d'Octobre ſur la côte de Coromandel ; le vent du Sud-Oueſt regne pendant cette ſaiſon. Depuis le mois d'Octobre juſqu'au mois de Mars, le tems eſt pluvieux , & le vent y eſt Sud-Eſt. Au contraire ſur la côte de Malabar , la ſaiſon pluvieuſe commence au mois d'Avril , & continue juſqu'au mois de Septembre , & le tems ſec recommence au mois de Septembre juſqu'au mois d'Avril (5).

Dans l'Iſle de Ceylan , le tems pluvieux & le tems ſerein ſe combinent différemment : lorſque le tems eſt pluvieux dans la partie occidentale de cette

(1) Alex. Ruſſel Natural Hiſtor. of Alepo Part. 2. ch. 1.
(2) Adanſon, Voyage au Sénégal. Tom. 1. pag. 50.
(3) Hiſt. de l'Acad. Rov. ann 1754.
(4) Valentyn van Amboyna. Vol. 2. pag. 136.
(5) Valentyn van Choromandel. Vol. 5. pag. 46.

Ifle, & que le vent d'Occident fouffle dans cette Ifle, le tems eft très fec &
très ferein à la partie orientale de cette même Ifle ; mais quand le tems eft
pluvieux vers cette partie orientale, le vent d'Eft fouffle à la partie occidentale, & le tems y eft très ferein. Ces différences commencent vers le milieu
de l'Ifle ou environ ; cependant il pleut davantage fur les endroits élevés,
fur les montagnes, que par-tout ailleurs, & on remarque que la partie boréale de cette Ifle jouit d'une plus grande férénité, & que la fécherefle y eft
d'une plus longue durée.

On remarque dans les Ifles Carolines, qui font en Amérique, qu'il
tombe une grande abondance de pluie, qui continue à tomber pendant l'efpace de deux ou trois femaines, vers la fin du mois de Juillet ou du mois
d'Août ; ces pluies inondent tous les terreins bas & toutes les plaines. Il arrive ordinairement que ces pluies font accompagnées tous les fept ans de
tourbillons de vents effroyables, qui caufent de grands dommages dans les
régions méridionales. On remarque, pour ainfi dire, quatre faifons différentes dans une Colonie d'Amérique, connue fous le nom de Sorrinama.
La plus courte faifon, qui eft pluvieufe, commence au mois de Novembre,
& finit avec le mois de Décembre : la fécherefle fuccede à cette faifon, &
dure jufqu'au mois de Mars : les pluies recommencent depuis le milieu du
mois de Mars jufqu'au mois de Mai.

M. *de La Condamine*, qui a parcouru toutes les forêts qui fe trouvent depuis
Loxa jufqu'à Jaen, rapporte qu'il y pleut tous les jours, ou au moins 11
mois de l'année (1) ; ce qui fait que rien ne peut fe deffecher dans toute l'é-
tendue de ce terrein, & que tout y pourrit promptement. Nous lifons dans
la defcription que M. *Bouguer* nous a donnée de Quito, que la pluie commence à tomber au mois de Novembre, & qu'elle dure jufqu'au mois de
Mai : c'eft cette pluie qui diftingue en cet endroit les faifons de l'année.

On appelle hiver à Carthagene en Amérique, l'efpace de tems compris
depuis le mois de Mai jufqu'à la fin du mois de Novembre ; parcequ'alors
les pluies, les tonnerres, les orages y font fi fréquens, que les tempêtes s'y
fuccedent d'un moment à l'autre. Les nuées y verfent abondamment la pluie ;
les chemins font inondés, & les campagnes fubmergées : mais depuis le milieu du mois de Décembre jufqu'à la fin d'Avril, le tems eft plus beau, le
vent du Nord-Eft fouffle & rafraichit la terre. On appelle tems d'été cet efpace de tems. Il y a encore dans cet endroit un autre tems, qu'on appelle
petit été : il commence vers la Fête de S. Jean, parceque les pluies ceffent
alors, & que les vents du Nord foufflent pendant l'efpace d'un mois (2). On
remarque dans le Royaume du Pérou, qu'il pleut depuis le mois de Novembre jufqu'au mois de Mai entre les montagnes qu'on appelle les Cordelie-
res, ainfi que dans les forêts qui font au-delà de ces montagnes (3). On remarque que l'hiver commence au mois de Juin à Buenos-Ayres, fitué dans le
Paragay, auprès du fleuve la Plata ; le printems y fuccede à l'hiver, & commence au mois de Septembre : l'été vient enfuite au mois de Décembre, &

(1) Voyage de la Rivière des Amazonnes. page 27.
(2) Ulloa, Voyage au Pérou, Chap. 5. Liv. 1. pag. 32.
(3) Bouguer, Voyage au Pérou, pag. 35.

l'automne au mois de Mars. Pendant l'hiver il y tombe de larges pluies, accompagnées de tonnerres & de foudres épouvantables. Les chaleurs de l'été y sont tempérées par les vents qui viennent de la mer (1).

§. MMCCCLXVI. Il faut observer que les pluies & les sécheresses ne s'excluent point dans toute l'étendue de l'atmosphere; mais qu'au contraire elles ont entr'elles une espece de communication: en effet, lorsque le tems est pluvieux en France, il arrive souvent que la sécheresse domine alors en Allemagne, & on observe de semblables phénomenes dans d'autres contrées. En 1751 on remarquoit une très grande humidité en Angleterre, tandis qu'en Italie la sécheresse y étoit si grande, que les herbes périssoient par l'aridité du terrein. Ces phénomenes n'auront rien de surprenant, si on fait attention que la chaleur du soleil éleve dans chaque Pays une certaine quantité de vapeurs, que ces vapeurs élevées y forment une certaine quantité de nuées; mais si les vents viennent à transporter ces nuées d'un Pays dans un autre, la sécheresse se fera sentir dans l'endroit d'où les vents auront emporté les nuées, tandis que ces mêmes nuées, combinées avec celles qui résidoient déja dans l'endroit où les vents viennent de les transporter, s'y accumuleront, s'y condenseront les unes avec les autres, & s'y convertiront en pluie: c'est pour cette raison qu'il ne pleut point dans le même tems dans toute l'étendue de l'Europe, & encore moins dans toute l'étendue du globe terrestre. D'où il suit que si les vents peuvent être regardés comme une des causes de la pluie, ils sont aussi une des causes de la sécheresse: c'est pour cette raison que si une tempête vient à s'élever à différentes heures du jour dans une contrée, tantôt il pleuvra, un instant après il y fera sec, bien-tôt après le tems y fera serein, & la pluie recommencera à tomber ensuite.

§. MMCCCLXVII. Comme la pluie tombe d'en-haut à travers l'air qui est rempli & infecté de toutes sortes d'exhalaisons, cette pluie rassemble ces exhalaisons, & les précipite avec elle sur la terre. La pluie n'est donc pas une eau pure; mais elle est remplie d'ordures, & mêlée avec des sels, des esprits, des huiles, de la terre, des métaux, &c, parmi lesquels il se trouve une grande différence, suivant la nature du terrein, & suivant les différentes saisons de l'année. *Grosse* ayant recueilli de la pluie qui tomba en 1724 dans un tems d'orage, & ayant fait fondre du sel de tartre dans cette pluie, eut du tartre vitriolé; parceque cette pluie avoit ramassé dans l'air de l'acide vitriolique qu'elle avoit entraîné avec elle (2). C'est pour cela que la pluie du printems est beaucoup plus propre à exciter des fermentations que celle qui tombe en tout autre tems. La pluie qui tombe après une grande & longue sécheresse, est beaucoup moins pure que celle qui tombe peu de tems après une autre pluie. M. *Boerhaave* a remarqué que la pluie qui tombe lorsqu'il fait fort chaud, & que le vent est impétueux, est plus remplie d'ordure, sur-tout dans les Villes & dans les lieux bas & puants; parcequ'elle s'y trouve mêlée & confondue avec toutes sortes d'ordures (3).

§. MMCCCLXVIII. L'air est aussi chargé des semences des plus petites

(1) Charlevoix, Histoire du Paragay, Livre 4. page 169.
(2) Hist. de l'Acad. Roy. ann. 1737.
(3) Boerhaave Chem. Vol. 1. pag. 527.

plantes & des œufs d'un nombre infini d'infectes que la pluie entraîne avec elle, & qui tombent sur la surface de la terre. De-là vient qu'on voit croître dans cette eau, non-seulement des plantes vertes, mais qu'on y découvre un nombre prodigieux de petits animaux & de vers qui la font comme fermenter, & qui lui communiquent une mauvaise odeur par leur corruption. La pluie qui s'amasse dans l'air au-dessus de la mer, & qui retombe ensuite dans l'Océan, est beaucoup plus pure; parcequ'elle traverse alors un air qui est beaucoup moins chargé d'exhalaisons.

§. MMCCCLXIX. Puisque la pluie se trouve mêlée avec un si grand nombre de corps étrangers, il n'est pas difficile de comprendre pourquoi l'eau de pluie, conservée dans une bouteille bien fermée, se charge bien-tôt après de petits nuages blanchâtres, qui augmentent insensiblement, qui s'épaississent & se changent enfin en une humeur muqueuse, qui tombe au fond, & qui corrompt la masse d'eau, & la change en une espece de liqueur visqueuse. En considérant toujours que l'eau de pluie emporte avec elle & précipite sur la terre des substances si différentes entr'elles, il ne doit point paroître surprenant que l'eau de pluie fournisse à l'accroissement & à la nourriture de tant de différentes especes de plantes dont les sucs sont si différens entr'eux.

§. MMCCCLXX. Ces différentes pluies naturelles que nous venons de décrire, nous donnent lieu d'expliquer ces pluies tout-à-fait singulieres qu'on a vu tomber quelquefois; ces dernieres doivent leur origine aux exhalaisons qui se mêlent avec la pluie, & qui tombent avec elles dans l'air.

On trouve dans les Livres sacrés de *Moyse*, qu'il tomba une pluie de soufre sur Sodome & Gomorre (1). *Spangenberg* rapporte qu'il y eut une pluie de soufre qui tomba en 1658 dans le Duché de Mansfeld (2). Nous apprenons d'*Olaus Wormius* qu'il en tomba une semblable à Coppenhague en 1646 (3). *Siegesbek* fait mention d'une semblable pluie tombée en 1721 dans la Ville de Brunswik; cette pluie étoit enflammée, & on ne pouvoit l'éteindre, ni avec de l'eau, ni par le mouvement qu'on lui procuroit en l'agitant (4). *Scheuchserus* fait mention d'une pluie jaune qui tomba en 1677, & qui forma comme une espece de poussiere tirant sur le jaune, qui flottoit sur l'eau des puits, & sur l'eau du lac de Turich (5). *Bergerus* parle d'une semblable pluie qui tomba en 1731 dans la Ville de Lunébourg (6). Le célebre *Holmann* en vit tomber une pareille le 24 Mai de l'année 1749 à Gottinge (7). *Grischovius* observa à Berlin, la nuit du 5 Juin 1749, une pluie de cette espece, qui forma une pellicule jaune, telle qu'il en avoit déja observé 20 ans auparavant sur la fin du mois de Mai, ou au commencement du mois de Juin (8). Le 19 Avril 1761, il tomba à Bordeaux une pluie qui laissa après elle la terre couverte, de l'épaisseur de 2 lignes, d'une poussiere jaune, que *Schuchserus* prit un siecle auparavant, & non sans fondement, pour des fleurs de pins : d'autres Physiciens après lui, furent de cet avis; ils imaginerent que cette pous-

(1) Genes. Cap. 19. & Deuteronom. Cap. 29. (2) Chronicon Mansfeld. Tom. 1. pag. 391. (3) Musæum, Cap. 10. (4) Nov. Litterar. ann. 1684. (5) Meteorol. Helvetic. p. 14. (6) Versuche in der Natur. p. 110 (7) Comment. Gotting. Vol. 3. p. 59. (8) Acta Berolin. ad ann. 1749.

fiere n'étoit autre chofe que des fleurs de cet arbre , que le vent avoit tranfportées , & que la pluie avoit entraînées avec elle : comme ces arbres étoient
en fleurs dans le tems que cette pluie jaune tomba à Bordeaux , & qu'il y a
une grande quantité de ces arbres plantés dans les dehors de cette Ville , les
Phyficiens obferverent avec attention cette pouffiere ; & après l'avoir examinée au microfcope , ils convinrent que c'étoit effectivement des fleurs de
pins que le vent avoit tranfportées : ce qui confirma l'opinion des anciens
Phyficiens à cet égard.

Les Anciens font fouvent mention de gouttes de pluies qui reffemblent à
des gouttes de fang (1). Les Modernes en parlent eux-mêmes trop fouvent (2) , pour qu'on puiffe en douter. Cependant on doit regarder une pluie
de fang comme quelque chofe de fabuleux ; car le fang ne peut fe trouver
que dans le corps des animaux : mais il peut fe faire que quelque contagion
particuliere , produite fur la furface de la terre , occafionne quelques parties
de cette couleur à s'élever dans l'atmofphere ; ou il peut arriver qu'une prodigieufe quantité d'infectes de cette couleur flottent dans l'atmofphere &
tombent avec la pluie. *Pierefc* examinant en France une pluie de cette efpece , obferva que les gouttes de cette pluie étoient remplies de petits infectes rouges qui voloient dans ce tems là en grande quantité dans l'atmofphere (3). *Hildebrand* examinant de la pluie qui étoit tombée en 1711 auprès
d'un Village nommé Orfio , en Scanie , remarqua dans les gouttes de cette
pluie de petits infectes dont le corps étoit oblong ; la queue formoit une efpece de fleche , & étoit couleur de fang (4). Il y a outre cela quantité d'infectes dont les excrémens font rouges ; tels font ceux des papillons , après
qu'ils ont quitté l'état de nymphe : ces excrémens mêlés avec la pluie , lui
donnent une couleur de fang. On a vu tomber une pluie falée dans le Comté
de Suffex en Angleterre ; cette pluie étoit caufée par un vent orageux , qui
avoit pouffé les vagues de la mer contre les rochers , & qui avoit emporté
au deffus de la terre ferme les parties aqueufes qui s'étoient évaporées , &
qui retomberent enfuite fous la forme de pluie (5). Les feuilles des arbres
fe trouverent tellement imprégnées de fel du côté qu'elles regardoient la
mer , qu'en les portant à la bouche , on les trouvoit très falées. Ce phénomene ne doit point paroître furprenant ; car nous voyons dans des tempêtes ,
& lorfque le vent eft Nord-Oueft , que les vagues de la mer viennent fe brifer contre nos bancs de fable , & que l'écume de ces vagues eft portée jufques fur les toits des maifons & des Temples , dans les Villages de Scheve-
lingue , Catvich , Noorhvich , & dans la Haye. On remarque quelquefois
fur les vitres des fenêtres des gouttes d'eau falées élevées de la mer , & apportées par le vent. Quoique les Ifles Orcades foient élevées à plus de 200

(1) Homer. in Iliad. 10. Plutarch. in Mário. Cicero de Divin. Lib. 2. Livius Lib. 42.
cap. 10. Plin. Lib. 2. cap. 56.

(2) Efcherus in Cron. Mifc. ann. 1598. Gemma Frifcius , ann. 1543. In Weftphalia ,
ann. 1568. Lovanii , ann. 1571. Embdæ in Cofmogra. Lib. 2. Wendelinus Bruxellis ,
ann. 1646. Ulmæ , ann. 1755. Novemb. 15 ex novellis.

(3) Gaffendus in Vita Pierefci. Lib. 2. Merrettus in Pinace rerum , p. 220.

(4) Acta Litterar. Sueciæ , ann. 1731. p. 23.

(5) Philof. Tranf. n. 289 , & Vol. 50. Part. 1. p. 195.

pieds au-deſſus de la ſurface de la mer, on y voit néanmoins quelquefois tomber des eſpeces de pluies formées de pluſieurs gouttes d'eau enlevées de la ſurface de la mer : on obſerve auſſi la même choſe dans l'Iſle Minorque (1).

Il tomba en Irlande en 1695, une pluie auſſi graſſe que du beurre (2); elle étoit mollaſſe, viſqueuſe, & d'un jaune foncé : elle ſe fondoit dans la main ; mais elle ſe ſechoit devant le feu, & elle devenoit noire. *Feuillée* fait mention d'une pluie de ſable qui tomba en Amérique le 21 Septembre 1708 ; le ciel commença par ſe couvrir de nuages fort épais : l'obſcurité devint enſuite ſi grande, qu'on fut obligé d'avoir de la lumiere, & il tomba auſſi-tôt une pluie de ſable qui couvrit toute l'étendue du terrein (3). On rapporte qu'en 1719 il tomba ſur l'Océan Atlantique une pluie de ſable très fin, que les vents tranſportoient de l'Iſle Royale à la latitude de 45 degrés (4). On a vu auſſi des pluies de cendres. Le mont Véſuve, l'Æthna, & d'autres ſemblables volcans, lancent une grande quantité de cendres que les vents enlevent & emportent juſques dans des regions fort éloignées, où elles retombent ſous la forme de pluie ; car on ſait, à n'en pouvoir douter, que les cendres du mont Véſuve ont été quelquefois tranſportées juſqu'à Rome, & même en Syrie & en Egypte.

Le célebre *Lambert* obſerva que le 14 Octobre 1755 le vent du Sud ſoufflant avec véhémence, le ciel étoit rempli de pouſſiere qui y formoit une eſpece de nuage ſi épais dans la Ville de Coire, dans toute la partie orientale de la Suiſſe, & dans le Comté de Tirol, qu'on ne pouvoit voir diſtinctement les montagnes voiſines : vers le ſoir de cette journée, il tomba une pluie qui étoit accompagnée de pouſſiere; & ayant recueilli de cette pluie dans un vaſe de médiocre grandeur, le fond de ce vaſe étoit couvert de pouſſiere juſqu'à la hauteur d'un doigt (5).

Le 20 Octobre 1756, entre 2 & 4 heures après midi, le ciel ſe couvrit d'un nuage fort épais dans l'Iſle Zetland ; il tomba enſuite dans toute l'Iſle une pluie noire, ſemblable à du noir de fumée : cette pluie tomba plus abondamment dans des endroits que dans d'autres ; elle portoit avec elle une odeur de ſoufre : elle avoit noirci tous les habitans qui ſe trouverent dans les champs (6). *Tite-Live* rapporte qu'il étoit tombé une pluie de terre à Anagni.

On a vu auſſi des pierres tomber ſous la forme de pluie : en effet, les volcans vomiſſent quelquefois une très grande quantité de pierres : ces pierres élevées à une très grande hauteur, & lancées fort au loin, retombent enſuite vers la ſurface de la terre ; ce qui donne occaſion de dire qu'il pleut des pierres (7).On a vu ſortir, d'un goufre, des pierres qui avoient 8 à 9 pieds de

(1) Cleghorn. Obſervation. in Minorca. pag. 2.
(2) Philoſ. Tranſ. n. 220.
(3) Feuillée, Journal d'Obſervations, Tom. I. pag. 358.
(4) Hiſt. de l'Acad. Roy. ann. 1719.
(5) Acta Helvetica Vol 3. p. 320.
(6) Philoſoph. Tranſact Vol. 50. Part. 1. pag. 297.
(7) Hiſt. du Mont Véſuve, pag. 264.

face , & qui étoient lancées jufqu'à la diftance de trois milles (1). On trouve
quantité d'exemples femblables (2) , quoiqu'il arrive fouvent qu'on prenne
de la grêle pour des pierres (3). Il fe répandit une fois un bruit , qu'il étoit
tombé une pluie de froment ; ce n'étoit cependant que des graines d'if que
le vent avoit enlevées , & quoiqu'il y ait une affez grande différence entre
cette graine & le froment, cela n'empêcha pas que le vulgaire ne répandit
ce bruit (4) On fait encore mention d'une autre pluie de froment , qui n'é-
toit autre chofe que de petits vers engendrés par des guêpes , que le vent
avoit portés dans l'air , & qu'il avoit dépofés fur les toits des maifons. L'Abbé
Nollet parlant de ces fortes de pluies , dit que ces grains ne font autre chofe
que de petites bulbes de la petite chelidoine ; car les racines de cette plante
font très grêles : elles rampent à la furface de la terre ; elles s'y deffechent :
les petites bulbes qui y font adhérentes s'en détachent , & elles imitent affez
les graines dont il eft ici queftion (5). On doit auffi regarder comme autant
de fables ces pluies de lait , de viande (6), de laine (7), de poiffons , de fer ,
de grenouilles (8), de veaux (9), dont plufieurs Auteurs font mention.

Le lait eft un liquide animal, qui ne peut être produit que par des animaux :
fi on en met une très grande quantité dans un vafe , & qu'on expofe ce vafe
en pleine campagne , pendant qu'il fait un grand vent , ce vent ne pourra en
tranfporter ailleurs qu'une fi petite quantité , qu'il ne fera pas poffible qu'on
puiffe la regarder comme une pluie de lait , fi tant eft même que ce phénomene ait jamais été obfervé.

Il paroît encore plus impoffible qu'il puiffe tomber une pluie de chairs ou
de veaux ; quoique je ne nie point qu'un ouragan , une trombe de mer , ne
puiffe enlever un veau dans la campagne , & le porter dans un autre lieu ,
comme il eft arrivé en 1750 dans un Bourg nommé Berkoude , & dont je fe-
rai mention ci-deffous ; mais auffi ne peut on point donner le nom de pluie
à ces fortes de phénomenes : car fans cela on pourroit dire qu'il pleut des
maifons, des toits , des folives ; puifque les grands vents viennent à bout de
détruire toutes ces chofes , & de les tranfporter quelquefois à de très grandes
diftances.

§. MMCCCLXXI. Comme la pluie entraîne avec elle toutes les ordures
qu'elle rencontre dans l'air qu'elle traverfe , on remarque que l'air eft fort
pur & fort clair après la pluie ; de forte qu'on peut alors voir fort diftinctement les objets à une diftance confidérable : les couleurs des plantes paroiffent auffi beaucoup plus vives , & toute la nature paroît être comme ra-
jeunie.

(1) Hift. de l'Acad. Roy. ann. 1744.
(2) Livius in Lib. 27. cap. 37. Mercatus Metallotheca Vatic. p. 248.
(3) Morton Hiftor. of Northamptonshire. Cap. 5. p. 340.
(4) Traité de Phyfiq. Tom. 3. p. 387.
(5) Jofua, Cap. 10. verf. 11.
(6) Livius , Lib. 3. cap. 10. Valer. Maxi. Lib. 1. cap. 6. exemp. 6.
(7) Hieronymus in Chronic. ad ann. 367. Regnante Valentiano.
(8) Del Porta Morton in Hift. Natur. Northampt. Cap. 5. pag. 338 , 339.
(9) Avicenna.

Tome III.   S s

§. MMCCCLXXII. Les gouttes de pluie font des bulles rondes, dont la groffeur eft différente. Il eft rare qu'on en trouve dans ce Pays dont le diametre ait plus d'$\frac{1}{4}$ de pouce rhenan, à moins qu'il ne tombe de ces groffes pluies d'orage, dont on dit que les gouttes font groffes comme le pouce (1). La groffeur des gouttes de pluie dépend de la force attractive des parties de l'eau, & de la plus grande ou de la plus foible réfiftance de la maffe d'air qu'elles traverfent.

§. MMCCCLXXIII. Pourquoi les gouttes de pluie tombent-elles quelquefois fi proches les unes des autres, & quelquefois laiffent-elles de très grandes diftances entr'elles ? Ce dernier effet ne viendroit-il pas de ce que la nuée qui les forme fe refferreroit, fe condenferoit lentement. 2°. De ce que cette nuée feroit elle-même un peu denfe. 3°. De ce qu'elle auroit peu d'épaiffeur ; car, dans cette hypothefe, les petites parties qui tomberont les unes fur les autres, ne formeront que quelques gouttes éloignées les unes des autres : au contraire, la denfité de la pluie ne viendroit-elle pas de ce que les nuées qui la forment feroient promptement converties en eau par un vent rapide qui les comprimeroit. 2°. De ce que ces nuées feroient elles-mêmes fort denfes. 3°. De ce qu'elles auroient beaucoup d'épaiffeur.

§. MMCCCLXXIV. Pourquoi les gouttes de pluie font-elles plus groffes en été & plus éloignées les unes des autres, tandis qu'elles font plus petites en hiver, & moins éloignées les unes des autres ? Ces différens effets dépendent de la différente denfité & réfiftance que ces gouttes éprouvent de la part de l'air qu'elles traverfent. En effet, l'air eft moins denfe & réfifte moins pendant l'été que pendant l'hiver.

§. MMCCCLXXV. Quoique la pluie tombe des nuages les plus élevés, elle ne tombe cependant pas avec toute la vîteffe que la pefanteur devroit lui imprimer, & cela par rapport à la réfiftance qu'elle éprouve de la part de la maffe d'air qu'elle traverfe : cette réfiftance fait qu'elle arrive fur la furface de notre globe avec une vîteffe beaucoup moindre que celle qu'elle devroit avoir. Cette diminution de vîteffe n'eft pas un petit avantage ; car elle garantit les parties les plus délicates des plantes des impreffions trop vives que feroient fur elles les gouttes de pluie, fi elles jouiffoient de toute la vîteffe qui leur eft due ; vîteffe fuffifante pour les détruire. En effet, le célebre *Pitot* a démontré qu'une goutte de pluie, dont le diametre —

$$\frac{1}{10,000,000,000}$$ de pouce cubique, & qui tombe dans un air tranquille, parcourt en une m″ $4\frac{7}{16}$ pouces, & que cette goutte parcourt cet efpace d'un mouvement uniforme & non accéléré (2).

§. MMCCCLXXVI. Pourquoi ne pleut-il que des vapeurs, ou de l'eau, & jamais, ou très rarement, des exhalaifons ? Cela vient de ce qu'il y a dans l'air beaucoup plus de vapeurs que d'exhalaifons. Ajoûtez à cela que les vapeurs fe réuniffent bien plus facilement en gouttes, & lorfqu'elles tombent enfuite, elles entraînent avec elles les exhalaifons qu'elles rencontrent

(1) Acta Lipf. Supplement. Tom. 1. pag. 425. (2) Hift. de l'Acad. Roy. ann. 1728.

fur leur paſſage. Au contraire, les exhalaiſons s'embrâſent pour l'ordinaire, & ſe conſomment.

§. MMCCCLXXVII. Il n'y a point de tems fixe en Hollande pour la pluie; elle y tombe en différens tems, & fort irrégulierement. Additionnant la quantité de pluie qui tombe pendant pluſieurs années, & diviſant cette ſomme par le nombre des années, on trouve pour quotient un terme moyen, qui indique la quantité moyenne de pluie qui tombe dans un endroit pendant le cours d'une année : or on trouve que ce terme moyen differe non ſeulement pour les différentes régions, mais encore pour les différentes Villes d'une même région. La quantité moyenne de pluie qui tombe à Utrecht dans l'eſpace d'un an, = 24 pouces rhenan. A Leyde, = 29 $\frac{1}{5}$. A Harlem, = 24 pouces. A La Haye, = 27 $\frac{1}{2}$. A Delft, = 27. A Dordrecht, = 40 pouces. A Middelbourg, en Zéelande, = 33 pouces. A Zuider-Zée, = 27 pouces. A Hardewick, = 27 pouces. A Paris, = 20 pouces meſure de Paris. A Lyon, = 37 pouces. A Rome, = 20 pouces. A Padoue, = 37 $\frac{1}{2}$. A Piſe, = 34 $\frac{1}{2}$. A Zurich, en Suiſſe, = 32. A Ulm, = 26 $\frac{1}{6}$ pouces rhenan. A Wittemberg, = 16 $\frac{1}{2}$. A Berlin, = 20 pouces rhenan (1). A Lancaſtre en Angleterre, = 41 pouces de Londres. A Upminſter, = 19 $\frac{1}{2}$. A Plimouth, = 30,909 pouces de Londres. A Edimbourg, = 22,518 pouces (2). A Upſal en Suede, = 15 pouces. A Alger en Afrique, = 27 où 28 pouces de Londres (3). A Madere, = 31 pouces de Londres. A Charles Town en Amérique, = 51 pouces de Londres. Pour acquérir une connoiſſance exacte ſur cette matiere, il faudroit faire de ſemblables obſervations dans tous les endroits de la terre; &, à l'aide de pareilles obſervations, on pourroit connoître les années qui ſeroient plus ſeches ou plus humides les unes que les autres, ſuivant qu'il ſeroit tombé plus ou moins de pluie; & à la ſuite de pluſieurs années, on pourroit, en retournant à un tel journal, qu'on conſerveroit avec ſoin, on pourroit, dis-je, ſavoir s'il y a un certain cercle d'années ſeches & humides, & on prévoiroit par ce moyen, ſi l'année ſuivante ſeroit ſeche ou humide. La différence qu'on remarque dans la quantité de pluie qui tombe en différens endroits, dépend du voiſinage des mers, des lacs, des fleuves, des inondations, des montagnes, des plaines & des forêts; elle dépend auſſi des vents, de la chaleur, & de la quantité de vapeurs qui s'élevent du ſein de la terre, ou des eaux voiſines, & de pluſieurs autres cauſes qui concourent auſſi à cet effet.

§. MMCCCLXXVIII. Les avantages que nous retirons de la pluie, ſont,

1°. D'humecter & de ramollir la terre qui ſe trouve deſſéchée & durcie par l'ardeur du ſoleil; la terre ainſi humectée, devient fertile & propre à fournir à la nourriture des plantes. La pluie froide qui tombe dans l'été, & qui eſt accompagnée d'un vent de Nord, ainſi que la pluie froide qui tombe pendant la nuit, & qui eſt ſuivie dans l'été d'un jour froid, ſont celles qu'on

(1) Acta Berolin. Vol. 5. p. 113. (2) Medical Eſſays. Vol. 5. p. 39. (2) Thom. Saw Travels to Barbary. p. 219.

regarde comme les plus propres à procurer de la fertilité à la terre. Au contraire, ces pluies tiédes, qui tombent, foit pendant le jour, foit pendant la nuit, font regardées comme infertiles, & fouvent même comme nuifibles aux plantes. Il fuit de-là qu'il ne faut jamais arrofer les plantes dans le milieu du jour, & qu'il ne faut point les arrofer avec de l'eau échauffée par le foleil; mais qu'on ne doit les arrofer que le foir, & avec de l'eau froide. C'eft pour cette raifon qu'on remarque ordinairement en Hollande, que l'année eft ftérile lorfqu'il pleut beaucoup pendant les mois de Juin, Juillet & Août, & que ces fréquentes pluies tombent pendant le jour ; parcequ'alors ces pluies font chaudes, & elles pourriffent les plantes. Mais lorfque la pluie eft abondante dans les mois d'Avril & de Mai, & qu'elle tombe pendant la nuit, cette pluie produit une très grande fécondité : l'herbe fur-tout croît abondamment dans les prairies, & procure beaucoup de lait aux vaches.

2°. Lorfque la pluie tombe fur de hautes montagnes, elle entraîne avec elle une terre molle, friable, qu'elle dépofe dans les vallées où elle fe précipite, & qu'elle fertilife; cette eau fe dégorge encore dans des fleuves, & entraînant avec elle du limon qu'elle y depofe, elle y produit çà & là de petites ifles très fertiles : ce limon en éleve le fond; & comme les fleuves fortent fouvent de leur lit, le limon de ces eaux fe répandant fur les terres inondées, les fertilife, ainfi qu'on en peut juger par le Nil, & par d'autres fleuves : par ce même moyen la hauteur des montagnes diminue, les vallées fe rempliffent, les embouchures des fleuves qui fe rendent à la mer fe trouvent à une grande diftance, ainfi qu'on en peut juger par celles du Nil, du Rhin, & de la Meufe qui eft en Hollande.

3°. La pluie lave & purge l'air de toutes les ordures qui pourroient être nuifibles à la refpiration, ou qui pourroient être inutiles; elle les entraîne avec elle, & elle les précipite fur la furface de la terre; de forte qu'il y a un cercle continuel d'exhalaifons qui s'élevent de la furface de la terre dans l'atmofphere, & qui retombent de l'atmofphere fur la furface de la terre.

4°. La pluie modere la chaleur de l'air près notre globe ; car elle tombe toujours, en été, d'une région de l'air plus haute & plus froide. C'eft pour cela que nous remarquons toujours que l'air devient plus froid en été proche la furface de la terre, lorfqu'il eft tombé de la pluie.

5°. C'eft à la pluie qu'il faut rapporter l'origine des puits, des fontaines, des lacs, des rivieres, & conféquemment des fleuves, quoique cependant la pluie n'en foit point l'unique caufe : c'eft pour cette raifon que, lorfque la féchereffe regne pendant long-tems, les puits, les fontaines, & les fleuves tariffent. L'été de 1719 fut très fec, & je remarquai que le Rhin devint fi bas, qu'il ne put point porter dans toute l'Allemagne; prefque tous les puits & les ruiffeaux qui s'y jettent étoient taris : on paffoit alors à gué la Roër, près de Duisbourg, & la Lippe, près de Vefel. Pareillement les fleuves de la partie fupérieure de l'Allemagne étoient à fec. Les années 1654, 1655, 1656, ayant été fort feches, les pluies ayant été très rares pendant l'été, & la neige pendant l'hiver, on remarqua en Bretagne que plufieurs fontaines, qu'on avoit jufqu'alors regardées comme intariffables, étoient taries (1).

(1) Wittie Scarborough Spaw. p. 97.

Raye a auffi obfervé dans le même Pays, que plufieurs puits tárirent en 1724 & 1725, qui furent deux années feches (1). D'où il fuit que la pluie eft la principale caufe des fontaines & des fleuves. Néanmoins les vapeurs concourent encore à cet effet ; car ces vapeurs, qui font froides pendant la nuit, font emportées par les vents, & jettées contre des montagnes ; elles s'y réuniffent, fe convertiffent en eau qui coule enfuite vers les lieux bas, & fournit à l'entretien des fontaines & des fleuves, au delà de ce qu'on pourroit imaginer : c'eft pour cette raifon qu'on remarque des fontaines qui ne font pas beaucoup au deffous du fommet des collines. De plus, les eaux de la mer peuvent fe filtrer dans le fable & y dépofer leur bitume & leur falure. Cette eau ainfi purifiée, coule dans les canaux fouterrains qu'elle rencontre ; & comme elle eft fpécifiquement plus légere que l'eau falée, elle s'éleve à quelqu'hauteur au-deffus de la furface de la mer, & forme des fontaines dans des endroits élevés. Plufieurs Phyficiens anciens & modernes font de ce fentiment, fur-tout lorfqu'il s'agit d'expliquer pourquoi certaines fontaines ne tariffent jamais ; car il eft conftant que les autres & les torrens dépendent de la pluie, ainfi que *Lucrece* le décrit fort élégamment (2).

Le célebre Robert *Hooke*, *Rob. Plott*, *Sympfon*, dans fon Hydrologie Chymique, & quantité d'autres dont *Wittie* fait mention, font de cet avis, ainfi que le célebre *Joh. Bernouilli.* Pour concevoir cette idée, fuppofons que D E F [*Tab.* 59. *fig.* 5.] foit le baffin de la mer, qui contient une eau falée, que C E foit un canal fouterrain rempli de fable, à travers lequel fe filtre l'eau de la mer ; que A B foit un conduit qui s'éleve en ferpentant jufques vers le fommet d'une montagne, & dans lequel monte l'eau filtrée. Cela pofé, il faut que la hauteur A B foit à la hauteur D E, comme la gravité fpécifique de l'eau falée contenue en D E, eft à la pefanteur fpécifique de l'eau douce, comprife en AB ; c'eft-à dire, : : 1030 : 1000. Suppofons donc que la hauteur de l'eau falée exprimée par D E = 100000 pieds, la hauteur de l'eau douce comprife dans la conduite A B, fera = 103000 pieds ; c'eft-à dire, que A G fera de 3000 pieds au-deffus de la furface de la mer. Par ce moyen l'eau de cette fontaine coulant dans un fleuve, fe rendra à la mer, & reviendra par les mêmes canaux remplir cette fontaine, & par ce moyen on aura une continuelle circulation d'eau. Je doute cependant que l'eau douce puiffe s'élever ainfi jufqu'au fommet des plus hautes montagnes, où on trouve néanmoins des fontaines. En effet, fi la profondeur de la mer, étant = 100000 pieds, l'eau filtrée & dulcifiée ne s'éleve qu'à la hauteur de 3000 pieds au-deffus de la furface de la mer, mon doute fera pleinement juftifié ; car nous fommes pleinement convaincus qu'on trouve des fontaines fur des montagnes à la hauteur de 12000 pieds & au-delà : & c'eft pour cette raifon que je regarde comme très certain, que ces fontaines doivent leur origine à la pluie & aux nuages qui fe déchargent dans leur baffin.

Je ne nie point cependant que l'eau de la mer, en fe filtrant & en fe faifant jour par des canaux fouterrains, ne foit la caufe de plufieurs fontaines : la preuve en eft manifefte ; car on remarque quelquefois de petits ruiffeaux qui paroiffent dans les grandes marées dans les endroits où on n'en voyoit aupa-

____

(1) Phyfico Theolog. Dif. 89. (2) Lucretius. Lib. 6. v. 633.

ravant aucun veſtige , & on remarque que ces ruiſſeaux ſe tariſſent & demeurent à ſec lorſque les marées ſont baſſes (1). Au moins c'eſt une remarque
qu'on fait dans le Groenland; il peut ſe faire auſſi que le feu ſouterrain con-
vertiſſe en vapeurs, les eaux de quelques cavernes , & que ces vapeurs élevées ſoient arrêtées par les voûtes des rochers , où elles ſe convertiſſent en
eau , qui, coulant par les fentes qu'elle rencontre , fournit à l'entretien des
plus hautes fontaines ; de ſorte qu'il paroît qu'il y a pluſieurs cauſes qui concourent à l'origine des fontaines. Les obſervations de pluſieurs Phyſiciens leur
ont appris que les fontaines ne lançoient point leurs eaux au-deſſus du ſommet
des montagnes. *Martin* a viſité lui-même les montagnes de Suſſex , Surry ,
Hampshire, Bukingamshire, Berkshire, Glouceſtershire , Wiltshire, So-
merſetshire. Le célèbre *Caſwel* a parcouru les montagnes de la principauté
de Galles ; & aucun de ces Obſervateurs n'a trouvé de fontaines dont les
eaux jailliſſent au deſſus du ſommet des montagnes (2). Ils n'ont même trouvé
aucune fontaine ſur le ſommet des montagnes , quoique pluſieurs l'aient prétendu. Les fleuves qui reçoivent en certains tems marqués une quantité
abondante de pluie, ſe gonflent , débordent , inondent les terres, les arroſent , les fertiliſent, & les rendent propres à nourrir les plantes qu'on leur
confie : c'eſt par ce moyen que certaines terres deviennent fertiles , qui ſeroient ſtériles dans une diſette de pluie. Le Nil produit un pareil effet en
Egypte , le Niger en Afrique, la riviere nommée Inopus dans l'Iſle de Delos,
le fleuve Mygdonius dans la Méſopotamie : il arrive ſouvent , mais ſur-tout
lorſque la chaleur eſt grande, qu'il ne tombe aucune pluie pendant l'eſpace
de 4 à 5 mois ſur les côtes de Coromandel; mais dans ce tems il y aborde
une très grande quantité d'eaux qui viennent du Royaume de Chirangapat-
nam dans les Indes. Les Laboureurs & les Cultivateurs ont ſoin de détourner ces eaux dans leurs terres, & de les y faire pénétrer juſqu'à la profondeur de deux pieds; ils les font enſuite couler de maniere qu'elles vont ſe
décharger dans le Gange , & par ce moyen ils parviennent à fertiliſer des
terres qui ſeroient ſtériles pendant toute l'année. Quiconque ſera curieux de
connoître la plus grande partie des différens ſentimens des Philoſophes ſur
l'origine des fontaines , pourra conſulter *Sam. Dale* , *Appendix at the Hiſ-
tory of Harwich.*

§. MMCCCLXXIX. Les Fontaines nous font obſerver différens phénomenes; il y en a quelques unes qui ne tariſſent jamais : & voici de quelle
maniere nous concevons ce phénomene. Suppoſons que A B C D E [*Tab.* 59.
fig. 6.] repréſente la croupe d'une montagne ; la pluie qui tombe ſur cette
croupe , s'écoule par les fentes de la terre , & par celles qui ſe trouvent dans
toute l'étendue du rocher, & qui ſont ici repréſentées par B F, C G, D H,
L K : ces eaux ſe raſſemblent par ce moyen dans un grand baſſin , ou dans un
antre F G H K M I, tels qu'on en obſerve ordinairement dans l'intérieur des
montagnes.

Suppoſons que ce baſſin , ou cet antre , ait un conduit étroit K E, creuſé
dans le rocher , & qui, traverſant ſon épaiſſeur , permette à l'eau de s'écouler par l'orifice extérieur E : or comme nous ſuppoſons que ce baſſin , ou çet

(1) Hans Egede von Groenland. (2) Martin Phil. Britann. Vol. 1. p. 263.

antre, a une très grande capacité , & qu'il eſt rempli d'eau, il eſt conſtant qu'il ne peut point être parfaitement évacué par l'orifice E, même pendant le cours d'une année ; il peut donc fournir continuellement à l'entretien d'une fontaine : mais pendant cet eſpace de tems il tombe encore de nouvelles pluies, leſquelles, après avoir réparé les pertes du réſervoir , & après l'avoir rempli , ainſi que les fentes B, C, D, L, coulent ſur la déclivité de la montagne, & viennent en arroſer le pied & toutes les parties inférieures.

2°. Suppoſons maintenant que le baſſin F G H K M I ſoit petit , & qu'il ne recueille qu'une certaine quantité d'eau de pluie , qui y pénetre comme dans le cas précédent, par les ouvertures & les fentes déja indiquées ; ſuppoſons auſſi que la conduite par où l'eau de ce baſſin s'écoule ſoit plus grande, ainſi que ſon ouverture extérieure E, l'eau du baſſin s'écoulera par cette conduite : & s'il ne ſurvient point de nouvelle pluie pour réparer cette perte , toute l'eau du baſſin coulera par l'ouverture E, & laiſſera le baſſin à ſec. Suppoſons qu'il pleuve enſuite : or avant que l'eau de la pluie ait rempli les fentes & ſe ſoit retirée dans le baſſin, il s'écoulera un certain nombre de jours, plus ou moins , ſuivant que ces fentes ſeront plus ou moins grandes, ſelon la conſtitution du terrein, ou enfin ſelon la profondeur plus ou moins grande de l'eſpace que l'eau aura à parcourir ; & par conſéquent le lendemain , ou deux, trois ou pluſieurs jours après, le baſſin fournira à l'écoulement de l'eau : & c'eſt ce qui fait qu'il y a des fontaines qui coulent ſouvent dans des tems ſecs , & qui ne coulent point les jours de pluie ; puiſque lorſqu'elles ſont une fois taries , & qu'il pleut enſuite pendant un ou deux jours, elles ne ſont point encore ſuffiſamment remplies pour fournir à l'écoulement de l'eau , & qu'il faut quelquefois 2, 3, ou même pluſieurs jours, pour les remplir au point de pouvoir fournir à cet écoulement. Ainſi on voit des fontaines qui coulent lorſque la pluie a ceſſé , & que le tems eſt devenu ſec, ces fontaines continuent alors à couler pendant 6, 7, 8 , ou pluſieurs jours, tandis que la ſéchereſſe regne ; mais nous ne voyons gueres en Europe plus de 10 à 12 jours ſecs & ſans pluie , & pendant ce tems ces ſortes de fontaines s'épuiſent : il pleut enſuite , & pendant ce tems ces fontaines ne coulent point , ainſi que nous venons de le dire précédemment. On appelle ces ſortes de fontaines intermittentes.

3°. Il y a encore d'autres eſpeces de fontaines qui jailliſſent & qui ceſſent de jaillir dans des tems déterminés : on appelle ces ſortes de fontaines *réciproques*. En voici la conſtruction.

Suppoſons un baſſin X O P, dans lequel s'ouvre un canal N O, par lequel ce baſſin ſe remplit ; ſuppoſons outre cela, qu'il y ait des crevaſſes, des fentes par leſquelles l'eau de la pluie pénetre dans ce baſſin : ſuppoſons maintenant un canal S T V, qui s'éleve en T, ſe termine extérieurement en V vers la ſurface de la terre, & qui prenne ſon origine vers la partie inférieure S, & intérieure du baſſin. L'eau qui ſe fait jour & qui pénetre dans ce baſſin, s'y amaſſe & s'y accumule juſqu'à la hauteur Q R T, avant de pouvoir ſurpaſſer la croſſe ou la courbure T du canal ; mais lorſqu'elle eſt parvenue à cette hauteur, elle coule de T en V : & dès qu'elle a commencé à couler de T en V, elle continue à couler vers V ; parcequ'on doit regarder S T V comme un ſyphon, dont les branches ſont inégales, la branche S T étant la

plus courte, & la branche T V étant la plus longue & la plus baffe. Cela
pofé, fi le canal S T V eft plus large & plus ample que le canal N Q, qui
conduit l'eau dans le baffin, il fortira une plus grande quantité d'eau par l'o-
rifice V, qu'il n'en entrera dans le baffin par le moyen du canal N Q, le
baffin s'évacuera donc infenfiblement, & l'orifice S demeurera à découvert:
il paffera donc alors de l'air par cet orifice, qui pouffera devant lui l'eau du
canal S T V, & qui l'évacuera, & la fontaine ceffera de couler; mais pendant ce tems, le canal N Q continue toujours à porter de l'eau dans le baffin, qui doit encore être rempli jufqu'à la même hauteur Q R T, pour que
l'écoulement puiffe avoir lieu par l'orifice V: mais auffi dès que ce baffin fera
fuffifamment rempli, l'écoulement de l'eau aura lieu de nouveau, comme
précédemment; & voici la raifon pour laquelle on trouve de ces fontaines
réciproques, qui coulent pendant des tems fixes, & qui ceffent pareillement
de couler pendant un tems déterminé.

§. MMCCCLXXX. La pluie peut auffi caufer quelques dommages.
1°. Lorfqu'une trop grande quantité de pluie tombe dans un endroit.
2°. Quand il pleut trop fréquemment, & que l'atmofphere eft trop refroidi.
3°. Lorfque les pluies tombent hors de faifon, comme, par exemple, dans
le tems de la moiffon, ou dans le tems que les moiffons doivent prendre
leur maturité: en effet, ces fortes de pluies gâtent la moiffon; elles font germer les grains qui font en maturité. 4°. Les pluies trop abondantes gâtent
les chemins, font déborder les fleuves; elles arrachent les plantes, elles déracinent les arbres, les vignes, elles font mourir les beftiaux, & elles recu-
lent le tems des femences.

Des trombes de mer.

§. MMCCCLXXXI. Il arrive quelquefois que deux vents à-peu-près paralleles, foufflent en fens contraire, à peu de diftance l'un de l'autre, & que
venant à rencontrer une ou plufieurs nuées qui fe trouvent fur leur paffage,
ils les pouffent & les compriment; ce qui fait que quelques-unes de leurs
parties fe convertiffent en eau. Ces vents continuant d'avancer un peu à côté
l'un de l'autre, ils font tourner avec rapidité les nuées qu'ils compriment,
de même que deux puiffances appliquées à la circonférence extérieure d'une
roue, feroient auffi tourner cette roue, fi elles preffoient l'une contre l'autre, & felon des directions contraires. Les deux vents eux-mêmes fe meuvent circulairement de même que la nuée qu'ils embraffent; & cette partie
de la nuée entourée, étant mue circulairement, forme une efpece de tourbillon, fe condenfe & fe convertit en une pluie fort épaiffe, qui tombe par
fa propre gravité, & prend, dans fa chûte, la figure d'une colonne, tantôt
conique, tantôt cylindrique, qui tourne fur elle-même avec beaucoup de
rapidité: cette colonne, ainfi que je l'ai obfervé, tient toujours en haut par
fa bafe, à l'autre partie de la nuée noire & épaiffe, tandis que la pointe eft
tournée vers la terre. On donne différens noms à ces fortes de colonnes;
on les nomme en François trombes de mer, en Hollandois eenhoos, en Anglois waterspout, &c.

§. MMCCCLXXXII. *Lucrece* nous a donné une defcription très élégante
de

de ces sortes de colonnes (1). Nous en avons encore plusieurs autres descriptions (2), qui nous apprennent que ces sortes de colonnes sont de différentes épaisseurs : il y en a qui n'ont à peine qu'une toise de diametre, souvent elles sont de 4 à 5 toises : on en a vu qui en avoient 50 & plus [*Tab. 60. fig. 4.*] (3). Lorsque ces colonnes sont pleines d'eau, & qu'elles sont très épaisses, elles sont en même-tems très limpides ; au contraire lorsque la pluie qu'elles versent est rare, & que ses parties sont écartées les unes des autres, alors la colonne paroît blanche, mais trouble, ou de couleur cendrée tirant sur le violet : on en a vu qui étoient creuses intérieurement & vuides d'eau ; parceque la force centrifuge pousse hors du centre les parties internes qui se meuvent alors d'un mouvement rapide & circulaire, avec lequel le tourbillon est emporté comme autour d'un axe. La surface interne qui est creuse ressemble assez bien à une vis d'Archimede a a, à cause de l'eau qui tombe par son propre poids, & qui, étant en même-tems tournée avec beaucoup de rapidité, fait effort pour se jetter en-dehors par sa force centrifuge, ou pour s'éloigner davantage du centre du mouvement : plusieurs parties aqueuses se détachent de la circonférence extérieure de la colonne, & se combinant avec le vent, elles forment comme une espece de fumée. Ces parties venant ensuite à tomber sur la mer ou sur terre, produisent une pluie fort épaisse, dont l'étendue est encore plus considérable que celle de la colonne d'où elles partent.

Ces trombes forment quelquefois une colonne droite suspendue perpendiculairement à l'horison [*Tab.* 60. *fig.* 1. 2. 3. 4.] ; dans ce cas cette colonne n'est point repoussée par le vent, elle n'est maîtrisée que par sa seule pesanteur, & elle conserve sa direction perpendiculaire : quelquefois cette colonne est oblique & inclinée ; ce qui vient de l'action du vent qui la maîtrise vers sa partie supérieure : quelquefois elle paroît courbée dans une partie intermédiaire de sa longueur ; ce qui dépend de la hauteur selon laquelle le vent l'agite & la maîtrise. On en a vu quelquefois qui devenoient plus minces dans un endroit, s'épaississoient ensuite pour devenir encore plus minces inférieurement ; de même qu'il arrive à une goutte d'eau suspendue qui se divise pour tomber : on en a vu qui se divisoient vers le milieu ; alors leur partie inférieure séparée du reste de la colonne, se précipite dans la mer ; mais elle est bien-tôt reproduite par la nuée qui fournit de nouvelles parties à cette colonne pour remplacer celles qu'elle vient de perdre.

Si l'un des deux vents qui agissent contre cette colonne devient supérieur à l'autre, & qu'il souffle avec plus de violence, il maîtrise la colonne, & on la voit flotter à son gré au-dessus de la mer & de la terre ferme (4). Si cette colonne demeure suspendue au-dessus de la mer, & qu'elle descende presque jusques vers sa surface, on voit alors une petite colonne B qui s'éleve de la mer, & qui va à la rencontre de la colonne suspendue : l'élévation de cette petite colonne dépend en partie du vent, qui forme comme une espece de tourbillon autour de la trombe, & qui, par son mouvement rapide, emporte

(1) Lucretius. Lib. 6. v. 423.
(2) Journ. des Sav. ann. 1682, p. 162 & 143. Hist. de l'Acad. Roy. ann. 1727.
(3) Philos. Transf. n. 454. p. 229.
(4) Philos. Transf. n. 493. p. 248. Philos. Transf. Vol. 47. pag. 477.

l'eau de la mer, & l'oblige de s'élever; elle dépend aussi en partie de la cavité intérieure de la trombe, qui ne contient autre chose qu'un air fort raréfié; puisque les parties aqueuses s'éloignent continuellement du centre par la force centrifuge qui les maîtrise, & que l'air qui s'insinue dans cette cavité, soumis à la même force centrifuge, s'en éloigne aussi, & conséquemment s'y trouve très raréfié. Cela posé, la pression que l'atmosphere déploie contre la surface de la mer, oblige les colonnes d'eau qui répondent à cette cavité à s'y porter : l'air compris entre la surface de la mer & la trombe s'y porte aussi avec véhémence, comme on en peut juger par les corps légers qu'il emporte avec lui, & qu'il éleve dans le milieu de ce tourbillon; mais comme cette trombe verse de tous côtés une quantité d'eau abondante qui tombe autour de la petite colonne qui s'éleve de la mer, la chûte de cette eau, jointe aux particules aqueuses qui s'élevent de la mer, forme comme une espece de bruine C, & comme le vent qui se meut circulairement autour de la trombe, agit contre la surface de la mer, la presse & l'agite; il éleve les différentes parties de cette surface, de sorte qu'elle forme de gros bouillons.

Pareillement lorsqu'une trombe répond à la surface de la terre, & qu'elle s'est abaissée au point de toucher cette surface, cette trombe paroît sous la forme d'une nuée bouillonnante; ce qui vient de la poussiere qui est alors agitée en forme de tourbillon, & des parties aqueuses qui rejaillissent de dessus la surface de la terre, & qui se relevent vers la trombe en se mêlant avec la poussiere, ainsi que de la pluie qui tombe alors, & qui entoure de tous côtés, & fort au loin, toute la circonférence du tourbillon. Comme l'eau que cette trombe verse tombe avec un mouvement accéléré, elle tombe de la même maniere que l'eau qui sort par l'orifice d'un bassin, & qui forme un jet qui va toujours en diminuant, à proportion qu'il devient plus long, & qu'il est plus proche de la surface de la terre : c'est aussi pour cette raison que la partie inférieure d'une trombe est très mince, tandis que sa base est très étendue à l'endroit où elle adhere & où elle communique avec la nuée.

Cette colonne qui paroît suspendue à une nuée, ne se détruit point tout-à-coup, quoique ses parties paroissent devoir être emportées de tous côtés par la force centrifuge qui les maîtrise; ce qui vient de ce que les parties aqueuses qui s'éloignent du centre remplissent un espace mitoyen, conjointement avec l'air raréfié qui se trouve renfermé dans cet espace : par ce moyen l'air extérieur qui entoure cette colonne, étant plus dense & plus pesant, la comprime de toutes parts vers le centre, la resserre & la retient; de sorte qu'il ne s'en échappe que quelques parties aqueuses; savoir, celles dont la force centrifuge est plus considérable que la pression de l'air extérieur : cette colonne ne peut point se précipiter dans la mer plus promptement que la pluie; au contraire même elle doit employer plus de tems pour y tomber, eu égard au mouvement dont elle jouit, qui se fait selon une ligne spirale.

§ MMCCCLXXXIII. Les trombes causent des dégâts & de grands dommages sur tous les corps sur lesquels elles tombent, elles mettent la terre à nud, elles brisent, elles renversent avec fracas tout ce qu'elles rencontrent :

par exemple, les édifices, les murs, les grands arbres, les vaisseaux, les
sommets des tours, résistent moins à leur action qu'à celle des vents les plus
impétueux ; ce qui vient de ce que l'eau est près de mille fois plus pesante
que l'air, & de ce que ses molécules sont extrêmement dures : & par conséquent lorsqu'elles se meuvent avec une grande vîtesse, elles acquerent de
très grandes forces, auxquelles on ne connoît presque rien qui puisse résister. Ces trombes entraînent donc avec elles de grosses branches d'arbres,
des pierres, des roseaux, du gazon, du foin, & elles jettent & vomissent
çà & là tous ces corps après les avoir entraînés : elles causent des inondations par tout où elles tombent, par la prodigieuse quantité d'eau qu'elles y
répandent, & on a même observé qu'elles lançoient quelquefois de la
grêle (1) ; ce qui arrive lorsqu'elles passent à travers un air très froid, ou
lorsqu'elles se forment dans une partie très élevée de l'atmosphere, savoir
dans celle que nous avons déja indiquée comme la région de la glace.
On a observé le 24 du mois de Juin, en l'année 1750, une trombe qui se
forma dans un tems d'orage, lorsque le tonnerre grondoit ; cette trombe
tomba dans un Bourg nommé Berkoude : elle abattit un mur, elle enleva le
toit d'une maison, elle transporta un bœuf, une genisse, & un bouc d'un
champ dans un autre ; elle enleva une barque qui étoit dans un fossé, & elle
la porta sur la terre ; elle déracina un sureau. *Thevenot* a observé que ces sortes de trombes produisent quelquefois un son sourd, semblable à celui que
forme un torrent rapide qui roule ses eaux avec impétuosité dans un vallon
très profond, & au milieu duquel on distingue un son plus aigu, qui imite
le sifflement d'un serpent. J'ai observé moi-même à Leyde, en 1715, une
trombe immense, dont je n'étois pas éloigné de plus de 30 pieds ; cette
trombe produisoit un son terrible, semblable à celui d'une mer violémment
agitée, & en même-tems à celui de plusieurs chars qui seroient entraînés
rapidement sur des cailloux ; ce qui venoit du mouvement rapide de tourbillon, dont l'air ambiant, ainsi que celui de la trombe, étoit agité, & de
son action sur les corps qu'il frappoit & qu'il renversoit. Ce son continue &
ne cesse point, pour l'ordinaire, que la nuée ne soit tout-à-fait dissipée, ou au
moins qu'elle ne soit beaucoup diminuée. Plus la trombe est grande, &
plutôt elle se dissipe ; parceque toute la nuée se confond avec elle : personne
n'a observé de trombe qui ait subsisté pendant l'espace d'un jour, ni même
pendant une heure, tant est grande sa vîtesse & la promptitude avec laquelle
elle se dissipe.

On observe de ces phénomenes dans tout l'Univers ; ils arrivent cependant plus fréquemment sur la Méditerranée, en Syrie, auprès de Laodicée,
de Greego, & du mont Carmel, suivant les observations de *Thom.
Shaw* (2).

Nos Pêcheurs en ont cependant souvent observé dans la mer d'Allemagne.
Lorsque les Marins voient une trombe qui s'approche d'eux, ils la canonnent
& lancent contre elle de très gros boulets de fer ; par ce moyen ils la détrui-
sent très promptement : car sans cela elle pourroit leur faire faire naufrage.

(1) Hist. de l'Acad. Roy. ann. 1727. (2) Travels to Barbary. p. 362.

T t ij

Nous ne connoiſſons aucune utilité à ces ſortes de phénomenes; mais nous connoiſſons quantité d'accidens qu'ils occaſionnent, & quantité de ravages qu'ils cauſent ſur notre globe.

§. MMCCCLXXXIV. On obſerve encore d'autres eſpeces de trombes qui ne doivent point leur origine aux nuées; ce ne ſont que des eſpeces de colonnes d'eau, qu'un vent doué d'un mouvement de tourbillon éleve de la ſurface de l'eau juſqu'à une certaine hauteur : ce vent emporte avec lui ces colonnes, & les pouſſe d'un lieu dans un autre, peu éloigné, à la vérité, de l'endroit où elles prennent leur origine; ces colonnes retombent enſuite par leur propre poids, ou ſur terre, ou dans l'eau. On obſerva un ſemblable phénomene, le 24 Juin de l'année 1754, à 2 heures après midi, dans le voiſinage de Harlem; l'eau de Spara s'élevoit à la hauteur de 50 à 60 pieds, elle tomba enſuite ſur des maiſons auprès de Paul-Longo : elle en écraſa les toits, elle en briſa les fenêtres, & tout ce dommage ſe fit dans l'eſpace d'une minute.

Kalſénius nous a donné une très belle deſcription d'un ſemblable phénomene, qu'il obſerva en 1725 à Moklinta; cette trombe, qui s'élevoit du lac, s'étendit juſqu'à ¼ de mille ſur terre, où elle cauſa de très grands dommages (1).

Dampierre obſerva ſur la mer Pacifique une ſemblable trombe, qui s'élevoit à la hauteur de 6 à 7 toiſes, qui étoit accompagnée d'un vent impétueux, ſans qu'il parût aucun nuage (2).

On en a auſſi obſervée ſur le lac de Geneve, qui ſe préſentoit ſous la forme d'une colonne qui paroiſſoit s'élever du fond de l'eau; cette colonne ſe fit voir pendant l'eſpace de 2 ou 3 minutes : auſſi-tôt après on vit une vapeur épaiſſe qui s'élevoit de l'eau en cet endroit, & le lac parut bouillonner, de même que s'il eût fait un effort pour ſe ſoulever (3). Peut-être le feu ſouterrain concouroit-il à la formation de cette colonne : ce feu faiſant effort pour s'échapper du fond du lac, & pour ſe porter au dehors, pouſſoit peut-être devant lui la colonne d'eau qui s'oppoſoit à ſon paſſage, ou peut-être élevoit-il l'eau qui ſe trouvoit dans quelque cavité, ſous la forme du jet d'une fontaine. On peut auſſi rapporter à cette cauſe la vapeur qu'on obſerva enſuite, ainſi que l'ébullition du lac. Ces phénomenes ſont aſſez fréquens ſur le lac de Geneve; car on obſerve ſouvent dans un tems calme, & lorſque le ciel eſt ſerein, que l'eau de ce lac ſe gonfle & bouillonne, de ſorte qu'on ne peut alors s'embarquer deſſus ſans encourir un danger manifeſte. Ce phénomene eſt communément appellé *la vandaiſe* (4). Mais lorſque ces ſortes de colonnes changent de place, on ne peut gueres ſoupçonner que le feu ſouterrain concoure à leur production; mais ſeulement un vent impétueux, doué d'un mouvement de tourbillon, & qui entraîne avec lui la colonne qu'il forme. Il en parut une ſemblable ſur le lac de Geneve, l'année qui ſuivit celle où l'on obſerva celle dont nous venons de parler. M. *Jallabert* nous a donné une très belle deſcription de cette trombe (5). A la diſtance d'environ

(1) Acta Litter. Sueciæ, ann. 1725, p. 105. (2) Hiſt. de l'Acad. Roy. ann. 1741.
(3) Voyag. aux Terres Auſtrales. Tom. 5. (4) Kircheri Mund. Subterr. Lib. 4. pag. 225.
(5) Hiſt. de l'Acad. Roy. ann. 1742.

3000 pieds du rivage, on voyoit une vapeur noire & épaisse, qui paroissoit avoir 16 à 18 toises d'étendue ; cette vapeur qui étoit assez basse, s'élevoit par de grands sauts : & après avoir ainsi paru pendant l'espace d'une demi-heure, elle se changea en une colonne droite & assez haute, & elle subsista ainsi pendant quelque tems ; elle se porta ensuite jusqu'au Continent, où elle parcourut 50 à 60 pas, où elle se dissipa en un moment. M. *de Polignac* décrit très élégamment, dans son *Anti-Lucrece* (1), ces sortes de trombes, qui doivent leur origine à un tourbillon de vent.

§. MMCCCLXXXV. La rupture des nuages a lieu lorsqu'une nuée qui n'est point fort élevée dans l'atmosphere, est subitement comprimée & condensée par des vents impétueux qui la dépouillent promptement de sa matiere électrique, & qui soufflent selon des directions contraires. L'orage, la foudre & le tonnerre qui s'engendrent au-dessous de la région de la glace, peuvent aussi produire un effet semblable : cette nuée étant fortement & promptement comprimée, ses parties dépouillées de leur matiere électrique, s'approchent les unes des autres, se resserrent promptement, se convertissent en eau, & tombent, par leur propre poids, sur la partie de la surface de la terre qui leur répond, & qu'elles inondent en très peu de tems par la quantité d'eau qu'elles y versent. J'ai observé à Utrecht en 1737 un semblable phénomene : il y tomba, le 6 Juin, en une demi heure de tems, 3 pouces d'eau ; cette pluie fut accompagnée d'un orage terrible. Comme le vent qui pousse des nuées contre une montagne opposée, qui les dépouille de leur matiere électrique, produit le même effet que des vents contraires qui agiroient contre ces nuées, il n'est pas difficile d'expliquer pour quelle raison ces ruptures de nuages sont plus fréquentes dans des Pays montagneux, ainsi que dans les endroits où les orages & les tonnerres se font souvent observer, que dans des Pays plats, & dans des endroits où les orages & les tonnerres sont plus rares. On peut consulter *Scheuchser* (2) sur ces sortes de phénomenes. *Gassendi* prétend cependant qu'il y a quelquefois des nuées qui crevent & qui tombent sur les endroits escarpés des montagnes dans un tems calme, lorsqu'elles ne sont soutenues par aucun vent (4). Mais comme une nuée est toujours en équilibre avec la région de l'air qui la soutient ; elle ne peut tomber à moins qu'elle ne se condense & qu'elle ne devienne spécifiquement plus pesante : ce qui peut arriver par un vent qui souffle dans une région supérieure, qui dépouille cette nuée de sa matiere électrique ; tandis que l'air inférieur, c'est-à-dire, celui qui est au dessous de la nuée est calme & tranquille.

§. MMCCCLXXXVI. On ne connoît encore aucun avantage qu'on puisse tirer de ces sortes de phénomenes ; car on observe toujours qu'ils causent de grands dommages par la quantité de pluie qu'ils font tomber sur la terre, & par la force avec laquelle cette pluie est lancée : car elle entraîne avec elle de grosses masses qu'elle détache des montagnes ; elle accable les voyageurs sur lesquels elle tombe, elle les renverse, elle les engloutit, elle inonde les campagnes & les moissons ; en un mot, elle cause un nombre prodigieux de dégats & de dommages.

(1) Lib. 2. v. 996. (2) In Itinere Alpino, ann. 1703. p. 125. (3) Phys. Lib. 2. Sect. 3. cap. 2. p. 74.

Du givre ou de la gelée blanche.

§. MMCCCLXXXVII. On appelle givre cette espece de glace qui s'attache aux plantes, & qu'on obferve fur toutes fortes de corps. Elle doit fon
origine à la rofée qui tranfpire des vaiffeaux des plantes pendant la nuit ; elle
vient auffi des vapeurs qui s'élevent de la terre, qui demeurent adhérentes à
fa furface ou à celle des différens corps peu élevés au-deffus de cette furface:
l'hiver cette tranfpiration, cette vapeur, eft faifie par un air froid chargé de
particules glaciales qui la convertiffent en glace, & qui produifent par ce
moyen cette efpece de gelée que nous nommons gelée blanche ou givre.
Comme les plantes vertes font les feules qui tranfpirent, & non celles qui font
arides & deffēchées ; auffi remarque-t-on que ce font fur-tout les premieres
qui font couvertes de gelée blanche, tandis que les autres n'en portent que
très peu, ou point du tout : on remarque auffi que les corps qui ont la faculté de repouffer la rofée, ne font point couverts de givre, tandis que ceux
qui attirent fortement la rofée en font couverts fur toute l'étendue de leur
furface.

§. MMCCCLXXXVIII. Il fe forme encore de la gelée blanche lorfque les
corps qui font vers la furface ❋ terre, font entourées d'un brouillard fort
bas qui s'applique contre la furface de ces corps, & qu'il furvient auffi-tôt
un froid affez grand pour glacer les particules aqueufes de ce brouillard :
cette gelée blanche adhere de toutes parts à ces corps fous la forme de petits
corpufcules, ou de petits floccons de neige : cette gelée eft très denfe du côté
où elle fe trouve expofée au vent ; elle eft beaucoup plus denfe que du côté
oppofé : bien plus, fi cette gelée dure & perfévere pendant plufieurs jours,
elle devient fi denfe & fi compacte, qu'on la prendroit pour de la neige qui
feroit tombée fur les corps auxquels elle adhere. J'obfervai à Leyde un femblable phénomene dans les premiers jours du mois de Janvier de l'année
1743 ; cette gelée paroiffoit fous la forme d'une longue barbe de neige, adhérente aux corps du côté où elle étoit expofée au vent. On remarque fouvent en Hollande de ces fortes de gelées. *Dechales* (1) en a vu de femblables
en France.

§. MMCCCLXXXIX. On remarque auffi quelquefois du givre fur les
corps qui font en plein air ; cet effet a lieu pendant l'hiver, lorfqu'après une
gelée l'air fe trouve rempli de vapeurs humides, qui, étant plus chaudes
que les murailles & les corps circonvoifins, vont s'y attacher, s'y condenfent & s'y changent en gelée blanche. On remarque que cette gelée s'attache
fur-tout fur les murailles des maifons & fur les toits de pierre, fur-tout fur
ceux qui font expofés depuis long-tems aux injures du tems. Le givre s'attache encore particulierement aux vitres des maifons ; parceque le verre attire
fortement les vapeurs : il les couvre extérieurement ou intérieurement. Les
vitres en font couvertes extérieurement lorfque l'air intérieur, celui qui ré-
fide dans l'appartement, eft plus froid que l'air du dehors ; dans ce cas, le
feu du dehors & les vapeurs fe portent vers les endroits qui font plus froids ;

(1) Tract. de Meteoris. Prop. 4.

le feu dépose ces vapeurs & les applique contre la surface extérieure des
vitres, les pénetre ensuite pour se porter dans l'intérieur de la maison.
Mais lorsque l'air du dehors est plus froid que celui des appartemens, le feu,
ainsi que les vapeurs qui nagent & qui flottent dans les maisons, font effort,
pour s'en échapper & pour se porter au-dehors, le feu abandonne alors les
vapeurs sur la surface intérieure des vitres où elles se glacent; tandis qu'il pénetre à travers leur épaisseur, & se porte dans l'air extérieur. Ces sortes de
congélations, ces frimats représentent différentes figures sur les vitres; elles
représentent quelquefois des feuilles d'arbres : on remarque quantité de petites côtes qui sortent sous différens angles de la tige & de la côte du milieu;
elles représentent quelquefois des arbres, des rejettons, ou d'autres figures,
droites, courbes, disposées obliquement, & formant différentes courbures.

Le givre ne se forme donc point des vapeurs qui se condensent, qui se gelent dans l'air, & qui tombent ensuite sur différens corps; mais des vapeurs
qui commencent à tomber sur ces corps, & qui s'y gelent ensuite, ainsi
qu'on peut s'en assurer par la formation du givre qui se forme & qu'on
trouve adhérent sur les vitres des maisons.

§. MMCCCXC. Le givre cause souvent de grands dommages, sur-tout
pendant le printems, lorsque les arbres sont en fleurs : il est très dangereux
lorsqu'après un jour serein, pendant lequel le soleil s'est montré dans toute
sa splendeur, & a déterminé les sucs nourriciers à s'élever des racines, du
tronc & des tiges des plantes pour se porter à leurs fleurs, la nuit suivante
est très froide, & engendre beaucoup de givre : cette congélation brise les
étamines, les pistils des fleurs qui sont encore trop tendres pour résister à
son action; elle dilate leurs vaisseaux, elle les rompt, & empêche la maturité des fleurs, ou si elles sont en maturité, elle les corrompt. Le dommage
est encore plus grand si, après une nuit pendant laquelle il s'est formé une
grande quantité de givre, il survient un jour serein; car alors la fonte subite
de cette glace fait périr les parties des plantes qui en sont couvertes, & il
en est de même que de ceux à qui quelques membres sont gelés, & qu'on
fait passer subitement dans un endroit trop chaud; la gangrene survient aussi-
tôt : pour obvier à un tel inconvénient, il faut commencer par frotter avec de
la neige les parties gelées, afin que la fonte de la gelée ne se fasse que lentement. On remarque la même chose par rapport aux fleurs qui sont endom-
magées par le givre : en effet, si le lendemain d'une nuit pendant laquelle
ces fleurs ont été couvertes de givre, il survient un brouillard, & que l'air
soit humide, la fonte du givre se fera lentement, & le dommage qu'il cau-
sera sera d'autant moindre, qu'il se fondra plus lentement. Les Jardiniers
instruits, ceux qui sont au fait de tous ces accidens, ont coutume d'asperger
d'eau les fleurs qui sont couverte de givre, afin qu'il se fonde lentement
avant que le soleil, par la chaleur de ses rayons, ne l'ait déterminé à se fondre brusquement. C'est aussi pour cette raison qu'ils trouvent un très grand
avantage à garantir les arbres de la trop grande ardeur du soleil, en les couvrant de roseaux pendant le jour. On appelle le givre, en Suede, *rugga*; il
nuit sur-tout au froment, il s'attache sur les épics, où on le remarque d'une
couleur rouge obscure : ce phénomene se fait sur-tout observer dans les

endroits dans le voifinage defquels il fe trouve des minéraux (1). Nous obfervons en Hollande, qui eſt dans le voifinage de la mer, que les feuilles
des arbres fe corrompent promptement, fe fanent, fe deſſechent & deviennent jaunes : le Peuple penfe que ces feuilles font grillées, & il appelle *flammes marines* la caufe qui produit cet effet. On exprime en Angleterre cette
caufe par le mot *bligt* (2) ; mais il n'exiſte point de flammes marines : ces effets
viennent du givre qui couvre ces feuilles pendant la nuit, & qui les corrompt,
ainfi que je l'ai expliqué ci-deſſus. Lorfque ces feuilles font ainfi corrom-
pues, elles deviennent très tendres ; elles font très propres alors à la nourriture de plufieurs infectes qui y abordent en grande quantité, & qui s'en
nourriſſent.

De la grêle.

§. MMCCCXCI. Lorfqu'une nuée fe change en pluie, & que les gouttes
de cette pluie traverfent la région glaciale de l'air, ou une région d'air inférieure, mais difpofée à produire de la glace ; alors ces gouttes fe condenfent,
forment de petits corps durs, fphériques, glacés, qu'on appelle grêle.

§. MMCCCXCII. On ne peut gueres déterminer à quelle hauteur la grêle
fe forme dans l'atmofphere ; car il eſt néceſſaire que cette grêle ait été auparavant une pluie liquide qui fe foit ainfi convertie en grêle, & cette congélation a pu fe faire dans toute partie de l'atmofphere comprife depuis la partie fupérieure de la région de la glace, où les nuées s'élevent quelquefois, &
fe convertiſſent en pluie jufqu'à la furface de la terre, pourvu que ces gouttes
de pluie aient traverfé dans tout cet immenfe trajet, une maſſe d'air aſſez
froide & remplie de parties propres à produire de la glace.

En Hollande, & pendant l'hiver, l'air qui eſt auprès de la furface de la
terre, eſt aſſez froid & aſſez difpofé à produire la congélation de l'eau : &
c'eſt auſſi pour cette raifon que fi on confidere avec attention les nuages qui
fe convertiſſent en neige ou en grêle, on verra qu'ils ne font pas fort élevés
au deſſus de la furface de la terre : & fuivant que les nuées feront plus ou
moins élevées en hiver, la grêle fe formera en différens endroits au deſſus de
la furface de la terre.

L'air qui eſt auprès de la furface de notre globe, n'eſt point aſſez froid
pendant le printems & pendant l'automne pour pouvoir convertir en glace
la pluie qui le traverfe ; la grêle fe formera donc alors dans la région fupérieure de l'air, dans celle que nous regardons comme la région de la glace,
& elle tombera fur la terre en traverfant une maſſe d'air qui ne fera point
aſſez chaude, ou propre à procurer la fonte de la glace & à la convertir en
pluie : de-là fi la grêle qui fe fera formée vers la partie inférieure de la région
de la glace, a été formée par de petites gouttes d'eau, les grains de grêle qui
tomberont fur la terre, n'auront point une groſſeur confidérable. Il ne tombe
point de grêle en été, fi ce n'eſt pendant un tems d'orage ; & lorfqu'il en
tombe, cette grêle s'eſt formée dans la partie fupérieure de la région glaciale : pour l'ordinaire ces grains font petits, & ils fe fondent en traverfant

(1) Ehrenmalms Reife Durch Nordlan. pag. 324. (2) Joh. Hill. Experim. Philof. Nat.
Obferv. 8.

un

un air chaud, avant de parvenir à la surface de la terre, ou lorsqu'ils y parviennent, ils s'y fondent sur-le-champ.

§. MMCCCXCIII. La grêle est ordinairement de la grosseur des gouttes de pluie ; de sorte que la différence qu'on y remarque est comme celle qui se trouve entre les différentes gouttes de pluie. Comme les gouttes de pluie qui se forment dans la partie supérieure de la nuée, ainsi que celles qui se forment vers sa partie inférieure, sont petites ; il en est de même à l'égard de la grêle : de-là vient que la grêle qui se trouve sur le sommet des hautes montagnes, est plus petite que celle qui se rencontre dans les vallées. C'est ce que M. *Scheuchzer* a observé sur les montagnes des Alpes, & ce qui est encore confirmé par les observations du célebre *Beccaria* (1). La même chose a aussi lieu sur les autres montagnes, comme on peut s'en convaincre par les observations de M. *Fromond*, & de plusieurs autres.

§. MMCCCXCIV. Il arrive rarement que les grains de grêle soient parfaitement ronds ; ils sont applatis çà & là, comprimés, & on leur remarque des angles & des cavités. La grêle qui tombe lorsqu'un vent violent se fait sentir, est ordinairement d'une figure moins réguliere que celle qui tombe dans un autre tems ; parceque le vent fait perdre aux gouttes de pluie leur rondeur, les applatit en les comprimant, de sorte qu'elles conservent cette même figure lorsqu'elles viennent à se geler. La glace est quelquefois mollasse, sa surface paroît comme saupoudrée de farine : cette sorte de grêle est ordinairement petite, & se fond facilement ; elle tombe lorsqu'il fait un tems calme, humide, & un peu chaud. En effet, les petites particules de vapeurs qui conservent leur fluidité vers la surface de la terre, & qui y demeurent suspendues, s'attachent aux grains de grêle qui tombent des nuées supérieures, & qui les rencontrent dans leur chûte : elles se gelent par ce contact, & forment cette espece de farine qu'on remarque sur la surface de la grêle.

On trouve souvent dans le centre de la grêle une espece de noyau opaque & blanc, qui est entouré d'une croûte plus transparente ; il paroît que ce noyau s'est d'abord converti en glace dans la partie supérieure de la région glaciale, où il gele fortement, & qu'en tombant ensuite avec une très grande vîtesse, il a rencontré dans sa chûte des gouttes d'eau qui se sont attachées à sa surface, & qui s'y sont glacées, & par le froid de l'air, & par celui qu'elles ont éprouvé par leur attouchement au noyau glacé : mais comme l'intensité de la gelée est beaucoup plus petite vers la région inférieure de l'air ; cette glace extérieure doit être plus molle, & doit être transparente, de même que la glace qui commence à se faire observer sur la surface des eaux des fossés : il peut se faire aussi que cette croûte soit formée d'une glace qui ait commencé à se fondre, tandis que le noyau a conservé toute sa dureté. Cette sorte de grêle a coutume de tomber en même-tems que la pluie dont elle est accompagnée.

§. MMCCCXCV. La grêle tombe quelquefois comme de gros morceaux de glace : c'est ce qui a donné lieu aux anciens Philosophes (2) d'imaginer

______

(1) Del Electrissimo. Lett. 15. p. 316.
(2) Lucret. Lib. 1. v. 155. Seneca, Quæst. Nat. Diog. Laert. de Stoïcis.

Tome III.   V v

que les nuées entieres étoient de grosses masses de glace qui se rompoient &
se brisoient en fragmens de différentes grandeurs qui tomboient ensuite en
se pressant les unes contre les autres : personne cependant n'a encore observé
aucune nuée entierement glacée qui demeurât suspendue dans les airs , même dans la partie la plus élevée de la région glaciale ; & on ne peut pas concevoir comment il pourroit se faire qu'un nuage converti en glace , & qui
formeroit alors une masse aussi considérable & aussi pesante , pût être suspendu & se mouvoir dans une région quelconque de l'air. Lorsque les grains
de grêle sont fort gros , on observe pour l'ordinaire qu'ils sont composés de
plusieurs grains , ou de plusieurs fragmens distingués les uns des autres , mais
adhérents fortement les uns aux autres , & formant de grosses masses , dont
les figures sont tout-à-fait irregulieres. *Dechales* rapporte qu'il tomba à
Rome , en 1740 , une grêle dont les grains étoient de la grosseur d'un œuf.
Wallace rapporte , dans sa description des Isles Orcades , qu'au mois
de Juin de l'année 1680 , il tomba , pendant un tems d'orage , & lorsque le
tonnerre grondoit fortement , des morceaux de glace de l'épaisseur d'un pied.
Dans une Isle nommée Ryssel , il tomba , le 25 de Mai de l'année 1686 , de
la grêle dont les grains étoient de la grosseur d'un œuf de colombe : ces
grains pesoient $\frac{1}{4}$ de livre ; il y en avoit qui pesoient une livre : on trouvoit
au centre de quelques-uns de ces grains une matiere d'une couleur brune
obscure (1). *Morton* a observé à Northampton , en 1693 , des lames de glace
longues de deux pouces , & épaisses d'un pouce (2) , & outre cela des grains
sphériques d'un pouce de diametre , sur lesquels on remarquoit 5 rayons sail-
lans qui formoient une espece d'étoile. A Hertfort , en Angleterre , il tomba , au mois de Juin de l'année 1697 , de la grêle qui avoit 9 pouces de grosseur (3). Il tomba en 1720 , auprés de Crembs , de la grêle dont quelques
grains pesoient 6 ℔ (4). En 1736 , je vis à Utrecht des grains de grêle qui
étoient aussi gros que des œufs de pigeons ; quelques-uns de ces grains étoient
composés de 2 , de 3 , de 4 autres plus petits qui s'étoient unis ensemble
pour n'en former qu'un seul , mais qu'on distinguoit parfaitement , parcequ'ils étoient séparés les uns des autres par des espaces assez grands : j'en vis
quelques-uns parmi ceux-là qui étoient aussi gros que des œufs de poules.
Dans une Province d'Allemagne nommée Thuringe , il tomba en 1738 , auprès de Northausen , & dans 24 Bourgs circonvoisins , des grains de grêle
aussi gros que des œufs d'oie. En 1739 , il tomba dans l'Evêché de Wartz-
bourg , de la grêle dont certains grains pesoient 3 ℔. En 1740 , il tomba en
France de la grêle , dont quelques grains avoient deux pouces de longueur ,
un de large , & un demi pouce d'épaisseur (5). Il en tomba de semblables en
1758 dans la Virginie (6).

Les observations qu'on a faites à cet égard , & la note qu'on en a soigneusement gardée en Europe , nous apprennent que ces sortes de grêles tombent

(1) Philosoph. Transact. n. 203. pag. 858.
(2) Natur. Histor. of Northampton , chap. 5. pag. 341.
(3) Philos. Transf n. 129. pag. 579.
(4) Collectan Breslaw , ann. 1720.
(5) Histoire de l'Académie Royale , année 1741.
(6) Philoph. Transact. Vol. 50. Part. 2. pag. 746.

en été dans les mois de Mai (1), Juin, Juillet & Août, lorſqu'il ſurvient un
orage furieux, accompagné de coups de tonnerre foudroyans, d'éclairs, &
que le tems eſt très ſombre & très couvert.

Ces ſortes de tempêtes, accompagnées de grêle, n'ont pas ordinairement
une grande étendue ; elles couvrent rarement un terrein de plus de 100,
200, ou 300 perches : le vent les tranſporte avec une très grande rapidité ;
elles rencontrent quelquefois d'autres nuages auxquels elles s'uniſſent, &
avec leſquels elles parcourent en longueur un eſpace de 2 ou 3 milles : enfin
elles ſe diſſipent & elles ceſſent.

La partie inférieure, ou la couche inférieure de la région de la neige, con-
ſidérée pour la France, l'Angleterre, & la Hollande, peut être placée à 9600
pieds au-deſſus de la ſurface de la terre. Nous voyons cependant des nuées
qui ſont beaucoup plus élevées, qui nagent & qui flottent dans la région de
la neige. Il y a des nuées qui ſont fortement électriques, d'autres qui le ſont
moins : lorſque ces nuées ſe rencontrent, ces dernieres s'emparent avec avidité & promptitude de la matiere électrique des premieres, & les en dépouillent ; il en réſulte des étincelles & des éclats foudroyans, c'eſt-à-dire, des
foudres & des tonnerres : cet effet ſe produit de la même maniere que les
étincelles bruyantes que nous tirons lorſque nous approchons le doigt d'une
barre de fer électriſée. Lorſque les nuées ont perdu leur matiere électrique,
les vapeurs qui ſont partie de ces nuées, ne ſe repouſſent plus les unes les
autres ; elles ſe condenſent alors par l'action du vent, ou de pluſieurs vents
oppoſés, ainſi que par le froid qui regne dans l'endroit où elles ſe trouvent :
elles ſe glacent, & cette congélation eſt d'autant plus prompte, qu'elles ſont
expoſées à l'action d'un plus grand nombre de cauſes qui concourent à cet
effet. Les premiers glaçons qui ſe forment ſont plus petits ; mais ils s'uniſſent
avec d'autres qu'ils rencontrent dans leur chûte : ce qui leur donne différentes groſſeurs, & ce qui rend leurs figures ſi irrégulieres ; de ſorte qu'il en réſulte une maſſe non continue de glace, qui eſt le réſultat de pluſieurs glaçons
réunis.

Cette grêle qui tombe d'une très grande hauteur, acquiert une très grande
vîteſſe, & tombe avec une très grande force ſur la ſurface de la terre : joignez
à cela que cette glace, étant très compacte, elle doit produire de très grands
effets ; auſſi creuſe t-elle la terre juſqu'à un pouce de profondeur dans les
endroits où elle tombe : lorſqu'elle tombe dans l'eau, elle éleve les parties
de ſa ſurface juſqu'à la hauteur d'une perche, & elle l'ébranle tellement,
qu'elle y cauſe des bouillonnemens : lorſqu'elle tombe ſur des pierres durés,
elle ſe réfléchit juſqu'à la diſtance de 3 à 4 toiſes ; elle cauſe encore de très
grands ravages ; elle couche, elle hache les moiſſons, les herbes, elle abat
les fruits de deſſus les arbres, elle en caſſe les branches, elle briſe les toits
des maiſons, elle en caſſe les vitres, elle tue les bêtes féroces, les beſtiaux
dans les pâturages, les oiſeaux dans les forêts, & les hommes mêmes ſur
leſquels elle tombe.

On pourroit douter ſi la foudre & le tonnerre qui ſe fait alors entendre ſi
diſtinctement, ſeroit à une aſſez grande hauteur au-deſſus de la ſurface de la

____

(1) Hiſt. de l'Acad. Roy. ann. 1703. & 1753.

terre, pour être la caufe de cette grêle ? Mais il eft conftant que le tonnerre fe fait entendre très diftinctement, au moins à la diftance d'un mille & demi ; c'eft-à-dire, de 21600 pieds : or en fuppofant que la couche inférieure de la région glaciale foit à la diftance de 9000 pieds au-deffus de la furface de notre globe, il eft évident que les nuées foudroyantes feront placées dans cette région.

Cette grêle froide qui tombe à travers un air chaud, le rafraîchit néceffairement, ainfi que la terre qui la reçoit.

§. MMCCCXCVI. La grêle prend quelquefois différentes formes : fes grains font différemment figurés ; mais celle qui tombe en même-tems, fe préfente fous une figure uniforme dans tous fes grains : on en a vu qui étoit plate, femblable à des lames de deux ponces de longueur, fur un pouce de largeur ; d'autres avoient une forme conique, pyramidale, demi-ronde, anguleufe, applatie.

Or cette diverfité ne dépendroit-elle point du froid & des parties glaciales qui fe trouvent dans toute l'étendue de la région de la glace, qui, eu égard aux exhalaifons étrangeres qui les joignent, & dont la conftitution ne nous eft point encore connue, convertiroient les gouttes d'eau en cryftaux de différentes formes, mais qui feroit la même en certains tems pour chacune de ces gouttes ?

§. MMCCCXCVII. Pourquoi ne grêle-t-il jamais, ou ne grêle-t-il que très rarement, dans les vallons qui ont les montagnes à l'Orient, ainfi que l'a obfervé *Scheuchzer* par rapport aux vallées de Schwits, de Glaris, de Wallis, de Wefen, & de Gafteren ? Cela ne viendroit-il pas de la grande quantité de rayons que ces montagnes réfléchiffent, qui feroient fondre la grêle lorfqu'elle tombe ?

§. MMCCCXCVIII. On ne peut guere déterminer le nombre de fois qu'il grêle dans l'efpace d'une année ; il arrive fouvent que le nombre des jours où il grêle dans une année, foit double du nombre de ceux d'une autre année : ces jours font quelquefois au nombre de 5, une autre année ils font au nombre de 10, 20, 24. Or en additionnant le nombre de fois qu'il a grêlé à Utrecht pendant l'efpace de plufieurs années, en prenant un terme moyen, j'ai trouvé qu'il y grêloit 8 fois par an, 14 ou 15 fois à Leyde. Je n'ai jamais vu tomber de grêle lorfque le vent eft Sud-Eft ; je n'en ai vu tomber qu'une feule fois pendant un vent de Sud. Voici le nombre de fois que j'ai obfervé tomber de la grêle pendant l'efpace de 5 ans, & les différens vents qui fouffloient alors. Pendant un vent d'Oueft 13, de Nord-Oueft 8, du Nord 9, d'Eft 2, de Nord-Eft 2, de Sud-Oueft 5 fois. J'ai auffi obfervé le nombre de fois qu'il eft tombé de la grêle dans tous les mois de l'année, pendant l'efpace de 29 ans ; & voici les réfultats de mes obfervations. Janvier 30, Février 24, Mars 40, Avril 58, Mais 35, Juin 13, Juillet 11, Août 8, Septembre 10, Octobre 29, Novembre 40, Décembre 36 : il grêle très rarement pendant les mois d'été, fi ce n'eft lorfqu'il furvient un orage & du tonnerre.

Dechales obferve néanmoins qu'il y a des endroits où il grêle fouvent ; favoir, dans ceux qui fe trouvent expofés au Nord, entre des montagnes, fur-tout fi le vent de Nord fouffle au-deffus de ces endroits. C'eft ce qui a donné lieu à *Pline* de regarder le vent comme la cause de la grêle (1). *Gaſ-ſendi* eſt auſſi de cet avis (2). *Middleton* (3) nous apprend qu'il ne grêle ja-mais, ſi ce n'eſt au commencement ou vers la fin de l'hiver, auprès du fleuve Churchil, ſitué dans l'Amérique ſeptentrionale.

§. MMCCCXCIX. Lorſqu'il grêle, on entend quelquefois, avant que la grêle ſoit tombée, un bruit & un craquement (4) qui eſt cauſé par les grains que les vents pouſſent les uns contre les autres; car comme ces petits glaçons ſont des corps durs, ils rendent un ſon de même que tous les autres corps qui ſe choquent: ils choquent outre cela les autres corps qu'ils rencontrent ſur leur paſſage, ainſi que la terre ſur laquelle ils tombent; de ſorte qu'ils doivent encore produire un nouveau ſon. Mais ce craquement qu'on entend alors, ne pourroit-il pas dépendre de l'électricité, qui enveloppe chacun des grains de grêle? Cette électricité ne pourroit-elle pas produire, par rapport à eux, le même craquement qu'elle produit lorſqu'un tube de fer en eſt forte-ment chargé?

La mer d'Allemagne eſt encore fortement ébranlée par la grêle; elle pa-roît alors en mouvement, de même que ſi elle étoit en efferveſcence; & c'eſt pour cette raiſon que certains pêcheurs n'oſent pas y aller pêcher après qu'il y eſt tombé de la grêle: cet effet viendroit-il du vent du Nord, qui pouſſe cette grêle devant lui, & qui ſouffle dans une direction oppoſée au rivage? ou dépendroit-il de la grêle elle-même qui tombe dans cette mer, où elle ſe fond, & qui y exciteroit ● mouvemens qu'on y remarque? ou enfin dépendroit-il de la forte électricité qui entoure cette grêle, & qu'elle emporte avec elle dans cette mer?

§. MMCCCC. Il grêle plus ſouvent pendant le jour que pendant la nuit, & elle ſe fond beaucoup plus promptement que la neige; ce qui vient de ce qu'elle tombe pendant des jours de l'année, qui ſont plus chauds que ceux pendant leſquels il neige, & de ce que la grêle tombe en moindre quantité que la neige: mais lorſqu'il tombe une grande quantité de grêle, & que les grains en ſont très gros, elle ne ſe fond pas alors plus promptement que la neige; car je ſais qu'il en tomba dans la Ville de Delft, à la fin du mois de Juillet, & qu'elle y ſubſiſta pendant huit jours.

De la neige.

§. MMCCCCI. Lorſque les vapeurs aqueuſes qui tombent d'une nuée vers la terre, ſe changent, dans leur chûte, par la gelée qui les ſaiſit, en de longs filamens, qui forment des floccons différemment arrangés les uns ſur les autres, on dit alors qu'il neige, & on donne à ces ſortes de floccons le nom de neige. Tout ce qui tombe des nuées qui ſont ſuſpendues dans la ré-gion glaciale de l'air, eſt, ou de la grêle, ou de la neige; & ſi l'air inférieur que ce dernier météore traverſe, dans ſa chûte, eſt froid, il tombe alors ſur la terre ſous la forme de neige. Si des vapeurs qui tombent des nuées qui ſont placées & ſuſpendues entre la ſurface de notre globe & la région glaciale de

(1) Hiſt. Nat. Lib. 2. cap. 47. (2) Phyſ. Lib. 2. Sect. 3. cap. 3. (3) Philoſ. Tranſ. n. 465. (4) Lucret. Lib. 6. v. 155.

l'air, rencontrent fur leur paffage un air difpofé à la gelée, ces vapeurs fe convertiffent auffi en neige. Mais fi la neige tombe dans la région glaciale, & y demeure, telle que celle qui tombe fur le fommet des plus hautes montagnes, cette neige fubfiftera toujours telle qu'elle eft, & ne fe fondra jamais. C'eft pour cette raifon que le fommet des plus hautes montagnes du Pérou eft toujours couvert de neige jufqu'à la hauteur de quelques cents pieds.

§. MMCCCCII. La figure des floccons de neige n'eft pas toujours la même ; elle eft réguliere ou irréguliere : il arrive quelquefois que ce font les premieres particules des vapeurs qui fe gelent avec quelques autres feulement, & dans ce cas, la neige qui fe forme reffemble à une pouffiere fine & feche. *Maupertuis* a obfervé une femblable neige dans la Laponie, ainfi que *Middleton* auprès du fleuve Churchil, dans l'Amérique Septentrionale (1). *Chablet* (2) en a auffi remarqué de pareille dans l'Ifle Royale à Louisbourg. On donne à cette efpece de neige le nom de *poudrerie* ; elle pénetre à travers les joints les plus exacts des fenêtres, elle dérobe à nos yeux les objets les plus voifins, elle bleffe fortement la vue, & elle paroît formée par une vapeur qui s'éleve très peu au-deffus de la furface de la terre : quoique le foleil luife fouvent fur notre atmofphere pendant la chûte de cette neige ; elle eft fi rare, fi ténue, que perfonne ne peut marcher deffus lorfqu'il en eft tombé 4 ou 5 pieds. Les vapeurs des nuées fe convertiffent alors fi promptement en neige, qu'elle n'a pas le tems de fe raffembler en floccons (3). Quelquefois les floccons de neige reffemblent à de petites aiguilles minces & oblongues A B [*Tab. 61. fig.* 1.], formées par l'affemblage des petites particules des vapeurs [*Fig.* 2.], qui fe difpofent en longueur les unes à côté des autres, fe raffemblent & s'uniffent les unes aux autres. Lorfque plufieurs de ces aiguilles fe combinent enfemble, & fe difpofent les unes avec les autres d'une maniere irréguliere, de façon que les unes foient plus courtes, & les autres plus longues, elles forment alors un floccon d'un figure irréguliere. Les floccons dont la figure eft réguliere, imitent quelquefois la figure d'une étoile exagonale, dont les rayons font très minces, & qui forment entr'eux des angles de 60 degrés, comme on peut le remarquer dans la figure 3 : ce qui arrive lorfque trois aiguilles A B, telles qu'elles font repréfentées par la figure 1, tombent les unes fur les autres & fe raffemblent. Quelquefois ces floccons reffemblent à la figure 4, & forment 6 angles : quelquefois les fix rayons qu'on remarque fur ces floccons, font encore ornés de plufieurs autres petits rayons, [*Fig.* 5.] J'en ai vu qui étoient femblables à la figure 6. Quelques-uns de ces floccons forment quelquefois des grappes, [*Fig.* 7.]. *Caffini* en a obfervé de cette efpece (4). On en a vu qui reffembloient à des étoiles, fur lefquelles on diftinguoit douze rayons, & quantité d'autres qui avoient encore des figures différentes, que M. *Hook* a décrit fort élégamment (5),

---

(1) Philofoph. Tranfact. n. 465. Ellis Voyag. to Hudfou's Bay.
(2) Voyage fur les côtes de l'Amérique, page 103.
(3) Maupertuis, Figure de la Terre.
(4) Mémoires de l'Académie Royale, année 1692.
(5) Micograph. pag. 88.

ainfi que le Comte de *Marfigli* (1). Perfonne néanmoins n'en a plus obfervé & décrit que *Engelman* (2) & *Nettis* (3). Ajoûtez encore à toutes ces obfervations, celles que le célebre *Stokke* fit, pendant le grand hiver de 1740, fur les différens floccons de neige qui tomberent à Meidbourg en Zélande. Le célebre *Kundmann* (4), & l'illuftre *Holmann* (5), en ont encore obfervé plufieurs femblables, & d'autres de différentes figures.

Les obfervations exactes que j'ai faites à Leyde, m'ont appris qu'il neige dans ce Pays pendant les mois de Janvier, Février, Mars, Avril, Novembre & Décembre : il n'y neige que très rarement dans le mois de Mai ; mais il n'y neige jamais pendant les mois de Juin, Juillet, Août, Septembre & Octobre. Au moins eft ce ainfi que je l'ai obfervé pendant l'efpace de 30 ans, relativement aux mois que je viens d'indiquer. Voici le nombre de fois que j'ai vu neiger dans ce Pays pendant les mois ci-deffus indiqués durant l'efpace de 30 ans.

Janvier,	Février,	Mars,	Avril,	Mai,	Novembre,	Décembre,
96	108	93	39	4	29	59

Les floccons de neige font compofés de petites aiguilles glacées, qui s'attachent les unes aux autres, qui fe fondent par la chaleur du foleil pendant l'été, & par la chaleur de l'air avant de tomber fur la terre ; & c'eft pour cela qu'on ne voit point tomber de neige depuis le mois de Mai jufqu'au mois de Novembre : mais pendant les autres mois de l'année qui font froids, la neige ne fe fond point fi promptement dans l'air, & elle peut conferver fa forme jufqu'à ce qu'elle foit parvenue à la furface de la terre ; de forte qu'on ne voit tomber de la neige que pendant l'hiver, ainfi que *Pline* nous l'apprend auffi ; ce qui eft certainement vrai par rapport à l'Italie. Il ne neige prefque pas à Cornwal ; la neige qui y tombe ne refte que très rarement plus de 3 jours fur terre : elle fe fond fur-le-champ, fuivant le rapport de *Borlafe* (6).

§. MMCCCCIII. Chaque fois que les floccons de neige font compofés d'aiguilles oblongues, ou reffemblent à des étoiles exagonales, ces neiges font accompagnées d'un froid très piquant, qui furvient peu d'heures après leur chûte : c'eft à ce froid qu'on doit rapporter la formation de ces neiges dans la région fupérieure de l'air, & ce froid qui les accompagne, tombe enfuite vers la furface de la terre. La neige dont la figure eft réguliere, & qui tombe pour l'ordinaire lorfque le ciel eft calme, & qu'il n'y a point de vent, eft plus rare : au contraire, celle dont la figure eft irréguliere, & dont les floccons font de différentes grandeurs, eft beaucoup plus fréquente. Il paroît que les différentes figures fous lefquelles les floccons de neige fe préfentent, dépendent des différentes exhalaifons glaciales qui fe mêlent aux vapeurs qui tombent des nuées ; de même que la différence des cryftaux dépend

(1) Opus de Danubio. v. 6. (2) Verhandeling Over de Sneew figuren. (3) Phil. Tranf. Vol. 49. Part. 2. p. 644. (4) Rariora Natur. & Artis. §. 2. Art. 21. (5) Comment. Gotting. Vol. 3. p. 24. (6) Natur. Hift. of Cornwal. Ch. 1.

de la différence des sels qu'on fait fondre dans l'eau : car sans cela , on ne pourroit point concevoir comment il pourroit se faire qu'il se formât dans certains tems dans l'air des floccons réguliers & de même figure , & que dans un autre tems il s'en formât de différente figure (1).

§. MMCCCCIV. La neige est extrêmement rare & légere lorsqu'elle vient de tomber; mais celle qui se trouve composée de gros floccons, est plus compacte. M. *Sedilau* (2) a trouvé qu'un tas de neige, haut de 5 à 6 pouces, produisoit ordinairement un pouce d'eau. M. *de la Hire* confirme la même chose (3) , & ajoûte qu'il avoit vu en 1711 de la neige deux fois plus rare , dont 12 pouces ne donnoient qu'un pouce d'eau. M. *Weidler* (4) nous apprend qu'il a trouvé en 1728 de la neige neuf fois plus rare que l'eau. Ayant mesuré en 1729 de la neige qui étoit tombée à Utrecht, & qui étoit fort rare , & qui ressembloit à de petites étoiles, il la trouva 24 fois plus rare que l'eau. Cette neige, qui porte un si grand froid avec elle, ne viendroit-elle point des plus hautes régions de l'atmosphere ?

§. MMCCCCV. Lorsqu'il tombe beaucoup de neige dans un endroit, & que la gelée continue avec un tems serein , elle s'affaisse de plus en plus, & diminue ; parcequ'il s'en évapore une grande quantité : elle se dissipe même insensiblement à la longue ; le soleil la ramollissant continuellement, la fait fondre , la volatilise & la consomme ainsi. Quoique l'ardeur des rayons du soleil fasse fondre la neige, on a observé néanmoins dans les Alpes, qui sont continuellement couverts de neige, qu'elle s'y fond en plus grande quantité lorsque le ciel est couvert de nuages , & lorsque l'air est chaud, que lorsque le tems est serein. Cela viendroit-il de ce que plusieurs rayons de soleil seroient réfléchis par la neige , & conséquemment deviendroient inutiles à sa fusion , tandis que , lorsque l'air est chaud , la matiere ignée qu'il contient, & qui entoure la neige de tous côtés, la pénétreroit plus uniformément, & la fondroit mieux en se distribuant dans toute sa masse?

§. MMCCCCVI. Lorsqu'il neige tandis que la gelée dure , les floccons sont toujours plus petits; mais si l'air devient plus chaud , ou devient plus humide , les floccons de neige sont alors plus gros : il arrive souvent même que ces floccons tombent avec la pluie ; il arrive aussi quelquefois qu'il grêle en même tems que la neige tombe : ce qui arrive , ou lorsque les petites gouttes se convertissent en neige , & les grosses en grêle; ou lorsque la neige & la grêle viennent de différentes nuées , & qu'elles tombent dans un même endroit.

§. MMCCCCVII. C'est une opinion assez universellement suivie , qu'il ne peut pas neiger lorsqu'il gele bien fort; mais l'expérience démontre le contraire : & j'ai observé qu'il a neigé en 1729 , 1740, 1741, 1760 pendant de fortes gelées ; j'ai même remarqué qu'il a neigé certains jours , non seulement pendant lesquels il geloit fortement, mais même pendant lesquels la gelée augmentoit. On remarque outre cela, que le froid ne diminue point toujours lorsqu'il tombe de la neige, quoique cela arrive assez souvent ; car j'ai observé , pendant les années que je viens d'indiquer , que la gelée

(1) Lulofs Misc. Ber. T. 6. p. 83. (2) Mém. Mathém. ann. 1691. (3) Hist. de l'Acad. Roy. ann. 1712. (4) Observ. Météorolog.

augmentoit

augmentoit après la chûte de la neige : en effet, la neige vient d'une nuée chargée de vapeurs qui perdent leur matiere électrique, & qui se condensent, soit dans la région glaciale de l'air, soit dans une région inférieure à celle-là : ces vapeurs ainsi condensées, tombent ensuite & traversent en tombant un air froid, disposé à la gelée ; & c'est de cette maniere que se forme cette espece de glace, que nous nommons neige. Si donc l'air qui est dans la région supérieure peut devenir glacial, pourquoi cet air ne pourroit-il pas descendre ou être poussé par le vent vers la surface de la terre, & y angmenter l'intensité de la gelée ? C'est aussi une erreur de croire que la neige ne tombe point sur la mer (1) ; puisque ce phénomene se fait souvent remarquer sur la mer d'Allemagne : nous ne nions pas cependant que les vapeurs chaudes qui s'élevent de la mer avec la matiere ignée, ne fassent fondre la neige qu'elles rencontrent sur leur passage, avant qu'elle soit parvenue à la surface de la mer : mais cet effet n'a pas lieu par-tout.

§. MMCCCCVIII. De même qu'il tombe quelquefois une grande quantité de pluie dans un endroit, de même la neige tombe aussi en grande abondance dans quelqu'endroit. Elle tombe très abondamment dans les Isles de Fer ; de sorte qu'il arrive souvent que des moutons qu'on met dans des pâturages, en sont tellement couverts pendant l'espace d'un mois, qu'on ne peut point les voir, & qu'on ne les découvre enfin que par une vapeur épaisse qui s'en éleve, & qui pénetre la neige (2). On a observé qu'il neigea en une seule nuit, en 1707, dans la partie montagneuse de Smalande, de la hauteur de la moitié d'un homme (3). On a observé en 1729, sur les frontieres de Suede & de Norwege, près du Village Villaras, qu'il y tomba subitement une si grande quantité de neige, que 40 maisons en furent couvertes, & que tous ceux qui étoient dedans en furent étouffés. M. *Wolf* nous apprend qu'on a vu arriver la même chose en Silésie & en Bohême. Le célebre *Maupertuis* rapporte qu'il survient en Laponie des especes de tempêtes de neiges, qui sont très dangereuses ; le vent soufflant de toutes parts, transporte la neige avec une très grande impétuosité, & en couvre les chemins : cette neige aveugle les voyageurs, les écrase, & les fait périr. Les Anglois ont éprouvé la même chose dans la Baie d'Hudson (4). En effet, la neige imite assez bien ces tourbillons de sable que les vent élevent d'un endroit plat, & qu'ils transportent dans d'autres endroits en si grande abondance, qu'ils nous dérobent la vue des objets qui sont à 20 aunes de distance : outre cela, les vents transportent la neige & la répandent uniformément dans tous les endroits, de sorte qu'il est impossible de distinguer les chemins, & souvent même les maisons. *Bouguer* a aussi observé, qu'il survenoit quelquefois de telles tempêtes de neige sur une montagne du Pérou, nommée Asonay, que ceux qui étoient surpris par ces tempêtes, pouvoient à peine reconnoître leur chemin & s'en échapper (5). Le très expérimenté *Isaac Dubois* nous apprend qu'au mois de Janvier, en 1741, il tomba de la neige pendant 48 heures dans la

(1) Plin. in Hist. Nat. Lib. 2. cap. 106. (2) Journ. des Sav. ann. 1676. p. 174, (3) Leopoldus in Itinere Suecico. (4) Ellis Voyag. to Hudson's Bay. pag. 161. (5) Bouguer, Voyage au Pérou.

Tome III. X x

Nouvelle Yorck de l'Amérique, qui couvrit la terre à 16 pieds de profondeur.

§. MMCCCCIX. Il arrive auſſi quelquefois que, lorſque de hautes montagnes ſont couvertes de neige, il s'en détache une petite quantité de leur ſommet; mais ce tas, qui n'eſt d'abord que très petit, augmente conſidérablement en roulant, & devient auſſi gros qu'une montagne, qui couvre & qui écraſe, par ſa chûte, les maiſons qui ſe trouvent dans les vallées de ces montagnes. On rapporte, dans les *Tranſ. Philoſ. Vol.* 49. *Part.* 2. *pag.* 796, un exemple de ce Phénomene, arrivé en Italie. Ces amas énormes de neige tombent quelquefois dans des fleuves, les arrêtent dans leur courſe, & occaſionnent des inondations fétides.

§. MMCCCCX. La neige eſt preſque toujours fort blanche, elle renvoie la lumiere avec beaucoup de force, quoiqu'elle ne ſoit que de la glace, & que chacune de ſes particules, examinée à l'aide du microſcope, ſoit tranſparente : mais auſſi les pores qui ſe trouvent entre ces particules, ſont d'une figure tout-à fait irréguliere, & fort amples; ce qui fait que la lumiere ne pouvant paſſer à travers, à cauſe de l'attraction irréguliere des parties, eſt réfléchie avec beaucoup de force, comme il arrive lorſqu'on réduit en poudre du verre très tranſparent.

§. MMCCCCXI. L'uſage de la neige eſt 1°. de couvrir & de défendre contre les injures de la gelée qui ſurvient pendant l'hiver, les herbes, les boutons des arbres qui ſe ſont formés pendant l'automne, & qui commencent à pouſſer, les racines de pluſieurs plantes, les oignons, tous les grains qu'on a ſemés au commencement de l'hiver, & qui commencent à germer; car quelque forte que ſoit la gelée, elle ne pénetre la neige qu'avec peine. Elle procure outre cela une grande fertilité ; car outre l'eau qu'elle contient, elle renferme encore quantité d'autres parties, ainſi que les Anciens & les Modernes s'en ſont convaincus par expérience (1).

2°. Lorſque la chaleur fait fondre la neige, & la convertit en eau, cette eau concourt à l'entretien des fontaines, des rivieres, des fleuves. C'eſt pour cela qu'on remarque en Europe, que les fleuves ſe gonflent dans le mois d'Avril & dans le mois de Mai, par l'eau que leur fourniſſent les fontes de neiges qui s'operent alors ſur les montagnes. On a remarqué à Jéruſalem, que s'il tombe une quantité modique de neige ſur les montagnes, au commencement de Février, & que les fontaines coulent, on remarque, dis je, que l'année eſt fertile; & les habitans n'admirent pas avec moins de plaiſir ce phénomene, que les Egyptiens admirent le débordement du Nil.

3°. La neige s'oppoſe auſſi à la diſſipation des exhalaiſons qui s'éleveroient du ſein de la terre : c'eſt pour cela qu'on obſerve une grande ſérénité dans les régions boréales, lorſque la neige y couvre la ſurface de la terre; non-ſeulement la neige arrête ces exhalaiſons, mais elle s'oppoſe encore à la diſſipation du feu ſouterrain : & comme la neige empêche la gelée de pénétrer la terre, cette gelée eſt en grande partie retenue dans l'air; & c'eſt pour cela que ſon intenſité eſt ſi fortement augmentée dans la maſſe d'air qui enveloppe

(1) Plin. Hiſt. Nat. Lib. 17. cap. 2. Sibbaldus Scotia Illuſtr. Lib. 1. cap. 11.

notre globe & qui l'avoifine : ce qui arrive fur-tout lorfque la couche de neige qui couvre la furface de la terre, eft fort épaiffe.

4°. La neige renvoie encore toute la lumiere qui tombe deffus; c'eft pour cela qu'on peut voyager auffi aifément pendant la nuit que pendant le jour dans les régions boréales, qui font enfevelies pendant l'hiver dans de perpétuelles ténebres; parceque la neige réfléchit la lumiere des étoiles, & en réfléchit affez pour éclairer la terre & l'air, de maniere qu'on peut diriger fon chemin. Bien plus, dans les plus froides régions boréales du Groenland, dans le Pays des Efquimaux, les voyageurs font obligés de fe boucher les yeux avec des morceaux de bois concaves & ouverts d'une petite fente feulement, dans la crainte que la trop grande lumiere que la neige réfléchit pendant le jour ne les aveugle (1). Auffi l'armée d'*Alexandre* le Grand fut-elle fort incommodée, & les yeux des foldats furent-ils fortement fatigués de la neige qu'ils rencontrerent en entrant dans le Pays de Parapamifus (2). Bien plus, *Xénophon* nous apprend que plufieurs perdirent la vue pour avoir regardé continuellement de la neige; & que le feul moyen de les garantir de cet accident eût été de leur faire porter devant les yeux quelque chofe de noir (3).

Néanmoins lorfque la neige couvre la furface de la terre, elle devient très incommode aux voyageurs; les voitures ne roulent alors que très difficilement, ainfi qu'il arrive en Suede, en Ruffie, en Laponie, où les habitans font obligés de marcher avec des échaffes.

5°. Les habitans d'Iflande ont coutume de cacher leurs poiffons & leurs viandes fous la neige : cette neige leur procure le même avantage que le fel & la faumure; elle s'oppofe à la corruption des chairs qu'on lui confie (4).

§. MMCCCCXII. Peut on connoître les approches de la neige par des fignes certains ? Je n'en connois aucun en Hollande; cependant fi, pendant les mois d'hiver, mais fur-tout fi pendant le mois de Mars, le vent de Nord-Oueft, ou du Nord, fouffle, & que la colonne de mercure foit baffe dans le barometre, on remarque fouvent qu'il furvient de la neige; car la pluie qui tombe alors de quelque nuée, ayant à traverfer un air très froid, fe convertit en neige.

Mais en Suede, lorfque pendant l'hiver, & pendant la nuit, le ciel eft couvert de nuages, & qu'il paroît couleur de fang du côté de l'Occident d'été, de même que fi une maifon, par exemple, paroît comme en feu à une très grande diftance; les Suédois appellent ce phénomene *feu de neige*, & ils remarquent qu'il neige alors toujours à 2 ou 3 milles de l'endroit d'où l'on apperçoit ce phénomene; mais lorfque la nuit s'approche, ou qu'elle s'éloigne, ce phénomene difparoît (5).

§. MMCCCCXIII. De même que les pluies font quelquefois accompagnées de phénomenes furprenans, de même les neiges en font auffi obferver quelquefois. Le célebre *Geer* obferva au mois de Janvier 1749 & 1750 une chûte de neige qui étoit accompagnée d'une grande quantité de chenilles &

---

(1) Ellis Voyag. to Hudfon s Bay. p. 137. (2) Curtius, Lib. 7. cap. 3. (3) Xenophon Ἀναϐασ. Lib. 4. (4) Journ. des Savans, ann. 1675, p. 138. (5) Acta Suecica. Tom. 14. pag. 161.

de vers de différentes efpeces : on voyoit ces infectes fur la furface de la neige & fur celle de la glace qui couvroit un lac. Ce phénomene venoit d'un ouragan , d'une tempête violente qui avoit précédé , qui avoit déraciné plufieurs arbres : ces infectes, pour fe dérober aux rigueurs du froid, s'étoient cachés, comme ils ont coutume de faire , dans la terre qui fe trouvoit entre les racines de ces arbres : or le vent avoit emporté & élevé fort haut dans l'atmofphere ces infectes qu'il avoit arrachés d'entre ces racines, qui étoient alors à découvert fur la furface de la terre ; mais la neige furvenant enfuite , avoit pouffé devant elle & précipité vers la terre ceux qu'elle avoit rencontrés dans fa chûte ; de forte qu'on auroit pu s'imaginer qu'il auroit neigé des infectes (1).

De l'iris.

§. MMCCCCXIV. Les météores dont nous allons parler dans ce Chapitre , font connus fous le nom d'*emphatiques* ; ces météores font aqueux , brillans, mais nullement ignés.

§. MMCCCCXV. On voit quelquefois dans l'air un arc de diverfes couleurs, auquel on donne le nom d'iris, ou d'*arc-en-ciel*. Cet arc paroît lorfque le fpectateur a le dos tourné vers le foleil, & qu'il a en face un air fombre , tandis qu'il pleut entre lui & cet air fombre.

§. MMCCCCXVI. Il arrive quelquefois qu'on remarque dans le ciel deux ou même trois de ces arcs , qui font tous concentriques, féparés les uns des autres par un grand intervalle , dont l'intérieur eft orné de plus vives couleurs, & s'appelle, à caufe de cela, l'arc *principal* : les couleurs de celui qui eft extérieur , font beaucoup moins vives; on le nomme fecond arc : & lorfqu'on en obferve un troifieme, ce qui arrive très rarement , les couleurs en font encore beaucoup plus foibles.

L'ordre des couleurs eft inverfe dans les deux arcs : voici l'ordre qu'elles obfervent dans l'arc principal, en commençant à compter par la courbure intérieure de cet arc ; violet, pourpre , bleu , vert , jaune , orangé , rouge. Les couleurs du fecond arc , étant dans un ordre renverfé , on les obfervera dans l'ordre fuivant, rouge , orangé , jaune , vert , bleu , pourpre , violet. Ces couleurs reffemblent à celles qu'un prifme de verre fépare & fait diftinguer lorfqu'un rayon de foleil tombe deffus.

§. MMCCCCXVII. Pour fe former une jufte idée de l'iris principal, concevez une goutte de pluie BDF [*Tab.* 60. *fig.* 5.], fur laquelle tombe un rayon de foleil AA , BB, qui fe refracte en D , & qui du point D fe réfléchit en F, f , & fortant de cette goutte en F , f , fe réfracte felon FG & f g , & fe fépare en fes différentes couleurs.

§. MMCCCCXVIII. Quelques Anciens avoient déja foupçonné que les rayons de lumiere qui tomboient fur des gouttes d'eau y fubiffoient des réfractions , & que l'arc-en-ciel dépendoit de cette réfraction : mais *Antoine de Dominis* , Archevêque de Spalatro , eft le premier qui ait démontré cette vérité en 1611 (2). *Defcartes* vint enfuite , qui embraffa ce fentiment , & qui y corrigea quelque chofe, par rapport à l'arc extérieur. *Sturmius* écrivit en-

---

(1) Hift. de l'Acad. Roy. ann. 1750. (2) De Radiis Vifus & Lucis.

fuite un Traité de l'iris : mais *Newton* nous donna après cela une nouvelle théorie (1) à laquelle M. *Halley* a ajoûté quelque chofe (2).

§. MMCCCCXIX. Concevez que les rayons A A, B B, C C, D D, E E, [*Tab. 60. fig. 6.*], &c, qui partent parallelement de la furface antérieure du foleil, tombent fur la moitié de la furface fupérieure d'une goutte d'eau, (il en tombe auffi fur la moitié de la furface inférieure de cette même goutte ; mais je parlerai plus bas de ces derniers). Une partie de ces rayons fe réfractent, & portés à la partie oppofée de cette furface a, b, c, d, e, ils fortent de cette goutte pour fe porter dans l'air : ceux qui ne fortent point de cette goutte, mais qui font réfléchis par la partie poftérieure a b c d e, font reportés vers la partie antérieure a c d e, & y tombent obliquement ; de forte qu'ils fe rompent en fortant de la goutte dans l'air, & qu'ils fe portent vers différens endroits.

§. MMCCCCXX. Mais il y a des rayons, tels que A A, B B [*Tab. 60. fig. 5.*], qui font proches les uns des autres, & qui tombent parallelement fur la partie A B de la furface antérieure de la goutte, & qui, venant à fe rompre, fe portent vers le même point D de fa furface poftérieure, d'où étant réfléchis vers la partie antérieure en F, f, ils fortent de cette goutte parallelement felon les directions F G, f g : comme ces rayons font fort proches les uns des autres, ils peuvent agir vivement fur l'œil ; & c'eft pour cela qu'on les nomme *rayons efficaces*, tandis que les autres rayons font trop écartés pour qu'ils puiffent agir fuffifamment fur l'œil, & qu'on les apperçoive à une grande diftance de la goutte. Nous prouvons que les rayons de lumiere fe réfractent véritablement en pénétrant une goutte de pluie, & que, parvenus à la partie poftérieure D, ils font réfléchis vers les parties antérieures F, f, d'où ils paffent de la goutte de pluie dans l'air, où ils fe féparent en leurs différentes couleurs ; nous prouvons, dis je, la marche de ces rayons par l'expérience fuivante. Nous faifons paffer un rayon de lumiere par un petit trou fait au volet d'une chambre obfcure, nous dirigeons ce rayon fur un vafe de verre cylindrique rempli d'eau, ou fur un globe creux de verre pareillement rempli d'eau ; & nous obfervons alors très diftinctement que les rayons A A, B B fe réfractent dans l'eau pour fe porter en D, d'où nous les voyons enfuite réfléchis vers F f : ces rayons parvenus en F, f, fortent alors du vafe, & fe portent fur un carton blanc que nous leur préfentons à une certaine diftance où ils peignent les différentes couleurs de l'iris.

§. MMCCCCXXI. Si on prolonge le rayon A A [*Tab. 60. fig. 5.*] jufqu'en P, & qu'on faffe rétrograder le rayon G F pour le conduire au même point P, & qu'enfuite du centre C de la goutte, on mene les perpendiculaires C L, C M fur A P, A D ; enfin fi on conduit la ligne C A ; C L fera le finus de l'angle d'incidence, & C M celui de l'angle de réflexion, qui, comparés entr'eux, par rapport aux rayons rouges, font comme 108 : 81 ; & par rapport aux rayons violets, comme 109 : 81. Si on calcule d'après ces rapports, on trouvera la grandeur de l'arc A E, ainfi que celle de l'arc A D ; ce qui donne l'angle A P G, pour les rayons rouges de 42°. 2'., & pour les rayons violets de 40°. 17'. En voici la démonftration. Si du centre C on tire la

(1) Optice, Lib. 1. Part: 2. §. 9. (2) Philof. Tranf. n. 267.

ligne C K , l'angle A A K fera l'angle d'incidence, auquel l'angle C A L eft
égal, & qui a pour finus C L : foit tirée C M perpendiculairement fur A D , &
C m perpendiculairement auffi fur B D ; joignez enfemble M m , & de C m ,
pris comme rayon , foit décrit l'arc m n , foit enfuite menée o A normale fur
A E P , & p A normale fur A D. Maintenant fuppofons que le rapport entre
le finus de l'angle d'incidence & celui de réflexion foit comme I : R , on
aura donc alors I : R :: C L : C M , ou Cl Cm. Si on retranche Cl de
C L , & C m de C M , la proportion demeurera toujours la même , & on
aura I : R :: C L — Cl : C M — Cm :: Ll : Mm. Les deux triangles A Bo
& A C L font femblables ; car l'angle A o B , qui eft droit , = l'angle A L C ,
& l'angle B A o = l'angle C A L. Car fi on ajoûte à l'un & à l'autre l'angle
o A C , ils feront tous les deux droits : par conféquent les deux triangles
B A p & A M C font femblables ; car l'angle B p A eft droit , & = l'angle
A M C , & l'angle B A p = l'angle C A M ; car fi on leur ajoûte l'angle
p A C , ils feront tous les deux droits : de plus , le triangle M m n eft auffi
femblable ; parceque les lignes M n , p A font normales fur A D , & M m eft
parallele à A B : & comme on a D M : M A :: D m : m B , on aura A B double de M m , & A p double de M n.

On aura donc A C : A L :: A B : A o
A C : A M :: A B : A p ;

par conféquent A L : A M :: A o : A p :: Ll : 2 M m :: I : 2 R :: C L :
2 C M. Mais les quarrés de ces quantités feront auffi proportionnels , &
conféquemment on aura $\overline{AL}q : \overline{CL}q :: \overline{AM}q : 4\overline{CM}q$; par conféquent $\overline{AL}q$
$+ \overline{CL}q : \overline{AL}q :: \overline{AM}q + 4\overline{CM}q : \overline{AM}q$, ou $\overline{AC}q : \overline{AL}q :: \overline{AC}q + 3\overline{CM}q :$
$\overline{AC}q — \overline{CM}q = \overline{AL}q + \overline{LC}q — \overline{CM}q$. Maintenant on peut retrancher les deux
premieres quantités de la troifieme & de la quatrieme , fans changer la pro-
portion ; on aura donc alors $\overline{AC}q : \overline{AL}q :: 3\overline{CM}q : \overline{LC}q — \overline{CM}q$. Mais on a
R : I :: C M : C L ; on aura donc $\overline{AC}q : \overline{AL}q :: 3\overline{R}q : \overline{I}q — \overline{R}q$. Et confé-
quemment fi le rapport de R à I eft donné , on aura auffi celui du rayon
A C & de la ligne A L , qui eft le finus de l'angle A C L , qui a pour mefure
la moitié de l'arc A E : on connoîtra donc auffi l'arc A E , ainfi que fon égal
F H. Or comme on a A L : A M :: 1 : 2 R , & que le finus A L eft donné ,
A M eft auffi donné ; & conféquemment l'arc A D , auquel l'arc D F eft égal.
Si on retranche A E de A D , il reftera E D = D H , & on connoîtra alors
l'arc A D F , & conféquemment l'arc A B f F , fi on retranche de ce dernier
l'arc E H , & qu'on divife le refte en deux parties égales , on aura la valeur
de l'angle A P F.

§. MMCCCCXXII. Suppofons une fuite de gouttes de pluie A , B , C , D ,
E , F , G [*Tab.* 60. *fig.* 8.] , qui foient éclairées antérieurement par des
rayons de foleil paralleles S ; lorfque ces rayons fortent de ces gouttes d'eau ,
ils fe réfractent & paroiffent fous leurs différentes couleurs ; de forte que
l'œil du fpectateur , que nous fuppofons ici en O , reçoit l'impreffion de ces
différens rayons colorés : les feuls rayons rouges qui fortent de la goutte A ,
parviennent en O jufqu'à l'œil du fpectateur , les autres rayons colorés paf-

sent au dessus de ce point, & ne font aucune impression sur son œil : de la goutte B, il n'y a que les rayons orangés qui parviennent à ce point O, & qui s'y sassent remarquer ; les seuls rayons jaunes qui partent du point C, font pareillement impression sur le même œil : il ne voit que les seuls rayons verts qui viennent de la goutte D ; il ne distingue que les bleus qui partent de la goutte E : il ne voit que les pourpres qui sortent de la goutte F ; enfin il ne distingue que les seuls rayons violets que la goutte G envoie au même point de concours : les autres rayons colorés passent au-dessous du point O, & ne font aucune impression sur l'œil du spectateur.

§. MMCCCCXXIII. Supposons que l'atmosphere XZ [*Tab.* 60. *fig.* 7.] soit remplie de gouttes de pluie, que le spectateur se trouve placé en O, & qu'on tire du centre du soleil, derriere le spectateur, une ligne droite qui passe par l'œil, comme OF, & qui soit parallele aux rayons de lumiere DE, PS, qui tombent sur les gouttes de ces différens rayons ; le rayon DE se porte en EK après avoir été rompu : & se réfléchissant au point K, il parvient en n ; & sortant par ce point n, il se sépare en ses différentes couleurs, & se porte jusqu'à l'œil du spectateur en O, sous l'angle nOF de 42°. 2′, & représente la couleur rouge. Le rayon PS se rompt aussi de la même maniere en ST, d'où venant à se réfléchir, il forme TQ ; & sortant ensuite de la goutte, il se rend en QO sous l'angle QOF de 40°. 17′, & fait voir la couleur violette. Supposons maintenant que les lignes On, OQ tournent autour de OF comme autour de leur axe, elles décriront alors des surfaces coniques, dont les bases seront circulaires, dont les diametres seront = 84°. 4′ & 80°. 34′.

§. MMCCCCXXIV. On verra alors sur chaque point visible de ces bases les mêmes couleurs sous les angles précédens, & par conséquent le spectateur placé en O, verra un arc coloré, dont la largeur sera déterminée par nQ = un degré & 45′.

§. MMCCCCXXV. Il paroît par tout ce que nous venons de dire, qu'on doit voir une plus grande ou une plus petite portion de l'arc en ciel, selon que le soleil se trouve plus ou moins élevé au-dessus de l'horison, & selon la différente élévation du spectateur au dessus de la terre. Supposons, par exemple, que le soleil & le spectateur soient l'un & l'autre à l'horison, alors la ligne OF sera parallele à l'horison ; & conséquemment l'arc que le spectateur verra, sera égal à la demi-circonférence du cercle : & comme le soleil paroît encore tout entier & brille sur l'horison, avant son lever & après son coucher, on pourra voir l'arc en ciel avant le lever du soleil & après son coucher, en supposant toutes fois que le soleil paroisse sur l'horison, ainsi que M. *Cassini* (1) l'a observé. Mais si le soleil s'éleve davantage au dessus de l'horison, alors l'axe du cône ou la ligne OF baissera à l'horison, & conséquemment le centre de cet arc descendra au dessous de l'horison, & le spectateur verra une plus petite portion de l'arc-en-ciel. Mais si le soleil se trouve à 42°. 2′ au dessus de l'horison, la droite On deviendra parallele à l'horison ; & conséquemment l'arc paroîtra très petit, c'est à dire, qu'on n'en verra plus qu'une très petite portion au-dessus de l'horison : & pour peu

(1) Mém. de l'Acad. Roy. ann. 1693.

que le foleil s'éleve encore plus haut, tout l'arc-en-ciel difparoîtra. Ce n'eſt donc pas fans raifon que les Anciens difoient que les arcs font petits lorfque le foleil eſt haut ; & qu'ils font grands lorfque le foleil eſt bas , & très petits à midi : en été on ne les voit point à midi ; mais après l'équinoxe d'automne, on les voit à toute heure (1).

§. MMCCCCXXVI. Plus la pluie eſt proche du fpeĉtateur O , plus le le rayon de la bafe du cône eſt petit , & conféquemment l'arc paroît plus petit : au contraire , plus la pluie fera éloignée du fpeĉtateur O , plus la bafe du cône deviendra grande , & plus l'arc qu'il verra fera grand.

§. MMCCCCXXVII. Si la pluie vient à ceffer au côté n C [*Tab. 60. fig. 7.*], il ne verra alors que la partie n V de cet arc , comme je l'ai obfervé à Leyde , après midi, le 5 Septembre de l'année 1758. Si la pluie ceffe au côté n V , il ne verra alors que la portion H C de cet arc ; mais fi la pluie ceffe au milieu vers n , le fpeĉtateur ne verra alors que les deux jambes de l'arc, V, C.

§. MMCCCCXXVIII. Comme la pluie tombe des nuées jufques fur la furface de la terre , le fpeĉtateur étant placé dans la plaine , verra que les jambes de l'iris defcendent jufques fur l'horifon.

§. MMCCCCXXIX. Si le fpeĉtateur fe tient dans une prairie , & que la pluie , venant par derriere , foit portée en avant par deffus fa tête , & que plufieurs de fes gouttes s'attachent à l'herbe & aux plantes, les jambes de l'arc-en ciel occuperont un long trajet de la prairie, où elles paroîtront repofer ; car les rayons qui partent des goutes fufpendues aux plantes , & qui fe rendent à l'œil fous les mêmes angles que nous avons indiqués (§. 1575) , peuvent fe réfléchir vers l'œil du fpeĉtateur , & lui peindre les mêmes couleurs.

§. MMCCCCXXX. Et comme on ne peut voir l'arc-en ciel que fous les mêmes angles , il doit paroître devancer ceux qui le fuivent , & fuivre ceux qui marchent devant lui.

§. MMCCCCXXXI. On ne voit l'arc en-ciel que lorfque l'air qui fe trouve placé vis à-vis le foleil eſt obfcur & chargé de nuages épais , de façon qu'il ne puiffe tranfmettre qu'une très petite lumiere ; car fans cela cette lumiere étant trop vive, feroit une trop forte impreffion fur l'œil du fpeĉtateur, pour lui permettre de diftinguer les couleurs de l'iris : c'eſt pour cette raifon qu'on voit ces couleurs d'autant plus vives , que la maffe d'air placée devant l'œil du fpeĉtateur, eſt plus opaque & plus fombre.

§. MMCCCCXXXII. Comme la hauteur du pôle eſt à-peu près de 52°. 10' à Leyde , la hauteur de l'équateur eſt de 37°. 50' ; & conféquemment après l'équinoxe d'automne, lorfque le foleil parcourt les fignes méridionaux, il n'y a aucune heure dans le jour , pendant laquelle , lorfque le foleil eſt fur l'horifon , on ne puiffe voir l'arc-en-ciel ; parceque l'élévation du foleil eſt toujours moindre que 47°. 17', hauteur à laquelle la couleur violette difparoît. Mais lorfque le foleil parcourt les fignes feptentrionaux , fa hauteur au-deffus de l'horifon furpaffe fouvent 42°. 2' ; & conféquemment on ne peut point voir d'arc-en-ciel pendant toute la durée d'un jour d'été.

§. MMCCCCXXXIII. Nous n'avons confidéré jufqu'à préfent que les

(1) Plin, in Hiſt. Nat. Lib. 2. §. 60. p. 103.

rayons

rayons du soleil qui tomboient sur la partie antérieure, & même sur l'hémisphere supérieure des gouttes d'eau. Mais supposons maintenant une goutte d'eau sphérique B D F H [*T.*60.*F.9.*], & qu'un rayon de soleil A B la pénetre vers la partie inférieure en B, & qu'il se réfracte de B en D, d'où il soit réfléchi vers F, qui le réfléchit une seconde fois & le porte en H; ce rayon sortant de cette goutte au point H, se réfracte une seconde fois pour se porter selon la direction H I, & conséquemment il souffre, dans son trajet, deux réflexions & deux réfractions. Ces sortes de rayons sont efficaces pour former une iris, lorsqu'ils tombent très proches les uns des autres, comme A B, $\alpha \beta$, & qu'après leur premiere réfraction, qui les porte en D & en Z, ils deviennent paralleles, & suivent les directions D F, Z X, & qu'ensuite réfléchis en H & en S, & que réfractés une seconde fois en sortant des points H & S, ils demeurent encore très proches les uns des autres & paralleles entr'eux, en suivant les directions H I, S R.

§. MMCCCCXXXIV. Connoissant la réfraction des rayons qui viennent de l'air dans l'eau, on peut aisément réduire au calcul & supputer la grandeur de l'angle A P I: cet angle, pour les rayons rouges, est de 50°. 58′ 39″, & pour les rayons violets, de 54°. 17′.

En effet, D Z est la moitié de la différence entre les arcs Z X & D F: or ces arcs sont égaux à β Z, B D; puisque les rayons qui tombent sur Z & D, sont réfléchis sous des angles égaux: & par conséquent l'arc D Z est aussi la moitié de la différence des arcs Z β, D B. La différence de ces arcs β Z, B D est égale à B β — D Z; & puisque D Z est la moitié de la différence, il faut que B β — D Z soit double de D Z; & par conséquent B β sera triple de D Z: mais les triangles T B β, T D Z sont semblables, on a donc T B : T D :: B β : D Z. Or comme B β = 3 D Z, on aura T B = 3 T D. La ligne B D est coupée par le milieu par la perpendiculaire C M; de sorte que T M = T D, & B T = 3 T M. Et comme M m est parallele à B β, les deux triangles T M m & T B β, nous donneront B β : M m :: B T : M T; & conséquemment B β = 3 M m. Les deux triangles B β p & M m n, sont aussi semblables: on a donc B β : B p :: M m : M n. D'où il suit que B p = 3 M n. On a encore les deux triangles B β o, B C L semblables; & conséquemment B C : B L :: B β : B o. Outre cela, on a encore les deux triangles B β p, B C M semblables; ce qui donne B C : B M :: B β : B p; ce qui nous donne les analogies suivantes, B L : B M :: B o : B p :: B l : 3 M n. Si on suppose que le sinus de l'angle d'incidence soit à celui de l'angle de réfraction, comme I : R, on aura I : R :: C L : C M :: C l : C m :: C L — C l : C M — C m :: L l : M n; & conséquemment B L : B M :: I : 3 R :: C L : 3 C M. Or leurs quarrés seront aussi proportionnels; on aura donc $\overline{BL}^q$: $\overline{CL}^q$ :: $\overline{BM}^q$: $9\overline{CM}^q$, & $\overline{BL}^q + \overline{CL}^q = \overline{BC}^q$: $\overline{BL}^q$ :: $\overline{BM}^q + 9\overline{CM}^q$, ou $\overline{BC}^q + 8\overline{CM}^q$: $\overline{BM}^q$, ou $\overline{BC}^q — \overline{CM}^q = \overline{BL}^q + \overline{CL}^q — \overline{CM}^q$; c'est-à-dire, $\overline{BC}^q$: $\overline{BL}^q$ :: $\overline{BC}^q + 8\overline{CM}^q$: $\overline{BL}^q + \overline{CL}^q — \overline{CM}^q$; & en soustrayant la premiere quantité de la troisieme, la seconde de la quatrieme, nous aurons $\overline{BC}^q$: $\overline{BL}^q$ :: $8\overline{CM}^q$: $\overline{CL}^q — \overline{CM}^q$ :: $8\overline{R}^q$: $\overline{I}^q — \overline{R}^q$. De cette maniere on trouve alors B L &

l'arc B E , auquel H G eft égal : d'où il fuit que le diametre de la feconde iris eft de 108°. 14′ & de 100°. 57′ 18″.

Et comme on a auffi la proportion B L : B M : : I : 3 R , on peut trouver B M & l'arc B D , auquel D F , F H font égaux : toutes ces chofes étant con-nues , on peut aifément trouver l'arc G F D E , ainfi que B H , dont la demi-différence eft la mefure de l'angle H P B , ou A P I , formé par les rayons qui entrent dans la goutte & qui en fortent.

§. MMCCCCXXXV. C'eft pourquoi fi on fuppofe toujours le fpectateur en O [*Tab. 60. fig. 7.*] , & qu'on conçoive qu'un rayon émané du foleil , derrière le fpectateur , paffe par fon œil , tel que O F , & que les rayons qui pénetrent les gouttes de pluies A r , P t parviennent à l'œil du fpectateur après avoir fubi deux réfractions & deux réflexions , & en forment l'angle B O F de 54°. 7″ , & l'angle m O F de 50°. 58′ 39″. L'Obfervateur verra alors les couleurs violettes & rouges ; & fi on fuppofe encore que les lignes B C & m O foient circonfcrites autour de O F , comme autour de leur axe , elles décriront des furfaces coniques , & on verra le fecond arc en-ciel co-loré fous la latitude de 3°. 8′ 21″.

§. MMCCCCXXXVI. Les couleurs de cette feconde iris font moins vi-ves que celles de l'iris principale ; parceque plufieurs rayons compris entre A B [*Tab. 60. fig. 9.*] & α β , fortent de la goutte D Z , & ne fe réflé-chiffent point vers X F : il y en a auffi plufieurs qui , réfléchis en X F , s'é-chappent en cet endroit , de forte qu'il en refte très peu qui , paffant par les points H & S , parviennent jufqu'à l'œil du fpectateur.

§. MMCCCCXXXVII. C'eft parceque les couleurs du fecond arc-en-ciel font fi pâles , qu'on ne peut point les diftinguer , à moins que l'air ne foit fort fombre devant nous ; & c'eft pour cela que nous ne voyons que rare-ment deux iris , & encore plus rarement trois : car pour la formation de cette derniere , il faut néceffairement que les rayons de lumiere fouffrent trois réflexions dans la goutte d'eau , & deux réfractions. Il faut outre cela , que l'air qui eft derriere la goutte , foit tout-à-fait obfcure , & ne réfléchiffe aucune lumiere , & que le foleil foit très brillant derriere le fpectateur , & qu'il darde fes rayons contre la pluie qui tombe devant le fpectateur. *Halley* nous apprend qu'il obferva tout à-la-fois trois iris en 1698 , dont les deux premieres étoient telles qu'elles ont coutume d'être , & la troifieme pref-qu'auffi claire & auffi vive que la feconde , dans laquelle les couleurs étoient difpofées de la même maniere que dans la premiere. Les jambes de celle-ci traverfoient l'efpace que laiffoient entr'elles les deux autres ; elle s'ap-puyoit fur les deux extrêmités de la premiere , & elle coupoit la partie fupé-rieure de la feconde iris. Le célebre *Outhier* vit en Laponie l'arc A F G C [*Tab. 60. fig. 10.*] , qui coupoit le fecond E F D , & fur lequel il dominoit un peu (1). Mais *Celfe* vit l'arc du milieu plus large que les arcs extérieurs ; car leurs jambes étoient entourées par l'arc du milieu (2).

§. MMCCCCXXXVIII. Les arc-en-ciels ne font pas toujours femblables.

___

(1). Outhier , Voyage au Nord , page 169. (2) Bibliotheque raifonnée , année 1747 , Tom. 2. pag. 56.

entr'eux ; ils font quelquefois plus larges & entourés d'un plus grand nombre de cercles colorés. *Langwith* a observé en Angleterre plusieurs iris de cette espece. Parmi celles qu'il observa, il en vit une dans laquelle il remarqua 1°. le rouge, l'orangé, le jaune, le vert, le bleu pâle, le bleu foncé, le pourpre ; ces couleurs étoient suivies 2°. d'un vert-clair, d'un vert foncé, d'un bleu. 3°. Une couleur verte & une pourprée se faisoient ensuite remarquer. 4°. On voyoit encore ensuite une couleur verte & une couleur légérement pourprée (1). *Duval* observa en 1748 une iris principale, ornée de ses couleurs ordinaires ; mais il observa outre cela d'autres arcs colorés, un arc vert tirant sur le jaune, un d'un vert plus foncé, & un pourpré. 2°. Un arc vert avec un arc pourpré. 3°. Un pourpré & un tirant sur le vert qui se succédoient l'un à l'autre.

En 1751, j'observai, dans le mois de Juin, l'après-midi, deux arc-enciels ; l'extérieur étoit celui qu'on appelle secondaire : il ne présentoit rien d'extraordinaire ; le principal étoit intérieur, ses couleurs étoient liées ensemble & contiguës, sans être séparées par aucun espace : elles étoient extrêmement foncées ; de sorte qu'on pouvoit les distinguer aisément ; & voici l'ordre selon lequel elles étoient disposées : rouge, orangé, jaune, vert, bleu, pourpre & violet. 2°. Vert, bleu, pourpre, violet. J'observai encore, le 11 Septembre 1755, deux iris, une principale, & une secondaire. Voici l'ordre selon lequel les couleurs de l'iris principale étoient disposées : rouge, orangé, jaune, vert, bleu, pourpre, violet. 2°. Vert, pourpre. 4°. Vert, pourpre pâle. Toutes ces couleurs étoient disposées selon des arcs concentriques & adhérens les uns aux autres ; de sorte que cette iris principale étoit beaucoup plus large que celles qu'on observe ordinairement.

§. MMCCCCXXXIX. Pour rendre raison de ces phénomenes, les Physiciens ont supposé que les rayons S A, S D, S H [*Tab.* 62. *fig.* 1.], qui partent du soleil, ne sont point paralleles comme dans les iris précédentes, mais qu'ils sont un peu convergens ; parcequ'ils passent entre les espaces des nuées X, Y, V. En effet, si un rayon de soleil S A pénetre une goutte de pluie en A, & qu'il la pénetre selon la maniere ordinaire, & que par la réfraction qu'il éprouve à son entrée dans cette goutte, il se réfracte & se dirige au point B, qui le réfléchisse ensuite vers C, & que ce rayon, à la sortie de cette goutte, se réfracte encore, & se sépare en ses différentes couleurs, de façon que les rayons verts, pourpres & bleus, parviennent jusqu'à l'œil du spectateur en O ; alors le rayon S D qui tombe sur la goutte D E G, se réfractera de la même maniere que le rayon S A, parviendra au point E, qui est un peu plus bas que le point B, dans la premiere goutte : ce rayon se réfléchissant en E sous un angle égal à son angle d'incidence, parviendra au point G, qui est aussi plus bas que le point C ; & sortant de la goutte d'eau au point G, il en sortira sous le même angle que le précédent rayon qui est sorti de la sienne, & il parviendra au point O, où il paroîtra vert & pourpre ; couleurs qui paroîtront immédiatement adhérentes & inférieurement aux premieres, vertes, bleues & pourpres, tandis que les autres couleurs de la goutte D G E, passant dans un espace intermédiaire, entre G

______
(1) Philos. Transf. n. 375.

& O, ne parviendront point à l'œil du spectateur. Pareillement le rayon de
soleil convergent S H, traversant en V l'espace qu'il rencontre dans la nuée,
parvient à la goutte H I K qu'il pénetre; il sort de cette goutte au point K,
& envoie à l'œil du spectateur en O des rayons verts & pourpres; tandis
que les autres couleurs traversent les autres iris comprises entre G & O, ou
C & O. Si on imagine qu'un rayon de soleil O L vienne de cet astre & passe
par le dos du spectateur, ce rayon sera parallele au rayon S A, le rayon O F
le sera à S D, & le rayon O M le sera aussi à S H.

Ces arcs colorés qui paroissent adhérens à la partie inférieure de l'iris
principale, n'ont pas coutume d'occuper une grande partie de la concavité,
ou des jambes de cette iris; ils n'en occupent ordinairement qu'une petite
portion: ce qui vient de ce que, lorsque les gouttes d'eau sont un peu des-
cendues, elles ne sont plus alors frappées par des rayons convergens du soleil, mais par des rayons paralleles qui ne sont point propres à produire cet
effet; car, dans ce cas, ces rayons ne peuvent produire qu'une iris ordinaire, savoir, celle que nous regardons comme principale.

§. MMCCCCXL. C'est de cette même maniere qu'on doit concevoir la
formation de l'iris lunaire; car quoique ces sortes d'iris ne se fassent observer que très rarement, elles n'en existent pas moins, & on en a observé pendant la nuit lorsque la lune est dans son plein, & qu'il pleut. Les couleurs de
ces sortes d'iris sont toujours plus foibles que celles d'une iris solaire; ce qui
vient de ce que la lumiere de la lune étant trop rare, n'a point autant de
force pour frapper les gouttes d'eau, que la lumiere du soleil (1): & c'est
pour cela que cette espece d'iris se présente ordinairement sous une couleur
qui tire sur le jaune pâle. *Ulloa* observa, le 4 Avril 1738, une iris lunaire,
composée de trois arcs unis entr'eux vers leur partie supérieure: le diametre
de l'arc du milieu étoit de 60 degrés; sa latitude, qui étoit d'une couleur
blanche, étoit de 5 degrés: les deux autres arcs étoient blancs aussi, mais
de différens diametres (2).

§. MMCCCCXLI. Nous avons dit jusqu'à présent que la latitude de l'arc
étoit la même dans toute son étendue; & c'est une vérité, quoique les jambes d'un arc en-ciel paroissent s'élargir vers leur partie inférieure, & que le
sommet en paroisse plus étroit, & c'est pour cela que deux iris concentriques paroissent plus éloignées l'une de l'autre vers leur sommet qu'entre leurs
jambes; mais ce phénomene git entierement dans l'imagination du spectateur. En effet, de même que le soleil & la lune nous paroissent plus grands
lorsqu'ils sont à l'horison, & que leur disque nous paroît plus petit, à proportion qu'ils s'élevent davantage au dessus de l'horison; de même les jambes de l'iris nous paroissent plus grandes vers la surface de la terre, & leurs
sommets qui sont plus élevés, nous paroissent plus petits, quoique ces arcs
aient exactement les mêmes dimensions dans toute leur étendue.

§. MMCCCCXLII. Il nous resteroit encore à ajoûter ici plusieurs choses
qui concernent le calcul des angles que forment les rayons efficaces; mais
comme cette matiere suppose la théorie *de maximis & de minimis*, nous la

____

(1) Comment. Gotting. Vol. 5. pag. 33. (2) Ulloa, Voyage au Pérou. Vol. 1.
pag. 368.

paſſerons ici ſous ſilence, ainſi que quantité d'autres choſes qui ſont trop
ſubtiles, ou qui exigeroient d'être traitées avec trop d'étendue. On peut conſulter ſur cela, & ſur ce qui y a rapport, un Ouvrage intitulé: *Les Tran-
ſactions Philoſophiques d'Angleterre*, n. 240, 267, 375. Les Notes de *Clark*
ſur la Phyſique de *Rohault*, Part. 3. chap. 17. Les Ouvrages de *Jacques
Bernouilli*, Vol. 1. pag. 401. L'Optique de *Newton*, & ſes Leçons d'Optique. *Smith Compleat Siſtem. of Optiks*, Book. 2. c. 10. *Martin*, dans ſa Philoſoph. Britann. Vol. 2. ou ma Phyſique écrite en langue Hollandoiſe. Le
célebre *Nocetus* a décrit l'iris dans ſes vers d'une maniere fort élégante.

§. MMCCCCXLIII. Comme les Commençans ne conçoivent pas aiſément les phénomenes de l'iris, j'ai imaginé une machine, par le moyen de
laquelle on les repréſente tous aiſément, & d'une maniere très claire.
A A A A [*Tab. 62. fig. 3. 4.*] eſt une table à 4 pieds, ouverte à ſon milieu,
afin qu'on puiſſe faire monter & deſcendre à travers cette table un corps conique. B C eſt la moitié d'un cône, dont le ſommet eſt en D. Ce ſommet
eſt appuyé ſur un axe tranſverſal ſur lequel tourne le cône B C, & ſur lequel
il s'éleve au-deſſus de la table, ou ſur lequel il s'abaiſſe au-deſſous: à l'extrêmité de ce même ſommet eſt adapté un œil de la grandeur ordinaire de
l'œil d'un homme, & qui ſert à repréſenter l'œil du ſpectateur: outre cela
une verge de fer longue de trois pieds eſt adaptée au cône & à l'axe, l'extrémité de cette verge ſe termine par un manche M: un globe doré S eſt enfilé
ſur cette verge, & ce globe repréſente le ſoleil; la baſe du cône B eſt entourée d'une bande large ſémi-circulaire, ſur laquelle on peint les 7 couleurs
de l'iris: le côté du cône forme avec l'axe un angle de 40°. 17′: la largeur de
la bande peinte ſur la baſe du cône, eſt de près de 2 degrés, conformément
à la largeur ordinaire d'une iris principale. E, E ſont deux plans triangulaires
mobiles, dont le centre du mouvement eſt placé au-deſſus du ſommet du
cône; ces deux plans ſont conſtamment appliqués à chaque côté du cône:
ils ſervent à cacher l'échancrure faite à la table, & ils repréſentent en même-
tems l'horiſon. On verra dans la figure 4, comment ils ſont conſtamment
appliqués aux deux côtés du cône. Cela poſé, lorſque la tige de fer, ainſi
que le ſoleil S, eſt parallele à l'horiſon, la moitié du cône eſt au-deſſus de la
table, & l'œil du ſpectateur, qui eſt en D, voit la bande colorée ſémi-circulaire placée à la baſe du cône: mais lorſque la main ſaiſit le manche de la
tige de fer, & éleve le ſoleil S, le cône s'abaiſſe, ainſi que le lymbe qui eſt
adhérent à la baſe du cône, qui alors devient moindre qu'un demi-cercle.
Si on éleve encore le ſoleil S, on abaiſſe toujours, dans la même proportion,
le cône, & conſéquemment l'arc qui repréſente l'iris diminue auſſi; ce qui
a lieu juſqu'à ce que le ſoleil S ſoit élevé à 42°. 1′; car alors tout l'arc en-
ciel ſe trouve au deſſus de l'horiſon, & les plans E E couvrent entierement
le cône. Ce lymbe coloré appliqué à la baſe du cône, repréſente la pluie qui
tombe au-devant & au loin du ſpectateur, dans le tems qu'on obſerve dans
le ciel un ample arc-en-ciel: mais comme il arrive quelquefois que l'arc-en-
ciel paroît plus petit, lorſque la pluie qui tombe n'eſt pas éloignée du ſpectateur; il y a ſur cette machine un autre arc plan L, ſur lequel on a peint les
7 couleurs de l'iris, qui eſt placé à une plus proche diſtance du ſommet du
cône, & dont la largeur eſt proportionnée, de façon que cet arc forme un

demi-cercle fur l'horifon, lorfque le foleil eft à l'horifon , & qu'il eft tout-à-
fait caché par les plans E, E, lorfque le foleil eft élevé à 42°. 2′ au-deffus
de l'horifon : on repréfente donc aifément, à l'aide de cette machine , comment il arrive que l'arc-en-ciel paroiffe quelquefois très ample , & quelquefois très petit.

Il y a outre cela fur cette machine un autre limbe N, placé au deffus du
premier limbe L ; ce limbe N repréfente la feconde iris, & les couleurs de
cette derniere y font peintes dans un ordre renverfé. On a donné à ce dernier limbe une largeur fuffifante pour que cette iris paroiffe à l'œil du fpectateur, placé en D , de 3 degrés 8′ de largeur. Ce limbe repréfente un demi-
cercle au-deffus de la table lorfque le foleil S eft placé dans le plan de cette
table, ou fe trouve à l'horifon. Mais lorfque le foleil S eft élevé à 54°. 7′ au-
deffus de l'horifon, ce limbe defcend au-deffous de l'horifon, & fe dérobe à
l'œil du fpeftateur. Les bords intérieurs des plans E , E, ceux qui font con-
tigus & qui touchent les côtés du cône, font auffi peints des mêmes couleurs
que l'iris; ils ont les mêmes dimenfions que l'iris elle-même dans l'endroit
où ils touchent le limbe de la bafe B : mais leur largeur va toujours en diminuant, & ils fe terminent en un point auprès du fommet du cône. Ces bords
colorés repréfentent les jambes de l'iris, celles qu'on remarque à la campagne, dans une iris naturelle, lorfqu'une nuée qui lance la pluie paffe fur la
tête du fpeftateur , & fait tomber des gouttes de pluie qui s'attachent à l'herbe. La figure 4 repréfente la même machine, mais vue par derriere : on
y voit même le limbe coloré qui eft adhérent à la bafe du cône. Les plans
triangulaires E, E font tirés par les cordes H H , qui paffent fur la circonférence de deux poulies horifontales K , K, pour venir embraffer les gorges
de deux autres poulies verticales R , R : on attache aux extrêmités de ces
cordes deux poids P , P, par le moyen defquels les deux plans font conftamment tirés & appliqués contre les côtés du cône ; & par ce moyen l'échancrure faite à la table eft continuellement cachée, & les plans E , E repréfentent l'horifon.

§. MMCCCCXLIV. Il faut encore rapporter à l'iris, & à fa caufe , un
autre phénomene que MM. *Bouguer* (1) & *Ulloa* (2) remarquerent [*Tab. 62.
fig.* 5.], lorfqu'ils étoient fur une montagne connue fous le nom de Pamba-
marca : ils fe virent enveloppés le matin d'une nuée épaiffe , qui, pouffée
enfuite & raréfiée par les rayons du foleil levant, fe convertit en une vapeur
fi déliée, qu'on pouvoit à peine la diftinguer : le foleil étoit alors très brillant
derriere les fpeftateurs. La nuée, qui étoit à l'oppofite du foleil, & qui n'é-
toit pas éloignée de 10 toifes des fpeftateurs , ne paroiffoit ni plane, ni unie,
ni fous la forme blanche ordinaire d'une nuée, lorfque chacun de ces deux
Obfervateurs vit dans cette nuée fon image, & non celle de l'autre fpeftateur,
auffi bien peinte & auffi bien tracée qu'elle a coutume de l'être derriere la
glace d'un miroir : le peu de diftance qu'il y avoit alors entre les fpeftateurs
& la nuée, fit que chacun d'eux diftingua parfaitement toutes les parties de
fon image ; favoir, les pieds, les bras , la tête ; ils remarquerent outre cela,

(1) Voyage au Pérou, & Hift. de l'Acad. Roy. ann. 1744.
(2) Voyage au Pérou. Liv. 6. chap. 9. p. 367.

que leur tête étoit entourée d'une espece de couronne resplendissante, composée de 3 ou 4 arcs concentriques d'une couleur vive & fleurie : chaque arc étoit orné des mêmes couleurs que l'iris ; la couleur rouge étoit celle qui paroissoit la plus extérieure : ces arcs étoient séparés par des espaces égaux, & le dernier des 3 arcs étoit celui dont les couleurs étoient les plus foibles & les plus languissantes ; enfin ils distinguerent un cercle blanc à une grande distance qui entouroit les trois arcs. Le plan de tous ces arcs étoit perpendiculaire à l'horison ; le diametre de ces arcs varioit de grandeur à chaque instant, & leurs couleurs varioient, quoique leur distance respective demeurât toujours la même. Dans ces trois arcs, le rouge étoit suivi de l'orangé, celui-ci du jaune, après cette couleur on remarquoit un jaune plus pâle, le vert venoit ensuite : ordinairement le diametre du premier arc étoit de 50°. $\frac{2}{7}$; le diametre du second, de 11°. ; celui du troisieme, de 17°. ; & le diametre du cercle blanc, paroissoit de 67 degrés. Lorsque ce phénomene commençoit à se faire observer, les arcs paroissoient ovales ; mais ils s'arrondissoient ensuite. Ces habiles gens observerent aussi, que plusieurs parties de la nuée étoient glacées, quoique séparées les unes des autres, comme le sont celles qui composent une vapeur.

Comme la nuée qui précédoit le spectateur étoit épaisse, & que le soleil brilloit derriere lui, l'ombre du spectateur se porta sur cette nuée, & cette ombre pouvoit se distinguer aisément ; parceque le spectateur n'étoit pas éloigné de la nuée : & lorsque la surface de cette nuée devint inégale, raboteuse, chaque spectateur, éloigné l'un de l'autre, ne pouvoit alors voir que son image, ou son ombre, & non celle de l'autre spectateur.

L'arc intérieur coloré parut dans son entier ; parceque le spectateur étoit placé sur le sommet d'une très haute montagne, & que le soleil étoit à son lever : car on ne peut voir qu'une demi-circonférence de l'iris lorsque le soleil est à l'horison, & que le spectateur est dans le plan de l'horison.

Les trois iris furent toutes les trois principales, & de différentes amplitudes. Cet effet ne viendroit-il pas de ce que les rayons du soleil qui pénétroient la nuée, & qui se réfractoient, étoient réfléchis de la partie postérieure de ses molécules vers les parties antérieures, & se réfractoient en sortant de ces molécules de la même maniere que lorsqu'ils forment des iris principales, & de ce que les parties supérieures de la nuée, étant plutôt éclairées des rayons du soleil que les parties mitoyennes, se raréfioient davantage que ces dernieres ; & pareillement de ce que les parties mitoyennes de la même nuée, étant plutôt éclairées que les parties inférieures, se raréfioient aussi davantage qu'elles ; de sorte que les grandeurs & les densités de ces différentes parties étoient différentes entr'elles, & faisoient que les rayons du soleil, sortant antérieurement de ces parties pour se porter vers l'œil du spectateur, parvenoient à son œil sous différens angles de réfraction, & conséquemment faisoient paroître ces trois iris principales sous différens diametres ?

Mais aussi comme les parties de cette nuée étoient tantôt plus, tantôt moins éclairées du soleil, & échauffées par la chaleur de ses rayons, il ne pouvoit point se faire qu'il n'y eût un changement continuel dans la grandeur des arcs ; changement qui pourroit aussi provenir du vent qui poussoit

& condensoit, tantôt plus, tantôt moins, les parties de la nuée qu'il rencontroit sur son passage : & c'est aussi pour cette même raison que différens rayons colorés se présentoient à l'œil du spectateur ; ce qui produisoit ce changement continuel de couleur que chaque spectateur observoit.

Enfin le quatrieme arc paroissoit blanc, parcequ'on ne pouvoit point distinguer ses couleurs, eu égard à la partie supérieure du ciel, qui étoit alors trop éclairée ; & c'est aussi pour cette raison que les couleurs de la troisieme iris paroissoient plus foibles que celles des deux iris intérieures.

§. MMCCCCXLV. *Edwards* a observé une autre espece d'iris dont il nous a donné la description (1) : il l'observa le 5 de Juin de l'année 1757, le soleil étant déja couché ; le ciel parut sombre & couvert de nuages vers la partie du ciel qui est au coucher d'été, & il observa vers la partie obscure opposée au soleil, un arc-en-ciel plus élevé qu'on n'a coutume d'en observer au-dessus de l'horison : cet arc formoit une demi-circonférence, ses jambes n'atteignoient point la surface de la terre ; mais il étoit orné des mêmes couleurs, moins vives cependant que celles d'une iris ordinaire ; & il observa qu'à proportion que le soleil s'abaissoit au-dessous de l'horison, l'arc-en-ciel s'élevoit par degrés ; ce qui arriva jusqu'à ce que cet arc disparût : il n'étoit tombé aucune pluie pendant l'après-midi de ce jour, & il n'y avoit aucun signe de pluie dans le ciel : la lune étoit aussi sous l'horison ; de sorte que cette iris fût formée seulement dans les vapeurs des nuages par les rayons du soleil qui y pénétroient.

Des couronnes.

§. MMCCCCXLVI. On voit quelquefois autour du soleil, de la lune, des planetes, ou des étoiles fixes, des *couronnes*, ou anneaux, que les Anciens nommoient *halos*. Ces couronnes ne sont autre chose que des cercles lumineux qui entourent ces astres ; ces anneaux paroissent quelquefois blancs, d'autres fois ils sont ornés des mêmes couleurs que l'arc en ciel : on n'en voit quelquefois qu'un, d'autres fois plusieurs qui sont concentriques. Ceux qu'on a observés autour de Sirius & autour de Jupiter, avoient 2, 3, 4, 5 degrés de diametre, & jamais davantage (2). Ceux qu'on observe autour de la lune, sont quelquefois petits, n'ayant que 3 ou 5 degrés de diametre (3) ; mais ils sont ordinairement plus grands, de même que ceux qu'on observe autour du soleil : car on en a observés qui avoient 12°. : 22°, 35′ : 30°. : 38°. : 41°. 2′ (4) : 45°. : 46°, 24′ : 47°. : 90°. de diametre ; on en a même vu de plus grands. On remarque que leurs diametres sont sujets à de fréquentes variations pendant qu'on les observe. La largeur des anneaux colorés & des anneaux blancs differe aussi ; il y en a de 2°. . 4°. . 7°. Lorsqu'on les considere à l'œil nud, ils paroissent ovales ; & si on conçoit que leur diametre soit dans le plan du méridien, & divisé en trois parties, le

(1) Philos. Transf. Vol. 1. Part. 1. pag. 293.
(2) Gassendus ad Diogen. p. 854. Mariott. Mouv. des Eaux. Wolfius in Cos. Inge.
(3) Newtoni Optica Lib. 2. Part. 4. Obs. 13.
(4) Hist. de l'Acad. Roy. ann. 1729.

soleil

foleil paroîtra éloigné de deux de ces parties de leur point inférieur. Ces anneaux , confidérés avec un inftrument , paroiffent ronds (1) , ainfi que je l'ai obfervé moi-même après le célebre *Smith*.

§. MMCCCCXLVII. Soit que ces anneaux foient colorés ou blancs, il y a toujours entr'eux & le corps lumineux qu'ils entourent, un efpace moins éclatant que ne le font ces anneaux. Les couleurs de ces couronnes font auffi plus foibles que celles de l'arc-en-ciel, & elles fe fuivent auffi dans un ordre différent, fuivant la différence de leurs diametres. Dans les couronnes que *Newton* obferva en 1692, les couleurs fe fuivoient du centre à la circonférence dans l'ordre que voici. La couleur de l'anneau interne étoit bleue en-dedans, blanche au milieu, & rouge en-dehors : la couleur interne du fecond anneau étoit pourpre, enfuite bleue, après cela verte, jaune, & d'un rouge pâle. La couleur interne du troifieme anneau étoit d'un bleu pâle, & l'externe d'un jaune pâle. M. *Huyghens* a auffi obfervé dans le contour intérieur une couleur rouge, & dans le contour extérieur un bleu pâle. J'ai obfervé plufieurs couronnes, dont la couleur interne étoit rouge, & l'extérieure blanche : dans d'autres tems, j'ai remarqué que les couleurs étoient difpofées de la même maniere que M. *Newton* les avoit vu dans l'anneau intérieur. M. *Weidler* a vu auffi que le contour intérieur étoit jaune, & l'extérieur blanc. On obferva en France, en 1683, un anneau dont le milieu étoit blanc, & qui étoit enfuite fuivi d'une couleur tirant fur le rouge, enfuite bleue, après verte, & dont le contour extérieur étoit d'un rouge très foncé. On en obferva un autre en 1728, dont le contour extérieur étoit d'un rouge pâle, fuivi d'une couleur jaune, verte enfuite, & qui fe terminoit par un anneau blanc (2).

§. MMCCCCXLVIII. On remarque fréquemment de ces fortes d'anneaux : en effet, on en remarque en Hollande, pour l'ordinaire, plus de 50 par an, qu'on peut diftinguer en plein jour ; mais on les obferve moins bien, parceque nous ne fommes point accoutumés à regarder fixement le foleil & la partie du ciel qui l'entoure, & que nous ne pouvons gueres nous garantir des vives impreffions que cet aftre fait fur nos yeux : mais on peut les obferver plus commodément en regardant le foleil à travers un tube de métal. *Midleton* nous apprend que ces phénomenes font très fréquens dans l'Amérique feptentrionale ; puifqu'on peut obferver un ou deux anneaux par femaine autour du foleil, & pareillement un ou deux par mois autour de la lune (3).

§. MMCCCCXLIX. La caufe de ces couronnes fe trouve dans notre atmofphere, & à peu de diftance de la furface de la terre. En effet, 1°. quoique nous foyions tentés de croire, lorfque nous nous en rapportons à la dépofition de nos fens, & que nous jugeons d'après leur témoignage, que ces anneaux foient réellement autour des aftres, il eft conftant qu'il n'y a point d'atmofpheres autour de ces aftres, ou s'il y en a, elles ne font point fi grandes : de plus, fi ces anneaux dépendoient de l'atmofphere des aftres, on en obferveroit autour du foleil, de la lune & des planetes chaque fois que le ciel feroit ferein.

(1) Smith Optiks. Lib. 1. §. 167. Remark. 344.   (2) Hift. de l'Acad. Roy. ann. 1729.
(3) Philof. Tranf. n. 465.

2°. Ces anneaux ne peuvent être apperçus que de peu de personnes à la fois , & rarement à une plus grande distance que de deux ou trois milles.

3°. Ils disparoissent dès que le vent vient à souffler.

4°. Ils ne paroissent jamais que lorsque le tems est stable , & que l'air est paresseux.

5°. On ne les remarque jamais lorsque le tems est parfaitement serein ; mais lorsqu'il y a quelque brouillard léger.

6°. Lorsque le vent pousse ce brouillard devant lui , & le fait flotter dans l'air , ces anneaux commencent à disparoître du côté que l'air devient plus clair & plus transparent.

7°. On remarque quelquefois que ces couronnes ne sont point fort éloignées du spectateur ; & c'est ce qu'observa le célebre *Glischovius* en 1750. Un jour de pleine lune, le ciel étant fort serein de toutes parts, si ce n'est qu'il y avoit près de la surface de la terre un brouillard fort léger, le limbe inférieur de la lune effleuroit la partie supérieure du toit d'une maison : & on voyoit une couronne pâle autour de la lune qui étoit environ de 12 degrés. La moitié de la partie supérieure, élevée au-dessus du toit , étoit beaucoup plus claire que la partie inférieure qui étoit au-dessous du toit & de la partie supérieure du mur ; le spectateur observa que cette couronne diminuoit à proportion qu'il s'approchoit de cette maison ; mais elle brilloit aussi davantage : d'où il conclut que cette couronne n'étoit qu'à 80 pieds de distance : ce météore disparut avec le brouillard.

§. MMCCCCL. On peut produire artificiellement de semblables couronnes , en plaçant, pendant le froid , un vase d'eau chaude , dont les vapeurs s'élevent entre la lumiere d'une chandelle & l'œil d'un Observateur : c'est pour cela qu'on remarque souvent ces anneaux dans les bains autour de la chandelle. On remarque encore un semblable phénomene si on place une chandelle allumée à quelques pieds de distance d'une fenêtre , dont les vitres sont couvertes d'une vapeur légere, & que , placé en-dehors à quelques pieds de distance de cette fenêtre , on regarde la chandelle à travers les vitres.

Si on place une chandelle allumée derriere un récipient vuide d'air , & qu'on reporte de l'air sous ce récipient, dès que l'air, qui est toujours chargé de vapeurs , se sera introduit, en certaine quantité, sous ce récipient, & qu'il y aura acquis une certaine densité, on appercevra aussi tôt une couronne colorée autour de la lumiere (1). Je remarquai , au mois de Décembre de l'année 1756 , que la lune étoit entourée d'une très grande couronne colorée lorsque je la regardois à travers les vitres de ma chambre , qui étoient couvertes d'une glace mince ; mais lorsque j'ouvrois la fenêtre , cette couronne disparoissoit , & on ne la voyoit qu'à travers cette glace mince.

§. MMCCCCLI. La cause de ces couronnes qu'on observe dans la région supérieure de l'air , doit donc être la même que celle de ces couronnes qu'on produit artificiellement : ce phénomene dépend donc des petites particules de vapeurs , qui , rassemblées les unes avec les autres , ont un certain degré de raréfaction ou de densité propre à faire subir aux rayons de lumiere qui les péne-

(1) Boyle Contin. Pri. Experim. Phys. §. 44.

trent, une réfraction ou une répulsion qui les divise & les sépare en leurs couleurs, de même que la lumiere qui passe entre des lames minces, soit solides, soit fluides, ou entre les tranchans de deux lames de couteau : il n'est pas même nécessaire, pour que ce phénomene ait lieu, que ces vapeurs soient glacées; puisque la vapeur qui couvre la surface des vitres pendant l'été, est propre à produire ce phénomene, de même que l'air humide qu'on fait rentrer dans la capacité d'un récipient vuide d'air; par conséquent c'est une certaine densité des vapeurs, ou une certaine épaisseur des petites couches qu'elles peuvent former, qui fait que la lumiere du soleil qui pénetre ces globules, ou qui passe entre leurs interstices, se sépare en rayons colorés : mais nous ne pouvons pas encore déterminer quel doit être ce degré de densité, ni quelle doit être la grandeur & les dimensions des parties de ces vapeurs.

Mais pourquoi remarque-t-on un cercle rond qui est de même couleur ? Voici comment on peut expliquer ce phénomene. Supposons que S [*Tab.*62. *fig.* 6.] représente le soleil, V V un brouillard mince qui ait le degré de ténuité nécessaire pour produire l'effet que nous voulons expliquer, & que l'œil du spectateur soit placé en o; les rayons lumineux qui partent du soleil S sont paralleles entr'eux, & perpendiculaires sur le brouillard V V : soit conduite du centre de l'astre la droite S P o, que j'ai toujours observé être perpendiculaire sur le plan de l'anneau V V. Cela posé, un rayon quelconque, tel que D A, qui tombe sur le brouillard, & qui le pénetre, se sépare en A en plusieurs petits rayons A g, A o, A e, A f; & il n'y a que le seul rayon A o qui parvienne à l'œil du spectateur, tandis que les autres passent au-delà : ce rayon entre dans l'œil sous l'angle A o P, & est d'une couleur fixe & déterminée. Supposons que ce même rayon se meuve autour de la ligne S P o comme autour de son axe, il décrira alors un cône, dont la base qui aura pour rayon A P, sera un cercle : de tous les rayons qui font partie du faisceau D A, qui pénetre le nuage, & qui s'y sépare en ses différens rayons colorés, ceux qui sont de même couleur que le rayon A o, parviennent à l'œil du spectateur sous le même angle A o P ; ce qui fait que ce spectateur placé en o, observe la même couleur dans toute l'étendue d'un cercle de la base A. Pareillement le faisceau de rayons F B, tombant sur la surface du brouillard V V, le pénetre & se sépare en ses différens rayons colorés, dont un rayon d'une couleur déterminée suit la ligne B o, tandis que les autres ne parviennent point à l'œil o du spectateur : ce rayon efficace entre dans l'œil, sous l'angle B o P, & de tous les rayons séparés de ce faisceau, il n'y a pareillement que ceux qui sont de la même couleur que celui dont nous venons de parler, qui parviennent sous le même angle à l'œil du spectateur placé en o ; ces rayons paroissent donc comme provenir d'un cercle qui a P B pour rayon. Ces Rayons A o, B o, qui parviennent à l'œil du spectateur, doivent être regardés comme efficaces : mais ces rayons sont quelquefois plus nombreux, quelquefois moins, selon les degrés de réfraction que souffrent les rayons D A, F B en traversant la nuée. On n'a pas encore pu déterminer par le calcul jusqu'à quel point peut croître le nombre des rayons efficaces.

Tous les autres faisceaux au-delà de F B qui tombent sur le brouillard, se séparent aussi, à la vérité, en rayons différemment colorés ; mais leurs rayons efficaces ne parviennent point en o ; & par conséquent l'œil placé à ce point, n'est éclairé que d'une certaine lumiere : pareillement les rayons de lumiere qui tombent sur les parties du brouillard qui sont comprises dans la base du cercle A A, n'envoient point de rayons efficaces à l'œil o ; & c'est pour cela que cet œil ne reçoit de toute l'étendue A P A, qu'une lumiere mêlée de toutes sortes de rayons : ce qui fait que le cercle A P A paroît blanc. Comme le brouillard intercepte la lumiere qui vient du corps lumineux, la partie qui embrasse le contour de ce corps lumineux, empêche que le ciel paroisse serein, ou qu'il se présente en cet endroit sous une couleur bleue.

§. MMCCCCLII. Suivant que le brouillard sera plus ou moins élevé au-dessus de la surface de la terre, la couronne sera plus petite ou plus ample, & se présentera sous différentes couleurs : & c'est pour cette raison qu'on a observé que l'amplitude de cette couronne augmentoit ou diminuoit ; il peut se faire aussi que la différente raréfaction des parties du brouillard, ou que la grandeur des vapeurs soit la cause des différences qu'on remarque dans les couleurs de ces couronnes.

§. MMCCCCLIII. On doit regarder comme une fable les présages qu'on tire de l'observation de ces couronnes ; & c'est à tort qu'on a cru qu'elles indiquoient du vent, de la pluie, ou un orage prochain. Car j'ai souvent observé que le ciel demeuroit calme & serein le lendemain du jour où ces phénomenes se manifestoient.

Ceux qui voudront lire quelque chose de plus subtil sur ces sortes de phénomenes, pourront consulter l'optique de *Newton*, Liv. 2. Part. 4. ou les Ouvrages posthumes de *Huyghens*. Pour expliquer la formation de ces couronnes, ce dernier Physicien supposoit qu'il se trouvoit dans l'air une grêle transparente à l'extérieur, mais qui renfermoit au-dedans une espece de noyau glacé & opaque : sentiment fort ingénieux, mais que les observations rapportées (§. 2451.) m'ont empêché de suivre.

Nous ne connoissons encore aucunement l'usage de ces couronnes.

Des parélies.

§. MMCCCCLIV. On remarque quelquefois dans le ciel de faux soleils, qui paroissent en même-tems que cet astre : on appelle ces faux soleils *parélies* ou *antélies*, soit parcequ'on les observe auprès du soleil, soit parcequ'ils approchent de la figure de cet astre. Leur nombre varie : on en voit tantôt un, tantôt deux, quelquefois quatre, comme on peut le remarquer par la figure indiquée [*Tab. 63. fig. 4*] : quelquefois on en voit encore davantage ; car on en a remarqué jusqu'à six.

§. MMCCCCLV. Les Anciens connoissoient ce phénomene : ils en ont fait mention, ainsi que les Modernes ; car *Aristote* (1) rapporte que les fausses images du soleil paroissent ordinairement au lever ou au coucher de cet astre ; mais rarement lorsqu'il est au zénith, quoiqu'on ait observé ce phénomene sur le Bosphore. On a quelquefois vu deux parélies qui ont subsisté pendant un jour entier jusqu'au soir ; & *Pline* indique même les Consuls

____

(1) De Meteoris, Lib. 3. cap. 2.

Romains, fous le Confulat defquels ces parélies ont été obfervées (1). *Gaffendi* affure qu'il n'a vu plufieurs fois qu'une de ces parélies dans les années
1635 & 1636. On en vit plufieurs dans la Ville de Chartres en 1666 (2),
à Paris en 1677 (3) & en 1683 (4). *De la Hire* en vit 2 en 1689, & une feule
en 1692. *Caffini* en obferva deux en 1693 (5). *Gray* en vit deux en 1700 (6).
Halley obferva le même phénomene en 1702 (7); & plufieurs autres auffi
ont obfervé la même chofe après eux, & nous en ont donné la defcription (8). Parmi ces différentes obfervations, nous en avons une très célebre
de *Scheinerus*, qui vit à Rome quatre images du foleil: j'ai obfervé un même phénomene à Utrecht. *Hevelius* en vit fept en 1661 à Dantzic.

§. MMCCCCLVI. La grandeur des parélies paroît la même que celle du
foleil; mais leur figure varie de tems en tems: elles ne font point fi roudes
que le foleil; car elles font quelquefois anguleufes: leur éclat eft quelquefois moins vif que celui du foleil; quelquefois la lumiere du foleil n'eft pas
plus vive. Lorfque plufieurs de ces parélies fe font voir en même tems, il y
en a quelques-unes qui ont moins d'éclat, & qui font plus pâles; leur contour extérieur eft coloré de même que l'arc-en-ciel: plufieurs d'entr'elles ont
par derriere une longue queue d'une couleur plus rouge à l'endroit où elle
tient à la parélie, que par-tout ailleurs; car elle devient plus pâle à proportion qu'elle s'éloigne de la parélie: il y en a qui ont une queue des deux côtés; telle étoit celle qui fut obfervée par M. *Halley* (9). J'en vis une femblable à Leyde en 1753; les queues de cette parélie fe trouvoient difpofées
dans une ligne droite, qui paffoit par les deux foleils: on a vu de ces queues
renfermées dans des cercles colorés. *Weidler* a obfervé une de ces queues,
qui fe portoit en en-haut & fe portoit après en en-bas, un peu courbe, dont
le bord extérieur étoit couleur de pourpre du côté qu'elle regardoit le foleil,
& rouge vers fa partie oppofée, & ornée des couleurs de l'iris. Cette queue
eft fouvent placée dans un cercle blanc; d'autres n'ont point de queue; de
forte que ces parélies fe préfentent toujours avec différentes apparences.

§. MMCCCCLVII. Les parélies font prefque toujours accompagnées de
quelques cercles, dont quelques uns ont les mêmes couleurs que l'arc en-
ciel, & les autres font blancs: ces cercles different, tant en nombre, qu'en
grandeur: ils ont cependant tous le même diametre, qui eft égal au diametre apparent du foleil. Il fe trouve des cercles qui ont le foleil dans leur centre: ces cercles font colorés, & leur diametre eft de 45 degrés, & même de
90. Le plan de ces cercles eft perpendiculaire à une ligne qu'on fuppoferoit
tirée de l'œil du fpectateur par le centre du foleil, ce qui fait que leur po-

(1) Hift. Nat. Lib. 2. cap. 31.
(2) Journal des Savans, Tom. 1. pag. 431.
(3) Journal des Savans, ann. 1677, pag. 179.
(4) Journ. des Sav. ann. 1683. pag. 210. Journ. des Sav. ann. 1684, pag. 172.
(5) Mémoires de l'Académie Royale, année 1692.
(6) Philof. Tranf. n. 262.
(7) Philof. Tranf. n. 278.
(8) Philof. Tranf. n. 445. 462. Hift. de l'Acad. Roy. ann. 1721, 1722, 1743. Journ.
des Sav. ann. 1686, p. 532.
(9) Philof. Tranf. n. 278.

fition differe fuivant la différente élévation du foleil au-deffus de l'horifon:
Plus les couleurs de ces cercles font vives, plus la lumiere du véritable foleil
paroît foible. Il y a encore d'autres cercles paralleles à l'horifon; l'un d'entr'eux, qui eft ordinairement fort ample & blanc, renferme toutes les parélies : & fi ce cercle étoit entier, il pafferoit auffi par le véritable foleil. Son
centre eft le zénith du fpectateur, ou tombe perpendiculairement fur fa tête.
Hevelius a obfervé que le diametre de ce cercle étoit de 130 degrés. On a vu
quelquefois des arcs de plus petits cercles qui étoient concentriques au grand
cercle, qui paffoient par les cercles précédens colorés, les couvroient feulement par leur largeur dans un plan qui paffoit par le zénith & le foleil : ces
petits arcs étoient eux-mêmes colorés, & renfermoient d'autres parélies.
Outre tous ces cercles, on en a encore remarqué d'autres qui étoient placés
obliquement par rapport à ceux dont nous venons de faire mention. L'ordre
des couleurs dans ces cercles colorés, eft le même que dans l'arc en ciel;
mais la couleur rouge fe remarque dans la partie intérieure qui regarde le foleil, telle qu'elle paroît fouvent dans les couronnes. *Feuillée* a obfervé un
cercle parallele à l'horifon, dont le centre étoit au zénith du fpectateur,
dont les couleurs étoient plus vives que celles d'un autre cercle : le diametre
de ce cercle parallele étoit fous double de celui du cercle, au centre duquel
le foleil paroiffoit (1). J'obfervai à Leyde, le 18 Octobre de l'année 1753,
depuis 8 heures du matin jufqu'à dix heures & un quart, une parélie feule,
dont voici la defcription. Elle étoit fituée à la partie méridionale du foleil,
ou, fi vous l'aimez mieux, à fa partie occidentale, & de même hauteur que
lui au deffus de l'horifon. Dans fon origine, elle étoit placée à 18 degrés;
elle s'éleva enfuite un peu, tandis qu'il ne paroiffoit à fa partie orientale que
de petits nuages : elle étoit éloignée du foleil de 30 degrés ou environ; fa lumiere étoit affez fombre, elle reffembloit à celle du foleil qui fe laiffe voir à
travers quelques nuages [*Tab. 63. fig. 1.*]: il y avoit une queue adhérente
aux deux parties oppofées de cette parélie; ces queues étoient difpofées parallelement à l'horifon : chacune avoit 25 degrés de longueur, & étoit blanche, dépourvue de toute couleur quelconque; l'une & l'autre paroiffoient
extrêmement brillantes à l'endroit où elles adhéroient à la parélie: mais cet
éclat diminuoit à proportion qu'elles s'en éloignoient; de forte qu'on ne
pouvoit point diftinguer d'avec les nuages leurs extrêmités qui fe terminoient
en pointes, & qui fe perdoient dans ces nuages. Cette parélie avoit la même grandeur apparente que le foleil; mais fon contour circulaire n'étoit pas
fi exactement terminé que celui de cet aftre : fa figure n'étoit même pas exactement terminée. Il s'élevoit encore outre cela de cette parélie une troifieme
queue qui fe portoit perpendiculairement de bas en-haut; elle paroiffoit avoir
12 degrés de longueur; mais elle avoit plus de largeur, comme on l'obferve
dans l'iris. Ne faifoit elle point portion de quelqu'arc? C'eft ce que je ne
puis affurer; ce qu'il y a de certain, c'eft qu'elle étoit peinte des mêmes couleurs que l'iris, qui étoient extrêmement vives, & qu'on diftinguoit aifément : la couleur rouge étoit tournée du côté du foleil, tandis que la couleur violette en étoit la plus éloignée; les couleurs s'affoibliffoient infenfi-

(1) Feuillée, Journal d'Obferv. Tom. 1. p. 78.

blement vers la partie fupérieure de cette queue: ces couleurs s'affoiblirent promptement, & difparurent enfuite; mais il refta toujours une marque pâle de leur exiftence: on remarquoit au-deffus dans le ciel & vers le zénith, un arc coloré qui formoit la quatrieme partie d'un cercle, difpofé parallelement à l'horifon, dont le centre étoit au zénith du fpectateur; le diametre de ce cercle entier eût été de 50 degrés: cet arc fe terminoit à la partie feptentrionale. Je continuai cet arc avec des points; mais je n'en retrouvai enfuite aucun veftige: la largeur de cet arc étoit la même que celle d'une iris principale. La partie convexe de cet arc étoit tournée du côté du foleil, & & l'efpace qui féparoit cet arc du foleil étoit de 47 degrés. On y remarquoit les 7 couleurs de l'arc-en-ciel, mais fi diftinctement qu'on pouvoit aifément les compter; & je les obfervai beaucoup mieux que je ne l'ai jamais fait, à l'aide d'un prifme. La couleur rouge bordoit la partie extérieure de l'arc; c'étoit celle qui étoit la plus proche du foleil: le violet étoit à la partie intérieure de ce même arc, & répondoit à fon centre; le ciel étoit alors couvert d'un léger brouillard, & on y voyoit de petits nuages blancs qui flottoient çà & là: on ne fentoit alors aucun vent. Je ne doute point que le phénomene que le célebre *Grishovius* obferva à Berlin en 1750, & qu'on trouve décrit dans les Actes de Petersbourg de l'année 1753, ne foit de même efpece & ne puiffe être rapporté ici, quoiqu'il n'y eût point alors de parélie, mais feulement deux arcs colorés. A 7 heures ½ du matin on obferva deux iris vers la partie du ciel qui répond au Levant d'hiver, & où fe trouvoit alors le foleil; le ciel étoit couvert de nuages fombres, & même très fombres. Pour fe former une jufte idée de ce phénomene, il faut rèmarquer que le foleil étoit en S [*Tab. 63. fig. 2.*], le fpectateur en P, & que A B repréfente l'iris principale: C D, la feconde iris, mais dont les couleurs étoient moins vives que celle de l'iris principale: le centre de l'un & l'autre arc étoit placé vers l'orient, un peu au-delà du zénith; & leur convexité étoit tournée du côté du foleil: la hauteur du centre du foleil étoit alors de 18°. 30'; la diftance du limbe extérieur de l'iris principale étoit de 47°. 10', & fon amplitude apparente de 42°. ¼, fa largeur de 2°. La feconde iris étoit éloignée de la premiere de 7°.; ce qui fubfifta pendant une demi-heure fans qu'on s'apperçût d'aucun changement de leur figure ou de leur fituation.

Voici maintenant l'ordre felon lequel les couleurs étoient difpofées, par rapport à l'arc extérieur, en les comptant depuis fa partie extérieure, en allant vers le centre: on remarquoit d'abord un violet très foncé, enfuite l'indigo, le bleu, le vert, le jaune, l'orangé & le rouge. Ces couleurs étoient difpofées, dans un ordre renverfé, dans l'arc intérieur: la couleur la plus extérieure étoit donc le rouge, fuivi de l'orangé, du jaune, du vert, du bleu, de l'indigo & du violet.

Il n'étoit tombé aucune pluie au commencement de ce phénomene, ni même quelques heures auparavant; les nuées, à la vérité, étoient troubles, fombres, & même noires dans toute l'étendue environ de l'efpace que ce météore occupoit: mais elles fondirent en pluie dès qu'il eut commencé à paroître.

§. MMCCCCLVIII. Les parélies font ordinairement fituées dans les interfections des cercles que *Caffini* obferva en 1683; il rapporte qu'il y en a eu qui étoient placées au-delà du cercle coloré, quoique leurs queues s'étendiſſent dans un cercle parallele à la ſurface de la terre (1).

§. MMCCCCLIX. On a vu de ces parélies durer une, deux, trois, & même quatre heures, tandis que le ſoleil étoit élevé à différentes hauteurs : on en a vu qui ont ſubſiſté pendant quelques jours dans l'Amérique ſeptentrionale, & on les obſervoit depuis le lever juſqu'au coucher du ſoleil (2). Ces parélies, ainſi que leurs cercles, diſparoiſſent inſenſiblement ; premierement d'un côté, enſuite d'un autre, & on les voit ſouvent revenir à l'endroit d'où elles ne faiſoient que diſparoître, juſqu'à ce qu'elles ſe diſſipent enfin entierement.

§. MMCCCCLX. La matiere dont ces parélies ſont compoſées, ſe trouve auſſi dans notre atmoſphere. 1°. parceque les cercles colorés qui les accompagnent, ne ſont que des couronnes dont la matiere ſe trouve ſuſpendue & flotte dans notre atmoſphere. 2°. Suivant les obſervations exactes faites par *Hevelius*, *Huyghens*, *Caſſini*, *Maraldi*, *Verdries*, *Weidler*, & ſuivant celles que j'ai faites auſſi moi-même, le tems n'eſt jamais parfaitement ſerein lorſque les parélies paroiſſent ; mais l'air ſe trouve alors chargé d'un petit brouillard tranſparent. 3°. Plus les couleurs de ces aſtres ſont vives, & plus la lumiere du ſoleil devient pâle. 4°. Il eſt rare qu'on puiſſe obſerver ces parélies de deux endroits, quoique peu éloignés l'un de l'autre. En effet, on ne vit point à Utrecht celles qui parurent à Harlem le 22 Février de l'année 1734. On n'obſerva pas non plus à Utrecht les deux paraſélenes qui ſe firent voir avec leurs cercles, le 12 Mars de la même année, à Catwyk, Leyden, & à Koudekerk. 5°. On les voit d'ordinaire en hiver, lorſqu'il fait un froid accompagné d'une foible gelée ; tandis qu'il regne en même-tems un petit vent de Nord, ou qui prend un peu du Nord. 6°. Lorſque les parélies diſparoiſſent, il commence auſſi à pleuvoir ou à neiger ; & on voit alors tomber une eſpece de neige oblongue faite en maniere d'aiguilles, ainſi que *Maraldi*, *Weidler*, *Kraff* (3), & pluſieurs autres l'ont obſervé. Or comme l'air ſe trouve alors chargé de particules giaciales, ou de petites aiguilles aſſez grandes pour être ſenſibles à l'œil, ainſi que *Ellis* (4) & *Midleton* nous aſſurent l'avoir obſervé dans l'Amérique ſeptentrionale ; ils n'ont pas fait de difficulté de regarder ces particules comme la cauſe de ces phénomenes. *Huyghens* a eu auſſi recours à de petites fleches glacées, au centre deſquelles ſe trouvoit un noyau opaque, pour rendre raiſon des parélies ; cet habile Phyſicien vint à bout d'en produire d'artificielles, par le moyen de cylindres de verre qu'il ſuſpendit en l'air : d'où il paroît que ce n'eſt point ſans fondement, & avec témérité, qu'on a eu recours à l'hypotheſe de petites fleches oblongues & glacées, pour rendre raiſon de ce phénomene : au moins peut-on aſſurer que perſonne juſqu'à préſent n'a établit à cet égard aucune hypotheſe plus ſolide ; je ne crois cependant pas avec *Huyghens*, qu'il faille ſuppoſer un noyau opaque au centre de ces petites fleches ; car il eſt conſtant que ces petites fleches glacées ſont tranſparentes.

§. MMCCCCLXI. Suppoſons qu'il y ait dans l'air de petites fleches

____

(1) Journ. des Sav. ann. 1683. (2) Philoſ. Tranſ, n. 465. (3) Comment. Petropol. Vol. 9 p. 354. (4) Voyag. to Hudſon's Bay. pag. 171.

glacées

glacées, cylindriques, minces, qui y foient fufpendues directement de haut en-bas, & de bas en-haut; il eft conftant que ces petits corpufcules intercepteront une partie de la lumiere du foleil, & conféquemment la lumiere du véritable foleil fera moins vive que lorfque le tems eft ferein, ainfi qu'on l'obferve toujours lorfqu'il y a des parélies.

§. MMCCCCLXII. Suppofons que S R [*Tab. 63. fig. 3.*] repréfente le foleil, & que des deux extrêmités de fon diametre il lance des rayons S P, R Q, accompagnés de tous ceux qu'on peut fuppofer intermédiaires : tous ces rayons tombant fur la furface d'une des fleches A B, dont nous venons de parler, une partie de ces rayons pénétrera cette fleche, tandis qu'une autre partie en fera réfléchie fous les mêmes angles fous lefquels les rayons réfléchis feront tombés fur fa furface; car cet effet doit être commun à ces fleches glacées, ainfi qu'à tous les corps tranfparens qui ne font point tout à-fait & parfaitement tranfparens, mais qui réfléchiffent la lumiere par quelques points de leur furface antérieure, & ce que prouve très bien les doubles images que nous repréfentent toujours les miroirs de glace. Les rayons qui tombent comme fur une ligne droite P Q, font cenfés tomber fur un miroir plan d'une très petite largeur, d'où étant réfléchis fous des angles égaux à ceux de leur incidence, ils doivent être portés felon les lignes P V, Q V. Le fpectateur qui fera placé en V, devra donc recevoir cette lumiere réfléchie, & qui doit être foible; parceque P Q n'eft qu'une petite ligne réfléchiffante : mais les autres rayons qui tomberont aux côtés, fur le refte de la furface de cette fleche, doivent être réfléchis ailleurs qu'en V. On verra donc alors en V un objet lumineux dans cette efpece de miroir P Q, qui fera à la même hauteur au-deffus de l'horifon que le foleil S R, & qui aura la même largeur S R, mais non pas la même longueur; parceque P Q n'eft qu'une ligne réfléchiffante.

§. MMCCCCLXIII. Mais fi le fpectateur eft placé en A [*Tab. 63. fig. 3. 4.*], fon zénith en B, & que le ciel foit rempli de toutes parts de ces fortes de fleches, fur lefquelles le foleil darde fes rayons, il ne parviendra alors à l'œil du fpectateur que les feuls rayons qui feront réfléchis par ces fleches fous les angles P V Z, Q V Z, tels que font ceux-ci F A B, H A B, E A B, G A B, & ainfi de fuite circulairement. Mais ceux qui feront réfléchis par d'autres fleches, foit intérieures, foit extérieures, fous le même angle, ne parviendront point en A; & le fpectateur verra un cercle blanc lumineux C G H E K D, de même hauteur que le foleil S au-deffus de l'horifon, & dont la largeur doit être égale au diametre S R. Comme, felon la direction D S C, les fleches éclairées ne peuvent point réfléchir en A la lumiere qu'elles reçoivent, mais que tous ces rayons tombent à la gauche du fpectateur, le cercle blanc & lumineux antérieurement doit paroître interrompu par un grand intervalle, de forte que d'une parélie à une autre, on ne peut obferver un cercle blanc entier; ce qui indique comment fe forme ce cercle blanc qui eft parallele à l'horifon.

§. MMCCCCLXIV. Le foleil outre cela envoie encore d'autres rayons fur les autres parties antérieures de ces fleches : ces rayons S P, R Q qui pénetrent une de ces fleches, & qui fe réfractent en P T, Q X, & qui s'échappent par l'efpace T X, entrent alors dans l'air, où ils fubiffent une nouvelle

Tome III. A a a

réfraction, qui les porte selon les lignes T Y , X Y , paralleles aux premieres S P , R Q : mais comme l'épaisseur P T de cette fleche est très petite, le
spectateur placé en Y , jugera que ces rayons viennent d'un objet dont la hauteur au-dessus de l'horison ne surpasse pas celle de R S. Non-seulement les
rayons de lumiere qui tombent sur la petite ligne P Q se porteront à l'œil du
spectateur placé en Y , mais il s'y en portera encore d'autres ; savoir, ceux qui
tombent sur d'autres lignes qui avoisinent celle que nous venons d'indiquer :
& comme tous ces rayons se réfractent en sortant par l'espace de T X , & par
les espaces voisins, ces rayons se sépareront en leurs différentes couleurs , &
plusieurs de ces rayons réfractés , tombant les uns sur les autres, formeront
de nouveau une couleur blanche, tandis que quelques autres, savoir ceux
qui s'écarteront davantage , conserveront la couleur qui leur est propre.

§. MMCCCCLXV. Si on conçoit maintenant plusieurs de ces petites fleches suspendues entre le soleil & l'œil du spectateur , & à travers lesquelles
les rayons du soleil pénetrent, comme nous venons de le voir , il y aura
quelques parties de ces fleches à travers lesquelles plusieurs de ces rayons se
feront jour & pénétreront ; tandis qu'il n'en passera qu'un très petit nombre
entre d'autres parties de ces mêmes fleches : d'où il suit manifestement qu'il
y a un certain endroit dans ces fleches, d'où la lumiere réfractée parvient
abondamment à l'œil du spectateur : or cette lumiere abondante fait que cet
endroit paroît très brillant au spectateur , & cet endroit se trouve élevé à la
même hauteur que le soleil au-dessus de l'horison ; tandis que les autres endroits de ces mêmes fleches , soit qu'ils soient plus proches, soit qu'ils
soient plus éloignés du soleil, transmettant une moindre lumiere au point A ,
où se trouve l'Observateur, représente à l'endroit où cette lumiere se fait
distinguer, une espece de soleil, moins brillant à la vérité ; c'est-à-dire,
font observer une parélie, & lorsque ces deux endroits peuvent être extrêmement brillans, le spectateur observe alors deux parélies, situées l'une &
l'autre à la même distance du soleil, & comme aux deux confins du cercle
blanc en D & en C [*Tab. 63. fig. 4.*]. Ces deux points, à la vérité, qui
font extrêmement brillans, paroîtront à la même hauteur & sous les mêmes
dimensions que le véritable soleil ; mais ils ne paroîtront point ronds : au
contraire ils paroîtront plutôt quadrangulaires & un peu anguleux ; & c'est
pour cela que les parélies ne paroissent point rondes & d'une figure exactement terminée , mais qu'elles paroissent sous une forme irréguliere ; & comme les rayons qui s'échappent des fleches se réfractent, ils se divisent aussi
en leurs différentes couleurs ; de sorte que les parélies doivent paroître un
peu colorées , au moins dans leur contour.

§ MMCCCCLXVI. Ces petites fleches de glace transmettent par certains
endroits de leur épaisseur une grande quantité de lumiere : elles en transmettent aussi, quoiqu'en moindre quantité, par leurs autres parties , & cette
derniere lumiere parvient aussi à l'œil du spectateur, qui est en A , & paroît
envoyée d'un corps qui se trouve à la même hauteur que le soleil qui est en
S ; & par conséquent elle paroît comme adhérente à l'endroit le plus brillant
& le plus lumineux ; ce qui forme une espece de queue à la parélie, laquelle
se trouvant placée dans le cercle blanc , rend la lumiere plus vive dans cet
endroit ; par conséquent cette queue étant plus brillante que le cercle blanc,

paroît adhérente à la parélie : la fplendeur de cette queue eft beaucoup plus
vive à l'endroit où elle adhere à la parélie que par-tout ailleurs, & elle va
toujours en diminuant, de forte qu'elle s'éteint infenfiblement à une certaine
diftance de la parélie : mais comme cette queue n'eft vue que par le moyen
des rayons réfractés, elle doit paroître colorée & teinte de différentes couleurs. C'eft ainfi que fe forment les parélies qui entourent le foleil, ainfi que
leurs queues : il nous refte encore à expliquer celles qui paroiffent oppofées
au foleil.

§. MMCCCCLXVII. Suppofons maintenant une fleche glacée, tranfparente BCMK [Tab. 63. fig. 5.], les rayons du foleil fe portent contre cette
fleche de la même maniere qu'ils fe portent contre un cylindre de verre rempli d'eau : cela pofé, foit un rayon de foleil O M, qui tombe fur le plan
A B M. Si ce rayon n'étoit autre chofe que la ligne A B, ce rayon parvenant
à la furface du cylindre en B, pénétreroit ce cylindre ; & après avoir fubi
une réfraction à fon entrée, il continueroit à fe mouvoir felon la ligne B C :
mais concevons maintenant un plan vertical qui paffe par B C & par toute
la longueur du cylindre ; alors le rayon O M fe portera contre ce plan vertical : mais comme parvenu en B M, il tombe obliquement fur le point M, il
ne pourra point fuivre la ligne droite tracée de M en P, il fouffrira donc une
réfraction, & il fe portera de M en K : maintenant de même que le rayon
B C, parvenu au point C, ne fort pas par ce point, mais en eft réfléchi comme s'il tomboit fur la furface d'un miroir, & qu'il en arrive de même dans
les gouttes d'eau, ce rayon viendra de C en D. Concevons donc un fecond
plan vertical qui paffe par D C, & felon toute la longueur de la fleche, alors
le rayon M P, qui paffe par ce plan, étant réfléchi au point P, fe reportera antérieurement en G ; & de même que le rayon C D, en fortant au point D,
feroit réfracté felon la ligne D E : pareillement fi on conçoit un plan vertical qui paffe par D E, le rayon P G fe portera dans ce plan. Si le rayon qui
tend de P en M fe portoit véritablement en M, ce rayon feroit dirigé felon
le même degré d'obliquité que celui qui va de P en G ; il iroit donc en fortant de M au point O, felon le même degré d'obliquité que le rayon qui part
de G pour fe porter en F ; & conféquemment l'angle O M B feroit = F G R,
auquel l'angle G F H eft égal ; par conféquent ce rayon fort antérieurement
de la même maniere que s'il étoit réfléchi par la furface d'un miroir plan, &
conféquemment l'œil du fpectateur, placé dans la droite G F, verra l'image
de l'objet O, mais derriere la fleche, à une hauteur au-deffus de l'horifon
égale à celle de l'objet O lui-même.

§. MMCCCCLXVIII. Concevons maintenant quelques-unes de ces petites fleches glacées, fituées entre le zénith du fpectateur & la partie oppofée
au foleil, c'eft-à-dire, entre B & H [Tab. 64. fig. 4.] ; les rayons qui partiront du foleil S, & qui tomberont fur ces fleches cylindriques, fouffrant
deux réfractions & une feule réflexion, parviendront à l'œil du fpectateur A
fous un angle égal à l'angle G F H, indiqué dans la fig. 5, auquel l'angle
F A B de la fig. 4 eft égal. Ils paroîtront donc venir d'un objet placé à la même hauteur que le foleil S, & on verra à cette hauteur un cercle blanc. De
même que dans la fig. 5, quelques rayons réfractés en B, ainfi que dans une
certaine étendue, en allant vers D, concourent tous en un point C, & for-

ment des rayons efficaces ; pareillement ceux qui fortent en G F font auffi efficaces , comme étant très denfes : de même dans la figure 4 on aura des rayons efficaces , qui partiront fur-tout de deux points pour fe rendre à l'œil du fpectateur A : ces points font E & F , & les rayons qui en partiront formeront les angles E A B , F A B de 51°. 32′. Mais comme il faut confidérer ici la largeur du diametre du foleil , les rayons efficaces des autres fleches fe porteront ailleurs qu'au point A ; & c'eft pour cela que les points E & F paroîtront plus brillans que les autres points , & ils nous feront encore voir d'autres parélies dont la figure ne fera ni ronde , comme celle du foleil , ni bien terminée , mais d'une grandeur à peu-près égale à celle du foleil : comme ces rayons partent de la furface poftérieure C K de la fleche [*Fig.* 5.], & ne font point en fi grand nombre que les rayons incidens ; puifque quelques-uns fe font échappés ; de même tous les rayons réfléchis par le point P vers G ne fortiront pas par ce point , & conféquemment la lumiere des parélies qu'on obfervera en E & en F , ne fera pas fi vive que celles des parélies , qu'on obfervera en C & en D : auffi remarque-t-on que les parélies qu'on voit en E & en F , font pâles , & ne jettent que peu de lumiere : on ne peut même diftinguer leurs queues , par rapport à la foibleffe de cette lumiere.

§. MMCCCCLXIX. Si l'agitation de l'air fe communique à ces petites fleches , & qu'elles en reçoivent un petit mouvement oblique qui les agite & qui les tienne comme en vibrations dans l'atmofphere , on verra changer à chaque inftant l'éclat des parélies , & elles paroîtront continuellement agitées : on les verra donc tantôt plus grandes , tantôt plus petites , plus brillantes en un moment , moins brillantes en un autre , jufqu'à ce que la fituation de ces petites fleches , étant tout-à-fait dérangée , elles difparoiffent à nos yeux.

§. MMCCCCLXX. On voit outre cela des cercles colorés M N O , P Q [*Fig.* 4.] , dont le foleil S occupe le centre : ces cercles , teints des mêmes couleurs que l'iris , font des couronnes ou des *halos* ; ils font difpofés felon un plan oblique à l'horifon ; & fi on mene une droite A S de l'œil du fpectateur au foleil , elle fera perpendiculaire au plan de ces cercles : d'où il fuit que l'obliquité de leur plan fera différente , fuivant la différente élévation du foleil , ainfi que je l'ai obfervé dans le phénomene que j'ai fait repréfenter par la fig. 4. il paroît indubitable que ces cercles colorés dépendent de la même caufe que les couronnes dont nous avons parlé ci-deffus ; car on ne remarque point de différence entre ces deux phénomenes : par conféquent fi on fuppofe qu'il y ait de ces petites fleches glacées qui foient fufpendues dans un brouillard léger , on rendra aifément raifon de tous les phénomenes de ce météore ; les couronnes dépendront de ce brouillard , & les parélies des fleches glacées.

§. MMCCCCLXXI. On ne voit point difparoître enfemble & en même-tems les parélies , leurs arcs & leurs couronnes : en effet , j'ai obfervé que les parélies E & F commencerent à devenir plus pâles , enfuite qu'une des deux difparut , que l'autre s'évanouit prefqu'auffi tôt ; il reparut enfuite , & à plufieurs fois , quelques traces , quelques veftiges des parélies , jufqu'à leur parfaite deftruction : la partie K H de l'arc difparut après cela , enfuite j'obfervai que les parélies D & C perdirent de leur éclat, le cercle blanc K H G difparut après, & je ne voyois plus la queue des parélies D & C, qui devinrent plus pâles; la parélie D s'évanouit la premiere, C difparut après, de maniere cependant à me faire croire qu'elles reparoîtroient : enfin les couronnes P Q, M N O fe diffiperent, & j'obfervai ce phenomene pendant plus de deux heures de fuite. Ceux qui voudront voir cette matiere traitée d'une maniere plus étendue & plus fcientifique, pourront confulter une Differtation de M. *Huyghens*, fur les couronnes & fur les parélies; l'Ouvrage du célebre *Smith*, intitulé, *Optics*. B. 2. c. 11. un Commentaire de *Weidler* fur les parélies.

§. MMCCCCLXXII. On a encore obfervé des parélies différentes de celles que nous venons d'expofer : on a vu quelquefois trois foleils les uns au-deffus des autres dans un même cercle vertical : ces trois images étoient bien terminées, fe touchoient les unes & les autres : le véritable foleil étoit au milieu, & celui qui étoit au-deffous atteignoit l'horifon : ces trois foleils difparurent enfuite avec ordre, & lorfque celui qui étoit le plus élevé demeura feul, quoique ce ne fût qu'un faux foleil, fa lumiere n'étoit pas moins vive que celle du véritable foleil ; un vent du Nord fouffloit pendant ce phénomene, qui fut obfervé par M. *Malezieu* en 1722, auprès de l'Eglife d'un Village nommé Sceaux (1).

§. MMCCCCLXXIII. On a vu auffi deux foleils dans le même vertical, qui fe touchoient & qui defcendoient également vîte ; celui qui étoit au-deffus fuivoit immédiatement celui qui étoit au-deffous, & qui paffoit fous l'horifon : la lumiere du foleil inférieur étoit moins vive, quoiqu'également bien terminée que celle du foleil fupérieur (2). On vit auffi en 1674 deux foleils dans le même vertical; celui qui étoit au-deffus paroiffoit donner naiffance à une verge rouge qui s'élevoit en l'air au-deffus de ce foleil : on obfervoit un brouillard mince, au-deffous duquel paroiffoit la parélie ; enfin le véritable foleil defcendit dans cette parélie, & paffa fous l'horifon (3).

§. MMCCCCLXXIV. On remarque auffi quelquefois des parafélenes autour de la lune, qui ont des queues & des cercles colorés, femblables à ceux dont nous venons de parler, en traitant des parélies. *Cn. Domitius, C. Fannius Coff*, ont obfervé trois lunes, que plufieurs appellent foleils de nuit (4). *Eutrope* & *Cufpinian* nous apprennent qu'on avoit vu trois lunes à Orimini, 234 ans avant la naiffance de J. C. On en obferva de femblables en Angleterre l'an 1118. *Garcæus* fait mention d'un femblable phénomene qu'on obferva en 1312, 1314, 1549. *Caffini* obferva en France un même phénomene l'an 1693. J'en vis un pareil en Hollande en 1735. Mais on en vit un très beau en France le 20 Octobre de l'année 1747 (5).

Le ciel fe couvrit le foir d'un mince brouillard, à travers lequel la lune paroiffoit couleur de feu ; à huit heures 40' le brouillard étoit groffierement difperfé, mais le ciel étoit couvert d'une nuée blanchâtre : dans ce moment un *halo* A B C D [*Tab. 63. fig. 6.*] entouroit la lune ; on remarquoit encore

(1) Hift. de l'Acad. Roy. ann. 1722. (2) Bouguer, Voyage au Pérou, pag. 12. (3) Philof. Tranf. n. 102. (4) Plin. in Hift. Nat. Lib. 2. cap. 32. (5) Philof. Tranf. n. 489.

autour 4 segmens de cercle, dont deux, savoir E A F & G H avoient 10 degrés de longueur, concentriques, & dont le centre commun étoit au zénith: le segment de l'arc I P L, qui répondoit à la partie boréale du ciel, étoit de 7 degrés, & concentrique au grand cercle de la lune; la lune étoit le centre commun de ces cercles: enfin l'arc M C N, qui étoit tourné du côté de l'horison, étoit de 12 degrés.

Outre les cercles que nous venons de décrire, on remarquoit la parasélene B semblable à une parélie: son diametre étoit = 35'; elle avoit une queue B P opposée à la lune: la lumiere de cette queue varioit continuellement; elle s'étendoit jusqu'à l'arc I P L, qui, de même que l'arc G H, étoit éloigné de 4°. de l'arc lunaire A B C D.

Les couleurs de la parasélene étoient moins vives que ne sont ordinairement celles des parélies; ces couleurs s'évanouissoient au côté qui répondoit à la lune. Cette parasélene paroissoit à une même hauteur que la lune, & sa queue étoit si mince, qu'on pouvoit distinguer à travers, les étoiles qui lui répondoient. Le cercle lunaire A B C D étoit plus pâle vers la partie australe; il ne parut rien de nouveau de ce côté, & ce fut ainsi qu'on put l'observer à 9 heures 18': le ciel se couvrit ensuite de nuages qui se dissiperent à 9 heures 32', moment où ce météore se fit observer d'une autre maniere. En effet, on remarquoit alors le cercle lunaire A B C D [*Tab. 63. fig. 7.*], & un petit arc Q R de 4 degrés, situé à la partie australe & concentrique au cercle de la lune: on voyoit aussi alors deux parasélenes, une en D à la partie australe, & une autre en B à la partie boréale. Ces deux nouvelles parasélenes n'avoient point une lumiere aussi vive & aussi éclatante que la premiere, & ne paroissoient pas aussi distinctement que la premiere; mais le cercle lunaire brilloit d'une lumiere très vive: toutes ces apparences disparurent à 9 heures 50', & le ciel devint alors serein par degrés. On vit la même nuit, à Berlin, un cercle qui entouroit la lune; mais on n'observa point de parasélenes.

Il est hors de doute que ces phénomenes n'ont point d'autre cause que celle des parélies; ainsi on les expliquera & on en rendra raison de la même maniere.

§. MMCCCCLXXV. On observe quelquefois une queue droite lumineuse, qui paroît adhérente au soleil levant & au soleil couchant [*Tab. 63. fig. 8.*], cette queue est perpendiculaire à l'horison, & de même largeur que le soleil: elle a 9 à 10 degrés de longueur; elle paroît jaune, de même que seroit la queue d'une iris. Ce phénomene s'observe lorsque le ciel est couvert de petits nuages de peu de densité, & paralleles à l'horison, semblables à de petites bandes noires déchirées vers leurs extrêmités, qui n'empêchent cependant point que le soleil ne paroisse très brillant. *Caffini* observa un semblable phénomene en 1672, 1692 (1). Il fit cette observation après le coucher du soleil. *De la Hire* fit une pareille observation le 11 Mai 1702, ainsi que M. *Ellis* (2) à la Baie d'Hudson (3).

(1) Hist. de l'Acad. Roy. ann. 1702.
(2) Ellis Voyag. to Hudson's Baye. p. 172 & 287.
(3) L'observation faite par M. *de la Hire*, marque que les bandes noires paroissoient sur les bords du soleil, & non vers les extrêmités des nuages, qui n'empêchoient point de

§. MMCCCCLXXVI. *Feuillée* voyageant sur les rives du fleuve de la Plata en Amérique, & observant le soleil levant, remarqua dans la partie du ciel qui répondoit au soleil, des nuages très hauts, très rares, & paralleles à l'horison, par les intervalles desquels on voyoit un ciel bleu. Trois minutes après, le soleil s'éleva au-dessus du fleuve : mais on ne pouvoit pas alors distinguer le limbe inférieur du soleil : cet astre s'élevant ensuite plus haut, formoit en s'élevant une colonne lumineuse qui partoit du limbe supérieur, & se portoit directement vers la terre : cette colonne empêchoit de distinguer le limbe inférieur du soleil ; sa largeur étoit égale au diametre du soleil : elle subsistoit encore lorsque cet astre étoit élevé de 6 degrés ; elle prit ensuite une forme conique, dont la base étoit tournée vers la terre, & dont le sommet paroissoit au limbe supérieur du soleil : mais les nuées se dissipant ensuite, ce phénomene disparut insensiblement (1). Cette colonne étoit semblable à la précédente, avec cette différence néanmoins, que la derniere paroissoit adhérente au soleil, en forme de queue.

§. MMCCCCLXXVII. Les Journaux des Savans font mention, & des cercles qu'on a observés quelquefois autour du soleil, & des croix qu'on a vues dans cet astre, comme on l'observa dans le tems que le grand *Constantin* se préparoit à livrer la bataille à *Maxence*. On rapporte [*Tab.* 63. *fig.* 9.] que le 17 Mai de l'an 1677, on observa une pareille croix blanche dans la lune, dont un croisillon étoit parallele, & l'autre perpendiculaire à l'horison ; la longueur de chaque bras de ces deux croisillons étoit d'environ 12 degrés, & se terminoit d'une maniere insensible (2).

§. MMCCCCLXXVIII. Le célebre *Frisch* observa en 1729 un cercle de trois couleurs qui entouroit le soleil ; ces couleurs étoient disposées de maniere que la rouge étoit la plus extérieure, la jaune tenoit le milieu, & la blanche étoit intérieure : ce dernier anneau étoit éloigné du soleil à la distance de deux diametres solaires ; il remarqua outre cela un autre cercle blanc qui passoit par le soleil, & deux autres demi cercles blancs plus petits, qui prenoient de part & d'autre leur origine dans le soleil, & qui étoient dans le plan du plus grand cercle.

§. MMCCCCLXXIX. Le soleil paroît quelquefois darder une lumiere semblable à des verges, qui s'étendent depuis les nuées jusqu'à la terre, en maniere de cône, & qui ont leur plus grande largeur près de notre globe : on les voit ordinairement après midi, lorsque la chaleur est passée. Ce phénomene s'observe lorsque les nuages dérobent la lumiere du soleil au spectateur : dans ce tems plusieurs rayons éloignés les uns des autres se font jour par les interstices étroits que les autres nuages laissent entr'eux, & parviennent jusqu'à la terre : ces rayons rencontrent sur leur passage les vapeurs qui s'élevent de la terre, se réfléchissent & frappent plus fortement la vue lorsqu'on les regarde latéralement ; de même que lorsqu'on introduit dans une chambre obscure un rayon de soleil, nous voyons les petits corpuscules se

---

voir le soleil fort clairement : *ils y faisoient*, dit-il, *de petites bandes noires & des déchirures vers les bords.*

(1) Feuillée Journal des Observations, Tom. 1. pag. 240.
(2) Journ. des Sav. ann. 1677, p. 177.

mouvoir en toutes fortes de fens, les uns de bas en-haut, les autres de haut en-bas & de tous côtés : or lorfqu'on regarde alors de côté les rayons lumineux, ceux qui font réfléchis par ces petits corpufcules, nous paroiffent fous la forme de verges dont nous venons de parler.

CHAPITRE XLIII.

Des Météores ignés.

§. MMCCCCLXXX. APRÈS avoir traité des principaux météores aqueux, nous allons parler de ceux qu'on nomme ignés. On doit bien prendre garde ici de ne pas confondre les phénomenes lumineux & non ignés avec ceux qui brûlent réellement ; car il s'en trouve quelques-uns qui brillent & qui frappent plus fortement la vue que d'autres qui brûlent : tels font, par exemple, les météores dont nous venons de parler, les parélies : on voit même quelquefois des nuages qui réfléchiffent plus fortement la lumiere de la lune, & qui nous offrent des phénomenes qui paroiffent plus ardens que certaines aurores boréales. On doit auffi ne pas confondre les météores ignés avec les crépufcules du matin & du foir, avec les traits lumineux de la voie lactée, ou avec la lumiere du Zodiaque, obfervée par MM. *Caffini, Fatius, Kirchius, Eimmart* (1), & que M. *de Mairan* a fi bien décrite (2).

§. MMCCCCLXXXI. Les crépufcules du matin & du foir dépendent de l'air & des vapeurs qui flottent dans fon fein, qui nous renvoient la lumiere que le foleil lance fur elles ; cette portion d'air ainfi éclairée par la lumiere du foleil, eft d'une affez grande étendue ; car le crépufcule du foir ne ceffe de fe faire obferver que lorfque le foleil eft à 18 degrés au-deffous de l'horifon : c'eft donc une portion circulaire de l'atmofphere de 36 degrés de diametre qui fait la matiere du crépufcule ; par conféquent lorfque le foleil eft à l'horifon, le diametre du crépufcule fera dans l'horifon : il fera outre cela, parallele à ce cercle, & de 36 degrés ; mais le rayon vertical fur l'horifon, fera de 18 degrés. Lorfque le foleil defcendra au-deffous de l'horifon, le crépufcule fuivra le foleil, & formera fur l'horifon comme une efpece de fegment de cercle, dont le diametre fera de 36 degrés : mais ce fegment décroîtra continuellement, à proportion que le foleil, qu'on peut regarder comme le centre de ce cercle, defcendra au-deffous de l'horifon. Il fuit delà que les crépufcules du matin & du foir occupent chez nous pendant l'été un très grand efpace fur l'horifon ; & même on peut dire que ces crépufcules ne ceffent point alors, puifque le foleil ne defcend point, pendant l'été, de 18 degrés fous l'horifon.

Comme les crépufcules jettent une grande & vive lumiere jufqu'à la

(1) Journ. des Sav. ann. 1685, p. 131. Nouv. de la Répub. des Lett. p. 242.
(2) Traité Phyfiq. de l'Aurore boréale.

hauteur

hauteur de 18 degrés au deſſus de l'horiſon , on ne pourra point, ou au moins on ne pourra que très difficilement, pendant l'été, diſtinguer les aurores boréales de ces crépuſcules, à moins que les aurores boréales ne ſoient plus élevées au deſſus de l'horiſon , ou qu'elles ne jettent une lumiere plus vive , ou à moins qu'elles ne lancent des colonnes lumineuſes.

§. MMCCCCLXXXII. La lumiere zodiacale reſſemble aſſez bien , par ſa clarté , à celle qu'on remarque dans la voie lactée : cette lumiere tire ſur le jaune, elle devient rouge près l'horiſon : elle paroît dans le Zodiaque , & elle accompagne le ſoleil ; & c'eſt ce qui a donné occaſion à pluſieurs de la regarder comme l'atmoſphere du ſoleil : comme cette lumiere ne paſſe gueres le plan de l'écliptique , & qu'elle ne le coupe que peu obliquement, on ne la peut point toujours diſtinguer, ſi ce n'eſt vers la fin de l'hiver & au commencement du printems, après le coucher du ſoleil, ou avant ſon lever, pendant l'automne : on ne la peut voir que très rarement dans tout autre tems de l'année ; parceque la clarté des crépuſcules du matin & du ſoir, étant beaucoup plus vive, obſcurcit cette lumiere, & la dérobe à notre vue. On ne la voit ſeulement que lorſque le ſoleil paſſe directement ſous l'horiſon ; car alors une grande partie de cette lumiere s'étend un peu obliquement ſur l'horiſon , & c'eſt ce qui arrive vers la fin de Février & pendant le mois de Mars, ainſi qu'après la moitié du mois de Septembre , & au commencement d'Octobre ; mais dans les autres tems de l'année, le ſoleil monte trop obliquement ſur l'horiſon , ou paſſe trop obliquement audeſſous , & cette lumiere zodiacale , qui accompagne cet aſtre, deſcendant auſſi trop obliquement ſous l'horiſon , ſe trouve confondue avec la lumiere des crépuſcules, de façon qu'on ne peut point la diſtinguer. On peut aiſément diſtinguer la lumiere du Zodiaque de celle d'une aurore boréale ; parceque lorſque cette lumiere ſe fait obſerver ici , le ſoleil ſe couche à ſon vrai coucher, & ſe leve à ſon vrai lever : au contraire les aurores boréales ſe font obſerver pour l'ordinaire dans la partie boréale du ciel , & elles ne s'étendent que très rarement juſqu'au Couchant, ou juſqu'au Levant. S'il arrive donc que nous obſervions vers la fin de Février, ou dans le mois de Mars , une lumiere vive dans la partie occidentale du ciel & auprès de l'horiſon , il ne faut point prendre cette lumiere pour une aurore boréale , à moins qu'elle ne brille & qu'elle ne donne d'autres ſignes de ce phénomene ; mais ſi on remarque à la partie occidentale du ciel , & après le coucher du ſoleil, une lumiere tranquille & claire , on pourra la regarder comme une lumiere zodiacale. Outre cela , cette lumiere ſe remarque mieux que toute autre , lorſqu'il y a une éclipſe totale du ſoleil , & il faut même prendre garde alors de ne la pas confondre avec une aurore boréale.

La lumiere du Zodiaque imite aſſez bien la queue d'une comete, qui eſt formée par les exhalaiſons qui s'échappent du corps de la comete, échauffée par les rayons du ſoleil : les parties conſtituantes de ces exhalaiſons réfléchiſſent la lumiere que le ſoleil leur envoie, & deviennent par ce moyen lumineuſes, brillantes & ſenſibles à l'œil ; mais elles ne ſont point ignées. Il ſort pareillement, & continuellement, du corps du ſoleil des exhalaiſons qui forment une atmoſphere autour de ce globe : ces exhalaiſons, éclairées par la lumiere du ſoleil, deviennent très ſenſibles à la vue. Il eſt vraiſem

blable que cette lumiere fait partie de l'atmofphere folaire, dont la figure
eft fphérique : or comme le foleil fe meut fur fon axe, & que l'axe de ce
globe n'eft pas perpendiculaire au plan de l'écliptique, fon atmofphere n'eft
point non plus dans le plan de l'écliptique ; mais elle le coupe en formant un
angle de 7 ½ degrés : & comme le foleil, ainfi que l'atmofphere qui l'enve-
oppe, tournent fur un même axe en 25 jours, la force centrifuge qui maî-
trife cette atmofphere, doit lui donner une forme fphérique, dont la moindre hauteur doit répondre aux pôles, & la plus grande à l'équateur.

§. MMCCCCLXXXIII. Quoique le phlogiftique concoure à la formation
de prefque tous les météores ignés, il ne s'enfuit pas pour cela qu'ils foient
tous formés de la même matiere ; car différentes chofes concourent à leur
formation, & fuivant les différentes manieres felon lefquelles elles peuvent
être combinées, elles doivent produire différens effets, & conféquemment
des météores différens. Quand même il feroit vrai que ces météores feroient compofés des mêmes principes, ils pourroient néanmoins tous produire différens effets, fuivant que leurs principes conftituans différeroient
entr'eux en denfité, en rareté & en quantité; & par conféquent fi ces météores reconnoiffent différens principes, ils doivent donc à plus forte raifon
produire des phénomenes plus différens les uns des autres : ajoûtez à cela
que l'électricité de l'air, foit qu'on la confidere feule, ou mêlée avec différentes exhalaifons, doit auffi concourir à varier les effets.

§. MMCCCCLXXXIV. Les météores ignés répandent d'eux-mêmes, ou
une lumiere foible, enforte qu'ils font plus brillans qu'ardens, ou ils jettent
une lumiere forte & refplendiffante, enforte qu'ils font ardens : il faut rapporter aux premiers les aurores boréales, & toutes leurs efpeces, & aux
derniers les éclairs, la foudre, ces efpeces de flambeaux allumés qu'on remarque dans les cieux, & tous les autres femblables. Nous commencerons
par ceux qui ne répandent qu'une lumiere foible.

§. MMCCCCLXXXV. Les Anciens ont donné à ces lumieres différens
noms, qui s'accordent mieux avec leurs figures, qu'ils ne font connoître
leur véritable caufe. Quoique ces lumieres puiffent avoir pour caufe une
matiere fimilaire, il peut fe faire que cette matiere foit fort différente dans
les unes & dans les autres, à caufe de la prodigieufe quantité d'exhalaifons
terreftres, qui peuvent devenir lumineufes & briller lorfqu'elles font embra-
fées. On donne le nom de *poutre* à une lumiere oblongue qui paroît dans
l'air, & qui eft parallele à l'horifon. Cette même lumiere s'appelle *fleche*,
lance, *javelot*, lorfqu'elle fe termine en pointe; elle a quelquefois deux
lieues de largeur, & le vent la fait mouvoir lentement (1): quelquefois
elle demeure immobile dans l'air, & dans ce cas on la nomme *colonne*. On
donne le nom de *torche* à une lumiere qui fe tient fufpendue en l'air de toutes fortes de manieres, mais qui a une de ces extrèmités plus large que l'autre (2). On appelle *chevre danfante* une lumiere à laquelle le vent fait prendre différentes figures, & qui paroît tantôt rompue, tantôt en fon entier.

(1) Hift. de l'Académ. Roy. ann. 1705. Morton. Hift. Natur. Northampton.
pag 349.
(2) Seneca. Queft. Nat. Lib. 1. cap. 1. Manilius. Lib. 1. Aftron. 1.

On nomme *bothynoé* ou *antre*, une maſſe d'air qui paroît creuſée en-dedans comme une profonde caverne, & qui eſt entourée d'une eſpece de couronne. On appelle *pithie* ou *tonneau* une lumiere qui ſe préſente ſous la forme d'un gros tonneau rond, & qui paroît brûler.

§. MMCCCCLXXXVI. Dépuis qu'on a appris à mieux connoître dans ce ſiecle les aurores boréales, j'ai commencé à ſoupçonner que toutes ces différentes lumieres que je viens de rappeller (§. 2485), étoient des eſpeces d'aurores boréales. En effet, j'ai ſouvent obſervé dans l'air des nuages de différentes formes, qui répandoient une lumiere tranquille, auxquels j'aurois dû donner les noms anciens, en ne faiſant attention qu'à leur figure; mais ces nuages étoient des aurores boréales, comme j'ai tout lieu de le croire, 1°. par rapport à l'eſpece de lumiere qu'ils répandoient; 2°. parcequ'ils ſe faiſoient obſerver du côté du Nord, ou qu'ils venoient de ce côté: 3°. parceque quelques-uns, après avoir répandu pendant quelque tems une lumiere tranquille, lançoient des colonnes de même que les aurores boréales. J'ai été confirmé dans cette opinion par l'obſervation que je fis le 27 de Février de l'année 1750. J'obſervai donc entre 9 heures ½ & 10 heures ½ une poutre lumineuſe, qui s'étendoit ſelon toute la longueur du ciel de l'Orient à l'Occident: cette poutre formoit un trait lumineux, tout-à-fait iſolé, ayant une largeur égale à celle d'un arc-en-ciel, un vent du Nord la pouſſoit lentement vers le Midi; on la voyoit enſuite ſerpenter & former différens contours: ſa lumiere étoit plus vive au milieu que vers les bords; elle commença à ſe terminer en pointe vers l'Occident, elle ſe rompit enſuite en trois ou quatre parties: on la voyoit quelquefois agitée d'un petit mouvement de frémiſſement & inteſtin; elle ſe diſſipa enſuite tout-à-coup du côté de l'Orient: cette lumiere ſe portant après vers le Midi, s'augmenta par l'addition d'une autre lumiere, juſqu'à ce que la partie auſtrale & boréale du ciel, ainſi que la partie intermédiaire occidentale, fût tout-à-fait remplie d'une lumiere boréale. On a encore obſervé une lumiere ſemblable à celle que les Anciens nommoient *poutre*; elle avoit 2 ½ degrés de largeur, 110 ou 120 de longueur: elle étoit moins bien terminée vers ſes deux extrémités que vers ſes bords; elle reſſembloit à une colonne d'aurore boréale; mais on ne lui remarquoit aucun mouvement de vibration, & elle étoit diaphane: une demi-heure après, ſon milieu devint opaque, & après s'être ſéparée en deux parties, elle diſparut (1). *Kraff* obſerva à Peterſbourg des lumieres dont la vivacité étoit telle, que la lumiere de la lune, ni celle du ſoleil, n'auroit pu les faire diſparoître; il vit même avant le coucher du ſoleil une lumiere qui, par ſa figure, repréſentoit une poutre garnie de rameaux, & qui étoit ornée de différentes couleurs (2). Il n'eſt pas facile de diſtinguer ces ſortes de nuages, à moins qu'on ne ſe ſoit appliqué pendant long-tems à obſerver des aurores boréales, & qu'on n'examine, avec toute l'exactitude poſſible, ſi ces nuages ne ſont point éclairés par le ſoleil, ou par la lune.

§. MMCCCCLXXXVIII. On peut diſtinguer les aurores boréales en deux eſpeces; ſavoir, en celles qui ont une lumiere douce & tranquille, & en

(1) Philoſoph. Tranſact. n. 456. pag. 347. (2) Orat. de Boreal. Climat. prærogat. pag. 21.

Bbbij

celles dont la lumiere eſt très reſplendiſſante. On peut rapporter à la premiere eſpece les météores dont j'ai parlé (§. 2486) , ainſi que cette aurore boréale qui fut obſervée en France , le 9 Octobre de l'année 1730, par MM. *Caſſini* & *de Mairan* ; cette aurore étoit diſpoſée horiſontalement , & s'étendoit du Septentrion au Midi , ſans former aucune colonne , ni aucuns jets , elle ſe diviſa en deux parties vers ſon milieu , & elle ſe diſſipa en formant deux lumieres ovales (1).

§. MMCCCCLXXXVIII. Il faut encore rapporter ici ce phénomene qu'on obſerva en 1737 en Ruſſie , en Allemagne , en Hollande , en Italie : la partie occidentale du ciel parut tout en feu ſur les 7 , 8 & 9 heures : cette lumiere étoit auſſi vive que celle de la lune lorſqu'elle eſt dans ſon plein , & qu'elle darde les rayons qu'elle réfléchit à travers un brouillard mince & léger : on vit pendant toute la nuit une aurore boréale reſplendiſſante , en Italie & en Hollande ; mais elle ne parut point reſplendiſſante en Allemagne , ni en Ruſſie ; parceque le ciel étoit couvert de nuages , néanmoins il ne parut pas moins enflammé par-tout (2)

De l'aurore boréale reſplendiſſante.

§. MMCCCCLXXXIX. L'*aurore boréale reſplendiſſante* forme la ſeconde eſpece que nous venons d'aſſigner : c'eſt la même que celle qu'on connoît ſous les noms d'*aurore boréale*, de *pharus*, de *ſyrmata*, de *lumieres boréales*, & en Hollande ſous le nom de *noorderlicht*. On lui donne ces différens noms , parcequ'elle a coutume de ſe faire obſerver dans la partie boréale du ciel. Ce phénomene n'eſt point un nouveau météore ; il a été connu des Anciens , & on en trouve la deſcription dans *Ariſtote* (3) , *Tite-Live* (4) , *Pline* (5) , *Seneque* (6) , & dans quantité d'autres Auteurs qui ont écrit après ceux que nous venons d'indiquer. Des Auteurs plus récens , tels que *Aldrovandus* (7) , *Marcellus Squarcialoup* , l'ont très bien décrit (8) , & après eux *Gaſſendi* (9) , *Olaus* , *Reomer* , *Seidier* , *Kirchius* (10) , *Morton* (11) , & pluſieurs autres encore. *Frobeſius* (12) , ainſi que M. *de Mairan* , nous en ont donné un Catalogue exact. J'en ai obſervé 720 à Utrecht & à Leyde. Ce phénomene ne s'eſt manifeſté que très rarement dans la partie la plus cultivée de l'Europe , & qui eſt plus éloignée du pôle boréal , ſi nous en exceptons l'année 1707. On vit néanmoins des aurores boréales à Coppenhague ,

(1) Hiſtoire de l'Académie Royale , année 1730.
(2) Weidlerus in Commentar. de Parheliis.
(3) Meteorologie. Lib. 1. cap. 4 , 5.
(4) Lib. 3. cap. 5. & cap. 10.
(5) Hiſt. Nat. Lib. 2. cap. 26.
(6) Quæſtion. Nat. Lib. 1. cap. 15.
(7) Hiſtoria Monſtrorum. pag. 733.
(8) Diſſert. de Cometis. pag. 78.
(9) In Vita Peireſcii & in Commentar. ad Diogen. Laertium.
(10) Acta Berolin. Tom. 1. pag. 132 , 133. fig. 33 , 34 , 35.
(11) Nat. Hiſt. Northamptons , Cap. 5. pag. 350.
(12) Nova & Antiq. Aur. Boreal. ſpectacula.

à Berlin, à Sconbergen (1), depuis l'année 1716, tems où ce phénomene commença à paroître tout-à-coup, & à se faire observer très fréquemment, d'une maniere plus vive, plus lumineuse, en Angleterre, en Allemagne, en Hollande, quoiqu'on l'observe très fréquemment dans les Pays septentrionaux; car dans les Isles Orcades & dans l'Islande, qui en est très proche, on le remarque toutes les nuits, depuis le solstice d'hiver jusqu'au printems, ainsi que *Preston* (2) & plusieurs autres nous l'assurent. Le célebre *Kraff* assure en avoir observé presque tous les jours dans les régions qui sont situées près l'axe de la terre (3). *Hans Egede* dit qu'il en paroît régulierement après la nouvelle lune (4). *Midleton* rapporte qu'il se passe rarement une nuit, pendant l'hiver, sans qu'on observe d'aurore boréale, dans l'Amérique septentrionale, auprès du fleuve Cherchil (5). *Ellis* atteste la même chose (6). Cependant il est certain, par les observations de *Barman* & de *Celsius*, que les aurores boréales qui répandent une lumiere éclatante, étoient autrefois très rares en Suede; mais que cet Astronome s'étant déterminé à les examiner exactement, en remarqua 316 depuis l'année 1716 (7). On en a aussi observé très fréquemment en Bretagne & en Allemagne, plus rarement en France, & très rarement en Italie; car avant l'année 1722, on ne trouve presque point d'Italien qui en ait observé, & depuis cette époque, on n'en a observé que deux ou trois à Bologne; & on voit par les Commentaires de Bologne, qu'on regarde ce phénomene comme très rare en Italie (8). En effet, l'aurore boréale qui parut en ce Pays dans l'année 1727, est la premiere qu'on se ressouvienne y avoir été observée; ce qui fit que *Poleni, Baldini, Boselini, Zanotti*, l'observerent avec toute l'attention possible, & la décrivirent avec la plus grande exactitude (9). On commença aussi à observer ce phénomene à Constantinople l'année 1754 (10); car j'imagine qu'on doit plutôt rapporter à l'aurore boréale qu'à la foudre, le phénomene qu'on y observa, quoiqu'il pût se faire que la foudre en fît partie. On observa à la partie du ciel qu'on appelle le vrai Occident, une nuée oblongue, noire, épaisse, qui lançoit des flammes ignées, vives, brillantes : ces flammes partoient directement en en haut; on en voyoit quelques-unes qui étoient obliques, elles ressembloient quelquefois à des lames de feu, elles étoient accompagnées d'une fumée bleue & sulfureuse, & on entendoit ensuite du bruit : cette nuée se porta après cela rapidement au Septentrion, & occupa l'hémisphere boréal. Le bruit subsista encore; il ressembloit assez à celui du tonnerre, : il tomba ensuite de la grêle, qui fut suivie de la pluie, pendant laquelle la nuée se porta à l'Orient, en lançant continuellement des

(1) Philos. Transt. n. 347.
(2) Philosoph. Transact. n. 473.
(3) In Orat. de Boreal. Climat. prærogat. pag. 11.
(4) In Descript. Groenland. Cap. 4.
(5) Philosoph Transact. n. 465.
(6) Voyag. to Hudson's Bay, pag. 172.
(7) Observation de Lumine Boreali.
(8) Comment Bonon Vol. 1. pag. 285.
(9) Poleni Supra l'Aurore Boreale.
(10) Philosoph. Transact. Vol. 49. Patt. 1. pag. 119.

flammes brillantes , jufqu'à ce qu'elle fut entierement confommée ; ce qui n'arriva que dans l'efpace d'une heure.

J'ai obfervé moi même des aurores boréales dans tous les mois de l'année , j'en ai vu plus fréquemment dans les mois de Mars , Avril & Mai; & voici le nombre de celles que j'ai obfervées pendant l'efpace de 29 ans.

Janvier ,	Février ,	Mars ,	Avril ,	Mai ,	Juin ,	Juillet ,
49	47	92	103	110	34	37

Août ,	Septembre ,	Octobre ,	Novembre ,	Décembre.
59	64	74	47	34.

§. MMCCCCXC. Les aurores boréales ne font pas toujours accompagnées des mêmes phénomenes : on remarque une grande différence entre une aurore boréale & une autre. Quelquefois le ciel eft tout-à-fait ferein, fi nous en exceptons la lumiere que ce phénomene y répand : quelquefois on remarque plufieurs nuages qui s'y trouvent en même tems, & voici la difpofition de ces nuées. Dans la région de l'air qui eft directement vers le Nord, ou qui s'étend du Nord vers l'Orient, ou vers l'Occident, on voit paroître une nuée horifontale, ou qui s'éleve en différens tems de quelques degrés , quelquefois de 20, mais rarement de 40 au deffus de l'horifon, quoiqu'on ait obfervé à Philadelphie que le fommet de cette nuée étoit élevé de 47 degrés (1). Il arrive auffi que la nuée eft féparée de l'horifon, & on voit alors entre l'une & l'autre le ciel d'une couleur bleue & fort clair. La nuée occupe en longueur une partie de l'horifon, quelquefois depuis 5 degrés jufqu'à 100, & même davantage. Cette nuée eft blanche, peu brillante, mais plus fouvent épaiffe & noire. Son bord fupérieur eft parallele à l'horifon ; elle paroît auffi recourbée en maniere d'arc, reffemblant à un difque orbiculaire qui s'éleve un peu au-deffus de l'horifon. Quelquefois on remarque, au bord fupérieur de cette nuée noire, une bande large, concentrique , blanche, ou plus brillante, quelquefois bleue, fuivie d'une autre bande brillante, couleur de feu, ou d'un rofe fort vif : outre cela on obferve au bord inférieur de cette nuée noire une bande lumineufe adhérente à ce bord, à moins que ces deux bandes lumineufes n'aient appartenu à deux différentes nuées noires, un peu diftantes l'une de l'autre, & dont l'une ait été plus élevée que l'autre au-deffus de l'horifon , comme il y a tout lieu de le conclure, fuivant quelques autres obfervations (2).

Le célebre *Poleni* obferva dans l'aurore boréale qui parut en 1737 , un fecond limbe deux fois plus haut que le premier, & un troifieme deux fois plus haut que le fecond.

§. MMCCCCXCI. On remarque auffi quelquefois que la partie fombre de la nuée fe change en une nuée blanche & lumineufe lorfque l'aurore boréale a brillé pendant quelque tems , & qu'elle a dardé plufieurs verges ar

____

(1) Acta Succica. Tom. 14. p. 159. (2) Miffcellan. Berolin. Tom. 1. p. 132.

dentes; mais on observe aussi que cette nuée blanche redevient quelquefois noire & épaisse. On remarque encore quelquefois que la nuée se divise en plusieurs parties. *Poléni* rapporte que celle qu'il observa se divisa en deux parties. Le ciel paroît plus brillant au dessus du limbe supérieur de la nuée, que dans tout autre endroit plus élevé; mais cette lumiere varie continuellement : tantôt elle augmente, tantôt elle diminue; ce qui vient de ce que la portion d'air qui est au-dessus de la nuée où on remarque l'aurore boréale, ainsi que celui qui est compris entre la nuée & le spectateur, sont éclairés par la lumiere de cette aurore, & que celui qui en est plus proche, est plus éclairé que celui qui en est plus éloigné. On observe quelquefois dans la partie de la nuée qui brille, des endroits qui sont plus lumineux les uns que les autres : ces endroits jettent une lumiere blanche ou rouge, & ils conservent plus ou moins long-tems cette lumiere, & lorsque ceux-ci perdent de leur lumiere, elle reparoît dans d'autres endroits; & cela fait alors le même effet que si ces nouveaux endroits devenoient plus lumineux que les autres.

§. MMCCCCXCII. Il part du bord supérieur de la nuée des rayons sous la forme de jets, qui sont quelquefois en grand nombre, quelquefois en petit nombre, tantôt les uns proches des autres, tantôt à quelques degrés de distance. Ces jets répandent une lumiere fort éclatante, & ressemblent à une liqueur brillante & éclatante qui sortiroit d'une fontaine. Le jet brille davantage & a moins de largeur à l'endroit du limbe d'où il part : il se dilate davantage, devient plus large & moins brillant, à mesure qu'il s'éloigne de son origine. Lorsque ce jet brillant se trouve hors de la nuée, il part d'abord du même endroit une matiere qui est comme le reste du jet, & qui ressemble à la fumée qui n'est point encore en feu; cette fumée est suivie d'une autre matiere plus ardente & plus brillante, & cela représente assez le même phénomene que s'il sortoit, de l'eau avec violence d'un tuyau de fontaine, & que l'air venant à se répandre çà & là au milieu de ce rayon d'eau, & à en troubler la régularité, le forçât de se mouvoir par sauts & par bonds. On vit en 1741 des jets opaques & noirs qui s'élançoient d'une nuée noire, à laquelle ils paroissoient adhérens, & qui étoient aussi prochés les uns des autres que si la matiere qui les formoit eût été poussée à travers les dents d'un peigne : ces jets s'élevoient jusqu'au zénith, ils se dissiperent ensuite sans former la moindre nuée; tout le reste de l'étendue du ciel demeura très serein. Cette matiere lumineuse qui s'échappe ainsi d'une nuée, en sort avec une très grande vîtesse Il s'éleve quelquefois d'une large ouverture de la nuée une colonne lumineuse, mais dont le mouvement est lent & uniforme, & qui devient plus large à mesure qu'elle avance, toutes ses parties se tenant liées les unes aux autres, & attachées au bord de la nuée sans se rompre, ensorte qu'elle reste dans cet état l'espace de 10 ou 20 secondes, & même plus, car j'en ai vu qui duroient 4 ou 5 minutes; mais cela arrive plus rarement. Il est aussi assez rare de voir de ces colonnes dont la base la plus large soit attachée à la nuée, & qui aille en montant se terminer en pointe. J'en ai observé de cette espece en Hollande : on en a aussi vu de semblables dans l'Amérique septentrionale, & on leur donne le nom de pyramides. Il y a aussi des colonnes qui ne donnent plus de lumiere aussi-tôt qu'elles sont hors du bord de la nuée; mais elles commencent à luire dès qu'elles en sont un peu éloignées : ces colonnes-là ne tiennent point au bord de la nuée ; mais elles paroissent être des productions de l'air serein. On remarque certaines colonnes qui se tiennent perpendiculairement au-dessus de l'horison : d'autres encore sont courbées , & forment une espece d'arc ; d'autres enfin paroissent être lancées hors du centre de la nuée : elles sont de différentes longueurs ; j'en ai observé de 4 à 5 degrés hors du bord de la nuée. Lorsqu'elles sont poussées avec beaucoup de rapidité , elles se rendent jusqu'au zénith du spectateur , & celles dont le mouvement est encore plus rapide , vont au-delà de ce zénith , & vont même jusqu'à l'horison méridional. Elles ne montent pas toujours directement de la nuée vers le zénith ; elles se portent aussi latéralement , sur tout si la nuée lumineuse se trouve suspendue entre le Septentrion & l'Orient , ou l'Occident. M. *Kirch* a observé que l'endroit où se rassembloient les colonnes qui venoient de tous les côtés , déclinoit de 29 degrés du zénith vers le Sud. Néanmoins le célebre *Lomonoscow* en a observé qui s'élevoient directement vers le zénith , & qui y parvenoient presque ; il fit cette observation en 1750. La lumiere de ces colonnes est blanche , rougeâtre , ou de couleur de sang ; mais lorsqu'elles avancent , elles changent un peu de couleur , de sorte qu'elles ressemblent assez bien alors à un arc-en-ciel. Lorsque plusieurs colonnes , qui sont parties de différens endroits , se rencontrent au zénith , elles se confondent les unes avec les autres ; & par ce mêlange , leurs parties se pénetrent , elles se divisent & roulent de toutes sortes de manieres les unes dans les autres , de sorte qu'elles forment alors une petite nuée fort épaisse , qui se mettant dabord en feu , brûle avec plus de violence , & répand une lumiere plus vive que ne faisoit auparavant chaque colonne séparément ; cette lumiere devient alors verte , bleue & pourpre ; & venant à abandonner aussi-tôt sa premiere place , elle se porte vers le Sud sous la forme d'un petit nuage clair. MM. *Halley* (1) & *de Mairan* (2) ont observé que ces colonnes qui se rassemblent , s'arrètent quelque tems , & forment dans leur centre comme une espece de voûte , dont le milieu semble être percé : de nouvelles colonnes suivent quelquefois , & de fort près , les premieres qui se sont dissipées ; mais il arrivé aussi qu'il s'écoule quelque tems avant qu'il en sorte de nouvelles de la nuée , & le foyer paroît languissant pendant quelques minutes. Ces colonnes lumineuses sont si rares , qu'on voit luire à travers les étoiles de la premiere & de la seconde grandeur. On apperçoit aussi les étoiles à travers le limbe blanc de la nuée , & je les ai même vues à travers la nuée noire , quoique cela arrive rarement. Les colonnes se dissipent souvent insensiblement dans l'air , de sorte que le ciel paroît ensuite fort serein dans la partie méridionale. J'ai cependant observé que de nouvelles colonnes succédoient , lorsqu'on s'y attendoit le moins , à celles qui s'étoient dissipées. J'ai encore remarqué que les colonnes se changeoient aussi en nuées lumineuses , qui étoient portées du Nord au Sud ; & c'est pour cela que lorsque ce phénomene a subsiité pendant quelque tems , une grande partie du ciel se couvre de nuées rares.

§. MMCCCCXCIII. Il sort quelquefois de la nuée lumineuse une matiere

(1) Philos. Transf. n. 347. (2) Hist. de l'Acad. Roy. ann. 1726,

ardente

ardente, qui eſt pouſſée avec une très grande rapidité ; cette matiere eſt ſi rare, qu'elle ne dérobe pas même à nos yeux les étoiles de la ſixieme grandeur. Cette matiere, tantôt luiſante, tantôt éteinte à des diſtances égales, paroît former comme des eſpeces d'ondes, qui ſont opaques en montant, & luiſantes en deſcendant. Ne ſeroit-ce pas à ce météore que les Anciens auroient donné le nom de *chevre danſante* ? J'ai obſervé une fois que cette matiere rempliſſoit un grand eſpace dans l'air, qu'elle s'avançoit directement & ſe portoit même au delà du zénith. J'ai obſervé auſſi qu'il ſe détachoit du bord de la nuée lumineuſe, des morceaux qui formoient de petits nuages lumineux qui étoient portés du Nord au Sud ; mais il n'en ſortoit point alors de colonnes.

§. MMCCCCXCIV. On ne voit point toujours ſortir de la nuée des colonnes de feu ; car il arrive quelquefois que toute l'étendue de l'horiſon, qu'on peut appercevoir, paroît ardente & très lumineuſe : on voit auſſi ſortir de cette lumiere de petites colonnes très brillantes & très reſplendiſſantes ; ce qui peut venir de ce que la nuée, qui eſt compoſée de matiere combuſtible, & qui eſt alors le foyer de cette lumiere, eſt alors cachée ſous l'horiſon, ou de ce qu'elle eſt ſi mince & ſi rare, qu'on ne peut point la diſtinguer à l'œil.

§. MMCCCCXCV. On voit quelquefois des colonnes ou des verges lumineuſes qui s'élevent avec bruit dans l'air. Nos pêcheurs de baleine aſſurent avoir entendu diſtinctement ce bruit dans le Groenland. Pluſieurs Obſervateurs exacts qui ont obſervé ce phénomene en Suede, nous ont aſſuré la même choſe (1). Pluſieurs néanmoins affirment le contraire : ce qu'il y a de conſtant, c'eſt que perſonne, en Hollande, n'a encore entendu ce bruit.

§. MMCCCCXCVI. Ce phénomene dure quelquefois toute la nuit : on le voit même ſouvent deux, trois, & pluſieurs nuits de ſuite. Je l'ai obſervé depuis le 22 de Mars juſqu'au 31 du même mois, en l'année 1735. J'ai vu néanmoins des aurores boréales qui ne duroient que quelques minutes.

§. MMCCCCXCVII. Lorſqu'une aurore boréale paroît dans un endroit, on ne la voit pas toujours dans un endroit voiſin, quoiqu'il n'y ait qu'une diſtance de quelques milles entre l'un & l'autre : on remarque auſſi qu'il y a différentes aurores boréales en différens endroits ; c'eſt ce qu'on obſerva d'une maniere très manifeſte en 1730, à Toulouſe & à Paris : car à Toulouſe l'aurore boréale étoit au Couchant d'été, tandis qu'on en obſervoit une à Paris au Levant d'été. Or ſi ce météore eût été le même, on l'eût obſervé au même endroit dans l'une & dans l'autre Ville (2). Il arrive auſſi quelquefois que la matiere qui produit cette lumiere, eſt ſi abondante, qu'elle ſe trouve répandue dans preſque toute l'Europe, & qu'on peut l'y obſerver dans le même tems. Telle fut l'aurore boréale qui parut le 17 de Mars de l'année 1716, ainſi que celle qui ſe fit voir le 19 Octobre de l'année 1726, & le 16 Novembre de l'année 1729, dont le célebre *Weidler* nous a donné une très belle deſcription (3). Il paroît cependant, par les deſcriptions qu'on nous en

____

(1) Acta Litteraria Sueciæ. ann. 1731. (2) Hiſt. de l'Acad. Roy. ann. 1731. (3) Comment. de Aurora Boreali.

a données, que ces météores sont accompagnés de phénomenes bien différens dans les différens Pays où on les observe.

§. MMCCCCXCVIII. La nuée qui sert de matiere à l'aurore boréale, subsiste souvent plusieurs heures de suite, sans qu'on y remarque le
moindre changement ; car on n'observe point qu'elle s'éleve au-dessus de
l'horison, ni qu'elle descende : quelquefois elle se meut un peu du Nord à
l'Est, ou à l'Ouest. Quelquefois aussi elle s'étend beaucoup plus loin de
chaque côté, c'est-à-dire, vers l'Est & l'Ouest en même tems ; & il arrive
alors qu'elle darde de toutes parts beaucoup de colonnes lumineuses. On a
encore remarqué qu'elle s'élevoit au dessus de l'horison, & qu'elle se chan-
geoit entierement en une nuée blanche & lumineuse ; mais cette aurore est
accompagnée de phénomenes bien différens dans le Groenland, la Laponie,
& dans la Moscovie : car différens Observateurs qui ont été dans ces endroits, ont observé que cette lumiere paroissoit occuper également la partie
septentrionale & la partie méridionale du ciel ; ainsi qu'on en peut juger par
les exactes descriptions que MM. *de Maupertuis* (1), *Delisle* (2) nous ont données de ce phénomene, & par celle du célebre *Lomonoscow*, qui confirme ce
que ses prédécesseurs ont avancé (3). Ce dernier Astronome observa vers le
Nord un arc très lumineux, & une colonne couleur de rose qui sortoit de
la partie occidentale, & qui s'étendoit jusqu'au zénith : il remarqua en même tems un autre arc rougeâtre situé dans la partie méridionale, d'où partoient des colonnes pareillement couleur de rose, qui étoient d'abord très
abondantes vers l'Orient, & ensuite vers l'Occident : il observa outre cela
que la partie du ciel comprise entre l'arc blanc & l'arc couleur de rose, situé
au Midi, étoit d'un vert de pré ; ce qui formoit une espece d'iris agréable
à la vue : les colonnes couleur de rose disparurent insensiblement &c. On
remarque encore vers le Nord des lumieres si brillantes, qu'on ne peut point
distinguer pendant la nuit, ni les planetes, ni les étoiles fixes : ces lumieres
sont si vives, que, ni la lumiere de la lune, ni la présence du soleil, ne peuvent les effacer ; de sorte qu'elles se font encore observer tandis que le soleil
est sur notre horison. *Midleton*, *Hans Egede*, *Kraff*, & *Ellis*, rapportent
que la lumiere de ces aurores boréales est assez vive pour qu'on puisse lire
aussi aisément qu'en plein jour, & pour qu'on puisse se conduire aisément
dans un voyage (4).

§. MMCCCCXCIX. Lorsqu'il y a quelqu'aurore boréale, le ciel paroît
souvent serein & bleu par-tout, si on en excepte la partie du Nord où l'aurore est placée. On voit aussi quelquefois de petits nuages répandus çà & là
dans l'atmosphere. Je n'ai jamais observé ce phénomene lorsque le ciel se
trouvoit par-tout couvert de nuages sombres ; mais j'ai observé qu'après
avoir brillé pendant quelque tems, l'atmosphere se chargeoit alors entierement de nuages. L'aurore boréale paroît encore lorsque le tems est fort calme, ou qu'il ne fait qu'un vent de la premiere force ; elle paroît moins fréquemment lorsqu'il regne un vent de la seconde force, mais rarement dans

(1) Figure de la Terre. (2) Mém. pour servir à l'Hist. Nat. (3) In Solemnibus annuis,
ann. 1753, p. 40. (4) Voyag. to Hudson's Bay. p. 143.

un tems orageux , quoique j'aie cependant obfervé ce phénomene lorfqu'il faifoit de l'orage , le 30 Mars de l'année 1728 , & le 23 Décembre de l'année 1733. J'ai auffi obfervé des aurores boréales lorfque les vents fouffloient de tous côtés : j'en ai remarqué à Utrecht & à Leyde , dans toutes les faifons de l'année , & on en obferve en hiver auffi bien qu'en été , dans les régions du Nord (1).

§. MMD. Les vents qui précedent l'aurore boréale , font indifféremment doux ou forts : le tems qui précede l'apparition de cette lumiere , eft auffi tantôt froid , tantôt chaud , tantôt humide , & tantôt fec ; de forte qu'on ne peut pas prévoir par-là fi elle doit paroître. Le tems qui fuit ce phénomene eft auffi , ou beau , ou pluvieux , chaud ou froid , & il regne même alors toutes fortes de vents qui font doux ou violens : d'où il fuit que l'apparition de ce phénomene n'apporte aucun changement dans l'atmofphere , ni aucune maladie : il n'eft pas non plus l'avant-coureur d'un hiver rude ; puifque , quoique ce phénomene fubfiftât depuis 1716 , les hivers & les frimats ont été plus doux : il ne préfage non plus aucun malheur prochain , comme *Borellinus* l'a très bien démontré. Car nous avons joui tranquillement , depuis l'apparition de ces phénomenes , de plufieurs années très fertiles , & nous n'avons point été attaqués d'aucune forte maladie épidémique , &c ; mais on ne donne plus en Hollande dans une telle fuperftition.

§. MMDI. L'aurore boréale a fon fiege dans notre atmofphere , 1°. parcequ'elle paroît fous la forme d'un nuage , qui ne differe en rien des autres nuages , que nous obfervons ordinairement. 2°. Parceque la nuée lumineufe fe tient fixement pendant plufieurs heures , & même fouvent pendant plufieurs jours , à la même hauteur au-deffus de l'horifon ; & conféquemment elle fe meut ainfi que le refte de l'atmofphere , & la terre elle-même , autour de l'axe de notre globe. 3°. Parcequ'il arrive quelquefois qu'on ne peut pas voir & obferver en même-tems une aurore boréale de deux endroits différens , quoique peu éloignés l'un de l'autre. 4°. Parceque les colonnes qui en partent s'en élancent quelquefois avec bruit : or ce bruit qu'on entend annonce affez que la nuée n'eft pas fort élevée au-deffus de l'horifon. *Kraff*, qui , dans l'efpace de onze années , dit avoir obfervé 141 aurores boréales , ne difconvient point que ce phénomene s'eft montré plus fouvent vers le tems de l'un & l'autre équinoxe , & qu'il eft accompagné de phénomenes qui donnent tout lieu de croire que la matiere de ce météore n'eft point au-delà de notre atmofphere (2).

§. MMDII. Mais à quelle hauteur s'élevent dans notre atmofphere les nuées qui produifent cette lumiere ? C'eft ce que perfonne n'a encore pu déterminer jufqu'à préfent , quoique plufieurs Mathématiciens aient entrepris de nous donner des regles fur cela (3) ; car il n'eft pas certain fi l'aurore boréale , qui a été fi commune dans les années 1716, 1729, 1730 , & qui a paru dans prefque toute l'Europe , étoit toujours la même lumiere qui fe tenoit & qui brilloit à la même place , de forte qu'on ne fauroit déterminer

(1) Ellis Voyag. to Hudfon's Bay. pag. 143.
(2) Comment. Petropol. Vol. 9. pag. 340.
(3) Comment. Petropol, Tom. 1, pag. 365 , & l'Hift. de l'Acad. Roy. ann. 1731.

avec certitude la parallaxe, ni par conséquent la véritable diſtance de ce
météore, par la hauteur où on l'a vu en différens endroits : d'ailleurs, ſi on
s'en rapportoit aux obſervations de quelques Aſtronomes, cette diſtance ſeroit de 124, 145, & même de 280 milles d'Allemagne. Mais qui eſt-ce qui
a jamais démontré que la hauteur de l'atmoſphere terreſtre fût auſſi grande ?
Et il n'eſt pas moins conſtant néanmoins que ce phénomene réſide dans notre atmoſphere. Outre cela le bruit que produiſent certaines aurores boréales, & qu'on entend ſur la ſurface de notre globe, prouve aſſez que ces aurores n'en ſont pas fort éloignées ; & comme on ne peut point toujours les
obſerver de deux endroits peu éloignés l'un de l'autre, comme on pourroit
le faire ſi elles étoient à la hauteur de quelques milles, c'eſt encore une
preuve de leur proximité de la terre.

§. MMDIII. La matiere de l'aurore boréale eſt de telle nature, qu'elle peut
s'allumer & répandre enſuite une lumiere foible & rare, telle que celle de
l'électricité : en effet, on remarque qu'une partie d'une nuée noire qui n'eſt
point embrâſée, ni lumineuſe, commence enſuite à luire lorſqu'elle commence à s'embrâſer. J'ai vu de ces parties qui ſe détachoient de la nuée, &
qui ne donnoient d'abord aucune lumiere ; mais qui devenoient lumineuſes
lorſqu'elles s'étoient tranſportées dans un autre endroit du ciel : d'où il ſuit
que toute la nuée qui forme l'aurore boréale ne luit pas toujours. Cette nuée
eſt très rare, puiſqu'on voit les étoiles à travers. N'y auroit-il donc pas de
la témérité de vouloir déterminer au juſte la nature de cette matiere ? Car la
Chymie nous fournit aujourd'hui une quantité prodigieuſe de matieres inflammables & phoſphoriques (1) ; & la Nature en a caché dans le ſein de la
terre un plus grand nombre encore, toutes différentes les unes des autres,
& que l'Art n'a point encore pu imiter. Bien plus, perſonne n'ignore qu'un
fluide électrique & phoſphorique réſide dans l'atmoſphere, & y produit des
effets qui ne ſont point tout à fait différens de ceux que l'aurore boréale
nous fait obſerver : c'eſt ce qui a donné lieu à quelques Phyſiciens de ſoupçonner que l'aurore boréale n'étoit point différente de l'électricité qui réſide
dans l'air. Je ne ſerois pas moi-même fort éloigné de ce ſentiment, ſi on obſervoit plus ſouvent des aurores boréales ; car je ne puis me perſuader qu'il
n'eût point paru en Hollande d'aurores boréales depuis 1629 juſqu'en 1716,
ou qu'on n'en eût point vu plus fréquemment en France & en Italie, où l'air
n'eſt pas moins électrique qu'en Hollande ou en Allemagne, s'il étoit vrai
de dire que l'électricité de l'air ou des nuées fût la ſeule cauſe de ce phénomene. J'imagine donc que le Phyſicien doit encore ſuſpendre ſon jugement,
& ne point décider de la nature de ce météore, juſqu'à ce qu'il ſoit encore
mieux & plus clairement connu.

Mais ſi l'électricité eſt la cauſe de ce phénomene, on comprend aiſément
pourquoi on entend un petit bruit ſemblable à celui d'une verge qui monte-
roit avec rapidité dans l'air ; on comprend, dis je, aiſément pourquoi on
entend ce bruit dans le Groenland, & dans les endroits de la partie boréale
du ciel, où ces aurores paroiſſent ſi fréquemment, & où elles ſont ſi grandes.

(1) Hiſt. de l'Acad. Roy. ann. 1711, 1714, 1715, 1728, 1736, 1737. Hooke
Phyſ. Exper. p. 174.

En effet, on entend un bruit semblable à l'extrêmité d'un conducteur chargé
d'une forte électricité. La matiere des aurores boréales paroît s'élancer de
la partie septentrionale de notre globe ; & comme cette matiere est très
abondante, très ardente, & qu'elle s'éleve de cet endroit, elle peut y produire un bruit qu'on peut entendre. Cette matiere est plus abondante actuellement qu'avant l'année 1716 ; parceque le foyer d'où elle part s'est ouvert par le mouvement de la terre, & s'il vient à se consommer, il pourra
bien arriver qu'on soit plusieurs siecles sans voir d'aurores boréales.

Cette matiere sort de la terre sous la forme d'exhalaisons, & se répand
ensuite dans l'air, où elle forme une ou plusieurs nuées qui se disperfent &
vont se rendre en différens Pays. Ces nuées ne se mettent en feu que lorsqu'elles rencontrent quelqu'autre matiere avec laquelle elles commencent à
fermenter, à s'échauffer & à s'allumer, comme nous voyons que cela se
fait à présent dans plusieurs opérations chymiques, qui produisent différentes sortes d'effervescences, accompagnées de feu & de flamme. Si donc il
vient à souffler quelque vent de Nord dans la région supérieure de l'atmofphere, & que la nuée qui est composée de la matiere lumineuse, soit emportée par ce vent, qui la fasse passer du Nord, qui est le lieu de son origine,
vers quelqu'autre région, & qu'elle rencontre en son chemin quelques autres
exhalaisons dispersées dans l'air, avec lesquelles elle puisse fermenter, alors
cette partie de la nuée qui rencontrera ces exhalaisons, prendra d'abord feu
& s'allumera. Supposons que cette partie de la nuée soit la partie méridionale, & que le spectateur soit placé plus au Midi que la nuée, il pourra
alors la voir brûler, & elle sera même au Nord à son égard ; de sorte que
cette lumiere sera, dans ce cas, une lumiere septentrionale.

Mais comme ces exhalaisons ne peuvent prendre feu avant qu'elles soient
un peu mêlées ensemble, & que la nuée qui vient du Nord, occupe une
grande étendue, & éprouve plus de résistance du côté du Septentrion que
vers le Midi, qui est le seul endroit où se fait le mélange ; la matiere embrâsée sera poussée du Nord au Sud, & elle pourra recevoir différentes directions, & se porter, tantôt perpendiculairement en en haut, tantôt parallelement à l'horison, tantôt au dessus du parallélisme de la terre : par conféquent les colonnes ou les verges lumineuses qui partiront de l'explosion
de cette matiere, devront se faire observer sous différentes directions, relativement à l'horison & au zénith du spectateur, & suivant la nature & le
caractere des différentes exhalaisons qui se mêleront avec celles qui font
effervescence, la couleur de ces colonnes & de ces verges paroîtra aussi différente ; de sorte que les unes paroîtront blanches, les autres couleur de ro-
fes, d'autres rouges, d'autres jaunâtres, &c.

Il peut aussi arriver que la nuée lumineuse reste pendant quelque tems immobile par rapport à l'horison, si un vent du Nord la pousse vers toute partie quelconque du Sud avec la même force que les exhalaisons de l'air font
poussées vers elle par un vent du Sud.

Il me semble qu'en raisonnant sur ces principes, on peut expliquer aisément la plûpart des phénomenes, & que nous ne serons peut être pas fort
éloignés de la vérité.

Le célebre *de Mairan* a imaginé une autre hypothese, pour rendre raison de quantité de phénomenes qui dépendent de ces météores, & le célebre *Nocet* a rendu fort élégamment en vers l'idée de cet habile Physicien.

§. MMDIV. Ceux qui n'ont regardé que le soufre & le nitre comme les seules causes des aurores boréales, semblent n'avoir pas fait attention à toutes les différentes exhalaisons inflammables que l'atmosphere renferme dans son sein. 2°. Lorsque ces exhalaisons s'enflamment, elles produisent des phénomenes bien différens de ceux qui dépendent de l'inflammation du soufre; car on ne peut disconvenir que la flamme du soufre ne soit tout-à-fait différente de la lumiere que répand l'aurore boréale. 3°. En admettant néanmoins cette hypothese, pour quelle raison n'observe-t-on pas une si nombreuse quantité d'aurores boréales dans la partie méridionale du ciel, que dans sa partie septentrionale; puisque l'Italie, les contrées méridionales, ainsi que quantité de montagnes, exhalent une très grande quantité de soufre. Or les aurores méridionales ne se font encore fait remarquer que très rarement en Angleterre (1), en Hollande, en Allemagne, en France, en Italie (2). On n'en a observé que quelques-unes; elles font moins rares en Laponie, en Moscovie; parceque la matiere qui les forme s'exhale dans ces endroits de la surface de la terre, & c'est pour cela que les Observateurs qui sont placés dans des endroits plus septentrionaux, voient ces aurores comme méridionales par rapport à eux, & que nous jugeons qu'elles font septentrionales. Il faut cependant convenir qu'il en parut de méridionales dans les années 1704 (3), 1734 (4), 1741. Il faut examiner ces météores avec tout le soin possible; car il peut se faire que cette matiere venant un jour à tomber du ciel, on pourra alors la soumettre à l'analyse; ou que l'art parvienne à en composer une semblable, qui pourra nous indiquer sa nature, ou qu'on réussisse à découvrir l'endroit de la terre d'où elle tire son origine. Mais il faut sur-tout apporter une très grande exactitude à les observer; parcequ'il peut fort bien arriver qu'après une certaine révolution d'années, il n'en paroisse plus, ainsi qu'il est déja arrivé depuis 1629 jusqu'en 1716 : car on ne trouve personne qui ait fait mention d'aucune dans l'espace intermédiaire des tems que nous venons d'assigner. Le lac Vetter, en Suede, jette sur ses bords une pareille matiere. Mais si les aurores avoient toujours paru sans aucune interruption, & qu'on les eût observées également dans toute partie quelconque du ciel, certainement je ne croirois pas qu'il y eût de la témérité d'imaginer qu'on dût rapporter ces phénomenes à l'électricité de quelques nuages, & cette opinion seroit très bien fondée sur l'analogie qu'on remarque entre les effets de l'électricité & ceux de ce météore; mais nous n'avons point encore de preuves assez fortes pour nous arrêter à cette opinion, & pour la regarder comme certaine, & nous n'observons point que le ciel soit plus chargé d'électricité lorsqu'il paroît une aurore boréale.

Des étoiles tombantes.

§. MMDV. On voit souvent un petit globe de feu qui répand une lumiere

(1) Philos. Transf. n. 461 & 494. (2) Philos. Transf. n. 460. (3) Hist. de l'Acad. Roy. ann. 1705. (4) Weidlerus de Meteorolucido singulari.

claire, qui roule çà & là dans l'atmosphere, & qui paroît même tomber quelquefois à terre : or comme ce petit globe jouit de la même grandeur apparente que celle d'une étoile, on lui donne le nom d'*étoile tombante* (1), *passante, transverse*. Ce phénomene se fait ordinairement remarquer dans le printems & dans l'Automne, mais sur-tout pèndant la nuit; parceque la lumiere du jour couvre la sienne, & nous empêche de la voir: car il est naturel d'imaginer que ce phénomene doit avoir lieu pendant le jour aussi-bien que pendant la nuit. *Bernier* nous assure en avoir observé pendant le jour dans l'Empire du Grand Mogol. *Gassendi* assure aussi la même chose (2). Il dit que le ciel étant très serein & très tranquille pendant un tems de chaleur, il vit paroître avant midi une flamme très blanche qui descendoit perpendiculairement : que cette flamme étoit plus large vers sa partie inférieure, que sa figure approchoit de celle d'un rhombe, & qu'elle portoit une queue qui alloit en diminuant, & qu'elle disparut à ses yeux, sans laisser aucune trace de sa présence. *Fludde Brussée* (3) rapporte que lorsqu'on rencontre l'endroit de la terre où cette étoile est tombée, on trouve à cet endroit une matiere ténace, glutineuse, qui est d'un blanc tirant sur le jaune, parsemée de petites taches noires, & que cette matiere est alors dépouillée de toute sa partie combustible. *Menzelius* ayant conservé de cette matiere dans une carte, trouva que lorsqu'elle eut perdu toute son humidité, elle s'endurcit comme un cheveu (4). *Sigibert* rapporte dans sa Chronique, que plusieurs étoiles tomberent en même-tems du ciel, parmi lesquelles il y en avoit une qui étoit extrêmement grande, & qu'ayant remarqué l'endroit où elles étoient tombées, il s'élevoit de cet endroit une fumée qui étoit accompagnée d'un bruit semblable à celui d'une ébullition, lorsqu'on l'arrosoit avec de l'eau. *Patrice* rapporte qu'il en tomba une devant lui dans l'Isle de Chypre, mais qui ne donna aucun signe d'être brûlante (5). On ne peut point douter que ces sortes d'étoiles tombent sur la surface de la terre; car c'est un phénomene que j'ai moi-même observé. Néanmoins *Morton* (6), après *Merette* (7), a fait tous ses efforts pour prouver que cette matiere visqueuse n'est autre chose que les excrémens de quelques oiseaux, tels que des corbeaux, &c, & que ces excrémens étoient des intestins de grenoüilles qu'ils n'avoient pas pu digérer. Mais on a observé que ce phénomene paroît dans des tems où il n'a volé aucun oiseau dans la partie du ciel où il se manifeste, & que souvent cette matiere est consommée par son embrâsement avant qu'elle puisse parvenir à la surface de la terre : d'où il suit que ces étoiles tombantes sont bien distinguées des excrémens des oiseaux; je ne nie pas cependant que lorsque ces excrémens se pourrissent sur la surface de la terre, ils ne deviennent lumineux pendant la nuit, & qu'ils ne soient visqueux, & ne ressemblent par-là à quelque résidu d'étoiles tombantes : mais comme ce phéno-

(1) Virgil. Lib. 1. Georg. Ovid. Metamorph. Lib. 2. v. 319.
(2) Gassend. in Phys. §. 3. Lib. 2. cap. 7. pag. 108.
(3) Gassend. in Phys. §. 3. Lib. 3. cap. 7.
(4) Ephemerid. German. curios. Dec. 2. ann. 9. Observat. 72.
(5) Resta in Meteorol. Lib. 1. Tr. 3. pag. 119.
(6) Hist. Natur. Northampton. Cap. 5. pag. 353.
(7) Meretti Pinax. pag. 219.

mene se fait sur-tout observer dans le mois d'Août , lorsque la chaleur est passée , au moins est-ce dans ce tems qu'on l'observe en Hollande , à Leyde & à Utrecht , il paroît vraisemblable que c'est une matiere huileuse qui s'éleve pendant la chaleur du jour , qui , resserrée par le froid du soir , se condense , & qui , venant à s'embrâser , retombe par son propre poids vers la surface de la terre , où elle parvient , à moins qu'elle ne soit tout-à-fait consommée par son incendie. *Kraff* rapporte cependant, que le 25 de Novembre de l'année 1741 , le jour étant très serein , & le froid étant très piquant, puisque la liqueur du thermometre étoit à o , selon l'échelle de *Fahrenheit*, il observa à Petersbourg plusieurs étoiles tombantes pendant la nuit (1).

Castor & Pollux.

☞ §. MMDVI. On appelle *Castor & Pollux* , ou *feu Saint-Elme* , de petites flammes ou lumieres qu'on voit aux pavillons, aux cordages, aux mâts, aux vergues & à toutes les parties d'un vaisseau qui se jettent au-dehors : on voit ce phénomene non seulement sur mer, mais encore sur des fleuves ou des lacs : ces petites flammes s'élancent çà & là comme de petits oiseaux qui changeroient continuellement de place , sans rien brûler & sans rien détruire. Souvent on en voit une , deux ou même plusieurs ensemble , & même on en a observé jusqu'à 30 qui avoient six pieds de longueur , & qui formoient un petit bruit , semblable à celui que font entendre des aigrettes électriques. On ne peut gueres douter que ces petites flammes ne soient produites par un fluide électrique qui est répandu dans l'air , & qui , dans un tems de tonnerre , de tempête & d'orage , venant à être poussé avec une très grande impétuosité , & rencontrant sur son passage différens corps isolés & solitaires , tels que les vaisseaux qui voguent sur l'eau , les pénetre , & sur-tout leurs parties qui se portent au-dehors , où il se manifeste alors sous la forme de petites flammes ; de sorte qu'on en remarque plusieurs , sur-tout à la pointe des mâts & des ornemens des vaisseaux , & cela parceque la pointe des mâts est ordinairement de fer , & que la matiere électrique pénetre très aisément le fer. On doit regarder comme une fable, lorsqu'on dit qu'une de ces flammes est un mauvais presage , & que deux sont un présage d'une heureuse navigation , ou qu'elles annoncent la fin de la tempête.

Des feux-folets.

☞ §. MMDVII. On donne le nom de *feux-folets* à de petites flammes qui sont ordinairement rondes, quelquefois d'une figure conique , ou d'une autre forme , & qui sont ordinairement de même grandeur que la flamme d'une chandelle : on en a vu quelquefois de plus larges qui avoient les mêmes dimensions que la flamme d'un flambeau , ou qui ressembloient à un cylindre enflammé de 12 ou 15 pieds de longueur , & d'un pied de diametre : ces feux jettent quelquefois une lumiere plus vive & plus claire que celle d'une bougie , quelquefois leur lumiere est plus obscure & couleur de

(1) Krafft, Prælect. Phys. Vol. 3. p. 320.

pourpre

pourpre : ils brillent moins de près que lorfqu'on les regarde de loin : on les voit voltiger & flotter dans l'air, mais à peu de diftance de la furface de la terre : on en remarque quelquefois deux, trois, & même davantage à la fois. Pour l'ordinaire ils fe meuvent très rapidement, mais d'un mouvement irrégulier ; parceque le vent les pouffe & les fait mouvoir, & que les parties de l'air entre lefquelles ils flottent, font elles mêmes agitées d'un mouvement irrégulier. On en voit qui fuivent le courant des rivieres ; ces feux fubliftent plus ou moins long-tems, fuivant la quantité de matiere combuftible qui les forme. On en trouve ordinairement dans des lieux gras, marécageux, dans ceux où il croît des rofeaux : on en voit dans les cimetieres, près des gibets & des fumiers : on les remarque fur-tout pendant l'été, & au commencement de l'automne ; mais feulement la nuit par rapport à la foibleffe de leur lumiere. On voit de ces feux dans les campagnes de Bologne pendant toute l'année, lorfque la nuit eft très obfcure : on remarque en cet endroit, qu'ils font beaucoup plus fréquens pendant l'hiver, lorfque le froid eft très grand, & que la terre eft couverte de neige, que pendant l'été le plus chaud : on en remarque fur-tout dans les campagnes qui font fituées auprès d'un pont nommé *della Calcarata*, & qui viennent d'un autre pont nommé *della Toffa Quadra*. On en voit auffi dans les champs de Bagnara & de Barivella, & même ces feux font très grands (1). *Gaffendi* (2) nous apprend auffi qu'on en voit pendant l'hiver dans une Province nommée Oppido Rogono : or d'où pourroit dépendre un tel phénomene, s'il n'étoit produit par l'électricité ? Ces feux font très fréquens en Efpagne & dans les campagnes de l'Ethiopie, où ils brillent pendant toute la nuit, comme de véritables étoiles : on les voit quelquefois difparoître tout d'un coup, & fe rallumer dans un autre endroit, lorfqu'ils fe portent dans des brouffailles, ou dans des rofeaux : on les voit pour l'ordinaire à fix pieds d'élévation au-deffus de la furface de la terre ; tantôt ils fe développent, tantôt ils fe refferrent, tantôt fe difperfant comme des ondes, ils répandent des étincelles de feu, mais fans produire aucun bruit : quelquefois ils fe diffipent & laiffent après eux une odeur de foufre, ou une odeur extrêmement fétide : le plus fouvent cependant ils ne laiffent point de mauvaife odeur : ces feux n'embrâfent rien ; ils fuivent ceux qui les évitent, & précedent ceux qui courent après eux : ce qui vient de ce que, lorfqu'ils précedent une perfonne qui marche, ils font pouffés en avant par l'air que cette perfonne pouffe devant elle, & lorfqu'ils font derriere elle, ils viennent occuper la place qu'elle abandonne en marchant ; parcequ'ils y font pouffés par l'air, qui vient lui même remplacer l'efpace que cette perfonne laiffe derriere elle. On remarque quelquefois dans la Paleftine, que ces fortes de feux, fe raffemblant fous la forme de la flamme d'une chandelle, & venant à fe développer, ils enveloppent toute une compagnie de voyageurs d'une lumiere pâle, qui ne leur caufe aucun dommage, & paffant avec un mouvement très rapide d'un endroit à un autre, on les voit fe porter & s'étendre fur les croupes de 2 ou 3 montagnes voifines.

Lorfqu'après le coucher du foleil le ciel eft rempli de rofée, & que cette

______

(1) Philof Tranf. n. 411. (2) Phyf. Lib. 2. Sect. 3. cap. 7.

rofée eſt graſſe & onctueuſe (1) , *Rob. Fludd* & *Dechales* (2) nous aſſurent
que ſi on ſaiſit quelques-uns de ces feux, on trouve que ce n'eſt autre choſe
qu'une matiere luiſante, viſqueuſe, glaireuſe, comme le frai des grenouilles ;
que cette matiere n'eſt point chaude, ni brûlante, mais ſeulement lumineuſe : d'où il ſuit que cette matiere n'eſt qu'une matiere huileuſe, phoſphorique, qui doit ſon origine aux plantes pourries, & aux cadavres, laquelle venant à être élevée dans l'air par l'ardeur du ſoleil, & ſe condenſant
enſuite le ſoir par la fraîcheur, brille & jette de la lumiere. Cette matiere
flotte dans l'air ; parcequ'elle y eſt entourée d'électricité. On dit que ces
ſortes de feux diſparoiſſent vers le milieu de la nuit ; ce qui vient de ce que
le froid, étant alors plus grand, ils ſont alors trop condenſés pour pouvoir
ſe ſoutenir dans l'air, & peut-être ſont-ils auſſi dépouillés d'électricité ; ce
qui les fait retomber ſur terre. Je ne crois pas que ces feux doivent tous leur
origine à la même matiere ; car il n'y a point de doute que ceux qu'on remarque à Bologne, & qui ont douze pieds de longueur, ne ſoient bien différens de ceux qu'on voit en Hollande, qui ſont ſemblables à des flammes
de chandelles. On doit regarder comme fabuleux le ſentiment que quelques
Philoſophes ont avancé, & ils ont certainement voulu badiner lorſqu'ils ont
dit que ces ſortes de feux étoient des eſprits malins, des ames errantes qui
cherchent à nuire aux voyageurs, à les faire tomber dans quelques foſſes,
dans quelques précipices (3). On n'a jamais ouï dire en Hollande que perſonne ſe ſoit noyé pendant la nuit, ou ſoit jamais tombé dans quelque foſſé,
ſur-tout au mois d'Août, tems où ces ſortes de feux ſont très fréquens : on
ne peut pas dire non plus que des ames humaines, ſéparées de leurs corps,
ſoient des feux folets : on ne peut croire auſſi que ces ſortes de feux ſoient
des inſectes phoſphoriques, comme quelques-uns l'ont avancé (4).

§. MMDVIII. Outre les feux-folets dont nous venons de parler, il y en a
encore d'une autre eſpece, que j'appelle feux-folets incendiaires ; parceque
non-ſeulement ils jettent de la lumiere comme les premiers : mais encore
parcequ'ils brûlent les fourages, le chaume dont les toits ſont couverts,
& les maiſons mêmes. On vit quelquefois en Allemagne de ces ſortes de
feux (5). On en vit en France le ſiecle dernier dans un Village nommé Bon-
necourt, ſitué près d'une riviere appellée Eure (6). On en a vu dans ce
ſiecle-ci à Holſtein (7), & en Italie (8). Ces ſortes de feux ſe préſentent
quelquefois ſous une figure ronde, & ont un diſque ſemblable à celui de la
lune ; ils reſſemblent quelquefois à une torche allumée, d'autres fois leur lumiere n'eſt pas plus grande que celle d'un petit flambeau : les-uns paroiſſent
demeurer en repos, quelques-uns ſe meuvent en toutes ſortes de ſens, tan-

(1) Thom. Shaw Travels to Barbary. pag. 363.
(2) Mundo Mathemat. Tom. 4.
(3) Sennert Epit. Phyſ. Lib. 2. cap. 2. Cardan. de Variet. Rer. Lib. 14. cap. 69. Bodi-
nus in Theol·Nat. Lib. 2.
(4) Valliſneri Oper. Tom. 1. pag. 85.
(5) Tacitus Lib. 13. Annalium.
(6) Journal des Savans, Tome 2. page 619.
(7) Kaſchubii Elem. Phyſ.
(8) Ripa Diſſert. Meteorol.

tôt lentement, tantôt avec vîteſſe ; ils ne ſe meuvent cependant jamais plus
vîte qu'un homme qui court. Le célebre *Ripa* en a obſervé dans le terri-
toire de Treviſo , & il nous en a donné une très belle deſcription.

D'une autre eſpece de feu-folet appellé ignis lambens.

§. MMDIX. Il y a encore une autre eſpece de feu-folet, que les Latins
appellent *ignis lambens*, qui n'eſt autre choſe qu'une petite flamme que l'on
voit quelquefois ſur la tête des enfans (1) , ſur celles des adultes (2) , & ſur
la criniere des chevaux (3), ſur-tout lorſqu'on les étrille. On remarque quelquefois une ſemblable lumiere à l'extrêmité du fer des lances (4) , & aux extrêmités des poils (5). Ce feu n'eſt autre choſe que le fluide électrique qui
réſide dans un air électrique , qui eſt attiré par la friction des cheveux , qui
ſont eux-mêmes électriques , & qui eſt déterminé par-là à ſe manifeſter par
de ſemblables étincelles , & à pétiller. Lorſque ce fluide eſt abondamment
répandu dans l'air , il ſe jette dans le fer qu'il rencontre , & qui ſe trouve
dreſſé en l'air , tel que la pointe d'une pique ; là il ſe manifeſte ſous la forme d'une petite flamme qui paroît ſortir de cette pointe : ce phénomene ne
differe point de celui que nous ſavons actuellement exciter , lorſque nous
ſoutirons avec une verge de fer l'électricité de l'atmoſphere. MM. *Vaitſius* (6)
& *Mlles* (7) ſont les premiers qui ont ſoupçonné cette analogie entre ces
flammes & le fluide électrique , & ils ont pouſſé fort loin , & avec ſuccès ,
leurs recherches à cet égard.

§. MMDX. On voit quelquefois dans l'air , & pendant la nuit, de grandes traînées de feu qui ſe portent tout-à-coup d'un endroit dans un autre ,
qu'une perſonne peu inſtruite prendroit certainement pour un météore : cette
lumiere eſt produite par des eſſains de mouches luiſantes qui volent pendant
la nuit , & qui jettent de la lumiere de toutes les parties de leur corps , ainſi
que *Valliſnerus* (8) & *Scheuchzer* l'ont obſervé en Italie , & que *Willubeje* &
Raye l'ont confirmé depuis. J'ai obſervé moi-même le même phénomene
en Allemagne. Le célebre *Gleditsh* (9) dit avoir vu en Allemagne des fourmis aîlées , qui voloient directement en l'air , qui formoient , par leur concours , des colonnes très hautes, qui jettoient une fumée , qui étoient peu
obſcures , & qui paroiſſoient ſe mouvoir avec une vîteſſe inexprimable : ces

(1) Livius Lib. 1. c: 29. Virg. Æneid. Lib. 2, Valer. Maxim. Lib. 1. cap. 6. Plin. Hiſt.
Nat. Lib 2 cap 2.
(2) Plin. Hiſt. Nat. Lib. 2. cap. 3. Scaliger. in Exercit. 174. Fort. Licetus Lib. 4. de Lu-
cernis Ant Cardan. Lib. 8. cap. 43 de Varier. Cœlius Rhodigiuus in Antiq. Lect. Bartho-
linus de Luce Anim. Cap. 10. p. 50. & in Hiſt. 70 Centur. 3. p. 138. Acta Phyſ. Medic.
v. 3. Obſ 3. Phil. Tranſ. n. 476.
(3) Verulamius Hiſt Natur. de Forma Calidi. Aphor 2.
(4) Seneca Quæſt Nat Lib. 1. cap. 1.
(5) Plin Hiſt. Nat Lib. 2. cap. 37. Cæſar. de Bello Afric. §. 47. Livius. Lib. 22. c. 1.
(6) Abhandlung von der Electricitaet. c. 5.
(7) Philoſ Tranſ. n. 476.
(8) In Opere. Tom. 1. p. 85.
(9) Hiſt. de l'Acad. de Berlin. Tom. 5. pag. 47.

colonnes s'élevoient toujours, elles paroissoient même comme au-dessus des
nuées, & elles imitoient une aurore boréale : ces colonnes subsistoient plus
d'une demi-heure ; elles paroissoient avoir deux pieds de diametre, enfin
elles étoient composées de fourmis qui voloient directement de bas en haut,
& de haut en-bas. On voit dans les Antilles des insectes très luisans, suivant le rapport du P. *Dutertre* : on en remarque de semblables dans une Province d'Amérique nommée Guatimala, ainsi que sur la côte de Coromandel. *Botton* traite de ces sortes d'insectes dans son Ouvrage intitulé *Pyro-
logia Topographica*, & il nous marque qu'il en a disséqué quelques uns.
Malpighi en a disséqué quelques autres, dont il nous a donné la description.

Nous allons parler maintenant des météores qui donnent une lumiere
plus éclatante..

Du globe de feu.

§. MMDXI. On donne le nom de *bolides* à un gros globe de feu ardent,
dont la couleur tire souvent sur le rouge, & qui se meut très rapidement
dans l'air : ce globe traîne ordinairement après lui une queue blanche, qui
est de même largeur que le diametre de ce globe, dans l'endroit où elle lui
est adaptée. La largeur de cette queue va toujours en diminuant, & elle se
termine en pointe ; sa longueur égale quatre ou cinq fois le diametre du
globe : *Ariftote* lui donne le nom de *chevre*.

§. MMDXII. Ces globes sont souvent d'une grosseur prodigieuse : on en
voit de différentes grosseurs ; on en voit quelquefois dont le diametre égale
la quatrieme partie du diametre de la lune (1). Les Anciens (2) néanmoins,
ainsi que les Modernes (3), disent en avoir observé d'aussi gros que la lune.
Gassendi assure en avoir vu dont le diametre étoit double de celui de la lune ;
il donne à ce phénomene le nom de *flambeau* (4). On en a vu qui étoient
aussi gros que des meules de moulin ; mais il faut pour cela que ce météore
soit peu éloigné du spectateur (5). *Kirchius* dit en avoir vu un à Leipsic, en
1686, dont le diametre étoit presque aussi grand que le demi diametre de la
lune, & il assure que ce globe répandoit assez de lumiere, pendant la nuit,
pour qu'on pût lire distinctement sans le secours d'aucune autre lumiere ;
enfin il se dissipa insensiblement. On vit aussi ce globe dans la Ville de
Schlaitz, éloignée de Leipsic de onze milles d'Allemagne : or si ce même
globe a été vu dans le même tems dans ces deux endroits, il faut que ce
globe fût au moins à la hauteur de six milles de Hollande, & que son diametre fût de 335 pieds : ce qui ne paroît pas vraisemblable ; car nous ne savons pas si le tems où il fut remarqué dans ces deux endroits, étoit exactement le même, & le bruit qui accompagne ordinairement ces sortes de globes, qui sont des especes de tonnerre, ne nous permet pas de supposer que

(1) Hist. de l'Acad. Roy. ann. 1738 & 1740. Comment. Bonon. Vol. 2. p. 464.
(2) Seneca Quæst. Nat. Lib. 1. cap. 1.
(3) Philof. Transf. n. 462 & 463.
(4) Phyf. Sect. 3. Lib. 2. cap. 7.
(5) Philof. Transf. n. 494. pag. 366. Ibid. Vol. 47. pag. 1. & 3.

ce globe fût aussi élevé dans notre atmosphere ; puisque le bruit du tonnerre se fait à peine entendre à la distance de trois milles. Le globe de feu que *Balbus* observa à Bologne en 1719, étoit beaucoup plus gros ; son diametre paroissoit égal à celui de la pleine lune, & sa couleur semblable à celle du camphre ardent : il jettoit une lumiere aussi éclatante que celle que le soleil répand à son lever ; de sorte qu'on pouvoit voir distinctement les plus petites choses disposées çà & là sur terre. On remarquoit à ce globe quatre goufres qui jettoient de la fumée, & on voyoit de petites flammes qui reposoient dessus, & qui se portoient au-dehors : il avoit une queue sept fois plus grande que son diametre. Lorsqu'on compare les différentes hauteurs qu'on lui a remarquées en différens endroits, on trouve que son élévation au-dessus de l'horison n'a pas été moins de 16000, ni plus de 20000 pas ; & conséquemment son diametre étoit de 356 perches. Il exhala une forte odeur de soufre par tout où il passa, & enfin il creva en faisant un bruit affreux. *Monterchius* nous a donné la description d'un globe de feu qu'il observa le 8 Avril 1676, qui produisit de semblables effets : ce globe cependant n'étoit pas fort élevé au-dessus de l'horison ; car le bruit de sa queue se faisoit aisément entendre, & produisoit le même effet qu'une barre de fer rouge qu'on promeneroit dans l'eau : outre cela, on rapporte que ce globe grilla quelques branches d'arbres ; & qui plus est, ces sortes de globes ne sont pas toujours fort élevés au-dessus de l'horison. En effet, celui qu'on observa en 1749 au milieu de l'Océan, paroissoit venir au-dessus de la surface de la mer contre un vaisseau ; il fit une explosion à 40 ou 50 aunes de distance de ce vaisseau, semblable à celle qu'auroient pu faire une centaine de canons qu'on eût fait partir en même-tems : il répandit autour du vaisseau une si forte odeur de soufre, qu'on eût cru que le vaisseau étoit entouré de soufre allumé ; son explosion brisa une partie du mât en 60 morceaux : elle fendit un autre mât ; elle fit tomber 5 hommes, & en brûla un sixieme (1). Il arrive souvent que ces sortes de globes éclatent en plusieurs parties : ces parties se dispersant avec une forte explosion, se dissipent. En un mot, presque tous ces globes se dissipent en produisant une explosion semblable à celle d'un canon ; tel fut celui qu'on observa à Breslaw le 9 Février de l'année 1750 (2). Ce dernier eut cela de particulier, qu'il se mouvoit circulairement autour de son axe. Ceux qu'on observa en 1753 produisirent un effet semblable (3). L'un d'entr'eux tomba dans un marais où il s'éteignit.

§. MMDXII. Il y a des endroits où ce phénomene s'observe fréquemment, & où on en voit quelquefois plusieurs dans une même nuit. *Ulloa* (4) cite à cet égard une Ville nommée *Santa-Maria-de la Parilla*; mais ils sont moins fréquens dans les autres endroits : ce qui fait qu'on les range dans la classe des phénomenes rares, & qu'on a soin d'en conserver l'époque.

§. MMDXIII. Il arrive quelquefois que ces sortes de globes se dissipent sans détonation ; ils laissent alors dans l'air une espece de petit nuage, ou

(1) Philosoph. Transact. n. 494. pag. 366.
(2) Voyage au Pérou. Liv. 1. pag. 317.
(2) Wihston of a Surprizing Meteor. ann. 1719.
(4) Histoire de l'Académie Royale, année 1751.

quelques vestiges d'une matiere brûlée qui se présente sous la forme d'une fumée couleur de cendres (1). Il y a de ces sortes de globes qui se meuvent avec une très grande rapidité; celui que *Gassendi* observa, parcourut toute l'etendue de l'horison visible, qui avoit au moins vingt milles d'Italie, dans l'espace de 50 battemens d'arteres: il y en a d'autres qui se meuvent avec beaucoup moins de vîtesse; tel fut celui qu'on observa en Hollande le 2 du mois d'Août de l'annee 1750. Il y en a qui demeurent dans un même endroit, ou au moins qui paroissent demeurer dans le même endroit de l'atmosphere; tels furent ceux que *Kirchius & Wolf* observerent. On vit en France, le 4 Novembre 1753, à Yvoy en Berry, un de ces globes qui avoit une longue queue dont on ne voyoit point le bout, qui demeura pendant quelques secondes à 25 pieds au-dessus de l'horison, & qui vomit ensuite une fumée blanche épaisse, qui fut suivie de deux explosions semblables à celles qu'auroient pu produire deux canons (2). Tous ces globes de feu jettent une lumiere plus éclatante que celle de la lune, & même leur lumiere est si vive, qu'elle efface presque celle de la lune.

§. MMDXIV. Comme ces globes de feu répandent, par tous les endroits où ils passent, une odeur semblable à celle du soufre qui brûle, j'ai peine à douter que ce ne soit une nuée entiere, dont la plus grande partie est composée de soufre & d'autres matieres combustibles, qui doit quelquefois son origine à des volcans, qui se font de nouvelles issues dans les montagnes, ou qui poussent au-dehors une copieuse fumée de soufre avant de s'allumer; il peut se faire aussi que cette nuée soit produite par quelque mouvement excité dans les entrailles de la terre, qui ouvre une immense caverne de soufre, qui lance en dehors le soufre qu'elle renferme, & que les vents transportent & élevent: cette nuée de soufre s'enflamme par l'effervescence que produit le concours des autres matieres inflammables qui se mêlent avec ses parties, ou par une autre cause quelconque. Lorsque cette nuée est enflammée, comme c'est un fluide embrâsé qui nage alors dans l'air, qui est lui-même un autre fluide, elle prend une figure sphérique; car c'est-là la forme sous laquelle on observe presque toujours ce phénomene: or comme cette masse énorme s'étend avec une très grande rapidité dans l'air; lorsqu'elle est embrâsée, elle y fait une détonnation semblable à celle que produit une bouche à feu au moment de son explosion. On a vu de ces sortes de globes qui paroissoient en repos; ce qui arrive lorsque les exhalaisons inflammables se trouvent suspendues dans un endroit tranquille & calme, d'où elles ne sont point poussées par l'agitation de l'air, ou lorsqu'elles prennent naissance à une très grande distance du spectateur, & qu'elles viennent vers lui en ligne droite; de sorte qu'on ne peut point décider alors s'ils sont véritablement en repos, ou en mouvement. Il y en a d'autres qui se meuvent très rapidement par l'action des vents qui les poussent. Il y en a aussi qui, n'étant poussés que par des vents foibles & de peu d'activité, se meuvent plus lentement.

Ces globes paroissent suivis d'une longue queue, ou d'une longue traînée

-----

(1) Histoire de l'Académie Royale, année 1753.
(2) Histoire de l'Académie Royale, année 1753.

de feu (1) ; ce qui vient en partie de ce que les cendres de la nuée en feu, étant abandonnées dans des endroits encore embrâsés, paroissent enflammées tant qu'elles sont embrâsées, & disparoissent dès qu'elles sont refroidies. 2°. Ou bien on peut rapporter cette queue à la vîtesse avec laquelle ces globes se meuvent ; car comme la foiblesse de notre organe ne nous permet pas de distinguer les endroits qu'ils viennent d'abandonner, & que l'impression de la lumiere subsiste encore dans nos yeux, nous croyons voir tout cet espace en feu. En effet, la vîtesse avec laquelle ils se meuvent, est si grande, que nous ne pouvons point distinguer leurs différentes parties, mais que nous ne saisissons que leur masse totale.

La clarté de cette lumiere fait assez connoître que cette matiere embrâsée est fort condensée, & qu'elle a pu rassembler une grande quantité de feu, telle qu'est la matiere du soufre, ou des huiles des végétaux, lorsqu'elle est combinée avec d'autres parties terrestres, ou peut-être même des parties salines ; car la couleur blanche de cette lumiere ne laisse point lieu de douter que cette matiere n'est point une matiere purement sulfureuse.

§. MMDXV. Il est vraisemblable que cette lumiere que *Ravina* décrit, & qu'il dit avoir observé à Faenza, & que *Montanarius* observa le 31 Mars de l'année 1676, étoit un globe de feu, de l'espece de ceux dont il est ici question. Ce Mathématicien, qui étoit alors à Bologne, vit que cette lumiere traversoit la mer Adriatique, comme si elle venoit de Dalmatie ; elle traversa ensuite toute l'Italie, & on entendit un craquement dans tous les endroits au dessus desquels elle se trouva dans une position verticale. On entendit à Livourne un bruit semblable à une décharge de plusieurs canons ; & lorsqu'elle eut fait ce trajet, & qu'elle se trouva à la hauteur de l'Isle de Corse, on entendit un bruit semblable à celui qu'auroient produit plusieurs charriots qui auroient roulé sur du pavé. Elle se mouvoit avec une rapidité étonnante ; elle fit environ 160 milles d'Italie dans l'espace d'une minute : on remarqua ce phénomene en plusieurs autres endroits (2). Or cette vîtesse étonnante avec laquelle elle se mouvoit, ne dépendoit certainement point de l'action des vents qui la poussoient ; car on ne connoît point encore aucun vent qui puisse se mouvoir avec tant de promptitude : d'où il suit que nous ne connoissons point encore la force projectile qui anime ces sortes de globes.

§ MMDXVI. L'observation que *Hallman* fit en Nericie, & qui lui apprit que des monceaux de vitriol s'embrâsoient d'eux-mêmes, & produisoient des flammes éclatantes (3), prouve que le soufre peut devenir volatil, & qu'en s'embrâsant ensuite, il peut produire une longue flamme, qui peut subsister pendant long-tems.

§. MMDXVII. Les Modernes ont observé & ont décrit plusieurs globes de feu : ces globes sont toujours accompagnés de quelque chose de singulier, qu'on ne peut apprendre qu'en lisant l'histoire de toutes les observations qu'on a faites (4).

(1) Philosoph. Transact. n. 463.
(2) Journal des Savans, année 1676, page 132.
(3) Acta Litterar. Sueciæ. ann. 1730. pag. 68.
(4) Philos. Transf. n. 456. p. 346. n. 462. 463. p. 60. n. 494. p. 1. & 3. Vol. 47. p. 1.

Des éclairs.

§. MMDXVIII. On donne le nom d'*éclair* à une grande flamme fort brillante qui s'élance tout-à-coup dans l'air, & qui se répand de tous côtés; mais elle disparoît sur-le-champ, de sorte qu'elle ne dure qu'un instant.

§. MMDXIX. Il fait des éclairs lorsque le tems est beau & serein, de même que lorsque l'air est couvert de nuages, qui sont pour l'ordinaire minces, séparés les uns des autres, & petits. Mais on voit rarement des éclairs, sans avoir eu auparavant quelques jours chauds. Les éclairs ne sont pas toujours suivis de tonnerre; mais si le tonnerre les accompagne, on donne à ce phénomene le nom de *foudre*, & la flamme qu'on voit alors, n'est autre chose que la flamme de la foudre, qui est fort éloignée. On ne voit pas à Utrecht trois fois l'an des éclairs sans tonnerre. Dans la Jamaïque on en voit toutes les nuits des mois de Juillet, Août & Septembre; mais aussi il fait une très grande chaleur dans cette Isle. C'est une chose très rare que les éclairs causent aucun dommage aux choses terrestres; parceque cette flamme se trouve dans une région de l'air fort élevée, & qu'elle ne s'étend pas fort au loin.

§. MMDXX. La matiere de l'éclair est composée de toutes sortes d'huiles de plantes, qui s'élevent dans l'air après avoir été raréfiées & volatilisées par la chaleur du jour; de plus, toutes les parties sulfureuses, oléagineuses qui s'exhalent de la surface de la terre, & qui se dispersent çà & là dans l'atmosphere, concourent aussi à ce phénomene. Ces matieres, qui ne sont point rassemblées en une même masse continue, s'embrâsent les unes après les autres à différentes fois, & la flamme devient d'autant plus grande, qu'elle rencontre, en se développant, une plus grande quantité de matieres inflammables : toute autre matiere que cette flamme rencontre suspendue & flottante dans l'atmosphere, & avec laquelle elle peut faire effervescence, s'embrâse en même-tems, & contribue à la grandeur de cet éclair. Il peut se faire que les nuées chargées de parties huileuses, rencontrant d'autres nuées vaporeuses & très électriques, s'embrâsent par la prodigieuse quantité de matiere électrique qui passe des unes aux autres, de même que nous parvenons, à l'aide d'une électricité artificielle, à allumer des esprits inflammables. Lorsqu'il fait des éclairs pendant le jour, il peut se faire que cette matiere s'embrâse & s'allume par le moyen des deux causes dont nous venons de parler, ou par l'action des rayons du soleil, qui, perçant à travers une nuée ronde, forment un foyer, & se concentrent, ou même il peut se faire que ces rayons réfléchis par une nuée concave, se réunissent, & aient leur foyer dans cette matiere inflammable qu'ils allument.

Pour l'ordinaire, les éclairs se font voir après le coucher du soleil, & au commencement de la nuit, lorsque les exhalaisons qui se sont élevées pendant le jour, sont encore chaudes; ces éclairs ne se font pas remarquer ordinairement dans une grande étendue du ciel. Je n'en ai jamais observé dans

& 3. Vol. 48. Part. 2. p. 773. Hist. de l'Acad. Roy. ann. 1710, ann. 1751. Nov. Acta Erud. ann. 1754. Sept. p. 507. Act. Litt. Sueçiæ, ann. 1754. Holl. Mag. v. 2. p. 394.

deux

deux endroits différens du ciel, encore moins dans trois ou dans quatre endroits différens : il se passe ordinairement un espace de tems plus ou moins long entre un éclair & celui qui le suit ; de sorte qu'un éclair en entraîne un autre après lui, & il ne m'a point paru, à Leyde, que le tems qui s'écoule entre l'un & l'autre fût constant & réglé : car j'ai remarqué que les éclairs s'y succédoient dans l'espace de 30 secondes, ou dans un plus petit espace de tems. J'ai aussi remarqué qu'il s'écouloit quelquefois une, deux, & même plusieurs minutes avant qu'un second éclair parut. Le célebre *Lomonoscow* a observé à Petersbourg, que les intervalles de tems qui séparoient les éclairs étoient presqu'égaux entr'eux, & qu'ils étoient de 40 secondes ; ce qui est particulier & propre à cet endroit.

De la foudre & du tonnerre.

§. MMDXXI. On appelle *foudre* & *tonnerre* cette flamme fort brillante & fort vive, qui se fait voir dans le ciel, & qui est accompagnée d'un bruit éclatant.

§. MMDXXII. On distingue trois especes de foudre & de tonnerre. La premiere espece est produite par une matiere sulfureuse qui s'embrâse dans les entrailles de la terre, & qui s'élance en l'air avec rapidité. La seconde espece provient d'une matiere ardente qui tombe de la région supérieure de l'air sur la surface de la terre. La troisieme espece enfin est produite par la matiere électrique répandue dans l'atmosphére, & qui s'y condense. Je parlerai successivement de ces trois especes, & je suis persuadé que ceux qui viendront après nous en découvriront encore plusieurs autres especes.

§. MMDXXIII. Lorsque les montagnes où se trouvent des volcans, sont embrâsées, il en sort des flammes foudroyantes, moins vives & moins éclatantes que les éclairs ; souvent ces flammes serpentent dans des conduits tortueux, & s'échappent avec une fumée de ces antres profonds : ces flammes sont accompagnées d'une détonnation semblable au bruit du tonnerre ; ce bruit est quelquefois simple & sans écho, & on croit entendre le bruit d'un coup de canon, qui seroit tiré au loin sur la mer, quelquefois ce bruit continue, & forme comme un long mugissement. Ce phénomene se fait remarquer au mont Hecla, où le terrein est rempli de soufre, ainsi que toute l'Islande ; car on y trouve des morceaux de soufre vierge gros comme le poing (1). Si on allume ce soufre, il brûle & lance des flammes. Pareillement lorsque les soufres du mont Vésuve & du mont Æthna (2) sont allumés, ils produisent, par leur embrâsement, des foudres & des tonnerres : & lorsque ce soufre se trouve embarrassé avec une grande quantité de terre, de cendres & de pierres, il ne s'allume pas alors ; il se fond néanmoins, & il est poussé au dehors par la bouche du goufre, ou par ses fentes : il coule alors comme un large fleuve de matiere gluante embrâsée, qui s'étend & qui roule des endroits élevés vers les endroits plus bas, & qui dépose sur le ter-

(1) Joh. Anderson Nachrichten von Yssland.
(2) Hist. du mont Vésuve, p. 68. 69. P. Boccone de Incendio Æthnæ. Philos. Transf. p. 337 & 455.

rein une matiere connue sous le nom de *laves* : cette matiere couvre une très grande étendue de terrein qu'elle rend stéril.

Il arrive aussi quelquefois de grands tremblemens de terre, tels que ceux qu'on a observés depuis l'espace de dix ans, pendant lequel tems on a observé, non-seulement en Hollande, mais encore dans differentes contrées de l'Allemagne, de la Norwege, & de la Suede, des foudres & des éclairs qui paroissoient s'élancer de la surface de la terre dans l'air, & qui étoient accompagnés de tonnerre, dont le bruit & le mugissement persévéroit pendant quelque tems, semblable à celui de l'explosion de plusieurs bouches à feu qu'on tireroit à une grande distance. En effet, lorsqu'il arrive de fortes secousses dans les entrailles de la terre, il se fait de grandes ouvertures dans ce globe; ses parties en sont ébranlées, renversées, tant par le feu souterrain que par un fluide élastique, qui fait effort pour s'échapper du côté où il trouve moins de résistance, & pour s'élancer dans l'air : l'éruption de ce fluide embrâsé, allume tout ce qu'il rencontre sur son passage, & qui est propre à fournir à sa nourriture; savoir, sur-tout les parties sulfureuses & huileuses qu'il rencontre en son chemin, & je ne doute point que les Anciens n'aient regardés comme des foudres de l'enfer ces feux qu'ils ont vu sortir des entrailles de la terre, & s'élancer dans l'atmosphere. Les anciens habitans de l'Etrurie, & plusieurs autres encore, imaginoient que les foudres s'élancoient des entrailles de la terre (1). On en vit de cette espece à Antioche du tems de *Trajan.* Sous le regne de *César Gallien*, on observa pendant plusieurs jours des tremblemens de terre en Italie, & on entendit des tonnerres qui produisoient de terribles mugissemens dans les entrailles de la terre : la terre s'entrouvrant de côtés & d'autres, engloutit quantité de personnes. On observa aussi un pareil phénomene en Italie dans l'année 1702, & un semblable en Sicile en 1720.

On remarque dans les mines & dans les conduits souterrains des exhalaisons qui s'y élevent, qui produisent une détonnation semblable à l'explosion de la poudre à canon, lorsqu'elles viennent à s'allumer, par les chandelles, ou par tout autre feu qu'on porte dans ces endroits : l'explosion de ces exhalaisons se fait quelquefois si brusquement, & avec tant de force, qu'elle renverse & qu'elle tue les Mineurs, qu'elle excite des ébranlemens, des secousses dans la terre, qu'elle éleve du fond de la mine, & pousse au-dehors des charbons de terre, des pieres, & quantité d'autres corps d'une très grande masse. Une épaisse fumée accompagne fort haut le feu qui s'élance de la mine dans l'atmosphere; & on sent alors une odeur de poudre à canon enflammée, produite par l'inflammation du soufre, qui abonde dans les charbons de terre (2). J'ai appris que ce phénomene s'est fait observer dans ce siecle, dans une mine de charbons de terre, située à Mulheim-sur-Roër, près de Doesbourg. Quelquefois il s'éleve même du sein de la terre des exhalaisons sulfureuses qui pénetrent les eaux, ainsi qu'on le remarque par rapport à plusieurs fontaines, dont les eaux s'enflamment à l'approche d'une bougie allumée ; car alors ces exhalaisons sulfureuses s'enflamment &

---

(1) Seneca Quæst. Nat. Lib. 2. cap. 49. Plin. Hist. Nat. Lib. 2. cap. 53.
(2) Woodward Geog. Phys. Part. 4.

s'élancent avec l'eau, fur laquelle la flamme paroît furnager (1). En 1745,
les Religieufes du Monaftere de Sainte Chriftine, firent obferver à leur Supérieure un angle d'une tour du Monaftere où fe trouvoit un trou qui donnoit
paffage aux eaux de pluie, & qui les laiffoit tomber dans une citerne fituée
au-deffous, d'où on avoit vu fortir un globe de feu emporté avec une vîteffe
incroyable, & qui s'étoit élancé contre la tour, en produifant une horrible
détonnation. Une autre Religieufe plus âgée, affura que plufieurs années auparavant elle avoit vu une flamme s'élever du même endroit de la baffe-
cour, & que cette flamme s'étoit portée fur le haut de la tour, où elle s'é-
toit diffipée avec explofion (2). *Maffée* affure avoir vu la foudre s'élever de
la terre dans l'atmofphere (3). L'Abbé *Lyon* (4) affure la même chofe; phénomene qu'on a auffi obfervé à Bologne (5).

§ MMDXXIII. On a fouvent remarqué que la matiere fulfureufe qui s'é-
leve des charbons de terre, dans les mines, fe volatilife, & qu'elle s'allume enfuite à l'approche de la lumiere des chandelles. On peut même remplir des veffies avec l'air de ces fortes de mines, qui eft chargé de ces exhalaifons fulfureufes; alors fi on perce ces veffies, & qu'on en exprime l'air
devant la flamme d'une chandelle, de façon qu'il atteigne cette lumiere, il
s'enflamme auffi tôt (6). *Mandius* parvint à produire artificiellement un air
inflammable (7). Il mit pour cela, dans un vafe dont le col étoit étroit,
deux gros d'huile de vitriol, 8 gros d'eau commune, & deux gros de limaille de fer; il lia enfuite des veffies flafques autour du col de ce vafe, ces
veffies fe gonflerent par les vapeurs élaftiques qui s'échapperent du mêlange
pendant fa diffolution, & qui fe porterent dans ces veffies : les chofes étant
ainfi difpofées, il perça les veffies, en exprima les vapeurs, & les conduifit
fur la flamme d'une chandelle, & elles s'enflammerent; mais pour peu qu'il
cefsât la preffion qu'il exerçoit contre la furfaffe de ces veffies, la flamme fe
portoit dans ces veffies, les faifoit éclater, & produifoit une explofion femblable à celle d'un canon.

§. MMDXXIV. Peut-on regarder le foufre allumé, & qui s'éleve des entrailles de la terre, comme la feule caufe de la foudre de la premiere efpece ?
C'eft ce qu'on ne pourroit point affurer fans une grande témérité; car j'ignore
fi le foufre feul, quoiqu'en grande quantité, peut produire, lorfqu'il eft allumé, une flamme auffi vive, & de la couleur de celle qu'on voit s'élever
des volcans; & fi elle peut produire, par cette inflammation, un bruit femblable à celui du tonnerre, il peut fe faire que plufieurs matieres tout-à-fait
différentes, concourent, par leur mêlange, à la production de ce phénomene, favoir des matieres fulfureufes, ainfi que d'autres matieres fimples, ou
compofées, telles que la naphte, la pétrole, l'huile de tartre, &c. Qui plus
eft, on découvrit en France, en 1760, entre deux Villages nommés Sufi &

(1) Lucret. Lib. 6. Philof. Tranf. n. 334. Comment. Bonon. Vol. 1. pag. 19.
(2) Comment. Gotting. Vol. 3. pag. 12.
(3) Litter. Maffei ad Vallifnerium.
(4) Diario Italico. Tom. 32. art. 8.
(5) Comment. Bonon. Vol. 2. pag. 460.
(6) Philofoph. Tranfact. n. 429. pag. 109. n. 442. pag. 282.
(7) Philof. Tranf. n. 442.

Caſſieres , qui ſont à deux milles de Laon , on découvrit , dis je , une terre qui étoit naturellement inflammable ; cette terre eſt noire , ſulfureuſe , & mêlée de particules de fer , dont la figure approche de la ronde : on trouve cette terre à 22 ou 24 pieds au-deſſous de la ſurface de la terre. Lorſqu'on la tire & qu'on la laiſſe ſur le terrein , elle s'allume d'elle-même ; elle produit une grande chaleur propre à embrâſer tout ce qu'elle rencontre , & elle ſe diſſipe avec éclat.

Examinons maintenant , & parcourons un peu les opérations de l'Art , & nous obſerverons que lorſqu'on renferme dans un vaſe du baume de ſoufre , & qu'on l'expoſe enſuite à un trop grand feu, il fait exploſion ; il briſe le vaſe, & ſe diſſipe enſuite tout enflammé dans le laboratoire, où il produit les mêmes effets que la foudre. Lorſqu'on fait l'eſprit de vin éthéré , on voit naître des eſpeces de fleurs de ſoufre, leſquelles, étant concentrées au point d'être réduites à la cinquieme ou ſixieme partie de leur volume, acquerent une telle force élaſtique , qu'elles briſent , avec une très grande impétuoſité , la retorte , ainſi que *Hellot* l'a éprouvé (1). On voit , en certains tems , le bitume de Judée s'élever du fond du lac Aſphaltique , ſous la forme de grands hémiſpheres ; dès qu'ils ſont parvenus à la ſurface de l'eau , & qu'ils ſe trouvent en contact avec l'air extérieur, ils ſe diſſipent auſſi-tôt , en ſe briſant en un nombre prodigieux de morceaux : ils produiſent une forte détonnation & une groſſe fumée ; ce phénomene ne ſe fait remarquer que vers le rivage (2). Nous connoiſſons encore quantité de ſubſtances qui s'enflamment dans l'air , & qui produiſent de fortes exploſions : tel eſt , par exemple , l'or fulminant , qui n'eſt autre choſe qu'une diſſolution de l'or par l'eau régale , précipitée enſuite par l'intermede de l'eſprit de ſel ammoniac , ou par une leſſive de tartre qu'on a ſoin de bien laver enſuite & de faire ſécher (3). L'orpiment mêlé avec le nitre & le ſel de tartre , produit le même effet , ainſi que l'antimoine diaphorétique , mêlé avec du ſavon noir , & expoſé à l'action du feu dans un creuſet lutté : dès que ce mixte eſt refroidi , & qu'il eſt expoſé au contact de l'air , il détonne (4). Pareillement la poudre fulminante, faite avec trois parties de nitre , deux parties de ſel de tartre , & une partie de ſoufre , produit une détonnation ſemblable à l'exploſion d'un canon ; lorſqu'on met une dragme de ce mêlange dans une cuiller de métal , & qu'on la fait chauffer à feu lent : on remarque encore la même choſe lorſqu'on fait diſſoudre du fer dans de l'eau régale , & qu'on le mêle avec du ſel de tartre ; ainſi que lorſqu'on fait fondre du plomb dans de l'eſprit de nitre , &c. Outre les ſubſtances dont nous venons de parler , il y en a encore quantité d'autres qui produiſent le même effet , lorſqu'elles ſont bien renfermées , & qu'elles viennent à s'enflammer : on peut ranger dans cette claſſe la poudre à canon , l'arſenic rouge , mis en digeſtion avec l'eſprit de nitre (5). Nous avons déja remarqué ci deſſus , que l'acide nitreux de

(1) Hiſt. de l'Acad. Roy. ann. 1739.
(2) Th. Shaw Travels to Barbary. pag. 375.
(3) Crameri Docimaſia. Part. 2. Prec. 29, pag. 121. Hiſtoire de l'Académ. Roy. ann. 1735
(4) Hiſt de l'Acad Roy. ann. 1736.
(5) Bonetus in Medic. Sept. Lib. 2.

Geoffroy, s'enflammoit dans l'air avec véhémence lorsqu'on le mêloit avec toute forte d'huile quelconque, distillée, ou tirée par expression. Toutes les huiles & tous les esprits détonnent lorsqu'on les renferme dans des vases, & qu'on les expose à l'action d'un feu trop violent. En un mot, tout ce qui peut véritablement s'embrâser, tout ce qui peut produire une explosion, & qui s'échappe des entrailles de la terre, est appellé *matiere fulminante*.

§. MMDXXV. C'est pour cette raison qu'on remarque sur-tout des foudres & des tonnerres dans tous les endroits où il s'éleve du sein de la terre une matiere fulminante, quoique cependant ces exhalaisons puissent être portées par les vents dans d'autres contrées, & s'y enflammer. On observe néanmoins qu'il tonne plus souvent dans ces endroits que par-tout ailleurs; la foudre & le tonnerre se font sur-tout & très souvent entendre dans les endroits qui sont exposés aux ardeurs du soleil, & dont le terrein exhale différentes huiles, de la naphte, du pétrole, & une grande quantité de soufre, ou dans les endroits où le feu souterrain est plus ardent : ces phénomenes se font plus rarement remarquer dans les endroits où la terre ne recele point dans son sein des huiles, ni du soufre, & où l'action du feu souterrain est plus foible, ainsi que dans les endroits humides & froids ; mais toutes ces connoissances ne peuvent s'acquérir que par le moyen des observations.

§. MMDXXVI. Examinons maintenant la seconde espece de foudre & de tonnerre, qu'on peut en quelque façon ranger dans la classe de ces globes de feu, dont nous avons déja fait mention ; mais dont j'ai préféré de parler ici, parceque ce météore differe de ces globes, par plusieurs phénomenes, & qu'il a beaucoup de rapport avec la foudre & le tonnerre. On voit souvent des globes de feu qui tombent du ciel sur terre, & qui se portent, soit entiers, soit brisés en plusieurs parties, vers différens endroits, où ils éclatent avec bruit, & produisent quantité de désordres affreux (1). L'Histoire nous conserve le souvenir d'une quantité de phénomenes de cette espece. Quelque tems après que le Roi Philippe V fut entré à Madrid, la foudre tomba sur la Chapelle sous la forme d'un globe qui étoit aussi gros que la tête d'un homme: ce globe ayant percé le toit, se divisa en deux parties, qui parcoururent toute l'étendue de la Chapelle. L'une de ces parties se subdivisa en plusieurs petites parties, qu'on voyoit bondir d'une maniere surprenante, & qui se dissiperent enfin. On a vu de ces sortes de globes qui tomboient du ciel en parcourant des lignes courbes, semblables à celles que décrivent des bombes. Il y avoit en 1711 à Sampford Courteney, dans le Comté de Devon, quelques personnes assemblées sous le portail de l'Eglise: il tomba au milieu d'eux une boule de feu qui, venant à éclater, les renversa par terre : on remarqua encore alors quatre autres globes de feu, gros comme le poing, qui étoient tombés dans l'Eglise, qu'ils remplirent de feu & de fumée par leur explosion. *Barham* vit dans la Jamaïque un globe de feu de la grosseur d'une bombe, qui tomba du ciel à terre, & qui y fit plusieurs trous, entre lesquels il y en avoit un qui avoit autant de largeur qu'un homme a d'épais-

(1) Phil. Transf. n. 336. n. 357. n. 390. Collect. de Breslaw, ann. 1717, p. 157. Misc. Berol. Con. 2. Part. 2. p. 114. Scheuchseri Meteor. Helv. p. 24. & seq. Fournier Hydro Lib. 15. cap. 20. Borlase Nat. Hist. of Cornwall.. c. 2.

feur ; les autres n'avoient pas plus de diametre que le poing n'a de groffeur : le premier étoit fi profond, qu'on n'en pût trouver le fond, en le fondant avec des cordes qui fe trouverent dans cet endroit. *Waffe* étant préfent, en 1725, à un orage qui tua un berger & cinq moutons, obferva un globe de feu, gros comme le poing, qui fe brifa & fe divifa en quatre parties. *Scheuchfer* rapporte qu'au mois de Mai de l'année 1724, le tonnerre tomba dans le canton d'Appenzel, par le toit d'une maifon, fit un trou à une poutre, tomba dans le poële fous la forme d'un globe embrâfé, éclata enfuite, brifa les fenêtres, & bleffa un homme qui coufoit alors des étoffes. Le 10 du mois de Mars de l'année 1750, il y eut un tonnerre effroyable à Horn : ce tonnerre tomba dans le chemin, fous la forme d'un globe de feu, & il rejaillit jufques fur le dôme de la tour, qu'il embrâfa par fon explofion. Le 13 Janvier de l'année 1745, on vit une colonne de feu qui tomboit du ciel, qui jettoit des rayons gros comme le bras d'un homme, & qui lançoit, avec de fortes explofions, des globes de feu.

§. MMDXXVII. Comme les globes dont nous venons de parler, font tombés du ciel fur terre ; il paroît naturel de conclure que la matiere de ces globes flottoit auparavant dans la région fupérieure de l'air, fous la forme d'une nuée rare, qu'elle s'eft enfuite condenfée par une caufe quelconque, & s'eft arrondie en fe condenfant, ainfi qu'il arrive à un fluide qui nage dans un autre fluide, que cette matiere arrondie en forme de boule, & enflammée extérieurement, eft tombée par fon propre poids vers la furface de notre globe ; pendant ce tems les parties intérieures de cette maffe fe font échauffées de plus en plus, & s'étant enflammées promptement, elles ont pouffé avec violence, par leur explofion, l'air ambiant ; ce qui a produit ces détonnations furieufes qu'on a entendues, & ce qui a renverfé les hommes & les autres corps qui fe font trouvés dans cette fphere d'activité : & fi ces corps avoient été fufceptibles de s'enflammer, la matiere ardente que ces globes lançoient, étant pouffée contr'eux avec violence, les eût enflammés. Nous avons expofé ci deffus combien peu il falloit de matiere enflammée, de certaines fubftances que l'Art fait préparer pour produire de femblables effets d'incendie, d'explofion ; pourquoi la Nature ne produiroit elle pas de femblables effets, & même de plus grands, avec une petite quantité de matiere fulminante ? Mais quelle eft la nature de ces fortes de nuées, de ces fortes d'exhalaifons ? C'eft ce que nous ne connoiffons point encore : peut-être même ces nuées, ces exhalaifons, ne font-elle pas toujours de même nature ? C'eft ce que je conclus d'après l'obfervation de cette colonne qu'on vit en 1745 à Nimegue, & de l'obfervation fuivante faite en Angleterre (1). Le ciel étoit ferein, fans nuages, lorfqu'on entendit un bruit femblable à celui que produit le tonnerre, & qui fe répéta plufieurs fois. Lorfque ce bruit fe fit entendre affez près de l'Obfervateur pour qu'il pût le diftinguer, il lui parut femblable à celui que feroient des cailloux qui rouleroient les uns fur les autres : l'endroit où le bruit fe faifoit entendre, fembloit s'approcher de la terre, enfuite on l'entendit tomber dans l'eau, & produire le même effet que produiroit une groffe pierre embrâfée qu'on y jetteroit : la furface de

(1) Philof. Tranf, n. 455.

l'eau fe couvrit auffi tôt de gros bouillons; un quart de minute après ce même bruit parut s'élancer de l'eau dans l'air, & fe fit encore entendre à la diftance d'environ quatre milles.

Le Seigneur d'un Château de la Ville de Leifnig, ayant ouvert les fenêtres de fon appartement, dans le mois de Juillet de l'année 1753, entendit
un grand coup de tonnerre, qui tomba avec fracas, & fous un grand volume, par la cheminée, d'où il arrachoit les tuiles & le ciment; une vapeur
noire & épaiffe fe répandit auffi tôt dans la chambre, & vint frapper une
chandelle allumée, ainfi que le chandellier, qui étoit placé fur un plateau
d'étain, & elle le frappa tellement, qu'il rendit du fon: ce feu pénétra auffi
dans les chambres des domeftiques, où il laiffa une fumée épaiffe qui répandoit une odeur de foufre: or cette vapeur noire & épaiffe, & cette fumée,
prouvent manifeftement que cette foudre étoit compofée d'une matiere ardente, accompagnée de fumée, & que l'électricité, qui eft toujours dépourvue de fumée & de vapeurs, n'étoit point la caufe de ce phénomene.

§. MMDXXVIII. Nous allons maintenant parler de la troifieme efpece de
foudre, qui eft une flamme très brillante, qui va en ferpentant; laquelle,
étant fubitement produite, fe meut dans l'air avec une vîteffe étonnante, &
trace dans ce fluide des traits de lumiere qui y forment dés efpeces d'ondes
& de ferpentaux: fouvent cette lumiere fe termine par un coup foudroyant,
ou elle s'éclipfe tandis que le bruit de la foudre fe fait encore entendre.

§. MMDXXIX. Quelquefois, le tems étant un peu nébuleux, on voit,
avant que le tonnerre fe faffe entendre, des nuées noires & épaiffes, qui fe
raffemblent, qui fe meuvent felon différentes directions, & même felon des
directions contraires; les nuées fe condenfent de plus en plus, & nous annoncent, pour l'ordinaire, un orage prochain. Quelquefois les nuages dérobent à nos yeux toute l'étendue du ciel que nous pourrions obferver; quelquefois ils ne couvrent qu'une partie de cette étendue: une feule nuée, même de peu d'étendue, qui rencontre directement une autre nuée, ou qui la
rencontre latéralement, peut donner naiffance au phénomene dont il s'agit:
on voit auffi-tôt une lumiere éclatante & ondoyante, qui s'étend avec une
très grande rapidité, & parcourt plus ou moins d'efpace, felon différentes
directions, & on entend gronder le tonnerre dès que cette lumiere fe diffipe.
Quelquefois plufieurs tonnerres prennent naiffance dans la même nuée, &
prefque dans le même endroit; ces tonnerres, qui finiffent & fe diffipent
plus promptement les uns que les autres, parcourent différentes contrées du
ciel, qui font plus ou moins éloignés les uns des autres; ce qui fait qu'il
y a plufieurs tonnerres qui s'entendent plus ou moins promptement, & qui
forment différens éclats, & qui fe fuccedent plus ou moins rapidement.

§. MMDXXX. On a découvert de nos jours, que l'air de notre atmofphere étoit quelquefois extrêmement chargé d'électricité, & que quelques
nuées qui flottent, & qui font fufpendues dans les efpaces céleftes, ont une
atmofphere électrique très abondante, tandis que d'autres nuées ne font
point, ou ne font que très peu chargées d'électricité, ainfi que nous l'avons
très amplement expliqué dans le Chapitre qui traite de l'électricité. Cela
pofé, lorfqu'une nuée abondamment électrique, rencontre en fon chemin
une autre nuée peu électrifée, la matiere électrique de la premiere, fe por-

tant impétueufement de celle-ci dans la feconde, produit une lumiere étin-
cellante , & ferpentante , jufqu'à ce que cette matiere foit répandue également dans l'une & dans l'autre nuée, du côté où elles font en contaĉt. Nous
produifons de femblables étincelles lorfque nous dirigeons & que nous faifons paffer dans un long tube de verre , & vuide d'air , la matiere électrique
qu'un globe frotté nous fournit , ou lorfque nous faifons paffer cette matiere
dans un récipient vuide d'air : or les étincelles électriques qu'on remarque
dans ces circonftances, font très analogues , & reffemblent affez bien à la
lumiere de la foudre : la différence cependant qu'on remarque entre ces deux
lumieres , c'eft que l'une fe produit dans la région fupérieure de l'air , &
que l'autre eft produite dans un air très raréfié, qui refte dans un tube qu'on
a purgé d'air. Comme l'air de l'atmofphere eft ordinairement très chargé
d'électricité dans un tëms d'orage , & que dans ce tems les nuées font dans
une agitation continuelle & furprenante , & que leurs différentes parties fe
trouvent fucceffivement en contaĉt , il en réfulte de nouvelles lumieres foudroyantes , produites par la matiere électrique , qui paffe d'une nuée dans
une autre , & qui fe font remarquer jufqu'à ce que la matiere électrique fe
foit répandue & mife en équilibre dans ces nuées & dans l'air.

Ces flammes ondoyantes, qui partent & qui s'élancent avec une fi grande
vîteffe , ne condenfent pas l'air qu'elles divifent & qu'elles agitent ; par conféquent lorfque ces flammes difparoiffent , cet air, fe dilatant alors avec une
très grande vîteffe , produit un fon qui eft d'autant plus fort , que la maffe
d'air ébranlée eft plus confidérable , & qu'elle a été plus condenfée. Pareillement l'éclat du tonnerre produit par la foudre qui difparoît , ne forme
qu'un feul coup , par rapport à celui qui fe trouve dans le voifinage de cette
foudre. MM. *Bouguer & de la Condamine* nous apprennent , qu'étant un
jour fur la montagne de Pichinca , dans le Pérou , ils y furent faifis d'un
orage , accompagné de grêle & de tonnerre , mais qu'ils n'y entendoient
qu'un feul coup de tonnerre ; étant cependant fur d'autres montagnes , ils y
entendirent au-deffus & au deffous d'eux, des coups de tonnerre épouvantables & continus (1). Ces coups qui retentiffent & qui continuent à fe faire
entendre , perféverent quelquefois pendant l'efpace de 30 ou 40 fecondes ,
& leur intenfité diminue à proportion qu'ils s'éloignent davantage ; car ce
font des fons qui parcourent une certaine étendue de l'atmofphere, en paffant d'un lieu dans un autre : outre cela , ces coups redoublés & continués
peuvent auffi venir des différentes répercuffions que le fon éprouve à la rencontre des nuées & des autres corps qui font fur la furface de la terre : de là
vient que le tonnerre retentit d'une maniere affreufe dans les vallées qui font
entourées d'un grand nombre de hautes montagnes. Quelquefois il fort de
la même nuée plufieurs lumieres ondoyantes, qui s'en échappent felon différentes direĉtions , & qui fe portent vers différentes contrées du ciel : ces
lumieres produifent des fons qui fe propagent avec différentes vîteffes & en
différens tems. Bien plus, ces fillons de flammes produifent des fons dans des
endroits peu écartés les uns des autres dans l'atmofphere ; de forte que ces
éclats fe fuccedent immédiatement les uns aux autres, ainfi qu'on l'éprouve en

____

(1) Bouguer , Voyage au Pérou, p. 41.

tirant

.tirant des étincelles électriques : ces étincelles venant à éclater fur le corps qu'on leur préfente, fe fuccedent quelquefois très promptement, & quelquefois plus lentement.

Lorfque la foudre éclate, elle ébranle fortement la maffe d'air qui l'avoifine ; elle la déplace, & occafionne néceffairement des vents violens, qui doivent leur origine, en partie à la maffe d'air déplacée, en partie à celle qui lui fuccede & qui vient fe jetter avec précipitation dans l'efpace vuide que la premiere lui abandonne : on obferve ordinairement de ces vents orageux pendant toutes fortes de tempêtes, qui foufflent felon différentes directions, & ils font pour l'ordinaire de peu de durée : ces vents néanmoins bouleverfent, agitent, & compriment les nuées, tant celles qui produifent la foudre, que celles qui ne la produifent point ; ce qui occafionne pour l'ordinaire une pluie très abondante, & fi la foudre prend fon origine dans la plus haute région glaciale de l'atmofphere, la pluie fe convertit alors en grêle de différente groffeur : ces petites maffes glacées font autant de petits corps durs ; & lorfque la matiere électrique vient à fe porter contr'eux, il en réfulte des éclats plus violens & plus forts que lorfqu'elle fe porte contre des gouttes de pluie : c'eft pour cela que la foudre gronde d'une maniere plus terrible, lorfqu'il tombe de la grêle, que dans tout autre tems ; d'ailleurs la matiere électrique eft plus abondante dans la région fupérieure de l'air, que dans toute autre région plus inférieure : au moins eft-ce ainfi que je l'ai obfervé en Hollande, par conféquent la foudre doit être plus terrible dans la partie fupérieure de l'air, que vers la furface de la terre. Le 10 du mois d'Août de l'année 1757, j'obfervai à Leyde un tonnerre violent & fréquent, placé au deffus des nuées ; à peine entendois-je les coups qu'il produifoit : il ne tomboit point de pluie : mais dans ce même tems on obfervoit à Gouda un orage terrible, accompagné de pluie & de grêle, dont les grains étoient auffi gros que des œufs de poule. Tous les corps qui font frappés de la foudre, les maifons, les chambres dans lefquelles elle paffe, répandent une odeur fulfureufe. Pareillement lorfqu'on fait paffer une matiere électrique dans des conducteurs de fer, ou fur des lames de métal, les endroits où on remarque des aigrettes, répandent auffi une odeur femblable ; de forte qu'en jugeant feulement d'après cette obfervation, je ne crois pas qu'on eût tort de croire qu'il y a une grande analogie entre la matiere électrique & le tonnerre.

§. MMDXXXI. N'entend on jamais gronder la foudre ou le tonnerre lorfque le tems eft ferein ? *Ariftote* prétend que cela ne peut arriver (1), & il affure que le tonnerre ne peut s'engendrer que lorfqu'il y a des nuées ; & même qu'il ne s'en engendre pas toujours en pareille circonftance, & qu'il n'y en a jamais lorfque le ciel eft ferein. C'eft auffi l'avis de *Lucrece* (2). *Seneque* eft d'accord en cela avec eux, & il dit qu'on ne doit point craindre le tonnerre pendant un jour ferein, & qu'on ne doit l'appréhender la nuit, que lorfque le ciel eft couvert de nuages. Cependant l'autorité de plufieurs grands hommes nous apprend qu'il tonne quelquefois lorfque le ciel eft très

(1) Meteor. Lib. 1. cap. ultim. (2) Lib. 6. v. 246. & v. 400.

Tome III. Fff

ferein. Tel eſt l'avis d'*Homere* (1) , d'*Anaximandre* , de *Xénophon* (2) , de *Virgile* (3) , de *Cicéron* (4) , de *Pline* (5) , de *Julius Obſequens* (6). *Barthol. Creſcentius* dit avoir vu tomber le tonnerre un jour vers Midi , tandis que le ciel étoit très ſerein , ſur une galere à trois rangs de rames , qui appartenoit à Sixte V , Souverain Pontife (7) : cette galere étoit dans l'Iſle de Procyta , auprès de Naples ; trois forçats furent tués par cette foudre. *Scheuchſer* rapporte une ſemblable obſervation (8). Il faut cependant convenir que ce phénomene arrive très rarement , & qu'on peut le regarder comme un prodige. Mais comme l'expérience nous a appris que, lorſque le ciel eſt ſerein, il arrive quelquefois que l'air ſoit ſurchargé d'électricité, puiſqu'on parvient alors , à l'aide d'un cerf-volant attaché à un fil de métal, à ſoutirer cette matiere électrique , à la conduire vers la ſurface de la terre , & à en tirer de fortes étincelles avec le doigt, ou avec un morceau de métal ; il a donc pu ſe faire, en ſuppoſant une ſemblable conſtitution du ciel, c'eſt-à-dire , l'air étant ſurchargé d'électricité , que cette matiere ait été ſoutirée , & ſe ſoit portée à la pointe du mât de la galere , & de là ſe ſoit précipitée vers les bancs des rameurs,& en ait tué quelques uns par ſon exploſion : il peut ſe faire auſſi que le vent porte cette matiere contre la pointe de fer qui domine une tour élevée , & que , pénétrant les différens ferremens qui s'y trouvent , elle tombe ſur d'autres corps ſolides ; & que , venant à éclater , elle produiſe une flamme fulminante , & une détonnation : d'où il ſuit qu'on peut à préſent ajoûter foi aux obſervations que nous venons de rapporter.

§. MMDXXXII. Nous avons obſervé ci-deſſus , qu'il y avoit des météores propres à certaines contrées ; c'eſt pour cela qu'il y en a très peu qu'on puiſſe regarder comme univerſels : il en eſt de même de la foudre & du tonnerre. Il faudroit donc parcourir l'Univers entier , pour obſerver ce qui ſe paſſe à cet égard dans chaque région particuliere : or comme il ne ſe trouve point par tout des gens propres à faire des obſervations , nous ſerons obligés de nous contenter du petit nombre de celles que nous allons rapporter , juſqu'à ce que ceux qui viendront après nous , aient fait un plus grand nombre de recherches exactes ſur cette matiere.

Hans Egede rapporte que le tonnerre & la foudre ne ſe font preſque point entendre dans le Groenland. *Ellis* obſerve la même choſe par rapport à la Baye d'Hudſon (9), quoique pendant l'été il y regne des chaleurs pendant l'eſpace de 7 ſemaines ; auſſi lorſqu'il tonne dans cet endroit , le tonnerre y eſt terrible , & la foudre embrâſe les arbres. On remarque pendant les mois de Mai , Juin & Juillet, que la pluie & le tonnerre ne ſe font obſerver que rarement dans la Caroline , en Amérique ; mais auſſi lorſque ce phénomene s'y fait obſerver , la pluie eſt très abondante , le tonnerre eſt furieux , & la foudre y produit quantité de violens effets : elle y fend les arbres depuis leur ſommet juſqu'à leurs racines (10). *Pline* a aſſuré que les foudres & les ton-

(1) Odiſſ. Y. v. 112. (2) Lib. 7. Hellen. (3) Georg. Lib. 1. v. 487. (4) Lib. 1. de Divinat. (5) Hiſt. Nat. Lib. 2. cap. 51. (6) De Prodig. Cap. 83. (7) In Nautica. Lib. 3. cap. 18. (8) Meteor. Helvetica. Part. 2. (9) Voyag. to Hudſon's Bay. p. 173. (10) Cateſby Hiſt. Carolin. pag. 2.

nerres ne font point fréquens dans la Scythie , & dans les régions froides de
la partie feptentrionale de l'Europe & de l'Afie. *Olaüs* nous a affuré la même
chofe. On n'entend gronder le tonnerre à Petersbourg qu'environ 10 fois
par an , depuis la fin du mois d'Avril jufqu'au commencement de Septembre;
car le célebre *Kraafft* a remarqué qu'il ne l'avoit entendu que 107 fois dans
l'efpace de 11 ans (1). A Upfal , en Suede , le tonnerre fe fait entendre pendant les mois de Mai , Juin , Juillet , Août.

On remarque qu'il tonne très fouvent en Iflande , & même plus fouvent
pendant l'hiver que pendant l'été. On remarque la même chofe dans les Orcades ; & fouvent les foudres qui s'y font obferver, n'y caufent aucun dommage. *Sibbaldus* nous a appris que le tonnerre & la foudre ne fe font remarquer que rarement en Ecoffe. *Polidor Virgille* rapporte la même chofe
au fujet de l'Angleterre; mais *Morton* a obfervé qu'il n'y tonne prefque jamais pendant l'hiver (2). Si on s'en rapporte aux obfervations de *Ortelius* , il
eft rare qu'on entende une fois le tonnerre en Hibernie , dans l'efpace d'une
année. *Kraafft* a compté à Tubingen, dans l'efpace de 9 ans, 131 orages accompagnés de tonnerre : & , en prenant un terme moyen pour chaque année , on peut dire qu'on y remarque 15 orages par an. Les premiers orages
qui fe font fait remarquer dans cet endroit pendant l'efpace de tems que
nous venons d'indiquer, fe font prefque toujours fait remarquer pendant le
mois de Mai ; & pendant tout ce tems il n'y eut que trois orages qui furvin-
rent pendant l'hiver , & chaque fois il regnoit un vent d'Oueft ou de Sud-
Oueft (3). En prenant un terme moyen , dans une longue fuite d'obfervations faites à Utrecht, la foudre & le tonnerre ne s'y font obferver que 15
fois par an ; & comme les tonnerres y font très violens, ils y caufent fouvent
de grands ravages : mais lorfque l'année eft plus chaude, les tonnerres y font
plus fréquens, & ils le font très peu lorfque l'année eft plus froide ou plus
humide. Auffi n'obfervai-je que 5 orages en 1740 , qui étoit l'année la plus
froide de celles pendant lefquelles j'ai fait mes obfervations , & j'en comp-
tai 23 en 1737, qui étoit la plus chaude de ces années. J'ai obfervé la même
chofe par rapport à Leyde; car en 1748 j'y ai compté 17 orages , tandis
qu'on n'y en compte pour l'ordinaire que 13 , & 5 feulement lorfque l'année
eft froide. Dans l'efpace de 29 ans, je n'ai entendu tonner dans cette Ville
que deux fois dans les mois de Janvier, 11 fois dans les mois de Février, 5
fois dans les mois de Mars, 10 fois dans les mois d'Avril, 61 fois dans les
mois de Mai , 78 fois dans les mois de Juin , 85 fois dans les mois de Juillet , 85 fois dans les mois d'Août, 30 fois dans les mois de Septembre , 9
fois dans les mois d'Octobre, ainfi que dans les mois de Novembre, 7 fois
dans les mois de Décembre ; de forte qu'en additionnant le tout , & divifant
la fomme par 29 , on trouve pour quotient 13 & quelque chofe : ce qui indique qu'il ne tonne que 13 fois par an à Leyde. Le tonnerre s'y fait entendre le matin, après midi, le foir, & pendant la nuit : on l'entend cependant
plus fréquemment après midi ; lorfque la chaleur du matin eft paffée , le

(1) Comment. Petropol. v. 9. pag. 343. v. 11. pag. 246. 258.
(2) Morton Hift. Natur. Nortamphton. pag. 348.
(3) Kraafft Prælect. Phyf. v. 3. pag. 311.

tonnerre n'y eſt point dangereux : on voit les nuées orageuſes ſe mouvoir d'un lieu dans un autre, & quelquefois on les voit revenir au même endroit une demi-heure, une heure, ou deux heures après ; & elles ne ſont, ni plus ni moins orageuſes à leur retour : le tonnerre ſurvient pendant toutes ſortes de vents, ou après que toute eſpece quelconque de vent a ſoufflé : il tonne cependant le plus ſouvent lorſque le vent du Midi ſouffle, il tonne moins ſouvent pendant le vent d'Eſt, & auſſi ſouvent, quoique cependant un peu moins, lorſque le vent eſt Sud-Eſt, ou à l'Oueſt : enfin il ne tonne que très rarement lorſque le vent vient du Nord, ou qu'il eſt Nord Eſt, ou Nord-Oueſt. Lorſque le tonnerre gronde en Hollande, il ne parcourt pas une grande étendue dans le ciel, rarement ſe porte t-il à 3 ou 4 milles : on ne lui voit jamais parcourir 8 ou 10 milles. Lorſqu'il tonne à la Haye, on n'entend aucun tonnerre à Leyde, ni à Rotterdam ; & il a quelquefois tonné fortement à Amſterdam, ſans qu'il y ait eu aucun ſigne d'orage à Leyde.

On entend 9 fois par an le tonnerre dans l'Iſle Minorque (1). Il tonne très fréquemment en Sicile & en Italie, & le tonnerre ſe fait entendre auſſi fréquemment pendant l'hiver que pendant l'été dans la Campanie (2). Dans une Ville d'Aſie nommée Alep, ſituée près l'Euphrate, on entend gronder le tonnerre pendant les mois de Mars, d'Avril & de Mai : mais chaque nuit du mois de Septembre, on y voit des éclairs, ſans y entendre aucun coup de tonnerre (3). A peine connoît-on le tonnerre dans l'Egypte & dans l'Ethiopie ; il ne tonne que 7 fois par an au Promontoire de Bonne-Eſpérance. Le tonnerre eſt très violent depuis le mois de Mai juſqu'au mois de Septembre dans le port de Surate (4). On remarque du tonnerre pendant tout le cours de l'année dans la Ville de Batavia, ſituée dans l'Iſle de Java ; il n'y a aucun mois de l'année pendant lequel la foudre ne ſe faſſe entendre : on n'entend cependant que très peu de tonnerre pendant le mois de Juillet ; il s'y fait très fréquemment entendre pendant les mois de Janvier, d'Avril & de Novembre : en un mot, il tonne dans cet endroit 50 fois & plus dans l'eſpace d'une année. Le tonnerre ſe fait auſſi entendre au milieu de l'Océan. Les anciens Marins ont néanmoins aſſuré qu'ils ont été moins ſouvent ſurpris de l'orage & du tonnerre en pleine mer, que vers des Iſles, ou vers le Continent.

On n'entend jamais la foudre ni le tonnerre dans la Ville de Lima, ſituée en Amérique, quoique ce phénomene ſoit auſſi fréquent à 30 milles de cet endroit en tirant vers l'Eſt, que dans la Ville de Quito (5)　On ne voit jamais tomber de pluie, & on n'entend jamais tonner dans le Royaume du Pérou, depuis le fleuve Guajaquil, au delà d'Arica, vers les deſerts nommés Atacama, dans un eſpace de 400 milles en longueur, & 20 ou 30 milles de largeur ; le ciel y eſt toujours ſec, parceque le terrein y eſt ſec & ſablonneux.

§. MMDXXXIII. Comme dans les régions boréales, telles que l'Amérique ſeptentrionale, la Suede, la Ruſſie, le Dannemarck, l'Allemagne, la

(1) Cleghorn Obſerv. in Minorca.
(2) Plin. Hiſt. Nat. Lib. 2. cap. 51. Hiſt. du mont Véſuve. pag. 68, 69.
(3) Alex. Ruſſel Nat. Hiſt. of Alepo. pag. 2. cap. 1.
(4) Mandelſlo Itiner. Lib. 1. pag. 59.
(5) Ulloa, Voyage au Pérou, pag. 460.

Hollande, l'Angleterre, la croûte extérieure de la terre se trouve resserrée
par le froid qu'on y éprouve pendant l'hiver, ainsi que par la neige & la
glace qui la couvrent; il ne s'éleve alors de la terre que très peu d'exhalaisons : ces exhalaisons élevées dans l'atmosphere, rencontrant un air froid,
n'y reçoivent qu'une très petite atmosphere électrique ; parceque ce fluide y
est bien moins abondant pendant l'hiver : & c'est pour cela que les expériences sur l'électricité ne réussissent pas si bien, dans ces contrées, pendant le
froid que pendant l'été. La matiere électrique n'y est même pas toujours
uniformément répandue dans l'atmosphere ; & conséquemment les nuées
qui se forment alors, & qui flottent dans la région supérieure de l'air, ne
peuvent être que fort peu électriques, ce qui indique manifestement la raison
pour laquelle il ne tonne que très rarement pendant l'hiver dans les contrées
que nous venons de nommer, & il n'y tonne jamais, à moins qu'il ne survienne une plus grande chaleur dans l'atmosphere, & que les exhalaisons qui
s'y élevent ne se trouvent entourées d'une grande quantité de matiere électrique : c'est aussi pour cette raison que lorsqu'il tonne en hiver dans ces contrées, on remarque qu'il s'est fait sentir une chaleur extraordinaire quelques
jours auparavant. Mais aussi dès que le soleil du printems vient à échauffer
la terre, & à dilater ses pores, il s'éleve alors de son sein une plus grande
abondance d'exhalaisons; ces exhalaisons sont alors plus échauffées par la
chaleur qui se fait sentir dans le mois d'Avril, & elles sont entourées d'une
plus grande quantité d'électricité, ce qui produit quelques orages & quelques tonnerres de tems à autres : mais la chaleur étant plus grande au mois de
Mai, elle pénetre plus profondément la croûte qui enveloppe le globe terrestre ; elle y excite donc une plus grande transpiration, & elle éleve dans
l'atmosphere toutes les exhaisons que le froid de l'hiver avoit condensées &
retenues vers la surface de ce globe. La matiere électrique étant alors plus
abondante dans l'air, elle se distribue plus copieusement dans quelques
nuées ; elle forme autour d'elles une plus grande atmosphere, & le tonnerre
se fait alors entendre plus fréquemment, & sur tout si on a ressenti la veille,
ou deux jours auparavant, une plus grande chaleur. Il reste donc alors, pour
le mois de Juin, une moindre quantité d'exhalaisons renfermées vers la
croûte extérieure de la terre. Mais aussi la chaleur du soleil, devenant plus
active, & pénétrant plus profondément ce globe, atténue la matiere que ses
entrailles recelent, l'oblige à s'élever vers sa surface, la prépare de façon que
les ardeurs du mois de Juillet l'arrachent, pour ainsi dire, toute-à-la-fois
du globe qui la retient, l'élevent dans l'atmosphere : cette matiere, enveloppée d'une copieuse quantité de fluide électrique, qui est alors très abondant
dans l'air ; venant à rencontrer d'autres corps non électriques, ou qui ne le
sont que peu, lance son feu contre ces corps, & produit ces détonnations
qu'on observe pendant ce tems ; ce qui fait que la foudre & les tonnerres se
font entendre aussi fréquemment pendant le mois de Juillet que pendant le
mois de Mai. Plus la chaleur de l'été est grande, plus les tonnerres sont fréquens ; car alors l'atmosphere est surchargée d'électricité. La chaleur venant
ensuite à diminuer pendant les mois suivants, la terre fournit alors une
moindre quantité d'exhalaisons propres à produire la foudre & le tonnerre ;
aussi remarque-t-on alors que ce phénomene se manifeste moins fréquem-

ment, jufqu'à ce que la terre, refferrée par le froid du mois d'Octobre & des autres mois d'hiver, n'envoie prefque plus d'exhalaifons dans l'atmofphere, ou que ces exhalaifons n'acquerent plus d'atmofphere électrique.

On voit par là pour quelle raifon le tonnerre ne fe fait que très rarement entendre lorfqu'il regne un vent de Nord-Eft & de Nord-Oueft; car ces vents refferrent, par le froid qu'ils portent avec eux, les pores de la terre, & s'oppofent à ce que les exhalaifons propres à produire la foudre, ne s'élevent de fa furface, ou ils empêchent que ces exhalaifons, étant élevées dans l'air, & flottantes dans l'atmofphere, ne foient abondamment entourées de fluide électrique : c'eft pour cette raifon qu'on ne vit à Leyde aucune foudre pendant le mois de Juin de l'année 1749 ; parceque les vents glaciales du Nord foufflerent prefque toujours pendant le courant de ce mois : on n'y obferva que du tonnerre feulement en 1740, qui fut une année très froide ; il tonna une feule fois pendant les mois de Mai & d'Août, & il ne tonna point pendant les mois de Juin & de Septembre. Le mois de Juillet fut très froid en 1741, auffi ne tonna-t il point pendant ce mois. Le mois de Juin de l'année 1742 fut auffi très froid, & on n'entendit aucun tonnerre pendant ce mois.

Au contraire, lorfqu'il regne un vent de Sud qui eft très chaud, les pores de la terre font ouverts, & il s'en exhale abondamment une matiere propre à produire la foudre, qui s'embrâfe aifément, & qui détonne avec la plus grande facilité : c'eft pour cela, qu'en 1742, il tonna 5 fois pendant le mois de Juillet; parceque le vent d'Oueft regna pendant le courant de ce mois. Il tonna auffi cinq fois pendant le mois de Juin, & 5 fois pendant le mois de Juillet de l'année 1756; parceque la chaleur fut fort grande pendant le courant de ces deux mois. J'ai appris, par plufieurs obfervations, que lorfque la chaleur ne diminue point après le tonnerre, il tonne encore le même jour, ou le jour fuivant.

Il ne tonne jamais dans le Groenland, ni dans la Baye d'Hudfon ; parceque la chaleur ne fe fait jamais fentir dans ces deux endroits, & que la terre y eft toujours refferrée par la glace & par le froid qui y regne perpétuellement ; ce qui fait que la matiere propre à engendrer la foudre & le tonnerre, demeure toujours refferrée dans les entrailles de la terre, & ne s'y éleve jamais dans l'atmofphere : d'ailleurs le froid qui regne perpétuellement dans une telle atmofphere, fait que l'air n'y eft point furchargé de matiere électrique : les brouillards qui s'y élevent, & qui rampent vers la furface de la terre, font à peine entourés d'une foible électricité. Il ne tonne prefque point auffi dans l'Hibernie ; parceque l'air & le fol de cette Ifle font très humides, & remplis des vapeurs qui s'exhalent des grands lacs qu'on y remarque, & que ce terrein, ainfi que cet air, ne foutirent & ne lâchent point une grande quantité de matiere électrique, & conféquemment ne font point propres à exciter la foudre ni le tonnerre. Mais pour quelle raifon tonne-t il plus fouvent pendant l'hiver que pendant l'été dans l'Iflande & dans les Ifles Orcades ? C'eft ce qu'on ne peut encore bien expliquer ; peut-être que les exhalaifons qui s'échappent des volcans, fourniffent une matiere qui donne occafion aux explofions d'une foudre électrique.

On ne remarque prefque point de foudre dans l'Egypte & dans l'Ethiopie, quoique ces deux régions foient très chaudes ; peut-être que les inondations du Nil occafionnent ce phénomene ; car comme le foleil éleve en vapeurs toute l'eau qui s'eft répandue fur la furface de la terre , l'atmofphere de ces endroits doit être très humide , & peu propre à l'électricité & à la foudre. Il tonne très fréquemment à Batavia , qui eft fituée dans les Indes orientales ; parcequ'il regne toute l'année dans cet endroit une très grande chaleur : car pendant la nuit , lorfqu'on y éprouve le plus grand froid, on y obferve même 74 degrés de chaleur , & quelquefois 90 , pendant le jour. Pour l'ordinaire la température de cet endroit eft de 80 à 90 degrés. L'air , qui y eft très échauffé , eft par conféquent très propre à recevoir une très grande quantité de matiere électrique , & à en répandre une forte atmofphere autour des exhalaifons qui s'y élevent ; ce qui les rend propres à produire des explofions lorfqu'elles rencontrent d'autres vapeurs. D'après toutes ces obfervations , je conclus que la foudre & les tonnerres ne dépendent pas feulement de la chaleur , ou des matieres que la terre roule dans fon fein ; mais de quantité d'autres circonftances , parmi lefquelles il faut compter les exhalaifons , la chaleur , la matiere électrique qui eft répandue dans l'atmofphere, qui s'y trouve quelquefois furabondante , & qui forme alors une forte atmofphere autour de quelques nuées : peut-être même y a t-il encore plufieurs autres circonftances qui concourent à la production de ce phénomene, & que nous ne connoiffons pas encore. Néanmoins comme on n'obferve ni foudres , ni tonnerres , ni pluies dans le Pérou, depuis Guajaquil jufqu'à Arica ; il paroît qu'il ne s'éleve de ce terrein fablonneux aucunes vapeurs , ni aucunes exhalaifons , & conféquemment qu'il ne s'y forme aucune nuée pluvieufe ou fulminante , quoique cependant l'atmofphere y foit furchargée d'électricité , par rapport à fa grande féchereffe ; mais cette matiere électrique ne s'y porte point fur les corps élevés, contre lefquels elle faffe explofion.

§. MMDXXXIV. Mais quelle eft la caufe de la mort des hommes & des animaux , qui périffent d'un coup de foudre , fans qu'on puiffe trouver aucune trace de ce qui leur a ôté la vie ?

Ne meurent ils pas par la frayeur que leur caufe le fracas horrible du tonnerre , & le grand feu dont ils font environnés, qui les fait tomber en foibleffe , dont ils ne peuvent revenir aifément , ou qui les fait mourir ?

Ne pourroit-on pas dire auffi que lorfque le tonnerre tombe dans un endroit , il en chaffe l'air , ou il lui fait perdre fon reffort ; de forte que les hommes ou les animaux qui fe trouvent dans cet endroit, s'y trouvent comme dans le vuide , ou dans un air trop rare pour qu'il puiffe être propre à la refpiration ?

Ou enfin pourroit-on croire que ces hommes , ou ces animaux font frappés d'une forte commotion électrique , & que ce fluide pénétrant dans tout leur corps , y briferoit & y détruiroit les vaiffeaux qui fervent à la circulation du fluide vital, fur-tout les vaiffeaux du cerveau & du cervelet ?

Différens exemples nous prouvent que ces trois circonftances peuvent avoir lieu : en effet , le 10 Mars 1750, le tonnerre tomba fur un moulin, fitué entre deux Bourgs, nommés Oudendyk & Beets ; il frappa la femme du Meûnier , qui habilloit alors un enfant : cette femme renverfée de deffus fon fiege par ce coup, auroit paffée pour morte : le feu prit enfuite au moulin ;

on retira cette femme des flammes, & on la mit en lieu de sûreté : revenue
à elle même après quelque tems , elle avoua qu'elle avoit été tellement
épouvantée par le bruit & le fracas que le tonnerre avoit produit , qu'elle en
avoit perdu connoissance, qu'elle n'avoit ressenti aucune douleur , & que
depuis ce moment elle n'avoit pensé à rien , de même que si elle eût dormi
d'un profond sommeil. Le tonnerre tomba en 1717 sur la tour de l'Eglise de
S. Pierre à Hambourg : il y avoit sur cette tour un jeune homme qui s'y étoit
endormi ; ce jeune homme, épouvanté du bruit qu'il entendit, en devint
tout stupéfait ; perdit connoissance pendant quelque tems , & ne revint à
lui que lentement. Nous avons quantité d'exemples de personnes qui sont
mortes d'effroi ; ce qui fait qu'on ne doit point douter que le tonnerre tombant autour de certaines personnes qui s'effraient aisément, ne puisse les
faire mourir.

Je conclus , d'après les observations de *Duverney* (1) & de *Pitcarn* (2) ,
que le tonnerre fait mourir plusieurs personnes de la même maniere que si
elles étoient renfermées dans le vuide. En effet, ces habiles Anatomistes,
ayant ouvert plusieurs hommes & plusieurs animaux qui avoient été tués de
la foudre , trouverent que leurs poumons étoient affaissés , de même que
ceux des animaux qu'on soumet à l'expérience du vuide , & qu'on y fait
périr.

Wallis, *Lower*, & *Willis*, ayant ouvert un jeune homme qui avoit été
frappé de la foudre, lui trouverent les poumons gonflés , le cœur sain , &
toutes les autres parties en très bon état : d'où on peut conclure que ce
jeune homme étoit mort de la peur, ou par une violente commotion
électrique. En effet, nous sommes parvenus depuis peu à augmenter tellement la force de l'électricité , à l'aide de quelques instrumens , que nous
pouvons , par une seule commotion , faire mourir des animaux , tels que
des oiseaux , &c , sans qu'on remarque à l'extérieur aucune solution de
continuité , & aucun signe de la cause qui produit un si terrible effet : on
remarque cependant, lorsqu'on les ouvre , que les vaisseaux pulmonaires
sont lacérés , & que le sang est épanché dans le poumon : on trouve outre
cela que le cerveau est blessé. Or comme la foudre est formée d'une plus
grande quantité de matiere électrique , elle peut tuer plus aisément les animaux sur lesquels elle tombe. L'électricité , rassemblée avec art , & dirigée
sur l'habitude du corps de l'homme , produit sur sa peau de petites macules
rouges , qui y subsistent pendant long-tems : ces macules sont produites , ou
par les globules rouges du sang qui abordent alors dans les vaisseaux capillaires qui rampent sur la surface de la peau , ou par un sang extravasé : pareillement lorsqu'une foudre électrique tombe auprès d'un homme , ou
lorsqu'elle tombe sur lui , elle peut affecter sa peau, la blesser, la froisser,
la brûler , y produire une gangrene momentanée ; elle peut même lui briser
les os , & les réduire en petites parcelles , & nous avons quantité d'exemples de ces différens effets. En 1684 , le tonnerre tomba à Lyon , en France , dans le Monastere des Chartreux ; il se porta sur deux hommes qui
étoient assis l'un auprès de l'autre, il en tua un sans qu'on lui trouvât aucune

(1) Hist. Acad. Reg. p. 308. (2) De Mot. quo Sang. p. 59.

contusion ,

contusion, aucune blessure, ni aucune brûlure : mais on remarqua que l'autre, qui ne mourut que 8 heures après, avoit le côté droit brûlé jusqu'au pied, de même que s'il eût été exposé pendant long-tems sur un gril à l'action du feu ; ses habits n'avoient cependant souffert aucune atteinte du feu (1). Le tonnerre étant tombé sur un troupeau de moutons, les tua tous, & on trouva ensuite que leurs os avoient été brisés en plusieurs petites parcelles qui s'étoient dispersées dans les chairs, de façon qu'il n'étoit pas possible de manger ces animaux.

§. MMDXXXV. Lorsque le tonnerre parcourt une certaine étendue de chemin sur le terrein, ou sur un mur blanc, il laisse quelquefois des marques de son passage, & des taches semblables à celles que produiroit de l'arsenic (2). Peut on regarder ces traces comme les parties de la chaux qui auroient été un peu brûlées ou rongées par le feu électrique, ou comme une matiere étrangere apportée par la foudre électrique? Quelques recherches qu'on ait faites jusqu'à présent sur cette matiere, on n'a point encore appris que la matiere électrique seule laissât aucune trace de son passage dans les corps qu'elle parcourt : cependant lorsqu'on électrise une masse d'eau, dans laquelle on a fait fondre du nitre, & que cette dissolution est renfermée dans un grand vase de verre, *Winkler* nous apprend que lorsque l'électricité se porte au-dehors, & qu'elle se répand sur la surface extérieure du vase, elle laisse des traces blanches sur sa surface ; cette surface néanmoins ne paroît point s'être fondue, ni avoir été corrodée : d'où il paroît que ces traces doivent être attribuées à la matiere électrique, qui peut avoir enlevé à l'eau, & emporté avec elle quelques parties nitreuses qu'elle a déposées sur la surface du verre : si ce phénomene ne se produit point ainsi, on peut dire que la matiere électrique n'est pas une matiere simple, mais qu'elle est composée de plusieurs autres matieres, & conséquemment que la foudre électrique est elle-même un composé qui a laissé & abandonné quelques-unes de ses parties sur le mur blanc dont nous venons de parler.

§. MMDXXXVI. Pour l'ordinaire la foudre tombe sur les endroits élevés, comme sur des tours qui sont fort hautes, sur lesquelles on implante des verges de fer pour y arborer des pavillons ; sur les Eglises élevées qui sont ornées de plusieurs croix, ou qui sont couvertes de métal, sur de grands arbres (3) ; & elle brise, elle détruit, elle renverse, elle arrache, elle fond les corps les plus durs & les plus compactes : d'où il suit qu'il n'est pas prudent de se mettre à l'abri de l'orage sous un arbre ; il est beaucoup plus sûr de se tenir en pleine campagne, ainsi que plusieurs observations nous l'ont appris. J'ai vu tomber le tonnerre en Hollande sur des aîles de moulins, qui en furent fendues & brisées par morceaux. On voit souvent des pommiers sur lesquels le tonnerre est tombé, & qui sont fendus depuis le sommet jusqu'à la racine, ou jusqu'à une certaine partie de leur hauteur. *Morton* nous apprend que dans une forêt qui est auprès de Brampton, une espece de chêne qui avoit 10 pieds d'épaisseur, fut fendu par la foudre, & que son

____

(1) Journ. des Sav. ann. 1684, pag. 323.
(2) Philof. Transf. v. 48. p. 87.
(3) Morton Nat. Hist. Northamp. ch. 5. p. 344. Philof. Transf. n. 454. p. 235.

Tome III.   G g g

écorce fut enlevée depuis le fommet jufqu'à la racine dans la longueur de
28 pieds : on voyoit l'écorce de cet arbre qui pendoit vers fon fommet fous
la forme de rubans , ou de morceaux de peau qui feroient détachés du corps
d'un animal : vers la partie inférieure de cet arbre , l'écorce étoit tout-à fait
détruite. J'ai remarqué moi-même de femblables phénomenes dans les pro-
menades qui font dans les Fauxbourgs d'Utrecht : ces phénomenes ne font
pas toujours accompagnés d'incendies. Je ne regarde pas comme quelque
chofe de certain , que de grands arbres puiffent être déracinés par la foudre,
que des murs en puiffent être abattus , quoique je ne doute point de l'extrême rapidité avec laquelle la foudre fe meut dans l'atmofphere : mais lorfque
le tonnerre vient à tomber , il eft conftant que l'air eft chaffé de l'endroit
par où il paffe , & qu'il fe fait un vuide après lui; l'air ambiant fe jettant enfuite avec rapidité dans ce vuide , doit produire un vent très fougueux , qui
heurte & frappe avec violence les corps qu'il rencontre , & qui les abat &
les détruit. On fait d'ailleurs , par des obfervations journalieres , que les
grands vents déracinent & renverfent les arbres les plus grands & les plus
vieux : ce qui fait que j'attribue au vent , plutôt qu'à la foudre , les effets
dont il eft ici queftion. On peut , par le fecours de l'Art , faire paffer l'électricité dans toutes fortes de corps , & les faire pénétrer de ce fluide; il n'y a
donc rien de furprenant que la foudre électrique pénetre dans le milieu d'un
arbre , ou dans le milieu d'un mât de vaiffeau , & parcoure toute l'étendue
de ces corps. Mais cette foudre électrique peut-elle s'étendre de maniere à
fendre un arbre en le pénétrant ? Nous obfervons qu'une aigrette électrique
qu'on fait naître à l'extrêmité d'une pointe de fer , forme une flamme extrêmement divergente , & dont la bafe s'aggrandit à proportion qu'elle eft plus
éloignée de la pointe. Pour quelle raifon donc une foudre électrique très
denfe ne pourroit-elle point tomber fur le fommet d'un arbre ou d'un mât ,
& les pénétrer ? Pourquoi cette flamme ne pourroit-elle pas fe développer
en pénétrant ces corps , & en fe développant , brifer , écarter leurs fibres ,
leurs canaux , & conféquemment les fendre ? Pourquoi , fi cette foudre
pénetre entre l'écorce & l'arbre , ne pourroit-elle pas en féparer l'écorce ?
Pareillement fi un arbre fe trouve fitué dans un endroit d'où le tonnerre , par
fa chûte , ait repouffé tout l'air , & que cet arbre fe trouve comme dans le
vuide , l'air compris dans les canaux de cet arbre , exerçant la force de fon
reffort , fe développera en toutes fortes de fens , dilatera les canaux qui le
refferrent , & en les dilatant , il les brifera , & il fendra l'arbre. C'eft par un
femblable procédé que des aîles de moulins & d'autres bois peuvent fe fendre. Le premier de Juillet de l'année 1753 , le tonnerre tomba fur une Eglife
de Leyde , qui étoit bâtie en bois; plufieurs des pieces qui en formoient la
couverture , furent arrachées & jettées au dehors : plufieurs folives qui en
formoient les parois , furent caffées & fendues , & rien ne brûla.

Quelquefois la foudre embrâfe dans fa chûte toutes les fubftances inflammables qu'elle rencontre , telles que les tours de bois , les toits des Eglifes ,
des maifons , des moulins , des vaiffeaux , &c. L'électricité produit le
même effet : on peut , en effet , enflammer par ce moyen , de l'efprit de
vin éthéré , de l'efprit de vin ordinaire , du foufre , de la poix , de la poudre
à canon , &c.

La foudre cependant n'enflamme pas toujours les corps que nous venons
d'indiquer ; car, comme je l'ai déja dit, la foudre tombe souvent sur des
maisons qu'elle n'embrâle pas. Nous vimes un semblable phénomene le 5
de Novembre de l'année 1755. Le tonnerre tomba au-delà de Rotterdam
sur un magasin à poudre, il brisa une des poutres qui soutenoient le toit ; il
brisa encore deux tonneaux, qui étoient remplis de poudre : il les divisa en
petites parcelles, sans allumer la poudre. Il y avoit dans cet endroit 800
tonneaux remplis de poudre : or si cette quantité de poudre eût pris feu,
tout le Bourg de-Maromme eût été emporté & détruit. Pour quelle raison
donc la foudre met-elle quelquefois le feu aux corps qu'elle frappe, & ne le
met pas quelquefois ? Cet effet viendroit il de la plus grande ou de la
moindre quantité de matiere électrique, & de sa densité ? Cela dépendroit-
il aussi de l'air qui seroit plus ou moins électrique, ou plus ou moins humide ? Les fluides, ainsi que les autres substances inflammables, ne s'enflamment pas toujours aussi aisément, par le moyen de l'électricité. J'ai remarqué que malgré tous les efforts que je fis, il ne m'étoit pas quelquefois possible de faire ces expériences, qui réussissent néanmoins si aisément dans tout
autre tems, sur-tout pendant l'été, pendant la chaleur, & lorsque l'air est
sec & chargé d'électricité.

§. MMDXXXVII. La foudre qui tombe du ciel fond très promptement
des métaux, qu'elle ne fait que toucher. Les Anciens connoissoient ce phénomene : on le trouve décrit dans *Lucrece* (1). *Seneque* dit (2) que le tonnerre fond l'argent dans une bourse, sans endommager la bourse, qu'il fond
la lame d'une épée, sans faire aucun effet sur le fourreau, qu'il fond le fer
d'un javelot sans gâter le bois. *Kundman* nous apprend (3) qu'une aiguille
de cuivre qui servoit à retenir les cheveux d'une fille, fut fondue par le tonnerre, sans que les cheveux qui étoient autour fussent aucunement endom-
magés. Quelqu'un ayant mis dans un hanap d'étain (4) des écus d'argent,
enveloppés dans un linge, le tonnerre tombant ensuite dessus, fondit le hanap & les écus, sans brûler le linge ; mais on le trouva réduit en poussiere.
Morton (5) rapporte que dix paysans ayant été frappés de la foudre ; l'un
d'eux avoit un sac, dans lequel il y avoit une tabatiere d'acier qui avoit été
percée en deux ou trois endroits. Les bords de cette boîte avoient été fondus,
& formoient de petites vessies. On a observé que les fils de fer dont on se
sert pour tirer les marteaux des cloches, placées dans des tours, étoient con-
tournés, fondus, d'une couleur noire, & qu'il y avoit des scories sur ces
fils, semblables à celles qu'on observe sur le fer qui a été brûlé dans un
fourneau. Bien plus, on a remarqué quelquefois que la foudre fond le fer,
& le convertit en grenaille, dont les grains ressemblent à de la grêle.

De semblables effets ne sont point produits dans un instant par le feu terrestre, ni par le feu du soleil ; car l'un & l'autre feux enflamment toutes les

(1) Lucret. Lib. 6.
(2) Quæst Nat. Lib. 2. cap. 31.
[(3) Rariora Natur. & Artis. §. 2. Art. 24.
(4) C'est une espece de vaisseau dont on peut faire usage pour boire.
(5) Nat. Hist. Notthampt. Cap. 5. p. 345. Philos. Transf. n. 236. Biblioth. raisonn.
ann. 1747, Part. 2. p. 51.

substances inflammables, sur tout lorsqu'ils sont assez violens pour fondre des métaux : aussi si on exposoit au foyer d'un miroir brûlant une bourse remplie d'argent, on ne verroit point l'argent se fondre & couler sans que la bourse fût endommagée : la bourse au contraire commenceroit à brûler avant que l'argent fût fondu : on ne verroit point le fourreau d'une épée dans son entier, tandis que la lame qui seroit dedans, seroit fondue : on ne verroit point une aiguille à cheveux se fondre, & les cheveux demeurer dans leur état naturel ; il faut donc de toute nécessité que la foudre soit composée d'une toute autre matiere propre à pénétrer les métaux & à les fondre, & disposée plutôt à agir sur eux que sur tout autre corps non électrique. Nous avons appris, par de nouvelles observations, que le fluide métallique pénetre très aisément & très rapidement les métaux qui ne sont point électriques, & qu'il pénetre plus difficilement tout autre corps qui est un peu électrique ; puisque, dans l'espace d'une seconde, il pénetre & parcourt un fil de fer de 12000 pieds de longueur. *Franklin* a observé qu'après avoir chargé 4 grands vaisseaux d'une très grande quantité de matiere électrique, il fit prendre une couleur bleue à une aiguille qui flottoit sur la surface d'une masse d'eau, & il observa outre cela, que la tête & la queue de cette aiguille étoient un peu fondues (1). J'ai vu le célebre Professeur d'Utrecht, M. *Hahn*, incruster sur une plaque de verre de l'or tiré d'un morceau de papier doré, & l'incruster si profondément, qu'on ne pût point l'effacer. Si la matiere électrique, que l'art de l'homme peut rassembler, & qui n'est jamais qu'en petite quantité, peut fondre de petits corps métalliques, pourquoi la matiere électrique de la foudre, qui est rassemblée en très grande quantité, ne pourroit elle pas fondre de plus grosses masses métalliques ? Et comme l'électricité dont nous pouvons disposer pénetre très aisément les métaux, & trouve de la résistance à pénétrer d'autres substances électriques, telles que les cheveux des hommes, les poils des animaux ; pareillement l'électricité de la foudre qui frappe une aiguille de tête, peut la liquéfier sans toucher à la chevelure ; elle peut fondre de même une épée sans endommager le fourreau, qui est de cuir, ou de laine. Et comme les hommes ne sont point couverts de poils, comme les autres animaux, la foudre les pénetre comme les métaux ; elle les frappe, sur-tout lorsqu'ils ne sont revêtus que de toile ou d'habits qui ne soient point électriques : ou si les habits qu'ils portent sont électriques, mais qu'ils soient mouillés & arrosés de pluie, elle les pénetre encore aisément ; car alors ces vêtemens sont dans le même état que s'ils avoient perdu leur vertu électrique, & l'homme qui les porte peut être aisément frappé de la foudre.

La foudre pénetre tous les corps que l'électricité pénetre, tels que les tuiles, les murs qui en sont construits, les pierres, les rochers : & c'est pour cette raison qu'on voit la foudre se faire jour à travers les toits & les lambris des maisons.

§. MMDXXXVIII. Ne seroit il pas possible que les hommes pussent se garantir de la foudre électrique ? Je pense qu'il n'y a gueres de moyens propres à cet effet, quoique les Anciens nous en aient enseigné plusieurs, que

____

(1) Philos. Transf. v. 47. p. 290.]

je regarde comme fabuleux : cependant comme l'électricité éprouve une résistance à pénétrer les corps électriques , & qu'elle ne peut les pénétrer lorfqu'ils ont une certaine épaisseur , j'imagine que des vêtemens faits de subf-
tances fort électriques pourroient être un préservatif contre les effets de la
foudre : on dit que Céfar Augufte s'enveloppoit d'une peau de veau marin (1). Mais la peau du caftor vaudroit beaucoup mieux ; parcequ'elle eft
plus électrique : on pourroit encore fe mettre à l'abri dans une efpece de ca-
bane enduite en dedans & en dehors avec de la cire d'Efpagne , ou avec une
couche épaiffe de poix , qui eft très électrique , ou on pourroit la tapiffer dans
toute fon étendue intérieure avec des peaux de caftor ; car l'électricité ne pénetre qu'avec peine la poix. Mais des creux fouterrains , des endroits bien
fermés & voûtés , des antres profonds , des puits , ne feroient-ils pas des re-
traites fûres , dans lefquelles on pourroit fe mettre à l'abri de la foudre ?
puifque la foudre éclate pour l'ordinaire fur les endroits les plus élevés , &
qu'elle ne frappe que rarement les lieux bas , & qu'elle pénetre encore plus
rarement dans la terre. C'eft pour cela que les Empereurs du Japon fe cachent avec raifon fous la pifcine dans un tems d'orage : ils s'y cachent néanmoins avec ce préjugé ; que l'eau éteindroit la foudre qui tomberoit dans la
pifcine (2). Ceux qui, dans le tems d'orage, portent des vêtemens de lin ,
ou des étoffes d'or ou d'argent , & qui ont une épée au côté , font plus en
danger d'être frappés de la foudre , que ceux dont les vêtemens ne font que
de laine , ou de foie bleue ; parceque la matiere électrique paffe plus librement dans tout corps métallique , & plus difficilement dans de la laine*, ou
dans de la foie bleue, qui eft un corps qui eft très idioélectrique : mais je parlerai dans l'inftant des moyens de détourner la foudre , quoique je doute fort
qu'il y ait quelque chofe qui puiffe être à l'abri de fes effets.

§. MMDXXXIX. Peut-on connoître à quelle diftance le tonnerre eft éloigné de nous, en faifant attention à la fin de l'éclair foudroyant , & au tems
qui fe paffe enfuite jufqu'à ce que nous entendions gronder le tonnerre ? On
peut réfoudre ce problême en faifant attention à ce que nous avons dit ci-
deffus , par rapport au fon, qui parcourt 1100 pieds par fecondes ; ainfi en
fuppofant qu'il y ait 6 fecondes d'intervalle entre la fin de l'éclair & le bruit
du tonnerre que nous entendons, nous pouvons croire que le tonnerre eft
éloigné de 6600 pieds ; car fa diftance eft toujours égale au produit de 1100
pieds multipliés par le nombre de fecondes qui féparent le coup foudroyant
de la lumiere de l'éclair : mais lorfque le bruit du tonnerre fe fait entendre
en même-tems que nous voyons l'éclair, c'eft une marque que le tonnerre
eft très près de nous , & il eft pour lors à craindre pour celui qui fait cette
obfervation. Il arrive quelquefois qu'un nouvel éclair vient à briller fubitement dans l'endroit où l'on voyoit difparoître fa lumiere ; c'eft une marque
que la foudre rencontre en cet endroit une nouvelle quantité de matiere
électrique , & que l'atmofphere eft alors furchargé d'électricité : dans ce cas
la foudre eft très à craindre ; car elle produit çà & là pour l'ordinaire quantité d'incendies.

§. MMDXL. Pour quelle raifon les maifons , & quantité d'autres corps,

____

(1) Sueton. in Auguft. cap. 90. p. 267. (2) Kempfer Amœnitat. Exotic.

retentiffent-ils lorfque les éclats du tonnerre font violens ? Cela vient de ce que le fon excite des vibrations , & fait réfonner tous les corps qui font dif-pofés à l'uniflon , ou à une octave quelconque , ou qui font propres à donner la tierce du fon principal. Auffi remarque-t on que toutes les parties d'une maifon , par exemple , ne retentiffent pas alors , mais feulement celles qui font harmoniques & qui font propres à produire les fons que nous venons d'indiquer.

§. MMDXLI. Lorfque le tonnerre gronde , on remarque que certains fluides commencent à fermenter , & que d'autres qui étoient déja en fermentation , ceffent alors de fermenter ; ce qui vient du mouvement inteftin & rapide que la matiere électrique excite alors dans l'air , & non pas feulement du mouvement que les vents produifent dans ce fluide. L'air chargé d'électricité & doué d'un mouvement inteftin , pénetre librement dans les fluides , tels que le vin , la bierre , qui ont une tendance à la fermentation ; il les agite , il leur communique le mouvement inteftin dont il jouit , & il y réveille le mouvement de fermentation : c'eft pour cela que ceux qui font de la bierre , ainfi que les Vignerons , ont la prudence de fermer leurs celliers dans un tems d'orage , de maniere à exclure tout paffage à l'air extérieur.

Lorfqu'une pâte de farine eft en fermentation par le moyen de la bierre , & que l'endroit où elle eft n'eft pas clos , à l'approche d'un tonnerre violent, l'air eft fortement ébranlé , les maifons retentiffent de fes éclats ; les parties de la farine fe mettent auffi en vibrations , les petites véficules que la fermentation avoit excitées , & qui formoient une maffe fpongieufe , fe crevent , l'air s'en échappe , les parties retombent les unes fur les autres , & la fermentation ceffe : le mouvement feul excité par l'ébranlement des vaiffeaux dans lefquels on fait lever de la pâte , fuffit pour troubler la fermentation , & pour la détruire , ainfi que le favent très bien les Pâtiffiers , les Boulangers , & les gens d'office qui font chargés de ce foin.

§. MMDXLII. Pourquoi voit-on plufieurs chofes fe corrompre dans les celliers qui ne font pas beaucoup profonds , & qui font ouverts , ou qui ne font pas exactement fermés , lorfqu'un tonnerre violent a paffé au deffus, ou à peu de diftance de ces fortes d'endroits ? On remarque ce phénomene dans le beurre , dans la crême , qui s'aigrit : auffi les Payfans de Hollande , qui connoiffent cet accident , ont-ils grand foin de fermer exactement leurs celliers dans un tems d'orage , afin de garantir leur beurre & leur crême de l'accident qui les menace : cet accident vient de ce que , dans un tems d'orage , l'air eft furchargé d'une matiere électrique qui tend à l'acidité , qui pénetre dans les celliers , s'y mêle avec le lait , le beurre , & leur communique un mouvement inteftin , qui augmente la tendance que la crême a pour s'aigrir , & qui la corrompt.

§ MMDXLIII. N'y a-t-il aucun moyen de détourner la foudre & de la déterminer vers un autre endroit ? C'eft ce qu'on a tenté de différentes manieres.

1°. Par une décharge de canons qu'on pointe vers les nuées , afin que les violentes fecouffes qu'on communique alors à l'air , puiffent rompre les nuées & les diriger vers un autre endroit , & afin de calmer le vent que la

foudre excite : il pourroit se faire aussi que la fumée produite par l'inflammation de la poudre à canon, pût concourir à éteindre la foudre ; car on sait
par expérience que la fumée est un obstacle à la matiere électrique ; ainsi pour
quelle raison ne diminueroit-elle point, ou ne détruiroit-elle pas l'électricité
de la foudre ? Mais comme nous ne faisons pas usage de ce moyen en Hollande, j'ignore s'il est propre à produire l'effet qu'on en attend.

2°. Dans certains endroits on a recours au son des cloches, & on imagine
que c'est un expédient propre à détourner la foudre. Mais *Resta* remarque
très justement à cet égard (1), que c'est un moyen imaginé par la piété des
Catholiques, & qu'on a plus de confiance aux secours de l'Eglise, qu'à
l'efficace physique du son. Aussi le célebre *Pluche* dit (2) que, dans l'espace
de 30 ans, il a observé cinq orages, pendant lesquels le tonnerre est tombé
sur cinq clochers, dont on faisoit sonner toutes les cloches. Deux hommes
dignes de foi rapportent des événemens semblables. En 1718 le tonnerre
tomba dans la Basse-Bretagne le long des côtes qui s'étendent depuis Lan-
derneau jusqu'à Saint-Paul-de Leon ; il tomba sur 24 Eglises, & précisément
sur celles où l'on sonnoit les cloches, tandis que les Eglises où l'on ne sonnoit
point furent à l'abri de cet accident (3). C'est pour cette raison que M. *Du-*
hamel a proscrit prudemment cet expédient (4) ; car des cloches de métal
frappées par des battans de fer, & mises en vibrations, sont plus exposées
aux effets de l'électricité de l'air, que lorsqu'elles restent en repos ; de sorte
que l'électricité de la foudre est plutôt attirée que détournée par le son des
cloches.

3°. Le célebre *Winkler* nous propose un moyen plus infaillible de détourner la foudre. Il remarque que, dans un tems d'orage, l'air est ordinairement surchargé de matiere électrique, & que cette matiere passe librement
dans le fer, & le pénetre avec une très grande rapidité. Si on éleve donc sur
le sommet d'une tour, d'une Eglise, d'une maison, une barre de fer qui ne
soit point trop menue, & qui y soit isolée sur un corps idioélectrique, &
qu'on attache à cette barre un long fil de fer de 3 lignes de diametre, arrêté
à un pieu planté en terre à une grande distance de la tour, de façon que le fil
de fer soit tendu dans l'air & ne touche à rien ; alors si une nuée orageuse,
ou la foudre qui court dans la région supérieure de l'air, vient à se diriger
& à se porter contre la barre de fer, elle coulera dans le fil de fer (qu'on a ju-
dicieusement nommé *fil de salut*) & elle se perdra dans la terre, ou dans une
eau courante, en supposant que ce fil, qui se termine en anneau, soit fixé en
terre, ou plongé dans une riviere ; & par ce moyen la foudre sera détournée
des parties de la tour, de l'Eglise ou de la maison. Si le Palais ou l'Eglise qu'on
veut garantir des atteintes de la foudre, sont d'une grande étendue, on
pourra y établir deux, trois, quatre, ou même plusieurs barres de fer qu'on
placera sur leurs angles, au milieu & sur les parties saillantes, à chacune
desquelles on attachera un fil de salut qui descendra jusqu'en terre, & qui dé-

____

(1) Meteor. Lib. 1. Tom. 2. p. 88. Ulloa, Voyage au Pérou, Liv. 6. chap. 3. p. 290.
(2) Spectacle de la Nature, Tom. 7. pag. 327.
(3) Histoire de l'Académie Royale, année 1719.
(4) Histoire de l'Académie Royale, année 1747.

tournera la matiere foudroyante qui tendoit à se porter sur ces endroits, & qui la dissipera dans la terre, ainsi que le célebre *Beccaria* nous le conseille dans sa quatorzieme lettre. En effet, nous savons par expérience, qu'on parvient à soutirer du ciel la matiere foudroyante électrique, à l'aide d'un fil de fer, & à la conduire dans notre globe : c'est un fait qui est prouvé d'une maniere incontestable par les expériences qu'on a faites avec des cerfs-volans.

Un Chanoine nommé *Divisch*, qui demeure dans la Ville de Prenditz, en Moravie, a imaginé un appareil, dont il nous a caché jusqu'à présent la description, & au moyen duquel il prétend détourner la foudre : voici les observations qu'il a publiées en 1754. Le 9 de Juillet on voyoit dans le ciel des nuages orageux : ce Chanoine monta sa machine, les nuées qui passoient au-dessus se rompoient, & lançoient des rayons sur cette machine, qui parurent s'aggrandir dans l'éloignement, jusqu'à ce qu'ils disparurent. Le 10 du même mois une nuée foudroyante lançoit contre cette machine des rayons blancs, qui devinrent plus grands lorsque la nuée fut plus élevée au-dessus de l'horison, & qu'elle passa au dessus de la machine, & ce météore disparut dans l'espace d'une heure ; mais il y eut une tempête & un orage terrible dans les campagnes voisines, tandis que le ciel étoit calme & tranquille au-dessus de la Ville de Prenditz. Vers le soir l'orage & le tonnerre s'approchant de la Ville, ils passerent tranquillement sur elle, en y versant seulement une petite pluie, & on n'entendit le tonnerre qu'à une très grande distance au delà de la Ville.

Personne n'a mieux traité de la foudre & du tonnerre que le célebre *J. B. Beccaria*, dans des Lettres qu'il a écrites sur l'électricité.

§. MMDXLIV. Quoique j'aie fait dépendre jusqu'à présent la foudre & le tonnerre de l'électricité de l'air, & de certaines nuées qui se trouvent suspendues dans l'atmosphere, & que je me sois appliqué à en déduire quantité de phénomenes, il reste néanmoins dans cette nouvelle opinion des difficultés qui font qu'on ne peut pas rendre exactement & clairement raison de tous les phénomenes, & qu'on ne doit point encore les ranger dans la classe des choses démontrées. Il pourroit bien se faire en effet, que le tonnerre ne fût qu'une cause occasionnelle, & non la cause efficiente de tous les phénomenes électriques, ainsi que l'Abbé *Nollet* nous en avertit prudemment (1) ; car il peut se faire que les nuées qui contiennent la matiere de la foudre, ne fassent que développer ou relâcher la matiere électrique de la masse d'air qu'elles rencontrent, & que la foudre, par son éclat, lançât en toutes sortes de sens, & en plus grande quantité, cette matiere développée ou relâchée. Aussi le célebre *le Monnier* a-t il observé qu'un homme isolé sur un pain de résine au milieu d'un jardin, devenoit électrique dans un tems d'orage, & attiroit avec la main de la sciure de bois, placée sur un morceau de plomb : mais on a souvent observé que l'air ne donnoit aucun signe d'électricité, lorsque, pendant un violent orage, il tomboit une pluie large & abondante. Aussi M. *Mazeas* nous assure-t il qu'il a observé des circonstances dans lesquelles certaines nuées produisoient une plus forte électricité, sans que le

_____

(1) Philos. Transf. v. 47, p. 558.

tonnerre & la foudre se fissent entendre, que lorsque le tonnerre grondoit violemment : il nous assure encore avoir observé d'autres fois que l'électricité n'étoit que sensible pendant que la foudre grondoit ; d'autres fois que l'électricité disparoissoit tandis que la pluie tomboit, & qu'elle renaissoit lorsque la pluie cessoit, quoique le tonnerre fût fort éloigné.

Le célebre *Ludolf* a remarqué à Berlin, qu'à chaque coup de tonnerre l'électricité disparoissoit quelquefois pendant l'espace de 30 secondes, & même plus.

Une nuée noire & orageuse s'étant un jour formée à Petersbourg, le célebre *Lomonoscow* observa plusieurs flammes qui sortoient d'une barre de fer suspendue, & des angles des bois voisins : ces dernieres se dirigeoient vers la barre de fer : mais un éclair & un coup de tonnerre étant tout-à-coup survenus, toutes ces aigrettes lumineuses disparurent aussi tôt (1). Ce célebre Physicien ajoûte encore l'observation suivante. On voyoit courir dans le ciel une nuée noire & orageuse, poussée par un vent de Sud Ouest, qui n'avoit été précédée, qui n'étoit accompagnée, ni suivie d'aucune foudre, ni d'aucun tonnerre ; cependant l'électrometre indiquoit une électricité de plus de 30 degrés, & la verge de fer, ainsi que le fil, fournissoient des étincelles qu'on pouvoit à peine supporter : l'électricité ne paroissoit même pas affoiblie par les attouchemens fréquemment réitérés de ceux qui étoient présens : car l'index demeuroit constamment au même degré, & on tiroit néanmoins 3 ou 4 étincelles pendant chaque seconde. Ce phénomene s'étant fait observer pendant l'espace d'une demi-heure, il survint une grosse pluie, & l'électricité cessa ; mais elle revint ensuite après l'espace d'environ cinq minutes, quoique la pluie continuât de tomber, mais elle ne subsista que pendant un quart d'heure.

§. MMDXLV. L'usage de la foudre & du tonnerre est d'ébranler l'air, de le mouvoir, de condenser certaines nuées, de les réduire en eau, & de faire tomber sur la terre une pluie qui porte la fécondité aux plantes, & qui contribue à la végétation ; aussi regarde t-on cette pluie comme plus fertile que toute autre : est ce un préjugé, où est ce un fait ; c'est ce que je ne puis assurer.

2°. La foudre tempere la grande chaleur de l'atmosphere : j'ai en effet presque toujours observé qu'il faisoit froid quelques heures après le tonnerre, sur-tout lorsqu'il étoit tombé de la pluie ; car lorsque cette pluie tombe de la plus haute région de l'air, de la région glaciale, il fait toujours froid : car elle tempere la chaleur des couches inférieures de l'air, par lesquelles elle passe.

3°. Peut-être que la foudre & le tonnerre nous procurent d'autres avantages que nous ne connoissons pas encore : nous savons par expérience que le tonnerre fait mourir les poulets renfermés dans les œufs que les poules couvent alors ; peut-être produit-il le même effet sur les œufs de plusieurs insectes, qui pourroient en fournir une trop grande quantité qui deviendroit nuisible aux plantes & aux hommes : peut-être le tonnerre fait-il périr aussi les graines des petites moisissures. Mais pour ne me point trop livrer à de

[(1) Annua Sacra, ann. 1753.

ſimples imaginations, j'aime mieux abandonner à ceux qui viendront après moi le ſoin de rechercher les avantages qu'on peut retirer de ce météore.

§. MMDXLVI. Il y a encore pluſieurs autres météores ignés auxquels on donne des noms relatifs à leurs figures. Je nomme, par exemple, *ſerpent* ce météore qui parut le 7 Août de l'année 1741, que j'obſervai vers les 10 heures 20′ du ſoir. Le ciel étoit ſerein, l'air étoit chaud : je vis tout à coup paroître une lumiere très brillante, qui parut s'élever de la terre dans l'air ſous la forme d'un ſerpent, qui y formoit de petites inflexions ; il avoit environ 15 minutes de degrés en largeur, & 20 degrés de longueur : il ſubſiſta pendant l'eſpace de 2 ou 3 minutes ; il répandit une ſi grande lumiere ſur la terre, que j'aurois pu voir diſtinctement une aiguille couchée ſur le terrein : inſenſiblement ce météore s'arrondit en forme de cercle, & il ſe changea enſuite en une petite nuée blanche lumineuſe, mais ſi épaiſſe au commencement, qu'on ne pouvoit pas voir les étoiles à travers ſon épaiſſeur : cette nuée ſe raréfia enſuite, devint tranſparente, ſemblable à la voie lactée, elle avoit un demi-degré de diametre : elle commença à diſparoître vers la partie orientale du monde, & enſuite vers la partie occidentale ; de ſorte qu'il n'en reſtoit aucun veſtige dix minutes après. Lorſque ce météore commença à paroître, on entendit une eſpece de petit murmure, ſemblable à celui que produit une flamme violente ; peut être que ce murmure étoit produit par les exhalaiſons oléagineuſes que la chaleur du jour avoit élevées dans l'atmoſphere, leſquelles, étant un peu condenſées par le froid du ſoir, avoient été allumées par une cauſe quelconque vers leur partie inférieure, & que la flamme s'élevoit en ſuivant la route de ces exhalaiſons, qui lui fourniſſoient un aliment convenable.

On a auſſi remarqué en différens tems des tourbillons de feu ; mais ces météores ſont beaucoup plus rares que les trombes dont nous avons parlé ci-deſſus ; ce qui fait que je n'en puis encore donner que la deſcription. Le 10 Août 1689, on vit ſur les cinq heures après midi, le ciel étant ſerein, une eſpece de fourneau d'où ſortoient des flammes, leſquelles, étant confondues avec la fumée & les cendres, formoient une eſpece de pyramide, ſur le ſommet de laquelle on remarquoit une colonne qui s'élevoit juſqu'à une nuée épaiſſe. Cette nuée formoit un chapiteau à cette colonne, dont le diametre paroiſſoit être de deux pieds, & elle ſe portoit du Septentrion au Midi ; il ſurvint une tempête qui la fit diſparoître. Elle effraya tous ceux au-deſſus deſquels elle paſſa ; quelqu'un même en mourut de frayeur : on éprouva dans tous les endroits qu'elle parcourut, un tourbillon de vent qui enleva tous les corps légers, & les tranſporta dans l'atmoſphere : ce vent applanit les terres qui étoient récemment labourées ; il arracha & diſperſa l'avoine qui n'étoit point encore coupée, de façon qu'il ne reſta pas un ſeul épi à côté d'un autre (1). On vit dans une bruyere un météore qui reſſembloit aſſez à un tourbillon de vent, qui étoit accompagné d'une fumée épaiſſe qui jettoit une flamme languiſſante, qui pétilloit, de même qu'une chaumiere qui brûleroit : ce météore ſe mouvoit très lentement ; il avoit en-

____

(1) Journal des Savans, année 1687, pag. 708.

viron 90 pieds de largeur ; il emportoit tout ce qu'il rencontroit dans l'étendue du terrein qu'il parcouroit ; il arrachoit les haies, les pieux, les pierres des chemins : il portoit avec lui une forte odeur de soufre ; néanmoins le ciel étoit serein ; & ne laissoit voir aucun signe d'orage & de tempête (1).

On vit en 1725 un tourbillon de feu accompagné d'un bruit épouvantable, qui jettoit une fumée noire : la lumiere de ce météore étoit plus vive au milieu : sa clarté augmentoit à proportion qu'il s'élevoit : il avoit six pieds de largeur, il s'élevoit avec une très grande rapidité jusqu'à une nuée noire qui paroissoit le repousser lorsqu'il y touchoit. Après un certain tems ce météore diminua, le son s'affoiblit aussi en même-tems ; mais il acquit ensuite de nouveaux degrés d'intensité : ce météore ne s'élevoit pas toujours en ligne droite ; mais formant comme une espece de corne, le vent le courboit : sa vîtesse étoit plus grande vers sa partie inférieure que vers la supérieure ; enfin il se dissipa en produisant une détonnation semblable à un coup de tonnerre (2).

Le P. *Boscovich* nous a donné la description d'un semblable phénomene qui parut la nuit du 11 au 12 Juin de l'année 1749, & qui produisit beaucoup de dommage dans une grande partie de Rome. Il parut un tourbillon sous la forme d'une nuée longue & noire, qui s'étendoit jusques vers la surface de la terre, & qui jettoit des flammes dans toute son étendue, qui répandoient une odeur de soufre : cette nuée venoit du côté d'Ostie ; elle traversoit une grande partie de la Ville de Rome en ligne sensiblement droite : & s'étant étendue jusqu'au-delà de la Ville, elle parcourut, avec une extrême rapidité, un espace de plus de 20 milles. Avant que ce tourbillon parvînt jusqu'à Rome, on entendit du tonnerre, & la foudre se manifesta lorsqu'il s'approcha de la Ville : les habitans sentirent un vent violent, accompagné d'un son *rauque* : les maisons que ce tourbillon toucha, ou auprès desquelles il passa, fremirent de même que si elles avoient éprouvé l'effet d'un tremblement de terre ; elles furent ensuite agitées d'un mouvement ondulatoire plus ou moins grand. Il succéda à cela un grand calme dans l'air : on n'y sentit plus aucun vent ; les parties des maisons qui avoient été agitées, furent séparées les unes des autres, & tomberent en ruines : on remarqua encore d'autres accidens, les arbres mêmes furent déracinés (3).

Adanson observa aussi un semblable phénomene en Nigritie ; ce tourbillon avoit 10 pieds de grosseur & 250 de hauteur : on le voyoit courir audessus de la surface d'un fleuve nommé Niger ; l'eau de ce fleuve en étoit extrêmement échauffée ; elle répandoit une odeur de nitre dans tous les endroits où elle passoit, qui provoquoit l'éternuement, & occasionnoit une difficulté de respirer : les habitans de ce Pays lui assurerent que ces sortes de phénomenes brûloient souvent leurs cabanes (4).

§ MMDXLVII. Il y a encore d'autres météores ignés. Les habitans de Bologne se rappellent encore une flamme céleste qu'ils observerent en 1743.

(1) Philosoph. Transact. n. 465.
(2) Histoire de l'Académie Royale, année 1725.
(3) Acta Lipsiens. Nov. ann 1753. Mars, pag. 129.
(4) Adanson, Voyage au Sénégal, Tom. 1. pag. 123.

Ils virent deux zônes ignées à l'Orient de l'Eſio : ces deux zônes tiroient ſur le blanc ; elles étoient très brillantes, elles s'étendoient en longueur, elles ſe courboient ſouvent , & enfin elles ſe joignirent enſemble pour n'en former qu'une ſeule. Dans ce tems le vent étoit au Nord Oueſt , & on entendoit un bruit qui ne pouvoit point venir du vent, mais de ces zônes. Ce phénomene ſe fixa néanmoins pendant quelques minutes ; quoique la longueur & la largeur de ces zônes variaſſent ſouvent, elles paroiſſoient avoir quatre travers de doigt de largeur : lorſque ces zônes s'évanouirent, l'air qui les entouroit demeura extrêmement clair & extrêmement brillant , & il demeura ainſi juſqu'au ſoir , & ce phénomene n'eut aucune ſuite (1).

CHAPITRE XLIV.

Des Météores aériens, ou des vents.

§. MMDXLVIII. ON dit que le vent ſouffle lorſqu'une certaine portion de l'air de notre atmoſphere paſſe d'un lieu dans un autre, de façon qu'on peut ſentir ſon mouvement ou l'appercevoir. Le vent n'a donc pas été mal défini par les Anciens, *un cours d'air plus prompt qu'un autre , une onde d'air qui coule avec une ſurabondance incertaine de mouvement* (2). *Un courant d'air, une effuſion , un fleuve* (3) *, un air qui coule d'un côté.* C'eſt pour cela que *Lucrece* dit *qu'il fait vent lorſque l'air eſt emporté avec une grande agitation* (4). *Gaſſendi* ne s'eſt donc point trompé, lorſqu'il dit que le vent n'étoit qu'une agitation de l'air , ou un air agité (5).

§. MMDXLIX. Le vent n'eſt donc pas ſimplement compoſé de vapeurs, ou d'exhalaiſons, ou d'une certaine ſubſtance ſpéciale, ou de corps inconnus (6) , comme le prétend *Lucrece* , ou des exhalaiſons froides de la terre, différentes de celles de l'air (7) , comme le prétendent pluſieurs Phyſiciens ; mais c'eſt une partie de l'atmoſphere tranſportée d'un lieu dans un autre avec toutes les vapeurs & toutes les exhalaiſons qui ſe trouvent renfermées dans cette partie de l'atmoſphere : par conſéquent tout ce qui peut pouſſer l'air & lui faire changer de place , produit du vent : ainſi lorſqu'on preſſe & qu'on abaiſſe l'un contre l'autre les panneaux d'un ſoufflet , & qu'on en chaſſe l'air par le bec, on excite un vent qui pouſſe devant lui l'air qu'il rencontre , ainſi que tous les corps qui flottent & qui nagent dans ſon ſein. Mais ſi l'atmoſ

(1) Comment. Bonon. Vol. 2. pag. 459.
(2) Vitruvius, Lib. 1. cap. 6.
(3) Hyppocrat. Lib. de Flatibus. Plutarch. Lib. 3. Plat. 7. in Phænom. Seneca, Lib. 5. cap. 6. Quæſt. 11.
(4) Lucretius, Lib. 6. v. 685.
(5) In Phyſ. Sect. 3. Lib. 2. cap. 1. pag. 65.
(6) Lib. 1. v. 278. & 296.
(7) Cicero, Cap. 6. de Divin.

phere eft chargée de vapeurs, d'exhalaifons, ou d'autres fubftances quelconques qui s'y dilatent , qui s'y meuvent & qui fe poullent les unes & les autres , ces fubftances poufleront auffi l'air entr'elles ; de forte que le vent qui
en réfultera fera un mouvement de l'air & des autres fubftances qui flottent
dans fon fein , qui fe tranfporteront enfemble d'un lieu dans un autre.

§. MMDL. Quelques Phyficiens demandent quelle efpece de mouvement
doit être produit dans l'air pour former du vent ? L'air doit-il être mu en
lignes droites feulement, tel que l'air qui fort par le bec d'un foufflet,ou bien
doit-il être mu en toutes fortes de fens , & felon toutes fortes de directions,
par une caufe qui tendroit à fe développer circulairement ? L'air doit-il être
agité en forme d'ondes , telles qu'on en remarque dans la mer, qui s'élevent
& qui s'abaiffent enfuite , & qui en même-tems s'avancent & paffent d'un
lieu dans un autre , ainfi qu'on l'obferve lorfque les vagues de la mer abordent vers le rivage , & qu'elles y apportent avec elles différens corps.

Quant au mouvement ondulatoire , comme nous ne remarquons point ce
mouvement à la furface de l'atmofphere, comme nous l'obfervons fur la
furface de l'eau , & que d'ailleurs il ne nous a point été donné de voir ce qui
paffe dans l'atmofphere au-delà d'une très petite diftance au-deffus de la furface de la terre, j'imagine que ce mouvement d'ondulation peut exifter dans
l'air auffi-bien qu'il exifte dans tous les fluides qui font foumis à nos recherches & à nos expériences. Néanmoins il eft conftant qu'il exifte dans l'air
une efpece de mouvement ondulatoire & de frémiffement, lors même que
ce fluide n'eft que peu agité par le vent ; car lorfque nous obfervons, à l'aide
d'un grand télefcope, des objets qui font fort éloignés , nous remarquons
dans ces objets un mouvement vibratoire, qui fait même que nous ne pouvons les diftinguer parfaitement. 2°. Le fon fe propage fous la forme d'ondulations. 3°. Nous remarquons que plufieurs vents impétueux foufflent
avec de certaines interruptions, & qu'il y a une diftance qui fépare chaque
impulfion de ces vents les unes des autres : or ces impulfions qui fe fuccedent les unes & les autres, peuvent venir des ondulations de l'air, qui fe
fuccéderoient mutuellement les unes & les autres ; & c'eft le fentiment de
Gaffendi (1), & qui fut enfuite adopté par *Clare* (2). Ces habiles Phyficiens
crurent que lorfque l'air étoit ébranlé , il fe formoit dans fon fein comme
une efpece de premiere vague qui en pouffoit une feconde, celle-ci une troifieme , & ainfi de fuite , jufqu'à ce qu'elles rencontraffent des montagnes ,
des nuées , des pluies qui les brifaffent, ou des vents contraires qui s'oppo-
faffent à leur tranfport, ou qu'elles s'étendiffent au point de s'affoiblir de
plus en plus, & de fe diffiper. Mais j'oppofe à cette efpece de mouvement
ondulatoire les difficultés que voici; favoir , que les corps légers qui nagent
dans l'atmofphere , & que le vent pouffe, ne fe meuvent point d'un mouvement ondulatoire. On ne voit jamais les nuées fe mouvoir de cette maniere ;
on les voit toujours au contraire fe mouvoir en ligne droite avec la maffe
d'air dans laquelle elles font en équilibre ; & conféquemment l'air fuit le
même mouvement. J'avoue néanmoins que le vent qui fouffle fur la mer y

(1) Phyfiq. Sect. 3. Lib. 2. cap. 1. pag. 65.
(2) The Motion of Fluids. pag. 260.

excite des ondes ; que ces ondes, ainfi que l'air, s'étendent enfemble vers le
rivage , & conféquemment que l'air qui repofe fur la furface de ces ondes,
eft néceffairement agité d'un mouvement ondulatoire : mais il ne s'enfuit pas
pour cela que tout vent quelconque qui fouffle à une grande hauteur au-
deffus de la furface de la mer, ou au-deffus du Continent, fe meuve d'un
mouvement ondulatoire. En effet, l'air n'eft pas denfe & réfiftant comme
l'eau : c'eft un fluide élaftique qui peut être comprimé ; de forte que cette
compreffion peut l'agiter de bas en-haut jufqu'à une certaine hauteur ; mais
il peut être en repos au-delà de cette hauteur : auffi remarque-t on que les
nuées qui font fufpendues au-deffus de la mer, ne font point agitées d'un
mouvement vibratoire ; ce qui fait qu'on doit croire que le vent qui rafe la
furface de la mer, fe meut, à la vérité, ainfi que les ondes, d'un mouvement ondulatoire ; mais que tout vent quelconque ne fe meut pas de cette
maniere, mais plus fouvent en ligne droite, & felon toute direction quelconque, & fur-tout en ligne droite, par-tout où il peut fe mouvoir & fouffler librement.

§. MMDLI. Si on conçoit un Obfervateur placé au centre de fon horifon,
l'air qui l'enveloppe de toutes parts, pourra fe mouvoir, par rapport à cet Obfervateur, de bas en haut & de haut en bas, & felon toute direction oblique quelconque ; enfin horifontalement felon un nombre infini de différentes directions,
par la raifon qu'on peut tirer un nombre infini de rayons d'un centre à la circonférence du cercle auquel il appartient, & au contraire, de la circonférence
au centre. On imaginera donc des vents qui pourront fe mouvoir felon toutes ces différentes directions, comme il y en a réellement. De même que
les Mathématiciens ont divifé les cercles en un nombre déterminé de parties, de même ils ont tiré de ces différentes divifions les différentes plages
d'où les vents foufflent. Quelques Anciens ne reconnoiffoient que quatre
fortes de vents ; c'étoit le fentiment d'*Homere* (1) : mais cette divifion,
comme on le verra bien tôt, étoit dépourvue de raifon. Or comme on peut
auffi bien divifer le cercle en fix parties qu'en quatre, quelques-uns détermi-
nerent fix fortes de vents (2). Et en fubdivifant en deux parties chacune de
ces fix divifions, quelques uns en compterent douze avec *Varon* (3). D'autres pousserent encore la divifion plus loin ; ils diviferent chacune des douze
en deux, & en compterent vingt quatre. Mais ceux qui s'arrêterent à la premiere divifion des vents, qui les réduifoit à quatre vents cardinaux, diviferent en deux chacun de ces quatre vents ; ils en compterent donc 8 : ce
fut *Andronicus Cyrrhefles* (4) qui en donna l'idée à Athenes, où il éleva une
tour octogone de marbre, fur chaque côté de laquelle il défigna les images
de chacun de ces vents à l'oppofite de l'endroit d'où ils foufloient. On obferve quelque chofe de femblable à Leyde : on y a défigné fur les huit côtés
d'un Temple les différens vents. Mais on fubdivifa enfuite ces vents, & on
en compta 16 pour la commodité de la navigation : on pouffa enfuite la fub-

(1) Homeri Odyffea E. v. 330.
(2) Strabo, Lib. 1.
(3) Seneca. Quæft. Nat. Lib. 5. cap. 16. Plin. Hift. Nat. Lib. 2, cap. 47,
(4) Vitruvius, Lib. 1. cap. 6.

diviſion plus doin, & on en compta 32. Les Hollandois furent les premiers
qui donnerent des noms à ces différens vents, & preſque toutes les Nations
d'aujourd'hui ont ſouſcrit à ces noms, & les ont conſervés. Cette diviſion
des rhumbs de vents eſt ſuffiſante; une plus grande diviſion deviendroit inutile, tant parcequ'un vent quelconque occupe une certaine étendue en largeur, que parceque le même vent ne ſouffle jamais pendant l'eſpace de deux
minutes exactement dans la même direction: c'eſt pour cela que ſi nous
conſidérons une girouette bien mobile, établie ſur le haut d'une tour, nous
ne la verrons jamais en repos dans la même ſituation; mais elle paroîtra continuellement agitée: d'où il ſuit qu'il faut donner une certaine étendue à
chaque diviſion. Comme les diviſions des vents faites par les Anciens ſont
différentes des nôtres, ils ont donné aux vents des noms différens de ceux
ſous leſquels nous les connoiſſons aujourd'hui: ce qui a déterminé le célé-
bre *Kirker* a concilier les vents que nous connoiſſons à préſent, avec les
noms que les Anciens leur ont donné. Mais pour ne point introduire ici une
queſtion de nom, nous ferons remarquer que, dans nos obſervations, nous
n'avons ſur tout attention qu'à huit points fixes, & que nous donnons le
nom de *Septentrio*, *Noord*, au vent qui ſouffle de la partie ſeptentrionale du
monde. Nous nommons *Aquilo*, *Nord-Eſt*, *Noordooſt*, celui qui vient de
l'Orient ſolſticial. Nous appellons *Subſolanus*, *Ooſt*, celui qui vient de
l'Orient équinoxial. Nous nommons *Eurus*, *Sud-Eſt*, *Zuydooſt*, celui qui
vient de l'Orient d'hiver. Nous donnons le nom d'*Auſter*, du *Sud*, *Zuyd*,
à celui qui vient du Midi. Nous nommons *Africus*, *Sud-Oueſt*, *Zuydweſt*,
celui qui vient du Couchant d'hiver. Nous appellons *Favonius*, *Zéphir*,
Weſt, le vent qui vient du Couchant équinoxial. Nous nommons *Corus*,
Nord-Oueſt, *Noordweſt*, celui qui vient du Couchant ſolſticial. D'où il ſuit
que nous conſidérons les vents comme s'ils venoient d'un autre endroit vers
le nôtre, & que notre contrée s'étendît depuis l'endroit où nous ſommes
juſqu'à cet autre endroit.

§. MMDLII. Si un vent quelconque ſouffle de l'un des 4 points cardinaux,
il conſervera ſon même nom, quoiqu'il ſouffle ſur toute la ſurface de la
terre; mais il n'en ſera pas de même de tout autre vent quelconque intermédiaire aux quatre dont nous venons de parler, quoiqu'il ſouffle toujours ſelon la même direction; il prendra néanmoins différens noms dans les différentes contrées de la terre; parceque les rhumbs, d'où les vents tirent leurs
noms, ne forment point des lignes droites, mais des lignes courbes entre
l'équateur & les pôles. En effet, s'il vient un vent de l'équateur qui faſſe
avec notre méridien un angle de 45 degrés, tel que celui que nous nommons Sud-Oueſt; ce même vent s'étendant juſques dans d'autres régions,
ne formera point le même angle avec leur méridien: mais il formera avec
lui un angle plus grand, à proportion que ces régions ſeront plus proches du
pôle boréal; ce qui vient de ce que les méridiens ne ſont point parallèles entr'eux, mais de ce qu'ils ſont convergens vers les pôles où ils concourent
tous. De-là le vent qui ſera Nord Oueſt par rapport à nous, ſera, par rapport à d'autres régions, un vent de Sud-Oueſt-Sud. Il en eſt de même du
vent, que d'un vaiſſeau qui vogue obliquement ſur l'Océan; s'il coupoit les
méridiens ſous le même angle, il décriroit une courbe qu'on nomme

Loxodroma, qui eft une courbe d'une efpece particuliere, fur la nature de laquelle on peut confulter *W. Snellius*, dans fon Ouvrage *de Typhone Batavo*, ou le célevre *Murdoch*.

§. MMDLIII. On divife commodément les vents, 1°. en vents généraux & conftans. 2°. En vents qui foufflent en un certain tems, & qu'on nomme vents périodiques ou anniverfaires. 3°. En vents de mer & en vents de terre, ou qui viennent de terre, qu'on nomme *tropæi* quand ils viennent de la terre vers la mer, & *apogæi*, quand ils reviennent de la mer vers la terre. 4°. En vents libres ou variables, qui n'ont aucun cours fixe.

§. MMDLIV. Les vents généraux foufflent entre les deux tropiques, ou fort peu au-delà. Ils regnent dans la mer Atlantique, la mer d'Ethiopie, la mer Pacifique, & dans une partie de la mer de l'Inde : on remarque des vents périodiques ou anniverfaires dans les autres régions de la terre, & on obferve des vents libres & variables dans les contrées qui font au-delà des tropiques. Le célebre *Halley* (1), & *Dampieres* (2) nous ont donné une excellente Hiftoire des vents généraux : nous les prendrons pour guides dans ce que nous nous propofons de dire à cet égard. Mais pour mieux concevoir ce qui concerne les vents, il faut confulter la Table 44., dans laquelle la pofition des petites fleches placées dans les ombres, indique le cours du vent.

§. MMDLV. Le vent d'Eft regne toute l'année dans la mer Atlantique, & dans la mer d'Ethiopie, entre les deux tropiques, mais de telle maniere qu'il femble fouffler en partie du Nord-Eft, dans la mer Atlantique, & en partie du Sud-Eft dans la mer d'Ethiopie.

1°. En effet, auffi-tôt qu'on a paffé les Ifles Canaries, à-peu-près à la hauteur de 28 degrés de latitude feptentrionale, & à 80 milles de ces Ifles, il regne un vent de Nord-Eft qui prend rarement beaucoup du Nord, & qui cependant, en certains tems, prend davantage de l'Eft, & qui devient O, N. O. Ce vent eft quelquefois Nord-Oueft en cet endroit; mais cela n'arrive que rarement, & il eft alors de peu de durée : mais il eft plus fouvent interrompu par des *bonaces*, qu'on obferve lorfque le foleil approche de l'équinoxe d'automne. Le vent d'Eft eft plus conftant lorfque le foleil va du tropique du capricorne à l'équateur, & la navigation eft très heureufe dans cette partie de l'Océan (3). Lorfque ce vent eft Nord-Eft, & que le foleil fe trouve aux fignes méridionaux; alors le ciel eft ferein dans la partie feptentrionale de la terre, depuis le 28e degré de latitude jufqu'à l'équateur : mais lorfque le foleil eft dans les fignes feptentrionaux, alors le ciel eft couvert dans cet endroit; tandis qu'il eft ferein dans l'hémifphere méridionale. Soit que ces vents foient Nord-Eft, ou Sud-Eft, ils foufflent toujours avec une force modérée depuis leurs premieres bornes, qui font à la latitude de 28 ou 30 degrés, jufqu'au vingt troifieme degré de latitude; mais ils foufflent avec beaucoup plus de violence depuis ce vingt troifieme degré jufqu'au douze ou quatorzieme degré ; & dans toute cette étendue, ils font

(1) Philofoph. Tranfact. n. 182.
(2) Traité des Vents.
(3) Voyage d'Amérique par Ulloa, Liv. 2. chap. 1. pag. 12.

conftamment

conſtamment Nord-Eſt & Eſt : mais depuis cette latitude juſqu'à la ligne équinoxiale, ils ſont plus foibles & moins conſtans. Lorſque le ſoleil eſt dans les ſignes ſeptentrionaux, ſes rayons tombent perpendiculairement ſur la partie ſeptentrionale de l'Océan atlantique, & ils échauffent conſidérablement la ſurface de l'eau qui eſt expoſée à leur action : cette eau échauffée ſe convertit en vapeurs qui s'élevent abondamment dans l'atmoſphere, où elles forment un grand nombre de nuées denſes & épaiſſes : ces nuées obſcurciſſent le ciel & dérobent le ſoleil à ceux qui voyagent dans cette contrée. Mais lorſque le ſoleil eſt dans les ſignes méridionaux, ſes rayons ne tombent alors qu'obliquement ſur la partie ſeptentrionale de l'Océan atlantique ; la ſurface de ſes eaux en eſt donc moins échauffée, moins raréfiée ; il ne s'en éleve donc qu'une très petite quantité de vapeurs, qui ne peuvent point obſcurcir le ciel, qui demeure alors ſerein.

Mais pourquoi le vent ſouffle-t-il avec plus d'impétuoſité depuis le quatorzieme degré juſqu'au vingt-troiſieme, que depuis le quatorzieme degré juſqu'à l'équateur ? Cela ne viendroit il pas de ce que le vent paſſeroit entre les Iſles des Antilles & les Iſles Caraïbes, qui ſont ſituées entre le golfe de Mexique & l'Océan atlantique, & conſéquemment de ce que le vent d'Eſt pourroit ſe mouvoir librement de l'Océan atlantique au golfe de Mexique ; tandis que depuis le quatorzieme degré juſqu'à l'équateur, le vent d'Eſt ſouffle contre le Continent de l'Amérique, qui le briſe & qui l'arrête ; ce qui fait qu'il n'a pas la même liberté & la même rapidité pour ſe porter en pleine mer, qu'entre le quatorzieme & le vingt-troiſieme degré de latitude. Pareillement comme le vent d'Eſt, depuis le vingt-trois juſqu'au vingt huitieme degré de latitude, ſouffle contre le Continent de l'Amérique ſeptentrionale, ſavoir contre la Floride, ſon action eſt encore briſée par cet obſtacle, & conſéquemment il doit être moins véhément dans cette latitude ; car on remarque toujours que le vent ſouffle plus violemment dans les endroits découverts, que dans ceux où il trouve des obſtacles de part & d'autre : c'eſt pour cette raiſon que le vent eſt plus fort ſur un lac, ſur l'Océan, que ſur terre, où il ſe trouve çà & là des arbres, des maiſons, & d'autres obſtacles, & c'eſt auſſi pour cette raiſon que le vent n'eſt jamais ſi grand ſur le Continent qu'en pleine mer.

2°. Ceux qui vont aux Iſles Caraïbes, trouvent que ce vent de Nord-Eſt prend d'autant plus de l'Eſt, qu'il approche davantage des côtes d'Amérique ; de ſorte qu'il devient quelquefois Eſt, & même qu'il tend à devenir Sud Eſt : il eſt cependant un peu Nord-Eſt, & il ne ceſſe de mollir. Vers les rivages de Surinam, le vent d'Eſt commence à ſouffler avec l'aurore ; ſur les 9 heures il devient plus foible, & il continue à ſouffler ainſi juſqu'au coucher du ſoleil.

3°. Les limites de ce vent s'étendent plus loin ſur les côtes d'Amérique, que ſur celles d'Afrique ; car on trouve ſur les côtes d'Amérique, qu'il s'étend juſqu'à 30 ou 32 degrés, & qu'il diminue & devient inſenſiblement plus foible juſqu'au quarantieme degré, où il ceſſe tout-à-fait. On remarque la même choſe ſur les côtes méridionales de l'Amérique, où les vents généraux s'étendent plus loin vers le Sud que ſur le Promontoire d'Afrique, qu'on appelle le Cap de Bonne-Eſpérance.

4°. Les vents qui viennent de l'Orient pénetrent aussi dans le golfe de Mexique, par les espaces que laissent entr'elles les Isles Antilles, & c'est pour cela qu'on observe ces vents de la Martinique à Curacao, & à Carthagene ; mais ils y sont moins constans, & le ciel y est moins serein.

On remarque outre cela sur l'Océan Atlantique, à la distance de 170 milles de la Martinique, & dans le golfe de Mexique, au-delà des Isles dont nous venons de parler, des tourbillons de vents, auxquels les vents ordinaires succedent : ces tourbillons sont précédés de bonaces, & sont très dangereux pour la navigation, à moins qu'on n'ait le soin de plier les voiles.

Les vents d'Orient soufflent plus modérement dans le golfe de Mexique, aussi la mer y est-elle peu agitée ; le ciel y est serein : cet effet cependant n'a lieu que dans la bonne saison ; car lorsque la saison est mauvaise, le ciel y est souvent couvert de vapeurs.

Le tems est plus inconstant depuis les Isles de Barluvento jusqu'au golfe de Mexique, la surface de la terre y porte dans l'atmosphere une plus grande quantité de vapeurs, qui y dérobe la vue du ciel ; de sorte qu'on n'y voit pour lors que des nuages : les rayons du soleil cependant parviennent à s'y faire jour çà & là ; de sorte qu'on y observe des endroits où le ciel est serein.

Les vents de Nord-Est & de Sud-Ouest soufflent ordinairement depuis Carthagene jusqu'à Portobello ; les vents de Nord-Est, qu'on appelle *Bises*, commencent vers le milieu du mois de Novembre : ces vents sont constans, au moins au commencement, ou au milieu du mois de Décembre, & on regarde ce tems comme celui de l'été. Ces vents continuent à souffler jusques vers le milieu du mois de Mai, tems où ils cessent, & où ils abandonnent la place aux vents de Sud-Ouest, qu'on nomme *Vandaveles*, qu'on ne remarque qu'à la latitude de 12 ou 12 $\frac{1}{2}$ degrés ; car les vents d'Orient se font toujours remarquer à une plus grande latitude.

Lorsque les vents de Sud-Ouest soufflent, les tempêtes & la pluie sont très fréquentes ; mais elles sont de peu de durée : elles sont quelquefois suivies de bonaces, insensiblement le vent du Sud Ouest revient (1). On remarque la même chose vers la fin du mois d'Octobre & au commencement du mois de Novembre ; parceque la direction des vents n'est pas encore devenue constante.

4°. Depuis le quatrieme degré de latitude seprentrionale jusqu'au vingt-huitieme degré de latitude méridionale, il souffle toujours un vent de Sud-Est, qui devient quelquefois presqu'Est ; mais auprès de l'Afrique, ce vent prend toujours plus de Sud, que près des côtes du Bresil : car plus on approche de ces côtes, plus le vent de Sud Est prend du véritable Est. Cela ne viendroit-il pas du terrein sablonneux du Bresil, qui est fortement échauffé par les rayons du soleil, & qui les réfléchissant, fait que ces rayons échauffent la masse d'air qui y répond, & la raréfient tellement, que cela détermine la portion d'air qui couvre l'Océan & qui est plus froide, à s'y porter, & conséquemment fait que le vent du Sud tourne à l'Est.

(1) Voyage à l'Amérique par Georg. Juan. p. 76.

6°. Ces vents font fujets à quelques variations, fuivant la faifon ; car ils fuivent le foleil : en effet, lorfque le foleil fe trouve entre l'équateur & le tropique du Cancer, le vent de Nord Eft qui regne dans la partie feptentrionale de la terre, prend davantage de l'Eft, & le vent de Sud Eft qui regne dans la mer d'Ethiopie, prend davantage du Sud : au contraire lorfque le foleil éclaire la partie méridionale de la terre, les vents de Nord Eft de la mer Atlantique prennent davantage du Nord, & les vents de Sud-Eft de la mer d'Ethiopie, prennent davantage de l'Eft.

7°. Il eft bon cependant de remarquer ici, qu'il fouffle un vent de Sud fur les côtes d'Afrique ; favoir, fur la côte de Cafre, d'Angola, de Congo. Les tempêtes font fréquentes auprès d'Angola, & elles changent le cours du vent, & lorfqu'elles ceffent, il furvient une bonace. A 10 lieues de la côte de Guinée, le vent Sud Eft fe change en Sud, & lorfqu'on approche plus près de cette côte, le vent du Sud fe change en Sud Oueft. Auprès des côtes de la Nigritie, on remarque auffi que le vent de Nord-Eft fe change en Nord Oueft.

8°. On remarque communément que le vent d'Orient en général fe fait fentir plus près des côtes orientales, telles que les côtes d'Afrique, & qu'il ceffe de fe faire fentir à une plus grande diftance des côtes de l'Amérique ; car il ne fouffle qu'à cent lieues de diftances de ces dernieres côtes, & on commence à le fentir dès qu'on eft à 30 lieues des côtes d'Afrique, fur tout dans l'hémifphere feptentrionale : on remarque cependant qu'on ne commence à le fentir qu'à une plus grande diftance de ces côtes dans l'hémifphere méridionale, fi nous en exceptons le vent d'Eft qui fouffle à huit lieues de diftance du Promontoire nommé *Lavela*, lors même qu'un vent d'Occident fouffle dans cet endroit.

9°. Les vents qui foufflent contre les côtes d'Afrique qui font plus méridionales, ne foufflent point dans une direction parallele à ces côtes, mais dans une direction oblique, & ils font avec elles un angle d'environ 22 degrés, & à proportion que le Continent forme différentes inflexions, ces vents fuivent eux-mêmes les mêmes inflexions, & ils s'écartent plus ou moins. On remarque la même chofe par rapport aux vents qui regnent le long des côtes de l'Amérique, telles que celles du Chili & du Pérou : ces vents foufflent conftamment pendant le courant de l'année, & font véhémens.

10°. Vers la partie feptentrionale de l'équateur, entre le quatrieme & le dixieme degré de latitude, & entre les méridiens qui s'étendent au delà des Ifles Hefpérides, il y aura certain endroit dans la mer, où on remarque prefque toujours du tonnerre, des éclairs, des ouragans, des pluies, des bonaces : tous ces phénomenes s'y fuccedent rapidement, tandis que les vents femblent fouffler en même-tems de toutes parts : ces phénomenes fe remarquent entre les mois d'Avril & de Septembre, & à peine fe paffe-t-il un jour pendant lequel le ciel foit ferein : mais lorfque le foleil eft parvenu vers le tropique du Capricorne, le tems y eft moins orageux.

11°. Les Navigateurs ont auffi obfervé, que le ciel étoit ferein au deffous de la ligne lorfque le foleil eft dans les fignes méridionaux, & que le paffage de la ligne étoit fûr alors ; mais auffi lorfque le foleil parcourt les fignes feptentrionaux , on remarque fous la ligne de fréquentes tempêtes, & des trombes qui furviennent fur-le champ , & qui ceffent promptement : ces phénomenes font fi véhémens, qu'ils renverfent les vaiffeaux , fi on n'a pas le foin de plier les voiles ; pratique que les Nautonniers ont foin de mettre en ufage lorfqu'ils abordent dans ces fortes d'endroits. Mais on n'obferve ces fortes tempêtes que dans la partie orientale de l'Océan atlantique ; ce qui nous donne lieu de foupçonner qu'elles viennent des endroits où il y a des bonaces , endroits que les Navigatèurs évitent avec foin , & ce qui leur fait paffer la ligne plus près de l'Amérique. Lorfque le foleil parcourt les fignes méridionaux , l'eau de l'Océan, qui répond à la ligne, eft moins échauffée , & il s'y forme moins de nuages ; ce qui fait que le ciel eft ferein en cet endroit, & que le paffage de la ligne eft fûr : au contraire lorfque le foleil eft à l'équateur, ou qu'il en eft peu éloigné, il éleve en cet endroit une très grande quantité de nuages : ces nuages étant comprimés & mus circulairement, il en réfulte des trombes de mer , dont j'ai parlé dans le Chapitre des météores aqueux. On comprendra aifément toutes ces chofes en jettant les yeux fur la Table 64. Voici en peu de mots les premiers élémens du vent d'Orient & du vent général.

§. MMDLVI. Le foleil eft, à ce que je penfe, la caufe de ce vent. Pour bien comprendre l'action de cet aftre , imaginons qu'il parcourt l'équateur : cela pofé , lorfque le foleil darde perpendiculairement fes rayons fur quelqu'endroit de l'équateur, il y échauffe confidérablement la maffe d'air qu'il rencontre ; il la raréfie , & il lui communique plus de forces. Cet air ainfi échauffé , s'étend en toutes fortes de fens , & venant à s'élever au-deffus du refte de l'atmofphere, il fe répand alors latéralement & de tous côtés, fuivant les loix de la pefanteur des fluides : la colonne d'air échauffée devient donc par-là continuellement plus courte & plus légere ; de forte qu'elle ne peut alors réfifter à la preffion des colonnes collatérales qui vont fe rendre vers l'air du milieu qui eft échauffé ; puifqu'elles font compofées d'un air plus denfe & plus pefant, & que d'ailleurs leur poids eft augmenté du poids de l'air qui eft venu fe rendre au-deffus d'elles. Les vapeurs chaudes, électriques & élaftiques que le foleil éleve alors en abondance de la mer, qu'il échauffe fortement, concourent encore à ce phénomene : elles fe portent dans l'air qu'elles furchargent , & elles le forcent encore, par leur reffort, à s'élever davantage ; de forte qu'elles augmentent la tendance qu'il avoir pour s'élever.

On ne peut point, à la vérité, calculer au jufte de combien la portion de l'atmofphere, qui répond directement au foleil , & qui eft raréfiée par là chaleur de fes rayons , s'étend & s'éleve : mais, d'après des obfervations faites à l'aide du thermometre entre les tropiques, on peut néanmoins conclure, que la denfité de l'air, pris auprès de la furface de la terre , & condenfé par la fraîcheur de la nuit, eft à la denfité de ce même air échauffé par la chaleur du jour, :: 9 : 8. Or fi ce rapport a lieu dans toute l'étendue de l'atmofphere , quoique nous ne puiffions point le favoir, & que la hauteur de l'atmofphere, lorfqu'elle eft froide , foit de 45 milles d'Angleterre ; lorfqu'elle fera échauffée, fa hauteur fera de 50 milles & plus ; de forte que fon excès de hauteur ira à 5 milles : on ne peut pas non plus réduire à un jufte calcul la quantité dont l'atmofphere eft furchargée par les vapeurs qui s'y élevent. Mais comme en Hollande un pouce d'eau fe convertit en vapeurs dans l'efpace d'un jour d'été, fous l'équateur il pourra s'en élever deux pouces dans ce même tems, lorfque le foleil fera perpendiculairement au deffus : or une vapeur ainfi échauffée, occupe un efpace fix mille fois plus grand, elle occupera donc un efpace de 1000 pieds ; hauteur qu'il faudra ajoûter à celle de cinq milles dont nous venons de parler. J'ai fuppofé ici que la vapeur ne fe dilatoit qu'au point d'occuper un efpace fix mille-fois plus grand, tandis que la vapeur de l'eau bouillante fe dilate au point d'occuper un efpace 14000 fois plus grand : mais auffi il faut remarquer que, dans l'hypothefe préfente, la chaleur du foleil ne fait pas bouillir l'eau de la mer, & par conféquent les vapeurs qui s'en élevent ne peuvent gueres acquérir qu'une dilatation $= 6000$. L'air où ces vapeurs s'élevent, cédant à leur expenfion, s'éleve lui-même fous la forme d'une onde, ou d'une petite montagne, & comme ce fluide ne peut fe contenir lui-même, il s'épanche en toutes fortes de fens, mais fur-tout fur les côtés, vers les pôles : car il eft un peu preffé & comprimé par le foleil, felon les autres directions qu'il voudroit prendre. Une partie de cet air, & même près d'une moitié de cette maffe, tombe vers le Midi, & l'autre vers le Septentrion, où elles occupent chacunes un efpace de deux milles : chaque colonne latérale qui répond à la colonne du milieu, qui eft échauffée, devient donc plus pefante du poids d'une colonne d'air de deux milles de hauteur, & conféquemment cette augmentation de poids peut pouffer la partie inférieure des colonnes collatérales dans la colonne du milieu, qui eft plus rare & qui réfifte moins ; ce qui peut produire ce vent général qu'on obferve. Pendant ce tems le foleil avance d'Orient en Occident, ou la terre tourne d'Occident en Orient ; ce qui revient au même : dans ce cas, puifque nous ne faifons ici attention qu'à l'air qui s'échauffe fucceffivement. Il y a donc une étendue d'air d'une certaine longueur placée devant la colonne que le foleil échauffe, & qui eft plus élevée que les autres, dans laquelle étendue l'air plus froid fera non feulement pouffé par derriere d'Orient en occident, par l'air qui eft plus échauffé, mais auffi qui fera moins de réfiftance d'Orient en Occident que les colonnes qui le preffent & qui le pouffent du côté du Nord & du Sud ; par conféquent cet air fe prêtant aux deux directions qu'on lui imprime, fe portera du côté où il trouvera moins de réfiftance : celui donc qui fe trouvera dans l'hémifphere boréale, étant mu d'Orient en Occident, par la preffion qu'il éprouve par derriere, & du Septentrion à l'équateur, par la preffion latérale qu'il effuie, compofera fon mouvement de ces deux directions, & engendrera un vent Nord-Eft. Tandis que la maffe d'air qui eft dans l'atmofphere méridionale, étant pouffée pareillement par derriere d'Orient en Occident, & latéralement du Midi à l'équateur, compofera auffi fon mouvement de ces deux directions, & engendrera un vent Sud Eft.

Or ces deux vents, Nord-Eft & Sud Eft, fe rencontrant dans la région qui eft immédiatement au-deffous du foleil, engendreront un autre vent, qui fera véritablement un vent d'Eft.

§. MMDLVII. Comme la chaleur du foleil fe communique fucceffivement, & non avec impétuofité & irrégulierement, le vent qui réfulte de

cette chaleur , & qui souffle d'Orient en Occident , ne peut point être impétueux ; il doit, qui plus est, souffler avec uniformité , parceque le mouvement du soleil est uniforme , & qu'il échauffe uniformément l'air : mais ce
vent ne peut commencer à se faire sentir que dans l'endroit où le courant la-
téral de l'air ne peut être empéché, ni par des montagnes , ni par des forêts,
ni par tout autre obstacle quelconque , tels qu'il s'en trouve sur le Continent ; par conséquent le vent d'Est ne commencera à se faire sentir que dans
les endroits de l'Océan qui seront un peu éloignés des côtes : on ne commencera donc à le sentir qu'environ à 100 lieues de distance des côtes d'Afrique : outre cela on n'observera ce vent que sur mer , & non sur le continent ;
car le soleil, par sa chaleur, éleve de la surface de la mer plusieurs vapeurs
qui se portent dans l'atmosphere, & qui contribuent à augmenter sa hauteur :
ce qui n'arrive point à l'air qui répond au continent, & conséquemment la
cause , qui oblige une partie de l'atmosphere qui devient plus élevée à refluer sur les colonnes collatérales, agit sur-tout sur la mer ; & comme ces
vapeurs chaudes qui s'y élevent acquerent de l'élasticité , il ne peut pas se
faire qu'elles ne repoussent la masse d'air correspondante , qui est plus occidentale ; ce qui contribue à la génération du vent d'Est ; de sorte que ce vent
dépend du concours de plusieurs causes.

Nous pouvons démontrer , par un calcul non exact à la vérité , que les
vapeurs qui s'élevent de la mer entre les deux tropiques , remplissent l'atmosphere jusqu'à un certain point, de même que nous avons calculé ci-dessus celles qui s'élevent tous les jours de la Méditerranée.

Si l'on jette les yeux sur une mappemonde universelle, on verra que l'étendue de la mer entre les deux tropiques est plus considérable que celle du
continent. Supposons néanmoins qu'il y ait autant de terre que de mer ; cela
posé , on aura donc une étendue de 180 degrés de longitude, & de 47 degrés
de latitude entre les deux tropiques , lesquels , multipliés les uns par les autres , donneront $180 \times 47 = 8460$ degrés quarrés : or un degré en quarré
contient 900 milles quarrés de Hollande ; par conséquent $180 \times 47 \times 900$
exprimeront le nombre de milles quarrés de Hollande que la surface de la
mer comprend entre les deux tropiques : ce qui, calcul fait, donne 7614000
milles quarrés. Mais l'observation nous apprend que les vapeurs qui s'élevent de la surface de la mer, dans l'étendue d'un mille en quarré , fournissent
1875000 pieds cubiques d'eau ; par conséquent, pour avoir la quantité d'eau
qui s'éleve en vapeurs de la surface de la mer entre les deux tropiques, il faut
multiplier 7614000 par 1875000 : ce qui donne

$$
\begin{array}{r}
7614000 \\
1875000 \\
\hline
38070000000 \\
53298 \\
60912 \\
7614 \\
\hline
14276250000000 \text{ pieds cubiques.}
\end{array}
$$

En supposant maintenant que ces vapeurs ne soient dilatées qu'au point d'occuper un espace 1000 fois plus grand que celui qu'elles occupoient avant d'être réduites en vapeurs, nous trouverons que les vapeurs qui s'élevent entre les deux tropiques, occupent un espace $= 1427625000000000$ pieds cubiques : or une si grande quantité de vapeurs ne peut s'élever dans l'atmosphere sans la remplir en partie, & sans l'élever elle-même jusqu'à un certain point. Ajoûtez encore ici, que j'ai supposé la quantité de vapeurs beaucoup plus petite qu'elle ne l'est véritablement; puisque la mer reçoit perpendiculairement les rayons du soleil, & conséquemment sa surface en est plus échauffée, & il s'en exhale une plus grande quantité de vapeurs : mais la quantité que nous avons indiquée ici, suffit pour que nous puissions conclure avec certitude que l'atmosphere qui répond à l'étendue de la mer, doit être élevée par les vapeurs qui s'y portent, & qu'elle doit être suffisamment élevée pour que les colonnes élevées refluent sur les colonnes collatérales, & puissent être regardées comme la cause du vent dont nous avons parlé ci dessus. Mais comme les montagnes s'opposent à ce vent, lorsqu'il s'approche des côtes de l'Amérique, il doit alors être plus doux, à proportion qu'il est plus proche de l'Amérique; ce qui est conforme aux observations des Marins, & ce que je puis encore confirmer par d'autres observations. On remarque une longue chaîne de montagnes dans l'Isle nommée Spitzberg : or ceux qui vont dans cette contrée à la pêche de la baleine, y éprouvent un vent fort modéré, & qui ne se fait sentir qu'à peine à la distance de $7\frac{1}{2}$ milles de cet endroit; mais lorsqu'ils en sont plus proches, ils y éprouvent un vent contraire, qui est réfléchi par les montagnes (1). Considérez les aîles d'un moulin à vent, qui suivent l'impression du vent qui les fait mouvoir, & vous observerez que lorsque l'aîle inférieure vient à passer au delà du corps du moulin, la toile se bande & se porte au-dehors par l'impulsion du vent qui est réfléchi par le corps du moulin. Or les montagnes de l'Amérique qui s'opposent à l'impulsion du vent, qui le réfléchissent & le déterminent vers les côtés, doivent l'obliger à s'étendre davantage, & à occuper en largeur un plus grand espace, que lorsqu'il commençoit à se lever près des côtes d'Afrique.

§. MMDLVIII Mais suivons maintenant le soleil dans sa course, & voyons quel effet il produit lorsque, passant de l'équateur dans l'hémisphere septentrionale, il vient darder ses rayons sur cette partie de notre globe. Dans ce cas, la partie de l'atmosphere qui répond à l'Océan atlantique, est échauffée directement par les rayons de cet astre, & devroit être poussée directement à l'Est, comme nous l'avons dit ci-dessus par rapport à l'air qui se trouve sous l'équateur, & par conséquent, au lieu d'un vent de Nord Est qui souffloit auparavant, il en doit regner un qui prenne davantage de l'Est. Mais l'air qui est au-dessus de la mer d'Ethiopie, étant alors plus froid qu'il n'étoit lorsque le soleil se trouvoit au-dessus de l'équateur, doit être aussi plus dense; il faut donc qu'il se porte avec plus de véhémence vers la masse d'air qui est alors échauffée, & avec un mouvement dont la direction participe davantage du Sud, & qui fait que le vent Sud-Est se change en un vent qui prenne davantage du Sud, ou qui soit presque Sud.

(1) Clare the Motion of Fluids, p. 256.

§. MMDLIX. Mais lorsque le soleil revient du tropique du Cancer à l'é-quateur, alors le vent du Sud qui souffloit dans la mer Atlantique, doit devenir insensiblement Nord Est; puisque l'air est poussé du Nord vers cet endroit, sur lequel le soleil darde perpendiculairement ses rayons, jusqu'à ce que le soleil parcourant l'hémisphere méridionale, le Sud-Est, prenne davantage de l'Est, & que le Nord-Est qui regne sur la mer Atlantique, prenne un peu plus du Nord; ce qui s'accorde parfaitement avec les observations que nous avons exposées ci-dessus.

§. MMDLX. Il suit de ce que nous avons dit ci-dessus, que les vents Nord-Est doivent être presque perpétuels dans les régions septentrionales; parceque l'air y est poussé du pôle boréal vers l'équateur; ce qui est conforme à l'expérience. En effet, on remarque que les vents du Nord soufflent pendant près de 7 mois dans l'Amérique septentrionale, auprès de la Baie d'Hudson, & du détroit de Davis: ces mêmes vents regnent pendant 5 mois dans le Canada, 4 mois dans la nouvelle Angleterre, & on les observe pendant 5 mois & demi dans la Norwege (1); & quoiqu'il ne regne pas un vent constant dans la partie de l'Océan atlantique, située entre le soixante & le trentième degré de latitude, néanmoins un vent du Nord s'y fait pour l'ordinaire sentir pendant les mois d'Octobre, de Novembre, de Décembre & de Janvier.

§. MMDLXI. Le vent général d'Est souffle entre les tropiques, où il ne s'étend qu'à quelques degrés au-delà; savoir, depuis le vingt-huitieme jusqu'au trentieme degré de chaque côté de l'équateur; parceque le soleil ne darde perpendiculairement ses rayons que sur cette partie de la terre & de l'air qui se trouve entre les tropiques. Cependant lorsque le soleil est dans les tropiques, il n'échauffe gueres moins l'air qui est dans leur voisinage à 4 ou 5 degrés au-delà; néanmoins le reste de la masse d'air qui se trouve au-delà, est suffisant pour se porter efficacement & pour venir remplir la portion intermédiaire de l'atmosphere, qui est échauffée par l'ardeur du soleil; car dès que cette masse échauffée vient à s'élever au-delà de ses limites, elle est propre à donner accès à l'air qui afflue latéralement, & qui remplit, par sa quantité, tout l'espace que l'autre abandonne par sa raréfaction.

§. MMDLXII. Il est bien plus difficile de trouver la véritable cause des vents de Sud qui regnent le long des côtes des Cafres, d'Angola & de Biafar; il n'est pas plus facile d'expliquer pourquoi les vents se rangent à l'Ouest, & deviennent Sud Ouest assez proche de la Guinée, ni pourquoi ils deviennent Nord-Ouest vers les côtes de la Nigritie. Il faut néanmoins observer en général, que la chaleur est beaucoup plus grande sur le continent, que celle qu'on éprouve sur mer; & lorsque le terrein est sablonneux, il s'échauffe très fortement, & il embrâse l'air dans lequel il réfléchit les rayons qu'il reçoit, ainsi qu'on l'a observé dans l'Inde Orientale, dans les endroits sablonneux d'Afrique (2), & que *Lining* l'a éprouvé dans la Caroline (3). Il peut donc se faire que les vents dont il est ici question, viennent de ce que le terrein

(1) Philos. Transf. n. 465.
(2) Observ. Phys. & Math. des Indes, par les P. S. J. pag. 91, 92.
(3) Philos. Transf. n. 487.

de

de la Guinée & de Biafar, qui est très sablonneux, s'échauffe violemment à l'ardeur du soleil, & conserve pendant long-tems la chaleur qu'il a reçue, & que par conséquent la masse d'air qui répond à ce terrein si fortement échauffé, se raréfie considérablement, s'éleve au-dessus des limites de l'atmosphere, & s'épanche ensuite latéralement : or l'air qui avoisine celui qui répond à la Guinée & à Biafar, est un air plus froid : c'est un air qui couvre la surface de la mer, qui mouille les côtes des Cafres & d'Angola ; par conséquent cet air se portant vers la Guinée & se précipitant, pour ainsi dire, dans celui qui couvre cette contrée, engendre un vent de Sud : mais plus il s'approche de Biafar, plus il est poussé vers cet endroit, & il se change alors en Sud-Ouest. Pareillement la partie du vent d'Est qui regne sur l'Océan, à quelque distance de la Guinée, change de direction, & est repoussée en sens contraire vers l'Occident, & le change en Sud-Ouest, par rapport à l'air de cette contrée, qui résiste beaucoup moins. Suivant les observations d'*Adanson*, le terrein de la Nigritie est de même espece que celui de Guinée : la chaleur de ce terrein sablonneux, dans une température moyenne, fait monter la liqueur du thermometre jusqu'au soixantieme degré, selon l'échelle de *Reaumur*, ou jusqu'au cent soixante-sixieme degré, selon l'échelle de *Fahrenheit*. Bien plus, la température de l'air du Sénégal, observée à l'ombre, est de 110 degrés, selon l'échelle de *Fahrenheit* (1). Le même *Adanson* a observé que la température de l'air, dans le chemin qui conduit du Sénégal à Podor, étoit de 45 degrés, selon l'échelle de M. *de Reaumur* ; ce qui répond au cent trente-quatrieme degré de l'échelle de *Fahrenheit* : la chaleur de ce même air, pendant la nuit, étoit de 104 degrés ; conséquemment l'air de l'Océan atlantique, doit être poussé vers ces côtes ; par conséquent un vent Nord-Ouest, & non un vent du Nord, doit souffler depuis l'Isle de Palme jusqu'aux côtes de Biledulgerid & de la Nigritie.

On éprouve les plus grandes chaleurs du soleil pendant les mois de Juillet & d'Août, dans l'Isle Sainte-Croix, qui est à 17 degrés de latitude septentrionale, & c'est dans ces tems-là, & que les vents sont impétueux, & qu'on y éprouve des orages (2).

§. MMDLXIII. J'ai dit ci-dessus, qu'il se trouve dans la mer Atlantique, entre le quatrieme & le dixieme degré de latitude septentrionale, un endroit où il y a toujours des orages & des bonaces : cet endroit se trouve situé entre le vent général d'Est, & celui de Sud Ouest, qui souffle vers la Guinée, où l'air est en équilibre, & conséquemment fort calme. Mais comme la foudre & le tonnerre y sont fort fréquens, il faut que les nuées qui se forment dans cet endroit, ou qui y sont poussées, contiennent une matiere fulminante, ou électrique, qui s'engendre en quelqu'endroit quelconque, & que cette matiere, mise en mouvement, embrâsée, & venant à détonner, excite des vents qui soufflent tantôt vers un endroit, tantôt vers un autre quelconque, jusqu'à ce qu'étant tout-à-fait consommée, ou que la matiere électrique ayant produit toute son explosion, ou enfin que ces nuées

(1) Adanson, Voyage au Sénégal, Préface, pag. 26, 27, 81, 131.
(2) Acta Leipsienl. ann. 1760. Septemb. pag. 508.

Tome III.   Kkk ayant été pouffées vers une autre contrée, le ciel reprenne fa premiere tranquillité, & que le calme renaiffe.

§. MMDLXIV. Sur ces entrefaites les nuées font pouffées vers cet endroit par le vent général : celles qui s'élevent au-deffus de la mer d'Ethiopie, y abordent auffi, par le moyen d'un vent Sud-Oueft qui le pouffe : pareillement celles qui s'engendent des vapeurs qui s'élevent de l'Océan atlantique, y font auffi amenées par un vent Nord-Oueft ; ce qui fait que ces nuées s'accumulant dans un même endroit, & y étant condenfées par les vents qui les preffent, felon différentes directions, fe convertiffent en pluie, qui devient elle-même très épaiffe, & qui tombe, lorfque la foudre joignant fon action à celles des vents ; vient encore à agiter ces nuées plus fortement, à les condenfer davantage, à les réunir & à augmenter leur maffe ; car elles deviennent alors très pefantes, & elles ne peuvent plus être foutenues par l'air qui les portoit ; ce qui fait qu'elles fe précipitent plufieurs à la fois, & qu'elles fourniffent ces pluies abondantes qu'on voit alors tomber.

Entre le vingt-fixieme & le trente-feptieme degré de latitude méridionale, depuis les Ifles Triftan d'Acunha, qui font au quinzieme degré de longitude vers l'Eft, jufqu'au Promontoire de Bonne-Efpérance, on remarque que le vent d'Oueft y fouffle pendant les mois de Mai, Juin, Juillet & Août, qui font les mois d'hiver pour ces endroits ; mais pendant les mois de Décembre, Janvier & Février, qui font les mois de printems, les vents y font variables, & entremêlés d'orages & de tempêtes. Les vents d'Oueft foufflent des deux côtés oppofés contre le Promontoire de Bonne-Efpérance.

§. MMDLXV. On remarque encore d'autres vents fur les côtes du Brefil ; car depuis le mois d'Avril, & même au-delà de ce tems, le vent de Sud-Oueft s'y fait fentir, & le vent de Nord-Eft y fouffle depuis le mois de Septembre & au-delà. Ces vents font plus inconftans & plus variables que les mouffons de la mer des Indes ; car ils fe diffipent par les orages qui furviennent fréquemment dans les mois de Mai, Juin, Juillet, & Août. Il regne auffi dans ce Pays, entre les mois d'Octobre & de Mars, des vents d'Oueft ; mais ils font doux, & ils ne durent pas long-tems : car il eft rare qu'ils foufflent pendant 7 jours de fuite : ces vents regnent auffi pour l'ordinaire pendant les mois de Décembre & de Janvier ; mais dans tout autre tems il fouffle un vent fixe qui n'eft jamais interrompu, fi ce n'eft un jour ou deux avant la pleine lune, ou la nouvelle lune. Lorfqu'on eft fur les côtes d'Amérique, qui font encore plus méridionales que le Brefil, on remarque qu'elles fe courbent beaucoup vers l'Oueft : c'eft pourquoi le vent de Sud-Eft, qui regne pendant le mois d'Avril fur la mer d'Ethiopie, & qui va fe rompre contre les côtes élevées du Brefil, eft obligé de fe ranger vers le Nord, & de fe changer par conféquent en un vent de Sud-Oueft. Comme le foleil darde perpendiculairement fes rayons vers le Brefil, pendant le mois de Septembre, & qu'il échauffe la terre, ainfi que l'air qui répond à cet endroit, comme nous l'avons déja obfervé par rapport à la Guinée, l'air qui vient des régions froides du Nord, & qui traverfe la mer, doit être porté vers ce Pays, & produire un vent de Nord-Eft. Voilà les principes qui concernent le vent général de cette mer.

§. MMDLXVI. Nous imaginons qu'il fuit manifeſtement de ce que nous venons de dire, que le vent général d'Eſt ne doit point ſon origine au mouvement de la terre ſur ſon axe; ce qui feroit que la terre abandonneroit ſon atmoſphere, comme pluſieurs Phyſiciens l'ont cru.

1°. Parceque le vent général d'Eſt n'eſt pas un véritable vent d'Eſt, mais un vent de Nord-Eſt & de Sud-Eſt, dont la direction change un peu, ſuivant l'endroit où le ſoleil ſe trouve dans l'écliptique.

2°. Parceque la vîteſſe de ce vent général eſt beaucoup moindre que celle avec laquelle la terre tourne ſur ſon axe; car ce vent ne peut jamais parcourir que 8 ou 10 pieds en une ſeconde, & l'équateur en parcourt 1423 dans le même tems.

3°. Parceque la terre rencontreroit toujours dans ſon mouvement une maſſe d'air qu'elle emporteroit avec elle, ſur-tout vers les montagnes, & qu'elle lui communiqueroit en peu de tems une vîteſſe ſemblable à la ſienne, & ſelon la direction de ſon mouvement, & par conſéquent que le vent ceſſeroit alors, ſi tant eſt qu'un vent quelconque dût auparavant ſon origine à une telle cauſe.

4°. L'atmoſphere n'abandonne pas la terre dans ſon mouvement annuel autour du ſoleil; pour quelle raiſon pourroit-on ſoupçonner que cette atmoſphere l'abandonnât dans ſon mouvement ſur ſon axe : il ne ſe préſente aucune raiſon pour appuyer cette idée.

5°. Il devroit auſſi regner un vent d'Eſt ſur le ſommet de toutes les montagnes qui ſe trouvent ſur la ſurface de la terre; ce qui eſt contraire aux obſervations faites juſqu'à préſent.

6°. Mais ce qui détruit totalement cette idée, c'eſt qu'il regne dans la mer des Indes différens autres vents, dont je parlerai dans l'inſtant.

§. MMDLXVII. Le ſentiment de ceux qui attribuent ce vent général à la lune, ne me paroît pas mieux fondé; car le vent d'Eſt ne ſuit pas le mouvement de la lune autour de la terre : en effet, ſi l'origine de ce vent devoit être attribuée au mouvement de la lune, ce vent changeroit entre les deux tropiques à chaque mois lunaire, & on obſerveroit plus de 24 changemens dans ce vent dans l'eſpace d'une année, ſemblables aux deux ſeulement qu'on a coutume d'obſerver : nous ne nions cependant pas que la lune, par ſa preſſion, ne puiſſe occaſionner quelque mouvement dans l'atmoſphere, & nous en ferons même mention ci deſſous.

§. MMDLXVIII. On obſerve le même vent général ſur la mer Pacifique que ſur l'Océan atlantique & ſur la mer d'Ethiopie; car le vent du Nord ſouffle ſur l'hémiſphere boréale & le vent de Sud-Eſt ſouffle ſur l'hémiſphere méridionale, & l'un & l'autre vent s'étendent des deux côtés de l'équateur juſqu'au vingt-huitieme ou trentieme degré. Ces vents ſont doux auprès de l'équateur depuis le mois de Mars juſqu'au mois de Septembre, le ciel eſt ſerein; & c'eſt auſſi pour cela, qu'après le mileu du mois de Mars, les vaiſſeaux Eſpagnols partent d'Aquapulco pour ſe rendre aux Iſles Manilles.

Mais vers le mois de Janvier il ſurvient en cet endroit de fortes tempêtes. Les vents qui regnent ſur cette mer ſont conſtans & plus forts que ceux qui

K k k ij

soufflent sur l'Océan atlantique & sur la mer des Indes ; parceque cette mer
a plus d'étendue, & un très petit nombre d'Isles.

Néanmoins on y essuie de fréquentes & de furieuses tempêtes depuis le
vingt ou le vingt-troisieme degré de latitude méridionale, en allant vers le
Sud ; & ces tempêtes font d'autant plus furieuses, que la latitude devient
plus grande.

Les vents d'Ouest soufflent continuellement, & avec beaucoup d'impétuosité, vers les côtes de la terre Magellanique, ou *dei Fuego*, vers le détroit le Maire : néanmoins le vent de Sud souffle toujours entre ce détroit &
les côtes de la terre australe.

Suivons maintenant les côtes de l'Amérique vers l'équateur, parceque les
vents y font sujets à quantité de variations, de même que sur les côtes d'A-
frique.

Vers le golfe d'Arica, entre le seizieme, dix-neuvieme & vingt-troisieme degré de latitude, on éprouve des calmes pendant l'espace de deux
& trois jours : ces calmes s'étendent jusqu'à 30 ou 40 lieues au-delà des
côtes.

Vers Lima, sur les confins du Royaume du Pérou, on éprouve, à la vérité, un vent constant, quoique cependant sujet à quelques variations ; au
reste pendant tout le courant de l'année, le vent y est assez modéré, & il
n'y a jamais assez de force pour pouvoir occasionner quelque dommage. Le
vent de Sud souffle continuellement depuis Lima jusqu'à Guajaquil ; mais
depuis le mois de Novembre jusqu'au mois de Mai, il devient Sud-Ouest.
A l'approche de la terre on éprouve un vent foible qui est Sud Est. Pendant
tout ce tems le vent de Sud souffle à une plus grande distance des côtes ; il
y est très doux, & il y est interrompu par des calmes : mais celui qui se fait
sentir intérieurement à 140 ou 150 lieues du rivage, prend insensiblement de
l'Est ; de sorte qu'à la distance de 200 lieues, on peut dire que le vent est
constamment sous-Sud-Est.

Dans la Baie de Panama, les Marins qui vont à Guajaquil éprouvent des
vents variables, peu constans & interrompus par des bonaces.

On sent un vent de Nord, de Nord-Ouest, & de Nord-Est, depuis
Ponta-Mala jusqu'au Port S. Mathieu : lorsqu'on est en vue de ce Port, le
vent est Nord, & de là jusqu'à Manta, on éprouve les vents de Sud-Est, de
Sud, de Sud-Ouest, & ceux qu'on nomme Zéphirs avec toutes leurs variétés, & on éprouve les mêmes vents depuis Manta jusqu'à Cabo-Blanco.

Lorsque le vent a commencé à s'élever vers Panama, il se développe &
s'étend insensiblement, & il lutte contre le vent du Sud, jusqu'à ce qu'il
l'ait emporté sur lui : ces mouvemens ne se font point ordinairement observer du côté de la partie méridionale de l'équateur, où ils n'y font que peu
sensibles, & souvent interrompus par des calmes, ou par d'autres vents variables. Quelquefois on les observe, & ils se font sentir jusqu'à l'Isle de la
Plata : & ceux qui sont plus proches de Panama sont plus forts que les autres. Ce vent qui est Nord, & qui devient ensuite Nord Est, balaie les
nuées qui sont dans l'atmosphere : il dissipe les brouillards qui se font remarquer vers les bords de la mer : il n'est point accompagné de pluie ; mais il

excite de fréquentes trombes, depuis le Promontoire Saint-François jusqu'à la Baie de Panama.

Lorsque ces moussons viennent à cesser, les vents du Sud commencent à s'élever : ceux-ci sont plus constans & plus forts que les premiers : ces vents sont des vents de Sud-Est & de Sud-Ouest, & non des vents de Sud, & même en certains tems ; ils different plus du véritable vent de Sud que des autres : lorsqu'ils sont presque Sud-Est, ils sont accompagnés d'orages & de tempêtes, mais qui sont de peu de durée.

Lorsque ces vents du Midi regnent, les côtes sont couvertes de brouillards qui les dérobent presqu'à notre vue ; au contraire ces côtes ne sont nullement infectées de brouillards lorsque ce sont les moussons qui se font observer.

Les vents d'Ouest soufflent constamment depuis le dixieme jusqu'au vingtieme degré de latitude boréale sur les côtes du Mexique, à moins que ces vents ne soient interrompus par des tempêtes : pour l'ordinaire ces tempêtes surviennent sous d'autres directions.

Depuis la terre d'Eson, une des inconnues, jusqu'au vingt-troisieme degré de latitude boréale, les vents du Nord soufflent fréquemment : ces vents sont les mêmes que ceux que nous avons dit souffler dans les parties Septentrionales.

Mais ceux qui partent de Manilha pour se rendre au Port Aguatulco de la nouvelle Espagne, éprouvent pendant les mois de Juin, Juillet & Août un vent d'Ouest, même lorsqu'ils vont jusqu'au vingt-huitieme degré de latitude boréale.

§. MMDLXIX. Examinons maintenant les vents de la mer des Indes, ainsi que ceux qui soufflent le long des côtes de l'Inde orientale ; & nous observerons encore une très grande variété : or comme les Européens font de fréquens voyages dans les Indes orientales, nous avons plus d'observations sur les vents qui y regnent, que sur ceux qui regnent sur la mer Pacifique.

Le vent général d'Est regne aussi dans la mer des Indes ; mais on y observe d'autres vents périodiques, qui soufflent pendant l'espace de six mois vers un même endroit, & les six autres mois vers un côté opposé. On donne à ces vents le nom de moussons, ou d'aniversaires, dont nous parlerons bien-tôt.

§. MMDLXX. Le Sud-Est & le Nord-Ouest soufflent sur-tout sur le dernier Promontoire d'Afrique, qu'on appelle le Promontoire de Bonne Espérance ; les autres vents qu'on y observe ne sont pas constans, ils ne font que changer de Sud-Est en Nord-Ouest, & de Nord-Ouest en Sud-Est. Les vents d'Est & de Nord-Est s'y font remarquer plus rarement. Le Nord-Ouest amene avec lui des tempêtes dans les mois d'Avril, Mai, Juin, Juillet & Août. Le vent de Sud-Ouest y amene des pluies & des nuages. Le vent de Sud-Ouest, ou plutôt ZZO, y souffle dans tous les mois de l'année, mais sur-tout depuis le mois de Septembre jusqu'au mois d'Avril : ce vent est froid & sec, & tandis qu'il souffle, le ciel est calme & serein. Cependant si, lorsqu'il commence à souffler, le Zéphir, accompagné de nuages, souffle aussi dans la partie supérieure de l'atmosphere, il donne alors de la pluie. Le vent Sud-Est commence à s'élever vers les 4, 5 ou 6 heures après midi ; il augmente fur le foir : il s'abat depuis 10 heures jufqu'à minuit, & il ne fouffle plus pendant tout le refte de la nuit. On remarque cependant le plus fouvent, que ce vent commence à s'élever peu de tems après midi, & qu'il continue à fouffler jufqu'à 3 ou 4 heures après minuit ; mais vers le matin un vent de Nord-Oueft s'éleve modérément dans la rade où les vaiffeaux viennent fe ranger pour aborder au Port ; & ce vent s'abat infenfiblement & ceffe de fouffler entre 10 heures du matin & midi. On remarque néanmoins que lorfqu'il pleut, ou que le ciel eft couvert pendant les mois de Janvier & de Février, le vent de Sud-Eft fouffle violemment pendant quelques jours de fuite : l'impétuofité de ce vent eft fujette à des interruptions, qui font fuivies par des calmes : ces calmes diminuent infenfiblement, & le vent devient alors continu ; mais ces calmes reviennent lorfque le vent tire fur fa fin : ce vent a coutume d'être très fort, il enleve beaucoup de fable, il deffeche les terres, il courbe les arbres, il nuit à leur accroiffement : ce vent n'eft jamais plus véhément que lorfqu'il aborde de la mer vers le continent ; mais plus il s'enfonce dans les terres du côté du Nord, plus il devient doux, & lorfqu'il ceffe, il pleut pendant trois ou quatre jours après, & alors les vents font variables (1).

§. MMDLXXI. Entre le dixième & le trentieme degré de latitude méridionale, & depuis l'Ifle Saint-Laurent ou de Madagafcar, jufqu'à l'Ifle de Java & les Ifles adjacentes qui font plus orientales, & la Nouvelle Hollande, il fouffle toute l'année un vent de Sud-Eft, mais qui, en certains tems, approche un peu plus du véritable Eft, & qui quelquefois paroît Nord-Eft.

§. MMDLXXII. Les mouffons commencent à fe faire fentir depuis le dixieme degré de latitude méridionale : il en parvient jufqu'au fecond degré de cette même latitude : mais ils fe terminent environ entre l'Ifle Sumatra, & les Promontoires de la partie méridionale de l'Ifle de Madagafcar, & en tirant vers l'équateur ; car dans ce trajet de la mer des Indes, le vent de Sud-Eft regne pendant les mois de Mai, Juin, Juillet, Août, Septembre & Octobre : mais depuis le mois de Novembre, & pendant les fix mois fuivants, c'eft le vent de Nord-Oueft qui remplace celui dont nous venons de parler.

Le Port de l'Ifle de Bourbon n'eft point fûr à la latitude auftrale de 20°, 51′ 43″ ; car il regne des tempêtes violentes depuis le mois de Décembre jufqu'à la fin d'Avril, mais fur-tout dans les pleines & dans les nouvelles lunes, pendant lefquelles il eft très important de mettre les vaiffeaux à l'ancre. La faifon qui regne alors dans cette Ifle eft pluvieufe (2).

Pendant ce tems, à la diftance de 2 ou 3 degrés de chaque côté de l'équateur, on éprouve des orages, des calmes & des vents variables.

§. MMDLXXIII. En Afrique, entre les côtes d'Ajana, d'Arabie, de Malabar, & dans le golfe de Bengale jufqu'à l'équateur, en un mot fur toute cette étendue feptentrionale de la mer des Indes, il fouffle, depuis le mois d'Avril jufqu'au mois d'Octobre, un vent de Sud-Oueft impétueux, accompagné de nuées fort épaiffes, d'orages & de groffes pluies. Ce vent eft très

---

(1) Obferv. de l'Abbé de la Caille. Mém. de l'Acad. des Scienc. ann. 1751.
(2) Hift. de l'Acad. Roy. ann. 1754.

impétueux, & fa direction eft très conftante : depuis le mois d'Octobre jufqu'au mois d'Avril, il y regne un vent de Nord-Eft, mais moins violent
que le précédent, & accompagné d'un beau tems. Ces deux vents de Nord-
Eft & de Sud-Eft foufflent avec bien moins de violence dans le golfe de Bengale que dans la mer des Indes, quoique le Nord-Eft foit très violent après
le huitieme ou le neuvieme jour du mois d'Octobre fur la côte de Coromandel, à Mafulipatan, à Paliacate, où il interrompt toute navigation ; mais
après le mois de Janvier, le ciel devient calme. Les vents ne tiennent cependant pas la même route dans ces parages ; mais ils foufflent obliquement,
fuivant la direction du contour des côtes : & on a même quelquefois deux
ou trois rhumbs tout différens. Outre cela le cours des vents varie encore
vers les golfes qui ne font pas fitués felon la même direction que ces vents ;
& c'eft pour cela que, dans les golfes profonds, comme dans celui de Bengale, le vent qui fouffle fur une côte eft différent de celui qui fouffle fur une
autre ; & ces vents n'ont point de direction conftante, & on remarque que
les vents de mer & de terre, dont *Valentyn* (1) nous a donné la defcription, foufflent en même-tems fur les côtes.

On obferve qu'il furvient une féchereffe dans le continent de la côte de
Coromandel, depuis le mois de Mars jufqu'au mois d'Octobre, lorfque le
vent de Sud-Oueft regne pendant ce tems : mais que le tems eft pluvieux, depuis le mois d'Octobre jufqu'au mois de Mars, lorfque le Nord-Eft fouffle
pendant ce tems : & on remarque tout le contraire à Malabar ; car la faifon
y eft pluvieufe depuis le mois d'Avril jufqu'au mois d'Octobre, & la féchereffe y fuccede depuis le mois d'Octobre jufqu'au mois d'Avril.

§. MMDLXXIV. En Afrique, entre la côte de Zanguebar & l'Ifle de Madagafcar, il fouffle depuis le mois d'Octobre jufqu'au mois de Mai, un vent
de Sud-Eft, & dans les fix autres mois, depuis Mai jufqu'en Octobre, il y
regne un vent d'Oueft, & même de Nord-Oueft, qui n'eft pas plutôt arrivé en pleine mer, vers l'équateur, après avoir paffé l'Ifle de Madagafcar,
qu'il fe change en un vent de Sud-Oueft, qui prend un peu de vent de Sud.
Lorfque ce vent comence à changer, il devient froid : on a de la pluie & de
l'orage ; mais les vents d'Eft font toujours plus doux.

§. MMDLXXV. Entre les côtes de la Chine, Malaca, Sumatra, Borneo,
& les Ifles Philippines, il regne depuis Avril jufqu'en Octobre, un vent de
Sud-Oueft, déclinant un peu vers le Sud ; & depuis Octobre jufqu'en Avril,
un vent de Nord-Eft qui ne differe pas beaucoup du vent du Nord, & même
ce vent devient Nord & Nord-Oueft entre les Ifles de Java, Timor, la Nouvelle Hollande, & la Nouvelle Guinée ; de même qu'au lieu d'un vent de
Sud-Oueft, il fouffle ici un vent de Sud-Eft, qui fe change en Nord-Eft (2), par
rapport aux golfes & aux courbures que forment Timor, Java, Sumatra &
Malaca. La mouffon d'Eft, qui eft prefqu'un vent de Sud-Eft, dans l'île de
Banda, commence vers la fin d'Avril, ou au commencement du mois de
Mai : la mouffon d'Oueft commence au mois de Décembre, tems où les

____

(1) Valentyn Befchryving van Coromandel. Tom. 5. p. 45, 46.
(2) Et non en Sud-Oueft ; ce qui eft une faute d'édition, l'Auteur ayant écrit *Africum*
pour *Aquilonem*.

vents variables fe font fentir entre Java & la Nouvelle Hollande. Ce vent
d'Oueft prend un peu plus de Nord après le milieu du mois de Mars ; mais
les vents deviennent douteux , changent & ceffent prefque pendant les mois
d'Avril & de Novembre ; néanmoins la mouffon d'Oueft commence quelquefois avec un vent plus véhément (1). Quoique les mouffons foient conf-
tantes à Ternate , fur-tout celles qui viennent des vents de Sud & de Sud-
Eft , qui foufflent pendant les deux tiers de l'année auprès des Ifles *Chælicæ* (2).
Le ciel n'y eft pas conftant. Quelquefois ces mouffons changent , & le vent
devient Nord-Oueft après le mois de Janvier , le vent de Nord fouffle avec
impétuofité & inconftance (3). Quant à l'Ifle Mindanao , il y tombe une
grande quantité de pluie depuis le mois de Mai jufqu'au mois de Novembre :
le vent d'Oueft y furvient peu-à-peu , mais par bouffées ; il y regne fur tout
dans les mois de Juillet & d'Août : il eft fouvent accompagné de foudres &
de tonnerres. L'impétuofité du vent décroît après le mois d'Août , les pluies
diminuent , & dans le mois de Septembre le vent commence à fe tourner à
l'Eft jufqu'au mois d'Avril : ce vent apporte le calme & la férénité dans le
ciel , dans cet endroit & dans plufieurs autres , tandis que le vent d'Oueft
caufe des tempêtes & obfcurcit le ciel. Le vent d'Oueft fouffle vers le Japon ;
ce vent devient très furieux vers la fin d'Août , ou au commencement de
Septembre , & occafionne quantité de naufrages ; ce qui fait que les Hollandois fe hâtent de paffer avant ce tems la mer du Japon.

Chaque fois que les mouffons dont nous venons de parler changent , elles
reftent tranquilles en quelques endroits pendant une ou deux femaines , de
même que fi le vent ne favoit de quel côté tourner , & il ne fouffle point
toujours exactement felon la même direction ; mais dans d'autres endroits
les vents ceffent & fe changent auffi-tôt en vents contraires , avec une violence extraordinaire.

§. MMDLXXVI. Le vent général d'Eft de la mer des Indes , dépend de
la même caufe que celui de l'Océan atlantique , dont nous avons parlé ci-
deffus , & que nous avons expliqué ; mais il n'en eft pas de même des mouffons , & les hypothefes que les différens Phyficiens ont imaginées pour en
rendre raifon , ne me paroiffent pas mériter notre confiance : je n'expoferai
donc pas ici des hypothefes , qui ne doivent le jour qu'à la témérité de ceux
qui les ont enfantées , j'aime mieux avouer de bonne foi mon ignorance à
cet égard ; car ces mouffons me paroiffent dépendre de plufieurs caufes , telles que des montagnes , de leur fituation , des exhalaifons qui s'en échappent
en certains tems périodiques , & qui font prendre à l'air certaines directions :
elles dépendent auffi de la fonte des neiges , de la chaleur du terrein , & du
concours de plufieurs autres chofes que nous ne connoiffons pas encore.
Peut-être même ces phénomenes dépendent-ils de plufieurs caufes fouter-
raines , de plufieurs exhalaifons qui s'élevent du fond de la mer , telles qu'on
en obferve dans la mer des Indes , & qui rendent la furface de l'eau laiteufe

(1) Valentyn , Befchr. Van Banda. Vol. 3. part. 3. p. 36.
(2) Je ne connois point d'Ifles auxquelles on ait donné ce nom ; il y a les Ifles Chelido-
niennes près de la Lycie ; & les Ifles Chelonilides dans le golfe d'Arabie , & aucunes ne fe
nomment *Cælicæ*.
(3) Valentyn Befchr. Van de Moluccen. p. 44.

&

& tranfparente dans le mois de Juin, enfuite d'Août ou de Septembre. En
effet, la couleur de la mer paroît naturelle pendant le jour ; mais pendant la
nuit elle fe change en une couleur blanche comme du lait, & elle jette
une lumiere fi vive, qu'on ne peut point la diftinguer du ciel : on penfe que
cette eau lumineufe vient d'un grand golfe de la terre auftrale, qui eft auprès
de la Guinée, qui entoure Aroe, Kye, jufqu'à Tenimber & Timor, & qui
entoure auffi Cera, Amboine, Banda (1) ; ce qui fait que j'abandonne l'ex-
plication de ces phénomenes à un fiecle plus éclairé.

§. MMDLXXVII. Il faut auffi compter les vents *Etéfiens* parmi les vents
anniverfaires : ces vents font différens fuivant les différentes régions : ils
foufflent en différens tems ; ils n'ont point la même durée, ni la même direction. *Pline* prétend que ces vents font Nord-eft, & qu'ils commencent
à fouffler au 6 Juillet, & que deux jours après que ces vents fe font élevés,
ils foufflent plus conftamment pendant 40 jours : on obferve ces fortes de
vents dans la Grece, dans la Thrace, dans la Macédoine, dans la mer Egée,
& ils rafraichiffent ces contrées, qui font brûlées par la chaleur de l'été : cependant dans ce même tems les vents de Sud-Eft & de Sud foufflent dans le
Golfe de Lyon, qu'on peut regarder dans cet endroit comme des vents Etéfiens, & qu'on appelle à préfent *Garbin*. Ces vents viennent de l'Eft en Efpagne ; mais ils viennent du Nord dans la mer Noire & à l'embouchure du
Nil. Les vents Etéfiens ceffent pendant la nuit ; ils s'élevent vers les 9 heures du matin, & comme ils n'ont pas coutume de s'élever le matin, les Marins les nomment vents *fommeillans*, & *délicats* (2). Nous avons auffi en
Hollande nos vents Etéfiens, qui font des vents de Nord fort dangereux
dans le mois de Septembre ; fi ces vents furviennent de bonne heure, c'eft à-
dire, avant le 10 de ce mois, ils reviennent pour l'ordinaire une feconde
fois vers le 20 du même mois ; mais s'ils ne commencent à fouffler qu'après
la mi-Septembre, ils ne paroiffent que cette feule fois, avec fureur à la vérité : ils arrachent & font tomber quantité de fruits, dont les arbres font
alors chargés, & ils font accompagnés de groffes pluies. Il paroît qu'on ne
peut gueres bien comprendre & démontrer la caufe de ces fortes de vents,
à moins que nous ne connoiffions parfaitement la difpofition des différentes
régions, & que nous n'ayions bien obfervé les différens fleuves, les montagnes, les mers, les forêts, & les fontes des neiges ; car ces fortes de vents
me paroiffent dépendre de toutes ces caufes, & fans contredit de quantité
d'autres encore, ainfi que *Kirker* l'avoit fagement foupçonné (3).

§. MMDLXXVIII. Il y a auffi des vents de mer & de terre qui foufflent
affez régulierement ; de maniere cependant que fur certaines côtes les vents
de mer fe portent, pendant le jour, de la mer vers les terres, & qu'ils tombent pendant la nuit ; au lieu que les vents de terre ceffent pendant le jour,
& foufflent vers la mer pendant la nuit ; ce qui dure pendant le cours de
l'année.

§. MMDLXXIX. Les vents de mer fe levent vers les 9 heures du matin,

(1) Rumphius in Maf. Amboi. Lib. 3. cap. 28. Valentyn. Befch. van Banda. pag. 11.
(2) Varenii Georg. §. 6. cap. 21. Mém. de Languedoc. pag. 2. cap. 8.
(3) Mundus Subterran. Lib. 4. pag. 216.

quelquefois plutôt, quelquefois plus tard ; ils soufflent doucement vers la terre, comme s'ils craignoient de passer par-dessus, de sorte qu'ils rendent la mer unie, ou s'ils l'agitent, ce n'est que fort légérement: environ une demi heure après qu'ils ont gagné terre, ils se renforcent sensiblement jusqu'à midi, qui est le tems où ils soufflent avec plus de vigueur ; ils continuent avec la même force jusqu'à trois heures, ils mollissent ensuite peu à peu jusqu'à cinq, ou un peu plus tard : alors ils tombent tout-à-fait, pour ne reparoître que le lendemain matin. Ces vents commencent à paroître vers la surface de la mer, & ils se portent ensuite vers le rivage, dont ils s'approchent d'abord obliquement, ensuite directement, & ils suivent la direction des côtes ; après cela la partie la plus élevée de l'atmosphere étant mise en mouvement, il survient un vent qui peut souffler plus librement contre les endroits les plus élevés au-dessus de la surface de la terre : ce vent aborde donc alors plus directement vers le rivage & vers la terre, sur-tout lorsque le ciel est serein, tems où ces vents sont plus réguliers; car ils retardent ordinairement d'un jour ou deux lorsque le tems est humide.

§. MMDLXXX Ces vents se font sentir davantage sur les éminences des Caps, sur lesquels le terrein est plus échauffé de tous côtés par les rayons du soleil : ils sont plus foibles dans les golfes ; parceque l'air qui repose sur la surface de l'eau est moins échauffé par le soleil, & que d'un côté il se porte directement contre le rivage : ces vents regnent aussi autour des Isles.

§. MMDLXXXI. Les vents de terre succedent aux vents de mer : ils commencent ordinairement à se faire sentir vers les six heures du soir, ils soufflent pendant toute la nuit jusqu'à 6, 7 ou 8 heures du matin, suivant la saison de l'année, & ils soufflent plus ou moins long-tems, suivant la situation des rivages.

§. MMDLXXXII. Ces vents viennent des terres ; & si c'est une Isle, ils commencent au milieu, & se répandent tout autour vers la mer : ils s'étendent à différentes distances en mer, quelquefois à 3 & 4 milles; quelquefois i's n'écartent point le rivage : mais plus ils s'étendent, & moins ils durent.

§. MMDLXXXIII. Les vents de terre & de mer sont plus foibles dans les Pays qui sont les plus exposés au vent général.

§. MMDLXXXIV. Les vents de terre qui viennent des Caps, sont aussi moins violens ; mais ceux qui regnent dans les golfes & dans les baies, sont les plus forts.

§. MMDLXX V. Ces vents de terre & de mer regnent sur les côtes & dans les Isles qui sont situées entre les deux tropiques, & conséquemment dans les contrées sur lesquelles le soleil darde perpendiculairement ses rayons, & qui conséquemment éprouvent une très grande chaleur : les vents de mer qui s'élevent de la mer, & qui sont portés vers le continent, rafraîchissent la trop grande chaleur du terrein, & rendent habitables des Pays dans lesquels les hommes & les animaux seroient suffoqués sans cela par une trop grande chaleur. Ces contrées sont encore considérablement refroidies par la longueur des nuits ; de sorte qu'on y observe de grandes vicissitudes de chaud & de froid. Ces vents se font aussi remarquer sur la

Méditerranée ; car on obferve qu'il ne fait point de vent le matin & le foir
pendant l'été dans l'Ifle Minorque ; que vers le milieu du jour le vent s'éleve
vers la partie orientale de cette Ifle, qu'il fuit enfuite le cours du foleil,
qu'il augmente jufqu'à deux ou trois heures après midi , & qu'il diminue
enfuite fenfiblement : c'eft une obfervation de *Cleghorn*. On remarque auffi
la même chofe vers les confins du Languedoc, fuivant les obfervations de
MM. *Aftruc* & *le Roi* (1).

§. MMDLXXXVI. Il eft conftant donc que dans les régions où regnent
les vents de terre & de mer, le foleil fe levant vers les fix heures du matin,
le terrein eft très échauffé deux ou trois heures après fon lever ; pareillement
l'air qui couvre la furface de ce terrein, doit être confidérablement échauffé
par les rayons de foleil qui s'y réfléchiffent : cette maffe d'air doit donc être
beaucoup plus raréfiée que la portion de l'atmofphere qui repofe fur la furface
de la mer : cet air échauffé s'élevant au-deffus des bornes de l'atmofphere ,
doit s'épancher latéralement, & devenir plus léger : le reflux de cette portion
d'air doit augmenter le poids des colonnes d'air qui répondent à la furface
de la mer. Ces colonnes, eu égard à leur excès de denfité & à la quantité
de vapeurs élaftiques & électriques qui s'y élevent de la mer, doivent fe
porter vers la terre dans la maffe d'air qui eft plus légere & plus raréfiée, &
produire un vent de mer, qui foufflera par conféquent tant que l'air qui répond à la furface de la terre fera plus échauffé que celui qui répond à celle
de la mer : ce vent peut auffi emporter avec lui une grande quantité de vapeurs, & les difperfer dans la maffe d'air dans laquelle il fe jette ; effets qui
doivent durer jufqu'au coucher du foleil : or comme l'air qui répond à la
furface de la terre n'eft jamais plus chaud que depuis midi jufqu'à trois heures, & que dans ce tems il s'éleve une plus grande quantité de vapeurs de la
furface de la mer, le vent de mer ne doit point être plus véhément que dans
ce tems : mais lorfque le foleil eft prêt à fe coucher, la chaleur de l'air qui
répond à la terre, diminue infenfiblement, les vapeurs s'élevent en moindre
quantité de la mer : le vent de mer doit donc s'affoiblir à proportion.

§. MMDLXXXVII. Enfin lorfque le foleil eft couché, & qu'il ceffe d'en-
voyer fes rayons fur cette partie de la furface de la terre, la chaleur fe met
en équilibre dans la maffe d'air qui couvre la terre & la mer, le vent ceffe,
l'atmofphere reprend fa figure naturelle ; parceque fes limites fe mettent
alors de niveau.

Mais pendant ce tems le terrein & l'eau de la mer font encore chauds,
l'un & l'autre exhalent dans l'air des vapeurs chaudes ; mais la mer en
exhale beaucoup plus que la terre, & qui conféquemment échauffent davantage la maffe d'air qui répond à la furface de la mer ; ce qui fait que l'air
qui répond au continent fe jette, ainfi que les vapeurs qu'il contient, dans
la maffe d'air qui répond à la mer : joignez à cela la nouvelle maffe d'air qui
reflue fur celui qui répond à la furface de la terre, qui augmente fa denfité,
qui le rend plus pefant, & qui le détermine à s'étendre en tous fens ; mais
fur-tout vers la mer, fur laquelle il excite un vent de terre qui fouffle pendant toute la nuit, mais qui ceffe le matin, par rapport à l'équilibre qui

(1) Hift. de l'Acad. Roy. ann. 1751.

s'établit entre la chaleur de l'air qui répond à la terre & la mer, & entre les vapeurs qui s'élevent de part & d'autre. Les vents de terre, ainsi que ceux de mer, cessent & ne se font point sentir lorsque la saison est humide; parceque le ciel est alors couvert de nuages, & qu'alors la terre, ainsi que la mer, ne sont point inégalement échauffées par les rayons du soleil, ainsi que l'air qui répond à leurs surfaces.

§. MMDLXXXVIII. Il regne des vents libres dans les autres parties de la terre, depuis les tropiques jusqu'aux pôles, tant méridional que Septentrional, qui n'ont ni tems, ni périodes, ni contrée, ni hauteur, ni longitude, ni latitude, ni force, en un mot, qui n'ont rien de réglé: ces vents soufflent de tous côtés; de sorte qu'on peut les comparer à des fleuves d'air de différentes largeur & longueur, qui coulent tantôt avec lenteur, tantôt avec impétuosité. Ces vents, semblables à des fleuves qui coulent plus rapidement vers le milieu de leur lit que vers les bords, soufflent aussi avec moins de force vers leurs bords qu'à leur milieu.

Tout ce qui peut faire changer de place à une partie de l'atmosphere, & la pousser vers quelqu'endroit, doit être regardé comme la cause de ces vents, soit que cette cause soit une force qui pousse l'air, soit que cette cause soit seulement une résistance diminuée dans un endroit quelconque, ou une tendance à l'équilibre. La direction du vent dépend du terrein, des fleuves, des lacs, de la mer, des exhalaisons qui s'échappent de la surface de la terre; elle dépend aussi de la situation des montagnes, des forêts, & de toutes les autres éminences qui résistent à l'air qui vient les frapper, & qui le dirigent vers certaines contrées; elle dépend aussi du défaut d'équilibre qui peut se trouver dans un endroit quelconque. Les observations que *Kirker* a faites pendant une longue suite d'années, démontrent incontestablement que les montagnes contribuent à la direction des vents: cet habile Physicien a trouvé que le mont Janvier, qui est chargé de neige, occasionnoit un vent de Nord à Rome, un vent de Sud à ceux qui sont placés au-delà de cette montagne, un vent d'Est aux Sabins, un vent d'Ouest aux Vestins (1). Ainsi donc les vents qui soufflent la plûpart du tems dans le cours d'une année, sont des vents singuliers, propres à chaque Pays, ainsi que *Pline* l'a observé autrefois en Italie (2), & *Gassendi* en France (3). On ne peut donc les connoître parfaitement, & en rendre exactement raison, à moins qu'on ne connoisse parfaitement le Pays où ils regnent, & tous les différens alentours de ce Pays. On peut néanmoins observer en général, que tous les vents de mer, ou qui nous viennent d'un grand lac, sont humides; que ceux qui prennent leur origine sur un terrein sec, sont secs; que ceux qui viennent des Pays froids, sont froids; que ceux qui viennent des Pays chauds, sont chauds. Mais il y a outre cela plusieurs vents dans certaines régions qui sont encore plus singuliers, eu égard à leurs qualités salubres ou insalubres; tels sont les vents qui désolent la Pouille, la Calabre, Athenes, le golfe de Lyon, la Palestine.

(1) Kirkeri Mund. Subterran. Lib. 4. pag. 217.
(2) Histor. Natur. Lib. 2. §. 47. pag. 97.
(3) Physiq. Sect. 3. Lib. 2. pag. 69.

§. MMDLXXXIX. Les obfervations que *Garcin* a faites en Suiffe, celles de *Doppelmajer* à Norimberg, de *Derham* en Angleterre, ainfi que celles que j'ai faites en Hollande, font voir manifeftement qu'il y a différens vents qui foufflent en même tems dans ces endroits, (à moins qu'une tempête n'y regne pendant un tems d'une longue durée) : or ces différens vents font occafionnés par les différentes plaines, par les chaines de montagnes qui font fituées différemment en Allemagne & en Suiffe, par les grandes forêts qu'on trouve çà & là dans l'Allemagne, par les directions différentes des fleuves ; car les hautes montagnes, ainfi que les forêts, interceptent les vents qui viennent s'y brifer, elles les arrêtent, elles les font tomber, tandis qu'ils s'étendent librement, & qu'ils parcourent une très grande étendue de terrein en rafe campagne : pareillement les chaînes de montagnes, les fentes qui s'y trouvent, les vallées, divifent, rompent les vents, & les obligent à fe porter felon différentes directions.

§. MMDXC. Comme *Pline* a exactement marqué les vents qui regnent en Italie, il eft effentiel de les connoître. Le *Favonius*, qui vient de l'Occident équinoxial, fe leve foixante & un jours après l'hiver, & fouffle pendant neuf jours : le *Subfolanus*, qui vient de l'Orient équinoxial, eft contraire au précédent ; il le trouve avec le lever des pléïades, qui arrive le 7 de Mai. Le tems eft alors pluvieux ; parceque le vent eft contraire à ceux du Nord. Pendant les chaleurs les plus fortes de l'été fe leve la canicule, lorfque le foleil entre dans la premiere partie du lion : ce qui arrive le 17 de Juillet. Les vents de *Bife*, qui viennent du Nord-Eft, précedent le lever de la canicule d'environ 8 jours ; ce qui les fait nommer *avant-coureurs* : mais deux jours après le lever de cette conftellation, ces vents de Bife foufflent plus conftamment pendant les jours qu'on appelle *Etéfiens* : ce font les vents les plus fixes & les plus arrêtés. Après ces vents regnent affez fouvent ceux du Sud, jufqu'au lever de la grande ourfe, qui arrive onze jours avant l'équinoxe d'automne. Alors commence le *Corus*, qu'on nomme vent d'*Aval*, ou de Nord-Oueft, & qui fouffle en automne. Le *Vulturnus*, qui fe leve à l'Orient du folftice d'hiver, lui eft oppofé. Environ 44 jours après l'équinoxe d'automne, le coucher des pléïades commence l'hiver ; ce qui arrive ordinairement le 11 Novembre. Alors regne le vent du Nord d'hiver, bien différent de celui qui fouffle en été ; vis-à-vis de l'Aquilon fe leve l'*Africus*, vent du Sud-Oueft.

§. MMDXCI. Le terrein des fept Provinces Unies des Pays-Bas eft affez uni, & n'a que peu de montagnes. Les côtes de la mer ont des dunes, ou falaifes fablonneufes, qui ne font que peu élevées. La montagne d'Ammersfort n'eft auffi que peu élevée, de même que celles qu'on remarque dans cette partie de la Gueldre, qu'on nomme le Velaw. Les obfervations que j'ai faites à Utrecht, pendant plufieurs années de fuite, comparées à celles qu'on a faites dans les Provinces Unies, m'ont appris que le nombre des vents qui foufflent annuellement, étoit en quelque façon déterminé : or en faifant une fomme du nombre des vents de même efpece, qui ont foufflé pendant l'efpace de plufieurs années, & divifant cette fomme par le nombre des années, j'ai formé un nombre moyen qui donne à peu près le nombre de jours que chaque vent fouffle pendant le cours d'une année. D'après ce

.calcul fait pour Utrecht, j'ai trouvé que le vent de Nord fouffle 42 jours par an. Le Nord-Oueft 33, l'Oueft 77, le Sud-Oueft 58, (dans l'ancienne édition 78), le Sud 33, le Sud-Eft 26, l'Eft 53, le Nord Eft 43. Ne pourroit-on pas dire que les vents d'Oueft & de Sud-Oueft ne font fi fréquens à Utrecht, que parceque la mer d'Allemagne eft fituée à l'Oueft par rapport à ce Pays, & que par ce moyen la maffe d'air qui répond à la furface de cette mer, étant plus froide & plus denfe que celle qui répond à Utrecht, eft pouffée vers cette derniere maffe, & vient s'y jetter? Joignez encore à cela qu'il s'éleve de la furface de cette mer une plus grande quantité de vapeurs élaftiques que du continent; & conféquemment que l'air qui couvre la furface de la mer eft pouffé vers le continent par l'élévation de ces vapeurs; ce qui doit produire un vent d'Oueft. Ou bien ne pourroit-on pas dire que ce vent d'Oueft feroit une partie du vent général de Nord-Eft, qui, après avoir traverfé la mer Atlantique, va fe rompre contre les terres élevées de l'Amérique, & fe trouve comme repouffé vers la partie feptentrionale & occidentale de la terre, en traverfant le canal, d'où il eft porté vers la Hollande par l'Angleterre? Peut être que ces deux caufes concourent à la fois à ce même phénomene, quoique les vapeurs qui s'élevent plus abondamment de l'Océan atlantique que de la mer d'Allemagne, qui eft plus petite, foient encore une nouvelle caufe qui fe joint à celles qui produifent le vent d'Oueft.

§. MMDXCII. Mais pour quelle raifon le vent de Sud-Eft fouffle t-il fi peu fréquemment à Utrecht? Cela ne viendroit-il pas de ce que ce Pays, étant plus humide que l'Allemagne, qui eft fituée dans la même contrée; notre terrein eft conféquemment plus froid, & s'échauffe beaucoup moins que le terrein d'Allemagne: l'air qui répond à notre Pays eft donc auffi plus froid, s'échauffe moins, & fe raréfie moins que celui qui repofe fur un terrein plus fec & plus méridional; ce qui fait que les vents de Sud & de Sud-Eft font fi rares dans ce Pays. Peut-être même que les hautes montagnes du Comté du Tirol, de Suiffe, du Palatinat, du Rhin, du Duché de Juliers, interceptent en partie les vents de Sud-Eft qui pourroient fe faire fentir fans cela à Utrecht.

Les vents de Sud font auffi fort rares; ce qui vient de ce que le terrein & l'air des Pays méridionaux, font plus chauds que notre terrein & la partie de l'atmofphere qui y répond, & conféquemment que l'air de ce Pays n'eft point pouffé vers le nôtre, qui eft plus froid.

§. MMDXCIII. Mais les vents de Nord regnent fréquemment chez nous; puifque les vents de Nord-Eft, de Nord & de Nord-Oueft y foufflent pendant 118 jours par an: ces vents font auffi fort fréquens dans les régions feptentrionales, d'où ils nous viennent; car ils fe portent des plus froides régions aux plus chaudes: il ne fe trouve dans leur trajet aucune montagne qui en intercepte le cours; car ces vents, & fur-tout ceux du Nord, peuvent traverfer librement la mer d'Allemagne.

§. MMDXCIV. Les vents de Nord-Oueft, fi dangereux pour nos digues & nos côtes, font néanmoins affez rares chez nous. Cela ne viendroit-il pas de ce que le terrein d'Angleterre, mais fur-tout celui de l'Ecoffe, qui eft rempli de montagnes, intercepte ces vents; de forte que ceux qui parvien-

nent dans notre Pays font fur-tout Nord-Eft , lefquels venant à heurter contre les montagnes de l'Ecoffe , font renvoyés vers nous , & peuvent librement s'étendre & fouffler fur la mer d'Allemagne , fur la Frife orientale , fur
la Frife , fur l'Over-Yffel & fur le Zuyderfée.

§. MMDCXV. Mais pourquoi les vents d'Eft foufflent-ils fi fréquemment
chez nous ? Ces vents font toujours froids , même au milieu de l'été ; ils
amenent la gelée pendant l'hiver ; car il ne gele que très rarement , fans qu'il
fouffle un vent d'Eft. Comme notre Pays eft bas & plat , l'air qui y répond eft
plus chaud que celui qui repofe fur les endroits élevés & montagneux de
l'Allemagne , qui font fitués à l'Orient par rapport à notre Pays ; par conféquent l'air de ces différens endroits étant plus denfe & plus froid , fe répand
très fouvent de notre côté , & produit un vent d'Eft. En effet , plus l'air eft
élevé , plus il eft froid , commé on peut l'obferver par les neiges qui fubfiftent pendant long-tems fur les plus hautes montagnes de l'Allemagne , &
qui ne s'y fondent qu'au commencement de l'été , tandis qu'il arrive très
rarement qu'on trouve de la neige dans notre Pays après le 15 du mois de
Mars , & même il eft très rare qu'elle y fubfifte jufqu'à ce tems : d'où il fuit
que la portion de l'atmofphere qui recouvre notre terrein , eft plus chaude
que celle qui répond à l'Allemagne ; ce qui eft même confirmé par une expérience habituelle. Mais ne pourroit on pas foupçonner que ces vents d'Eft
feroient une partie du vent général d'Eft ? Il pourroit fe faire que ces deux
caufes concouruffent à cet effet, quoique la premiere des deux me paroiffe y
avoir plus de part ; car le vent général d'Eft n'a pas coutume de s'étendre
dans les autres contrées à une diftance du tropique du cancer auffi grande
qu'eft la latitude de la Hollande.

§. MMDXCVI. Les vents d'Oueft font ordinairement humides en Hollande : ils apportent avec eux les nuées qui fe forment au-deffus de la mer
d'Allemagne : ils font quelquefois accompagnés de tempêtes ; car ils ont
coutume d'être chauds : la chaleur qu'ils portent avec eux occafionne des
dégels en hiver , s'ils foufflent après la gelée. En effet , l'air qui répond à la
furface de la mer eft plus chaud pendant l'hiver , que celui qui répond à la
furface du continent , & c'eft pour cela qu'il furvient de prompts dégels lorfque les vents d'Oueft font violens.

Pour l'ordinaire les vents qui viennent de la mer fur le continent , font
humides : c'eft pour cela que les vents d'Oueft qui viennent de l'Océan atlantique fouffler en Angleterre , mais fur tout à Cornouaille , pendant les
trois quarts de l'année , font pluvieux , véhémens , & orageux , fuivant les
obfervations de *Ray* (1) & de *Borlaze* (2) En effet , on ne voit que rarement
un été fec à Cornouaille , quoique la féchereffe domine dans l'intérieur de
l'Angleterre.

Morton obferve que ces vents font falubres à Northampton : on remarque
encore des vents d'Oueft humides dans certaines parties de la Grece & de
l'Empire Romain : c'eft pour cela que les Poëtes ont attribué au vent le dé-
luge de *Deucalion* (3). *Pline* a regardé comme humides les vents de Sud-

(1) Ray the Wifdom of God. p. 89. (2) Natural Hiftory of Cornwallis, Chap. 2;
(3) Ovidius. Lib. 1. Metamorph.

Oueſt (1); tels ſont ceux qui ſoufflent dans la partie occidentale de l'Italie :
mais ces vents ſont ſecs lorſqu'ils s'élevent & qu'ils ſoufflent ſur le continent : c'eſt ainſi que les vents d'Oueſt ſont ſereins, quoique cependant orageux de tems à autre à Rimini, lorſqu'ils ont traverſé l'Italie, comme
Planco nous l'aſſure (2). Le vent d'Oueſt eſt pluvieux dans la Judée lorſqu'il ſouffle ſur toute l'étendue de la Méditerranée, & qu'il apporte avec lui
les vapeurs qui s'élevent ſur cette mer. *Ruſſel*, qui a obſervé les vents qui
ſoufflent à Alep, nous apprend que pour l'ordinaire les vents d'Oueſt ſoufflent pendant l'été dans ce Pays, qu'ils y temperent la chaleur immodérée
qu'on y éprouve, & que ſans cela ce Pays ne ſeroit point habitable (3).
Erndtel nous apprend que les vents d'Oueſt ſont orageux, nébuleux, pluvieux, à Varſovie en Pologne; parcequ'ils traverſent, pour y venir, des
parties de la mer, des lacs, des marais, d'autres endroits très humides, ainſi que la mer Baltique, & toute la Poméranie. *Celſe* a trouvé, d'après des obſervations exactes qu'il a faites à Upſal pendant l'eſpace de onze ans, que les vents de Sud-Oueſt, d'Oueſt, de Nord-Oueſt,
rendoient l'air plus froid pendant l'hiver, excepté le vent W. S. W., qui
ſouffle quelquefois, & qui radoucit le tems. Cet habile Obſervateur n'attribue
point mal à propos le froid qu'on éprouve à Upſal aux ſommets des montagnes de Norwege, qui ſont toujours couverts de neige pendant l'hiver, &
ſur leſquels ces vents ſoufflent. En effet, les vents ſe refroidiſſent en paſſant
ſur de la neige ; ces vents donc ainſi refroidis, portent avec eux, en Suede,
mais ſur-tout à Upſal, le froid qu'ils contractent ; car les montagnes de
Norwege ſont ſituées à l'Oueſt par rapport à Upſal (4).

On éprouve un froid violent pendant les mois de Juin, Juillet, Août,
dans le Pays des Amazonnes en Amérique ; Pays qui eſt habité par un Peuple qu'on nomme Aguas : la cauſe de ce froid ſont les neiges qui couvrent
les ſommets des montagnes, ſur leſquels les vents venant à paſſer, ſe refroidiſſent, & tranſportent avec eux le froid qu'ils ſaiſiſſent (5). Mais il reſte
encore à obſerver de quelle eſpece ſont les vents d'Oueſt dans les autres
contrées du monde, & à examiner ſoigneuſement s'ils ſont ſecs ou humides, chauds ou froids, s'ils ſont ſalubres ou dangereux ; car je n'ai voulu
donner qu'un exemple à cet égard.

§. MMDXCVII. Les vents de Nord ſont toujours froids en Hollande ; ils
ne ſont point gracieux, & ils nuiſent à la fécondité de la terre : car ils nous
viennent des Pays froids, après avoir traverſé les ſommets des montagnes
de Norwege, où ils ſe refroidiſſent par leur contact avec la neige : ces vents
ſont ordinairement ſecs ; parcequ'ils ſont froids : les Pays qui ne ſont point
expoſés à ces ſortes de vents, ſont chauds.

Nous obſervons en Hollande que les arbres qui ſont plantés à peu de diſtance de la mer d'Allemagne, & qui ſont expoſés aux vents du Nord, ne
croiſſent pas aiſément, ne deviennent pas fort hauts, & que leurs ſommets
ſe deſſechent. On obſerve la même choſe en Angleterre, à Cornouaille :
les habiles Arboriſtes connoiſſent & diſtinguent ordinairement le côté qui

(1) Hiſt. Natur. Lib. 1. cap. 47. (2) Specimen Æſtus Marini. pag. 64. (3) Natural. Hiſ-
tory. of Aleppo. p. 14. (4) Acta Berolin. Vol. 5. p. 161. (5) Wooden Rogers Voyag.
p. 2. ch. 53.

a été tourné du côté du Nord , par les couches circulaires qui se trouvent plus serrées & plus compactes de ce côté.

Sibbaldus (1) nous apprend que les vents de Nord sont très fréquens en Ecosse : qu'ils amenent avec eux la gelée & la neige ; mais qu'ils purifient l'air , & qu'ils donnent de la force aux fibres animales.

Dans la description que *Morton* (2) nous a donnée des vents qui regnent à Northampton , il nous fait observer que le Nord-Ouest & le vent d'Est font plus fréquens pendant le mois de Mai , & au commencement de Juillet : qu'alors les jours sont chauds & les nuits froides ; de sorte que les herbes se couvrent de gelée blanche, & que l'eau se convertit en glace ; dans ce même tems le ciel est couvert & opaque : quelquefois un brouillard universel s'étend sur tous les corps, auquel on donne le nom de *brouillard noir brûlant* : ce brouillard est très épais le matin & le soir ; il affecte sur-tout le frêne, il en noircit les feuilles qui sont encore tendres, il les desseche, il les crispe , & il les fait périr. Il produit le même effet sur l'orme & sur le noyer : il fait rougir les feuilles des pommiers, ou les pointes des fleurs , qui , saisies de froid, ne prennent plus d'accroissement ; il survient ensuite une quantité de mouches noires qui se glissent dans ces fleurs , qui rongent les parties intérieures qui sont encore tendres. Le vent de Nord Ouest occasionne les mêmes accidens en Hollande.

Lomonoscow nous apprend cependant , que pendant l'hiver les vents de Nord Ouest & de Nord, traversant la mer blanche pour se rendre à Archangel , y font fondre la glace (3).

Erndtel remarque que les vents de Nord sont très dangereux & très froids en Pologne (4) ; parcequ'ils y sont arrêtés par le mont Crapak , qui les empêche de parvenir dans la Hongrie.

Pline nous assure que ces vents sont aussi très froids dans l'Italie ; mais que le vent de Nord y est très salubre (5).

Hyppocrate rapporte que le vent de Nord-Est, qui souffle pendant un certain tems de l'année dans la Grece, y excite des toux, y produit des maux de gorge , des tensions de ventre , des difficultés d'uriner, des maux de poitrine , des douleurs dans les côtes (6).

Ces vents ne se font presque point sentir à Kamtzchatka ; parceque cette Ville est à l'abri, du côté de sa partie septentrionale , par les sommets des hautes montagnes qui s'y trouvent : c'est aussi pour cela que Kamtzchatka est un Pays chaud, où on ne voit que très rarement de fortes gelées.

Les vents de Nord-Est & de Nord-Ouest sont les vents froids qu'on ressent en hiver à Alep ; ces vents sont d'autant plus froids en hiver & dans le printems, qu'ils prennent davantage du Nord-Ouest. Depuis le commencement de Mai jusqu'à la fin de Septembre , ces mêmes vents sont accompagnés de chaleurs ; & lorsqu'ils soufflent avec véhémence, les chaleurs qu'ils

(1) Scotia Illustrata. Lib. 1. cap. 6.
(2) Natur. Histor. of. Northampt. Chap. 5. pag. 331.
(3) In Annuis Sacris Petropol. ann. 1753. pag. 13.
(4) Warsavia Illustrat. Cap. 2. pag. 37.
(5) Histor. Natur. Lib. 2. cap. 47.
(6) Aphoris. Sect. 3. Aphor. 5.

Tome III.   M m m

amenent font fi grandes, qu'on diroit que ces vents fortiroient d'une fournaife : on a foin alors de fermer exactement les portes & les fenêtres pour
s'en garantir ; parcequ'ils occafionnent des *malaifes* & des difficultés de refpirer : mais ils ne foufflent ainfi que pendant 4 à 5 jours, & ils ne reviennent
pas régulierement chaque été (1). Les vents de Nord font froids, fecs & falubres dans l'Ifle Minorque : ils diffipent les brouillards & procurent la férénité : les vents de Nord-Oueft & de Nord y font très fréquens pendant l'hiver & pendant le printems ; & comme ces vents font froids & fecs, ils de-
truifent les rejettons qui font encore foibles, & les boutons : ils nuifent auffi
à la vigne & au bled. Lorfque les vents de Nord Eft foufflent en même-
tems, ils font humides ; & lorfqu'ils font accompagnés de pluie, ils en font
moins dangereux (2).

§. MMDXCVIII. Les vents d'Eft font froids en Hollande : ils y apportent
la gélée ; car il y gele rarement avant que le vent d'Eft ait foufflé. Ces vents
ont coutume d'être fecs, & le ciel ferein, fur-tout s'ils foufflent pendant
long-tems ; mais s'ils furviennent promptement après les vents d'Oueft, ils
ramenent avec eux les nuées que les vents d'Oueft avoient apportées, &
alors ils font d'abord pluvieux pendant un ou deux jours : néanmoins ils deviennent enfuite fecs & falubres. Ces vents foufflent en Hollande dans tous.
les mois indifféremment ; mais cependant ils foufflent fur tout pendant les
mois d'hiver : la gelée fubfifte tant que ces vents foufflent ; car il eft extrêmement rare qu'il dégele pendant leur préfence. Ces vents foufflent fréquemment à Edimbourg en Ecoffe pendant les mois de Mars, Avril, Mai &
Juin (3). Ils regnent fur-tout pendant les mois d'Octobre, Novembre, Décembre & Janvier à Nuremberg.

Aux environs de la forterefle d'Ochot en Sibérie, fur le bord de la mer
de Penchari, la rigueur du froid eft diminuée, pendant le milieu de l'hiver,
par le vent d'Eft & de Sud-Eft : ces vents, fuivant le témoignage de *Lomo-
nofcow*, y rendent le tems pluvieux.

Cleghorn a éprouvé que les vents d'Eft étoient froids, pendant le printems,
dans l'Ifle Minorque, chauds pendant l'été ; que les vents de Sud-Eft étoient
fort infalubres, qu'ils rempliffoient l'air de brouillards, qu'ils le rendoient
dangereux pour la refpiration, qu'il devenoit propre à fuffoquer, pendant
l'été, & qu'il occafionnoit des langueurs.

§. MMDXCIX. Les vents de Sud apportent la chaleur en Hollande ; parcequ'ils y viennent des Pays chauds : ces vents font humides ; ils rendent le
ciel défagréable, ingrat, opaque, ils relâchent les fibres ; ce qui émouffe
l'efprit, occafionne la trifteffe, la paffion hyftérique, & des maladies cuta-
nées : la chaleur qu'ils procurent eft néanmoins très propre à conduire les
fruits à leur maturité. Lorfque ces vents foufflent pendant l'été, la foudre
& le tonnerre fe font entendre pour l'ordinaire après midi.

§. MMDC. On remarque pour l'ordinaire en Hollande, que, pendant
le printems, l'été & l'automne, les vents commencent à fouffler le matin

(1) Ruffel Natural. Hiftor. of Aleppo. pag. 14.
(2) Cleghorn. Hift. of Minorca.
(3) Medical Effays. Vol. 5. pag. 39.

avec le foleil levant, ou peu de tems après fon lever, & que le foir ils s'ap-
paifent ou ils ceffent de fouffler : or cet effet n'arrive le matin au lever du
foleil, que parceque les vapeurs commencent alors à s'élever des foffes &
des lacs, & que par leur élafticité elles agitent l'air & produifent du vent ;
au lieu que fur le foir, lorfque la nuit commence à paroître, l'air eft refroidi, l'eau ne fournit plus qu'une très petite quantité de vapeurs ; ce qui
affoiblit la caufe du vent, ou la détruit tout à-fait.

§. MMDCI. *Graffi* a fait auffi des obfervations fur les vents qui regnent
à Tubingen : cette Ville eft fituée dans une vallée affez étendue le long du
Necker ; elle eft entourée de petites montagnes peu écartées les unes des autres : ces montagnes, qui en font peu éloignées, la bordent depuis l'Eft & le
Midi jufqu'à l'Occident d'hiver & d'été ; mais à la diftance d'un huitieme
environ de mille d'Allemagne, vers le Septentrion, on remarque des montagnes dont la cime eft fort élevée, & qui s'étendent avec des forêts très
épaiffes jufqu'à Stutgard : outre cela, en allant vers l'Oueft, on remarque à
trois milles d'Allemagne, une chaîne de montagnes fort élevées, ainfi
qu'une forêt très épaiffe, qu'on appelle la forêt Noire. Vers le Midi, à la
diftance d'un mille & demi, on remarque auffi plufieurs montagnes qui s'é-
tendent vers l'Eft, qu'on appelle les montagnes de l'Alpfin ; de forte qu'il
n'y a qu'une très petite étendue de terrein vers l'Eft qui ne foit point couverte de montagnes.

Or pendant l'efpace de 9 ans, voici le réfultat des obfervations de *Graaffi*,
en prenant un nombre moyen pour déterminer le nombre de fois que les
vents ci-deffous indiqués ont foufflé dans chaque année.

	Jours.		Jours.
Le vent d'Oueft . .	61	De Nord-Eft . .	15
d'Eft équinox.	60	De Nord-Oueft .	11
de Sud-Oueft	26	De Sud	11
de Nord . .	20	De Sud-Eft . . .	6

Ce qui fait en tout 210 jours venteux dans l'efpace d'une année ; de forte
qu'il n'y a par an que 155 jours qui font exempts de vents.

§. MMDCII. Non feulement les vents foufflent vers la furface de la terre ;
mais ils foufflent encore à différentes hauteurs, de forte qu'on en voit regner quelques uns dans des endroits fort élevés : car les Géometres qui ont
fait des obfervations fur les plus hautes montagnes du Pérou, y ont éprouvé
des vents très violens qui renverfoient leurs tentes : néanmoins on étoit an-
ciennement dans l'opinion, que le vent ne pouvoit point s'élever jufqu'au
fommet du mont Atlas ; parcequ'on y obfervoit des cendres qui y demeuroient pendant tout le cours de l'année.

§. MMDCIII. Nous avons dans ce Pays une ancienne tradition, qui nous
apprend que lorfqu'il vente dans l'équinoxe du printems, ce même vent qui
regne alors, doit encore durer 14 jours de fuite, fur-tout fi c'eft un vent de

Nord ou de Nord-Oueſt: mais, ſuivant les obſervations que j'ai faites avec
tout le ſoin poſſible, j'ai trouvé que cette tradition étoit fauſſe, & j'imagine qu'elle doit ſon origine à un paſſage de *Pline* mal entendu. Ce Natu-
raliſte remarque, au ſujet de l'équinoxe d'automne, que lorſque le vent de
Nord-Oueſt commence en ce tems, il regne pendant l'automne (1). Mais
Revillas (2) qui a fait à Rome des obſervations météorologiques, a remarqué
que les vents qui ſoufflent le plus ſouvent pendant les jours qui ſont les plus
proches des deux ſolſtices, dominent très fréquemment le haut du jour; ce
que nous avons remarqué auſſi à l'égard des vents qui ſoufflent dans les tems
des équinoxes, quoique cela ne ſoit pas ſi ſenſible. *Blanchini* a fait la même obſervation à Rome pendant une longue ſuite d'années, & atteſte la vérité de ce fait; pour nous, nous l'avons remarqué conſtamment pour l'ordinaire.

§. MMDCIV. Les cauſes des vents libres ſont, ou dans les entrailles de
la terre, où ſur ſa ſurface, ou dans l'atmoſphere, ou enfin au-deſſus de l'atmoſphere. En effet, pluſieurs obſervations nous apprennent qu'il ſort de
certaines cavernes de la terre des vents impétueux qui s'élevent & qui ſoufflent dans l'air. *Pline* remarque ce phénomene par rapport à certains puits
de Dalmatie & de la Cyrénaïque (3).

Gilbert nous apprend qu'en Angleterre, dans le Comté d'Enbigh, il y a
des cavernes d'où le vent ſort avec tant de violence, qu'il repouſſe les draps
& les habits qu'on y jette. M. *Scheuchſer* a découvert en Suiſſe pluſieurs cavernes de cette nature, dont il nous a donné la deſcription dans ſa Stoïcheio-
graphie (4). *Gaſſendi* (5) fait mention d'une ſemblable caverne qui ſe trouve
dans une Province ſituée auprès de Lauſanne.

Kirker (6) atteſte la même choſe par rapport à une autre caverne ſituée
auprès d'un endroit qu'il nomme *Noviodunum* (7). *Connor* rapporte la même choſe de l'antre de la Sibille Cumana, dans le Royaume de Naples, de
quelques autres lieux ſouterrains proche de Baje, de certaines mines d'Allemagne, & des ſalines de Pologne, auprès de Cracovie (8). Ce même phénomene ſe fait auſſi obſerver auprès de Terni (9), au mont Véſuve (10) &
en Catalogne (11); mais il y a outre cela pluſieurs Auteurs qui nous aſſurent
qu'on voit quelquefois des vents qui s'élevent du fond de la mer, qui ſoule-
vent rapidement l'eau, la traverſent, & excitent de furieuſes tempêtes.

<hr>

(1) Plin. Hiſt. Natur. Lib. 2. cap. 47.
(2) Philoſoph. Tranſact. n. 466.
(3) Hiſtor. Natur. Lib. 2. cap. 45.
(4) Stoïcheiog. Helvet pag. 122.
(5) Ad Lib. 10. Diogen. Laërt. pag. 1008.
(6) Mundus Subterran. Lib. 4. pag. 239.
(7) *Noviodunum* ſignifie, ou Noyon en Picardie, ou Krainbourg dans la Carniole;
ou Nevers, ou Neuvy. Il faudroit avoir l'Ouvrage de Kirker pour pouvoir décider lequel des 4 il entend, en ſuppoſant néanmoins qu'il y auroit quelque choſe dans cet arti-
cle qui pourroit lever cet embarras; ce qui d'ailleurs n'eſt point intéreſſant.
(8) Differt: Med. Phyſiq pag. 33. Art. 3.
(9) Kircheri Mund Subterran. Lib. 1. Journ. des Sav. ann. 1685. p. 419.
(10) Miſſon Itiner. Tom. 3.
(11) Marca Hiſpan. Lib. 1. cap. 22.

Gassendi rapporte ce phénomene en parlant du lac Legnio (1). *Hearnius* (2) dit la même chose du lac Vetter.

Les Mariniers Hollandois & quantité d'autres attestent la même chose de la mer de la Chine, qui est fort dangereuse, par rapport à ces sortes d'accidens (3).

§. MMDCV. Il peut y avoir plusieurs causes différentes de ces vents souterrains. 1°. Imaginons qu'une de ces cavernes pleine de vent, soit faite comme une grosse cruche, dont le ventre soit large & le col étroit, & que ce col représente l'ouverture supérieure de cette caverne : supposons donc que cette caverne soit remplie d'un air froid & condensé, & pressé par le poids de l'atmosphere qui repose dessus : or si l'air de l'atmosphere devient plus léger au dessus de cette caverne, quoi qu'il en soit de la cause qui produit cet effet, l'air qui se trouve dans la caverne étant alors moins comprimé qu'auparavant, se dilatera & se portera de bas en haut, en vertu de sa force élastique, il sortira de cette caverne, de même qu'il s'échapperoit par le col de la cruche, & il produira un vent qui s'élevera de bas en-haut. 2°. Supposant qu'un petit courant d'eau se décharge dans une de ces cavernes à travers les fentes de la terre, cette eau portera avec elle une grande quantité d'air qui s'échappera par une autre ouverture de cette caverne, & formera par sa sortie un vent aussi fort que celui qu'on excite par le moyen d'un gros soufflet, ainsi que *Hero* l'a démontré autrefois. Plusieurs Auteurs ont traité de ces sortes de soufflets (4). 3°. Si l'eau qui tombe dans ces sortes de cavernes, tombe sur des terres sulfureuses, ferrugineuses, ou vitrioliques, il s'engendrera aussi-tôt une chaleur : une partie de cette eau se convertira en vapeurs très élastiques, qui pousseront avec impétuosité au dehors de la caverne l'air qui y est compris : ces vapeurs elles mêmes s'en élanceront de la même maniere que l'air qu'on renferme dans une éolipile, qu'on fait ensuite chauffer : on la voit s'échapper avec impétuosité sous la forme d'une espece de vent, par l'ouverture pratiquée au bec de cet éolipile. 4°. Le feu souterrain, mis en mouvement par une cause quelconque, peut produire de semblables phénomenes. 5°. Si quelques unes de ces cavernes communiquent ensemble, & que chacune ait son embouchure particuliere ; il ne pourra point se faire qu'une ou deux de ces cavernes ne reçoive une partie du vent qui s'excite dans l'atmosphere, & que ce vent ayant circulé dans toute la capacité de la caverne, où il sera introduit, ne sorte par l'ouverture opposée. 6°. Les vents qui sortent du fond de la mer, tirent leur origine des tremblemens de terre qui se font sous l'eau, & qui sont eux mêmes produits par différentes effervescences, ou par des inflammations qui engendrent une grande quantité de fluide élastique, qui s'élance avec impétuosité de bas en-haut, & s'échappe par les ouvertures & les crevasses qui se font au fond de la mer : dès que ce fluide a traversé la masse d'eau qui s'opposoit à son pas-

(1) Vita Peiresci, Lib. 5. pag. 407.
(2) Philosoph. Transact. n. 298.
(3) Observat. Physiq. envoyées de Siam à l'Académie.
(4) Philos. Transf. n. 475. Hist. de l'Acad. Roy. ann. 1762. Belidor, Arch. Hydraul. Lib. 3. chap. 4. p. 192.

fage, il fe développe avec violence en toute fortes de fens, & forme un tourbillon.

§. MMDCVI. On doit regarder commé caufe des vents qui foufflent fur la furface de la terre, tout ce qui peut caufer quelqu'ébranlement dans l'atmofphere, & le mettre en mouvement : telles font, par exemple, les vagues de la mer, fon flux & reflux, qui entraînent & qui pouffent l'air en avant. 2°. Les fleuves qui roulent leurs eaux avec beaucoup de rapidité, & qui engendrent des vagues; ce qui fait qu'on éprouve prefque toujours un vent frais vers le bord de la mer & fur les rivages des rivieres. 3°. Les exhalaifons & les vapeurs qui s'élevent du fein de la terre, qui, par le mouvement qui les entraîne, ainfi que par leur abondance, mettent en mouvement la maffe d'air qui les reçoit. 4°. Un grand feu qu'on allume dans un endroit, qui communique un mouvement irrégulier à l'air qui s'y trouve, qui le chaffe & le pouffe vers un autre endroit. 5°. L'inflammation d'une grande quantité de poudre à canon, ou l'embrâfement d'un mélange de nitre & d'antimoine. 6°. La fonte des neiges & des glaces, excitée par les rayons du foleil, ainfi qu'*Hyppocrate* l'a obfervé autrefois, & que le Baron de *Verulam*, *Varin*, *Mariotte* & *Offman* l'ont confirmé depuis. Le dernier de ces célebres Obfervateurs a remarqué qu'il s'engendroit des vents d'Eft par les fontes des neiges qui fe font dans les mois d'Avril & de Mai fur les hautes montagnes de la Moravie, de la Bohême, & de la Mifnie; que ces vents étoient extrêmement nuifibles aux jardins & aux prairies; parceque l'air qui eft dans le voifinage de ces neiges, eft un air très épais, qui fe dilate par la même caufe qui produit la fonte de la neige, & la vapeur qui s'éleve en abondance de la neige fondue, occafionne le vent. 7°. Lorfqu'un corps plan d'une grande étendue tombe précipitamment vers la furface de la terre, l'air qui répond à fa furface cede à la preffion qu'elle exerce contre lui ; il s'étend en toutes fortes de fens, & il produit du vent. 8°. Lorfqu'en automne les arbres font prefque dépouillés de leurs feuilles, celles qui font tombées, commençant à fe pourrir, lâchent l'air qu'elles avoient autrefois abforbé, elles le pouffent dans l'atmofphere; il s'y éleve en grande quantité, & il produit néceffairement du vent. On pourroit encore rapporter ici quantité d'autres phénomenes, qui font en partie caufes productrices, ou en partie caufes occafionnelles des vents; tels font, par exemple, les efpaces qui fe trouvent entre deux montagnes, les détroits qui fe trouvent entre deux promontoires de terres très élevés; tel eft le détroit de Magellan, le détroit Waygats, celui de Gibraltar, qui font paffer le vent d'un efpace très étendu dans de plus petits efpaces, & qui par ce moyen accélerent fon mouvement, & font qu'un vent doux devient rapide : c'eft ainfi que les vents de Nord & de Sud deviennent quelquefois très violens, lorfqu'ils foufflent entre les chaînes des Andes du Pérou, qui s'étendent du Septentrion au Midi.

§. MMDCVII. Il y a beaucoup de vents qui font produits par des caufes qui fe trouvent dans l'atmofphere même : ces caufes peuvent agir de différentes manieres, foit en condenfant l'air & en augmentant fon reffort; foit en le raréfiant, ou en le pouffant d'un endroit dans un autre : alors la maffe d'air qui entoure l'efpace qui fe trouve vuide, & qui eft plus denfe & plus élaftique, fe porte avec impétuofité dans cet efpace vuide. En général, tout ce qui peut rompre l'équilibre de l'air dans tout endroit quelconque, doit être regardé comme une caufe du vent : on doit donc ranger parmi ces différentes caufes, la chaleur & le froid ; puifque la chaleur raréfie l'air, l'étend, & augmente fon reffort, & que le froid le condenfe. L'électricité peut auffi être regardée comme une des caufes du vent, lorfqu'elle fe trouve abondamment répandue dans une nuée, & qu'elle forme une atmofphere autour d'elle. En effet, une nuée de cette efpece venant à en rencontrer une femblable, ces deux nuées fe repoufferont mutuellement, & elles produiront alors deux vents contraires : au contraire, fi une nuée chargée d'électricité en rencontre une autre qui ne foit point, ou qui ne foit que peu électrique, l'une de ces deux nuées, ou même ces deux nuées, s'attireront mutuellement, s'élanceront avec impétuofité l'une dans l'autre, fe confondront enfemble, & produiront un nouveau vent : ou fi une nuée électrique fe trouve tranfportée dans un air qui ne foit point électrique, ou qui le foit moins que cette nuée, elle tendra à fe mettre en équilibre, elle fe divifera en plufieurs parties, ou elle fe fondra jufqu'à ce que la matiere électrique foit uniformément répandue dans l'air : or cette diffolution des parties d'une nuée ne peut avoir lieu fans qu'il s'engendre un mouvement qui produife du vent.

La chûte des nuées, ou celles qui fe convertiffent fubitement en eau, communiquent, par leur chûte, un mouvement à l'air, qui par conféquent produit du vent.

Mais la principale de ces caufes eft l'effervefcence de diverfes fortes d'exhalaifons, ou des vapeurs & exhalaifons qui fe rencontrent, & qui fe mêlent enfemble. En effet, dès que deux exhalaifons différentes fe mêlent enfemble & font effervefcence, elles s'étendent, elles engendrent un fluide élaftique, ou elles acquerent elles-mêmes un plus grand reffort : elles pouffent donc l'air ambiant, & lui communiquent plus ou moins de vîteffe, fuivant que l'effervefcence eft plus ou moins grande, ou fuivant que leur reffort eft plus ou moins augmenté, ou fuivant les forces du fluide élaftique qu'elles engendrent. La plus grande partie de ces effervefcences produit de la chaleur : c'eft pour cela que, dans un tems d'orage, l'air a coutume d'être chaud, en quelque tems de l'année que cet orage furvienne. Le frottement des parties qui roulent & qui fe meuvent les unes fur les autres, raffemble encore une certaine quantité de matiere ignée ; comme il fe mêle tantôt plus, tantôt moins d'exhalaifons dans l'air, & qu'après qu'un mêlange s'eft fait, il fe paffe quelque tems avant qu'il s'en faffe un autre, le vent fera plus ou moins impétueux : quelquefois il s'appaifera tout-à-fait, & recommencera bien tôt après à fouffler avec plus de force qu'auparavant, ainfi que nous avons coutume de l'obferver par rapport aux vents libres, qui ne foufflent jamais avec une égale force, pendant l'efpace de deux minutes, mais qui foufflent toujours inégalement ; ce qui a d'autant plus lieu, que le vent eft plus fort. Il pourroit bien fe faire que ces interruptions que nous obfervons dans l'impétuofité du vent, dépendiffent des ondes que la tempête excite dans l'air : nous obfervons cependant que les ondes de la mer fe fuccedent à tems égaux, & qu'il en eft de même de celles que le fon produit ;

tandis que les espaces de tems qui séparent les bouffées de vent, sont fort inégaux : outre cela, on ne peut pas dire que les ondes excitées dans l'air soient la cause de la chaleur qui s'y engendre toujours dans un tems d'orage ; ce qui fait que j'imagine que ces interruptions, dans l'impétuosité des vents, dépend plutôt des effervescences qui se succedent, que des ondes dont nous venons de parler. Ajoûtez encore à cela qu'il faut bien que la cause qui produit les premieres ondes, soit elle même différente de ces ondes : or cette cause ne peut être autre chose que l'effervescence.

On voit toujours naître quelques vents lorsque la foudre & le tonnerre se font entendre ; car la foudre pousse l'air, le chasse de l'espace qu'il occupe : l'air ambiant se jette donc alors avec impétuosité dans l'espace qui vient d'être évacué, & produit conséquemment du vent ; ce qui est confirmé par une observation faite en Angleterre, qui nous apprend qu'un vent qui n'avoit pas plus de 60 pieds d'étendue en largeur, suivoit une foudre qui occupoit 16 pieds en largeur (1).

Lorsque les exhalaisons qui s'élevent dans l'atmosphere sont en petite quantité, & qu'elles sont assez rares pour ne point troubler la transparence de l'air, les effervescences qui accompagnent leur mêlange, sont moins véhémentes, & pour l'ordinaire les vents sont plus doux ; mais lorsque ces exhalaisons sont très abondantes, & qu'elles forment des nuées épaisses, elles engendrent de très grands vents : c'est pour cela qu'il se forme de plus grands vents dans un tems de nuages que dans un tems serein. Il y a des nuages dont les exhalaisons fermentent avec toutes sortes de vapeurs, ou qui étant fortement chargées d'électricité, se jettent avec impétuosité sur les autres qu'elles rencontrent, & qui sont beaucoup moins électriques, qui conséquemment chassent avec violence la masse d'air qui se trouve interceptée, & la mettent en mouvement : ces sortes de nuées excitent des vents dans tous les endroits par où elles passent. On remarque souvent de ces sortes de nuées pendant l'été, même lorsque le ciel paroît serein, & les habiles Mariniers savent bien les distinguer de loin par leur couleur noire. J'ai vû moimême, le 17 Août de l'année 1748, en me promenant au-dehors de Leyde, j'ai vu, dis-je, de loin dans le chemin qui conduit de Hollande en Zelande une nuée noire & grande qui venoit à moi : je sentis bien-tôt après un vent violent du troisieme degré : lorsque cette nuée fut au-dessus de ma tête, elle fondit en eau : après que cette nuée eut passé au-delà de mon zénith, la vîtesse du vent étoit diminuée d'une quantité incroyable ; de sorte que je ne puis douter que cette nuée ne fût la véritable cause de la pluie qui tomba, & du vent que je sentis.

On remarque aussi des nuées noirâtres au point qu'elles paroissent couvertes d'une peau : elles produisent souvent des tourbillons : lorsque ces nuées crevent, les vents en sortent comme des torrens. Ces sortes de vents se font quelquefois observer dans la mer d'Ethiopie, sur le dernier promontoire d'Afrique, dans la Guinée, à Loango, à Guardafui (2), dans la terre

----

(1) Philos. Transf. v. 48. n. 1.
(1) Varenii Georg. Sect. 6. chap. 21. §. X. Kolbe Beschryving van de Kaap, Tom. 1.

nommée

nommée *Di-natal*, & auprès de Porto-Bello (1) , ainsi que dans les Antilles (2) , & ils font très furieux. En effet, fur la côte de Guinée il furvient
quelquefois deux ou trois orages dans un feul jour : on voit naître quelques
petites nuées noires, tandis que tout le refte du ciel demeure ferein , & que
la mer eft tranquille : la premiere bouffée de vent qui part de ces nuées , eft
furieufe : elle fouffle avec une impétuofité incroyable : elle renverfe tout ce
qui fe trouve fur fon paffage; elle brife les antennes , elle renverfe les vaiffeaux , & elle éleve en l'air tout ce qu'elle peut faifir. On donne auffi le nom
de typhon à ces fortes de bouffées de vent. Ce phénomene fe fait fur tout
remarquer dans cette contrée pendant les mois d'Avril, Mai & Juin , lorfqu'aucun vent réglé ne s'y fait fentir : mais cela arrive dans le Royaume de
Loango , pendant les mois de Janvier, Février, Mars & Avril. A Guardafui un vent de tourbillon fouffle pendant le mois de Mai , & on y obferve
un vent du Nord qui vient des nuées : on remarque une montagne fort élevée, qu'on appelle le mont Capiro, dont le fommet eft toujours entouré
de nuées plus épaiffes que celles qui flottent dans l'atmofphere : lorfque ces
nuées deviennent plus denfés , & qu'elles defcendent , elles indiquent un
orage prochain ; & le beau tems va renaître dès qu'elles remontent : ces variations font fréquentes & fubites.

§. MMDCVIII. J'ai déja fait fouvent mention , tant dans ce Chapitre que
dans les précédens , des effervefcences qui furviennent dans l'air ; & afin
que perfonne ne doute de la vérité de ce que j'ai avancé , voici quelques expériences qui prouvent démonftrativement que je n'ai rien mis en avant qui
n'arrive effectivement. Si on met fur une table une fiole ouverte , dans laquelle il y ait de l'efprit volatil de fel ammoniac , une partie de ce liquide
s'évaporera : on s'appercevra de cette évaporation par l'odeur qu'elle répandra ; car ces parties ne feront point fenfibles à la vue : il en arrivera de même fi on débouche pareillement une autre fiole, dans laquelle il y ait de l'efprit de nitre : or fi on rapproche ces deux fioles l'une de l'autre, les exhalaifons qui en fortent, venant à fe rencontrer dans l'air, fe mêleront enfemble,
& produiront , par leur mêlange , une effervefcence & un petit nuage fenfible , accompagné de chaleur, ainfi qu'on pourra s'en convaincre en plongeant dedans la boule d'un thermometre. Le célebre M. *Hales* (3) nous apprend, qu'ayant mêlé dans une fiole de l'efprit de nitre avec un minéral vitriolique, ce mêlange produifit d'abord une effervefcence : après qu'elle eut entierement ceffé, il ouvrit la fiole, dans laquelle il laiffa entrer de nouvel air ;
l'effervefcence recommença d'abord , & alors l'air qui étoit dans la fiole devint épais & rouge. On peut répéter plufieurs fois de fuite cette expérience ,
& toujours avec le même fuccès. La même chofe peut auffi fe faire dans une
fiole , dans laquelle on a verfé de l'efprit de nitre fur de la limaille de fer :
cela arrive auffi fous un récipient, où il eft refté de la vapeur de l'eau-forte
qu'on a verfée fur une pyrite.

§. MMDCIX. Les caufes du vent qui fe trouvent au deffus de notre at-

______

(1) Voyage en Amérique par Dom Georg. Juan. Liv. 2. chap. 3.
(2) Philof. Tranf. Vol. 49. Part. 2. pag. 629.
(3) Appendix ad Hæmaftat. Exper. 3.

mosphere , sont le soleil & la lune : ces deux corps maîtrisant l'atmosphere par leur gravitation , l'attirent à eux, & y produisent un mouvement analogue au flux & reflux de la mer, qui dépend aussi de leur gravitation. Ce flux & reflux de l'air est néanmoins très petit, & à peine suffisant pour produire un vent sensible ; ce qui vient du peu de poids de l'air & de la rareté de ses parties : car si on suppose que la gravité du soleil & de la lune, jointes ensemble, élevent l'eau à la hauteur de 30 pieds, hauteur qui se trouve véritablement plus grande que celle à laquelle l'eau est élevée dans presque tous les Ports, & qui n'est que de 10 pieds au milieu de la mer ; l'air, qui est au moins 600 fois plus rare que l'eau, doit être par conséquent 600 fois moins dense , & s'élever d'autant moins : ce qui réduit son élévation à $\frac{1}{7}$ de pouce. La différence qu'on remarque entre la distance de la lune à la surface de l'Océan, & sa distance de l'atmosphere ne cause presque point de différence dans le calcul ; car si on suppose que la hauteur de l'atmosphere $=$ 100 milles , cette hauteur ne sera que la quinzieme partie du rayon de la terre ; & conséquemment la distance de la lune à la surface de la mer , sera à celle de ce même astre à l'atmosphere, comme $64 : 63 \frac{14}{15}$, dont les quarrés ne différeront que très peu : & conséquemment l'action mutuelle de la gravitation de la lune & de l'Océan, ou de la lune & de l'air, ne sera presque pas différente ; puisque cette action suit la raison inverse du quarré des distances. Par conséquent la colonne d'air qui répondra immédiatement au soleil , ou à la lune, ne sera que d'un cinquieme de pouce plus haute que les colonnes circonvoisines : or pour produire cette hauteur, l'air ambiant n'affluera que très peu dans la colonne élevée ; & cet air venant ensuite à refluer, ne sera encore agité que d'un très petit mouvement, à peine sensible.

Mais quand on supposeroit même que l'air seroit élevé aussi haut que l'eau, une colonne d'air de toute la hauteur de l'atmosphere, & qui acquerroit 30 pieds de plus en élévation, ne pourroit point encore, par son excès de hauteur au-dessus des colonnes circonvoisines, & par l'excès du poids qu'elle acquerroit, ne pourroit point, dis-je, mouvoir sensiblement ces colonnes ambiantes : aussi ne remarque-t-on aucun changement sensible dans la colonne de mercure du barometre, pendant le tems du flux & reflux que la mer souffre entre les tropiques, soit que la lune soit à l'horison, au zénith , ou qu'elle passe au-dessous de l'horison. On n'observe point non plus au-delà des tropiques des mouvemens dans l'atmosphere aussi réguliers, & semblables à ceux qui se passent sur la mer, quoiqu'il y ait certains endroits où le flux & reflux de la mer soit très grand, soit pendant la nouvelle lune, la pleine lune, ou qu'elle soit dans les nœuds. Aussi j'imagine que le flux & le reflux de la mer doit plutôt être regardé comme la cause du vent. La gravitation du soleil doit être moindre sur l'atmosphere que celle de la lune.

§. MMDCX. Mais le soleil agit, sur-tout sur l'air, d'une autre maniere. En effet, il le raréfie par la chaleur qu'il y porte, & il l'échauffe d'autant plus, qu'il y envoie un plus grand nombre de rayons, & que ces rayons y tombent plus directement ; par conséquent s'il se trouve dans le ciel des nuages qui y soient répandus çà & là, & qui interceptent les rayons du soleil, la masse d'air qui se trouvera au-dessous de ces nuages , sera moins échauffée, & se raréfiera moins : l'air au contraire qui se trouvera à découvert, &

au-deſſus duquel il n'y aura point de nuages, ſera plus échauffé par les rayons du ſoleil ; cet air plus échauffé ſe raréfiant davantage, ſe portera dans l'air, qui répondra aux nuages dont nous venons de parler : ce qui produira du vent. Mais au contraire pendant la nuit la maſſe d'air qui répondra à un nuage, & qui ſera plus denſe, ſe portera dans l'air qui l'avoiſine, & qui eſt plus rare, mais qui le condenſera par le froid qui viendra le ſaiſir : ce qui produira un vent contraire à celui qu'on aura ſenti pendant le jour. On peut avancer, ſans craindre de ſe tromper, qu'il y a encore quantité de cauſes qui nous ſont inconnues, & qui produiſent du vent.

§. MMDCXI. Nous connoiſſons qu'il ſouffle des vents contraires, lorſque nous voyons quelquefois les nuées ſe mouvoir ſelon des directions contraires : ces vents ne ſoufflent point pendant long-tems à la même hauteur ; car lorſque deux vents de cette eſpece ſe rencontrent, le plus fort maîtriſe, pour l'ordinaire, le plus foible, & lui fait prendre une direction ſemblable à la ſienne : mais on remarque quelquefois que les nuées ſont agitées par des vents contraires à différentes hauteurs au-deſſus de la ſurface de notre globe. Quoique ces vents ſubſiſtent plus long-tems que les premiers, ils ne ſont point pour cela de longue durée : les cauſes de ces ſortes de vents exiſtent & ſe trouvent dans différentes hauteurs de l'atmoſphere.

§ MMDCXII. On remarque que les vents ſont plus véhémens & plus forts dans les endroits élevés que dans les endroits bas ; ce qui vient de ce que dans ces derniers endroits ils éprouvent des réſiſtances continuelles, qui viennent des arbres, des maiſons, des montagnes & de tous les corps qui ſont à la ſurface de la terre ; obſtacles qu'ils ne rencontrent point dans les endroits qui ſont fort élevés, où l'air peut par conſéquent ſe mouvoir librement d'un lieu dans un autre : c'eſt pour cette même raiſon que les vents ſont plus forts ſur la mer, ſur un lac que ſur le continent, ainſi que tous les Marins l'atteſtent unanimement.

§. MMDCXIII. Il y a certains vents qui ne parcourent que de très petits eſpaces dans l'atmoſphere. On remarque un vent de cette eſpece dans la Province de Narbonne, vers une montagne que l'Auteur appelle *Malignonum* : ce vent ne paſſe point au-delà de la déclivité de cette montagne. Il y a un Bourg nommé Nihontium, dans le Bas-Dauphiné, auprès duquel on voit naître un certain vent, qui ne s'étend point au-delà d'un, de deux, ou de trois milles en largeur : ce vent eſt néanmoins véhément ; il ſouffle toujours avec même force, & il vient tous les jours de la partie boréale du ciel : il ceſſe cependant, pendant le printems & l'automne, vers les 4 heures du matin & ſur le midi ; pendant l'été il regne depuis l'aurore juſqu'à huit heures du matin, & pendant l'hiver, depuis minuit juſqu'à 9 ou 10 heures (1).

§. MMDCIV. Un vent doux s'étend rarement fort loin ; mais un vent véhément, & qui dure pendant long-tems, parcourt une grande étendue du ciel. Les obſervations de *Maraldi* faites à Paris, ainſi que celles de *Derham* faites à Upminſter, nous apprennent qu'il y a eu des vents qui ont parcouru l'Angleterre & la France (2).

(1) Gaſſend. in Phyſ. Lib. 2. §. 3. cap. 12
(2) Hiſt. de l'Acad. Roy. ann. 1699.

Towneley & *Derham* nous apprennent que certains vents ont soufflé dans toute l'étendue de l'Angleterre (1). D'autres ont parcouru toute l'étendue de l'Angleterre, de l'Allemagne, de la Suisse, & peut-être encore d'autres régions, ainsi qu'on peut s'en convaincre, en comparant ensemble les observations de *Derham* & de *Scheuchser* (2) : néanmoins on a observé qu'un vent qui étoit très véhément dans un endroit, étoit plus doux dans d'autres endroits qu'il parcouroit.

Le quatorzieme jour de Janvier de l'année 1757, le ciel étoit très tranquille & très calme à Leyde, tandis qu'il y avoit un orage très violent sur la mer d'Irlande. Le 19 du même mois il y eut à Leyde un orage assez foible, mais il fut très violent dans le golfe de Lion, & il causa plusieurs naufrages. Le 20 du mois d'Avril de la même année 1757, il survint en France un grand orage qu'on remarqua à Paris, à Rouen, &c ; ce même jour le ciel étoit calme à Leyde, & il n'y souffloit aucun vent.

§. MMDCXV. On remarque une grande différence dans la vîtesse des vents libres. Suivant les observations de M. *Mariotte*, ceux qui se meuvent avec assez de vîtesse pour déraciner des arbres & des forêts, parcourent 32 pieds, mesure de Paris, en une seconde : mais, selon des observations plus exactes, faites par *Lulofs*, il paroît qu'un vent violent & impétueux, & qui n'est point encore orageux, parcourt 52 pieds en une seconde. On voit, selon celles de *Derham* (3), que les vents les plus impétueux parcourent 66 pieds d'Angleterre en une seconde, & 45 milles d'Angleterre en une heure : mais ces vents étoient si véhémens & si furieux, qu'ils briserent une statue de pierre de 12 pieds de hauteur, 5 pieds de largeur sur 2 pieds d'épaisseur, & ils agirent avec tant de force, qu'ils renverserent des forêts entieres (4). On a vu quelquefois que des arbres renversés par des vents furieux, & jettés à droite, par exemple, étoient relevés par un vent contraire, & jettés ensuite à gauche (5) : c'est une observation faite dans les Isles Antilles par *Peyssonel*. On a vu des arbres battus par les vents au point d'être tout-à-fait dépouillés de leurs feuilles, comme dans l'hiver, quoiqu'ils demeurassent verdoyans. *Kraasst* observa à Petersbourg, le 24 Mars de l'année 1741, un vent qui étoit si rapide, qu'il parcouroit $109\frac{7}{10}$ de pieds en une seconde ; il en observa un une autre fois qui parcouroit 123 pieds dans le même tems (6). La fureur des vents est quelquefois au-delà de toute imagination ; car on en a vu qui élevoient en l'air des maisons entieres, & qui les transportoient, sans les briser, à 25 pas de distance. Le 8 du mois d'Août de l'année 1749, il fit en Silésie un vent si furieux, qu'il renversa 17 moulins : ce même jour le ciel étoit très calme à Leyde ; on n'y sentoit aucun vent. *Bellarmin* rapporte qu'il a observé un vent fort impétueux, qui arracha une grande quantité de terre sur un terrein, qui l'éleva en l'air, & qui la jetta sur un Bourg voisin, qui en fut enseveli (7). En 1680 le vent fut si violent dans un endroit qu'on nomme Radzieiovicach, qui est à 5 milles de Varsovie, qu'il enleva une grosse

---

(1) Philosoph. Transact. n. 297. (2) Philosoph. Transact. n. 321. (3) Philosoph. Transact. n. 313. (4) Philosoph. Transact. n. 114. (5) Philosoph. Transact. Vol. 49. Part. 2. p. 628. (6) Comment. Petropol. Vol. 13. p. 380. (7) De Adscensu mentis in Deum per Scal. Grad. 2.

tour d'une Eglise , & les cloches qui étoient dedans , & qu'il tranſporta le tout ſur un édifice qui en étoit fort éloigné (1). Le 7 du mois de Juin de l'année 1680 , on vit en France le ciel tout couvert de nuées noires raſſemblées ſous la forme de globes: il ſurvint un tourbillon violent , accompagné de foudres & de grêle : ce tourbillon renverſa des Bourgs entiers ; il déracina des arbres , il fit tomber des Châteaux & des Egliſes : il enleva dans un Bourg nommé *Bouchis* la tour de l'Egliſe & les cloches qui y étoient , qu'il tranſporta à la diſtance de 100 pas. On vit une autre fois des moulins entiers enlevés juſqu'à leurs fondemens , & jettés au loin. *Ammian Marcellin* rapporte qu'auprès de la Ville d'Ana , ſituée dans l'Aſie , & qui eſt entourée par l'Euphrate , il ſurvint un jour un vent ſi furieux & ſi fort , qu'il enleva les toits des maiſons ; il renverſa des ſoldats , & en tranſporta d'autres à de grandes diſtances. Or ces violens effets , ces accidens dépendent , non-ſeulement de la vîteſſe avec laquelle l'air mis en mouvement vient frapper les corps qu'il rencontre ; mais ils dépendent encore de ſa denſité : c'eſt pour cela que l'air chargé de nuages , & proche la ſurface de la terre , où ſa denſité eſt la plus grande , doit produire de plus grands effets & de plus grands ravages qu'un air ſerein , rare , pur , & élevé. Outre cela les vents qui ſoufflent également , quoique véhémens , ne produiſent point de ſi grands dommages que ceux qui ſoufflent par bouffées.

§. MMDCXVI. Les orages ſont ordinairement accompagnés de chaleur , même en hiver , & de quelque côté du ciel qu'ils nous viennent ; parceque la cauſe de ces vents eſt une efferveſcence produite dans l'air , & que l'efferveſcence eſt preſque toujours accompagnée de chaleur : cet effet peut auſſi venir de ce que les parties de l'air , étant miſes dans un mouvement très rapide , frottent les unes contre les autres , ſe preſſent , ſe briſent , pour ainſi dire ; ce qui contribue à développer la matiere ignée , & à raſſembler de la chaleur.

§. MMDCXVII. Les habitans des Antilles connoiſſent les approches des typhons , & les regardent comme très prochains lorſqu'ils voient le ciel parfaitement calme ; car il s'éleve alors des vents qui viennent tantôt d'une contrée , tantôt d'une autre oppoſée , bien-tôt encore d'une toute autre contrée : ces vents ſont accompagnés de petites nuées qui ſont pouſſées avec beaucoup de rapidité ; les oiſeaux de mer ſe réfugient dans le continent : bien-tôt après une nuée noire & épaiſſe couvre tout le ciel , l'obſcurcit , & lance une pluie abondante.

Dans la mer du Japon , qui eſt expoſée à de ſi fréquens tremblemens de terre , on voit tout-à-coup le ciel ſe couvrir d'une nuée épaiſſe , couleur de cuivre ; la lumiere du ſoleil eſt alors ſi affoiblie , qu'on ne peut point diſtinguer les objets les plus voiſins : bien-tôt après il ſort de cette nuée un vent furieux.

Ce tourbillon ceſſe lorſque la nuée eſt rompue , ſur-tout par la foudre & le tonnerre , ainſi que par la pluie qui en tombe.

§. MMDCXVIII. J'ai obſervé , pendant l'eſpace de 29 ans , les orages qu'il y a eu à Utrecht & à Leyde , & j'en ai donné la deſcription : ces orages

____

(1) Journ. des Sav. ann. 1680. p. 241.

regnent pendant tout le cours de l'année ; il y a cependant des années où ils font deux ou trois fois plus fréquens ; car en 1731 il n'y en eut qu'un : j'en obfervai 4 en 1732, 14 en 1736, 15 en 1737, 25 en 1751 : en prenant un terme moyen, on trouve qu'il y en a 30 par an ; car j'en ai compté 307 dans l'efpace de 10 ans : & voici le réfultat de mes obfervations, qui indique combien il y en eut dans chaque mois de l'année pendant l'efpace de tems ci-deffus indiqué.

Janvier,	Février,	Mars,	Avril,	Mai,	Juin,	Juillet,
42	49	39	20	9	9	8

Août,	Septembre,	Octobre,	Novembre,	Décembre.
8	23	18	39	57.

Il fuit de ces obfervations que les orages font plus rares à Leyde pendant les mois de Mai, Juin, Juillet, Août, & qu'ils font très fréquens en Décembre, Janvier & Février, & qu'ils font moyennement fréquens pendant les mois de Mars, Avril, Septembre, Octobre & Novembre.

§. MMDCXIX. Pour pouvoir déterminer la force du vent, voici l'expédient auquel on a eu recours. On a pris une efpece de foufflet cylindrique A B C D (*Tab. 63. fig. 10.*), à la tablette inférieure duquel on a adapté un tube ouvert par fes deux extrêmités : on a chargé de différens poids, tantôt plus grands, tantôt plus petits, la tablette fupérieure. L'air du foufflet qui coule par le trou N, lorfque la tablette fupérieure, cédant à l'effort de la compreffion, defcend, produit un vent qui eft dirigé fur l'extrêmité N du levier O N ; l'autre extrêmité du même levier eft chargée d'un poids Q, qu'on peut auffi varier à volonté : lorfque le vent qui fort du tube fouffle contre l'extrêmité N du levier, ce vent fait trebucher le levier. Or on demande quel doit être le poids Q pour qu'il y ait équilibre entre ce poids & l'effort du vent contre l'extrêmité N du levier ? Calcul fait, on trouve que le poids Q doit être au poids P, qui charge la tablette, comme la grandeur du trou N eft à la grandeur de la tablette A D : car l'air compris dans toute la capacité du foufflet, eft également preffé par-tout ; par conféquent la force de l'air qui répond au trou N, eft à celle de toute la maffe d'air qui agit contre la tablette B C, comme l'ouverture N eft à la grandeur de la tablette B C ou A D.

§. MMDCXX. Si on remplit d'eau le foufflet A B C D, & qu'on obferve le tems que cette eau emploie pour s'écouler par l'ouverture N, & qu'enfuite on rempliffe d'air le même foufflet, on remarquera que ce dernier fluide s'écoulera 24 fois plus promptement : d'où il fuit que l'air comprimé par un poids quelconque, fe meut 24 fois plus vîte que l'eau preffée par le même poids.

Cela pofé, la pefanteur fpécifique de l'air étant à celle de l'eau dans le rapport de 1 à 606. En fuppofant que la vîteffe de l'eau = 1, & celle de l'air = x, on aura l'effort de l'eau eft à celui de l'air, comme le quarré de leurs vîteſſes multiplié par leurs poids; c'eſt-à-dire, comme $1 \times 1 \times 606$: $x\,x \times 1$. Et en ſuppoſant ces efforts égaux, on aura $606 = x\,x$. En tirant donc la racine quarrée, on aura $x = 24,61$.... d'où il ſuit que la vîteſſe de l'air eſt 24 fois, ou à très peu de choſe près, plus grande que celle de l'eau : ce rapport doit néanmoins différer ſuivant que la denſité de l'air deviendra plus grande ou plus petite.

§. MMDCXXI. Mais l'effort de l'air eſt comme le quarré de la vîteſſe avec laquelle il ſe meut ; car en ſuppoſant la vîteſſe de ce fluide $= 1$, & en ſuppoſant en même-tems que ce fluide agiſſe contre un obſtacle, il eſt conſtant qu'un certain nombre de molécules d'air ſe portent contre cet obſtacle dans un tems donné, leur action contre cet obſtacle ſera donc $= 1 \times 1$. Mais ſi on ſuppoſe que l'air ſe meuve une fois plus vîte, le nombre des molécules d'air qui agiront contre cet obſtacle dans un tems égal au premier, ſera double, & pourra être repréſenté par 2, ainſi que la vîteſſe avec laquelle elles ſe porteront contre cet obſtacle; conſéquemment l'effort de l'air, dans ce ſecond cas, ſera $= 2 \times 2 = 4$; par conſéquent l'effort de l'air qui agit contre un obſtacle, eſt comme le quarré de ſa vîteſſe.

§. MMDCXXII. Lorſque l'air ſe meut 24 fois plus vîte que l'eau, il produit le même effet ; car lorſque l'eau coule avec une vîteſſe comme 1 par le trou N du ſoufflet, & qu'elle fait trébucher le levier N O, & qu'elle éleve le poids Q, l'air coulant avec une vîteſſe 24 fois plus grande par le même trou N, ne produit que le même effet. Par conſéquent l'effort du vent qui parcourt 24 pieds dans une ſeconde, eſt égale à l'effort d'une maſſe d'eau qui couleroit dans un tems égal, & qui ne parcourroit qu'un pied d'eſpace dans ce tems. Or le célebre M. *de la Hire* a trouvé que cet effort de l'eau étoit égal à la preſſion qui viendroit du poids d'un priſme d'eau, dont la baſe ſeroit égale à la ſurface preſſée par cette eau, & la hauteur égale à celle d'où un corps grave venant à tomber, acquerroit la même vîteſſe, qui doit être telle dans ce cas, qu'il puiſſe parcourir en une ſeconde la longueur d'un pied. Si on ſuppoſe que la vîteſſe de l'eau $= 1$, comme un corps grave, dans ſa chûte, parcourt 15 pieds dans la premiere ſeconde, & qu'en vertu de la force qu'il acquiert pendant ce tems, il peut parcourir 30 pieds, & que ſa vîteſſe, pendant ſa chûte, eſt comme la racine quarrée de la hauteur, on

aura donc $30 : \sqrt{15} \; p. :: 1 : \sqrt{x}$, ou $900 : 15 :: 1 : x$. Donc $x = \frac{15}{900} = \frac{1}{60}$; or comme un pied cubique d'eau peſe 63 ℔, un obſtacle qui aura 1 pied en quarré, ſera preſſé avec une force $= \frac{63}{60}$ de ℔, $= 1 ℔ \frac{1}{20}$.

Par conſéquent ſi le vent ſe meut avec une vîteſſe propre à lui faire parcourir 24 pieds en une ſeconde, il preſſera un obſtacle d'un pied en quarré avec une force $= ℔ 1 \frac{1}{20}$.

Par conſéquent ſi la vîteſſe du vent eſt telle qu'elle lui faſſe parcourir 32 pieds. La force avec laquelle le vent précédent agiſſoit contre l'obſtacle dont nous venons de parler, ſera à celle avec laquelle ce dernier vent agira contre le même obſtacle, comme $24 \times 24 : 32 \times 32 :: 576 : 1024$. Par conſéquent ſi 576 de force élevent un poids de ℔ $1 \frac{1}{20}$, 1024 éleveront un poids $= ℔ 1 \frac{9984}{11520}$; c'eſt-à-dire, que le dernier vent dont nous venons de parler, n'agira point avec une force de 2 ℔ contre l'obſtacle d'un pied en quarré.

Si la vîtesse du vent est telle qu'il parcourt 66 pieds en une seconde, l'effort de ce vent, comparé à celui du premier dont nous venons de parler, seront entr'eux : : 24 $\times$ 24 : 66 $\times$ 66 : : 576 : 4356 : : 1 : 7 $\frac{324}{576}$, & si la vîtesse du vent est telle qu'il parcourt 123 pieds, ainsi que *Kraafft* dit l'avoir observé, ce rapport deviendra égal à celui de 576 : 15129 ; c'est-à dire, : : 1 : 26 $\frac{151}{576}$. L'effort de ce vent contre un obstacle d'un pied en quarré, sera donc $=$ 27 $\frac{6569}{11520}$.

M. *Boüguer* a dressé une Table, qu'il a insérée dans son Ouvrage intitulé, *Manœuvre des vaisseaux*, page 184, dans laquelle il a déterminé en poids la force d'un vent qui parcourroit depuis 1 jusqu'à 100 pieds en une seconde. Les nombres indiqués dans cette Table ne conviennent point avec ceux dont M. *de la Hire* s'est servi, & les forces du vent pour chaque vîtesse sont un peu plus petites : cette Table ne me paroît pas d'une grande utilité ; parce-qu'il est aisé de déterminer la force du vent lorsqu'on connoît sa vîtesse.

Supposons maintenant un arbre couvert de feuilles, qui ait 80 pieds de haut, & 50 de largeur dans la partie où se trouvent les feuilles ; mais supposons que les branches de cet arbre soient élevées à 10 pieds au-dessus de la surface de la terre : dans cette supposition, le plan contre lequel le vent agit $=$ 70 $\times$ 50 $=$ 3500 pieds quarrés : or comme le vent fait un effort $=$ 27 ℔ contre un obstacle d'un pied en quarré, l'effort du vent contre l'arbre que nous venons d'indiquer, sera donc égal à 94500 ℔. Mais cet arbre repré-sente un levier dont le point d'appui se trouve dans l'endroit où il sort de la terre. Supposons que cet arbre soit arraché & non cassé ; dans cette supposi-tion, toute la résistance contre l'impétuosité du vent doit se trouver dans les racines qui sont implantées dans la terre, & dans le poids de la masse de terre qui les charge : mais il ne faut considérer ici que près de la moitié de ces racines ; savoir, celles qui sont tournées du côté d'où le vent vient : car il n'y a que ces racines qui soient, ou cassées, ou arrachées, tandis que les autres demeurent en terre, quoique l'arbre soit tombé, ou elles se cassent pendant la chûte de l'arbre. Il faut aussi considérer toute l'action du vent ap-pliquée au milieu de sa partie rameuse, comme sur un centre de gravité ; conséquemment ce centre se trouve à 45 pieds au-dessus de la surface du terrein : ce nombre multiplié par 94500 ℔, donne pour produit 4252500 ℔. Il faut considérer aussi que les racines d'un tel arbre peuvent s'étendre circu-lairement en terre, à la distance de 15 pieds ; par conséquent ces racines oc-cupent un espace de terre $=$ 705 pieds : conséquemment la moitié de ces ra-cines en occupent un de 352 pieds en quarré. Mais toute cette partie ne ré-siste pas au vent : la résistance des racines de la longueur de 15 pieds, qui agit contre le vent, doit être considérée comme l'autre bras de levier : ainsi supposons que toute la résistance soit appliquée au milieu de cette étendue, & cherchons maintenant le poids qui peut contrebalancer cette résistance ; l'étendue de terre occupée par la moitié des racines, est, suivant le calcul précédent, de 352 pieds quarrés. Supposons qu'un pied cubique de terre pese 70 ℔, & que ce poids soit appliqué aux racines, à la distance de 7 $\frac{1}{2}$ pieds ; dans cette supposition, la charge sera égale à 352 $\times$ 70 $\times$ 7 $\frac{1}{2}$ $=$ 184800.

Mais un arbre porte ses racines en terre jusqu'à la profondeur de 6 pieds ; par conséquent le poids de la terre doit produire une résistance 6 fois plus

grande,

grande , & conféquemment = 1108800 ℔. Mais cet effort eft moindre que celui que nous avons trouvé ci-deffus , qui agit en fens contraire fur l'autre bras de levier, & qui eft égal à 4252500 ℔ ; conféquemment la preffion de la terre ne pourra point réfifter à l'impétuofité du vent , & l'arbre fera déraciné.

Ajoûtez encore à cela que lorfque l'arbre plie fous l'effort qui agit contre lui, & qu'il commence à tomber , le poids de l'arbre agit à l'extrêmité d'un certain levier, dont la longueur eft égale à la moitié de fa hauteur : mais les arbres ne font point déracinés tout d'un coup par un feul coup de vent ; ils font ébranlés de côté & d'autre , ils font renverfés, ils fe relevent enfuite : & ces mouvemens fe répétant plufieurs fois de fuite , leur racine fe détache de la terre ; la terre fe fend & s'ouvre en plufieurs endroits , fe divife en plufieurs parties : le terrein étant donc rompu en parties , les petites fibres des racines étant pareillement rompues, l'arbre tombe enfin , & fe trouve déraciné.

Il arrive quelquefois que des troncs d'arbres fe trouvent rompus auprès de la furface de la terre où ils étoient plantés ; ce qui arrive fur tout lorfqu'ils font cariés intérieurement : fans cela il faut alors les confidérer comme un levier courbé , dont l'un des bras eft formé par le diametre de l'arbre , pris à l'endroit où fe fait la fracture , & l'autre bras , par la diftance du centre de la preffion faite par le vent , au même endroit où fe fait la fracture : le point d'appui de ce levier fe trouve placé à une des extrêmités du diametre dont nous venons de parler.

Nous avons vu dans le Chapitre de la fermeté & de la cohéfion des corps, que la folidité des verres dont nous faifons ufage pour vitrer nos croifées, eft plus confidérable que la preffion que ces vitres éprouvent de la part de ces vents furieux, qui viennent heürter contre : auffi voyons-nous que ces vitres réfiftent à cet effort fans fe rompre ; à la vérité l'effort de ces vents fuffit pour déplacer les croifées elles-mêmes, & pour les pouffer au-delà de leurs appuis ; ce qui fait que les vitres caffent par la chûte des croifées ; mais nous ne voyons pas qu'aucune vitre dont on fait ufage aujourd'hui, fe caffe par l'effort d'un orage ou du vent le plus violent.

Comme plufieurs obfervations nous apprennent que le vent a fouvent abattu des tours, examinons maintenant s'il a affez de force pour produire un tel effet. Suppofons une tour élevée au-deffus d'une Eglife, à la hauteur de 150 pieds , dont chaque côté ait 30 pieds de largeur ; que cette tour foit établie fur quatre colonnes de bois, placées à chacun des angles , & qu'elle ne foit bâtie qu'en bois feulement, comme la plûpart des tours le font nonfeulement en Hollande, mais dans prefque tous les Pays , quoiqu'il y en ait quelques unes qui foient bâties en pierres : cela pofé, fuppofons que le vent porte contre un des côtés d'une de ces tours ; la furface contre laquelle il agit égale donc 150 × 30 = 4500 pieds en quarré. Or , fuivant le calcul indiqué ci-deffus, l'action du vent contre une furface d'un pied quarré, = 27 ℔ ; fa preffion contre le côté d'une tour, dont nous venons de parler , fera donc = 121500 ℔ : mais cette tour doit être confidérée comme un levier dont le centre du mouvement eft placé aux deux extrêmités inférieures des deux colonnes oppofées à la direction du vent ; ce qui forme un levier

Tome III. O o o

courbe , dont un des bras s'étend depuis le centre du mouvement, selon l'é-
paisseur de la tour , & est égale en longueur à l'une de ses faces; mais on
doit considérer le milieu de ce levier comme le centre de gravité auquel se
rapportent toutes les parties de la tour, ainsi que tous les corps graves compris dans son intérieur : l'autre bras de levier est toute la hauteur de la tour,
sur le milieu de laquelle s'exerce toute la force que le vent déploie contre
elle; par conséquent la longueur de ce levier $= 75$ pieds : l'action du vent
contre la tour égale donc $121500 \times 75 = 9112500$ ℔.

Il ne nous reste plus maintenant qu'à déterminer le poids de la tour , autant qu'il nous est possible de le faire , & d'en approcher.

Supposons donc qu'un pied cubique de bois pese 60 ℔.

Selon cette supposition, les quatre poutres qui forment les 4 colonnes placées aux quatre angles de la tour , ayant chacune 150 pieds de haut , & un
pied d'écarrissage, peseront environ .   .   .   .   .   .   36000 ℔

Les quatre traverses qui joignent latéralement les 4 colonnes étant chacune de 30 pieds de longueur ; & en supposant
qu'on en mette de semblables à 8 hauteurs différentes de cette
tour , peseront environ   57600

Supposons qu'il y ait 8 poutres en croix pour joindre ensemble & maintenir les premieres ; que chacune ait 30 pieds de
longueur , & qu'il y ait 8 croix de cette espece, leur poids sera
à peu près   115200

Que le toit pese environ   20000

Que le plomb qu'on est obligé d'employer en certains endroits, pese environ   20000

Que les ferremens posés pour la solidité de l'édifice , pesent
environ   50000

Que le poids des bois qui revêtissent extérieurement la tour
soit d'environ   20000

Que le poids des cloches égale à peu près   .   .   .   20000

Mettons outre cela pour les poids omis   .   .   .   100000

Le poids total sera d'environ   .   .   .   438800

Si on multiplie ce nombre par 15, nombre qui exprime la
distance au point d'appui , selon laquelle le fardeau appliqué
au levier agit , le produit nous donnera le *momentum* ou environ   .   .   .   . $=$ 6582000 ℔

$$\begin{array}{r} 438800 \\ 15 \\ \hline 2194000 \\ 438800 \\ \hline 6582000 \text{ ℔} \end{array}$$

Mais l'effort du vent a été estimé ci-dessus $= 9112500$ ℔; ce qui surpasse
de beaucoup la résistance de la tour : d'où il suit que le vent peut briser une
tour & la renverser.

Il suit de ce que nous venons de dire , que moins les tours seront exactement couvertes, plus elles laisseront de passage aux vents , moins elles
éprouveront d'effort de la part du vent : outre cela , plus les cloches qui y
seront suspendues seront pesantes , plus les tours elles mêmes seront pesantes , plus elles résisteront à l'effort du vent.

§. MMDCXXIII De quelles manieres, ou de quels instrumens peut-on
faire usage pour connoître la vîtesse & l'impétuosité des vents?

Les Phyficiens ont imaginé différens inftrumens pour cela , auxquels ils
ont donné le nom d'anémometres. M. *Bouguer* en a décrit un dans fon Livre intitulé , *Manœuvre des vaiffeaux* , pag. 185.

§. MMDCXXIV. Il y a des vents dont le cours eft fi lent , qu'ils ne peuvent devancer un homme à cheval ; d'autres ont une vîteffe médiocre , & ne
parcourent que 10 milles d'Angleterre en une heure : ces fortes de vents ne
caufent jamais aucun dommage.

§ MMDCXXV. On remarque auffi quelquefois des tourbillons de vents
qui forment comme une efpece de colonne , ou une efpece de tour qui paroît s'étendre depuis une nuée jufqu'à la furface de la terre : pour l'ordinaire
ces tourbillons font adhérens à une nuée noire & épaiffe , avec laquelle ils
fe meuvent felon la même direction. Ces tourbillons font formés d'une
maffe d'air mue circulairement avec une très grande vîteffe ; ils font fenfibles à la vue ; parceque l'air eft alors ordinairement moins tranfparent , ou
parcequ'ils font prefque tout à fait opaques , fur tout vers le milieu : le mouvement rapide avec lequel ils tournent fur eux-mêmes , produit une efpece
de mugiffement. Ils different beaucoup entr'eux par leur groffeur ; car on en
voit de petits qui n'ont que deux ou trois aulnes de largeur , d'autres qui en
ont cent & davantage : ils different encore par la vîteffe qui les anime ; car il
y en a quelques-uns qui fe meuvent avec tant de vîteffe , que dans l'efpace
de 6 à 7 fecondes ; ils fe dérobent à notre vue : quelques-uns ne parcourent
que de petits efpaces ; d'autres parcourent deux ou trois milles avant
d'être tout-à-fait détruits. On donne le nom de vents fecs à ceux qui ne font
point accompagnés de pluie : ces vents produifent de très grands effets ; puifqu'ils renverfent des maifons , ils enlevent des toits , ils déracinent des arbres , ils enlevent des corps légers , tels que des herbes , des feuilles , des
morceaux de linge qui feroient couchés par terre , & ils les enlevent affez
haut pour les dérober à notre vue : ils leur communiquent , en les enlevant ,
un mouvement de tourbillon ; ils les pouffent & les font heurter les uns contre les autres avec tant de force , que le choc fe fait entendre par une efpece
d'éclat , ou de fon , femblable à celui qu'on fait lorfqu'on mâche ou qu'on
ferre les dents , ou lorfqu'on flatte un cheval ou un chien. Les mouvemens
qu'ils font prendre aux morceaux de linge , fuffifent quelquefois pour les
nouer ; ils les déchirent lorfqu'ils les ont élevés : ils les tranfportent quelquefois à des diftances prefqu'auffi grandes que celles qu'ils parcourent :
quelquefois après les avoir enlevés , fecoués les uns contre les autres , ils les
précipitent de haut en-bas ; de forte qu'on trouve fur prefque toute l'étendue
du terrein qu'ils ont parcouru , des débris des corps légers qu'ils ont enlevés.

Quelquefois ces vents furviennent lorfque le ciel eft prefque calme : ces
phénomenes fe remarquent le plus fouvent pendant l'été , ou pendant l'automne , lorfque deux vents contraires ont foufflé , que l'un des deux a fur-
monté l'autre , & a converti une partie de ce dernier en tourbillon. Le célebre *Winkler* (1) nous a donné une defcription très élégante d'un de ces
tourbillons qu'on obferva à Tiffendorfe. *Manfredi* en a décrit un autre qui

____

(1) Winkler Differt. de Turbine Tiffendorfii.]

parut en Italie (1). J'en vis de semblables le 7 Avril 1752 auprès de Leyde. On en vit un en 1753 dans un Bourg nommé Bloemendaal. On en vit un autre le 17 Juillet de l'année 1754 à Harlem. Il en vint un du Nord de la Hollande le 30 Août de l'année 1761, qui renversa un grand vaisseau à Saardam : ce tourbillon m'enveloppa à Warmonde, où je me promenois avec quelques-uns de mes amis, & je ne me ressouviens pas d'avoir jamais senti un vent si violent, qui fût de si petite durée. *Clayton* nous apprend que ces phénomenes sont très fréquens en Virginie (2)

§. MMDCXXVII. Il nous reste encore plus de choses à dire sur les vents, que ce que nous avons dit jusqu'à présent : il nous reste aussi à parler des phénomenes qui sont propres à chaque Pays; car plusieurs dépendent de la situation des mers, des lacs, des montagnes, des forêts, des fleuves, & de plusieurs autres causes & circonstances qu'il faut observer soigneusement dans chaque Pays. Le célebre *Verulame* nous a appris, dans son Histoire des Vents, une méthode excellente & inimitable, qu'il a mise en usage pour connoître les vents. Il faut aussi consulter les avis que le célebre *Kraafft* nous donne à cet égard (3), ainsi que les descriptions de plusieurs vents de la mer Pacifique, qu'*Ulloa* nous a données (4).

§. MMDCXXVIII. Pour quelle raison un orage qui survient en Hollande, par un vent d'Ouest, ne cesse-t-il point que la direction du vent ne change, & que le vent ne devienne Nord-Ouest ou Nord? Si le vent change promptement, & devient tout à coup Nord, l'orage change très promptement : & si cet orage même survient par un vent de Nord-Ouest, il n'est jamais de longue durée.

§. MMDCXXIX. Comme les vents nous procurent de très grands avantages, les anciens peuples, tels que les Perses, les Phéniciens, les Grecs, les Romains, avoient coutume de faire des sacrifices aux vents, & de leur bâtir des Temples : on peut consulter *Vossius* à ce sujet (5).

1°. L'usage des vents est d'empêcher l'air dans lequel nous vivons, & que nous infectons par les exhalaisons qui s'échappent continuellement de notre corps, de demeurer en repos : ces vents le poussent, le chassent, en ramenent un autre plus pur & plus salubre qui vient prendre sa place : car on remarque, en effet, qu'après un long calme, sur-tout en été, il survient des maladies contagieuses, des fievres malignes, & quelquefois la peste, ainsi qu'*Hippocrate* l'a remarqué (6), & plusieurs autres Médecins après lui. Un air qui croupit n'est pas moins nuisible aux plantes.

2°. Les vents temperent la trop grande chaleur du soleil, rafraîchissent l'air, qui est comme brûlé par ses rayons; de sorte que, sans un tel secours, il y a des Pays qui ne seroient point habitables. On remarque cet effet dans les Indes Orientales, dans l'Afrique, dans l'Amérique, sur certaines côtes,

(1) Comment. Bonon. Vol. 2. pag. 454.
(2) Philosoph. Transact. n. 201.
(3) Comment. Petropol. Vol. 11.
(4) Voyage au Pérou, Tom. 2. Liv. 2. chap. 3.
(5) Theolog. Gentil. Lib. 3. Part. 1. cap. 1.
(6) Hippocrates, Lib. 3. Epidemicor.

dans des Ifles qui font fituées entre les deux tropiques : les **vents de terre** qui y foufflent le foir, ceux de mer qui s'y font fentir dans la journée, rafraîchiſſent l'air, la terre, & les eaux, qui y font violemment échauffés par l'ardeur du foleil du matin. Dans nos Pays mêmes quantité de moiſſonneurs périſſoient pendant l'été s'ils n'étoient rafraichis par le vent : car lorfque l'air eft calme, & qu'il ne furvient aucun vent, nous obfervons que la chaleur immodérée du jour eft quelquefois mortelle (1). Le vent nous foulage donc d'une partie du poids de la chaleur qui regne pendant certains mois de l'année.

3°. Les vents tranfportent le chaud & le froid d'un Pays dans un autre ; car pendant l'hiver, lorfque le vent de Nord qui vient du pôle feptentrional, paſſe par-deſſus la mer Glaciale pour fe rendre dans la Nouvelle Zemble ; il apporte fur les côtes feptentrionales de la Ruſſie un froid très piquant, propre à faire mourir les hommes & les animaux s'ils n'avoient foin de fe mettre à l'abri & de s'en garantir, en fe cachant dans des antres fouterrains, pendant tout le tems qu'il fouffle. *Middleton* a éprouvé un froid femblable dans l'Amérique feptentrionale, ainfi qu'il nous l'a appris par la defcription qu'il nous en a donnée (2). Dans les Villes de la Chine, Quanton & Hyfchen, les habitans font obligés de porter des fourrures pour fe garantir du froid piquant qu'ils y éprouvent : ces Villes font cependant fituées à l'extrêmité de la Zône Torride ; mais ce froid eft produit par les vents de Nord qui viennent des montagnes d'une Province nommée Kittay, qui font éloignées de ces Villes à la diftance de 20 à 30 milles. En général les vents de Nord font non-feulement froids en Hollande, mais encore dans toute l'Europe ; ils font auſſi froids dans l'Amérique feptentrionale, s'ils ne le font pas même davantage : c'eft pour cela qu'à la Caroline le vent de Nord-Oueft y produit de fortes gelées, & y excite un froid très piquant.

Dans l'hémifphere méridionale de la terre, les vents de Sud qui viennent du pôle méridional, portent avec eux un froid aſſez piquant, lorfqu'ils ont paſſé par-deſſus des glaces qui couvrent de grandes contrées, ainfi qu'on l'obferve dans le Promontoire d'Afrique, qu'on appelle le Promontoire de Bonne Efpérance. Les vents de Sud font extrêmement froids dans la terre Magellanique : ils le font auſſi au Chili, qui ne feroit point habitable fans cela, comme l'obferve très bien *Feuillée* (3). *Ulloa* (4) nous apprend que les vents de Sud-Eft font froids, fur-tout fur la côte occidentale du Royaume du Pérou. En un mot, tous les vents qui foufflent fur des endroits glacés, ou fur des contrées couvertes de neige, fe refroidiſſent en chemin, & tranfportent de Pays en Pays le froid qu'ils acquerent.

Les vents de Sud font chauds dans l'hémifphere boréale de la terre : & fi ces vents y foufflent fréquemment pendant l'hiver, cette faifon eft alors aſſez douce : lorfqu'ils foufflent fouvent pendant le printems, ils font fondre en peu de tems la neige qui couvre la cime des montagnes, la fonte de ces

---

(1) Derham Theolog. Phyfiq. Lib. 1. cap. 2.
(2) Philof. Tranf. n. 465.
(3) Feuillée, Journal des Obfervations, Tom. 1. pag. 315.
(4) Ulloa, Voyage au Pérou, pag. 453.

neiges fait alors enfler les fleuves, & les fait fouvent déborder : fi ces vents furviennent fréquemment pendant l'été & pendant l'automne, ils font mûrir les moiffons, les fruits & les raifins. Mais lorfque les vents de Sud ne foufflent point pendant l'été, les fruits ne mûriffent point bien, & leur odeur n'eft point agréable. *Erndtel* a obfervé que les vents de Sud ayant peine à fouffler pendant l'été dans la Pologne, par rapport au fommet du mont Crapak, les fruits des arbres, les pêches, les abricots, les melons, n'y croiffent pas bien, & n'y ont point tant de faveur qu'en Allemagne (1). Les vents de Sud font fi chauds pendant les mois de Juin & de Juillet dans le Royaume d'Alger fur le bord de la Province Trémécen, qu'ils embrâfent l'air au point que les habitans font obligés d'arrofer le parquet de leurs appartemens (2). *Thevenot* rapporte que dans l'Egypte, entre l'Ifthme Suez & Cairo, les vents font fi chauds, que plufieurs voyageurs en font fuffoqués en chemin. Dans le golfe Perfique, auprès d'une Ville nommée Gamron, dans le tems de la canicule, le vent qui fouffle vers le Midi chez les habitans de Baadi Samuur, eft auffi chaud que s'il fortoit de l'enfer ; la chaleur qu'il porte avec lui eft fi grande, que les animaux qui fe trouvent alors dans les champs en font fuffoqués : les habitans ne favent cependant encore fi on doit rapporter cet effet à la malignité, ou à l'ardeur du terrein (3). *Plaifted & Eliot*, voyageant enfemble dans l'Arabie Déferte, depuis Balfora jufqu'à Alep, furent faifis par un vent d'Oueft auffi ardent que s'il fût forti d'une fournaife ; l'ardeur de ce vent eft telle, qu'il fuffoque les voyageurs qui le reçoivent fur le vifage : les Arabes s'en garantiffent en fe couvrant la bouche & les narrines, & en mettant de petites bandelettes fur les yeux (4). Sur la côte de Coromandel, à Négapaton, Petapoli, Mafulipatan, on éprouve pendant l'été des vents très chauds, qui font mortels pour les hommes : ces vents font fort véhémens ; & plus ils font vehémens, plus ils font chauds & de courte durée.

4°. Les vents fecs, tels que les vents d'Eft & de Nord-Eft en Hollande, qui ont traverfé des déferts & des endroits fablonneux, ne font que peu chargés d'exhalaifons & de vapeurs ; ils deffechent tout ce qui eft humide, en emportant avec eux les parties aqueufes qu'ils rencontrent fur leur paffage, & font par ce moyen fort utiles à la fociété dans plufieurs occafions : car on éprouve que les rayons du foleil, ou le feu terreftre, n'emporteroient que lentement l'humidité des corps, que ces fortes de vents deffechent très promptement. Il y a auffi des vents qui font humides ; tels font les vents d'Oueft & de Sud-Oueft qui nous parviennent après avoir traverfé l'Océan & des marais : ces vents fe font chargés en chemin de quantité de vapeurs : ils ont auffi leur utilité ; ils arrofent infenfiblement les corps qui font defféchés : les vapeurs qu'ils apportent pénetrent dans les pores des corps ; elles s'infinuent dans les plantes, & elles leur procurent de la nourriture.

5°. Les nuages, & fur-tout ceux qui s'élevent de la mer, font tranfportés

(1) Warfavia Illuftrata. Cap. 2.
(2) Thom. Saw Travels on Barbarye, pag. 218.
(3) Kaempfer Amœnit. exotic. pag. 72.
(4) Journal des Savans, ann. 1759. Avril, pag. 335.

à l'aide des vents, par toute la terre, afin qu'ils puissent répandre par-tout une pluie qui humecte la terre , & fasse végéter les plantes qu'elle recele dans son sein. Les vents arrêtent aussi & moderent les trop grandes pluies ; car tantôt ils apportent des nuages , tantôt ils les poussent devant eux ; ce qui fait que la pluie qu'ils lancent peut se distribuer dans toute l'étendue de notre globe. Les vents transportent encore dans différentes contrées les exhalaisons qui s'élevent de la terre ; ce qui contribue à purifier l'air , & par ce moyen même il se trouve que les differens principes qui sont nécessaires à la végétation des plantes , ne séjournent point dans un seul endroit ; mais qu'ils sont disperfés par les vents , & qu'ils deviennent communs à plusieurs endroits.

6°. L'Auteur de la Nature a encore rendu un service particulier à l'homme dans la production des vents : c'est un moyen propre à reculer les bornes de son ignorance. En effet, l'homme eût croupi dans l'ignorance, & n'eût jamais acquis beaucoup d'expérience s'il ne fût jamais forti de son Pays. Dieu a donc créé les vents afin qu'il pût, par leur moyen, se transporter dans les Pays lointains, afin qu'il pût profiter des productions maritimes, & de tout ce qui peut contribuer à son bien être ; afin qu'il pût jouir des productions utiles & agréables des Pays les plus éloignés ; en un mot afin que tout fût commun à l'homme : c'est par ce sage moyen que les hommes entrent en commerce & en société les uns avec les autres dans quelque région éloignée qu'ils puissent habiter ; moyen qui décele en même-tems la puissance, la sagesse & la munificence du Créateur.

7°. Les vents mettent en mouvement les eaux de l'Océan, celles des lacs, des étangs, des rivieres, pour empêcher que ces eaux ne se corrompent en croupissant. On remarque, en effet, que lorsqu'un calme regne trop long-tems sur une certaine partie de l'Océan, ou d'un lac ; alors ces eaux se pourrissent, répandent une mauvaise odeur, & portent dans l'atmosphere des exhalaisons dangereuses, qui produisent des maladies très souvent malignes ; ce qui vient du séjour des différens corps étrangers tirés du regne végétal, animal ou minéral, qui se trouvent dans ces eaux : or ces maladies cessent d'elles-mêmes lorsque le vent vient à agiter ces eaux, & à emporter la mauvaise odeur qu'elles exhalent.

8°. Nous produisons du vent, par le moyen des soufflets, pour augmenter l'action du feu, pour enfler & faire réfonner des instrumens à vent. L'avantage que nous retirons de nos forges, ne vient que de l'activité que nous donnons au feu, par le moyen du vent que les soufflets dirigent dessus. On se sert encore du vent que produisent ces sortes d'instrumens, construits selon l'invention du célebre *Halles*, pour purifier l'air des vaisseaux, qui est infecté par la transpiration animale, par les exhalaisons des marchandises, des provisions qu'on y renferme, & par la fumée de la poudre à canon qu'on y enflamme : & c'est par un tel procédé qu'on entretient la santé & la force des Matelots & des autres hommes.

9°. On emprunte le secours du vent pour faire mouvoir plusieurs machines ; il met en mouvement les aîles des moulins, dont on se sert pour épuiser l'eau des marais & des terres inondées, afin de dessécher ces terres, & de les rendre propres par-là à porter du grain ou d'autres fruits : c'est à l'aide de ces fortes de moulins que nous parvenons à fcier de gros arbres pour en faire des folives , des poutres ; ils nous fervent encore à fcier des feuillets de marbre : nous les employons favorablement pour réduire en poudre les bois colorés dont on fait ufage dans les teintures : nous nous en fervons pour applatir de groffes maffes de plomb , afin de les réduire en poudre pour faire par le mêlange de ce métal avec une certaine terre , un vernis propre à enduire des vafes de terre. Ces moulins fervent encore à fouler des draps , à les nettoyer & à leur donner de la fermeté. Ce font de ces fortes de moulins dont nous faifons ufage pour moudre du grain & pour le réduire en farine. Nous tirons encore , par le fecours de ces moulins , des huiles de différentes femences : c'eft par leur trituration que nous faifons l'huile de lin , de raves , &c. Nous nous fervons de leur miniftere pour faire du papier avec de vieux linges : c'eft encore à l'aide de ces moulins qu'on réduit en poudre le tuf dont les maçons font ufage. Nous nous fervons encore des moulins à vent pour quantité d'autres ouvrages ; ce qui épargne aux hommes de longs & pénibles travaux , & des dépenfes beaucoup plus confidérables.

Mais quel eft celui qui pourroit entrer dans le détail de tous les avantages que nous retirons des vents ? En nous bornant même à ceux que nous connoiffons , nous deviendrions prolixes , & nous pafferions les bornes que nous nous fommes prefcrites dans cet Ouvrage.

Fin du troifieme & dernier Volume.

TABLE

TABLE

DES MATIERES.

Le nombre désigne le paragraphe.

A

ACTION égale à la réaction, 270.

Adhérence, sa loi 1034.

Aimant, ses pôles, 950, 954, 963.

    Il attire plusieurs autres corps, outre le fer, 960, 961.

    Il communique la même vertu au fer, 962.

    Armé, 992.

    Artificiel, 994.

    Ses loix d'attraction, 955, 960, 987, 988.

    De quelle maniere il communique sa vertu au fer, 974, 986.

    Propriétés qui lui sont communes avec l'électricité, 996, 998.

    Sa vertu dépend d'une cause universelle, 994.

    Sa déclinaison, 964. Voyez *Boussole*.

Air, en quel tems il est plus chaud ou plus froid pendant le jour, 557, 558.

    Quelles sont les parties qui entrent dans sa composition, 2048, 2054.

    Il conserve le feu, 2049.

    Il est la cause de la vie animale, 2050, 2067, 2068.

    Il est élastique, 2051, 2101, 2103.

    Il ne peut être produit par l'eau, 2055.

    Il est fluide, 2056, 2057.

    Il est pesant, 2058, 2059.

    Il presse également en tous sens, 2065.

    Ses volumes sont en raison inverse des densités, 2104, 2107.

    Jusqu'à quel point on peut le comprimer, 2108.

    Ses parties se repoussent en raison réciproque de leurs distances, 2115.

    La chaleur augmente son intensité, 2157, 2159.

    Jusqu'à quel point le feu le raréfie, 2160.

    Peut-il être privé de son ressort, 2161.

    Jusqu'à quel point peut-il s'étendre à raison de son ressort, 2163.

    Il pénetre les corps, 2164.

    De quelle maniere on le retire de certains fluides, 2165.

    Jusqu'à quel point il peut être raréfié pour être encore propre à l'entretien de la vie animale, pendant un certain tems, 2169.

    Il n'est point nuisible aux animaux, quoiqu'il soit condensé, 2170.

Tome III.   Ppp

Air ,   il concourt à la végétation des plantes, 2171.
        Plufieurs corps attirent l'humidité de l'air, 2172.
        Il eft plus raréfié dans la partie qui répond à l'équateur, 2174, 2176.
        Sa denfité varie auprès de la furface de la terre, 2177, 2184.
Analogie, on ne doit s'en fervir qu'avec beaucoup de circonfpection dans
        dans fes raifonnemens, 38.
Animaux , leurs différentes efpeces, 24, 25.
        Quels font les avantages qu'on en peut tirer pour mouvoir des
            machines, 544, 548, 560, 562.
Arc-en-ciel, comment il fe forme, 2416, 2420.
        Pourquoi il paroît tantôt plus grand, tantôt plus petit, 2421,
            2430.
        En quelles circonftances il eft vifible, 2431, 2432.
        De la feconde efpece : en quelles circonftances il paroît,
            2434, 2436.
        Lunaire, 2440, 2441.
        On explique fa formation à l'aide d'une machine, 2443.
        Quelques efpeces particulieres, 2444, 2445.
Atmofphere , 2046, 2047.
        Avec quelle force elle preffe les corps, 2060, 2076.
                        Deux hémifpheres, dont on a re-
                            tiré l'air, 2061, 2063.
                        La furface de la terre, 2064.
        Sa hauteur, 2185, 2186.
        Plus elle eft denfe, plus elle eft propre à recevoir des vapeurs,
            2307.
        On la diftingue en plufieurs régions, 2311, 2313.
Atomes , 66, 69.
Attraction des corps, 1000.
        Elle ne dépend point d'une caufe qui pouffe extérieurement, 1002.
        Elle eft univerfelle, 1005, 1009.
        Elle agit fur tous les corps qui font à une certaine diftance les uns
            des autres, 1010, 1011.
        Elle differe de la gravité, 1012, 1013.
        De quelle maniere elle agit à raifon des diftances, 1016.
        De quelle maniere elle agit dans les fluides, 1017, 1020.
        Elle eft la même dans le vuide que dans l'air, 1021.
        Comment elle forme des coagulations, 1022.
        Comment elle produit des cryftallifations, 1023, 1029.
                        Des effervefcences, 1031.
        Quoique l'air foit très léger, & qu'il devroit furnager, prefque
            tous les fluides le maîtrifent & l'attirent, 1030.
        Ceux ci font attirés par les folides, 1035, 1041.
        Un corps léger eft attiré par le fluide dans lequel il nage, 1038.
        Une goutte d'eau, une goutte de mercure font attirées par deux
            furfaces de glace entre lefquelles elles font placées, 1062, 1065.
        On trouve des preuves fenfibles de l'attraction dans les végétations
            des fels, 1066.

Attraction, on trouve des preuves sensibles de l'attraction dans les dissolutions des corps , 1067.

On en trouve encore dans les précipitations chymiques , 1073.

Aurore boréale brillante , 2489.

En quel tems elle fut observée , 2489.

Sous quelle forme elle se présente , 2490 , 2492.

Combien elle dure de tems , 2496 , 2497.

Elle existe dans l'atmosphere , 2501.

A quelle hauteur elle est , 2502.

Quelle est sa matiere , 2503 , 2504.

Axe optique , 1873.

B

BALANCE , 383 , 384.

Maniere de la construire , 396.

Ce que c'est qu'une balance trompeuse , 403 , 404.

Romaine , 397.

Cas où les poids sont en équilibre entr'eux , 399.

Composée , 489.

Son axe soutient seulement le poids absolu des corps , 401.

De différentes especes , 402.

Trouver son poids , 408.

Balistique , Art , 706 , 714.

Barometre , 2066.

De *Hook* , 2079.

De *Hughens* , 2080.

Corrigé par *de la Hire* , 2081.

De *Amontons* , 2082.

De *Bernouilly* , 2083.

De *Fareinheit* , 2084.

Simple est le meilleur de tous , 2085.

Lorsqu'il est muni d'une division propre à mesurer la centieme partie d'un pouce , 2087.

Voyez le mot *Mercure*.

Billard , fondement des regles de ce jeu , 814 , 817.

Bolides , globe de feu , 2511.

Il se détruit souvent sans détonner , 2513.

Quelle est la matiere qui entre dans sa composition , 2514.

Boussole , son aiguille de différentes especes , 965 , 973.

Brouillards , comment ils se forment , 2316 , 2338.

Ils s'engendrent lorsque le ciel est serein , 2319.

Combien de fois on en a observé à Leyde dans l'espace de 29 ans , 2319.

Présagent-ils sûrement certains changemens de tems , 2320 , 2328.

C

Castor & Pollux , 2506.

Catoptrique , 1966.

Cendres, 1544.
 Elles sont composées de terre & de sel, 1545.
Centre de gravité, 373.
 Sa direction est perpendiculaire, 374.
 Maniere de le déterminer, 377, 380.
 Maniere de trouver celui d'un système de corps, 409.
 Petite figure Chinoise, 508.
 Du mouvement, 381.
 D'oscillation, 670.
 De pression d'un fluide sur un plan. Voyez *Fluides*.
Cercle, les cordes d'un même cercle sont parcourues dans le même tems par un corps grave qui se meut librement selon leurs directions, 619, 624.
Cerf-volant, son mouvement, 573.
Chaleur, quels sont les différens degrés de chaleur nécessaires pour fondre les graisses, les fossiles, & les végétaux, 1535.
 Quelles sont les loix selon lesquelles la chaleur se communique, 1597, 1601.
Chambre obscure portative, 2033, 2034.
 Antérieure & postérieure de l'œil, 1864.
Chaux : voyez *Cendres*.
Chevre, 453.
 Dansante, 2493, 2497.
Cohérence des corps, 1090.
 Elle ne dépend point de la pression d'un fluide ambiant, 1098.
 Absolue, 1113.
 Respective : voyez *Fermeté*.
Coin simple, 460.
 Double, 461, 465.
 Propre à fendre du bois, 463, 466.
Congellations, leurs phénomenes, 1489, 1490.
 Cause de la congellation de l'eau, 1509, 1520.
Connoissances, on les distingue en trois especes, 30.
Cordes, leur roideur, 530, 533.
Cornée : voyez *Œil*.
Corps, 15.
 Dur, 749, 751.
 Fragiles, 752.
 Fissiles, 753.
 Mous, 754, 756.
 Ductiles, 757.
 Flexibles, 758.
 Visqueux, 759.
 Elastiques : voyez *Elasticité*.
 Atmosphériques, 23.
 Leurs attributs communs, 42, 45.
 Leurs propriétés, 47.

Corps homogenes , 103.

    Les grands font hétérogenes , 104.

    D'où proviennent leurs différences , 105.

    Y a-t-il des caracteres qui les diftinguent les uns des autres , 107 , 108.

    D'où dépendent les qualités de ceux qui font compofés, 109, 111.

    Fixes & volatils , 1635.

Couleurs , il y a une harmonie admirable entre les couleurs & les tons , 1806 , 1807.

    Exifte-t-il réellement une couleur noire , 1824.

    Anneaux colorés dans les boules de favon, 1836. Voyez *Lentilles.*

        Entre des lames planes de glace, & pour quelle raifon, 1837 , 1841.

    Elles n'appartiennent pas, à proprement parler, aux teintures,1843.

    Produites par le mêlange de liqueurs non colorées, avec d'autres liqueurs colorés , 1843.

    Changées & rétablies , 1845.

    D'où dépend leur variété , 1849 , 1850.

    Accidentelles , 1924.

Courbe , un corps mû dans une courbe , autour d'un centre , parcourt des efpaces proportionnels aux tems , 718 , 719.

Crépufcule , 2481.

Cric , 497.

Cryftallin , partie de l'œil , 1872 , 1876.

    Il s'approche & il s'éloigne de la rétine , & fa figure varie , 1881 , 1887.

Cycloïde , defcription de cette courbe , 650.

    Ses grands & fes petits arcs font parcourus en même-tems, 654.

D

Densité des corps , 88.

Divifibilité mathématique , 67.

    Réelle , 59.

    Ses bornes ne font point connues , 60, 66.

Divifion des corps portée à un point étonnant, 72.

    Comment elle augmente la furface des corps , 73 , 77.

E

Eau , de quelle maniere elle s'éleve dans les plantes , 1060.

    Son utilité , 1419.

    Quelle eft fa nature , 1420.

    Ses différentes efpeces , 1421.

    Celle de fontaine tire fon origine de la pluie , 1422 , 1424.

        Contient différentes fubftances avec lefquelles elle s'allie , 1729.

        Produit différens effets,fuivant les différentes fubftances dont elle eft chargée, 1430 , 1433.

436 · T A B L E

Eau, la naturelle eſt rarement pure, peut-être ne l'eſt elle jamais, 1428.
    Celle de puits qui coule à travers du ſable & des cailloux, eſt fort
      pure, 1434.
    Celle de marais eſt impure, 1435.
    Celle de la mer contient différentes ſubſtances, 1436.
        Sa peſanteur ſpécifique & ſa ſalure varient, 1437.
        Différentes manieres de la purifier, 1438, 1442.
    Comment on s'aſſure de la pureté de l'eau, 1443.
    Celle qui eſt pure n'eſt point ſuſceptible d'être condenſée, 1445,
      1447.
    Sa peſanteur ſpécifique eſt différente en hiver & en été, 1449.
    Elle eſt poreuſe, 1450.
    Quelles ſont ſes particules, 1452, 1453.
    Phénomenes de l'eau bouillante, 1455, 1457.
    Elle s'évapore d'autant plus promptement, qu'elle a été plus vive-
      ment échauffée depuis le froid de la glace, 1458.
    Elle a acquis toute la chaleur qu'elle peut acquérir lorſqu'elle bout
      1473.
    Chaude ou froide; elle eſt également fluide, 1476.
    Elle recele de l'air entre ſes parties, 1477.
    De quelle maniere elle abſorbe l'air, 1478, 1481.
    Elle diſſout les ſels, 1482.
    Elle pénetre les pores des corps, 1483, 1484.
    Elle gonfle les végétaux, & elle contracte les cordes, 1485.
    Elle éteint le feu, 1486.
    Elle ſe convertit en terre, 1487, 1488.
    Elle ſe gele plus promptement lorſqu'elle eſt privée d'air, 1498.
    Elle ſe gele de différentes manieres, 1501, 1502.
    Son état naturel n'eſt point d'être glacée, 1504, 1505.
Ebene, ce bois réſiſte puiſſamment à l'action de la chaleur, & en eſt très
    peu affecté, 677.
Eclair, 1518,
    Sa matiere, 1520.
Elaſticité parfaite, imparfaite, 761, 762.
    Elle convient à preſque tous les corps, 763.
    Elle augmente dans les corps à proportion qu'ils deviennent plus
      froids, 765.
    Elle ne dépend point de l'*éther*, 766, 769. Voyez *Percuſſion*.
Electricité, 820.
    Conſiſte en des écoulemens ſubtils, 830, 832.
    Ces écoulemens forment une matiere tout-à-la-fois affluente &
      effluente, 873.
    La matiere affluente eſt en équilibre avec la matiere effluente,
      874.
    Quels ſont les corps autour deſquels ces écoulemens forment des
      aigrettes, 923, 930.
    Corps électriques par eux-mêmes, 823, 824.
      Non électriques, 825.

Electricité, corps sympériélectriques, 836.

    Moyens d'augmenter la vertu de ces derniers, 918.

    Elle s'étend autour de tous les corps, 833.

    Quels sont les corps autour desquels elle s'étend plus aisément, 839, 843.

    Elle s'y répand plus ou moins abondamment, 878.

    Elle subsiste long-tems dans les endroits très secs, 851.

    Elle est très forte lorsque l'air est serein, 853.

    Quels sont les corps qui la rassemblent & qui la retiennent plus abondamment, 855, 859.

    Elle se propage très rapidement le long des fils métalliques & des cordes, 860, 862, 870.

    Elle parcourt ces fils en tous sens, & elle forme une atmosphere autour d'eux, 864.

    Quels sont les corps autour desquels elle se porte, 866.

    Le feu l'enleve & en dépouille le corps électrique, 866.

    Quels sont les corps d'où elle s'échappe, 873.

    Elle emporte avec elle les corps qu'elle rencontre, 876.

    Un corps idioélectrique attire différemment les corps légers qu'on lui présente, 882.

    Vitrée, résineuse, positive, négative, 888.

    Y en a-t il plusieurs especes, 889.

    De la tourmaline, 889, 900.

    De la torpille, 901, 909.

    Elle n'est pas toujours également abondante dans l'air qui est auprès de la surface de la terre, 913, 916.

    Les exhalaisons & les vapeurs la détruisent, 917.

    Elle ne peut être pesée à la balance, 919.

    Effet quelle produit lorsqu'on la conduit dans une fiole en partie remplie d'eau, 932, 935.

    Ses effets sur une chaîne formée de plusieurs personnes, 936.

    Elle embrâse différens corps, 938.

    Elle differe du feu ordinaire, 941.

        De la lumiere du soleil, 942.

    Quel est son caractere, 943.

        Sa vertu médicale, 945.

Ellypse, mouvement dans cette courbe, 742.

Encres sympathiques, 1848.

Espace, 107.

    Comment on s'en forme l'idée, 143, 147.

    Vuide, 148.

        Ses propriétés, 125.

        On démontre son existence, 158, 168.

Essence des corps, 132.

    Elle ne consiste point dans l'étendue, 133, 1333.

Etendue, 49, 51.

    Elle est continue, 52.

Etendue, elle n'eft pas fimple, ni toujours femblable, 56.

Etoile tombante, 2505.

Evaporation, 1540.

    Elle fe fait fucceffivement, 1459.

    Elle provient d'un mouvement de rotation des gouttes, 1463.

    Celle des fleuves n'eft pas abondante, 1465.

Exhalaifons qui s'élevent du fein de la terre, 2285, 2287.

    Suffifent-elles pour former des météores ? 2293, 2296.

Exhydrie, rupture de nuages, 2385, 2386.

F

Feu, il dilate les foffiles, 1527, 1531.

    Quelles font les loix que les corps fuivent dans la dilatation qu'il occafionne, 1532.

    De quelle maniere il affecte les animaux & les végétaux, 1548, 1551.

    Quels font les fluides qu'il échauffe le plus promptement, 1559, 1563.

    Il augmente le poids des corps, 1578, 1586.

    Il fe répand également, 1602, 1603.

    Il n'eft pas également diftribué dans les régions fupérieures de l'air, 1609.

    Quels font les corps qui s'en privent le plus aifément, 1610, 1611.

    Qui le retiennent le plus opiniâtrement, 1614, 1615.

    On le développe, on l'excite par le frottement des corps, 1616, 1620.

    Il a befoin d'un aliment terreftre, 1643.

    Il ne peut fe conferver qu'autant que l'air peut librement l'envelopper, 1655, 1659.

    Ses parties font folides, élaftiques, 1587, 1591.

    Les corps qui en font abondamment imbibés deviennent lumineux, 1593, 1595.

    Quelques-uns le retiennent, d'autres le repouffent, 1596.

    Il échauffe fortement les corps noirs, 1621, 1622.

    Ceux qui fe pourriffent s'échauffent & fermentent, 1640.

    Différens problèmes fur le feu, 1664.

    Souterrain : on en prouve l'exiftence, 2299.

    Caufes de l'élévation des vapeurs, 2297, 2299.

Feux-folets, 2507.

    Incendiaires, 2508.

    Folet lambens, 2509, 2510. Voyez *Chaleur*.

Flamme, 1645.

    Elle eft entourée d'une atmofphere, 1646.

    Elle s'éleve en-haut, 1647.

    Elle prend une figure conique, 1648.

    Elle varie fuivant la nature des corps qui s'enflamment, 1651, 1652.

    Elle s'allonge lorfqu'elle eft entourée d'une autre flamme, 1653.

Fluides, 1220.

    Leurs parties fe réfolvent en d'autres plus petites, & de différens ordres, 1227, 1228.

Fluides

Fluides, Ils se convertissent en solides, 1230.

Ils ne sont pas tous également fluides, 1235.

Leur nature consiste t-elle en un mouvement continuel? 1238.

Ce que c'est qu'une colonne de fluide, 1251.

Une particule de fluide est également pressée en tous sens, 1259.

Ils pressent en raison composée de leur base & de leur hauteur perpendiculaire, 1244, 1256.

Ils pressent latéralement, 1257.

Le côté d'un cube est une fois moins pressé par le fluide qu'il contient, que son fond, 1260, 1264.

Avec quelle force ils pressent les côtés d'un prisme, 1266.

Les parois d'un cylindre, 1268, 1272.

Leur centre de pression, 1273.

Leur surface est parallele à celle de la terre, 1276.

Leur pression dans un vase conique, 1279, 1282.

De bas en-haut, 1283, 1284.

Tems de leur écoulement dans un vase cylindrique, 1297, 1302.

Leur écoulement démontré par l'expérience, 1302, 1303.

Par un canal conique, 1321. Voyez *Lumiere.*

Fontaine de *Sturmius*, 2114.

Fontaines, elles doivent leur origine à la pluie, 1378.

Elles présentent différens phénomenes à examiner, 1378.

Intermittentes, réciproques, 2379.

Leurs eaux produisent différens effets à raison des substances étrangeres qui s'y trouvent, 2430, 2433.

Force, quelle espece d'être, 202.

Vive, morte, 272.

Elle est en raison doublée des vîtesses, 290, 296.

Centrifuge, 715.

Comment la détermine-t-on, 721, 735.

Foudre, *Tonnerre* de trois especes, 2522.

Le soufre est-il la cause de celle qu'on appelle de la premiere espece, 2524.

En quels endroits la foudre & le tonnerre se font observer, 2525.

Celle de la seconde espece a quelques rapports avec le phénomene que nous nommons *bolides* ou globe de feu, 2526.

Observations, 2527.

Troisieme espece, 2528, 2530.

Elle tue les animaux, 2534.

Quels sont les lieux qu'elle frappe plus aisément, 2536.

Elle fait tomber les métaux en fusion, 2537.

Y a-t-il des moyens propres à la détourner, 2538, 2539, 2543.

On l'entend gronder lorsque le ciel est serein, 2531.

Il y a des endroits où on l'entend très fréquemment, & d'autres où on ne l'entend que très rarement, 2532, 2533.

Pourquoi certains fluides entrent-ils en fermentation lorsqu'il tonne? 2541.

Tome III.

490

Foudre, quels font fes ufages, 2545.

Foyer, 1747.

D'un miroir brûlant, 1629, 1630.

Imaginaire, 1748.

Des rayons qui traverfent un milieu fphérique, 1757, 1769.

Qui tombent parallelement fur une furface fphérique, 1775.

Parallelement à l'axe d'une lentille convexe, 1782.

Parallelement à l'axe d'une lentille convexe, ou concave des deux côtés, 1784.

Parallelement à l'axe d'un menifque, 1785.

Parallelement à l'axe des lentilles dont les diametres font égaux, 1786.

Parallelement à l'axe des miroirs fphériques, 1998, 2006.

Parallelement à l'axe des miroirs concaves, 2007, 2008.

Frottement, il naît de l'afpérité des furfaces, 511, 512.

Celui qui naît entre les furfaces frottantes des bois, ne fuit pas une raifon conftante, 513, 516.

Il en eft de même de celui qui fe trouve entre des furfaces métalliques, 518, 519.

Augmente-t il lorfque les furfaces frottantes augmentent, 521.

Il ne fuit pas exactement le rapport de la vîteffe, 523.

Selon quel rapport diminue-t-il? 524, 527.

Maniere de le fupputer, 528.

Fumée, 1644.

Fufée, figure de la fufée conoïdale d'une montre, 447.

Fufil à vent, 2111, 2112.

Fufion, 1534.

Elle s'opere difficilement dans certains corps, 1536.

Du fer, 1537.

G

GENERATION des corps, 112, 113.

Givre, fon origine, 2387, 2389.

Il eft fouvent nuifible, 2390.

Glace, 1491.

Obfervée au microfcope, 1492.

Elle eft fpécifiquement moins pefante que l'eau, 1493.

Elle augmente de volume, 1494.

Elle eft plus ou moins denfe, 1495.

Elle eft élaftique, 1496.

Elle s'évapore, 1497.

Elle eft plus ou moins froide, 1501, 1504.

Quelles font les caufes qui la font fondre, 1521, 1522. Voyez le mot *Congélations*.

Glace, montagnes de glace, 1503, 1523.
    Son utilité, 1523.
Gravité, 315.
    Les graves, grands ou petits, abandonnés à eux mêmes, & à la mê-
      me hauteur dans le vuide, tombent avec la même vîteſſe, 319.
    Ce n'eſt pas la même choſe dans l'air, 323.
    Elle eſt univerſelle, 317, 364.
    Elle n'eſt pas la même dans tous les endroits de la terre, 333.
    Elle eſt conſtamment la même dans quelqu'endroit de ſon orbite où
      ſe trouve la terre, 335.
    Elle dirige toujours les corps vers un même point, 335.
    Elle eſt en raiſon réciproque des quarrés des diſtances au centre de
      la terre, 336.
    Les corps parcourent des eſpaces proportionnels aux quarrés des
      tems, ou des vîteſſes, 339, 360.
    Sa cauſe eſt inconnue, 365, 367.
    Quelle eſt ſon intenſité ſur la ſurface de chaque planete, 743, 746.
    Spécifique, 1341.
        Comment découvre-t-on celle des fluides, 1368, 1393,
          1395.
        Elle eſt comme le poids diviſé par le volume, 1342, 1355.
        Comment découvre-t-on celle des ſolides, 1376, 1377,
          1396, 1397.
    Quelles précautions il faut apporter à ces ſortes d'expériences, 1415,
      1416.
    Table des gravités ſpécifiques des corps, 1417.
    On remarque des différences dans ces gravités pendant l'été & pen-
      dant l'hiver, 1417.
Grêle, 2391.
    A quelle hauteur ſe forme-t-elle dans l'atmoſphere, 2392.
    Quelle eſt ſa groſſeur, 2393, 2394, 2396.
    Elle tombe ſous la forme de petits glaçons. 2395.
    En quel tems tombe-t-elle? 2398, 2400.
Grue, 506.
    A mouffle, 503.

H

Halo ou Couronnes, 2446.
        Leurs couleurs, 2447.
        Elles paroiſſent fréquemment, 2448.
        La cauſe qui les produit n'eſt pas éloignée de la ſur-
          face de la terre, 2450, 2451.
        Leurs différences, 2452.
Humeurs, ils y en a de trois eſpeces dans l'œil, 1862, 1863.
            Leur quantité, 1864.

Humide, 1222.
Hydroſtatique, 1219.
Hygrometre, 1384.

492   T A B L E

Hypotheses. Il faut les bannir de la Physique, 22.

I

JET, 1326.
    Son amplitude, 689, 703.
Impénétrabilité, elle est universelle, 78, 80, 84, 85.
        Elle ne doit point son origine à l'étendue, 78.
        Nous ne savons pas comment elle appartient aux corps, 82.
Inertie, 115, 121.
    Elle est proportionnelle à la masse des corps, 123.
    Elle se fait sentir en tous sens, 124.
    Elle reconnoît des bornes, 125.
    Nous ignorons de quelle maniere elle appartient aux corps, 126.
    Sans elle on ne peut concevoir les loix du mouvement, 127.

L

Légèreté positive, 318.
Lentilles, 1773.
    D'un télescope. Pour quelle raison on y observe des anneaux colorés, 1832, 1835.
    Comment on en trouve le centre, 1776, 1777.
    Comment on en détermine le foyer, 1791, 1793. Voyez *Foyer*.
Levier, 410, 411.
    De trois especes, 412.
        Leurs propriétés, 413, 418.
    Courbe, 435.
    Angulaire, 436.
    Propriétés de l'oblique, 422, 423.
    Les muscles agissent à la maniere des leviers, 432.
    Tiré par plusieurs poids, 434.
    Composé, 493.
Lieu : on en distingue deux especes, 179, 180.
Liquide, 1221.
Logique, 13.
Loix de la Nature, 19.
    On les connoît par les observations, 20.
    On en ignore les causes, 21.
    Les trois de *Newton*, 218, 269, 270.
Lumiere, ouverture par laquelle l'eau jaillit, 1325.
    Un fluide s'éleve à une moindre hauteur en jaillissant par une lumiere, 1328, 1332.
    Un plus petit jet s'éleve plus haut, 1329, 1333, 1334.
        Son amplitude, 1336, 1337.
    Du soleil ; elle ne se répand pas sous la forme d'ondes, 1670.
    Elle ne se meut pas en vertu d'une pression, 1679.
    Elle est différente du feu, 1686.
    Quels sont les corps qui s'en imbibent le plus aisément, 1687, 1706.

Lumiere, courbe qu'elle décrit en traverfant l'atmofphere, 1734.
    Elle s'affoiblit felon une raifon géométrique, en traverfant un mi-
        lieu, 1739, 1740.
    Celle des étoiles fixes fcintille, 1741, 1742.
    Son angle de réflexion eft égal à fon angle d'incidence, 1744.
    Celle de toute efpece de flamme quelconque n'eft point un affem-
        blage des fept rayons colorés, 1824.
    Combinaifons de verres à travers lefquels elle ne fe tranfmet
        point, 1971.
    Plufieurs problêmes fur la lumiere, 1686.
    Des rayons de la lune ne raréfie point la liqueur d'un thermome-
        tre, 1637, 1639.
    La vîteffe avec laquelle elle fe propage eft étonnante, 1678, 1681.
    Comment fes rayons qui tombent fur la rétine pénetrent l'œil,
        1865.
    Ils ne le pénetrent pas tous, 1865, 1869, 1880.
    Ils fe réfractent plus ou moins dans l'œil, 1870, 1872.
    De quelle maniere ils fe raffemblent fur la rétine, 1874.
Lunette Hollandoife, 1955.
    Binocle, 1964.

M

MACHINES, 369.
    Simples, 371.
    Compofées, 488.
Maffes de différens ordres, 98, 102.
Mathématiques, 14.
Méchanique, 369.
    Auteurs qui ont traité de cette Science, 510.
    Du mouvement de la balance, 534.
        De la poulie, 535, 537.
        Des mouffles, 538, 539.
        Du plan incliné, 540.
        Du tour, 541.
Menifque : voyez *Lentilles*.
Mercure, on s'en fert pour faire des thermometres, 1568.
    Il demeure fufpendu dans le barometre par la preffion de l'air, 2067.
    Raifon des variations qu'on obferve dans la longueur de la colonne
        de mercure dans le barometre, 2068, 2072.
    Ces variations font plus grandes pendant l'hiver, 2073, 2074.
    Sa colonne n'eft pas de même hauteur dans tous les barometres,
        2088.
    Elle eft plus courte dans les endroits élevés, 2080, 2184.
Métaphyfique, 11.
Météores, 2282, 2283.
    Propres à la nature des différens terreins, 2291.
    Plufieurs dépendent beaucoup de la lune en Hollande, 2310.
    On les diftingue en trois-efpeces, 2315.
    Ignés, 2480.

494　　　　　T A B L E

Météores ignés; ils font de deux efpeces, 2484.

Microfcope , 1945.

　　　Selon quelle proportion il augmente les dimenfions des objets , 1946.

　　　Comment il faut s'en fervir pour faire des obfervations, 1949.

　　　Compofé de deux verres, 1950, 1952.

　　　Son champ, 1951.

　　　Solaire , 1953.

Milieu tranfparent , 1708.

Miroirs , 1976 , 1977.

　　　Ils réfléchiffent les rayons fous le même angle fous lequel ils font tombés, 1979, 1080.

　　　Lorfque les rayons tombent fur des miroirs plans, ils fe réfléchiffent par le plus court chemin , 1981.

　　　Plans ; comment ils repréfentent les objets, 1981 , 1989.

　　　Lorfqu'ils font faits de verre tranfparent , ils préfentent plufieurs phénomenes à obferver , 1990.

　　　Deux ou plufieurs étant paralleles & difpofés de maniere à faire angle , nous font voir plufieurs phénomenes, 1993 , 1997.

　　　Sphériques, convexes, concaves. Voyez *Foyer*.

　　　Concaves ; ils repréfentent les objets de différentes façons, 2011, 2024.

　　　Cylindriques convexes, 2025 , 2026.

　　　　　　Concaves , 2027, 2028.

　　　Pyramidaux, 2029, 2030.

　　　Coniques , 2031.

　　　Prifmatiques , 2032.

　　　Effets de ceux qu'on appelle brûlans, 1623 , 1632. Voy. *Foyer*.

Mixtes, comment on connoît ce qu'ils contieennent de matiere , 1400 , 1406.

　　　Ils deviennent plus denfes, 1408.

　　　　　　Plus rares , 1409.

Mobile , mobilité , 129.

Moment , force , 372.

　　　Il eft d'autant plus grand que les diftances font plus éloignées de l'axe , 388.

Mouffles , 494.

Mouvement , 15.

　　　Ses caufes, 236 , 245.

　　　Il eft la caufe des changemens qui arrivent dans les corps, 18.

　　　On le diftingue en trois efpeces, 189, 191.

　　　Il correfpond au tems , 104.

　　　Direct , réfléchi , 106.

　　　Accéléré , 220, 222.

　　　Retardé, 221 , 223.

　　　Uniforme, 218.

　　　Ses loix , 228 , 231.

　　　Compofé , 556 , 559.

Mouvement composé ; il se fait selon la diagonale, 561, 571.
    Composition & résolution du mouvement, 572.
Mouvements conspirants & contraires, 226, 227.
Muscles, leur action. Voyez *Levier*.

N

NATURE : voyez *Essence*.
Neige, 2401.
    Ses différentes figures, 2402.
    Elle est rare, 2404.
    Ce qu'elle présage, 2405, 2407.
    Son usage, 2411.
    Peut-on s'appercevoir de ses approches, 2412.
    Combien de fois il est tombé de la neige à Leide dans l'espace de
        29 années, 2401.
Nerfs, cordes d'instrumens ; leur longueur est réciproque au nombre de vi-
        brations qu'elles font dans un tems donné, 2212.
    Elle est pareillement réciproque aux tons qu'elles forment, 2213,
        2214.
    Elles font des vibrations qui font entr'elles, quant à leur nombre,
        comme la racine quarrée des poids qui les tendent, 2218, 2223.
    Pour quelle raison on en emploie de différentes grosseurs, 2224,
        2228.
Nuées, 2329.
    Elles font plus épaisses que le brouillard, 2330.
    Elles s'élevent à différentes hauteurs, 2331.
    Quelle est la plus grande hauteur à laquelle elles s'élevent, 2332.
    Elles different en figure & en grandeur, 2334, 2337.
    Elles font poussées par les vents, 2338.
    Elles font de différentes couleurs, 2339.
    Leurs poids, 2339.
    Leur utilité, 2343.

O

OBJETS, ils paroissent plus élevés qu'ils ne le font lorsque la lumière est ré-
        fractée, 1928, 1931.
    Ils paroissent sous de plus grandes dimensions lorsqu'on les regarde
        à travers un verre plan, 1932.
    Ils paroissent multipliés à travers un verre à facettes, 1933.
    Ils font semblables aux images après les réfractions faites par des
        surfaces planes, 1934.
    Comment les voit-on à travers des lentilles convexes ? 1935, 1937.
                      Concaves ? 1938, 1939.
    Ils se peignent renversés dans l'œil, 1875.
    On les voit cependant dans leur situation naturelle, 1888, 1891.
    Ils se peignent distinctement autour de l'axe optique, 1880.
    En quel cas les voit-on doubles ? 1892, 1893.

496   **T A B L E**

Objets, Quoiqu'ils se peignent dans les deux yeux, on ne les voit pas doubles, 1894, 1895.

    Comment les voit-on lorsqu'ils font différens mouvemens, 1918, 1920.

    En quel cas les voit-on distinctement, 1902, 1903, 1906, 1907.
        confusément, 1904

    D'où dépend la clarté avec laquelle on les voit, 1899, 1901.

    Leur grandeur apparente, 1910, 1913

    Elle est en raison réciproque de leur distance à l'œil, 1914.

    Quels rapports ont entr'elles les vîtesses apparentes, 1921.

    Comment l'ame juge-t-elle des distances, 1922, 1923.

Obstacles, 247.

    Quels rapports ont ils avec les puissances qui pressent, 254. 264.

Œil, son globe est enveloppé de trois membranes, 1854.

    Epaisseur de ces membranes, 1861.

    Quelques animaux n'ont point d'yeux, 1852.

    Sa membrane choroïde, 1853, 1856.

    Sa cornée, 1854.

    Elle réfracte les rayons de lumiere, 1869, 1877.

    Son procès ciliaire, 1857.

    A t il des fibres musculaires, 1858.

    Sa pupille ou prunelle, 1859.

    Ses humeurs, 1862, 1863.

    Son nerf optique, 1861.

    Son artere & sa veine centrale d'*Albin*, 1861.

Opacité: voyez *Transparence*.

Oreille, sa description, 2269, 2279.

    Comment s'opere l'action de l'ouïe, 2281.

Oscillations, 644.

          P

PARABOLE, tout corps projetté décrit une parabole, 684, 685.

    Comment déterminer le but que le corps doit frapper, 686, 688.

Parenselenes, 2474.

Parhélies, 2454, 2455.

    Observées à Leyde, 2457.

    Combien elles durent de tems, 2459.

    Comment se produisent-elles, 2461, 2469.

    Elles ne se terminent pas toutes ensemble, 2470, 2471.

    Leur grandeur 2456.

    La matiere qui les produit est dans l'atmosphere, 2460.

Pendule simple, 641.

    Composé, 642.

    De combien il faut l'allonger ou le raccourcir, 662.

    Imaginé par *Graham*, 675.

    Julien le Roi, 676.

                             Pendules

Pendules, leurs longueurs en différens lieux, 333.

    Elles font comme les quarrés des tems de leurs oscillations, 658, 660.

    Leur vîteffe eft comme la fous-tendante de l'arc, 663.

    Leurs rapports avec les efforts de la gravité, 665, 669.

    Leur ufage pour mefurer le tems, 673, 674.

Percuffion, 770, 771.

    Directe, oblique, 778.

    Des corps durs, 781, 785.

        Mous, 786, 795.

        Elaftiques, 796, 804.

    Oblique des corps mous, 807.

            Elaftiques, 808, 813.

    Des corps fur un levier, 818.

Phénomenes, 17.

Philofophie, 1.

    Pratique, 12.

    Ses parties, 8, 13.

Phyfique, 9.

    Son utilité, 39.

Plan incliné, 468.

    Ses propriétés par rapport aux puiffances, 469, 477.

    Defcente des graves fur ces fortes de plans, 608, 619.

Pluie, Comment elle fe forme, 2358, 2360.

    Quelles font les caufes qui la font tomber, 2362, 2363.

    Combien il en eft tombé par an à Leyde & en plufieurs autres endroits, 2365.

    Elle a un certain rapport avec la féchereffe dans l'étendue de l'atmofphere, 2366.

    Elle emporte avec elle, lorfqu'elle tombe, des corps de toute efpece, 2367, 2370.

    Prodigieufe, 2371.

    Elle donne origine aux fontaines & aux lacs, 2378.

    Elle devient nuifible, 2380.

    Figure & grandeur de fes gouttes, 2382, 2385.

    Son ufage, 2378.

    Elle tombe irréguliérement en Hollande, 2377.

Pneumatique, 8.

Poids, 316.

    Il eft proportionnel à la quantité de matiere, 321.

    Spécifique, 328.

Polémofcope, 1997.

Pompe afpirante, 2069.

    Des Marchands de vin, 2114.

    De quelle maniere l'air fe raréfie dans cette machine, 2117, 2119.

    Pneumatique, 2120.

    Afpirante ordinaire, 2124, 2136.

Tome III.   R r r

Pompe Dont on fait ufage pour tirer l'eau des puits, 2137.

    D'où dépend fa perfection , 2140.

    Avec quelle force l'eau preffe dans cette machine , 2141, 2147.

    De l'écoulement des eaux par la preffion du pifton , 2156.

Pont levis , 493.

    Flottant , 578.

    Roulant , 505.

Pores , 87.

    Comment ils different dans les corps , 92 , 94.

    Les uns font vuides , les autres remplis en partie par d'autres matieres , 96.

    Tous les corps font poreux, 91.

Poulie , 438.

    Elle n'augmente point l'effort de la puiffance , 439. Voyez *Méchanique du mouvement*.

Puiffance végétative , 140.

Puiffances qui preffent , 246.

    Leurs loix , 253 , 268.

    Directes , 282.

    En quel cas trois puiffances font en équilibre , 580 , 587.

Pupille , 1860.

    Sa contraction , 1870. Voyez *Œil*.

Pyrometre , 1527.

R

RARETÉ des corps , 88.

    Comment elle augmente , 89.

Rayons , Ceux de la lumiere fe réfractent en s'approchant de la perpendiculaire , 1714.

    En s'en approchant, 1713.

    Lorfqu'ils paffent d'un milieu dans un autre, ils forment une courbe, 1714.

    Divergens, 1743.

    Convergens, 1746.

    Lorfqu'ils tombent fur des furfaces planes , ils deviennent paralleles après la réfraction , 1754.

    Ils fe développent en paffant par un trou, dans une chambre obfcure , 1795 , 1797.

    Ils fe réfractent en paffant par un prifme, 1798, 1801.

    A fa fortie, ils fe féparent en fept couleurs , 1803 , 1804.

    Quels font ceux qui fe réfractent davantage , 1809, 1811.

    Ils ont tous un degré invariable de réfrangibilité , 1812.

    Les rouges ont-ils plus de vîteffe que les autres? 1813.

    Ont-ils plus de force, 1814, 1815.

    Lorfqu'ils font tous raffemblés ils donnent le blanc, 1817, 1819 , 1821.

    Ils ne font pas tous également réfractés par toutes fortes de verres , 1823.

Rayons, ils sont tous réflexibles, 1825.

Ils se séparent en leurs différentes couleurs lorsqu'ils se réfléchissent 1831.

Qui passent entre deux lames de couteaux, 1826, 1829.

Solaires, leur densité, 1555.

Leur longueur est infinie, 1672, 1673.

Leur subtilité, 1667, 1668.

Leur densité décroît en raison doublée des distances, 1675.

Réflexion, celle de la lumiere est attribuée à des forces répulsives, 1969, 1970.

Réfraction, celle de la lumiere dépend de la force attractive du milieu, 1720, 1724.

Elle varie continuellement dans l'atmosphere, 1735.

Qui passe obliquement de l'air dans l'eau, 1736.

Son angle, 1725, 1726.

Son sinus est dans un rapport constant avec celui de l'angle d'incidence, 1727, 1729, 1731.

Regles de *Newton*, 31, 34, 36.

Regne, des trois regnes, & de leurs especes, 23, 28.

Atmosphérique, 29.

Repos absolu, relatif, 192, 195.

Répulsion, les corps se repoussent mutuellement, 1079, 1089.

Rétine, 1864.

Comment on connoît la petitesse de l'image qui se peint sur cette membrane, 1915, 1916. Voyez *Œil*.

Rosée, 2344.

Elle differe de la transpiration des plantes, 2345.

Celle qui s'éleve differe suivant la constitution du sol, 2347.

Elle tombe sur tous les corps à Leyde : il n'en est pas de même à Utrecht & à Paris, 2349.

Il y a des endroits où elle s'éleve, mais où elle ne tombe pas, 2350.

En quel tems on l'observe en Hollande, 2352.

En quoi elle differe du brouillard, 2355.

Ses usages, 2356.

Mielleuse, 2357.

Roues dentées avec des lanternes, 454.

Etoilées, 455.

A chevilles, 455.

Les grandes sont plus faciles à mouvoir que les petites, 456, 457.

Comment on détermine la figure & le nombre de leurs dents, 500, 502.

Rouille des métaux, 1075.

S

SCLEROTIQUE. Voyez *Œil.*
Serpent, météore, 2546.
Syphons, 2191, 2099.
Solidité, adhérence, fermeté des cordes. 1116, 1126.
               Des bois, 1127.
               Des métaux, 1129, 1198.
               Des étoffes, 1199.
               Des peaux, 1201.
               Des nerfs, 1202.
               Des os, 1203.
               Du verre, 1212.
   Un solide de même gravité spécifique qu'un liquide, se tient par-tout
          où on le place dans ce liquide, 1356, 1358.
          Plus pesant, tombe au fond du liquide, 1362, 1363.
          Plongé dans un liquide perd de son poids autant que pese
          le liquide dont il occupe la place, 1366, 1367, 1373,
          1374.
          Spécifiquement plus léger que le liquide, s'y enfonce en
          partie, 1380.
Solution, ce que c'est, 1047.
     Des sels, 1047.
     Des métaux, 1048.
     Il y a des corps dans qui elle s'opere plus promptement en plein
     air que dans le vuide, 1070.
     Des fluides par d'autres, 1071.
     Il y a des corps qui ne se dissolvent point sans intermede, 1072.
Son, 2189.
     Comment il se forme, 2190.
               Dans un solide, 2191, 2200.
     Il est produit par les corps élastiques, 2201, 2261.
     En quoi il consiste dans l'air, 2229.
     Comment il se propage, 2231.
     Comment il s'y affoiblit, 2232.
     Il ne s'étend point au delà de certaines bornes, 2233, 2234.
     Il ne se propage pas toujours avec la même vîtesse, 2236, 2237.
     Fort ou foible, il a toujours la même vîtesse, 2240, 2241, 2245.
     Comment il se conserve, 2254.
         On l'amortit, 2255.
     Son intensité, 2257.
     Comment on l'entend, 2268, 2269.
Statique, 369.
Succion animale, 2090.

T

TELEOLOGIE, 10.
Telescope, 1954.

Télescope astronomique , 1956, 1960.

        Ses défauts , 1961.

        Achromatique de *Dollond*, 1962.

        Oblique , 2035.

        De *Newton*, 2038 , 2039.

        De *Gregori* , 2040 , 2043.

Tempête, 2616 , 2619.

Tems , de deux especes , 182 , 184.

        Il se mesure par le mouvement uniforme, 185.

        Ce n'est pas un être réel , 186.

        Périodique , 723.

Thermometre , 1564.

        De *Drebbel*, 1565 , 1566.

        De Florence , 1567.

        De *Fareinheit* , 1568 , 1572.

        De *Réaumur* , 1573.

        Humecté d'eau devient susceptible des impressions du vent , 1604, 1605.

        Plongé dans l'air, il n'est point affecté par le vent, 1613.

Tons graves , aigus , 2202.

        Au nombre de sept , 2214 , 2215.

Tour , *axis in peritrochio* , 443.

        Ses propriétés , 444 , 446.

        Description de celui dans lequel on fait marcher des animaux , 549.

        Quelle est la pression qui se fait sur l'appui , 553. Voyez *Roues*.

Transparence, d'où dépend celle qu'on remarque dans les corps , 1972, 1975.

Tribometre , 512.

Trombes de mer , 2381 , 2382.

        Leurs effets, 2383.

        Leur origine , 2384.

Tuyaux capillaires , 1046.

        De quelle maniere les fluides s'élevent dans ces tubes , 1046.

        Les diametres de ces tubes sont en raison réciproque des hauteurs auxquelles les liquides s'y élevent , 1051.

        Leurs phénomenes dépendent de plusieurs puissances, 1052.

        Ils ne dépendent point de l'air , 1054.

        Quels soins faut-il apporter pour faire ces expériences ? 1055.

        Les fluides s'élevent dans ces tubes à différentes hauteurs, 1056.

        Leurs phénomenes ne dépendent point de l'éther, ni d'une atmosphere électrique , 1057.

V.

VAISSEAU, son mouvement lorsqu'il est poussé par le vent , 574, 577.

Vapeurs , causes de leur élévation , 2297 , 2299.

Vapeurs, Quantité qui s'en éleve de la surface de la mer entre les tropiques, 2557.

En quels cas elles s'élevent de la terre, 2304.

Elles s'élevent à différentes hauteurs, 2305, 2307.

Pourquoi elles ne retombent pas sur-le-champ, 2308.

Elles descendent, 2309.

Elles exercent des forces expansives, 1467.

Elles font mouvoir des machines, 1467, 1469.

Plus elles sont échauffées, plus elles produisent d'effort, 1468.

Quel volume acquerent celles de l'eau bouillante, 1471.

Elles pénetrent les corps, 1472. Voyez *Exhalaisons*.

Vase, l'eau coule en même quantité, en tems égaux, par une ouverture faite à un vase, 1289, 1290.

L'eau tombe par cette ouverture avec la même vîtesse qu'elle auroit si elle tomboit librement, 1292, 1294.

Ces quantités d'eau sont en raison sous-doublée des hauteurs, 1295, 1296.

Vent, 2548.

Il n'est pas composé seulement de vapeurs, 1549.

Quel mouvement il excite dans l'air, 2550.

d'*Est* ne dépend point du mouvement de la terre sur son axe, 2566.

La lune n'est pas sa cause productrice, 2567.

Général sur la mer Pacifique, 2568.

On en compte trente-deux, 2551.

Leurs divisions, 2553.

Généraux & constans, endroits de la terre où ils soufflent, 2554, 2555.

Cause du vent général d'*Est*, 2556.

Le soleil en est la cause, 2550, 2559.

Cause de celui qu'on appelle *Borée*, 2560.

Du *Midi*, 2562.

Anniversaire, 2569, 2577.

De *terre*, 2581, 2584.

Cause des vents de terre & de mer, 2585, 2587.

On remarque des vents libres depuis les tropiques jusqu'aux pôles, 2588, 2589.

Ceux qui soufflent en Hollande, 2591, 2595.

Quelles sont leurs causes, 2597, 2600.

Cause du vent libre, 2604.

Causes qui se remarquent à la surface de la terre, 2606.

Comment on détermine la force du vent, 2619, 2623.

Quels sont les instrumens propres à en déterminer la vîtesse, 2623.

Leur utilité, 2629.

Verres brûlans, leurs effets, 1633, 1634.

Vision, différentes questions relatives à cette fonction, 1924. Voy. *Objets*, *Rayons lumineux*.

Vitesse, 213.
Elle est comme l'espace divisé par le tems, 214, 215, 218, 221.
Respective, 782, 787.
Volume d'un corps, 1340.

Z

Zodiaque, sa lumiere, 1482.

Fin de la Table des Matières.

ERRATA.

TOME I.

PAGE 6, ligne 43, accroissance, *lisez* accroissement.

Page 35, à la citation, de Turre, *lisez* Made du Châtelet.

Page 37, lig. 44, de la finir, *lisez* de la définir!

Page 48, lig. 29, *ajoutez* octaedres.

Page 52, lig. 24, touches, *lisez* taches.

Page 105, l'avant-derniere ligne de la note, $S : s :: V : Sv$, *lisez* $S : s :: sV : Sv$.

Page 116, lig. 17, le savant de Turre, *lisez* la savante Made du Châtelet.

Page 125, ligne 10, $DMrS$, *lisez* $DMr\delta$.

Page 131, lig. 27, cent, *lisez* cinq.

Page 144, lig. 5, 6, *lisez* 6.

Page 145, lig. 36, b t, *lisez* 6 t.

Page 146, lig. 2, $\frac{175}{15}$, $\frac{375}{15}$; lig. 25, dont le poids $=2$, *ajoutez* & qui tomberoit d'une hauteur $=2$.

Page 166, lig. 27, à ce poids, *lisez* à ce point; lig. 38, que le point D, *lisez* que le poids D.

Page 167, lig. 9. (Tab. 4. *lisez* Tab. 5.).

Page 192, lig. 29, $=100$ ℔, *lisez* $=110$ ℔.

Page 204, derniere ligne, troisieme colonne, 20 . . 0, *lisez* 20 . . 4.

Page 248, lig. 44, C E, parallele à D A, *ajoutez* alors la puissance S sera représentée par D E, la puissance P par D F, & celle qui soutient le point d'appui par C D : ou menez C L perpendiculaire à A D & C M, &c.

Page 252, lig. 11, $E\beta$, *lisez* E B.

Page 253, lig. 19, l'obstacle G L, *effacez* L.

Page 265 : lig. 28, de G C à H F, *lisez* de A B à D E.

Page 322, ligne 8, $Aaa = 2 A a x$, *ajoutez* $+ B x x$.

Page 336, lig. 14, O S, *lisez* O s.

Page 339, lig. 4, Gassenai, *lisez* Gassendi.

Page 357, lig. 15, se rétablissent, *lisez* se rétablissant.

Page 385, lig. 40, dans la sphère de leur activité, *lisez* dans sa sphere d'activité.

Page 398, lig. 37, marcas, *lisez* mazéas.

Page 454, ligne derniere, A B & C D, *ajoutez* Tab. 24. fig. 3.

Page 455, lig. 34, I L, *lisez* I K.

Page 459, lig. 24. 66721, *lisez* 66,721.

TOME II.

PAGE 86, lig. 12, 865, *lisez* 875.

Page 108, lig. 7, troisieme colonne, 370, *lisez* 470.

Page 111, lig. 12, derniere colonne, 9,5715, *lisez* 9,5757.

Page 118, lig. 4, troisieme colonne, 330, *lisez* 530.

Page 120, lig. 15, cuivre rouge, *lisez* cuivre jaune.

Page 121, lig. 25, fer 100 grains, *lisez* 150 grains. -

Page 122, lig 7, fermeté 133, *lisez* 235.

Page 125, lig. 16, dernière colonne, 235, *lisez* 255.

Page 127, lig. 20, derniere colonne, 7,325, *lisez* 7,3205.

Page 130, lig. 19, 7,165, *lisez* 7,1265.

Page 137, lig. 3. 7,215, *avancez* le 2 d'un rang vers la gauche, & *corrigez* partout la même faute dans les colonnes des gravités spécifiques.

Page 145, lig. 22, je la laissai, *lisez* je la lavai.

Page 150, lig. 5, $=$ 210 ℔, *lisez* 168 ℔, & *ajoutez* & lorsque les faces de ce parallélipipede avoient $\frac{2}{10}$ de pouce, il ne se rompoit que par un poids $=$ 210 ℔.

Page 155, lig. 14, de Hollaned, *lisez* Hollande.

Page 163, ligne 23, A C P B, *lisez* A O P B.

Page 165, lig. 7, 8 pouces, *lisez* 8 pieds.

Page 168, lig. 4, Tab. 18, *lisez* Tab. 28.

Page 179, lig. 11, clavelées, *lisez* gravelées.

Page 190, lig. 12, : : R S, *lisez* K S.

Pag. 201, lig. 24, 12 $=$ 7, *lisez* 12 $=$ y.

Page 206, lig. 24, y y $\times$ x, *lisez* y y $\times \sqrt{x}$.

Page 227, lig. 31, œs parties, *lisez* ces pertes.

Page 236, lig. 21, qu'on appellera P, *lisez* p.

Page 248, lig. 28, 8 . 513, *lisez* 8 . 313.

Page 388, lig. 17, les parties, *ajoutez* du feu.

Page 434, ligne 9, $\dfrac{-a\sqrt{mn}}{m-n}$, *lisez* $\mp\dfrac{a\sqrt{mn}}{m-n}$. Même lig. & si $=$ 4 m, *lisez* & si n $=$ 4 m.

Page 453, lig. 10, se présentant, *lisez* se prêtant.

Page 471; lig. 26, $=$ S . B R D, *lisez* $=$ S . B K E.

Page 473, ligne 13, le point E, *lisez* le point F.

Page 507, ligne 28, d'Orléans, *effacez* l's.

<hr>

TOME III.

PAGE 6, lig. 15, qui borde sa partie intérieure, la cornée à laquelle, *lisez* qui borde la partie intérieure de la cornée & auquel. *Ibid.* lig. 18, se remplir, *lisez* se replie.

Page 10, lig 43, de suc, *lisez* de sac.

Page 13, lig. 41, qu'elle pousse. . . & qu'elle presse, *lisez* elle pousse . . . & elle presse.

Page 50, lig. 4, O H, *lisez* O H L.

Page 78, lig. 37, C N, H G, *lisez* C N, H O.

Page 82, lig. 18, l'angle E C B, *lisez* S E B.

Page 83, lig. 37, S b $=$ b M, *lisez* S b $+$ b M.

Page 89, lig. 29, E R, *lisez* E B.

Page 100, lig. 13, on peut en regarder, *lisez* on peut le regarder.

Page 126, lig. 11, troisieme colonne, 14, *lisez* 14 $\frac{1}{2}$.

Page 149, ligne 27, que $\frac{1}{6}$, *lisez* $\frac{r}{b}$.

Page 150, lig. 7, $\frac{r}{6}$, *lisez* $\frac{r}{b}$.

Page 194, lig. 4, de 25 pouces, *lisez* de 29 pouces.

Page 233, lig. 25, B $=$ m, *lisez* B $=$ n.

Page 148, lig. 27, la pesanteur, *lisez* la puanteur.

Page 273, ligne 36, la matiere ignée, *lisez* le feu.

Page 196; lig. 39, coulent avec une espece de pluie, *lisez* coule une pluie.

Page 354, lig. 15, B C, *lisez* B O.

<hr>

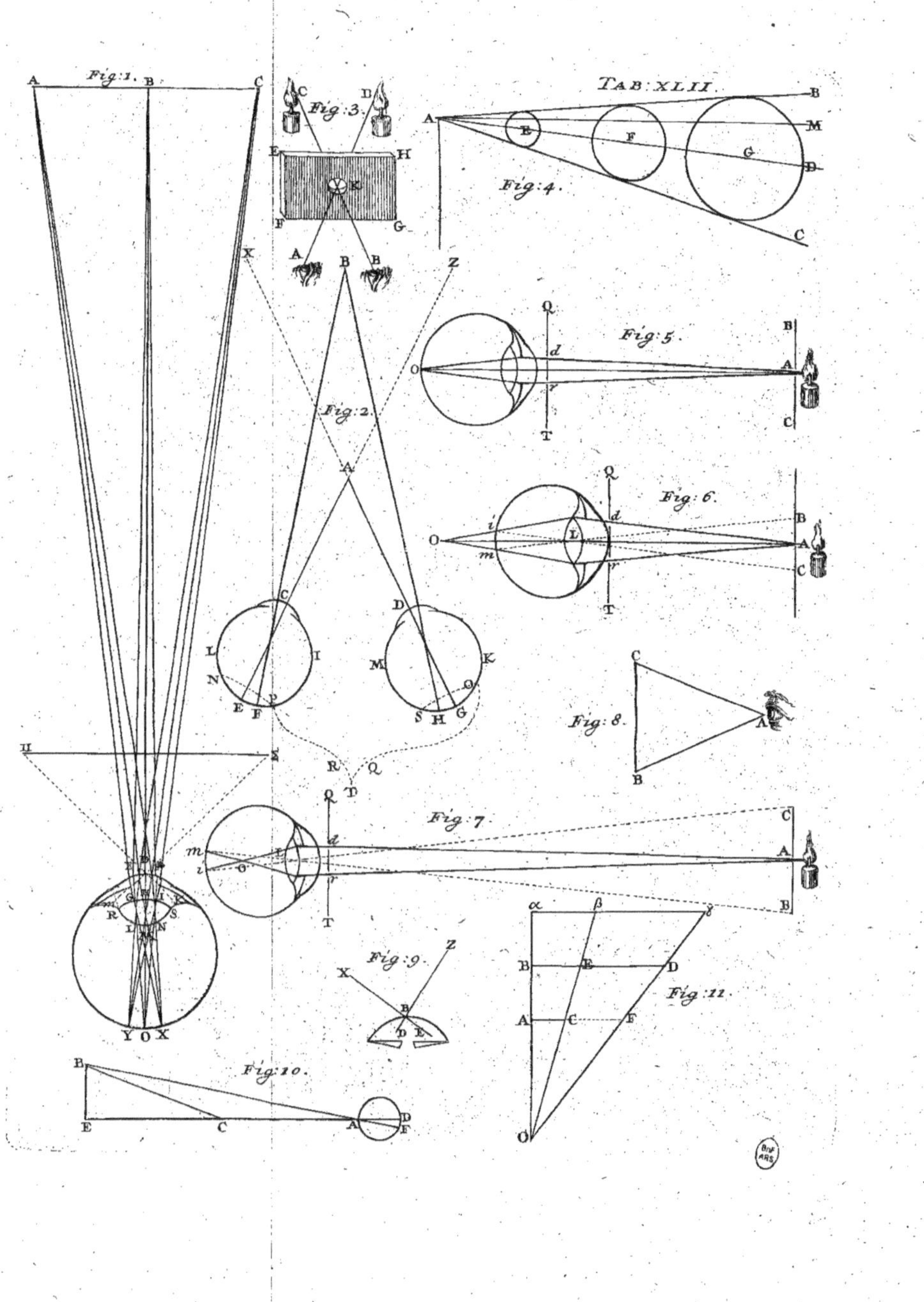

TAB: XLII.
Fig: 1.
Fig: 2.
Fig: 3.
Fig: 4.
Fig: 5.
Fig: 6.
Fig: 7.
Fig: 8.
Fig: 9.
Fig: 10.
Fig: 11.

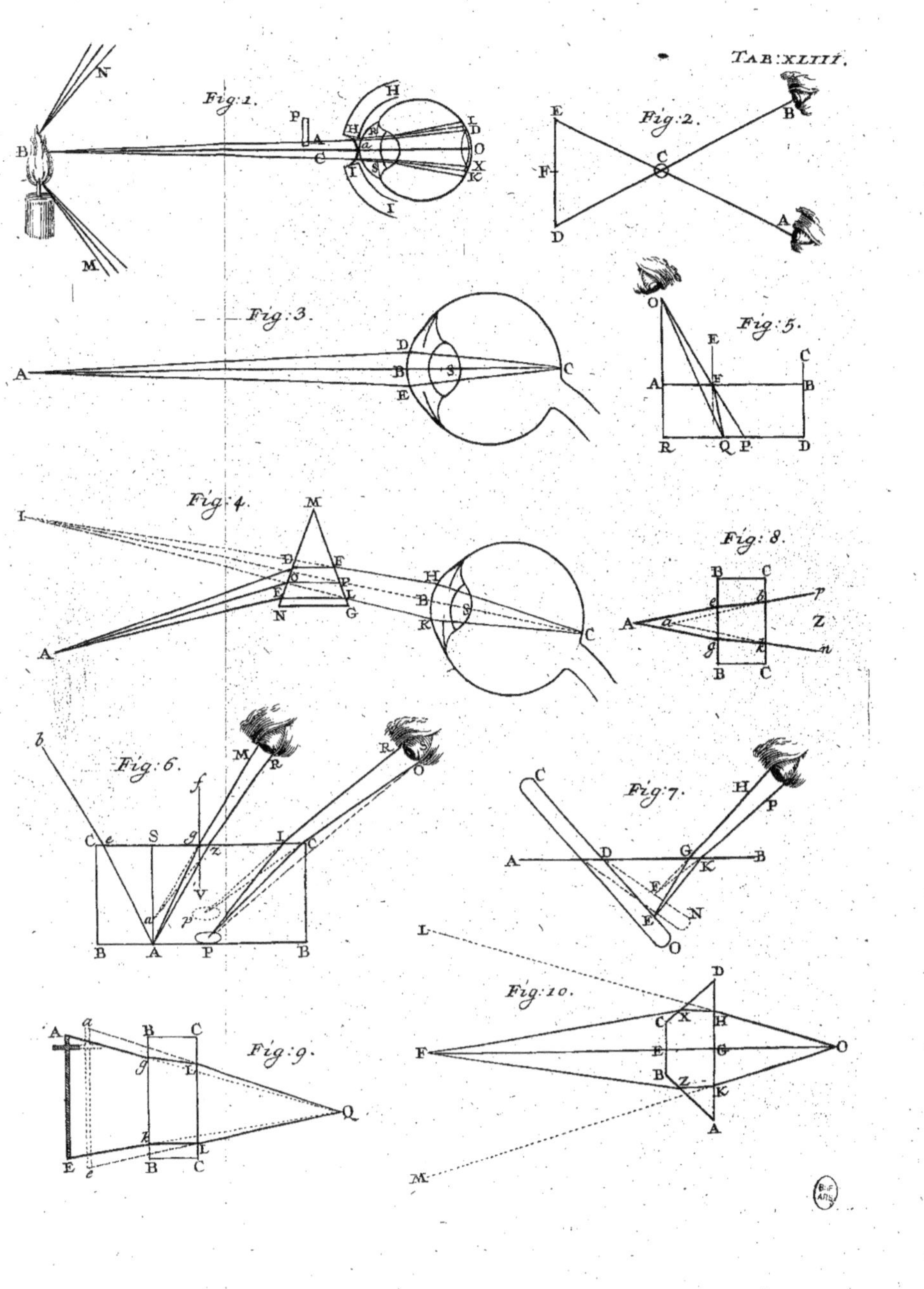
TAB: XLIII.
Fig: 1.
Fig: 2.
Fig: 3.
Fig: 4.
Fig: 5.
Fig: 6.
Fig: 7.
Fig: 8.
Fig: 9.
Fig: 10.

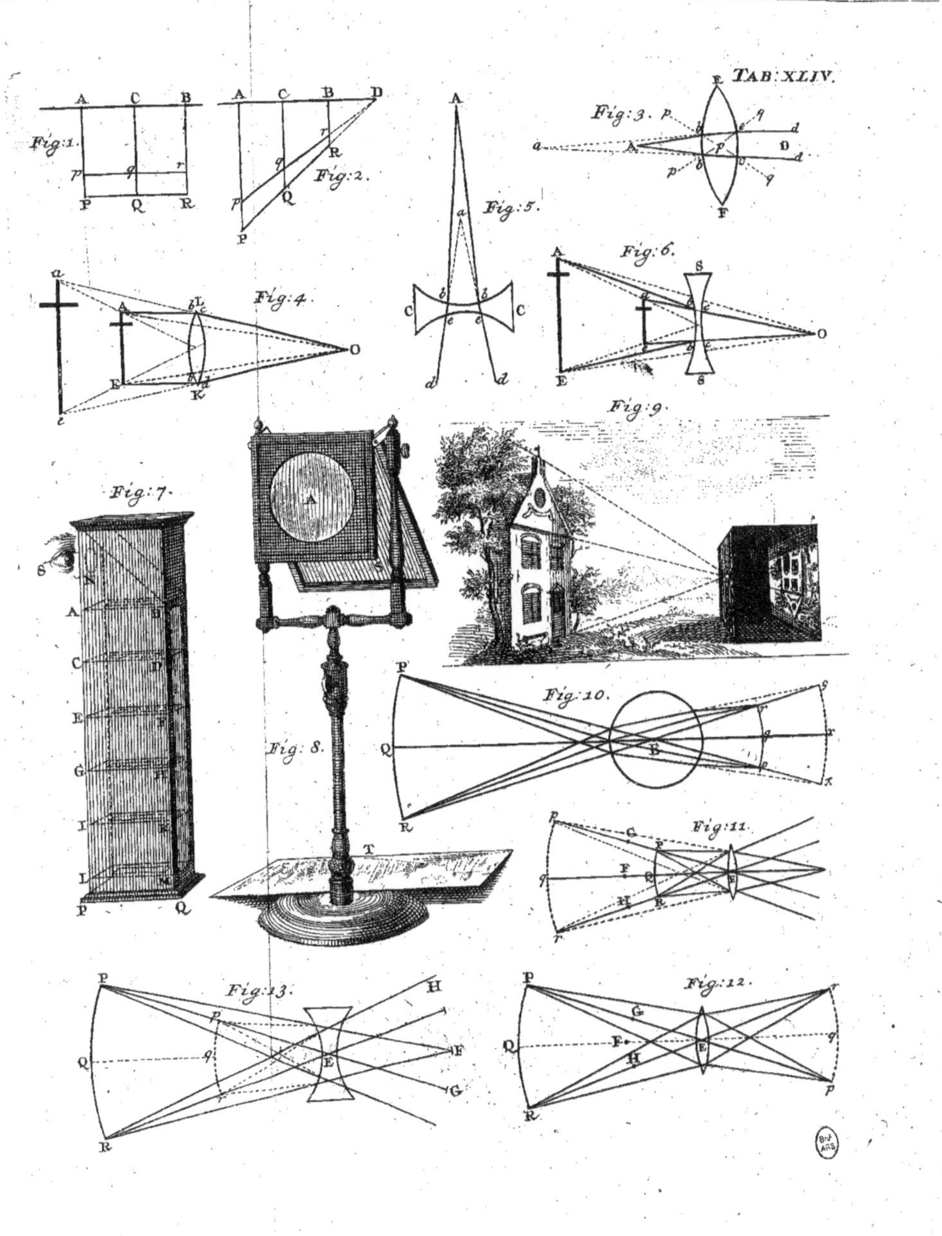

TAB: XLIV.
Fig:1.
Fig:2.
Fig:3.
Fig:4.
Fig:5.
Fig:6.
Fig:7.
Fig:8.
Fig:9.
Fig:10.
Fig:11.
Fig:12.
Fig:13.

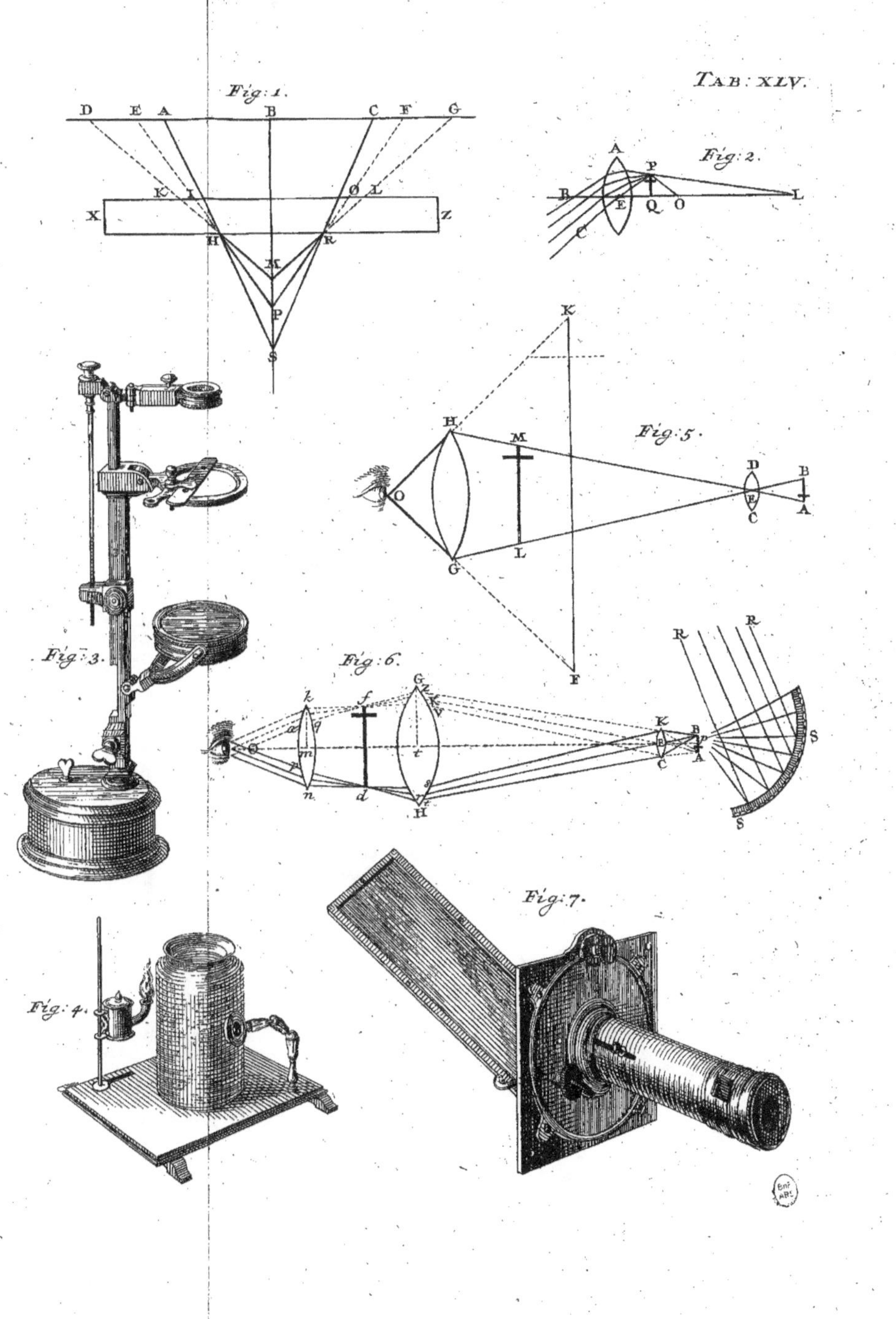

TAB: XLV.
Fig: 1.
Fig: 2.
Fig: 3.
Fig: 4.
Fig: 5.
Fig: 6.
Fig: 7.

TAB: XLVI.

Fig. 1.

Fig. 2.

Fig. 3.

Fig. 4.

Fig. 5.

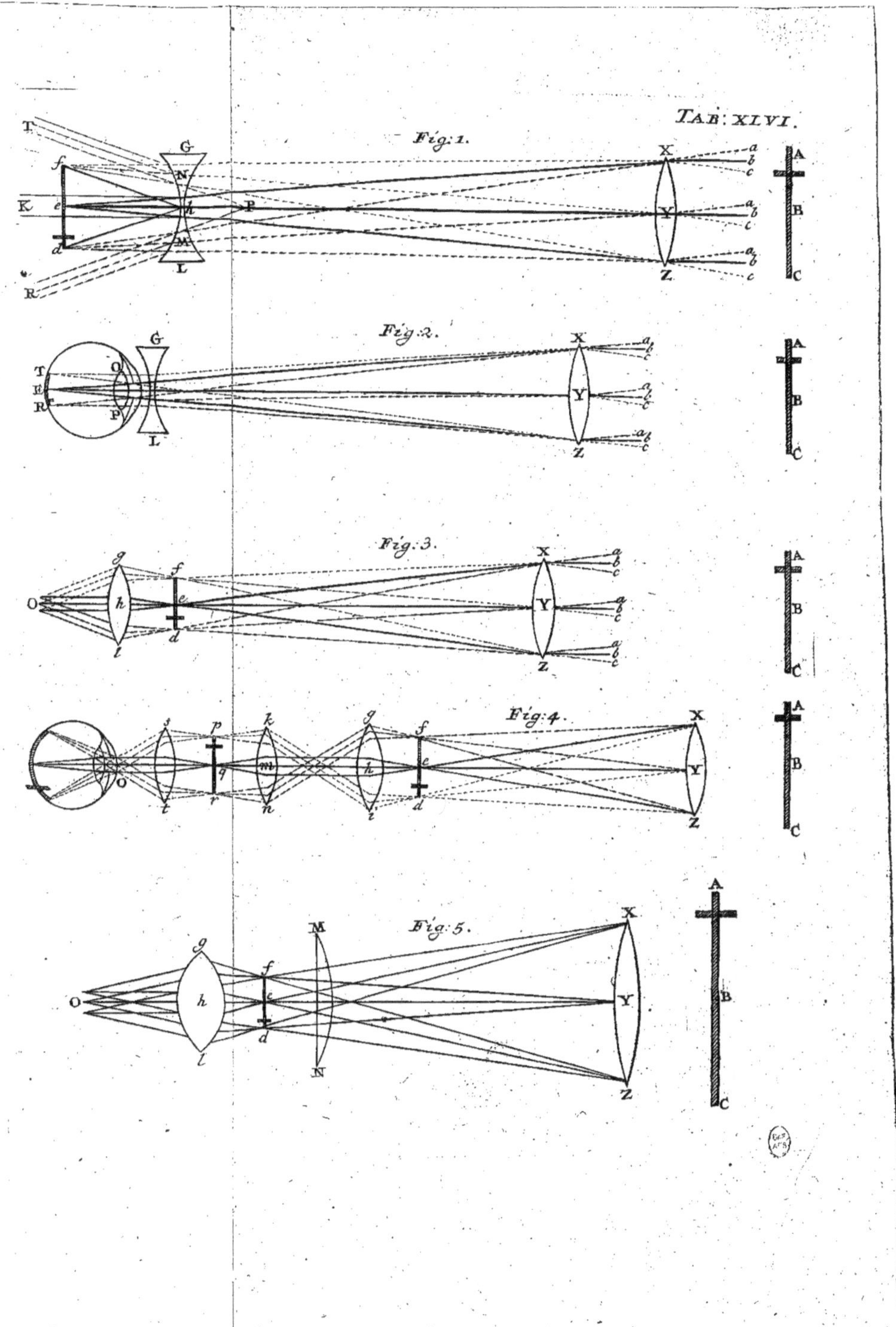

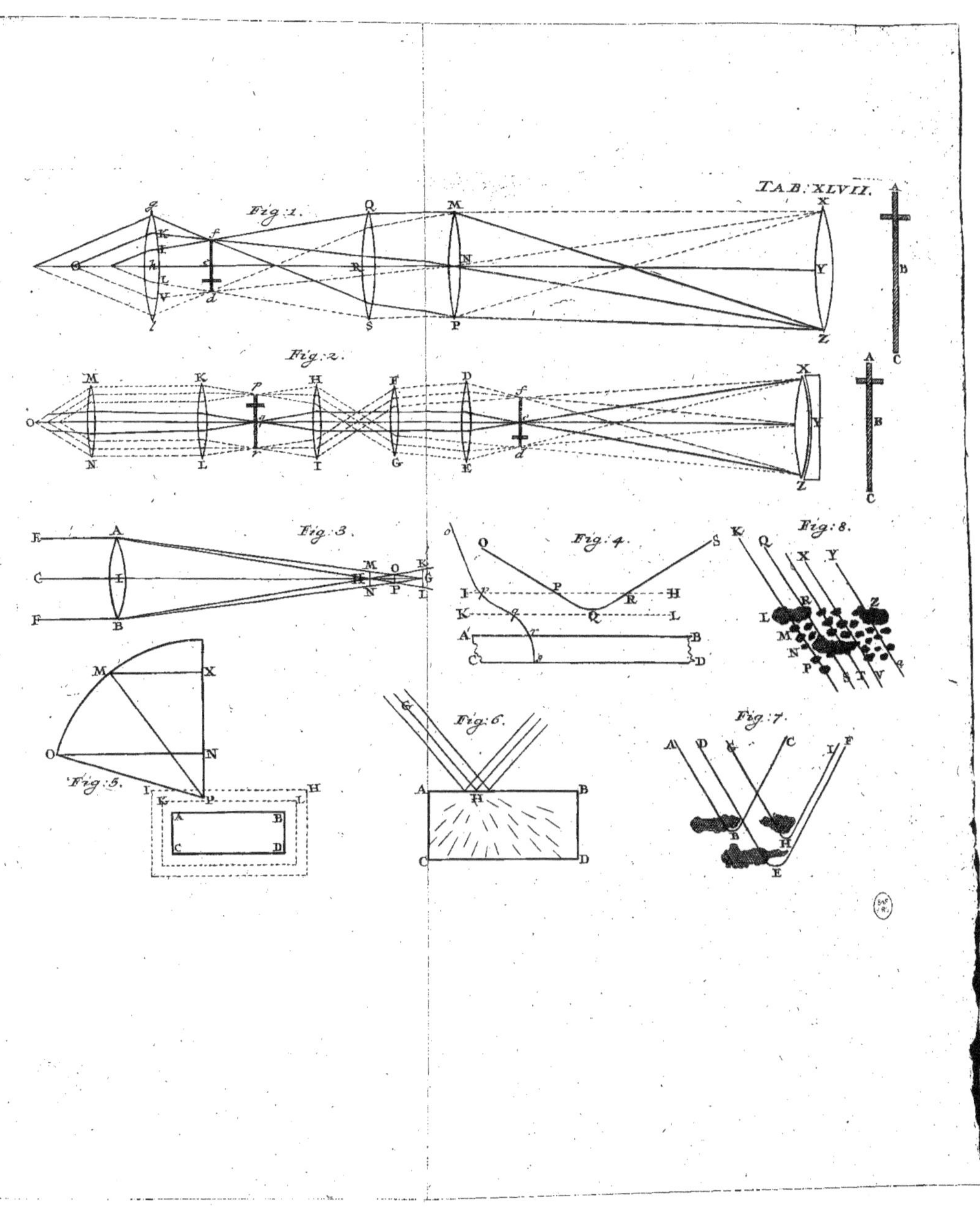

TAB: XLVII.
Fig: 1.
Fig: 2.
Fig: 3.
Fig: 4.
Fig: 5.
Fig: 6.
Fig: 7.
Fig: 8.

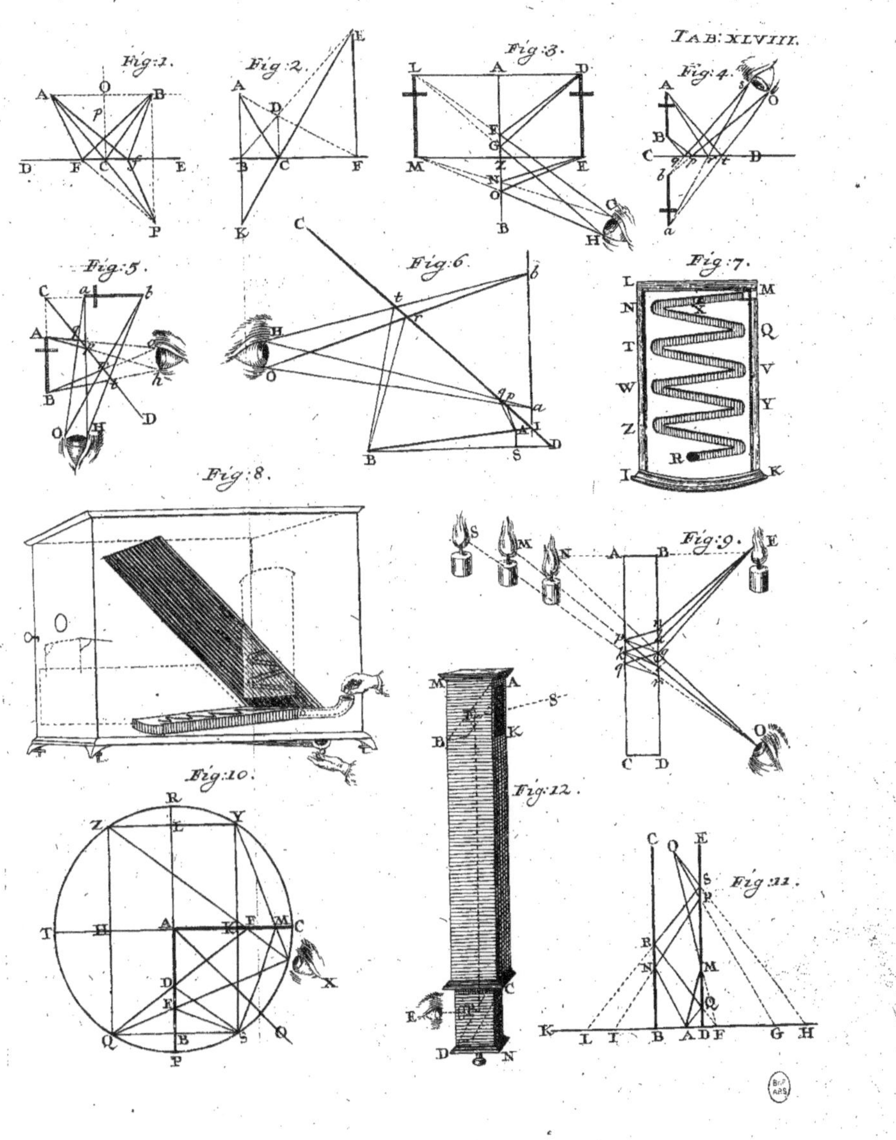

TAB:XLVIII.
Fig:1.
Fig:2.
Fig:3.
Fig:4.
Fig:5.
Fig:6.
Fig:7.
Fig:8.
Fig:9.
Fig:10.
Fig:11.
Fig:12.

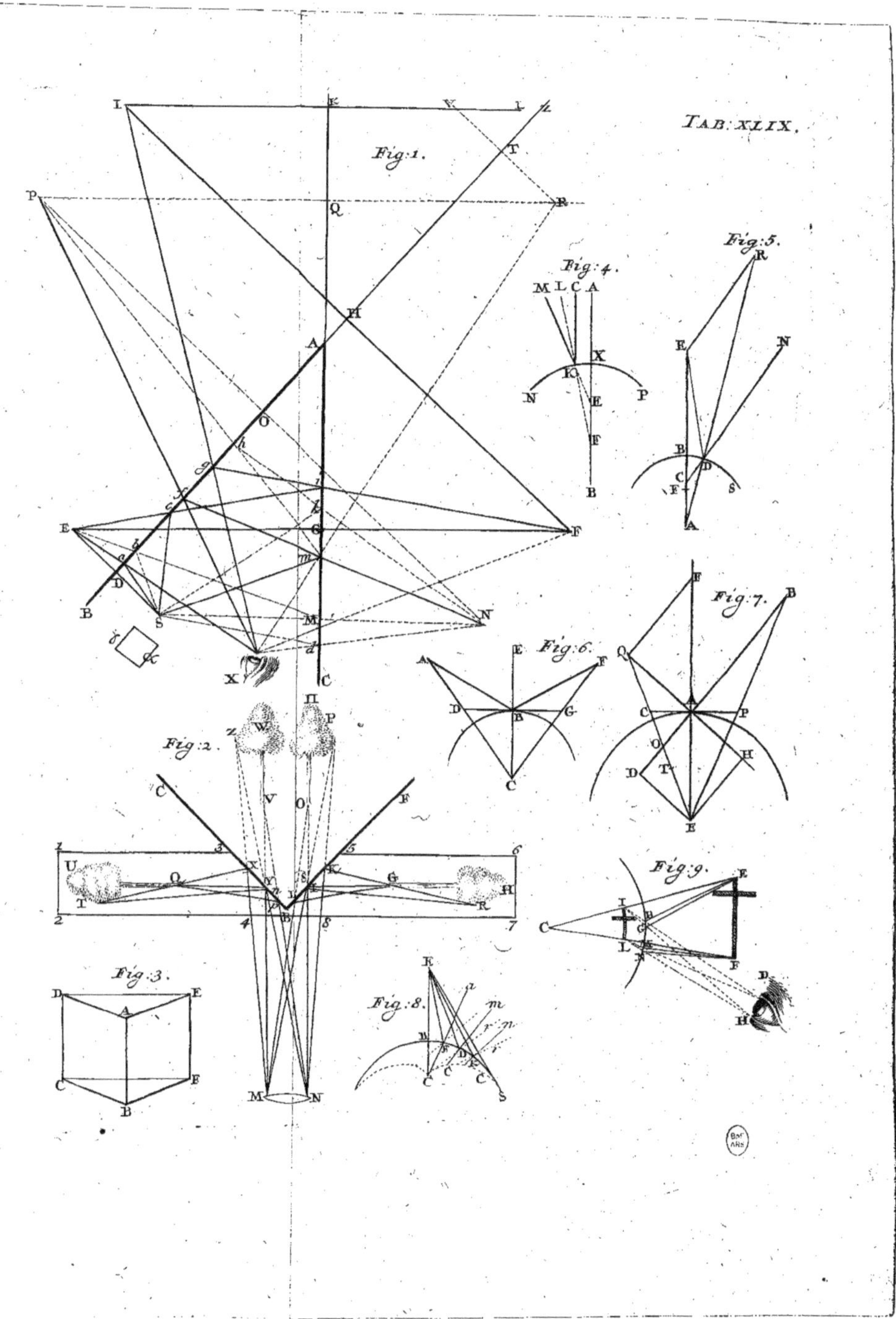

TAB: XLIX.
Fig: 1.
Fig: 2.
Fig: 3.
Fig: 4.
Fig: 5.
Fig: 6.
Fig: 7.
Fig: 8.
Fig: 9.

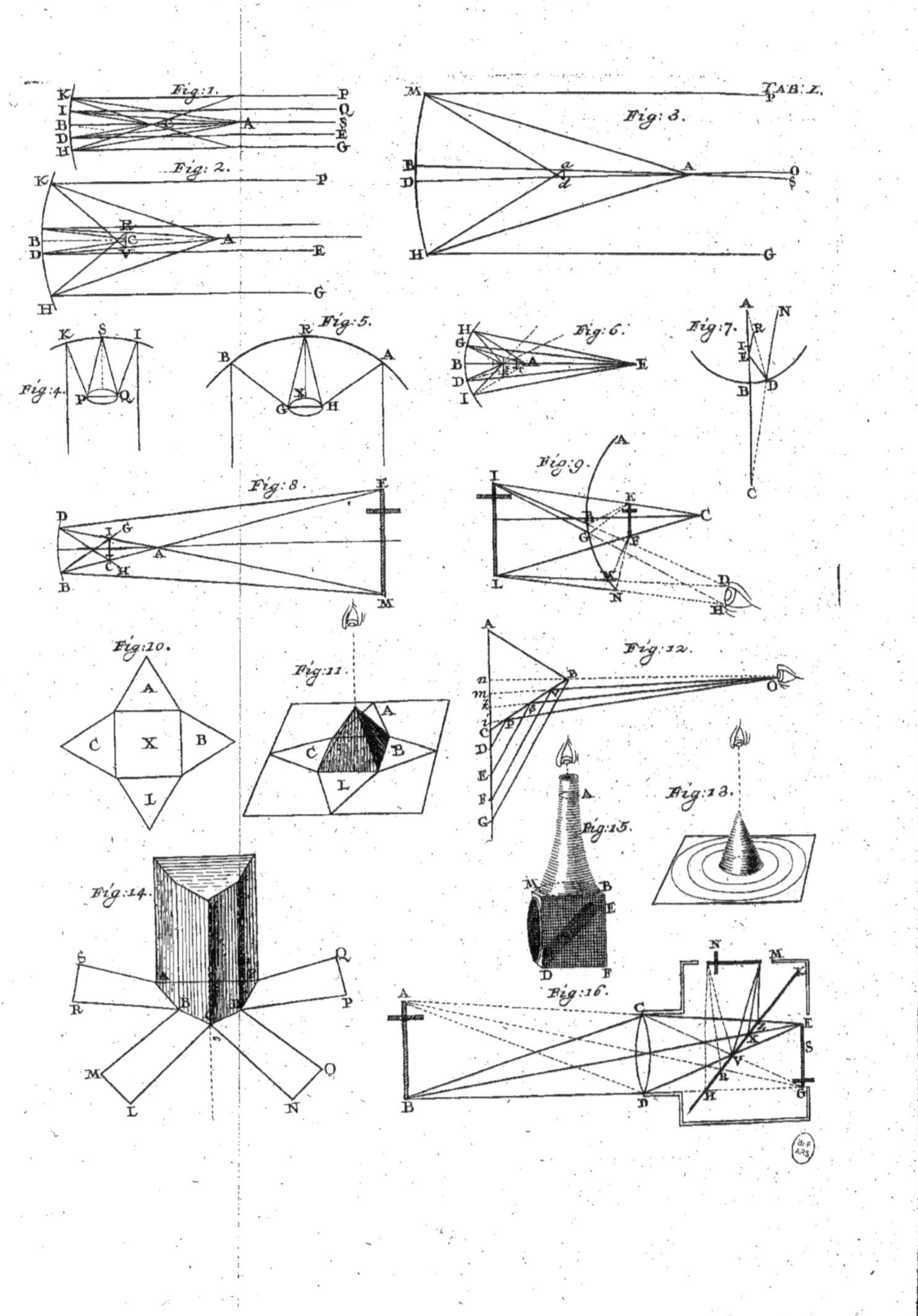

TAB: I.
Fig: 1.
Fig: 2.
Fig: 3.
Fig: 4.
Fig: 5.
Fig: 6.
Fig: 7.
Fig: 8.
Fig: 9.
Fig: 10.
Fig: 11.
Fig: 12.
Fig: 13.
Fig: 14.
Fig: 15.
Fig: 16.

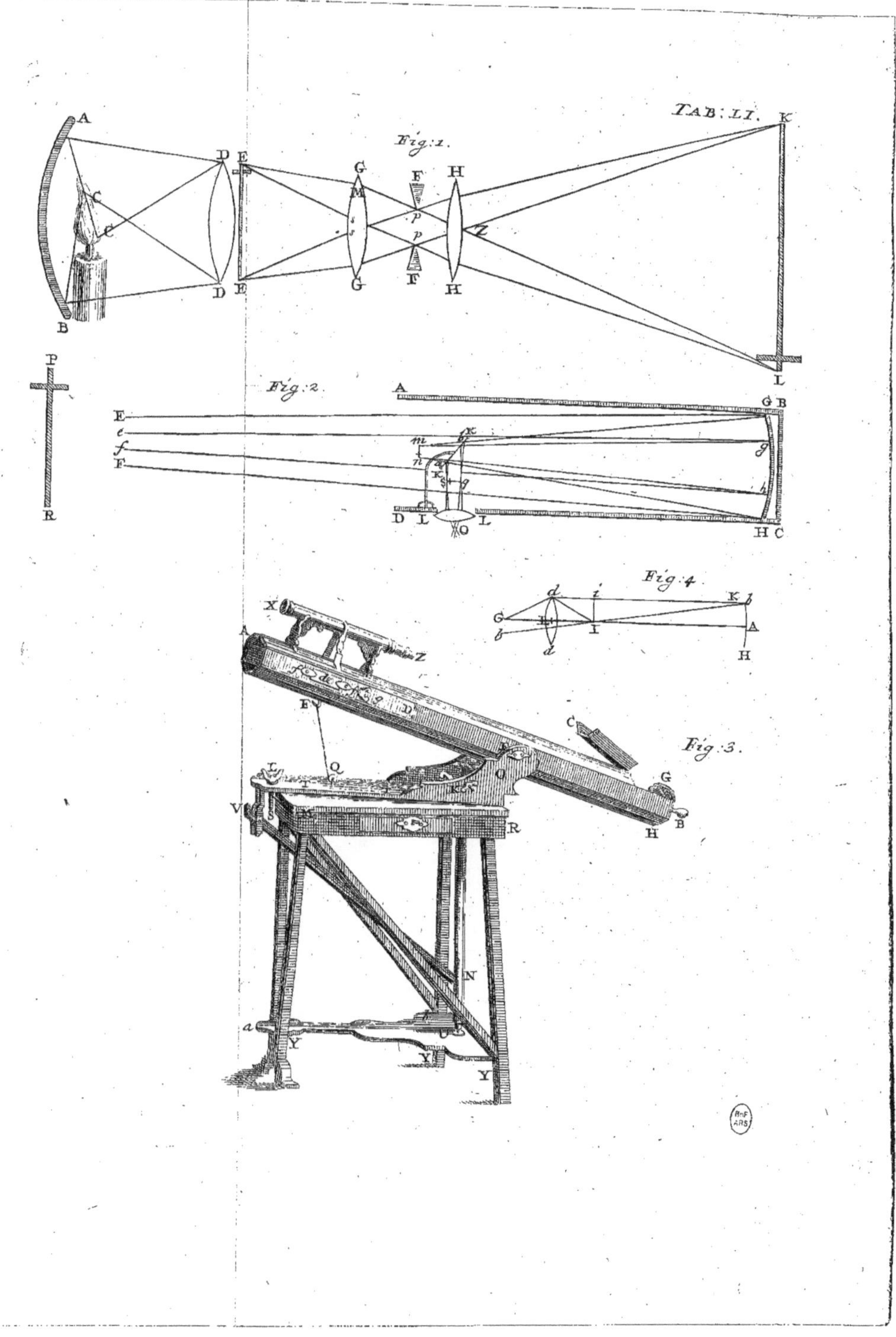

TAB: LI.
Fig: 1.
A
B
C
c
D D
E E
G G
M
s s
F F
p p
H H
Z
K
L
Fig: 2.
P
R
A
G B
E
e
f
F
m
k
n
a
g
K
S g
D L
O L
H C
h
g
Fig: 4.
d
i
G
g
H
I
K k
A
H
a
Fig: 3.
X
A
Z
E
D
Q
c
C
L
T
K
Q
G
B
H
V
S
R
N
a
U
Y
Y
Y

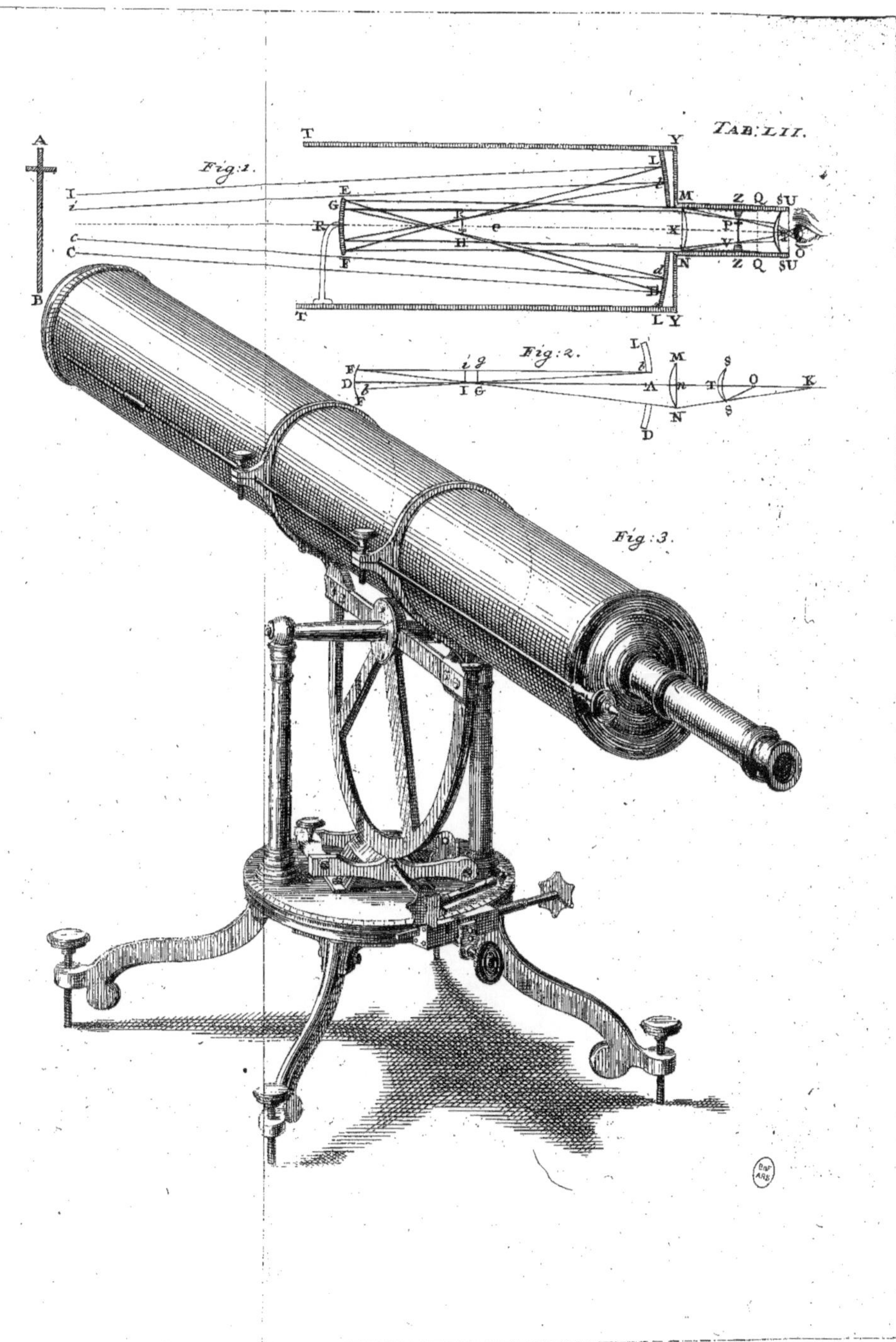

TAB: LII.
Fig: 1.
Fig: 2.
Fig: 3.

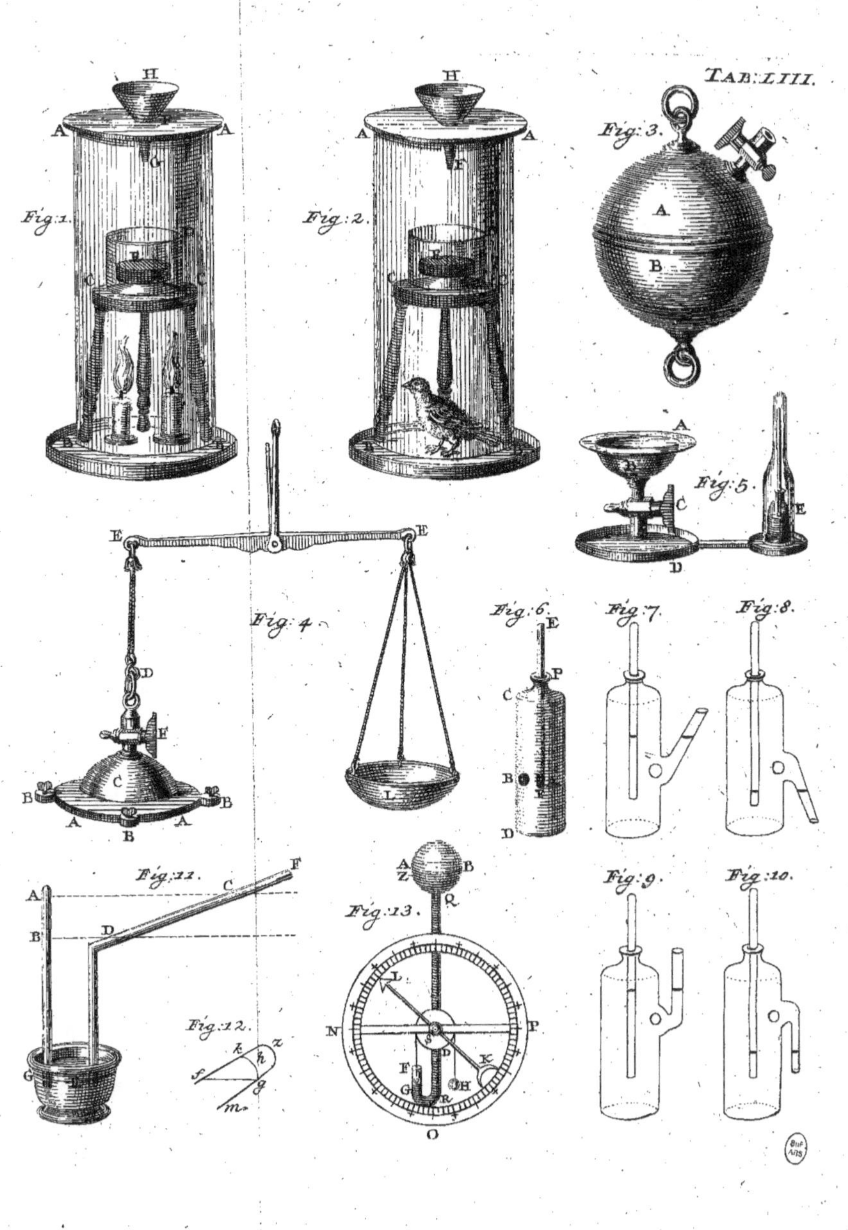

TAB: LIII.
Fig: 1.
Fig: 2.
Fig: 3.
Fig: 4.
Fig: 5.
Fig: 6.
Fig: 7.
Fig: 8.
Fig: 9.
Fig: 10.
Fig: 11.
Fig: 12.
Fig: 13.

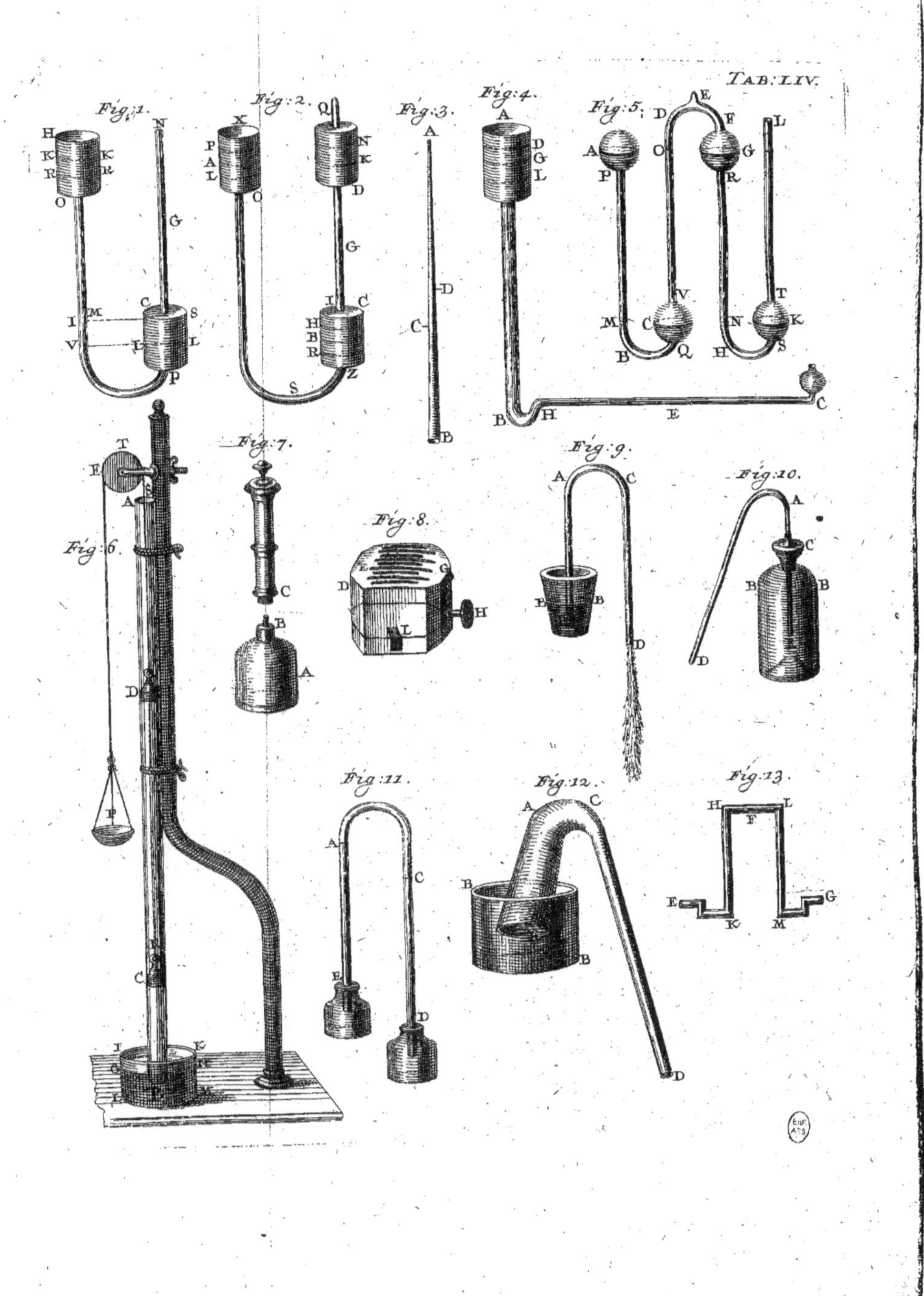
Fig. 1.
Fig. 2.
Fig. 3.
Fig. 4.
Fig. 5.
Fig. 6.
Fig. 7.
Fig. 8.
Fig. 9.
Fig. 10.
Fig. 11.
Fig. 12.
Fig. 13.

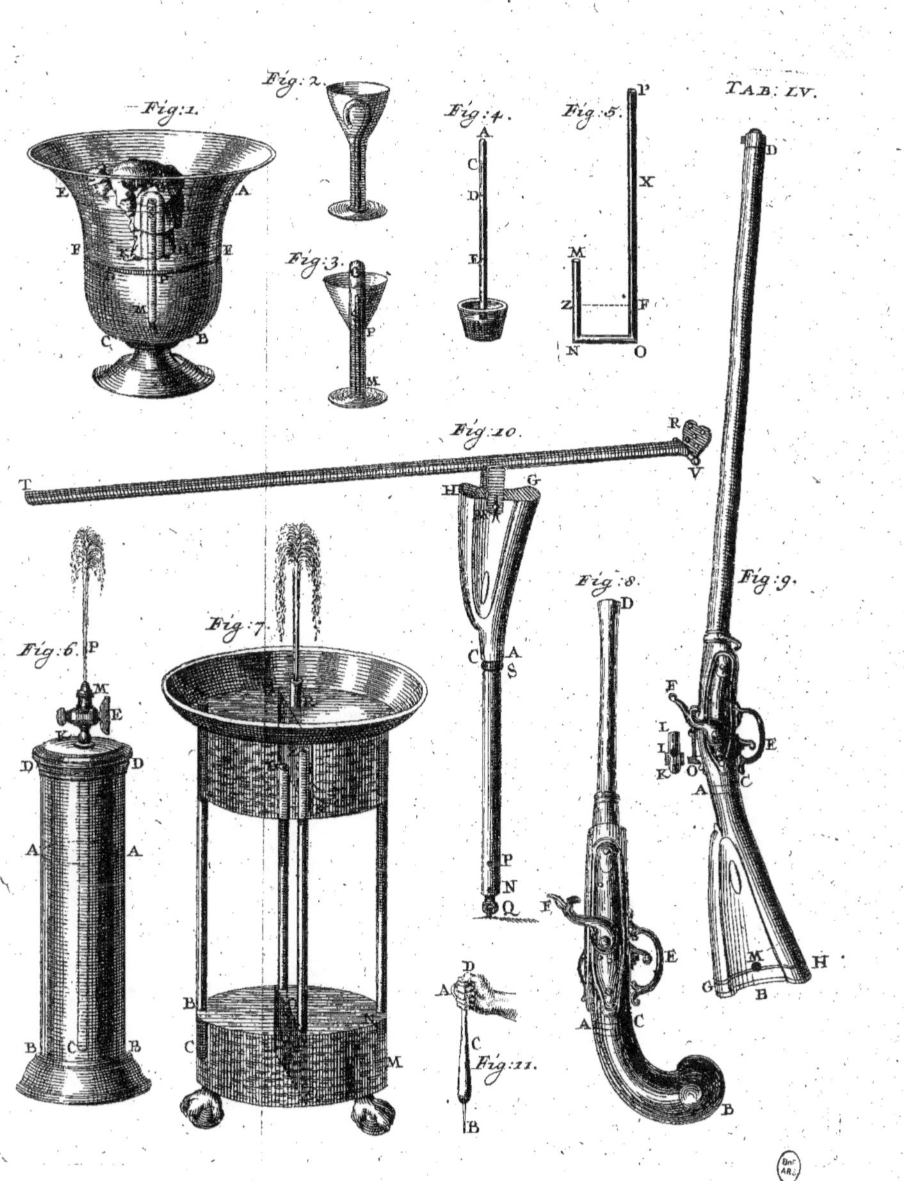

TAB: LV.
Fig:1.
Fig:2.
Fig:3.
Fig:4.
Fig:5.
Fig:6.
Fig:7.
Fig:8.
Fig:9.
Fig:10.
Fig:11.

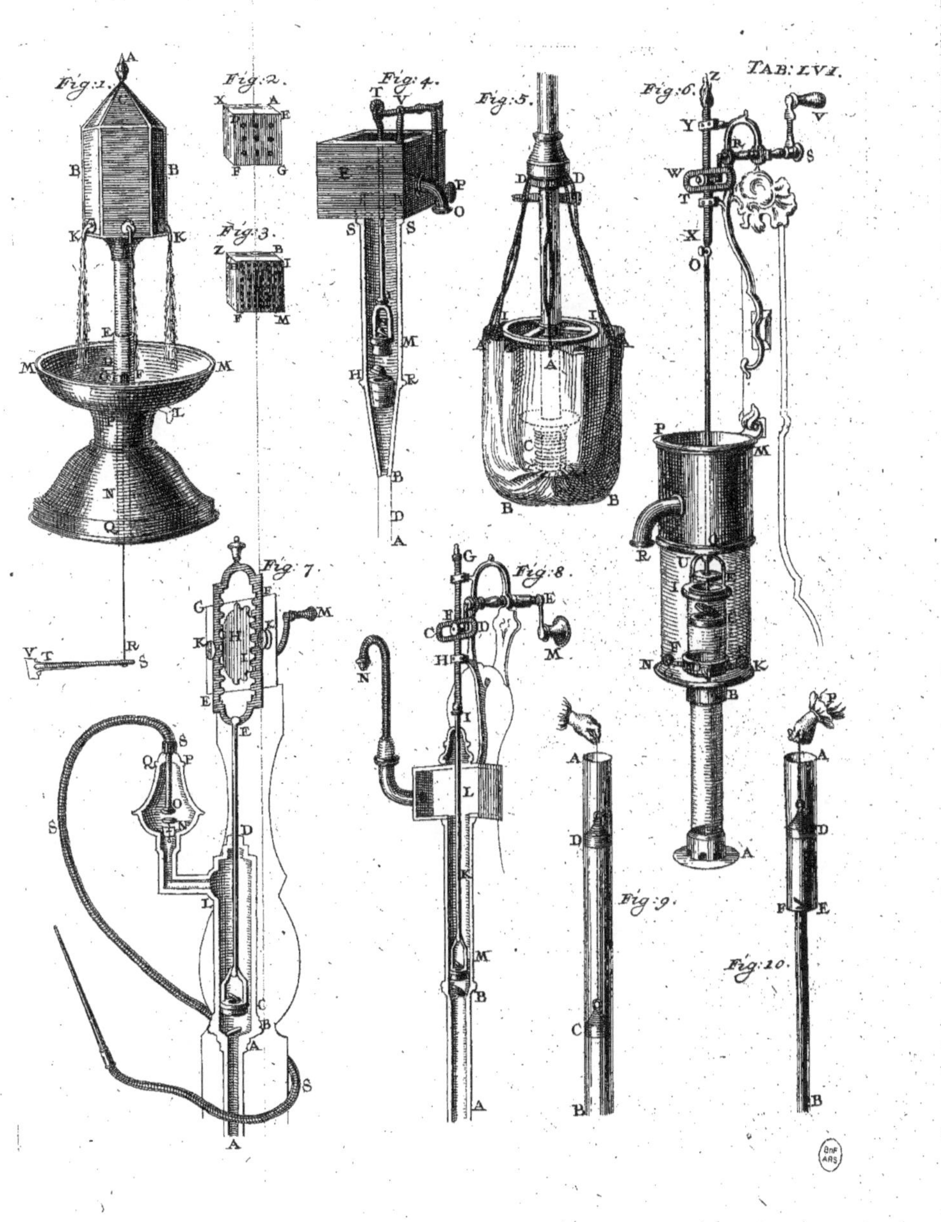

TAB. LVI.
Fig. 1.
Fig. 2.
Fig. 3.
Fig. 4.
Fig. 5.
Fig. 6.
Fig. 7.
Fig. 8.
Fig. 9.
Fig. 10.

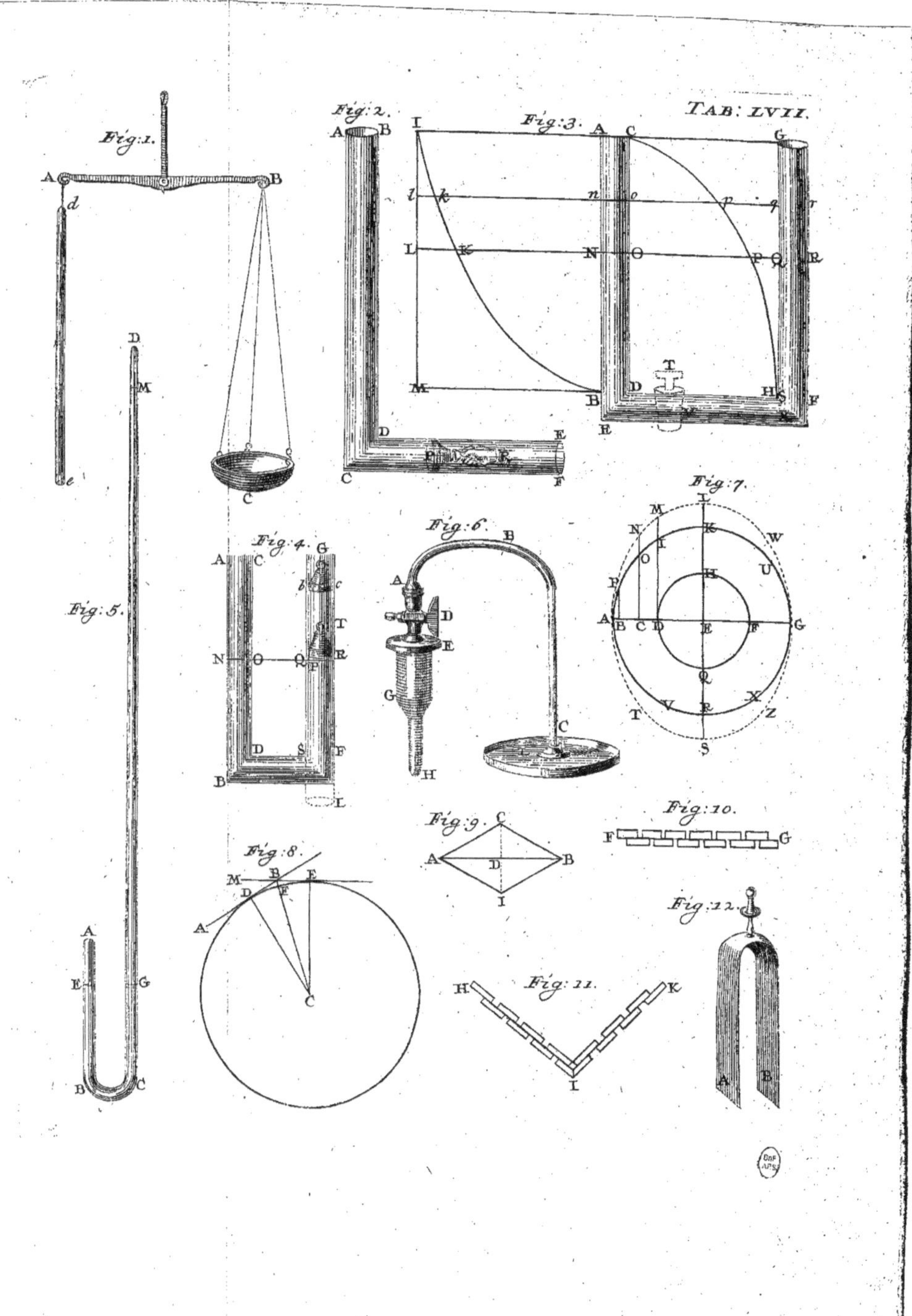

TAB: LVII.
Fig:1.
Fig:2.
Fig:3.
Fig:4.
Fig:5.
Fig:6.
Fig:7.
Fig:8.
Fig:9.
Fig:10.
Fig:11.
Fig:12.

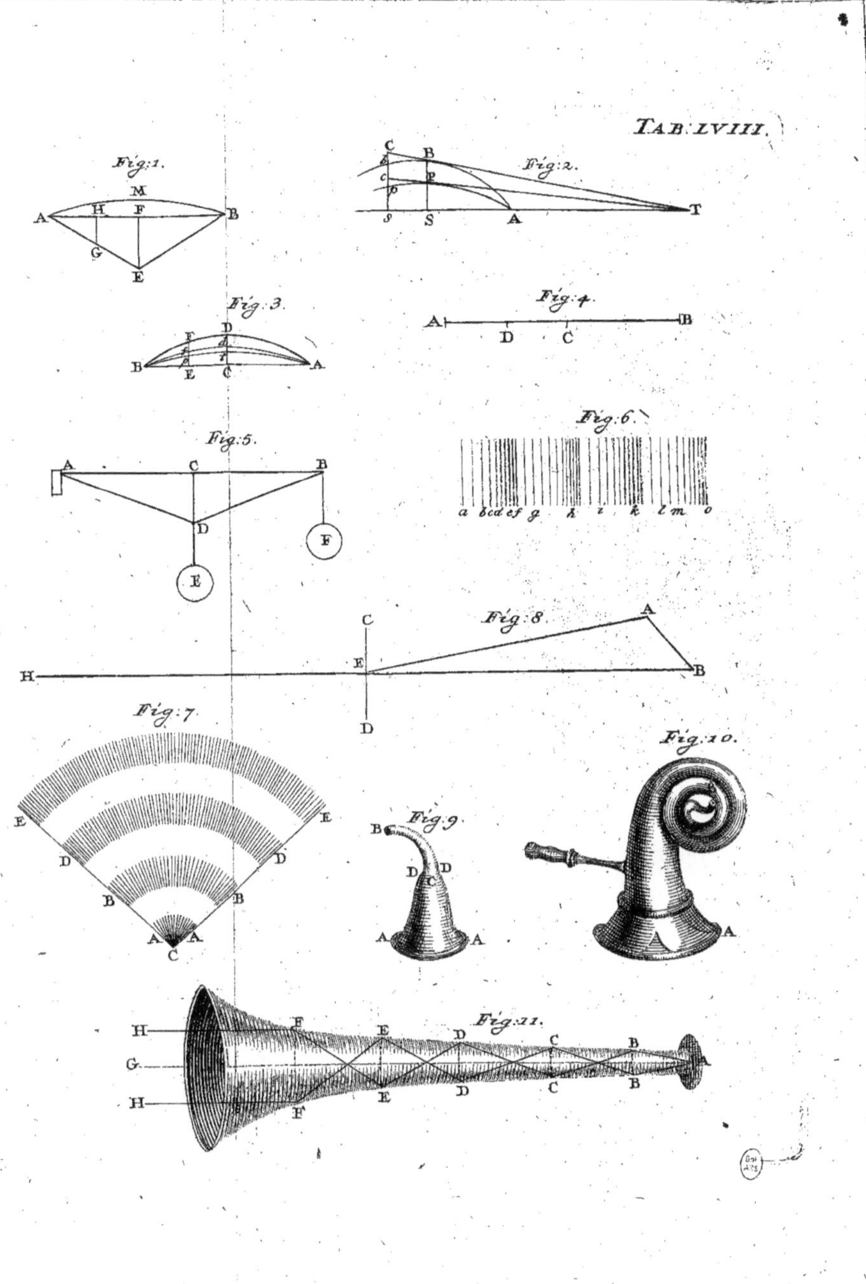

Fig: 1.
M
H F B
A
G
E

Fig: 2.
C
B
c p
b
s S A T

Fig: 3.
F D
d
B f f A
E C

Fig: 4.
A B
D C

Fig: 5.
A C B
D
E
F

Fig: 6.
a bcdef g h i k l m o

Fig: 8.
C A
H E B
D

Fig: 7.
E E
D D
B B
A A
C

Fig: 9.
B
D D
C
A A

Fig: 10.
A A

Fig: 11.
H F E D C B
G
H F E D C B

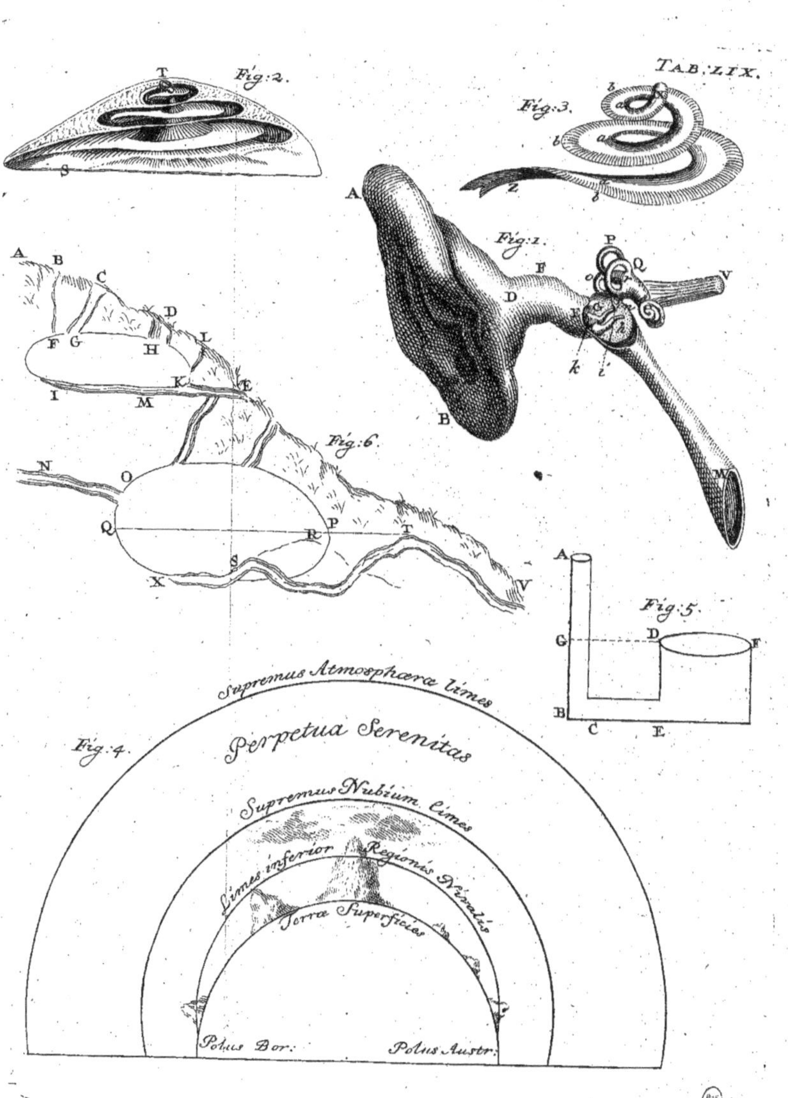

TAB. LIX.
Fig:2.
Fig:3.
Fig:1.
Fig:5.
Fig:6.
Fig:4.
supremus Atmosphaerae limes
Perpetua Serenitas
Supremus Nubium Limes
Limes inferior Regionis Nivalis
Terra Superficies
Polus Bor:
Polus Austr:

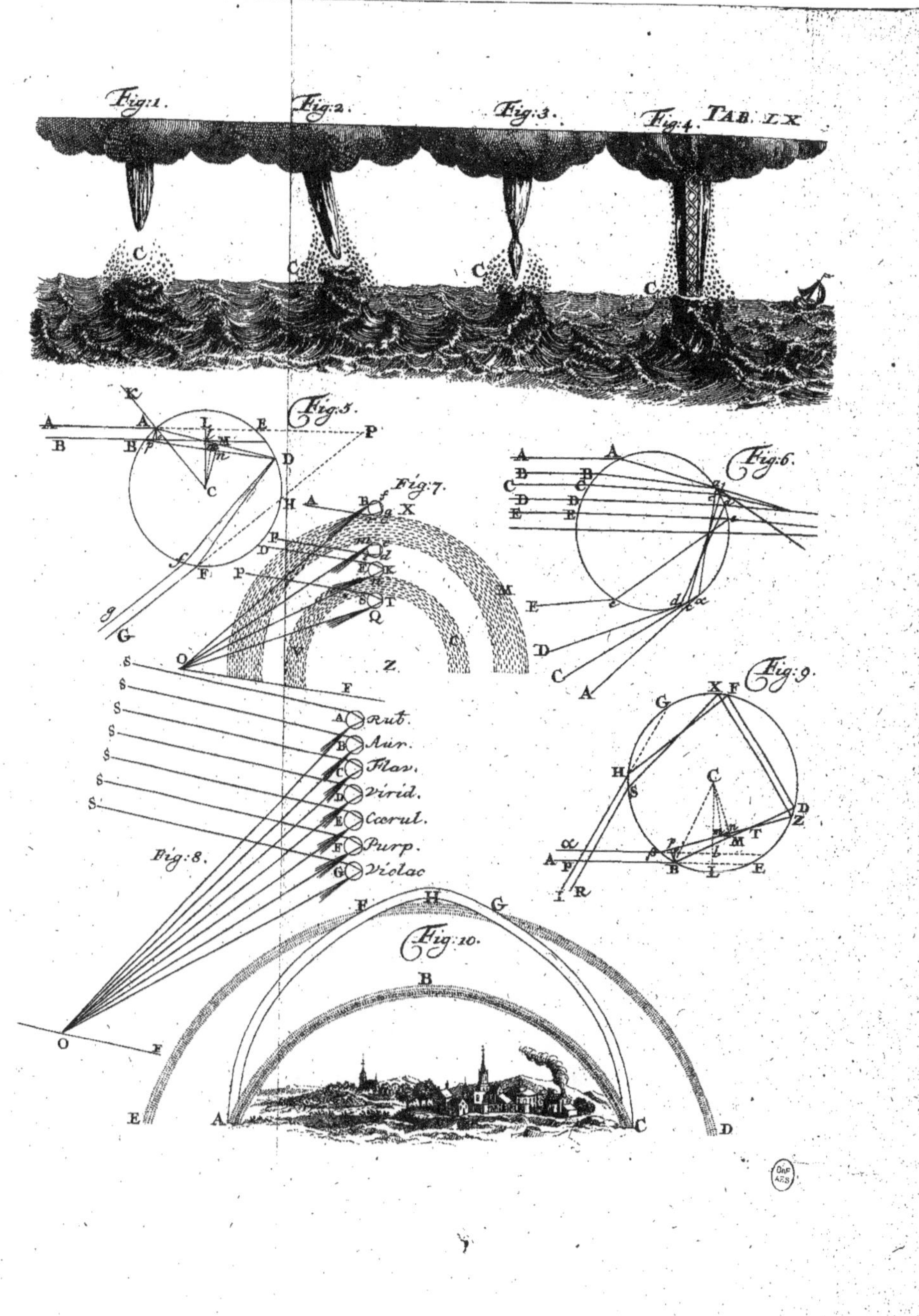

Fig:1.
Fig:2.
Fig:3.
Fig:4.
TAB:LX.
C
C
C
C
Fig:5.
K
A   A   I   E   P
B   B   M   D
C
f
F   P
g
G
Fig:6.
A   A
B   B
C   C
D   D
E   E
e   d   a
C
A
Fig:7.
H   A   B   f
g   X
m   d
E   K
s   T
Q
M
O
S   Z
V   C
F
Fig:8.
S
S
S
S
S
S
S
A   Rub.
B   Aur.
C   Flav.
D   Virid.
E   Cærul.
F   Purp.
G   Violac.
O   F
Fig:9.
G   X   F
H
S   C   D
a   Z
A   p   M   T
F   B   L   E
I   R
Fig:10.
F   H   G
B
E   A   C   D

Fig: 1.
Fig: 2.
Fig: 3.
Fig: 4.
Fig: 5.
Fig: 6.
TAB: LXI.
Fig: 7.
A
B
F
H
G
Fig: 8.
Fig: 9.
Fig: 10.
Fig: 11.
Fig: 12.
Fig: 13.
Fig: 14.
Fig: 15.
Fig: 16.
Fig: 17.
Fig: 18.
Fig: 19.
Fig: 20.
Fig: 21.
Fig: 22.
Fig: 23.
Fig: 24.
Fig: 25.
Fig: 27.
Fig: 26.

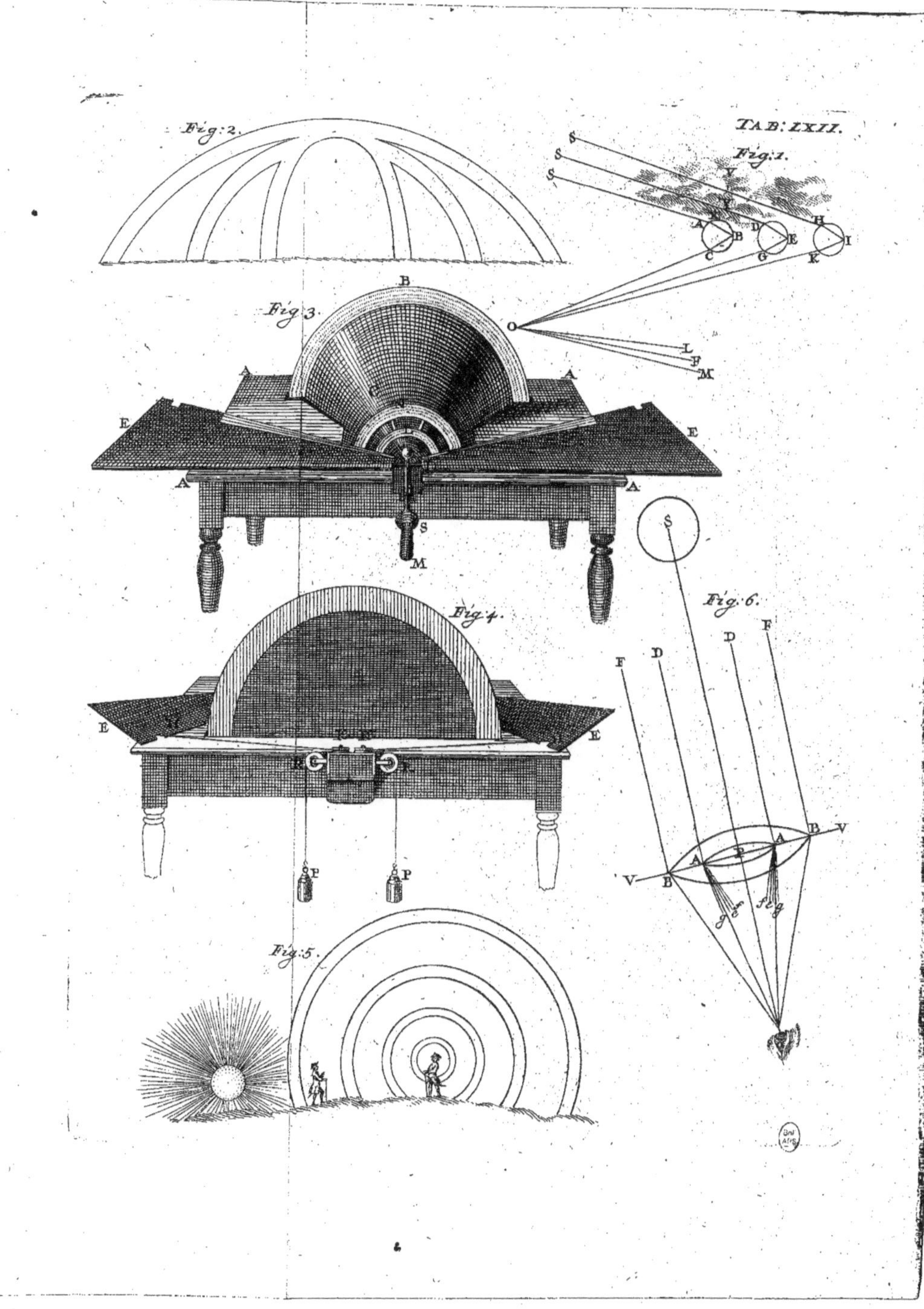

TAB: LXII.
Fig. 1.
Fig. 2.
Fig. 3.
Fig. 4.
Fig. 5.
Fig. 6.

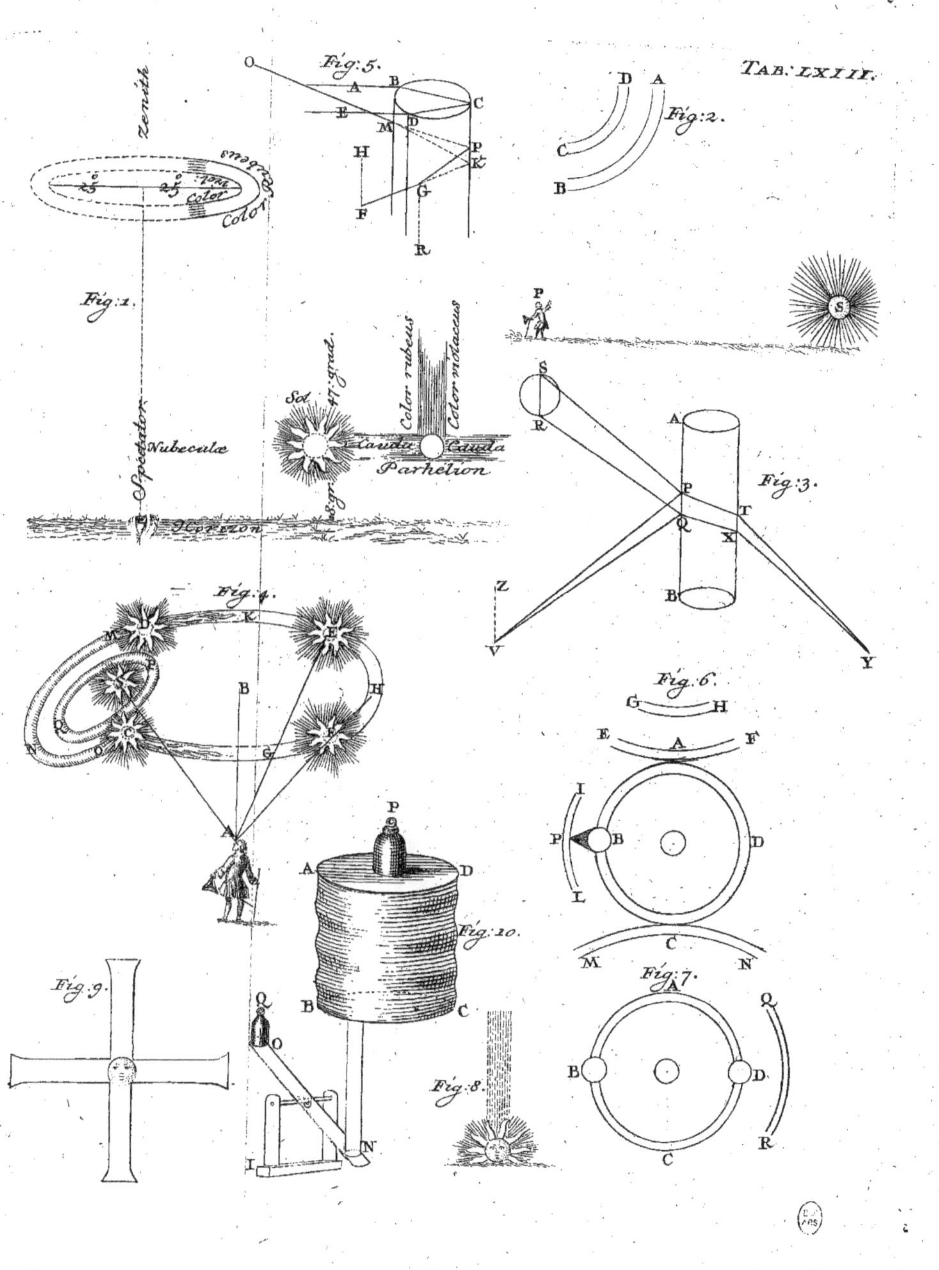

TAB: LXIII.
Fig:1.
Fig:2.
Fig:3.
Fig:4.
Fig:5.
Fig:6.
Fig:7.
Fig:8.
Fig:9.
Fig:10.
Zenith
Color Rubeus
Color Albus
Spectator
Nubeculæ
Horizon
Sol
47:grad.
Color rubeus
Color violaceus
Cauda
Cauda
Parhelion
O A B
E M D C
H P K
F G
R
D A
C
B
S
R
P
S
A
P
Q T
X
B
Z
V
Y
K
M E
F H
B
Q
N O G
A
P
A D
B C
Q
O
I
N
G H
E A F
I
P B D
L
C
M N
A
Q
B D
C
R

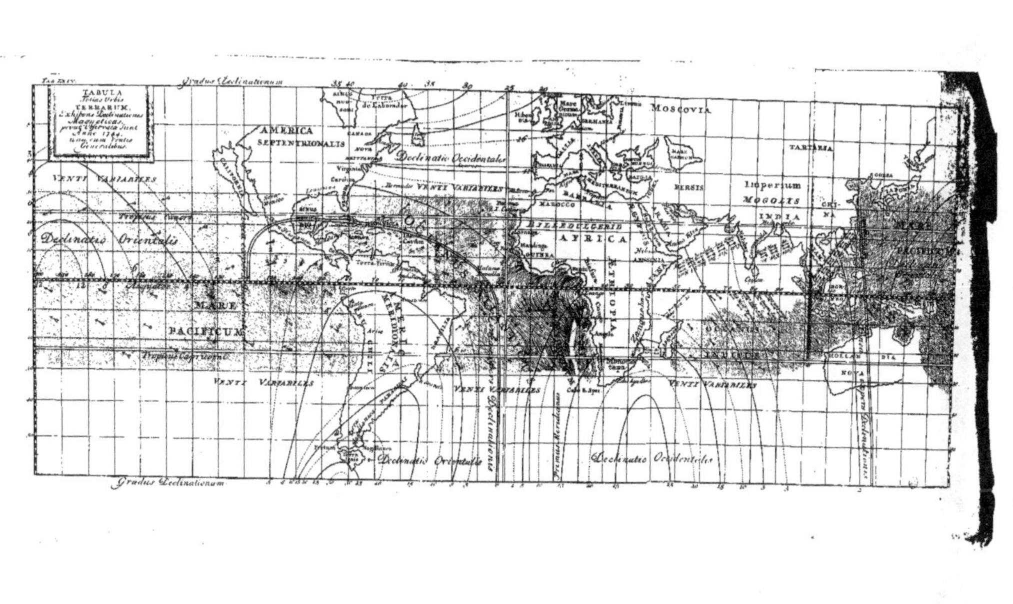

TAB. XXIV.
Gradus Declinationum
TABULA
Totius Orbis
TERRARUM,
Exhibens Declinationes
Magneticas,
prout Observatæ Sunt
Anno 1744.
una cum Ventis
Generalibus.
AMERICA SEPTENTRIONALIS
Declinatio Occidentalis
MOSCOVIA
TARTARIA
VENTI VARIABILES
Imperium MOGOLIS
PERSIS
CHINA
Declinatio Orientalis
AFRICA
AETHIOPIA
BILEDULGERID
MAROCCO
MARE PACIFICUM
OCEANUS
CHILI
Tropicus Capricorni
Tropicus Cancri
VENTI VARIABILES
VENTI VARIABILES
VENTI VARIABILES
Primus Meridianus
Declinatio Orientalis
Declinatio Occidentalis
Cabo d. Bona Spei
NOVA HOLLANDIA
Gradus Declinationum
CALIFORNIA
CANADA
Terra de Labrador
Virginia
Carolina
Bermudes